江西省建设行业
全国二级造价工程师职业资格考试培训教材

建设工程计量与计价实务

上册

（交通运输工程）

2023年版

江西省综合交通运输发展研究中心
华　东　交　通　大　学　编著

江西科学技术出版社
南昌

图书在版编目(CIP)数据

建设工程计量与计价实务. 上册，交通运输工程 / 江西省综合交通运输发展研究中心，华东交通大学编著. -- 南昌：江西科学技术出版社，2023.6
ISBN 978-7-5390-8603-3

Ⅰ.①建… Ⅱ.①江… ②华… Ⅲ.①交通工程-建筑造价管理-资格考核-自学参考资料 Ⅳ.①TU723.31

中国国家版本馆 CIP 数据核字(2023)第 096081 号

国际互联网(Internet)地址：
http://www.jxkjcbs.com

选题序号:ZK2023089

建设工程计量与计价实务. 上册，交通运输工程
JIANSHE GONGCHENG JILIANG YU JIJIA SHIWU. SHANG CE, JIAOTONG YUNSHU GONGCHENG
江西省综合交通运输发展研究中心,华东交通大学 编著

出版发行 江西科学技术出版社
社址 南昌市蓼洲街 2 号附 1 号
邮编:330009 电话:(0791)86615241 86623461(传真)
印刷 江西千叶彩印有限公司
经销 各地新华书店
开本 787mm×1092mm 1/16
字数 680 千字
印张 28
版次 2023 年 6 月第 1 版
印次 2023 年 6 月第 1 次印刷
书号 ISBN 978-7-5390-8603-3
定价 135.00 元(全 2 册)

赣版权登字-03-2023-100

江西省建设行业
全国二级造价工程师职业资格考试培训教材
编审委员会及编写人员

主编单位

江西省综合交通运输发展研究中心

华东交通大学

参编单位

江西中非工程管理有限公司

主　　编　刘　伟　陈　剑　黄　炜

副 主 编　文旭卿　何银龄　谢　萍　邓　强

编写人员　袁雅君　龙晓洪　叶长青　熊全福　陈　露　沈翔伟
隋　毅　黄　斌　范国豪　符燕华　万李燕　吴华峰
岳　彪　韩璐遥　黄青呈　林　成　刘子璇　胡悦含
袁秀秀　祝海宾　王渭萍　王文鹏　吴鹏辉　邓喜成
金志刚　晏容欢　张俊燕　刘小燕

主　　审　艾志茂　余明华　王永祥　邵重景

感谢单位

江西省交通投资集团有限责任公司项目建设管理公司

江西省港航造价咨询有限公司

北京中交京纬公路造价技术有限公司

珠海纵横创新软件有限公司

前 言

为了更快推进和保障江西省二级造价工程师职业资格制度实施，更好满足全省交通运输工程二级造价工程师职业资格考试培训需要，我们依据2018年7月20日住房和城乡建设部、交通运输部、水利部、人力资源社会保障部《关于印发〈造价工程师职业资格制度规定〉〈造价工程师职业资格考试实施办法〉的通知》（建人〔2018〕67号）和2018年12月28日《住房和城乡建设部标准定额司关于印发造价工程师职业资格考试大纲的通知》（建标造函〔2018〕265号）的要求，结合国家现行工程造价管理法规、政策、规章及我省现行的工程计价依据和规则，于2022年12月开始组织编写江西省建设行业“全国二级造价工程师职业资格考试培训教材”《建设工程计量与计价实务（交通运输工程）》。

此书为江西省交通运输工程专业二级造价工程师职业资格考试教材，内容紧贴2019版《全国二级造价工程师职业资格考试大纲》，力求理论与案例相结合，增加了技能考核的内容，融理论性、技术性、实用性为一体，充分体现了行业最新发展水平，符合二级造价工程师职业资格考试的要求。

我们在组织江西省建设工程“全国二级造价工程师职业资格考试培训教材”《建设工程计量与计价实务》（交通运输工程）教材编制过程中，邀请了华东交通大学、江西省交通投资集团有限责任公司项目建设管理公司、江西中非工程管理有限公司、北京中交京纬公路造价技术有限公司、珠海纵横创新软件有限公司、江西省港航造价咨询有限公司等单位中长期从事交通运输工程工程造价教学及工程计价实践工作的专家、学者共同参与本教材的编写工作。

本教材不仅是我省交通运输工程二级造价工程师职业资格考试统一培训教材，而且可供全省有关建设、设计、监理、施工、工程造价咨询等单位和政府管理部门从事交通运输工程工程造价管理的人员作为业务参考用书，也可作为省内相关院校工程造价管理专业的教学参考用书。

本教材是省部共建项目，在编写过程中，得到了交通运输部职业资格中心、江西省交通运输厅、江西省人力资源和社会保障厅和江西省工程造价协会相关领导、专家的高度重视和支持，得到了各位主编、副主编、参编及评审专家的大力支持和配合。在此，对参与编审的各位领导、专家及有关单位一并表示衷心的感谢。

由于编写时间仓促,教材中难免有疏漏和不足之处,诚望读者提出宝贵意见,以便再版时修改完善。

《建设工程计量与计价实务(交通运输工程)》

教材编写编审委员会

2023 年 5 月

目 录

第一章 公路、水运工程的分类、组成与构造

第一节 公路工程的分类

一、按照技术等级划分

依据交通运输部颁布的《公路工程技术标准》，按照交通量及其使用任务、性质将公路分为五个等级，即高速公路、一级公路、二级公路、三级公路和四级公路。公路工程按技术等级划分表见表1-1-1。

表1-1-1 公路工程按技术等级划分

公路等级	年平均日设计交通量	用途
高速公路	宜为15000辆小客车以上	专供汽车分向、分车道行驶，并全部控制出入的多车道公路
一级公路	宜为15000辆小客车以上	供汽车分向、分车道行驶，并可根据需要控制出入的多车道公路
二级公路	宜为5000~15000辆小客车	供汽车行驶的双车道公路
三级公路	宜为2000~6000辆小客车	供汽车、非汽车交通混合行驶的双车道公路
四级公路	双车道四级公路，宜为2000辆小客车以下； 单车道四级公路，宜为400辆小客车以下	供汽车、非汽车交通混合行驶的双车道或单车道公路

注：公路设计交通预测时，高速公路和一级公路设计交通量预测年限为20年；二级公路、三级公路设计交通量预测为15年；四级公路可根据实际情况调整。

二、按行政类别划分

(1)国道：在国家公路网中，具有全国性政治、经济、国防意义，并经过确定为主要干线的公路。

(2)省道：在省公路网中，具有全省性政治、经济意义，并经过确定为省级干线的公路。

(3)县道：具有县、县级市政治、经济意义，并经过确认为县级的公路。

(4)乡道：主要为乡村生产、生活服务，并经过确认为乡级的公路。

(5)专用公路：专为企业或有关单位提供运输服务的道路，如专门或主要为工矿、林区、油田、农场、军事要地等与外部连接的公路。

第二节 公路工程的组成与构造

公路是道路中最主要的组成部分，是指连接城市、乡村和工矿基地等，主要供汽车行驶且

经交通运输主管部门验收认定的公共交通设施。一般来说,公路工程由路基工程、路面工程、桥涵工程、隧道工程、交通工程及沿线设施、绿化及环境保护工程等组成。

一、路基工程的组成、分类及构造

(一)路基的组成和分类

路基是公路工程的重要组成部分,它是按照线路位置和一定技术要求修筑的带状结构物,既是路线的主体,又是路面的基础,承受由路面传来的行车荷载,并将荷载传递给大地。

1. 路基的组成

公路路基主要由路基本体、排水设施、防护设施、加固工程、附属设施、特殊路基及不良地质处理工程等构成。

路基工程作为“单位工程”,包括路基土石方工程、排水工程、防护支挡工程、大型挡土墙、组合挡土墙等分部工程。

各分部工程所含的分项工程见表1-2-1。

表1-2-1　路基工程各分部工程所含的分项工程表

分部工程	分项工程
路基土石方工程	土方路基、填石路基、软土地基处置、土工合成材料处置层
排水工程	管节预制,混凝土排水管施工,检查(雨水)井砌筑,土沟,浆砌水沟,盲沟,跌水,急流槽,水簸箕,排水泵站沉井,沉淀池等
防护支挡工程	砌体挡土墙,墙背填土,边坡锚固支护,土钉支护,砌体坡面防护,石笼防护,导流工程等
大型挡土墙、组合挡土墙	钢筋加工及安装,砌体挡土墙,悬臂式挡土墙,扶壁式挡土墙,锚杆,锚定板和加筋挡土墙,墙背填土等

2. 路基的分类

(1)路基按标准横断面和公路等级划分如下:

①整体式路基,高速公路、一级公路的一种标准横断面,由车道、中间带(中央分隔带、左侧路缘带)、路肩(右侧硬路肩、土路肩)等部分组成。

②分离式路基,高速公路、一级公路的另一种标准横断面,由两个分离的路基体,即车道、路肩(左侧和右侧硬路肩、土路肩)等部分组成。

③二级公路路基的标准横断面,由车道、路肩(左侧和右侧硬路肩、左侧和右侧土路肩)等部分组成。

④三级和四级公路路基标准横断面,由车道、土路肩(左侧和右侧土路肩)等部分组成

(2)路基按材料分为:土路基、石路基和土石路基。

(3)按填挖类型分类,路基横断面分为:填方路基、挖方路基与半填半挖路基三种。

①填方路基是指路基设计高程高于地面高程时,需要借土(或石)填筑形成的路基断面(路堤)。

②挖方路基是指路基设计高程低于地面高程时,需要开挖土(或石)而形成的路基断面(路堑)。

③半填半挖路基是指路基横断面的一侧需要填筑,另一侧需要开挖的路基。

(二)路基工程的主要构造

1. 挖方路基及填方路基

1)挖方路基,又称路堑,是由天然地层构成。

(1)挖方路基典型断面:典型横断面如图 1 -2 -1 所示。

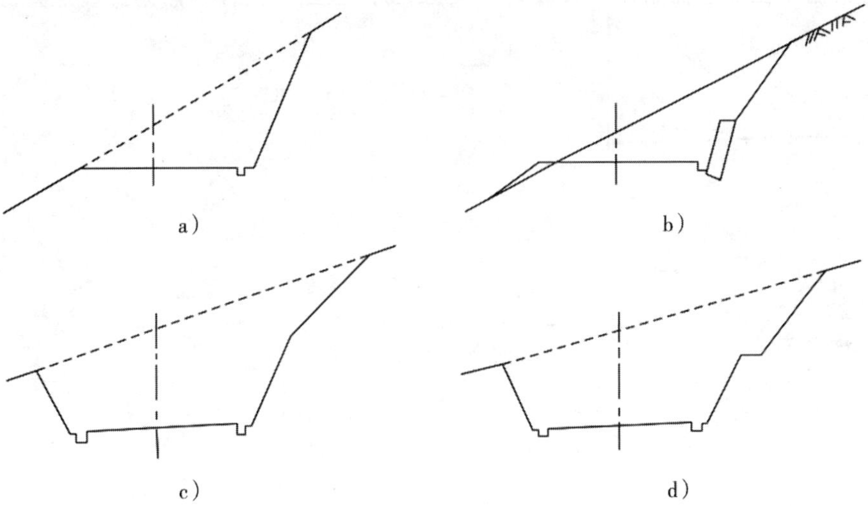

a)直线形边坡断面;b)挡土墙断面;c)折线形边坡断面;d)台阶形断面

图 1 -2 -1　路堑

①直线形边坡断面适用于边坡为均质的岩土且路基开挖不深的路段。

②挡土墙(或矮墙、护面墙)断面适用于挖方为软弱土质、易风化岩层的路段,需要采取挡土墙或护面墙等支挡措施,以确保坡面稳定。

③折线形边坡断面适用于上部分边坡为土质覆盖层,下部分边坡为岩石的路段。

④台阶形断面适用于边坡由多层土质组成且边坡较高的路段。边坡平台设为 2% ~4% 向内侧倾斜的排水坡度,平台宽度不小于 2m,平台排水沟可做成斜口形或矩形断面。

(2)路堑边坡:土、石质挖方边坡根据工程地质与水文地质条件、边坡高度、排水措施、施工方法,并结合自然稳定山坡和人工边坡的调查、力学分析后确定的。

①土质路堑边坡,适用于边坡为均质的土层且路基开挖不深的路段。其边坡根据边坡高度、土的密实程度、地下水和地面水的情况、土的成因及生成年代等因素来确定。黄土、红黏土、高液限土、膨胀土等特殊土质的挖方边坡,应按特殊路基处理。

②岩石路堑边坡,影响岩石路堑边坡稳定的因素有岩石性质、岩体结构、水的作用、风化作用、地震、地应力、地形地貌及人为因素等。

2)填方路基:由本断面需要开挖的土石方或借方(包括远运利用),采用土石方工程机械、自卸汽车运送并填筑压实而成。

(1)填方路堤典型断面:填方路基由路床和路堤两部分组成。

路面结构层以下 0. 8m 或 1. 20m 范围内的路基部分称为路床,路床又分为上路床和下路床。上路床厚度 0. 3m,即路面结构层底面以下深度 0 ~30cm 范围内的路基部分;下路床厚度在轻、中等及重点交通公路为 0. 5m,特重、极重交通公路为 0. 9m。

路堤是指高于原地面的填方路基,在结构上分为上路堤和下路堤,上路堤是指路床以下0.7m厚度范围的填方部分,下路堤是指上路堤以下的填方部分。填土高度小于路基工作区深度时,称为低路堤。当路基填土边坡高度大于20m时,称为高路堤。公路受沿线地形、地貌的影响,填方路段横断面出现的形式很多,除一般路基以外,常见的还有挡土墙路堤、护肩路堤、矮墙路堤、沿河路堤等,如图1-2-2所示。

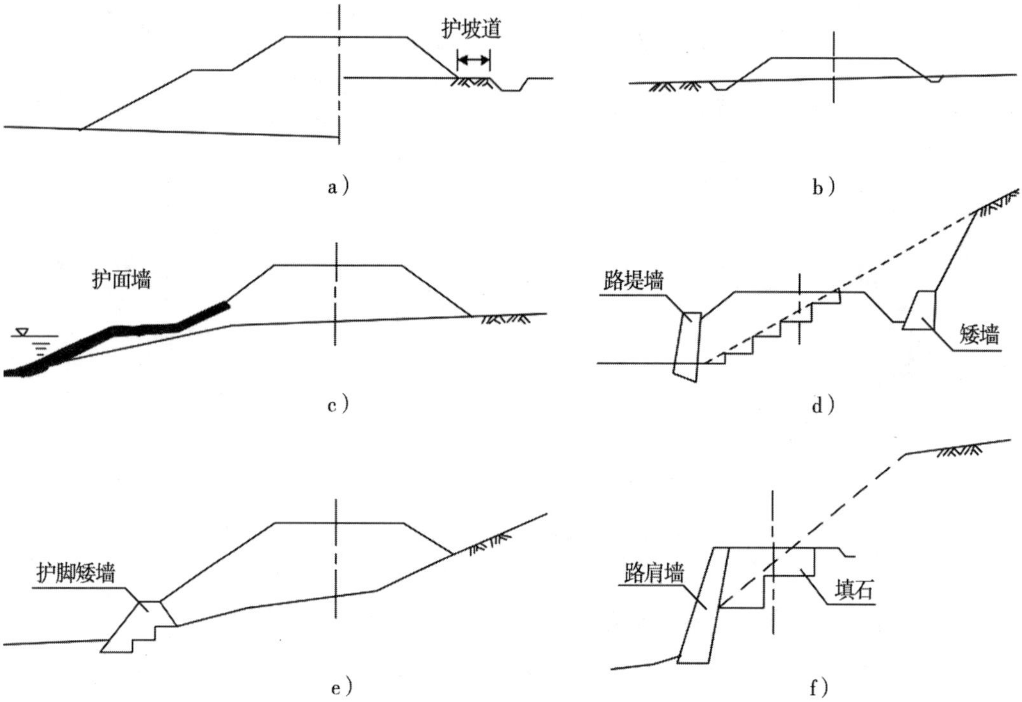

a)一般路基;b)矮路堤;c)浸水路堤;d)挡土墙路堤;e)护脚路堤;f)护肩路堤

图1-2-2　填方路基

(2)路基土分类:土的分类方法很多。根据现行《公路土工试验规程》规定,按土粒径分为巨粒组、粗粒组和细粒组。巨粒组包括漂石(块石)、卵石(碎石);粗粒组包括砾(粗、中、细)、砂(粗、中、细);细粒组包括粉粒、黏粒。

公路土分为巨粒土、粗粒土、细粒土和特殊土,分类总体系见表1-2-2。

表1-2-2　路基分类体系表

土类	土名
巨粒土	漂石土、卵石土
粗粒土	砾类土、砂类土
细粒土	粉质土、黏质土、有机质土
特殊土	黄土
	膨胀土
	红黏土
	盐渍土
	冻土

(3)土石分类:为安排施工及土石方工程计价,公路工程一般按土石开挖难易程度进行分级。现行公路工程定额采用六级分类,一般土木工程采用十六级分类。公路工程定额土石分类与十六级分类对应关系见表1－2－3。

表1－2－3　公路工程定额土石分类与十六级分类对应关系表

本章定额分类	松土	普通土	硬土	软石	次坚石	坚石
六级分类	Ⅰ	Ⅱ	Ⅲ	Ⅳ	Ⅴ	Ⅵ
十六级分类	Ⅰ～Ⅱ	Ⅲ	Ⅳ	Ⅴ～Ⅵ	Ⅶ～Ⅸ	Ⅹ～ⅩⅥ

公路工程定额分类及十六级分类"开挖难易程度"的开挖方法是针对常规人力施工及爆破作业而言。随着我国公路工程机械化施工水平的提高,开挖难易程度的概念也随之发生变化。交通运输部发布的现行《公路工程标准施工招标文件》对土石划分的规定为:"在公路路基土石挖方中如用不小于112.5kW推土机单齿松动器无法松动,须用爆破或用钢楔大锤或用气钻方法开挖的,以及体积大于或等于$1m^3$的孤石为石方,余为土方"。

2. 排水工程

水是危害公路的主要自然因素。路基沉陷、冲刷、坍塌、翻浆,沥青路面松散、剥落、龟裂,水泥混凝土路面唧泥、错台、断裂等病害,均不同程度的与地面水和地下水的侵蚀有关。

路基排水系统的设置,是采用适当的排水设施,将可能危害路基稳定的地面水和地下水迅速排出路基范围之外,见表1－2－4。路基排水分地表排水和地下排水两大类。

表1－2－4　路基排水设施

地面排水设施	边沟	在路基两侧设置的纵向水沟,用以汇集和排除路面、路肩及边坡的流水
	截水沟(天沟)	设置在挖方路基边坡坡顶以外或山坡填方路基上侧适当位置的截水设施,用以汇集并排除路基边坡上侧的地表径流
	排水沟	将边沟、截水沟、取土坑、边坡和路基附近积水引排至桥涵或路基以外的洼地或天然河沟
	地面排水设施除以上几种外,还有跌水、急流槽、蒸发池、油水分离池等	
地下排水设施	明沟和排水槽	适用于当地下水位高、潜水层埋藏不深时,且必须深入到潜水层
	暗沟和暗管	设置在地面以下用以引导水流的沟渠,它本身没有渗水或汇水作用,用于排除泉水或地下集中水流
	渗沟	用以降低地下水位或拦截地下水,渗沟按排水层的构造可分为填石渗沟、管式渗沟和洞式渗沟
	渗井	一种立式地下排水设施
	地下排水设施除以上几种外,还有隔离层、盲沟、仰斜式排水孔等	

3. 防护与支挡工程

公路路基在水流、波浪、雨水、风力及冰冻等自然因素影响下,可能导致边坡坍塌、路基坏等病害。

路基防护与支挡工程,按其作用不同,可分为坡面防护、沿河路基防护、挡土墙、边坡锚固、土钉支护以及抗滑桩,路基构造主要见表1－2－5。

表 1 -2 -5　路基防护与支挡工程

<table>
<tr><td rowspan="6">防护设施</td><td rowspan="3">坡面防护</td><td>植物防护</td><td>包括种草或喷播植草、铺草皮、种植灌木等</td></tr>
<tr><td>骨架植物防护</td><td>可采用拱形,人字形或方格型浆砌片石或水泥混凝土骨架,也可采用多边形水泥混凝土空心块,骨架内植草或喷播植草。多雨地区的骨架宜增设拦水带和排水槽。风化破碎的岩石挖方边坡可在骨架中增设锚杆</td></tr>
<tr><td>工程防护</td><td>包括喷护、挂网喷护、干砌片石护坡、浆砌片石护坡和护面墙</td></tr>
<tr><td rowspan="2">沿河路基防护</td><td>直接防护</td><td>植物防护,砌石或混凝土护坡,土工织物软体沉排,土工模袋,石笼防护,浸水挡墙,护坦防护,抛石防护,排桩防护</td></tr>
<tr><td>导流</td><td>丁坝,顺坝</td></tr>
<tr><td></td><td></td><td></td></tr>
<tr><td rowspan="13">支挡工程</td><td rowspan="10">挡土墙</td><td>重力式挡土墙</td><td rowspan="2">墙高小于10m的挡土墙可采用浆砌片石,墙高大于10m的挡土墙和浸水挡墙宜采用片石混凝土。墙顶宽度,当墙身为混凝土浇筑时,不应小于0.4m;浆砌片石时,不应小于0.5m;干砌片石时,不应小于0.6m</td></tr>
<tr><td>半重力式挡土墙</td></tr>
<tr><td>石笼式挡土墙</td><td>石笼可采用重镀锌钢丝、镀锌铁丝,普通铁丝编织。石笼内填充物应采用质地坚硬、不易崩解和水解的片石或块石,石笼式挡土墙背应设置一层透水土工布,以防止淤堵</td></tr>
<tr><td>悬臂式挡土墙</td><td rowspan="2">悬臂、扶壁式挡土墙立壁的顶宽不应小于0.2m,底板厚度不应小于0.3m,挡土墙的分段长度不宜超过20m;扶壁式挡土墙每一分段宜设3个或3个以上扶壁</td></tr>
<tr><td>扶壁式挡土墙</td></tr>
<tr><td>锚杆挡土墙</td><td>挡土板宜采用等厚度板,板厚不得小于0.3m,预制墙面板应预留锚杆的锚定孔</td></tr>
<tr><td>锚定板挡土墙</td><td>应注意做好拉杆、拉杆与肋柱及拉杆与锚定板连接处的防锈处理</td></tr>
<tr><td>加筋土挡土墙</td><td>可分为有面板加筋土挡土墙和无面板土工格栅加筋土挡土墙,有面板加筋土挡土墙墙面宜采用钢筋混凝土预制件,厚度不应小于80mm</td></tr>
<tr><td>桩板式挡土墙</td><td>桩板式挡土墙的锚固桩必须锚固在稳定的地基中</td></tr>
<tr><td></td><td></td></tr>
<tr><td>边坡锚固</td><td colspan="2">通常采用预应力锚杆体,非预应力的全长黏结型锚杆等,预应力锚杆由锚固段、自由段和锚头组成,锚头由垫墩、钢垫板和锚具组成</td></tr>
<tr><td>土钉支护</td><td colspan="2">永久性土钉支护一般采用钻孔注浆钉,钻孔直径宜为70~100mm,钉材宜采用HRB400钢筋,钢筋直径宜为18~32mm,土钉钢筋应设定位支架</td></tr>
<tr><td>抗滑桩</td><td colspan="2">抗滑桩可用于稳定边坡和滑坡,加固不稳定山体以及加固其他特殊路基</td></tr>
</table>

二、路面工程的组成、分类及构造

(一)路面的组成和分类

路面是指用筑路材料铺在路基顶面,直接承受车辆荷载的作用和自然因素影响的层状构造物,具有承受车辆重量、抵抗车轮磨耗和保持道路表面平整的作用。现代公路交通运输不仅要求路面具有足够的承载能力与稳定性，而且应满足耐久、平整、抗滑等使用要求，同时减少环境污染。

1. 路面的组成

路面工程作为“单位工程”，按照一定的长度可划分为多个“分部工程”，包括路面结构（垫层、基层、面层）、结构层处治措施（封层、透层、黏层）、中央分隔带、路面排水、路缘石、路肩等分项工程。

2. 路面的分类

路面分类方式很多，一般依据路面结构力学特性分为柔性路面、复合式路面、刚性路面等，依据面层材料分为水泥混凝土路面、沥青路面、砂石路面等，依据基层材料分为无机结合料稳定类基层沥青路面、粒料类基层沥青路面、沥青结合料类基层沥青路面和水泥混凝土基层沥青路面等。沥青混凝土路面和水泥混凝土路面等称为铺装路面，沥青碎石、沥青贯入、沥青表面处治路面等称为简易铺装路面碎、砾石路面等称为未铺装路面。

路面面层类型的选用应符合表 1－2－6 规定。

表 1－2－6　路面面层类型及适用范围

面层类型	适用范围
沥青混凝土路面	高速公路、一级公路、二级公路、三级公路、四级公路
水泥混凝土路面	高速公路、一级公路、二级公路、三级公路、四级公路
沥青贯入式，沥青碎石，沥青表面处治路面	三级公路、四级公路
碎、砾石路面	四级公路

1）按面层结构分类：

路面按面层结构分为：沥青路面，水泥混凝土路面和碎、砾石路面。

沥青路面包括沥青混凝土路面、沥青贯入式路面、沥青表面处治路面等。

水泥混凝土路面包括普通混凝土路面、钢筋混凝土路面、连续配筋混凝土路面、预应力混凝土路面、钢纤维混凝土路面和碾压混凝土路面等。

碎、砾石路面包括泥（灰）结碎石路面、级配碎石路面、级配砾石路面及天然砂砾路面、粒料改善土路面等。

（1）沥青路面具有行车舒适，噪声小，施工期短，养护维修简便等优点，因此得到了广泛应用。沥青路面按照材料组成及施工工艺可分为：热拌沥青混合料路面、冷拌沥青混合料路面、沥青贯入式路面、沥青表面处治等。沥青路面应具有坚实、平整、抗滑、耐久的品质，同时还应具有高温抗车辙、低温抗开裂、抗水损害以及防止雨水渗入基层的功能。

①沥青混凝土路面是用沥青混凝土铺筑而成的路面，是一种高级路面，属于柔性路面。沥青混凝土是指经人工选配具有一定级配的矿料（碎石或轧碎砾石、石屑或砂、矿粉等）与一定比例的路用沥青材料，在规定条件下拌制而成的混合料。

②沥青贯入式路面是在粒径经碾压均匀的主层集料上，逐层洒铺沥青、嵌缝料并碾压修筑而成的路面，具有强度较高、稳定性好、施工简便、不易产生裂缝的优点。沥青贯入式路面是一种多孔隙结构，为了防止表面水的透入，面层之下应做下封层。

③沥青表面处治路面是指在原有的沥青路面或其他中、低级路面上，用沥青和矿料按层铺

法或拌和法铺筑的厚度不超过3cm的一种薄层路面面层,用以保护路面不受车辆的直接磨损和雨水侵蚀,提高路面平整度,减少灰尘飞扬,延长路面使用寿命并改善行车条件。

(2)水泥混凝土路面是以水泥混凝土为主要材料铺筑而成的路面,俗称白色路面,是一种高路面,属于刚性路面。水泥混凝土路面强度高、稳定性好、使用寿命长,适用于繁重的交通道路。但其施工中需设置各类接缝,增加了施工的复杂性,影响行车的舒适性。接缝是路面的薄弱点,应合理设计、认真施工,否则容易出现唧泥、错台等病害。

①普通水泥混凝土路面是指除接缝区和局部范围(边缘及角隅)外,不配置钢筋的水泥混凝土路面。

②钢筋混凝土路面是指为防止产生裂缝缝隙,在板内配置纵、横钢筋网的水泥混凝土路面。

③钢纤维混凝土路面是指在混凝土中掺入一些低碳钢、不锈钢纤维或其他纤维(如塑料纤维、纤维网等)形成均匀而多向的水泥混凝土路面。

④碾压混凝土路面是一种含水率低,通过碾压形成高密度、高强度的水泥混凝土路面。

(3)碎、砾石路面:

①泥(灰)结碎石路面是指经碾压后灌入泥浆,依靠碎石的嵌锁和黏土的黏结作用而形成的路面。

②级配碎(砾)石路面是指由各种粒径集料组成的混合料路面。当其级配符合技术规范的规定时,称为级配型集料。级配型集料包括级配碎石、级配碎砾石和级配砾石(或称为级配砂砾)。

2)按路面力学特性分类:

(1)柔性路面,力学特点是在行车荷载作用下的弯沉变形较大,路面结构本身抗弯拉强度小,在重复荷载作用下产生累积残余变形。路面的破坏取决于荷载作用下所产生的极限垂直变形和弯拉应力。目前我国的公路路面,绝大多数属于柔性路面,如沥青混凝土路面。

(2)刚性路面,特点是在行车荷载作用下产生板体作用,其抗弯拉强度和弹性模量较其他各种路面材料要大得多,故呈现出较大的刚性。刚性路面在荷载作用下的弯沉变形极小,路面的破坏取决于荷载作用下所产生的疲劳弯拉应力。刚性路面主要指水泥混凝土路面。

(3)半刚性路面,是指用水泥、石灰、粉煤灰等无机结合料稳定类材料(常称半刚性材料)作为基层、底基层的沥青路面。这种半刚性基层材料使用前期的力学特性呈柔性,而后期趋近于刚性,其刚性介于柔性路面和刚性路面之间,如水泥或石灰粉煤灰稳定粒料类基层的沥青路面。

(二)路面工程的主要构造

1. 路面结构

路面结构可由面层、基层、底基层和必要的功能层组合而成。

(1)面层采用不同材料分层铺筑时,可分为表面层、中面层和下面层。面层应具有平整、抗车辙、抗疲劳开裂、抗低温开裂和抗水损坏等性能,表面层混合料还应具有抗滑和耐磨损性能,密集配沥青混合料表面层应具有低透水性能。

(2)基层和底基层应具有足够的承载能力、抗疲劳开裂性能、足够的耐久性和水稳定性。沥青结合料类基层还应该具有足够的抗永久变形能力。常用的基层和底基层材料以及适用情况见表1-2-7。

表 1-2-7　基层和底基层材料的适用交通荷载等级和层位表

类型	材料类型	适用交通荷载等级和层位
无机结合料稳定类	水泥稳定级配碎石或砾石、水泥粉煤灰稳定级配碎石或砾石、石灰粉煤灰稳定级配碎石或砾石	各交通荷载等级的基层和底基层
	水泥稳定未筛分碎石或砾石石灰粉煤灰稳定未筛分碎石或砾石、石灰稳定未筛分碎石或砾石	轻交通荷载等级的基层、各交通荷载等级的底基层
	水泥稳定上、石灰稳定土、石灰粉煤灰稳定土	轻交通荷载等级的基层,各交通荷载等级的底基层
粒料类	级配碎石	重及重以下交通荷载等级的基层、各交通荷载等级的底基层
	级配砾石、未筛分碎石、天然砂砾,填隙碎石	中等和轻交通荷载等级的基层、各交通荷载等级的底基层
沥青结合料类	密级配沥青碎石、半开级配沥青碎石、开级配沥青碎石	极重、特重和重交通荷载等级的基层
	沥青贯入碎石	重及重以下交通荷载等级的基层
水泥混凝土	水泥混凝土或贫混凝土	极重、特重交通荷载等级的基层

(3)功能层:为能够使沥青路面各结构层之间黏结紧密和满足施工需要,提高路面结构的整体性,在各结构层设置了封层、黏层、透层、排水层和防冻层等功能层。

封层是路面结构中用以阻止水下渗的功能层,通常无机结合料稳定类或冷再生类材料结构层与沥青结合料类结构层之间宜设置封层,封层可采用单层沥青表面处治或稀浆封层。当设置改性沥青应力吸收层时,之间宜设置封层。

黏层是路面结构中起黏结作用的功能层;排水层是能排除路面结构内部水的功能层。防冻层是路面结构中按防冻要求所设置的功能层。当季节性冻土地区路面厚度不满足防冻要求时,应增设防冻层,防冻层宜采用粗砂、砂砾和碎石等粒料类材料。

透层是用于非沥青材料层上,能透入表面一定深度,增强非沥青类材料层与沥青混合料层整体性的功能层。一般情况下,沥青路面的粒料类基层如级配砂砾、级配碎石基层和水泥、灰、粉煤灰等无机结合料稳定类基层顶面宜浇洒透层沥青。

2. 中间带

为保障高速公路、一级公路高速行车安全,在双向车道中间设置中间带,中间带由两条侧路缘带和中央分隔带组成,高速公路和作为干线的一级公路,中央分隔带宽度应根据公路项目中央分隔带功能确定,作为集散的一级公路,中央分隔带宽度应根据相关规定确定。

3. 路肩

路肩指的是位于车行道外缘至路基边缘,具有一定宽度的带状部分,包括硬路肩与土路肩。硬路肩指的是与行车道相连,具有一定路面强度的带状部分。主要作用为行车提供侧向余宽,为路面结构提供横向保护以及为故障车辆紧急停车提供全部或者部分宽度。土路肩是为行车安全而设置的,位于硬路肩边缘至路肩边缘,具有一定宽度的带状结构部分。一般用黏土填筑,土路肩可以为各类护栏、标志牌提供设置空间。

4. 路面排水

当前,在高等级公路建设中,为使渗入路面的表面水量降至最小,并且迅速排出进入路面结构内的水分,所采用的路面排水设施主要有四种形式:路面表面排水、中央分隔带排水、路面结构内部排水、桥面铺装体系排水。

5. 路缘石

路缘石设置在中间分隔带、侧分隔带及路侧带两侧,缘石可以分为立缘石和平缘石。按照路缘石的材质分为水泥混凝土路缘石、天然石材路缘石。

6. 水泥混凝土路面面板及接缝

(1)水泥混凝土面层:应具有足够的强度、耐久性,表面抗滑、耐磨、平整。普通混凝土面板一般采用矩形,纵向和横向接缝应垂直相交,其纵缝两侧的横缝不得互相错位。纵向缩缝间距(即板宽)宜在3.0~4.5m范围内选用。横向缩缝间距(即板长)应根据当地气候条件、板厚和实践经验确定,一般采用4~6m,最大不得超过6m,且板宽与板长之比不宜超过1:1.35,平面尺寸不宜大于$25m^2$。

(2)接缝:水泥混凝土面层由一定厚度的混凝土板构成,具有热胀冷缩的性质,一年四季温度的变化,以及一昼夜温度的变化都会使面板产生变形,不均匀的变形会导致面板产生断裂破碎的现象,为了避免面板断裂破碎,需要在水泥混凝土面层设置不同的接缝。

①纵缝:纵向接缝的布设应视路面总宽度、行车道及硬路肩宽度以及施工铺筑宽度而定。

一次铺筑宽度小于路面宽度时,应设置纵向施工缝。纵向施工缝应采用设拉杆平缝形式,上部应锯切槽口,深度宜为30~40mm,宽度宜为3~8mm,槽内应灌塞填缝料。

一次铺筑宽度大于4.5m时,应设置纵向缩缝。纵向缩缝应采用设拉杆假缝形式,锯切的槽口深度应大于施工缝的槽口深度。采用粒料基层时,槽口深度应为板厚的1/3;采用半刚性基层时,槽口深度应为板厚的2/5。其构造如图1-2-3a、图1-2-3b所示。

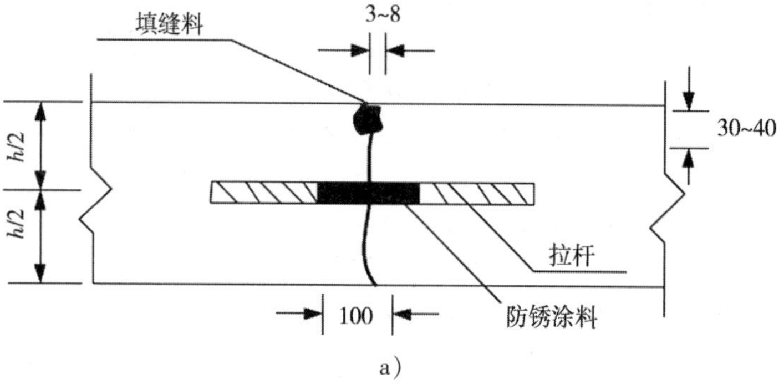

a)

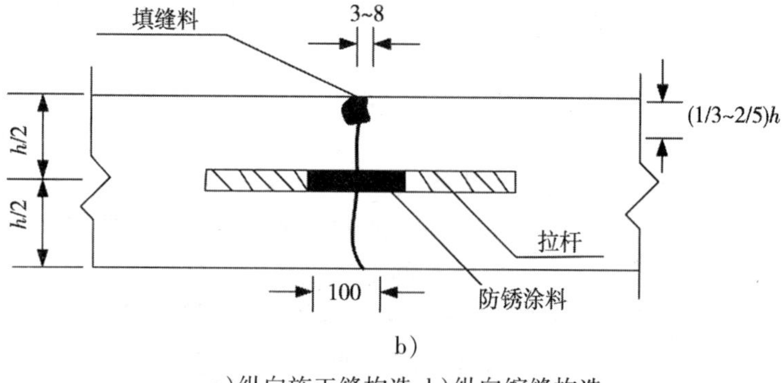

b)

a)纵向施工缝构造;b)纵向缩缝构造

图1-2-3 纵向缩缝构造(尺寸单位:mm)

行车道路面与混凝土硬路肩之间的纵向接缝必须设置拉杆。拉杆应采用螺纹钢筋,设在板厚中央,并应对拉杆中部 100mm 范围内进行防锈处理。

②横缝:每日施工结束或因临时原因中断施工时,必须设置横向施工缝,其位置宜选在缩缝或胀缝处。设在缩缝处的施工缝,应采用加传力杆的平缝形式,其构造如图 1－2－4 所示;设在胀缝的施工缝,其构造应与胀缝相同,如图 1－2－4 所示。

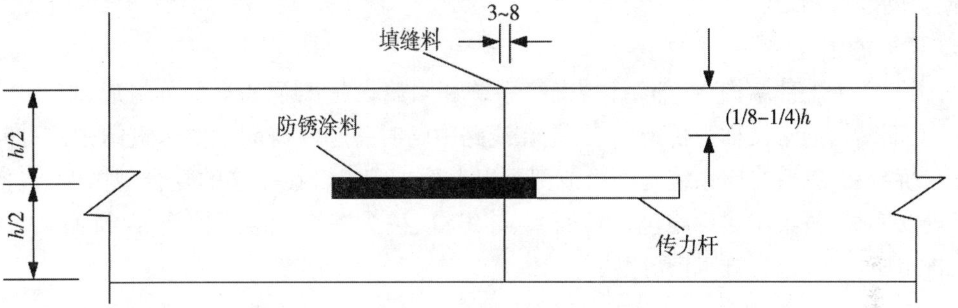

图 1－2－4　横向施工缝构造(尺寸单位:mm)

横向缩缝可等间距或变间距布置,应采用假缝形式。极重、特重和重交通荷载公路的横向缩缝,中等和轻交通荷载公路邻近胀缝或自由端部的 3 条横向缩缝,收费广场的横向缩缝,应采用设传力杆假缝形式,其构造如图 1－2－5a)所示。其他情况可采用不设传力杆假缝形式,其构造如图 1－2－5b)所示。传力杆的设置不应妨碍相邻混凝土板的自由伸缩,钢筋表面应作防锈处理。

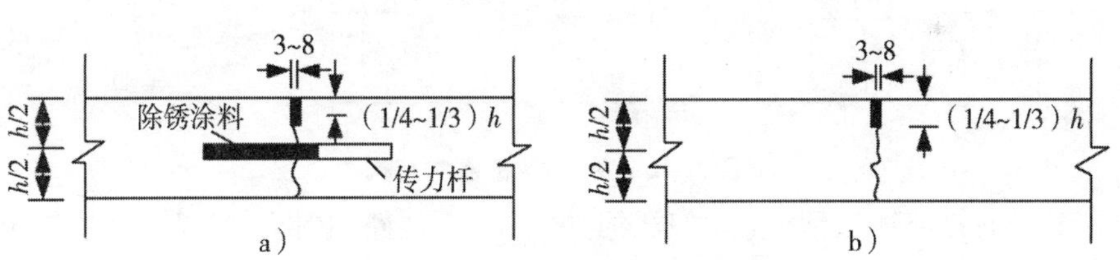

a)设传力杆假缝型;b)不设传力杆假缝型

图 1－2－5　横向缩缝构造(尺寸单位:mm)

在邻近桥梁或其他固定构造物处,或者与其他道路相交处,应设置横向胀缝。胀缝条数应根据膨胀量大小设置。胀缝宽宜为 20～25mm,缝内应设置填缝板和可滑动的传力杆。胀缝的构造如图 1－2－6 所示。

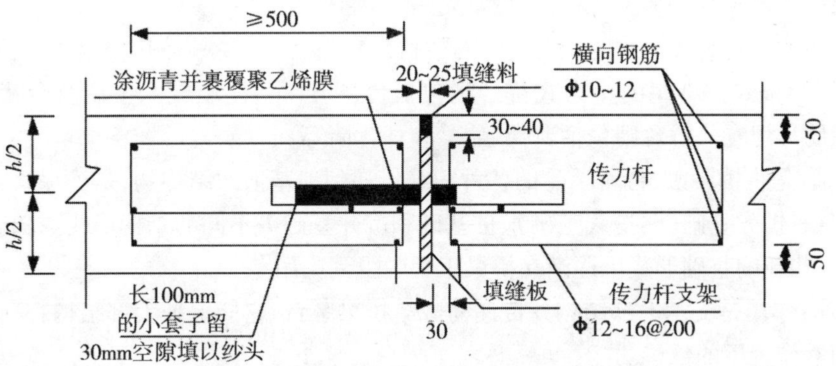

图 1－2－6　胀缝构造(尺寸单位:mm)

三、桥涵工程的组成、分类及构造

(一)桥梁的组成和分类

桥梁一般指架设在江河湖海上,使车辆行人等能顺利通行的构筑物。为适应现代高速发展的交通运输行业,桥梁也引申为跨越山涧、不良地质或满足其他交通运输需要而架设的出行更加便捷的建筑物。

1. 桥梁的组成

桥梁一般由上部结构、下部结构、支座系统和附属设施四个基本部分组成,如图 1 - 2 - 7 所示。上部结构通常又称为桥跨结构,是在线路中断时跨越障碍的主要承重结构;下部结构包括桥墩、桥台和基础;支座系统是两个或两个以上的支座组合在一起的复合型构件,包括:钢支座、橡胶支座等;桥梁附属设施包括桥面系、伸缩缝、桥头搭板和锥形护坡等,桥面系包括桥面铺装、排水防水系统、栏杆、灯光照明等。

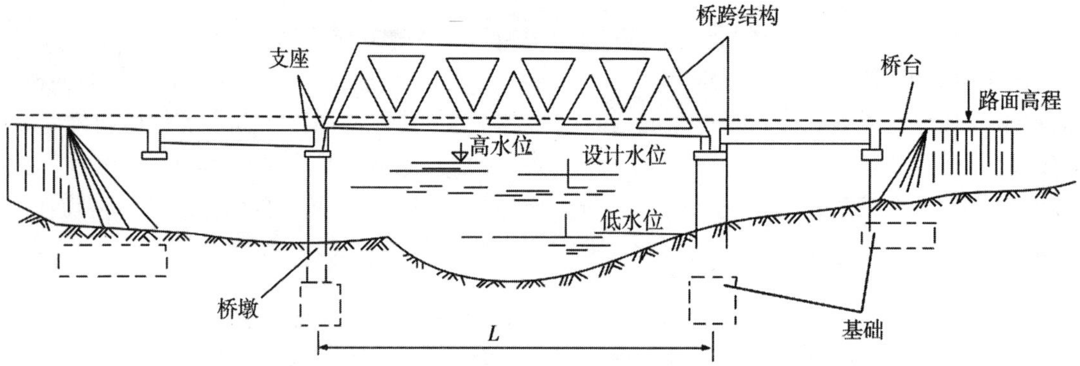

图 1 -2 -7 桥梁的基本结构

(1)桥跨结构:是路线遇到障碍(如江河、峡谷或其他路线等)中断时,跨越这类障碍的结构物。它的作用是承受车辆荷载,并通过支座传递给桥梁墩台。

(2)桥墩:是在河中或岸上支承两侧桥跨上部结构的建筑物。拱桥的桥墩一般为实体式的,由墩身和拱座组成。梁式、板式桥的桥墩其结构形式比较多,实体式的包括墩身和墩帽,柱式的则由柱身和盖梁组成。

(3)桥台:设在桥的两端,一端与路堤相接,防止路堤滑塌,另一端则支承桥跨上部结构的端部。为保护桥台和路堤填土,桥台两侧常做一些防护工程。

拱桥常用的桥台为实体式的,也称重力式桥台,它由台身、拱座、侧墙或八字墙及台背排水等组成。梁式、板式桥常用的重力式桥台则包括台身、台帽、侧墙或八字墙及台背排水等,柱式、框架式、肋形埋置式桥台则包括台身、盖梁和耳背墙等。

(4)基础:是将桥梁墩、台所承受的各种荷载传递到地基上的结构物,是确保桥梁安全使用的关键部位,有扩大基础(明挖浅基础)、桩基础和沉井基础等不同的结构形式。随着桥梁技术不断发展,一些新的基础形式也逐渐在桥梁工程中得到应用。

(5)支座:作用是支承上部结构并传递荷载给桥梁墩台,它能保证上部结构在荷载、温度变化或其他因素作用下的位移功能。

(6)桥面铺装:包括混凝土三角垫层、防水混凝土或沥青混凝土面层、泄水管和伸缩缝等。

对拱桥,且拱上又有土石填料时,还应包括与路线同样的路面结构的垫层和基层。在实际工作中,通常实腹式拱桥上的桥面铺装不计入桥内,而纳入路面工程中计算。

(7)桥梁排水防水系统:应能迅速排除桥面积水,并使渗水的可能性降至最小限度。

(8)栏杆(或防撞护栏):既是保障安全的构造措施,又是改善景观的最佳装饰构件。

(9)伸缩缝:简支梁桥的伸缩缝位于桥梁墩顶上部结构之间,其他桥梁的伸缩缝位于上部结构与桥台端墙之间,以保证结构在各种因素作用下的自由变位。为使桥面上行车顺适、不颠簸,桥面上应设置伸缩缝。

(10)桥头搭板:是指在道路、桥梁过渡处搭设的混凝土板,搭板的一端支撑在桥台上,另一端与路基相连,使得路桥过渡段的不均匀沉降被均匀的分散到搭板长度范围内,减少路堤与桥台间的沉降突变,降低桥梁跳车现象的产生。为了防止桥头工后沉降出现错台现象引起的跳车,设置桥头搭板是一项必要措施。

(11)锥形护坡:在路堤与桥台衔接处,一般还在桥台两侧设置石砌的锥形护坡,用来保证迎水部分路堤边坡的稳定。

(12)灯光照明:大跨径桥梁通常是一个城市的标志性建筑,大都设置了灯光照明系统,成为城市夜景的重要组成部分。

桥梁工程作为"单位工程",其分部分项工程见表1-2-8。

表1-2-8　桥梁分部分项工程表

分部工程	分项工程
基础及下部结构	钢筋加工及安装、预应力筋加工及张拉、预应力管道压浆、混凝土扩大基础、钻孔灌注桩、挖孔桩、灌注桩桩底压浆、地下连续墙、沉井、钢围堰的混凝土封底、承台等大体积混凝土结构、砌体、混凝土墩台、墩台身安装,支座垫石和挡块,拱桥组合桥台,台背填土等
上部结构预制及安装	钢筋加工及安装、预应力筋加工及张拉、预应力管道压浆、预制安装梁板、悬臂施工梁、顶推施工梁、转体施工梁、拱圈节段预制、拱的安装、转体施工拱、中下承式拱吊杆和柔性系杆、钢梁制作、钢梁安装、钢梁防护等
上部结构现场浇筑	钢筋加工及安装、预应力筋加工及张拉、预应力管道压浆、就地浇筑梁板、悬臂施工梁、就地浇筑拱圈、劲性骨架混凝土拱、钢管混凝土拱、中下承式拱吊杆和柔性系杆、刚性系杆等
桥面系、 附属工程及桥梁总体	钢筋加工及安装、混凝土桥面板桥面防水层、钢桥面板上防水黏结层、混凝土面板桥桥面铺装、钢桥面板上沥青混凝土铺装、支座安装、伸缩装置安装、人行道铺设、栏杆安装、混凝土护栏、钢桥上钢护栏安装、桥头搭板、混凝土小型构件预制、砌体坡面护坡、混凝土构件表面防护、桥梁总体等
防护工程	砌体坡面护坡、护岸,导流工程等

2. 桥梁的分类

桥梁分类的方法很多,主要按照建设规模大小、桥梁结构类型、用途、主要承重结构所用的建筑材料、物的性质结构行车道所处的位置等进行分类。

(1)按建设规模大小分类:主要是以桥涵的长度和跨径的大小作为划分依据,分为特大桥、大桥、中桥、小桥和涵洞五类。现行《公路工程技术标准》规定的划分标准见表1-2-9。

表 1－2－9　桥梁涵洞按跨径分类表

桥涵分类	特大桥	大桥	中桥	小桥	涵洞
多孔跨径总长 L/m	$L>1000$	$100\leqslant L\leqslant 1000$	$30<L<100$	$8\leqslant L\leqslant 30$	—
单孔跨径 L_k/m	$L_k>150$	$40\leqslant L_k\leqslant 150$	$20\leqslant L_k<40$	$5\leqslant L_k<20$	$L_k<5$

注:单孔跨径系指标准跨径。

现行《公路工程技术标准》规定,标准设计或新建桥涵,当跨径在50m以下时,应尽量采用标准跨径,并规定了从0.75m到50m的各种标准跨径共21种。为了推行标准化设计,交通运输部有关部门出版了大量的桥涵标准设计图以供设计和施工选用。

(2)按桥梁结构类型分类:桥梁上部结构形式,虽多种多样,但按其受力构件,总离不开弯、压和拉三种基本受力方式。由基本构件所组成的各种结构物,在力学上可归纳为梁式、拱式、悬吊式三种基本体系以及它们之间的各种组合。

(3)按用途分类:有公路桥、铁路桥、公路铁路两用桥、城市桥、渡水桥(渡槽)、人行天桥和马桥,以及其他专用桥梁(如通过管道、电缆)等。

(4)按主要承重结构所用的建筑材料分类:有圬工桥(包括砖、石、混凝土桥)、钢筋混凝土桥、预应力混凝土桥、钢桥和木桥等。

(5)按跨越障碍物的性质分类:有跨河桥、跨线桥(立体交叉)和高架桥等。高架桥一般是指跨越深沟峡谷以代替高填路堤的桥梁,或在大城市中的原有道路之上另行修建快速车行道的桥梁,以解决交通拥挤问题。

(6)按上部结构行车道所处的位置分类:有上承式、下承式和中承式三种。桥面布置在主要承重结构之上的称为上承式桥;桥面布置在承重结构之下的称为下承式桥;桥面布置在桥跨结构高度中间的称为中承式桥。

除以上固定式桥梁外,有时根据建设环境和使用要求,还有开合桥、浮桥和漫水桥等形式的桥梁。

3. 桥梁工程中常用的技术术语

在公路桥梁建设中,常用到以下的专业技术术语。

(1)设计洪水位:在进行桥涵设计时,按照一定设计洪水频率所计算得到的水位,称为设计洪水位。常用25年、50年和100年内遇的最大洪水位作为设计洪水位,高速公路和一级公路中的特大桥则以300年内一遇的最大洪水位作为设计洪水位。

(2)计算跨径:设支座的桥涵指桥跨结构在相邻两个支座中心之间的水平距离;不设支座的桥涵(如拱桥、刚构桥、箱涵)指上下部结构相交面中心间的水平距离。

(3)净跨径:设支座的桥涵为相邻两墩台身顶内缘之间的水平距离;不设支座的桥涵为上下部结构相交处内缘间的水平距离。

(4)总跨径:是多孔桥梁中各孔净跨径的总和,它反映了桥下宣泄洪水的能力。

(5)标准跨径:梁式桥、板式桥以两个桥(涵)墩中线之间的距离或桥(涵)墩中线与台背前缘之间的距离为准;拱式桥、箱涵、圆管涵则以净跨径为准。

(6)桥梁全长(总长度):有桥台的桥梁为两岸桥台的侧墙或八字墙尾端之间的距离;无桥台的桥梁则为桥面系行车道的长度。涵洞的长度是以其洞身两端洞口之间的水平距离为准,即路基横方向的长度。

(7)桥梁多孔跨径总长:梁式、板式桥为多孔标准跨径之和;拱式桥以两岸桥台内起拱线之间的水平距离为准;其他形式的桥梁为桥面系的行车道长度。

(8)桥梁净空:它包含有两个方面的内容,一方面指桥面净空,即桥面的宽度和桥上的净空高度,我国公路桥面行车道净宽为车道数乘以车道宽度,并计入所设置的加(减)速车道,紧急停车道、爬坡车道、慢车道或错车道的宽度;桥上的净空高度高速公路、一级公路和二级公路的应为5.0m、三级、四级公路应为4.5m。另一方面指桥下净空,即设计洪水位至上部结构最下缘之间的净空高度,是为保证洪水、流冰排泄无阻和符合河流通航净空要求所规定的一个重要设计参数。

(9)建筑高度:是指桥梁的结构高度,即行车道路面的高程至上部结构最下缘之间的距离,它对降低路基平均填土高度有极其重要的影响。

(10)矢跨比:是指拱顶下缘至起拱线之间的垂直距离与标准跨径之比,它是反映拱桥特性的一个重要指标。

(二)桥梁工程的主要构造

1. 桥梁基础

公路桥梁常用的基础类型,有扩大基础、桩基础(打入桩、钻孔灌注桩、挖孔桩)和沉井基础等三种。随着桥梁技术的发展,地下连续墙基础、组合式基础等也逐渐得到应用。

(1)扩大基础:这种基础将荷载通过逐步扩大的基础直接传到土质较好的天然地基或经人工处理的地基上。它的尺寸按地基承载力和所承受荷载决定,基础埋置深度与基础宽度相比很小,属于浅基础范畴,施工常采用明挖方法,因此又称为明挖浅基础。

(2)桩基础:当地基浅层土质不良时,采用浅基础无法满足结构物对地基强度、变形和稳定性等方面的要求时,往往需要采用深墩身基础。

桩基础由若干根桩和承台两部分组成,如图1-2-8所示。桩在平面排列上可以为一排或几排,所有桩顶由承台联成一整体并传递荷载。在承台上再修筑桥墩、桥台及上部构造。桩身可全部或部分埋入地基土中,当桩身外露在地面上较高时,在桩间应加设横系梁,以加强桩之间的横向联系。

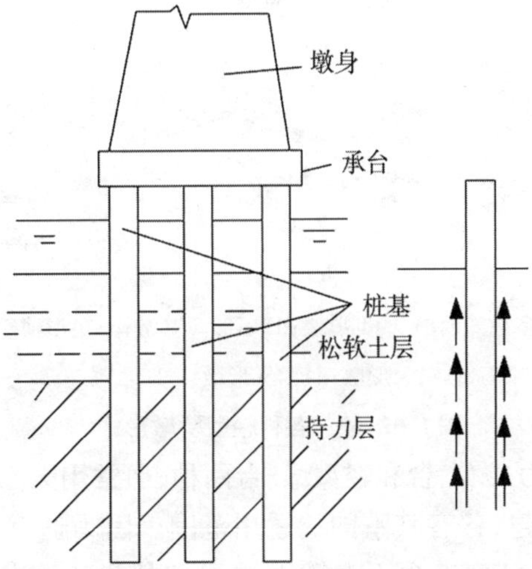

图1-2-8　桩基础

桩基础的作用是将承台以上结构物传来的外力通过承台，由桩传到较深的地基持力层中去，承台将各桩连成一整体共同承受荷载。

（3）沉井基础：沉井是井筒状构造物。通过井内挖土，依靠自身重力克服井壁摩阻力后下沉至设计高程，然后经过混凝土封底，并填塞井孔，使其成为桥梁墩台或其他结构物的基础。沉井主要由井壁、刃脚、隔墙、封底、填心和顶盖板等几部分组成。

（4）地下连续墙基础及组合式基础：随着桥梁技术的不断发展，以及跨越能力的不断增大，一些新型基础形式也得到了发展和应用，例如地下连续墙基础和组合基础等。

①地下连续墙基础：是一种新型的桥梁基础形式。它是在泥浆护壁条件下，采用专用的挖槽（孔）机械，顺序沿着基础结构物的周边，在地基中开挖出一个具有一定宽度和深度的槽孔，然后在槽内安放钢筋笼、浇注水下混凝土，逐步形成的一道连续的地下钢筋混凝土墙。直接作为桥梁基础的地下连续墙还较少，大多是作为基坑开挖的挡土、防渗设施。

②组合式基础：形式较多，常用的有双壁钢围堰钻孔灌注桩基础、钢壳沉井加管柱（钻孔桩）基础、浮运承台与管柱、井柱、钻孔桩基础，以及地下连续墙加箱形基础等。

2. 桥梁下部结构

桥墩和桥台，包括墩台身和墩台帽或盖梁等两项工程内容，通常称为下部结构。常用的墩台结构形式有实体式墩、台，柱式墩、台，埋置式桥台，空心墩，Y 形墩和薄壁墩，以及索塔等。轻型桥墩如图 1－2－9 所示。

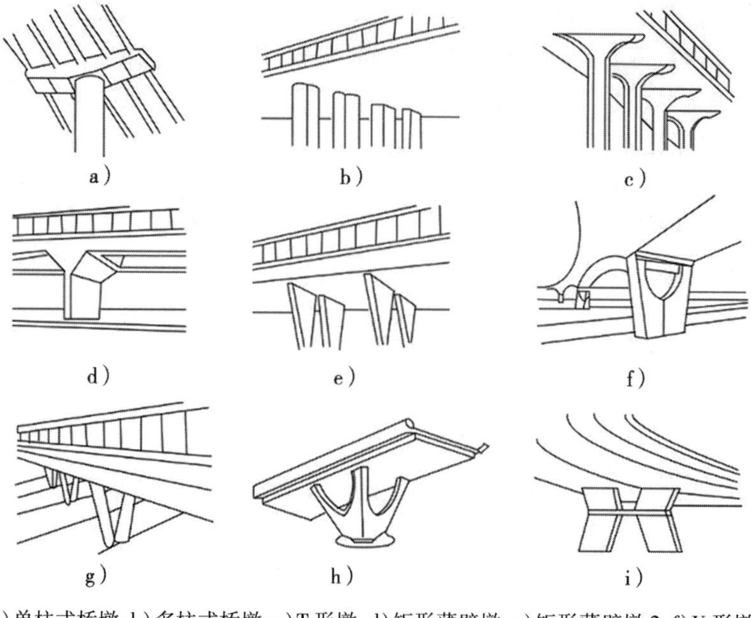

a）单柱式桥墩；b）多柱式桥墩；c）T 形墩；d）矩形薄壁墩；e）矩形薄壁墩 2；f）V 形墩；
g）双叉形墩；h）四叉形墩；i）X 形墩

图 1－2－9　各种轻型桥墩形式

（1）实体式墩、台：有重力式墩、台和轻型墩、台两种，通常用天然石料、片石混凝土、混凝土和钢筋混凝土等建筑材料修建，各有其不同的适用范围。因为适宜于就地取材，施工方便，需要的施工机械设备又不多，施工工艺也不太复杂，是公路桥梁建设中较为广泛使用的一种结构形式，重力式墩、台如图 1－2－10 所示。

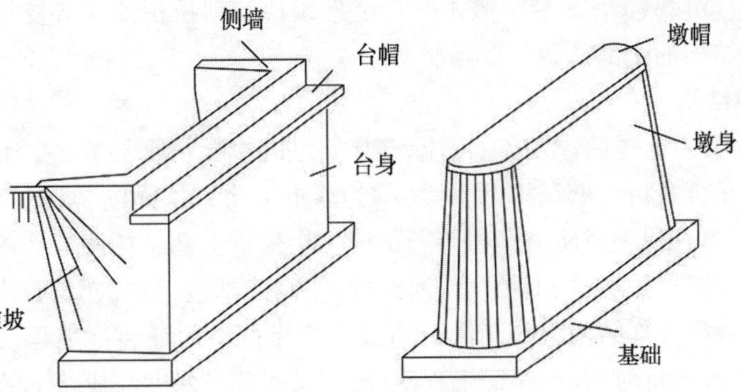

图1-2-10　重力式墩、台

①重力式墩、台:它的主要特点是靠自身的重力来平衡外力而保持其稳定。因此,墩、台身比较厚实,圬工体积相应较大,主要采用天然石料或片石混凝土砌筑,不需要耗用钢筋,是比较经济的。重力式桥台的常用形式是U形桥台,它由台帽、台身和基础等三部分组成。台后的土压力主要靠自重来平衡,桥台本身多数由石砌、片石混凝土或混凝土等圬工材料建造,并用就地浇筑的方法施工。

②轻型墩、台:是相对于重力式墩、台而言的,其主要特点是力求体积轻巧,自重较小,它借助结构物的整体刚度和材料的强度来承受外力,从而可大量节省圬工材料,减轻地基的负担,为在软土地基上修建桥梁开辟了经济可行的途径。

轻型桥台按照翼墙的不同形式,有八字形轻型桥台、一字墙轻型桥台和耳墙式轻型桥台三种。

(2)柱式墩、台:有圆柱式和方柱式两种,都是采用钢筋混凝土就地浇筑而成,高度可达30m,是公路桥梁建设中采用较多的一种墩、台结构形式。它外形美观,圬工体积小,故相应质量较轻。

柱式墩、台也是一种轻型墩、台结构,应用最多的有独柱、双柱和三柱三种形式。

(3)埋置式桥台:是将台身完全埋置在路堤填土中,只露出台帽部分在外,以安置支座和上部构造,在台身上设置背墙和短小的耳墙与路堤衔接,耳墙伸入路堤的长度应不小于50cm。在台前铺砌护坡,台的两侧设置锥坡。这种桥台受到的土压力大为减少,因此,可以减薄台身,短翼墙,所以埋置式桥台也是一种轻型桥台。

埋置式桥台有肋形式、框架式、后倾式和双柱式等多种形式。

(4)空心墩:在外形上与实体重力式桥墩相似。在一些高大的桥墩中,为了减少圬工体积、节约用料、降低工程造价,或者为了减轻质量、降低地基的承受力,采用混凝土或钢筋混凝土将墩身内部做成空腔结构,故称为空心墩,其自重较实体式桥墩要轻,介于实体重力式和轻型桥墩之间。由于空心墩的施工工艺要求高,目前多用于50~150m高墩,低于40m的,一般仍用实心墩。

(5)Y形墩和薄壁墩:都是一种轻型桥墩,其结构形式经济合理,外形轻盈美观,一般都采用钢筋混凝土修建。在高等级公路桥梁建设中,常使用这种桥墩结构。

(6)索塔:一般由立柱、横梁、顶梁及腹系杆所组成,但也有不设顶梁的。从立面看有单柱式、A形和倒Y形,从横向看有门形塔、斜腿门形塔、双柱式塔、独柱式塔、A形塔以及可减小桥墩尺寸的宝石形(拐脚式)塔等多种形式。它是悬索桥和斜拉桥的主要支撑结构,通过固定的钢索承托着上部结构的全部荷载。

3. 桥梁上部结构

公路桥梁上部结构,是跨越山谷、河流,连接路基的主要承重部分,常用的有梁板式和拱式两种结构形式。梁板式桥上部结构由主梁(称为承重结构)、桥面铺装(包括泄水管、伸缩缝)、人行道或安全带、栏杆扶手或防撞护栏等所组成。拱式桥上部结构则有实腹式和空腹式之分,实腹式由主拱圈、护拱、侧墙、拱上填料等所组成,空腹式则包括主拱圈、腹拱、侧墙及拱上填料等工程内容。拱式桥上部结构也包括人行道或安全带及桥面铺装等工程(其中桥上的路面铺筑,一般在编制工程造价时,并入路面工程部分,因其形式及厚度与线路上的路面相同)。

梁板式桥的截面形式有矩形板、空心板、肋形梁(包括T形梁、工形梁)、箱形梁、组合箱梁和桁架梁等。拱式桥的截面形式有板拱、薄壳拱、肋拱、双曲拱、箱形拱、桁架桥和刚架拱等。

(1)板式桥的上部结构:

①矩形板:是公路小跨径钢筋混凝土桥中最常用的桥型之一,有整体式和装配式两种形式,整体式矩形板,就地浇筑而成,只适用于跨径小于8m的桥梁,是双向受力的整体宽板,故性能好,横向刚度较大。板的横截面,无论是宽板或是窄板,一般都设计成等厚的矩形截面装配式矩形板,是用混凝土制作。板与板之间接缝(企口缝)用混凝土连接。矩形板一般设置简易垫层支座,铺垫油毛毡后,就直接安置在墩、台帽上,并用锚栓与墩、台帽锚固。

②空心板:是将板的横截面中间部分挖成空洞的一种混凝土板,以达到减轻自重、节约材料的目的,通常用钢筋混凝土和预应力混凝土做成。

预应力混凝土空心板,对构件施加预应力有先张法和后张法两种不同的方法,需对孔道灌入水泥浆和浇筑梁端封锚混凝土。后张法适宜于配置曲线形预应力筋的大型预制构件。空心板桥梁的墩、台帽要设置支座,一般采用板式橡胶支座,每块板要设置4块。

(2)梁式桥的上部结构:

①T形梁和工形梁:统称为肋形梁,每孔上部构造一般由多片梁组成,梁间由隔板连接。主梁间距通常在2m左右,主梁由梁肋、横隔梁(横隔板)、行车道板(T形梁为翼板)组成。

T形梁:跨径在20m及以下的,一般采用钢筋混凝土结构,跨径在25~50m的则用预应力混凝土结构。

工形梁:既是一种肋形梁又是一种组合式梁,适用于跨径30m以内的钢筋混凝土和预应力混凝土的简支梁桥。其技术要求和施工方法基本上与T形梁相似,只是梁间的横隔梁现浇连接。由于是组合结构受力,受力状况不如T形梁,目前很少使用。

②箱梁:由底板、腹板(梁肋)和顶板(包括翼板)组成,其横截面是一个封闭箱。它的特点是它的横向刚度和抗扭刚度特别大,在偏心的活载作用下各梁肋的受力比较均匀。所以箱梁适用于较大跨径的悬臂梁桥(T形刚构)和连续梁桥,还易于做成与曲线、斜交等复杂线形相适应的桥型结构,斜拉桥、悬索桥也常采用这种截面。

简支箱梁的墩、台帽上,一般设置盆式橡胶支座,除大跨径单箱独柱墩帽上设置一个支座外,其他情况设置两个支座。

③预应力连续梁:可以做成等跨和不等跨、等高和不等高的结构形式。其截面形式,除了中等跨径的梁桥采用T形或工形截面外,对大跨径的连续梁桥和采用顶推法或悬臂法施工的

连续梁桥，都采用箱形截面，因为它能满足顶推法和悬臂法施工工艺的要求，又便于设置预应力筋。连续梁桥一般采用C40或C50预应力混凝土，很少用钢筋混凝土。

(3)拱式桥的上部结构：拱桥按主拱圈的截面形式，分为板拱（包括石拱、钢筋混凝土薄壳拱）、肋拱、双曲拱、箱形拱、桁架拱和刚架拱等；若按照拱上结构形式，则可分为实腹式和空腹式两类拱桥；按结构受力可分无铰拱、两铰拱及三铰拱桥。

主拱圈以上的建筑部分，常称为拱上建筑。它将作用在桥面上的荷载较均匀地传给主拱圈，当考虑联合作用时，才与主拱圈共同受力。为了避免拱上建筑不规则的开裂，以保证桥梁的安全运营，通常在变形较大的位置设置伸缩缝，而在变形较小处设置变形缝。

(4)刚构桥的上部结构：刚构桥又称刚架桥，是由梁式桥跨结构与墩、台（支柱或板墙）刚性连接而形成整体的结构体系。按其静力结构体系可分为单跨和多跨，支柱做成斜柱式时称为斜腿刚构，多跨刚构桥可将主梁做成连续式或非连续式。非连续式刚构桥在主梁跨中设铰或悬挂简支梁，通常称为T形刚构桥，或简称为“T构”。它的显著特点是全桥所有的墩上都不设置任何形式的支座。带挂梁的刚构桥在挂梁端相应设置支座，属于静定结构。

(5)斜拉桥的上部结构：斜拉桥是一种造型美观的组合体系结构，由索塔、斜索和主梁三部分组成。锚固在索塔上而悬吊起主梁的斜钢索实际上是起着混凝土主梁弹性支承的作用。这样，主梁就像小跨度的多孔弹性支承的连续梁一样承受着全部荷载。因此，不仅可以增大跨越的能力，而且梁的高度也可以大大降低，一般只有跨径的1/100至1/40，自重较轻，节省了钢材和混凝土的用量。但由于钢索和锚具的费用都比较昂贵，这种桥型的造价仍然是比较高的。

预应力斜拉桥，按其索塔、斜拉索和主梁三者的不同结合方法，可以分为悬浮、支承、塔梁固结和刚构四种体系。

(6)悬索桥的上部结构：悬索桥又称吊桥，由承受拉力的悬索作为主要承重结构。现代悬索桥一般由索塔、主缆索、锚碇、吊索、加劲梁及索鞍等主要部分组成。

悬索桥采用高强钢材作为主要承重结构，所以与其他桥型相比，其恒载与活载之比最小，因此在一般情况下，悬索桥是一种用料最省的桥型。

(7)桥面铺装、人行道及栏杆：

①桥面铺装：是指在主梁的翼缘板（即行车道板）上铺筑一层三角垫层的混凝土和沥青混凝土面层，以保护和防止主梁的行车道板不受车辆轮胎（或履带）的直接磨损和雨水的侵蚀，同时，还可使车辆轮重的集中荷载起到一定的分布作用。

伸缩缝主要包括梳形钢板伸缩缝、镀锌铁皮沥青麻絮伸缩缝、橡胶条伸缩缝、异形钢单缝式伸缩装置、模数式伸缩装置、弹性体材料填充式伸缩缝等。

②人行道：位于城镇附近和行人较多的桥梁，一般均应设置人行道，其宽度一般为0.75m或1m，当大于1m时按0.5m的倍数增加。当不设人行道时，为确保行车安全，则应设置宽度不小于0.25m的安全带，一般采用C20混凝土。

人行道一般都采用装配式结构，它包括人行道块件、人行道板、缘石等。在安装好后，人行道板上要铺设2cm厚的水泥砂浆或沥青砂作为面层，常称为人行道铺装。

③栏杆：公路桥梁的栏杆是一种安全防护设施，其高度通常为80~100cm，既要简单耐用，又要自有一定的艺术造型，常用的是装配式钢筋混凝土栏杆。

高速公路、一级公路是全封闭体系，其路上的桥梁不要求设置人行道，同时，为了适应汽车高速安全行驶的需要,通常将栏杆改为现浇钢筋混凝土防撞护栏,它的底部与预埋在行道板内的钢筋相连接而成为整体结构。高度为 80 ~ 100cm,底宽为 50cm,顶部安放直径 100mm 的管栏杆。

(三)涵洞的组成及分类

涵洞是指在公路工程建设中,为了使公路顺利通过水渠不妨碍交通,设于路基下修筑于路面以下的排水孔道(过水通道),通过这种结构可以让水从公路的下面流过。用于跨越天然沟谷洼地排泄洪水,或横跨大小道路作为人、畜和车辆的立交通道,或农田灌溉作为水渠。

1. 涵洞的组成

涵洞由洞身、洞口建筑、基础和附属工程组成,如图 1 -2 -11 所示。洞身是涵洞的主要部分,其截面形式有圆形、拱形、箱形等。涵洞基础的形式分为整体式和非整体式两种。涵洞附属工程包括:锥形护坡、河床铺砌、路基边坡铺砌及人工水道等。

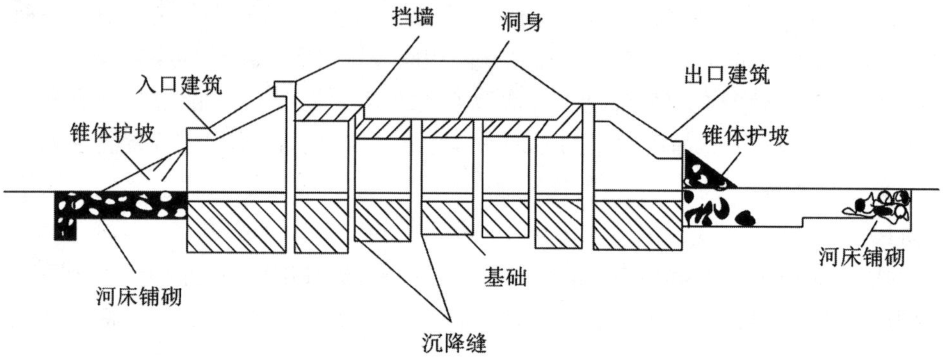

图 1 -2 -11 涵洞构造

涵洞的建设规模以孔数、跨径、台高的形式来表示,其长度则以路基横断面方向的水平距离作为计算依据。如 2 - 1.0 × 1.2 则表示为双孔、跨径 1.0m、台高 1.2m 的盖板涵,又如 1 - ϕ1.5则表示为单孔、直径 1.5m 的圆管涵。

2. 涵洞的分类

涵洞的种类繁多,截面形状、出入口类型、洞内水流流态也多种多样。按不同的分类方法,涵洞可分为不同的类型。

(1)根据涵洞中线与路线中线的关系,可分为正交涵洞和斜交涵洞。正交涵洞中线与路线中线垂直,斜交涵洞中线与路线中线有一定交角。

(2)根据涵洞洞身截面形状的不同,可分为圆管涵、盖板涵、拱涵和箱涵等。

(3)根据涵洞洞顶填土情况的不同,可分为明涵和暗涵。明涵洞顶不填土,适用于低路堤或浅沟渠;洞顶填土厚度大于 50cm 的称为暗涵,适用于高路堤和深沟渠。

(4)按建筑材料的不同,可分为砖涵、石涵、混凝土涵、钢筋混凝土涵和其他材料涵等。

(5)按涵洞水利特性的不同,可分为无压力式、半压力式、压力式涵等。

四、隧道工程的组成、分类及构造

隧道是为了使道路从地层内部或水底通过而修建的建筑物。

(一)隧道的组成和分类

1. 隧道的组成

尽管隧道有各种用途、不同长度及横断面形状,但其构造组成大体相同,均由主体建筑物和附属建筑物两大部分组成。隧道工程作为"单位工程",包括总体及装饰装修、洞口工程、洞身开挖、洞身衬砌、防排水、路面、辅助通道等分部工程。

各分部工程所含的分项工程见表1-2-10。

表1-2-10　隧道分部分项工程

分部工程	分项工程
总体及装饰装修	隧道总体、装饰装修工程
洞口工程	洞口边仰坡防护、洞门和翼墙的浇(砌)筑、截水沟、洞口排水沟、明洞浇筑、明洞防水层,明洞回填
洞身开挖	洞身开挖
洞身衬砌	喷射混凝土、锚杆、钢筋网、钢架、仰拱、仰拱回填、衬砌钢筋、混凝土衬砌、超前锚杆、超前小导管、管棚
防排水	防水层、止水带、排水
路面	基层、面层
辅助通道	超前小导管、管棚、防水层、止水带、排水、洞身开挖、喷射混凝土、锚杆、钢筋网、钢架、仰拱、仰拱回填、衬砌钢筋、混凝土衬砌、超前锚杆

2. 隧道的分类

隧道按其所处的位置不同可分为山岭隧道、水下隧道(河底和海底)以及城市隧道等。隧道按其横断面形状分为圆形、椭圆形、马蹄形、连拱形等。

隧道按其用途可分为交通隧道(包括公路隧道、铁路隧道、城市地铁、人行隧道等)和运输隧道(包括输水隧道、输气隧道、输液隧道等)。

公路隧道按其长度的不同可分为四类,见表1-2-11。

表1-2-11　公路隧道分类

隧道分类	特长隧道	长隧道	中隧道	短隧道
隧道长度L/m	$L>3000$	$3000\geq L>1000$	$1000\geq L>500$	$L\leq 500$

注:隧道长度是指进出口洞门端墙之间的水平距离,即两端墙面与路面的交线同路线中线交点间的距离

(二)隧道的主要构造

1. 洞口

洞口工程是隧道出入口部分的建筑物,包括洞门、洞口通风及排水设施、边仰坡支挡构造物和引道等。

洞口应修建洞门,洞门是为了保证边坡和仰坡稳定,并将仰坡流下的水引离隧道而在洞口修建的建筑物。它是隧道外露的唯一部分,起着保护洞口,保证边坡和仰坡稳定,美化和诱导作用。隧道洞门有端墙式、柱式、翼墙式、环框式、遮光或遮阳式、削竹式等不同形式,如图1-2-12所示。公路隧道一般采用翼墙式。

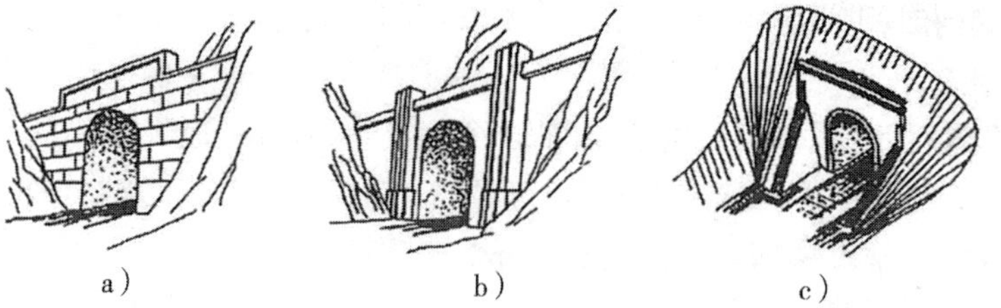

a)端墙式;b)柱式;c)翼墙式

图1-2-12　隧道洞门部分形式

洞门正面端墙是洞门的主要组成部分,其作用是承受山体的纵向推力、支撑仰坡。侧面翼墙的作用有两种,一是加强端墙抵抗山体纵向推力从而减少端墙的厚度;二是可减小洞口、明堑的开挖坡度,从而减少土石方数量。洞门墙应根据实际需要设置伸缩缝、沉降缝和泄水孔。洞门墙的基础必须置于稳固的地基上,应视地形及地质条件、冰冻深度,埋置足够的深度,保证洞门的稳定性。构筑洞门常用的材料有混凝土、钢筋混凝土、浆砌片石、镶面块石等。

2. 洞身

洞身是隧道工程的主要组成部分,按其所处地形、地质条件及施工方法的不同,分为隧道洞身、明洞洞身和棚洞洞身。

(1)隧道洞身:根据路线设计高程与地形地质情况,当有足够厚的覆盖层时,应设计成隧道,隧道洞身由暗挖的岩土空间经衬砌而成。

衬砌是隧道内壁承受围岩压力的镶护结构,其作用是支护隧道,防止岩石碎落、风化,保证净空,防水排水。根据地质条件的不同,隧道衬砌按功能分为承载衬砌、构造衬砌和装饰衬砌,按组成可分为整体式衬砌和复合式衬砌(图1-2-13),就使用材料而言,有喷射混凝土、锚杆型钢拱形支撑、钢筋格栅支撑、钢筋网或铁丝网、模筑混凝土、石料混凝土预制块衬砌及一、二次衬砌间的防水层、排水管等。

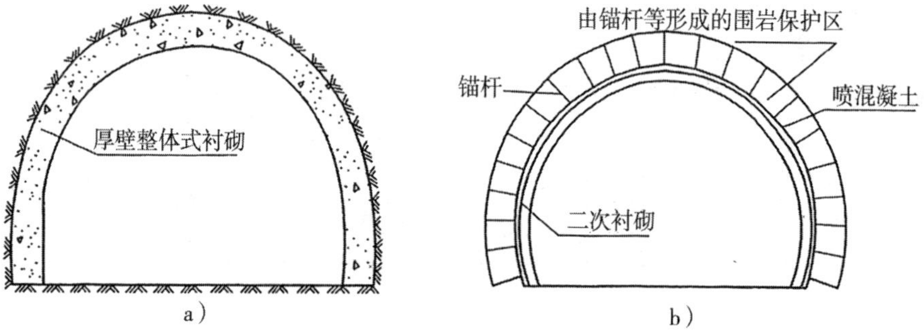

a)整体式衬砌;b)复合式衬砌

图1-2-13　隧道衬砌

承载衬砌的作用是承受围岩垂直与水平方向的压力,一般由拱顶、边墙和仰拱(无仰拱时做铺底)组成。边墙根据水平压力的大小可做成直墙式或曲墙式。承载衬砌需进行荷载计算和衬砌设计,一般都做成整体式,常用的材料有混凝土、钢筋混凝土或浆砌片石。构造衬砌在围岩压力很小,但为了防止岩石局部松动塌落和防止岩石风化而建造的衬砌,其不需要进行受力计算。装饰衬砌系在山体岩石整体性很好,且在Ⅳ级围岩(Ⅰ~Ⅲ级围岩)以上时,为防止表面岩石风化而做的衬砌。

在衬砌段之间，应根据实际情况设置变形缝，在Ⅲ级及以下（Ⅳ～Ⅴ级）围岩地段，应设置仰拱。仰拱，是指在两相对的边墙基础之间，设置曲线形的水平支撑结构。一般通过不良的地质和特殊围岩的隧道衬砌，如软弱和膨胀性围岩的隧道，应采用曲墙带仰拱的混凝土或钢筋混凝土衬砌结构，必要时还应设置钢拱支撑混凝土衬砌结构。

设置仰拱的隧道，路面下应以浆砌片石或贫混凝土密实回填。

复合式衬砌也称二次衬砌，由内外两层复合而成。其外层（即与围岩面接触的部分）常称为初次（或初期）柔性支护，有喷射混凝土、锚杆、钢筋网或铁丝网、临时或永久性钢拱支撑等支护形式，可以设置为单一或多项的合理组合；内层常称为二次衬砌，一般采用现浇混凝土，称为模筑混凝土。两次衬砌之间应采用防水夹层措施。

（2）明洞洞身：明洞是指采用明挖方法施工的隧道。在修建洞口工程时，往往需要修筑一定长度的明洞，即路基或隧道洞口受不良地质、边坡塌方、岩堆、落石、泥石流等危害又不宜避开清理的地段，以及为了保证洞口的自然环境而延伸隧道洞口时，需设置明洞。明洞除常用于洞口内，当隧道位置处于下列情况时，一般也设置明洞。

①洞顶覆盖层薄，不宜大开挖修建路堑而又难于采用暗挖法修建隧道的地段。

②可能受到塌方、落石或泥石流威胁的洞口或路堑。

③铁路、公路、水渠和其他人工构造物必须在拟建公路的上方通过，又不宜采用隧道或立交桥或涵渠跨越的地点。

明洞的结构形式有拱形明洞和箱形明洞两种。拱形明洞整体性好，可承受较大的垂直与水平压力。当边坡塌方量较大、落石较多或基础设置条件较好时，一般都宜采用拱形明洞。当净高、建筑高度受到限制或地基软弱的地段，则宜采用箱形明洞。

明洞衬砌一般采用对称变截面拱圈、直线或曲线墙，内形与洞身一般一致。明洞为防渗水、积水及冰冻危害，一般做外贴式防水层和隔水层。

（3）棚洞洞身：棚洞是指明挖路堑后，构筑简支的或拱形顶棚架并回填而成的洞身，属于明洞范畴的隧道。采用棚洞的条件与明洞大致相似，其结构整体性比明洞差，但由于顶棚与内外墙简支，对地基的要求相对较低。其适用条件为：

①有少量塌方和落石的地段。

②内外墙底基础软硬差别较大，不适宜修建拱形明洞的地段。

③半路堑外侧地形狭窄或基岩埋深大并有条件设计为桩基的地段。

棚洞随地形、地质条件的不同有多种类型，但其基本构造均有内墙、外侧支撑结构（悬臂式棚洞无此结构），以及顶板三部分组成。

3. 隧道附属建筑物

隧道除了组成其主体结构的洞口、洞门及洞身外，一般还有如下附属建筑物。

（1）隧道防水排水：隧道的防水排水要求拱部不滴水，边墙不漏水，路面不冒水、不积水，设备箱洞处不渗水，冻害地区隧道衬砌背后不积水、排水沟不冻结。为达到上述要求，应采取"防、截、排、堵"综合整治，形成防水排水系统。该系统包括洞顶防水排水、洞门排水、洞内排水和洞内防水四个方面。

（2）隧道通风、照明与供电：

①隧道内保持良好的空气是行车安全的必要条件，所以，隧道应具备良好的通风条件，以

排出污浊空气、补充新鲜空气,或吹入新鲜空气、稀释污浊空气。隧道的通风方式有机械通风和自然通风两种。交通量小的中、短隧道可采用自然通风,交通量大的长隧道应采用机械通风。

②为了保证车辆的正常行驶和交通安全,隧道应设电光照明,隧道的照明要考虑洞内有合理的光过渡。尤其是白天,要避免“黑洞”效应,使之由亮到暗(洞外到洞内)或由暗到亮(洞内到洞外)有个很好地适应过程。对于能通视、交通量较小和行人密度不大的短隧道,可以不设白天照明设施。但长度超过 100m 的高速公路及一级、二级公路的隧道,则仍应设置白天照明设施。照明的光源,一般选用在烟雾中有较好的透视性的低压钠灯或显色性较好的荧光灯,而在隧道的出入口处,则选用小型、大光通量的高压钠灯或高压荧光灯。结合公路隧道运营的特点,则宜选用具有耐腐蚀性、不易老化、防潮和防喷性的灯具,达到节约维修和保养费用的目的。

③隧道内供电分动力供电和照明供电。供电系统的设计必须执行国家技术经济政策,做到保证安全、供电可靠、技术经济合理。一般采用三相四线供电,供电系统宜采用 380V/220V 交流电和中性接地变压器。

(3)隧道运营管理设施:包括动力网路使用的电缆与电缆槽,通信、信号及标志,消防及救援设施,以及装饰、消声、收费设施等。救援设施包括避人洞及人行横洞和车行横洞。隧道内不设人行道时,除短隧道外,应设置避车洞,避车洞在洞内应两侧交叉布置。相邻双孔隧道之间按规定间距设置供巡查、维修、救援及车辆转换方向用的人行横洞和车行横洞。

长隧道必要时应设置报警、消防及其他应急设施。

(4)辅助坑道:在隧道建设中,为了增加工作面、加快施工进度、缩短工期,以及改善施工条件,可适当增设辅助坑道。辅助坑道有横洞、竖井、斜井和平行导坑几种形式。

(5)隧道洞内路面:公路隧道洞内行车道路面宜采用水泥混凝土路面,它能提高照明亮度,并具有耐久使用等优点。当洞内干燥无水、施工方便时,也可采用沥青混凝土路面。采用水泥混凝土路面时,应按设计要求在相应位置设置必要的变形缝。

(6)隧道装饰:公路隧道装饰,不仅可起到美化作用,而且还可减少噪声、提高隧道亮度和照明,但除高速公路、一级公路的隧道外,一般不考虑进行内装饰。

在进行隧道内装饰时,应使用经济耐用、易于保养清洗的材料,并适当考虑美化、提高亮度和尽可能减少噪声。

五、交通工程及沿线设施

(一)交通工程设施的概念、组成及功能

1. 概念

交通工程设施是指为使道路通行能力最大、经济效益最高、交通事故最少、公害程度最低,而沿道路用地范围及周边设置的系统、设施或给人、车配备的装置,即为使车辆高速、高效、安全、舒适地行驶而设置的各类设施的总称。

2. 组成

交通工程及沿线设施包括交通安全设施、服务设施和管理设施 3 种。

(1)交通安全设施:主要包括交通标志、交通标线、防撞设施、隔离栅、防落网、防眩设施、视

线诱导设施、避险车道和其他交通安全设施，其他交通安全设施有防风栅、防雪栅、积雪标杆、限高架、减速丘、凸面镜等设施。

(2)服务设施:包括服务区、停车区和客运汽车停靠站。

(3)管理设施:包括监控、收费通信、供配电、照明和管理养护等设施。

3. 功能

(1)诱导交通，规范行车，提高行车安全性。

(2)提高道路通行能力与利用率。

(3)保证车辆连续运行。

(4)提高道路服务水平，创造良好的交通环境。

(二)交通安全设施

交通安全设施属于道路的基础设施，是交通工程设施的一种，指的是为保障行车和行人的安全，充分发挥道路的作用，在道路沿线所设置的护栏、标柱、标志、标线等设施的总称。它对减轻事故的严重度，排除各种纵、横向干扰，提高道路服务水平、提供视线诱导、增强道路景观起着重要作用。交通安全设施各分部工程所含的分项工程详见表 1 –2 –12。

表 1 –2 –12　交通安全设施分部分项工程表

分部工程	分项工程
标志、标线、突起路标、轮廓标	标志、标线、突起路标、轮廓标
护栏	波形护栏、缆索护栏、混凝土护栏、中央分隔带开口护栏
防眩设施、隔离栅、防落物网	防眩板、防眩网、隔离栅、防落物网等
里程碑和百米桩	里程碑、百米桩
避险车道	避险车道

1. 交通标志

(1)概念和作用:道路交通标志又称道路标志，是用图形符号、颜色和文字向交通参与者传递特定信息，用以管制、警告或指示信息的道路设施。其作用是有利于调节交通流量、疏导交通，提高道路通行能力;预示道路状况，减少交通事故;节约能源，减少污染物。

(2)分类:道路交通标志分为主标志(警告标志、禁令标志、指示标志、指路标志、旅游区标志、告示标志和作业区标志)和辅助标志两大类。

①警告标志:是指警告车辆、行人注意危险地点的标志。它是用来告知驾驶人或行人前方的道路有危险。驾驶人或行人见到警告标志后，应引起注意，谨慎驾驶、减速慢行。如交叉点(十字路口、T 形三叉路口、Y 形三叉路口)、道路平面形状(如急弯、连续弯)、道路纵坡形状(如纵坡大于或等于 7% 的路段)、路面变窄及窄桥、道路状况(如铁路道口、隧道、落石、易滑、村镇、学校等)。警告标志的颜色为黄底、黑边、黑色图案，形状为顶角朝上的等边三角形(图 1 –2 –14)。

②禁令标志:是禁止或限制车辆和行人通行的一种标志，如禁止通行、禁止停车、禁止左转弯、禁止鸣喇叭、限制速度等。禁令标志的颜色，除个别标志外，其他为白底、红圈、红杠、黑图案，图案压杠。禁令标志的形状为圆形、八角形、顶角向下的等边三角形(图 1 –2 –15)。

图 1 -2 -14　警告标志

图 1 -2 -15　禁令标志

③指示标志:用以指示车辆和行人按规定方向、地点行驶。指示标志的颜色为蓝底、白图案;形状分为圆形、长方形和正方形。如直行、左右转弯、人行横道、停车场、公共汽车停靠站、公路的起、终点等(图 1 -2 -16)。

图 1 -2 -16　指示标志

④指路标志:是传递道路方向、地名、地点、距离等信息的一种标志。有里程碑、百米桩、公路界牌、指路牌、地名牌、立交行车示意牌、高速公路和一级公路中途出入口和服务区标志等。除里程碑、百米桩、公路界碑外,其他指路标志牌的形状均为矩形,版面尺寸的大小主要根据汉字和数字的高度而定,阿拉伯数字的高度可按汉字相应高度的 0.7 取定。颜色一般为蓝底、白字和白色图案。高速公路指路标志为绿底白字(图 1 -2 -17)。

旅游区方向　旅游区距离　询问处　徒步　索道

野营地　营火　游戏场　骑马　钓鱼　高尔夫球

图 1 -2 -17 指路标志

⑤旅游区标志:是设在高速公路或其他道路通往旅游景点的交叉路口附近,或在大型服务区内通往各旅游景点的路口,提供旅游景点方向、距离的标志。颜色一般为棕色底、白色字符(图 1 - 2 - 18)。

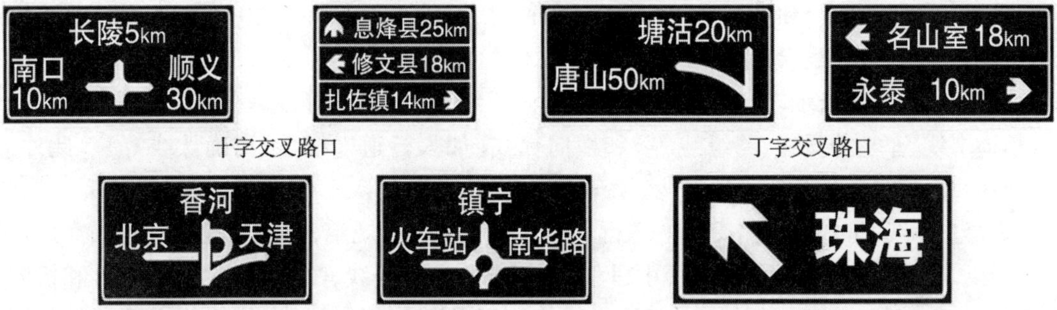

十字交叉路口　丁字交叉路口

互通式立交　环形交叉路口　分岔处

图 1 -2 -18　旅游区标志

⑥告示标志:是用以解释、指引道路设施、路外设施,或者告示有关道路交通安全法和道路交通安全法实施条例的标志。

⑦作业区标志:包括路栏、锥形交通路标、施工警告灯号、道口柱标、施工标志、移动性施工标志等,用以通告道路交通阻断、绕行等情况(图 1 - 2 - 19)。

图 1 -2 -19　作业区标志

⑧辅助标志:是附设在主标志(警告标志、禁令标志、指示标志和指路标志)下,起辅助说明作用的标志,这种标志不能单独设立和使用。其形状为矩形、颜色为白底、黑边框和黑字。可分为表示车辆种类,表示时间,表示区域或距离,表示禁令、警告理由 4 种(图 1 - 2 - 20)。

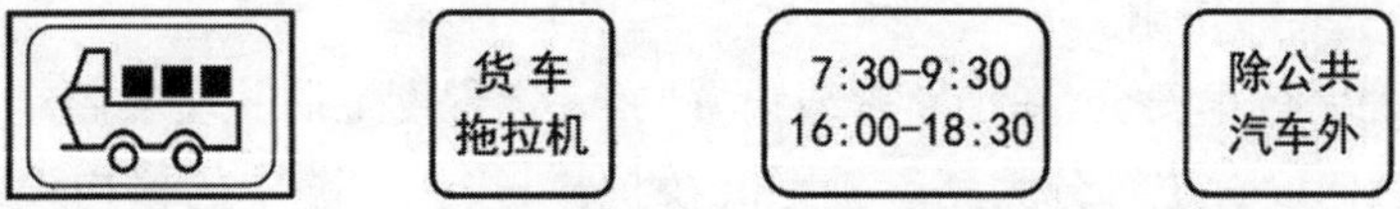

货车　货车、拖拉机　时间范围　除公共汽车外

图 1 -2 -20　辅助标志

标志牌的立柱形式有单、双柱、悬臂、门架和附着等不同形式。其设置高度为单柱式和双柱式自标志牌面的下缘到路肩表面为180~250cm,悬臂式和门架式自标志牌面的下缘到行车道路面的顶面,应符合各级公路建筑限界的规定。

各种标志一般应设在公路右侧,其内缘离路面或硬路肩边缘的距离不得小于25cm。在同一点需要设置2种以上标志时,可以合并安装在一根立柱上,但最多不应超过4种。

2. 交通标线

(1)概念:交通标线是由标画于路面上的各种线条、箭头、文字、立面标记、突起路标和轮廓标等所构成的交通安全设施,它的作用是管制和引导交通。它可以与道路交通标志配合使用,也可以单独使用,是引导驾驶员视线、管制驾驶员驾车行为的重要设施。

标线的可见性、耐久性、施工性等有严格的要求。高速公路、一级公路和二级公路应设置齐全的路面标线,运输繁忙的三级公路以及在急弯、陡坡、视距不良等路段,应设置分道行驶的行车道中心线。

(2)分类:标线可分为连续实线、间断线和箭头指示3种形式,其颜色一般采用白色或黄色。线的宽度除停车线和人行横线为15~20cm外,其他标线都采用10~15cm宽。路面标线按功能可分为指示标线、禁止标线和警告标线3类。

①指示标线:是指示车行道、行驶方向、路面边缘、人行横道等设施的标线,分为纵向标线(行车道中线、车道分界线、路缘线等)和横向标线(如人行道横线、距离确认线等)。此外,还有其他标线,如高速公路出入口标线、停车位标线、导向箭头等。

②禁止标线:是告示道路交通的遵行、禁止、限制等特殊规定,车辆驾驶员及行人需严格遵守的标线,分为纵向禁止标线(如禁止超车线、禁止变换车道线、禁止路边停车线等)和横向禁止标线(如停车线、停车让行线、减速让行线等),以及其他禁止标线,包括非机动车禁驶区标线、导流线、网状线、专用车道线和禁止掉头线。

③警告标线:是促使机动车驾驶人和行人了解道路变化的情况、提高警觉、准确防范、及时采取应变措施的标线,分为纵向标线(如车行道宽度渐变段标线、接近障碍物标线和铁路平交道口标线)、横向标线(如减速标线)和其他标线3类。

④突起路标和分离器:突起路标又称为道钉,是固定于路面上起标线作用的突起标记块,可在高速公路或其他道路上标记中心线、车道分界线、边缘线,也可用来标记弯道、进出口匝道导流标线、道路变窄、路面障碍物等危险路段。突起路标在正常情况下与标线配合作用,也可单独使用。突起路标反光亮度大,视线诱导效果好,施工容易,耐久性好。

分离器主要用于没有中央分隔带的双向行驶的道路中心线上,是用弹性材料制作的,车辆碾压后能恢复原状,反光性能好。

3. 防撞设施

(1)防撞筒:主要作用是警示和减缓冲击作用、吸收能量、减轻事故车辆及人员的损伤程度,同时也有诱导视线的作用。

(2)护栏:是确保行车安全、在道路沿线设置的、一定程度上防止车辆超越的防护设施。护栏按在公路中的纵向设置位置分为路基护栏和桥护栏;按在公路中的横向设置位置分为路侧护栏、中央分隔带护栏、活动护栏;按碰撞后的变形程度分为刚性护栏、柔性护栏、半刚性护栏;按结构形式分为护栏标准段、护栏过渡段、护栏渐变段、护栏端头。

①波形钢板护栏:是一种以波纹状钢板相互拼接并由钢立柱支撑而组成的连续梁柱式的护栏结构,具有一定的刚度和柔性,故又称为波形梁护栏。其特点是利用土基、立柱、波形梁的变形吸收失控车辆的碰撞能量,并使其改变方向,恢复到正常的行驶方向,避免越出路外或穿越中央分隔带闯入对面行车道。

②钢筋混凝土防撞护栏:通常简称为混凝土护栏,是一种以一定的截面形状的混凝土块相连接而成的墙式结构,一般只用于高速公路和一级公路。其特点是当失控车辆与它碰撞时,在瞬间移动荷载的作用下,护栏基本上不会移动和变形,而碰撞过程中的能量主要依靠汽车沿护栏坡面爬高和转向来吸收,使失控车辆恢复到正常的行驶方向,从而减少碰撞车辆的损失和保护车上人员的安全。

③路基护栏:设置的总体思路是根据车辆驶出路外或对向车行道的风险确定是否设置护栏以及护栏的等级,一辆车驶出路外的风险是事故概率与事故严重程度的乘积,单位长度路段上车辆驶出路外的风险是单位长度路段上的交通量、事故概率、事故严重程度的乘积,规范中将事故严重程度分为 3 个等级,从低到高分别是低级、中级、高级。

④桥梁护栏:是指设置于桥梁上的护栏,其目的是防止失控车辆越出桥外,具有使车辆不能突破、下穿、翻越桥梁以及美化桥梁建筑的功能。划分桥梁护栏类型的方法很多:按设置位置分为桥侧护栏、桥梁中央分隔带护栏和人行、车道分界处护栏;按构造特征可分为梁柱式(金属制和混凝土)护栏、钢筋混凝土墙式护栏和组合式护栏按防撞性能可分为刚性护栏、半刚性护栏和柔性护栏。一般常见的护栏形式有混凝土护栏、波形梁护栏和缆索护栏。

4. 隔离栅

隔离设施是将金属网绷紧在支撑结构上的一种栅栏,是对高速公路和一级公路进行隔离封闭的人工构造物的统称,常称为隔离栅。其目的在于防止人、畜进入或穿越公路,防止非法侵占公路用地。它有多种结构形式,主要由立柱、斜撑、金属网、连接件和基础等组成。

在实际工作中,常用的金属网有钢板网、刺铁丝和编织网,立柱有钢管、型钢和钢筋混凝土。立柱可直接打入土中或埋置于混凝土基础内。

5. 防落网

防落网采用低碳钢丝、铝镁合金丝等编织焊接而成,主要有防落物网、防落石网 2 种,用于阻止公路上的落物进入饮用水保护区、铁路、高速公路需要限制出入的一级公路等建筑限界内,阻止有人向公路内抛扔物品、杂物,或防止运输的散落物等落到公路上,或阻止挖方路段落石进入公路限界以内。

6. 防眩设施

防眩设施是指防止夜间行车不受对向车辆前照灯眩目而设置在中央分隔带内的一种构造物。由板条和方形型钢组成。防眩板条和方形型钢等金属件,可采用热浸镀锌进行防腐处理。为改善视觉景观,避免给人以单调的感觉,可将部分板条采用色彩搭配的方法涂制油漆。

当中央分隔带较宽时,也可采用植树进行防眩。

7. 视线诱导设施

驾驶员为了安全地驾驶车辆,应能判断设计视距以外的道路方向。行车时,驾驶员的视线在车辆前方巡视,以路旁地带、具有良好识别线的道路表面和平行于车行道的各种线条(路缘或路面边线,路旁整齐的树木、护栏和视线诱导设施)来判定道路的行进方向。特别是在夜间、雨天、大雾、路上有积雪等不良气候条件时,路面标线可能不清楚,驾驶员对线诱导设施的需求就更迫切。视线诱导设施按功能可分为:轮廓标,分流、合流诱导标,指示性或警告性线形诱导标 3 类。它们以不同的侧重点来诱导驾驶员的视线,使行车更趋安全和舒适。

(1)轮廓标:是以指示道路线形轮廓为主要目标的一种视线诱导设施。通常都是全线连续的,设置在高速公路和一级公路的主线,以及互通式立体交叉、服务区、停车场等的进出匝道或连接道前进方向左、右两侧的道路边缘,设置间隔直线段一般为 5m。轮廓标有埋置于土中和附着于各类构筑物上两种不同的构造形式,一般应根据建设工程的实际情况确定。

(2)分流、合流诱导标:设置在互通式立体交叉的进、出口匝道附近,有交通分流或合流的地方的一种设施,它可以引起驾驶员对互通式立体交叉进、出口匝道附近的交织运行的注意。由反射器、底板、立柱、连接件和混凝土基础等组成,高速公路的底板为绿色,其他公路为蓝色,诱导标的符号为白色。实际上它的构造形式跟公路标志基本上是一样的。

(3)线形诱导标:是设置在急弯或视距不良地段,用以指示道路改变方向或警告驾驶员改变行驶方向的一种设施。一般都采用钢板或铝合金做成。指示性线形诱导标为蓝底白图(高速公路为绿底白图),警告性线形诱导标则为红底白图。警告性线形诱导标,一般用于公路局部施工或维修作业等,需临时改变行车方向的路段。

视线诱导设施上的反射器一般都是采用反光膜镶贴而成,在夜间停车时通过车辆前照灯的照射就能显示其标记,起着良好的视线诱导效果。

8. 避险车道

避险车道是指在长陡下坡路段行车道外侧增设的供速度失控(制动失灵)车辆驶离正线安全减速的专用车道。避险车道主要由引道、制动车道、服务车道及辅助设施(路侧护栏、防撞设施、施救锚栓、呼救电话、照明)等组成。避险车道应设置完备的排水系统;制动床基底表面应设置灶横坡、横向排水管和纵向排水沟,基底和制动床集料之间应铺装土工布或块石路面。

9. 其他交通安全设施

其他交通安全设施主要有防风栅、防雪栅、积雪标杆、限高架、减速丘、凸面镜等设施。

(三)服务设施

服务设施包括服务区、停车区和客运汽车停靠站。服务区、停车区的位置应根据区域路网、建设条件,景观和环保要求等规划和布设。客运汽车停靠站的位置宜根据地区公路规划、公路沿线城镇分布、出行需求布设。

公路服务区应设置停车场、加油站,车辆维修站、公共厕所、室内外休息区、餐饮、商品零售点等设施。根据公路环境和需求可设置人员住宿,车辆加水等设施。作为干线的一级、二级公路服务区宜设置停车场、加油站、公共厕所、室外休息点等设施,有条件的可设置餐饮、商品等零售点、车辆加水等设施。

停车区应设置停车场、公共厕所、室外休息区等设施。

客运汽车停靠站应设置车辆停靠和乘客候车设施,可与服务区结合设置。

(四)管理设施

管理设施包括监控、收费、通信、供配电、照明和管理养护等设施。

(1)监控设施:根据公路监控系统的设置宗旨,它应当具备以下三方面功能。第一,信息采集,即实时地采集变化着的道路交通状态,包括交通信息、气象信息、交通异常事件信息等。第二，信息的分析处理功能，包括对交通运行状态正常与否的判断、交通异常事件严重程度的确认、交通异常状态的预测，对已经发生或可能发生的异常事件处置方案的确定等。第三，信息提供功能，包括为公路上行驶着的驾驶人员提供道路状况信息，对行驶车辆发出限制、劝诱、建议性指令，为交通事故和其他异常事件的处理部门提供处置指令，向信息媒体或社会提供更广泛应用的公路交通信息。

公路监控系统按其功能可分为9个子系统：交通（信号）监控子系统、视频监视子系统、调度（指令）电话子系统、火灾自动报警子系统、隧道通风控制子系统、隧道照明控制子系统、电力监控子系统、隧道紧急电话子系统、隧道广播子系统。这些系统必须具有实时性、稳定性和功能可扩充性等特点。根据监控系统的功能，监控系统可以理解为由信息采集子系统、信息提供子系统和监控中心三大部分组成。

（2）收费设施：为偿还道路工程建设贷款、筹集道路运营养护费用或以道路建设作为商业投资目的，对过往车辆征收通行费的道路，称为收费道路。一般按道路的长度、性质，过往车辆的类型，地区属性等对车辆进行收费，并在适当的位置设置收费站。在公路和城市道路上，用于收取过往车辆通行费的一切交通设施，统称为道路收费设施，包括土建工程和机电工程设施。其中土建工程主要是收费站内的收费岛岛体、路面铺装、防撞安全设施、设备基础、防排水设施、预埋管道等。

（3）通信设施：高速公路通信设施是高速公路现代化管理的重要支撑，它要实现监控系统和收费系统的数据、话音和图像等信息准确而及时地传输，要保持高速公路管理部门之间业务联络通信的畅通，并要为高速公路内部各部门与外界建立必要的联系。

（4）供配电、照明设施：是使整个公路管理系统正常运行的配套设施。如监控系统的用电，收费站、管理站和公路特殊地段的照明，隧道的通风和照明等用电。在实际工作中，一般都是利用工业电源，但需要建立变电站和完善的供电系统。同时，还应设置储备的自发电源，以便一旦发生断电事故，仍能保证公路的正常运营。

（5）管理养护设施：根据公路管理需求的不同，分别设置管理中心、管理分中心、管理站（所）。

养护设施应根据公路养护业务需求设置养护工区和道班房。高速公路宜设置养护工区，其他等级公路宜设置道班房。

管理中心宜设置收费中心、监控中心、通信中心，负责全省（自治区、直辖市）高速公路的管理与养护，收集监控、收费、运行信息并反馈决策信息，应具备从行政、技术和信息等方面对全省（自治区、直辖市）路网和任一路段进行实时监视、调度、管理和控制的能力。

管理分中心宜设置收费分中心、监控分中心、通信分中心，负责所辖区域或路段的管理工作，应具备收集、分析所辖区域或路段管理各部门有关资料与数据，随时掌握公路状况和交通情况，实现对公路运行和信息的监视和控制的能力。

管理站根据行政区划或路段长度、构造物特性，以及管理需要，宜设置路段监控站、通信站、收费站、隧道管理站、特大桥管理站，负责所辖范围内交通安全、收费、监控、通信等设备的业务管理和保养维护，应具备收集、分析、整理公路运行信息，并按时逐级上报的能力。

养护工区负责所辖路段的保养与维护，应具备收集、分析所辖路段公路各设施的相关资料、数据，掌握公路运用状况，并按时逐级上报的能力。

六、绿化工程及环境保护

(一)绿化工程

1. 概念、主要功能和分类

道路绿化是指在道路路域范围内利用植物构造出的一个具有光、形、色、体等可被人感知的,具有一定社会文化内涵及审美价值的,并能满足道路交通功能要求的空间景物。绿化设施指植物景观所依附存在的设施,常见的有花坛、树池、花架、绿篱等。

道路绿化主要功能是通过减弱对道路的压抑感、美化街景、丰富道路线形、减少道路开挖对环境的负面影响作用,改善了道路景观;通过吸尘防噪净化空气、防止水土流失、防晒遮阴等作用,改善了道路环境;通过视线诱导、防眩遮光、引导车流、防风、防雪、防火等作用,提高了道路交通的安全性。

道路绿化的分类:道路绿化可分为公路绿化和城市道路绿化,其中公路绿化又可分为一般公路绿化和高速公路绿化。根据绿化走向和布设方式的不同,道路绿化又可分为带状绿化和集中绿化两类。

2. 一般规定

绿化工程应按图纸规定,在不同的地段、区域选择适宜栽种的树种、草种,并在当地适宜的种植季节进行施工作业。施工单位必须认真做好施工组织设计,对于各施工项目进度的确定、每道工序的衔接、物质材料的供应、施工人员和各项工作力量的调配做出精心安排,以保证绿化施工任务能够高质量地如期完成。

工作内容一般为绿地整理,树木栽植,草坪、草本地被及花卉种植,喷薄绿化。工作顺序一般为测量放线—绿化地整理—苗木采购—挖树坑—苗木起挖—苗木土球包扎—苗木运输—苗木种植—苗木养护—竣工验收。

3. 高速公路绿化

(1)中央分隔带防眩绿化:中央分隔带的主要功能是隔离车辆分道行驶,减轻车辆高速行驶造成的眩晕和夜间行车灯眩光保障车辆高速行驶的安全,分隔带植物种植的主要技术指标一般有:

①防眩树要四季常青、低矮缓生,株高在1.2~1.5m,抗逆性强(抗旱、抗寒冷、抗病虫、抗污染、耐贫瘠),耐粗放管理。

②防眩树种植主要采取全遮光绿篱式和半遮光散栽式两种方式。全遮光绿篱的特点是全封闭、不透光、防眩好。但绿化投资大、通透性差,影响路容路貌。半遮散栽式的特点是通透性好、绿化投资较小、绿化形式灵活、防眩技术要求严格。根据两类特点,可在特殊路段采用全遮光种植,一般路段以半遮光种植或两者交替布置。

③防眩树株距是在车辆高速行驶的线性环境下,依据车灯光的扩散角、行车速度和人的动态视觉三者之间的关系来确定。

(2)路堤边坡防护绿化:高速公路路基一般都比普通公路路基高,形成的边坡绿化面积较大,这对于稳定路基、保障安全、防止冲刷、保土保水具有重要作用。

常见高速公路边坡绿化方式有两种:一种是用硬质材料(混凝土、石料)砌成圆窗形网格,空格中种草,这种方式可大大减少雨水对边坡的冲刷,增强固坡能力,但投资较大,常用于坡度较陡的路段；另一种是对边坡全栽植物，不做硬化处理，常用于普通路段或坡度小、路基低的路段。

（3）行道树种植绿化：行道树主要栽植在路堤下方（边坡脚下）金属护网内侧，高路堤路段栽植高大乔木，低路堤路段栽植中小乔木或大灌木。一般应做到"三个避免""三个结合"和"两个协调一致"。"三个避免"是避免单一树种，以利于防治病虫害和养护管理；避免千篇一律，以利于与道路环境景观协调一致；避免封闭式绿化，以利于表现高速公路优美的线形变化和驾乘人员观赏沿线中、远风景。"三个结合"是乔木与灌木结合，以利于增强自然生态性；常青树与落叶树结合，以利于四季常青；观花、观叶、观果结合，以利于丰富景观和观光旅游。"两个协调一致"为树种、树形的选择与道路环境协调一致，即行道树、分隔带防眩树和边坡绿地固坡树要相互协调；行道树株距与外部环境景观协调一致，即一般路段有景观特色，特殊路段有隔噪声、隔粉尘、隔臭气、防风沙、防泥石流等作用。

（4）绿篱护网绿化：绿篱护网在金属护网内 0.5 ~ 1m 处，采取多栽植有刺灌木，形成封闭性绿篱的形式，作为高速公路的第二道防护网。若干年后金属护网被锈蚀破坏，绿篱护网可起替代作用。绿篱护网植物要求抗性强、易繁殖、移栽成活率高、管理粗放、成篱封闭快和外形美观。

（5）路堑土、石质坡面垂直绿化：路堑的坡度一般较大，绿化难度大，国内外目前主要采取机械喷播绿化和人工沟、穴绿化。机械喷播绿化是以专用机械设备将植物种子、各种养分、保水剂和有机黏结剂混合于水中，用高压喷射于土质或半土质坡面上进行绿化。此法快速高效、技术先进，但成本高、局限性大，对 50°以上的陡坡面、年降雨量 500mm 以下的地区绿化功率低。我国北方较干旱，多用人工沟、穴绿化，即在坡面上开挖一定密度的种植穴或条形沟，播种或栽植适宜的草本、小灌木。此法操作容易、成本低，但绿化速度慢，不适用于高路堑绿化。

沟、穴绿化的挖穴规格一般为深 10cm、直径 10cm、穴距 50cm，开沟深度 10cm、宽 15cm、行距 10cm。沟、穴绿化一般采取直播，也可以投放种包。种包制作方法为取营养土 350 ~ 400g，放 100 粒种子混合，用粗纤维纸包成球形。

石质坡面绿化可在坡底、坡顶植攀缘性、藤本植物，如爬山虎、凌霄、紫藤、木香等进行垂直立体绿化，也可在坡底靠坡栽植乔木、灌木，形成树木屏障。

（6）立体交叉区绿化：城区以外的高速公路立体交叉区多位于农田中，且多为简单立交，一般不能形成专门的绿化地带，在为纵或横道路绿化延续时，应注意提高立交路口的识别性，如较密栽植常绿和乔灌花木。对于复杂立交，可参照城市立交区绿化的做法。

（7）服务区环境绿化：高速公路分车绿带、边坡防护绿带、防护林带等的绿化是营造行驶动态的观赏景观，而服务区、收费站的绿化是营造停车后静态的观赏景观，并且这部分大多为块状绿地，所以只能按园林景观进行绿化。

目前，国内高速公路的服务区正由单一功能向多功能方向发展，某些高速公路的服务区集收费、加油、修理、餐饮、住宿、娱乐、旅游和广告业为一体，成为大型综合服务区。这种多功能服务区的绿化设计，要根据建筑设施的服务功能特点进行绿化功能分区，应用传统园林艺术和现代园林艺术组织园林要素，以植物配置为主，园林小品及广告和服务建筑设施和谐统一，既体现人性化，又有艺术性、生态性。

(二)环境保护

公路工程建设是国民经济发展和社会进步的内在要求,也将对一个地区的政治、经济、文化等发展起着重要的促进作用,然而公路工程项目的修建势必消耗资源、改变地形地貌和原有的自然景观,建设和运营过程还会产生各种污染,这些综合因素严重地影响着沿线的自然环境,破坏了原有的生态平衡。公路工程项目的修建对生态环境、大气环境、声音环境和自然景观都有影响,因此应注重环境保护,因为环境保护有利于建设节约型社会,实现可持续发展;有利于增强节约资源和保护环境的意识;有利于增强投资吸引力和经济竞争力;是利于民而又利于国的关系到千秋万代的政策。

1. 划分

公路项目的环境保护可以分为公路建设期的环境保护和公路运营期的环境保护,其主要项目包括:初步设计阶段项目环境影响评价;施工图设计阶段的环境保护设计;招投标阶段在招标文件工程合同及监理合同中纳入环境保护条款;施工期的环境保护设施的施工及监理;竣工和交付使用阶段的环境保护设施验收与环境后评价;公路运营期的环境保护设施的运行及维护。

2. 工程前期环境保护措施

(1)珍惜自然环境,规划好公路用地范围。

(2)设计要结合自然地形。

(3)重视水土资源,减少水土流失。

(4)注意保持原有的灌溉系统和自然水网体系。

(5)合理设置临时施工用地。

(6)做好道路沿线景观设计工作。

(7)做好道路降噪设计工作,可通过沿线种树绿化达到减噪目的,必要时设置隔声屏。

3. 施工阶段环境保护措施

(1)减少水土流失:根据实际填挖土质合理设置边坡的坡度;合理设置土石方填挖施工现场临时排水系统,及时疏导雨水,以减少雨水对挖填土坡面的冲蚀;填方坡面应及时夯实并进行边坡绿化;合理确定借土弃土位置,合理开采砂石料场,注意料场弃土弃渣分离处理。

(2)减少噪声污染:禁止噪声超标机械进入施工现场,平时注意机械维修保养;合理安排施工组织计划,尽量减少施工活动对沿线居民的干扰。

(3)防止大气污染:材料堆放应采取必要挡风措施,减少扬尘。组织好材料和土方运输,防止材料散落造成环境污染。材料运输宜采用封闭性较好的自卸车运输或采用覆盖措施。应经常对施工场地、材料运输及进出料场的道路进行洒水防尘。

(4)防止水质污染:加强对施工队伍的生活污水处理,严禁将其直接排入河道水流中;对路基清除表土应回收到路上处理或运到指定地点堆弃;弃石弃土应运到合理地点,不得任意堆放,更不能淤塞河道:对桥梁围堰施工,应注意围堰土在施工结束后的清除工作,避免阻塞河道;桥梁施工机器还应避免油污的污染。

4. 运营期的环境保护设施

公路在运营期,其对环境的影响主要在于路基可能发生的崩塌水毁,危险品运输可能发生的泄漏、汽车运营产生的汽车尾气和噪声污染以及公路附属服务设施产生的固体废弃物和污水。

声屏障作为公路、高速公路、高架复合道路和其他噪声源的隔声降噪环境保护设施，是专门设计的立于噪声源和受声点之间的一种声学障板。声屏障指的是为减轻行车噪声对附近居民的影响而设置在公路侧旁的墙式构造物，分为纯隔声的反射型声屏障，和吸声与隔声相结合的复合型声屏障，后者是更为有效的隔声方法。

第三节　水运工程的分类

水路运输简称水运，是指利用船舶、排筏和其他浮运工具，在江、河、湖泊、人工水道及海洋上，完成旅客与货物运送的一种运输方式。

水运工程有以下多种分类方法：

(1)按贸易种类不同，水运工程可分为外贸运输和内贸运输。外贸运输是指本国同其他国家和地区之间的贸易运输；内贸运输是指本国内部各地区之间的贸易运输。

(2)按航行区域不同，水运工程可以分为沿海运输、内河运输、远洋运输和湖泊（水库）运输。

①沿海运输是指在沿海及岛屿的各港口间的海上运输，沿海运输的运输范围围绕着我国本土海域以及我国所属的诸岛沿海及其与大陆间的全部水域内的运输。

②内河运输是指利用船舶、排筏和其他浮运工具，在江、河、湖泊、水库及人工水道上从事的运输。航行于内河的船舶，除客货轮、货轮、推（拖）轮。驳船以外，还有一定数量的木帆船、水泥船和机帆船，内河运输通常多利用天然河流，因此建设投资少，运输成本低。

③远洋运输通常是指除沿海运输以外所有的海上运输，在实际工作中又有“远洋”和“近洋”之分。前者是指我国与其他国家或地区之间，经过一个或多个大洋的海上运输，如我国至非洲、欧洲、美洲等地区进行的运输；后者是指我国与其他国家或地区间，只经过沿海或大洋的部分水域的海上运输，如我国与朝鲜、日本及东南亚各国所进行的运输。这种区分主要以船舶航程的长短和周转的快慢为依据。

(3)按运输对象不同，水运工程可以分为旅客运输和货物运输。旅客运输是指以旅客和部分货物为载运对象的运输，有单一客运（包括旅游）和客货兼运之分，货物运输是指以货物为载运对象的运输，按货类不同分为散货运输和杂货运输两类，前者是指无包装的大宗货物，如石油、煤炭、矿砂等的运输；后者是指批量小、件数多或较零星的货物运输。

(4)按船舶营运组织形式不同，水路运输可分为定期船运输（即班轮运输）、不定期船运输和专用船运输。定期船运输是选配适合具体营运条件的船舶，在规定航线上，定期停靠若干固定港口的运输；不定期船运输是指船舶的运行没有固定的航线，而是按照运输任务或按租船合同所组织的运输；专用船运输是指企业自置或租赁船舶从事本企业自有物资的运输。

第四节　水运工程的组成与构造

一、水运工程的组成

水运工程由港口、航道、防波堤(防砂堤)、护岸(海堤)、通航建筑物、船坞等海岸、近海或内河工程组成。

(一)港口工程

港口工程是指兴建港口所需的各项工程设施的工程技术。港口是交通运输的枢纽,水陆联运的咽喉,是水陆运输工具的衔接点和货物、旅客的集散地。港口工程包括港口的规划与布置,港口水工建筑物(码头、防波堤、护岸、船台滑道和船坞等)的设计施工,各种装卸设备、系船浮筒、航标等的修建,港口工程也指组成港口的各项设施。港口工程原是土木工程的一个分支,随着港口工程科学技术的发展,已逐渐成为相对独立的学科,但仍和土木工程的其他分支,如水利工程、道路工程、铁路工程、桥梁工程、给排水工程等有着密切的联系。

随着信息化建设的推进,港口工程迎来了新的发展契机。以物联网技术为核心,依托 5G + 北斗技术应用、云计算、大数据处理、人工智能、区块链等最先进技术的智慧港口,构建了智慧化基础设施、智能化生产运营、平台化综合管理、便利化贸易物流的港口运输新业态。不仅如此,围绕智能技术的展开,基于低碳清洁生产和低耗节能减排大背景下的绿色港口,在港口生产经营的过程中,坚持绿色发展理念,推动能源结构优化,美化自然环境,实现了港口的可持续发展。

港口工程通常包括水域、陆域和设备。

1. 水域

通常包括进港航道、锚泊地和港池。

(1)进港航道要保证船舶安全方便地进出港口,必须有足够的深度和宽度,适当的位置、方向和弯道曲率半径,避免强烈的横风、横流和严重淤积,尽量降低航道的开辟和维护费用。当港口位于深水岸段,低潮或低水位时天然水深已足够船舶航行需要时,无须人工开挖航道,但要标志出船舶出入港口的最安全方便路线。如果不能满足上述条件并要求船舶随时都能进出港口,则须开挖人工航道,人工航道分单向航道和双向航道。大型船舶的航道宽度为 80 ~ 300m,小型船舶的为 50 ~ 60m。

(2)锚泊地指有天然掩护或人工掩护条件能抵御强风浪的水域,船舶可在此锚泊、等待靠泊码头或离开港口。如果港口缺乏深水码头泊位,也可在此进行船转船的水上装卸作业。内河驳船船队还可在此进行编、解队和换拖(轮)作业。

(3)港池指直接和港口陆域相连,供船舶靠离码头、临时停泊和调头的水域。港池按构造形式分,有开敞式港池、封闭式港池和挖入式港池。港池尺度应根据船舶尺度、船舶靠离码头方式、水流和风向的影响及调头水域布置等确定。开敞式港池内不设闸门或船闸,水面随水位变化而升降。封闭式港池内设有闸门或船闸,用以控制水位,适用于潮差较大的地区。挖入式港池在岸地上开挖而成,多用于岸线长度不足、地形条件适宜的地方。

2. 陆域

指港口供货物装卸、堆存、转运和旅客集散之用的陆地面积。陆域上有进港陆上通道(铁路、道路、运输管道等)、码头前方装卸作业区和港口后方区。前方装卸作业区供分配货物,布置码头前沿铁路、道路、装卸机械设备和快速周转货物的仓库或堆场(前方库场)及候船大厅等之用。港口后方区供布置港内铁路、道路、较长时间堆存货物的仓库或堆场(后方库场)、港口附属设施(车库、停车场、机具修理车间、工具房、变电站、消防站等)以及行政、服务房屋等。为减少港口陆域面积,港内可不设后方库场。

3. 设备

陆上设备包括间歇作业的装卸机械设备(门座式、轮胎式、汽车式、桥式及集装箱起重机、卸车机等)、连续作业的装卸机械设备(带式输送机、斗式提升机、压缩空气和水力输送式装置及泵站等)、供电照明设备、通信设备、给水排水设备、防火设备等。港内陆上运输机械设备包括火车、获重汽车、自行式搬运车及管道输送设备等,水上装卸运输机械设备包括起重船、拖轮、驳船及其它港口作业船、水下输送管道等。

(二)航道工程

航道是在水域内供船舶及排、筏航行的线路。航道是水运的基础设施,可分为天然航道和人工航道(运河)。航道工程是开拓航道和改善航道航行条件的工程。

(三)防波堤

防波堤是为阻断波浪的冲击力、围护港池、维持水面平稳以保护港口免受坏天气影响、以便船舶安全停泊和作业而修建的水中建筑物。防波堤还可起到防止港池淤积和波浪冲蚀岸线的作用。它是人工掩护的沿海港口的重要组成部分。一般规定港内的容许波高在0.5~1.0m,具体按水域的不同部位、船舶的不同类型与吨位的需要确定。防波堤常由一、二道与岸连接的突堤或不连接的岛堤组成,或由突堤和岛堤共同组成。防波堤掩护的水域常有一个或几个口门供船只进出。进行装卸作业和出入航行的要求,有的防波堤内侧也兼作码头用或安装一定的锚系设备,可供船舶停泊。按其平面布置形状分突堤和岛堤,按断面形式分斜坡式、直墙式和混成式3种。

(四)护岸(海堤)

护岸是在原有的海岸岸坡上采取人工加固的工程措施,用来防御波浪、水流的侵袭和淘刷及地下水作用,维持岸线稳定。护岸建筑形式与海堤相似,按其外坡形式可分为斜坡式护岸、陡墙式护岸(包括直立式)和由两者混合的护岸,斜坡式护岸的护面结构及护面范围与斜坡堤相同,坡顶为陆地面。

(五)通航建筑物

通航建筑物,又称"过船建筑物"是指为克服拦河闸、坝、急流卡口、横梁、跌坎等形成的水位集中落差,使船舶(船队或排筏)安全顺利地由下游驶向上游(或由上游驶向下游)而建筑的过船建筑物。在通航河渠上修筑水利枢纽时,为不中断航运必须有通航建筑物,现代过船建筑物应用最多的是船闸,其次是升船机。此两种型式的通航建筑物在水利枢纽中用以克服集中于拦河坝的水位差,使船舶从一个水位提升或下降至另一水位,实现船舶航行过坝的目的。

船闸与升船机相比具有容纳船队的较大闸室,在中低水头下有较大的通过能力,可适应各种尺度的船队过闸,采用广泛,升船机在高水头情况下适应性较强,但机电设备量大,制造与安装精度要求较高。

(六)船坞

船坞,是指修造船用的坞式建筑物,灌水后可容船舶进出,排水后能在干底上修造船舶。船坞由最初的“船坑”发展演变而来,在有潮海岸,人们利用水位的涨落来升降船舶,即在涨潮时将船舶引入一个三面围以土堤的“船坑”里,落潮时船舶即坐落在预置的支墩上,然后用围埝封闭缺口以进行修理工作,船舶出坑时,将围埝拆去,趁涨潮时出坑。后来逐渐将土堤改为坞门,利用水泵控制坞内水面的涨落。

二、码头

码头位于港口水域与陆域交界处,是提供船舶系靠、装卸货物、上下旅客及各种辅助作业的港口基本设施,是港口主要水工建筑物之一。

(一)重力式码头

重力式码头依靠结构自重及其填料重力来阻止滑动、倾覆,由抛石基床、墙身、墙后回填体或抛石棱体、胸墙等部分构成,适用于地基较好,有大量砂、石等建筑材料的地方。

根据自身结构的不同,重力式码头可分为方块码头、扶壁码头、沉箱码头、大直径圆筒码头等多种形式。

1. 方块码头

方块码头以预制混凝土方块作为墙身,又可分为实心方块码头和空心方块码头两大类。前者坚固耐用、维修工作量少,但地基应力大,混凝土用量多,水上安装及潜水工作量大,施工速度慢。后者较前者可节约混凝土用量25%以上,并可减轻墙体自重,但其构件断面强度相对较差,采用错缝安装的多层空心块体常因出现点接触应力过大面导致工程事故。

2. 扶壁码头

扶壁是由立板、底板和肋板整体连接而成的钢筋混凝土结构。其优点是结构简单,水上安装及潜水工作量较方块码头大为减少,可一次出水,施工速度快。码头建筑物一般采用预制安装的扶壁,在有干地施工条件时,也可采用现浇的连续结构。扶壁结构可按肋板数分为单肋、双肋和多肋三种。由于受起重船起重能力的限制,扶壁式码头过去只用于中、小型码头,随着起重船能力的增大,目前也开始用于大型深水码头。

3. 沉箱码头

沉箱为矩形有底空箱,箱内用纵横隔墙隔成若干舱格。沉箱码头整体性好,地基应力小,水上安装工作量小,可以一次出水,施工速度快,箱中填充砂石,水泥用量较方块码头少,但用钢量较大。按照平面形状,沉箱可分为矩形沉箱和圆形沉箱两种。矩形沉箱断面一般为对称式,也可采用非对称式,后者可节省混凝土,但制作和浮运较麻烦。圆形沉箱的受力情况与矩形沉箱有所不同,由于沉箱后侧为圆弧形,改变了墙后土压力强度分布,其总压力较矩形沉箱小。圆形沉箱适合用作外海引桥的桥墩或开敞式码头的系船或靠船墩,亦可用作顺岸式码头的岸壁。

4. 大直径圆筒码头

大直径圆筒码头由预制薄壁钢筋混凝土无底圆筒组成,筒内填块石、砂或土,主要靠圆筒与其中填料整体形成的重力来抵抗作用在码头上的水平力。圆筒可放置于抛石基床上,也可直接沉入地基中。为了不使墙后填土流失,圆筒之间需采取堵缝措施。在抛填棱体顶面、坡面、胸墙变形缝和卸荷板顶面接缝处均应设置倒滤层。

(二)高桩码头

高桩码头由上部结构(桩台或承台)、桩基、接岸结构、岸坡和码头设备等部分组成。上部结构构成码头面并与桩基连成整体,直接承受作用在码头面的垂直方向及水平方向荷载,并将其传递给桩基。桩基用来支承上部结构,并将上部结构及码头面的荷载传递到地基深处,同时也有利于稳固岸坡。接岸结构的主要功用是将桩台与港区陆域相连。高桩码头常用于浅层地基强度较低的软土情况。

(三)板桩码头

板桩码头是由连续地打入地基一定深度的板型桩构成连续墙面,并由拉杆、帽梁(或胸墙)、导梁和锚碇结构等组成的直立式码头。板桩码头依靠板桩入土部分的侧向土抗力和安设在其上部的锚碇结构(对有锚板桩而言)的支承作用来维持码头稳定。

板桩码头的主要优点有结构简单、用料省、工程造价低、施工简便等。挖入式港池采用板桩式码头时,可以先打板桩后挖墙前港池,能大量减少挖填土方量。板桩结构对复杂的地质条件适应性强,其缺点是耐久性较差。

半遮帘式板桩码头结构系在前墙后面做一排间隔布置的遮帘桩,遮帘桩的顶和底比前墙低,横向刚度比较大,利用其在深层土体中的嵌固和本身的巨大刚度,以及其后土体的压力,大大减小了前墙的土压力,从而创造了加大水深的条件。

全遮帘式板桩码头结构系在前墙后面做遮帘桩,遮帘桩用拉杆与锚碇结构相连。遮帘桩与前墙之间采取间种连接方式:①用钢拉杆相连;②用钢筋混凝土将上部结构连成整体性。

三、防波堤

防波堤的主要作用是防御波浪对港口水域的侵袭,为船舶提供平稳,安全的停泊条件作业水城,在砂质或泥质海岸,防波堤也可起到减少或阻止泥沙进港的作用。对有冰冻的港口,防波堤也可减少道外流冰进入港内。

防波堤按其断面形式和消波特性可分为直立式防波堤、斜坡式防波堤、混合式防波堤、透空式防波堤、浮式防波堤以及压气式和喷水式消波设备,下面就以直立式防波堤、斜式防波堤及混合式防波堤为例,加以分析。

(一)直立式防波堤

直立式防波堤断面在临海和临港两侧均为直立或接近直立的墙面。直立式防波堤的基础多采用抛石基床,根据基床的高矮又可分为低基床、中基床、高基床,墙身采用混凝土方块或钢筋混凝土沉箱结构,上部多采用现浇混凝土胸墙,其优点主要是:水深较大时所需材料比斜坡堤省,维修工作量小,堤内侧可兼供靠船用,漂砂不易由堤身透过。

直立式防波堤按结构形式可分为重力式和桩式2种。

1. 重力式直立堤

以自重维持稳定,主要由墙身、上部结构和基床组成,其功能和结构与重力式码头类似,常用的重力式直立堤包括钢筋混凝土沉箱、混凝土方块和大直径圆筒等。

(1)沉箱式防波堤。整体性好,陆上预制好后在水上现场安放,是直立式防波堤的常用结构。

(2)方块防波堤。分为普通方块堤和大型方块堤两种。普通方块堤不需要起重能力大的施工船舶,但堤身整体性差,个别方块的沉陷或损坏会影响其他部分的稳定。大型方块堤的方块长度等于堤身的宽度,避免了横断面的错缝问题,由于自重较大,能承受很大的波浪作用。

(3)大直圆筒防波堤,外形为曲面,作用于圆筒不同部位上的波压力存在相位差,使得作用于圆筒堤上的总波压力比平面直墙减小5% ~15%。由于圆筒不能浮运,需要大起重能力的施工船舶,空筒安装后应及时填料,以保证其稳定。

2. 桩式防波堤

桩式防波堤是用桩构成墙身的直立式防波堤。桩可采用钢板桩、钢管桩、钢筋混凝土板桩和钢筋混凝土管桩等。桩式防波堤具有施工迅速简便,整体稳定性好的优点,但耐久性不如重力式防波堤,桩式防波堤由墙身和上部结构组成,其上部结构与重力式防波堤无明显差异。

(二)斜坡式防波堤

斜坡式防波堤断面为梯形,通常由堤心石、垫层和护面块石或护面块体组成。其优点是:大部分入射波浪在斜坡上破碎,波能消散,堤前反射波小;地基承载力要求较低,对地基不均匀沉降不敏感;结构简单,施工方便,易于修复。

护面块体是斜坡式防波堤抵御波浪作用的主要构件,其水力特性和强度与形状密切相关,目前的护面块体种类达200余种,其中异型混凝土块体由于相互啮合好、孔隙率大,故具有良好的透水性和水力糙度,可使大部分波能消散在护面层内,减小波浪爬高和反射,提高堤体稳定性。在我国,对于波高较大的情况,主要采用四脚锥体、扭工字块体、扭王字块体,对于波高较小的情况,主要采用四脚方块和栅栏板。

(三)混合式防波堤

上部为混凝土直墙、下部用斜坡式抛石突基床混合组成的防波堤。根据突基床顶高程的不同,波浪在直墙前的破碎临界水深变化在0.8 ~1.7倍波高范围内。在满足地基承载力的前提下,应尽量采用较低的突基床,使直墙前水深大于临界水深形成立波。突基床过低,直墙前水深小于临界水深,则不可避免地形成破波,直墙上将承受压强比立波压力大得多的破波压力,直接影响直墙的稳定。因此,在破波条件下,应尽量采用较高的基床,使波浪破碎在基床上,不直接冲击直墙,此时,直墙上承受的是部分波浪或破波水流的波压力。突基床外侧需采用大块石或人工块体护面和压肩。堤内侧也可兼作码头。

四、船厂水工建筑物

船厂水工建筑物是供船舶建造和修理用的水工建筑物,包括船舶下水。上墩建筑物(船台、滑道、升船平台和船坞等),船舶停泊建筑物(码头、停泊场和沉坞坑等)和防护建筑物(防波堤、防砂堤和驳岸等)三类。造船或修船时将船体移到水中的过程称下水:修船时为使船体露出水面,支撑于支墩上以进行船体水下部分修理的过程称为上墩。下水、上墩建筑物是船厂最基本的水工建筑物。下面主要介绍船舶下水、上墩建筑物。

(一)船台与滑道

船台是专供修造船用的岸边陆上构筑物,配置有下水及上墩设施,是船厂的主要生产设施之一。船台两侧设有修造船用的装焊设备、起重设备和各种动力供应管道。船台按地坪特点分为倾斜船台和水平船台,水平船台多与机械化滑道、注水式船坞、浮坞等结合使用,以满足移船下水或上墩的需要。倾斜船台常与木滑道配合使用，滑道直接铺在船台上面，坡度可以比船台大一些，但工作条件没有水平船台方便。船台按遮盖形式分为室内船台、露天船台和敞开船台。室内船台工作条件好，但基建投资大，且受厂房高度限制，难以建造大型船舶。露天船台空间宽敞，便于使用大型起重设备，建造的船舶不受高度限制，宜于建造大型船舶，但易受气候影响，敞开船台设有活动式风雨篷或固定的柱架，可以临时遮蔽，船舶修造条件介于前两者之间。

滑道是专供船舶下水或上墩用的构筑物，其上设有木质或金属滑轨。木质滑轨用于油脂滑道和钢珠滑道，金属滑轨则用于牵引式滑道。为承受下水船舶的重力，滑道需具有坚固的基础。

（二）船坞

船坞可分为干船坞、注水船坞及浮船坞三类。干船坞应用较多，一般所称的船坞为干船坞。随着海上运输事业的发展，船舶尺度尤其是油船尺度趋向于大型化，船坞尺度也相应增大。世界上已有可修理或建造排水量为30万吨、50万吨甚至100万吨巨型油船的船坞。

1. 干船坞

干船坞建在岸边陆地上，由坞室、坞首、坞门及灌排水系统等组成，一般用混凝土或筋混凝土建造，如图1－4－1所示。

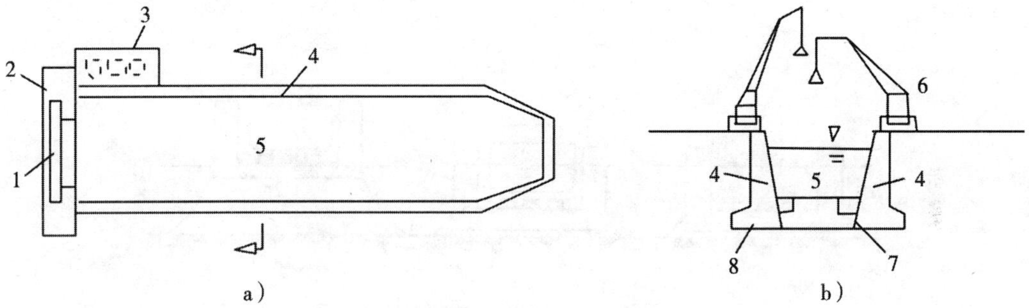

1—坞门；2—坞口；3—水泵站；4—坞墙；5—坞室；6—起重机；7—排水沟；8—坞室底板。

图1－4－1　干船坞示意图

干船坞按用途可分为造船坞和修船坞两种。造船坞是用于建造新船的干船坞，又称浅坞。造船坞的特点是坞的深度较浅，只要能浮起新建成的船体即可。为连续进行生产，提高船坞设备利用率，加快造船进度，大型造船坞除一般常用的单地室形式外，有的在坞室中加设一道或两道隔门，形成双坞室或多坞室的串联式造船坞。多坞室船坞各段均可单独使用，也可联合使用，同时建造几条船坞尺度较大的船，提高船坞使用效率。修船坞用于修理或改装船舶，待修船舶的自重和吃水均比新造船体要大，因此深度大于造船坞。

干船坞的坞室由坞墙和坞底板组成。坞室内一般设置有船坞灌排水系统、坐船龙骨墩、防冲装置、人行梯道等。坞室的顶面高程一般与船厂地坪齐平。坞室结构形式有整体式和分离式两种。坞墙和底板连成整体的称为整体式坞室，坞墙和底板不连成整体的称为分离式坞室，坞墙墙面一般为直立或近于垂直、坞室尾部的坞墙设有下坞通道，以便于车辆进入坞内，运送中小型设备器材、工具和清除工业垃圾等。

坞口为干船坞的头部，构成船坞入口，设有坞门挡水设施，由门墩、水平低门槛、门槽等组成，坞口构造根据地质条件及所选用的坞门形式而定，应具有足够的强度和刚度，使之不易产生不均匀沉陷和变形，保证坞门关闭紧密、不漏水。

船坞设有排水系统和灌水系统。现代大型船坞多将排水泵房、灌水的工作阀门和修理间门等设在坞口的侧墙内，灌水廊道设在门槛内。

2. 注水船坞

注水船坞实际上也是干船坞的一种，与干船坞不同之处在于其坞底分为上下阶，上阶高出水面作为搁置船舶之用。船舶入坞关闭坞门后，用水泵向坞室灌水，使坞室内水位上升，船舶漂升横移到上阶，然后将坞室内的水排出，船即可坐落在上阶的龙骨墩上进行修理。注水船坞的结构复杂，造价及运营费用高，生产效率低，一般很少采用。

3. 浮船坞

浮船坞两端开敞，可以在水上沉浮和移动的特殊船体，由坞墙和坞底组成，如图1－4－2所示，坞墙和坞底都是由若干纵向、横向构件和面板、隔板构成的浮箱，沿纵横向分隔成若干个水密舱，待修船舶进坞的过程为：先向水密舱内灌水，以增加浮船坞中压载水的水量，使船坞下沉，然后将待修船舶牵引入坞室中就位，用水泵将水密舱内的水排出，使浮船坞上浮，将船舶举出水面进行检修。船舶修好后下水出坞的操作程序则相反。由于浮船坞具有灵活机动、适应性强、建造工期短、不占陆地面积、造价比干船坞低、可作为移动的修船基地等特点，因此得到较广泛的应用。

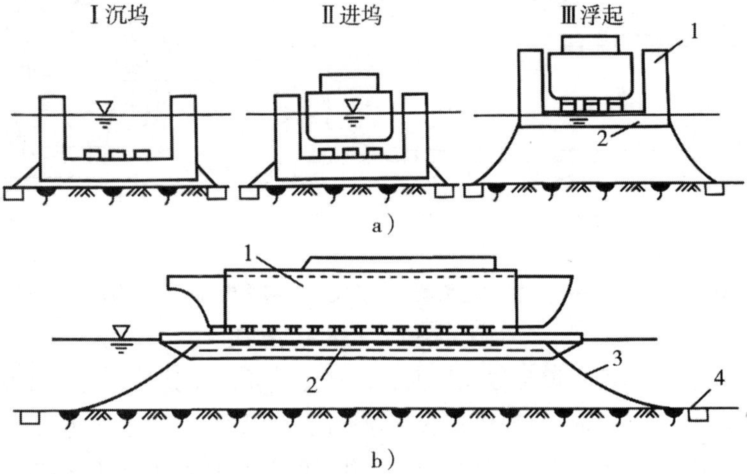

a)上墩过程；b)俯视图

1—坞墙；2—坞底；3—锚链；4—锚碇块。

图1－4－2　浮船坞示意图

(三)升船平台

升船平台是直接承载船舶上墩的可升降平台。上墩船舶牵引到平台后，升起平台使船舶出水，平台达到可水平移动到修船平台的高度时，再将船舶送至修船平台。升船平台也可用于新造船舶下水。升船平台需设置船舶牵引、平台升降装置与之配套。平台提升高度应使平台面与陆域齐平，平台面轨道与船台轨道水平连接，以利于船舶移动。升船平台完全靠绞车做上下升降，需多绞车同步运行，机电设施相对复杂。升船平台两侧应为直立式岸壁，便于安放绞车，并与陆上轨道连接。升船平台适用于修造中、小型船舶和船台附近下水区岸坡较陡，水域、陆域狭窄的情况，其水工建筑物造价相对较高。图 1-4-3 为万吨轮升船平台断面。

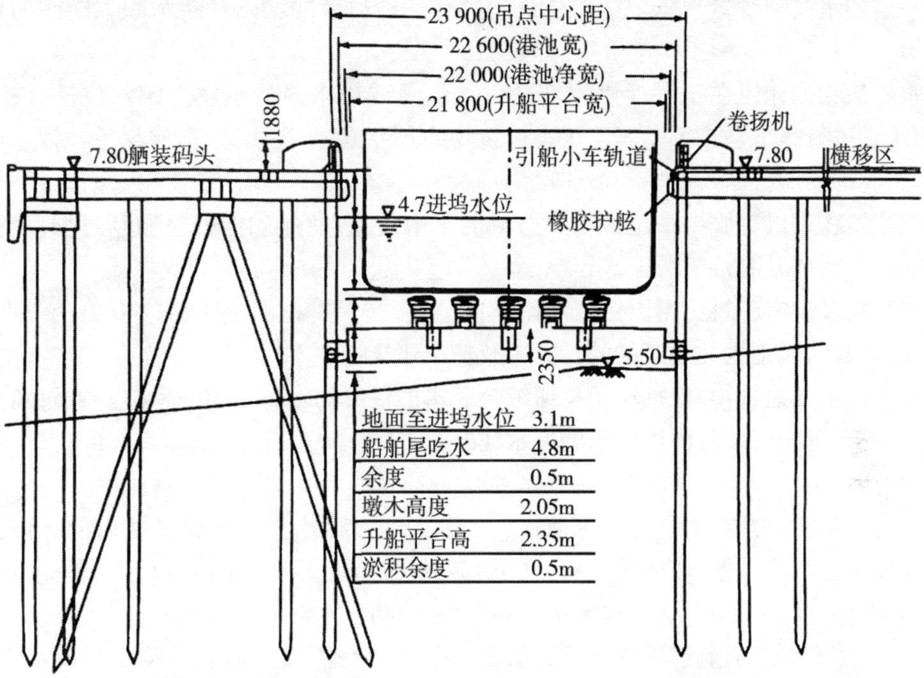

图 1-4-3　万吨轮升船平台断面(尺寸单位:mm;高程单位:m)

五、通航建筑物

通航建筑物建在河流上，使河道渠化或改善河流通航条件。通航建筑物常与挡水建筑物、泄水建筑物、坝岸连接及护岸建筑物、其他专门水工建筑物组成通航水利枢纽。图 1-4-4 为航运与发电结合的渠化枢纽示意图。

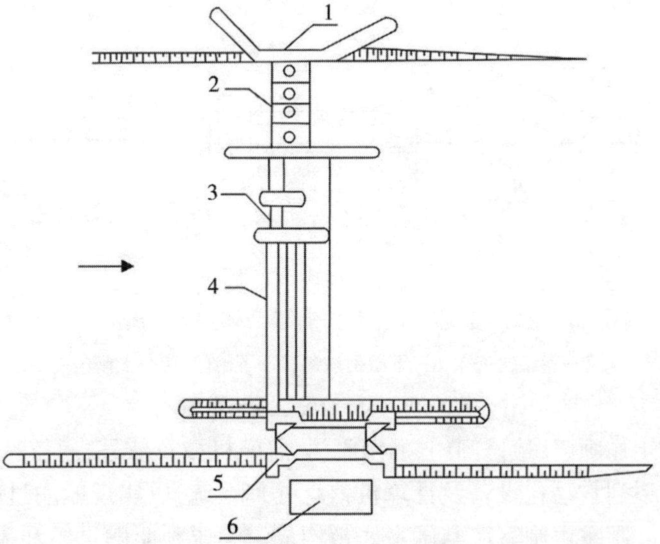

1—翼墙;2—水电站厂房;3—泄水闸;4—溢流坝;5—船闸;6—管理楼。

图 1-4-4　航运与发电结合的渠化枢纽示意图

挡水建筑物用于拦截水流以抬高水位,使上游河段达到设计的通航水深,并为其他用水部门提供一定的水头和水量。属于这类建筑物的有各种类型的水闸和拦河坝,如土坝、堆石坝、重力坝等。

泄水建筑物的作用在于宣泄洪水期的洪水流量或用来降低枢纽上游水位进行检修和清淤,或利用它进行施工导流等。属于这类建筑物的有溢流坝、溢洪道、泄水渠道或泄水隧洞、泄水闸等。

通航建筑物用以克服挡水建筑物所造成的集中落差,使船舶能安全顺利过坝。属于这类建筑物的有船闸和升船机等。

坝岸连接及护岸建筑物用以保证坝岸牢固连接,并保护枢纽上下游岸坡免受绕坝渗流和水流的冲刷破坏,属于这类建筑物的有翼墙及护岸建筑物。

其他专门水工建筑物,根据赋予枢纽综合利用的任务而定,一般包括水电站、过鱼建筑物、过木建筑物、灌溉渠道以及城市供水的取水建筑物等。

1. 船闸

船闸由闸室、闸首、输水系统和引航道等组成。通过输水系统调整闸室内的水位,使其与上游水位或下游水位齐平,船舶便能从上(下)游驶往下(上)游,如图1-4-5所示。船舶的过闸程序是:船舶过闸上行时,通过输水系统的调节,使闸室水面与下游水位齐平,开启下闸首的工作闸门,船舶由下游引航道驶入闸室,随即关闭下闸首的工作闸门,由输水系统从上游向闸室灌水,待闸室中的水面上升到与上游水位齐平时,开启上闸首的工作闸门。船舶即由闸室驶出。船舶下驶时的过闸程序则相反。

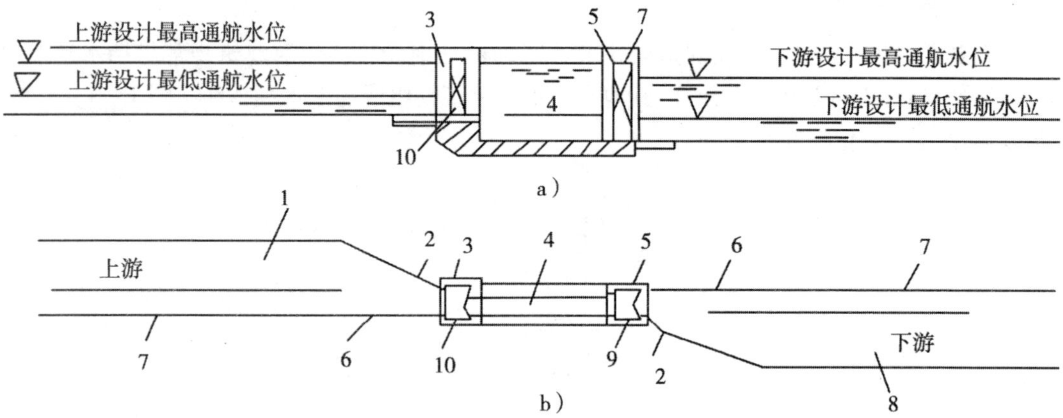

a)纵断面图;b)平面图

1—上游引航道;2—辅助导航建筑物;3—上闸首;4—闸室;5—下闸首;6—导航建筑物;

7—靠船建筑物;8—下游引航道;9—下闸门;10—上闸门。

图1-4-5 船闸组成示意图

船闸闸首设有工作闸门、检修闸门、船闸阀门、启闭机械及信号、通信等设备。闸首边墩的中心控制室设有一系列自动化设备及计算机信息处理系统,以实现船舶过闸操作自动化和船舶过闸管理自动化。闸室由闸室墙与闸室底板构成。为便利船舶过闸和靠泊,闸室内设有系船设备、照明设备和爬梯、壁灯、信号标志等辅助设施。输水系统由进水口、输水廊道、输水阀门、出水口、消能设施组成。引航道内设有导航建筑物和靠船建筑物。

2. 升船机

升船机采用水力或机械装置升降船舶，以通过航道上水位集中落差河段。升船机的基本组成包括承船厢（车）、支承导向结构、驱动机构、事故装置、闸首、电气控制系统、拉紧密封装置等。承船厢（车）用于装载船舶；支承导向结构用于支承承船厢（车），并对承船厢（车）升降起导向作用；驱动机构用于驱动承船厢（车）升降；事故装置用于发生事故时，制动并固定承船厢；闸首是将承船厢（车）、支承导向结构等与上下游航道隔开的挡水建筑物，在承船厢（车）升降过程中，以及承船厢（车）停靠时，闸首在承船厢（车）与上下游航道之间起衔接作用。

世界各国的建设实践和科研设计经验表明，当水头在 70m 以上时，宜采用升船机；当水头为 40 ~ 70m 时，应进行升船机与船闸的比选；当水头在 40m 以下时，船闸通常比升船机优越。

第二章 常用材料的分类、基本性能与用途

第一节 建筑材料的基本性质

建筑材料应具有相应的力学性质、物理性质、化学性质以及经久耐用的性质。

一、材料的物理性质

(一)密度、表观密度和堆积密度

1. 密度

密度是指材料在绝对密实状态下单位体积的质量,绝对密实状态下的体积是指不包括材料内部孔隙在内的固体物质的体积。

2. 表观密度

表观密度(亦称体积密度)是指材料在自然状态下单位体积的质量,俗称重度。自然状态下的体积即表观体积,包含材料内部孔隙(开口孔隙和封闭孔隙)。

3. 堆积密度

堆积密度是指散粒(粉状、粒状或纤维状)材料在自然堆积状态下单位体积的质量。

材料的堆积体积,包括材料绝对体积、内部所有孔隙体积和颗粒间的空隙体积。材料的质量是指填充在一定容积的容器内的材料质量,其堆积体积是指所用容器的容积。材料的堆积密度反映散粒状材料堆积的紧密程度及材料可能的堆放空间。

(二)材料的孔隙率和空隙率

1. 孔隙率与密实度

孔隙率是指孔隙体积占材料总体积的百分比。

密实度是与孔隙率相对应的概念,指材料体积内被固体物质充实的程度,也就是固体物质的体积占总体积的比例。密实度反映了材料的致密程度。含有孔隙的固体材料的密实度均小于1。材料的很多性能(如强度、吸水性、耐久性、导热性等)均与其密实度有关。

在土木工程中,计算材料用量、构件自重、配料及确定堆放空间时,经常要用到材料的密度、表观密度和堆积密度等参数。

2. 材料的空隙率与填充率

空隙率是指散粒状材料在某容器的堆积体积中,颗粒之间的空隙体积占堆积体积的百分率。

填充率是与空隙率相对应的概念,指散粒状材料在某堆积体积中被其颗粒填充的程度。

(三)材料与水有关的性质

1. 亲水性与憎水性

水与不同固体材料表面之间相互作用的情况是不同的。当水与材料接触时,在材料、水和空气三相交点处,沿水表面的切线与水和固体接触面所成的夹角。称为润湿角 θ,θ 越小,浸润

性越好。当润湿角 $\theta \leqslant 90^\circ$ 时，水分子之间的内聚力小于水分子与材料分子间的相互吸引力，这种性质称为材料的亲水性。具有这种性质的材料称为亲水性材料。当润湿角 $\theta > 90^\circ$ 时，水分子之间的内聚力大于水分子与材料分子间的吸引力，则材料表面不会被水浸润，这种性质称为材料的憎水性。具有这种性质的材料称为憎水性材料。建筑材料中水泥制品、玻璃、陶瓷、金属材料、石材等为亲水性材料；沥青、有机涂料、塑料等为憎水性材料。

2. 吸湿性与吸水性

（1）吸湿性。吸湿性指材料在潮湿空气中吸收水分的性质，以含水率表示。吸湿作用一般是可逆的，也就是说，材料既可吸收空气中的水分，又可向空气中释放水分。材料的含水率随空气的温度和湿度的变化而变化。当材料中的湿度与空气湿度达到平衡的含水率称为平衡含水率。

含水率是指材料中所含水的质量与干燥状态下材料的质量之比。

（2）吸水性。材料的吸水性是指材料与水接触吸收水分的性质。材料吸水饱和的含水率称为材料的吸水率。

材料吸水率不仅与其亲水性及憎水性有关，还与其孔隙率及孔隙特征有关。具有细微而连通的孔隙，且孔隙率大的材料吸水率较大；具有粗大孔隙的材料，虽然水分容易渗入，但仅能润湿孔壁表面而不易在孔内存留，因而其吸水率不高；密实材料以及仅有封闭孔隙的材料是不吸水的。

各种材料的吸水率相差很大，如花岗石等致密岩石的吸水率仅为0.5% ~0.7%，普通混凝土为2% ~3%。

材料含水后，自重增加，强度降低，保温性能下降，抗冻性能变差，有时还会发生明显的体积膨胀。

3. 耐水性

耐水性是指材料长期在水的作用下不被破坏，而且强度也不显著降低的性质。水对材料的破坏是多方面的，如对材料的力学性质、光学性质、装饰性等都会产生破坏作用。

软化系数的范围波动在0 ~1。通常将软化系数大于0.85的材料看作是耐水材料。软化系数的大小，有时成为选择材料的重要依据。受水浸泡或长期处于潮湿环境的重要建筑物或构筑物所用材料的软化系数不应低于0.85。

4. 抗渗性

抗渗性是指材料抵抗压力水渗透的性质。材料的抗渗性常用渗透系数或抗渗等级来表示。

渗透系数的物理意义是：一定时间内，在一定的水压作用下，单位厚度的材料，单位截面积上的透水量。渗透系数越小的材料表示其抗渗性越好。

抗渗等级常用于混凝土和砂浆等材料，是指在规定试验条件下，材料所能承受的最大水压。材料抗渗性的好坏，与材料的孔隙率和孔隙特征有密切关系。材料越密实、闭口孔越多，孔径越小，越难渗水，极微细孔的材料很难渗水；具有较大孔隙率，且孔连通性好、孔径较大的材料抗渗性较差。

5. 抗冻性

抗冻性是指材料在吸水饱和状态下，抵抗多次冻结和融化作用（冻融循环）而不破坏、强度又不显著降低的性质。

材料的抗冻性用抗冻等级来表示。抗冻等级表示吸水饱和后的材料经过规定的冻融循环次数,其质量损失、相对动弹性模量损失均不低于规定值。混凝土的抗冻等级以符号 F 表示,后面带的数字表示可经受冻融循环次数。例如,抗冻等级 F200 表示在标准试验条件下,材料相对动弹性模量下降不大于 25%,质量损失不大于 5%,所能经受的冻融循环的次数最多为 200 次。

材料的抗冻性与其强度、孔隙率大小及特征、含水率等因素有关。材料强度越高,抗冻性越好;孔隙对抗冻性的影响与其对抗渗性的影响相似。当材料孔隙吸水后还有一定的空间,含水未达到饱和时,可缓解冰冻的破坏作用。

二、材料的力学性质

1. 强度

强度指材料抵抗外力破坏的能力。当材料承受外力作用时,内部就产生应力。外力逐渐增加,应力也相应加大,直到支点间作用力不再能够承受时,材料即破坏。此时极限应力值就是材料的强度。根据外力作用方式的不同,材料强度有抗压强度、抗拉强度、抗弯强度及抗剪强度等。

根据外力作用方式的不同,材料强度有抗压强度、抗拉强度、抗弯强度及抗剪强度等(图 2-1-1)。

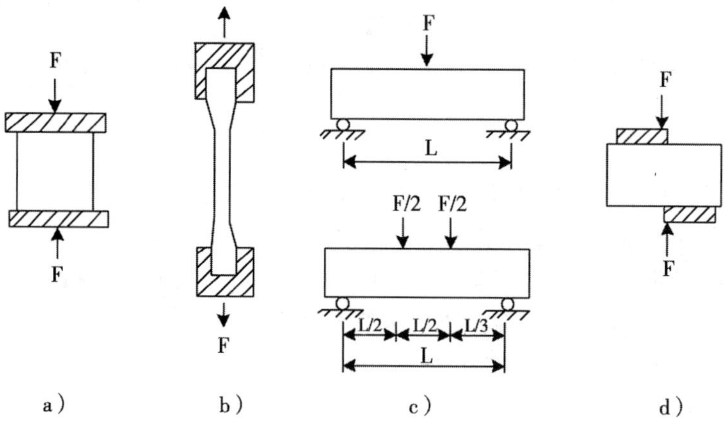

a)抗压;b)抗拉;c)单、双荷载弯;d)抗剪

图 2-1-1 材料受压示意图

材料的强度与其组成和构造有关。不同种类的材料具有不同的抵抗外力作用的能力,即使是相同种类的材料,由于其内部构造不同,其强度也有很大差异。孔隙率越大,材料强度越低。

同种材料抵抗不同类型外力作用的能力也不同,如砖、石材、混凝土和铸铁等材料的抗压强度较高,而其抗拉强度、抗弯强度很低;钢材的抗拉强度、抗压强度都很高等。另外,试验条件等因素的不同会对材料强度值的测试结果产生较大影响。

2. 弹性和塑性

(1)弹性指材料在外力作用下产生变形,当外力取消后,能够完全恢复原来形状的性质,这种可完全恢复的变形称为弹性变形。

弹性变形的变形量与对应的应力大小成正比,其比例系数用弹性模量 E 来表示。

弹性模量是衡量材料抵抗变形能力的指标之一,弹性模量越大,材料在荷载作用下越不易变形。

(2)塑性指在外力作用下材料产生变形,外力取消后,不能恢复变形的性质。这种不能恢复的变形称为塑性变形。完全的弹性材料是没有的,有的材料在受力不大的情况下,表现为弹性变形,但受力超过一定限度后,则表现为塑性变形,如钢材;有的材料在受力后,弹性变形及塑性变形同时产生,如果取消外力,则弹性变形部分可以恢复,而塑性变形部分则不能恢复,如混凝土。

3. 脆性和韧性

脆性是指在冲击荷载作用下突然破坏而材料没有明显变形的性质。具有这种性质的材料称为脆性材料。

脆性是材料的抗压强度比其抗拉强度往往要高很多倍。它对承受振动作用和抵抗冲击荷载是不利的。砖、石材、陶瓷、玻璃、混凝土、铸铁等都属于脆性材料。

韧性是指在冲击或振动荷载作用下,材料能够吸收较大的能量,同时也能产生一定的变形而不破坏的性质。材料的韧性是用冲击试验来检验的,因而又称为冲击韧性,它用材料受荷载达到破坏时所吸收的能量来表示。低碳钢、木材等属于韧性材料。用作路面、桥梁、吊车梁以及有抗震要求的结构都要考虑到材料的韧性。

4. 硬度

材料另一个重要的力学性质是硬度。它是指材料表面抵抗硬物压入或刻划的能力。金属材料等的硬度常用压入法测定,如布氏硬度法,是以单位压痕面积上所受的压力来表示。陶瓷等材料常用刻划法测定。一般情况下,硬度大的材料强度高、耐磨性较强,但不易加工。所以,工程中有时用硬度来间接推算材料的强度。

三、材料的耐久性和环境协调性

建筑材料的发展方向要求除具有良好的使用性能外,还须具有良好的环境协调性能与耐久性。

1. 材料的耐久性

材料在长期使用过程中,能保持其原有性能而不变质、不破坏的性质,统称为耐久性。材料在使用过程中,除受到各种外力作用外,还要受到环境中各种自然因素的破坏作用,这些破坏作用可分为物理作用、化学作用和生物作用。

2. 材料的环境协调性

建筑材料的环境协调问题日益受到重视。所谓环境协调性是指对资源和能源消耗少、对生态和环境污染小、再生利用率高或可降解化和可循环利用,而且要求从材料制造、使用、废弃直至再生利用的整个寿命周期中,都必须具有与环境的协调共存性。

第二节　常用材料的分类、基本性能与用途

本节将对建设工程中的常用材料,如钢材、水泥、石灰、沥青、砂石材料的分类、基本性能及用途作简要描述。

一、钢材

钢材主要包括用于钢结构的各种型材(如圆钢、角钢、工字钢等)、钢板、钢管和用于钢筋混凝土中的各种钢筋、钢丝、钢绞线等。钢材具有材质均匀、性能可靠、强度高、能承受较大的弹塑性变形、加工性能好等良好的技术性质。

(一)钢材的分类

1. 按化学成分分类

钢是以铁为主要元素,含碳量为0.2% ~2.06%,并含有其他元素的合金材料。钢按化学成分分为碳素钢和合金钢两大类。

碳素钢根据含碳量分为低碳钢(含碳量小于0.25%)、中碳钢(含碳量为0.25% ~0.6%)、高碳钢(含碳量大于0.6%)。

合金钢按合金元素的总含量分为低合金钢(合金元素总含量小于5%)、中合金钢(合金元素总含量为5% ~10%)、高合金钢(合金元素总含量大于10%)。

2. 按脱氧程度不同分类

按钢在熔炼过程中的脱氧程度为沸腾钢、镇静钢、半镇静钢和特殊镇静钢四类。

(1)沸腾钢代号为"F"。沸腾钢中碳和有害杂质在钢中分布不均匀,富集于某些区间的现象特别严重,钢的致密程度差。故沸腾钢的冲击韧性和可焊接性较差,特别是低温冲击韧性的降低更显著。但从经济上比较,沸腾钢只消耗少量的脱氧剂,钢锭的收缩孔减少,成品效率高,故成本较低。

(2)镇静钢代号为"Z"。镇静钢组织致密,气泡少,偏析程度小,各种力学性能比沸腾钢优越,可用于受冲击荷载的结构和其他重要结构。

(3)半镇静钢是指脱氧程度和性能都介于沸腾钢和镇静钢之间的钢材,其代号为"b"。

(4)比镇静钢脱氧程度更充分彻底的钢,称为特殊镇静钢,代号为"TZ"。特殊镇静钢的质量最好,适用于特别重要的结构工程。

钢还可以按其他方法分类,如按冶炼方法分为平炉钢、氧气转炉钢和电炉锅;按用途分为结构钢、工具钢和特殊钢;按形状分为板材、管材、线材、型材等。

(二)钢材的力学性能

1. 抗拉性能

抗拉性能是表示钢材性能的重要指标。由于拉伸是钢材的主要受力形式,因此抗拉性能采用拉伸试验测定,以屈服点、抗拉强度和伸长率等指标表征。以低碳钢受拉的应力—应变(图2-2-1)为例,可以较好地阐述这些重要的技术指标。

从图2-2-1中可以看出,低碳钢受拉经历了4个阶段:弹性阶段(O→A)、屈服阶段(A→

B)、强化阶段(B→C)、颈缩阶段(C→D)。

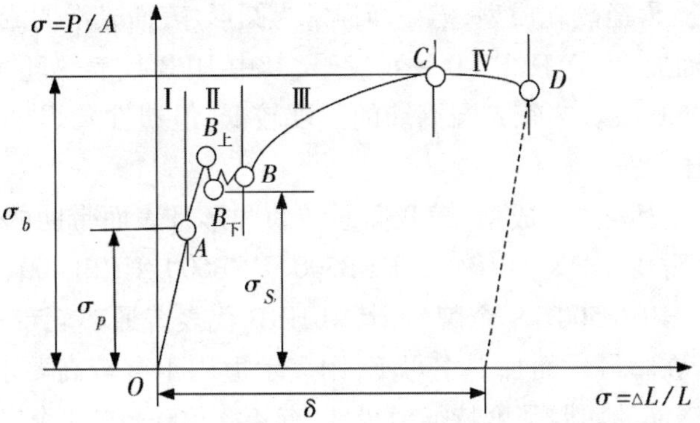

图2-2-1　低碳钢受拉力的应力—应变曲线

2. 冲击韧性

冲击韧性是指钢材抵抗冲击荷载的能力。钢材的化学成分、内在缺陷、加工工艺及环境温度都会影响钢材的冲击韧性。试验表明,冲击韧性随温度的降低而下降,其规律是开始下降缓和,当达到一定温度范围时,突然下降很多而呈脆性,这种脆性称为钢材的冷脆性。此时的温度称为临界温度。临界温度越低,说明钢材的低温冲击性能越好。所以在负温下使用的结构,应当选用脆性临界温度较工作温度低的钢材。

3. 冷弯性

冷弯性是指钢材在常温下承受弯曲变形的能力,是钢材的重要工艺性能。钢材试件按规定的弯曲角和弯心直径进行试验(图2-2-2),若试件弯曲处的外表面无裂断、裂缝或起层,即认为冷弯性能合格。

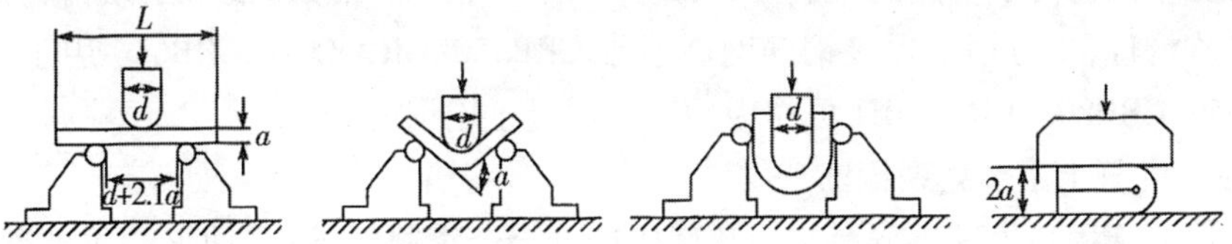

a)试件安装;b)弯曲90°;c)弯曲180°;d)弯曲至两面重合

图2-2-2　钢材冷弯试验示意图

4. 抗疲劳性

材料在交变应力作用下,在远低于抗拉强度时突然发生断裂的现象称为疲劳破坏。疲劳破坏的危险应力用疲劳极限表示,其含义为试件在交变应力下工作,在规定的周期基数内不发生断裂的最大应力。

5. 可焊性

可焊性是指钢材是否适用通常的焊接方法与工艺性能。可焊性好的钢材焊接时硬脆倾向小,不易形成裂纹、气孔、夹渣等缺陷,焊接后仍能保持与母材基本相同的性质,影响钢材可焊性的主要因素是化学成分及含量。

(三)常用钢材标准

1. 热轧钢筋

热轧钢筋是工程中用量较大的钢材品种之一,主要用于钢筋混凝土结构和预应力钢筋混凝土结构的配筋。

(1)热轧光圆钢筋:为经热轧成型、横截面通常为圆形、表面光滑的成品钢筋。热轧光圆钢筋由碳素结构钢轧制而成,仅有 HPB300 一种牌号,其中 HPB 代表热轧光圆钢筋,数字代表其屈服强度的特征值为 300 级。热轧光圆钢筋的强度较低,但塑性及焊接性好,便于冷加工,广泛用作普通钢筋混凝土。

(2)热轧带肋钢筋:为经热轧成型,横截面通常为圆形且表面带肋的成品钢筋。热轧带肋钢筋由低合金钢轧制而成,分为 HRB400、HRB500、HRB600、HRBF400、HRBF500、HRB400E、HRB500E、HRBF400E、HRBF500E 9 个牌号,其中 HRB 代表普通热轧带肋钢筋,HRBF 代表细晶粒热轧带肋钢筋,若在牌号后面加上字母 E,则表示适用于有较高要求的抗震结构;牌号中的数字表示热轧带肋钢筋的屈服强度特征值级别,有 400、500、600 3 个级别。

热轧带肋钢筋常以月牙肋钢筋(横肋的纵截面呈月牙形且与纵肋不相交的钢筋)供货。HRB400 带肋钢筋的强度较高,塑性及焊接性也较好,广泛用作大、中型钢筋。混凝土结构的受力钢筋;HRB500 带肋钢筋强度高,但塑性与焊接性较差,适宜用作预应力钢筋。

2. 冷轧带肋钢筋

冷轧带肋钢筋是用热轧圆盘条经冷轧后,在其表面带有沿长度方向均匀分布的 2 面、3 面或 4 面横肋的钢筋。2 面肋和 3 面肋钢筋横肋呈月牙状,4 面肋钢筋横肋的纵断面呈月牙状且不与横肋相交。现行的《冷轧带肋钢筋》规定冷轧带肋钢筋按其延性高低分为冷轧带肋钢筋和高延性冷轧带肋钢筋两类。冷轧带肋钢筋的牌号由 CRB、抗拉强度最小值构成;高延性冷轧带肋钢筋的牌号由 CRB 抗拉强度最小值及 H 构成、目前有 CRB550、CRB650、CRB800、CRB600 CRB680H、CRB800H 6 个牌号。

冷轧带肋钢筋提高了钢筋的握裹力,可广泛用于中、小型预应力混凝土结构构件和普通钢筋混凝土结构构件,也可用于焊接钢筋网。通常 CRB550、CRB600H、CRB680 用于普通钢筋混凝土,CRB650、CRB800、CRB800H 可作为预应力混凝土用钢筋。

3. 预应力混凝土用热处理钢筋

预应力混凝土用热处理钢筋是指用热轧中碳低合金钢筋经淬火、回火调质处理的钢筋,代号为 RB150。通常有直径为 6mm、8.2mm、10mm 的 3 种规格,抗拉强度 $\sigma_b > 1500$MPa、屈服点 $\sigma_{0.2} > 1350$MPa、伸长率 $\delta_{10} > 6\%$。使用时应按要求长度切割。不能用电焊切割,也不能焊接,以免引起强度下降或脆断。热处理钢筋具有高强、高韧性和高握裹力等优点,主要用于预应力混凝土桥梁结构。

热处理钢筋的设计强度取标准强度的 0.8,先张法和后张法预应力结构的张拉控制应力分别为标准强度的 0.7 和 0.65。热处理钢筋在预应力结构中使用,具有与混凝土黏结性能好、应力松弛率低、施工方便等优点。

4. 冷拉低碳钢筋和冷拔低碳钢丝

对于低碳钢和低合金高强度钢,在保证要求延伸率和冷弯指标的条件下,进行较小程度的冷加工后,既可提高屈服极限和强度极限,又可满足塑性的要求。

(1)冷拉低碳钢筋:用热轧钢筋进行冷拉而制得。

(2)冷拔低碳钢丝:用直径 6.5mm 或 8mm 的碳素结构钢热轧盘条,在常温下经冷拔工艺拔制而成的直径为 3mm、4mm 或 5mm 的圆截面钢丝,称为冷拔低碳钢丝。建筑用冷拔低碳钢丝按力学性能分为甲、乙两级。甲级钢丝又按其抗拉强度分为Ⅰ、Ⅱ两组，甲级钢丝主要用于小型预应力构件；乙级钢丝一般用于焊接或绑扎骨架、网片或箍筋。

用作预应力混凝土构件的钢丝，应逐盘取样进行力学性能检验，并判定级别和组别，以便合理安排使用。

5. 预应力钢丝和预应力钢绞线

预应力钢丝是以优质高碳钢圆盘条经等温淬火拔制而成的。预应力钢丝的直径为2.5～5mm，抗拉强度为1500～1900MPa。

预应力钢丝应具有强度高、柔性好、松弛率低、耐腐蚀等特点，适用于各种特殊要求的预应力混凝土。

预应力钢绞线具有强度高、与混凝土黏结性能好、断面面积大、使用根数少、在结构中排列布置方便、易于锚固等优点，故多用于大跨度、重荷载的混凝土结构。

二、水泥

（一）水泥的分类

工程中应用的水泥品种众多，按其化学组成可分为硅酸盐系水泥、铝酸盐系水泥、硫铝酸盐系水泥、铁铝酸盐系水泥、磷酸盐系水泥、氟铝酸盐系水泥等系列。现行《水泥的命名原则和术语》规定，水泥按的性能及用途可分为两大类，一类为用于一般土木建筑工程的通用水泥，主要包括硅酸盐水泥、普通硅酸盐水泥、矿渣硅酸盐水泥、火山灰质硅酸盐水泥、粉煤灰硅酸盐水泥和复合硅酸盐水泥6种硅酸盐系水泥。另一类为具有特殊性能或用途的特种水泥，如快硬硅酸盐水泥、白色硅酸盐水泥、抗硫酸盐硅酸盐水泥、低热硅酸盐水泥、铝酸盐水泥、道路水泥和油井水泥等。

水泥的种类虽然很多，但在公路工程中仍以硅酸盐类通用水泥为主，其他品种硅酸盐水泥都是通过适当改变其矿物成分或在硅酸盐水泥熟料中加入一定量的混合料而制成的。

（二）水泥的基本性能

1. 细度

细度是指水泥颗粒的粗细程度。水泥越细，水化越充分，水化速度越快。

2. 标准稠度用水量

为使测试结果具有可比性，测定水泥凝结时间和安定性必须采用标准稠度的水泥净浆。标准稠度用水量是指拌制水泥净浆时为达到标准稠度所需的加水量，以水与水泥质量之比的百分数表示。

水泥标准稠度用水量受水泥的细度、水泥的矿物组成等因素影响，水泥越细，标准稠度用水量越大。

3. 凝结时间

凝结时间是指水泥从加水开始，到水泥浆失去可塑性所需要的时间。水泥在凝结过程中经历了初凝和终凝两种状态，因此，水泥凝结时间又分为初凝时间和终凝时间，初凝时间是指水泥从加水到水泥浆开始失去塑性所经历的时间；终凝时间是指从加水到水泥浆完全失去塑性所经历的时间，

水泥凝结时间对工程施工有重要的意义。初凝时间过短，将影响水泥混凝土的拌和、运输

和浇筑;终凝时间过长,则会影响施工工期,因此应该严格控制水泥的凝结时间。我国现行《通用硅酸盐水泥》规定:硅酸盐水泥的初凝时间不得早于45min,终凝时间不得迟于6.5h。

4. 安定性

水泥体积安定性是反映水泥浆在凝结、硬化过程中体积膨胀变形的均匀程度。各种水泥在凝结硬化过程中都可能产生不同程度的体积变化。

均匀轻微的变化不会影响混凝土的质量。产生不均匀变形或变形太大,使构件产生膨胀裂缝、影响工程质量的水泥称为不安定水泥。这种水泥将引起已硬化的水泥石产生张拉应力,轻者降低水泥抗拉强度,重者导致结构破坏。

检验水泥安定性主要采用沸煮法,按我国现行试验方法规定,也可采用试饼法或雷氏法,目前我国主要以雷氏法为准。

5. 强度

水泥强度是表征水泥力学性质的重要指标。我国采用水泥胶砂来评定水泥的强度,水泥的强度除了与水泥本身的性质(矿物组成、细度等)有关外,还与水灰比、试件制作方法、养护条件和养护时间等有关。按照我国现行标准规定,以水泥和标准砂为1:3,水灰比为0.5的配合比,用标准制作方法制成40mm×40mm×160mm的棱柱体,在标准养护条件下,测定其达到规定龄期(3d、28d)的抗折和抗压强度。

根据测定的结果划分水泥强度等级。如硅酸盐水泥(P.Ⅰ/P.Ⅱ)分为32.5、32.5R、42.5、42.5R、52.5、52.5R、62.5和62.5R八个强度等级(分别代表试件28d的抗压强度标准值的最小值为32.5MPa、42.5MPa、52.5MPa、62.5MPa,带R的为早强型等级)。

6. 水化热

水泥加水后,发生水化作用逐渐凝结硬化放出的热量,称为水泥的水化热。

对大型基础、桥墩等大体积混凝土工程,由于水化热积聚在内部不易发散,使内部温度上升到50℃以上,内外温差引起的应力使混凝土可能产生裂缝,因此水化热对大体积混凝土工程是不利的。

三、石灰

(一)石灰的分类

1. 根据石灰加工方法的不同分类

(1)块状生石灰:由原料煅烧而得的产品,主要成分为CaO。

(2)生石灰粉:由块状生石灰磨细制得,主要成分为CaO。

(3)消石灰:将生石灰用适量的水消化、干燥制得的粉末,亦称熟石灰,主要成分为$Ca(OH)_2$。

(4)石灰浆:将生石灰加多量的水(为石灰体积的3~4倍)消化而得的可塑性浆体,称为石灰乳,主要成分为$Ca(OH)_2$和水。如果水分加得更多,则呈白色悬浊液,称为石灰浆。

2. 按氧化镁含量分类

由于石灰原料中常含有少量碳酸镁成分,煅烧后石灰中会含有氧化镁(MgO)。在建材行业标准中,根据石灰中氧化镁含量将石灰分为钙质石灰和镁质石灰两类,如表2-2-1。

表 2-2-1 钙质石灰和镁质石灰中氧化镁含量分类界限

石灰种类	生石灰	生石灰粉	消石灰粉
钙质石灰	≤5%	≤5%	≤4%
镁质石灰	>5%	>5%	>4%

(二)石灰的基本性能

1. 石灰的消化

生石灰使用前一般都需加水消解,这一过程称为“消化”或“熟化”。其反应式如下:

$$CaO + H_2O = Ca(OH)_2 + 64.9(kJ/mol) \quad (2.2.1)$$

生石灰的消化过程有两个特点:第一是水化速度快,放热量大;第二是消化时体积急剧膨胀,块状生石灰消化成松散的消石灰粉,其体积可增大 1 ~2.5 倍。

生石灰消化的目的,一方面使生石灰块改变为既便于施工操作,又具有黏结和硬化性能状态;另一方面也便于剔除其中不能消化的杂质成分。

在施工现场,常将石灰置于化灰池内加多量水消化成石灰浆,通过筛网流入储灰池,石灰浆在储灰池中沉淀并除去上层水分后成为石灰膏。为了消除“过火石灰”的危害石灰浆应储灰池中“陈伏”两周以上。“陈伏”期间,石灰浆表面应保有一层水分,与空气隔绝。以免碳化。

2. 石灰的硬化

石灰浆体的硬化过程包括两个同时进行的部分,即结晶作用和碳化作用。

(1)结晶作用:由于游离水分逐渐蒸发,石灰浆体中的氢氧化钙从饱和溶液中结晶析出,产生“结晶强度”,并具有胶结性。

(2)碳化作用:氢氧化钙与空气中的二氧化碳在有水分存在的条件下发生反应,生成不溶于水的碳酸钙晶体,释放出水分并被蒸发。其反应式如下:

$$Ca(OH)_2 + CO_2 + nH_2O \rightarrow CaCO_3 + (n+1)H_2O \quad (2.2.2)$$

由于空气中的 CO_2 含量较少,碳化作用主要发生在石灰浆体与空气接触的表面。表面生成的碳酸钙层会阻碍 CO_2 的进一步渗入,同时也妨碍内部水分的蒸发,所以石灰的硬化是一个缓慢的过程。

石灰在硬化过程中,要蒸发掉大量的水分,引起体积显著收缩,易出现干缩裂缝。所以,石灰不宜单独使用,一般要掺入砂、钢筋、麻刀等材料,以减少收缩。

(三)石灰用途

1. 配制建筑砂浆

石灰可用来配制石灰砂浆混合砂浆等,因其是气硬性胶凝材料,主要用于地面以上部分的砌筑工程,也可用于抹面等装饰工程。

2. 加固软土地基

在软土地基中打入生石灰桩,可利用生石灰吸水产生膨胀,使其对桩周围土起挤密作用,利用生石灰和黏土矿物间产生的胶凝反应使周围的土固结,从而达到提高地基承载力的目的。

3. 用于道路工程的基层

在道路工程中,随着半刚性基层在高等级路面中的应用,石灰碎石(砾石)土、石灰粉煤灰稳定土及石灰粉煤灰稳定碎石(砾石)等也广泛用于路面基层。

4. 配制灰土和三合土

将生石灰粉(或消石灰粉)与黏土拌和,称为石灰土(灰土),若再加入砂石或炉渣、碎砖等即成三合土。灰土和三合土主要用于建筑物的基础路面或地面的垫层。

值得注意的是,生石灰在空气中存放时,会吸收空气中的水分并熟化成消石灰粉,再碳化成碳酸钙而失去胶结能力,因此生石灰不宜久存。如需较长时间储存生石灰,最好将其消解成石灰浆,并使表面隔绝空气,以防碳化。

四、沥青

(一)沥青的分类

1. 命名和分类

目前对于沥青材料的命名和分类,世界各国尚未统一。我国通用的命名和分类方法按照沥青的产源不同划分为以下几类。

- 沥青
  - 地沥青
    - 天然沥青:石油在自然条件下,长时间经受地球物理因素作用形成的产物。
    - 石油沥青:石油经各种炼制工艺加工而得的沥青产品。
  - 焦油沥青
    - 煤沥青:煤经干馏所得的煤焦油,经再加工后得到煤沥青。
    - 页岩沥青:页岩炼油工业的副产品。

2. 公路工程常用沥青

乳化沥青是将黏稠的石油沥青加热至流动态,经机械力作用形成细小的微粒,分散在有乳化剂和稳定剂的水中,形成均匀稳定的乳状液。乳化沥青的主要优点是不需要加热就可直接用于施工,受低温季节影响较小,常温下洒布均匀;可用于铺筑封层表层处置贯入式、沥青碎石、沥青混凝土等路面。其缺点是路面成型时间长、稳定性差。

改性沥青是指掺加了橡胶树脂类高分子聚合物等改性剂,或通过对沥青轻度氧化加工等措施改善沥青的力学性能,增强其在高温下稳定、耐疲劳和低温抗裂性。

改性乳化沥青是指在制作乳化沥青过程中同时加入聚合物胶乳,或将聚合物胶乳与乳化沥青成品混合,或对聚合物乳化沥青进行乳化加工得到的乳化沥青成品。

3. 水运工程常用沥青

水运工程主要用的沥青包括石油沥青和煤沥青,石油沥青按主要用途可分为道路石油沥青、建筑石油沥青、防水防潮石油沥青和天然石油沥青。煤沥青是由煤干馏得到焦油再经蒸馏制成。

(二)沥青的基本性能

1. 黏滞性

沥青的黏滞性是反映沥青材料内部阻碍沥青粒子产生相对流动的能力,简称为黏性,以绝对黏度表示。沥青的黏度是沥青首要考虑的技术指标之一。

2. 延性

沥青的延性是当沥青材料受到外力拉伸作用时,所能承受的塑性变形的总能力,以延度作为条件延性的表征指标。沥青的延度与沥青的流变特性、胶体结构和化学组分等有着密切的关系。

3. 温度稳定性

温度稳定性是指石油沥青的黏滞性和延性随温度升降而变化的性能,是沥青的重要指标之一。在工程中使用的沥青,要求有较好的温度稳定性,否则容易发生沥青材料夏季流淌或冬季变脆甚至开裂等现象。通常用软化点来表示石油沥青的温度稳定性,即沥青受热由固态转变为具有一定流动态时的温度。软化点越高,表明沥青的耐热性越好,即温度稳定性越好。沥青的软化点不能太低,不然夏季易融化发软;也不能太高,否则不易施工,品质太硬,冬季易发生脆裂现象。

4. 抗老化性

沥青材料在施工时需要加热,工程完成投入使用过程中又要长期经受大气、日照、降水、气温变化等自然因素的作用,这些因素都会对沥青的耐久性能产生很大的影响。因此,用于公路工程的沥青应具备很好的耐久性,才能保证具有很长的耐用周期。

沥青在上述因素的综合作用下会产生不可逆的化学变化,而导致工程性能逐渐劣化,这种变化过程称为老化。我国目前主要通过蒸发损失试验和薄膜加热试验评价沥青的老化性能,即沥青试样在160℃条件下,加热蒸发5h,采用蒸发损失率、蒸发后针入度比和延度作为评价指标。

(三)常见沥青的用途

1. 石油沥青的应用

一般情况下,建筑石油沥青多用于建筑屋面工程和地下防水工程;道路石油沥青多用来拌制沥青砂浆和沥青混凝土,用于路面、地坪、地下防水工程和制作油纸等;防水防潮石油沥青的技术性质与建筑石油沥青相近,而质量更好,适用于建筑屋面、防水防潮工程。道路石油沥青的等级应用见表2-2-2。

表2-2-2　道路石油沥青的等级与应用

沥青等级	应用
A级	各个等级的公路,适用于任何场合和层次
B级	(1)高速公路、一级公路沥青下面层及以下的层次,二级及二级以下公路的各个层次 (2)用作改性沥青、乳化沥青、改性乳化沥青、稀释沥青的基质沥青
C级	三级及三级以下公路的各个层次

2. 乳化沥青的应用

乳化沥青常用于路面的维修与养护,用于铺筑表面处治、贯入式、沥青碎石、乳化沥青混凝土等各种结构形式的路面,还可用于旧沥青路面的冷再生、防尘处理等。

3. 改性沥青的应用

当前改性道路沥青主要用于机场跑道、防水桥面、停车场、运动场、重交通路面、交叉路口和路面转弯处等特殊场合的铺装应用。

五、砂石

砂石材料是石料和集料的统称,是公路工程中使用广泛的材料。

岩石的抗压强度和抗磨耗性是考察路用石料性能的两个主要指标,石料可以直接用作道路与桥梁工程结构及其附属构造物的圬工材料,进行构造物的砌筑。

集料也可直接用于铺筑道路路面基层或垫层,但更多的是先制备成沥青混合料、水泥混凝土和基层混合料,用于桥梁工程、隧道工程、铺筑沥青路面面层、水泥路面面层或路面基层。

集料是由不同粒径矿质颗粒组成,并在混合料中起骨架和填充作用的粒料。

1. 集料分类如下:

(1)按粒径大小分类:

①粗集料是指粒径大于2.36mm(沥青混合料)或4.75mm(水泥混凝土)的集料。

②细集料是指粒径小于2.36mm(沥青混合料)或4.75mm(水泥混凝土)的集料。

③矿粉也称填料,是指由石灰岩或岩浆岩等憎水性碱类石料经磨细加工得到的以粒径小于0.075mm的颗粒为主的矿质粉末。

(2)按成因及加工方式分类:

①砾石是指由自然风化、水流搬运和分选、堆积形成的粒径大于4.75mm的岩石颗粒。

②碎石是将天然岩石或砾石经机械破碎、筛分制成的粒径大于4.75mm的岩石颗粒。

③天然砂是指由自然风化、水流冲刷或自然堆积形成的且粒径小于4.75mm的岩石颗粒,包括河砂、海砂和山砂等。

④人工砂是指经人为加工处理得到的符合规格要求的细集料,通常是对石料采取真空抽吸法除去大部分土和细粉或将石屑水洗得到的。从广义上分类,机制砂、矿渣砂和煅烧砂都属于人工砂。其中,机制砂是指由碎石及砾石经制砂机反复破碎加工至粒径小于2.36mm的人工砂,亦称破碎砂。

⑤石屑是指碎石加工时通过最小筛孔(通常为2.36mm或4.75mm)的筛下部分,也称筛屑。

⑥工业冶金矿渣一般指金属冶炼过程中排出的非金属熔渣,常指高炉矿渣和钢渣等。

2. 集料的技术性质

按集料的技术性质的内在品质可分为物理性质、力学性质和化学性质等,包括由料源特性决定的物理常数和加工特性两部分,集料的力学性质主要指压碎值、磨光值、冲击值和磨耗值等,化学性质指集料碱活性、有机物含量、细集料的三氧化硫含量、细集料的云母含量、细集料的轻物质含量等。按技术要求性质可分为两类:一类是反映材料来源的"资源特性",或称为料源特性,它是石料产地所决定的,如密度、压碎值、磨光值等;另一类是反映加工水平的"加工特性",如石料的级配组成、针片状颗粒含量、破碎砾石的破碎面比例、棱角性、含泥量、砂当量、亚甲蓝值、细粉含量等。

第三节 常用混合料材料的分类、基本性能与用途

本节将对建设工程中的常用混合料材料,如砂浆、水泥混凝土、沥青混合料的分类、基本性能及用途作简要描述。

一、砂浆

(一)砂浆的分类

砂浆由胶凝材料、细集料和水配制而成,在工程中起黏结、衬垫和传递应力的作用。当胶

凝材料仅为水泥时称为水泥砂浆，胶凝材料由水泥和掺加料共同组成时称为混合砂浆。砂浆按用途又分为砌筑砂浆、抹面砂浆、装饰砂浆以及保温吸声砂浆等。

（二）砂浆的基本性能

砂浆在硬化前应具有良好的和易性以保证施工质量。和易性包括流动性和保水性两个方面的要求。

1. 流动性

砂浆的流动性是指砂浆在自重或外力作用下流动的性能。砂浆的流动性与用水量、胶凝材料的品种和用量、细集料的级配和表面特征、掺加料及外加剂的特性和用量、拌和时间等因素有关。

2. 保水性

砂浆保水性是指砂浆能保持水分的性能。砂浆在运输、静置或砌筑过程中，水分不应从砂浆中离析，并使砂浆保持必要的稠度，便于操作；同时亦使水泥正常水化，保证砌体强度。

砂浆的保水性与胶结材料的类型和用量、细集料的级配、用水量以及有无掺加料和外加剂等有关。为提高保水性，可掺加石灰膏、粉煤灰和微沫剂等。

3. 常见砂浆的用途

道路和桥隧工程中，砂浆主要用来砌筑圬工桥涵、挡土墙隧道衬砌等。

（1）普通抹面砂浆：抹面砂浆以薄层涂抹于建筑物表面，既可保护建筑物，又增加了美观。为了便于施工涂抹，要求比砌筑砂浆有更好的和易性。此外，还要求在涂抹时和硬化后都能与底面很好地黏结。砂浆配合比可以从砂浆配合比速查手册中查得。

为了使砂浆层表面平整，不容易脱落，一般分两层或三层施工。抹面砂浆层的总厚度不宜太厚，否则容易产生两张皮而出现空鼓、脱落。底层砂浆是为了增加抹灰层与基层的黏结力，砂浆的工作性和保水性较好，以防水分被基层吸收，影响砂浆的硬化；中层砂浆主要起找平作用，一般采用混合砂浆或石灰砂浆，找平层的稠度要合适，应能很容易地抹平；砂浆层的厚度以表面抹平为宜，有时可省略；面层起装饰作用，多用细砂配制的混合砂浆、麻刀石灰砂浆或钢筋石灰砂浆，可加强表面的光滑程度及质感。在容易受碰撞的部位（如窗台、窗口、踢脚板等）应采用水泥砂浆。

（2）防水砂浆：是一种制作防水层用的抗渗性高的砂浆，具有显著的防水、防潮性能。一般依靠特定的施工工艺或在普通水泥砂浆中加入防水剂、膨胀剂、聚合物等配制而成，适用于不受振动或埋置深度不大、具有一定刚度的防水工程，不适用于易受振动或发生不均匀沉降的部位，多采用多层施工。在涂抹前在湿润的基层表面刮树脂水泥浆，同时加强养护防止干裂，以保证防水层的完整，达到良好的防水效果。

（3）装饰砂浆：是一种涂抹在建筑物内外墙表面，具有特殊美观装饰效果的抹面砂浆。

底层和中层的做法与普通抹面基本相同，面层通常采用不同的施工工艺，选用特殊的材料，使表面底层呈现出不同的质感、颜色、花纹和图案效果，常用胶凝材料有石膏、彩色水泥、白水泥或普通水泥，骨料有大理石、花岗石等带颜色的碎石渣或玻璃、陶瓷碎粒等，常见的装饰砂浆的工艺做法有拉毛、拉条、甩毛、水刷石、干粘石、斩假石、弹涂、喷涂等。

（4）绝热砂浆：采用石灰、水泥、石膏等胶凝材料与膨胀珍珠岩、膨胀蛭石、人造陶粒、陶砂等轻质多孔骨料，按一定比例配合的砂浆，称为绝热砂浆。绝热砂浆具有轻质和绝热性能的特点,可用于屋面、墙壁或工业窑炉管道的绝热层等。

二、水泥混凝土

(一)水泥混凝土的分类

水泥混凝土的种类很多,通常从以下几个方面进行分类。

1. 按表观密度分类

水泥混凝土按表观密度分类,见表2-3-1。

表2-3-1 水泥混凝土按表观密度分类

混凝土类型	干表观密度/(kg·m^{-3})	材料	用途
普通混凝土	2000~2800	用普通天然砂石和水泥配制而成	是土木工程中常用的普通混凝土主要用作承重结构材料
轻混凝土	<2000	是采用陶粒等轻质多孔的集料,或者不采用细集料而掺入加气剂或泡沫剂形成多孔结构的混凝土	主要用作轻质结构材料保温材料
重混凝土	>2800	是采用密度很大的重晶石、铁矿石钢屑等重集料和钡水泥、锶水泥等重水泥配制而成	重混凝土具有防射线性又称防辐射混凝土,主要作为核能工程的屏蔽结构材料

2. 按强度等级分类

水泥混凝土按强度等级分类,见表2-3-2。

表2-3-2 水泥混凝土按强度等级分类

混凝土类型	强度等级
低强度混凝土	<C30
中强度混凝土	C30~C60
高强度混凝土	≥C60
超高强度混凝土	≥C100

3. 按稠度分类

水泥混凝土按稠度分类,见表2-3-3。

表2-3-3 水泥混凝土按稠度分类

混凝土类型	混凝土拌和物和塌落度/mm
干硬性混凝土	<10(且需要维勃时间表示其稠度)
塑性混凝土	10~90
流动性混凝土	100~150
大流性混凝土	≥160

4. 按用途分类

按水泥混凝土在工程中的用途不同可将其分为结构用混凝土、道路混凝土、防水混凝土、补偿收缩混凝土、装饰混凝土、耐热混凝土、耐酸混凝土、防辐射混凝土等。

5. 按生产和施工方法分类

按水泥混凝土的生产和施工方法不同可分为预拌(商品)混凝土、泵送混凝土、喷射混凝土、压力灌浆混凝土(预填骨料混凝土)、挤压混凝土、离心混凝土、真空吸水混凝土、碾压混凝土等。

(二)混凝土的性能

1. 水泥混凝土的性质

水泥混凝土拌和物的工作性又称施工和易性,是指水泥混凝土拌和物易于施工操作(搅拌、运输、浇筑、振捣和表面处理),并获得质量均匀、成型密实的性能。这些性质在很大程度上制约着硬化后混凝土的技术性质,因此,研究水泥混凝土拌和物的施工和易性及其影响因素具有十分重要的意义。

水泥混凝土拌和物的工作性是一项综合技术性质,包括流动性、易密性、可塑性和稳定性等方面的含义。

①流动性是指水泥混凝土拌和物在自重或机械振捣作用下,能产生流动,并均匀密实地填满模板的性能。

②易密性是指水泥混凝土拌和物易于振捣密实、排除所有被挟带空气的性质。在相同材料组成的条件下,经过充分捣实、成型密实的混凝土强度高于密实度较低的混凝土。

③可塑性指水泥混凝土拌和物在施工过程中其组成材料之间有一定的黏聚力,在混凝土运输和振捣的过程中不致产生粗集料下沉、细集料和水泥浆上浮的分层离析现象。

④稳定性是指水泥混凝土拌和物在施工过程中具有一定的保水能力,不致产生严重的水现象。水泥混凝土拌和物在施工过程中,如保水性不足,水分则会逐渐析出至水泥混凝土拌合物的表面(此现象称为泌水),同时在混凝土内部形成泌水通道,使混凝土的密宣降低,耐久性下降。

2. 水泥混凝土的凝结时间

(1)水泥的水化反应是混凝土产生凝结的主要原因,但是混凝土的凝结时间与配制该混凝土所用水泥的凝结时间并不一致,因为水泥浆体的凝结和硬化过程要受到水化产物在空间填充情况的影响,因此水灰比的大小会明显影响其凝结时间,水灰比越大,凝结时间越长。一般配制混凝土所用的水灰比与测定水泥凝结时间规定的水灰比是不同的,所以这两者的凝结时间有所不同,而且混凝土的凝结时间还受到其他各因素的影响(例如环境温度的变化、混凝土中掺入缓凝剂或速凝剂等外加剂),将明显影响混凝土的凝结时间。

(2)水泥混凝土的凝结时间通常是用贯入阻力法进行测定的,所使用的仪器为贯入阻力仪。用5mm筛孔的筛从拌和物中筛取砂浆,按一定方法装入规定的容器中,然后每隔一定时间测定砂浆贯入到一定深度时的贯入阻力,绘制贯入阻力与时间的关系曲线,以贯入阻力为3.5MPa及28MPa绘制两条平行于时间坐标的直线,直线与曲线交点的时间即分别为混凝土拌和物的初凝时间、终凝时间。

3. 水泥混凝土的力学性质

强度是水泥混凝土硬化后的主要力学性能,现行的《混凝土物理力学性能试验方法标准》规定,混凝土强度有立方体抗压强度、轴心抗压强度、劈裂抗拉强度、抗弯拉强度等。

(1)立方体抗压强度:按照标准的制作方法制成边长为150mm的正立方体试件,在标准养护室(温度(20±2)℃,相对湿度95%以上)或在温度为(20±2)℃的不流动的$Ca(OH)_2$饱和溶液中,养护至28d龄期,按照标准的测定方法测定其抗压强度值,称为混凝土立方体试件抗压强度(简称立方体抗压强度),以f_{cu}或$f_{cu,28}$表示。

①立方体抗压强度标准值:是按照标准方法制作和养护的边长为150mm的立方体试件,在28d龄期,用标准试验方法测定的抗压强度总体分布中的一个值,强度低于该值的百分率不超过5%即具有95%保证率的抗压强度。立方体抗压强度标准值以$f_{cu,k}$表示。

②强度等级:是根据立方体抗压强度标准值确定的。强度等级用符号"C"和"立方体抗压强度标准值"两项内容来表示。例如,C30表示混凝土立方体抗压强度标准值$f_{cu,k}=30MPa$。普通混凝土按立方体抗压强度标准值划分为C7.5、C10、C15、C20、C25、C30、C35、C40、C45、C50、C55、C60等12个强度等级。

(2)轴心抗压强度:水泥混凝土的"强度等级"是根据"立方体抗压强度标准值"确定的,但在实际工程中大部分钢筋混凝土结构形式为棱柱体或圆柱体。为了较真实地反映实际受力状况。在钢筋混凝土结构设计中,计算轴心受压构件时,均以混凝土的轴心抗压强度为设计指标。

轴心抗压强度是测定尺寸为150mm×150m×300mm棱柱体试件的抗压强度,在试验中该尺寸的试件将比立方体试件更好地反映混凝土结构的实际受力状况。轴心抗压强度以f_{cp}表示,轴心抗压强度与立方体抗压强度之比为0.7~0.8。

(3)劈裂抗拉强度:水泥混凝土的抗拉强度值较低,通常为抗压强度的1/20~1/10。抗拉强度对混凝土的抗裂性起着重要作用,有时也用抗拉强度间接衡量混凝土与钢筋的黏结强度,或用于预测混凝土构件由于干缩或温缩受约束而引起的裂缝。

(4)抗弯拉强度:在道路和机场工程中,水泥混凝土路面结构主要承受荷载的弯拉作用,因此,抗弯拉强度是混凝土路面结构设计和质量控制的主要指标,而将抗压强度作为参考强度指标。

道路水泥混凝土的抗弯拉强度,也称为抗折强度,是以标准方法制备成150mm×150mm×550mm的梁形试件,在标准条件下,经养护28d后,按三分点加荷方式测定,抗弯拉强度以f_{cf}表示。

4. 水泥混凝土的耐久性

耐久性指水泥混凝土在使用过程中,抵抗周围环境介质作用保持其强度和使用质量的能力。大多数混凝土结构是永久性的,所以要求混凝土在使用环境中具有良好的耐久性。

水泥混凝土的耐久性主要是指混凝土抗渗性、抗冻性、抗化学侵蚀性、碳化(中性化)、碱—集料反应等技术性质。

(1)抗渗性:水泥混凝土对液体或气体渗透的抵抗能力称为混凝土的抗渗性。在水泥混凝土的使用过程中,影响混凝土质量的主要环境因素包括:淡水溶出作用、硫酸盐化学侵蚀作用等引起水泥石的强度;二氧化碳、氯气及氧气等的作用导致混凝土中的钢筋锈蚀;碱集料反应引起的混凝土开裂等破坏。由于环境中的各种侵蚀介质均要通过渗透才能进入混凝土内部,所以渗透性能是混聚土耐久性的重要因素。

水泥混凝土的抗渗性以抗渗等级来表示,采用标准养护28d的试件,按规定的方法进行试验,按混凝土所能承受的最大水压力,将混凝土的抗渗等级分为5个等级,即S4、S6、S8、S10和S12,分别表示混凝土能抵抗0.4MPa、0.6MPa、0.8MPa、1.0MPa及1.2MPa的水压力而不渗水。

(2)抗冻性:水泥混凝土遭受冻融的循环作用,会导致强度降低甚至被破坏。混凝土的抗冻性是指混凝土在水饱和状态下,经受多次冻融的循环作用,能保持强度和外观完整性的能力。在寒冷地区,特别是在接触水又受冻环境下的混凝土,要求具有较高的抗冻性能。

(3)抗化学侵蚀性:环境介质对水泥混凝土的化学侵蚀有淡水的侵蚀、海水侵蚀、酸碱侵蚀等,其侵蚀机理与水泥石化学侵蚀相同。其中海水的侵蚀除了硫酸盐侵蚀外,反复干湿作用、盐分在混凝土内的结晶与聚集、海浪的冲击磨损、海水中氯离子对钢筋的锈蚀作用等,同样会使混凝土受到侵蚀而破坏。

水泥混凝土的抗渗性、抗冻性和抗化学侵蚀性之间是相互关联的,且均与混凝土的密实程度即孔隙总量及孔隙结构特征有关。若混凝土内部的孔隙形成相互联通的渗水通道,混凝土的抗渗性差,相应的抗冻性和抗化学侵蚀性将随之降低。因此,应采取有效措施改善混凝土的孔隙结构,减少混凝土内部的毛细管通道,以降低混凝土的渗透性,从而提高混凝土的抗冻性和抗化学侵蚀性。

(4)碳化(中性化):水泥混凝土的碳化作用是指二氧化碳与水泥石中的氢氧化钙作用,生成碳酸钙和水。碳化引起水泥石化学组成及组织结构的变化,从而对混凝土的化学性能和物理力学性能有明显的影响,主要是对碱度、强度和收缩的影响。

(5)碱—集料反应:水泥混凝土中水泥的碱与某些碱活性集料发生化学反应,可引起混凝土膨胀、开裂,甚至破坏,这种化学反应称为碱—集料反应。含有这种碱活性矿物的集料,称为碱活性集料(简称碱集料)。碱—集料反应会导致公路路面或大型桥梁墩台的开裂和破坏,并且这种破坏会继续发展下去,难以补救。因此,对水泥混凝土用砂石料的碱活性问题,必须引起足够重视。

5. 水泥混凝土外加剂

水泥混凝土外加剂是在拌制混凝土过程中掺入用以改善混凝土性质的物质,按其主要功能可分为减水剂、引气剂、早强剂、缓凝剂、膨胀剂、速凝剂等。

(1)减水剂:水泥混凝土外加剂发展迅速,种类繁多,其中减水剂是当前品种最多、应用最广的一种外加剂。减水剂是指在混凝土坍落度基本相同的情况下,能减少拌和用水的外加剂。

(2)引气剂:在混凝土搅拌过程中加入引气剂,能引入大量分布均匀的微小气泡,阻塞有害的毛细孔通道,从而减少拌和物的泌水离析,改善和易性,提高抗渗性、抗冻性和耐久性。

(3)早强剂:是加速水泥混凝土早期强度发展的外加剂,多用于冬期施工或紧急抢修工程。早强剂对水泥中的硅酸三钙和硅酸二钙等矿物的水化有催化作用,能加速水泥的水化和硬化,而具有早强的作用。通常采用复合早强剂,可以获得比较有效的早强作用。

(4)缓凝剂:能延缓水泥混凝土的凝结时间,对混凝土后期物理力学性能无不利影响的外加剂。缓凝剂的缓凝机理是由于它在水泥及其水化物表面上的吸附作用,或与水泥反应生成不溶层而达到缓凝的效果,

缓凝剂用于大体积混凝土工程,可延缓混凝土的凝结时间,保持工作性,延长放热时间,消除或减少裂缝,保证结构整体性。

(5)膨胀剂:是指与水泥、水拌和后经水化反应生成钙矾石、钙矾石和氢氧化钙或氢氧化

钙，使水泥混凝土产生膨胀的外加剂。膨胀剂主要用于补偿混凝土收缩，常与减水剂一起配制地脚螺栓灌浆料，设备安装时的坐浆材料及混凝土接头等，还可用于防水工程，防止大体积混凝土的收缩裂缝，也可用于预应力混凝土，调整掺量以控制膨胀值。

（6）速凝剂：主要用于冬期滑模施工及喷射混凝土等需要速凝的混凝土工程。

6. 水泥混凝土配合比设计

水泥混凝土配合比是指混凝土中各组成材料之间的比例关系。水泥混凝土配合比可以采用单位用量表示法，即以 $1m^3$ 混凝土中各种材料的用量来表示，也可以采用相对用量表示法，即以水泥质量为 1，各种材料用量与水泥用量的比例表示。

1）水泥混凝土配合比设计的基本要求：

（1）满足结构设计的强度要求。

（2）满足现场施工条件的工作性要求。

（3）满足工程所处环境和设计规定的耐久性要求。

（4）在满足上述要求的前提下，尽量减少高价材料（水泥）的用量，降低混凝土的生产成本，以便取得较好的经济效果。

2）水泥混凝土配合比设计的基本步骤：

（1）初步配合比计算：

①确定配制强度：为确保一定的成功率，水泥混凝土配制强度要比强度等级要求的混凝土立方体抗压强度标准值高，具体可按数理统计方法来确定，也就是让混凝土配制强度大于或等于正态分布曲线中混凝土立方体抗压强度总体分布的平均值。

②计算水灰比：按混凝土强度等级和水泥实际强度计算水灰比，并根据混凝土所处的环境条件进行耐久性校核。

③选定单位用水量：当水灰比确定后，单位用水量决定了混凝土中水泥浆与集料质量的比例关系。

④计算单位水泥用量：每立方米水泥混凝土拌和物的用水量选定后，即可根据强度或耐久性校核求得的水灰比，计算单位水泥用量，并按耐久性要求校核单位水泥用量。

⑤选定砂率：根据粗骨料品种、最大粒径和水泥混凝土拌和物的水灰比确定砂率。

⑥计算粗、细集料单位用量：粗、细集料的单位用量可用质量法或体积法求得。

（2）试拌、调整，提出基准配合比：在初步配合比设计的过程中，各组成材料的用量是借助于经验公式、经验表格和经验参数得到的，还需要通过试拌检验，经调整后得出满足施工和易性要求的混凝土基准配合比。

水泥混凝土试拌时所用各种原材料应与实际工程使用的材料相同，粗、细集料的质量均以干燥状态为基准。试拌时所采用的搅拌方法也应尽量与生产时采用的方法相同。按计算出的初步配合比进行试拌，以校核水泥混凝土拌和物的工作性。如试拌得出的拌和物的坍落度（或维勃稠度）不能满足要求，或黏聚性和保水性能不好，则应在保证水灰比不变的条件下，相应调整用水量或砂率，直到符合要求为止。然后提出供混凝土强度校核用的基准配合比。

（3）检验强度、确定实验室配合比：为校核水泥混凝土的强度，至少拟定 3 个不同的配合比，其中一个为按上述方法得出的基准配合比，另外两个配合比的水灰比值应较基准配合比分别增大及减小 0.05，其用水量应该与基准配合比相同，但砂率值应分别增加和减少 1%。为检验混凝土强度，每种配合比至少制作一组(3块)试件，在标准养护28d条件下进行抗压强度测试。当对混凝土耐久性有要求时，则制作相应试件，最终综合决定既能满足强度又能满足耐久性，且水泥用量最少的配合比作为实验室配合比。

(4)施工配合比换算：实验室最后确定的配合比，是按干燥状态集料计算的，而施工现场砂、石材料为露天堆放，都有一定的含水率。因此，施工现场应根据现场砂、石的实际含水率的变化，将实验室配合比换算为施工配合比。

(三)水泥混凝土的用途

(1)水下不分散混凝土可广泛用于水下混凝土施工和建筑物的水下修补。

(2)喷射混凝土广泛应用于薄壁结构、地下工程、边坡及基坑的加固、结构物维修、耐热工程、防护工程等。在高空或施工场所狭小的工程中，喷射混凝土更有明显的优越性。

(3)碾压混凝土。超贫碾压混凝土(也称水泥固结砂、石碾压混凝土)多用于建筑物的基础或坝体的内部，而坝体的防渗则由其他混凝土或防渗材料承担。

(4)耐热混凝土(耐火混凝土)多用于冶金、化工、建材、发电等工业窑炉及热工设备。

(5)轻混凝土主要用于非承重的墙体及保温、隔声材料。轻集料混凝土还可用于承重结构，以达到减轻自重的目的。如房屋建筑，各种要求质量较轻的混凝土预制构件等。

(6)聚合物混凝土强度高、抗渗、耐磨、耐侵蚀，多用于有这些特殊要求的混凝土工程。

(7)干硬性混凝土适用于配制快硬、高强混凝土，混凝土浇筑后即可脱模，施工速度快，在预制构件中被广泛应用。

(8)补偿收缩混凝土可用于防水结构、抗裂结构或其他需要大面积浇筑且不能设收缩缝的结构。

(9)目前，实际工程中使用的纤维混凝土有钢纤维混凝土、玻璃纤维混凝土、碳纤维增强混凝土等。

①钢纤维混凝土。钢纤维混凝土广泛应用于道路工程、机场地坪及跑道、防爆及防震结构，以及要求抗裂、抗冲刷和抗气蚀的水运工程、水利工程、地下洞室的衬砌、建筑物的维修等。施工方法除普通的浇筑法外，还可用泵送灌注法、喷射法制作预制构件。

②玻璃纤维混凝土。现阶段主要用于非承重结构或次要承重结构，如屋面瓦、天花板、下水道管、渡槽、粮仓等。

③碳纤维增强混凝土。碳纤维属高强度、高弹性模量的纤维，作为一种新材料广泛应用于国防、航天、造船、机械工业等尖端工程。碳纤维增强混凝土具有高强、高抗裂、高抗冲击韧性、高耐磨等多种优越性能。在飞机场跑道等工程中应用获得了很好的效果。然而碳纤维成本高，推广应用受到限制。

(10)水泥混凝土拌和物容易着色，采用不同颜色的颜料或各种颜色的集料与混凝土原料拌和，就可制得不同色泽的装饰混凝土和制品。

(11)新拌混凝土的可塑性好，用不同形状的模具就可塑造出不同形状的混凝土制品，形状千姿百态。

(12)凝结硬化后的混凝土表面可加工性好，可劈、可凿(琢)、可磨、可剁，表面可加工出不同的质感，特别是仿天然装饰石材的质感，是造就自然景观的理想材料。

三、沥青混合料

(一)沥青混合料的分类

(1)按混合料最大颗粒尺寸不同,可分为粗粒(35～40mm)、中粒(20～25mm)、细粒(10～15mm)、砂粒(5～7mm)等数类。

(2)按矿料级配组成及空隙率大小可分为密级配(空隙率3%～6%)、半开级配(空隙率6%～12%)、开级配混合料(排水式,空隙率18%以上)。

(3)按矿料的组成不同,可分为密实—悬浮结构(如AC－I)、骨架—空隙结构(如OGFC和密实—骨架结构(如SMA)。

(4)按制造工艺可分为热拌沥青混合料、冷拌沥青混合料和再生沥青混合料等。

(二)沥青混合料的基本性能

1. 高温稳定性

高温稳定性即沥青路面抵抗流动变形的能力,为了能够更好地保证沥青路面在高温季节行车荷载反复作用下不致产生诸如波浪、推移、车辙、拥包等病害。

2. 低温抗裂性

低温抗裂性指的是沥青路面抵抗低温收缩裂缝的能力,在低温时应具有较低劲度和较大的抗变形能力来满足低温抗裂性能。

3. 水稳定性

水稳定性指的是沥青路面抵抗受水的侵蚀逐渐产生沥青膜剥离、掉粒、松散、坑槽而破坏的能力。

4. 耐疲劳性

耐疲劳性指的是沥青路面在反复荷载作用下抵抗破坏的能力。

(三)影响沥青混合料强度的主要因素

(1)沥青与矿料相互作用。

(2)沥青材料本身黏结力。

(3)沥青用量和矿料比。

(4)温度。

第三章 常用施工机械、船舶的分类

第一节　常用施工机械的分类

一、土石方机械

(一)推土机

1. 特点

推土机是一种能够进行挖掘、运输和排弃岩土的土方工程机械。具有操作灵活运转方便、所需工作面积小等特点。

2. 应用

公路施工,季节性较强,工程量比较集中,施工条件较差,多采用大中型履带式推土机,主要进行50~100m短距离推运土方、石渣等作业,此外还可进行局部碾压,给铲运机助铲和预松土,以及牵引各种拖式土方机械等作业。推土机如图3-1-1所示。

3. 分类

(1)按行走装置分为履带式和轮胎式。履带式推土机附着牵引力大,接地比压小,爬坡能力强,但行驶速度低。轮胎式推土机行驶速度高,机动灵活,作业循环时间短,运输转移方便,但牵引力小,适用于需经常变换工地和野外工作的情况。

(2)按用途可分为通用型及专用型。通用型是按标准进行生产的机型,广泛用于土石方工程中。专用型用于特定的工况下,如水下推土机、高原型工况下作业的推土机等。

(3)按铲刀操纵方式的不同可分为索式(自重切土)和液压式(强制切土)。索式推土机的铲刀借助本身自重切入土中,在硬土中切土深度较小。液压式推土机采用油压操纵,能使铲刀强制切入土中,其切入深度较大,铲刀还可以调整角度,具有较大的灵活性,是目前常用的推土机。

(二)铲运机

1. 特点

铲运机是一种循环作业式的铲土运输机械,它能综合地完成铲土、装土、运土和卸土四道工序,能控制填土铺筑厚度和进行平土作业,对卸下的土壤进行局部碾压。

2. 应用

铲运机适用于中等运距(100~600m)和道路坡度不大条件下的大量土方转移工程,如果运距太短(100m以内)采用铲运机是不经济的,而采用推土机或轮胎式装载机自装自运较为适宜,运距太长(600m以上)宜采用自卸汽车、机动翻斗车等较为经济。铲运机如图3-1-2所示。

图 3 -1 -1　推土机

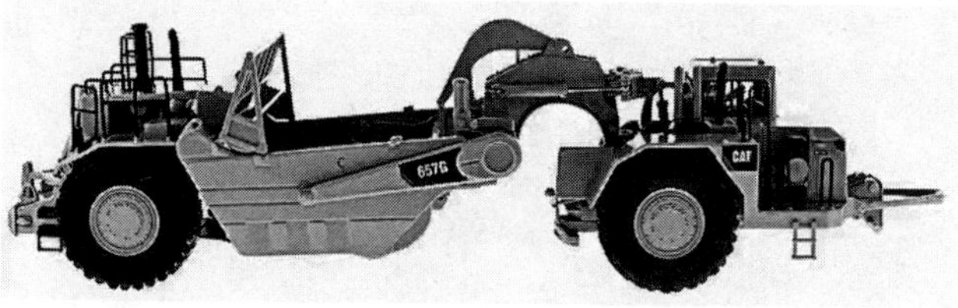

图 3 -1 -2　铲运机

3. 分类

(1)按行走方式分为自行式和拖式 2 种。

(2)按铲斗容量分为小、中、大、特大 4 种形式,中型的铲斗容量一般为 $6 \sim 15m^3$,大型的一般为 $15 \sim 30m^3$,特大型的可达 $30m^3$ 以上。

(3)投行走装置形式分为轮式铲运机和履带式铲运机。

(三)平地机

1. 特点

平地机是土方工程中用于整形和平整作业的主要机械,广泛用于公路、机场等大面积的地面平整作业,动作灵活准确,操纵方便,平整场地有较高的精度。

2. 应用

平地机主要用于修筑路基横断面、刷边坡、开挖边沟及路槽、平整场地等,还可用来在路基上拌和路面材料、摊铺材料、修整和养护土路、推土、疏松土壤、清除杂草、石块和积雪等。平地机如图 3 -1 -3 所示。

(四)装载机

1. 应用

装载机常用于公路工程施工中土石方铲运,以及推土、起重等多种作业。在运距不大或运距和道路坡度经常变化的情况下,可单独采用装载机作为自铲运设备使用。装载机如图 3 -1 -4所示。

图 3 -1 -3　平地机

图 3 -1 -4　装载机

2. 分类

(1)按发动机功率分为小型装载机(功率小于 74kW)、中型装载机(功率在 74 ~147kW)、大型装载机(功率在 147 ~ 515kW)、特大型装载机(功率大于 515kW)。

(2)按传动形式分为液力—机械传动(一般多用在中大型装载机)、液力传动(一般仅在小型装载机上采用)、电力传动(一般在大型装载机上采用)。

(3)按行走结构分为轮胎式和履带式 2 种。

(4)按装卸方式分为前卸式、回转式和后卸式 3 种。

(五)单斗挖掘机

1. 应用

单斗挖掘机是用一个刚性或挠性连续卡斗,以间歇重复的循环进行工作,是一种周期作业自行式土方机械。单斗挖掘机如图 3 -1 -5 所示。

2. 分类

按照吨位大小的不同,挖掘机可以分为大型挖掘机、中型挖掘机和小型挖掘机;按行走装置的不同,单斗挖掘机可分为履带式、轮胎式、汽车式三种;按工作装置的不同,可分为正铲挖掘机、反铲挖掘机、拉铲挖掘机、抓斗挖掘机 4 种。

(1)正铲挖掘机的挖土特点是前进向上,强制切土。挖掘力大、生产率高,可开挖停机面以上Ⅰ~Ⅲ类土。

(2)反铲挖掘机的挖土特点是后退向下,强制切土。挖掘力比正铲小,可开挖停机面以下的Ⅰ、Ⅱ类土,深度在 4m 左右的基坑、基槽、管沟,也可用于地下水位较高的土方开挖。

(3)拉铲挖掘机的挖土特点是后退向下,自重切土。可开挖停机面以下的Ⅰ、Ⅱ类土。

(4)抓斗挖掘机的挖土特点是直上直下,自重切土。只能开挖Ⅰ、Ⅱ类土,用于开挖窄而深的独立基坑和基槽、沉井,适用于水下挖土,是地下连续墙施工挖土的专用机械。

(六)压路机

1. 应用

压路机是利用机械力使土壤、碎石等填层密实的土方机械,广泛用于地基、道路、飞机场、堤坝等工程。压路机如图 3 -1 -6 所示。

图 3 -1 -5　单斗挖掘机

图 3 -1 -6　压路机

2. 分类

按滚轮性质不同,分为钢轮压路机和轮胎压路机。按照压实方法不同,分为静力式压路机、冲击式压路机和振动式压路机。按照滚轮形状不同,分为光面滚轮压路机和凸块轮(羊脚)压路机。按照牵引方式的不同,分为自行式压路机和拖式压路机 2 种。

(1)光轮压路机主要用于筑路工程,不适用于对水工建筑物(如土坝、河堤、围堰等)的碾压。

(2)凸块轮(羊脚)压路机广泛用于黏性土料的分层碾压,不宜用于非黏性土料和高含水率黏性土的压实轮胎压路机适于压实黏性土及非黏性土,如壤土、砂壤土、砂土、砂砾料等。

(3)振动压路机与静作用碾压机械相比,具有单位线压力大、压实深度大、结构质量轻、外形尺寸小等优点。

(七)夯实机械

夯实机械主要有蛙式打夯机、夯锤等。

(1)蛙式打夯机是常用的小型夯实机械,轻便灵活,适用于小型土方工程的夯实工作,多用于夯打灰土和回填土。蛙式打夯机如图3-1-7所示。

(2)夯锤是借助起重机悬挂重锤进行夯土的机械,其重量大于1.5t,落距2.5~4.5m,重锤夯的夯实厚度可达1~1.5m。强力夯可对深层土壤夯实,适用于夯实砂性土、湿陷性黄土、杂填土以及含有石块的土。

二、路面工程机械

(一)稳定土拌和机及厂拌设备

1. 稳定土拌和机

(1)特点稳定土拌和机的生产能力由拌和宽度、深度和工作行进速度决定。一般的拌和宽度为2100mm,拌和深度为100~485mm,工作速度小于1.5km/h。它主要适用于路拌法施工。

(2)应用:稳定土拌和机是把无机结合料(石灰、粉煤灰、水泥)、土(或碎石土、砾石土、天然料)、细料(砂土)、骨料(碎砾石、炉渣)、水等材料按照施工配合比在路上直接拌和的机械。更换工作装置后,还可进行铣削旧沥青路面和路基的工作。稳定土拌和机如图3-1-8所示。

图3-1-7　蛙式打夯机

图3-1-8　稳定土拌和机

(3)分类:稳定土拌和机按行走装置可分为履带式和轮胎式2种,按工作装置在拌和机上的位置可分为前置式、中置式、后置式三种,后置式较为常用。按转子的旋转方向可分为正转和反转2种。稳定土拌和机按传动方式不同又可分为机械式和液压式。

①正转式稳定土拌和机适用于拌和松散的稳定材料。

②反转式稳定土拌和机适用于量大且又密集的稳定材料。

2. 稳定土厂拌设备

(1)应用:稳定土厂拌设备是将土(或碎石土、砾石土、天然料)、碎石、砾石、碎砾石和无机结合料(水泥、石灰、粉煤灰)、水等材料按照施工配合比在固定地点拌和均匀的专用设备。广泛用于公路和城市道路的基层、底基层施工。

(2)分类:稳定土厂拌设备按设备布局及机动性分为移动式、固定式等结构形式,按其生产能力分为小型(200t/h 以下)、中型(200 ~ 400t/h)、大型(400 ~ 600t/h)和特大型(600t/h 以上)4 种。

①移动式厂拌设备多用于工程分散、频繁移动的公路施工工程。

②固定式厂拌设备适用于城市道路施工或工程量大且集中的施工工程。

(二)沥青乳化机及沥青乳化设备的分类

1. 沥青乳化机的分类

沥青乳化机是将沥青破碎成微小颗粒,稳定而均匀地分散到含有乳化剂的水溶液中,形成水包油液体的机械,沥青乳化机同时也是沥青乳化设备的关键部分。

沥青乳化机破碎分散沥青液的过程是一个复杂的力学作用过程。它一般利用剪切、挤压摩擦、冲击和膨胀等作用完成沥青液的破碎分散,根据所采用的力学作用原理不同,沥青乳化机的构造形式不同,常用的有搅拌式、胶体磨式、喷嘴式 3 种。

2. 沥青乳化设备的分类

沥青乳化设备在乳化剂的作用下,利用机械力将沥青破碎成微小颗粒,通过搅拌使其均匀地分散在水中,形成稳定的乳状液即乳化沥青。乳化沥青主要用于公路、城市道路工程中作透层、黏结层及面层结合料。沥青乳化设备如图 3 – 1 – 9 所示。

沥青乳化设备根据沥青和乳化剂进入乳化机时的状态不同,分为开式系统和闭式系统 2 种类型。

(1)开式系统的特点是用节门控制流量,沥青和乳化剂靠自重流入乳化机的漏斗。其优点是比较直观,工作完成后乳化机容易清洗;缺点是容易混入空气,产生气泡。

(2)闭式系统的特点是不用乳化机漏斗接液,而用两个匹配好的泵直接把沥青和乳化剂水溶液经管道泵进入乳化机内,靠流量斗指示流量。其优点是不易混入空气,便于自动化控制,可以提高产量,缺点是清洗较麻烦。闭式系统适宜于大量生产。

(三)沥青混合料拌和站的分类

沥青混合料拌和站用于生产各种沥青混合料,适用于公路、城市道路、机场、码头、停车场、货场等工程部门。沥青混合料拌和设备的功能是将不同粒径的骨料和填料按规定的比例掺和在一起,用沥青作结合料,在规定的温度下排和成均匀的混合料。常用的沥青混合料有沥青混凝土、沥青碎石、沥青砂等。沥青混合料拌和站是沥青路面施工的关键设备之一,其性能直接影响到所铺筑的沥青路面的质量。

1. 按生产能力分类

按生产能力可以分为小型拌和站、中型拌和站和大型拌和站。

2. 按安装运输的方便性分类

沥青混合料拌和站按安装运输的方便程度分为移动式、半移动式和固定式。

(1)移动式拌和站安装在一辆或几辆平板拖车上,运输时由牵引车拖行,到达施工地点后经过简单的拼装,即可投入生产。

(2)半移动式拌和站由若干个大的模块组成,拆开装在平板拖车止运输到达施工地点后,用吊车拼装起来即可投入使用。

(3)固定式拌和站一经建设,一般不可拆卸和搬运。

3. 按搅拌工艺流程分类

按搅拌工艺流程可分为连续式拌和站和间歇式拌和站。

(1)连续式沥青混合料拌和站。连续式沥青混合料拌和站的特点是加热、拌和、掺入沥青都是在一个很长的加热烘干滚筒内一次完成,故也称滚筒式沥青混合料拌和站。

(2)间歇式沥青混合料拌和站。这种拌和设备将矿料加热后,按粒径大小重新进行筛分。每种粒径的矿料在投入搅拌器之前都要经过重新筛分,由电子计量斗秤逐一称量,按照级配需要配比,卸入搅拌容器内进行强制搅拌,然后加入沥青,继续搅拌直至均匀,制成沥青混合料后从搅拌器卸出。再次投料,进行下一批混合料的搅拌。因此,称这种设备为间歇拌和站。

(四)摊铺机和沥青混合摊铺设备的分类

1. 摊铺机

(1)分类:摊铺机按行走方式不同,分为履带式、轮胎式和拖式3种;按动力传动系统不同,分为机械式和液压式2种;按摊铺宽度不同,分为小型、中型、大型和超大型4种;按熨平板的加热方式不同,分为电加热、丙烷气加热和燃油加热3种。

(2)应用:公路施工中常用燃油加热的摊铺机。

2. 沥青混合摊铺设备

1)分类:沥青混合料摊铺设备是将拌制好的沥青混合料均匀地摊铺在已修整和平整路面基层上的专用设备。其原理是利用螺旋输送器将混合料铺开,然后由振捣梁对铺开的料层进行初步捣实,再用熨平装置完成加热熨平整形工作。

2)应用:沥青混合料摊铺设备是移动作业设备。沥青混合料拌和站生产的热拌沥青混合料运到路面施工现场后,卸在摊铺机接料斗内,随着摊铺机向前行驶,将沥青混合料均匀地摊铺在路面上。沥青混合料摊铺机如图3-1-10所示。

图3-1-9 沥青乳化设备

图3-1-10 沥青混合料摊铺机

(1)按施工摊铺能力分类:

①大型摊铺机:最大摊铺宽度大于或等于9m,有些摊铺机的摊铺宽度可达16m。

②中型摊铺机:摊铺宽度可达5~9m。

③小型摊铺机:摊铺宽度为2~5m,有些超小型摊铺机的摊铺宽度只有1.5m,可以在狭窄的社区街道进行铺筑。

(2)按行驶系统分类:

①履带式摊铺机。

②轮胎式摊铺机。

(3)按熨平板的结构形式分类：

①机械拼装式摊铺机。

②液压伸缩式摊铺机。

(4)按熨平板碾压密实度分类：

①普通摊铺机。

②高密度振动摊铺机。

(五)沥青混凝土搅拌设备

1. 分类

沥青混凝土搅拌设备分为间歇式搅拌机和连续辊筒式。

(1)间歇式搅拌机又分为强制式和自落式。强制式就是搅拌机的搅拌叶强制将物料拌和均匀;自落式搅拌机是将物料提升到一定高度然后让它自由下落,达到拌和的目的。强制间歇式搅拌设备的特点是冷矿料的烘干、加热与热沥青的拌和,先后在不同的设备中进行。沥青混凝土搅拌设备如图3-1-11所示。

(2)连续辊筒式搅拌设备的特点是冷矿料的烘干、加热与热沥青的拌和在同一辊筒内连续进行。根据我国目前规范要求,高等级公路建设应使用强制间歇式搅拌设备,连续辊筒式搅拌设备用于普通公路建设。

2. 生产能力

生产能力根据每小时拌和成品料的数量确定。沥青混凝土搅拌设备主要有小型(40t/h以下)、中型(40~350t/h)和大型(400t/h以上)3种。间歇式搅拌设备的生产能力最高达700t/h,连续辊筒式搅拌设备的生产能力最高达1200t/h。沥青混合料拌和设备的生产率根据每小时拌制混合料的吨数计算。

间歇式设备生产率计算公式：

$$Q_1 = nG_jK_B/1000t(t/h) \tag{3.1.1}$$

式中：G_j——每拌制一份料的质量(kg)；

n——每小时拌制的份数；

K_B——时间利用系数,$K_B=0.8-0.9$。

t——拌和时间(混合料在搅拌器内的停留时间)(min)。

(六)石屑撒布机、粉料撒布机

1. 石屑撒布机

石屑撒布机分为拖式、悬挂式和自行式。它是撒布石屑的专用机械,由斗容积确定一次性生产能力,适用于层铺法铺筑沥青路面。石屑撒布机如图3-1-12所示。

2. 粉料撒布机

由设备装载质量决定生产能力,一般为5t,撒布宽度小于3m,撒布厚度在80mm以下,适用于道路稳定土路拌施工中撒布粉料。粉料撒布机如图3-1-13所示。

图 3－1－11　沥青搅拌设备

图 3－1－12　石屑撒布机

三、混凝土施工机械

(一)混凝土搅拌机

混凝土搅拌机按其搅拌原理不同,分为自落式和强制式 2 大类;按其搅拌容量不同,分为大型、中型和小型 3 种;按安装方式不同,分为固定式和移动式;按搅拌机的动力不同,分为机动和电动 2 种。混凝土搅拌机如图 3－1－14 所示。

混凝土搅拌机是将一定配合比的水泥、砂、石、骨料和水及外掺剂等拌制成混凝土的机械。与人工拌制混凝土相比,既能提高生产率、加快工程进度,又能减轻劳动强度、提高混凝土质量。

图 3－1－13　粉料撒布机

图 3－1－14　混凝土搅拌机

(二)水泥混凝土搅拌站

水泥混凝土搅拌站按安装方式不同,可分为装配式搅拌站、整体移动式搅拌站和汽车式搅拌站;按搅拌主机不同,可分为锥形反转出料混凝土搅拌站、锥形倾翻出料混凝土搅拌站、强制漏浆式混凝土搅拌站、强制行星式混凝土搅拌站、强制单卧轴式混凝土搅拌站、强制双卧轴式混凝土搅拌站。

混凝土搅拌站是一种将水泥、砂、石、外掺剂和水按一定的配合比周期地和自动地拌制塑性和流态混凝土的成套机械。在混凝土工程量大、浇筑强度高、施工周期长、施工地点集中的大中型工程中被广泛应用。

(三)散装水泥车

根据卸料方式的不同,散装水泥车可分为倾卸式、机械卸料式和气压卸料式 3 种类型。根据装灰金属容器形式的不同,可分为立式罐形容器和卧式罐形容器 2 种,卧式罐形容器较常用。散装水泥车如图 3－1－15 所示。

散装水泥车是专为运输散装水泥而设计制造或改装的专用汽车，气压卸料式散装水泥车是目前应用最广泛的一种散装水泥运输车辆。

（四）混凝土搅拌运输车

混凝土搅拌运输车是搅拌与运输合一的混凝土施工机械，适用于大中型公路工程机械化施工。混凝土搅拌运输车如图 3－1－16 所示。

图 3－1－15　散装水泥车

图 3－1－16　混凝土搅拌运输车

（五）混凝土输送泵车

混凝土输送泵是输送混凝土的专用设备。它配有特殊管道，可以将混凝土输送到一定距离，沿水平方向达 200～700m，沿垂直方向达 115m 施工。混凝土输送泵车如图 3－1－17 所示。

混凝土输送泵适用于狭窄和有障碍物的施工现场以及大体积混凝土结构和高层建筑物施工。

四、起重机械

简单起重设备一般只备有起升机构，用以起升重物。其构造简单，质量轻，便于携带，移动方便。常用的简单起重设备有升降机、千斤顶、卷扬机和起重葫芦等。

起重机械是一种循环、间歇运动的机械，是一种能将某重物（构件材料、设备等）同时完成垂直升降和水平移动（吊运、安装）的机械设备，是工程建设中最主要的施工机械。起重机械的种类很多，可适应不同的工作条件和要求。根据机械本身的构造和性能大致分为如下几大类。

（一）起重机

一般来讲，起重机主要用来起重货物，因此，起重机的取物装置（吊钩或抓斗）必须在卸货地点取物，然后移动到装货地点，将物卸下，空钩重新回到卸货地点，实现第二次取物。这样周而复始，不断循环。起重机除了有起升、变幅、旋转机构外，有的还具有水平运动机构。起重机如图 3－1－18 所示。

起重机按工作特性可分为以下 3 类。

1. 运行式回转起重机

具有行走装置，能沿地面或轨道运行，如塔式起重机、汽车式起重机、轮胎式起重机、履带式起重机、桥式起重机等。

2. 固定式回转起重机

能在圆形或扇形面积范围内进行作业，如扒杆、桅杆起重机。

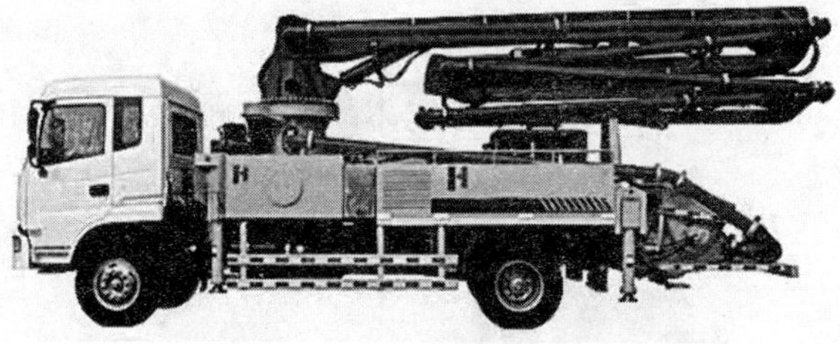

图 3 -1 -17　混凝土输送泵车

图 3 -1 -18　起重机

3. 缆索式起重机、架桥梁起重机

其中汽车起重机是在通用或专用载重汽车底盘上装上起重机设备而成,简称起重机。其本身自带行走装置,机动性好、快捷、作业适应性好多用于各种建设工程和设备安装工程。

起重机按臂架系统分,有桁架起重臂和液压起重臂两种;按传动系统分有机械传动式液压传动式、电力传动式和电力—液压传动式;按起升质量分,有 5t、8t、16t、40t 等起机。目前起重机正在向大吨位方向发展。

(二)升降机

按照升降机结构的不同分可为剪叉式升降机(固定剪叉式升降机、移动式升降机)、套缸式升降机、铝合金(立柱)式升降机、曲臂式升降机(折臂式的更新换代)、油缸直顶式升降装置导轨链条式降机(电梯、货梯)、钢索式液压提升装置。升降机如图 3 - 1 - 19 所示。

升降机虽只有一个主要升降机构,但在许多升降机(如电梯、升船机)中,有完善的安全装置及其他附属装置,故单列为一类。

(三)千斤顶

千斤顶是一种起重高度小(小于 1m)的简单的起重设备。它有机械式和液压式两种机械式千斤顶又有齿条式与螺旋式两种。液压式千斤顶(简称液压千斤顶)结构紧凑、工作平稳、有自锁作用,故使用广泛。千斤顶如图 3 - 1 - 20 所示。

图 3 -1 -19　升降机

图 3 -1 -20　液压千斤顶

(四)卷扬机

卷扬机的种类很多,按动力装置分为电动式、内燃式和手动式 3 种,电动式占多数;按工作速度分为快速、慢速和调速 3 种;按卷筒的数量分为单卷筒、双卷筒和多卷筒。卷扬机如图 3 -

1－21 所示。

(五)起重葫芦

常用的起重葫芦有手动和电动 2 种。电动起重葫芦是一种具有起升和行走两个机构的轻小型起重机械,通常安装在直线或曲线的工字钢轨上。重物只能在已安装好的线路上运行。起重葫芦如图 3－1－22 所示。

图 3－1－21　卷扬机

图 3－1－22　起重葫芦

由于电动起重葫芦具有体积小、重量轻、结构紧凑、操作和维修方便等特点,应用广泛。

五、桥梁施工机械的分类

(一)桥梁基础施工机械

1. 钻孔设备

(1)全套管钻机主要用于大型桥梁钻孔桩的钻孔施工。

(2)旋转钻机根据其钻孔装置可分为有钻杆机和无钻杆机(潜水钻机),根据排渣方式可分为正循环钻机和反循环钻机。有钻杆机适应性很强,变更钻头类型和对钻杆施加的压力,就可以应付各种覆盖层直到极硬的岩层,但对直径大于 2/3 钻杆内径的松散卵石层无能为力;潜水钻机可以完成直径 1～3m 桩的施工,施工经济孔深 50m,这种钻机在 25MPa 以内的覆盖层或风化软岩中钻孔,有较大的局限性。

(3)螺旋钻机适用于灌注桩、深层搅拌桩、混凝土预制桩钻打结合法等工艺,适用土质的地质条件。

(4)冲击钻机适用于灌注桩钻孔施工,尤其在卵石、漂石地质条件下具有明显的优点,见图 3－1－23。

(5)回转斗钻机适用于除岩层外的各种土质地质条件,见图 3－1－24。

(6)液压旋挖钻孔机适用于除岩层、卵石、漂石地质外的各种土质地质条件,特别是在市政桥梁及场地受限的工程中使用。

2. 桩工机械

桩工机械分为冲击式打桩机械和振动打桩机械 2 大类。

常用的冲击式打桩机械有蒸汽打桩机、柴油打桩机、液压打桩机、振动沉拔桩机、静压沉桩机等。生产能力由桩锤重力、冲击能量和桩的大小决定。

图 3－1－23　冲击钻机

图 3－1－24　回转斗钻机

(1)柴油打桩机是把柴油桩锤安装在打桩架上的桩工机械。柴油锤结构简单,使用方便,是目前最广泛采用的打桩设备。我国已制定了柴油锤系列标准,见表 3－1－1。

表 3－1－1　柴油锤系列标准

型号	D2－1	D2－6	D2－12	D2－18	D2－25	D2－40	D2－60
冲击部分质量/kg	120	600	1200	1800	2500	4000	6000
一次最大冲击能量/kg·m	214	804	3000	4600	6250	10000	15000

(2)振动打桩机产生振动力的机械称为振动锤,利用桩体产生高频振压进行沉桩和拔桩。振动锤根据动力源分为电动式和液压式两种。根据振动器偏心块的转轴产生的振动频率分为低频、中频、高频、超高频。根据不同的地质条件进行选型,生产能力由电动机动力和地质条件决定。

(二)桥梁上部施工机械

1. 预应力张拉成套设备

预应力张拉成套设备主要由千斤顶、油泵车、卷管机、穿索机和压浆机组成。其能力由张拉千斤顶的吨位和锚具强度决定。专用液压千斤顶是专用的张拉工具,在制作预应力混凝土构件时,对预应力钢筋施加张力。专用液压千斤顶多为双作用式,常用的有离心式和锥锚式两种。

2. 架桥设备

架桥设备主要用于桥梁钢筋混凝土结构梁的吊装,主要有导梁式、缆索式和专用架桥设备。

(1)导梁式架桥设备:

①贝雷片组装成导梁的架桥设备通常称为"公路常备架桥设备"。

②用万能杆件组装成导梁的架桥设备在国内使用也较为普遍,可适应较大跨度预制梁的架设。

③战备军用桁架梁组装成导梁的架桥设备,承载能力大,适用于大跨度桥梁的架设。

(2)缆索式架桥设备:是利用万能杆件或者圆木拼成索塔架式人字形扒杆,用架设的钢丝绳组成吊装设备和行走装置,将梁架设在墩台上。

（3）专用架桥设备（专用架桥机）：是在导梁式架桥设备基础上，进行改善而发展起来的专用施工机械，它可根据移梁方式、导梁形式以及送梁方式的不同而分类。

第二节　常用施工船舶的分类

一、挖泥船的分类

挖泥船主要用于码头港池航道的疏浚挖泥，对于围海造田工程，挖泥船用于从海中取土回填造陆。根据不同的土质、水生条件、作业环境、挖泥船种类主要有耙吸式挖泥船、绞吸式挖泥船、抓斗式挖泥船、链斗式挖泥船等。

（一）耙吸式挖泥船

耙吸式挖泥船有单耙和对耙之分，分别布置于船中间或两侧。耙吸式挖泥船机动灵活，效率高，抗风浪力强，适宜在沿海港口、宽阔的江面和船舶锚地作业；在风浪大又无掩护的滨海和河口地区，宜选用自航式耙吸挖泥船。适于松散和低于黏土硬度的土质作业。耙吸式挖泥船如图3－2－1所示。

规格按照舱容量分为 $500m^3$、$1500m^3$、$4500m^3$、$5000m^3$、$7000m^3$、$13500m^3$、$18000m^3$、$33000m^3$、$46000m^3$ 等船型。

（二）绞吸式挖泥船

绞吸式挖泥船是利用转动能使绞刀绞松河底或海底的土壤，与水泥混合成泥浆，经过吸泥管吸入泵体并经过排泥管送至排泥区。适用于风浪小、流速低的内湖区和沿海港口的疏浚，比较适宜开挖砂、沙壤土、淤泥等土质。绞吸式挖泥船如图3－2－2所示。

图3－2－1　耙吸式挖泥船

图3－2－2　绞吸式挖泥船

其规格按照生产能力分为 $40m^3/h$、$60m^3/h$、$80m^3/h$、$90m^3/h$、$120m^3/h$、$200m^3/h$、$350m^3/h$、$400m^3/h$、$1000m^3/h$、$1250m^3/h$、$1450m^3/h$、$1600m^3/h$、$2000m^3/h$、$2500m^3/h$、$3000m^3/h$、$3500m^3/h$、$4000m^3/h$、$4500m^3/h$ 等船型。

（三）抓斗式挖泥船

抓斗式挖泥船有自航和非自航2种。自航式的一般带泥舱，泥舱装满后自航至排泥区卸泥；非自航式则利用泥驳装泥和卸泥。抓斗式挖泥船主要是用于挖取海底各种淤泥、泥沙、砾石、碎石、巨石等物料，也可以用于航道疏浚、码头施工和海床工程的挖掘。抓斗式挖泥船如图 3－2－3 所示。

规格按照斗容量分为 $0.25m^3$、$0.5m^3$、$0.75m^3$、$1m^3$、$1.5m^3$、$2m^3$、$4m^3$、$8m^3$、$13m^3$、$18m^3$、$20m^3$、$25m^3$、$27m^3$、$30m^3$ 等船型。

(四)链斗式挖泥船

链斗式挖泥船可以分为非自航和自航 2 种，适用于开挖港池、锚和建筑物基槽等。可挖掘各种淤泥、软黏土、砂和砂质黏土。链斗式挖泥船如图 3－2－4 所示。

图 3－2－3　抓斗式挖泥船

图 3－2－4　链斗式挖泥船

规格按照生产能力分为 $40m^3/h$、$60m^3/h$、$100m^3/h$、$120m^3/h$、$150m^3/h$、$180m^3/h$、$350m^3/h$、$500m^3/h$、$750m^3/h$(自航)等船型。

二、起重船的分类

起重船是工程船舶的一种，又称浮式起重机或浮吊，广泛用于海、河港口的装卸作业，以及建港建桥工程、船舶修造、海洋钻探和开发、水下救捞等。

起重船种类很多，根据能否自航，分为自航起重船和非自航起重船 2 类；按照起重机吊臂相对于船体能否旋转，分为固定式与旋转式 2 类；按起重能力，分为固定扒杆式起重船和旋转扒杆式起重船。

(一)固定式起重船

固定式起重船的特点是装在平底船甲板上的起重机部分相对于平底船不能进行转动。它的工作范围比较狭小，机动性差，生产率不高，往往难以满足装卸作业的要求，只是在起吊质量很大、工作次数不多的情况下才采用。固定式起重船如图 3－2－5 所示。

(二)旋转式起重船

旋转式起重船的特点是装在甲板上的起重机部分能够绕垂直中心线相对于平底船进行转动，通常具有起升、旋转、变幅 3 个机构，虽然结构比较复杂，但工作性能大大改善，能够满足作业要求，被广泛采用。旋转式起重船如图 3－2－6 所示。

(三)固定扒杆起重船

规格按照起重能力分为 15t、30t、40t、50t、100t、200t 等船型。固定扒杆起重船如图3－2－7 所示。

图 3－2－5　固定式起重船

图 3－2－6　旋转式起重船

图 3－2－7　固定扒杆起重船

(四)旋转扒杆起重船

规格按照起重能力分为 60t、80t、180t 等船型。

三、打桩船的分类

(一)按打桩架性能和打桩方式分类

1. 变幅式打桩船

桩架可绕其前支点做俯仰动作,俯仰角一般为 18.5°～35°。适用于施打直斜桩。目前使用的多是以柴油机液压式为动力的变幅式打桩船。

2. 旋转式打桩船

桩架除可俯仰外,还可做水平旋转,通常在方驳上安装旋转式起重机和龙口等组成。适用于施打群集的堆桩。

3. 摆动式打桩船

桩架上的龙口具有左右摆动的性能。适用于施打受水位限制或左右倾斜的桩。

4. 吊龙口式打桩船

以起重船或方驳艏安装起重机,吊立龙口,并改变上、下支撑长度,形成不同俯仰角度。适宜在浅滩、陆沿等处打桩或在桩群中补桩。

5. 吊打式打桩船

以起重船或打桩船直接悬吊无打桩龙口式桩锤的打桩方式。适用于施打群桩的补桩与井架附属桩。

6. 平台式打桩船

在自升式平台上,配有打桩台车架和桩锤等,具有俯仰、摆动、吊龙口和吊打多种性能。适用于施打外海大型桩。

在打桩的过程中,由于地质的不同,可能会产生溜桩现象,有关人员要特别注意对吊锤绞车的控制和锤的油门控制。对于桩长比较大的混凝土桩和入土较浅的桩,在替打和水面之间的龙口上,加装上背板,以防混凝土桩断裂。

(二)按打桩架架高分类

分为35m架高打桩船、40m架高打桩船、50m架高打桩船、60m架高打桩船。

(三)按打桩锤冲击能量分类

分为135kN·m船用柴油打桩锤、216kN·m船用柴油打桩锤、223kN·m船用柴油打桩锤、272kN·m船用柴油打桩锤。

第四章 公路工程主要施工工艺与方法

第一节 路基工程的施工工艺与方法

一、路基施工准备工作

路基施工前应做好组织、物资和技术三大准备。其中,技术准备是工程顺利实施的基础和保证,主要包括熟悉设计文件、现场调查核对、设计交桩、复测与放样、试验及试验路段施工等工作内容。

(一)路基施工准备

一般规定路基开工前,应在全面理解设计要求和设计交底的基础上,进行现场调查和核对。

(1)在详尽的现场调查后,应根据设计要求、合同、现场情况等,编制实施性施工组织设计,并按管理规定报批。

(2)路基开工前必须建立健全质量、环保、安全管理体系和质量检测体系,并对各类施工人员进行岗位培训和技术、安全交底。

(3)临时工程应满足正常施工需要,应保证路基施工影响范围内原有道路、结构物及农田水利等设施的使用功能。

(二)路基放样

(1)路基施工前,应对原地面进行复测,核对或补充横断面,发现问题时,应进行处理。

(2)路基施工前,应设置标识桩,对路基用地界、路堤坡脚、路堑坡顶、取土坑、护坡道、弃土堆等的具体位置标识清楚。

(3)对深挖高填路段,每挖填3~5m或者一个边坡平台(碎落台)应复测中线和横断面。

(4)高速公路和一级公路施工中,标高控制桩间距不宜大于200m。

(5)施工过程中,应保护好所有控制桩点,并及时恢复被破坏的桩点。

(6)路基横断面边桩放样方法。

①图解法:路基横断面图为路基施工的主要图纸,可根据已戴好“帽子”的横断面放样路基边桩。坡脚点与中桩的水平距离可以从横断面图上按比例量出,然后在地面上用皮尺沿横断面方向量出距中桩的水平距离即可定出边桩。此法一般用于较低等级的公路路基边桩放样。

②计算法:现场没有横断面设计图,只有施工填挖高度时,可用计算法放样路基边桩。本法比上述方法精度高,主要用于公路平坦地形或地面横坡较均匀一致地段的路基边桩放样。

③坐标法:根据路基边桩点与中线的距离计算、横断面方向的方位角,计算求出路基边桩的坐标值,即可在导线点上用全站仪直接放样出路基边桩的桩位。该法适用于高等级公路。

④渐近法:在分段丈量水平距离的同时,用仪器测出该段地面的高差,最后累计出边桩与中桩点的高程差,用“计算法”的公式验证其水平距离是否正确,如有不符,就逐渐移动边桩,到

正确位置为止。该法精度高,适用于各级公路。

(三)场地清理

公路用地范围内原有构造物应根据设计要求进行处理。

(1)二级及二级以上公路路堤和填方高度小于1m的公路路堤,应将路基基底范围内的树根全部挖除并将坑穴填平夯实;填方高度大于1m的二级以下公路路堤,可保留树根,但根部不能露出地面。取土坑范围内的树根应全部挖除。

(2)应对路幅范围内、取土坑的原地面表层腐殖土、表土、草皮等进行清理,填方地段还应按设计要求整平压实。清出的表层土宜充分利用。

二、挖方路基施工技术

(一)土质路堑施工技术

1. 土质路堑施工工艺流程(见图4-1-1)

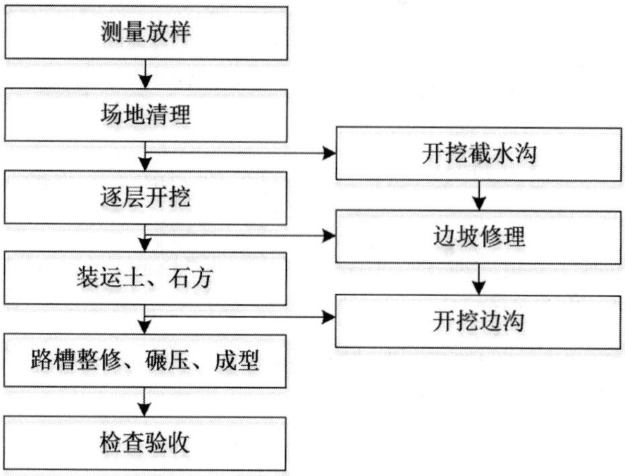

图4-1-1 土质路堑施工工艺流程

2. 作业方法

(1)横向挖掘法:土质路堑横向挖掘可采用人工作业,也可机械作业,具体方法有:

①单层横向全宽挖掘法:从开挖路堑的一端或两端按断面全宽一次性挖到设计标高,逐渐向纵深挖掘,挖出的土方一般都是向两侧运送。该方法适用于挖掘浅且短的路堑。

②多层横向全宽挖掘法:从开挖路堑的一端或两端按断面分层挖到设计标高,适用于挖掘深且短的路堑。

(2)纵向挖掘法:土质路堑纵向挖掘多采用机械作业,具体方法有:

①分层纵挖法:沿路堑全宽,以深度不大的纵向分层进行挖掘,适用于较长的路堑开挖。

②通道纵挖法:先沿路堑纵向挖掘一通道,然后将通道向两侧拓宽以扩大工作面,并利用该通道作为运土路线及场内排水的出路。该层通道拓宽至路堑边坡后,再挖下层通道,如此向纵深开挖至路基标高,该法适用于较长、较深、两端地面纵坡较小的路堑开挖。

③分段纵挖法:沿路堑纵向选择一个或几个适宜处,将较薄一侧堑壁横向挖穿,使路堑分成两段或数段,各段再纵向开挖。该法适用于过长、弃土运距过远、一侧堑壁较薄的傍山路堑开挖。

(3)混合式挖掘法:多层横向全宽挖掘法和通道纵挖法混合使用。先沿路线纵向挖通道,然后沿横向坡面挖掘,以增加开挖面。该法适用于路线纵向长度和挖深都很大的路堑开挖。

3. 机械开挖作业方式

(1)推土机开挖土质路堑作业:推土机开挖土方作业由切土、运土、卸土、倒退(或折返)、空回等过程组成一个循环。影响作业效率的主要因素是切土和运土两个环节,因此必须以最短的时间和距离切满土,并尽可能减少土在推运过程中散失。推土机开挖土质路堑作业方法与填筑路基相同的有下坡推土法、槽形推土法、并列推土法、接力推土法和波浪式推土法,另有斜铲推土法和侧铲推土法。

(2)挖掘机开挖土质路堑作业:公路工程施工中以单斗挖掘机最为常见,而路堑土方开挖中又以正铲挖掘机用最多。正铲挖掘机挖装作业灵活,回转速度快,工作效率高,特别适用于与运输车辆配合开挖土方路堑。正铲工作面的高度一般不应小于1.5m,否则将降低生产效率,过高则易塌方损伤机具。其作业方法有侧向开挖和正向开挖。

(二)石质路堑施工

1. 开挖方式

(1)直接应用机械开挖:该方法没有钻爆工序作业,不需要风、水、电辅助设施,简了场地布置,加快了施工进度、提高了生产能力,但不适于破碎坚硬岩石。

(2)钻爆开挖:是当前广泛采用的开挖施工方法。有薄层开挖、分层开挖(梯段开挖全断面一次开挖和特高梯段开挖等方式。

(3)静态破碎法:将膨胀剂放入炮孔内,利用产生的膨胀力,缓慢地作用于孔壁的方法,经数小时至24h达到300~500MPa的压力,使介质裂开。

2. 石质路堑爆破施工方法

(1)综合爆破:是根据石方的集中程度,地质、地形条件,公路路基断面的状,结合各种爆破方法的最佳使用特性,因地制宜,综合配套使用的一种比较先进的爆破法。一般包括小炮和洞室2大类。小炮主要包括钢钎炮、深孔爆破等钻孔爆破;洞室炮主要包括药壶炮和猫洞炮。

(2)常用爆破方法:

①光面爆破:在开挖界限的周边,适当排列一定间隔的炮孔,在有侧向临空面的情况下,用控制抵抗线和药量的方法进行爆破,使之形成一个光滑平整的边坡。

②微差爆破:两相邻药包或前后排药包以毫秒的时间间隔(一般为15~75ms)依次起爆,亦称为毫秒爆破。

③预裂爆破:在开挖限界处按适当间隔排列炮孔,在没有侧向临空面和最小抵抗线的情况下,用控制药量的方法,预先炸出一条裂缝,使拟爆体与山体分开,作为隔震减震带,起到保护和减弱开挖限界以外山体或建筑物的地震破坏作用。

④定向爆破:利用爆破能将大量土石方按照指定的方向,搬移到一定的位置并堆积成路堤的一种爆破施工方法,称为定向爆破。定向爆破用于以借为填或移挖作填地段,特别是在深挖高填相间、工程量大的鸡爪形地区。

三、填方路基施工技术

(一)填土路堤施工技术

1. 土方路堤填筑施工工艺流程(见图4-1-2)

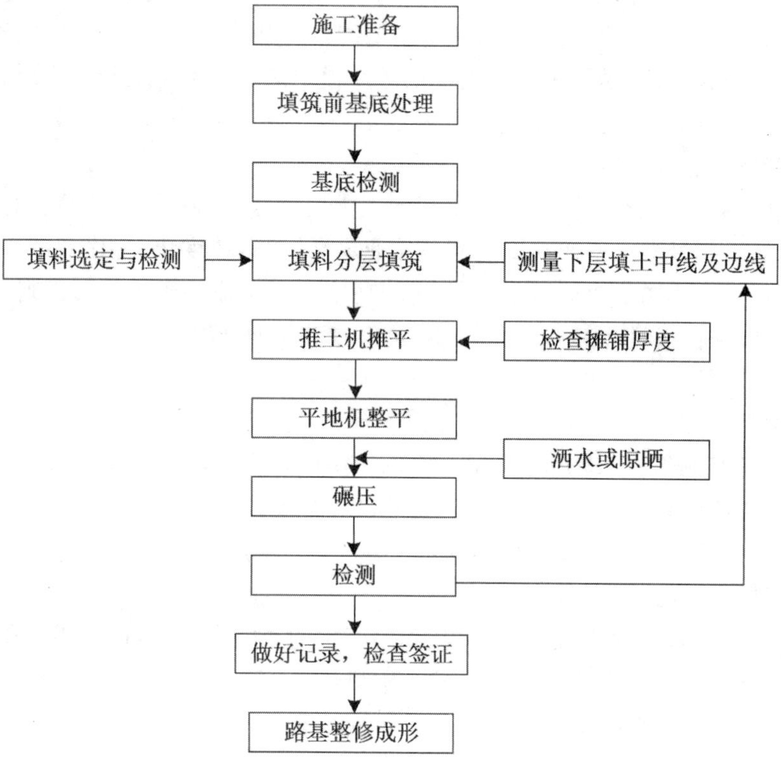

图4-1-2 土方路堤填筑施工工艺流程

2. 土质路堤的填筑方法

土质路堤填筑常用推土机、铲运机、平地机、压路机、挖掘机、装载机等机械按以下几种方式作业:

(1)水平分层填筑:填筑时按照横断面全宽分成水平层次,逐层向上填筑,是路基填筑的常用方式。

(2)纵向分层填筑:依路线纵坡方向分层,逐层向上填筑;常用于地面纵坡大于12%、用推土机从路堑取料、填筑距离较短的路堤;缺点是不易碾压密实。

(3)横向填筑:从路基一端或两端按横断面全高逐步推进填筑;由于填土过厚、不易压实,仅用于无法自下而上填筑的深谷、陡坡、断岩、泥沼等机械无法进场的路堤。

(4)联合填筑:路堤下层用横向填筑而上层用水平分层填筑;适用于因地形限制或填筑堤身较高,不宜采用水平分层填筑或横向填筑法进行填筑的情况;单机或多机作业均可,一般沿线路分段进行,每段距离以20~40m为宜,多在地势平坦或两侧有可利用的山地土场的场合采用。

3. 机械填筑路堤作业方式

(1)推土机填筑路堤作业方式:通常是由切土、推土、堆卸、空返4个环节组成,而影响作业效率的主要是切土和推土2个环节。推土机作业效率取决于切满土的速度、距离,以及推土过程中切满刀片中的土散失量和推运速度。其作业方式一般有坑槽推土、波浪式推土、并列推土、下坡推土和接力推土。

(2)挖掘机填筑路堤作业方式:利用挖掘机填筑路堤施工一般有 2 种方式:一种为从路基一侧挖土,直接卸向另一侧填筑路堤,这种方式用反铲挖掘机施工比较方便。另一种方式则配合运土车辆,挖掘机挖土装车后,运至路堤施工现场卸土填筑,这是挖掘机填筑路堤施工的主要方式,正、反铲挖掘机都适用,而且最适合应用在取土场比较集中且运距较长的情况下。两种方式都宜与推土机配合施工。

4. 土质路堤压实施工技术要点

(1)压实机械对土进行碾压时,一般以慢速效果最好,除羊足碾或凸块式碾外,压实速度以 2～4km/h 最为适宜。羊足碾的速度可以快些,在碾压黏土时最高可达 12～16km/h,还不会影响碾压质量。各种压实机械的作业速度应在填方前做试验段碾压,找出最佳效果的碾压速度,正式施工时参照执行。

(2)碾压一段终了时,宜采取纵向退行方式继续第二遍碾压,不宜采用掉头方式,以免因机械调头时搓挤土,使压实的土被翻松。故压路机始终要以纵向进退方式进行压实作业。

(3)在整个全宽的填土上压实,宜纵向分行进行,直线段由两边向中间,曲线段宜由曲线的内侧向外侧(当曲线半径超过 200m 时,可以按直线段方式进行)。两行之间的接头一般应重叠 1/4～1/3 轮迹;对于三轮压路机则应重叠后轮的 1/20。

(4)纵向分段压好以后,进行第二段压实时,其在纵向接头处的碾压范围宜重叠 1～2m,以确保接头处平顺过渡。

(5)土质路堤压实度应符合表 4－1－1 的规定。

表 4－1－1　土质路堤压实度标准

<table>
<tr><th colspan="4" rowspan="2">填筑部位(路面底面以下深度)/m</th><th colspan="3">压实度/%</th></tr>
<tr><th>高速、一级公路</th><th>二级公路</th><th>三、四级公路</th></tr>
<tr><td rowspan="7">填方路基</td><td colspan="2">上路床</td><td>0～0.30</td><td>≥96</td><td>≥95</td><td>≥94</td></tr>
<tr><td rowspan="2">下路床</td><td>轻、中及重交通</td><td>0.30～0.80</td><td rowspan="2">≥96</td><td rowspan="2">≥95</td><td>≥94</td></tr>
<tr><td>特重、极重交通</td><td>0.30～1.20</td><td>—</td></tr>
<tr><td rowspan="2">上路堤</td><td>轻、中及重交通</td><td>0.8～1.5</td><td rowspan="2">≥94</td><td rowspan="2">≥94</td><td>≥93</td></tr>
<tr><td>特重、极重交通</td><td>1.2～1.9</td><td>—</td></tr>
<tr><td rowspan="2">下路堤</td><td>轻、中及重交通</td><td>>1.5</td><td rowspan="2">≥93</td><td rowspan="2">≥92</td><td rowspan="2">≥90</td></tr>
<tr><td>特重、极重交通</td><td>>1.9</td></tr>
<tr><td rowspan="3">零填及挖方路基</td><td colspan="2">上路床</td><td>0～0.30</td><td>≥96</td><td>≥95</td><td>≥94</td></tr>
<tr><td rowspan="2">下路床</td><td>轻、中及重交通</td><td>0.30～0.80</td><td rowspan="2">≥96</td><td rowspan="2">≥95</td><td rowspan="2">—</td></tr>
<tr><td>特重、极重交通</td><td>0.30～1.20</td></tr>
</table>

(二)填石路堤施工技术

1. 石路堤施工工艺流程(见图4-1-3)

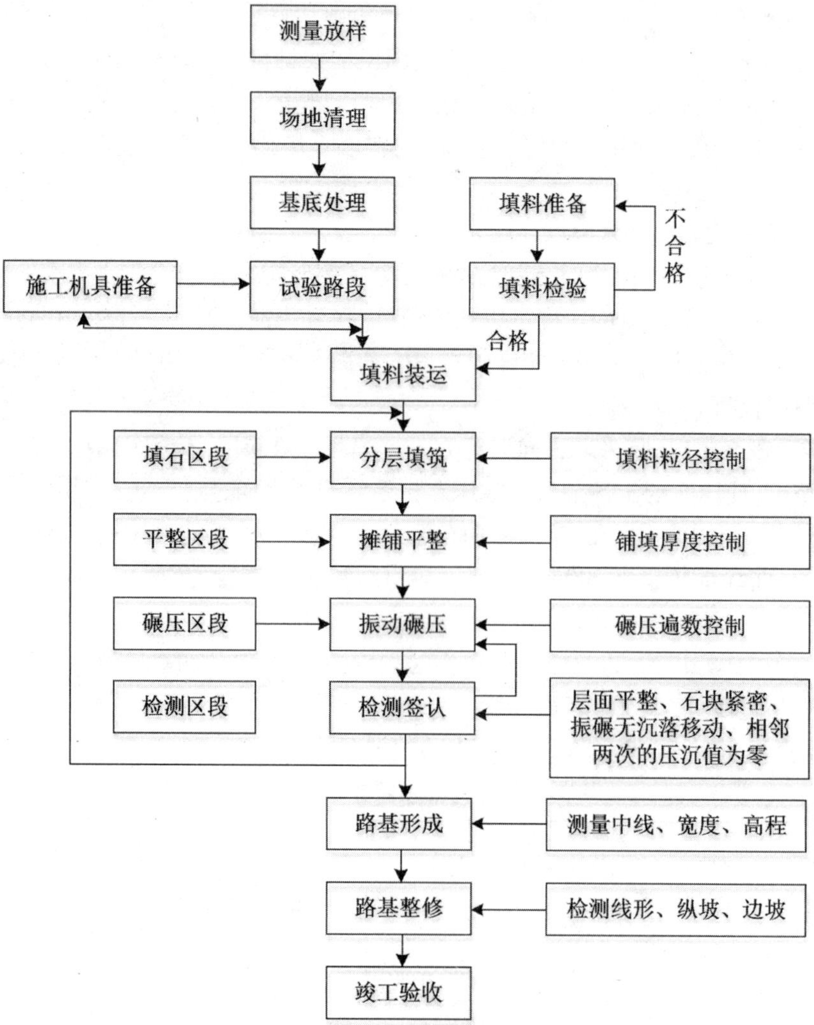

图4-1-3 填石路堤施工工艺流程

2. 填筑方法

(1)竖向填筑法(倾填法):以路基一端按横断面的部分或全部高度自上往下倾卸石料,逐步推进填筑。其主要用于二级及二级以下,且铺设低级路面的公路,也可用在陡峻山坡施工特别困难或大量以爆破方式挖开填筑的路段,以及无法自下而上分层填筑的陡坡、断岩、泥沼地区和水中作业的填石路堤。

(2)分层压实法(碾压法):自下而上水平分层,逐层填筑,逐层压实,是普遍采用并能保证填石路堤质量的方法。高速公路、一级公路和铺设高级路面的其他等级公路的填石路堤采用此方法。

(3)冲击压实法:利用冲击压实机的冲击碾周期性、大振幅、低频率地对路基填料进行冲击,压密填方。

(4)强力夯实法:用起重机吊起夯锤从高处自由落下,利用强大的动力冲击,迫使岩土颗粒位移，提高填筑层的密实度和地基强度。

3. 填石路堤施工要求

（1）填石路堤应分层填筑压实：二级以下砂石路面公路在陡峻山坡地段施工特别困难时，可采用倾填的方式将石料填筑于路堤下部，但在路床底面以下不小于1.0m范围内仍应分层填筑压实。

（2）岩性相差较大的填料应分层或分段填筑：严禁将软质石料与硬质石料混合使用。

（3）中硬、硬质石料填筑路堤时，应进行边坡码砌，码砌边坡的石料强度、尺寸及码砌厚度应符合设计要求，边坡码砌与路基填筑宜基本同步进行。

（4）压实机械宜选用自重不小于18t的振动压路机。

（5）采用易风化岩石或软质岩石石料填筑时，应按设计要求采取边坡封闭和底部设置排水垫层、顶部设置防罩层等措施。

（6）填石路堤施工过程质量控制：施工过程中每一压实层，应采用试验路段确定的工艺流程、工艺参数控制，压实质量可采用沉降差指标料检测。施工过程中，每填高3m宜检测路基中线和宽度。

（7）不同强度的石料，应分别采用不同的填筑层厚和压实控制标准。填石路堤的压实质量标准采用孔隙率作为控制指标，并符合表4－1－2的要求。孔隙率的检测应采用水袋法进行。

表4－1－2　填石路堤压实质量标准

分区	路床顶面以下深度/m	硬质石料孔隙率/%	中硬石料孔隙率/%	软质石料孔隙率/%
上路堤	0.80～1.50	≤23	≤22	≤20
下路堤	>1.50	≤25	≤24	≤22

四、特殊路基施工技术

特殊路基是指位于特殊土（岩）地段、不良地质地段，或受水、气候等自然因素影响强烈，需要进行特殊设计的路基。

（一）软土地区路基施工

软土是指天然含水率高、天然孔隙比大、抗剪强度低、压缩性高的细粒土，包括淤泥、淤泥质土、泥炭、泥炭质土等。软土可按表4－1－3进行鉴别。主要的处理方法有：

表4－1－3　软土鉴别指标表

特征指标名称	天然含水率/%		天然孔隙比	快剪内摩擦角/°	十字板抗剪强度/kPa	静力触探锥尖阻力/MPa	压缩系数 $a_{0.1\sim0.2}$ /MPa^{-1}
黏质土、有机质土	≥35	≥液限	≥1.0	宜小于5	宜小于35	宜小于0.75	宜大于0.5
粉质土	≥30		≥0.9	宜小于8			宜大于0.3

1. 浅层处置法

浅层处置法包括换填法、抛石挤淤、爆炸挤淤等，适用于表层软土厚度小于3m的浅层软弱地基处理。

2. 垫层处理法

垫层处理法属于水平排水固结,在软弱地基和路堤填土之间设置透水性垫层,可起排水的作用,从而保证填土荷载作用下地基中孔隙水的顺利排出,既加快了地基的固结,又保护了路堤免受孔隙水的浸泡。垫层处理深度不宜大于3m。

3. 竖向排水法

处理淤泥质土和淤泥地基时,宜与预压法联合使用,应保证有足够的预压期。整向排水体间距以1~2m为宜,可布置成正方形或等边三角形。竖向排水体可采用砂井、袋装砂井、塑料排水板等,适用于深度大于3m的软基处理。

4. 预压法

如果工期不紧,可以通过填土堆载预压,使地基土压密、沉降、固结,从而提高地基的固结度,减少路堤建成后的沉降量。预压法分真空预压和超载预压两种。

5. 粒料桩法

粒料桩法是采用砂、砂砾、碎石、废渣等散粒材料,采用振冲置换法或振动沉管法成桩,使设有粒料桩的地基土体范围内桩体间土形成加固的复合地基方法。

6. 加固土桩

加固土桩适用于处理十字板抗剪强度不小于10kPa、有机质含量不大于10%的软土地基。加固土桩包括粉喷桩与浆喷桩。

7. 水泥粉煤灰碎石桩法

水泥粉煤灰碎石桩法又称CFG桩法,加入水泥和粉煤灰形成高黏结强度的其端阻作用,CFG桩和桩间土、垫层一起形成复合地基。CFG桩适用于处理十字板抗剪强度不小于20kPa的软土地基。

8. 强夯法

强夯法是让很重的夯锤从高处自由落下,给土体以冲击和振动,从而提高地基强度,降低土体压缩性的一种方法。强夯法适合处理碎石土、低饱和度的粉土与黏性土、多杂填土和软土等地基。

9. 刚性桩

刚性桩适用于处理深厚软土地基上荷载较大、变形要求较严格的高路堤段、桥头或通 道与路堤衔接段。刚性桩可按正方形或等边三角形布置。刚性桩桩顶应设桩帽,形状可采用圆柱体、台体或倒锥台体。桩帽直径或边长宜为1.0~1.5m,厚度宜为0.3~0.4m,宜采用C30水泥混凝土现场浇筑而成。

10. 爆炸挤淤

爆炸挤淤是将炸药放在软土或泥沼中爆炸,利用爆炸时的张力作用,把淤泥或泥沼扬弃,然后回填强度较高的渗水性土壤,如砂砾、碎石等。爆炸挤淤法适用于处理海湾滩涂等淤泥和淤泥质土地基,处理厚度不宜大于15m。

11. 路堤地基隔离墙

路堤地基隔离墙适用于相邻两路堤之间,或已建成路堤与拓宽路堤之间出现相互干扰,对地基渗流、变形、稳定等产生不利影响情况下的隔离。

(二)膨胀土地区路基施工

膨胀土是指含亲水性矿物并具有明显的吸水膨胀、失水收缩特性的高塑性黏土。膨胀土可采用换填法、封闭包盖法、夹层法、物理化学改良等处理方法。

(三)湿陷性黄土路基施工

湿陷性黄土是指在自重或一定压力下受水浸湿后,土体结构迅速破坏,并产生显著下沉现象的黄土。若地基为一般湿陷性黄土,应采取措施拦截、排除地表水。地下排水构造物与地面排水沟渠必须采取防渗措施,路侧严禁积水。若地基黄土具有强湿陷性或较高压缩性,应按设计要求处理。除采取防止地表水下渗的措施外,还可根据黄土的工程特性和工程要求采取换填土、重锤夯实、强夯法、预浸法、挤密法、化学加固法等处理措施。湿陷性黄土路基施工技术包括黄土填筑路堤、黄土路堑施工和黄土陷穴处理。

(四)滑坡地段路基处理

滑坡地段一般具有以下特征:滑带土体软弱,易吸水不易排水,呈软塑状,力学指标低;滑带的形状在匀质土中多近似于圆弧形,在非匀质土中为折线形;水多是滑坡发展的主要原因,地层岩性是产生滑坡的物质基础,滑坡多是沿着各种软弱结构面发生的;自然因素和人为因素引起的斜坡应力状态的改变(爆破、机械振动等),均有可能诱发滑坡。

滑坡防治的工程措施主要有滑坡排水、力学平衡和改变滑带土 3 类。

1. 滑坡排水

环形截水沟、树枝状排水沟、表层土夯实、地下水排泄(支撑渗沟、边坡渗沟、暗沟、平孔等)。

2. 力学平衡

采用力学平衡的方法是当挖方路基边坡发生的滑坡不大时,采用刷方(台阶)减重、打桩修建挡土墙以稳定边坡,但是牵引式护坡、具有膨胀性质的滑坡不宜采用滑坡减重法。

3. 改变滑带土

采用改变滑带土的方法是用物理化学法改善滑坡带土石性质,一般有焙烧法、电渗排水法和爆破灌浆法等。

五、支挡工程施工

路基支挡工程的主要功能是支撑天然边坡或人工边坡以保持土体稳定或加强路基强度和稳定性,以及防护边坡在水流变化条件下免遭破坏。常见的挡土墙类型如下:

(一)重力式挡土墙

重力式挡土墙的施工要求如下:墙身分层错缝砌筑,砌出地面后基坑及时回填夯实,完成顶面排水及防渗设施。伸缩缝与沉降缝内两侧壁应竖直平齐,无错叠;缝防水材料应按设计要求施工。泄水孔应在砌筑墙身过程中设置,确保排水通畅,并应保证墙背反滤、防渗设施的施工质量。当墙身的强度达到设计强度的 75% 时方可进行回填等工作。在距墙背 0.5 ~ 1m 以内时,不宜用重型压路机碾压。

(二)加筋土挡土墙

加筋土挡土墙是在土中加入拉筋,利用拉筋与土之间的摩擦作用,改善土体的变形条件和提高土体的工程特性,从而达到稳定土体的目的。加筋土挡土墙由填料、在填料中布置的拉筋以及墙面板 3 个部分组成。一般应用于地形较为平坦且宽敞的填方路段上,在挖方路段或地形陡峭的山坡,由于不利于布置拉筋,一般不宜使用。加筋土挡土墙施工包括下列工序:基槽

(坑)开挖、地基处理、排水设施、基础浇(砌)筑、墙面板预制与安装、筋带铺设、填料填筑与压实、墙顶封闭等,其中现场墙面板拼装、筋带铺设、填料填筑与压实等工序是交叉进行的。

(三)锚杆挡土墙

锚杆挡土墙是利用锚杆技术形成的一种挡土结构物。锚杆挡土墙适用于缺乏石料的地区和挖基困难的地段,一般用于岩质路堑路段,但其他具有锚固条件的路堑墙也的地区,还可应用于陡坡路堤。锚杆挡土墙按墙面的结构形式分为柱板式锚杆挡土墙和壁板式锚杆挡土墙。锚杆挡土墙施工工序:基础浇(砌)筑、锚杆制作、钻孔、锚杆安放与注浆锚固、肋柱和挡土板预制、肋柱安装、挡土板安装、墙后填料填筑与压实等。

(四)抗滑桩

抗滑桩施工前,应采取卸载、反压、排水等措施使滑坡体保持基本稳定,严禁在滑坡急剧变形阶段进行抗滑桩施工。施工期间应根据实际地质情况考虑开挖时的预加固措施。应整平孔口地面,并设置地表截、排水及防渗设施。应设置滑坡变形、移动监测点,并进行连续观测。雨期施工时,应在孔口搭设雨篷,做好锁口,孔口地面上应加筑适当高度的围墙。

六、路基排水施工

路基地面排水可采用边沟、截水沟、排水沟、槽、拦水带、蒸发池等设施,其作用是将可能停滞在路基范围内的地面水迅速排除,防止路基范围内的地面水流入路基内。路基地下水排水设施有排水沟、暗沟(管)、渗沟、渗井、检查井等。其作用是将路基范围内的地下水位降低或拦截地下水并将其排除至路基范围以外。

(一)边沟

挖方地段和填土高度小于边沟深度的填方地段均应设置边沟。路堤靠山一侧的坡脚应设置不渗水的边沟。边沟的施工应符合以下规定:边沟沟底纵坡应衔接平顺;土质地段的边沟纵坡大于3%时应采取加固措施;边沟施工应符合设计要求,设计没有规定时,边沟深度不小于400mm,底宽不小于400mm;在平原区和重丘山岭区,边沟应分段设出水口,多雨地区梯形边沟每段长度不宜超过300m,三角形边沟不宜超过200m。

(二)排水沟

排水沟可用于排除地表水。当地下水位较高、潜水层埋藏不深时,可采用排水沟截流地下水及降低地下水位,但在寒冷地区不宜用于排出地下水。排水沟的施工应符合以下规定:排水沟线形要平顺,转弯处宜为弧线形;排水沟的出水口应设置跌水和急流槽将水流引出路基或引入排水系统;排水沟长度不宜过长,通常不超过500m;排水沟距路基坡脚不宜小于2m。

(三)截水沟

截水沟应先施工,与其他排水设施应衔接平顺,应于挖方坡顶5m以外设置截水沟。路基上方有弃土堆时,截水沟应离开弃土堆脚1~5m,弃土堆坡脚离开路基挖方坡顶不应小于10m,弃土堆顶部应设2%倾向截水沟的横坡。山坡上路堤的截水沟离开路堤坡脚至少2m,并用挖截水沟的土填在路堤与截水沟之间,修筑向沟倾斜坡度为2%的护坡道或土台,使路堤内侧地面水流入截水沟排出;截水沟长度一般不宜超过500m,超过500m时应设置出水口;截水沟应按设计要求进行防渗及加固处理。

(四)跌水与急流槽

跌水与急流槽的施工应符合以下规定:必须用浆砌圬工结构;无消力池的跌水,其台阶高度应小于600mm,每阶高度与长度之比应与原地面坡度相协调;急流槽片石砌缝应不大于40mm,砂浆饱满,槽底表面粗糙;急流槽的纵坡不宜超过1:1.5,同时应与天然地面坡度相配合。当急流槽较长时,槽底可用几个纵坡,一般是上段较陡,向下逐渐放缓;急流槽很长时,应分段砌筑,分节长度宜为5~10m,接头处应用防水材料填缝。混凝土预制块急流槽,分节长度宜为2.5~5m,接头采用榫接。

(五)暗沟

当地下水位较高、潜水层埋藏不深时,可采用排水沟或暗沟截流地下水及降低地下水位,沟底宜埋入不透水层内。暗沟(管)施工应符合下列规定:沟底必须埋入不透水层内,沟壁最低一排渗水孔应高出沟底至少200mm;沟底纵坡应大于0.5%,出水口处应加大纵坡,并高出地表排水沟常水位200mm以上;寒冷地区的暗沟应做好防冻保温,坡度宜大于5%。采用混凝土或浆砌片石砌筑时,在沟壁与含水层接触面以上高度,应设置一排或多排向沟中倾斜的渗水孔,沟壁外侧应填筑粗粒透水性材料或土工合成材料形成反滤层。沿沟槽底每隔10~15m或在软硬岩层分界处应设置沉降缝和伸缩缝;顶面必须设置混凝土盖板或石料盖板,板顶上填土厚度应大于500mm。

(六)渗沟

为降低地下水或拦截地下含水层中的水流,可在地面以下设置渗沟。渗沟是常见的地下排水沟,可视地下水流情况纵、横向设置。渗沟有填石渗沟、管式渗沟和洞式渗沟,3种渗沟均应设置排水层(或管、洞)、反滤层和封闭层。

1. 填石渗沟(盲沟)

填石渗沟(盲沟)通常为矩形或梯形。施工应符合下列规定:石料应洁净、坚硬、不易风化。砂宜采用中砂,含泥量应小于2%,严禁用粉砂、细砂;渗水材料的顶面(指封闭层以下)不得低于原地下水位。当用于排除层间水时,渗沟底部应埋置在最下面的不透水层。在冰冻地区,渗沟埋置深度不得小于当地最小冻结深度;填石渗沟纵坡不宜小于1%,出水口底面高程应高出渗沟外最高水位200mm。

2. 管式渗沟

管式渗沟适用于地下水引水较长、流量较大的地区。施工应符合下列规定:长度大于100m时,应在其末端设置疏通井,并设横向泄水管,分段排出地下水;泄水孔应在管壁上交错布置、间距不宜大于200mm。渗沟顶高程应高于地下水位。管节宜用承插式柔性接头连接。

3. 洞式渗沟

洞式渗沟适用于地下水流量较大的地段。填料顶面宜高于地下水位。渗沟顶部必须设置封闭层,厚度应大于500mm。

(七)渗井

当路基附近的地面水或浅层地下水无法排除、影响路基稳定时,可设置渗井,将地面水或地下水经渗井通过下透水层中的钻孔流入下层透水层中排出。渗井施工应符合下列规定:距离坡脚不小于10m,顶部四周用黏土填筑围护,井顶应加盖;渗井开挖应随挖随支撑、及时回填;渗井直径为50~60cm,填充料含泥量应小于5%,按单一粒径分层填筑,不得将粗细材料混杂填塞。下层透水层范围内宜填碎石或卵石,上层不透水口内宜填砂或砾石。井壁与填充料之间应设反滤层。

(八)检查井

为检查维修渗沟,每隔 30 ~ 50m 或在平面转折和坡度由陡变缓处宜设置检查井。检查井采用圆形,内径不小于 1m,在井壁处的渗沟底应高出井底 0.3 ~ 0.4m,井底铺一层厚 0.2m 的混凝土;井基如遇不良土质,应采取换填夯实等措施。兼起渗井作用的检查井的井壁,应在含水层范围设置渗水孔和反滤层。深度大于 20m 的检查井,除设置检查梯外,还应设置安全设备;井口顶部应高出附近地面 0.3 ~ 0.5m,并设井盖。

七、路基智能压实控制技术

(一)施工工艺介绍

1. 主要做法

路基智能压实系统主要由 GPS 基准站、碾压监测端、数据及应用服务器、远程(或现场)监控客户端及现场 PDA(手机)等部分组成,系统整体构架如图 4 - 1 - 4 所示。

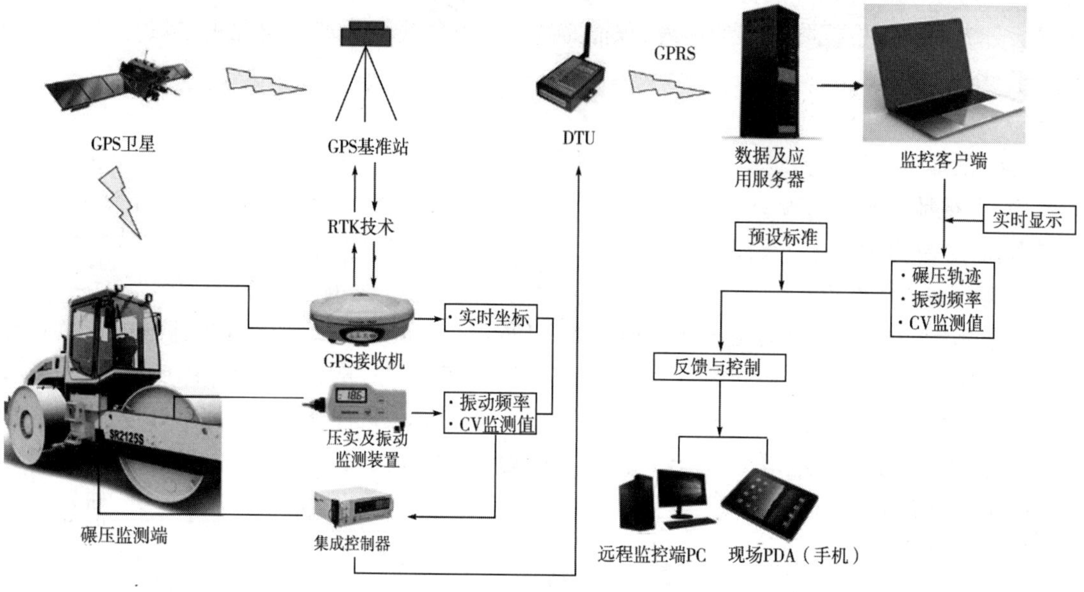

图 4 -1 -4 路基智能压实系统组成

路基压实施工作业时,以北斗的高精度终端为核心,进行压实机的信息化改造。系统运行时,GPS 基准站向压路机上的 GPS 接收机发送差分信号,振动压路机顶部的 GPS 接收机和无线接收器装置可以同步接收信号,达到定位的效果(精度为厘米级)。压路机振动轮的压实传感器可以将压实施工产生的数据及时传输给显示控制器,以便驾驶人根据呈现的数据掌握压路机的三维位置、压实度等实际施工情况。实现对每次的压实时间、压实速度、压实温度、行驶方向和压实的层级进行实时的监测,与此同时后台系统也能监测到,在达到了标准之后就能停止压实。

2. 主要特点

(1)智能压实系统可以高效采集数据并实时显示,以便操作人员及时调控,避免过压、漏压现象。

(2)实时显示的数据包含碾压遍数、压实度在内的各项压实作业参数;提供压实工作报告打印功能,便于施工人员分析。

(3)系统的智能化特性突出,可以在保证压实施工效果的前提下减轻员工工作压力。

3. 主要控制要点

(1)施工准备:在开工前组织技术人员认真学习施工组织设计,阅读、审核施工图纸,了解有关技术问题,熟悉规范和技术标准制定施工安全保证措施,提出应急预案。对施工人员进行技术交底,对参加施工人员进行上岗前技术培训。

(2)设备安装及检查:主要是检查加载设备(振动压路机)的振动性能是否满足规程要求,特别是其振动性能。安装检测设备时,振动传感器必须垂直安装在内机架上,可以直接接受来自振动轮的振动信号,如果传感器不垂直安装,得到的信号就不能准确反映振动轮的垂直振动。

(3)相关性检验:主要是确定连续压实控制指标 CMV 与常规质量验收指标之间的相关系数。

(4)平地机整平:基床表层级配碎石分层填筑,每层的最大填筑压实厚度不得大于30cm,最小填筑压实厚度不得小于15cm。

(5)压路机碾压:整形后,当表面尚处于润湿状态立即进行碾压,碾压往返 1 次为 1 遍,第 1 遍进静压、退弱振,第 2 遍低速进退强振,第 3 遍退强振,直至无明显轮迹为止(一般需碾压第四、五遍),最后一遍静压收光,碾压前 2 遍压路机行进速度控制在 1.5 ~ 1.7km/h,然后以 2.0 ~ 2.5km/h 的标准控制速度。

(6)质量检测:每层施工完成后进行自检,合格后报验,严格按照验标要求的试验方法、试验点数、检验频次,逐层分段、分部进行试验检测。各类填料及压实标准应符合规定,凡检验不合格者,不得进行下一道工序施工。

(二)适用范围

主要适用于公路路基压实的施工。

(三)实施成效

压实是路基施工中的重点工作内容,碾压遍数是重点控制对象,要求其具有合理性,应用本工艺,其能够实时记录压路机碾压运行过程中的各项数据,生成完整的报告,供施工人员分析,以便反映碾压遍数、碾压速度等各方面的实际情况,及时调整不足之处。路基智能压实控制技术可以保证路基压实施工质量,提高施工效率,具有良好的经济和社会效益。

第二节　路面工程的施工工艺与方法

路面包括面层和基层等,面层分为上面层、中面层、下面层;基层分为底基层和上基层等。有时,为了防水、防冻或防止不均匀沉降等情况,需要在基层(底基层)面设置垫层。

一、基层(底基层)施工

(一)无机结合料稳定类基层(底基层)

(1)无结合料稳定类基层即半刚性基层(底基层),应具有足够的强度和稳定性,较小的收缩(温缩及干缩)变形和较强的抗冲刷能力,重冰冻区应检验其抗冰冻性。无机结合料稳定类主要可分为:石灰稳定类、水泥稳定类和石灰工业废渣稳定集料类等。无机结合料稳定基层(底基层)施工包括拌和、运输、摊铺、碾压等工艺,又分为厂拌法和路拌法。下面主要介绍常见的厂拌法施工有关规限压宽大于12m时,作业段宜相应缩短。

(2)对水泥稳定材料或水泥粉煤灰稳定材料,宜在2h之内完成碾压成型,应取混合料的初凝时间与容许延迟时间较短的时间作为施工控制时间(容许延迟时间是指在满足强度标准的前提下,水泥稳定材料拌和后至碾压成型之前所容许的最大时间间隔)。

(3)石灰稳定材料或石灰粉煤灰稳定材料层宜在当天碾压完成,最长不应超过4d。

(4)高速公路和一级公路用石灰应小低于Ⅱ级技术要求,一级公路用白灰应小低于Ⅲ级技术要求,二级以下公路宜不低于Ⅲ级技术要求。

(5)无机结合料稳定材料在过分潮湿路段上施工时应采取措施,降低潮湿程度、消除积水;宜避免在雨期施工,且不应在雨天施工。

(6)宜在气温较高的季节组织施工。无机结合料稳定材料施工期的日最低气温应在5℃以上,在有冰冻的地区,应在第一次重冰冻到来的15~30d,甚至更早完成施工。

(7)拌和厂场地应平整并具有足够的承载能力。高速公路和一级公路的拌和厂,场地应采用混凝土硬化,混凝土强度等级应不低于C15,厚度应不小于200mm。

(8)对高速公路和一级公路,应采用专用稳定材料拌和设备拌制混合料。稳定细粒材料集中拌和时,土块应粉碎,最大尺寸应不大于15mm。

(9)拌和高速公路基层的混合料时,宜采用两次拌和的生产工艺,也可采用间歇式拌和生产工艺,拌和时间应不少于15s。

(10)天气炎热或运距较远时,无机结合料稳定材料拌和时宜适当增加含水率。对稳定中、粗粒材料,混合料的含水率可高于最佳含水率0.5~1个百分点;对稳定细粒材料,含水率可高于最佳含水率1~2个百分点。

(11)对高速公路和一级公路,应从拌和厂取料,每隔2h测定一次含水率,每隔4h测定一次结合料的剂量,并做好记录。

(12)对高速公路和一级公路,水泥稳定材料从装车到运输至现场,时间宜不超过1h,超过2h时应作为废料处置。

(13)混合料摊铺应保证足够的厚度,碾压成型后每层的摊铺厚度宜不小于160mm,最大厚度宜不大于200mm。

(14)具有足够的摊铺能力和压实功率时,可增加摊铺碾压厚度,具体的摊铺厚度应根据试验结果确定。摊铺厚度增加后,应相应增加拌和能力。

(15)采用两台摊铺机并排摊铺时,两台摊铺机的型号及磨损程度宜相同。在施工期间,两台摊铺机的前后间距宜不大于10m,且两个施工段面纵向应有300~400mm的重叠。

(16)对无法使用机械摊铺的超宽路段,应采用人工同步摊铺、修整,并同时碾压成型。

(17)应根据施工情况配备足够的碾压设备,并应符合下列规定:

①双向四车道高速公路或一级公路的半幅摊铺时,应配备不少于4台重型压路机。

②双向六车道的半幅摊铺时,应配备不少于5台重型压路机。

(18)采用钢轮压路机初压时,宜采用双钢轮压路机稳压2~3遍,再用激振力大于35t的重型振动压路机、18～21t 三轮压路机或 25t 以上的轮胎压路机继续碾压密实，最后采用双钢轮压路机碾压，消除轮迹。

(19)采用胶轮压路机初压时，应采用 25t 以上的重胶轮压路机稳压 1～2 遍，错轮不超过 1/3 的轮迹带宽度，再采用重型振动压路机碾压密实，最后采用双钢轮压路机碾压，消除轮迹。

(20)混合料摊铺时，应保持连续。对水泥稳定材料，因故中断时间大于 2h 时，应设置横向接缝，并应符合有关规定。

(二)粒料基层(底基层)

粒料基层的类型按强度构成原理可分为嵌锁型与级配型。嵌锁型基层包括泥结碎石、泥灰结碎石、填隙碎石等；级配型基层包括级配碎石、级配砾石、符合级配的天然砂砾、部分砾石经轧制掺配而成的级配砾、碎石等。

1. 填隙碎石

(1)填隙碎石的施工工艺：准备下承层→施工放样→备料→摊铺粗骨料→初压撒布石屑→振动压实→第二次撒布石屑→振动压实→局部补撒石屑并扫匀→振动压实填满空隙，然后干法施工→洒少量水→终压或湿法施工→洒水饱和→碾压滚浆→终压。

(2)施工方法：

①干法施工：初压后再撒铺填隙料，然后碾压，用振动压路机慢速碾压，将全部填隙料振入粗碎石间的孔隙中。再次撒布填隙料，再次碾压，用振动压路机按前述进行碾压，再次碾压后，表面必须能看得见粗碎石。如填隙碎石层上为薄沥青面层，应使粗碎石的棱角外露 3～5mm。当需分层铺筑时，应将已压成的填隙碎石层表面粗碎石外露 5～10mm，然后再上摊铺第二层粗碎石。填隙碎石表面孔隙全部填满后，用 12～15t 三轮压路机再碾压 1～2 遍。在碾压过程中，不应有任何蠕动现象。在碾压之前，宜在表面先洒少量水。

②湿法施工：湿法施工的开始工序与干施工法要求相同。粗石层表面孔隙全部填满后，立即用洒水车洒水，直到饱和，但应注意避免多余水浸泡下承层。用 12～15t 三轮压路机跟在洒水车后进行碾压。在碾压过程中，将湿填隙料继续扫入所出现的空隙中。碾压完成的路段应让水分蒸发一段时间。当需要分层铺筑时，应待结构层变干后，将已压成的填隙碎石层表面的填隙料扫除一些，使表面粗碎石外露 5～10mm，然后在上面摊铺第二层粗碎石。

2. 级配碎石

(1)路拌法施工：级配碎石路拌法施工的施工工艺为：准备下承层→施工放样→运输和摊铺未筛分碎石→洒水使碎石湿润→运输和撒布石屑→拌和并补充洒水→整形→碾压。其中，未筛分碎石和石屑可在碎石场加水湿拌，之后运到现场摊铺、补充拌和和洒水、整形、碾压。

(2)厂拌法施工：级配碎石混合料可以在中心站用多种机械进行集中拌和。拌和设备同无机结合料稳定粒料类似。宜采用不同粒级的单一尺寸碎石和石屑，按预定配合比在拌和机内拌制成级配碎石混合料；当采用未筛分碎石和石屑拌和时，若其颗粒组成发生明显变化，应注意及时调整，以使混合料的颗粒组成和含水率达到规定的要求。

厂拌混合料宜采用沥青混凝土摊铺机、水泥混凝土摊铺机或稳定土摊铺机摊铺，并应设专人跟随机后，注意消除粗细骨料离析现象；一般公路施工无摊铺机时，也可以用自动平地机摊铺混合料。摊铺后的整形及碾压与路拌法施工相同。

3. 沥青稳定类基层(底基层)

沥青稳定类基层又称柔性基层，包括热拌沥青碎石、贯入式沥青碎石、乳化沥青碎石混合料基层等。

施工前应做好各项准备工作,并进行热拌沥青碎石的配合比设计,即包括目标配合比设计阶段、生产配合比设计阶段、生产配合比验证阶段。配合比设计应采用马歇尔试验设计方法。下面主要介绍热拌沥青碎石施工的有关规定。

(1)沥青混合料必须在沥青拌和场拌制,可采用间歇式拌和机或连续式拌和机拌制。

(2)热拌沥青混合料应采用较大吨位的自卸汽车运输,车厢应清扫干净。为防止与车厢板粘结,车厢侧板和底板可涂一薄层油水(柴油与水的比例可为1:3)混合料,但不得有余液积聚在车厢底部。

(3)运料车应用篷布覆盖,用以保温、防雨、防污染。

(4)铺筑沥青混合料,应检查下层的质量,当下层质量不符合要求或未按规定洒布透层、粘层、铺筑下封层时,不得铺筑沥青面层。

(5)沥青混合料的摊铺温度应符合规范要求,并应根据沥青标号、黏度、气温、摊铺层厚度选用。

(6)当高速公路和一级公路施工气温低于10℃、其他等级公路施工气温低于5℃时,不宜摊铺热拌沥青混合料。

(7)沥青混合料的松铺系数:机械摊铺为1.15~1.30,人工摊铺为1.20~1.45,厚度不得大于10cm。

(8)应选择合理的压路机组合方式及碾压步骤以达到最佳压实结果。宜采用钢筒式静态压路机与轮胎压路机或振动压路机组合的方式压实,压路机数量应根据生产率决定。

(9)沥青混合料的压实应按初压、复压、终压(包括成型)3个阶段进行。压路机应以慢而均匀的速度碾压,碾压速度应符合规定。

(10)初压应在混合料摊铺后较高温度下进行,应采用轻型钢筒式压路机或关闭振动装置的振动压路机碾压2遍。压路机应从外侧向中心碾压。相邻碾压带应重叠1/3~1/2轮宽,最后碾压路中心部分,压完全幅为1遍。

(11)复压应紧接在初压后进行,复压宜采用重型的轮胎压路机,也可采用振动压路机或钢筒式压路机。碾压遍数应经试压确定,宜为4~6遍,要达到要求的压实度,确保无显著轮迹。

(12)终压应紧接在复压后进行。终压可选用双轮钢筒式压路机或关闭振动压路机碾压,不宜少于2遍,确保无轮迹。路面压实成型的终了温度应符合规范要求。

(13)在施工缝及构造物两端的连接处必须仔细操作,保证紧密、平顺。纵向接缝部分的施工,摊铺时采用梯队作业的纵缝应采用热接缝。施工时应将已铺混合料部分留下10~20cm宽暂不碾压,作为后摊铺部分的高程基准面,最后做跨缝碾压以消除缝迹。

(14)半幅施工不能采用热接缝时,宜加设挡板或采用切刀切齐。铺另半幅前必须将缝边缘清扫干净,并涂洒少量粘层沥青。摊铺时应重叠在已铺层上5~10cm,摊铺后人工将摊铺在前半幅上面的混合料铲走。碾压时先在已压实路面上行走,碾压新铺层10~15cm,然后压实新铺部分,再伸过已压实路面10~15cm,充分将接缝压实紧密。

二、沥青路面面层施工

热拌沥青混合料是人工组配的矿质混合料与粘稠沥青在专门设备中加热拌和而成,用保温运输工具运送至施工现场，并在热态下进行摊铺和压实的混合料。热拌沥青混合料（HMA）适用于各种等级公路的沥青面层。热拌沥青混合料面层施工工艺如图4－2－1所示。

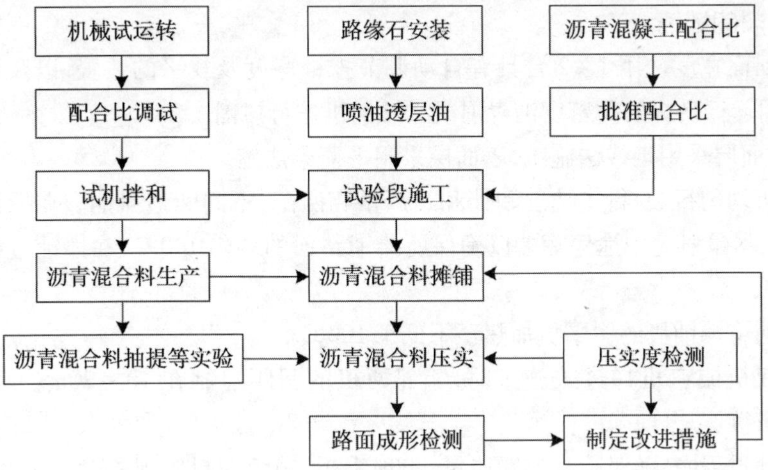

图4－2－1　热拌沥青混合料路面施工工艺流程

（一）施工准备

（1）选购经调查试验合格的材料进行备料，矿料应分类堆放，矿粉必须是石灰岩磨细而成且不得受潮，必要时做好矿料堆放场地的硬化处理和场地四周排水及搭设矿粉库房或储存罐。

（2）做好配合比设计并报送监理工程师审批，对各种原材料进行符合性检验。

（3）在验收合格的基层上恢复中线（底面层施工时），在边线外侧0.3～0.5m处每隔5～10m钉边桩进行水平测量，拉好基准线，画好边线。

（4）对下承层进行清扫，底面层施工前2d在基层上洒透层油。在中底面层上喷洒粘层油。

（5）试验段开工前28d安装好试验仪器和设备，配备好后试验人员，报请监理工程师审核。各层开工前14d在监理工程师批准的现场备齐全部机械设备，进行试验段铺筑，以确定松铺系数、施工工艺、机械配备、人员组织、压实遍数，并检查压实度，沥青含量，矿料级配，沥青混合料马歇尔各项技术指标等。

（二）沥青混合料的拌制

（1）各种集料分类堆放，每个料源均进行试验，按要求的配合比进行配料。

（2）设置间歇式具有密封性能及除尘的设备，并有检测拌和温度装置的沥青混凝土拌和站。

（3）拌和站设实验室，对沥青混凝土的原材料和沥青混合料及时进行检测。

（4）热拌沥青混合料的施工温度与石油沥青的标号有关。沥青的加热温度控制在规范规定的范围之内，即145～170℃。集料的加热温度视拌和机类型决定，间歇式拌和机集料的加热温度比沥青温度高10～30℃，连续式拌和机集料的加热温度比沥青温度高5～10℃；混合料的出料温度控制在135～170℃。混合料出料温度过高时即废弃。混合料运至施工现场的温度控制在135～150℃。

（5）出厂的混合料须均匀一致，无白花料，无粗细料离析和结块现象，不符合时要废弃。

（三）混合料的运输

（1）根据拌和站的产量、运距合理安排运输车辆。

(2)运输车的车厢内保持干净,涂防粘薄膜剂。运输车配备覆盖篷布以防雨和热量损失。

(3)已离析、硬化在运输车厢内的混合料,低于规定铺筑温度或被雨淋的混合料予以废弃。

(四)混合料的摊铺

(1)根据路面宽度选用1~2台具有自动调节摊铺厚度及找平的装置,以及可加热的振动熨平板,并选用运行良好的高密度沥青混凝土摊铺机进行摊铺。

(2)下、中面层采用走线法施工,表面层采用平衡梁法施工。

(3)摊铺机均匀行驶,行走速度和拌和站产量相匹配,不间断地摊铺。在摊铺过程中不准随意变换速度,尽量避免中途停额。以确保所摊铺路面的均匀140℃,在摊铺过程中随时检查并做好记录。

(4)开铺前将摊铺机的熨平板加热至不低于100℃。

(5)采用双机或三机梯进式施工时,相邻两机的间距控制在10~20m。两幅应有30~60mm宽度的搭接。

(6)在摊铺过程中,随时检查摊铺质量,出现离析、边角缺料等现象时人工及时补洒料,换补料。

(7)在摊铺过程中随时检查高程及摊铺厚度,并及时通知操作手。

(8)摊铺机无法作业的地方,在监理工程师同意后采取人工摊铺施工。

(五)混合料的压实

(1)压路机采用2~3台双轮双振压路机及2~3台重量不小于16t胶轮压路机组成。

(2)初压时采用钢轮压路机静压1~2遍,正常施工情况下,温度应不低于110℃并紧跟摊铺机进行,当对摊铺后初始压实度较大,经实践证明采用振动压路机或轮胎压路机直接碾压无严重推移而有良好效果时,可免去初压。复压应紧跟在初压后开始,不得随意停顿。密级配沥青混凝土优先采用胶轮压路机进行搓揉碾压,以增加密封性,碾压温度应不低于65℃,总重量不宜小于25t。边角部分压路机碾压不到的位置,使用小型振动压路机碾压。

(3)采用雾状喷水法,以保证沥青混合料碾压过程中不粘轮。

(4)不在新铺筑的路面上进行停机加水、加油活动,以防各种油料、杂质污染路面。压路机不准停留在温度尚未冷却至自然气温以下已完成的路面上。

(5)碾压进行中,压路机不得中途停留、转向或制动,压路机每次由两端折回的位置阶梯形随摊铺机向前推进,使折回处不在同一横断面上。振动压路机在已成型的路面上行驶时应关闭振动。

(六)接缝处理

(1)梯队作业采用热接缝,施工时将已铺混合料部分留下200~300mm宽暂不碾压,作为后摊铺部分的高程基准面,后摊铺部分完成立即骑缝碾压,以除缝迹。

(2)半幅施工不能采用热接缝时,采用人工顺直刨缝或切缝。铺另半幅前必须将边缘清扫干净,并涂洒少量粘层沥青。摊铺时应重叠在已铺层上50~100mm,摊铺后将混合料人工铲走。碾压时由边向中碾压留下100~150mm,然后压实新铺部分,再跨缝挤紧压实。

(3)横接缝的处理方法:用3m直尺检查端部平整度,不符合要求时,垂直于路中线切齐清除。清理干净后在端部涂粘层沥青接着摊铺。摊铺时调整好预留高度,接缝处摊铺层施工结束后用3m直尺检查平整度，若有问题应立即人工处理。横向接缝的碾压顺序是先用双轮双振压路机进行横压，碾压时压路机位于已压实的混合料层上（伸入新铺层的宽为150mm），然后每压一遍向铺混合料方向移动150～200mm，直至全部在新铺层上为止，再改为纵向碾压。

（4）纵向冷接缝上、下层的缝错开15cm以上，横向接缝错开1m以上。

（七）检查试验

（1）按施工技术规范要求的频率认真做好各种原材料、施工温度、矿料级配、马歇尔试验、压实度等试验工作。

（2）在施工过程中随时检查铺筑厚度、平整度、宽度、横坡度、高程。

（3）所有检验结果资料报监理工程师审批和申报计量支付。

三、水泥混凝土路面施工

水泥混凝土路面包括普通混凝土（素混凝土）、钢筋混凝土、连续配筋混凝土、预应力混凝土、装配式混凝土、钢纤维混凝土和混凝土小块铺砌等面层板和基（垫）层所组成的路面。目前采用最广泛的是就地浇筑的普通混凝土路面，简称混凝土路面。

水泥混凝土面层铺筑方法主要有小型机具铺筑、滑模摊铺机铺筑、三辊轴机组铺筑、碾压混凝土等。

水泥混凝土路面的施工工艺流程：模板的架设与拆除→拌和→运输→铺筑→整平饰面→接缝施工→抗滑构造施工→混凝土路面养护→灌缝。

四、透层、黏层、封层施工

（一）透层

透层是指为使沥青面层与基层结合良好，在基层上浇洒乳化沥青、煤沥青或液体沥青而形成的透入基层表面的薄层。

透层的施工要求如下：

（1）透层沥青宜采用慢裂的洒布型乳化沥青，也可采用经稀释的中、慢凝液体石油沥青、煤沥青，稠度宜通过透入深度及试洒确定，一般要求透入深度0.5～1cm。透层油的用量通过试洒确定，且不宜超出规定范围。

（2）透层沥青宜紧接在基层碾压成型后表面稍干但尚未硬化的情况下喷洒。

（3）应采用沥青洒布车，在铺筑沥青层前1～2d，一次均匀洒布透层。

（4）浇洒透层沥青时，对路缘石及人工构造物应适当防护，以防污染。透层沥青洒布后应不致流淌，渗透入基层一定深度，不得在表面形成油膜，铺筑面层前，应清除多余的透层沥青堆积层。

（5）在无机结合料稳定半刚性基层上浇洒透层沥青后，宜立即撒布用量为$2\sim3m^3/1000m^2$的石屑或粗砂。半刚性基层表面宜喷洒透层油，在透层油渗透入基层后，方可开展下道工序。

（6）透层沥青洒布后应尽早铺筑面层。当采用乳化沥青作透层时，洒布后应待其充分渗透，水分蒸发后，方可铺筑沥青面层，时间不宜少于24h。

（7）透层油的用量通过试洒确定，不宜超出表4－2－1要求的范围。

表 4-2-1 沥青路面透层材料的规格和用量表

用途	液体沥青		乳化沥青		煤沥青	
	规格	用量/($L \cdot m^{-2}$)	规格	用量/($L \cdot m^{-2}$)	规格	用量/($L \cdot m^{-2}$)
无结合料粒料基层	AL(M)-1.2 或 3 AL(S)-1.2 或 3	1.0~2.3	PC-2 PA-2	1.0~2.0	T-1 T-2	1.0~1.5
半刚性基层	AL(M)-1 或 2 AL(S)-1 或 2	0.6~1.5	PC-2 PA-2	0.7~1.5	T-1 T-2	0.7~1.0

注:表中用量是指包括稀释剂和水分等在内的液体沥青、乳化沥青的总量。乳化沥青中的残留物含量以 50% 为基准。

(二)黏层

黏层的施工要求如下:

(1)宜采用快裂或中裂乳化沥青、改性乳化沥青,也可采用快中凝液体石油沥青,规格和用量应符合规定要求,所使用的基层基质沥青等级宜与主层沥青混合料相同。黏层油的品种合规,应根据下卧层的类型通过试洒确定。

(2)喷洒表面清扫干净,并保持干燥。当气温低于 10℃或路面潮湿时禁止喷洒。

(3)应采用沥青洒布车均匀洒布,喷洒的黏层油必须成均匀雾状,在路面全宽度内均匀分布成一薄层。

(4)黏层宜在当天洒布完成,等乳化沥青破乳、水分蒸发完后,才能铺筑上层沥青混凝土。喷洒后,严禁车辆行人通过。

(三)封层

按施工类型来分,可采用拌和法或层铺法的单层式表面处治,也可以采用乳化沥青稀浆封层。封层可分为上封层和下封层。

封层的施工要求如下:

(1)施工前应先清除原地面、修补坑槽、整平路面,较宽的裂缝应清理灌缝。

(2)使用层铺法沥青表面处治铺筑封层时,施工方法按层铺法表面处治工艺施工。其材料用量要求应符合有关规定。

(3)封层宜选在干燥或较热的季节施工,施工气温不得低于 10℃,严禁在雨天施工,应在最高温度低于 15℃到来前的半个月及雨期前结束。

(4)应按有关规定使用乳化沥青稀浆封层施工。

(5)稀浆封层铺筑后,必须待乳液破乳、水分蒸发、干燥成型后方可开放交通。

五、中央分隔带施工

(一)开挖

路面基层施工结束后,即可进行中央分隔带的开挖,先挖集水槽,后挖纵向盲沟,一般采用人工开挖的方式,开挖的土料不得堆置在已铺好的基层上。沟槽的断面尺寸、结构层端部边坡、沟底纵坡均应符合设计要求,沟底须平整、密实,不得有杂物。

(二)防水层施工

沟槽开挖结束并经验收后,即进行防水层施工,可喷涂双层防渗沥青。防渗层沥青要涂布均匀，厚薄一致，无漏涂现象，涂布范围应是中央分隔带范围内的路基及路面结构层。防水层也可铺设PVC防水板等，PVC防水板铺设时两端应拉紧，不应有褶皱，PVC板材纵横向应搭接，铺完后用铁钉固定。

（三）纵向碎石盲沟铺设

碎石盲沟要填筑充实、表面平整；反滤层可用筛选过的中砂、粗砂、砾石等渗水性材料分层填筑，目前高等级公路多采用土工布作为反滤层；碎石盲沟上铺设土工布，使其与回填土隔离，这种方法与砂石料作反滤层相比，施工方便，有利于排水并可保持盲沟长期利用。

（四）横向塑料排水管埋设

路基施工完毕后即可进行横向塑料排水管的施工。按要求定出埋设位置后开挖沟槽，沟槽应保持直线并垂直于道路中心线；铺设垫层，厚度应均匀一致并保证垫层顶面具有规定的横坡；按要求埋设塑料排水管，验收合格后回填沟槽。

（五）路缘石安装

路缘石应在路面铺设之前完成，预制缘石应铺设在厚度不小于2cm的砂垫层上，砌筑砂浆的水泥与砂的体积比应为1:2。施工技术要求如下：安砌稳固、顶面平整、缝宽均匀、勾缝密实、线条直顺、曲线圆滑美观，槽底基础和后背填料必须夯打密实。

六、沥青路面无人化集群施工

（一）施工工艺介绍

1. 主要做法

（1）材料及设备：无人摊铺机、无人双钢轮压路机、无人单钢轮压路机、无人胶轮压路机。

（2）工艺流程：施工准备→混合料生产→混合料运输→混合料摊铺→混合料碾压→系统数据采集。

沥青路面摊铺碾压：无人驾驶摊铺机摊铺→双钢轮初压→胶轮复压→双钢轮人工收光终压。

2. 主要特点

智能化压实系统：自动生成最优的集群碾压轨迹，实现自主规划作业及自适应恒速行驶；智能测温测厚技术。

3. 主要控制要点

（1）采用一台无人摊铺机单幅一次性摊铺，连续稳定不间断作业。摊铺速度2m/min，夯锤振级550r/min，采用红外线自动找平。

（2）根据路面宽度设定压路机数量、碾压遍数、区域宽度、轮宽、重叠度、振动参数生成碾压策略，自动生成最优的集群碾压轨迹。

（3）数据实时传送至服务平台，可实时监控、数据回放、远程控制、压实管理、统计报表，做到全过程施工控制。

（二）适用范围

主要适用于沥青路面摊铺，施工现场图如图4－2－2所示。

图 4 -2 -2　施工现场图

(三)实施成效

1. 采用智能压实系统

该系统可根据施工要求分别设置压路机数量、碾压遍数、区域宽度、轮宽、重叠度、振动参数及 4 种作业模式(循环碾压、分区碾压、梯队紧跟碾压、同进同退碾压),自动生成最优的集群碾压轨迹,实现自主规划作业及自适应恒速行驶,不漏压。

2. 采用智能测温测厚技术

应用先进技术对摊铺路面的松铺厚度、温度实时连续跟踪检测,具备图形化分色直观显示和在线厚度、温度预警功能,最关键的是能做到施工过程控制可视化,相比于人工检测,能大幅提高控制精度和效率,提升施工质量。压路机无人驾驶系统和测厚雷达及控制显示终端如图 4 -2 -3、图 4 -2 -4 所示。

图 4 -2 -3　压路机无人驾驶系统

图 4 -2 -4　测厚雷达及控制显示终端

3. 质量方面

无人化路面施工集群满足复杂工况下的快速施工要求，压实后的路面压实度、平整度等数据符合施工规范要求。压实过程数据、摊铺轨迹数据实时采集并可追溯，无漏压及欠压的情况，保障了施工质量全过程管控需要。

4. 安全方面

无人化道路施工集群有雷达避障、后台制动控制、车身急停按钮、远程遥控制动等多重安全措施，可有效保障现场施工安全，最大限度避免施工事故发生。

5. 效率方面

无人化道路施工集群施工模式提高了现场施工效率，能保证施工进度。无人机群碾压速度可以根据摊铺速度动态调节。整体施工速度与传统施工相比，更快，效率更高。

6. 效益方面

无人化集群施工可实现昼夜24h不间断作业，最大程度保证施工工期可控。由于设备无需驾驶员操作，比传统施工方式人员减少2/3，一定程度上减少了劳动力，这样就可以合理安排人员实现两班倒。

第三节　桥涵工程的施工工艺与方法

一、桥梁基础工程施工

（一）明挖扩大基础施工

1. 基坑

当基坑深度较小且坑壁土层稳定时，可直接放坡开挖；坑壁土层不易稳定且有地下水影响，放坡开挖场地受到限制或放坡开挖工程量大时，应按设计要求对坑壁进行支护，设计未要求时，应结合实际情况选择适宜的坑壁支护方案。

基坑顶面应设置防止地面水流入基坑的设施，基顶有动荷载时，其边缘与动荷载之间应留有不小于1m宽的护道。

基坑较浅且渗水量不大时，可采用竹排、木板、混凝土或钢板等对坑壁进行支护；基坑深度≤4m且渗水量不大时，可采用槽钢、H型钢或工字钢进行支护；基坑深度>4m时，宜采用锁口钢板或锁口钢管桩围堰进行支护。需对支护结构应进行设计计算，当支护结构受力过大时，应加设临时支撑。

基坑坑壁采用喷射混凝土、锚杆喷射混凝土、预应力锚索和土钉支护等方式进行加固，施工前需进行抗拉拔力的验证，沥青混凝土孔深≤3m时，宜先注浆后插入锚杆工艺，孔深>3m时，宜先插入锚杆后注浆。注浆应采用孔底注浆法，注浆孔应插入距孔底50～100mm处，并随浆液的注入逐渐拔出，注浆的压力不得小于0.2MPa。

不论采用何种加固方式，均应按设计要求逐层开挖、逐层加固，坑壁或边坡上有明显出水点时，应设置导管排水。

2. 挖基和排水

挖基施工宜安排在枯水或少雨时节进行。在开挖过程中进行排水时应不对基坑的安全产生影响,排水困难时,宜采用水下挖基方法。采用机械开挖时应避免超挖,宜在挖至基底前预留一定厚度,再由人工开挖至设计高程,如超挖,则应将松动部分清除,并应对基底进行处理。基坑开挖后,不得长时间暴露、被水浸泡或被扰动。

3. 扩大基础

扩大基础的基底为非黏性土或干土时,施工前应润湿,并浇筑混凝土垫层。基底为岩石时,应用水冲洗干净,且铺一层不低于基础混凝土强度的水泥砂浆。

(二)桩基础施工

1. 钻孔灌注桩施工

钻孔灌注桩施工的主要工序:埋设护筒、制备泥浆、钻孔、清孔、钢筋笼制作与吊装、灌注水下混凝土等。

(1)埋设护筒:护筒能稳定孔壁、防止坍孔,还有隔离地表水、保护孔口地面、固定桩孔位置和起到钻头导向作用等。护筒要求坚固耐用,每节长度为2~3m。一般常用钢护筒,在陆上与深水中均能使用,钻孔完成,可取出重复使用。在深水中埋设护筒时,先打入导向架,再锤击或振动加压沉入护筒。护筒平面位置的偏差不得大于5cm,倾斜度不得大于1%。

(2)泥浆制备:钻孔泥浆由水、黏土(膨润土)和添加剂组成,具有浮悬钻渣、冷却钻头、润滑钻具,增大静水压力,并在孔壁形成泥皮,隔断孔内外渗流,防止坍孔的作用。泥浆的配合比和配制方法宜通过试验确定,其性能应与钻孔方法、土层情况相适应。

(3)钻孔:一般采用螺旋钻头或冲击锥等成孔,或用旋转机具辅以高压水冲成孔。根据井孔中土(钻渣)的取出方法不同,常用的方法有螺旋钻孔、正循环回转钻孔、反循环回转钻孔、潜水钻机钻孔、冲抓钻孔、冲击钻孔、旋挖钻机钻孔。

(4)成孔检查与清孔:钻孔的直径、深度和孔形直接关系到成桩质量,是钻孔桩成败的关键。为此,除了钻孔过程中严谨操作、密切观测监督外,在钻孔达到设计要求深度后,应采用适当器具对孔深、孔径和孔的倾斜度进行检验,符合规范要求后,方可清孔。

(5)钢筋笼制作与吊装:钢筋笼的制作应符合设计和规范要求,长桩骨架宜分段制作,分段长度应根据吊装条件确定;后场制作时应在固定台架上进行,以保证钢筋笼的顺直;注意在钢筋笼外侧设置控制保护层厚度的垫块;钢筋笼起吊入孔一般用吊机,无吊机时,可采用钻机钻架、灌注塔架。

(6)灌注水下混凝土:水下混凝土配制,粗集料宜选用卵石,混凝土可经试验掺入适量缓凝剂,混凝土拌和物应具有良好的和易性。当桩径 $D<1.5m$ 时,其坍落度宜为180~220mm;桩径 $D \geq 1.5m$,坍落度宜为160~200mm。水下混凝土的灌注时间不得超过首批混凝土的初凝时间,首批灌注混凝土的数量应能满足导管首次埋置深度1.0m以上的需要,其中导管底至桩底距离一般为0.3~0.4m。首批混凝土入孔后,应连续灌注,不得中断。在灌注中,应保持孔内的水头高度,导管的埋置深度宜控制在2~6m,并应随时测探孔内混凝土面的位置,及时调整导管埋深。

2. 挖孔灌注桩

挖孔施工应根据地质和水文地质情况,因地制宜选择孔壁支护方案报批,并应经过计算,确保施工安全并满足设计要求。孔口处应设置高出地面至少300mm的护圈,并应设置临时排水沟,防止地表水流入孔内。若孔内有积水且无法排净,宜按水下混凝土灌注要求施工。

3．沉桩基础

沉桩所用的基桩主要为预制的钢筋混凝土桩和预应力混凝土桩。沉桩的施工方法主要有锤击沉桩、振动沉桩和射水沉桩等。

(三)沉井施工

沉井是井筒状的结构物,它是以井内挖土,依靠自身重力克服井壁摩阻力后下沉到设计标高,然后经过混凝土封底并填塞井孔,使其成为桥梁墩台或其他结构物的基础。沉井的制作、就位、下沉、基底处理、封底井孔填充、顶板浇筑等,应符合现行《公路桥涵施工技术规范》的规定。

二、桥梁下部结构施工

(一)桥梁承台施工

承台指的是为承受、分布由墩身传递的荷载,在桩基顶部设置的联结各桩顶的钢筋混凝土平台。承台施工前,应进行桩基等隐蔽工程的质量验收,桩顶混凝土面应按水平施工缝要求凿毛,桩头预留钢筋上的泥土及鳞锈等应清理干净。承台基地为软弱土层时,应按设计要求采取措施,避免在浇筑承台混凝土过程中产生不均匀沉降。

承台的施工工艺流程:测量放线→基础开挖→验线和验桩→钢筋绑扎→模板拼装→交接验收→混凝土浇筑养护→刷防腐涂料。

(二)桥梁墩台施工

(1)模板组装前,应在基础顶面放出墩台中线及实样。

(2)钢筋施工除应符合规范相关规定外,尚应符合下列规定:

①对高度大于30m的桥墩,在钢筋安装时宜设置劲性骨架。

②钢筋施工时,其分节高度不宜大于9m,以确保施工安全。

③下一节段钢筋绑扎时,上一节段混凝土强度应达到2.5MPa以上。

(3)模板制作安装与脚手架施工除应符合规范相关规定外,尚应符合下列规定:

①高墩施工宜采用翻转模板、爬升模板或滑升模板。

②模板采用分段整体吊装时,应连接牢固,保证其整体性,可视吊装能力确定分段尺寸。

③高墩施工时,首节模板安装平面位置和竖直度应严格控制,模板安装过程中必须采取可靠的调整措施,以保证高墩的垂直度满足规范的要求。

④钢筋与模板之间用以保持间距的垫块,厚度不允许有负偏差,正偏差不得大于5mm。

⑤模板在安装过程中,应有防倾覆的措施,对高墩及风力较大地区的墩身模板,应考虑其抗风稳定性。

⑥墩台身施工时应搭设脚手架工作平台,上铺木板,下挂安全网,周围设扶手栏杆。

(4)混凝土浇筑时,串筒、溜槽等的布置应方便摊铺和振捣需要,并应明确划分工作区域。在每级混凝土浇筑前,应将已浇混凝土表面进行凿毛处理,并将其表面的松散层、石屑等清扫干净,再修整连接钢筋。

(5)墩台顶表面收浆后,应及时养护,养护须采用淡水。用塑料薄膜养护时模板拆除后应先将混凝土表面用清水浇湿,再用薄膜将该节墩台身包裹严密,养护时间不得少于7d。

(6)混凝土应分层、整体、连续浇筑,逐层振捣密实,轻型墩台需设置沉降缝时,缝内要填塞沥青麻絮或其他弹性防水材料,并和基础沉降缝保持顺直贯通。

(三)墩台帽和盖梁

对墩台帽、盖梁施工所用的托架、支架或抱箍等临时结构,都应进行受力分析计算与验算。支架宜直接支承在承台顶部,当必须支承在承台以外的软弱地基上时,应对地基进行加固处理,并应对支架进行预压。

在墩台帽、盖梁与墩身连接处,模板与墩台身应密贴,不得出现漏浆现象。应保证钢筋保护层厚度和支座垫石的预埋钢筋等位置准确。施工过程中,应采取措施防止对墩、台身成品造成损伤和污染。

三、桥梁上部结构施工

桥梁上部结构的形式是多种多样的,其施工方法的种类也较多,但除一些比较特殊的施工方法之外,大致可分为预制安装法和现浇法两大类。

(一)预制安装法

预制安装法可分为预制梁安装、预制节段式块件拼装和整跨箱梁预制吊装 3 种类型。预制梁安装主要指装配式的简支梁板,如空心板、T 形梁、I 形梁及小跨径箱梁等的安装,然后进行横向联结或施工桥面板而使之成为桥梁整体。预制节段式块件拼装则将梁体(一般为箱梁)沿桥轴向分段预制成节段式块件,运到现场进行拼装。整跨箱梁预制吊装是通过在现场设置临时预制场将箱梁集中预制,大规模生产,然后利用大吨位运架机械逐跨架设。

预制安装法有悬臂拼装法、自行式吊装设备吊装法、跨墩龙门安装法、浮吊架设法架桥机安装法、逐孔拼装法、扒杆吊装法、浮运整孔架设法、缆索吊装法、提升法等。

预制混凝土包括预应力混凝土和非预应力混凝土。预应力混凝土有先张法和后张法两种施工工艺。

1. 先张法预制梁板工序

(1)按预制需要,整平场地,完善排水系统,统筹规划混凝土的供应及水电管路的布设安装。

(2)根据梁的尺寸、数量、工期确定预制台座的长度、数量、尺寸,台座应坚固、平整、不沉陷,表面压光。

(3)承力台座由混凝土筑成,应有足够的强度、刚度和稳定性,钢横梁受力后,挠度不能大于 2mm。

(4)多根钢筋同时张拉时,其初应力要保持一致,活动横梁始终和固定横梁保持平行。

(5)墩式承力台座应进行专门设计,并应具有足够的强度、刚度和稳定性,其抗倾覆安全系数应不小于 1.5,抗滑移系数应不小于 1.3。

(6)将预应力筋(钢绞线)按计算长度切割,在失效段套上塑料管,放在台座上,先两端穿过定位钢板,卡上锚具,用液压千斤顶单束张拉,先张拉中间束,再向两边对称张拉。

(7)使用龙门吊机将涂以隔离剂的钢模板吊装就位,分节拼装紧固,用螺栓支撑,力求接缝紧密,防止漏浆、移位。

(8)用龙门吊机吊运混凝土,先浇底板并振实,振捣时注意不得触及钢绞线,当底板浇至设计标高时,将经检查合格的充气胶囊安装就位,用定位箍筋与外模连系,上下左右加以固定,防止上浮，同时绑扎面板钢筋，然后对称、均匀地浇胶囊两侧混凝土，从混凝土开始浇筑到胶囊放气时为止，其充气压力要始终保持稳定，最后浇筑面板混凝土，振平后，表面做拉毛处理。

(9)适时安排混凝土养护。

(10)混凝土浇完6~8h，将胶囊放气抽走，洗净灰浆以备再用。

(11)混凝土达到规定强度时开始放张，放张时宜对称、同步。可采用砂箱法或千斤顶法，速度要均匀一致，分数次完成。

(12)梁(板)松张后，用龙门吊机吊运出槽，按规定堆放。

2. 后张法预制梁板工序

(1)按施工需要规划预制场地，预制场地应整平压实，低洼不平处及软弱土质要处理改善，完善排水系统，确保场内不积水。

(2)根据预制梁的尺寸、数量、工期，确定预制台座的数量、尺寸，台座用表面压光的梁(板)筑成，应坚固不沉陷，确保底模沉降不大于2mm，台座上铺钢板底模或用角钢镶边代作底模。当预制梁跨大于20m时，要按规定设置反拱。

(3)根据施工需要及设备条件，可选用跨梁龙门吊作吊运工具，并铺设其行走轨道。

(4)统筹规划梁(板)混凝土拌和站及水、电管路的布设安装。

(5)预制模板由钢板、型钢组焊而成，应有足够的强度、刚度和稳定性，尺寸规范、表面平整光洁、接缝紧密、不漏浆，试拼合格后，方可投入使用。

(6)在绑扎工作台上将钢筋绑扎焊接成钢筋骨架，把制孔管按坐标位置定位固定，如使用橡胶抽拔管，要插入芯棒。

(7)用龙门吊机将钢筋骨架吊装入模，绑扎隔板钢筋，埋设预埋件，在孔道两端及最低处设置压浆孔，在最高处设排气孔，安设锚垫板后，先安装端模，再安装涂有隔离剂的钢侧模，统一紧固调整和做必要的支撑后交验。

(8)将质量合格的混凝土用混凝土拌和车运输，卸入吊斗，由龙门吊从梁的一端向另一端水平分层，先将下部捣实再浇腹板、翼板，浇至接近另一端时改从另一端向相反方向顺序下料，在距梁端3~4m处浇筑合龙，一次整体浇筑成型。梁体混凝土数量较大时，采用斜向分段、水平分层方法连续浇筑。

(9)梁(板)混凝土的振捣以紧固安装在侧模上的附着式为主、插入式振捣器为辅，振捣时要掌握好振动的持续时间、间隔时间和钢筋密集区的振捣，力求使梁(板)混凝土达到最佳密实度而又不损伤制孔管道。

(10)使用龙门吊拆除模板，拆下的模板要顺序摆放，清除灰浆，进行维护，以备再用。

(11)构件脱模后，要标明型号、预制日期及使用方向。

(12)张拉使用的张拉机及油泵、锚、夹具必须符合设计要求，并配套使用。配套定期校验，以准确标定张拉力与压力表读数间的关系曲线。

(13)按设计要求在两端同时对称张拉，张拉时千斤顶的作用线必须与预应力轴线重合，两端各项张拉操作必须一致。

(14)张拉过程中的断丝、滑丝数量不得超过设计规定，否则要更换钢筋或采取补救措施。

(15)预应力筋锚固要在张拉控制应力处于稳定状态时进行，其钢筋内缩量不得超过设计规定。

(16)预应力筋张拉后,将孔道冲洗干净,吹除积水,尽早压注水泥浆。水泥浆的强度、稠度、水胶比、泌水率、膨胀剂掺量等必须符合设计要求或规范规定。

(17)压浆使用压浆泵从梁最低点开始,在梁两端压浆孔各压浆一次,直至规定稠度的水泥浆充满整个孔道为止。

(18)用龙门吊机将梁移运至存放场。

(二)现浇法

现浇法可分为固定支架法、悬臂现浇法、顶推法、逐孔现浇法等。

固定支架法是在桥跨间设置支架安装模板、绑扎钢筋、现场浇筑混凝土的施工方法,特别适用于旱地上的钢筋混凝土和预应力混凝土中小跨径连续梁桥的施工。

悬臂现浇法适用于大跨径的预应力混凝土悬臂梁桥、连续梁桥、T形刚构桥、连续刚构桥。其特点是无须建立落地支架,无须大型起重与运输机具,主要设备是一对能行走的挂篮。

顶推法多应用于预应力钢筋混凝土等截面连续梁桥和斜拉桥梁的施工。梁体在桥头逐段浇筑或拼装,用千斤顶纵向顶推,使梁体通过各墩顶的临时滑动支座面就位的施工方法。

逐孔现浇法可分为在支架上逐孔现浇和移动模架逐孔现浇。

四、大跨径桥梁施工

(一)斜拉桥

斜拉桥是将主梁用许多拉索直接拉在桥塔上的一种桥梁,是由承压的塔受拉的索和承弯的梁体组合起来的一种结构体系。其可看作是拉索代替支墩的多跨弹性支承连续梁。斜拉桥作为一种拉索体系,比梁式桥的跨越能力更强,是最大跨度桥梁的最主要桥型,其主要由索塔、主梁、拉索组成。

1. 索塔

索塔的构造材料主要有钢结构、混凝土结构、预应力混凝土结构等。索塔的施工可视其结构、体形、材料、施工设备和设计综合考虑选用合适的方法。裸塔施工宜用爬模法,横梁较多的高塔宜用劲性骨架挂模提升法。裸塔现浇施工主要采用翻模、滑模、爬模施工方法。

2. 主梁

斜拉桥的主梁结构主要采用混凝土结构、钢结构或者钢混组合结构,在截面形式上又可分为闭口截面和开口截面。

由于斜拉桥主梁的支承形式为多点连续支承,而且支承间距小,与梁式桥相比,斜拉桥的主梁梁体高跨比较小,斜拉桥的主梁跨越能力大,建筑高度小,把斜拉索索力的水平分力作为轴力传递。主梁施工方法与梁式桥基本相同,大体分以下几种:悬臂现浇法、悬臂拼装法、顶推法、转体施工法和支架现浇法。

主梁按材料不同可分为:混凝土主梁、钢主梁、钢筋混凝土组合梁。

对合龙前最后若干个悬臂施工梁段的高程,线形轴线偏差及索力应进行严格控制,使合龙口两侧主梁的自然相对偏差满足合龙的误差要求。

主梁合龙施工期间,应对桥面上的临时施工荷载进行严格控制,不得随意施加除合龙施工需要的其他附加荷载;主梁中跨合龙后,应按设计要求的程序在规定时间内拆除塔梁临时固结装置,保证结构体系的安全转换。

3. 拉索

拉索按材料和制作方式的不同可分为以下几种形式:平行钢筋索、平行(半平行)钢丝索、平行(半平行)钢绞线索、单股钢绞缆、封闭式钢缆。

拉索的安装施工应按设计和施工控制的要求进行,在安装和张拉拉索时应采用专门设计制作的施工平台及其他辅助设施进行操作,保证施工安全。张拉拉索用的千斤顶、油泵等机具及测力设备应按要求进行配套校验;为施工配备的张拉机具,其能力应大于最大拉索所需要的张拉力。

(二)悬索桥施工

悬索桥是利用主缆和吊索作为加劲梁的悬吊体系,将荷载作用传递到索塔和锚碇的桥梁,具有跨越能力大、受力合理、能最大限度发挥材料强度、造价经济等特点,是跨越千米以上障碍物最理想的桥型。

悬索桥施工一般包括以下4个步骤:

(1)索塔、锚碇的基础工程施工,同时加工制造上部施工所需构件。

(2)索塔、锚碇施工及上部施工准备,包括塔身及锚体施工、上部施工技术准备机具和物资准备、预埋件等上部施工准备工作。

(3)上部结构安装,即缆索系统安装,包括主、散索鞍安装和先导索施工,猫道架设,主缆架设,紧缆,索夹安装,吊索安装,主缆缠丝防护等。

(4)桥面系施工,即加劲梁和桥面系施工,包括加劲梁节段安装、工地连接、桥面铺装、桥面系及附属工程施工、机电工程等。

五、涵洞施工

在施工涵洞工程时,承包人应按图纸确定的涵洞位置和高程进行施工放样测量,并经监理人核准。排水构造物的基槽底面均应夯实到图纸规定的压实度。若基槽底面的地质状况与图纸要求不符时,承包人应根据实际情况提出处理方案和加固措施,经监理人审核批准后进行地基处理。中软弱地基上修筑涵洞,应在软基处理达到图纸规定及监理人批准的沉降期终止后进行。所有地面以下的隐蔽工程,只有在经监理人检验合格之后才能掩埋。禁止施工机械直接在涵管构造物上通过,当涵管构造物上方填土高度大于0.5m时,经监理人书面批准,方可通过施工机械。

除设置在岩石地基上的涵洞外,涵洞的洞身及基础宜根据地基土的情况,每隔4～6m设置一道沉降缝。高路堤下的涵洞,在路基边缘对应的洞身及基础应每隔适当距离设置沉降缝。

(一)圆管涵施工

1. 圆管涵施工主要工序

测量放线→基坑开挖→砌筑圬工基础或现浇混凝土管座基础→安装圆管→出入口浆砌→防水层施工→涵洞回填及加固。

2. 涵管预制

为保证涵管节的质量,涵管宜在工厂中成批预制,再运到现场安装,预制混凝土圆涵管可采用振动制管法、离心法、悬辊法和立式挤压法。在运输条件限制时,也可在现场就地制造。钢筋混凝土圆管成品应符合下列要求:

(1)管节端面应平整并与其轴线垂直。斜交管涵进出水口管节的外端面应按斜交角度进行处理。

(2)管壁内外侧表面应平直圆滑,如有蜂窝,蜂窝处应修补完善后方可使用。

(3)管节各部尺寸不得超过规定的允许偏差。

(4)管节混凝土强度应符合设计要求。

(5)管节外壁必须注明适用的管顶填土高度,相同的管节应堆置在一处,以便于取用,防止弄错。

3. 安装管节时的注意事项

(1)应注意按涵顶填土高度取用相应的管节,管节应检查合格后方可使用。

(2)各管节应顺流水坡度安装平顺,当管壁厚度不一致时应调整高度使内壁齐平,管节必须垫稳坐实,管道内不得遗留泥土等杂物。

(3)对插口管,接口应平直,环形间隙应均匀,并应安装特制的胶圈或用沥青、麻絮等防水材料填塞,不得有裂缝、空鼓、漏水等现象;对平接管,接缝宽度应为 10 ~ 20mm,禁止用加大接缝宽度来满足涵洞长度要求;接口表面应平整,并用有弹性的不透水材料嵌塞密实,不得有间断、裂缝、空鼓和漏水等现象。

(二)拱涵、盖板涵施工

1. 石拱涵或钢筋混凝土拱涵施工主要工序

测量放样→基坑开挖、排水及换填→混凝土基础或浆砌基础施工→拱涵涵身、台座立模灌注→支立拱架,安装拱模→对称灌注拱圈混凝土或浆砌拱圈→养护拱圈混凝土或砂浆强度达85%设计值→对称拆除拱架、拱模→施作防水层→涵顶对称填土夯实→出入口、八字墙等附属工程施工。

2. 盖板涵(预制吊装)施工主要工序

测量放线→基坑开挖→下基础→浆砌墙身→现浇板座→吊装盖板→出入口浆砌→防水层施工→涵洞回填及加固。

3. 拱涵、盖板涵的施工要求

(1)拱圈和出入口拱上端墙的施工,应由两侧向中间同时对称进行。

(2)钢筋混凝土、混凝土拱圈和盖板混凝土的现场浇筑施工宜连续进行,避免施工接缝,当涵身较长时,可沿长度方向分段进行,接缝应设在涵身沉降缝处。

(3)就地浇筑的拱涵和盖板涵,宜采用组合钢模板,在缺乏钢木材料的情况下,可采用全部土胎。

(4)拱圈砌筑砂浆或混凝土强度达到设计强度的85%时,方可拆除拱架,且在拱架拆除时应先完成拱脚以下部分回填土的填筑;达到设计强度100%后,方可进行拱顶填土。

(5)在拱架未拆除的情况下,拱圈砌筑砂浆或混凝土强度达到设计强度的85%时,可进行拱顶填土,但在拱圈强度达到设计强度100%后,方可拆除拱架。

(三)箱涵施工

钢筋混凝土箱涵主要有预制安装和现浇施工工艺。

1. 现浇箱涵施工主要工序

基坑开挖与基础处理→砂砾垫层施工→基础模板安装→基础混凝土浇筑→墙身及顶板混

凝土施工→拆模与养护→进出口及附属工程施工→台背填土及加固。

2. 箱涵施工注意事项

(1)预制钢筋混凝土箱涵节段宜采用钢模板。受条件限制时,可采用木模板,但应保证足够的刚度。

(2)预制钢筋混凝土箱涵节段拼装时,接缝两侧的混凝土表面应用清水冲洗干净,再按设计要求进行拼接施工。

(3)预制钢筋混凝土箱涵节段的安装应注意下列事项:

①设计无具体要求的,成品混凝土强度达到设计强度的85%时,方可搬运、安装。

②成品安装前,应完成成品、地基、定位测量等的验收工作。

(4)涵身混凝土现场浇筑可视具体情况分为两阶段施工:先进行底板和梗肋的混凝土浇筑,然后完成剩余部分的混凝土浇筑。当混凝土浇筑量较大或两阶段施工有困难时,也可分为3个阶段进行施工。本阶段施工的前一阶段的混凝土强度要求以及施工缝的处理,必须按相关规定办理。

(5)设计无具体要求的,混凝土强度达到设计强度的85%时,方可拆除支架,达到设计强度的100%后,方可进行涵顶回填。

(四)波形钢涵洞施工

1. 波形钢涵洞施工主要工序

测量放线→基坑开挖→管座基础施工→安装管身→出入口浆砌→涵洞回填及加固。

2. 波形钢涵洞施工要求

(1)波形钢管节、块件及连接螺栓宜采用定型产品。其管节和块件除应满足强度要求外,尚应具有足够的刚度,在运输和安装过程中应具备抵抗冲击的能力,以及在安装就位后填土夯实时仍可保持不产生较大变形的能力。

(2)波形钢管节、块件和连接螺栓均应做防腐处理。

(3)管节的地基应予压实,并应做成与管身弧度密贴的弧形管座,管座所采用的材料应匀质且无大石块等硬物。波形钢管不得直接置于岩石地基或混凝土基座上,应在管节和地基之间设置砂砾垫层或其他适宜材料;对于软土地基,应先对其进行处理,再填筑一层厚度不小于200mm的砂砾垫层并夯实紧密,方可安装管节;在寒冷地区,应对换填深度以及砂砾垫层材料的最大粒径和粉黏粒含量进行控制。

(4)波形钢管涵宜设置预拱度,其大小应根据地基可能产生的下沉量、涵底纵坡和填土高度等因素综合确定,但管涵中心的高程应不高于进水口的高程。

(五)桥涵及结构物的回填施工技术

桥涵台背、锥坡、护坡及拱上各种填料,宜采用透水性材料,不得采用含有泥草、腐殖物或冻土块的土。透水性材料不足时,可采用石灰土或水泥稳定土回填;回填土的分层厚度宜为0.1~0.2m。台背和涵洞洞身两侧的填土应分层夯实,其压实度不应小于96%。台背填土顺路线方向长度,应自台身起,顶面不小于桥台高度加2m,底面不小于2m,拱桥台背填土长度不应小于台高的3倍。锥坡填土应与台背填土同时进行,并应按设计宽度一次填足。

台背填土的顺序:梁式桥的轻型桥台台背填土,宜在梁体安装完成以后,在两侧平衡地进行;埋置式桥台台背填土,宜在柱侧对称、平衡地进行。

1. 台背及与路堤间的回填施工应符合以下规定

(1)二级及二级以上公路应按设计做好过渡段,过渡段路堤压实度应不小于96%,并应按设计做好纵向和横向防排水系统。

(2)二级以下公路的路堤与回填的联结部,应按设计要求预留台阶。

(3)台背回填部分的路床宜与路堤路床同步填筑。

(4)桥台背和锥坡的回填施工宜同步进行,一次填足并保证压实整修后能达到设计宽度要求。

2. 涵洞回填施工应符合以下规定

(1)洞身两侧,应对称分层回填压实,填料粒径宜小于150mm。

(2)两侧及顶面填土时,应采取措施防止压实过程对涵洞产生不利后果。

六、桥面铺装智能一体化摊铺设备

(一)施工工艺介绍

1. 主要做法

(1)工艺流程,见图4-3-1。

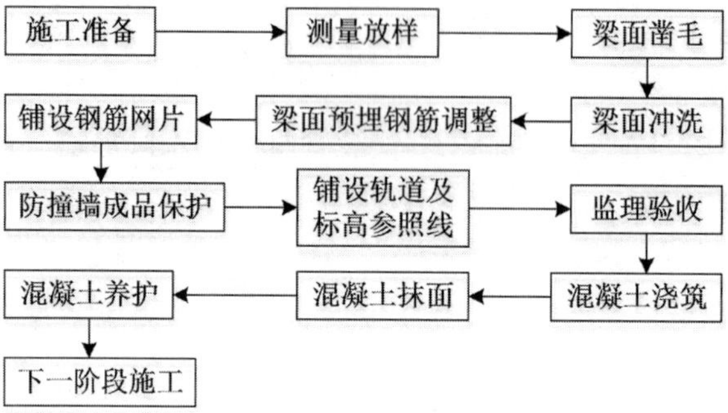

图4-3-1 工艺流程图

(2)主要操作要点:

①桥面凿毛要求凿除浮浆,露出粗骨料。凿毛后,采用人工清扫桥面废渣,再利用高压水枪对桥面进行冲洗。

②梁面预埋钢筋梁体剪力筋竖起,勾住钢筋网,并与钢筋网点焊。钢筋网下垫设架立筋,保证钢筋网位置正确,保护层厚度符合要求。

③标高控制线按照测量数据进行立杆标高调整布置,布置完成后进行二次标高复核,保证标高控制的精确度。

④铺装层混凝土浇筑适当高于设计厚度,从而确保混凝土的整幅搭接及混凝土密实性。

⑤收面可根据气候、气温、水分散发等情况决定收浆抹面时间。

⑥养生待混凝土初凝后覆盖土工布洒水养生,养护时间不少于14d,养护期间封闭交通,严禁人车通行。

2. 主要特点

(1)主控系统对设备的调平、摊铺、振动等功能实施智能化总控。液压控制系统与激光找平系统相结合,控制平整度可达到±2mm以内。

(2)摊铺机除具有摊铺、找平、振捣功能外,具有自行行走功能,并可根据桥面宽度分段装卸。

(3)具备全幅摊铺能力,振捣摊铺一体化,降低人工振捣棒和人工布料的影响。

(4)采用新型抹光机收面,降低了用工量,提升了工效,大大降低收面工作的人为影响,提升桥面铺装平整度。

3. 主要控制要点

(1)固定摊铺机行走轨道,定期对摊铺机进行维修保养,防止因设备问题影响铺装层表面平整度。

(2)重点进行预防控制,防止混凝土表面开裂。

(3)要加强钢筋网精调定位工作,保证钢筋保护层厚度。

图 4-3-2　新型激光超声波桁架摊铺机

(二)适用范围

主要适用于各类高速公路桥面铺装。

(三)实施成效

应用新型激光超声波桁架摊铺机,实现了摊铺、振捣、找平智能一体化,提高了桥面铺装混凝土均匀和密实度,提升了桥面铺装平整度及与沥青油面的结合效果,还减少了用工数量。同时,具备全幅摊铺能力,消除了工艺性施工缝,桥面全宽、整联的桥面铺装形成一个独立板体,提升了桥面整体防水效果。

第四节　隧道工程的施工工艺与方法

一、隧道施工方法

隧道施工方法的选择主要依据地质、地形、环境条件及埋置深度,并结合隧道断面尺寸、长度、衬砌类型、隧道的使用功能和施工技术水平等因素综合考虑确定。

根据隧道穿越地层的不同情况和目前隧道施工技术的发展,隧道施工方法可按以下方式分类:按照山岭隧道的支护方法分为传统矿山法、新奥法和掘进机法;按照浅埋及软土隧道的施工方法分为明挖法、地下连续墙法、盖挖法、浅埋暗挖法和盾构法;按照水底隧道的施工方法分为沉管法和盾构法。

隧道施工有以下特点:受工程地质和水文地质条件的影响较大;工作条件差,工作面小且狭窄,工作环境差;暗挖法施工对地面影响较小,但埋置较浅时,可能导致地面沉陷;有大量废渣,需妥善处理。

随着岩体力学的发展,在结合现场经验的基础上,20 世纪中叶创建了新奥法,公路隧道多为山岭隧道,此方法应用较为广泛。

(一)新奥法

新奥法即新奥地利隧道施工方法的简称,是奥地利学者在长期从事隧道施工实践中从岩体力学的观点出发而提出的一种合理施工的方法。它是以喷射混凝土和锚杆作为主要支护手段,通过监测控制围岩的变形,便于充分发挥围岩的自承能力为基点的施工方法。

新奥法施工可分为:开挖、喷锚(初期支护)、模筑混凝土(二次衬砌)、装饰 4 个阶段。其施工过程主要是开挖、喷锚、模筑混凝土三大工序的循环式流水作业,装饰在整个隧道贯通之后进行。

新奥法的施工程序如图 4-4-1 所示。

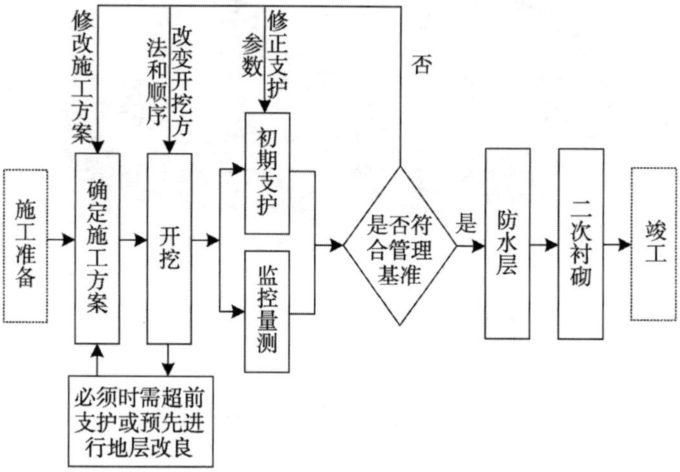

图 4-4-1 新奥法施工程序

(二)矿山法

矿山法是一种传统的施工方法,是人们在长期的施工实践中发展起来的。它是以木或钢构件作为临时支撑,待隧道开挖成形后,逐步将临时支撑撤换下来,而代之以整体式厚衬砌作为永久性支护的施工方法。

矿山法施工程序可用图 4-4-2 表示。

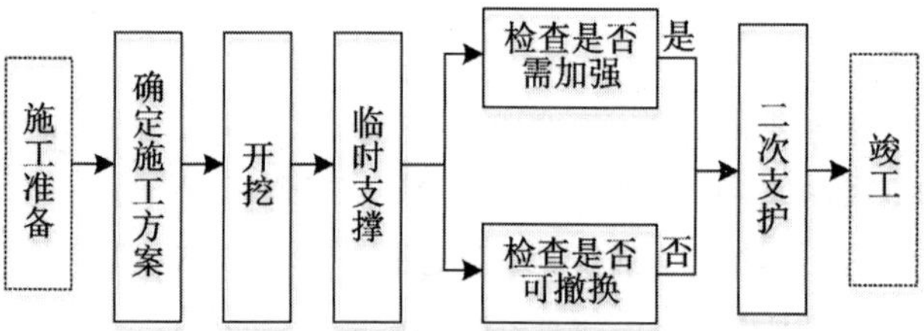

图 4-4-2 矿山法施工程序

(三)明挖法

明挖法是指挖开地面,由上向下开挖土石方至设计高程后,自基底由下向上顺序施工,完成隧道主体结构,最后回填基坑或恢复地面的施工方法。公路隧道施工中,明洞和棚洞都是采用明挖法施工的。明洞的施工方法,有先墙后拱法、先拱后墙法和拱墙交替法。

(四)掘进机法

装置有破碎岩石的刀具,采用机械破碎岩石的施工方法开挖隧道,并将破碎的石渣传送出机外,开挖与出渣联合作业,能连续掘进。

二、隧道施工技术

(一)洞口与明洞施工

隧道洞口与明洞工程应按照隧道施工组织设计的顺序安排,按设计要求先完成施工,以减少干扰,并保证安全,为加速隧道施工创造条件。隧道洞口附近其他构造物的施工安排,应考虑到隧道施工场地布置及适应弃渣、运输的需要,相邻工程的部署,亦应妥善安排。洞口施工宜避开降雨期和融雪期,在寒冷地区施工,应按冬期施工的有关规定办理。

1. 洞口工程

洞口工程指隧道及地下建筑工程出入口部分的建筑物,包括洞门、洞口通风和排水设施,边坡、仰坡支挡结构和引道等。洞口土石方在洞口施工放样的线位上进行边坡、仰坡自上而下的开挖,不得采用大爆破,尽量减少对原地层的扰动。进洞前必须完成应开挖的土石方,废弃的土石方应堆放在指定地点,不得在边坡、仰坡上方堆置废弃的土石方,且要清除边坡、仰坡上浮石、危石并整修平顺。边坡、仰坡外的截水沟或排水沟应于洞口土石方开挖前完成,截水沟及排水沟的上游进水口应与原地面衔接紧密或略低于原地面,下游出水口应妥善地引入排水系统。边坡、仰坡开挖面的防护措施,一般采用浆砌片石、喷射混凝土、铺种草皮等措施,坡面喷射混凝土防护时,应将岩面浮渣及危岩清除干净。

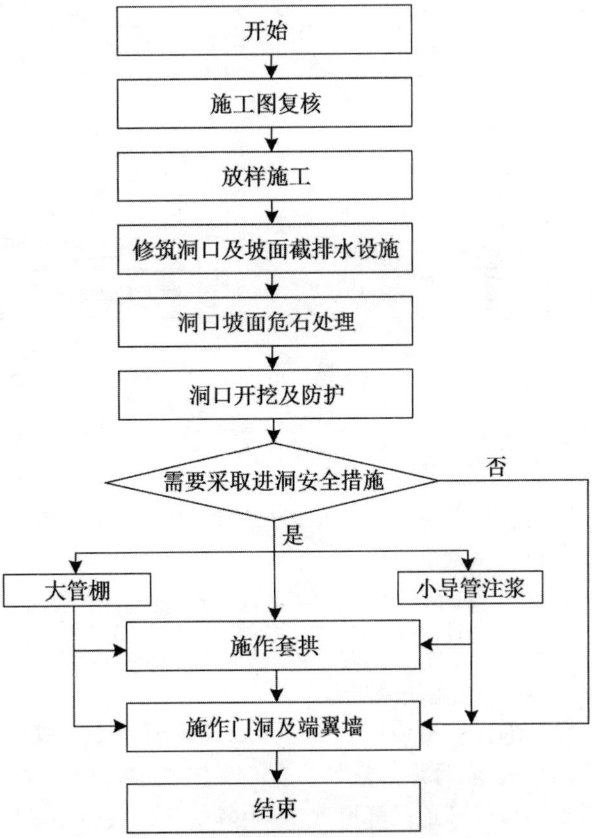

图 4-4-3　洞口的施工工艺流程图

洞口的施工工艺流程如图 4-4-3 所示。

2. 明洞工程

明洞的结构类型,根据地形、地质、回填土状况而定,通常由顶部结构和边墙组成。明洞施工一般采用先墙后拱法。当边坡松软易坍塌及明洞与暗洞衔接时,施工宜采用先拱后墙法。在仰坡暂能稳定的情况下,宜由内向外进行施工;在仰坡易坍塌的情况下,宜先将明洞拱圈浇筑到仰坡脚,再由内向外做洞内拱圈,并确保仰坡稳定。明洞与暗洞拱圈应连接良好。

明洞的施工工艺流程如图4-4-4所示。

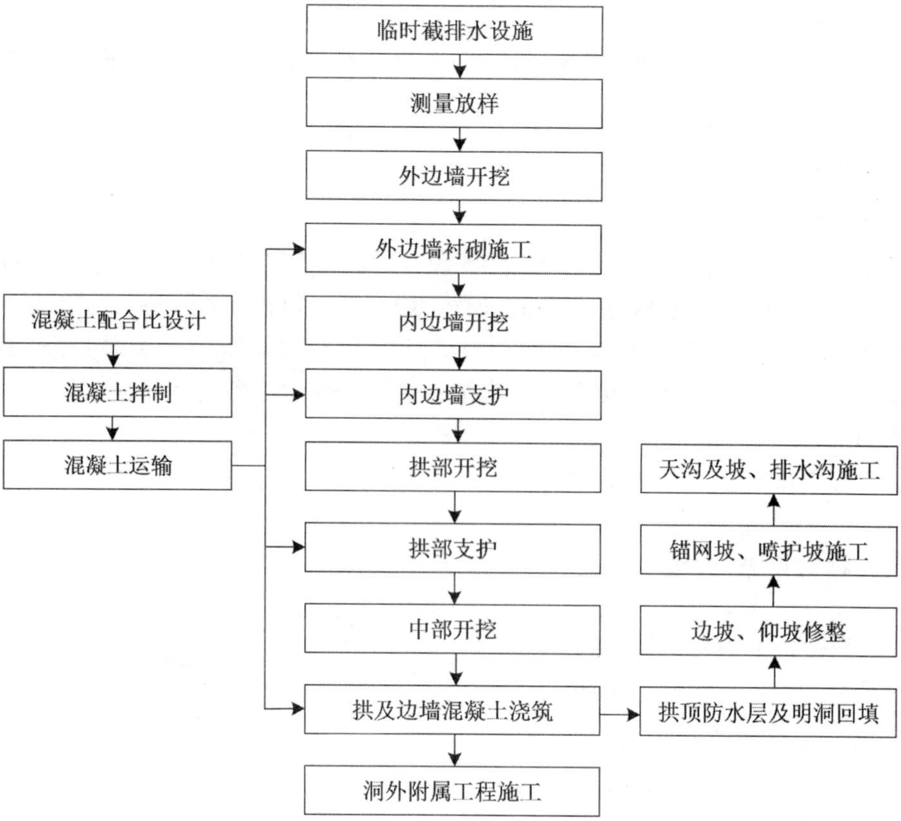

图4-4-4 明洞施工工艺流程图

(二)洞身开挖

隧道开挖的主要方法是钻孔爆破法。钻爆技术应采用光面爆破或预裂爆破,爆破参数的选择应通过试验确定。

公路隧道的开挖方式主要有全断面法、台阶法、环形开挖预留核心土法、中隔壁法(CD法)、双侧壁导坑法及中导洞法等。应根据地质条件、隧道长度、断面大小、结构形式、工期要求、机械设备等选择适宜的开挖方案。

全断面法一般适用于Ⅰ~Ⅲ级围岩的中小跨度隧道;台阶法一般适用于Ⅲ~Ⅴ级围岩的中小跨度隧道;环形开挖预留核心土法一般适用于Ⅴ~Ⅵ级围岩或一般土质围岩的中小跨度隧道或洞口浅埋地段隧道施工;中隔壁法一般适用于围岩较差、跨度大、浅埋、地表沉降需要控制的地段;双侧壁导坑法一般适用于浅埋大跨度隧道及地表下沉量要求严格而围岩条件很差的情况;中导洞法适用于连拱隧道。

1. 全断面法

全断面法利用多功能作业台车配合手持风钻钻孔、楔形掏槽、塑料导爆管非电起爆系统,毫秒微差有序起爆,应用光面爆破技术。全断面开挖法施工流程如图4-4-5所示。

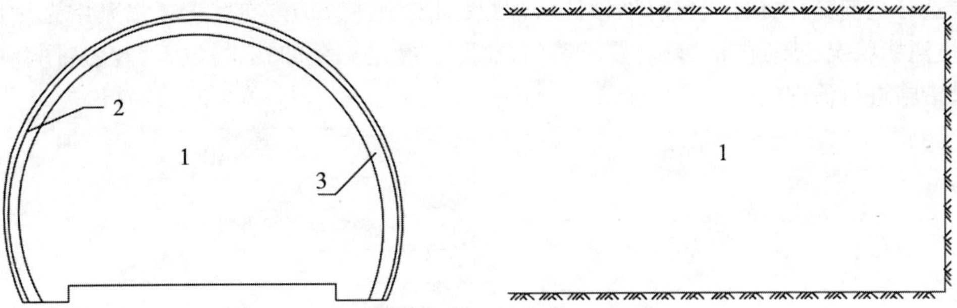

施工步骤:1—全断面开挖;2—初期支护;3—全断面二次衬砌。

图 4 -4 -5　全断面开挖法施工流程图

2. 台阶法

台阶开挖法是将设计坑道断面内的岩体分为上、下 2 个断面或上、中、下 3 个断面,在 1 个作业循环内同时挖除,并始终保持上一个断面超前于下一个断面形成一个台阶的开挖方法。

3. 环形开挖预留核心土法施工

环形开挖预留核心土法是先开挖上台阶成环形,并进行支护,再分部开挖中部核心土、两侧边墙。

环形开挖预留核心土法施工工艺流程为:施工准备→拱部超前支护→环形导坑开挖→上拱部初期支护→核心土开挖→左右侧墙开挖及支护→继续核心土开挖→仰拱开挖及支护→仰拱灌注混凝土等。

4. 中隔壁法施工

中隔壁法也称 CD 工法,是在软弱围岩大跨度隧道中,先开挖隧道的一侧,并在设计中间部位作中隔壁,然后再开挖另一侧的施工方法。

中隔壁法施工流程图如图 4 -4 -6 所示。

5. 双侧壁导坑法施工

双侧壁导坑法施工开挖,坚持“弱爆破、短进尺、强支护、早封闭、勤量测”的原则进行施工。双侧壁导坑法施工步骤如下:

(1)开挖一侧导坑,并及时地将其初次支护闭合。

(2)相隔适当距离后开挖另一侧导坑,并建造初次支护。

(3)开挖上部核心土,建造拱部初次支护,拱脚支承在两侧壁导坑的初次支护上。

(4)开挖下台阶,建造底部的初次支护,使初次支护全断面闭合。

(5)拆除导坑临空部分的初次支护。

(6)建造二次衬砌。

6. 中导洞法施工

中导洞法是在联拱隧道施工时,往往采用三导洞法施工,即首先开挖中导洞,然后施工中隔墙,再分别开挖左右导洞。

(三)洞身支护与衬砌

1. 超前支护

隧道施工过程中,当遇到软弱破碎围岩时,其自身支护能力是比较弱的,经常采用的超前支护措施有超前锚杆、插板、超前小导管、管棚及围岩预注浆加固等。上述措施的选用应视围岩条件、涌水状况、施工方法、环境要求等情况而定,经过充分的技术经济比较,选用其中一种或几种措施进行治理。

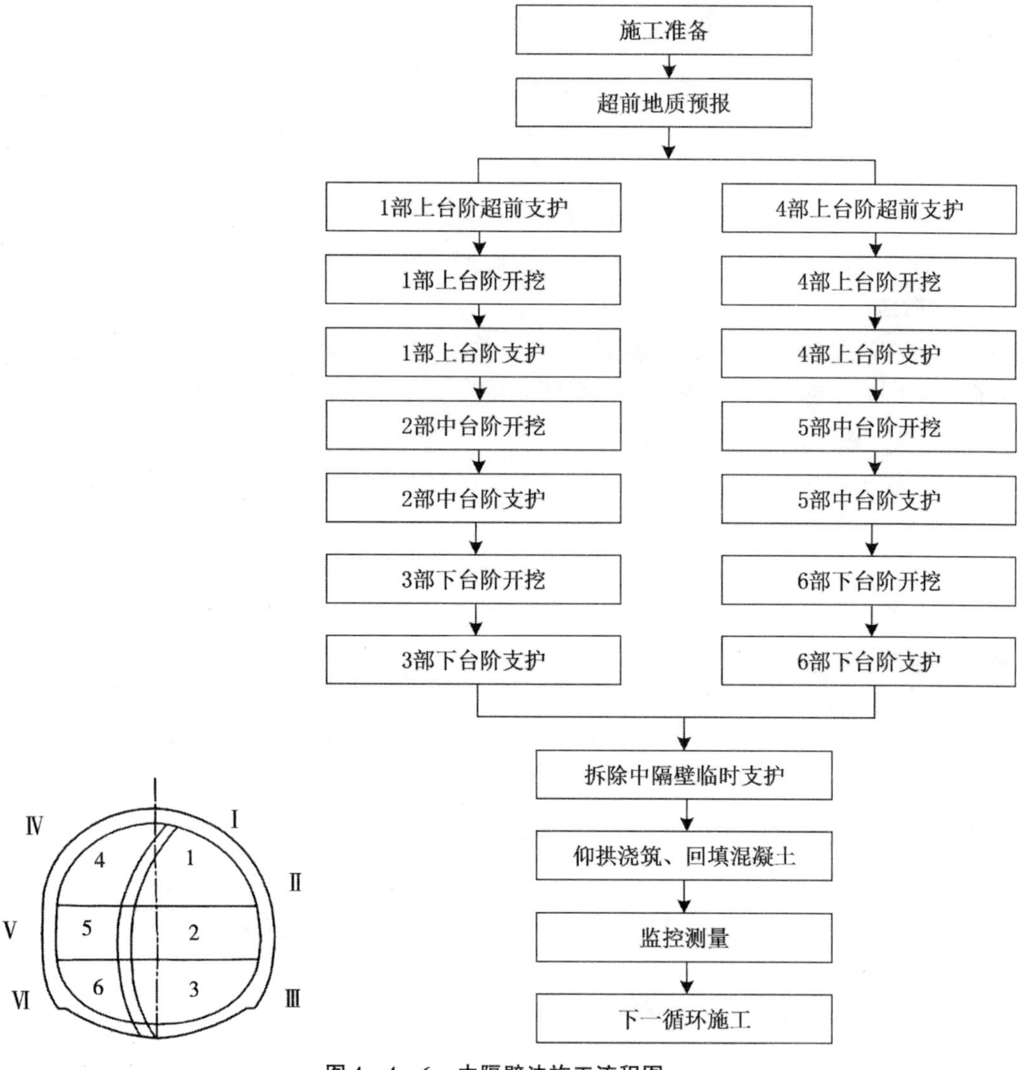

图4-4-6 中隔壁法施工流程图

超前锚杆或超前小钢管支护主要是开挖掘进前,在开挖面顶部一定范围内,沿坑道设计轮廓线,向岩体内打入一排纵向锚杆(或型钢、小钢管),以形成一道顶部加固的岩石棚,在此棚保护下进行开挖等作业。

管棚,主要适用于围岩压力来得快、来得大,对于围岩变形及地表下沉有较严格限制要求的软弱破碎围岩隧道工程中。在一般无胶结的土及砂质围岩中,采用插板封闭较为有效;在地下水较多时,则可利用钢管注浆堵水和加固围岩。管棚的配置、形状、施工范围、管棚间隔及断面等应根据地质条件、周边环境、隧道开挖面、埋深以及开挖方法等因素来决定。

超前小导管注浆,不仅适用于一般软弱破碎围岩,也适用于地下水丰富的松软围岩,常作为一项主要的辅助措施,与管棚结合起来加固围岩。在开挖掘进前,先用喷射混凝土的方法将开挖面和5m范围内的坑道封闭，然后沿坑道周边打入带孔的纵向小导管并通过小导管向围岩注浆，待浆液硬化后，在坑道周围形成了一个加固圈，在此加固圈的防护下即可安全地进行开挖；预注浆方法是在掌子面前方的围岩中将浆液注入，从而提高了地层的强度、稳定性和抗渗性，形成了较大范围的筒状封闭加固区，然后在其范围内进行开挖作业。

2. 初期支护

隧道初期支护措施，应紧随开挖面及时施工，确保施工安全，并控制围岩变形和减少围岩暴露时间。它可作为开挖面临时支护，亦可作为永久衬砌的一部分。临时支护包括喷射混凝土、锚杆、锚杆与喷射混凝土并用，锚杆、挂钢筋网与喷射混凝土并用。

喷射混凝土是用压力喷枪喷射混凝土的施工方法，用于隧道开挖后的拱部、边墙等部位在开挖初期的柔性支护。喷射混凝土的工艺有干喷、潮喷和湿喷。由于湿喷法的粉尘和回弹量少，喷射混凝土的质量容易控制，目前施工现场湿喷法使用的较多，但对喷射机械要求较高。

锚杆是用螺纹钢筋或其他高抗拉性能的材料制作的一种杆状构件。按照锚固形式可划分为全长黏结型、端头锚固型、摩擦型和预应力型四种。锚杆对地下工程的稳定性起着重要的作用，尤其是在节理裂隙岩体中，锚杆对岩体的加固作用十分明显，具有结构简单、施工方便、成本低和对工程适应性强等特点。

钢筋网是用在需将喷射混凝土作为永久支护的部位，钢筋网是唯一被批准的配筋形式。钢筋网应随受喷面的起伏铺设，钢筋网的混凝土保护层应不小于规范规定，且应与锚杆联结牢固，在喷射作业时不发生颤动。

3. 二次衬砌

二次衬砌是隧道工程施工在初期支护内侧施作的模筑混凝土或钢筋混凝土衬砌，与初期支护共同组成复合式衬砌。二次衬砌采用模筑混凝土，模筑混凝土的材料和级配，应符合隧道衬砌的强度和耐久性要求，同时必须重视其抗冻性、抗渗性和抗侵蚀性。二次衬砌施作应在铺设完成防水层之后进行，施工顺序目前多采用由下到上、先墙后拱的顺序连续浇筑。在隧道纵向，则需分段进行，分段长度一般为8～12m。衬砌的施工缝应与设计的沉降缝、伸缩缝结合布置。

隧道主体结构二次衬砌混凝土施工主要内容包含：结构外防水施工、钢筋施工和混凝土浇筑施工。施工时先施工仰拱部位、仰拱超前、边墙、拱顶跟进施工。

施工程序为：初支表面处理→铺设防水材料→绑扎钢筋→安装模板→混凝土浇筑→脱模→下一循环浇筑。

（四）隧道防水与排水

隧道施工的临时防水、排水应与永久防水、排水设施相结合，以“防、截、排、堵相结合，因地制宜、综合治理”的原则进行。总体保证隧道结构物和运营设备的正常使用和行车安全，并对地表水、地下水妥善处理，形成完整通畅的防排水系统。

隧道施工前，根据设计和调查资料，预计可能出现的地下水情况并参照有关规定估计水量，制订防水、排水施工方案，施工中，应对隧道的出水部位、水质、水量及变化规律等做好观测试验记录，并不断改进和完善防、排水措施，选择既经济合理又切实可行的治水措施，确保围岩稳定，便于初期支护的施工，并保证在二次衬砌施工前，现场具有防水层的施工条件。

隧道施工，无论顺坡排水或反坡排水都要求隧底无水漫流，工作面不积水，以免软化隧底，降低地基承载力;软弱围岩地段,水对隧道的影响更大,可根据需要对排水沟加以铺砌或用管槽代替;地下工程施工期间,必须做好周围环境的排水和降低地下水位的工作。规定地下水位应降低至基底开挖线0.5m以下;寒冷地区,尤其是严寒地区,隧道排水设施应注意埋设深度和保温措施,以利于防冻;隧道施工中临时排水设施,其位置、深度及配套设施等,宜与永久性排水工程相结合,以减少工程量,降低造价。

(五)洞内防火涂料和装饰工程

隧道内防火涂料及装饰工程正式施工前,应将喷涂及装饰的表面进行清理。防火涂料施作应采用专用设备,喷涂与涂抹相结合。喷涂设备应能连续将涂料均匀喷涂到基层上。在喷涂防火涂料前应对洞身混凝土表面除尘、去污,并对错台进行修补处理,以保证防火涂料喷涂厚度均匀。喷涂前,为加强附着力,宜采用强度等级为32.5级的水泥调制纯水泥浆涂刷洞身1次。防火涂料涂层硬化后,方可按设计要求涂刷各类装饰色料。

洞门及隧道的内装饰应根据设计的装饰材料及设计要求,采用相应的施工方法施工。装饰工程应符合下列规定:

(1)贴面装饰应做到黏结牢固、整齐、面平、美观,不允许背后有空响。

(2)各类洞室的防护门应开启方便、严密、防火、隔热。

(3)洞室应有标明洞室名称的标牌。

(六)通风防尘及水电施工

1. 通风、防尘

实施机械通风,必须具有通风机和风道,按照风道的类型和通风安装位置分为风管式通风、巷道式通风、风墙式通风。

风管式通风由管道输送,分为压力式、抽出式和混合式3种方式。风管式通风的优点是设备简单、布置灵活、易于拆装,故为一般隧道施工采用;巷道式通风适用于有平行坑道的长隧道,其特点是:通过最前面的横洞和平行导坑组成一个风流循环系统,在平行导坑洞口附近安装通风机,将污浊空气由导坑抽出,新鲜空气由正洞流入,形成循环风流;风墙式通风适用于较长隧道。

隧道施工必须采用综合防尘措施并符合下列规定:

(1)隧道施工应采取通风、洒水等防尘措施,并按规定时间测定粉尘和有害气体的浓度。

(2)钻眼作业应采用湿式凿岩,当水源缺乏、容易冻结或岩性不适于湿式凿岩时,可采用带有捕尘设备的干式凿岩,采用防尘措施后应达到规定的粉尘浓度。

(3)凿岩机钻眼时必须先送水后送风。

(4)放炮后必须进行喷雾、洒水,出渣前应用水淋湿石渣和附近的岩壁。

(5)施工人员均应佩戴防尘口罩。

2. 供水、供电

(1)供水:供水方案及设备的配置应能满足工程及生活用水的需要。使用前必须经过水质鉴定,符合国家工程用水及生活用水的水质标准。供水的蓄水池高度应能保证洞内最高用水点的水压。水池的容量应有一定的储备量,以保证洞内外集中用水的需要。采用机械抽水站供水时,应有备用的抽水机。

水管路的安装使用,应符合下列规定:

①洞内水管不宜与电缆电线敷设在同一侧。

②在空气压缩机站和水池总输出管上必须设总闸阀；主管上每隔 300 ~ 500m 应分装闸阀。高压风管长度大于 1000m 时，应在管路最低处设置油水分离器，定时放出管中的积油和积水。

③高压水管在安装前应进行检查，有裂纹、创伤、凹陷等现象时不得使用，管内不得保留残余物和其他脏物。

(2)供电：洞内供电线路布置和安装应符合下列规定：

①成洞地段固定的电线路，应采用绝缘良好的胶皮线架设。施工地段的临时供电线路应采用橡套电缆，竖井、斜井宜使用铠装电缆。瓦斯地段的输电线必须使用密封电缆，不得使用皮线。

②涌水隧道的电动排水设备、瓦斯隧道的通风设备以及斜井、竖井内的电气装置应采用双回路输电，并有可靠的切换装置和防爆措施。

③动力干线上的每一条支线，必须装设开关及保险装置。严禁在动力线路上加挂照明设施。

(七)特殊地质地段的施工

隧道施工中常见的几种特殊地质地段包括：塌方、断层、溶洞、瓦斯地段、膨胀性围岩、流沙、岩爆、高地温、松散地层、黄土等地质。隧道在不良地质地段的隧道施工时，应做好预测、预报工作，坚持以预防为主为原则，在确保安全的前提下，制订切实可行的施工方案。隧道通过破碎松散、软塑膨胀、承压涌水、流沙、流泥等不良地质地段时，施工前应对工程地质和水文地质资料进行详细地分析了解，制订相应的预防措施，备足有关应急的机具材料。不良地质地段的隧道施工，应先治水，采取“短开挖、弱爆破、强支护、早衬砌”的措施，稳步前进。在施工过程中，应经常观察地质和地下水的变异情况，检查支护、衬砌的受力状态，注意地形、地貌的变化，防止突然事故的发生。如有险情，应立即分析情况采取措施，迅速处理。

(八)隧道地质超前预报和监控量测技术

1. 隧道地质超前预报

公路隧道施工应加强施工地质工作，严密注意围岩开挖情况，通过探测手段，预测开挖工作面前方几米至几十米，甚至上百米的围岩工程地质和水文地质条件，结合掘进中地质条件的变化，及时提出预报，以便有准备地做好各种预防和施工措施，保证隧道工程的顺利进行。

预报的主要内容包括：对照设计图纸提供的地质资料，预报地质条件变化情况及对施工的影响程度；预报可能出现塌方、滑动的部位、形式、规模及发展趋势，提出处理措施；预报可能出现突然涌水的地点、涌水量大小、泥沙含量及对施工的影响；浅埋隧道地面出现下沉或裂缝时，预报对隧道稳定和施工的影响程度；对隧道将要穿过不稳定岩层、较大断层做出预报，以便及时改变施工方法或采用应急措施。隧道附近或穿过瓦斯地段的岩(煤)层中，预报瓦斯影响范围等。

隧道地质超前预报方法主要有：地质调查法、超前钻探法、物理勘探法(TSP 法、TGP 法和 TRT 法)、超前导洞法、水力联系观测法。

2. 监控量测

为了掌握施工中围岩和支护的力学动态信息及稳定程度并及时反馈，指导施工作业，保证施工安全，施工中应认真实施监控量测。量测计划应根据隧道的围岩条件、支护类型和参数、施工方法以及所确定的量测目的进行编制,同时应考虑量测费用的经济性,并注意与施工的进程相适应。监控量测一般规定如下:复合式衬砌和喷锚衬砌隧道开工前,应制订施工全过程监控量测方案;监控量测工作应结合开挖、支护作业的进程,按要求布点和监测,并根据现场实际情况及时调整补充,量测数据应及时分析、处理和反馈。

(1)监控量测的内容包括:在复合式衬砌和喷锚衬砌隧道施工时必须进行必测项目的量测。隧道现场监控必测项目应包括:洞内外观察、周边位移、拱顶下沉和地表下沉。

应根据设计要求、隧道横断面形状和断面大小、埋深、围岩条件、周边环境条件、支护类型和参数、施工方法等综合选择选测项目。隧道现场监控选测项目应包括:钢架内力及外力、围岩体内位移(洞内设点、地表设点)、围岩压力、两层支护间压力、锚杆轴力、支护及衬砌内应力、围岩弹性波速度、爆破震动、渗水压力及水流量和地表下沉。

(2)量测数据处理与应用:

①每次量测后应及时进行数据整理和数据分析,并绘制量测数据时态曲线和距开挖面距离图;应绘制地表下沉值沿隧道纵向和横向变化量和变化速率曲线。

②应根据量测数据处理结果,及时提出调整和优化施工方案和工艺;围岩变形和速率较大时,应及时采取安全措施,并建议变更设计。

③围岩稳定性、二次支护时间应根据所测得位移量或回归分析所得最终位移量、位移速度及其变化趋势、隧道埋深、开挖断面大小、围岩等级、支护所受压力、应力、应变等进行综合分析判定。

三、隧道新型二次衬砌台车

(一)施工工艺介绍

1. 主要做法

采用新型混凝土二衬台车进行衬砌混凝土施工时,首先通过泵管将混凝土泵送至设置在台车最上端的主料斗(2~3个),然后通过主料斗两侧的主溜槽对称进入分料斗,再通过“三通”分流槽将混凝土导入分流串筒,最后通过入窗溜槽均匀对称的进入台车内;整个过程中工人仅需要简单操作相应的插板和阀门,使混凝土通过设计好的分流路径(如图4-4-7所示)流向各指定工作窗口,有效的实现了二衬混凝土的对称均匀浇筑。

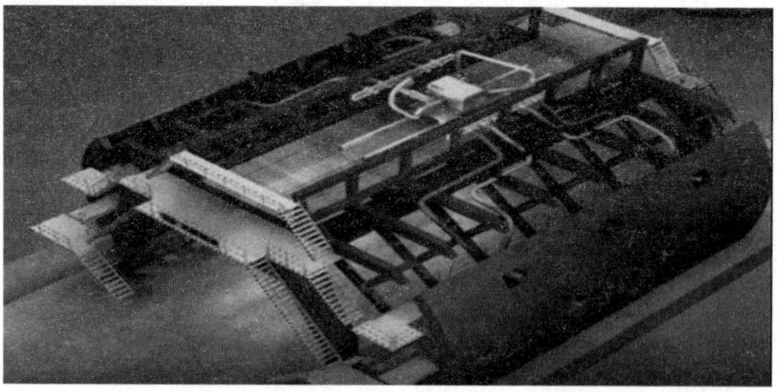

图4-4-7 新型二衬台车分层逐窗布料示意图

结构混凝土衬砌施工前首先利用防干扰平台,超前施工仰拱或铺底混凝土,及时封闭成环,再施工边墙和拱圈。结构混凝土在拌和站集中拌和,输送车运输,全液压模板衬砌台车、输送泵全断面一次、整体灌筑。在施工时为了防止二衬台车爆模,在二衬台车安装压力传感器及配套装置，二衬在浇筑饱满后压力传感器的配套配电柜上的红灯亮起，方便工人及时关闭地泵，可防止二衬台车爆模。隧道二衬新型台车值得推广和应用。

2. 主要特点

比传统工艺浇筑过程中需频繁多次移接泵管，本工艺浇筑过程中仅需移接泵管 2 次，工效有较大提高，且大大降低了工人劳动强度。

3. 主要控制要点

(1)根据台车分流槽的设计图纸逐层安装分流槽，使得各层分流槽均能到达各工作窗口；同时在相应的窗口位置加设作业平台，便于工人操作。

衬砌混凝土灌注：通过地泵泵管直接接入主料斗，混凝土通过主溜槽进入第一层分料斗，通过次溜槽进入第二层分料斗，关闭一级、二级分流槽挡板，控制混凝土流向三级分流槽，经工作窗入模；关闭一级、三级分流槽挡板，控制混凝土流向二级分流槽，经工作窗入模；关闭二级、三级分流槽挡板，控制混凝土流向一级分流槽，经工作窗入模；振捣、封窗；清洗各级溜槽，最后移动泵管接入拱顶入料孔，浇筑拱顶混凝土。

(2)本工艺浇筑过程中仅需移接泵管 2 次：第一次接入主料斗可浇筑完成第一至第三仓衬砌混凝土，第二次接入拱顶注料孔浇筑剩余拱顶部分混凝土，不用频繁更换泵管，只需工人轻松控制阀门开关即可；采用本工艺浇筑二衬混凝土仅需 8 人便可完成，以三车道高速公路隧道Ⅴ级围岩、12m 长台车为例，一模二衬混凝土约为 $220m^3$，混凝土供应及时的情况下，采用本工艺浇筑一模二衬仅需要 10h 左右。

(二)适用范围

主要适用于隧道二衬台混凝土施工。

(三)实施成效

通过隧道新型二衬台车的使用，实现了工作效率的提高、劳动强度的降低，提升了混凝土内外在质量。

第五节　交通工程及沿线设施的施工工艺与方法

一、交通安全设施

公路交通安全设施主要包括：交通标志、交通标线、护栏和栏杆、视线诱导设施、隔离栅、防落网、防眩设施、避险车道和其他交通安全设施。其他交通安全设施有防风栅、防雪栅、积雪标杆、限高架、减速丘、凸面镜等设施。

(一)交通标志

交通标志的支撑结构主要包括柱式(单柱、双柱)、悬臂式(单悬臂、双悬臂)、门架式、路侧附着式和车行道上方附着式等几种。交通标志的施工要求如下：

开始加工标志板前，应根据公路实施的实际情况(如互通立交、平交路口、服务区、收费站等设施的设置情况)，对设计图纸进行复核。

浇筑标志基础前，应按照有关规范及设计文件中所提出的标志设置原则，对标志的设置位置逐个进行核对,特别应注意门架式标志、双柱式标志等大型标志的可实施性。

加工标志的支撑结构时,应保证钻孔、焊接等加工在钢材镀锌之前完成。在加工立柱时,应根据有关规范及设计的要求,并结合标志实际设置位置的情况,确定立柱的长度。

架设标志时,标志面板与车流方向所成角度应满足有关规范和设计的要求,不允许出现过度偏转或后仰的现象,对于门架式标志、悬臂式标志应注意控制标志板下缘至路面的净空,对于单柱式标志、双柱式标志的内边缘至土路肩边缘的距离应满足有关规范和设计的要求。

(二)标线、突起路标

交通标线的涂料分为溶剂型、热熔型、双组分、水性四种,如果路面标线有反光要求,还应在涂料中掺入或在施工时面撒玻璃珠。突起路标根据其是否具备逆反射性能分为 A、B 两类:具备逆反射性能的为 A 类突起路标;不具备逆反射性能的为 B 类突起路标。标线及突起路标的施工工艺流程如图 4 -5 -1 所示。

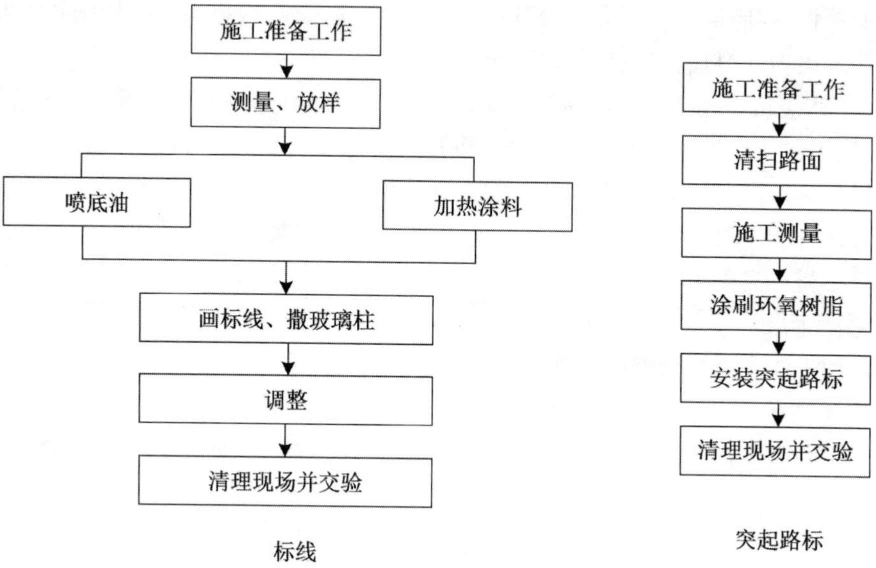

图 4 -5 -1　标线及突起路标的施工工艺流程图

应注意标线施工时喷涂施工应在白天进行,雨天、风天、温度低于 10℃时应暂时停止施工。喷涂标线时,应用交通安全措施,设置适当警告标志,阻止车辆及行人在作业区内通行,防止将涂料带出或形成车辙,直至标线充分干燥。突起路标的施工在降雨、风速过大或温度过高过低时不应进行。

(三)护栏

常用的护栏有:路基护栏(钢筋混凝土护栏、波形梁护栏、缆索护栏)、桥梁护栏、活动护栏等,各类护栏施工工艺类似,主要介绍钢筋混凝土护栏和波形护栏。

1. 混凝土护栏

当采用混凝土护栏块预制施工时,预制场地应平整、坚实,并应采取必要的排水措施,防止场地沉陷。预制混凝土护栏块使用的模板,应采用钢模板。混凝土护栏的安装应从一端逐步向前推进。在安装过程中应使每块护栏构件的中线与公路中心线相一致。在曲线路段,应使护栏布设圆滑;在竖曲线路段,应使护栏与公路线形协调。

当混凝土护栏采用就地浇筑的方式施工时，在浇筑混凝土前，应按设计图规定安装好钢筋及预埋件，在检查合格后，方可浇筑混凝土。每节护栏构件的混凝土必须一次浇筑完成，不得间断。就地浇筑的混凝土护栏，可采用湿治养护或塑料薄膜养护。

2. 波形梁护栏

波形梁护栏施工之前，应以桥梁、涵洞、通道、立体交叉、分隔带开口及人孔处等为控制点，进行立柱定位放样。波形梁护栏的起、终点应根据设计要求进行端头处理。波形梁通过拼接螺栓相互拼接，并由连接螺栓固定于立柱或横梁上。护栏板的搭接方向应与行车方向相同，波形梁顶面应与道路竖曲线相协调。施工工艺流程如图 4－5－2 所示。

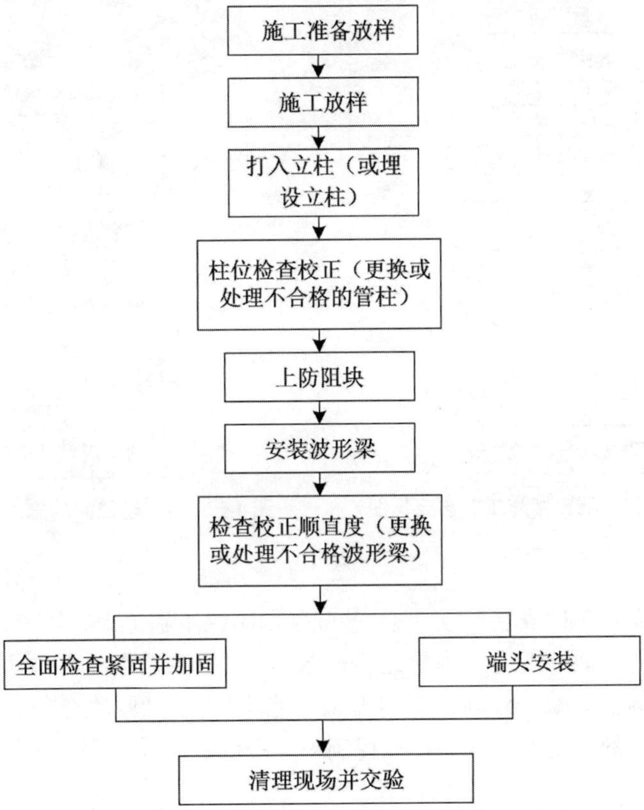

图 4－5－2　波形护栏施工工艺流程图

（四）隔离栅

隔离栅宜在路基工程完成后尽早实施。施工时应先按图纸要求及实际地形、地物的情况进行施工放样，定出立柱中心线，隔离栅立柱的埋设应分段进行，先埋设两端的立柱，然后拉线埋设中间立柱。立柱纵向应在一条直线上，不得出现参差不齐的现象。柱顶应平顺，不得出现高低不平的情况。安装隔离栅网片时，应从立柱端部开始安装。各类隔离栅的施工工艺流程如图 4－5－3 所示。

（五）防落物网、防眩设施

防落物网主要应用于一般桥梁、城市立交桥、天桥等桥梁地带，其目的主要是为了防止行人、车辆越出桥外，保障行人安全以及车辆的正常行驶，防止杂物坠落造成交通事故。防眩设施是指为降低眩光给驾驶员带来的强烈不适而设置的人工构造物，主要有防眩板、防眩网、防眩棚或植物防眩等形式。防落物网与防眩设施中的防眩网的施工工艺流程相同,如图4-5-4所示。

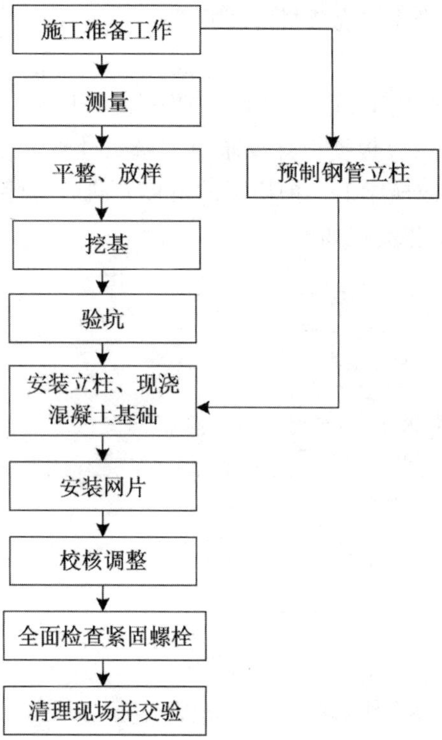

图4-5-3　隔离栅施工工艺流程图

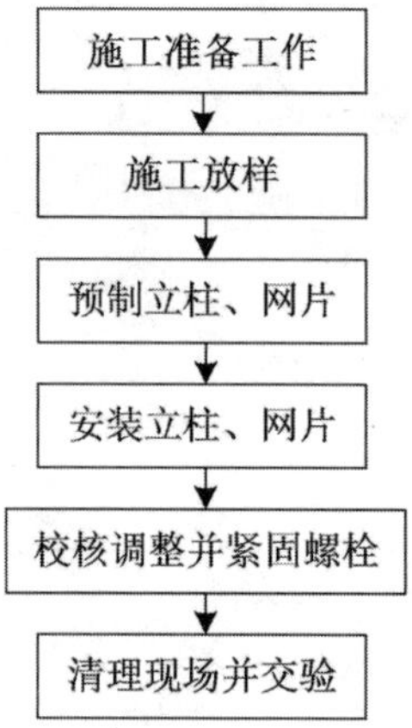

图4-5-4　防眩网的施工工艺流程图

二、监控系统

监控主要外场设备基础安装要求如下:基础采用明挖法施工,基础一般采用C25混凝土现场浇筑,内部配钢筋,顶面一般应预埋钢地脚螺栓;基础的接地电阻必须小于等于4Ω,防雷接地电阻必须小于或等于10Ω。外场设备的施工工艺流程:基础验收合格→电缆敷设到位→立杆→穿缆→外场设备的固定及接线→挂接控制箱体→设备接线→调试→挂标志牌。

三、收费设施

以收费站为主要设施,收费站的建设包括路基路面工程、土建工程和安装工程。

本着"先地下后地上,先土建后安装,先围护后装修"的原则,收费站的施工总体顺序为:基础工程→主体结构→砌体工程→装饰工程→安装各专业穿插施工→竣工。验收施工工艺流程:五通一平(通上水、通下水、通电、通路、通信、平整土地)→临时设施→垫层→钢筋混凝土基础→室外回填土→主体结构→屋面防水工程施工→屋面施工→管线预埋配合土建施工→通电视、电话线预埋配合土建施工→内外粉刷同时进行→楼地面→油漆、涂料工程→水电暖通器具安装→室外总体配套→扫尾清理→竣工验收。

四、通信系统

通信系统施工主要包含光、电线缆及通讯设备的安装。

光、电缆在敷设安装中,应根据敷设地段的环境条件,在保证光电缆不受损伤的原则下,因地制宜采用人工或机械敷设。光电缆施工工艺流程为：施工准备→路径复测→挖沟、杆路及管道施工→光电缆单盘检验、配盘及运输→光电缆敷设→光电缆接续→光电缆测试→竣工验收。

通信设备的安装要求：

(1)机架安装位置正确、端正牢固且垂直偏差不大于3mm，机架着力均匀。

(2)布放电缆，设备电缆与电源线分开布设，同线轴射单独布设。

(3)敷设电源线，交、直流电源的馈电电缆必须分开布设。截面在$10mm^2$以下的单芯或多芯电源线可与设备直接连接。截面在$10mm^2$以上的多股电源线应加装接线端子，其尺寸与导线线径相吻合，用压(焊)接工具压(焊)接牢固。

(4)接地装置，接地汇集装置的位置应符合设计规定，安装端正、牢固，并有明显标志。通信设备除做工作接地外，其机壳也应做保护接地。

五、供配电及照明系统

供配电及照明设施的施工内容主要包括高低压配电柜，母线、变压器、不间断电源、应急电源和柴油发电机组装置、箱式变电站、照明灯具、照明接线箱、照明杆体等的安装、调试。

第五章　水运工程主要施工工艺与方法

第一节　重力式码头的施工工艺与方法

一、重力式码头的施工工艺

重力式码头的施工工艺如图 5－1－1 所示。

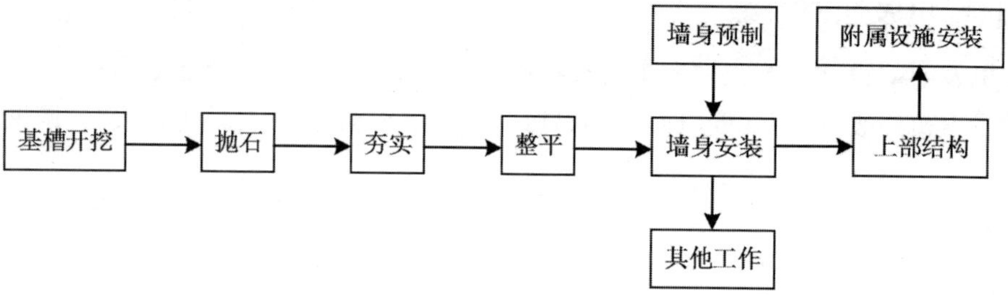

图 5－1－1　重力式码头的施工工艺

二、水下抛石基床

(一)基槽开挖

(1)地基为岩基且不危及邻近建筑物的安全时,视岩石风化程度,可采用水下爆破,然后用抓斗式或铲斗式挖泥船清渣挖除。

(2)地基为非岩基时,多采用挖泥船直接开挖。

(3)砂质及淤泥质土壤宜采用绞吸式船开挖。

(4)黏性土或松散岩石宜采用链斗式、抓扬式或铲斗式挖泥船。

(5)在外海进行基槽开挖作业时,应选择抗风浪能力强的挖泥船。

(6)在已有建筑物附近进行基槽开挖时,应选择小型抓扬式挖泥船。

(二)基床抛石

1. 基床抛石施工工艺

基床抛石的施工工艺,如图 5－1－2 所示。

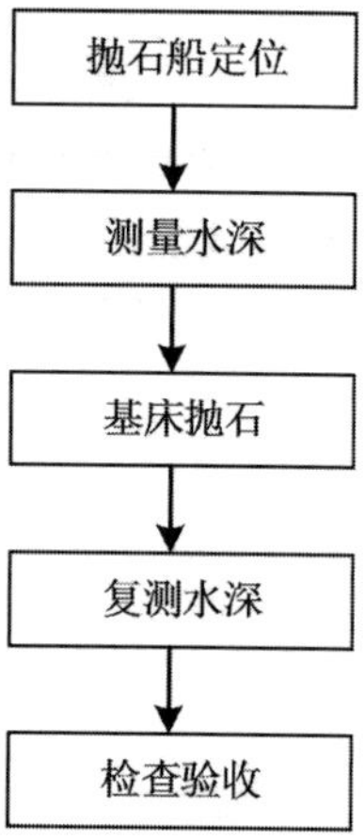

图 5－1－2　基床抛石的施工工艺

2. 基床抛石的方法

(1)基床抛石可以用水上或陆上机具进行。在离岸较远且与岸不相连的基床抛石,用水上机具是唯一的方法。

(2)水上基床抛石有驳船人力抛填、驳船反铲抛填及开体驳抛填三种方法。其中驳船人力抛填是用驳船运输石料，通过人工或简易的起重设备将石块抛填到指定位置。

（三）基床夯实

1. 重锤夯实法

（1）重锤夯实法一般用抓斗挖泥船或在方驳上安设起重机（或卷扬机）吊重锤的方法进行夯实作业。

（2）基床应分层分段夯实，每层厚度大致相等，夯实后厚度不宜大于2m。若夯击能量较大时，分层厚度可适当加大。分段夯实的搭接长度不应小于2m。

（3）锤底面压强可采用40～60kPa，落距为2～3m。不计浮力、阻力等影响时，每夯的冲击能不宜小于120kJ/m^2；对无掩护水域的深水码头，冲击能宜采用150～200kJ/m^2，且夯锤宜具有竖向泄水通道。

（4）基床夯实一般采用纵、横向相邻接压半夯，每点1锤，并分初、复夯各1遍，每遍夯4次。可采用2遍或多遍夯实的方法，以防止基床局部隆起或漏夯。夯击遍数由试夯确定，不进行试夯时，不宜少于夯8次，并分2遍夯打。

2. 爆炸夯实（爆夯）

（1）爆炸夯实是在水下块石或砾石地基和基础表面布置裸露或悬浮药包，利用水下爆炸产生的地基和基础振动，使地基和基础得到密实的方法。

（2）爆炸夯实法的施工工艺：基床抛石→夯前断面测量→布药起爆→夯后断面测量→检查沉降率→验收。

（四）基床平整

1. 基床的粗平

码头基床的边坡只进行粗平，有时每层夯实前也需进行粗平。粗平的方法有悬挂刮道法和埋桩拉线法。

（1）悬挂刮道法。基床粗平一般采用水下整平船，整平船可由方驳改装，其主要工作装置是刮尺。方法是在方驳的船边伸出两根工字钢（或钢轨）作为刮尺支架，支架外端安装滑轮，用重轨做成的刮尺通过滑轮悬吊在水中，在刮刀两端系以测深绳尺，以此来控制刮尺高程。施工时，整平船就位，按整平标高用滑车控制刮尺下放深度，并根据水位变化随时调整。潜水员以刮尺底为准，“去高填洼”进行整平，边整平、边移船，压茬向前进行。如去填量比较大，石料可通过整平船用绞车吊篮进行上下或左右的运输。

（2）埋桩拉线法。在基床纵向两侧，陆上用经纬仪定方向，船上用垂球引点，每隔15～30m埋设木桩，桩侧设置短护木（与基槽纵向平行），以增加木桩抗拉线拉力的能力，桩顶用测深杆测设整平高程，每侧木桩按整平高程拉8～22号铅丝线，两线之间用直径为3mm测绳作为滑动线，潜水员以滑动线为准，“去高填洼”进行整平，边整平，边移动滑动线。

2. 基床细平和极细平

基床的细平和极细平仍采用水下整平船，但由于精度要求很高，需在基床面设导轨（一般用钢轨）控制整平精度。导轨在基床两侧各埋入一根，搁置在事先已安设好的混凝土小型方块上，小型方块的间距为5～10m，方块与导轨之间垫厚薄不一的钢板，将导轨顶标高调整到基床的整平标高。

三、墙体构件的预制及安装

(一)方块码头墙身

混凝土方块码头是重力式码头墙身结构的一种主要形式。常用的有实心方块和空心方块两种,其质量可以从数十吨至数百吨,一般高 2.0 ~ 4.0m,宽 2.0 ~ 5.0m,长 4.0 ~ 13.0m。由于方块的质量和体积都很大,并且大多在水上进行安装,故须配备大型的陆上、水上起重运输机械。

方块墙身的施工工艺:方块预制→方块吊运→方块安装。

1. 方块预制

预制厂布置→预制模板→混凝土搅拌、运输、入模→混凝土中掺入块石→混凝土养护。

2. 方块吊运

方块的吊运工作通常包括陆上吊运和水上吊运。

当方块制造场和储存场与转运码头的距离较近时,通常直接用预制物的移动式龙门起重机吊起方块行驶到转运码头装船。

当距离较远时,须用平板车把方块运到转运码头,用专门的起重设备装船。当方块制造场布置在岸边,并位于起重船的工作半径之内时,则可以利用起重船直接转运的方式。

混凝土实心方块的起吊多采用倒丁字吊杆起吊方法,即在起重吊钩下吊以丁字吊杆(又称马腿),将丁字吊杆插入方块的吊孔中然后转 90°,则丁字吊杆端头卡在吊孔中,起重机收起吊钩即可将方块吊起。若混凝土实心方块中预埋吊孔,则可用起重机吊钩直接起吊,吊孔通常用 HPB300 级钢筋制成,埋入混凝土内,为了便于方块的储存堆叠和安装,须在方块吊环位置设凹槽,使吊环顶部不高出方块顶面。

空心方块的起吊多采用设置在构件上的吊孔起吊,也可以采用吊环,这需要依据设计图纸确定。

3. 方块安装

(1)安装顺序。墩式建筑物,以墩为单位,逐墩安装,每个墩由一边的一角开始,逐层安装。线形建筑物,一般由一端开始向另一端安装,当长度较大时,也可由中间向两端安装。在平面上,先安装外侧,后安装内侧。在立面上,有阶梯安装、分段分层安装和长段分层安装三种方法。

(2)安装方法。安装空心方块式建筑物墙身多采用高度方向不分层、一次出水面的形式,其安装方法与一般扶壁式结构类似。实心方块的安装一般采用固定吊杆起重船,安装控制多采用水下拉线法。

(二)沉箱码头墙身

沉箱的施工工艺:沉箱的制造→下水→浮运→沉放(分节预制的沉箱须接高)→沉箱的运输与填充等。

1. 沉箱的制造

制造沉箱的施工工艺与现浇钢筋混凝土的施工工艺基本相同。

(1)沉箱可整体预制或分层预制。分层预制时,施工缝不宜设在水位变动区。

(2)沉箱预制模板可采用整体模板、滑模或翻模等形式。

2. 沉箱的接高

(1)坐底接高:坐底接高需建抛石基床,基床面积的大小与单次所需接高的沉箱个数有关,为方便作业,在基床上摆放沉箱的净距一般为2m左右。基床顶高程的选取要满足沉箱接高前能趁潮浮运或用起重船助吊,将沉箱移上基床,而且压注水下沉坐落在基床上后,在一般潮位情况下不没顶,能进行支模板、绑扎钢筋和浇筑混凝土的作业;接高后能趁潮抽水浮运或用起重船助吊,移出基床。如沉箱水位过大而不能满足上述要求时,可考虑建深水和浅水两种抛石基床,先在浅水基床上接至一定高度,后移至深水基床上接至设计高度。

(2)漂浮接高:漂浮接高需抛锚或抛混凝土坠子,用缆绳系住沉箱。一般适用于所需接高沉箱数量少、当地水域风浪小和水深较大的情况。

3. 沉箱的运输及填充

(1)沉箱的海上运输:沉箱海上运输,可用浮运拖带法或半潜驳干运法。

①采用浮运拖带法时,拖带前应进行吃水、压载、浮游稳定的验算。沉箱浮运前应做好拖运的准备工作。沉箱用拖轮拖运,应在不超过1~2级浪的情况下进行。其拖运方法有跨拖法、曳拖法和混合拖运法三种。

②采用半潜驳干运法,当无资料和类似条件下运输的实例时,对下潜装载、航运、下潜卸载的各个作业段应验算;半潜段的吃水、稳性、总体强度、甲板强度和局部承载力;在风、浪、流作用下的船舶运动响应以及沉箱自身的强度、稳性等。

(2)沉箱的填充:

①沉箱安放一般采用锚缆或起重船吊装就位,经纬仪陆上定位,充水下沉。

②对顺岸式和突堤式码头,多由一排沉箱组成,一般即由一端开始向另一端安装,安装时,于陆上设经纬仪直接观察其顶部。对墩式码头,以墩为单元,逐墩安装,如一个墩有数个沉箱,每个墩由一角开始依次逐个沉箱进行安装,安装时,由陆上设经纬仪,采用前方交会法先安一个墩的沉箱,然后在已安墩上用测距仪定线、测距,逐个安下一个墩。

四、扶壁构件的预制、吊运及安装

1. 扶壁构件的预制

整体扶壁结构预制时,可根据施工条件采用立制或卧制的方法。立制时,施工高度较大,混凝土浇筑有一定困难,模板用料多,虽可用滑模,但由于施工高度不算太高且壁薄,混凝土易拉裂。在预制和安装时扶壁结构处于同一立姿,给安装带来很大方便。卧制时,施工高度低,节省模板,混凝土浇筑容易保证质量,但在运输时需要空中翻身,给施工带来很大困难。现在我国工程上绝大多数采用立制的方法。

扶壁混凝土宜一次浇筑完成,以免出现施工缝。由于都是薄壁结构,混凝土通常采用附着式振捣器捣实。扶壁的吊孔一般设在肋板上,吊孔孔径为12~15cm。每个吊孔配置两根受力钢筋。其锚固长度不小于30倍钢筋直径。吊孔的位置应在扶壁重心上方,并使吊点通过重心的垂线,以免起吊时倾斜和翻滚。对设有尾板的扶壁,宜在肋板根部设置进水孔4~5个,孔径为150mm,以使安装时入水平稳。

立制方式按施工工艺又可分为整体拼装的组合钢模板浇筑混凝土和滑模施工。

2. 扶壁的吊运和安放

扶壁的运输同方块一样,亦采用方驳。为防止在装卸时方驳发生横倾,扶壁的肋应平行于方驳的纵轴线,且扶壁的重心应位于方驳的纵轴线上。

扶壁一般用固定吊杆起重船吊运和安放。扶壁肋板上预留吊孔,孔内镶钢套管,用吊装架吊起、安装。

五、胸墙

胸墙一般为现浇混凝土,只有少数小型码头为浆砌块石。

胸墙混凝土浇筑工艺分为陆上施工和水上施工,对于顺岸式和突堤式码头,如胸墙浇筑前,墙后回填已达到一定高程,可利用混凝土搅拌车等进行陆上施工。其他情况则只能是水上施工,水上施工可采用混凝土拌和船或陆拌水运施工工艺。

混凝土浇筑施工要点:

(1)扶壁码头的胸墙宜在底板上回填压载后施工。

(2)直接在填料上浇筑胸墙混凝土时,应在填料密实后浇筑。

(3)胸墙混凝土浇筑应在下部安装构件沉降稳定后进行。

(4)体积较大的胸墙,混凝土宜采用分层、分段浇筑。

第二节　高桩码头的施工工艺与方法

一、高桩码头的施工工艺

高桩码头的施工工艺如图 5 -2 -1 所示。

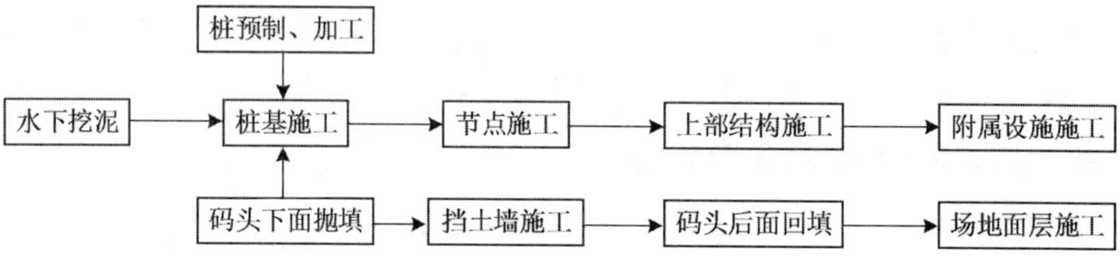

图 5 -2 -1　高桩码头的施工工艺

二、水下挖泥

根据工程设计桩长、打桩船性能、施工水位、地质情况及工期要求等进行挖泥。选用绞吸挖泥船时,开挖前由测量人员在岸上顺着挖泥作业方向设一条基准线,在基准线上及其后方按照船的长度插上旗杆作为标志,挖泥时由船上作业指挥人员目视船上标志与岸上设置的标志并使其在同一条直线上以控制船行方向,丈量船至岸上基准线距离以控制船的作业范围,开挖深度由测深控制挖泥,先挖岸侧再向海中延伸。

三、沉桩施工

1. 沉桩的平面定位

(1)定位前,根据设计的桩位布置图,布置好施工基线,计算出基线上控制点与桩连线的方位角。

(2)直桩的平面定位通过 2 ~ 3 台经纬仪,用前方任意角或直角交会法进行。

(3)斜桩定位需 2 ~ 3 台经纬仪和 1 台水准仪配合。

(4)沉桩时桩的倾斜度由打桩架来保证。除上述传统的方法外,在港口与航道工程中已广泛应用 GPS 进行沉桩的平面定位和高程控制。

2. 沉桩控制

沉桩控制包括偏位控制、承载力控制和桩的裂损控制。

3. 沉桩的施工方法

沉桩的施工方法主要有振动沉桩、静力压桩、射水沉桩、锤击沉桩等。

(1)振动沉桩:施打施工栈桥和临时设施桩基、钻孔灌注桩护筒时,常采用振动沉桩方法。振动沉桩是将大功率的振动打桩机安装在桩顶,一方面利用振动以减小土对桩的阻力,另一方面用向下的振动力使桩沉入土中。

(2)静力压桩:静力压桩是借助桩架自重及桩架上的压重,通过液压或滑轮组提供的静反力将预制桩压入土中。压桩法一般采用分段压入、逐段接长桩的方法。

(3)射水沉桩:当桩基要穿过砂夹层、砂卵石夹层、硬黏土等阻力较大的土层时,锤击沉桩有困难,不仅沉桩贯入度小,沉桩速度慢,而且桩顶因锤的多次冲击而被破坏,这时可用高压射水予以配合。射水沉桩按冲、排方式可分为外冲外排、内冲外排、内冲内排。

(4)锤击沉桩:锤击沉桩是利用桩锤下落时的瞬时冲击机械能,克服土体对桩的阻力,使其静力平衡状态遭到破坏,导致桩体下沉,达到新的静压平衡状态,如此反复地锤击桩头,桩身也就不断地下沉。锤击沉桩是预制桩最常用的沉桩方法。

4. 灌注桩

在一些地质条件复杂的地区和需要大直径桩基的港口工程中,就地灌注桩发挥了预制桩不可替代的作用。如在岩层埋深浅、岩层为坚硬的花岗石、岩面高低不平、岩面坡度陡等地质条件下建设桩基码头,基础采用灌注桩。

灌注桩的施工方法有很多种,根据国内港口工程应用情况,灌注桩常用泥浆护壁成孔灌注桩。下面介绍泥浆护壁成孔灌注桩施工工艺与施工方法。

(1)泥浆护壁成孔灌注桩施工工艺,如图 5 - 2 - 2 所示。

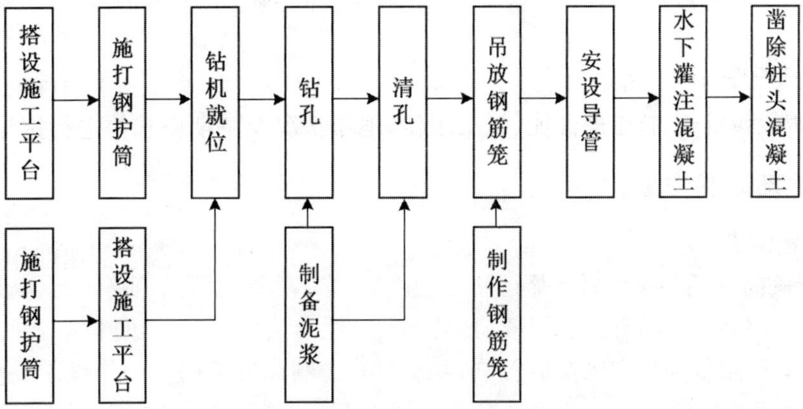

图 5 -2 -2　泥浆护壁成孔灌注桩施工工艺

(2)泥浆护壁成孔灌注桩施工方法。

①施工准备:包括选择钻机、钻具,场地布置,挖设排水沟,设泥浆池制备泥浆,必要时设泥浆船,做试桩成孔;设置桩基轴线定位点和水准点,放线定桩及其复核等工作。

②搭设施工平台沉放钢护筒和钻机就位:除在陆地施工外,场地为浅水时,宜采用筑岛法施工,岛的高度应高出最高施工水位0.5~1.0m。场地为深水时,搭设固定式钢平台。固定式钢平台用钢管桩支撑钢梁或贝雷桁架搭设成平台,平台须稳固牢靠,能承受施工时的静载和动载。

陆地或筑岛施工时护筒可用挖坑埋设法,护筒底部和四周所填黏土须分层夯实。在杂填土或松软土层中钻孔时,也应设护筒,起定位、保护孔口存储泥浆的作用。水上钢护筒由打桩船或振动锤施打,根据施工条件,钢护筒可与支撑钢平台的桩一起施打,也可以先打钢平台支撑桩,搭设平台后沉放钢护筒。

③泥浆预备:钻孔泥浆由水、黏土(膨润土)和添加剂组成,并根据需要掺入少量其他物质。应根据成孔所用的不同设施、工艺以及地质条件调整泥浆的配合比,以获得适用的泥浆。通常在陆地上建泥浆池和沉淀池,必要时在船上建泥浆池和沉淀池。

④钻孔:是一道关键工序,必须严格按照操作要求进行施工,才能保证成孔质量。在河堤岸坡上冲击钻孔时,一定要间隔施工,并随时观测岸坡稳定和桩孔垂直度,钻进速度不宜太快,防止岸坡滑移和桩孔倾斜。

⑤清孔:在终孔检查完全符合设计要求时,应立即进行孔底清理。清孔方法有换浆、掏渣(冲击钻机用)等。

⑥放钢筋笼、灌注混凝土:桩成孔并清孔完毕后,应立即吊放钢筋笼和灌注水下混凝土。钢筋笼放入桩孔后4h内必须灌注混凝土。一般采用导管法灌注混凝土。

四、夹桩

(1)沉桩结束后应及时夹桩,加强基桩之间的连接,以减少桩身位移,改善施工期受力状态。

(2)应根据受力情况进行夹桩设计,必要时应做现场加载试验。

(3)当有台风、大浪和洪峰等预报时,必须检查夹桩设施是否牢固可靠,并采取必要的加固措施。

(4)当施工荷载较大,可采用吊挂式夹桩,桩距较大且桩顶标高距施工水位较小时,可采用钢梁或上承式桁架结构,并应根据施工荷载,对钢梁、桁架、吊筋螺栓及其部件进行设计。

五、构件预制和安装

(一)预制场地

(1)选择临时性预制场地时要靠近施工现场,有贮存场地、周围道路畅通、临近水域、便于出运构件。岸坡稳定,地基有足够承载力,且不宜产生有害的不均匀沉降,必要时应对地基加以处理,且不宜受水位变化和风浪的影响,利于排水。利用原有码头面作预制场地时,构件及施工机械的荷载不应超过码头的设计荷载。场地面积、道路、水、电、网络能满足预制构件制作、吊运、存放、出运的要求。

(2)港口与航道工程中,高桩码头的构件多为预应力构件,一般都在基地预制场中利用预应力张拉台座进行预制。对于非预应力钢筋混凝土构件，大部分在工地附近的预制场预制。

（二）构件的吊运、存放

1. 构件的吊运

（1）预制构件吊运时的混凝土强度应符合设计要求。如需提前吊运，应经验算。

（2）预制构件采用绳扣吊运时，其吊点位置偏差不应超过设计规定位置20mm。如用钢丝绳捆绑时，为避免钢丝绳损坏构件棱角，吊运时宜用麻袋或木块等衬垫。

（3）预制构件吊运时应使各吊点同时受力，并应注意防止构件产生扭曲。吊绳与构件水平面所成夹角不应小于45°（沉桩吊桩时除外，吊点另行设计）。

（4）对有特殊吊运要求的构件，应根据设计要求，结合施工情况采用必要的特制工具或加固措施，以保证施工质量。

（5）吊运桁架时应有足够的刚度，必要时采用夹木加固。

（6）预制构件吊运时应徐徐起落，以免损坏。

（7）桩的吊运可采用二点吊、四点吊或六点吊，也可根据具体情况采用三点吊等其他布点形式进行吊运。采用四点吊时，下吊索长度可取0.5～0.6L，桩较长时不宜小于0.5L，吊桩高度不宜小于0.8L。采用六点吊时，下吊索长度可取0.45～0.5L，中吊索可取下吊索同长，吊桩高度不宜小于0.8L。吊运时应将桩重力乘以动力系数，起吊和水平吊运时动力系数宜取1.3，吊立过程中宜取1.1。

2. 构件存放

（1）预制构件存放场地宜平整。按两点吊设计的预制构件，可用两点支垫存放，但应避免较长时间用两点堆置。必要时可采用多点垫或其他方式存放。按三点以上设计的预制构件，宜采用多点支垫存放。应注意场地不均匀沉降对构件的影响。不同规格的预制构件，宜分别存放。

（2）多层堆放预制构件时，其堆放层数应根据构件强度、地基承载力、垫木强度和存放稳定性确定。各层垫木应位于同一垂直面上，其位置偏差不应超过±200mm。

混凝土构件堆放时，桩不超过3层、叠合板不超过5层、空心板和无梁板不超过3层、桁架不超过2层。

（3）在岸坡顶部堆放预制构件时，要防止岸坡滑坡位移或发生有害沉降。

（4）预制构件存入储存场后，仍应按规定进行养护。

（5）用驳船装运预制构件时，驳船甲板上均匀铺设垫木，并适当布置通楞。垫木顶面应保持在同一平面上，并用木楔调整垫实，预制构件宜均匀对称地摆置在垫木上。按支点位置布置垫木时，其位置偏差不得超过±20mm。当装运多层预制构件时，各层垫木应在同一垂直面上。

（6）驳船装运预制构件时，宜采用宝塔式和对称的间隔方法装驳。吊运构件时，应使船体保持平稳。

（7）驳船装预制构件长途运输时，要对船体进行严格检查，采取必要的加固措施。如果有风浪影响，应水密封舱。预制构件装驳后应采取加撑、加焊和系绑等措施。

（8）在陆上运输预制构件时，各支点位置应符合设计要求，并防止过猛的振动。在斜坡上运送时，滑道应平整以保持构件的平稳。

（三）构件安装

（1）预制构件安装前，要测设预制构件的安装位置线和标高控制点。对预制构件的类型编号、外形尺寸、质量、数量、混凝土强度、预留孔、预埋件及吊点等进行复查。检查支承结构的可靠性以及周围钢筋和模板是否妨碍安装。

为使安装顺利进行,应结合施工情况,选择安装船机和吊索点,编制预制构件装驳和安装顺序图,按顺序图装驳及安装。

(2)预制构件安装搁置面要平整,预制构件与搁置面之间应接触紧密,并要逐层控制标高。当露出的钢筋影响安装时,不得随意割除,应及时与设计单位研究解决。对安装后不易稳定及可能遭受风浪、水流和船舶碰撞等影响的构件,应在安装后及时采取夹木、加撑、加焊和系缆等加固措施,防止构件倾倒或坠落。

(3)用水泥砂浆找平预制构件搁置面,不得在砂浆硬化后安装构件,且水泥砂浆找平厚度宜取 10 ~ 20mm,超过 20mm 应采取措施。做到坐浆饱满,安装后略有余浆挤出缝口为准,缝口处不得有空隙,并在接缝处应用砂浆嵌塞密实及勾缝。

(4)构件的稳固。构件就位后,要立即采取措施予以稳固,纵梁和吊车梁安装就位搁置在横梁上以后,立即在节点将两根相接的梁底部伸出的钢筋焊接起来。叠合板在安装就位以后,要将接缝处伸出的钢筋焊接起来。靠船构件安装时,重心向外,上部外倾,常用两根带张紧器(花篮螺栓)的临时拉条稳住,并加以调整,使之符合设计位置保持其垂直度,然后将伸出的钢筋与横梁的钢筋焊接起来。

(5)节点、接缝和接合面混凝土浇筑。预制构件安装就位稳固以后,可用陆上或水上浇筑法,在节点或接缝处浇筑混凝土,将构件连接成整体。

六、上部结构现浇混凝土施工

(1)现浇上部结构混凝土应满足下列要求:

①混凝土浇筑前对模板、钢筋、预留孔和预埋件等进行检查验收。

②避免施工用的预埋铁件外露,必须外露的铁件采取符合设计要求的防腐蚀措施。

③混凝土构件接点采用预埋铁件连接时,采用间隔焊法。

④掌握施工水位变化规律,保证现场浇筑混凝土质量。

⑤混凝土保护层垫块的厚度无负偏差,正偏差不大于 5mm;垫块强度、密实性和耐久性不低于构件本体混凝土。

(2)现浇节点、接缝、面层和大体积混凝土,在浇筑前,将节点、接缝、面层和大体积混凝土的接合面按规定凿毛处理,并清除模板内的杂物和积水;节点、接缝、面层和大体积混凝土的模板不漏浆;有铺涂条件的节点、接缝、面层混凝土,浇筑前在接合面处铺设 10 ~ 20mm 厚水泥砂浆或水泥浆;水泥砂浆或水泥浆的水灰比不大于所浇筑混凝土的水灰比;水泥砂浆或水泥浆铺涂后及时浇筑混凝土;采取密实节点、接缝、面层和大体积混凝土的施工措施,并注意浇筑程序。

(3)上部结构现浇混凝土施工:

①节点混凝土浇筑:在预制构件安装就位稳固以后,进行节点混凝土浇筑,一般用陆上浇筑法施工。

②现浇板缝:高桩码头的面板常采用预制叠合板,两块相邻的预制板之间总是留有一定宽度的缝。

底模板厚度常为30mm，长度应根据实际情况而定，一般为3m左右，若实际板缝很长，可分成几段拼合。制作时必须把模板邻混凝土面压光刨平。板缝宽度在20cm以内，反吊螺栓间距为70mm，若宽度大于20cm，就考虑布置双排反吊螺栓。套在反吊螺栓外面的硬塑管，内直径应大于螺栓4mm，并嵌进底模板2mm，以便于拆模。

③现浇悬臂板：在高桩码头的边缘，一般总有部分悬臂板需要现浇。根据模板承受荷载的大小，其工艺也有所不同。

④现浇护轮坎：高程要整齐划一，轮廓线要通长笔直，模板立好以后应反复检查确保质量。其施工工艺和模板架立非常重要。

其施工步骤如下：

预先在边梁中预埋螺栓，在面板中预埋钢筋条。在测量指挥下，对已浇（或预制）面板外沿口凸出部分弹线整平，并用胶通长贴好海绵条。在护轮坎内模板位置的面层上弹线确定立模的位置，用胶粘海绵条，立模，内侧用带有钢筋的混凝土垫块支撑，将混凝土垫块电焊固定。预埋件与模板适当调整后连接牢固。浇筑混凝土时必须用2m长直尺进行顶面找平，浇筑混凝土后应及时覆盖和养护，拆模后必须及时清理，如有表面缺陷，立即对表面进行修补。

⑤现浇码头面层：码头面层混凝土主要是预制叠合板的现浇部分，它先于护轮坎浇筑，也可与护轮坎一起浇筑。两侧模板常用木模板和槽钢。把槽钢的顶面高程调整到码头顶面高程，用埋入钢筋焊接固定槽钢模板以控制高程。

现浇面层混凝土先用插入式振捣棒振捣，再用平板振动器进行复振。槽钢定好高程，用滚动筒以槽钢为轨道来回找平。混凝土磨面要一粗磨二细磨，即要进行三次磨面，注意要掌握好最后一次磨面时的混凝土收水时间。浇筑完毕，及时覆盖和养护。面层混凝土终凝并到达一定强度后，要及时将面层分块锯缝，分块长度为5～6m，缝隙用沥青填充。

第三节　板桩码头的施工工艺与方法

一、板桩的沉桩

（一）沉桩的施工工艺

施打板桩墙时，为了控制墙的轴线位置、保证桩的垂直度、减小桩的平面扭曲和提高打桩的效率需设置导向梁或导向架。导向装置应具有足够的强度和刚度。

按导向梁和导向架移设的难易程度、夹持已打桩的所需长度和打桩效率的高低，选择适宜的设置长度。

为使导向梁和导向架具有足够的刚度，要适当选择材料和断面，以及导桩的材料、断面、间距和入土深度。导向梁距板墙顶的距离应大于替打套入桩的长度。

（二）沉桩的施工方法

混凝土板桩宜采用单根依次插入的方法，钢板桩宜采用拼组插入、阶梯式沉桩或间隔沉桩的方法。钢板桩拼组的根数，U形钢板桩宜为奇数，Z形钢板桩宜为偶数。组合式钢板桩沉桩应采用先沉主桩、后沉辅桩的间隔沉桩方法。

二、锚碇系统的施工

(一)锚碇结构形式

常用的锚碇结构有三种形式:锚碇板(墙)、锚碇桩(板桩)和锚碇叉桩。

1. 锚碇板(墙)

锚碇板一般是预制的钢筋混凝土板块。当板块为连续设置形成一堵墙体时,称为锚碇墙;当板块为间隔设置时,称为锚碇板。锚碇板的断面形状主要有平板形、双向梯形和T形三种。

2. 锚碇桩(板桩)

锚碇桩(板桩)是依靠其在土中的弹性嵌固作用来承受拉杆的拉力。通常是一根拉杆设一锚碇桩。锚碇桩可以用单根桩,当拉力大时,可由一组桩(2~3根)组成。

3. 锚碇叉桩

锚碇叉桩是由一对叉桩和其上端现浇桩帽组成。叉桩中前面一根是压桩,后面一根为拉桩。它是靠两根斜桩轴向力的水平分力之和来承受拉杆的拉力。

(二)拉杆

1. 拉杆材料的选择

拉杆是板桩墙与锚碇体之间的传力构件,所以一般是采用钢拉杆。制作钢拉杆的钢材与焊接材料,其品种、规格和材质要满足设计要求,并符合现行国家产品标准的规定。

2. 拉杆的防护

钢拉杆一定要进行防腐处理。很多工程的事故是拉杆断裂造成的,防腐不善和产生过大的挠曲变形而裂开是其重要原因。钢拉杆的防腐处理,一般是除锈后涂防锈漆,外缠沥青玻璃纤维布片。为减少安装后防腐处理的工作量和方便操作,宜在存放场内预先将拉杆的杆身做好防腐处理。拉杆在堆存和吊运过程中应避免产生永久变形和保护层及丝扣等遭受损伤。

3. 拉杆的安装

拉杆的安装时,如设计对拉杆的安装支垫无具体规定时,可将拉杆搁置在垫平的垫块上,垫块的间距取3~5m。拉杆连接铰的转动轴线位于水平面上。在锚碇结构前回填完成和锚碇结构及板桩墙导梁或胸墙的现浇混凝土达到设计强度后,方可张紧拉杆。张紧拉杆时,使拉杆具有设计要求的初始拉力。拉杆的螺母全部旋进,并有不少于2~3个丝扣外露。拉杆安装后,对防护层进行检查,发现有涂料缺漏和损伤之处,加以修补。见图5-3-1。

图5-3-1　板桩码头拉杆的安装

第四节　斜坡堤的施工工艺与方法

斜坡堤，堤身两侧均为斜坡面，一般用于水深浅、地质差，当地又盛产石料的地区，当用混凝土人工块体护面时，也可用于水深、波浪大的地区。

一、测量定位

斜坡堤施工控制导标主要有断面标和里程标。断面标沿堤轴线每隔一定距离设一组，在堤头、断面变化处和堤身转折处也必须分别设组，每组断面标应在断面的堤轴线、堤边线及断面特征变化线方向上设立定位标志，用以控制防波堤的平面位置。里程标可沿堤轴线设置，用以标志施工区段。

二、排淤法处理软土地基

爆破排淤填石是在抛石体外缘一定距离和深度的淤泥质软基中埋放药包群，起爆瞬间在淤泥中形成空腔，抛石体随即坍塌充填空腔形成“石舌”，达到置换淤泥的目的。经多次推进爆破，即可达到最终置换要求。

置换淤泥质软基的平面位置及深度均应进行施工期和竣工期检查。可选用以下检查方法。当采用其他方法时需进行论证。

(1)体积平衡法适用于具备抛填计量条件，抛填石料流失量较小的工程。根据实测方量及断面测量资料推算置换范围及深度，采用该方法时可适当辅以钻孔探摸。

(2)钻孔探摸法适用于一般工程。

(3)探地雷达法适用于一般工程，适用于检查工作量大的工程。

(4)其他经论证可行的方法。

三、抛填堤心石

抛填堤心石，不论是岛堤还是突堤，都从一端开始；突堤如采用陆上施工，则必须从堤根一端开始。因水上、陆上施工条件不同，其抛填方法也不尽相同。

1. 水上施工

水上施工先粗抛，后细抛，抛至施工高程(设计高程加预留沉降量)成形。

(1)民船运抛是目前常用的抛填方法。民船和方驳需用人力抛填，虽劳动强度较大，但抛填精度高，适用于补抛和细抛。

(2)开底驳和自动翻石船的一次抛填量大，适用于粗抛。

(3)某些部位人力无法抛到施工标高时，可通过在方驳上安设吊机，用吊机辅助补抛。

(4)用起重驳船运抛则具有装石量大、船稳定性好、抗风浪能力强等优点。

2. 陆上推进施工

(1)拖拉机运抛：堤顶为一般宽度时，常用此法。从石场直接运料，自卸、自抛。拖拉机的车速中等，转弯半径小，对道路条件要求不高，堤上无须局部加宽而设掉头区，因此抛填费用低，管理方便。

（2）汽车运抛：用汽车或翻斗车运抛，因轮压较大，行车道路距坡肩应有一定的距离，此时若堤顶宽度仅能满足单行线，则需隔一定距离增设错车和掉头区。

四、抛填垫层石

堤心石抛填完验收后，特别是外坡，要尽快抛填垫层石，以提高斜坡堤的抗浪能力。

（一）抛填

1. 水上施工

水上施工抛填垫层石的方法，有民船、方驳、方驳—吊机运抛三种，其具体抛法与抛填堤心石相同。

（1）块石质量在200kg以下时，水上部分用方驳—吊机吊装石网兜，定点吊抛。

（2）水下部分用民船或方驳运抛，并尽可能乘潮多抛，其中以用民船运抛较为经济、方便。

（3）块石质量在200kg以上时，水上、水下部分一般都用方驳—吊机运抛。

2. 陆上推进施工

（1）水上部分抛填：拖拉机运抛块石，运抛至坡肩后，用人力往坡面掀（或用撬棍撬）抛，块石质量在100～200kg时，用此法较为方便、经济。

翻斗汽车运抛，当石场有装载机装车、道路条件较好，又无拖拉机时，或堤顶很宽、石料卸在坡肩上能用人力往坡面掀抛时，用此法较为经济合理。

吊机吊抛，用拖拉机或翻斗汽车运石料，直接卸入网兜内，或卸下后用人力装入网兜，再用吊机吊装石网兜，定点吊抛。

（2）水下部分抛填：民船运抛、方驳运抛、方驳—吊机吊抛的施工，均与堤心石水上施工相同。垫层块石一般都比较大而且重，抛填时应特别注意"宁低勿高"，局部低凹处可在理坡时边理边补抛。

（二）理坡

垫层石质量常设计为护面块体质量的1/40～1/20。垫层的理坡要求与垫层石质量和护面块体类型有关，质量为10～100kg、100～200kg的垫层块石，其理坡后的允许高差分别为±20cm、±30cm。四脚空心方块的垫层块石宜铺砌，其水上、水下部分的允许高差分别为±10cm、±15cm。垫层块石理坡的方法有滑轨法和滑线法两种。

五、抛填压脚棱体和护底

压脚棱体有用块石的，也有用干砌块石或用与坡面相同的护面块体的。不论压脚棱体为块石或块体，均用水上施工或陆上推进施工，其抛填或吊安的方法，与垫层或护面块体的施工基本相同。

护底离堤中心较远，且较薄，一般只能于水上用民船或方驳抛填，其具体抛法与水上抛填堤心石相同，但应勤测水深，控制其抛填厚度。

当采用预制方块作为堤身时，抛填方块前应先抛放压边方块。实际边线与设计边线间的偏差不应大于500mm。

六、护面块体的预制与安装

1. 护面块体的预制

混凝土护面块体种类有栅栏板、四脚空心方块、扭工字块体、四脚锥块体和扭王字块体等。

预制人工块体的模板，宜采用钢模板或拼装式混合模板。

块体的底模可根据制作方式分别采用混凝土地坪和混凝土胎模或钢模（固定在混凝土地坪或钢支架上），侧模一般用钢模。某些块体的预制可能需设上模和芯模，上模可采用钢模或木模板，在混凝土初凝后可拆除；芯模可用充气胶囊或钢木芯模。

预制人工块体重量的允许偏差为 ±5%。

2. 护面块体的安装

（1）人工块体应自下而上安放，底部的块体应与水下棱体接触紧密。

（2）扭工字块体的安放有定点随机安放和规则安放两种方式。

（3）扭王字块体的安放可采用扭工字块体的定点随机安放方法。

（4）四脚空心方块和栅栏板的安放，块体间应互相靠紧使其稳固，当需采用二片石支垫时，支垫的数量不得超过 2 处，且不得用两块二片石叠垫。

（5）防波堤护面块体一般均为纯混凝土浇筑，但当单块扭工字块体重量大于 20t、扭王字块体和四脚锥块体重量大于 40t 时，应予配置钢筋或其他防断裂的加强措施。

（6）安放大块石护面，块石长边尺寸不宜小于护面层的厚度；对于安放一层块石的护面，块石应互相靠紧，其最大缝宽不大于垫层块石最小粒径的 2/3，坡面上不允许有连续 2 块以上块石垂直于护面层有通缝。

第五节　疏浚与吹填工程的施工工艺与方法

一、耙吸挖泥船

（一）施工工艺

所示耙吸挖泥船的施工工艺如图 5－5－1 所示。

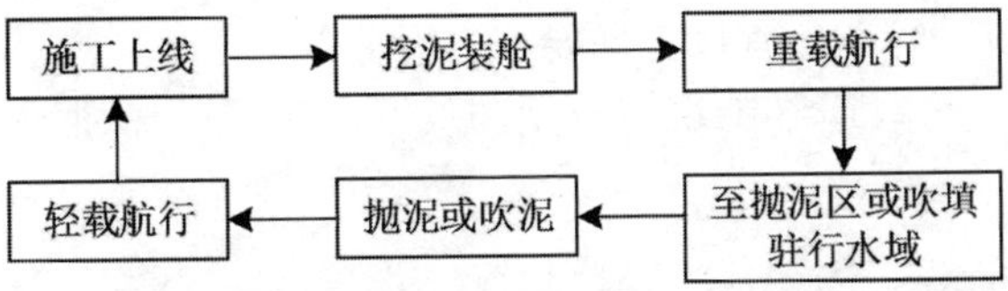

图 5－5－1　耙吸挖泥船的施工工艺

（二）施工方法

1. 主要施工方法

耙吸挖泥船的主要施工方法有装舱（装舱溢流）施工法、旁通（边抛）施工法和回填施工法。

（1）装舱（装舱溢流）施工法：作业时，挖泥船在挖槽内开挖，将泵吸泥浆装入泥舱。从放耙、泵吸装舱、溢流、停泵收耙、航行、抛泥、返航到再放耙（包括历次调头在内）为一次装舱施工作业循环。

(2)旁通(边抛)施工法:旁通施工有两种情况:一种是将吸上泥浆,不经过船泥舱直接就近从船旁排出人水;另一种为"边抛"的是将吸上泥浆,经过船上特设边地管输送到离开船舷一定距离的管口再吐入水中。

(3)回填施工的施工方法:耙吸挖泥船吹填施工分为艏吹和艏喷两种施工方法。要满足的要求有:艏吹施工时,根据水流、潮流、风向、水深及挖泥船操纵要求选择就位点;艏喷施工时,根据施工工况选取合理的喷嘴尺度、喷射角度和泥泵转速;驻船水域水深满足挖泥船满载吃水要求,单点定位吹泥时水域宽度不低于2倍船长;单点定位吹泥进点时控制航速并提前抛艏锚,有条件时抛艉锚辅助定位等。

2. 挖泥采用分段、分层、分条等施工工艺要求

(1)分段施工:

①当挖槽长度大于挖泥船挖的泥舱所需的长度时,应分段施工。

②当挖泥船挖泥、航行、调头受水深限制时,可根据潮位情况进行分段施工。

③当施工存在与航行的干扰时,应根据商定的避让办法,分段进行施工。

④挖槽尺度不一或工期要求不同时,可按平面形状及合同要求分段。

⑤分段施工时,宜采用GPS定位系统进行分段,也可利用助航设施如浮标、岸标进行分段。

(2)分层施工:

①施工区泥层厚度较厚时应分层施工。

②当挖泥船最大挖深在高潮挖不到设计深度,或当地水深在低潮不足挖泥船装载吃水时,应利用潮水涨落进行分层施工,高潮挖上层,低潮挖下层。

③当工程需要分期达到设计深度时,应按分期的深度要求进行分层。

(3)分条施工:

①挖槽宽度较大的航道、港池宜按挖泥船性能进行分条。

②同一地段多艘挖泥船同时进行施工时,宜根据挖泥船航行需要和性能,按安全合理的原则进行分条。

③同一挖槽横断面上泥层厚度或开挖难易程度差距较大时,宜按泥层厚度或土质进行分条。

④部分挖槽需要先行增深时,宜按工期要求进行分条。

二、绞吸挖泥船

(一)施工工艺

绞吸挖泥船→管道输送→吹填区。

(二)施工方法

1. 绞吸挖泥船施工方法

绞吸挖泥船采用横挖法施工,分条、分层、分段、顺流、逆流挖泥。利用一根钢柱或主(艉)锚为摆动中心,左右边锚配合控制横移和前移挖泥。按其采用定位装置不同,可分为对称钢桩横挖法、定位台车横挖法、三缆定位横挖法、锚缆横挖法等,应根据不同的工况条件选择不同的施工方法。

绞吸式挖泥船挖泥时的施工方法根据所采用的定位不同而划分，其中最常用的是对称钢桩法，还有钢桩台车横挖法；当在风浪大的地区，装有三级定位设备的挖泥船，应采用三缆定位横挖法施工；在水流较大或风浪较大的地区，对装有锚缆横挖法设备的绞吸挖泥船，应采用锚缆横挖法施工。

2. 分条、分段、分层、顺流、逆流挖泥施工工艺要求

1）分条施工：

（1）采用锚艇抛锚的钢桩横挖法和三缆定位横挖法施工宜按下列原则确定分条宽度：

①土质松软和顺流施工时，分条宽度适当放宽。

②坚硬土层或在高流速地区施工，分条的宽度适当减小。

③正常情况下分条的宽度以钢桩或三缆柱中心到绞刀前端水平投影的长度。

（2）采用锚杆抛锚的钢桩横挖法三缆定位横挖法施工宜按下列原则确定分条宽度：

①土质松软或顺流施工时，分条的宽度适当放宽。

②坚硬土质或在高流速地区施工，分条的宽度适当缩小。

③正常情况下分条的宽度等于钢桩或三缆柱中心到绞刀前端水平投影长度的 1.1 倍。

（3）采用锚缆定位横挖法施工时，分条宽度不宜大于主锚缆长度的 50%；水流较急的山区河流应适当减小。

2）分段施工：

①挖槽边线为折线时，应按边线拐点进行分段。

②挖槽规格或工期要求不同时，应按挖槽规格变化和工期要求进行分段。

③选择的施工方法和工艺参数因施工区土质变化相差较大时，应按土质进行分段。

④分段施工能避免或降低航行及其他施工干扰时，应根据商定的避让办法进行分段。

⑤挖槽长度大于挖泥船水上管线的有效长度时，应根据挖泥船和水上管线所能开挖的长度进行分段。

3）分层施工：

①当合同要求分期达到设计深度时，应进行分层施工。

②当工程对边坡质量的要求较高，需要分层、分阶梯开挖边坡时，应根据工程对边坡的要求、土质情况和挖掘设备尺度确定分层的厚度。

③当挖泥船的最大挖深在高潮时达不到设计深度，或在低潮时疏浚区的水深小于挖泥船的吃水或最小挖深时，可利用潮水的涨落分层施工，高潮挖上层，低潮挖下层。

④当疏浚区泥层厚度很厚时，应按下列规定分层施工：淤泥类土和松散砂宜取绞刀直径的 1.5～2.5 倍作为挖泥厚度；软黏土和密实砂宜取绞刀直径的 1.0～2.0 倍作为挖泥厚度。硬黏土宜取绞刀直径的 0.75～1.0 倍作为挖泥厚度。软岩石宜取绞刀直径的 0.3～0.75 倍作为挖泥厚度；分层的上层宜较厚；最后一层应较薄；当浚前泥面在水面以上，或水深小于挖泥船的吃水时，最上层开挖深度应满足挖泥船吃水和最小挖深的要求。当泥层过厚时应在高潮挖上层，低潮挖下层，以减少塌方。

4）顺流、逆流施工：

①在海上施工时，宜根据涨落潮流冲刷的作用大小，选择挖泥的方向。

②在内河施工采用钢桩定位时，宜采用顺流施工；采用锚缆横挖法施工时，宜采用逆流施

工;当流速较大时,可采用顺流施工,并下尾锚以策安全。

三、链斗挖泥船

(一)施工工艺

链斗挖泥船的主要施工工艺如图5-5-2所示。

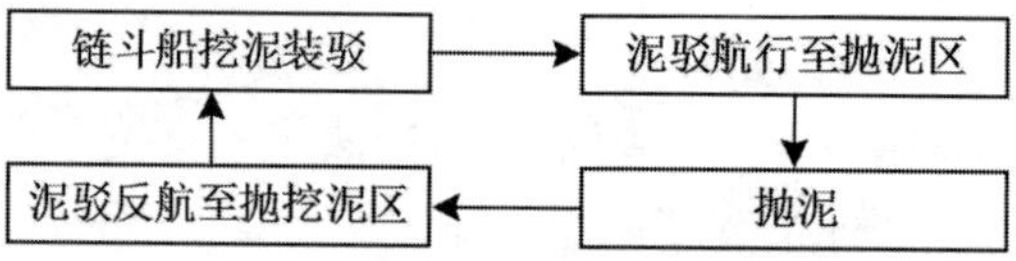

图5-5-2　链斗挖泥船的主要施工工艺

(二)施工方法

(1)链斗挖泥船主要施工方法有斜向横挖法、扇形横挖法、十字形横挖法、平行横挖法等。

链斗挖泥船施工方法应符合下列规定:

①当施工区水域条件好,挖泥船不受挖槽宽度和边缘水深限制时,应采用斜向横挖法施工。

②挖槽狭窄、挖槽边缘水深小于挖泥船吃水时,宜采用扇形横挖法施工。

③挖槽边缘水深小于挖泥船吃水,挖槽宽度小于挖泥船长度时宜采用十字形横挖法。

④施工区水流流速较大时,可采用平行横挖法施工。

(2)挖泥采用分条、分段、分层等工艺施工。

①挖槽边线为折线时,应按照边线拐点进行分段。

②挖槽规格不一或工期要求不同时,应按照挖槽规格变化和工期要求进行分段。

③泥层厚度大于一次开挖的适宜厚度时应进行分层,分层厚度根据土质和斗高确定。

④应根据商定的避让办法进行分段,分段施工能避免或降低航行及其他施工干扰时。

⑤挖槽长度大于挖泥船一次抛设主锚所能开挖的长度时,应按其所能开挖的长度对挖槽进行分段。

⑥挖槽宽度超过挖泥船的最大挖宽,或挖槽内泥层厚度相差较大时,应进行分条。分条的宽度依主锚缆的抛设长度而定,一般情况下取100m;浅水区施工时,分条的最小宽度要满足挖泥船作业和泥驳的靠泊需要。

四、抓斗挖泥船

(一)施工工艺

抓斗挖泥船的施工工艺如图5-5-3所示。

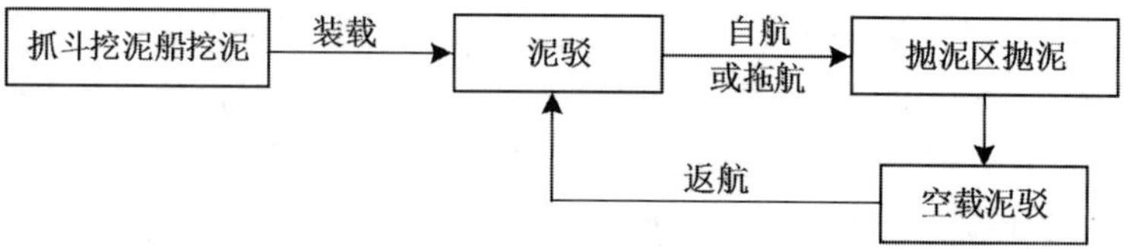

图5-5-3　抓斗挖泥船的施工工艺

(二)施工方法

1)抓斗挖泥船一般采取纵挖法施工。

2)根据不同施工条件采用分条、分段、分层、顺流、逆流挖泥等施工工艺。

(1)当挖槽宽度大于抓斗挖泥船的最大挖宽时,应分条进行施工。

①分条最大宽度不得超过挖泥船抓斗吊机的有效工作半径的2倍。

②在浅水区施工时,分条最小宽度应满足挖泥船作业和泥驳绑靠所需的水域要求。

③在流速大的深水挖槽施工时,分条的挖宽不得大于挖泥船的船宽。

(2)当挖槽长度超过挖泥船一次抛设主锚或边锚所能开挖的长度时,应进行分段施工,分段的长度取决于定位边缆长度和水流流向,顺流施工取艄边缆起始长度的75%,逆流施工取艄边缆起始长度的60%。

(3)当疏浚区泥层厚度超过抓斗一次所能开挖的厚度,或受水位影响需乘潮施工时,应分层施工。分层的厚度根据土质、抓斗斗高及张斗宽度等因素确定,对$2m^3$抓斗宜取1～1.3m;$8m^3$抓斗宜取1.5～2.0m。硬土质可酌情减少。

五、铲斗挖泥船

(一)施工工艺

铲斗挖泥船的施工工艺如图5－5－4所示。

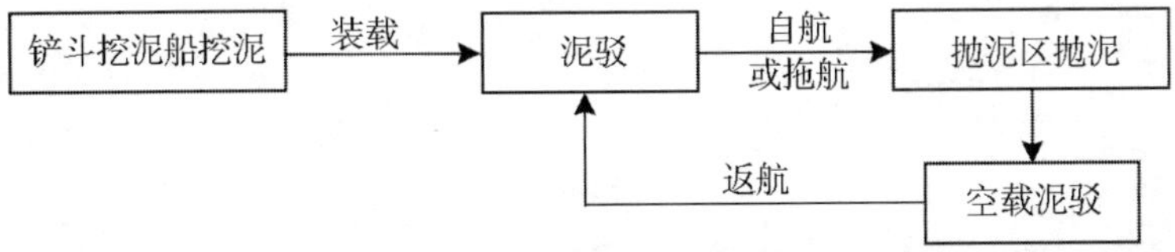

图5－5－4　铲斗挖泥船的施工工艺

(二)施工方法

(1)铲斗挖泥船应采用纵挖法施工,正铲挖泥船宜位于已开挖区域顺挖槽前进挖泥,反铲挖泥船宜位于未开挖区域顺挖槽后退挖泥。

(2)根据不同施工条件采用分条、分段、分层挖泥等施工方法。

①挖槽宽度超过铲斗挖泥船一次所能开挖的宽度时,应分条施工。

②泥层厚度过大时,应分层开挖。

③坚硬的土质和风化岩,采用挖掘与提升铲斗同步挖掘法施工。

④软质土及平整度要求高的工程采用挖掘制动、提升铲斗挖掘法施工。

⑤挖掘不同土质的抬船高度、回转角、铲斗回转角进量及铲斗前移距等施工参数应通过试挖确定。

六、吹填工程

(一)施工工艺

放线→清基→围堰→吹填→坡堤整形。

(二)施工方法

(1)绞吸船直接吹填:适用于内河或风浪较小的海区,生产效率高,成本低,对土壤适应性强。抗风性能较差。最大排距约5km。为了增加运距,可设接力泵,必要时可以将两条绞吸船串联。

(2)斗式船→泥驳→吹泥船→吹填:适用于内河或风浪较小的海区、砂质土、黏性土的吹填区工程。运距一般为5～15km。抗风性能差,挖流动性淤泥效果差。非自航泥驳需要与拖轮配套使用;吹泥船排距不够时可增加泵站。

(3)耙吸船→吹填:适用于取土区风浪大、运距远的工程,施工过程中能改善砂性土的质量,成本较高。

(4)耙吸船→储砂池→绞吸船→吹填与斗式船→泥驳→储砂池→绞吸船→吹填:适用于取土区风浪大、运距远、吹填量大的工程。施工过程中能改善砂性土的质量。斗式船—泥驳—储砂池—绞吸船—吹填适用于内河或风浪较小的海区和吹填量大的工程。设备配套复杂,时间利用率较低。储砂池的位置与大小应满足绞吸船的输送和施工强度的要求,并应选在回淤、冲刷小的地方。池内外水深应满足所有施工船舶吹填、抛砂施工作业的需要。

(5)耙吸船→泥驳→吹泥船→吹填:适用取土区于内河、风浪小、运距远的工程。能改善砂土的质量。

(6)斗式船→泥驳→吹泥船→泵站→吹填:适用于运距远、吹程高的长期性的疏浚土处理与吹填造地相结合的工程。施工环节复杂,故障多,时间利用率低。

第六章 公路工程养护与水运工程维护

第一节 公路路基养护

一、路基养护的规定

(1)通过日常巡查,发现病害及时处治,保持良好稳定的技术状况。

(2)路肩无病害,边坡稳定。

(3)排水设施无淤塞、无损坏,排水畅通。

(4)挡土墙等附属设施良好。

(5)加强不良地质中期边坡崩塌、滑坡、泥石流等灾(病)害的巡查、防治、抢修工作。

二、路肩的养护

路肩是位于行车道外缘至路基边缘,具有一定宽度的带状部分。保持路基土的高度密实,排水性能良好,在行车作用和自然稳定因素影响下不发生过大变形,维持路基良好状态,是路基养护工作的基本任务。

造成路肩病害的主要因素是水的作用,因此路肩养护工作的重点就是减少或消除水对路肩的危害。

(1)路肩养护的要求:

①公路路肩应保持平整、坚实,横坡适顺,排水顺畅。

②土路肩或草皮路肩的横坡应略大于路面横坡,硬路肩与路面同坡。

③硬路肩产生病害应参照同类型路面病害处治。

(2)路肩上严禁种植农作物和堆放任何杂物。对于养路材料,应在公路以外相连路肩之处,根据地况情况,选择适宜地点,设置堆料合。堆料合的间距以200~500m为宜。

三、边坡的养护

边坡包括路堑边坡和路堤边坡,是保护路基的重要组成部分。

(1)边坡养护的要求。路基边坡应保持顺畅、坚实,遇有缺口、坍塌、高边坡碎落、侧滑等病害,应分别针对具体情况采取各种相应的加固整修措施。

(2)对于石质路堑边坡,要经常观察坡面岩石风化情况,以及危岩、浮石的变动,发现问题,及时采取锚固等措施处理,以免堵塞边沟,影响排水,危及行车和行人安全。

(3)土质路堑边坡出现冲沟时应及时用黏土填塞并捣实。

(4)对于填土路堤边坡形成的冲沟和缺口,应及时用黏结性良好的土修补拍实。对较大的冲沟和缺口,修理时应将原边坡挖成台阶形,然后分层填筑压实,并注意与原坡面衔接平顺。对路堤中间部分用粉煤灰填筑的路基,尤其应注意加强边坡的养护。发现冲沟、缺口应及时修理,以防止粉煤灰流失,影响路基整体强度和稳定。边坡坍塌如图 6 -1 -1 所示,路基沉降如图 6 -1 -2 所示。

图 6 -1 -1　边坡坍塌

图 6 -1 -2 路基沉降

四、排水设施的养护

路基排水系统能否正常工作,直接关系到路基的稳定性。因此,加强对各排水设施的日常养护,是确保路基稳定的关键环节。

对各种排水设施,在春融前,特别是汛前,应进行全面检查疏浚。雨天必须上路巡查,及时排除堵塞,疏导水流,保持水流通畅,防止水流集中冲坏路基。

暴雨后重点检查,如有冲刷和损坏需及时修复加固,如有堵塞应及时清除。地下排水设施具有截断、降低、汇集或排除路基范围内的地下水功能的结构物称为地下排水结构物,如暗沟、渗沟、渗井等。其作用是减小地下水对路基的影响,保证路基的强度与稳定性。

边沟、截水沟、排水沟等,应结合地形、地质、纵坡、流速等实际情况,综合考虑加固。对松软土,当流量较大或纵坡度为 1% ~2% 时,或黏性较大的土,当纵坡度为 3% ~4% 时,可用片石铺砌加固。在疏松土上的,纵坡度大于 3% 时,或黏性较大的土,纵坡度大于 4% 时,应用片石或水泥混凝土预制块铺砌加固或设置跌水。

发现渗沟、盲沟出水口处长草、堵塞,应进行清除和冲洗;对有渗沟现象的地方,应经常检查疏浚,以保证管内水流通畅;如发现反滤层淤塞失效,则须翻修,并剔除其中较小颗粒的砂石,以保证其孔隙可便于排水;如位置不当,则须另建渗沟或盲沟。

五、挡土墙的养护

挡土墙是用来支撑天然边坡或人工填土边坡保持土体稳定的建筑物,属于公路组成的重要部分。

挡土墙的日常养护除经常检查其是否有损坏外,应在每年春秋两季各进行一次定期检查,北方冰冻严重的地区尤其应该重视这种定期检查。主要检查挡土墙在冰冻融化后墙身及基础的变化情况,以及冰冻前所采取的防护措施的效果。另外反常气候、地震或重型车辆通过等特殊情况后也应进行及时检查。若发现裂缝、断缝、倾斜、鼓肚、滑动、下沉或表面风化、泄水孔堵塞、墙后积水、周围地基错台、空隙等情,应查明原因并观察其发展情况,采取相应的措施进行修理加固,并建立技术档案,以作备查。

养护中应注意以下几点:

(1)挡土墙的泄水孔应保持畅通。如有堵塞,应及时疏通;如无法疏通,应另行选择适当位置增设泄水孔，或在墙背后沿挡土墙增做墙后排水设施，一般可增设盲沟将水流引出路基以外，以防止墙后积水引起土压力增加或冻胀。

(2)挡土墙表面出现风化剥落时，应将风化表层破除，喷涂水泥砂浆保护层，防止剥落恶化。当风化剥落严重时，应将风化部分拆除重砌。

(3)锚杆、锚定板挡土墙及加筋挡土墙，应做顶面和墙外的防水、排水，经常注意有无变形、倾斜或肋柱、挡土板断裂、损坏。如有损坏，应及时修理、加固或更换。对暴露的锚头、螺母、垫圈应定期涂刷防锈漆，同时应经常检查锚头螺母有无松动、脱落，如有松动、脱落应及时紧固和补充。

(4)浸水挡土墙除平时要注意经常检查外；在汛期更要加紧防范，若受洪水冲刷，出现基础被掏空但未危及挡土墙本身的情况时，可采取抛石加固或用块(片)石将掏空部分塞实并灌浆。当挡土墙本身出现松动、下沉、倒塌、开裂等情况时，应按原样进行修复。

六、透水路堤的养护

透水路堤的边坡，应保持稳定和完好，若发现有冲塌缺陷，应选用与原来相同的材料填补加固。透水路堤伸出路基坡脚以外部分，应经常清理，保持原有的宽度，防止边坡土壤坍落、淤泥塞石缝。压力式透水路堤上游的路基护坡，应保持高出洪水位1m，雨季后检查如高度不足时，应采取补救加固措施，上游护底的铺砌，必须保持平顺、密实无淤积，如发现松动变形，需及时修补。

透水路堤顶面与路基之间所铺的隔离层，是防止毛细水上升的措施，如路基出现发软变形，证明隔离层失去作用，应进行翻修恢复。透水路堤在养护加固中，如遇不能清除淤塞阻水的情况，即失去作用，则应改建为桥梁或涵洞以利水流的宣泄。

七、翻浆路段的养护

(一)春季养护

春季气温上升，路基内冰体融化，土基强度降低，失去承载力，在行车作用下形成翻浆。

初春，对翻浆路段应加强巡回检查与观察工作，掌握翻浆发展变化情况如发现有翻浆的情况时，应采取主动措施，以降低翻浆程度。其措施为：

1. 挖路肩明沟

在翻浆路段两侧路肩上每隔4～6m开挖深30～40cm横向明沟，以后根据融化情况逐渐加大其深度，以利水分排出。

2. 挖路面、路基横向明沟

如明沟难以保证水分排出时可在路面或路基上开挖明沟，并及时用砂砾或碎石回填。

3. 挖渗水坑

在路中每隔4～6m挖直径30～40cm的渗水坑，用人工及时清除坑积水。

4. 打石灰针

在路面上用钢钎打入路基(深1m，间距40～60cm)，拔出钢钎后在孔中灌生石灰，形成石灰针。

5. 打石灰桩

用人工在路面上挖深40～60cm、直径30cm小坑，填入生石灰，形成石灰桩。石灰桩按梅花形布置，每个间距1m。

6. 开辟便道

如条件允许时,另开辟便道,设立标志,控制交通,以避免翻浆的扩大与恶化。

(二)夏季养护

夏季是翻浆的恢复期,养护的主要工作是修复翻浆破坏的路基路面,采取根治翻浆的措施。要查明翻浆的原因,对损坏路段的长度起讫时间、气温变化、表面特征、养护情况等进行调查分析,做出记录,确定治理方法和措施。

(三)秋季养护

秋季是路基水的聚合时期。秋季路基养护的中心任务是排水,防止路基内水分增多。其养护措施有:

1. 整修路基、路面和边坡

使路面保持一定路拱度和平整度,路面坑槽应及时修补,高级路面的裂缝缝隙,应用沥青材料填塞,以免水分渗进路基。

2. 整修地面排水系统,保证地面水排泄通畅

堵塞的边沟应及时疏通;路边积水应设法挖沟排除或导入附近排水构造物中。

3. 地下排水设施的检查和增补

如路基直沟、地下截水沟、砂垫层及路肩盲沟等,应在雨后进行检查,发现淤塞时,应及时补修。如地下排水设施不够,应适当增补。

(四)冬季养护

冬季气温下降,路基上层土开始冻结。冬季养护的主要工作是采取措施减轻路基水分在温差作用下向路基上层聚积的程度,同时要防止水分渗入路基。

1. 清除积雪

及时清除翻浆路段的积雪。雪层导温性能差,因而具有保温作用,将减缓路基土壤冻结速度,使冻结线长期停留在路面下很近的地方,路基下层水分有机会大量聚积到路基上层,致使翻浆加重。

2. 检查

经常沿路检查,及时修补路面出现的裂缝坑槽,并排除融化雪水。

3. 防范

在以往发现有翻浆现象而尚未根治的路段,以及发现翻浆苗头的路段,应在翻浆前做好准备工作,包括准备好抢防的用料。

八、泥沼及软土地区路基养护

在内陆湖塘盆地、江河湖海沿岸和山河洼地则分布有近代沉积的软土。泥沼、软土地带的路基多因地面低洼,降雨充足,地下水位高,含水饱和,透水性差,压缩性大,抗剪强度低,在填土荷载和行车荷载作用下,容易出现路基基底土被压缩而产生较大的沉降,基底土被挤压塑流,向两侧或下坡一侧隆起,使路堤下陷、滑动及冰冻膨胀,进而产生弹簧、翻浆等病害。

对泥沼、软土地区路基产生的病害,可采取下列方法处治:

1. 降低水位

当在路基两侧开挖沟渠的工程量不大时,可加深路堤两侧边沟,以降低水位,促进路基土渗透固结，达到稳固路基的效果。

2. 置换法

对软土路基沉降等病害可采用换填土层法，即将路基一定深度范围的湿软土层挖去，换以强度较大的砂、碎（砾）石、灰土或素土，以及其他性能稳定、无侵蚀性的土类，并予以压实，填至路基设计高程。

3. 抛石挤淤

抛石挤淤是强迫换土的一种形式，适用于软土液性指数大，厚度小于3m，排水困难，片石能沉达下卧硬层者。采用不易风化的、直径一般不小于30cm的大片（块）石。具体做法是：先将病害路段的路堤挖到软土层，抛石自路堤中部开始，逐步向两侧展开，将淤泥挤出，在片（块）石抛至一定高度后（一般应露出淹没水面），用压路机碾压，然后在其上铺设反滤层，再填土至路基的原有高度。

4. 反压护道

当路堤下沉，两侧或路堤下坡一侧隆起时，可采取在路堤两侧或一侧填筑适当大小的护道，在护道重力作用下，使路堤下的淤泥或泥炭向两侧（或单侧）挤出，隆起的趋势得以平衡，保证了路堤的稳定。

5. 侧向压缩

在路堤坡脚处修筑块、片石挡土墙、板桩、木排桩、钢筋混凝土桩、片石齿墙等纵向结构，限制基底软土的侧向挤出，从而保证基底的稳定。

6. 挤密法

在软土路基中采取冲击或振动等方法造成一定直径的钻孔，在孔中灌以砂、石、灰土或石灰等材料，捣实形成直径较大的桩体，利用横向挤紧作用，使路基土粒彼此靠紧，空隙减小。桩体具有较高的承载能力，群桩的面积约占松散土加固面积的20%，桩和原土组成复合地基，达到加固的作用。

除以上治理方法外，还可采用砂石垫层、塑料排水板及土工织物（滤垫）等方法，以改善排水条件，稳定路基。路堤两侧边坡应栽植柳、枫杨等亲水性好、根系发达的树木，以增强路基抵抗冲刷和侵蚀的能力。

第二节　公路路面养护

路面养护是公路养护工作的中心环节，是养护质量考核的首要对象。因此，必须采取预防性养护和经常性的养护，以保证公路的正常使用。

一、公路路面养护的一般规定

（1）经常清扫路面，及时清除杂物、清理积雪积冰，保持路面整洁，做好路面排水。

（2）加强路况巡查，发现病害，及时进行维修、处治。

（3）定期对路面的技术状况进行调查和评定。应以路面管理系统分析结果为依据，科学制订公路养护维修计划。

(4)路面技术状况各分项指标低于规定值时,应采取相应措施恢复或提高。

(5)路面损坏分类、技术状况抽查方法和频率,应按现行《公路技术状况评定标》执行。

(6)改建工程、大中修工程的路面结构、施工工艺、材料、质量指标应符合现行有关设计、施工技术规范的规定。大交通量路段应制订科学合理的交通组织方案,减少对通行车辆的影响。

二、水泥混凝土路面养护

(一)水泥混凝土路面病害

(1)水泥混凝土路面路面病害共有11类,按照病害损坏程度分为20项,如表6-2-1所示。

表6-2-1 水泥路面病害分类

序号	病害	损坏程度	产生原因
1	破碎板	轻/重	(1)超重车辆的影响 (2)水害作用 (3)板下脱空的影响 (4)硬路肩的影响
2	裂缝	轻/中/重	(1)路基、基层的影响 (2)水泥混凝土质量的影响 (3)横向缩缝质量的影响 (4)拉杆与传力杆的影响 (5)混凝土坍落度的影响
3	板角断裂	轻/中/重	(1)混凝土板的设计状态与实际工作状态不符 (2)重载作用 (3)接缝渗水
4	错台	轻/重	(1)设计与施工缺陷 (2)环境因素的影响 (3)交通量与轴载的影响
5	拱起	-	(1)水泥安定性不良,发生膨胀 (2)路面未设伸缩缝,热胀冷缩 (3)路基不良
6	边角剥落	轻/中/重	(1)胀缝被泥沙、碎石等杂物堵塞或传力杆设置不当,阻碍板块热胀,过大的温度应力使板边胀裂 (2)缩缝使混凝土板形成临空面,再加上填缝料质量不能保证,使得板边在车轮荷载反复作用下被压碎 (3)填缝料质量差,如黏结强度低、延伸率及弹性差、不耐老化、填缝料与缝壁黏结不牢靠等
7	接缝料损坏	轻/重	(1)接缝料本身质量不合格,在长期外界环境作用下老化、脆裂 (2)由于混凝土路面板受热膨胀,挤压胀缝,导致接缝料被挤出、不能正常复原等
8	坑洞	-	(1)由于设计、施工、养护处理不当,控制不适 (2)气候、环境、地质、水文等自然因素影响 (3)车辆的运行和车辆超载运行导致路面破损,出现坑洞
9	唧泥	-	填缝料损坏,雨水下渗和路面排水不良等

（续表）

序号	病害	损坏程度	产生原因
10	露骨	-	(1)道路施工中使用水泥不达标，或者使用过期、受潮结块水泥 (2)使用不符合规范要求的砂石，砂颗粒过细，水的比例过大，混凝土拌和物水灰比过大，从而降低混凝土强度 (3)搅拌不均匀，搅拌时间过短或过长，水泥混凝土拌和物搅拌时间不够，泥砂浆未完全到碎(砾)石粗集料上，黏聚力不够 (4)水泥混凝土拌和物离析或流动性降低 (5)欠振、漏振或过分振捣 (6)表面整修不合理
11	修补	-	对水泥路面的病害进行处理后产生新的修补部分病害

(2)破碎板如图6－2－1所示，裂缝如图6－2－2所示，板角断裂如图6－2－3所示，错台如图6－2－4所示，边角剥落如图6－2－5所示，拱起如图6－2－6所示。

图6－2－1　破碎板

图6－2－2　裂缝

图6－2－3　板角断裂

图6－2－4　错台

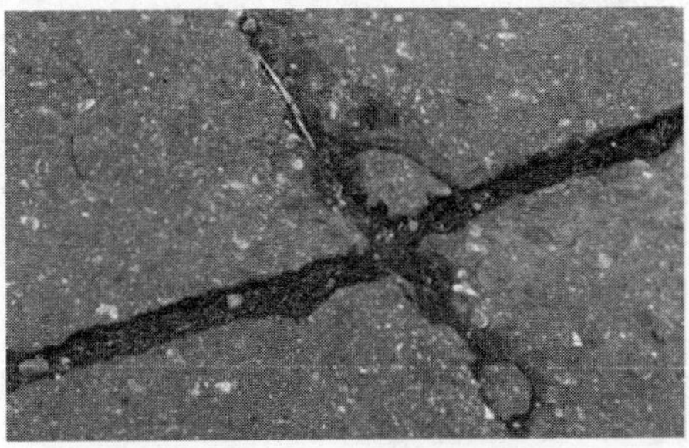

图6－2－5　边角剥落

图6－2－6　拱起

(二)水泥混凝土路面养护基本要求

(1)做好预防性、经常性的保养和破损修补,保持路面处于良好的技术状况与服务水平。

(2)保持路容整洁,定期进行清扫保洁,清扫频率按应根据公路状况、交通量大小及组成环境条件确定。

(3)水泥混凝土路面的接缝应保持完好,表面平顺。

(4)水泥混凝土路面应加强日常巡查,并做好定期检查。

(5)对水泥混凝土路面外观状况进行的日常巡视检查,主要检查拱起、沉陷、错台等病害,以及路面油污、积水、结冰等诱发病害的因素和可能妨碍交通的路障。

(三)水泥混凝土路面日常保养

水泥混凝土路面日常养护应做好预防性、经常性养护,通过经常的巡视检查,及早发现缺陷,查清原因,采取适当措施,清除障碍物,保持路面状况良好。

1. 清扫保洁

(1)水泥混凝土路面必须定期清扫泥土和污物,与其他不同类型路面平面连接处及平交道口应勤加清扫,路面上出现的小石块等坚硬物应予以清除,中央分隔带内的杂物应定期清除,保持路容整洁。

(2)路面清扫频率应根据公路状况、交通量大小,以及其组成、环境条件等确定。路面清扫宜采用机械作业,机械清扫留下的死角,需人工清扫干净。

(3)路面清扫时,应尽量减少清扫作业产生的灰尘,以免污染环境,危及行车安全。清扫作业宜避开交通高峰时段时进行。

(4)路面清扫后的垃圾应运至指定地点进行处理,不能随意倾倒。

(5)当路面被油类物质或化学药品污染时,应清扫干净,必要时用中和剂或其他材料处理后再用水冲洗。

(6)交通标志标牌、示警桩、轮廓标及防撞栏等交通安全设施应定期擦拭,交通标志及标线受到污染后应及时清扫(洗),保持整洁、醒目。

(7)应保持交通标志标牌、标线、示警桩、轮廓标的完整,发生局部脱落、破损时应用原材料进行修复或更换。

2. 接缝保养及填缝料更换

(1)应对接缝进行适时的保养,保持接缝完好,表面平顺。

(2)应对填缝料实行周期性或日常性的更换。

(3)填缝料的更换应做到饱满、密实、黏结牢固,清缝、灌缝宜使用专用机具。

(4)填缝料更换宜选在春秋两季,或在当地年气温居中且较干燥的季节进行。

3. 排水设施养护

(1)必须对路面、路肩、中央分隔带、边沟、边坡、挡土墙,以及所有排水构造物进行妥善的日常维护,保持系统的排水功能。当排水系统整体功能不能满足要求时,应通过发送或改建工程进行完善提高。

(2)对路面排水设施,应采取经常性的巡查,并与重点检查相结合,发现损坏应及时安排修复,发现堵塞必须立即疏通,路段积水应及时排放。

(3)雨天应重点检查超高路段的中央分隔带纵向排水沟、横向排水管、雨水井、集水井等的排水状况，出现堵塞、积水应及时排出。

(4)排水构造物及路肩修复宜采用与原结构物相同的材料。

(5)保持路面横坡及路面平整度。当快车道是水泥混凝土路面，慢车道或非机动车道是沥青路面时，应保持沥青路面横坡大于水泥混凝土路面横坡。

(6)保持路肩横坡大于路面横坡，路肩横坡应顺适，并及时修复路肩缺口。

(7)路面板裂缝应按要求进行缝隙封闭。

(8)路面接缝、路肩接缝及路缘石与路面接缝变宽出现接缝渗水时，应进行填缝处理。

(9)定期修整路肩植物、清除路肩杂物、疏通路肩排水设施和中央分隔带排水设施，常年保持路面排水顺畅。

(10)及时清除路肩堆积杂物、杂草、污物。

(11)定期疏通路肩边沟、集水井、排水集水槽、泄水口、急流槽等路肩排水设施。

(12)定期疏通排水中央分隔带的进水口、纵向排水沟、雨水井、集水井、横向排水管、渗沟等，同时定期清除雨水井、集水井污物。

4. 冬季保养

(1)冰雪地区路段水泥混凝土路面冬季养护的重点是除雪、除冰、防滑作业，重点是桥面、坡道、弯道、垭口及其他严重危害行车安全的路段。

(2)除雪、除冰、防滑要根据气象资料、沿线条件、降雪量、积雪深度、危害交通范围等确定作业计划，并做好机械驾驶人员培训、机械设备、作业工具、防冻防滑材料的准备。

(3)除雪作业以清除新雪为主，化雪时应及时清除雪水和薄冰，除冰困难的路段应以防滑措施为主、除冰为辅，除冰作业应防止破坏路面。

三、沥青路面的养护

及时进行养护和维修，可以使路面强度和使用性能保持良好状态，延长道路寿命，确保行车安全和畅通。延迟养护与维修会加重路面破损。沥青路面养护分为初期养护和日常养护。

(一)沥青路面病害

(1)沥青路面病害共有 11 类，按照损坏程度分为 21 项，如表 6－2－2 所示。

表 6－2－2　沥青路面病害分类

序号	病害	损坏程度	产生原因
1	龟裂	轻/中/重	在疲劳损坏、行车荷载的反复作用下，由沥青面层和半刚性基层等整体性材料逐渐失去承载能力所引起
2	块状裂缝	轻/重	由面层的低温收缩和沥青老化所引起，与行车荷载作用关系不大，与龟裂主要出现在荷载作用的轮迹处不同
3	纵向裂缝	轻/重	(1)疲劳损坏 (2)不均匀沉降(如加宽) (3)反射裂缝 (4)纵向施工缝搭接质量不好
4	横向裂缝	轻/重	(1)温度变化引起低温收缩 (2)反射裂缝

(续表)

序号	病害	损坏程度	产生原因
5	沉陷	轻/重	(1)路基不均匀沉降 (2)局部开挖回填压实不足 (3)台背回填压实不足
6	车辙	轻/重	(1)结构性车辙:行车荷载作用下,结构层和土基材料压缩累计变形 (2)流动性车辙:炎热季节,沥青混凝土层内产生的侧向流动变形,轮机带处下陷、周边隆起 (3)压实性车辙:混合料温度过低、压实次数少或压实度不足,在行车作用下进一步压实产生 (4)磨耗性车辙:由重载渠化交通对路面的磨耗作用形成
7	波浪拥包	轻/重	(1)路面材料设计与施工缺陷,如油石比过大、细料过多、施工质量差等 (2)面层与基层之间存在不稳定夹层 (3)路基冻胀
8	坑槽	轻/重	通常由其他病害(如龟裂、松散等)未及时处理而逐渐发展形成
9	松散	轻/重	(1)沥青用量偏少 (2)低温施工 (3)沥青和集料黏结性差 (4)沥青老化变硬 (5)压实不足 (6)局部集料级配不均匀
10	泛油	-	(1)沥青材料设计与施工缺陷造成,如沥青含量过多,混合料中空隙过少,拌和控制不严,沥青高温稳定性差等 (2)施工时黏层油用量不当,或雨水渗入使下层沥青与石料剥离
11	修补	-	(1)沥青材料设计与施工缺陷造成,如沥青含量过多,混合料中空隙过少,拌和控制不严,沥青高温稳定性差等 (2)施工时黏层油用量不当,或雨水渗入使下层沥青与石料剥离

(2)龟裂如图6-2-7所示,块状裂缝如图6-2-8所示,纵向裂缝如图6-2-9所示,横向裂缝如图6-2-10所示。

图6-2-7 龟裂

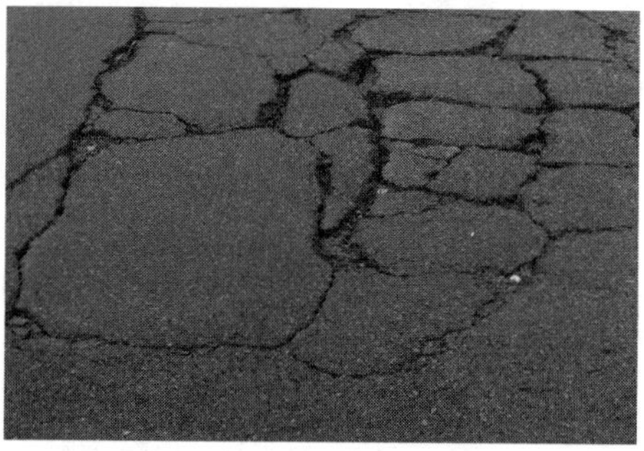

图6-2-8 块状裂缝

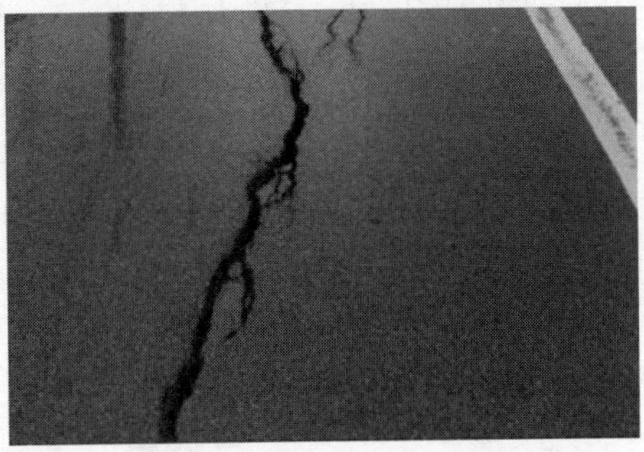

图 6-2-9　纵向裂缝

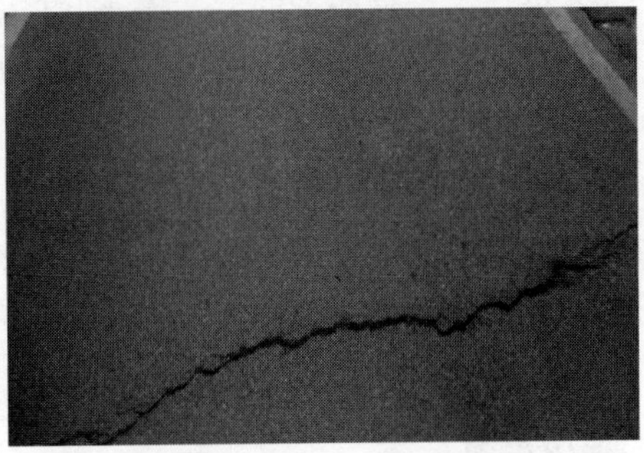

图 6-2-10　横向裂缝

(二)沥青路面的养护要求

(1)对沥青路面应进行预防性、经常性和周期性养护,加强路况巡查,掌握路面的使用状况,根据路面的实际情况制订日常小修保养和经常性、预防性、周期性养护工程计划。对于较大范围路面损坏和达到或超过设计使用年限的路面,应及时安排大中修或改建工程。

(2)应及时掌握路面的使用状况,加强小修保养,及时修补各种破损,保持路面整洁、良好的技术状况。

(3)沥青路面养护工程使用的沥青、粗骨料、细骨料和填料的规格、质量要求、技术指标、级配组成及大修、中修、改建工程的设计、施工、质量控制,均应符合现行《公路沥青路面设计规范》和《公路沥青路面施工技术细则》的有关规定。

(4)沥青路面的技术状况应符合现行《公路技术状况评定标准》有关规定。

对沥青路面采取中修、大修、改建时,除遵守现行《公路养护技术规范》的相关技术规定外,还应遵守现行《公路沥青路面施工技术规范》《公路路基施工技术规范》等的有关规定。

(5)沥青路面养护质量的评定等级分为优、良、中、次、差 5 个等级,按现行《公路技术状况评定标准》评定。

(三)沥青路面日常养护

1. 沥青路面初期养护要求

(1)摊铺、压实后的热拌沥青混合料路面,待摊铺层自然冷却,混合料表面温度低于 50℃后方可开放交通。开放交通初期,应控制行驶车辆限速在 20km/h 以下,视表面成形情况,逐步恢复到设计时速。乳化沥青路面(含稀浆封层和微表处)的初期稳定性差,应设专人管理,按实际破乳情况,封闭交通 2 ~ 6h;在未破乳的路段上,严禁一切车辆、人、畜通过;开放交通初期,应控制车速不超过 20km/h,并不得抽动和掉头。

(2)沥青贯入式路面及层铺法施工的沥青表面处治路面,应及时将行车驱散的面料回扫、扫匀、压实,以形成平整密实的上封层。

2. 沥青路面日常养护要求

(1)保持路面平整、横坡适度、线型顺直、路容整洁、排水良好。

(2)加强巡路检查,掌握路面情况,随时排除有损路面的各种因素,及时发现路面初期病害,研究分析病害产生的原因,并有针对性地及时对病害进行维修处理。

(3)雨后路面积水应及时排除。

(4)在春融期,特别是汛期,应对排水设施进行全面检查并疏通。

(5)冬季降雪天气应及时除雪除冰,并采取必要的路面防滑措施。

(6)加强经常性和预防性的日常养护,以保障路面及沿线设施良好的技术状况。

(7)严禁履带车和铁轮车在沥青路面上直接行驶,如必须行驶,应采取相应保护措施。

(四)罩面养护的规定

1. 罩面类型

沥青路面罩面按其功能划分为普通型罩面(简称罩面)、防水型罩面(简称封层)和抗滑层罩面(简称抗滑层)三种。

2. 适用范围

(1)罩面主要适用于消除破损,恢复原有路面平整度,改善路面性能的修复工作。

(2)封层主要适用于提高原有路面的防水性能、平整度和抗滑性能的修复工作。

(3)抗滑层主要适用于提高路面抗滑能力的修复工作。

3. 材料要求

(1)罩面的沥青结合料宜使用性能较好的黏稠型道路石油沥青、乳化石油沥青、改性乳化沥青、改性沥青。

(2)矿料应选用耐磨、强度高、水稳定性好的石料。

(3)所采用的沥青结合料、矿料规格、各项技术指标应符合现行《公路沥青路面施工技术规范》和其他有关规范的规定。

4. 厚度要求

(1)罩面:

①罩面厚度应根据路段的交通量、公路等级、路面状况、使用功能等综合考虑确定。

②当路面损坏状况指数和行驶质量指数在中、良等级,路面仅有轻度网裂时,可采用较薄的罩面层(厚10~30mm)。

③当路面破损、抗滑三项指标都在中等以下,要求恢复到优、良等级时,应采用较厚的罩面层(厚30~50mm)。

④一般情况下,高速公路、一级公路罩面宜采用40~50mm的厚度,其他公路可采用较薄的罩面层(厚度10~40mm)。

⑤各级公路的罩面厚度不得小于最小施工层厚度。

(2)封层:

①交通量较大、重型车较多的路段宜采用厚约10mm的封层。

②在中午交通量路段宜采用厚约7mm的封层。

(3)抗滑层:

①用于高速公路、一级公路时宜采用不小于40mm的厚度。

②用于二级公路时,宜采用中粒式、细粒式沥青混凝土结构,也可采用热拌沥青碎石或沥青表面处治结构,厚度不得小于最小施工层厚度。

③用于三级、四级公路时可采用乳化沥青封层结构,厚度可为5~10mm。

(五)公路沥青路面翻修与再生利用的相关规定

(1)路面破损严重,采用罩面等措施不能使路面恢复良好的工作状态时,为保证必要的服务功能,应进行翻修并对旧沥青面层尽可能予以再生利用。

(2)翻修前,应对需要翻修路段的路面结构、路基土特性和交通量进行调查分析,并按路面补强设计要求或现行《公路沥青路面设计规范》的规定进行结构厚度设计。

(3)如因路基软弱导致路面损坏时,应对软弱路基采取有效措施处治达到质量标准后再修筑基层、面层。

(4)热拌和冷拌再生沥青混合料一般运用于翻修养护工程,可用于高速公路和一级、二级、三级公路的中、下面层,以及四级公路的面层。对于一级、二级及三级的上面层,以及高速公路中、下面层,必须经试验、总结、评定合格后才能使用。

(5)再生沥青混合料的运输、施工和质量管理等技术要求应符合现行《公路沥青路面施工技术规范》的规定。

第三节　桥梁及涵洞养护

一、桥梁养护

通过桥梁养护,对公路桥梁进行周期性检查,系统地掌握技术状况,及时发现缺损和环境变化,按桥梁检查结果,对桥梁技术状况进行分类技术评定,制定相应的养护对策。

(一)养护作业

1. 日常养护

桥梁的日常养护工作主要是日常巡查和桥面系的日常保养及维修,日常巡查的内容包括查看桥面是否破损、整洁,桥梁栏杆、人行道等设施是否完好,泄水孔及伸缩缝是否完好,桥下过水是否畅通。排水设施日常养护要求:进水口定期进行清捞,保持进水口干净;立管按每两个月一次疏通;立管集水斗要定期进行清捞,汛期加大清捞频率;发现泄水管损坏应及时进行修补,损坏的及时更换。桥梁支座各部应保持完整、清洁,每半年至少清扫一次;滚动支座的滚动面应定期涂润滑油;对钢支座要进行除锈防腐;应防止橡胶支座接触油污引起老化。

2. 养护工程

根据现行《公路养护工程管理办法》的规定,桥梁养护工程的主要作业内容:预防养护,即桥梁防腐、防锈等周期性预防养护,桥梁构件的集中维护或更换;修复养护,即桥梁加固、病害修复,如墩台、锥坡翼墙、护栏、拉索、调治构造物、径流系统等的维修完善,桥梁加宽加高;专项养护,即针对阶段性工作实施的专项养护治理项目,如桥梁灾毁修复项目;应急养护(同路基应急养护)。

(二)病害类型

1. 梁桥的主要病害

(1)钢筋混凝土梁桥的主要病害:

①梁体混凝土病害。

②梁体露筋,保护层剥落。

③梁体的横纵件开裂、断裂。

④钢筋混凝土梁桥的裂缝。

(2)预应力混凝土梁桥的主要病害：

①混凝土表面剥落、渗水,梁角破碎、漏筋,局部破损。

②预应力钢束应力损失造成的病害。

③预应力混凝土梁出现裂缝,全预应力及部分预应力 A 类构件正常使用条件下不允许出现裂缝,只有 B 类构件允许出现裂缝。

2. 拱桥的主要病害

(1)主拱圈抗弯强度不够引起拱圈开裂。

(2)主拱圈抗剪强度不够引起拱圈开裂;拱圈材料抗压强度不够,引起劈裂压碎。

(3)两拱脚墩台不均匀沉降引起拱圈开裂,一般出现在拱顶区段,横桥向贯穿全拱,裂缝宽度上下变化不大。

(4)墩台沿桥梁纵向发生向后滑动或转动引起拱圈开裂。

(5)肋拱、刚架拱、桁架拱双曲拱的肋间横向连接强度不够引起开裂。

(6)拱上排架梁柱开裂,短柱的两端开裂,侧墙斜竖方向开裂,侧墙与拱圈连接处开裂,其原因是构造不合理、强度不够、施工质量不好,拱圈变形,墩台变位造成对拱上结构不良影响。

(7)预制拼装拱桥,沿连接部位或砌缝发生环向裂缝。

(8)双曲拱桥的拱波顶纵向开裂多为肋间横向连接偏弱。

(9)桁架拱、刚架拱、系杆拱等的节点强度不够引起节点或端部开裂。

(10)拱铰失效或部分失效,引起拱的受力变化。

(11)钢管混凝土拱的钢管因厚度不足,或节间过大造成的钢管出现压缩状褶皱。

3. 下部结构的主要病害

(1)重力式桥台：

①由于桥台倾斜、水平变位以及不均匀沉降等导致桥台变位。

②混凝土收缩和温差地基不均匀沉降引起的前墙竖向裂缝。

③由于桥台分层浇筑的层间裂缝与土压力等水平荷载作用,致使台身弯曲开裂,形成前墙横向裂缝。

(2)轻型桥台：

①基础的不均匀沉降和冲刷导致的基础承载力不足,引起桥台变形。

②台身竖向裂缝的原因:基础的不均匀沉降引起的台身附加作用,导致台身开裂;宽幅台身混凝土收缩裂缝;墩柱顶部的水平力作用导致墩柱环向裂缝。

(3)重力式桥墩:基础的不均匀沉降和宽幅台身混凝土收缩裂缝,导致墩身墩帽竖向裂缝;墩身水平裂缝;混凝土干缩裂缝以及大体积混凝土温度应力导致混凝土表面龟裂形成的墩身网状裂缝。

(4)轻型桥墩:基础变位、墩柱的水平力作用以及钢筋的锈蚀,导致混凝土开裂,形成墩柱环向水平裂缝;由于悬臂端负弯矩过大、受力弯曲裂缝以及混凝土收缩开裂,引起墩柱倾斜变位;混凝土干缩裂缝以及大体积混凝土温度应力,导致混凝土表面龟裂,形成墩身网状结构裂缝;防震挡块开裂主要是由于梁板安装就位不准确,挤压挡块及梁体,出现横桥向滑移,挤压挡块。

(5)桩基础:

①由于相邻基础承载能力不同或基底存在软弱层,导致桩基不均匀沉降;桩基施工质量不佳,钢筋笼偏斜以及长期的水流冲蚀,导致桩头破损、钢筋外露。

②桥台分层浇筑的层间接缝与土压力等水平荷载作用,致使台身弯曲开裂,形成前墙横向裂缝。

(三)桥梁检查

桥梁的检查是桥梁养护工作的重要环节,也是桥梁养护工作的基础性工作,对桥梁进行检查,目的在于系统地掌握桥梁的技术状况,较早发现桥梁的缺陷和异常,进而合理地提出养护措施。

1. 经常检查

采用目测方法,同时配以简单工具进行测量,记录检查项目的缺损类型,估计缺损范围及养护工作量并提出相应的养护措施。

2. 定期检查

采取目测观察与仪器观测相结合的方法,必须接近各部件仔细检查缺损情况,对特大型、大型桥梁的控制性检测应设立永久性观测点。

3. 特殊检查

定期检查中难以判明桥梁损坏原因及程度的桥梁,桥梁状况分为4、5类的桥梁,拟通过加固手段提高荷载等级的桥梁。

(四)养护措施

1. 桥面系的养护措施

(1)桥面出现的病害维修按照路面病害处治,当损坏面积较大时,可将整跨铺装层凿除,新铺层一般不在原桥面上,以免增加恒载。

(2)排水设施出现损坏时应进行更换,如钢板伸缩缝装置或锯齿钢板伸缩缝装置的钢板变形,螺栓脱落,伸缩不能正常进行。

(3)橡胶条伸缩装置一般有如下损坏:橡胶条老化、脱落,固定角钢变形松动;板式橡胶伸缩缝装置的橡胶板老化开裂,预埋螺栓松脱,伸缩失效。

2. 梁桥的养护维修

(1)钢筋混凝土梁桥常见病害及维修养护方法:

①对梁板混凝土的蜂窝、麻面、空洞剥落等应先将松散部分清除,再用高强度等级的混凝土、水泥砂浆进行修补,新补的混凝土要密实,与原结构要结合牢固、表面平整,新补的混凝土要及时进行养护。

②梁体出现漏筋或保护层剥落,应先将松动的保护层凿去并清除钢筋锈蚀,然后修补保护层,如修补面积不大,可用环氧砂浆修补,如损坏面积过大,可以喷射高强度等级水泥砂浆;梁体横、纵向连接件开裂、开焊可采取更换、补焊等措施。

③预应力混凝土梁桥常见病害的维修加固同钢筋混凝土梁桥。

(2)梁桥的加固方法:

①浇筑钢筋混凝土加大截面加固法:用于加强构件,注意在加大截面时自重也会相应增加。

②增加钢筋加固法:将主梁下面的混凝土保护层凿去,漏出主筋并将原箍筋切断拉直,在暴露的原有主钢筋上缠绕,或焊上按计算确定补充的拉力钢筋,恢复箍筋浇筑环氧树脂混凝土。

③粘贴钢板加固法:将钢板用胶粘剂粘贴在梁板下面,以提高承载力。

④粘贴碳纤维、特种玻璃纤维加固法:主要用于提高构件抗弯承载力,使用此法加固几乎不增加原结构自重。

⑤预应力加固法:在梁体受拉区设置预应力钢筋,通过张拉时梁体产生偏心预压力,以此来减少荷载挠度,改善结构受力状态,对提高构件强度、控制裂缝变形发展有较好的作用。

⑥改变梁体截面形式加固法:一般是将开口的T形截面转换成箱形截面。

⑦增加横隔板加固法:用于缺少中横隔梁,致使横向整体性差、承载力降低的桥梁下部结构,可采用增加横隔梁的方法增加主梁之间的横向连接,提高桥梁整体刚度,调整荷载横向分布。

⑧八字支撑加固法:在梁下方加八字支撑,把一孔梁变为一组三联的连续梁。

⑨桥梁结构由简支变连续的加固法:在原简支桥孔下增设桥墩或斜撑以减小原结构跨径,将简支变为连续体系。

⑩调整支座高程:当支座设置不当,造成梁体受力恶化时,可采用调整支座高程的加固方法。

3. 拱桥的养护维修

(1)主拱圈强度不足时,可加大拱圈截面。

(2)拱肋、拱上立柱、纵横梁、桁架拱、刚架拱的杆件损坏可粘贴钢材或复合纤维片材加固,钢材可粘贴钢板,也可粘贴角钢。

(3)用粘贴钢板或复合纤维片材加固桁架拱、刚架拱及拱上框架节点;用嵌入剪力键的方法加固拱圈的环向连接;用加大截面的方法加大拱肋之间的横向连接,采用横拉杆的双曲拱,可把拉杆改为系梁。

(4)更换锈蚀、断丝或滑丝的吊杆,若原构造许可,可以用收紧锚头的方法张拉松弛的系杆来调整内力。

(5)在钢筋混凝土拱肋拱脚区段或其他构件的外面包裹钢筋混凝土。

(6)改变结构体系以改善结构受力。

(7)更换拱上建筑,减轻自重。加固拱桥时注意恒载变化对拱压力线的影响及引起的推力变化,对各工序进行验算并做出施工组织设计,严格按设计工序施工。

4. 支座的维修与更换

(1)支座的固定锚销剪断,滚动面不平整,轴承有裂纹、缺口,混凝土摆柱出现严重开裂,必须更换。

(2)支座板翘起、变形、断裂时应予以更换;板式橡胶支座发生过大的剪切变形、中间钢板外漏、橡胶开裂老化时应及时更换。

(3)油毡垫层支座失去功能时,应及时更换。

(4)更换支座时在支座旁边的梁底或端横隔梁处设置千斤顶,将梁适当顶起,使支座脱空不受力,然后进行更换,新支座就位后落梁到使用位置。

5. 下部结构的养护措施

(1)裂缝宽度小于规定限值时可凿槽并喷浆封闭裂缝法,裂缝宽度大于规定限值时,可以用灌注水泥砂浆、环氧砂浆法修补。

(2)支座失灵造成墩台拉裂,应更换支座;当混凝土发生侵蚀剥落、蜂窝麻面等病害时,应及时将周围凿毛洗净后做表面防护。

(3)台身出现纵向贯通裂缝,可用钢筋混凝土围带或粘贴钢板进行加固,当混凝土表面部分严重风化时应及时清除损坏部分后用与原结构相同的材料补砌,补砌部分应结合牢固,色泽和质地宜与原砌体一致;墩台变形时应查明原因,采取针对性的措施加固;裂缝宽度小于规定限值时应封闭处理,裂缝宽度大于规定限值时应灌浆;当石砌圬工出现通缝和错缝时,应拆除部分石料重新砌筑;当活动支座失灵造成墩台拉裂时,应修复支座并维修裂缝。

(4)基础不均匀沉降产生的自下而上的裂缝时应先加固基础,根据裂缝发展程度确定加固方法;桥台发生水平位移或倾斜,超过允许设计变形时,应分析原因并确定加固方案。

二、涵洞的养护

(一)涵洞养护基本要求

(1)定期进行检查,发现病害及时修复加固。

(2)建立健全完善的技术档案,准确掌握涵洞的技术状况。

(3)加强对涵洞的经常性保养、维修,对损坏严重的涵洞应及时加固或改建。

(二)涵洞养护的检查

涵洞养护的检查分经常检查和定期检查。

1. 经常检查

(1)每月至少进行 2 次检查,在洪水、冰雪前后及行洪期间应加强检查。

(2)经常检查内容包括:进水口是否堵塞,沉砂井有无淤积,洞内有无淤塞及排水不畅,洞口周围是否有杂物堆积,涵洞是否清洁、漏水;周围路基填土是否稳定和完整,涵洞结构是否有损坏。

(3)经常检查中发现有排水堵塞或有较大损坏需要进行维修的,应做好记录并及时报告。

2. 定期检查

(1)每年至少 1 次定期检查,在接到较大损坏情况的报告后应增加检查。

(2)定期检查的内容:

①检查涵洞的过水能力,包括涵洞的位置是否适当,孔径是否足够,涵底纵坡是否合适。若过水能力明显不足,经常造成内涝及路基损毁的,应考虑改造。

②进水口铺砌、翼墙、护坡、挡水墙、沉砂井等是否完整,洞口连接是否平整顺适。

③出水口铺砌、挡水墙、翼墙、护坡等是否完整,排水是否顺畅。

④涵体侧墙是否渗漏水、开裂、变形或倾斜,墙身砌体砂浆是否脱落、石块是否松动,基础是否冲刷掏空。

⑤涵身顶部盖板或拱顶是否开裂、漏水、变形下挠,拱顶砌块是否松动脱落。

⑥涵底是否淤塞阻水,涵底铺砌是否完整。

⑦洞口附近填土是否有漏水、冲刷、空洞,填土是否稳定。

⑧涵洞顶路面是否开裂、下沉。行车是否安全。定期检查时,应现场填写“涵洞定期检查表”;实施查明损坏情况,根据涵洞的技术状况,提出日常养护、维修、加固、改建等建议。

(三)涵洞养护的日常养护要求

(1)保持洞口清洁无杂物,洞内排水畅通,发现淤塞或积雪、积冰应及时疏通和清除。经常积雪或积雪较深的涵洞,入冬前可在洞口外加设栅栏;易发生积冰的涵洞,宜用柴草封住洞口,融雪时及时拆除。

(2)涵底铺砌,洞口上下游路基护坡、引水沟、泄水槽、沉沙井发生变形或出现缺口,应及时修理或封塞填平。

(3)涵洞进水口的沉沙井和出水口的跌水构造,应适时检查其是否损坏、与洞口是否结合成整体,如有损坏或发现裂隙甚至脱离,应及时修复加固。对局部损坏及承载力不足的涵洞应及时维修加固或改建,保障通行安全。当路基加宽加高不多时,也可采取加高涵洞上下游端墙的措施。

第四节　隧道养护

一、一般要求

(1)公路隧道养护应符合下列要求:保持隧道外观整洁、隧道内路面平整、衬砌完整无明显开裂和剥落;标志、标线清晰醒目,排水系统良好;对结构物及其附属设施(照明、通风、监控等)进行预防性维护和修复,保持良好的技术状况。

(2)公路隧道养护工作的内容包括隧道结构、防排水设施、附属设施的检查和保养、维修、加固以及隧道安全管理等。

(3)加强隧道的日常巡查。隧道日常巡查是隧道日常养护工作的重要内容之一,应予以充分重视,发现隐患及病害应及时处置。

二、隧道病害类型

隧道病害共有 10 类,包括掘进中的超欠挖、隧道喷射混凝土脱层隆起、隧道锚杆拉力不足、隧道衬砌混凝土麻面、隧道衬砌混凝土蜂窝、隧道衬砌混凝土孔洞、隧道混凝土露筋、隧道衬砌混凝土缺棱掉角、隧道渗漏水、隧道整体台车衬砌接茬处发生错台。

三、隧道养护措施

隧道病害处置应根据结构检查结果,针对病害产生原因,按照安全、经济、合理的原则确定方案。病害处置的内容应包括修复破损结构,消除结构病害,恢复结构物设计标准,维持良好的技术功能状态,处置方案可由一种或多种处置方法组成,处置方法包括衬砌背后注浆、防护网、喷射混凝土、施作钢带、锚杆加固、排水止水、凿槽嵌拱或直接增设钢拱、套拱、隔热保温、滑坡整治、围岩压浆、灌浆锚固、隧底加固、更换衬砌等。

第五节　交通工程及沿线设施养护

一、安全设施的养护

安全设施的养护内容包括检查、保养维护和更新改造。检查包括经常性检查、定期检查、特殊检查和专项检查。平常应加强日常巡查。经常性检查的频率不少于1次/月；定期检查的频率不少于1次/年；遭遇自然灾害、发生交通事故或出现其他异常情况时，应及时进行附加的特殊检查；设施更新改造后，应进行全面的专项检查。应结合设施特点，加强对交通安全设施的养护维修和更新改造。交通安全设施的养护应满足设施完整和外观质量、安装质量、技术性能等各项要求；因交通事故、自然灾害或其他原因造成的设施损伤应及时修复。

(一)护栏

1. 护栏的检查

护栏日常检查和定期检查内容如下：

(1)各类护栏结构部分有无损坏或变形，立柱与水平构件的紧固状况。

(2)污秽程度及油漆状况。

(3)护栏及反光膜的缺损情况。

2. 养护与维修

(1)波形梁钢护栏：

①保持波形梁钢护栏的结构合理、安全可靠。

②护栏板、立柱、柱帽、防阻块(托架)、坚固件等部件应完整、无缺损。

③护栏质量符合相关标准要求。

④护栏的防腐层应无明显脱落，护栏无锈蚀。

⑤护栏板搭接方向正确，螺栓坚固。

⑥护栏安装线形顺畅，无明显变形、扭转、倾斜。

(2)水泥混凝土护栏：

①保持水泥混凝土护栏线形顺畅、结构合理。

②水泥混凝土护栏应无明显裂缝、掉角、破损等缺陷。

③水泥混凝土护栏使用的水泥、砂、石、水、外加剂、钢筋等材料质量应符合相关标准、规范及设计要求。

④水泥混凝土护栏的几何尺寸、地基强度、埋置深度，以及各块件之间、护栏与基础之间的连接应符合设计要求。

(3)缆索护栏：

①缆索护栏各组成部件应无缺损。

②缆索护栏各组成部件应无明显变形、倾斜、松动、锈蚀等现象。

③缆索护栏使用的缆索、立柱、锚具等材料质量应符合相关标准、规范及设计要求。

(二)隔离栅

1. 隔离栅的检查

隔离栅的检查与护栏相似,主要包括以下内容:

(1)结构部分有无损坏或变形。

(2)有无污秽或悬挂未经交通运输管理部门批准的广告、启事等。

(3)油漆老化剥落及金属构件锈蚀情况。

2. 养护与维修

(1)应保持隔离栅的完整无缺,功能正常。

(2)隔离栅金属网片、立柱、斜撑、连接件、基础等部件无缺损。

(3)隔离栅质量应符合相关标准要求。

(4)隔离栅应无明显倾斜、变形,各部件稳固连接。

(5)隔离栅防腐涂层应无明显脱落、锈蚀现象。

(三)交通标志

1. 交通标志的检查

交通标志检查包括日常检查和定期检查,检查内容如下:

(1)公路交通标志是否被沿线的树木、广告牌等遮掩。

(2)标志基础、牌面及支柱的下沉、移位、变形、损坏、污秽及腐蚀情况。

(3)标志杆件连接螺栓是否松动或焊接缝是否开裂。

(4)油漆褪色、剥落及反光材料的反光性能。

2. 养护与维修

(1)应保持交通标志设置合理、结构安全,版面内容整洁、清晰。

(2)标志板、支柱、连接件、基础等标志部件应完整、无缺损且功能正常。

(3)标志应无明显歪斜、变形,钢构件无明显剥落、锈蚀。

(4)标志面应平整,无明显褪色、污损、起泡、起皱、裂纹、剥落等病害。

(5)标志的图案、字体、颜色等应符合相关标准要求。

(6)反光交通标志应保持良好的夜间视认性。

(四)交通标线

1. 交通标线的检查

交通标线日常检查和定期检查内容如下:

(1)标线有无损坏或脱落状况。

(2)标线反光性能。

(3)污秽程度及油污状况。

(4)反射器松动、损坏状况。

2. 养护与维修

(1)具有良好的可视性,边缘整齐、线形流畅,无大面积脱落。

(2)颜色、线形等应符合相关标准要求。

(3)反光标线应保持良好的夜间视认性。

(4)重新设计的标线应与旧标线基本重合。

(5)立面标记应保持颜色鲜明、醒目。

(6)轮廓标、突起路标保持完好的反射角度,损坏、缺失时,应及时固定、修复或更换路标。

(五)防眩设施

1. 防眩设施的检查

防眩设施日常检查和定期检查内容如下:

(1)结构部分有无损坏或变形。

(2)构件的紧固状况。

(3)油漆老化剥落及金属构件锈蚀情况。

(4)污秽程度及油漆状况。

2. 养护与维修

(1)防眩板、防眩网等防眩设施应保持完整、清洁,具有良好的防眩效果。

(2)防眩设施应安装牢固,无缺损。

(3)防眩设施应无明显变形、褪色或锈蚀。

(4)防眩设施的质量应符合相关标准要求。

(六)其他安全设施

1. 其他安全设施的检查

其他安全设施包含:里程碑、百米桩、道口标柱、公路界碑、防落网、锥形交通路标、防撞桶、减速垫、安全岛、平曲线反光镜、声屏障、示警标柱。

日常检查和定期检查内容包含设施的清洁完整和设施的功能正常。

2. 养护与维修

对里程碑、百米桩、道口标柱、公路界碑等其他交通安全设施,针对性地选择恰当和可行的方法养护和维修。

(七)中央分隔带

1. 中央分隔带的检查

(1)分隔带和隔离带的排水通道是否阻塞。

(2)路缘石损坏情况。

2. 养护与维修

(1)及时疏通排水通道。

(2)清除分隔带或隔离带内的杂物,以及过高且妨碍环境的杂草。

(3)修复或更换缺损的路缘石。

二、管理设施的养护

管理设施包括监控系统、收费系统、通信系统、供配电系统、照明系统、通风系统、消防系统和管理养护建筑等设施。

1. 机电系统

(1)管理设施中的机电系统维护质量标准参照现行《公路工程质量检验评定标准第二册机电工程》的规定执行。

(2)定期对监控系统的地图屏、投影显示屏、计算机系统、区域控制器、匝道控制器、车辆检测器、可变信息标志、闭路电视、气象检测仪,交通调查数据采集设备、照明、风机、消防喷淋等设备的控制系统的工作环境、状态和性能进行检查、检测和维护。

(3)定期对收费系统的车道控制器、闭路电视、对讲系统、显示器、键盘、IC(磁)卡发卡机、IC(磁)卡读写器、杜撰打印机等收费车道亭内设备,和电动栏杆机、费额显示器、摄像机、手动栏杆、电源线、雨棚信号灯、车道通信灯、雾灯、车辆检测器、不停车收费系统的路侧读写单元和天线控制器等设备进行检查、检测和维护。

(4)定期对通信系统的光电缆传输线路、数字传输系统(包括准同步数字系列 PDH、同步数字系列 SDH)数字程控交换机、IP 网络设备、紧急电话系统和无线通信系统进行检查、检测和维护。

(5)定期对公路专用的供配电系统(包括高压配电装置、电力变压器、低压配电装置、配电线路和照明设备等)进行检查、检测和维护。

(6)认真做好公路机电系统的检查、检测和维护工作记录。公路机电系统各设备的检查、检测及维护的主要项目和周期参考现行《公路养护技术规范》。

2. 管理养护房屋

(1)养护房屋的设置应满足公路养护生产和管理需要。养护房屋内应配备通信设备等各种必要的生产、生活、消防设施。

(2)养护房屋及周围环境应布局合理,整洁美观,设施适用、方便,并保持排水畅通。

(3)养护房屋应定期检查、维护,及时修复损坏部分。

三、服务设施的养护

服务设施包括服务区、停车区和客运汽车停靠站的土建及附属设施,服务设施的配置应符合相关要求。服务设施的养护应符合下列要求:

(1)及时清扫场地,清除场内杂物,清理疏通排水设施,保持服务区内环境的整洁卫生。

(2)定期检查消防设备的数量及完好情况,灭火器药剂必须定期更换。

(3)服务区内的道路、房屋、立体交叉、交通标志和标线、绿化、通信等设施的养护与维修。

第六节　绿化养护

一、公路绿化

公路绿化应贯彻"因地制宜、因路制宜、适地适树"的方针,进行规划时,应根据公路等级、沿线地形、土质、气候环境和绿化植物的生物学特性以及对绿化的功能要求,结合地方绿化规划进行编制。对于新、改建公路的绿化工程应与公路主体工程设计、施工、验收同步进行,由公路养护部门一并接养。

不同等级和不同路段公路绿化,应分别符合下列要求:

(1)高速公路、一级公路的中央分隔带宜种植灌木、花卉或草皮。服务区应结合当地环境、景观要求,另行设计,单独实施。

(2)二级及二级以下公路,宜采用乔木与灌木相结合的方式,并充分体现当地特色。

(3)平面交叉在设计视距影响范围以内,不得种植乔木;在不影响视线的前提下,可栽植常绿灌木、绿篱和花草。

(4)小半径平曲线内侧不得栽植影响视线的乔木或灌木,其外侧可栽植成行的乔木,以诱导汽车行驶,增加安全感。

(5)立体交叉分割形成的环岛,可选择栽植小乔木或灌木,实现丛林化。互通式立体交叉的匝道转变处构成的三角区内,应满足通视要求。

(6)隧道进出口两侧 30 ~ 50m 范围内,宜栽植高大乔木,尽可能形成隧道内外光线的过渡段,以利车辆安全行驶。

(7)桥头或涵洞两头 5 ~ 10m 范围内,不宜栽植乔木,以免根系破坏桥(涵)台。

不同类型地区的公路绿化,应分别符合下列要求:

(1)山区:应实施具有防护功能的绿化工程,如防护林带、灌木、草皮护坡等。

(2)平原区:应栽植单行或多行的防护林带。

(3)草原区:应在线路两侧栽植以防风、防雪为主的防护林带。

(4)风沙危害地区:以营造公路防风、固沙林带为主,栽植耐干旱、根系发达、固沙能力强的植物品种。

(5)盐碱区:应选择抗盐、耐水湿的乔木、灌木品种,配栽成多行绿化带。

(6)旅游区:通往名胜古迹、风景区、疗养休闲区、湖泊等地的公路,应注重美化,营造风景林带,可栽植有观赏价值的常绿乔木、灌木、花卉以及珍贵树种和果树类。

加强公路绿化巡查,根据各类绿化植物病虫害发生、发展和传播蔓延的规律,及时采取相应防治措施,保障绿化植物正常生长。每年春季或秋季,宜在乔木树干上距地面 1 ~ 1.5m 高度范围内刷涂白剂。

防治绿化植物病虫害应以预防为主,开展生物、化学防治与营林措施相结合,进行综合防治,贯彻"治早、治小、治了"的防治方针。严格苗木检疫制度,消灭越冬虫卵、蛹,烧毁落叶虫瘿、虫茧,及时消除衰弱、病害植株。

二、环境保护

公路及沿线设施周围环境的保护应符合下列要求:

(1)公路环境保护应与公路建设和养护相结合,开发和利用环境。

(2)公路环境保护应体现经济效益、社会效益,各种环境保护设施应因地制宜,做到技术可行、经济合理。

(3)公路养护工程应以维护生态、降低污染、保护沿线环境为目标,对施工与运营期产生的污染应采取相应的处治措施。

(4)位于自然保护区、水源保护地、森林、草原、湿地和野生生物及其栖息地的公路,养护作业时应妥善处理施工废料、废水。废方弃置应注意保护自然水流形态,避免阻塞河道水流或造成水土流失。废水不得直接排入饮用水体和养殖水体。

(5)增强生态保护和水土保持意识,保护生态资源,少占土(耕)地,做好公路用地范围内的水土保持工作;对边坡、荒地的水土流失,应做好治理工作。

(6)应注意防治生活环境污染,如养护施工作业噪声对声环境的污染、搅拌站(场)的烟尘、施工扬尘、路面清扫扬尘对环境空气的污染等。

第七节　水运工程维护

一、航道维护工程的基本规定

(一)航道维护工程的一般规定

(1)内河航道维护应根据航道条件和航道维护类别进行下列工作:

①制定年度维护计划。

②进行航道维护观测。

③航标维护。

④采取调标、改槽、疏浚和清障等维护措施,保证航道维护尺度标准。

⑤航道整治建筑物的检查和维修。

⑥技术指标考核。

⑦航道保护。

(2)航道维护标准应根据设计要求和现行国家标准《内河通航标准》的规定,结合河流航道条件和航运要求,论证确定。

(3)运输繁忙的天然径流航道,宜在航道维护标准的基础上,适当提高中洪水期的航道维护水深,并分月公布。

(4)内河航道维护应采取必要的环境保护措施。

(二)航道维护的分类

1)内河航道应根据航道等级和通航要求确定维护类别,实施分类维护。

2)内河航道维护类别划分应符合的规定。

(1)具备下列条件之一的航道维护,应为一类维护:

①昼夜通航的Ⅰ~Ⅳ级航道。

②昼夜通航且年货运量超过100万t的Ⅴ~Ⅶ级山区航道。

③昼夜通航且年货运量超过300万t的Ⅴ~Ⅶ级平原航道。

④昼夜通航且年货运量超过500万t的Ⅴ~Ⅶ级运河航道和水网航道。

⑤年客运量超过100万人次的航道。

(2)季节性通航的Ⅶ级航道的维护应为三类维护。

(3)条件介于一类维护和三类维护之间的航道维护,应列为二类维护。

3)特殊河段的航道维护类别,经分析论证可进行适当调整。

(三)航道测报与航道信息发布

(1)航道测报应包括航道尺度、航标异动和航道其他重要变化情况等测报内容。

(2)枯水期出浅航道的航道尺度测报次数应符合表6-7-1的规定。中水期或洪水期出浅航道的航道尺度测报,应在表6-7-1的基础上增加出浅期的测报次数。测时邻近水位站的水位应同时测报。

表 6-7-1　枯水期出浅航道的航道尺度测报次数

航道维护类别	枯水期	中水期	洪水期
一	1~3d 1 次,当航道水深或者宽度接近维护标准时,每天 1 次	5~15d 1 次,其中通航海轮航道 5d 1 次	10~30d 1 次,其中通航海轮航道 10d 1 次
二	3~10d 1 次,当航道水深或者宽度接近维护标准时,每天 1 次	15~30d 1 次	30~60d 1 次
三	每年测报 1 次		

(3)对航标增设、移动、撤销和改变灯质等异动情况,应做好记录,并及时上报。

(4)重要的干线航道,特别是有海轮和特殊船舶通行的航道,航道测报应备有标绘航标位置的航道图。山区河流航道可设置雾情观察哨。

(5)对航道尺度、航标异动和航道其他重要变化情况应进行核查和登记,并应根据实际情况及时发布航道信息。

(6)航道信息宜采用航道通告、通电或互联网的形式定期或不定期发布。发布的航道信息应包括下列内容:

①航道设标里程、发光航标里程和分月设标水深。

②特殊航道的开放与封闭。

③信号台和绞滩站的开班与收班时间。

④通航建筑物的停航与复航。

⑤航道工程施工对通航的影响。

⑥与通航有关的其他航道信息。

(7)通航桥孔变更和航道改槽等航道信息应提前 1~2d 发布。当航道水深或宽度接近维护标准时,应每日发布航道浅滩段的水深和宽度信息。

(8)在一类和二类维护航道上,可通过适当方式发布当日水位和水情预报。在江面较窄和水位日变幅较大的航道上,可在岸上设置供船舶直接观读的水尺。

(9)当封冻河流恢复通航时,应对航道进行探测,并对浅滩段航道尺度和航标设置情况等进行测探和发布。

(四)航道维护管理

(1)航道维护区段的划分,应根据河道特性、航道维护类别和航道网构成等因素,本着既便于统一管理,又适应分类维护需要的原则确定。

(2)一类维护和二类维护的航道,应由专业维护队伍维护,维护范围和维护标准应相互衔接。

(3)三类维护的航道应主要利用自然条件通航,必要时应组织维护通航。

(4)航道维护应按航道维护类别和航道条件合理配备船舶、机械和仪器等设备,建立船舶基地、维修基地和器材仓库等生产设施。

二、航道维护观测

航道维护观测主要应包括航道维护水文测验、航道整治建筑物观测、浅滩航道维护测量和长河段航道图测绘等。航道维护测量方法与要求应符合现行行业标准《水运工程测量规范》的有关规定。

(一)航道维护水文测验

(1)航道维护观测应根据航道维护要求进行水位、流量、流速、流态和泥沙等水文测验。

(2)对通航起控制作用的航道,当缺乏水位资料时,应设置固定水尺进行一个水文年以上的水位观测。

(3)通航枢纽下游航道,应在通航建筑物下游引航道口门区连接段及下游河段设置固定水尺,观测多年水位变化过程,记录相应的下泄流量,测定因河床下切所引起的水位降落值。

(4)水库变动回水区航道,应根据具体情况在碍航滩段设置固定水尺进行长期水位观测,并应记录同步坝前水位及相应入库流量。

(5)复核天然河流滩险的设计最低通航水位时,应在滩段受影响范围内设置若干临时水尺,进行枯水期瞬时水面线观测,并应记录相邻水位站的同步水位和流量。

(6)因自然因素和人类活动而引起河床较大变化的河段,应在枯水期进行该河段的瞬时水面线观测。

(7)碍航的滩险河段应进行比降、表面流速、流向和必要的航迹带观测,并应满足下列要求:

①比降宜观测河心水面比降,测点间距不得大于设计船舶或船队的长度,在急流和陡比降段,应适当加密观测。

②表面流速和流向可采用浮标法观测,测点间距不得大于设计船舶或船队的长度,测线不得少于3条,其中主流区和各汊道内应有测线通过。

③航迹带宜采用GPS技术观测,测点间距不得大于设计船舶或船队的长度,测区范围应包括整个滩段。

(8)在枢纽上下游引航道口门区及连接段,应进行表面流速、流向和流态的观测,坝下游航道,必要时应进行泄水波观测,并应记录下泄流量、坝上水位和坝下水位。

(9)航道的汊道浅滩,可在各汊道内布设水文测验断面,实测不同水位期的分流比和分沙比。

(二)浅滩航道维护测量

(1)浅滩航道维护测量的测区范围应包括浅滩及上下游深槽的相邻部分。测量内容应包括水下地形、表面流速、流向和比降等,无明显变化的堤线、岸线和陆上地形,可采用已有测量成果。

(2)天然径流航道和水库变动回水区浅滩维护测量的测次应符合表1-6-4的规定。特殊重要的浅滩应适当增加测次。

(3)浅滩维护性测量应根据滩段的冲淤变化规律进行安排,宜在汛后和枯水期进行。水库变动回水区的浅滩,宜在汛后和水位消落期进行。封冻河流恢复通航后的第一次浅滩维护测量应在恢复初期进行。

(4)浅滩疏浚测量可在表6-7-2的基础上增加测次,测量范围可适当缩小或主要限于碍航浅区，但测量图比应予扩大。变化频繁的砂质浅滩疏浚工程中挖槽定线和施工放样使用的测图，宜在开工前5d内测出。

表6－7－2　浅滩维护测量的测次

浅滩性质	一类维护航道	二类维护航道	三类维护航道
变化频繁的浅滩	≥3次/年	≥2次/年	根据需要安排
变化较大的浅滩	≥2次/年	≥1次/年	
较为稳定的浅滩	≥1次/年	每2年1次	

(5)运河和水网地区航道浅滩的地形测量可采用断面法进行。断面间距应根据测量图比和河宽确定，港区、浅区和水流交汇处可适当加密，测次间隔应根据浅滩的变化速率确定。

(6)湖泊航道浅滩的测量范围应包括浅滩及连接段，横向测量范围可扩展至航道边缘外2～5倍航道宽度处。滨湖航道和河湖两相航道的浅滩维护测量，可按天然径流航道浅滩维护测量的要求进行。

(7)对碍航严重或水沙运动复杂的重点浅滩，应根据实际需要进行河床演变观测。浅滩航道河床演变观测应符合现行《内河航运维护技术规范》的规定。

(8)同一浅滩航道的维护测量应采用相同的坐标系统、绘图基准面和测图比例。

(三)长河段航道图测绘

(1)一类维护航道，应进行长河段航道图测绘，并定期更新，更新周期宜取8～10年，变化较大的航道可缩短为3～6年，较为稳定的航道可延长至15年；二类维护航道，应根据维护要求测绘长河段航道图或航道简图；三类维护航道，可测绘长河段航道简图。

(2)长河段航道图测量应包括水下地形，陆上地形，助航设施、与通航有关的建筑物、水上服务设施、城镇和其他重要地形地物的位置或轮廓，尚应测量碍航物的位置和高程等。

(3)长河段航道图应标绘距河口或主要港口整数里程、主要三角点、水文站测验断面、各类水尺的位置及测量日期、测时水位等，并附各主要建筑物的特征参数、沿程各地航行基面的数据和换算方法等，必要时，应标绘洪、中、枯水航线的位置。

(4)长河段航道简图可采用小于长河段航道图的图比，重点测量滩险段的水下地形，对非滩险段的水下地形测量，可放宽断面间距或沿航线及两侧进行纵向测量。

三、航标维护

(一)一般规定

(1)航标的维护内容应包括航标的设置、调整、检查、保养和维修等。

(2)航标维护应满足下列要求：

①航标的位置正确，外形尺寸符合规定，颜色鲜明，灯光明亮，灯质和视距等符合要求。

②航标通视有效范围内无遮掩物。

③通行信号和水深信号提示及时、正确。

④航标维护正常率，一类维护不小于99%，二类维护不小于95%，三类维护不小于90%。

(3)航标设置应符合下列规定：

①一类维护航道航标的设置，应满足一类或二类航标配布要求，条件优良的运河航道和水

网航道可按重点航标配布要求设置发光的航标。

②二类维护航道航标的设置,应满足二类或三类航标配布要求,运河航道、水网航道和通航条件较好的天然航道,可按重点航标配布要求设置发光或不发光的航标。

③三类维护航道可按重点航标配布要求设置航标。通航要求低且稳定少变的三类维护航道可不设置航标。

④各类航标配布要求应符合现行国家标准《内河助航标志》的有关规定。

(4)同一河流上的航标配布必须连续。

(5)通航海轮的河段,内河航标和海区航标应合理衔接。

(6)航道交汇处航标的配布应连贯、不混淆。

(7)专设航标应根据航标所处的位置和作用进行设置,位于航道上的专设航标应采用航行标志,位于非航道上的专设航标应采用专用标志。

(8)钢质航标备品数量应满足下列要求:

①钢质浮具备品数量为在用数量的30% ~40%. 在航标易被碰损或水质对浮具有严重腐蚀的河段,备品数量适当提高。

②专设航标浮具备品数量为在用数量的100% 。

③航标索具、锚具、电源和灯器等航标器材备品数量为在用数量的50% 。

(二)航标的设置与调整

(1)同一水系或同一水网地区相同等级的航道,航标种类和外形尺寸宜一致。

(2)航标设置应充分利用自然水深,并应满足规定的航道水深、航道宽度和弯曲半径的要求。

(3)一类和二类维护航道所设航标应编号或命名。

(4)一类和二类维护航道水上过河建筑物的上、下游宜设置标示通航净高的标牌,必要时应设置自动显示牌。

(5)通航海轮的河段,宜在重点航标标位设置无线电航标或雷达反射器。

(6)河床稳定的航道应按航标配布图设置航标,并应符合下列规定:

①航标位置和数量应根据水位或水深变化及时调整。

②发光航标里程应按规定的水位时间延长或缩短。

(7)通航条件变化较大的滩险航道,应根据航道变化情况和船舶安全航行要求及时调整航标位置和数量。

(8)岸标应设置在岸坡稳定、背景和通视条件良好的岸边。当岸坡较高时,岸标标位距水面的垂直高度应满足船舶引用航标的要求。

(9)碍航物浮标的设置应符合下列规定:

①浮标的数量应根据碍航物的形状大小和碍航程度确定。

②浮标的位置应满足侧向风压和流压作用下与碍航物安全距离的要求。

③浮标的设置时间应根据航道维护水深和碍航的起讫水位确定。

(10)标示航道界限的浮标应保证回转或摆动后所标示航道内有规定的维护水深。

(11)泛滥标应在河岸或岛屿淹没前设置,并应在规定的水位或时间发光。

(12)通航控制河段应设置通行信号标、鸣笛标、界限标和通行信号台。通行信号台的位置和数量应根据控制范围和通视条件确定。

(13)通行信号台开班和收班的时间或水位应根据控制河段的航道条件和船舶运行情况确定。

(14)通信困难的地区宜在航道浅段设置水深信号标或航道水深数字牌。

(15)专设航标的设置与维护应符合下列规定:

①临河工程的施工期临时专设航标的数量应根据施工占用通航水域的长度和碍航程度确定。工程建成后,永久性专设航标的数量应根据临河工程的碍航程度确定。

②过河工程的施工期和建成后,专设航标的数量应根据过河工程的碍航程度确定。

③拦河工程的施工期和建成后,专设航标的数量应按工程需要和通航要求确定。

④未设通航建筑物的拦河工程应在上游和下游设置禁止通航信号标志。

(16)航标灯器和能源应满足性能良好、质量可靠、使用维护方便、环保和节能的要求。

(17)城镇、桥区和坝区等灯光杂乱地区的航标灯,应增强亮度,航标灯的灯质应避免与其他灯光混淆。

(18)桥区、碍航礁石和滩嘴等关键位置的航标失常时,必须立即恢复,其他航标失常时应及时恢复。

(19)在下列情况下设置或调整航标应进行扫床:

①新开辟航道和季节性航道开放前。

②航道内的碍航物位置及碍航程度不明。

③崩崖、滑坡和泥石流等碍航情况。

④有变化的卵石河床航道水深接近规定的维护水深。

(20)存放在岸上或水中的备用航标不得与在用航标相混淆。

(21)陡涨洪峰或大量漂木到达前,应对水上航标采取保护措施,洪峰、漂木或暴风雨雪后,应及时恢复失常或受损的航标。

(三)航标的检查、保养与维修

(1)航标检查、保养与维修的内容、技术要求和周期,应根据河流特性、航道特点、航标类型及材质确定。

(2)航标应进行日常检查和定期检查。下列情况尚应组织临时检查:

①洪峰或漂木来到前后。

②灾害性天气之后。

③船舶执行重要任务之前。

(3)航标的日常检查和临时检查应包括下列主要内容:

①航道内水深是否足够,标位是否正确。

②标志是否完好、牢固、整洁和鲜明。

③锚链上有无缠挂物。

④灯器和电源是否正常、有效。

(4)航标的定期检查除应包括日常检查内容外,还应包括下列内容:

①全面探测航道浅变部位和可能发展的航槽。

②夜航检查航标灯质和灯光亮度。

③逐个查看浮具有无损伤、积水和锚链磨损程度。

（5）航标的检查内容可根据航标新技术、新材料和新工艺的应用情况进行调整。

（6）航标的检查方法可采用逐标检查和重点检测相结合的方式。

（7）航标的日常检查和定期检查的周期，可根据航道维护类别、航道特性和维护工作量确定，并应符合下列规定：

①一类和二类维护航道，日常检查的周期不宜大于5d，定期检查的周期不宜大于20d。

②滩险河段成滩期和桥区、坝区、港区航道设标期，航标的日常检查应每天进行。

（8）航标保养与维修的周期应符合下列规定：

①岸标每年应清洗2～3次、油漆1～2次，钢质岸标每2～3年应进行1次除锈。

②钢质浮标每月应清洗2～3次，水线以上每年应油漆1～2次。

③当钢板厚度不大于6mm时，钢质浮标每2年应进行1次检修和除锈油漆；当钢板厚度大于6mm时，钢质浮标每3年应进行1次检修和除锈油漆。钢质灯船每5年应进行1次进厂检修和除锈油漆。

④竹质和木质浮标的清洗和油漆次数应大于钢质浮标。

⑤航道水尺和航道水深数字牌每年应清洗2次、油漆1次。

⑥设置在河床变化较大河段的钢质浮鼓，每年宜进行2次活锚。

（9）航标的灯器、电源和自动显示牌每年应进行1次质量检验。

四、滩险河段航道维护

（一）一般规定

（1）浅滩、急滩、险滩和弯曲狭窄河段的航道应重点维护。

（2）在特殊条件下，当航道维护标准水深、航宽和弯曲半径确实难以兼顾时，可采取下列应急措施：

①在顺直航道上，可舍宽求深，但航宽不得小于现行国家标准《内河通航标准》规定的直线段单线航道宽度。

②在弯曲航道上，在航宽适当加大的条件下，弯曲半径可小于维护标准，但不得小于设计船队长度的3倍。

（3）对采取维护手段仍难以达到维护标准的滩险航道，应加强观测研究，并提出治理建议。

（4）航道疏浚和清淤的弃土，应对泥质性质和污染程度进行分析，采取必要的处理措施，避免二次污染。

（二）浅滩航道维护

（1）天然径流航道和湖区航道中的碍航浅滩可采取调标、改槽或疏浚等措施进行维护。

（2）浅滩航道维护的调标和改槽应采取航标调整和重新设置航标及必要的疏浚措施。

（3）浅滩航道维护疏浚应符合现行行业标准《疏浚工程技术规范》的有关规定。

（4）浅滩航道维护疏浚挖槽定线应符合下列规定：

①挖槽应与上下游航槽平顺衔接，挖槽轴线与流向的交角不宜大于15°。

②挖槽宜选在河床较为稳定或有利于冲刷发展的部位，宜避开回淤区和移动滩体的下游。

③湖泊航道上的挖槽，宜选择淤积较小、航程较短和疏浚工程量较小的线路，并应注重风

浪损沙的影响,必要时可加大挖槽深度和细程。

④当浅滩碍航严重时,在维护现行航道的同时,可开辟预备航槽。

(5)浅滩维护疏浚的弃土应考虑资源的再利用,当不能利用时,应抛置在不致造成航道回淤和其他不良影响的部位。

(6)在山区航道上维护疏浚卵石浅滩宜采用顺流进挖方法,当挖槽较长时,可选择分条或分段施工方法,并应避免槽内出现碍航浅埂。

(7)平原航道上维护疏浚沙质浅滩的施工方法应根据浅滩特性和施工船舶特点分析确定。

(三)急滩和险滩航道维护

(1)急滩和险滩航道维护应包括航标维护和绞滩设施维护。

(2)急滩航道应在下列情况下设置绞滩站:

①一类维护航道,设计船舶或船队无法自航上行的急滩。

②二类维护航道,设计船舶无法自航上行的急滩和设计船队无法分拖自航上行的急滩。

③三类维护航道,在较长的水位期内多数船舶或船队无法自航上行的急滩。

(3)绞滩方法和绞滩设备的选定应符合下列规定。

①在船舶密度较大的维护航道上,应根据情况选择岸上机械绞滩或绞滩船绞滩。

②在船舶密度较小的维护航道上,可选择岸上机械绞滩、围桩自绞或其他方式绞滩。

(4)绞滩船和绞滩机的布设应符合的规定:

①设绞的位置应考虑施绞距离、绞缆张角和接缆要求。绞缆的张角不宜超过25°。

②锚碇的设置和绞滩设备的安装必须牢固可靠。

③绞机牵引力及绞缆设计拉力应与施绞船舶或船队的最大负荷相匹配,安全系数不应小于3。

④绞滩站下游接缆处应设置接缆标。

(5)绞滩站维护应对绞机和绞缆进行定期检查和保养。

(6)绞滩站施绞时应对被绞船舶或船队的基本情况进行了解,明确相互配合的措施与联络信号,避免绞机超负荷等情况发生。

(7)有淤积变化的急弯险滩,应根据淤积物碍航程度适时安排疏浚,调顺和加宽航道。

(四)弯曲狭窄河段航道维护

(1)弯曲狭窄河段航道每年应进行1次扫床,紧靠船舶停泊区和城镇的弯曲狭窄河段航道、处于桥渡区和水流交汇处的弯曲狭窄河段航道,一类维护航道的扫床次数每年不应少于3次,二类维护航道的扫床次数每年不应少于2次。碍航的淤积物和障碍物应及时清除。

(2)在水网地区弯曲狭窄河段航道的维护可根据实际情况增辟供较小船舶航行的副航道。

(3)运河和水网地区弯曲狭窄河段航道中淤积变化较大且每年均需疏浚的浅滩,应在出浅碍航前进行疏浚。

(4)运河和水网地区船舶会让困难或船舶调向困难的弯曲狭窄河段航道,当条件允许时,可采取局部加宽或切嘴等措施进行维护。

(5)弯曲狭窄河段航道维护的弃土处理应符合下列规定:

①当附近有废弃的河汊、倒套或深潭时,可将弃土抛于其中。

②当条件具备时,应将弃土再利用。

五、航道整治建筑物维护

(一)一般规定

(1)航道整治建筑物维护应包括下列内容:

①对整治建筑物的技术状况进行检查。

②对受损坏的建筑物进行必要的维修。

③对功能存在明显缺陷的建筑物进行局部改善。

(2)航道整治建筑物技术状况的检查应包括定期检查和临时检查,检查记录应详实准确。

(3)对受损坏或功能有缺陷的航道整治建筑物,应进行必要的观测和分析,并提出相应的维修或改善措施。

(4)对航道整治建筑物的损坏部分进行修复加固即能保持原有设计技术状况和使用功能的,应实施维修工程。

(5)对功能存在明显缺陷的整治建筑物,应实施局部改善工程。

(6)改善工程规模较大的航道整治建筑物维护应纳入基本建设项目。

(二)航道整治建筑物的检查

(1)航道整治建筑物技术状况的检查应包括以下主要内容:

①建筑物的现有尺寸与工程竣工验收尺寸有何差异。

②建筑物附近河床与水流状况有无变化。

③建筑物的功能是否正常。

④建筑物有无缺陷和隐患。

(2)航道整治建筑物技术状况的检查重点应符合以下规定:

①对丁坝、顺坝和锁坝,应检查坝根和坝面是否完好,背水坡有无淘刷,丁坝和顺坝坝头是否受损塌陷,坝头附近冲刷坑是否超过设计值。

②对各类潜坝,应检查坝根接岸处有无变化,坝身有无沉降和坝下游的冲刷情况。

③对溪口导流坝和溪沟拦石坝,除应检查坝体完好状况外,尚应检查导石和拦石效果。

④对拦截滑梁水的顺坝,除应检查坝顶高程有无变化和坝体是否完好外,尚应检查拦截滑梁水的效果。

⑤对护岸建筑物,除应检查建筑物陆上部分有无沉陷和损坏外,还应检测水下坡脚有无淘刷和变形、排水是否正常、护岸上下游岸坡有无变化。

⑥对护滩建筑物,应检查滩面、周边和端部是否完好,压载体有无松动或脱离,并观察护滩效果。

(3)航道整治建筑物技术状况的检查方法应符合下列规定:

①整治建筑物水上部分是否完好、水下部分有无沉降和变形的检查,可采用目测、照相、摄像或量测等方法。

②对易变滩段建筑物、险要部位重点建筑物和已发现有明显损坏或未达到设计效果的建筑物,应采用仪器进行量测检查。

(4)航道整治建筑物的检查周期应符合下列规定:

①定期检查。每年至少应在汛后和流冰后进行 1 次检查,对新建整治建筑物,建成初 3 年

内宜在枯水期增加 1 次检查。

②临时检查应在山洪暴发、崩崖、滑坡和出现大量流木等情况后进行。

(5)航道整治建筑物的技术状况，根据检查结果可分为下列四类：

①技术状况良好，功能发挥正常的为一类；

②建筑物有少量变形，但不影响建筑物稳定和整治功能的为二类；

③建筑物损坏较明显，尚能发挥整治功能，但需及时修复的为三类；

④建筑物损坏严重或有明显缺陷，已经或即将失去整治功能的为四类。

(6)技术状况为一类的航道整治建筑物可不进行处理；技术状况为二类和三类的航道整治建筑物，应制定并实施维修工程计划；技术状况为四类的航道整治建筑物，应结合维修工程采取局部改善工程措施。

(7)凡属下列情况之一的应列为应急维修对象，并安排在当年维修：

①坝根冲坍，已经出现串沟。

②坝面严重剥离，影响整治效果。

③坝身冲开缺口，可能使坝身分离。

④坝头毁损严重，坝下冲刷坑发展迅速，影响坝体稳定。

⑤坝体或护滩、护岸建筑物遭受严重破坏，已明显削弱整治效果。

(三)航道整治建筑物的维修与局部改善

(1)航道整治建筑物的维修，在通常情况下，可采取原样修复办法进行维修。当出现特殊情况时，可按下列方法进行维修：

①当坝根出现串沟导致坝体严重损坏，且不能按原样修复时，可在坝根上游修筑新的坝段，与原有建筑物衔接或搭接。

②当坝头冲刷坑较发育，靠近坝头一段的坝身坍塌较多时，可采用加宽坝头和放缓边坡的方法加固。

(2)航道整治建筑物的局部改善应符合下列规定：

①当丁坝间距过长，达不到预期整治效果或影响丁坝坝根稳定时，可在两座丁坝间加建丁坝。

②当个别坝体和护滩建筑物的位置、长度、宽度或高度不当，影响整治效果时，可进行适当调整。

③当坝体未进行护底、护底范围不足或护底材料不当，导致坝体损坏严重时，可采用整体性和柔韧性较好的材料加强护底。

④当坝心为吹填砂或土工砂袋，且由于护面厚度不足或结构不合理导致坝心受冲和坝身沉陷时，可加抛足够厚度的块石或保砂性好的土工砂袋进行加固。

⑤经常遭到流冰或流木破坏的整治建筑物的易损部位，可采用石笼、块石混凝土或浆砌条石平竖插砌等结构进行加固。

六、潮汐河口航道维护

(一)一般规定

1)潮汐河口的河流段航道维护应按天然径流航道维护的有关规定执行。

2)潮汐河口航道维护内容应符合现行《内河航道维护技术规范》的有关规定。

3)潮汐河口航道整治建筑物维护应符合现行《内河航道维护技术规范》的有关规定。

4)一类维护的潮汐河口航道维护应按下列条件划分为三级。

(1)具有下列条件之一的航道应为一级维护航道:

①昼夜通航 3 万 t 级以上海轮或国际航线集装箱船的航道。

②年货运量超过 5000 万 t 的航道。

(2)通航 500 ~ 3000t 级海轮的航道,应为三级维护航道。

(3)条件介于一级维护和三级维护之间的航道,应为二级维护航道。

5)通航 500t 级以下船舶的潮汐河口航道维护,可按一类三级航道维护的规定执行。

(二)潮汐河口航道维护观测

(1)潮汐河口航道维护观测应包括下列主要内容:

①水文观测。

②浅滩河段水下地形测量。

③航道整治建筑物观测。

④航道疏浚区水下地形测量。

⑤航道图测绘。

(2)水文观测应根据航道的具体情况及维护要求进行潮汐、流速、流向、波浪、含沙量、含盐度、浮泥、河床质、降水量、雾、风向、风速和冰凌等观测。

(3)航道浅滩和周边浅区的水下地形测区范围应根据航道维护和演变分析要求合理确定,测量周期应满足下列要求:

①一级维护和二级维护航道测量周期每年不宜少于 1 次。

②三级维护航道测量周期应根据维护要求确定。

③在风暴潮等特殊水文情况下应增加测量次数。

(4)航道整治建筑物应定期进行变形观测,测量范围应根据整治建筑物的特点和维护要求确定,观测周期可按表 6 – 7 – 3 的要求确定。

表 6 –7 –3　航道整治建筑物变形观测周期

观测对象	观测内容	观测周期/(次・年$^{-1}$)
直立堤、混合堤	沉降	2
	水平位移	1 ~ 2
斜坡堤	标准断面	2
水下局部地形	水下地形断面	2(洪水期和枯水期各 1 次)

(5)航道疏浚区域水下地形测量周期,可按表 6 – 7 – 4 的要求确定。

表 6 –7 –4　航道疏浚区域水下地形测量周期　　单位:次/月

维护级别	一级	二级	三级
枯水期测量周期	1	1	1
洪水期测量周期	2	2	1

(6)航道图测绘宜每 5 年进行 1 次。

(7)潮汐河口航道应定期进行航道检查测量,测量范围应包括航道浅段及两侧边坡水域,测量周期应按表 6-7-5 的要求确定。

表 6-7-5　定期航道检查测量周期　　单位:次/年

维护级别	一级	二级	三级
周期	4(每个季度 1 次)	2	1

(三)浅滩航道维护

(1)潮汐河口浅滩航道维护应符合浅滩航道维护的有关规定。

(2)潮汐河口浅滩航道维护应根据波浪、水流、潮流、泥沙来源和回淤强度等因素,充分考虑波流共同作用下的航道泥沙回淤影响。

(3)潮汐河口浅滩航道宜采用自航耙吸挖泥船进行维护疏浚。

(4)当航槽外边滩淤涨形成较陡边坡时,潮汐河口浅滩航道维护可在航槽外边坡上浚挖截砂槽,减小航槽外边滩的泥沙运移对航槽水深的影响。

(四)航标维护

1)潮汐河口航道的航标维护应符合航标维护的有关规定。

2)潮汐河口航道应根据航道条件和通航要求设置海区航标或内河航标,当配布内河航标时,应执行一类航标配布。

3)潮汐河口航道航标维护正常率应达到 99.8%。

4)潮汐河口航道航标定期检查应符合下列规定:

(1)灯桩、导标、立标和浮标等应定期进行检查,检查次数每月不应少于 1 次,夜间通航的航道应增加 1 次夜间检查,常年疏浚维护的航道应增加 1 次检查。

(2)风暴潮后必须对航标进行 1 次全面检查。

(3)浮标标位每月应校对 1 次,每半年应起吊检查 1 次,并做好记录。

5)潮汐河口航道航标的保养与维修应符合下列规定:

(1)航标能源应按规定周期及时补给,同时应做好保养工作。

(2)航标的检查、保养与维修应包括下列内容:

①擦拭灯玻璃或透镜,检查灯器,校对灯质,测量开路电压和工作电流,并及时修复或更换。

②检查电池箱和电池,并及时修复或更换。

③检查接线,并及时修复或更换。

④检查太阳能电池板、接线盒和充电控制器,并清洁保养。

⑤检查波力发电装置工作状况,并及时保养与维修。

⑥检查灯桩避雷设施。

⑦定期检查浮标锚链系统,及时更换磨损量大于原直径 1/8 的锚链、卸扣和转环。

(3)岸标和浮标每年应大修保养 1 次,保持航标的结构良好、颜色鲜明。

(4)航标灯器应经试运行后再正式安装使用,连续试运行的时间,新灯器应为 24h,修复灯器应为 72h。

6)灯塔的维护可参照现行《海区航标作业管理规则》和《海区航标维护固定建(构)筑物维护标准》的有关规定执行。

7)潮汐河口航道钢质浮标的备品数量应符合下列规定：

(1)钢质浮标备品数量应为在用数量的 30%，易腐蚀和易损河段浮标的备品数量应为在用数量的 50%。

(2)专设浮标的备品数量应为在用数量的 100%。

七、航道保护

(一)一般规定

(1)航道保护应符合国家法律和法规的有关规定。

(2)在通航河流上兴建临河、过河、拦河和取排水等工程，进行砂石开采、淘金、弃渣和设置锚地等活动应通过航道主管部门的通航条件审查或审批。并应遵守国家法律、法规和相关技术标准的规定。

(3)通航条件审查或审批前，建设单位应提供下列基本资料：

①拟建建筑物所处河段的河道水下地形图。

②建筑物的总体布置图及与通航有关的设计图纸。

③拟建建筑物所属河段的水位、流量、泥沙、流速、流向等资料以及必要的船舶航迹观测成果。

④砂石开采、淘金和弃渣等活动的时间、位置、数量和作业方式等资料。

(4)Ⅰ~Ⅳ级和跨省的Ⅴ级航道上修建水上过河建筑物工程、各级航道上修建拦河工程和大型取排水工程，建设单位应提供通航条件论证报告；河床演变剧烈或水流条件复杂的工程项目，建设单位还应提供河床演变分析报告和物理模型、船舶模拟试验报告；影响通航的还应提供保证通航的工程措施方案。

(5)修建与通航有关的临河、过河和拦河等工程。应根据船舶通航和工程安全的要求设置专设航标。

(二)临河工程

(1)修建临河工程不得影响航道远期发展规划和船舶航行安全。

(2)修建码头应符合的规定：

①限制性航道、弯曲和狭窄水域、滩险河段和汇流口河段不宜修建码头，因特殊原因需在上述河段修建码头时，必须进行通航安全论证。在控制通行的单线航道上不得修建码头。

②码头停泊水域不应占用规划航道。

(3)修建取排水口、船台滑道、水泵房和设置趸船等，均不得占用规划航道。出露在通航河流水面上的取排水口、泵房、趸船和对船舶航行安全有威胁的水下设施，必须设置专设航标标示。确需伸入航道水域的水下设施必须进行通航安全论证。

(4)取排水设施取排水时，不得形成影响船舶航行安全的横流、漩涡和其他不良水流条件。

(5)护岸工程不得占用规划航道，且不得影响船舶航行安全。

(6)在运河和水网地区的航道岸边新建房屋、道路和堆场等，不得占用已确定的航道岸线保护范围。

(三)过河建筑物工程

(1)过河建筑物的选址、布置和通航净空尺度应符合现行国家标准现行《内河通航标准》的有关规定。

(2)水下过河建筑物的埋设深度应考虑河床下切的影响。

(3)修建过河建筑物工程,必须保障施工期的通航安全。管部门审查。施工期通航方案应通过航道主工程竣工前应清除影响通航的临时建筑物和施工残留物,并对施工航道水域进行扫床,应经航道主管部门确认后,方可交付使用。

(4)水上过河建筑物在通航水域设有墩柱时,应设置航标和防撞保护设施。必要时,尚应设置航标维护管理设施和安全监督管理设施。通航孔两侧墩柱防护设施的设置,不得恶化通航水流条件和减小通航净宽。

(四)枢纽工程

(1)在通航河流上修建枢纽工程,必须配套同步建设通航建筑物,通航建筑物的等级规划符合航道定级等级或规划等级要求,通航建筑物的尺度和平面布置应符合现行国家标准《内河通航标准》和现行行业标准《船闸总体设计规范》的有关规定。

(2)枢纽的设计通航水位应符合现行国家标准《内河通航标准》的有关规定。

(3)在通航河流上修建枢纽工程,施工期通航问题应妥善解决。施工通航方案应满足施工期客货运输要求。

(4)枢纽的调度运行应满足航运要求,并应在正常设计最低通航水位保证率条件下,防止发生下列情况:

①枢纽下泄流量小于原天然河流设计最低通航水位相应的流量和水电站突然关机,造成下游航道出浅。

②库水位消落过快或坝前水位低于设计最低通航水位,导致库尾航道和枢纽上引航道水深不足。

③枢纽电站进行日调节引起的枢纽上下游水位的变幅和变率影响船舶安全航行和作业。

④枢纽的引水式电站和引水工程引用流量超过设计值,造成航道水深不足。

(五)采砂、弃渣和其他活动

(1)在通航河流上进行砂石开采、淘金和弃渣等活动,不得恶化通航条件。

(2)严禁在下列地点进行砂石开采和淘金。

①航道范围内。

②整治建筑物、通航建筑物及保护范围内。

③可能引起航道条件恶化的部位。

④可能影响航标、测量标志和其他航道设施使用功能的部位。

(3)严禁在下列地点弃渣。

①规划航道范围内。

②可能导致河床形态、分流比或分沙比发生不利于通航变化的部位。

③可能恶化通航条件的部位。

(4)严禁在航道上设置固定网具、拦河捕捞网具和种植水生物。在通航河流上设置渔网、鱼栅和进行水产养殖,不得妨碍航行安全。

(5)锚地设置应符合的规定。

①锚地设置不得占用航道,并不得影响船舶安全航行。

②锚地不应阻挡航标,锚地范围应设置界牌或标志标识;夜航河段锚地应设置与航标相区别的灯光显示。

③当航道发生变化,锚地影响通航时,锚地应迁移或缩小范围。

第七章 工程施工组织设计

第一节 施工组织设计的编制原理、方法

一、施工组织设计的基本知识

(一)施工组织设计的概念

施工组织设计是用以指导施工组织与管理、施工准备与实施、施工控制与协调、资源的配置与使用等各方面的技术、经济文件,是对施工活动的全过程进行科学管理的重要手段。通过编制施工组织设计,可以针对工程的特点,根据施工环境的各种具体条件,按照客观的施工规律安排工作。施工组织设计是编制工程造价和指导施工的重要依据。

(二)施工组织设计的基本任务

施工组织设计的基本任务是根据国家有关技术政策、建设项目要求、施工组织的原则结合工程的具体条件,确定经济合理的施工方案,对拟建工程在人力和物力,时间、空间技术和组织等方面统筹安排,以保证按照既定目标,优质、低耗、高速、安全地完成施工任务。

(三)施工组织设计的作用

(1)指导工程投标与签订工程承包合同,作为投标书的内容和合同文件的一部分。

(2)指导施工前的一次性准备和工程施工的全过程。

(3)作为项目管理的规划性文件,提出工程施工中进度控制、质量控制、成本控制、安全控制、现场管理、各项生产要素管理的目标及技术组织措施,提高综合效益。

(四)施工组织设计的分类

施工组织设计因为编制的主体、编制的对象范围和编制的时间及深度要求可以为不同的类型,发挥不同作用。

1. 编制的主体不同

因编制的主体不同,有建设单位的施工组织设计和施工承包人的施工组织设计。

(1)建设单位的施工组织设计。建设单位为实现工程建设目标,有效地进行工程项目管理需要根据建设要求和建设条件确定工程项目的施工方案、总体进度安排、施工的展开和总体部署,确定工程项目的投资使用计划安排,确定建设施工前期的准备工作内容等。它包括设计单位提交的设计文件中的施工方案、施工组织条件设计,也包括监理单位项目目标管理规划和项目平行发包时业主方编制的工程项目施工组织总设计。这些文件体现建设单位的施工管理目标要求和决策意图,成为组织和部署施工的技术经济文件,并通过施工合同条件的约束,成为施工承包人编制具体施工组织设计的依据。

(2)施工承包人的施工组织设计。施工承包人根据施工合同所界定的任务和工程施工招标要求,为组织施工展开全面完成施工活动保证施工目标实现从技术经济、管理等多方面施工

方案、过程资源所进行的计划和安排。它包括一般施工发包时承包人编制的施工组织设计,也包括施工总发包时总承包人的施工组织总设计和分包人的施工组织设计。

2. 编制的对象范围不同

因编制的对象范围不同,则有施工组织总设计、单位工程施工组织设计和主要分部分项工程施工组织设计。

(1)施工组织总设计。施工组织总设计是以工程建设项目或工程项目为编制对象,用以指导整个工程项目施工全过程各项施工活动的技术、经济和组织的综合性文件。施工组织总设计一般在总承包合同签订后,由总承包单位负责编制;在建设项目的施工采用平行发包情况下,由项目业主或委托项目监理工程师负责组织编制。

(2)单位工程施工组织设计。单位工程施工组织设计是以一个单位工程为编制对象,用以指导其施工全过程的各项施工活动的技术经济和组织的综合性文件。单位工程施工组织设计一般在施工图完成之后拟建工程开工之前,由工程项目部进行编制。

单位工程施工组织设计按照工程的规模、技术复杂程度和施工条件的不同,在编制内容的深度和广度上可以进一步划分为控制性单位工程施工组织设计和实施性单位工程施工组织设计2种。通常所指的施工组织设计是对施工组织总设计和控制性施工组织设计的进一步具体化,直接用于指导单位工程的施工准备和现场施工作业技术活动的技术组织文件。

(3)主要分部分项工程施工组织设计。主要分部分项工程施工组织设计是在单位工程中对于施工技术复杂、施工难度大、缺乏施工经验以及新工艺、新材料或特殊条件下的主要分部分项工程为编制对象,用以具体指导其施工活动的技术经济文件。主要分部分项工程施工组织设计一般与单位工程施工组织设计的编制同时进行,并由负责单位工程施工的技术人员负责编制。

施工组织总设计、单位工程施工组织设计、主要分部分项工程施工组织设计之间的关系为:施工组织总设计是对整个建设项目的全局性部署,其内容和范围比较概括;单位工程施工组织设计是在施工组织总设计的控制下,以施工组织总设计和企业施工计划为依据,针对具体的单位工程编制的,把施工组织总设计的有关内容具体化;主要分部分项工程施工组织设计是以施工组织总设计、单位工程施工组织设计和企业施工计划为依据,针对具体的分部分项工程编制,把单位工程施工组织设计的内容进一步具体化,它是专业工程具体组织施工的设计,也叫做分部分项工程作业计划。

3. 编制的时间先后和内容深度不同

因编制的时间先后和内容深度不同,有投标施工组织设计和实施性施工组织设计。

施工组织设计编制的时间和深度要求,是与工程建设程序、阶段相适应的。施工组织总设计一般在项目实施前期的工作阶段编制,用于指导工程项目的施工总体部署,为工程项目的施工招标组织、发包方式和合同结构的选择等提供工作依据。单位工程的施工组织设计一般在工程项目施工阶段的工程开工前的准备期间进行编制。对于施工投标人或承包人来说,按照编制时间和深度要求,主要是投标施工组织设计和实施性施工组织设计。

(1)投标阶段投标人编制的施工组织设计,一般是在企业总工程师的主持下,根据招标文件的要求和所提供的工程背景资料结合企业的技术和管理情况,考虑投标竞争因素,对施工过程的组织与管理，提出的战略性总体构想。其中重点是施工技术方案、资源配置、施工程序以及质量和工期目标保证的具体措施和计划，它构成投标书的技术标，而且以其技术方案的优势和特色，反映其施工成本优势、支撑商务标的竞争力。

投标阶段的施工组织设计是为满足投标需要而编制的策划性和方案性组织文件，既用于投标竞争，也为中标后编制实施性施工组织设计和施工项目管理规划提供依据。

(2)承包人的实施性施工组织设计，一般是承包人在工程开工前根据投标施工组织设计。在充分理解工程特点、施工内容、合同条件、现场条件和法规条文以及合同评审规范的基础上，由施工项目经理根据企业所确定的该项目施工指导方针和项目管理目标要求，在企业技术质量、预算等部门的支持和指导下，组织项目部有关人员编制的详细施工组织设计文件，并按相应的规定程序和审批权限进行审查批准，报业主和监理工程师审查确认后，作为现场施工的组织与管理文件，予以贯彻实施。

二、施工组织设计的编制方法及内容

(一)编制依据

编制依据是指在编制施工组织设计时，遵循、引用和参照的文件、资料和技术规范。一般包括以下内容：

(1)所涉及国家和行业标准、规范和规程的名称(包括编号)。

(2)与施工组织及管理工作有关的政策规定、环境保护条例、上级部门对施工的有关规定和工期要求等。

(3)相关文件包括工程招标文件、工程投标书、工程设计文件和设计图纸、与业主签订的施工合同文件。

(4)企业质量管理体系、环境管理体系和职业健康安全管理体系文件。

(5)现场调查资料或报告。

(6)各种定额及概预算资料，包括概算定额、施工定额、沿线地区性定额、预算单价工程概预算编制依据等。

(二)编制原则

施工组织设计的编制，是在全面掌握主客观情况后，应用系统工程的观点进行科学分析编制，并不断调整和完善的过程。在这过程中要遵守以下相关原则：

(1)认真执行基本建设程序，编制不同施工组织文件要与基本建设程序相适应，在施工过程、内容组织以及文件的编制审查时应遵守国家相关的程序管理要求。

(2)严格遵守施工合同规定，对于施工任务要做好施工项目排队，保证重点，统筹安排。

(3)严格执行施工程序，遵循施工工艺和技术规律，合理安排施工顺序；保证施工活动相互促进，紧密衔接，在保证质量的基础上，加快施工进度，降低施工成本。

(4)采用流水施工方法、网络计划技术和线性规划法等先进的组织原理制定合理的施工组织方案，组织有节奏、均衡和连续的施工，实现施工资源效用最大化。

(5)尽可能采用先进的施工方法和新技术、新材料、新工艺，提高施工工业化和机械化水平，减轻劳动强度，提高劳动生产率。

(6)科学地安排冬期、雨期施工项目，落实季节性施工措施，保证施工的连续性和提高施工的均衡性。

(7)贯彻节约方针,因地制宜,尽量减少暂设工程,合理地储备物资,减少物资运输量,科学地规划施工平面布置,节约用地。

(8)施工方案应作技术经济分析,对主要项目的施工方法和主导施工船机设备的选择应进行多方案的技术经济比较,选择经济上合理,技术上先进,符合施工现场实际的施工方案。

(9)确保施工质量和施工安全,施工组织设计必须针对施工项目实际,制定行之有效的保证施工质量和施工安全的技术措施等。

(10)合理部署施工现场,实现文明施工。

(三)施工组织设计的编制程序

一般工程项目施工组织设计的编制程序如下:

(1)对工程项目设计图纸、合同技术规范等进行分析研究,必要时进行相关资料的收集和调研。

(2)计算施工工程数量。

(3)确定施工总体部署。

(4)选择施工方案,确定施工方法。

(5)编制工程进度计划。

(6)计算人工材料、机具需要量,编制相关计划。

(7)确定临时工程,编制水电气热供应计划。

(8)设计和布置施工平面图。

(9)确定技术措施计划与计算技术经济指标。

(10)确定施工组织管理机构。

(11)编制质量安全、环保和文明施工措施计划。

(12)编写说明书。

(四)编制内容

(1)工程概况。工程概况通常包括以下内容:

①工程项目的主要情况:工程性质、工程位置、工程规模、结构形式、技术标准、总工期、主要工程数量等。

②施工条件:地形地貌、气象、水文和地质等自然条件;资源供应情况、交通运输及水电等施工现场条件和技术经济条件。

③工程施工的特点和难点分析。

④合同特殊要求:如业主提供结构材料等。

(2)施工总体部署。施工总体部署的主要内容有:

①建立施工管理机构。

②施工任务划分。根据工程划分 WBS(工作分解结构),划分各参与施工单位的工作任务及施工阶段,明确总包与分包、各施工单位之间分工与协作的关系,确定各单位的主要工程项目和次要工程项目。

③施工顺序,要在总体上确定各单位工程、分部工程、分项工程的施工的顺序,分清主次,

统筹安排，保证重点，兼顾其他，以确保工期，并实现施工的连续性和均衡性。

(3)主要工程项目的施工方案。

(4)施工进度计划。

(5)各项资源需求计划。根据已确定的施工进度计划，编制各项资源需求及进场计划，主要有：

①劳动力需求计划。

②材料需求计划。

③施工机械设备需求计划。

④资金需求计划。

(6)施工总平面图设计。

(7)主要技术经济指标。

①施工工期。

②施工质量。

③施工成本。

④施工安全。

⑤施工环境。

⑥施工效率。

⑦其他技术经济指标。

(8)大型临时工程。

(9)主要分项工程施工工艺。

(10)雨期、台风、夏季、冬期的施工保证措施。

(11)工程质量保证措施。

(12)安全管理与安全保证措施。

(13)项目职业健康安全管理措施。

(14)文明施工、环境保护保证措施。

(15)工程需研究的关键技术课题及需进行总结的技术专题。

(16)运输组织计划。

(17)其他应说明的事项。

三、施工进度计划

(一)公路工程进度计划的主要形式

1. 横道图

公路工程的进度横道图是以时间为横坐标，以各分部(分项)工程或工作内容为纵坐标，按先后施工顺序，用带时间比例的水平横线表示对应工作内容持续时间的进度计划图。公路工程中常常在横道图的对应分项的横线下方表示当月计划应完成的累计工程量或工作量百分数，横线上方表示当月实际完成的累计工程量或工作量百分数。横道图见图 7－1－1。

编号	工作名称	持续时间(天)	开始时间	结束时间
1	施工准备	412	2019.3.11	2020.5.15
1.1	驻地建设	50	2019.3.11	2019.5.1
1.2	施工复测	29	2019.5.2	2019.5.29
1.3	技术准备	350	2019.5.30	2020.5.15
1.4	施工便道	15	2020.5.1	2020.5.15
2	路基工程	289	2020.5.15	2021.2.28
2.1	清表	31	2020.5.15	2020.6.15
2.2	排水工程	261	2020.5.20	2021.2.28
2.3	涵洞、通道工程	103	2020.5.20	2020.8.31
2.4	挖方路基	256	2020.5.20	2021.1.31
2.5	填方路基	341	2020.5.20	2021.1.31
2.6	砌筑防护工程	223	2020.6.20	2021.2.28
2.7	组合式桩板墙	61	2020.6.1	2020.7.31
3	桥梁工程	411	2020.5.15	2021.6.30
3.1	桩基础	92	2020.5.15	2020.8.16
3.2	下部构造	319	2020.6.15	2021.4.30
3.3	上部构造预制和安装	136	2021.1.1	2021.5.15
3.4	上部构造现场浇筑	107	2021.3.1	2021.6.15
3.5	总体、桥面系和附属工程	91	2021.4.1	2021.6.30

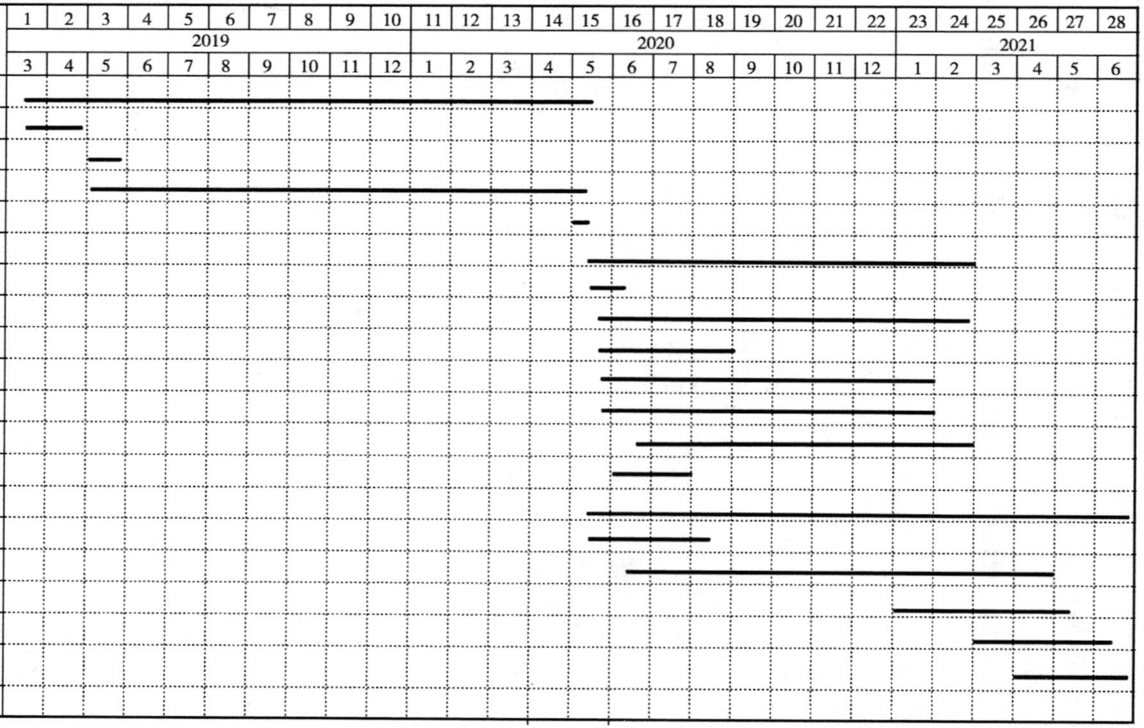

图7-1-1　横道图

2. "S"曲线

"S"曲线是以时间为横轴,以累计完成的工程费用的百分数为纵轴的图表化曲线一般在图上标注有一条计划曲线和实际支付曲线,实际线高于计划线则实际进度快于计划进度,否则就慢;曲线本身的斜率也反映进度推进的快慢。有时,为反映实际进度另增加一条实际完成线(支付滞后于完成)。在公路工程中,常常将"S"曲线和横道图合并于同一张图表中,称之为"公路工程进度表",既能反映各分部(分项)工程的进度,又能反映工程总体的进度。"S"曲线见图7－1－2。

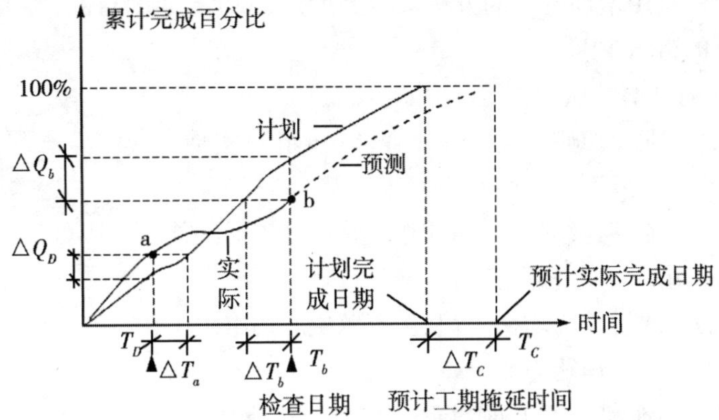

图7－1－2 "S"曲线图

3. 垂直图

垂直图也称斜条图、时间里程图,是以公路里程或工程位置为横轴,以时间为纵轴,而各分部(分项)工程的施工进度则相应地以不同的斜线表示。在图中可以辅助表示平面布置图和工程量的分布。垂直图很适合表示公路、隧道等线形工程的总体施工进度。斜率越陡则进度越慢,斜率越平坦则进度越快。

4. 斜率图

斜率图是以时间(月份)为横轴,以累计完成的工程量的百分数为纵轴,将分项工程的施工进度相应地用不同斜率表示的图表化曲(折)线。事实上就是分项工程的"S"曲(折)线,主要是作为公路工程投标文件中施工组织设计的附表,以反映公路工程的施工进度。

5. 网络图

公路工程的进度横道图是以时间为横坐标,通过线段与箭头清楚地表达出各施工项目、各施工专业队之间的联系、制约、协作等关系,尤其是时标网络图,更能准确直观地表达工程进度。

(二)公路施工过程组织方法和特点

公路施工过程组织方法有顺序作业法、平行作业法、流水作业法。

1. 顺序作业法(也称为依次作业法)的主要特点

(1)没有充分利用工作面进行施工,(总)工期较长。

(2)每天投入施工的劳动力、材料和机具的数量比较少,有利于资源供应的组织工作。

(3)施工现场的组织、管理比较简单。

(4)不强调分工协作,若由一个作业队完成全部施工任务,不能实现专业化生产,不利于提高劳动生产率;若按工艺专业化原则成立专业作业队(班组),各专业队是间歇作业,不能连续作业,材料供应也是间歇供应,劳动力和材料的使用可能不均衡。

2. 平行作业法的主要特点

(1)充分利用工作面进行施工,(总)工期较短。

(2)每天同时投入施工的劳动力、材料和机具数量较大,材料供应特别集中,所需作业班组很多,影响资源供应的组织工作。

(3)如果各工作面之间需共用某种资源,施工现场的组织管理比较复杂、协调工作量大。

(4)不强调分工协作,各作业单位都是间歇作业,此方面与顺序作业法相同。

这种方法的实质是用增加资源的方法来达到缩短(总)工期的目的,一般适用于需要突击性施工时施工作业的组织。

3. 流水作业法的主要特点

(1)必须按工艺专业化原则成立专业作业队(班组),实现专业化生产,有利于提高劳动生产率,保证工程质量。

(2)专业化作业队能够连续作业,相邻作业队的施工时间能最大限度地搭接。

(3)尽可能地利用工作面进行施工,工期比较短。

(4)每天投入的资源量较为均衡,有利于资源供应的组织工作。

(5)需要较强的组织管理能力。

这种方法可以科学地利用工作面,实现不同专业作业队之间的平行施工。

(三)公路工程常用的流水施工组织

1. 公路工程常用的流水参数

(1)工艺参数:施工过程数 n(工序个数)、流水强度 V。

(2)空间参数:工作面 A、施工段 m、施工层 r。

(3)时间参数:流水节拍 t、流水步距 K、技术间歇 Z、组织间歇 G、搭接时间 C。

2. 公路工程流水施工分类

1)按节拍的流水施工分类:

(1)有节拍(有节奏)流水:

①等节拍(等节奏)流水,所有的流水节拍相同且流水步距—流水节拍,是理想的流水施工。

②异节拍(异节奏)流水,可进一步分为成倍流水(等步距异节拍)和分别流水(异步距异节拍)。

(2)无节拍(无节奏)流水:流水节拍一般不相同,用累加数列错位相减取大差的方法求流水步距。

2)按施工段在空间分布形式的流水施工分类:流水段法流水施工;流水线法流水施工。

四、资源组织计划

(一)劳动力需求计划

根据已确定的施工进度计划,可计算出各个施工项目所需的工日数,将同一时间内有施工项目的工日数进行累加,即可计算出每天工日数随时间变化的劳动力的需求量,同时还可编制劳动力需求计划,附于施工进度图之后,为生产提供劳动力进退场时间,保证及资源供应和有效施工时调配,搞好平衡,以满足施工的需要。现有劳动力不足或多时,应提出相应的解决措施也可增开工作面,以按时或提前完成任务。劳动力需求计划表见表 7 - 1 - 1。

表 7-1-1　劳动力需求计划表

序号	工种名	需要人数及时间										备注
		年					年					
		一季度	二季度	三季度	四季度	合计	一季度	二季度	三季度	四季度	合计	
1												
2												

编制：　　　　　　　　　　　　　　　　复核：

(二)主要材料需求计划

主要材料包括施工需要的由专业厂家生产的材料、地方供应和特殊的材料，以及有关临时设施和拟采取的各种施工技术措施用料，预制构件及其他半成品亦列入主要材料计划中。材料的需求量可按照工程量和定额规定进行计算，然后根据施工项目的施工进度编制年、季、月主要材料计划表。主要材料(包括预制构件、半成品)计划应包括材料的规格、名称、数量、材料的来源及运输方式等。材料计划是为物资部门提供采购供应、组织运输和筹建仓库及堆料场的依据。主要材料需求计划表见表 7-1-2。

表 7-1-2　主要材料需求计划表

序号	材料名称及规格	单位	数量	来源	运输方式	年					年					备注
						一季度	二季度	三季度	四季度	合计	一季度	二季度	三季度	四季度	合计	
1																
2																

编制：　　　　　　　　　　　　　　　　复核：

(三)主要施工机具、设备需求量计划

在确定施工方法时，应已经考虑了各个施工项目应选择何种施工机具或设备。为了做好机具、设备的供应工作，应根据已确定的施工进度计划，将每个项目采用的施工机械种类、规格和需求量，以及使用的具体日期等综合起来编制施工机具、设备计划表，以配合施工，保证施工进度的正常进行。

主要施工机具、设备需求量包括基本施工过程、辅助施工过程所用的主要机具设备，并应考虑设备进、出厂(场)所需台班，以及使用期间的检修、轮换的备用数量。主要施工机具、设备需求量计划表见表 7-1-3。

表 7-1-3　主要施工机具、设备需求量计划表

序号	机具名称及规格	数量		使用期限		年								备注
		台班	台量	开始日期	结束日期	一季度		二季度		三季度		四季度		
						台班	台量	台班	台量	台班	台量	台班	台量	
1														
2														

编制：　　　　　　　　　　　　　　　　复核：

(四)临时工程计划

临时工程包括生活房屋、生产房屋、便道、便桥、电力和电信设施以及小型临时设施等。临时工程计划表见表7－1－4。

表7－1－4 临时工程计划表

序号	设置地点	工程名称	说明	单位	数量	工程数量							备注
1													
2													

编制：　　　　　　　　　　　　　　　　复核：

(五)技术组织措施计划

技术组织措施计划应根据企业下达的要求和指标,按表7－1－5编制。

表7－1－5 技术组织措施计划表

措施名称及内容摘要	经济效果/元	计划依据	负责人	完成日期

编制：　　　　　　　　　　　　　　　　复核：

五、平面组织计划

施工平面图设计是施工过程空间组织的具体成果,亦即根据施工过程空间组织的原则,对施工过程所需的工艺路线、施工设备、原材料堆放、动力供应、场内运输半成品生产、仓库、料场、生活设施等进行空间的特别是平面的科学规划与设计,并以平面图的形式加以表达。这项工作就叫施工平面图设计。一般来说,应包括工程施工场地状况,拟建项目(建筑、构筑物)的位置、轮廓尺寸及相关要素,如:工程施工现场的加工设施、料场布置和面积,布置在施工现场的水平(垂直)运输设施、供电设施、供水供热设施、排水排污设施和临时施工道路等,施工现场必备的安全、消防、保卫和环境保护等设施;相邻地上、地下既有建(构)筑物及相关环境。

(一)施工平面图设计的依据

(1)工程项目平面图。

(2)施工进度计划和主要施工方案。

(3)各种材料、半成品的供应计划和运输方式。

(4)各类临时设施的性质、形式、面积和尺寸。

(5)各加工车间、场地规模和设备数量。

(6)水源、电源资料。

(7)有关设计资料。

(二)施工平面图规划设计的原则

(1)在保证施工顺利的前提下,少占农田并考虑洪水、风向等自然因素的影响,所有临时性建筑和运输线路的布置,必须便于为基本工作服务,并不得妨碍地面和下建筑物的施工。

(2)力求材料直达工地,减少二次搬运和场内的搬运距离,并将笨重的和大型的预制构件或材料设置在使用点附近,所有货物的运输量和起重量必须减至最小。

(3)加工等附属企业基地应尽可能设在原料产地或运输集汇点(如车站、码头)。

(4)附属企业内部的布置应以生产工艺流程为依据,并有利于生产的连续。

(5)应符合安全和消防的要求,要慎重考虑避免自然灾害(如洪水、泥石流、山崩)的措施。

(6)施工管理机构的位置必须有利于全面指挥,生活设施要考虑工人的休息和文化生活。

(7)场地布置应与施工进度、施工方法、工艺流程和机械设备相适应。

(8)场地准备工作的投资最经济。

(三)施工平面图设计的步骤

(1)分析有关调查资料。

(2)合理确定起重、吊装、运输机械的布置(它直接影响仓库、料场、半成品制备场的位置和水、电线路以及道路的布置)。

(3)确定混凝土、沥青混凝土搅拌站的位置。

(4)考虑各种材料、半成品的合理堆放。

(5)布置水、电线路。

(6)确定各临时设施的布置和尺寸。

(7)决定临时道路位置、长度和标准。

(四)施工平面图的主要内容

1. 施工总平面图

施工总平面图是以整个工程项目为对象的施工平面布置方案,公路工程施工总平面图应包括以下内容:

(1)原有河流、居民点、交通路线(公路、铁路、大车道等)、车站、码头、通信运输点等及工地附近与施工有关的建筑物。

(2)施工用地范围和工程主要项目,沿线大中桥、隧道、渡口、交叉口、集中土石方等的位置,道班房、加油站等运输管理服务建筑物位置。

(3)将施工组织设计的成果,如采料场、附属工厂和基地、仓库、临时动力站(如抽水站、发电所、供热站等)、临时便道、便桥、电源线路、变压器位置以及大型机械设备的停放、维修厂直接标在图上。

(4)施工管理机构,如工程局、工程处、施工队及工程指挥系统的驻地。

(5)其他与施工有关的内容,如地质不良地段、国家测量标志、气象台、水文站防洪、防风、防火、安全设施等需要表示的内容。

2. 单项工程、分部分项工程施工平面图

该类平面图的布置有两种情况:一种是在施工总平面图的控制下进行布置;另一种是以施工总平面图为依据,即基本上按照施工总平面有关内容进行布置。不论哪一种,都应比施工总平面图更加深入、更加具体。

重点工程施工场地布置图:一般来说,大桥、隧道、立交枢纽等都是重点工程其施工场地布置图应在有等高线的地形图上按比例绘制。图上应详细绘出施工现场辅助生产、生活等区域的布置情况,绘出原有地物情况。

其他单项局部平面布置图:对于大型项目,因施工周期长,管理工作量大,附属辅助企业

多,必要时应绘制其他的平面布置图。这类图主要有以下几种:

(1)沿线砂石料场平面布置图。

(2)大型附属企业如沥青混合料拌和厂、预制构件厂、主要材料加工厂(木工厂、机修厂)等平面布置图。

(3)临时供水、供电、供热基地及管线分布平面图。

(4)主要施工管理机构的平面布置图。

六、施工组织设计的优化

(一)优化的目的

通过技术经济比较分析,可以看出存在两个或两个以上施工组织设计方案之间的优劣,从而去劣存优,对施工组织设计进行方案、组合、顺序、周期、生产要素等要素调整,以期使设计趋于最优化。同时,通过优化,努力节约资源,注重环境保护提高机械设备的利用率,并协调好进度、质量、成本"三控制"的关系。

(二)施工方案的优化

施工方案的优化主要通过对施工方案的经济、技术比较,选择最优的施工方案达到加快施工进度并能保证施工质量和施工安全,降低消耗的目的。

它主要包括施工方法的优化、施工顺序的优化、施工作业组织形式的优化、施工劳动组织优化、施工机械组织优化等。

(1)施工方法的优化要能取得好的经济效益,同时要有技术上的先进性。

(2)施工顺序的优化是为了保证现场秩序,避免混乱,实现文明施工,取得好快、省而又安全的效果。施工顺序的优化又分为同类工程的施工顺序优化和单位工程施工顺序优化。

①同类工程确定最优施工顺序,实际上是提高计划安排的经济效益的一种方法因为全部工程整体的施工工期缩短了,且无须额外的附加资源也就相应地较为经济。

②单位工程施工顺序优化。任何一个建筑物或构筑物都是由许多分项工程(工种工程和结构构件)构成的所以,就一个单位工程来说,任务就不仅是要分别解决各项工程的施工方法与机具选择问题,而且要正确处理它们的关系和联系。这里有工艺问题,但基本的还是如下的一些关系和联系:各不同分项工程间的时间顺序(施工的先后)和空间顺序(施工的方向),以及它们相互间在时间上的搭接、空间上的交叉和时间空间的结合。这些问题就构成单位工程施工方案的组织方面,即单位工程的施工顺序安排和流水施工的组织。

(3)施工作业组织形式的优化是指作业组织合理采取顺序作业、平行作业、流水作业 3 种作业形式中的一种或几种的综合方式。

(4)施工劳动组织优化是指按照工程项目的要求,将具有一定素质的劳动力组起来,选出相对最优的劳动组合方案,使之符合工程项目施工的要求,投入到施工项目中去。

分工与协作是劳动组织优化的基本原理,从基本原理出发,劳动组织符合下列原则:

①能够按工程项目总体施工计划要求,按时、按质、按量完成预定的分项和分部工程的全部施工任务。

②各队、班(组)之间的作业基本平衡,并且符合各自的特点,班(组)内各工种及每个人的工作量达到满负荷。

③投入项目人工日数不超过项目人力全员计划的总数。

④施工队、班(组)的工人技术平均等级不高于定额规定的平均等级。

⑤各队、班组的工人技术等级要成比例,搭配合理,不能全高,也不能全低。

⑥施工队、班(组)的工人施工水平不能低于规定的施工定额水平。

(5)施工机械组织优化就是要从仅仅满足施工任务的需要转到如何发挥其经济效益上来。这就是要从施工机械的经济选择、合理配套、机械化施工方案的经济比较以及施工机械的维修管理上进行优化,才能保证施工机械在项目施工中发挥巨大的作用。

(三)资源利用的优化

项目物资是劳动的对象,是生产要素的重要组成部分。施工过程也就是物资消耗过程。项目物资指主要原材料、辅助材料、机械配件、燃料、工具、机电设备等,它服务于整个建设项目,贯穿于整个施工过程。因此,对于它的采购、运输、储存、保管、发放、节约使用、综合利用和统计核销,关系到整个工程建设的进度、质量和成本,必须对其进行全面管理。

资源利用的优化主要包括:物资采购与供应计划的优化、机械需要计划的优化。项目物资采购与供应计划的优化就是在工程项目建设的全过程中对项目物资供需活动进行计划,必要时需调整施工进度计划。

机械需要计划的优化就是尽量考虑如何提高机械的出勤率、完好率、利用率,充分发挥机械的生产效率。

第二节　施工组织设计对造价的影响

施工是把设计图纸付诸实现的重要阶段。尽管在设计确定后,施工对整个建设项目投资的影响不大,但其本身是形成固定资产的重要过程,与工程造价有着密切的关系。在施工生产中应当正确处理技术先进与经济合理的关系,把造价控制的观念渗透到各项施工管理中。

(一)施工组织计划与施工图预算的关系

施工组织计划是初步设计阶段施工方案的具体和深化,是编制施工图预算的指导性技术文件,施工图预算编制过程也是施工组织计划的过程。施工组织计划中的施工计划决定着施工图预算,反过来,施工图预算又制约着施工组织计划,两者是辩证统一的关系,是相辅相成的从施工图预算的组成来分析,其主要由建筑安装工程费,设备、工具、器具及家具购置费,工程建设其他费用,预留费等项组成。与施工组织计划关系最大的是建筑安装工程费,在建筑安装工程费中,直接费又是主要的费用,它的高低基本决定了建筑安装费的高低,故施工组织计划对施工图预算的影响主要也是对直接费的影响。

(二)施工调查对造价的影响

工程施工原始资料的调查是编制施工组织设计的基础,对拟建的公路工程现场进行充分调查,在具体分析施工条件的基础上提出优选的施工组织、施工方法及施工技术措施等,而原始资料的一点差错可能导致施工建设的损失。通过施工调查可以合理布置施工总平面图,选择施工用地,估算平整场地的土方量,以及拟订地基处理方案和基础施工方法等。通过施工调查可以准确地选用冬期、雨期施工方法,确定工地排水,防洪防雷措施;通过施工调查可以正确布置临时设施、高空作业及吊装措施,对地基及结构工程按照不同的震级规程施工。

(三)施工方案、方法对工程造价的关系

在施工中,施工方案是很重要的,不论在技术方面还是组织方面,通常都有多种可行的方案选择,所以可以对施工方案进行优化。优化的方法有定性分析和定量分析两种,通常采用定量分析法。如路基工程需要施工大量的土石方,其施工方式不同,造价会有明显的差别。由于每种施工机械都有相应比较经济的运距,在选择施工机械时,应予以合理组织,尽量发挥各种机械的优势,以降低工程造价。

(四)材料的采购运输对工程造价的影响

基础建设工程需要大量的原材料,尤其是地产材料,即砖、瓦、石灰、沙子、碎石、片石,一般其运杂费比本身的出厂价还要高,所以地产材料的采购运输对工程造价有显著影响。这样就必须在施工之前经过现场详细调查取得各个供应点的供货和价格,以及距施工现场的运距,从而综合确定比较经济可行的供货运输方案。

运输组织不仅直接影响施工进度,而且在很大程度上也影响了工程造价。一般需要达到以下要求:运输距离最短,运输量最小;减少运转次数,力求直达工地;装卸迅速,运转方便;尽量利用原有交通条件,减少临时运输设施的投资;充分发挥运输工具的载运条件。

(五)统筹兼顾,确定合理施工顺序

大的基本建设工程的特点为工作量大、工程项目多、建设周期长,此类工程施工需要建临时工程和附属工程。这就要求在施工中必须做好各种方案的比较和通盘考虑,以免造成浪费。建设工程要合理确定工期,避免盲目压缩工期,在进度安排上注意其均衡性。应根据实际情况安排各项单位工程的施工周期,做到建设工作分期分批地进行,避免过分集中,有效地削减高峰工作量,减少临时设施,避免劳力、机械和材料的大进大出,保证工程建设按计划有节奏地进行。根据建设工程的实际情况,合理确定施工工期及进度计划,对工程质量和预算造价都会有极大的影响。

(六)抓好安全质量,减少返工费用

施工中应该建立和完善安全、质量保证体系,要坚持安全第一、质量为本的原则,要加强施工过程中的中间检查和技术复检,搞好质量控制,使每一道工序、每一个环节都确保工程质量,做到一次达标创优尽量减少或避免返工损失。

(七)施工现场平面布置对预算的影响

施工现场平面布置是施工组织设计在空间上的综合描述,是施工组织设计的重要组成部分。在施工中应精心进行平面布置,一般来说,都是结合地形、地貌,在满足施工的前提下,选择交通便利、运输条件好、材料供应方便的地方,尽可能采用已征地或利用荒山、荒地,少占农田,并利用场地平整工程量少的地点布置。

第三节　施工组织设计的应用

施工组织设计就是制定计划的过程。一个相对完善的施工组织设计就应该对资金、人员、机械、材料、技术做一个完美的搭配组合。

一、公路工程施工组织设计的应用

(1)在公路工程施工组织设计安排的施工过程中,由于公路工程的线性特点,使施工流动性大,临时工程多,施工作业面狭长,所以在施工组织设计的安排上就必须灵活、多变,不可以固定成一个模式。公路工程还要求其产品的整体性,所以在制定流动性计划时要有顺序。施工工艺顺序与操作顺序必须按照制定的顺序执行。

(2)公路线形及构造物形式受地形、地质、水文等自然条件的影响,又因公路等级和使用要求而异。因此,公路工程类型多种多样,标准化难度大,必须个别设计,施工组织亦需个别进行。因为施工时的技术条件(物资供应、机具设备、技术水平等)、自然条件(季节气候等)和工期要求等不尽相同的缘故,即使是同一地区相同技术等级的公路,也不可能采用同样的施工组织。

二、水运工程施工组织设计的应用

水运工程的施工必须根据工程项目所具备的自身特点进行合理的搭配。

(1)在水运工程施工组织设计安排的施工过程中,虽然水工建筑产品是固定施工,但是资源却在不断地流动和消耗。且现场施工中同一地点结构物在不同时间的施工工序衔接,同一时间在不同作业平面施工的资源组织,都要求施工组织设计必须安排合理的空间布置与时间安排计划。

(2)水运工程结构物的环境适应性与建设要求及建设条件的差异性决定了施工方法的独特性与针对性,每个工程项目的施工方案与工艺都需要施工组织设计做出详细的论证和计划。

(3)水运工程建筑产品施工环节多,工序复杂,大型施工船机多,施工中要求各部门协同配合程度高;同时施工中参与当事人多,如设计、监理、业主等,这些都需要密切的沟通和配合,因此施工组织计划一定要严密。

(4)水运工程的施工组织一定要考虑因施工条件特殊、工艺复杂,资源供应和有效施工时间的约束等因素的影响以及施工过程的自然规律约束,致使施工周期长,带来影响。施工计划的可变因素多,所以我们在编制施工组织设计时,应适当留有余地。

(5)水运工程在施工中受风浪、水流、风、雨、雾、冻土地质、水位潮汐、水深等各种自然条件的影响大,在施工组织设计中要充分考虑其影响范围、时段及程度,并采取有针对性的措施和计划安排来克服或适应。

第八章　公路工程计量

第一节　公路工程计量概述

一、工程量的相关概念

工程量是指按一定规则并以物理计量单位或自然计量单位所表示的各分部分项工程、措施项目或结构构件的数量。

工程量依据来源和作用的不同可以分为设计工程量、定额工程量、清单工程量(招标清单工程量、合同清单工程量、变更清单工程量、计量工程量及结算清单工程量)等，各个工程量的概念、用途、计算规则和方法不尽相同。

(1)设计工程量是设计文件中按一定规则以实物计量单位、物理或自然计量单位表示的各分部分项工程数量、构件数量及材料消耗数量。

(2)定额工程量是经现场勘查，对设计图纸和施工组织设计阅读、理解的基础上，根据定额工程量的计算规则，综合图纸的设计工程量和施工组织方案确定的施工措施工程量(又称辅助工程量)，以消耗量定额本身的项目划分及计量单位为编制单元计算出来的工程数量。

(3)清单工程量是编制各阶段工程量清单时，依据施工图纸、计量规则、变更文件及其他相关资料等确定的用于计量和结算的工程数量。

(4)计量工程量是指在公路工程实施阶段按照合同约定的招(投)标文件及有关规定(技术规范、计量规则等)所确定的方法，对承包人符合上述要求的已完工程进行测量、计算、核查，并经确认的已完工程的实际数量。计量工程量对应工程实施阶段项目已完工程数量的计算和确定这一环节，一个项目计量工程量之和即为工程项目的实际规模。

二、工程量计算依据与方法

(一)工程量计算依据

工程量的计算需要根据设计图纸及说明，相应技术标准、规范，各类定额及其他有关的技术经济文件，按照一定的工程量计算规则逐项进行，工程量计算的主要依据有：

(1)国家、行业和地方发布的各类消耗量定额、工程量清单计价规范及其对应工程量计算规则。编制不同阶段的公路工程造价文件采用的定额标准不同，如：编制投资估算要采用现行《公路工程估算指标》，编制初步设计概算要采用现行《公路工程概算定额》，编制施工图预算要采用现行《公路工程预算定额》，因不同设计阶段所采用的定额综合扩大的程度不同定额子目所包含的工作内容也不同，因此定额工程量计算的规则、方法也因使用不同的消耗量定额而不同。计算清单工程量时必须严格按照现行《公路工程标准施工招标文件》的第八章“工程量清单计量规则”中“工程适用的规定”中的计量单位、计算规则和方法进行。

(2)设计图纸及说明。设计图纸全面反映建设项目的现状与规模、各部分的结构尺寸及施工方法，是各类工程数量计算的基础资料和基本依据。设计人员对图纸工程数量的计算本身也与定额工程数量和计量工程数量的计算有很多相同之处，因此经审定的设计图纸是定额工程量计算的主要依据。

(3)施工组织设计或施工技术方案和施工现场情况。一方面，图纸主要表现工程的实体项目，而具体分项工程的施工方法、措施应根据实际情况由施工组织设计或施工技术方案确定，如计算基坑开挖，施工方法采用人工开挖还是机械开挖、基坑周围采用放坡还是用挡土板支护应以施工技术方案为计算依据；另一方面，工程建设中的建筑安装工程费一部分用于支付构成实体的工程项目，一部分用于支付辅助工程项目，所谓辅助工程项目既本身不构成实体又是在构成实体过程中必须要发生的一部分工程措施项目。图纸主要表现工程的实体项目和部分辅助工程的工程数量，如：临时便道、便桥、临时输电线路等，还有一部分辅助工程的工程数量需要根据具体施工组织设计计算，如桥梁钢管梁式支架搭设的费用需根据桥梁的具体情况分别计算支架下部钢管质量和支架上部的搭设面积套用定额计算，而通常情况下这部分辅助工程的工程数量在设计图纸中不会体现，需要造价编制人员根据施工技术方案确定。

(4)其他有关技术经济文件及经济调查资料。

(二)计算工程量的方法

1. 定额工程量的计算方法

(1)不同设计阶段定额工程量计算规则：公路工程建设项目工程造价水平与项目工程规模的关系最直接，能否正确计算建设项目的定额工程量直接关系到造价文件的编制的准确性，对建设项目工程造价的确定起着决定性的作用，因此正确确定定额工程数量是建设项目合理计价的前提。

定额工程量计算应配合定额的使用，因不同的设计阶段对工程造价准确性的要求不同，所以不同设计阶段定额的综合程度也就不同，进而使得造价编制的不同阶段(投资估算、初步设计概算、施工图预算阶段)定额工程量的计算方法、计算规则也不尽相同。由此可见定额工程数量的计算规则和计算方法不是一成不变的，而是随着使用定额的不同而变化的。

以路基零星工程为例，预算定额中按整修路拱、整修边坡、挖台阶、填前压实等几个分项工程分别编制，因此在定额工程量的计算上就需根据以上项目划分，分别计算几个定额的工程数量，其定额单位也因具体定额的不同而各不相同，如：整修路拱的定额计量单位为 $1000m^2$，整修边坡的定额计量单位为 1km 等；而概算定额因设计阶段不同，将这些分项工程进行综合扩大合并为“路基零星工程”一个定额项目，该定额按不同的道路等级和地形(平原微丘、山岭重归)划分定额子目、工作内容包括整修路拱、整修边坡、开挖截(排)水沟、挖土质台阶、填前压实、零星土回填的全部工作，涵盖了预算定额中对应以上几条定额的工作，同时定额计量单位也综合扩大为 1km，相应这部分工程内容工程量的计算也简化为以路基长度计算；在概算定有基础上综合扩大而来的估算定额在该部分费用的计算上已完全不需要套用定额了，因其相应费用已经全部综合在土石方的相应子目中。由此可见，不同设计阶段定额工程量在计算方计量规则上的差异主要是因为不同阶段的计价定额综合程度不同，导致定额子目的划分不同。

但也需要注意部分定额在不同计价阶段定额工程量的计算规则可能会是一样的，因概算定额和估算指标均是在上一级定额的基础上进行综合扩大而来，所以其不同阶段定额工程量计算方法和计算规则又有很多相通之处。例如无论是概算定额还是预算定额，挖方与填方定额工程量的计算方法和计算规则以及在压实系数的考虑等方面都是一致的,换言之就是在路基土石方工程中定额工程量的计算,无论是编制概算还是编制预算,其主要内容并没有什么不同,而估算指标虽然在这一块的计算上相对较粗,如土石方数量的计算上忽略了土石类别的划分和压实系数等因素,但是在需并入路基填方数量内计算的工程数量的内容上又与概算、预算中的计算内容是完全相同的,即无论是预算定额工程量还是概算、估算定额工程量均需增加:

①清除表土或零填方地段的基底压实、耕地填方前夯(压)实后,回填至原地面高程所需的土、石方数量。

②因路基沉陷需增加填筑的土、石方数量。

③为保证路基边缘的压实度必须加宽填筑实,所需的土、石方数量。

因公路工程项目所涉及的工程类别较多,结构类型复杂,所以定额体系也相对复杂、庞大,所以定额工程量的计算规则和计算方法的运用需要我们在长期的工作实践中慢慢积累和总结,这里就不一一赘述了。

(2)定额工程量的一般计算方法:在确定定额工程量时,首先应熟悉定额的主要内容和章节说明,可以将定额说明分为三个层次:

①工程量计算规则。这些工程量计算规则直接在工程定额的章节说明中列出,其说明中涉及的内容在定额工程量的计算时必须采用。如隧道洞身工程预算定额说明中的工程量计算规则第 8 条“砂浆锚杆工程量为锚杆、垫板及螺母等材料质量之和;中空注浆锚杆、自进式锚杆的工程量按锚杆设计长度计算”,这条计算规则在套用时就必须按照不同锚杆的类型计算定额工程数量。砂浆锚杆按质量计算,该质量除了包含砂浆锚杆的质量外还需加垫板及螺母的质量,而实际工程造价的计算中,常常看到造价人员在砂浆锚杆的计算中漏计螺母、垫板的质量,或者因工程图纸中设计数量按锚杆长度给出,在造价编制中就直接套用中空注浆锚杆、自进式锚杆定额按长度对砂浆锚杆估价,这些错误的编制方法都是因为对定额工程量计算规则忽略、直接按图纸数量套用所导致的。

②特殊情况下的工程量计算:是指那些没有直接列入工程量计算规则,但其内容又对定额工程数量的计算产生影响的定额说明。如防护工程预算定额说明的第 3 条“本章定额中除注明者外,均已包括按设计要求需要设置的伸缩缝、沉降缝的费用。”这条定额说明虽然没有列入章节说明的工程量计算规则,但也对工程造价的计算同样产生影响,在实际工作中,设计人员在计算工程数量时常常给出挡墙伸缩缝的数量,而造价编制人员也常常为这一个装饰用“沥青麻絮伸缩缝”定额计价,看似没有问题的计价过程,其实就是忽略了这一条定额说明从而导致伸缩缝费用的重复计算。像这样特殊情况下的工程量计算规则通常在定额说明或定额的工作内容中涵盖,需要引起大家的重视。由此可见定额工程量的计算规则与设计人员在工程图纸中给出的工程数量在计算规则上有时是一致的,但也有很多时候是不一致的,因此给定额填写定额数量时一定要确保该数量是按照定额允许的计算规则计算得到的,而不能是简单将图纸给出的数量选择对应定额直接填写。

③除了定额的章节说明外,应用定额时还需注意阅读每个定额项目中的定额工程内容和定额注释,有时甚至需分析定额中具体工、料、机的内容和它们的具体消耗数量,通过这些来判断该定额对应的工作内容到底是什么,进而确定定额工程数量,防止在对照图纸工程数量选择和套用定额时的漏项或重复计算。

2. 清单工程量的计算方法

现行《公路工程标准施工招标文件》作为指导性的文件提出了一些行业内可供参考的公路工程清单工程量计量规则，但清单工程量的计算在实际应用中应根据合同文件的具体规定执行。本书作为公路工程造价人员的一本通识性基础教材，在第二章第二节对现行《公路工程标准施工招标文件》中清单工程量的计算规则进行了归纳和总结，故此处不再赘述。但为了保证清单工程量计算的完备性和准确性，在一般情况下，会按照一定的顺序进行计算。

(1)按图纸顺序计算，即由施工图设计文件由前到后依次计算。用这种顺序计算工程量，要求对定额的章节内容要很熟，否则容易出现项目间的混淆及漏项。

(2)按工程量清单编码或定额编码的顺序计算，即按清单或定额的章节、子目次序、由前到后，逐项对照计算。用这种顺序计算工程量，要求首先熟悉图纸，要有很好的工程设计基础知识。使用这种方法要注意，工程图纸是按使用要求设计的，有些设计采用了新工艺、新材料，或有些零星项目可能没有相应的清单编码或定额编码，在计算工程量时应单列出来，不能因缺项而漏掉。

(3)按施工顺序计算，即由场地清理算起，直到全部施工内容结束止。用这种顺序计算工程量，要求具有一定的施工经验，能掌握组织施工的全过程，并且要求对定额及图纸内容要十分熟悉，否则容易漏项。

在计算工程量时，要参考图纸设计文件、每张图纸的说明及选用标准图集的总说明和分项说明等，因为很多项目的做法及工程量来自此处。此外，在计算每项工程的同时，要准确而详细地填写“工程量清单”或工程量计算表中的各项内容，尤其要填写各项目名称。如对于钢筋混凝土工程，要填写现浇、预制、断面形式和尺寸等字样，对于砌筑工程，要填写砌体类型、厚度和砂浆强度等级等字样，以此类推，目的是为报价或选套定额项目提供方便，加快编制速度。

三、定额工程量与清单工程量的区别

消耗量定额是工程量清单计价的重要依据，消耗量定额和工程量清单在项目划分、工程量计算上既有区别又有联系。在章节划分上定额的章节划分与工程量清单的章节划分基本是一致的，同时定额工程数量也是计量工程量计算的参考依据之一，在对清单细目组价的过程中正确计算清单工程数量和定额工程量是编制最高投标限价和投标报价文件的重要工作。但是定额工程量与清单工程量两者又有着本质上的区别，主要体现在以下几个方面。

1. 两者的用途不同

定额工程数量主要用于各阶段的工程计价(组价)，简而言之就是计价过程中使用定额时填写的工程数量，其数量需根据相应阶段的定额工程量的计算规则计算；而清单工程量主要用于工程量清单的编制，以及工程计量、支付等方面。

2. 两者参考的计算依据不同

计算定额工程量主要参考公路工程定额中的工程量计算规则，因此设计阶段不同使用的计价定额就不同，对应不同计价定额的定额工程量的计算规则也就不同。清单工程量的计算主要参考现行《公路工程标准施工招标文件》中的“工程量清单计量规则”，或是根据公路建设项目的实际情况，以现行《公路工程标准施工招标文件》中技术规范为基础补充修改的“项目专用工程量清单计量规则”中的计量与支付规则确定。

3. 两者项目划分和综合的工作内容不同

定额工程量的计算规则需根据定额的项目划分和每个定额所包含的工作内容确定,以预算定额为例,定额的项目划分通常以结构构件或分项工程为基础,包括的工作内容相对单一;而清单工程量基于清单计量规则,按照"实体、净量"的原则进行划分,体现功能单元,所包含的工作内容较为综合,往往不止一项(即一个清单项目的组价通常包括多个定额)。清单工程量的计算范围通常为工程的实体,而定额工程量除了涉及实体工程数量的计算,还需计算为修建实体而必须消耗的辅助工程的工程数量。如现行《公路工程标准施工招标文件》中陆上钻孔灌注桩计量工程量的计算只需依照图纸所示桩长及混凝土强度等级按照不同桩径桩长以 m 为单位进行计量,而针对该计价细目的估价选择的定额需包含该桩径钻孔灌注桩的全部工作内容,如护筒的安拆、桩基的成孔(钻孔、清孔、钻孔泥浆)、混凝土的浇筑及凿除桩头、桩基的无破损检验等,上述每个分项工程均对应相应的定额,所套用的每个定额又需按定额工程量的计算规则进行计算。

因此就综合程度而言,清单工程量通常大于或等于定额工程量。

4. 两者计算口径不同

定额工程量在计算过程中考虑了一定的施工方法、施工工艺和现场实际情况,而清单工程量在计算中主要计算工程实体的净量。如基坑开挖清单工程量的计算,取用原地面到基础底面间的平均高度并以超过基础底面周边 0.5m 的竖直面为界的棱柱体体积为计量规则计算基坑开挖的净量;而在定额工程量计算时,除基坑开挖的净量仍需包括放坡及工作面等的开挖量,即包含了为满足施工工艺要求而增加的加工余量。某桥梁基础挖方工程量计算范围如图 8-1-1 所示。

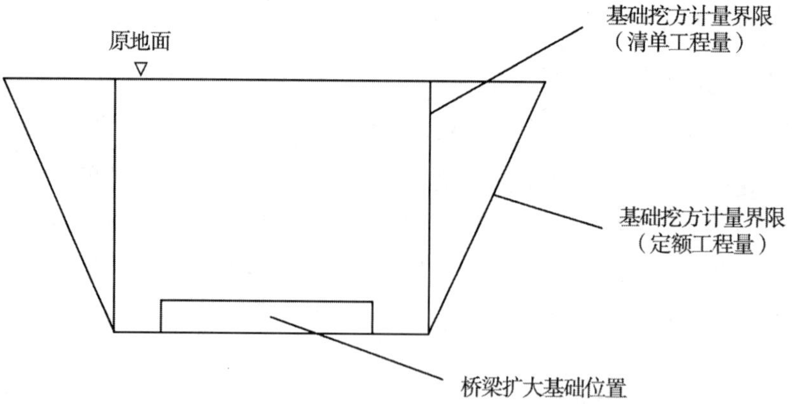

图 8-1-1 某桥梁基础挖方工程量计算范围

5. 两者计量单位的选择不一致

清单工程量的计量单位一般采用基本的物理计量单位或自然计量单位,如 m^2、m^3、kg、t 等。定额工程量的计量单位一般为扩大的物理计量单位或自然计量单位,如 $1000m^2$、$10m^3$、10m 等。

第二节　清单工程量计量规则及应用

清单工程量的计量规则是施工合同的重要组成部分,而目前施工合同主要参考的是现行《公路工程标准施工招标文件》,本节主要对现行《公路工程标准施工招标文件》的第八章——工程量清单计量规则进行了归纳和总结,主要介绍现行《公路工程标准施工招标文件》中清单工程量的计量规则,包括说明、总则和各分部分项工程量计量规则等。

一、工程量计量规则的概念、作用

现行《公路工程标准施工招标文件》的第八章"工程量清单计量规则",是招标人编制工程量清单时确定工程数量的依据,也是投标人投标报价的依据,施工结算时,它是计量已完工程数量的依据。本部分主要介绍工程量清单计量规则中工程量的计量、相应的工程内容及应用。

工程量清单计量规则由子目号、子目名称、单位、工程量计量、工程内容组成。每个子目号与工程量清单子目号一一对应,每个子目由对应的工程内容、工艺流程、检评标准构成实施过程,是承包人报价、发包人支付的依据。工程量清单计量规则与工程计量的关系密不可分。工程计量必须符合合同规定的条件,即计量除了包括数量方面的内容外,还包括工程质量方面的内容,质量不合格,监理工程师有权不予计量,承包人将得不到付款,并由承包人自己承担由此造成的损失。而工程量计量规则作为合同的重要组成部分,正是为工程的合理计量提供依据。

二、工程量计量规则说明及总则

(一)工程量计量规则说明

1. 一般要求

(1)计量规则各章节是按现行《公路工程标准施工招标文件》第七章"技术规范"的相应章节编号的,因此,各章节工程子目的工程量计量规则应与"技术规范"相应章节的施工规范结合起来理解、解释和应用。

(2)所有工程项目,除个别注明者外,均采用我国法定的计量单位,即国际单位及国际单位制导出的辅助单位进行计量。

(3)规则的计量与支付,应与合同条款、工程量清单以及图纸同时阅读,工程量清单中的支付项目号和本规则的章节编号是一致的。

(4)任何工程项目的计量,均应按本规则规定或监理人书面指示进行。

(5)按合同提供的材料数量和完成的工程数量所采用的测量与计算方法,应符合本规则规定。所有这些方法,应经监理人批准或指示。承包人应提供一切计量设备和条件,并保证其设备精度符合要求。

(6)除非监理人另有准许,一切计量工作都应在监理人在场情况下,由承包人测量、记录。有承包人签名的计量记录原本,应提交给监理人审查和保存。

(7)工程量应由承包人计算,由监理人审核。工程量计算的副本应提交给监理人并由监理人保存。

(8)除合同特殊约定单独计量之外,全部必需的模板、脚手架、装备、机具、螺栓、垫圈和钢制件等其他材料,应包括在工程量清单中所列的有关支付项目中,均不单独计量。

(9)除监理人另有批准外,凡超过图纸所示的面积或体积,都不予计量与支付。

(10)承包人应严格标准计量基础工作和材料采购检验工作。沥青混凝土、沥青碎石、水泥混凝土、高强度等级水泥砂浆的施工现场必须使用电子计量设备称重。因不符合计量规定引发质量问题,所发生的费用由承包人承担。

(11)第104节"承包人驻地建设"与第105节"施工标准化"属选择性工程子目,由发包人根据工程项目管理实际情况选择使用或同时使用。

2. 质量

(1)凡以质量计量或以质量作为配合比设计的材料,都应在精确与批准的磅秤上、由称职合格的人员在监理人指定或批准的地点进行称重。

(2)称重计量时应满足以下条件:监理人在场;称重记录;载明包装材料、支撑装置、垫块、捆束物等质量的说明书在称重前提交给监理人作为依据。

(3)钢筋、钢板或型钢计量时,应按图纸或其他资料标示的尺寸和净长计算。搭接、接头套筒、焊接材料、下脚料和固定、定位架立钢筋等,则不予另行计量。钢筋、钢板或型钢应以千克计量,四舍五入,不计小数。钢筋、钢板或型钢由于理论单位质量与实际单位质量的差异而引起材料质量与数量不相匹配的情况,计量时不予考虑。

(4)金属材料的质量不得包括施工需要加放或使用的灰浆、楔块、填缝料、垫衬物、油料、接缝料、焊条、涂敷料等质量。

(5)承运按质量计量的材料的货车,应每天在监理人指定的时间和地点称出空车质量,每辆货车还应标示清晰易辨的标记。

(6)对有规定标准的项目,例如钢筋、金属线、钢板、型钢、管材等,均有规定的规格、质量、截面尺寸等指标,这类指标应视为通常的质量或尺寸;除非引用规范中的允许偏差值加以控制,否则可用制造商的允许偏差。

3. 面积

除非另有规定,计算面积时,其长、宽应按图纸所示尺寸线或按监理人指示计量。对于面积在 $1m^2$ 以下的固定物(检查井等)不予扣除。

4. 结构物

(1)结构物应按图纸所示净尺寸线,或根据监理人指示修改的尺寸线计量。

(2)水泥混凝土的计量应按监理人认可的并已完工工程的净尺寸计算,钢筋的体积不扣除,倒角不超过 $0.15m \times 0.15m$ 时不扣除,体积不超过 $0.03m^3$ 的开孔及开口不扣除,面积不超过 $0.15m \times 0.15m$ 的填角部分也不增加。

(3)所有以米(m)计量的结构物(如管涵等),除非图纸另有表示,应按平行于该结构物位置的基面或基础的中心方向计量。

5. 土方

(1)土方体积可采用平均断面积法计算,但与似棱体公式计算结果比较,如果误差超过 ±5%时,监理人可指示采用似棱体公式。

(2)各种不同类别的挖方与填方计量,应以图纸所示界线为限,而且应在批准的横断面图上标明。

(3)用于填方的土方量,应按压实后的纵断面高程和路床面为准来计量。承包人报价时,应考虑在挖方或运输过程中引起的体积差。

(4)在现场钉桩后56d内,承包人应将设计和进场复测的土方横断面图连同土方的面积与体积计算表一并提交监理人批准。所有横断面图都应标有图题框,其大小由监理人指定一旦横断面图得到最后批准,承包人应交给监理人原版图及三份复制图。

6. 运输车辆体积

(1)用体积计量的材料,应以经监理人批准的车辆装运,并在运到地点进行计量。

(2)用于体积运输的车辆,其车厢的形状和尺寸应使其容易能够容易而准确地测定并应保证精确度。每辆车都应有明显标记。每辆车所运材料的体积应于事前由监理人与承包人相互达成书面协议。

(3)所有车辆都应装载成水平容积高度,车辆到达送货点时,监理人可以要求将其装载物重新整平,对超过定量运送的材料将不支付。运量达不到定量的车辆,应被拒绝或按监理人确定减少的体积接收。根据监理人的指示,承包人应在货物交付点,随机将一车材料刮平,在刮平后如发现货车运送的材料少于定量时,从前一车起所有运到的材料的计量都按同样比率减为目前的车载量。

7. 质量与体积换算

(1)如承包人提出要求并得到监理人的书面批准,已规定要用立方米(m^3)计量的材料可以称重,并将此质量换算为立方米(m^3)计量。

(2)将质量计量换算为体积计量的换算系数应由监理人确定,并应在此种计量方法使用之前征得承包人的同意。

8. 沥青和水泥

(1)沥青和水泥应以千克(kg)为单位计量。

(2)如用货车或其他运输工具装运沥青材料,可以按经过检定的质量或体积计算沥青材料的数量,但要对漏失量或泡沫进行校正。

(3)水泥可以以袋作为计量的依据,但一袋的标准应为50kg。散装水泥应称重计量。

9. 成套的结构单元

如规定的计量单位是一成套的结构物或结构单元(实际上就是按"总额"或称"一次支付"计的工程子目),该单元应包括了所有必需的设备、配件和附属物及相关作业。

10. 标准制品项目

(1)如规定采用标准制品(护栏、钢丝、钢板、轧制型材、管子等),而这类项目又是以标准规格(单位重、截面尺寸等)标识的,则这种标识可以作为计量的标准。

(2)除非所采用标准制品的允许误差比规范的允许误差要求更严格,否则,生产厂确立的制造允许误差不予认可。

(二)总则

保险、竣工文件、施工环保费、安全生产费、信息化系统(暂估价)、临时工程与设施(包括临时道路修建、养护与拆除(包括原道路的养护)、临时占地、临时供电设施架设、维护与拆除、电信设施的提供、维修与拆除、临时供水与排污设施)、承包人驻地建设和施工标准等主要工程内容的计量特点是均以总额为单位计量。具体计算,参照技术规范包括的工程内容进行。其中安全生产费,按投标价的1.5%(若招标人公布了最高投标限价,按最高投标限价的1.5%)以总额为单位计量。

三、路基工程工程量计量规则

路基工程的工程内容主要有:场地清理;挖方路基;填方路基;特殊地区路基处理;路基整修:坡面排水;护坡、护面墙;挡土墙;锚杆、锚定板挡土墙;加筋土挡土墙;喷射混凝土和喷浆边坡防护;预应力锚索边坡加固;抗滑桩;河道防护等。

(一)场地清理

1. 清理与掘除

在清理与掘除工程子目中,清理现场的工程量应依据图纸所示位置及范围(路基范围以外临时工程用地清场等除外),按路基开挖线或填筑边线之间的水平投影面积,以平方米(m^2)为单位计量。砍伐树木和挖除树根的工程量可依据图纸所示路基范围内干径10cm以上(含10cm)的树木,按实际砍伐数量以棵为单位计量。

2. 挖除旧路面

挖除旧路面的工程量应按不同的路面结构类型,如沥青路面、水泥混凝土路面等的水平面积,同时考虑挖除厚度,以立方米(m^3)为单位计量。

3. 拆除结构物

该工程的工程量应依据图纸所示位置,拆除路基范围内原有的不同类型的结构物,包括钢筋混凝土结构、混凝土结构、砖、石及其他砌体结构的体积,以立方米(m^3)为单位计量,金属结构物应以千克为单位计量,金属回收须按合同有关规定办理。

4. 植物移栽

在植物移栽工程中,工程量应依据图纸所示位置,起挖路基范围内原有的乔(灌)木或皮并移栽,移栽各类乔(灌)木时按成活的数量以棵为单位计量,移栽草皮时按成活的草皮面积以平方米(m^2)为单位计量。

(二)挖方路基

挖方路基的工程内容主要包括路基挖方工程,以及改河、改渠、改路挖方工程两大分项、两大分项工程的工程量计量规则相同,均包含挖土方、挖石方、挖除非适用材料(不含淤泥、岩盐、冻土)、挖淤泥、挖冻土、挖岩盐等工程内容,计量规则如下。

1. 挖土、石方

路基挖方和改河、改渠、改路挖方工程中,挖土、石方工程量依据图纸所示地面线、路基设计横断面图、路基土石比例,采用平均断面面积法计算,包括边沟、排水沟、截水沟的土、石方按照天然密实体积(土方)或天然体积(石方)以立方米(m^3)为单位计量。需注意,路床顶面以下挖松深300mm再压实作为挖土方的附属工作,不另行计量弃土场的绿化、防护工程、排水设施在相应章节内计量。

2. 挖除非适用材料(不含淤泥、岩盐、冻土)、淤泥

路基挖方和改河、改渠、改路挖方工程中,挖除此类材料时应依据图纸所示位置,挖除路基范围内非适用材料(不含淤泥、岩盐、冻土)和淤泥以立方米(m^3)为单位计量工程量弃土场的绿化、防护工程、排水设施在相应章节内计量。

3. 挖岩盐、冻土

路基挖方和改河、改渠、改路挖方工程中，挖岩盐、冻土的工程量应依据图纸所示地面线路基设计横断面图、路基土石比例，按平均断面面积法计算，按照天然体积以立方米(m^3)为单位计量弃土场的绿化、防护工程、排水设施在相应章节内计量。

(三)填方路基

填方路基的工程内容主要包括路基填筑(包括填前压实)工程，以及改河、改渠、改路填筑工程两大分项，两大分项工程的工程量计量规则相同，均包含利用土方、利用石方、利用土石混填、借土填方、粉煤灰及矿渣路堤、吹填砂路堤、EPS 路堤、结构物台背回填、锥坡及台前溜坡填土等工程内容，计量规则如下。

1. 利用土、石方或土石混填

路基填筑或改河、改渠、改路填筑工程中，利用土、石方时应依据图纸所示地面线、路基设计横断面图，按平均断面面积法计算压实的体积，以立方米(m^3)为单位计量；当填料中石料含量小于30%时，应按利用土方算。当填料中石料含量大于70%时，应按利用石方算。当填料中石料含量大于30%、小于70%时，应按利用土石混填算。填前压实、地面下沉增加的填方量按填料来源计量。需注意的是，满足施工需要，预留路基宽度宽填的填方量不另行计量。

2. 借土填方、粉煤灰及矿渣路堤、吹填砂路堤

路基填筑或改河、改渠、改路填筑工程中，借土填方时依据图纸所示地面线、路基设计横断面图，按平均断面面积法计算压实的体积，以立方米(m^3)为单位计量。地面下沉增加的填方量按填料来源计量。满足施工需要，预留路基宽度宽填的填方量作为路基填筑的附属工作，不另行计量。借土场绿化、防护工程、排水设施、临时用地则在相应章节内计量。

3. EPS 路堤

路基填筑或改河、改渠、改路填筑工程中，EPS 路堤工程量依据图纸所示，按铺筑的 EPS 体积，以立方米(m^3)为单位计量。

4. 结构物台背回填、锥坡及台前溜坡填土

路基填筑或改河、改渠、改路填筑工程中，结构物台背回填以及锥坡及台前溜坡填土的工程量应依据图纸所示数量，按照压实的体积，以立方米(m^3)为单位计量。须注意的是，结构物台背回填工程中，挡土墙墙背回填不另行计量。

(四)特殊地区路基处理

1. 软土路基处理

(1)抛石挤淤、爆炸挤淤应依据图纸所示位置和范围，按照抛石体积的片石数量，以立方米(m^3)为单位计量。

(2)各类垫层，如砂垫层、碎石垫层等应依据图纸所示位置和断面尺寸，按图示中各类垫的密实体积，以立方米(m^3)为单位计量。需注意因换填而挖除的非适用材料应按挖方路基中挖除非适用材料(不含淤泥、岩盐、冻土)的计量规则进行计量。

(3)土工合成材料，主要包括反滤土工布、防渗土工膜、土工格栅等工程量，应依据图纸所示位置和规格，按土层中分层铺设各类土工合成材料的累计净面积，以平方米(m^2)为单位计量。接缝的重叠面积和边缘的包裹面积不予计量。

(4)真空预压依据图纸所示的沿密封沟内缘线密封膜覆盖的路基面积以平方米(m^2)为单

位计量,超载预压依据图纸所示预压范围(宽度、高度、长度)预压后体积以立方米(m^3)为单位计量。

(5)袋装砂井依据图纸所示位置和断面尺寸,按不同直径袋装砂井的长度,以米(m)为单位计量。

(6)塑料排水板依据图纸所示位置和断面尺寸,按图示不同类型的塑料排水板长度、以米(m)为单位计量,但需注意,不计伸入垫层内的塑料排水板长度。

(7)粒料桩和加固土桩工程量依据图纸所示位置和断面尺寸,按图示不同桩径的各类桩的长度,以米(m)为单位计量。

(8)强夯的工程量应依据图纸所示位置和处理面积,按图示路堤底面积,以平方米(m^2)为单位计量。强夯置换的工程量应依据图纸所示位置,按图示置换的体积,以立方米(m^3)为单位计量。

2. 红黏土及膨胀土路基处理

红黏土及膨胀土路基处理的工程量应依据图纸所示位置和断面尺寸、对不良填料改良处理,主要有两种处理方式:掺石灰改良处理和掺水泥改良处理。前者工程量按不同掺灰量的压实体积,后者按不同掺水泥量的压实体积,以立方米(m^3)为单位计量。

3. 滑坡处理

滑坡处理的主要工程内容为清除滑坡体,应按照清除滑坡体土方与石方的天然体积,分别以立方米(m^3)为单位计量。

4. 岩溶洞处理

岩溶洞处理的主要包含的工程内容为回填,工程量应依据图纸要求的回填材料的密实体积,以立方米(m^3)为单位计量。

5. 湿陷性黄土路基处理

(1)陷穴处理工程量应按照灌砂和灌水泥砂浆的体积,以立方米(m^3)为单位计量。

(2)强夯应依据图纸所示位置和处理面积,按图示路堤底面积以平方米(m^2)为单位计量。强夯置换应按图示置换的体积,以立方米(m^3)为单位计量。

(3)石灰改良土的工程量依据图纸所示位置和断面尺寸,对不良填料进行掺石灰改良处理,按不同掺灰量的压实体积,以立方米(m^3)为单位计量。

(4)灰土桩的工程量应依据图纸所示位置和断面尺寸,按图示不同直径的灰土桩的长度,以米(m)为单位计量。

6. 盐渍土路基处理

(1)对于垫层处理,砂垫层或砂砾垫层的工程量依据图纸所示位置和断面尺寸,按围采购垫层密实体积或砂砾垫层密实体积,以立方米(m^3)为单位计量。

(2)若采用土工合成材料,防渗土工膜、土工格栅的工程量应依据图纸所示位置和规格,按土层中分层铺设防渗土工膜的累计净面积,以平方米(m^2)为单位计量。

7. 风积沙路基处理

采用土工合成材料时,土工格栅、土工格室、蜂窝式塑料网的工程量应依据图纸所示位置和规格、型号,按各类材料累计净面积,以平方米(m^2)为单位计量。

8. 冻土路基处理

(1)若隔热层采用XPS保温板,工程量应依据图纸所示位置和断面形状、尺寸,按图示粘贴的XPS保温板面积,以平方米(m^2)为单位计量。

(2)若隔热层采用通风管,工程量应依据图纸所示位置和断面形状、尺寸,按设置的通风管长度,以米(m)为单位计量。

(3)若隔热层采用热棒,工程量应依据图纸所示位置和尺寸,按图示设置的热棒数量,以根为单位计量。

(五)坡面排水

1. 边沟、排水沟、截水沟、跌水与急流槽

(1)浆砌片(块)石或干砌片石的工程量应按浆砌片(块)石或干砌片石的体积,以立方米(m^3)计量。

(2)现浇或预制安装混凝土的工程量需按照面尺寸,按照不同强度等级的混凝土浇筑或预制的边沟、排水沟、截水沟、跌水与急流槽的体积,以立方米(m^3)为单位计量。

(3)预制安装混凝土盖板的工程量需按照不同强度等级混凝土预制的盖板体积,以立方米(m^3)为单位计量。

2. 盲沟、渗沟

盲沟或渗沟的工程量应根据断面尺寸,分不同类型及规格,按长度以米(m)为单位计量。

3. 蒸发池

(1)挖土(石)方的工程量应依据图纸所示地面线、断面尺寸、土石比例,按开挖的天然密实体积,以立方米(m^3)为单位计量。

(2)圬工工程量应分不同类型及强度等级,按圬工体积以立方米(m^3)为单位计量。

4. 涵洞上下游改沟、改渠铺砌

(1)浆砌片石铺砌的工程量应依据图纸所示位置及断面尺寸,按照不同强度等级水泥砂浆铺砌的片石体积,以立方米(m^3)为单位计量。

(2)现浇或预制混凝土铺砌的工程量应依据图纸所示位置及断面尺寸、按照不同强度等级的混凝土浇筑或预制的沟、渠铺砌体积,以立方米(m^3)为单位计量。

5. 现浇、预制混凝土坡面排水结构物

混凝土坡面排水结构物的工程量需按照不同强度等级的混凝土浇筑或预制的结构物的体积,以立方米(m^3)为单位计量。

6. 仰斜式排水孔

钻孔工程量需依据图纸所示位置及孔径,按照不同孔径排水孔长度,以米(m)为单位计量。排水管及软式透水管的工程量依据图纸所示位置及排水管材质,按照不同孔径排水管长度,以米(m)为单位计量。

(六)护坡、护面墙

1. 护坡垫层

护坡垫层的工程量应依据图纸所示位置和密实厚度,按照不同材料类别的垫层体积,以立方米(m^3)为单位计量。

2. 干砌片石护坡

此类护坡的工程量应依据图纸所示位置和铺砌厚度，以立方米（m^3）为单位计量。需注意此清单工程量包含碎落台、护坡平台满铺干砌片石数量，但是需扣除急流槽所占部分。

3. 浆砌片石护坡

（1）满铺浆砌片石护坡工程量需依据图纸所示位置和铺砌厚度、水泥砂浆强度，按照铺砌体积以立方米（m^3）为单位计量，包括碎落台、护坡平台满铺浆砌片石数量，但是需扣除急流槽所占面积。

（2）浆砌骨架护坡工程量除考虑铺砌厚度及水泥砂浆强度外，同时还需考虑骨架形式，按照护坡体体积以立方米（m^3）为单位计量。此工程量同样包括碎落台、护坡平台浆砌骨架数量，但是需扣除急流槽所占面积。

（3）现浇混凝土的工程量须依据图纸所示位置及断面尺寸，按照不同强度等级混凝土浇筑的现浇混凝土体积，以立方米（m^3）为单位计量。

（4）混凝土护坡：

①混凝土满铺护坡和骨架护坡均分现浇和预制两种，工程量须依据图纸所示位置、现浇护坡需同时考虑断面尺寸，预制件护坡需同时考虑构造尺寸，按照不同强度等级混凝土浇筑（或预制件铺砌）的实体体积，以立方米（m^3）为单位计量。

②浆砌片石护坡的工程量须依据图纸所示位置和铺砌厚度，按照不同强度等级水泥砂浆砌筑的浆砌片石护坡体积，以立方米（m^3）为单位计量。

（5）护面墙：护面墙工程主要分为三种，预制安装混凝土护面墙、现浇混凝土护面墙、浆砌片（块）石护面墙，工程量需依据图纸所示位置及断面尺寸、分别按照不同强度等级混凝土预制件体积、混凝土体积、水泥砂浆砌片（块）石的体积，以立方米（m^3）为单位计量，且均不扣除沉降缝、泄水孔、预埋件所占体积。

（6）封面、捶面：封面及捶面的工程量须依据图纸所示位置及断面尺寸，按照不同厚度的封面或捶面的面积，以平方米（m^2）为单位计量。

（7）坡面柔性防护：坡面柔性防护主要分为主动防护系统及被动防护系统两种，工程量须依据图纸所示，按不同类型的防护系统防护的坡面面积，以平方米（m^2）为单位计量。

（七）挡土墙

1. 垫层

挡土墙工程中垫层的工程量应根据垫层密实厚度，按照不同材料的垫层体积，以立方米（m^3）为单位计量。

2. 基础

挡土墙基础部分主要为浆砌片（块）石基础或混凝土基础，工程量应依据图纸所示位置和断面尺寸，按图示不同强度等级的水泥砂浆砌石体积或混凝土体积，以立方米（m^3）为单位计量。

3. 干砌、砌体、混凝土挡土墙

砌体、干砌、混凝土挡土墙墙体的工程量应依据图纸所示位置和断面尺寸，分别按图示的干砌体积、不同强度等级水泥砂浆砌石、混凝土的体积，以立方米（m^3）为单位计量，且均不扣除沉降缝、泄水孔、预埋件所占体积。混凝土挡土墙所含的钢筋须依据图纸所示及钢筋表所列钢筋质量以千克(kg)为单位计量，固定钢筋的材料、定位架立钢筋、钢筋接头、吊装钢筋、钢板、铁丝作为钢筋作业的附属工作，不另行计量。

4. 现浇、预制安装混凝土

挡土墙各部位现浇或预制安装混凝土的工程量均应依据图纸所示位置及断面尺寸，按照不同强度等级混凝土体积以立方米(m^3)为单位进行计量。

5. 附属材料

(1)挡土墙中钢筋的工程量应依据图纸所示及钢筋表所列钢筋质量，以千克(kg)为单位计量，且固定钢筋的材料、定位架立钢筋、钢筋接头、吊装钢筋、钢板、铁丝作为钢筋作业的附属工作，不另行计量。

(2)在锚杆、锚定板挡土墙中锚杆及拉杆的工程量均应依据图纸所示位置、按照其设计长度和规格计算质量，以千克(kg)为单位计量。

(3)加筋土挡土墙中，塑料土工格栅的工程量应依据图纸所示位置和规格、型号，按土层中分层铺设土工格栅的累计净面积，以平方米(m^2)为单位计量，但接缝的重叠面积和边缘的包裹面积不予计量。扁钢带、塑钢复合带、聚丙烯土工带的工程量均应依据图纸所示位置和断面尺寸，按铺设数量换算为质量，以千克(kg)为单位计量。

(八)边坡防护

1. 喷浆防护、喷混凝土防护

边坡各部位进行喷浆防护、喷混凝土防护的工程量应依据图纸所示位置，同时考虑砂浆强度等级或混凝土浆强度等级，按照不同厚度的喷射防护面积，以平方米(m^2)为单位计量。

2. 土钉支护

(1)钻孔注浆钉工程量应按图示不同直径的土钉钻孔桩长度，以米(m)为单位计量。

(2)击入钉的工程量应按图示金属击入钉的质量，以千克(kg)为单位计量。

3. 附属材料

铁丝网、钢筋网等工程量应依据图纸所示位置，按照设计数量，以千克(kg)为单位计量。网格梁、立柱、挡土板等工程量需依据断面尺寸，按照混凝土体积以立方米(m^3)为单位计量。其他材料(如钢筋、锚杆、土工格栅)的工程量计量方法与加筋土挡土墙中所述计量规则相同。

(九)预应力锚索边坡加固

1. 预应力钢绞线、无黏接预应力钢绞线

预应力钢绞线、无黏接预应力钢绞线的工程量应依据图纸所示位置和钢绞线规格，按照各类锚索锚固端底至锚具外侧的长度，以米(m)为单位计量。

2. 锚杆

锚杆，包括钢筋锚杆、预应力钢筋锚杆，工程量应依据图纸所示位置和规格、型号，按照安装的锚杆质量，以千克(kg)为单位计量。

3. 混凝土框格梁、混凝土锚固板

混凝土框格梁、混凝土锚固板的工程量应依据图纸所示位置及断面尺寸，按照不同强度等级混凝土浇筑体积，以立方米(m^3)为单位计量。

(十)抗滑桩

抗滑桩工程主要由现浇混凝土桩、桩板式抗滑挡墙组成，工程量包括混凝土、挡土板、钢筋等,计量规则与前所述相同。

(十一)河道防护

1. 河床铺砌、导流设施

导流设施包括护岸墙、顺坝、丁坝、调水坝、锥坡,河床与导流设施修建所用的浆砌片石、混凝土的工程量均应依据图纸所示位置及断面尺寸,按照不同强度等级水泥砂浆、混凝土铺筑或浇筑的体积,以立方米(m^3)为单位计量。导流设施工程中所含的石笼的工程量应依据图纸所示位置和构造类型、结构尺寸,按照实际铺筑的石笼防护体积,以立方米(m^3)为单位计量。

2. 抛石防护

抛石防护的工程量应依据图纸所示位置和断面尺寸,按照抛填石料体积,以立方米(m^3)为单位计量。

【例 8-2-1】某一级公路路基土石方工程,挖土方总量 180000m^3,其中:松土 10000m^3、普通土 120000m^3、硬土 50000m^3。利用开挖土方作填方用,利用天然密实松土 5000m^3、普通土 120000m^3、硬土 40000m^3。开炸石方总量 140000m^3,利用开炸石方作填方用,利用石方天然密实方 50000m^3。填方压实方 430000m^3。

问题:

计算路基设计断面方、计价方、利用方、借方和弃方数量,计算结果保留整数。系数表如表 8-2-1 所示:

表 8-2-1 系数

公路等级	松土	普通土	硬土	石方
二级及以上等级	1.23	1.16	1.09	0.92
三级、四级公路	1.11	1.05	1.00	0.84

注:1. 当填方为借方时,应在上表的基础上增加 0.03 的土方运输损耗。
2. 数据来源现行《公路工程预算定额》。

【解】(1)路基设计断面方数量:180000 + 140000 + 430000 = 750000(m^3)

(2)利用方数量(压实方):5000 ÷ 1.23 + 120000 ÷ 1.16 + 40000 ÷ 1.09 + 50000 ÷ 0.92 = 198558(m^3)

(3)计价方数量:750000 - 198558 = 551442(m^3)

(4)借方数量:430000 - 198558 = 231442(m^3)

(5)弃方数量:180000 + 140000 - (5000 + 120000 + 40000 + 50000) = 105000(m^3)

四、路面工程工程量计量规则

(一)垫层

垫层包括碎石垫层、砂砾垫层、水泥稳定土垫层和石灰稳定土垫层,均依据图纸所示压实厚度,按照铺筑的顶面面积,以平方米(m^2)为单位计量。

(二)底基层、基层

底基层、基层的材料包括石灰稳定土、水泥稳定土、石灰粉煤灰稳定土、级配碎(砾)石和沥青稳定碎石。

除各类材料的搭板、埋板下的底基层均依据图纸所示尺寸、范围,按照铺筑体积以立方米

(m^3)为单位计量之外,其他各类材料的底基层、基层,均依据图纸所示压实厚度,按照铺筑的顶面面积以平方米(m^2)为单位计量。

各类材料构成的基层、底基层如表8-2-2所示。

表8-2-2　基层、底基层分类

材料	类型
石灰稳定土	石灰稳定土底基层(m^2);搭板、埋板下石灰稳定土底基层(m^3);石灰稳定土基层(m^2)
水泥稳定土	水泥稳定土底基层(m^2);搭板、埋板下水泥稳定土底基层(m^3);水泥稳定土基层(m^2)
石灰粉煤灰稳定土	石灰粉煤灰稳定土底基层(m^2);搭板、埋板下石灰粉煤灰稳定土底基层(m^3);石灰粉煤灰稳定土基层(m^2);石灰煤渣稳定土基层(m^2)
级配碎(砾)石	级配碎石底基层(m^2);搭板、埋板下级配碎石底基层(m^3);级配碎石基层(m^2)
沥青稳定碎石	沥青稳定碎石基层(ATB)(m^2)

(三)透层和黏层

透层和黏层均依据图纸所示沥青品种、规格、喷油量,按照洒布面积,以平方米(m^2)为单位计量。

(四)面层

1. 热拌沥青混合料面层

包括细粒式、中粒式和粗粒式沥青混凝土,均依据图纸所示级配类型及铺筑压实厚度,按照铺筑的顶面面积,以平方米(m^2)为单位计量。

2. 沥青表面处治和封层

(1)沥青表面处治,依据图纸所示沥青种类、厚度、喷油量,按照沥青表面处治面积,以平方米(m^2)为单位计量。

(2)封层,依据图纸所示沥青种类、厚度,按照封层面积,以平方米(m^2)为单位计量。

(3)改性沥青及改性沥青混合料。

计量规则同热拌沥青混合料面层。

(4)水泥混凝土面板。

面板依据图纸所示厚度和混凝土强度等级,按照铺筑体积,以立方米(m^3)为单位计量。钢筋依据图纸所示水泥混凝土路面钢筋按图示质量,以千克(kg)为单位计量;因搭接而增加的钢筋作为附属工作,不另行计量。

(五)路面工程其他结构物

1. 路肩培土、中央分隔带回填土、土路肩加固及路缘石

(1)路肩培土或中央分隔带回填土依据图纸所示断面尺寸,按照压实体积或压实后体积,以立方米(m^3)为单位计量。

(2)现浇混凝土加固土路肩或混凝土预制块加固土路肩和混凝土预制块路缘石依据图纸所示断面尺寸和混凝土强度等级,按照浇筑体积或预制安装体积,以立方米(m^3)为单位计量。

2. 路面及中央分隔带排水

包括排水管、纵向雨水沟(管)、集水井、中央分隔带渗沟、沥青油毡防水层、路肩排水沟和拦水带。

（1）排水管、纵向雨水沟（管）、中央分隔带渗沟、路肩排水沟和拦水带依据图纸所示位置，分不同类型及规格，按理设长或设置长以米（m）为单位计量。

（2）集水井依据图纸所示位置，分不同类型及规格，按设置的集水井数量，以座为单位计量。

（3）沥青油毡防水层依据图纸所示位置，按铺设的防水层面积以平方米（m^2）为单位计量。

（六）其他路面

除贫混凝土基层、水泥混凝土预制块路面、避险车道制动坡床路面依据图纸所示尺寸、范围、厚度或混凝土强度等级等，分不同材料按照铺筑体积以立方米（m^3）为单位计量之外，其他各类材料路面，均依据图纸所示压实厚度、混凝土强度等级、分不同材料的不同品种和规格，均按照铺筑的顶面面积以平方米（m^2）为单位计量。其他路面分类如表 8－2－3 所示。

表 8－2－3　其他路面分类

材料	类型
沥青贯入式碎石	石油沥青贯入式路面（m^2）；乳化沥青贯入式路面（m^2）
上拌下贯式沥青碎石	石油沥青贯入式路面（m^2）；乳化沥青贯入式路面（m^2）
贫混凝土	贫混凝土基层（m^3）
天然沙砾	天然沙砾路面（m^2）
级配碎（砾）石	级配碎（砾）石路面（m^2）
泥结碎（砾）石	泥结碎（砾）石路面（m^2）
整齐块石	水泥混凝土预制块路面（m^3）；砖块路面；块石路面（m^2）
—	避险车道制动坡床路面（m^3）

五、桥涵工程工程量计量规则

（一）桥梁

1. 通则

通则包括：桥梁荷载试验、桥梁施工监控和地质钻探及取样。

（1）桥梁荷载试验、桥梁施工监控均依据图纸及桥梁荷载试验委托合同中约定的试验项目，以暂估价形式按总额为单位计量。

（2）地质钻探及取样是以实际发生的地质钻探及取样试验，分不同钻径以米（m）为单位计量。

2. 钢筋

钢筋包括：基础钢筋（含灌注桩、承台、桩系梁、沉桩、沉井等）、上部结构钢筋、下部结构钢筋和附属结构钢筋。

（1）基础钢筋、上部结构钢筋和下部结构钢筋均依据图纸所示及钢筋表所列钢筋质量，以千克（kg）为单位计量，固定钢筋的材料、定位架立钢筋、钢筋接头、吊装钢筋、钢板、铁丝作为钢筋作业的附属工作，不另行计量。

（2）附属结构钢筋还包括缘石、人行道、防撞墙、栏杆、桥头搭板、枕梁、抗震挡块、支座垫块等构造物，其所用钢筋以及伸缩缝预埋的钢筋，均列入本子目计量。

3. 基础工程

(1)基坑挖方及回填:包括干处挖土方、水下挖土方、干处挖石方和水下挖石方。基坑挖方及回填均根据图示,取用底、顶面间平均高度的棱柱体体积,分别按干处、水下及土、石,以立方米(m^3)为单位计量;在地下水位以上开挖的为干处挖方;在地下水位以下开挖的为水下挖方;基坑底面、顶面及侧面的确定应符合下列规定:

①基坑开挖底面:按图纸所示的基底高程线计算。

②基坑开挖顶面:按设计图纸横断面上所示的原地面线计算。

③基坑开挖侧面:按顶面到底面,以超出基底周边0.5m的竖直面为界。

(2)沉井:一般是钢筋混凝土沉井。钢筋混凝土沉井包括:井壁混凝土、封底混凝土、填芯混凝土和顶板混凝土。

井壁混凝土、封底混凝土、填芯混凝土和顶板混凝土均依据图纸所示位置及尺寸,按图示混凝土体积,分不同强度等级以立方米(m^3)为单位计量。

(3)钻孔灌注桩和挖孔灌注桩:包括灌注桩(钻孔、挖孔)、钻取混凝土芯样检测和破坏荷载试验用桩。

①灌注桩依据图纸所示桩长及混凝土强度等级,按照不同桩径的桩长,以米(m)为单位计量,桩长为桩底高程至承台底面或系梁底面。对于与桩连为一体的柱式墩台,如无承台或系梁时,则以桩位处原始地面线为分界线,地面线以下部分为灌注桩桩长。若图纸有标示的,按图纸标示为准。施工图设计水深小于2m(含2m)的为陆上钻孔灌注桩;大于2m的为水中钻孔灌注桩。

②钻取混凝土芯样检测按实际钻取的混凝土芯样长度,分不同钻径以米(m)为单位计量如混凝土质量合格,钻取的芯样给予计量,否则不予计量。

③破坏荷载试验用桩依据图纸所示桩长及混凝土强度等级,按照不同桩径的桩长以米(m)为单位计量。

(4)沉桩:包括钢筋混凝土沉桩、预应力混凝土沉桩和试桩。均依据图纸所示桩长及混凝土强度等级,按照不同桩径的桩长以米(m)为单位计量。

(5)桩的垂直静荷载试验:包括桩的检验荷载试验和桩的破坏荷载试验.

桩的垂直静荷载试验均依据图纸及桩的破坏荷载试验委托合同,在图纸所示位置现场进行桩的破坏荷载试验,按实际进行破坏荷载试验的桩数,分不同的桩径、桩长、混凝土强度等级、破坏荷载等级,以每一试桩(根)为单位计量;桩的破坏荷载试验仅指荷载试验工作;桩的工程量在对应工程结构中计量。

4. 结构混凝土工程

结构混凝土工程包括:混凝土基础、混凝土下部结构、混凝土上部结构(现浇、预制)、桥梁上部结构现浇整体化混凝土和混凝土附属结构(现浇、预制)。

混凝土下部结构包括:桥台混凝土、桥墩混凝土、盖梁混凝土和台帽混凝土。

结构混凝土工程均依据图纸所示体积分不同强度等级以立方米(m^3)为单位计量;直径小于200mm的管子、钢筋、锚固件、管道、泄水孔或桩所占混凝土体积不予扣除。混凝土附属结构(现浇、预制)还应包括缘石、人行道、防撞墙、栏杆、护栏、桥头搭板、枕梁、抗震挡块、支座垫石等列入本子目。

5. 预应力混凝土工程

预应力混凝土按施工工艺可分为先张法预应力混凝土和后张法预应力混凝土;按施工方法可分为现浇预应力混凝土上部结构和预制预应力混凝土上部结构。

(1)先张法预应力钢丝、钢绞丝、钢筋均依据图纸所示构件长度计算的预应力钢材质量,分不同材质以千克(kg)为单位计量。除上述计算长度以外的锚固长度及工作长度的预应力钢材含入相应预应力钢材报价之中,不另行计量。

(2)后张法预应力钢丝、钢绞丝、钢筋均按图示两端锚具间的理论长度计算的预应力钢材质量,分不同材质以千克(kg)为单位计量。除上述计算长度以外的锚固长度及工作长度的预应力钢材含入相应预应力钢材报价之中,不另行计量。

(3)现浇预应力混凝土上部结构和预制预应力混凝土上部结构均依据图纸所示体积,分不同强度等级以立方米(m^3)为单位计量;钢筋、钢材所占体积及单个面积在0.03m^2以内的孔洞不予扣除。除预制预应力混凝土外,上部结构还包括后张法预应力混凝土梁封端混凝土工程量列入本子目。

6. 砌石工程

砌石工程包括:浆砌片石、浆砌块石、浆砌料石和浆砌预制混凝土。

砌石工程均依据图纸所示位置及尺寸,按砌筑体积分不同砂浆强度等级以立方米(m^3)为单位计量。

7. 桥面铺装

桥面铺装包括桥面铺装(沥青混凝土、水泥混凝土)、防水层、桥面排水。

(1)桥面铺装(沥青混凝土、水泥混凝土)依据图纸所示位置、尺寸,按照铺筑体积以立方米(m^3)为单位计量。

(2)防水层包括桥面混凝土表面处理和铺设防水层。桥面混凝土表面处理按图示处理的桥面混凝土表面净面积,以平方米(m^2)为单位计量;铺设防水层依据图纸所示位置及尺寸,在桥面铺装前铺设防水材料,按图示铺装净面积分不同材质以平方米(m^2)为单位计量。

(3)桥面排水包括竖、横向集中排水管和桥面边部碎石盲沟。竖、横向集中排水管依据图纸所示位置及尺寸,在桥面安设泄水孔,按图示数量分不同材质、管径计量,铸铁管、钢管以千克(kg)为单位计量,PVC管以米(m)为单位计量,接头、固定泄水管的金属构件不予计量,铸铁泄水孔为附属工作,不另计量;桥面边部碎石盲沟依据图纸所示位置及尺寸,按照盲沟体积以立方米(m^3)为单位计量。

8. 桥梁支座

桥梁支座包括:板式橡胶支座、盆式支座、隔震橡胶支座和球形支座。

桥梁支座均依据图纸所示位置及尺寸、安装图纸所示类型及规格盆式、隔震橡胶和球形支座就位,按图示数量不同型号、支座反力以个为单位计量;板式橡胶支座按图示体积,分不同材质及形状以立方分米(dm^3)为单位计量。

9. 桥梁接缝和伸缩装置

桥梁接缝和伸缩装置包括:橡胶伸缩装置、模数式伸缩装置、梳齿板式伸缩装置和填充式材料装置。

桥梁接缝和伸缩装置均依据图纸所示位置及尺寸,按图示的橡胶条伸缩装置长度、模数式伸缩装置长度、梳齿板式伸缩装置长度和填充式材料伸缩装置长度(包括人行道、缘石、护卷底座与行车道等全部长度),以米(m)为单位计量。

10. 其他

模板、拱架和支架的设计制作、安装、拆卸施工等有关作业作为有关工程的附属工作,均不作计量;预制构件的起吊、运输、装卸、储存和安装,不另行计量;除钢筋及预应力钢筋以外的大型构件的供应、制造、保护和安装无说明外,均不作计量;混凝土和砌体表面的沥青或油毛毡防水层均不作计量。

(二)涵洞

涵洞工程部分包括圆管涵及倒虹吸管涵、盖板涵、箱涵、拱涵等分项工程,基底软基处理的工程量均可参照路基部分的特殊地区路基处理部分的计量规则[即本章第三节(四)部分]进行计量。

1. 圆管涵及倒虹吸管涵

圆管涵及倒虹吸管涵包括:单孔钢筋混凝土圆管涵、双孔钢筋混凝土圆管涵和钢筋混凝土圆管倒虹吸管涵。

圆管涵及倒虹吸管涵均依据图纸所示,按不同孔径的涵身长度(进出口端墙外侧间距离计算,以米(m)为单位计量。

2. 盖板涵、箱涵

盖板涵、箱涵包括:钢筋混凝土盖板涵、钢筋混凝土箱涵、钢筋混凝土盖板通道涵和钢筋混凝土箱形通道涵。

盖板涵、箱涵均据图纸所示,按不同跨径的盖板涵、箱涵、盖板通道涵和箱形通道涵长度计算,以米(m)为单位计量。

3. 拱涵

拱涵包括拱涵(石拱涵、混凝土拱涵)和拱形通道涵。

(1)石拱涵、混凝土拱涵均依据图纸所示,按不同跨径的石拱涵、混凝土拱涵长度、以米(m)为单位计量。

(2)拱形通道涵包括石拱通道涵和混凝土拱通道涵。均依据图纸所示,按不同跨径的石拱通道涵、混凝土拱通道涵长度,以米(m)为单位计量。

【例8-2-2】某山区高速公路,路基宽24.5m,有一大桥,桥梁全长636.4m,左右两幅等宽,单幅桥面宽0.5m(防撞墙)+净长11m+0.5m(防撞墙),双向横坡,平均墩高20m,桥头路基可作预制场使用。上部构造为21×30m装配式预应力混凝土T梁结构,等跨布置预制T梁10片,梁高2.0m,梁底宽50cm,梁顶宽1.7m。

桥面铺装层:8cm厚C50混凝土现浇层、防水层和10cm厚沥青混凝土,埋设铸铁泄水管136个(每个重180kg)。

问题:计算桥面铺装的各项工程量(顺桥算至两桥台伸缩缝间)

【解】(1)8cmC50混凝土现浇层:$21\times30\times11\times2\times0.08=1108.8(m^3)$

(2)防水层:$21\times30\times11\times2=13860(m^2)$

(3)10cm厚沥青混凝土:$21\times30\times11\times2\times0.1=1386(m^3)$

(4)铸铁泄水管:136(个)

六、隧道工程工程量计量规则

隧道工程所涉及钢筋工程量计量均依据图纸所示及钢筋表所列钢筋质量,以千克(kg)为单位计量;固定钢筋的材料、定位架立钢筋、钢筋接头、吊装钢筋、钢板、铁丝作为钢筋作业的附属工作,不另行计量。

(一)洞口与明洞工程

1. 洞口、明洞开挖

洞口、明洞开挖依据设计图纸所示位置及尺寸,按图示开挖的体积,不分土、石的种类,只区分为土方和石方,以立方米(m^3)为单位计量。

2. 防水与排水

防水与排水包括:石砌截水沟与排水沟、混凝土沟槽(现浇、预制安装)、预制安装混凝土沟槽盖板、土工合成材料、渗沟和钢筋。

(1)石砌截水沟与排水沟、混凝土沟槽(现浇、预制安装)和预制安装混凝土沟槽盖板均依据图纸所示位置及尺寸,按图示砌体、混凝土、预制安装混凝土体积,分不同强度等级以立方米(m^3)为单位计量。

(2)土工合成材料依据图纸所示的位置及规格,按图示铺设的土工合成材料面积,分不同材质以平方米(m^2)为单位计量;接缝的重叠面积和边缘的包裹面积不予计量。

(3)渗沟依据设计图纸所示位置及尺寸,按图示渗沟体积以立方米(m^3)为单位计量。

3. 洞口坡面防护

洞口坡面防护包括:浆砌片石护坡、混凝土护坡(现浇、预制安装、喷射)、护面墙(浆砌、现浇混凝土)、混凝土挡土墙、地表注浆、钢筋、锚杆和防护系统(主动、被动)。

(1)浆砌片石护坡、混凝土护坡(现浇、预制安装、喷射)均依据图纸所示位置及尺寸,按图示砌体、混凝土、预制安装混凝土、喷射混凝土体积,分不同砂浆强度等级以立方米(m^3)为单位计量。

(2)护面墙(浆砌、现浇混凝土)和混凝土挡土墙均依据图纸所示位置及尺寸,按图示砌体、混凝土体积、分不同砂浆强度等级以立方米(m^3)为单位计量;不扣除沉降缝、泄水孔、预埋件所占体积。

(3)地表注浆依据设计图纸所示注浆量,按浆液体积分不同强度等级及材质、以立方米(m^3)为单位计量。

(4)锚杆依据设计图纸所示位置及尺寸,按锚杆长度分不同直径以米(m)为单位计量。

(5)防护系统(主动、被动)依据图纸所示,按主动、被动防护系统防护的坡面面积,以平方米(m^2)为单位计量;网片搭接部分作为附属工作,不另行计量。

4. 洞门建筑

洞门建筑包括:现浇混凝土(现浇、预制安装)、浆砌片粗料石(块石)、洞门墙装修、钢筋和隧道铭牌。

(1)现浇混凝土(现浇、预制安装)、浆砌片粗料石(块石)均依据图纸所示位置及尺寸,按图示混凝土、预制安装混凝土、砌体体积,分不同强度等级以立方米(m^3)为单位计量。

(2)洞门墙装修依据设计图纸所示位置及尺寸,按图示装修面积分不同的材质,以平方米

(m^2)为单位计量。

(3)隧道铭牌依据设计图纸所示位置及规格,按图示每一洞口以处为单位计量。

5. 明洞衬砌

明洞衬砌包括:现浇混凝土、钢筋。现浇混凝土依据图纸所示位置及尺寸,按图示混凝土体积分不同强度等级,以立方米(m^3)为单位计量。

6. 遮光棚(板)

遮光棚(板)依据图纸所示位置及规格,按照不同材质棚板的面积,以平方米(m^2)为单位计量。

7. 洞顶回填

洞顶回填包括:防水层(黏土)和回填。防水层包括黏土防水层和土工合成材料。依据图纸所示的位置及规格,黏土防水层按图示铺设的防水层体积,以立方米(m^3)为单位计量。土工合成材料以按图示铺设的防水层面积,以平方米(m^2)为单位计量,且接缝的重叠面积和边缘的包裹面积不予计量。

(二)洞身和衬砌工程

1. 洞身开挖

洞身开挖清单项目包括:洞身开挖和洞身支护。

(1)洞身开挖均依据图纸所示成洞断面(不计允许超挖值及预留变形量的设计净断面)计算开挖体积,不分围岩级别,只区分为土方和石方,以立方米(m^3)为单位计量,其中洞身开挖(不含竖、斜井)含紧急停车带、车行横洞、人行横洞以及设备洞室的开挖。

(2)洞身支护包括管棚支护、锚杆支护、喷射混凝土支护、钢支架支护和注浆小导管。

①管棚支护包括基础钢管桩、套拱混凝土、孔口管、套拱钢架、钢筋和管棚。基础钢管桩孔口管和管棚依据图纸所示位置和断面尺寸,按图示不同规格的钢管桩长度,以米(m)为单位计量;套拱混凝土依据图纸所示位置及尺寸,按图示混凝土体积分不同强度等级,以立方米(m^3)为单位计量:套拱钢架依据设计图纸所示位置及尺寸,按钢材质量以千克(kg)为单位计量,钢架纵向连接钢筋作为附属工作,不另行计量,连接钢板、螺栓、螺母、拉杆、垫圈为套拱钢架的附属工作,均不另行计量。

②锚杆支护包括砂浆锚杆、药包锚杆、中空注浆锚杆、自进式锚杆和预应力锚杆、均依据设计图纸所示位置及尺寸,按锚杆长度分不同直径以米(m)为单位计量。

③喷射混凝土支护包括钢筋网和喷射混凝土。钢筋网依据设计图纸所示位置及尺寸,按图示钢筋网质量以千克(kg)为单位计量,钢筋网锚固件为钢筋网的附属工作,不另行计量;喷射混凝土依据设计图纸所示位置及尺寸,按图示喷射混凝土体积,分不同强度等级以立方米(m^3)为单位计量。

④钢支架支护包括型钢支架和钢筋格栅。均依据设计图纸所示位置及尺寸,按型钢、钢筋质量以千克(kg)为单位计量;型钢支架、钢筋格栅纵向连接钢筋作为附属工作,不另行计量;连接钢板、螺栓、螺母、拉杆、垫圈为型钢支架、钢筋格栅的附属工作,均不另行计量。

⑤注浆小导管依据设计图纸所示位置及尺寸,按钢管长度分不同的规格以米(m)为单位计量。

2. 洞身衬砌

洞身衬砌包括:洞身衬砌、仰拱与铺底混凝土、边沟与电缆沟混凝土、洞室门和洞内路面。

(1)洞身衬砌包括现浇混凝土和钢筋。现浇混凝土依据图纸所示位置及尺寸,按图示混凝土体积分不同强度等级,以立方米(m^3)为单位计量。

(2)仰拱与铺底混凝土包括现浇混凝土仰拱和现浇混凝土仰拱回填。均依据图纸所示位置及尺寸,按图示混凝土体积分不同强度等级,以立方米(m^3)为单位计量。

(3)边沟与电缆沟混凝土包括混凝土沟槽(现浇、预制安装)、预制安装混凝土沟槽盖板、钢筋和铸铁盖板。混凝土沟槽(现浇、预制安装)和预制安装混凝土沟槽盖板均依据图纸所示位置及尺寸,按图示混凝土、预制安装混凝土体积,分不同强度等级以立方米(m^2)为单位计量;铸铁盖板按设计图纸所示位置及尺寸,按制作安设铸铁盖板的质量以千克(kg)为单位计量。

(4)洞内路面包括钢筋和现浇混凝土。现浇混凝土依据图纸所示位置及尺寸,按图示混凝土体积分不同强度等级,以立方米(m^3)为单位计量。

(5)洞室门按设计图纸所示位置及尺寸,按安装就位的洞室门数量,以个为单位计量。

(三)隧道附属工程

1. 防水与排水

防水与排水包括防水与排水和保温。

(1)防水与排水包括金属材料、排水管、防水板、止水带、止水条、涂料防水层和注浆。

①金属材料依据图纸所示位置及规格,按金属材料的质量,分不同材质以千克(kg)为单位计量;接头、固定、定位材料作为附属工作,均不另行计量。

②排水管包括钢筋混凝土排水管、PVC 排水管、U 形排水管和 Ω 形排水管。均依据设计图纸所示位置,按图示排水管的长度,分不同管径以米(m)为单位计量。

③防水板和涂料防水层均依据图纸所示位置及规格,按照铺设的不同材质防水板面积、防水层厚度,以平方米(m^2)为单位计量。

④止水带和止水条均依据图纸所示位置及规格、按照铺设的不同材质、型号止水带长度、以米(m)为单位计量。

⑤注浆包括水泥和水玻璃原液。水泥依据设计图纸位置,按图示掺加的水泥质量、分不同强度等级以吨(t)为单位计量;水玻璃原液依据设计图纸位置,按图示掺加的水玻璃原液体积,以立方米(m^3)为单位计量。

(2)保温包括保温层和洞口排水保温。

①保温层依据图纸所示位置、尺寸及保温材料类型,按图示保温层面积以平方米(m^2)为单位计量;保温板的重叠面积不予计量。

②洞口排水保温包括洞口排水沟保温层、保温出水口暗管和保温出水口。洞口排水沟保温层依据图纸所示位置、尺寸及保温材料类型,按图示保温层面积以平方米(m^2)为单位计量、保温板的重叠面积不予计量;保温出水口暗管依据图纸所示位置、材料、尺寸及埋设深度、按图示不同材料的保温出水口暗管长度,以米(m)为单位计量;保温出水口依据图纸所示位置、结构、尺寸,分不同类型,按图示出水口形式以处为单位计量。

2. 洞内防火涂料和装饰工程

洞内防火涂料和装饰工程包括洞内防火涂料和洞内装饰工程。

(1)洞内防火涂料依据设计图纸所示位置及尺寸,按图示面积分不同喷涂厚度,以平方米(m^2)为单位计量。

(2)洞内装饰工程包括墙面装饰、喷涂混凝土专用漆和吊顶。均依据设计图纸所示位置及尺寸,按图示面积分不同材质,以平方米(m^2)为单位计量。

3. 监控量测

监控量测包括必测项目和选测项目。均依据图纸所示及现行《公路隧道施工技术规范》规定的必测、选测项目进行监控量测,以总额为单位计量。

4. 洞内机电设施预埋件和消防设施

洞内机电设施预埋件和消防设施包括预埋件和消防设施。

(1)预埋件依据图纸所示位置和断面尺寸,按照材料表所列的金属结构预埋件质量,以千克(kg)为单位计量;金属结构接头、螺栓、螺母、垫片、固定及定位材料作为金属结构预埋件的附属工作,不另行计量;非金属结构预埋件作为预埋件的附属工作,不另行计量。

(2)消防设施包括供水钢管、消防洞室防火门、集水池、蓄水池和泵房。

①供水钢管依据图示要求材料、尺寸,按供水管管道中心线长度以米(m)为单位计量,不扣除阀门、管件及各种组件所占长度。

②防洞室防火门依据图示要求,按满足设计功能要求的隧道消防洞室防火门数量,以套为单位计量(包含帘板、导轨、底座、电机、控制器、手动装置)。

③集水池依据图示结构、尺寸,按钢筋混凝土集水池数量以座计量(包含池内检查梯、池顶棚、人孔盖)。

④蓄水池依据图示结构、尺寸,按蓄水池数量以座为单位计量;依据图示规格、功能,按水泵房建筑以座为单位计量(包含泵房防雷接地)。

【例 8-2-3】某隧道(含进出口各接长 8m 明洞)长 5.5km,洞深设计开挖断面面积 $150m^2$,其中通过斜井开挖正洞长 1.2km,坡度 10°,围岩等级Ⅳ级。

问题:请计算该隧道正洞、斜井的开挖及出渣工程量。

【解】

正洞开挖长度:$5500-8\times2=5484(m)$

Ⅳ级围岩开挖工程量:$5484\times150=822600(m^3)$

进出口出渣开挖长度:$5484-1200=4284(m)$

进出口出渣换算隧道长度:4284(m)

进出口出渣工程量:$4284\times150=642600(m^3)$

斜井出渣工程量:$1200\times150=180000(m^3)$

七、其他工程工程量计量规则

(一)安全设施及预埋管线

1. 护栏

(1)混凝土护栏(护墙、立柱):

①现浇混凝土护栏或预制安装混凝土护栏,依据图纸所示位置和断面尺寸,按图示浇筑或预制与安装的不同强度的混凝土体积,以立方米(m^3)为单位计量;不扣除混凝土沉降缝、泄水

孔所占体积;桥上混凝土护栏(护墙、立柱)在 410－6 现浇混凝土附属结构、410－7 预制混凝土附属结构中计量。

②现浇混凝土基础,依据图纸所示位置和断面尺寸,按图示浇筑混凝土体积以立方米(m^3)为单位计量。

③钢筋,依据图纸所示及钢筋表所列钢筋质量以千克(kg)为单位计量:固定钢筋的材料、定位架立钢筋、钢筋接头、吊装钢筋、钢板、铁丝作为钢筋作业的附属工作,不另行计量。

(2)石砌护墙:依据图纸所示位置和断面尺寸,按图示各类石砌体积以立方米(m^3)为单位计量;不扣除砌体沉降缝、泄水孔所占体积。

(3)波形梁钢护栏:包括路侧波形梁钢护栏、中央分隔带波形梁钢护栏和波形梁钢护栏端头。

①路侧波形梁钢护栏和中央分隔带波形梁钢护栏,依据图纸所示位置、防撞等级、构造形式代号,按图示长度以米(m)为单位计量。

②波形梁钢护栏端头,依据图纸所示位置、断面尺寸,按图示各型号端头数量,以个为单位计量;每个端头的长度为沿路线的长度,详见现行《公路交通安全设施设计细则》。

(4)缆索护栏:包括路侧缆索护栏和中央分隔带缆索护栏,二者均依据图纸所示位置和断面尺寸,分不同类型,按图示护栏长度(单柱)以米(m)为单位计量。

(5)中央分隔带活动护栏:包括钢质插拔式、钢质伸缩式和钢管预应力索防撞活动护栏,三者均依据图纸所示位置和断面尺寸,按图示活动护栏长度以米(m)为单位计量。

2. 隔离栅和防落物网

(1)隔离栅:包括钢板网隔离栅、编织网隔离栅、焊接网隔离栅和刺钢丝网隔离栅。

各类隔离栅均依据图纸所示位置和断面尺寸,按图示隔离栅沿路线展开长度以米(m)为单位计量;不扣除钢管(型钢)(或混凝土立柱)所占沿路线长度,三角形起讫端按相应沿路线长度的 1/2 计量。(注:隔离栅高度指隔离栅上缘网面至地表面的铅直距离。)

(2)防落物网:按图纸设计以米(m)为单位计量;立柱、安装网片的支架,预埋件及紧固件、防雷接地等不另行计量。

3. 道路交通标志

(1)单柱式交通标志、双柱式交通标志、三柱式交通标志、门架式交通标志、单悬臂式交通标志、双悬臂式交通标志、附着式交通标志共七类交通标志依据图纸所示位置和断面尺寸,分不同规格的标志板面,按安装就位的标志数量以个为单位计量。

(2)里程碑、公路界碑、百米桩、防撞桶、锥形桶五类交通标志,依据图纸所示位置和断面尺寸,按图示相关标志数量以个为单位计量。

(3)道路反光镜,依据图纸所示位置,分不同类型的反光镜数量,以个为单位计量。

4. 道路交通标线

(1)热熔型涂料路面标线、溶剂型涂料路面标线和预成型标线带,依据图纸所示位置和断面尺寸,分不同类型,按图示标线面积以平方米(m^2)为单位计量。

(2)突起路标、轮廓标和锥形路标依据图纸所示位置,分不同类型,按图示数量以个为单位计量。

(3)立面标记,依据图纸所示位置,按图示立面标记以处为单位计量;减速带,依据图纸所示位置，按图示减速带长度以米（m）为单位计量；铲除原有路面标线，依据图纸所示，按铲除的原有路面标线面积以平方米（m^2）为单位计量。

5. 防眩设施

防眩设施包括防眩板和防眩网。

（1）防眩板依据图纸所示位置和断面尺寸，分不同类型，按图示防眩板数量，以块为单位计量。

（2）防眩网依据图纸所示位置和断面尺寸，分不同类型，按图示防眩网长度，以米（m）为单位计量且不扣除立柱所占长度。

6. 通信和电力管道与预埋（预留）基础

（1）人（手）孔、紧急电话平台依据图纸所示位置和断面尺寸，按图示以个为单位计量。

（2）管道工程依据图纸所示位置和断面尺寸，分不同类型及规格，按图示铺设的管道长度，以米（m）为单位计量且不扣除人孔、手孔所占长度。

7. 收费设施及地下通道

（1）收费亭，依据设计图纸所示位置和尺寸，分不同类型，按图示材料材质制作安装收费亭数量，以个为单位计量。

（2）收费天棚，依据图示位置和尺寸，按图示材料制作安装的收费天棚平面投影面积，以平方米（m^2）为单位计量。

（3）收费岛，依据图纸所示位置和断面尺寸，分不同类型，按图示混凝土收费岛数量，以个为单位计量。

（4）地下通道，依据图纸所示位置和结构形式及断面尺寸，分不同类型，按地下通道中心两侧的洞口间距离，以米（m）为单位计量。

（5）预埋管线或架设管线、依据图纸所示位置和断面尺寸、分不同类型、按图示预埋管线或架设管线长度，以米（m）为单位计量。

（二）绿化及环境保护设施

1. 铺设表土

铺设表土包括开挖并铺设表土和铺设利用的表土，二者均依据图纸所示位置和断面尺寸按开挖并铺设或铺设利用的种植土体积，以立方米（m^3）为单位计量。

2. 撒播草种和铺植草皮

（1）撒播草种（含喷播），撒播草种及花卉、灌木籽（含喷播），先点播灌木后喷播草种，铺植草皮四者均依据图纸所示位置，按图示种植的面积以平方米（m^2）为单位计量；扣除结构工程和密栽灌木所占面积，不扣除散栽苗木所占面积。

（2）三维土工网植草依据图纸所示位置，按图示种植的面积以平方米（m^2）为单位计量；扣除结构工程面积。

（3）客土喷播或植生袋依据图纸所示，按照客土喷播的面积或铺设面积，以平方米（m^2）为单位计量。

（4）植生袋依据图纸所示位置，按铺设面积，以平方米（m^2）计算。

（5）绿地喷灌管道依据图纸所示，按敷设的不同管径的管道长度，以米（m）为单位计量。

3. 种植乔木、灌木和攀缘植物

人工种植乔木、灌木和攀缘植物，均依据图纸所示位置，按图示种植的不同规格的各类乔木、灌木和攀缘植物数量,以棵为单位计量。

4. 植物养护和管理

植物养护和管理包括从绿化植物开始种植到工程缺陷责任期结束的养护和管理。工作含入绿化植物种植的相关子目中均不另行计量。

5. 声屏障

(1)吸、隔声板声屏障,依据图纸所示位置和断面尺寸,分不同类型,按图示吸、隔声板声屏障的长度以米(m)为单位计量。

(2)吸声砖声屏障和砖墙声屏障,依据图纸所示位置和断面尺寸,分不同类型,按图示吸声砖或砖墙的体积以立方米(m^3)为单位计量;基础作为附属工作,不另行计量。

第三节　公路工程工程量清单编制

一、公路工程工程量清单的概念

(一)定义

工程量清单又叫工程数量清单,是招标文件和合同文件的重要组成部分,是一种以一定计量单位描述工程实体数量的文件,也是与招标文件中技术规范相对应的文件,标价后的工程量清单又称为报价单,是合同中各工程细目的单价及合同价格表,是投标文件中最重要的组成部分,中标后含单价的工程量清单将成为合同文件的重要组成部分,是计量支付的重要依据之一。

(二)作用

(1)招标工程量清单标明的工程量是投标人投标报价的共同基础。

(2)工程量清单实现了"量价分离"。

(3)工程量清单可以作为计价和询标、评标的基础。

(4)工程量清单为施工过程中支付工程进度款和办理竣工结算以及工程索赔提供了依据。

(5)有利于最高投标限价的管理与控制。

(三)清单项目规则

(1)工程量清单的项目设置规则是为了统一工程量清单子目号、子目名称、单位、工程量计算、工程内容而制订的,是编制工程量清单的依据。

(2)在现行《公路工程标准施工招标文件》的第八章"工程量清单计量规则"中,对工程量清单子目的设置做了明确的规定。

(四)项目编号

项目编号以五级编码设置,用阿拉伯数字或英文字母表示。一至三级编码统一;第四级编码根据不同情况,对已有细目的项目可在其后增列细目,没有细目的项目可直接列细目;第五级编码由工程量清单编制人区分具体工程的清单项目特征而分别编码。各级编码代表的含义介绍如下:

(1)第一级表示项顺序码(一位):总则为1、路基为2、路面为3、桥梁、涵洞为4、隧道为5、安全设施及预埋管线为6、绿化及环境保护设施为7(见图8-3-1)。

(2)第二级表示目顺序码(两位),用阿拉伯数字表示,不足两位数前面补零。

(3)第三级表示节顺序码(一位或两位)用自然数表示。

(4)第四级表示细目顺序码(一位或两位)用英文字母a、b……表示。

(5)第五级表示子细目顺序码(一位或两位)用自然数表示。

例如:

图8-3-1　项目编号

(五)项目名称

项目名称以工程和费用名称命名,如有缺项,招标人可按"工程量清单计量规则"的原则进行补充项目名称不能重复,完全相同的项目,只能相加后列一项。

(六)计量单位

所有工程项目,除个别注明者外,均采用我国法定的计量单位,即国际单位及国际单位制导出的辅助单位进行计量。常见的基本单位有:

以体积计算的项目——m^3

以面积计算的项目——m^2

以质量计算的项目——t、kg

以长度计算的项目——m

以自然体计算的项目——个、棵、根、台、套、块

没有具体数量的项目——总额

(七)工程量计量规则

工程量计量规则是对清单项目工程量的计算规定,除另有说明外,清单项目工程量均按设计图以工程量实体的净值计算。

材料及半成品采购和损耗,场内二次转运,常规的检测、试验等均包括在相应工程项目中,不另行计量。

规则中明确了哪些工程量应计入相应清单工程量,哪些工程量不应计入工程量,如何计算工程量等。如:清理现场中的计量为"依据图纸所示位置及范围(路基范围以外临时工程用地清场等除外),按路基开挖线或填筑边线之间的水平投影面积以平方米为单位计量",此处明确了路基范围以外临时工程用地清场工程量不能计入清理现场子目,其费用应综合在总则的临时工程与设施和承包商驻地建设中。

(八)工程内容

工程内容是对拟完成项目的主要工作的描述。凡工程内容中未列的其他工作,为该项目的附属工作,应关照各项目对应的招标文件范本章节的规定或设计图综合考虑在报价中。工

程内容中明确包含在清单子目中的内容则不再单独计量。

如:202－1－a 清理现场中的工程内容为“①灌木、竹林、胸径小于 10cm 树木的砍伐及挖根;②清除场地表面 0～30cm 范围内的垃圾、废料、表土(腐殖土)、石头、草皮;③与清理现场有关的一切挖方、坑穴的回填、整平、压实;④适用材料的装卸、移运、堆放及非适用材料的移运处理;⑤现场清理。”具体项目设置及计量规则见现行《公路工程标准施工招标文件》的第八章“工程量清单计量规则”。此处明确了清理现场包含了“胸径小于 10cm 树木的砍伐及挖根”,对于“路基范围内胸径 10cm 以上(含 10cm)的树木”应在砍伐树木和挖除树根中单列子目并计量。

二、公路工程工程量清单内容

(一)组成

按照现行《公路工程标准施工招标文件》第五章的规定,招标人编制的工程量清单的组成为:

(1)工程量清单说明。

(2)投标报价说明。

(3)计日工说明。

(4)其他说明。

(5)工程量清单。

(二)工程量清单说明

(1)工程量清单是根据招标文件中包括的有合同约束力的工程量清单计量规则、图纸以及有关工程量清单的国家标准、行业标准、合同条款中约定的其他规则编制的。约定计量规则中没有的子目,其工程量按照有合同约束力的图纸所标示尺寸的理论净量计算。

(2)工程量清单应与招标文件中的投标人须知、通用合同条款、专用合同条款、工程量清单计量规则、技术规范及图纸等一起阅读和理解。

(3)工程量清单中所列工程数量是估算的或设计的预计数量,仅作为投标报价的共同基础,不能作为最终结算与支付的依据。实际支付应按实际完成的工程量,由承包商按工程量清单计量规则规定的计量方法,以监理人认可的尺寸、断面计量,按本工程量清单的单价和总额价计算支付金额;或根据具体情况,按合同条款第 15.7 款的规定,按监理人确定的单价或总额价计算支付额。

(4)工程量清单各章是按现行《公路工程标准施工招标文件》第八章“工程量清单计量规则”、第七章“技术规范”的相应章节编号的,因此,工程量清单中各章的工程子目的范围与计量等应与“工程量清单计量规则”“技术规范”相应章节的范围、计量与支付条款结合起来理解或解释。

(5)对作业和材料的一般说明或规定,未重复写入工程量清单内,在给工程量清单各子目标价前,应参阅现行《公路工程标准施工招标文件》第七章“技术规范”的有关内容。

(6)工程量清单中所列工程量的变动,不会降低或影响合同条款的效力,也不免除承包商按规定的标准进行施工和修复缺陷的责任。

(7)图纸中所列的工程数量表及数量汇总表仅是提供资料,不是工程量清单的外延。当图纸与工程量清单所列数量不一致时，以工程量清单所列数量作为报价的依据。

（三）投标报价说明

（1）工程量清单中的每一子目须填入单价或价格，且只允许有一个报价。

（2）除非合同另有规定，工程量清单中有标价的单价和总额价均已包括了为实施和完成合同工程所需的劳务、材料、机械、质检（自检）、安装、缺陷修复、管理、保险、税费、利润等费用，以及合同明示或暗示的所有责任、义务和一般风险。

（3）工程量清单中投标人没有填入单价或价格的子目，其费用视为已分摊在工程量清单其他相关子目的单价或价格之中。承包商必须按监理人指令完成工程量清单中未填入单价或价格的子目，但不能得到结算与支付。

（4）符合合同条款规定的全部费用应认为已被计入有标价的工程量清单所列各子目之中，未列子目不予计量的工作，其费用应视为已分摊在本合同工程的有关子目的单价或总额价之中。

（5）承包商用于本合同工程的各类装备的提供、运输、维护、拆卸、拼装等支付的费用，已包括在工程量清单的单价与总额价之中。

（6）工程量清单中各项金额均以人民币（元）结算。

（四）计日工说明

计日工是指在工程实施过程中，业主可能有一些临时性的或新增加的项目，但这种项目的工程量在招标投标阶段很难估计，希望通过招标投标阶段事先定价，避免开工后可能出现的争端，因此需要以计日工明细表的方式在工程量清单中予以明确。

计日工明细表包括总则、计日工劳务、计日工材料、计日工施工机械等内容。

1. 总则

（1）计日工说明应参照现行《公路工程标准施工招标文件》通用合同条款第 15.7 款一并理解。

（2）未经监理人书面指令，任何工程不得按计日工施工；接到监理人按计日工施工的书面指令，承包商也不得拒绝。

（3）投标人应在计日工单价表中填列计日工子目的基本单价或租赁价，该基本单价或租赁价适用于监理人指令的任何数量的计日工的结算与支付。计日工的劳务、材料和施工机械由招标人（或发句人）列出正常的估计数量，投标人报出单价，计算出计日工总额后列入工程量清单汇总表中并进入保标价。

（4）计日工不调价。

2. 计日工劳务

（1）在计算应付给承包商的计日工工资时，工时应从工人到达施工现场，并开始从事指定的工作算起，到返回原出发地点为止，扣去用餐和休息的时间。只有直接从事指定的工作，且能胜任该工作的工人才能计工，随同工人一起做工的班长应计算在内，但不包括领工（工长）和其他质检管理人员。

（2）承包商可以得到用于计日工劳务的全部工时的支付，此支付按承包商填报的“计日工劳务单价一表”所列单价计算，该单价应包括基本单价及承包商的管理费、税费、利润等所有附加费，说明如下：

①劳务基本单价，包括承包商劳务的全部直接费用，如工资、加班费、津贴、福利费及劳动

保护费等。

②承包商的利润、管理、质检、保险、税费;易耗品的使用,水电及照明费,工作台、脚手架、临时设施费,手动机具与工具的使用及维修,以及上述各项伴随而来的费用。

3. 计日工材料

承包商可以得到计日工使用的材料费用(上述已计入劳务费内的材料费用除外)的支付,此费用按承包商"计日工材料单价表"中所填报的单价计算,该单价应包括基本单价及承包商的管理费、税费、利润等所有附加费,说明如下:

(1)材料基本单价按供货价加运杂费(到达承包商现场仓库)、保险费、仓库管理费以及运输损耗等计算。

(2)承包商的利润、管理、质检、保险、税费及其他附加费。

(3)从现场运至使用地点的人工费和施工机械使用费不包括在上述基本单价内。

4. 计日工施工机械

(1)承包商可以得到用于计日工作业的施工机械费用的支付,该费用按承包商填报的"计日工施工机械单价表"中的租价计算。该租价应包括施工机械的折旧、利息、维修、保养、零配件、油燃料、保险和其他消耗品的费用以及全部有关使用这些机械的管理费、税费、利润和驾驶员与助手的劳务费等费用。

(2)在计日工作业中,承包商计算所用的施工机械费用时,应按实际工作小时支付。除非经监理人的同意,计算的工作小时才能将施工机械从现场某处运到监理人指令的计日工作业的另一现场往返运送时间包括在内。

三、公路工程工程量清单格式

根据现行《公路工程标准施工招标文件》,公路工程施工招标工程量清单表格包括投标报价汇总表(标表1)、工程量清单表(标表2)、计日工汇总表(标表3)、暂估价表和工程量清单单价分析表等。各项目根据设计图和工程实际情况对表格及相应的清单内容进行选用。工程量清单工程子目按章、节、目的形式设置,共分为7章。

公路工程工程量清单格式详见现行《公路工程标准施工招标文件》。

四、招标工程量清单的编制依据

(1)《公路工程标准施工招标文件》。

(2)建设工程设计文件及相关资料。

(3)与建设工程有关的标准、规范、技术资料。

(4)拟定的招标文件。

(5)施工现场情况、地勘水文资料、工程特点及施工方案。

(6)其他相关资料等。

五、公路工程工程量清单编制要求

(一)封面

封面一般要注明工程量清单所涉及的工程项目名称和合同段名称,同时要注明招标人名称、中介机构名称、清单的编制人和审核人、编制日期等信息,并加盖单位公章。

(二)工程量清单说明

工程量清单说明一般包括工程概况、招标范围、清单编制依据、清单说明、投标报价说明、其他说明等。

工程概况主要描述工程所在地、路线的起终点、公路等级、路基路面宽度、路面结构、桥梁桥型布置、下部结构和上部结构的主要做法等主要内容。

招标范围主要是明确设计图中哪些内容计入工程量清单的编制范围,哪些内容不计入本次招标的工程量清单范围。

清单编制依据主要有施工招标文件、施工招标答疑(补遗)文件、施工图、设计图、清单所采用的公路工程标准施工招标文件的版本、相关行政主管部门的技术文件及相关规定。

(三)工程细目

工程量清单表是按现行《公路工程标准施工招标文件》"第八章 工程量清单计量规则""第七章 技术规范"的相应章次,将各细目的工程数量置于表中。表中有子目号、子目名称、单位、工程数量、单价及合价,其中单价和合价栏由投标人在投标时填写,其余各栏由招标人编写招标文件时填写确定。

(四)计日工表

计日工是指在施工过程中,承包人完成发包人提出的工程合同范围以外的零星项目或工作,按合同中约定的单价计价的一种方式。计日工一般只包括在合同价格内,用于工程量清单中没有合适细目的零星附加工作或变更工作。计日工的单价或合同总额价一般作为工程量清单的附件包括在合同内,是由承包商在投标时根据计日工明细表所列的细目填报的。

(五)单价分析表

工程量清单单价分析表的作用,是通过分析每一个子目的人工费、材料费、机械使用费、其他费用、管理费、税费和利润的组成明细情况,帮助现场的施工管理及作为项目结算时变更项目的参考。

(六)工程量清单编制或填报的注意事项

(1)招标文件中要求工程量清单签字、盖章的地方,必须由规定的单位和人员签字、盖章。

(2)工程量清单中的任何内容不得随意删除或涂改。

(3)工程量清单中所有需要招标人明确的单位或数量,招标人应填写;工程量清单列明所有需要填报的单价和合价,投标人均应填报,未填入单价或总额价的,其费用视为已包括在工程量清单的其他单价或总额价中,施工单位必须按监理工程师指令完成工程量清单。未填入单价或总额价的工程细目,不能得到结算与支付。

(4)工程数量按照现行《公路工程标准施工招标文件》"第八章 工程量清单计量规则"中的工程量计算规则计算。

六、案例分析

【例 8-3-1】某一级公路路基段长 22km,路基宽 8.5m,行车道宽 7m。路面结构:上面层为 4cm 细粒式沥青混凝土,中面层为 6cm 中粒式沥青混凝土,下面层为 7cm 粗粒式沥青混凝土,基层为 20cm(5%)水泥稳定碎石,垫层为 20cm 碎石(基层宽度 7.5m、垫层宽度 8m),半刚性基层上设乳化沥青透层,沥青混凝土层间设乳化沥青黏层。C25 混凝土纵向排水沟 1565m。

问题:根据上述相关数据按现行《公路工程标准施工招标文件》编制路面工程工程量清单。

【解】(1)路面工程量计算

沥青路面面积:$22000 \times 7 = 154000(m^2)$

20cm 厚水稳基层数量:$22000 \times 7.5 = 165000(m^2)$

碎石垫层数量:$22000 \times 8 = 176000(m^2)$

透层数量:$22000 \times 7.5 = 165000(m^2)$

粘层数量:$22000 \times 7 \times 2 = 308000(m^2)$

(2)本项目路面工程工程量清单见表 8-3-1:

表 8-3-1 路面工程工程量清单

子目号	子目名称	单位	数量	单价	合价
	清单第 300 章路面				
302	垫层				
302-1	碎石垫层				
-a	厚 200mm 碎石垫层	m^2	176000		
304	水泥稳定土底基层、基层				
304-3	水泥稳定土基层				
-a	厚 250mm 水泥稳定碎石	m^2	165000		
308	透层与黏层				
308-1	乳化沥青透层	m^2	165000		
308-2	改性乳化沥青黏层	m^2	308000		
309	热拌沥青混合料面层				
309-1	细粒式沥青混凝土				
-a	厚 40mm 上面层改性沥青混凝土	m^2	154000		
309-2	中粒式沥青混凝土				
-a	厚 60mm 中面层沥青混凝土	m^2	154000		
309-3	粗粒式沥青混凝土				
-a	厚 80mm 下面层沥青混凝土	m^2	154000		
314	路面及中央分隔带排水				
314-2	纵向雨水沟(管)				
-a	C25 混凝土纵向排水沟	m	1565		

第九章 公路工程计价

第一节 公路工程建设项目投资组成

一、公路工程建设项目投资组成概述

建设工程项目总投资的构成按照国家发布的《投资项目可行性研究指南》的规定,现行建设工程项目投资包括固定资产投资和流动资产投资。固定资产投资即工程造价。公路工程建设项目的投资是一个涉及面广且复杂的活动,贯穿项目的决策阶段、设计阶段、施工阶段和交付使用阶段,前面3个阶段是投资的投入阶段,最后一个阶段是投资的回收阶段。

(一)公路工程造价的特点

1. 单件性

公路工程的造型和结构要适合工程所在地的地质、气候、水文等自然因素,也要适应当地的政治、人文等因素,所以公路产品的结构和造型千差万别。公路建筑产品不能像其他工业产品那样批量定价,只能单件计价。

2. 多次性计价

公路建设工程规模都比较大,周期比较长,要在不同阶段多次计价。多次性计价分别是:

(1)投资估算:在项目建议书阶段和可行性研究阶段要根据现行《公路工程建设项目投资估算编制办法》编制投资估算,工程可行性研究的投资估算与初步设计概算之差,应该控制在10%以内。

(2)设计概算与修正概算:设计概算与修正概算是指在初步设计或技术设计阶段,由设计单位根据初步设计文件、概算定额、各类费用定额,建设地区的自然条件和技术经济条件等资料,预先计算、确定建设项目从筹建至竣工验收的工程造价的经济文件。

按两阶段设计的建设项目,在初步设计阶段编制初步设计概算,设计概算经批准后是确定建设项目投资的最高限额,是签订建设项目总承包合同的依据。

按三阶段设计的建设项目,在技术设计阶段编制技术设计修正概算,修正概算经批准后是建设项目投资的最高限额,是签订建设项目总承包合同的依据。

(3)施工图预算:在施工图设计阶段编制,根据施工图设计、现行《公路工程预算定额》、现行《公路工程建设项目概算预算编制办法》等编制,是编制标底的依据。

(4)标底(最高投标限价):在招标阶段编制,根据现行《公路工程标准施工招标文件》等编制最高投标限价上限或标底。最高投标限价上限或标底是招标工作的核心内容。

(5)投标报价:在投标阶段编制,投标单位根据招标文件的要求、相关定额、施工组织方案等编制。投标报价是投标工作的核心内容。

(6)工程变更费用文件:是发生费用变化的工程变更应编制工程变更费用文件。工程变更费用文件是评价工程变更经济合理性的依据,是编制计量与支付文件、工程结算、工程竣工决

算的基础性资料。

(7)工程结算:建设单位(业主)和施工单位之间根据合同进行计量支付的过程。实行FIDIC条款的合同对结算程序、结算方式、结算内容等做了详细规定。

(8)竣工决算:竣工决算是以实物数量和货币指标为计量单位,综合反映竣工项目从筹建开始到项目竣工交付使用为止的全部建设费用。竣工决算文件一般是由建设单位编制,上报相关主管部门审查。

3. 组合计价

工程造价的计算是分部组成而成的,因为工程本身就是一个综合体,它可以分解成为许多有内在联系的工程,每个工程基本都可以分解单位工程、分部分项工程等等,在造价计算过程中,是依照分部、分项工程单价——单位工程造价——单项工程造价——建筑项目总造价,这个组合过程进行的。

(二)概、预算费用的组成

在投资的组成中,工程概、预算具有特别重要的意义和作用,是除投资估算外他测算方式的基础,也是招标投标工作的基础。根据现行《公路工程建设项目概算预算编制办法》,我国现行公路建设项目的概、预算费用由五大部分费用组成,即建筑安装工程费,土地使用及拆迁补偿费,工程建设其他费用,预备费、建设期贷款利息。

(1)建筑安装工程费:包括直接费、设备购置费、措施费、企业管理费、规费、利润、税金及专项费用。其中直接费包括人工费、材料费、施工机械使用费。措施费包括冬期施工增加费、雨季施工增加费、夜间施工增加费、特殊地区施工增加费、行车干扰施工增加费、施工辅助费、工地转移费。企业管理费包括基本费用、主副食运费补贴、职工探亲路费、职工取暖补贴、财务费用。规费包括养老保险费、失业保险费、医疗保险费、工伤保险费、住房公积金。专项费用包括施工场地建设费、安全生产费。

(2)土地使用及拆迁补偿费。

(3)工程建设其他费用:包括建设项目管理费、研究试验费、建设项目前期工作费、专项评价(估)费、联合试运转费、生产准备费、工程保通管理费、工程保险费、其他相关费用。

(4)预备费:包括基本预备费和价差预备费。

(5)建设期贷款利息。

二、公路工程建筑安装工程费用构成

公路工程建筑安装工程费包括直接费、设备购置费、措施费、企业管理费、规费、利润、税金和专项费用。建筑安装工程费除专项费用外,其他均按“价税分离”的计价规则计算,即各项费用均以不含增值税可抵扣进项税额的价格(费率)进行计算,具体要素价格适用增值税税率执行财税部门的相关规定。定额建筑安装工程费包括定额直接费、定额设备购置费的40%、措施费、企业管理费、规费、利润、税金和专项费用,定额直接费包括定额人工费、定额材料费、定额施工机械使用费。

定额人工费、定额材料费、定额施工机械使用费以及定额设备购置费均按现行《公路工程预算定额》附录四“定额人工、材料、设备单价表”及现行《公路工程机械台班费用定额》中规定的人工、材料、设备、机械的相应基价计算的定额费用计取。

(一)直接费

直接费指施工过程中耗费的构成工程实体和有助于工程形成的各项费用,包括人工费、材料费、施工机械使用费。

1. 人工费

人工费是指列入概算、预算定额的直接从事建筑安装工程施工的生产工人开支的各项费用。

(1)人工费包括以下内容:

①计时工资或计件工资:指按计时工资标准和工作时间或对已做工作按计件单价支付给个人的劳动报酬。

②津贴、补贴:指为了补偿职工特殊或额外的劳动消耗和因其他特殊原因支付给个人的津贴,以及为了保证职工工资水平不受物价影响支付给个人的物价补贴。如流动施工津贴、特殊地区施工津贴、高温(寒)作业临时津贴、高空津贴等。

③特殊情况下支付的工资:指根据国家法律、法规和政策的规定,因病、工伤、产假、计划生育假、婚丧假、事假、探亲假、定期休假、停工学习、执行国家或社会义务等原因按计时工资标准或计件工资标准的一定比例支付的工资。

(2)人工费以概算、预算定额人工工日数乘以综合工日单价计算。

(3)人工费标准按照本地区公路建设项目的人工工资统计情况以及公路建设劳务市场情况进行综合分析、确定人工工日单价。人工工日单价由省级交通运输主管部门制定、发布,并适时进行动态调整。人工工日单价仅作为编制概算、预算的依据,不作为施工企业实发工资的依据。

人工费的计算公式为:

$$人工费 = \sum 分项工程数量 \times 相应定额单位工日数 \times 工日单价 \qquad (9.1.1)$$

式中,分项工程数量根据设计图纸按工程量计算规则计算得到;定额单位工日数由定额查得。

【例 9-1-1】某公路工程人工夯实填土,工程量为 $3000m^3$,在该地区发布的人工单价是 105 元/工日,试确定该项目的预算人工费。

【解】查预算定额表"1-1-7 夯实填土",定额值为 85 工日/$1000m^3$

$$人工费 = 3000 \times (85/1000) \times 105 = 26775(元)$$

2. 材料费

材料费是指施工过程中耗用的构成工程实体的原材料、辅助材料、构配件、零件、半成品或成品等,按工程所在地的材料价格计算的费用。

材料费在建筑安装工程费用计算中占主要地位,准确计算材料费对概算、预算工作有巨大意义。其计算公式如下:

$$材料费 = \sum(分项工程数量 \times 相应定额单位材料消耗量 \times 材料预算价格 + 分项工程数量 \times 其他材料费) \qquad (9.1.2)$$

式中,分项工程数量根据设计图纸按工程量计算规则计算得到;相应定额单位材料消耗量以及其他材料费由定额查得。

(1)材料预算价格:由材料原价、运杂费、场外运输损耗、采购及保管费组成,计算公式

如下:

材料预算价格 =(材料原价 + 运杂费)×(1 + 场外运输损耗率)×(1 + 采购及保管费率) - 包装品回收价值　(9.1.3)

各种材料原价按下列规定计算:

①外购材料:外购材料价格参照本行政区域内交通运输主管部门发布的价格和按调查的市场价格进行综合取定。

②自采材料:砂、石、黏土等自采材料,按定额中开采单价加辅助生产间接费和矿产资源税(如有)计算。

(2)运杂费:指材料自供应地点至工地仓库(施工地点存放材料的地方)的费用,包括装卸费、运费,如果发生,还应计囤存费及其他杂费(如过磅、标签、支撑加固、路桥通行等费用)。

通过铁路、水路和公路运输的材料,按调查的市场运价计算运费。

外购材料的运距一般应从各市、州、县所在地中心算至工地,当直接采用工程所在地附近的外购材料时,运距应按实际计算,自采加工材料的运距应从料场算至工地。

一种材料如有两个以上的供应点时,都应根据不同的运距、运量、运价采用加权平均的方法计算运费。由于概算、预算定额中已考虑了工地运输便道的特点,以及定额中已计入了"工地小搬运"的费用,因此汽车运输平均运距中不得乘调整系数,也不得在工地仓库或堆料场之外再加场内运距或二次倒运的运距。

有容器或包装的材料及长、大、轻浮材料,应按表 9 - 1 - 1 规定的毛重计算。桶装沥青、汽油、柴油按每吨摊销一个旧汽油桶计算包装费(不计回收)。

材料单位运杂费的计算公式如下:

材料单位运杂费 = 单位运费 + 单位装卸费 + 单位杂费　(9.1.4)

单位运费 = 运价率 × 运距 × 单位毛重　(9.1.5)

式中,运价率为运输每吨每公里材料的费用[元/(t · km)],按当地运输部门的规定计列;运距为由运料的起点到运料终点间的距离(km)。

单位装卸费 = 装卸费率 × 单位毛重系数　(9.1.6)

材料单位毛重系数、单位毛重按表 9 - 1 - 1 确定。

表 9 - 1 - 1　材料毛重系数及单位毛重

材料名称	单位	毛重系数	单位毛重
爆破材料	t	1.35	—
水泥、块状沥青	t	1.01	—
铁钉、铁件、焊条	t	1.10	—
液体沥青、液体燃料、水	t	桶装 1.17,油罐车装 1.00	—
木料	m^3	—	原木 0.750t,锯材 0.650t
草袋	个	—	0.004t

(3)场外运输损耗:指有些材料在正常的运输过程中发生的损耗。材料场外运输操作损耗率见表 9 - 1 - 2。

表 9-1-2　材料场外运输操作损耗率表　　单位:%

材料名称		场外运输(包括一次卸)	每增加一次装卸
块状沥青		0.5	0.2
石屑、碎砾石、砂砾、煤渣、工业废渣、煤		1.0	0.4
砖、瓦、桶装沥青、石灰、黏土		3.0	1.0
草皮		7.0	3.0
水泥(袋装,散装)		1.0	0.4
砂	一般地区	2.5	1.0
	风沙地区	5.0	2.0

注:汽车运水泥,如运距超过 500km,袋装水泥损耗率增加 0.5 个百分点。

(4)材料采购及保管费:指在组织采购、保管过程中,所需的各项费用及工地仓库的材料储存损耗。材料采购及保管费,以材料的原价加运杂费及场外运输损耗的合计数为基数,乘以采购及保管费费率计算。

钢材的采购及保管费费率为 0.75%。燃料、爆破材料为 3.26%,其余材料为 2.06%。商品水泥混凝土、沥青混合料和各类稳定土混合料、外购的构件、成品及半成品的预算价格计算方法与材料相同。商品水泥混凝土、沥青混合料和各类稳定土混合料不计采购及保管费,外购的构件、成品及半成品的采购及保管费费率为 0.42%。

【例 9-1-2】某箱形拱桥工程中预制主拱圈 $300m^3$,需要运输水泥,原价为 350 元/t,运距 40km,运价率为 0.3 元/(t·km),装卸费为 1.0 元/t,试计算水泥的材料费。

【解】①计算水泥的材料预算价格查得水泥的毛重系数为 1.01。

水泥的单位运杂费 $=(0.3\times40+1.0)\times1.01=13.13$(元/t)

水泥的场外运输损耗率为 1.0%,采购及保管费费率为 2.06%,水泥的预算价格为:

水泥的预算价格 $=(350+13.13)\times(1+1.0\%)\times(1+2.06\%)=374.32$(元/t)

②计算该项目中水泥的材料费:查预算定额"预制双曲拱桥构件"知每 $10m^3$ 实体需要 42.5 级水泥 4.474t。水泥的材料费 = 工程量 × 相应的定额 × 材料预算价格 $=300\times(4.474/10)\times374.32=50241.23$(元)

3. 施工机械使用费

施工机械使用费是指列入概算、预算定额的工程机械和工程仪器仪表台班数量,按相应的施工机械台班费用定额计算的费用等。计算公式如下:

施工机械使用费 = Σ(分项工程数量 × 相应定额单位机械台班消耗量 × 机械台班单价十分项工程数量 × 小型机具使用费)　　(9.1.7)

(1)工程机械使用费:机械台班预算价格应按现行《公路工程机械台班费用定额》计算,机械台班单价由不变费用和可变费用组成。不变费用包括折旧费、检修费、维护费、安拆辅助费等;可变费用包括机上人员人工费、动力燃料费、车船税。可变费用中的人工工日数及动力燃料消耗量,应以机械台班费用定额中的数值为准。合班人工费工日单价同生产工人人工费单价。动力燃料费用则按材料费的计算规定计算。

(2)工程仪器仪表使用费:指机电工程施工作业所发生的仪器仪表使用费,以施工仪器仪表台班耗用量乘以施工仪器仪表台班单价计算。

当工程用电为自行发电时，电动机械每千瓦时电的单价可由下述近似公式计算：

$$A = 0.15K/N \tag{9.1.8}$$

式中：A——每千瓦时电单价（元）；

K——发电机组的台班单价（元）；

N——发电机组的总功率（kW）。

【例 9-1-3】某一级路基工程采用 20t 自卸汽车运普通土土方约为 4000m^3，运距 3km，柴油单价为 8.93 元/kg，人工单价为 108.02 元/工日，试确定 20t 自卸汽车的机械费。

【解】①确定 20t 自卸汽车的定额：查现行《公路工程预算定额》，20t 自卸汽车的定额值为 $3.84 + (3000 - 1000) \div 0.5 \times 0.43 \div 1000 = 5.56$（台班）。

②计算 20t 自卸汽车的台班单价：查现行《公路工程机械台班费用定额》，20t 自卸汽车的不变费用是 440.54 元/台班；可变费用是人工为 1 工日/台班，柴油为 77.11kg/台班。

20t 自卸汽车的台班单价 = 不变费用 + 可变费用 $= 440.54 + 1 \times 108.02 + 77.11 \times 8.93 = 1237.15$（元/台班）

计算 20t 自卸汽车的机械费用 $= 4000 \times 5.56 \div 1000 \times 1237.15 = 27514.22$（元）。

（二）设备购置费

设备购置费是指为满足公路初期运营、管理需要购置的构成固定资产标准的设备和虽低于固定资产标准但属于设计明确列入设备清单的设备的费用，包括渡口设备，隧道照明、消防、通风的动力设备，公路收费、监控、通信、路网运行监测、供配电及照明设备等。

（1）设备购置费应列出计划购置的清单（包括设备的规格、型号、数量），以设备预算价计入。

（2）设备购置费包括设备原价、运杂费、运输保险费、采购及保管费，各种税费按编制期有关部门规定计算。

（3）需要安装的设备，按建筑安装工程费的有关规定计算设备的安装工程费。设备与材料的划分标准参见现行《公路工程建设项目概算预算编制办法》的附录 C。

（三）措施费

措施费包括冬期施工增加费、雨季施工增加费、夜间施工增加费、特殊地区施工增加费、行车干扰施工增加费、施工辅助费、工地转移费。由于工程项目千差万别，所以无法按各具体工程项目来制定费率标准，因此，只能将性质相近的工程项目合并成若干类别来制定费率。措施费的取费费率必须按工程类别来取。

1. 工程类别的划分

公路工程的工程类别共划分了 10 类。

（1）土方：指人工及机械施工的土方工程、路基掺灰、路基换填及台背回填。

（2）石方：指人工及机械施工的石方工程。

（3）运输：指用汽车、拖拉机、机动翻斗车、船舶等运送土石方、路面基层和面层混合料、水泥混凝土及预制构件、绿化苗木等。

（4）路面：指路面所有结构层工程、路面附属工程、便道以及特殊路基处理（不含特殊路基处理中的圬工构造物）。

(5)隧道:指隧道土建工程(不含隧道的钢材及钢结构)。

(6)构造物Ⅰ:指砍树挖根、拆除工程、排水、防护、特殊路基处理中的圬工构造物、涵洞、交通工程、拌和站(楼)安拆工程、便桥、便涵、临时电力和电信设施、临时轨道、临时码头、绿化工程和水泥混凝土拌和等工程。

(7)构造物Ⅱ:指小桥、中桥、大桥、特大桥工程。

(8)构造物Ⅲ:指商品水泥混凝土的浇筑、商品沥青混合料和各类商品稳定土混合料的铺筑、外购混凝土构件、设备安装工程等。

(9)技术复杂大桥:指钢管拱桥、斜拉桥、悬索桥、单孔跨径在120m以上(含120m)和基础水深在10m以上(含10m)的大桥主桥部分的基础、下部和上部工程(不含桥梁的钢材及钢结构)。

(10)钢材及钢结构:指所有工程的钢材及钢结构等工程。

2. 冬季施工增加费

冬季施工增加费除南昌、萍乡、景德镇、九江、新余、上饶、抚州和宜春按"现行编办及其配套定额指标"规定的准一区费率计算外,其他地区均不计取;雨季施工增加费除南昌、九江、吉安按"现行编办及其配套定额指标"规定的Ⅱ区6个月费率计算外,其他地区均按Ⅱ区7个月费率计算;夜间施工增加费按"现行编办及其配套定额指标"规定的费率计算;不计取特殊地区施工增加费;行车干扰施工增加费按"现行编办及其配套定额指标"规定的费率计算。

3. 雨季施工增加费

雨季施工增加费是指雨季施工为保证工程质量和安全生产所需采取的防雨、排水、防潮和防护措施、工效降低、机械作业率降低及技术操作过程的改变等,所需增加的有关费用。

(1)雨季施工增加费包括:因雨季施工所需增加的工、料、机费用的支出,包括工作效率的降低及易被雨水冲毁的工程所增加的清理坍塌基坑和堵塞排水沟、填补路甚边坡冲沟等工作内容。

路基土方工程的开挖和运输,因雨季施工(非土壤中水影响)而引起的黏附工具、降低工效所增加的费用;因防止雨水必须采取的挖临时排水沟、防止基坑坍塌所需的支撑、挡板等防护措施费用;材料因受潮、受湿的耗损费用;增加防雨、防潮设备的费用;因河水高涨致使工作困难等其他有关雨季施工所需增加的费用。

(2)全国雨季施工雨量区及雨季划分见现行《公路工程建设项目概算预算编制办法》附录E。

(3)雨季施工增加费的计算方法,是将全国划分为若干雨量区和雨季,并根据各类工程的特点规定各雨量区和雨季的取费标准。为了简化计算手续,采用全年平均摊销的方法,即不论是否在雨季施工,均按规定的取费标准计取雨季施工增加费。

(4)一条路线通过不同的雨量区和雨季时,应分别计算雨季施工增加费或按工程量比例求得平均的增加率,计算全线雨季施工增加费。

(5)雨季施工增加费以各类工程的定额人工费和定额施工机械使用费之和为基数按工程所在地的雨量区、雨季选用表9-1-3的费率计算。

表 9 −1 −3　雨季施工增加费费率表

单位:%

工程类别	雨季期(月数)																			
	1	1.5	2		2.5		3		3.5		4		4.5		5		6		7	8
	雨量区																			
	Ⅰ	Ⅰ	Ⅰ	Ⅱ	Ⅰ	Ⅱ	Ⅰ	Ⅱ	Ⅰ	Ⅱ	Ⅰ	Ⅱ	Ⅰ	Ⅱ	Ⅰ	Ⅱ	Ⅰ	Ⅱ	Ⅱ	Ⅱ
土方	0.140	0.175	0.245	0.385	0.315	0.455	0.385	0.525	0.455	0.595	0.525	0.700	0.595	0.805	0.665	0.939	0.764	1.114	1.289	1.499
石方	0.105	0.140	0.212	0.349	0.280	0.420	0.349	0.491	0.418	0.563	0.487	0.667	0.555	0.772	0.626	0.876	0.701	1.018	1.194	1.373
运输	0.142	0.178	0.249	0.391	0.320	0.462	0.391	0.568	0.462	0.675	0.533	0.781	0.604	0.888	0.675	0.959	0.781	1.136	1.314	1.527
路面	0.115	0.153	0.230	0.366	0.306	0.480	0.366	0.557	0.425	0.634	0.501	0.710	0.578	0.825	0.654	0.940	0.749	1.093	1.267	1.459
隧道	—	—	—	—	—	—	—	—	—	—	—	—	—	—	—	—	—	—	—	—
构造物Ⅰ	0.098	0.131	0.164	0.262	0.196	0.295	0.229	0.360	0.262	0.426	0.327	0.491	0.393	0.557	0.458	0.622	0.524	0.753	0.884	1.015
构造物Ⅱ	0.106	0.141	0.177	0.282	0.247	0.353	0.282	0.424	0.318	0.494	0.388	0.565	0.459	0.636	0.530	0.742	0.600	0.883	1.059	1.201
构造物Ⅲ	0.200	0.266	0.366	0.565	0.466	0.699	0.565	0.832	0.665	0.998	0.765	1.164	0.898	1.331	1.031	1.497	1.164	1.730	1.996	2.295
技术复杂大桥	0.109	0.181	0.254	0.363	0.290	0.435	0.363	0.508	0.435	0.580	0.508	0.689	0.580	0.798	0.653	0.907	0.725	1.052	1.233	1.414
钢材及钢结构	—	—	—	—	—	—	—	—	—	—	—	—	—	—	—	—	—	—	—	—

注:室内和隧道内工程及设备安装工程不计雨季施工增加费。

4. 夜间施工增加费

夜间施工增加费是指根据设计、施工技术规范和合理的施工组织要求，必须在夜间施工或必须昼夜连续施工而发生的夜班补助费、夜间施工降效、施工照明设备摊销及照明用电等费用。夜间施工增加费以夜间施工工程项目的定额人工费与定额施工机械使用费之和为基数，按表9－1－4的费率计算。

表9－1－4　夜间施工增加费费率

工程类别	费率/%	工程类别	费率/%
构造物Ⅱ	0.903	构造物Ⅲ	1.702
技术复杂大桥	0.928	钢结构	0.874

注：设备安装工程及金属标志牌、防撞钢护栏、防眩板（网）、隔离栅、防护网等不计夜间施工增加费。

5. 特殊地区施工增加费

特殊地区施工增加费包括高原地区施工增加费、风沙地区施工增加费和沿海地区施工增加费3项。

（1）高原地区施工增加费指在海拔高度2000m以上地区施工，由于受气候、气压的影响，致使人工、机械效率降低而增加的费用。

一条路线通过两个以上（含两个）不同的海拔高度分区时，应分别计算高原地区施工增加费或按工程量比例求得平均的增加率，计算全线高原地区施工增加费。

高原地区施工增加费以各类工程的定额人工费与定额施工机械使用费之和为基数，按表9－1－5的费率计算。

表9－1－5　高原地区施工增加费费率　　单位：%

工程类别	海拔高度						
	2001～2500m	2501～3000m	3001～3500m	3501～4000m	4001～4500m	4501～5000m	5000m以上
土方	13.295	19.709	27.455	38.875	53.102	70.162	91.853
石方	13.711	20.358	29.025	41.435	56.875	75.358	100.223
运输	13.288	19.666	26.575	37.205	50.493	66.438	85.040
路面	14.572	21.618	30.689	45.032	59.615	79.500	102.640
隧道	13.364	19.850	28.490	40.767	56.037	74,302	99.259
构造物Ⅰ	12.799	19.051	27.989	40,356	55.723	74.098	95.521
构造物Ⅱ	13.622	20.244	29.082	41.617	57.214	75.874	101.408
构造物Ⅲ	12.786	18,985	27.054	38.616	53.004	70.217	93.371
技术复杂大桥	13.912	20.645	29.257	41.670	57.134	75.640	100.205
钢材及钢结构	13.204	19.622	28.269	40.492	55.699	73.891	98.930

（2）风沙地区施工增加费是指在沙漠地区施工时，由于受风沙影响，按照施工及验收规范的要求，为保证工程质量和安全生产而增加的有关费用。其内容包括防风、防沙及气候影响的措施费，材料费，人工、机械效率降低增加的费用，以及积沙、风蚀的清理修复等费用。

全国风沙地区公路施工区划见现行《公路工程建设项目概算预算编制办法》附录F。当地气象资料及自然特征与附录F中的风沙地区划分有较大出入时,由项目所在地省级交通运输主管部门按当地气象资料和自然特征及上述划分标准确定工程所在地的风沙区划。

一条路线穿过两个以上不同风沙区时,按路线长度经过不同的风沙区加权计算项目全线风沙地区施工增加费。

风沙地区施工增加费以各类工程的定额人工费和定额施工机械使用费之和为基数,根据工程所在地的风沙区划及类别,按表9-1-6的费率计算。

表9-1-6 风沙地区施工增加费费率表 单位:%

工程类别	沙漠类型								
	风沙一区			风沙二区			风沙三区		
	固定	半固定	流动	固定	半固定	流动	固定	半固定	流动
土方	4.558	8.056	13.674	5.618	12.614	23.426	8.056	17.331	27,507
石方	0.745	1.490	2.981	1.014	2.236	3.959	1.490	3.726	5.216
运输	4.304	8.608	13.988	5.380	12.912	19.368	8.608	18.292	27.976
路面	1.364	2.727	4.932	2.205	4.932	7.567	3.365	7.137	11.025
隧道	0.261	0.522	1.043	0.355	0.783	1.386	0.522	1.304	1.826
构造物Ⅰ	3.968	6.944	11.904	4.960	10.912	16.864	6.944	15.872	23.808
构造物Ⅱ	3.254	5.694	9.761	4.067	8.948	13.828	5.694	13.015	19,523
构造物Ⅲ	2.976	5.208	8.928	3.720	8.184	12.648	5.208	11.904	17.226
技术复杂大桥	2.778	4.861	8.333	3.472	7.638	11.805	8.861	11.110	16.077
钢材及钢结构	1.035	2.070	4.140	1.409	3.105	5.498	2.070	5.175	7.245

(3)沿海地区施工增加费是指工程项目在沿海地区受海风、海浪和潮汐的影响,致使人工、机械效率降低等所需增加的费用。本项费用由沿海各省级交通运输主管部门制定具体的适用范围(地区)。沿海地区施工增加费以各类工程的定额人工费和定额施工机械使用费之和为基数,按表9-1-7的费率计算。

表9-1-7 沿海地区工程施工增加费费率

工程类别	费率/%	工程类别	费率/%
构造物Ⅱ	0.207	构造物Ⅲ	0.195
技术复杂大桥	0.212	钢材及钢结构	0.200

注:1. 表中的构造物Ⅲ指桥梁工程所用的商品水泥混凝土浇筑及混凝土构件的安装。

2. 表中的钢材及钢结构系桥梁工程所用的钢材及钢结构。

6. 行车干扰施工增加费

行车干扰施工增加费是指由于边施工边维持通车,受行车干扰的影响,致使人工、机械效率降低而增加的费用。该费用以受行车影响部分的工程项目的定额人工费和定额施工机械使用费之和为基数,按表9-1-8的费率计算。

表9－1－8　行车干扰施工增加费费率　单位:%

工程类别	施工期间平均每昼夜双向行车次数(机动车、非机动车合计)							
	51～100次	101～500次	501～1000次	1001～2000次	2001～3000次	3001～4000次	4001～5000次	5000次以上
土方	1.499	2.343	3.194	4.118	4.775	5.314	5.885	6.468
石方	1.279	1.881	2.618	3.479	4.035	4.492	4.973	5.462
运输	1.451	2.230	3.041	4.001	4.641	5.164	5.719	6.285
路面	1.390	2.098	2.802	3.487	4.046	4.496	4.987	5.475
隧道	—	—	—	—	—	—	—	—
构造物Ⅰ	0.924	1.386	1.858	2.320	2.693	2.988	3.313	3.647
构造物Ⅱ	1.007	1.516	2.014	2.512	2.915	3.244	3.593	3.943
构造物Ⅲ	0.948	1.417	1.896	2.365	2.745	3.044	3.373	3.713
技术复杂大桥	—	—	—	—	—	—	—	—
钢材及钢结构	—	—	—	—	—	—	—	—

注:新建工程、中断交通进行封闭施工或为保证交通正常通行而修建保通便道的改(扩)建工程,不计行车干扰施工增加费。

7. 施工辅助费

施工辅助费包括生产工具用具使用费、检验试验费和工程定位复测、工程点交、场地清理等费用。施工辅助费以各类工程的定额直接费为基数,一级取费按"现行编办及其配套定额指标"规定的费率计算,二、三级取费按表9－1－9的费率。

表9－1－9　施工辅助费费率

工程类别	二级取费/%	三级取费/%	工程类别	二级取费/%	三级取费/%
土方	0.469	0.417	构造物Ⅰ	1.081	0.961
石方	0.423	0.376	构造物Ⅱ	1.383	1.230
运输	0.139	0.123	构造物Ⅲ	2.456	2.183
路面	0.736	0.654	技术复杂大桥	1.509	1.342
隧道	1.076	0.956	钢材及钢结构	0.508	0.451

(1)生产工具用具使用费指施工所需不属于固定资产的生产工具、检验、试验用具及仪器、仪表等的购置、摊销和维修费,以及支付给生产工人自备工具的补贴费。

(2)检验试验费指施工企业对建筑材料、构件和建筑安装工程进行一般鉴定、检查所发生的费用,包括自设试验室进行试验所耗用的材料和化学药品的费用,以及技术革新和研究试验费,不包括新结构、新材料的试验费和建设单位要求对具有出厂合格证明的材料进行检验、对构件破坏性试验及其他特殊要求检验的费用。

(3)高填方和软基沉降监测、高边坡稳定监测、桥梁施工监测、隧道施工监控量测、超前地质预报等施工监控费含在施工辅助费中,不得另行计算。

8. 工地转移费

工地转移费是指施工企业迁至新工地的搬迁费用。

(1)工地转移费内容包括施工单位职工及随职工迁移的家属向新工地转移的车费、家具行李运费、途中住宿费、行程补助费、杂费等公物、工具、施工设备器材、施工机械的运杂费,以及外租机械的往返费及施工机械、设备、公物、工具的转移费等。非固定工人进退场的费用。

(2)工地转移费以各类工程的定额人工费和定额施工机械使用费之和为基数,一级取费按"现行编办及其配套定额指标"规定的费率计算,二、三级取费按表9-1-10的费率计算。

(3)高速公路、一级公路及独立大桥、独立隧道项目转移距离按省会城市至工地的里程计算;二级及二级以下公路项目转移距离按地级城市所在地至工地的里程计算。

(4)工地转移里程数在表列里程之间时,费率可内插计算。工地转移距离在50km以内的工程按50km计算。

表9-1-10　工地转移费费率

工程类别	工地转移距离/km									
	50	100	300	500	1000	50	100	300	500	1000
	二级取费/%					三级取费/%				
土方	0.202	0.271	0.423	0.553	0.734	0.179	0.241	0.376	0.491	0.652
石方	0.158	0.191	0.327	0.428	0.565	0.141	0.170	0.290	0.381	0.502
运输	0.141	0.183	0.284	0.374	0.489	0.126	0.162	0.252	0.333	0.434
路面	0.289	0.392	0.614	0.802	1.072	0.257	0.348	0.546	0.713	0.953
隧道	0.231	0.316	0.494	0.645	0.863	0.206	0.281	0.439	0.574	0.767
构造物Ⅰ	0.236	0.316	0.497	0.648	0.867	0.210	0.281	0.442	0.576	0.770
构造物Ⅱ	0.300	0.404	0.635	0.831	1.112	0.266	0.359	0.565	0.738	0.989
构造物Ⅲ	0.560	0.757	1.184	1.548	2.074	0.498	0.673	1.053	1.376	1.843
技术复杂大桥	0.350	0.471	0.736	0.960	1.287	0.311	0.418	0.654	0.854	1.144
钢材及钢结构	0.316	0.426	0.663	0.865	1.159	0.281	0.378	0.590	0.769	1.030

9. 辅助生产间接费

辅助生产间接费指由施工单位自行开采加工的砂、石等自采材料及施工单位自办的人工、机械装卸和运输的间接费。

(1)辅助生产间接费按定额人工费的3%计算。该项费用并入材料预算单价内构成材料费,不直接出现在概(预)算中。

(2)高原地区施工单位的辅助生产,可按高原地区施工增加费费率,以定额人工费与定额施工机械费之和为基数计算高原地区施工增加费(其中:人工采集、加工材料、人工装卸、运输材料按土方费率计算;机械采集、加工材料按石方费率计算;机械装、运输材料按运输费率计算)。辅助生产高原地区施工增加费不作为辅助生产间接费的计算基数。

(四)企业管理费

企业管理费由基本费用、主副食运费补贴、职工探亲路费、职工取暖补贴和财务费用5项组成。

1. 基本费用

基本费用是指建筑安装企业组织施工生产和经营管理所需的费用。基本费用包括:

(1)管理人员工资:管理人员的基本工资、绩效工资、津贴补贴及特殊情况下支付的工资以及缴纳的养老、医疗、失业、工伤保险费和住房公积金等。

(2)办公费:企业管理办公用的文具、纸张、账表、印刷、通信、网络、书报、办公软件、会议、水电、烧水和集体取暖降温(包括现场临时宿舍取暖降温)、用煤(电、气)等费用。

(3)差旅交通费:职工因公出差、调动工作的差旅费,住勤补助费,市内交通费和误餐补助费,劳动力招募费,职工退休、退职一次性路费,工伤人员就医路费以及管理部门使用的交通工具的油料、燃料等费用。

(4)固定资产使用费:管理部门及附属生产单位使用的属于固定资产的房屋、设备等的折旧、大修、维修或租赁费。

(5)工具用具使用费:企业管理使用的不属于固定资产的工具、器具、家具、交通工具和检验、试验、测绘、消防用具等的购置、维修和摊销费。

(6)劳动保险费:企业支付的离退休职工的易地安家补助费、职工退职金、6 个月以上的病假人员工资、职工死亡丧葬补助费、抚恤费、按规定支付给离休干部的各项经费

(7)职工福利费:按国家规定标准计提的职工福利费。

(8)劳动保护费:企业按国家有关部门规定标准发放的劳动保护用品的购置费及修理费、防暑降温费、在有碍身体健康环境中施工的保健费用等。

(9)工会经费:企业根据《中华人民共和国工会法》的规定按全部职工工资总额比例计提的工会经费。

(10)职工教育经费:按职工工资总额的规定比例计提,企业为职工进行专业技术和职业技能培训,专业技术人员继续教育、职工职业技能鉴定、职业资格认定以及根据需要对职工进行各类文化教育所发生的费用,不含职工安全教育、培训费用。

(11)保险费:企业财产保险、管理用及生产用车辆等保险费用及人身意外伤害险费用。

(12)工程排污费:施工现场按规定缴纳的排污费用。

(13)税金:企业按规定缴纳的城市维护建设税、教育费附加、地方教育附加、房产税、车船使用税、土地使用税、印花税、环境保护税等。

(14)其他:上述项目以外的其他必要的费用支出,包括技术转让费、技术开发费、竣(交)工文件编制费、招标投标费、业务招待费、绿化费、广告费、公证费、定额测定费、法律顾问费、审计费、咨询费以及施工标准化、规范化、精细化管理等费用。

基本费用以各类工程的定额直接费为基数,一级取费按“现行编办及其配套定额指标”规定的费率计算,二、三级取费按表 9 -1 -11 的费率计算。

表 9 -1 -11　企业管理费基本费用费率表

工程类别	二级取费/%	三级取费/%	工程类别	二级取费/%	三级取费/%
土方	2.472	2.198	构造物Ⅰ	3.228	2.870
石方	2.513	2.234	构造物Ⅱ	4.253	3.781
运输	1.237	1.099	构造物Ⅲ	5.378	4.781

(续表)

工程类别	二级取费/%	三级取费/%	工程类别	二级取费/%	三级取费/%
路面	2.184	1.942	技术复杂大桥	3.729	3.314
隧道	3.212	2.855	钢材及钢结构	2.018	1.794

2. 主副食运费补贴

主副食运费补贴是指施工企业在远离城镇及乡村的野外施工购买生活必需品所增加的费用。

该费用以各类工程的定额直接费为基数,一级取费按"现行编办及其配套定额指标"规定的费率计算,二、三级取费按表 9-1-12 的费率计算。

表 9-1-12　主副食运费补贴费率

工程类别	工地转移距离/km									
	3	5	8	10	15	3	5	8	10	15
	二级取费/%					三级取费/%				
土方	0.110	0.118	0.148	0.172	0.212	0.098	0.105	0.131	0.153	0.188
石方	0.097	0.105	0.134	0.158	0.196	0.086	0.094	0.119	0.140	0.174
运输	0.106	0.117	0.149	0.173	0.210	0.094	0.104	0.133	0.154	0.186
路面	0.059	0.079	0.107	0.117	0.149	0.053	0.070	0.095	0.104	0.132
隧道	0.086	0.094	0.117	0.137	0.167	0.077	0.083	0.104	0.122	0.148
构造物Ⅰ	0.103	0.108	0.131	0.150	0.186	0.091	0.096	0.116	0.134	0.166
构造物Ⅱ	0.113	0.126	0.151	0.176	0.218	0.101	0.112	0.134	0.157	0.194
构造物Ⅲ	0.203	0.223	0.273	0.317	0.392	0.180	0.198	0.242	0.282	0.348
技术复杂大桥	0.091	0.104	0.129	0.149	0.185	0.081	0.092	0.114	0.132	0.164
钢材及钢结构	0.094	0.102	0.131	0.151	0.186	0.083	0.090	0.117	0.134	0.166

说明:综合里程 = 粮食 × 0.06 + 燃料运距 × 0.09 + 蔬菜运距 × 0.15 + 水运距 × 0.70;粮食、燃料、蔬菜、水的运距均为全线平均运距;综合里程数在列表之间时,费率采用内插法计算;综合里程在 3km 以内的工程,按 3km 计取本项费用。

3. 职工探亲路费

职工探亲路费是指按照有关规定,施工企业职工在探亲期间发生的往返交通费和途中住宿费等费用。该费用以各类工程的定额直接费为基数,一级取费按"现行编办及其配套定额指标"规定的费率计算,二、三级取费按表 9-1-13 的费率。

表 9-1-13　职工探亲路费费率

工程类别	二级取费/%	三级取费/%	工程类别	二级取费/%	三级取费/%
土方	0.173	0.154	构造物Ⅰ	0.247	0.219
石方	0.184	0.163	构造物Ⅱ	0.313	0.278
运输	0.119	0.106	构造物Ⅲ	0.496	0.441
路面	0.143	0.127	技术复杂大桥	0.187	0.166

（续表）

工程类别	二级取费/%	三级取费/%	工程类别	二级取费/%	三级取费/%
隧道	0.239	0.213	钢材及钢结构	0.148	0.131

4. 职工取暖补贴

职工取暖补贴是指按规定发放给施工企业职工的冬季取暖费或在施工现场设置的临时取暖设施的费用。该费用以各类工程的定额直接费为基数，按工程所在地的气温区（根据现行《公路工程建设项目概算预算编制办法》附录D）选用表9－1－14的费率计算。

表9－1－14　职工取暖补贴费费率　　单位：%

工程类别	气温区						
	准二区	冬一区	冬二区	冬三区	冬四区	冬五区	冬六区
土方	0.060	0.130	0.221	0.331	0.436	0.554	0.663
石方	0.054	0.118	0.183	0.279	0.373	0.472	0.569
运输	0.065	0.130	0.228	0.336	0.444	0.552	0.671
路面	0.049	0.086	0.155	0.229	0.302	0.376	0.456
隧道	0.045	0.091	0.158	0.249	0.318	0.409	0.488
构造物Ⅰ	0.065	0.130	0.206	0.304	0.390	0.499	0.507
构造物Ⅱ	0.070	0.153	0.234	0.352	0.481	0.598	0.727
构造物Ⅲ	0.126	0.264	0.425	0.643	0.849	1.067	1.297
技术复杂大桥	0.059	0.120	0.203	0.310	0.406	0.501	0.609
钢材及钢结构	0.047	0.082	0.141	0.222	0.293	0.363	0.433

5. 财务费用

财务费用是指施工企业为筹集资金提供投标担保、预付款担保、履约担保、职工工资支付担保等所发生的各种费用，包括企业经营期间发生的短期贷款利息净支出、汇兑净损失、调剂外汇手续费、金融机构手续费，以及企业筹集资金发生的其他财务费用。该费用以各类工程的定额直接费为基数，一级取费按“18编办及其配套定额指标”规定的费率计算，二、三级取费按表9－1－15的费率计算。

表9－1－15　财务费用费率

工程类别	二级取费/%	三级取费/%	工程类别	二级取费/%	三级取费/%
土方	0.244	0.217	构造物Ⅰ	0.419	0.373
石方	0.233	0.207	构造物Ⅱ	0.491	0.436
运输	0.238	0.211	构造物Ⅲ	0.985	0.875
路面	0.364	0.323	技术复杂大桥	0.573	0.510
隧道	0.462	0.410	钢材及钢结构	0.588	0.522

（五）规费

规费是指按法律、法规、规程规定施工企业必须缴纳的费用。

1. 规费

(1)养老保险费:施工企业按规定标准为职工缴纳的基本养老保险费。

(2)失业保险费:施工企业按规定标准为职工缴纳的失业保险费。

(3)医疗保险费:施工企业按规定标准为职工缴纳的医疗保险费(含生育保险费)。

(4)工伤保险费:施工企业按规定标准为职工缴纳的工伤保险费。

(5)住房公积金:施工企业按规定标准为职工缴纳的住房公积金。

2. 规费的计算

各项规费以各类工程的人工费之和为基数,包括养老保险费、失业保险费、医疗保险费(含生育保险费)、工伤保险费和住房公积金(简称"四险一金"),不分工程类别,按表9－1－16的费率计算。

表9－1－16　规费费率表　　单位:%

养老保险费	失业保险费	医疗保险费含生育保险	工伤保险费	住房公积金	合计
16	0.5	6.5	1.3	8	32.3

(六)利润

利润:一级取费按7.42%计算,二级取费按6.68%计算,三级取费按5.94%计算。

(七)税金

税金是按国家税法规定应计入建筑安装工程造价的增值税销项税额,按国家税务总局规定的现行税率计算。计算公式如下:

税金＝(直接费＋设备购置费＋措施费十企业管理费＋规费＋利润)×9%　(9.1.9)

(八)专项费用

专项费用包括施工场地建设费和安全生产费。

1. 施工场地建设费

施工场地建设费包括以下内容:

(1)按照工地建设标准化要求进行承包人驻地,工地实验室建设,钢筋集中加工,混合料集中拌制,构件集中预制等所需的办公、生活居住房屋(包括职工家属房屋及探亲房屋)、公用房屋(如广播室、文体活动室、医疗室等)和生产用房屋(如仓库、加工厂、加工棚、发电站、变电站、空压机站、停机棚、值班室等)等费用。

(2)包括场区平整(山岭重丘区的土石方工程除外)、场地硬化、排水、绿化、标志、污水处理设施、围墙隔离设施等的费用,不包括钢筋加工的机械设备、混合料拌和设备及安拆、预制构件台座、预应力张拉设备、起重及养护设备,以及概算、预算定额中临时工程的费用。

(3)包括以上范围内的各种临时工作便道(包括汽车、人力车道)、人行便道,工地临时用水、用电的水管支线和电线支线,临时构筑物(如水井、水塔等)、其他小型临时设施等的搭设或租赁、维修、拆除、清理的费用;但不包括红线范围内贯通便道、进出场的临时道路、保通便道。

(4)工地实验室所发生的属于固定资产的试验设备和仪器等折旧、维修或租赁费用。

(5)施工扬尘污染防治措施费:指裸露的施工场地覆盖防尘网、施工便道和施工场地洒水或喷洒抑尘剂、运输车辆的苫盖和冲洗、环境敏感区设置围挡、防尘标识设置、环境监控与检测等所需要的费用。

(6)文明施工、职工健康生活的费用。

施工场地建设费以施工场地计费基数，按表 9-1-17 的费率，以累进法计算。施工场地计费基数为定额建筑安装工程费减去专项费用。

表 9-1-17　施工场地建设费费率

施工场地计费基数/万元	费率/%	算例/万元	
		施工场地计费基数	施工场地建设费
≤500	5.338	500	500×5.338% =26.69
>500~≤1000	4.228	1000	26.69+(1000-500)×4.228% =47.83
>1000~≤5000	2.665	5000	47.83+(5000-1000)×2.665% =154.43
>5000~≤10000	2.222	10000	154.43+(10000-5000)×2.222% =265.53
>10000~≤30000	1.785	30000	265.53+(30000-10000)×1.785% =622.53
>30000~≤50000	1.694	50000	622.53+(50000-30000)×1.694% =961.33
>50000~≤100000	1.579	100000	961.33+(100000-50000)×1.579% =1750.83
>100000~≤150000	1.498	150000	1750.83+(150000-100000)×1.498% =2499.83
>150000~≤200000	1.415	200000	2499.83+(200000-150000)×1.415% =3207.33
>200000~≤300000	1.348	300000	3207.33+(300000-200000)×1.348% =4555.33
>300000~≤400000	1.289	400000	4555.33+(400000-300000)×1.289% -5844.33
>400000~≤20000	1.235	600000	5844.33+(600000-400000)×1.235% =8314.33
>600000~≤800000	1.188	800000	8314.33+(800000-600000)×1.188% =10690.33
>800000~≤1000000	1.149	1000000	10690.33+(1000000-800000)×1.149% =12988.33
>1000000	1.118	1200000	12988.33+(1200000-1000000)×1.118% =15224.33

2. 安全生产费

安全生产费包括完善、改造和维护安全设施设备费用，配备、维护、保养应急救援器材、设备费用，开展重大危险源和事故隐患评估和整改费用，安全生产检查、评价、咨询费用，配备和更新现场作业人员安全防护用品支出，安全生产宣传、教育、培训费用，安全设施及特种设备检测检验费用，施工安全风险评估、应急演练等有关工作及其他与安全生产直接相关的费用。

安全生产费按建筑安装工程费(不含安全生产费本身)乘以安全生产费费率计算，费率按不少于 1.5% 计取。

三、土地使用及拆迁补偿费

(一)土地使用及拆迁补偿费

1. 土地使用及拆迁补偿费

土地使用及拆迁补偿费包含永久占地费、临时占地费、拆迁补偿费、水土保持补偿费、其他费用。

2. 永久占地费

永久占地费包括土地补偿费、征用耕地安置补助费、耕地开垦费、森林植被恢复费、失地农民养老保险费。

（1）土地补偿费包括征地补偿费、被征用土地上的青苗补偿费，征用城市郊区的菜地等缴纳的菜地开发建设基金，耕地占用税，用地图编制费及勘界费等。

（2）征用耕地安置补助费指征用耕地需要安置农业人口的补助费。

（3）耕地开垦费指公路建设项目占用耕地的，应由建设项目法人（业主）负责补充耕地所发生的费用；没有条件开垦或者开垦的耕地不符合要求的，按规定缴纳的耕地开垦费。

（4）公路建设项目发生跨省域补充耕地国家统筹的，应执行《关于印发跨省域补充耕地国家统筹管理办法和城乡建设用地增减挂钩节余指标跨省域调剂管理办法的通知》（国办发〔2018〕16 号）的规定；发生省内跨区域补充耕地的，执行本省相关规定。

（5）森林植被恢复费指公路建设项目需要占用、征用林地的，经县级以上林业主管部门审核同意或批准，建设项目法人（业主）单位按照省级人民政府有关规定向县级以上林业主管部门预缴的森林植被恢复费。

（6）失地农民养老保险费指根据国家规定为保障依法被征地农民养老而缴纳的保险费用。失地农民养老保险费按项目所在地省级人民政府的相关规定进行计算。

3．临时占地费

临时占地费包括临时征地使用费、复耕费。

（1）临时征地使用费指为满足施工所需的承包人驻地、预制场、拌和场、仓库、加工厂（棚）、堆料场、取弃土场、进出场便道、便桥等所有的临时用地及其附着物的补偿费用。

（2）复耕费指临时占用的耕地、鱼塘等，在工程交工后将其恢复到原有标准所发生的费用。

4．拆迁补偿费

拆迁补偿费指被征用或占用土地地上、地下的房屋及附属构筑物，公用设施、文物等的拆除、发掘及迁建补偿费等。

5．水土保持补偿费

水土保持补偿费根据国家相关法律、法规规定缴纳。

6．其他费用

国务院行政主管部门及省级人民政府规定的与征地拆迁相关的费用。

（二）土地使用及拆迁补偿费计算方法

（1）应根据设计文件确定的建设工程用地和临时用地面积及其附着物的情况，以及实际发生的费用项目，按国家有关规定及工程所在地的省（自治区、直辖市）颁布的有关规定和标准计算。

（2）森林植被恢复费应根据审批单位批准的建设工程占用林地的类型及面积，按国家有关规定及工程所在地的省（自治区、直辖市）颁布的有关规定和标准计算。

（3）当与原有的电力电信设施、管线、水利工程、铁路及铁路设施互相干扰时，应与有关部门联系，商定合理的解决方案和补偿金额，也可由这些部门按规定编制费用以确定补偿金额。

（4）水土保持补偿费按各省（自治区、直辖市）制定的水土保持补偿费收费标准进行计算。

四、工程建设其他费

（一）工程建设其他费

工程建设其他费包括建设项目管理费、研究试验费、前期工作费、专项评价（估）费、联合试运转费、生产准备费、工程保通管理费、工程保险费和其他相关费用。

(二)建设项目管理费

建设项目管理费包括建设单位(业主)管理费、建设项目信息化费、工程监理费、设计文件审查费、竣(交)工验收试验检测费。其中建设单位(业主)管理费、建设项目信息化费和工程监理费均为实施建设项目管理的费用,可根据建设单位(业主)、施工、监理单位所实际承担的工作内容和工作量统筹使用。

1. 建设单位(业主)管理费

建设单位(业主)管理费指建设单位(业主)为进行建设项目的立项、筹建、建设、竣(交)工验收、总结等工作所发生的费用。

(1)建设单位(业主)管理费包括工作人员的工资、工资性津贴、施工现场津贴,社会保险费用(基本养老、基本医疗、失业、工伤保险)、住房公积金、职工福利费、工会经费、劳动保护费,办公费、会议费、差旅交通费、固定资产使用费(包括办公及生活房屋折旧、维修或租赁费,车辆折旧、维修、使用或租赁费,通信设备购置、使用费,测量、试验设备仪器折旧、维修或租赁费,其他设备折旧、维修或租赁费等)、零星固定资产购置费、招募生产工人费,技术图书资料费、职工教育培训经费,招标管理费,合同契约公证费、法律顾问费、咨询费,建设单位的临时设施费、完工清理费、竣(交)工验收费(含其他行业或部门要求的竣工验收费用、建设单位负责的竣(交)工文件编制费)、各种税费(包括房产税、车船使用税、印花税等),对建设项目前期工作、项目实施及竣工决算等全过程进行审计所发生的审计费用;境内外融资费用(不含建设期贷款利息)、业务招待费及工程质量、安全生产管理费和其他管理性开支。

(2)建设单位(业主)管理费以定额建筑安装工程费为基数,按表9－1－18的费率,以累进方法计算。

表9－1－18　建设单位(业主)管理费费率

定额建筑安装工程费/万元	费率/%	算例/万元	
		定额建筑安装工程费	建设单位(业主)管理费
≤500	4.858	500	500×4.858%＝24.29
>500～>≤1000	3.813	1000	24.29＋(1000－500)×3.813%＝43.355
>1000～≤5000	3.049	5000	43.355＋(5000－1000)×3.049%＝165.315
>5000～≤10000	2.562	10000	165.315＋(10000－5000)×2.562%＝293.415
>10000～≤30000	2.125	30000	293.415＋(30000－10000)×2.125%＝718.415
>30000～≤50000	1.773	50000	718.415＋(50000－30000)×1.773%＝1073.015
>50000～≤100000	1.312	100000	1073.015＋(100000－50000)×1.312%＝1729.015
>100000～≤150000	1.057	150000	1722.015＋(150000－100000)×1.057%＝2257.515
>150000～≤200000	0.826	200000	2257.515＋(200000－150000)×0.826%＝2670.515
>200000～≤300000	0.595	300000	2670,515＋(300000－200000)×0.595%＝3265.515
>300000～≤400000	0.198	400000	3265.515＋(400000－300000)×0.498%＝3763.515
>40000～≤600000	0.450	600000	3763.515＋(600000－400000)×0.45%＝4663.515

(续表)

定额建筑安装工程费/万元	费率/%	算例/万元	
		定额建筑安装工程费	建设单位(业主)管理费
>600000 ~ ≤800000	0.400	800000	4663.515 + (800000 - 600000) × 0.4% = 5463.515
> ≤800000 ~ ≤100000	0.375	1000000	5463.515 + (1000000 - 800000) × 0.375% = 6213.515
>1000000	0.350	1200000	6213.515 + (1200000 - 1000000) × 0.35% = 6913.515

双洞长度超过5000m的独立隧道,水深大于15m、跨径大于或等于400m的斜拉桥和跨径大于或等于800m的悬索桥等独立特大型桥梁工程的建设单位(业主)管理费,按建设单位(业主)管理费费率乘以系数1.3计算;海上工程[指由于风浪影响,工程施工期(不包括封冻期)全年月平均工作日少于15d的工程]的建设单位(业主)管理费,按建设单位(业主)管理费费率乘以系数1.2计算。

2. 建设项目信息化费

建设项目信息化费指建设单位(业主)和各参建单位用于建设项目的质量、安全、进度、费用等方面的信息化建设、运维及各种税费等费用,包括建设项目全寿命周期的建筑信息模型(Building Information Modeling)等相关费用。建设项目信息化费以定额建筑安装工程费为基数,按表9-1-19的费率,以累进方法计算。

表9-1-19　建设项目信息化费费率

定额建筑安装工程费/万元	费率/%	算例/万元	
		定额建筑安装工程费	建筑项目信息化费
≤500	0.600	500	500 × 0.6% = 3
>500 ~ ≤1000	0.452	1000	3 + (1000 - 500) × 0.452% = 5.26
>1000 ~ ≤5000	0.356	5000	5.26 + (5000 - 1000) × 0.356% = 19.5
>5000 ~ ≤10000	0.285	10000	19.5 + (10000 - 5000) × 0.285% = 33.75
>10000 ~ ≤30000	0.252	30000	33.75 + (30000 - 10000) × 0.252% = 84.15
>30000 ~ ≤50000	0.224	50000	84.15 + (50000 - 30000) × 0,224% = 128.95
>50000 ~ ≤100000	0.202	100000	128.95 + (100000 - 50000) × 0.202% = 229.95
>100000 ~ ≤150000	0.171	150000	229.95 + (150000 - 100000) × 0.171% = 315.45
>150000 ~ ≤200000	0.160	200000	315.45 + (200000 - 150000 × 0.16% = 395.45
>200000 ~ ≤300000	0.142	300000	395.45 + (300000 - 200000) × 0,142% = 537.45
>300000 ~ ≤400000	0.135	400000	537.45 + (400000 - 300000) × 0.135% = 672.45
>400000 ~ ≤600000	0.131	600000	672.45 + (600000 - 400000) × 0.131% = 934.45
>600000 ~ ≤800000	0.127	800000	934.45 + (800000 - 600000) × 0.127% = 1188.45
>800000 ~ ≤1000000	0.125	1000000	1188.45 + (1000000 - 800000) × 0.125% = 1438.45
>1000000	0.122	1200000	1438.45 + (1200000 - 1000000) × 0.122% = 1682.45

3. 工程监理费

工程监理费指建设单位(业主)委托具有监理资格的单位,按施工监理规范进行全面的监督和管理所发生的费用。

(1)工程监理费内容包括工作人员的工资、工资性津贴、施工现场津贴、社会保险费用(基本养老、基本医疗、失业、工伤保险)、住房公积金、职工福利费、工会经费、劳动保护费,办公费、会议费、差旅交通费,办公、试验固定资产使用费(包括办公及生活房屋折旧、维修或租赁费,车辆折旧、维修、使用或租赁费,通信设备购置、使用费,测量、试验、检测设备仪器折旧、维修或租赁费,其他设备折旧、维修或租赁费等)、零星固定资产购置费、招募生产工人费,技术图书资料费、职工教育经费、投标费用,合同契约公证费、法律顾问费、咨询费、业务招待费,财务费用、监理单位的临时设施费、完工清理费、竣(交)工验收费、各种税费、安全生产管理费和其他管理性开支。

(2)工程监理费以定额建筑安装工程费为基数,按表 9 - 1 - 20 的费率,以累进方法计算。

表 9 -1 -20　工程监理费费率

定额和建筑安装工程费/万元	费率/%	算例/万元	
		定额建筑安装工程费	工程监理费
≤500	3.00	500	500 × 3% = 15
>500 ~ ≤1000	2.40	1000	15 + (1000 - 500) × 2.4 = 27
>1000 ~ ≤5000	2.10	5000	27 + (5000 - 1000) × 2.18 = 111
>5000 ~ ≤10000	1.94	10000	111 + (10000 - 5000) × 1.94% = 208
>10000 ~ ≤30000	1.87	30000	208 + (30000 - 10000) × 1.87% = 582
>30000 ~ ≤50000	1.83	50000	582 + (50000 - 30000) × 1.83% = 948
>50000 ~ ≤100000	1.78	100000	948 + (100000 - 50000) × 1.78% = 1838
>100000 ~ ≤150000	1.72	150000	1838 + (150000 - 100000) × 1.72% = 2698
>150000 ~ ≤200000	1.64	200000	2698 + (200000 - 150000) × 1.64% = 3518
>200000 ~ ≤300000	1.55	3000	3518 + (300000 - 200000) × 1.55% = 5068
>300000 ~ ≤400000	1.49	400000	5068 + (400000 - 300000) × 1.49% = 6558
>400000 ~ ≤600000	1.45	600000	6558 + (600000 - 400000) × 1.45% = 9458
>600000 ~ ≤800000	1.42	800000	9458 + (800000 - 600000) × 1.42% = 12298
>800000 ~ ≤1000000	1.37	1000000	12298 + (1000000 - 800000) × 1.37% = 15038
>1000000	1.33	1200000	15038 + (1200000 - 1000000) × 1.33% = 17698

4. 设计文件审查费

设计文件审查费指在项目审批前,建设单位(业主)为保证勘察设计工作的质量,组织有关专家或委托有资质的单位,对提交的建设项目可行性研究报告和勘察设计文件进行审查所需要的相关费用。设计文件审查费以定额建筑安装工程费为基数,按表 9 - 1 - 21 的费率,以累进方法计算。

(1)建设项目若有地质勘察监理,费用在此项目内开支。

(2)建设项目若有设计咨询(或称设计监理、设计双院制),其费用在此项目内开支。

表 9 -1 -21　设计文件审查费费率

定额建筑安装工程费/万元	费率/%	算例/万元	
		定额建筑安装工程费	设计文件审查费
≤5000	0.077	5000	5000 × 0.077% = 3.85
>5000 ~ ≤10000	0.072	10000	3.85 + (10000 - 5000) × 0.072% = 7.45
>10000 ~ ≤30000	0.069	3000	7.45 + (30000 - 10000) × 0.069% = 21.25
>30000 ~ ≤50000	0.066	50000	21.25 + (50000 - 30000) × 0.066% = 34.45
>50000 ~ ≤100000	0.065	100000	34.45 + (100000 - 50000) × 0.065% = 66.95
>100000 ~ ≤150000	0.061	150000	66.95 + (150000 - 100000) × 0.061% = 97.45
>150000 ~ ≤200000	0.059	20000	97.45 + (200000 - 150000) × 0.059% = 126.95
>200000 ~ ≤300000	0.057	30000	126.95 + (300000 - 200000) × 0.057 = 183.95
>300000 ~ ≤400000	0.055	400000	183.95 + (400000 - 300000) × 0.055% = 238.95
>400000 ~ ≤600000	0.053	600000	238.95 + (600000 - 400000) × 0.053% = 344.95
>600000 ~ ≤800000	0.052	800000	344.95 + (800000 - 600000) × 0.052% = 448.95
>800000 ~ ≤1000000	0.051	100000	448.95 + (1000000 - 800000) × 0.051% = 550.95
>1000000	0.050	1200000	550.95 + (1200000 - 1000000) × 0.050% = 650.95

5. 竣(交)工验收试验检测费

竣(交)工验收试验检测费是指在公路建设项目竣(交)工验收前,由建设单位(业主)或工程质量监督机构委托有资质的公路工程质量检测单位按照有关规定对建设项目的工程质量进行检测并出具检测试验意见,以及进行桥梁动(静)载试验或其他特殊检测等所需的费用。

(1)竣(交)工验收试验检测费按表 9 -1 -22 规定计算。道路工程按主线路基长度计算,桥梁工程以主线桥梁、分离式立交、匝道桥的长度之和进行计算,隧道按单洞长度计算。

(2)道路工程,高速公路、一级公路按四车道计算,二级及二级以下公路按两车道计算,每增加 1 个车道,按表 9 -1 -22 的费用增加 10%。桥梁和隧道按双向 4 车道计算,每增加 1 个车道费用增加 15%。二级及二级以下公路的桥隧工程,按表 9 -1 -22 费用的 40% 计算。

表 9 -1 -22　竣(交)工验收试验检测费

检测项目		竣(交)工验收实验检测费	备注
道路工程/(元 · km^{-1})	高速公路	23500	包括路基、路面、涵洞、通道、路段安全设施和机电、房建、绿化、环境保护及其他工程
	一级公路	17000	
	二级公路	11500	
	三级及三级以下公路	5750	

（续表）

检测项目			竣(交)工验收实验检测费	备注
桥梁工程/(元·延米$^{-1}$)	一般桥梁	—	40	包括桥梁范围内的所有土建,安全设施和机电,声屏障等环境保护工程及必要的动(静)载实验
	技术复杂桥梁	钢管拱	750	
		连续钢构	500	
		斜拉桥	600	
		悬索桥	560	
隧道工程/(元·延米$^{-1}$)			80	包括隧道范围内的所有土建,安全设施、机电、消防设施等

(三)研究试验费

研究试验费是指按项目特点和有关规定,在建设过程中必须进行的研究和试验所需的费用,以及支付科技成果、专利、先进技术的一次性技术转让费。研究试验费不包括:

(1)应由前期工作费(为建设项目提供或验证设计数据、资料等专题研究)开支的项目。

(2)应由科技三项费用(新产品试制费、中间试验费和重要科学研究补助费)开支的项目。

(3)应由施工辅助费开支的施工企业对建筑材料、构件和建筑物进行一般鉴定、检查所发生的费用及技术革新研究试验费。

研究试验费按设计提出的研究试验内容和要求进行编制。

(四)建设项目前期工作费

建设项目前期工作费指委托勘察设计单位、咨询单位对建设项目进行可行性研究、工程勘察设计,以及设计、监理、施工招标文件及招标标底或造价控制文件编制时,按规定应支付的费用。

1. 建设项目前期工作费

(1)编制项目建议书(或预可行性研究报告)、可行性研究报告、投资估算,以及相应的勘察、设计等所需的费用。

(2)通过风洞试验、地震动参数、索塔足尺模型试验、桥墩局部冲刷试验、桩基承载力试验等为建设项目提供或验证设计数据所需的专题研究费用。

(3)初步设计和施工图设计的勘察费、设计费、概(预)算编制及调整概算编制费用等。

(4)设计、监理、施工招标及招标标底(或造价控制值或清单预算)文件编制费等。

2. 计算方法

建设项目前期工作费以定额建筑安装工程费为基数,按表 9－1－23 的费率,以累进方法计算。

表 9－1－23　建设项目前期工作费费率

定额建筑安装工程费/万元	费率/%	算例/万元	
		定额建筑安装工程费	建设项目前期工作费
≤500	3.00	500	500×3.00%＝15

(续表)

定额建筑安装工程费/万元	费率/%	算例/万元	
		定额建筑安装工程费	建设项目前期工作费
>500 ~ ≤1000	2.70	1000	15 + (1000 - 500) × 2.70% = 28.5
>1000 ~ ≤5000	2.55	5000	28.5 + (5000 - 1000) × 2.55% = 130.5
>5000 ~ ≤10000	2.46	10000	130.5 + (10000 - 5000) × 2.46% = 253.5
>10000 ~ ≤30000	2.39	30000	253.5 + (30000 - 10000) × 2.39% = 731.5
>30000 ~ ≤50000	2.34	50000	731.5 + (50000 - 30000) × 2.34% = 1199.5
>50000 ~ ≤100000	2.27	100000	1199.5 + (100000 - 50000) × 2.27% = 2334.5
>100000 ~ ≤150000	2.19	150000	2334.5 + (150000 - 100000) × 2.19% = 3429.5
>150000 ~ ≤200000	2.08	200000	3429.5 + (200000 - 150000) × 2.08% = 4469.5
>200000 ~ ≤300000	1.99	300000	4469.5 + (300000 - 200000) × 1.99% = 6459.5
>300000 ~ ≤400000	1.94	400000	6459.5 + (400000 - 300000) × 1.94% = 8399.5
>400000 ~ ≤600000	1.86	600000	8399.5 + (600000 - 400000) × 1.86% = 12119.5
>600000 ~ ≤800000	1.80	800000	12119.5 + (800000 - 600000) × 1.80% = 15719.5
>800000 ~ ≤1000000	1.76	1000000	15719.5 + (1000000 - 800000) × 1.76% = 19239.5
>1000000	1.72	1200000	19239.5 + (1200000 - 1000000) × 1.72% = 22679.5

(五)专项评价(估)费

专项评价(估)费指依据国家法律、法规规定进行评价(估)、咨询,按规定应支付的费用。

1. 专项评价(估)费

专项评价(估)费包括环境影响评价费、水土保持评估费、地震安全性评价费、地质灾害危险性评价费、压覆重要矿床评估费、文物勘察费、通航论证费、行洪论证(评估)费、使用林地可行性研究报告编制费、用地预审报告编制费、项目风险评估费、节能评估费和社会风险评估费、放射性影响评估费、规划选址意见书编制费等费用。

2. 计算方法

专项评价(估)费依据委托合同,或参照类似工程已发生的费用进行计列。

(六)联合试运转费

联合试运转费是指建设项目的机电工程,按照有关规定标准,需要进行整套设备带负荷联合试运转所需的全部费用,不包括应由设备安装工程费中开支的调试费用。

1. 联合试运转费

联合试运转费包括联合试运转期间所需的材料、燃料和动力的消耗,机械和检测设备使用费,工具用具和低值易耗品费,参加联合试运转的人员工资及其他费用等。

2. 计算方法

联合试运转费以定额建筑安装工程费为基数,按0.04%的费率计算。

(七)生产准备费

生产准备费是指为保证新建、改扩建项目交付使用后满足正常的运行、管理发生的工器具购置、办公和生活用家具购置、生产人员培训、应急保通设备购置等费用。

1. 工器具购置费

工器具购置费指建设项目交付使用后为满足初期正常运营必须购置的第一套不构成固定资产的设备、仪器、仪表、工卡模具、器具、工作台(框、架、柜)等的费用,不包括构成固定资产的设备、工器具和备品、备件,及已列入设备费中的专用工具和备品、备件。工器具购置费由设计单位列出计划购置清单(包括规格、型号、数量),计算方法同设备购置费。

2. 办公和生活用家具购置费

办公和生活用家具购置费指新建、改扩建工程项目,为保证初期正常生产、使用和管理所购置的办公和生活用家具、用具的费用,包括行政、生产部门的办公室、会议室、资料档案室、阅览室、宿舍及生活福利设施等的家具、用具。办公和生活用家具购置费按表9-1-24的规定计算。

表9-1-24　办公和生活用家具购置费标准表

工程所在地	路线/(元·公路公里$^{-1}$)				单独管理或单独收费的桥梁,隧道/(元·座$^{-1}$)		
	高速公路	一级公路	二级公路	三、四级公路	特大、大桥		特长隧道
					一般桥梁	技术复杂大桥	—
内蒙古、黑龙江、青海、新疆、西藏	21500	15600	7800	4000	24000	60000	78000
其他省,自治区直辖市	17500	14600	5800	2900	19800	49000	63700

注:改(扩)建工程按表列费用的70%计。

3. 生产人员培训费

生产人员培训费指为保证生产的正常运行,在工程交工验收交付使用前对运营部门生产人员和管理人员进行培训所需的费用,包括培训人员的工资、工资性津贴、职工福利费、差旅交通费、劳动保护费、培训及教学实习费等。该费用按设计定员和3000元/人的标准计算。

4. 应急保通设备购置费

应急保通设备购置费指新建、改扩建工程项目,为满足初期正常营运,购置保障抢修保通、应急处置,且构成固定资产的设备所需的费用。该费用由设计单位列出计划购置清单,计算方法同设备购置费。

(八)工程保通管理费

工程保通管理费指新建或改扩建工程需边施工边维持通车或通航的建设项目,为保证公(铁)路运营安全、船舶航行安全及施工安全而进行交通(公路、航道、铁路)管制、交通(铁路)与船舶疏导所需的媒体、公告等宣传费用及协管人员经费等。工程保通管理费应按设计需要进行列支。涉水项目施工期通航安全保障费用计算方法按现行《公路工程建设项目概算预算编制办法》附录G执行。

(九)工程保险费

工程保险费是指在合同执行期内,施工企业按合同条款要求办理保险的费用,包括建筑工程一切险和第三方责任险。

(1)建筑工程一切险是为永久工程、临时工程和设备及已运至施工工地用于永久工程的材料和设备所投的保险。

(2)第三方责任险是对因实施合同工程而造成的财产(本工程除外)损失或损害或人员(业主和承包人雇员除外)的死亡或伤残所负责进行的保险。

(3)工程保险费以建筑安装工程费(不含设备费)为基数,按0.4%的费率计算。

(十)其他相关费用

其他相关费用是指国务院行政主管部门及省级人民政府规定的其他与公路建设相关的费用,按其相关规定计算。

五、预备费

预备费由基本预备费和价差预备费两部分组成。

(一)基本预备费

基本预备费是指在初步设计和概算、施工图设计和施工图预算中难以预料的工程费用。

(1)基本预备费包括:

①在进行技术设计、施工图设计和施工过程中,在批准的初步设计和概算范围内所增加的工程费用。

②在设备订货时,由于规格、型号改变的价差,材料货源变更、运输距离或方式的改变以及因规格不同而代换使用等原因发生的价差。

③在项目主管部门组织竣(交)工验收时,验收委员会(或小组)为鉴定工程质量必须开挖和修复隐蔽工程的费用。

(2)基本预备费以建筑安装工程费、土地使用及拆迁补偿费、工程建设其他费之和为基数,按下列费率计算:

①设计概算按5%计列。

②修正概算按4%计列。

③施工图预算按3%计列。

(二)价差预备费

价差预备费是指设计文件编制年至工程交工年期间,建筑安装工程费用的人工费、材料费、设备费、施工机械使用费、措施费、企业管理费等由于政策、价格变化可能发生上浮而预留的费用,及外资贷款汇率变动部分的费用。

计算方法:价差预备费以建筑安装工程费用总额为基数,按设计文件编制年始至建设项目工程交工年终的年数和年工程造价增长率计算,计算公式如下:

$$价差预备费 = p \times [(1+i)^{n-1} - 1] \tag{9.1.10}$$

式中:p——建筑安装工程费总额(元);

i——年工程造价增长率(%);

b——设计文件编制年至建设项目开工年+建设项目建设期限(年)。

年工程造价增长率按有关部门公布的工程投资价格指数计算。设计文件编制至工程交工在1年以内的工程,不列此项费用。

六、建设期贷款利息

建设期贷款利息是指工程项目使用的贷款部分在建设期内应计取的贷款利息,包括各种金融机构贷款、建设债券和外汇贷款等利息。

建设期贷款利息计算方法：根据不同的资金来源分年度投资计算所需支付的利息，计算公式如下：

$$S=\sum_{n-1}^{N}(F_{n-1}+b_n\div 2)\times i \tag{9.1.11}$$

式中：S——建设期贷款利息；

N——项目建设期（年）；

n——施工年度；

F_{n-1}——建设期第 n - 1 年末需付息贷款本息累计；

b_n——建设期第 n 年度付息贷款额；

i——中国人民银行公布的贷款基准年利率。

七、公路工程建设项目各项费用计算程序及计算公式

公路工程建设项目各项费用计算程序及计算公式公路工程建设项目各项费用计算程序及计算公式见表 9 - 1 - 25。

表 9 - 1 - 25　公路工程建设项目各项费用计算程序及计算公式

序号	项目	说明及计算式
（一）	定额直接费	∑人工消耗量 × 人工基价 + ∑（材料消耗量 × 材料基价 + 机械台班消耗量 × 机械台班基价）
（二）	定额设备购置费	∑设备购置数量 × 设备基价
（三）	直接费	∑人工消耗量 × 人工单价 + ∑（材料消耗量 × 材料预算单价 + 机械台班消耗量 × 机械台班预算单价）
（四）	设备购置费	∑设备购置数量 × 预算单价
（五）	措施费	（一）× 施工辅助费费率 + 定额人工费和定额施工机械使用费之和 × 其余措施费费综合率
（六）	企业管理费	（一）× 企业管理费综合费率
（七）	规费	各类工程人工费（含施工机械人工费）× 规费综合费率
（八）	利润	[（一）+（五）+（六）] × 利润率
（九）	税金	[（三）+（四）+（五）+（六）+（七）+（八）] × 9%
（十）	专项费用	
	施工场地建设费	[（一）+（二）× 40% +（五）+（六）+（七）+（八）+（九）] × 累进费率
	安全生产费	建筑安装工程费（不含安全生产费本身）×（≥1.5%）
（十一）	定额建筑安装工程费	（一）+（二 × 40%）+（五）+（六）+（七）+（八）+（九）+（十）
（十二）	建筑安装工程费	（三）+（四）+（五）+（六）+（七）+（八）+（九）+（十）
（十三）	土地使用及拆迁补偿费	按规定计算
（十四）	工程建设其他费	
	建设项目管理费	

(续表)

序号	项目	说明及计算式
	建设单位(业主)管理费	(十一)×累进费率
	建设项目信息化费	(十一)×累进费率
	工程监理费	(十一)×累进费率
	设计文件审查费	(十一)×累进费率
	竣(交)工验收试验检测费	按规定计算
	研究试验费	
	建设项目前期工作费	(十一)×累进费率
	专项评价(估)费	按规定计算
	联合试运转费	(十一)×费率
	生产准备费	
	工具器购置费	按规定计算
	办公和生活用家具购置费	按规定计算
	生产人员培训费	按规定计算
	应急保通设备购置费	
	工程保通管理费	按规定计算
	工程保险费	[(十二)-(四)]×费率
	其他相关费用	
(十五)	预备费	
	基本预备费	[(十二)+(十三)+(十四)]×费率
	价差预备费	(十二)×费率
(十六)	建设期贷款利息	按实际贷款额度及利率计算
(十七)	公路基本造价	(十二)+(十三)+(十四)+(十五)+(十六)

八、案例分析

【例9-1-4】某二级公路挖土方51000m^3,其人工费22000元(定额人工费20000元),机械使用费440000元(定额机械使用费400000元,定额机械人工费20000元),施工辅助费0.521%,其他工程费费率3.079%,规费费率35.5%,企业管理费率4.1%,利润率7.42%,增值税税率9%,请列式计算该挖土方的综合单价和金额。(保留两位小数)

【解】定额直接费:20000+400000=420000元

直接费:22000+440000=462000元

措施费:420000×0.521%+420000×3.079%=15120元

企业管理费:420000×4.1%=17220元

规费:(22000+20000)×35.5%=14910元

利润:(420000+15120+17220)×7.42%=33563.63元

税金:(462000+15120+17220+14910+33563.63)×9%=48853.23元

分项建安费：462000 + 15120 + 17220 + 14910 + 33563.63 + 48853.23 = 591666.86 元

综合单价：591666.86 ÷ 51000 = 11.60 元/m^3

第二节　公路工程定额体系

定额的分类方式有多种，可以按定额的用途分类，也可以按反映的生产要素消耗内容分类，还可以按编制单位和执行定额的范围不同分类，本节重点介绍前面两种。

一、按定额的用途分类

公路工程的造价是多次计价的，工程建设项目所处的阶段不同，编制工程造价文件依据的定额是不同的，按使用要求可分为施工定额、预算定额、概算定额、估算指标等。

（一）施工定额

施工定额是在建筑安装工人的正常施工条件下，完成单位合格产品的劳动力、材料、机械消耗的数量标准。它是施工单位组织生产、编制施工阶段施工组织设计、签发任务单、计算计件工资、进行经济核算的依据。定额水平是先进的，但各个企业的施工定额不一定相同。在某种意义上说，企业的施工定额应该是保密的。

（二）预算定额

预算定额是在施工定额的基础上经综合扩大，通过一定的计算方法编制出来的。它是按分项工程和结构构件的要求，以一定产品单位来规定劳动力、材料和机械的消能数量。预算定额采用的产品单位比施工定额大，如时间以工日、以台班计，产品以 10m，1000m^3、10m^3 等计，主要是为了满足编制施工图预算的要求。它是编制施工图预算的基本依据，是确定和控制基本建设投资额，对结构的设计方案进行技术经济比较，对新结构、新材料进行技术经济分析的依据，是编制施工组织计划、确定劳动力、材料和机械需要量的依据，是工程结算、施工企业进行经济核算和经济活动分析的依据，而且是编制概算定额和概算扩大定额的基础。预算定额水平是社会平均水平，它比施工定额的定额水平低。

（三）概算定额

概算定额是在预算定额的基础上加以综合扩大而形成的，因而产品常使用更大的单位来表示，如小桥涵以 1 座（道）等表示。概算定额的定额水平也是社会平均水平，但相比而言要比预算定额的定额水平低，它是编制设计概算、修正概算的主要依据；是进行设计方案和施工方案经济比较和选择的重要依据；是主要材料采购、供应计划的计算基础，而且是编制估算指标的基础。

（四）估算指标

估算指标是在研究阶段编制投资估算文件的依据，而估算的总费用仅仅作为社会效益或内部收益率，授资回收期计算的参考，所以它的作用是特别大的。随着市场经济的发展，工程项目的研究及可行性越来越受到重视，估算指标更加表现出它的重要性。

估算指标是在有关单位总结多年全国公路建设项目的设计资料和竣工文件的基础上，选用合理的工程量，各种标准施工图纸以现行公路工程技术标准、技术规范、概算定额、各项费用定额为依据制定的。

1. 综合指标

综合指标是以人工、主要材料和其他材料费,机械使用费消耗量及各项费用指标等全部工程造价为表现形式的指标,其项目划分按全国省区、公路等级、地质地貌区划的类型,以公路公里为单位编制的实物量指标。它是编制建设项目建议书(预可行性研究)投资估算的依据。

2. 分项指标

分项指标是以各项工程的人工、主要材料和其他材料费、机械使用费消耗量及施工管理要用指标为表现形式的指标。其项目的划分与概算定额十分接近,它是编制设计计划任务书前的工程可行性研究估算投资的依据。

二、按定额反映的生产要素消耗内容分类

公路工程定额是按实物量法编制的定额,所以劳动力、材料、机械 3 种因素在公路定额中是主要内容。因此将公路工程定简分为劳动消耗定额、材料消耗定额和机械消耗定额 3 种。另外,这里还介绍公路工程费用定额中的机械台班费用定额。

(一)劳动消耗定额

劳动消耗定额也称工时定额或人工定额,是指在正常的生产技术和生产组织条件下,为完成单位合格产品所规定的劳动量消耗标准。劳动定额的主要表现形式是时间定额,但同时也表现为产量定额。时间定额与产量定额互为倒数。

1. 时间定额

时间定额是指在技术条件正常、生产工具使用合理和劳动组织正常的条件下生产单位合格产品所消耗的劳动时间。每一工日一般均按 8h 计算、潜水工作按 6h、隧道工作按 7h 计算。时间定额的计算方法如下:

$$\text{单位产品的时间定额}=\frac{1}{\text{每工日产量定额}}=\frac{\text{班组成员工日数总和}}{\text{班组完成产品数量总和}} \tag{9.2.1}$$

例如,现行《公路工程预算定额》规定,人工挖土质台阶,定额单位是 $1000m^3$,挖普通土的时间定额是 28.1 工日。它的工作内容包括画线挖土,台阶宽度不小于 1m,将土抛到填方处等全部操作过程。

2. 产量定额

产量定额是指在技术条件正常、生产工具使用合理和劳动组织正常的条件下,工人在单位时间内完成合格产品的数量。产量定额计算方法如下:

$$\text{产量定额}=\frac{1}{\text{单位产品的时间定额}}=\frac{\text{班组完成产品数量总和}}{\text{班组成员工日数总和}} \tag{9.2.2}$$

按上例,完成 $1000m^3$ 普通土的时间定额为 28.1 工日,则每工日产量定额为 $1000 \div 28.1 = 35.59(m^3/\text{工日})$。

(二)材料消耗定额

材料消耗定额简称材料定额,是指在节约和合理使用材料的条件下,完成一定合格产品所需消耗材料的数量标准。它包括材料的净用量和必要的工艺性损耗及废料数量。

材料是指工程建设中使用的原材料、产品、半成品、构配件、燃料以及水、电等动力资源的统称。材料作为劳动对象构成工程的实体,需要数量很大,种类繁多。所以材料消耗量的多

少,消耗是否合理,不仅关系到资源的有效利用,影响市场供求状况,而且对建设工程的项目投资、建筑产品的成本控制都起着决定性影响。材料消耗定额的计算方法如下:

$$材料消耗定额 = 完成单位合格产品的材料净用量 \times (1 + 材料损耗率) \quad (9.2.3)$$

材料消耗定额还有两种表现形式,即材料产品定额和材料周转定额。

材料产品定额是指用一定规格的原料,在合理的操作条件下获得的标准产品的数量。

材料周转定额即周转性材料(如模板、支撑等所需要的木材等)的周转定额,是指周转性材料在施工中合理周转使用的次数和用量的标准。在现行预算定额中,周转性材料均按正常周转次数摊入定额中,具体规定详见现行《公路工程预算定额》总说明及附录。

(三)机械消耗定额

机械消耗定额是指在正常施工条件下,合理地组织生产与合理地利用某种机械完成单位合格产品所必需的施工机械消耗的数量标准,或在单位时间内机械完成的产品数量。机械消耗定额也具有两种表现形式,即机械时间定额和机械产量定额。

机械时间定额是指在一定的工作内容和质量安全要求的条件下,规定某种机械完成单位产品所需要的作业量(如"台时"或"台班"等)标准。

机械产量定额是指在一定的操作内容以及质量安全要求的前提下,规定每单位作业量(如"台时"或"台班"等)完成的产品的数量标准。机械产量定额与机械时间互成倒数。例如,现行《公路工程预算定额》第二章表 9－1－7"沥青表面处治路面"第 5 栏中规定,产品单位为 $1000m^2$,12～15t 光轮压路机的时间定额是 0.49 台班。其产量定额可以利用和时间定额的倒数关系求出,即 12～15t 光轮压路机的产量定额是 2040.8m^2/台班。

(四)机械台班费用定额

机械台班费用定额是以机械的一个台班为单位,规定其所消耗的工时、燃料及费用等数量标准并可折算为货币形式表现的定额。施工中的机械使用费、驾驶工人数、燃料数等,均可按照机械台班费用定额并根据工程数量计算。

机械台班费用定额的主要用途:

(1)可以直接用定额中的基价作为机械的台班单价编制预算。

(2)计算机械台班消耗人工、燃料等实物量。有关机械所消耗的各种物资的实物量,要根据机械台班费用定额计算确定。

(3)分析计算台班单价。

三、运用公路工程定额的基本方法

(一)定额编号的引用

1. 定额的基本组成

现行《公路工程概算定额》和《公路工程预算定额》的组成部分均包括:颁发定额的文件号;目录;总说明;章、节说明;定额表。预算定额还包括附录。

(1)总说明:在使用定额时应特别注意概算定额和预算定额在总说明中的规定。因为总说明规定使用范围、使用条件、定额使用中的一般规定(如特殊符号、文字)等,对正确运用定额具有重要作用。

(2)章、节说明:章、节说明对正确运用定额具有重要作用。要想准确而又熟练地运用定额,必须透彻地理解这些说明,而且争取全面记住。章、节说明对每一章、节的具体使用要求及注意事项做出了说明,特别是工程量计算规则。

(3)定额表:是各类定额的最基本的组成部分,是定额指标数额的具体表示;概算定额和预算定额的表格形式基本相同。其基本组成有表号及定额表名称、工程内容、计量单位、顺序号、项目、代号、细目及栏目、小注等。现将定额表的构成和主要栏目如下:

①表号及定额表名称:如预算定额表 1-2-8“挖掘机挖装土、石方”见表 9-2-1。表号是编制预算文件时与其对应定额时的一一对应的关系符号,名称表达了一张定额表的基本属性或分类。

表 9-2-1 挖掘机挖装土、石方 单位:1000m^3 天然密实方

序号	项目	单位	代号	挖掘机斗容量/m^3					
				0.6 以内			1.0 以内		
				松土	普通土	硬土	松土	普通土	硬土
				1	2	3	4	5	6
1	人工	工日	1001001001	2.7	3.1	3.4	2.7	3.1	3.4
2	0.6m^3 以内履带式液压单斗挖掘机	台班	8001025	2.7	3.16	3.64	—	—	—
3	1.0m^3 以内履带式液压单斗挖掘机	台班	8001027	—	—	—	1.7	1.98	2.26
4	2.0m^3 以内履带式液压单斗挖掘机	台班	8001030	—	—	—	—	—	—
5	基价	元	9999001	2535	2960	3391	2318	2696	3062

注:土方不需装车时,应乘以 0.87 系数。

②工程内容:主要说明本定额表所包括的操作内容及对应的详细工艺流程。查定额时,将实际发生的操作内容与表中的工程内容进行比较,若不一致,应进行补充或采取其他措施。

③定额单位及工程项目计量单位:如 10m、10m^3、1000m、1km、1 公路公里、1 道涵长及每增减 1m 等。

④顺序号:表征人、料、机及费用的顺序号,起简化说明的作用。

⑤项目:即本定额表的工程所需人工、材料、机具、费用的名称、规格。

⑥代号:也称数组变量代号。当采用计算机来编制公路工程概、预算时,可引用表中代号作为对工、料、机名称的识别符号。

⑦工程细目:如预算定额表 1-2-8 中的“松土”“普通土”等,也称“子目”“栏目”。

⑧栏号:指工程细目编号,如表 1-2-8 中的“松土”栏号为 1,“普通土”栏号为 2,也称栏目号。

⑨定额值:即定额表中各种资源的消耗量数值。其中括号内的数值是计量不计价的。如预算定额中[4-6-3-1]所示定额中的“C30 水泥混凝土”所对应的“(10.2m^3)”是指现浇 10m^3 墩、台帽,需消耗 C30 水泥混凝土 10.2m^3。注意此值在编制概、预算文件时不可直接列入。

⑩基价:亦称定额基价。它是用预算定额附录的工、料、机单价计算的该工程细目的工程价格。

注:使用定额时,必须仔细阅读小注,以免发生错误。定额表下面的“注”是对表的特别说明。

(4)附录:预算定额中有4个附录,如路面材料计算基础数据、基本定额、材料周转及摊销和人工、材料代号及人工、材料、半成品单位重、损耗、基价表。预算定额的附录是预算定额所特有的,也是编制补充定额的依据,同时还是定额抽换的依据。

2. 定额的编号

(1)[表号-栏号]:例如,预算定额中[1-18-3]就是指引用定额表1-1-18,即第一章表1-1-18中的第3栏,即高速、一级公路填方路基10t以内振动压路机碾压土方。这种编号方法容易查找,复核检查方便,不易出错,但书写字码较多,在概、预算表中占格较宽。

(2)[章-表-栏]:如预算定额中浆砌片石基础的定额号为[4-5-2-1]。

(3)目前一般情况下采用电算法编制概、预算文件,在编制预算文件时,采用8位数进行编码,即章占1位,节占2位,表占2位,栏占3位,如40405102表示预算定额第4章第4节第5个表第102栏。

定额编号在概、预算文件中十分重要:

①它保证复核、审查人员利用编号快速查找、核对所用定额的准确性;

②对如此繁多的工程细目的工作内容以编号形式建立一一对应的模式,便于计算机处理及修编定额人员的统计工作;

③在概、预算文件的表中,“定额代号”一栏必须填上对应的定额细目代号。无论手工计算还是计算机处理,都必须保证该栏目的准确性。

(二)定额的运用步骤

要正确地运用定额,首先必须反复学习定额、熟练地掌握定额,其次必须收集并熟悉中央及地方交通主管部门有关定额运用方面的文件和规定。在此前提下,运用定额的基本步骤如下。

(1)根据运用定额的目的,确定所用定额的种类(是概算定额还是预算定额)。

(2)根据概(预)算项目表,依次按目、节确定欲查定额的项目名称,再据此在定额目录中找到其所在页次,并找到所需定额表。

但要注意核查定额的工作内容、作业方式是否与施工组织设计相符。如人工挖土这项作业,在路基工程中有定额表1-1-6,桥梁工程中有定额表4-1-1,等等。

(3)查到定额表后再进行如下步骤。

①看定额表“工程内容”与设计要求、施工组织要求有无出入,若无出入,则可在表中找到相应的细目,并进一步确定子目(栏号)。

②检查定额表的计量单位与工程项目取定的计量单位是否一致、是否符合规定的工程量计算规则。

③看定额的总说明、章说明、节说明主表下的小注是否与所查子目的定额查定有关,若有关,则采取相应措施。

④根据设计图纸和施工组织设计检查一下子目中有无需要抽换的定额,是否允许抽换。若应抽换,则进行具体的抽换计算。

⑤依子目各序号确定各项定额值,可直接引用的就直接抄录,需要计算的则在计算后抄录。

(4)重新按上述步骤复核。

(5)该项目的细目定额查完后,再查定该项目的另外细目的定额,依次完成后,查另一项目的定额。

当熟练运用之后,上列步骤可不必依次进行。

(三)定额的直接套用

如果设计图的要求、工作内容及确定的工程项目完全与相应定额的内容符合,可直接套用定额。

【例9-2-1】确定人工挖运普通土(手推车运土)运50m的预算定额,重载运输升8%的坡。

【解】①由预算定额目录可知该定额在第10页,定额表号为1-1-6。

②确定定额号为[1-1-6-2+4]或[106002],辅助定额为[106004]。

③该定额小注4规定:如遇升降坡,除按水平运距计算运距外,并按坡度不同需增加运距,重新计算运距为50+50×8%×15=110(m),具体规定见预算定额第10页。

④计算定额值。

人工:$145.5+5.9\times\dfrac{110-20}{10}=198.6$(工日/1000m³)

基价:$15464+627\times\dfrac{110-20}{10}=21107$(元)。

【例9-2-2】某桥的草袋围堰工程,装草袋土的运距为220m,围堰高2.2m,确定该工程的预算定额值。

【解】①由预算定额目录可知该定额定额表号为4-2-2。

②确定定额号为[4-2-2-6]。

③该定额节说明2规定,草土、草、麻袋、竹笼、木笼铁丝围堰定额中已包括50m以内人工挖运土方的工日数量,定额中括号内所列"土"的数量不计价,仅限于取土运距超过50m时,按人工挖运土方的增运定额,增加运输用工。人工挖运土方增运定额号[1-1-6-4]。

④计算定额值。

人工定额=26+增列超距运输用工=26+5.9×(220-50)÷10÷1000×68.41=26+6.86=32.86(工日),草袋1139个,土(68.41m³)不计价。

基价:4415+627×17×68.41÷1000=5144.18(元)

【例9-2-3】某高速的沥青混凝土路面基层摊铺工程,厚度为36cm,路面宽26.0m,路段长10km,查定额知:人工定额为4.2工日/1000m²,6~8t光轮压路机定额为0.14台班/1000m²,12~15t光轮压路机定额为1.27台班/1000m²,计算所需人工劳动量及压路机作业量。

【解】工程量=26×10000=260(1000m²)

根据章说明第一条(定额163页)知:各类稳定土基层、级配碎石、级配砾石基层的压实厚度在 15cm 以内，填隙碎石一层压实厚度在 12cm 以内，垫层、其他种类的基层和底基层压实厚度在 20cm 以内，拖拉机、平地机、摊铺机和压路机的台班消耗按定额数量计。如超过以上压实厚度进行分层拌和、碾压时，拖拉机、平地机、摊铺机和压路机的台班消耗按定额数量加倍计算，每 1000m^2 增加人工 1.5 工日。

本工程所需人工劳动量 =(4.2 +1.5)×260 =1482(工日)

6～8t 光轮压路机的作业量 =0.14 ×2 ×260 =72.8(台班)

12～15t 光轮压路机的作业量 =1.27 ×2 ×260 =660.4(台班)

【例 9－2－4】某水泥、石灰稳定土基层工程，筛拌法，设计配合比为 5.5:3.5:91，厚度为 23cm，确定水泥、石灰、土的实用预算定额值。

【解】水泥、石灰稳定土基层见[2－1－6－1＋2]。定额表中的配合比与实际设计的配合比不符，根据此处的说明 2，各类稳定土基层定额中的材料消耗系按一定配合比编制的，当设计配合比与定额标明的配合比不同时，有关材料可按式(9.1.4)进行换算：

$$C_i = [C_d + B_d \times (H - H_0)] \times \frac{L_i}{L_d} \tag{9.2.4}$$

式中：C_i ——按设计配合比换算后的材料数量；

C_d ——定额中基本压实厚度的材料用量；

B_d ——定额中压实厚度每增减 1cm 的材料数量；

H_0 ——定额的基本压实厚度；

H ——设计的压实厚度；

L_d ——定额中标明的材料百分率；

L_i ——设计配合比的材料百分率。

查定额表计算得：

水泥用量 =[20.392 +1.02 ×(23 －20)]×5.5/6 =21.498(t)

石灰用量 =[14.943 +0.747 ×(23 －20)]×3.5/4 =15.036(t)

土用量 =[268.07 +13.4 ×(23 －20)]×91/90 =311.695(m^3)

(四)定额的抽换

1. 定额抽换条件

只有在以下几种情况下，才允许对定额中某些项目进行抽换，使定额的使用更符合实际情况。

(1)就地浇筑钢筋混凝土梁用的支架及拱券用的拱盔、支架，如确因施工安排达不到规定的周转次数，可根据具体情况进行换算并按规定计算回收。

(2)在使用预算定额时，路面基层材料、混凝土、砂浆的配合比与定额不相符，以及水泥强度等级与定额中的水泥强度等级不同时，水泥用量可按预算定额附录二的基本定额中的混凝土、砂浆配合比表进行换算。

(3)钢筋工程中，当设计用Ⅰ、Ⅱ级钢筋比例和定额比例不同时，可进行换算。

(4)如施工中必须使用特殊机械，可按具体情况进行换算。

2. 定额抽换实例

【例 9－2－5】某浆砌片石基础工程，设计采用 M10 砂浆，问编制预算时是否要进行定额抽换,如何进行抽换?

【解】

(1)由预算定额目录可知定额在628页,定额表号为[4-5-2]。

(2)定额中需砂浆M7.5,而设计是M10,需进行定额抽换。

(3)抽换方法:

①由4-5-2-1定额查得:每$10m^3$的实体需M7.5砂浆$3.5m^3$,M32.5水泥0.931t,砂$3.82m^3$(其余不需抽换)。

②由1213页基本定额知:$1m^3$M10号砂浆需:M32.5水泥311kg,砂$1.07m^3$。③采用10号砂浆时M32.5水泥为3.5×0.311=1.089t,中砂为3.5×1.07=$3.745m^2$。

【例9-2-6】某跨径16m的石拱桥,制备1孔木拱盔,满堂式,周转2次。确定其实际周转次数的周转性材料预算定额。

【解】

(1)由预算定额目录可知定额在836页,定额表为表4-9-2;

(2)确定定额号为[4-9-2];

(3)该定额总说明八规定:就地浇筑钢筋混凝土用的支架及拱券用的拱盔、支架,如确因施工安排达不到规定的周转次数,可根据具体情况换算并按规定计算回收。其具体规定见预算定额总说明八。

在预算定额的附录中编制有材料的周转及摊销定额,它的主要用途有:

①规定各种周转性材料的周转、摊销次数;

②对达不到规定周转次数的材料定额进行抽换。

③具体计算可按下式进行:

$$E' = E \times K$$

$$K = n/n'$$

式中:E'——实际周转次数的周转性材料定额;

E——定额规定的周转性材料定额;

n——定额规定的材料周转次数;

n'——实际的材料周转次数。

(4)计算

①材料定额:原木为$0.47m^3$,锯材为$1.63m^3$,铁件为41.8kg,铁钉为1.1kg。

②查得木拱盔的周转性材料的规定周转次数:木材为5次,铁件为5次,铁钉为4次,而实际周转次数为2次。

③实际定额:原木=0.47×5÷2=1.175(m^3),锯材=1.63×5÷2=4.075(m^3),铁件=41.8kg×5÷2=104.5(kg),铁钉=1.1kg×4÷2=2.2(kg)。

计算结果见表9-2-2。

表 9-2-2 计算结果

序号	材料规格名称	单位	定额值 E	n	n'	K	换算值 E'
1	原木	m^3	0.47	5	2	2.5	1.175
2	锯材	m^3	1.63	5	2	2.5	4.075
3	铁件	kg	41.8	5	2	2.5	104.5
4	铁钉	kg	1.1	4	2	2	2.2

【例 9-2-7】某隧道工程全长 800m，其中Ⅴ级围岩设计开挖断面面积 $100m^2$，占隧道总长的 20%，实际开挖数量 $17000m^3$；Ⅳ级围岩设计开挖断面面积 $90m^2$，占隧道总长的 40%，实际开挖数 $30000m^3$；Ⅲ级围岩设计开挖断面面积 $80m^2$，占隧道总长的 40%，实际开挖数量 $26000m^3$；洞外出渣运距为 1700m，超挖部分回填采用 M7.5 浆砌片石。不考虑通风、高压风水管、照明、电线路费用。

问题：

请列出该隧道工程施工图预算所涉及的相关定额的名称、单位、定额代号、数量、定额调整等内容，并填入表格中，需要时应列式计算或文字说明。

【解】

计算洞身开挖数量

根据定额说明，开挖工程量按设计断面计算，定额中已考虑超挖因素，不得将超挖数量计入工程量。

Ⅴ级围岩开挖数量：$800 \times 20\% \times 100 = 16000(m^3)$

Ⅳ级围岩开挖数量：$800 \times 40\% \times 90 = 28800(m^3)$

Ⅲ级围岩开挖数量：$800 \times 40\% \times 80 = 25600(m^3)$

3. 弃渣洞外运输调整

定额中洞外出渣距离 500m，本隧道出渣距离达到 1700m，应增加运距 1.2km。按规定采用路基工程中增运定额计算。当运距尾数不足一个增运定额单位的半数时不计，等于或者超过半数时按一个增运定额运距单位计算，故增加运距为 1.0km。一般情况下，Ⅴ～Ⅵ级围岩运输可按土方考虑，Ⅰ～Ⅳ级围岩运输可按石方考虑。

一个增运定额单位为 0.5km，半数即为 0.25km，0.2km < 0.25km，故不计，增加运距按 1km 考虑，即 $1 \div 0.5 = 2$ 个增运定额单位。Ⅴ－Ⅵ级围岩运输可按土方考虑，则土方增运工程量为 $16000m^3$；Ⅰ－Ⅳ级围岩运输可按石方考虑，则石方增运工程量为 $28800 + 25600 = 54400m^3$。

4. 回填工程量计算

由现行《公路工程预算定额》可知，定额中已综合考虑因超挖及预留变形需回填的混凝土数量，不得将上述因素的工程量计入计价工程量内。

5. 施工图预算

施工图预算所及的定额的名称、单位、代号、数量、定额调整等内容见下表 9-2-3：

表 9-2-3　隧道洞身开挖

项目		定额代号	定额单位	工程量	定额调整或系数
隧道洞身开挖	Ⅴ级围岩隧长 1000m 以内	3-1-3-5	$100m^3$	160	
	Ⅳ级围岩隧长 1000m 以内	3-1-3-4	$100m^3$	288	
	Ⅲ级围岩隧长 1000m 以内	3-1-3-3	$100m^3$	256	
	出渣隧道长度 1000m 以内围岩级别Ⅰ~Ⅲ级	3-1-3-43	$100m^3$	256	
	出渣隧道长度 1000m 以内围岩级别Ⅳ~Ⅴ级	3-1-3-44	$100m^3$	448	
	装载质量 20t 以内自卸汽车运土每增运 0.5km(平均运距 15km 以内)	1-1-11-12	$1000m^3$	16	×2
	装载质量 20t 以内自卸汽车运石每增运 0.5km(平均运距 15km 以内)	1-1-11-26	$1000m^3$	54.4	×2

注:弃渣增运定额运输车辆的选择中与出渣定额中运输车辆一致,即选择 20t 自卸汽车才正确,选择其他车辆均不正确。

(五)定额的补充

随着科学技术的发展,新结构、新工艺、新材料、新设备在公路工程上广泛使用。但是,定额的制定必须有一定的周期,在新定额未颁布以前,为了合理、正确地反映工程造价和经济效益,在现行使用的概、预算定额的基础上,又编制有部颁补充定额、地区补充定额和个别工程项目的一次性补充定额等。所以在查用现行定额时,应注意定额表左上方的"工程内容"所包含的项目与实际工程项目是否完全一致,结构形式、施工工艺是否相同。要正确选用补充定额,做到不重不漏。

(六)定额运用的要点

(1)正确选择子目,不多不漏。已知工程项目,查找章、节、表号及栏号时要特别注意,栏号可能有两个。查定额时,首先要鉴定工程项目属于哪种工程,以免盲目随意确定而在表中找不到栏目、无法计算或错误引用定额。如"汽车运土"与"汽车运输"(构件)就是如此,前者为路基工程,而后者为材料运输。

(2)子目名称应简练直观,尤其在修改子目名称时。如人工挖运土方。

(3)认真核对工程内容,防止漏列或重列。例如:在混凝土施工中是否有模板制作工作,基础开挖中是否有抽水工作。

(4)详细阅读总说明、章节说明及小注,熟能生巧。

(5)设计图纸要求和定额子目或序号一致,特别是在抽、增量计算时更应注意。

(6)施工方法要根据施工组织设计及现场条件来确定。如人工拌和、浇捣。

(7)看清工程量计量单位,特别在抽换、增量计算时更应注意。

(8)多实践、多练习、熟能生巧。

四、案例分析

【例 9－2－8】某公路沥青混凝土路面项目，路基段长 20km，采用沥青混凝土路面结构形式，在路线中点设置一处沥青混合料拌和站（平丘区），上路距离 500m，拌和能力为 160t/h。路面结构具体工程数量见表 9－2－4：

表 9－2－4　路面结构工程数量

结构类型	单位	工程数量	备注
4cm 厚细粒式改性沥青混凝土	$1000m^2$	56.5	
6cm 厚中粒式沥青混凝土	$1000m^2$	56.5	
8cm 粗粒式沥青混凝土	$1000m^2$	56.5	
20cm 厚 5% 水泥碎石基层	$1000m^2$	60.6	外购商品水稳料
20cm 厚碎石垫层	$1000m^2$	62.3	
改性乳化沥青黏层	$1000m^2$	113	
乳化沥青透层	$1000m^2$	60.6	

问题：根据上述资料列出本项目路面工程施工图预算所涉及的工程细目名称、定额代号、单位工程数量等内容，并填入表格中。需要时应列式计算或用文字说明。

【解】

（1）路面工程数量的计算

面层沥青混合料的数量：

细粒式：$56500 \times 0.04 = 2260(m^3)$

中粒式：$56500 \times 0.06 = 3390(m^3)$

粗粒式：$56500 \times 0.08 = 4520(m^3)$

合计：$2260 + 3390 + 4520 = 10170(m^3)$

（2）混合料综合平均运距：

沥青混合料拌和站（平丘区）设在路线中点，上路距离 500m，则其混合料综合平均运距为：$20 \div 2 \div 2 + 0.5 = 5.5km$

（3）路面施工图预算数据见表 9－2－5。

表 9－2－5　路面施工图预算数据

工程细目		定额代号	单位	定额数量	定额调整或系数
碎石垫层	碎石压实厚度 15cm	2－1－1－15	$1000m^2$	62.3	分层碾压，调整设备和人工耗量
	每增减 1cm	2－1－1－20	$1000m^2$	62.3	×5
水泥稳定碎石	12.5m 以内摊铺机铺筑基层	2－1－9－11	$1000m^2$	60.6	
	水泥稳定碎石（商品）	1325002	m^3	12120	
乳化沥青半刚性基层透层		2－2－16－4	$1000m^2$	60.6	

(续表)

工程细目		定额代号	单位	定额数量	定额调整或系数
乳化沥青层黏层		2-2-16-6	$1000m^2$	113	
混合料拌和	细粒式	2-2-11-18	$1000m^3$	2.26	
	中粒式	2-2-11-11	$1000m^3$	3.39	
	粗粒式	2-2-11-4	$1000m^3$	4.52	
混合料运输	20t 以内自卸汽车运混合料第一个 1km	2-2-13-9	$1000m^3$	10.17	
	20t 以内自卸汽车运混合料每增运 0.5km	2-2-13-10	$1000m^3$	10.17	×9
摊铺	细粒式	2-2-14-44	$1000m^3$	2.26	
	中粒式	2-2-14-43	$1000m^3$	3.39	
	粗粒式	2-2-14-42	$1000m^3$	4.52	
设备安拆	设备安拆(160t/h 以内)	2-2-15-4	座	1	

注:表中 1325002 为水泥稳定碎石(商品)的材料代码。

【例 9-2-9】某石砌桥墩高 19m,用 M12.5 砂浆砌料石、镶面。试确定该项目的预算定额。

【解】

根据预算定额砌筑工程节说明 1,可知因采用 M12.5 砂浆砌筑,应对定额中的 M7.5 砂浆进行抽换。

(1)料石砌筑、镶面定额,定额表为表 4-5-4。

(2)抽换说明:由于镶面料石的砌筑砂浆采用 M12.5 取代原 M7.5,所以应进行抽换。①由表 4-4 查得 M7.5 砂浆 $2.00m^3/10m^2$;水泥 0.56t、中砂 $2.28m^3$。

②由基本定额的砂浆配比表查得:每配制 $1m^3$ M12.5 砂浆,需 32.5 级水泥 345kg、$1.07m^3$;而每砌筑 $10m^2$ 料石需砌筑砂浆 $2.0m^3$ 和勾缝砂浆 $0.09m^2$,那么根据此比例得出如下抽换计算:

水泥:$2.0\times0.345+0.09\times0.345=0.721$(t)

中砂:$1.07\times2.0+1.07\times0.09=2.236$($m^3$)

【例 2-2-14】某大桥为 10×25m 预应力混凝土分体小箱梁桥,桥梁全长 266m,下部构造采用重力式桥台和柱式桥墩,桥台高 8.8m,桥墩高 9.5m。

桥梁下部结构主要工程数量为:U 形桥台 C30 混凝土 $975.6m^3$,台帽 C40 混凝土 $381.8m^3$;柱式桥墩立柱 C40 混凝土 $395.4m^3$,盖梁 C40 混凝土 $743.4m^3$。施工要求采用集中拌和运输,混凝土拌和厂沿在距离桥位 800m 的一片荒地,拌和站采用 $60m^3/h$ 的规格,拌和站安拆及场地费用不计。

问题:

(1)根据给定桥梁下部结构相关清单子目号子目名称,如表 9-2-6 所示,编制桥梁下部结构工程量清单。

表 9-2-6 桥梁下部结构相关清单子目号、子目名称

子目号	子目名称	子目号	子目名称
410-2	混凝土下部结构	410-2-d	轻型桥台
410-2-a	重力式U形桥台	410-2-e	柱式桥墩
410-2-b	肋板式桥台	410-2-f	薄壁式桥墩
410-2-c	柱式桥台	410-2-g	空心桥墩

(2)在相应的清单子目下套取定额。

【解】

(1)工程量清单如表9-2-7所示。

表 9-2-7 工程量清单

子目号	子目名称	计量单位	工程数量
410-2	下部结构混凝土		
410-2-a	重力式U形桥台		
410-2-a-1	C30混凝土台身	m^3	975.6
410-2-a-2	C40混凝土台帽	m^3	381.8
410-2-e	柱式桥墩		
410-2-e-1	C40混凝土桥墩	m^3	395.4
410-2-e-2	C40混凝土盖梁	m^3	743.4

(2)清单子目套取定额如表9-2-8所示。

表 9-2-8 410-2-a-1 C30混凝土台身清单子目套取定额

定额代号	工程细目	单位	数量	费率	定额调整或系数
4-6-2-4	梁板桥实体式墩台混凝土(高10m内)	$10m^3$	97.56	构造物Ⅱ	片C15-32.5-8 换普C30-32.5-4
4-11-11-15	$60m^3/h$以内混凝土拌和站拌和	$100m^3$	9.756	构造物Ⅰ	1.02
4-11-11-24	$6m^3$以内混凝土搅拌车运第一个1km	$100m^3$	9.756	运输	1.02

表 9-2-9 410-2-a-2 C40混凝土台帽清单子目套取定额

定额代号	工程细目	单位	数量	费率	定额调整或系数
4-6-3-1	墩、台帽混凝土非泵送	$10m^3$	38.19	构造物Ⅱ	普C30-32.5-4 换普C40-32.5-4
4-11-11-15	$60m^3/h$以内混凝土拌和站拌和	$100m^3$	3.819	构造物Ⅰ	1.02
4-11-11-24	$6m^3$搅拌运输车运混凝土第一个1km	$100m^3$	3.819	运输	1.02

表 9-2-10　410-2-e-1 C40 混凝土桥墩清单子目套取定额

定额代号	工程细目	单位	数量	费率	定额调整或系数
4-6-2-12	圆柱式墩台混凝土非泵送(高 10m 以内)	$10m^3$	39.54	构造物Ⅱ	普 C25-32.5-4 换普 C40-32.5-4
4-11-11-15	$60m^3/h$ 以内混凝土拌和站拌和	$100m^3$	3.954	构造物Ⅰ	1.02
4-11-11-24	$6m^3$ 搅拌运输车运混凝土第一个 1km	$100m^3$	3.954	运输	1.02

表 9-2-11　410-2-e-2 C40 混凝土盖梁清单子目套取定额

定额代号	工程细目	单位	数量	费率	定额调整或系数
4-6-4-1	盖梁混凝土非泵送	$10m^3$	74.34	构造物Ⅱ	普 C30-32.5-4 换普 C40-32.5-4
4-11-11-15	$60m^3/h$ 以内混凝土拌和站拌和	$100m^3$	7.434	构造物Ⅰ	1.02
4-11-11-24	$6m^3$ 搅拌运输车运混凝土第一个 1km	$100m^3$	7.434	运输	1.02

第三节　公路工程投资估算编制

一、投资估算的定义

投资估算是对拟建的公路项目的全部投资费用进行的预测估计。公路工程投资估算包括项目建议书投资估算和工程可行性研究报告投资估算,是评价公路工程项目投资的重要工具。公路工程投资估算是公路建设项目建议书和可行性研究报告的重要组成部分,是建设项目经济评价中支出费用的关键部分。按照现行项目建议书和可行性研究报告审批的要求,可行性研究报告投资估算是编制初步设计概算或施工图预算(采用一阶段设计时)的限制条件。所以初步设计概算编制,必须严格控制在投资估算的允许范围内,设计概算一经批准即为建设项目投资的最高限额,一般情况下不得随意突破。因此投资估算的准确与否不仅影响到建设前期的投资决策,而且也直接关系到下一阶段设计概算、施工图预算编制及项目建设期的造价管理和控制。

二、投资估算的作用

(1)项目建议书阶段的投资估算,是项目主管部门审批项目建议书的依据之一,并对项目的规划和规模起参考作用。

(2)项目可行性研究阶段的投资估算是项目投资决策的重要依据,也是研究、分析和计算项目投资经济效果的重要条件。

(3)项目投资估算对工程设计概算起控制作用,设计概算不得突破有关部门批准的投资估算,并应控制在投资估算额以内。

(4)项目投资估算可作为项目资金筹措及制定建设贷款计划的依据,建设单位可根据批准的项目投资估算额,进行资金筹措和向银行申请贷款。

(5)项目投资估算是核算建设项目固定资产投资需要额和编制固定资产投资计划的重要依据。

(6)项目投资估算是进行工程设计招标、优选设计方案的依据之一。它也是工程限额设计的依据。

三、投资估算的基本规定

编制投资估算时应根据现行《公路工程估算指标》规定的人工、材料与设备、机械台班消耗量和按本办法规定的投资估算编制时工程所在地的人工费工日单价、材料预算单价和施工机械台班单价计算出工程项目的工、料、机费用,并按本办法的规定计算各项费用。

四、投资估算编制依据

(1)国家发布的有关法律、法规等。

(2)现行《公路工程估算指标》《公路工程概算定额》《公路工程预算定额》《公路工程机械台班费用定额》《公路工程建设项目投资估算编制办法》等。

(3)工程所在地省级交通运输主管部门发布的补充规定和定额等。

(4)项目建议书或工程可行性研究图纸等设计文件、工程实施方案。

(5)批准的项目建议书等有关资料。

(6)工程所在地的人工、材料与设备、施工机械价格等。

(7)有关合同、协议等。

(8)其他有关资料。

五、投资估算的文件组成

投资估算文件包括封面、扉页、目录、编制说明及投资估算表格、甲组文件和乙组文件。

(一)封面和扉页

应按现行《公路建设项目可行性研究报告编制办法》中的规定制作。扉页的次页和目录应按《公路工程建设项目投资估算编制办法》附录 A 的规定制作。

(二)编制说明

(1)建设项目设计文件的依据。

(2)编制范围、工程概况等。

(3)采用的估算指标、费用标准,人工、材料与设备、施工机械台班单价的依据或来源,补充指标及编制依据的详细说明。

(4)有关的协议书、会议纪要的主要内容。

(5)投资估算总金额,人工、钢材、水泥、沥青等材料的总用量。

(6)各设计方案的经济比较。

(7)建设项目主要的综合经济技术指标。

(8)其他有关费用计算项及计价依据的说明。

(9)采用的公路工程造价软件名称及版本号。

(10)其他需要说明的问题。

(三)各项费用计算表述

投资估算的材料与设备、施工机械台班单价及各项费用的计算均应通过规定的统一表格表述,表格样式应符合《公路工程建设项目投资估算编制办法》附录 A 的规定。

(四)投资估算文件可按不同的需要分为甲、乙组文件

甲、乙组文件需符合以下规定:

(1)甲组文件为各项费用计算表,乙组文件为建筑安装工程费各项基础数据计算表。甲、乙组文件应按《公路建设项目可行性研究报告编制办法》中关于设计文件报送份数的要求,随设计文件一并报送,并同时提交可计算的造价电子数据文件和新工艺单价分析的详细资料。

(2)乙组文件中的"分项工程估算表"可只提交电子版,或按需要提交纸质版。

(3)投资估算应按一个建设项目[如一条路线或一座独立大(中)桥、隧道]进行编制。当一个建设项目需要分段或分部编制时,应根据需要分别编制,但必须汇总编制"总估算汇总表"。

(4)甲组文件组成:①编制说明。②前后阶段费用对比表。③建设项目属性及技术经济信息表。④总估算汇总表。⑤总估算人工、主要材料、施工机械台班数量汇总表。⑥投资估算表。⑦人工、主要材料、施工机械台班数量汇总表。⑧建筑安装工程费计算表。⑨综合费率计算表。⑩综合费计算表 。⑪设备费计算表。⑫专项费用计算表。⑬土地使用及拆迁补偿费计算表 。⑭工程建设其他费计算表。⑮人工、材料、施工机械台班单价汇总表。

(5)乙组文件组成:①分项工程估算计算数据表。②分项工程估算表。③材料预算单价计算表。④自采材料料场价格计算表。⑤材料自办运输单位运费计算表。⑥施工机械台班单价计算表。⑦辅助生产人工、材料、施工机械台班单位数量表。

六、投资估算项目及编码规则

(一)投资估算项目应按项目表的序列及内容编制

当实际出现的工程和费用项目与项目表的内容不完全相符时,第一、二、三、四、五部分和"项"的序号、内容应保留不变,项目表中的"项"以下分项在引用时应保持序号、内容不变,缺少的分项内容可随需要就近增加,并按项目表的顺序以实际出现的级别依次排列,不保留缺少的"目""节"及"细目"的序号。

(二)投资估算项目主要内容

投资估算项目表的详细内容见《公路工程建设项目投资估算编制办法》附录 B。

投资估算项目主要内容如下:

第一部分　建筑安装工程费。

第一项　临时工程。

第二项　路基工程。

第三项　路面工程。

第四项　桥梁涵洞工程。

第五项　隧道工程。

第六项　交叉工程。

第七项　交通工程及沿线设施。

第八项　绿化及环境保护工程。

第九项　其他工程。

第十项　专项费用。

(1)施工场地建设费。

(2)安全生产费。

第二部分　土地使用及拆迁补偿费。

第三部分　工程建设其他费。

第四部分　预备费。

第五部分　建设项目贷款利息。

(三)分项编号

分项编号采用部分(1位数)、项(2位数)、目(2位数)、节(2位数)、细目(2位数)组成,以部、项、目、节、细目等依次逐层展开。

七、投资估算费用组成

投资估算的费用组成详见《公路工程建设项目投资估算编制办法》。

八、投资估算费用标准和计算方法

投资估算费用包括建筑安装工程费、土地使用及拆迁补偿费、工程建设其他费、预备费及建设期贷款利息,各项费用的构成、计算程序及计算方式此处不展开赘述,详见本章第一节。

第四节　公路工程设计概算编制

一、设计概算的定义

设计概算或修正概算是初步设计文件或技术设计文件的重要组成部分。设计概算或修正概算应根据交通运输部现行《公路工程建设项目概算预算编制办法》《公路工程概算定额》和《公路工程预算定额》进行编制,应严格控制在批准的建设项目可行性研究报告投资估算允许幅度范围内。

二、设计概算的作用

(1)确定建设项目投资额的依据。

(2)设计概算是编制基本建设计划的依据。

(3)设计概算是衡量设计方案经济合理性和选择最佳设计方案的依据。

(4)设计概算是考核建设项目投资效果的依据。

(5)设计概算是控制施工图设计和施工图预算的依据。

(6)设计概算是编制标底的依据。

三、设计概算的基本规定

编制概算时应根据现行《公路工程概算定额》规定的人工、材料与设备、机械台班消耗量和按本办法规定的概算编制时工程所在地的人工费工日单价、材料预算单价和施工机械台 班单价计算出工程项目的工、料、机费用,并按《公路工程建设项目概算预算编制办法》的规定计算各项费用。

四、设计概算编制依据

(1)国家发布的有关法律、法规等。

(2)现行的《公路工程概算定额》《公路工程预算定额》《公路工程机械台班费用定额》及《公路工程基本建设项目概算预算编制办法》等。

(3)工程所在地省级交通运输主管部门发布的补充规定和定额等。

(4)可行性研究报告的批(核)准文件(修正概算时为初步设计批复文件)等有关资料。

(5)初步设计(或技术设计)图纸等设计文件、工程施工方案(含施工组织设计)。

(6)工程所在地的人工、材料与设备、施工机械价格等。

(7)有关合同、协议等。

(8)其他有关资料。

五、设计概算的文件组成

设计概算文件包括封面、扉页、目录、编制说明及设计概算表格、甲组文件和乙组文件。

(一)封面和扉页

应按现行《公路工程基本建设项目设计文件编制办法》中的规定制作。扉页的次页和目录应按《公路工程建设项目概算预算编制办法》附录 A 的规定制作。

(二)编制说明

编制说明应包括下列内容:

(1)建设项目设计文件的依据。

(2)编制范围、工程概况等。

(3)采用的估算指标、费用标准,人工、材料与设备、施工机械台班预算单价的依据或来源,新增工艺的单价分析。

(4)有关的协议书、会议纪要的主要内容。

(5)概算总金额,人工、钢材、水泥、沥青等材料的总用量。

(6)各设计方案的经济比较。

(7)项目综合经济技术指标统计,对比分析本阶段与上阶段工程数量、造假的变化情况。

(8)其他有关费用计算项及计价依据的说明。

(9)采用的公路工程造价软件名称及版本号。

(10)其他需要说明的问题。

(三)各项费用计算表述

概算的材料与设备、施工机械台班单价及各项费用的计算均应通过规定的统一表格表述,表格样式应符合《公路工程建设项目概算预算编制办法》附录 A 的规定。

(四)概算文件可按不同的需要分为甲、乙组文件

概算文件可按不同的需要分为甲、乙组文件,需符合以下规定:

(1)甲组文件为各项费用计算表,乙组文件为建筑安装工程费各项基础数据计算表。甲、乙组文件应按《公路工程基本建设项目设计文件编制办法》中关于设计文件报送份数的要求,随设计文件一并报送,并同时提交可计算的造价电子数据文件和新工艺单价分析的详细资料。

(2)乙组文件中的“分项工程概算表”可只提交电子版,或按需要提交纸质版。

(3)概算应按一个建设项目[如一条路线或一座独立大(中)桥、隧道]进行编制。当一个建设项目需要分段或分部编制时,应根据需要分别编制,但必须汇总编制“总概算汇总表”。

(4)甲组文件组成:①编制说明。②前后阶段费用对比表。③建设项目属性及技术经济信息表。④总概算汇总表。⑤总概算人工、主要材料、施工机械台班数量汇总表。⑥概算表。⑦人工、主要材料、施工机械台班数量汇总表。⑧建筑安装工程费计算表。⑨综合费率计算表。⑩综合费计算表 。⑪设备费计算表。⑫专项费用计算表。⑬土地使用及拆迁补偿费计算表 。⑭工程建设其他费计算表。⑮人工、材料、施工机械台班单价汇总表。

(5)乙组文件组成:①分项工程概算计算数据表。②分项工程概算表。③材料预算单价计算表。④自采材料料场价格计算表。⑤材料自办运输单位运费计算表。⑥施工机械台班单价计算表。⑦辅助生产人工、材料、施工机械台班单位数量表。

六、设计概算项目及编码规则

(一)设计概算项目应按项目表的序列及内容编制

当实际出现的工程和费用项目与项目表的内容不完全相符时,第一、二、三、四、五部分和“项”的序号、内容应保留不变,项目表中的“项”以下分项在引用时应保持序号、内容不变,缺少的分项内容可随需要就近增加,并按项目表的顺序以实际出现的级别依次排列,不保留缺少的“目”“节”及“细目”的序号。

(二)设计概算项目主要内容

设计概算项目主要内容如下,概算项目表的详细内容见《公路工程建设项目概算预算编制办法》附录 B。

第一部分　建筑安装工程费。

第一项　临时工程。

第二项　路基工程。

第三项　路面工程。

第四项　桥梁涵洞工程。

第五项　隧道工程。

第六项　交叉工程。

第七项　交通工程及沿线设施。

第八项　绿化及环境保护工程。

第九项　其他工程。

第十项　专项费用。

(1)施工场地建设费。

(2)安全生产费。

第二部分　土地使用及拆迁补偿费。

第三部分　工程建设其他费。

第四部分　预备费。

第五部分　建设项目贷款利息。

(三)分项编号

分项编号采用部分(1 位数)、项(2 位数)、目(2 位数)、节(2 位数)、细目(2 位数)组成,以部、项、目、节、细目等依次逐层展开。

七、设计概算的费用组成

设计概算的费用组成详见《公路工程建设项目概算预算编制办法》。

八、设计概算费用标准和计算方法

设计概算费用包括建筑安装工程费、土地使用及拆迁补偿费、工程建设其他费、预备费及建设期贷款利息,各项费用的构成、计算程序及计算方式此处不展开赘述,详见本章第一节。

第五节 公路工程施工图预算编制

一、施工图预算的定义

施工图预算是施工图设计文件的重要组成部分,是按国家颁布的《公路工程预算定额》和《编制办法》及有关文件编制的计算工程造价的文件。一般应由具备一定资质等级的设计单位和持有政府管理机关、工程造价管理部门正式颁发的工程造价编审资格证书的人员负责编制。预算应控制在已批准的概算(或修正概算)范围之内。

二、施工图预算的作用

(1)施工图预算是设计阶段控制工程造价的重要环节,是控制施工图设计不突破设计概算的重要措施。

(2)施工图预算是编制或调整固定资产投资计划的依据。

(3)对于实行施工招标的工程,施工图预算是编制标底的依据,也是承包企业投标报价的基础。

(4)对于不宜实行招标而采用施工图预算加调整价结算的工程,施工图预算可作为确定合同价款的基础或作为审查施工企业提出的施工图预算的依据。

三、施工图预算的基本规定

编制施工图预算时应根据现行《公路工程预算定额》规定的人工、材料与设备、机械台班消耗量和按本办法规定的预算编制时工程所在地的人工费工日单价、材料预算单价和施工机械台班单价计算出工程项目的工、料、机费用,并按《公路工程建设项目概算预算编制办法》的规定计算各项费用。

四、施工图预算编制依据

施工图预算编制依据应包括下列内容:

(1)国家发布的有关法律、法规、规章、规程等。

(2)现行的《公路工程预算定额》《公路工程机械台班费用定额》及《公路工程基本建设项目概预算编制办法》等。

(3)工程所在地省级交通运输主管部门发布的补充规定和定额等。

(4)批准的初步设计文件(或技术设计文件,若有)等有关资料。

(5)施工图纸等设计文件、工程施工方案(含施工组织设计)。

(6)工程所在地的人工、材料与设备、施工机械价格等。

(7)有关合同、协议等。

(8)其他有关资料。

五、施工图预算的文件组成

施工图预算文件包括封面、扉页、目录、编制说明及施工图预算表格、甲组文件和乙组文件。

(一)封面和扉页

应按现行《公路工程基本建设项目设计文件编制办法》中的规定制作。扉页的次页和目录应按《公路工程建设项目概算预算编制办法》附录 A 的规定制作。

(二)编制说明

(1)建设项目设计文件的依据。

(2)编制范围、工程概况等。

(3)采用的估算指标、费用标准,人工、材料与设备、施工机械台班预算单价的依据或来源,新增工艺的单价分析。

(4)有关的协议书、会议纪要的主要内容。

(5)概算总金额,人工、钢材、水泥、沥青等材料的总用量。

(6)各设计方案的经济比较。

(7)项目综合经济技术指标统计,对比分析本阶段与上阶段工程数量、造假的变化情况。

(8)其他有关费用计算项及计价依据的说明。

(9)采用的公路工程造价软件名称及版本号。

(10)其他需要说明的问题。

(三)各项费用计算表达

预算的材料与设备、施工机械台班单价及各项费用的计算均应通过规定的统一表格表述,表格样式应符合《公路工程建设项目概算预算编制办法》附录 A 的规定。

(四)预算文件可按不同需要分为甲、乙组文件

预算文件可按不同的需要分为甲、乙组文件,并符合以下规定:

(1)甲组文件为各项费用计算表,乙组文件为建筑安装工程费各项基础数据计算表。甲、乙组文件应按《公路工程基本建设项目设计文件编制办法》中关于设计文件报送份数的要求,随设计文件一并报送,并同时提交可计算的造价电子数据文件和新工艺单价分析的详细资料。

(2)乙组文件中的“分项工程预算表”可只提交电子版,或按需要提交纸质版。

(3)预算应按一个建设项目[如一条路线或一座独立大(中)桥、隧道]进行编制。当一个建设项目需要分段或分部编制时,应根据需要分别编制,但必须汇总编制“总概算汇总表”。

(4)甲组文件组成:①编制说明。②前后阶段费用对比表。③建设项目属性及技术经济信息表。④总预算汇总表。⑤总预算人工、主要材料、施工机械台班数量汇总表。⑥预算表。⑦人工、主要材料、施工机械台班数量汇总表。⑧建筑安装工程费计算表。⑨综合费率计算表。⑩综合费计算表。⑪设备费计算表。⑫专项费用计算表。⑬土地使用及拆迁补偿费计算表。

⑭工程建设其他费计算表。⑮人工、材料、施工机械台班单价汇总表。

(5)乙组文件组成:①分项工程预算计算数据表。②分项工程预算表。③材料预算单价计算表。④自采材料料场价格计算表。⑤材料自办运输单位运费计算表。⑥施工机械台班单价计算表。⑦辅助生产人工、材料、施工机械台班单位数量表。

六、施工图预算项目及编码规则

(一)施工图预算项目应按项目表的序列及内容编制

当实际出现的工程和费用项目与项目表的内容不完全相符时,第一、二、三、四、五部分和"项"的序号、内容应保留不变,项目表中的"项"以下分项在引用时应保持序号、内容不变,缺少的分项内容可随需要就近增加,并按项目表的顺序以实际出现的级别依次排列,不保留缺少的"目""节"及"细目"的序号。

(二)施工图预算项目主要内容

施工图预算项目主要内容如下,预算项目表的详细内容见《公路工程建设项目概算预算编制办法》附录 B。

第一部分　建筑安装工程费。

第一项　临时工程。

第二项　路基工程。

第三项　路面工程。

第四项　桥梁涵洞工程。

第五项　隧道工程。

第六项　交叉工程。

第七项　交通工程及沿线设施。

第八项　绿化及环境保护工程。

第九项　其他工程。

第十项　专项费用。

(1)施工场地建设费。

(2)安全生产费。

第二部分　土地使用及拆迁补偿费。

第三部分　工程建设其他费。

第四部分　预备费。

第五部分　建设项目贷款利息。

(三)分项编号

分项编号采用部分(1 位数)、项(2 位数)、目(2 位数)、节(2 位数)、细目(2 位数)组成,以部、项、目、节、细目等依次逐层展开。

七、施工图预算的费用组成

施工图预算的费用组成如图 9-5-1 所示。

- 概（预）算总金额
  - 建筑安装工程费
    - 直接费
      - 人工费
      - 材料费
      - 施工机械使用费
    - 设备购置费
    - 措施费
      - 冬季施工增加费
      - 雨季施工增加费
      - 夜间施工增加费
      - 特殊地区施工增加费
        - 高原地区施工增加费
        - 沿海地区施工增加费
        - 风沙地区施工增加费
      - 行车干扰施工增加费
      - 施工辅助费
      - 工地转移费
    - 企业管理费
      - 基本费用
      - 主副食运费补贴
      - 职工探亲路费
      - 职工取暖费
      - 财务费用
    - 规费
      - 养老保险费
      - 失业保险费
      - 医疗保险费
      - 工伤保险费
      - 住房公积金
    - 利润
    - 税金
    - 专项费用
      - 养老保险费
      - 失业保险费
  - 土地使用及拆迁补偿费
  - 工程建设其他费
    - 建设项目管理费
      - 建设单位（业主）管理费
      - 建设项目信息化费
      - 工程监理费
      - 设计文件审查费
      - 竣（交）工验收试验检测费
    - 研究试验费
    - 建设项目前期工作费
    - 专项评价（估）费
    - 联合试运转费
    - 生产准备费
      - 工器具购置费
      - 办公和生活用家具购置费
      - 生产人员培训费
      - 应急保通设备购置费
    - 工程保通管理费
    - 工程保险费
    - 其他相关费用
  - 预备费
    - 基本预备费
    - 价差预备费
  - 建设期贷款利息

图 9－5－1　施工图预算费用的组成

八、施工图预算费用标准和计算方法

施工图预算费用包括建筑安装工程费、土地使用及拆迁补偿费、工程建设其他费、预备费及建设期贷款利息,各项费用的构成、计算程序及计算方式此处不展开赘述,详见本章第一节。

九、施工图预算与投资估算、设计概算的区别与联系

(一)施工图预算与投资估算、设计概算的区别

(1)编制时间先后不同。

(2)研究工作深度不同。

(3)文件作用不同。

(4)采用的计价依据不同。

(二)施工图预算与投资估算、设计概算的联系

(1)估算文件与概预算的费用及表格的一致性。

(2)估算文件与概预算文件的承递性。

十、案例分析

【例9-5-1】某地方二级公路,大桥工程混凝土用5cm碎石(已筛分)由施工单位自行生产加工。若人工单价为97.22元/工日。开采片石的预算单价为50元/m^3,250mm×400mm电动颚式破碎机的台班单价为215.62元/台班,滚筒式筛分机的台班单价为232.48元/台班。

查《公路工程预算定额》(以下简称《预算定额》)1153页8-1-7-15,可知生产加工100m^3堆方的碎石需要消耗人工28.5工日,开采片石113m^3,250mm×400mm电动颚式破碎机2.89台班,滚筒式筛分机2.94台班。查《预算定额》附录四可知定额人工单价为106.28元/工日,根据《公路工程建设项目概算预算编制办法》,辅助生产间接费按定额人工费的3%计。

问题:编制施工图预算时,确定5cm碎石的料场单价。

【解】加工生产100m^3的碎石料场单价为:

人工费:28.5×97.22=2770.77(元)

辅助生产间接费:28.5×106.28×3%=90.87(元)

材料费:开采片石113×50=5650(元)

机械费:碎石机:2.89×215.62=623.14(元)

筛分机:2.94×232.48=683.49(元)

5cm碎石的料场单价:(2770.77+90.87+5650+623.14+683.49)÷100=98.18(元/m^3)

【例9-5-2】某一级公路沥青混凝土路面施工,采用160t/h以内的沥青混合料拌和设备拌和沥青混凝土,配备1台320kW的柴油发电机组提供动力,已知人工单价为108.02元/工日;重油的预算单价为6.0元/kg,柴油的预算单价为8.93元/kg。

查《公路工程机械台班费用定额》可知,160t/h以内的沥青混合料拌和设备每台班需消耗3个人工工日,不变费用为5117.10元,重油消耗量为6893.57kg,用电消耗量为2620.88kW·h,但题目中没有给出电的预算单价,现按编制办法的规定计算电的预算单价。

要计算电的预算单价,要先计算发电机组的台班单价,查《公路工程机械台班费用定额》可知,1台320kW的柴油发电机组每台班的不变费用为440.25元、柴油消耗量为327.85kg。

问题:确定沥青混合料拌和设备的预算单价。

【解】(1)确定发电机组的台班单价:

440.25 + 327.85 × 8.93 = 3367.95(元/台班)

(2)确定自发电的预算单价:

A = 0.15 × K ÷ N = 0.15 × 3367.95 ÷ 320 = 1.579(元)

(3)确定沥青混合料拌和设备的台班单价:

5117.10 + 3 × 108.02 + 6893.57 × 6 + 2620.88 × 1.579 = 50940.95(元/台班)

第六节　公路工程工程量清单计价

一、工程量清单计价的基本知识

(一)基本概念

工程量清单计价是指招标标底、最高投标限价、投标报价的编制、合同价款的确定与调整、工程结算以招标文件中的工程量清单为依据进行的工程造价的确定与控制的总称,由投标人按照招标人提供的工程量清单,逐一地填报单价并计算出工程项目所需的全部费用。工程量清单计价活动涵盖施工招(投)标、合同管理以及交工结算全过程,主要包括编制招标工程量清单、工程量清单预算、投标报价、确定合同价,进行工程计量与价款支付、合同价款的调整以及工程变更等一系列活动。公路工程工程量清单计价应采用"全费用综合单价"计价(又称全部综合单价),包括为实施和完成合同工程所需的劳务、材料、机械、质检(自检)、安装、缺陷修复、管理、保险、税费、利润等费用,以及合同明示或暗示的所有责任、义务和一般风险。

(二)组成

工程量清单计价是属于项目实施阶段的造价文件编制,其组成包括招(投)标工程量清单、工程量清单预算、合同工程量清单、计价与支付文件、工程变更费用文件、造价管理台账。

1. 招(投)标工程量清单

(1)招标人在招标阶段应编制工程量清单,作为招标文件的组成部分。招标工程量清单是投标人编制投标工程量清单、进行投标报价的依据。

(2)投标工程量清单依据招标文件约定的计量计价规则,根据市场价格和投标企业经营状况等因素编制。投标报价不得低于工程成本。

2. 工程量清单预算

在公路工程施工招投标活动中,对采用工程量清单计价的工程,参照编制施工图预算的造价依据和方法,按规定程序,对招标工程建设所需的全部费用及其构成进行测算所确定的造价预计值。工程量清单预算是评判投标报价合理性的重要依据。

工程量清单预算依据招标文件的约定,参照《公路工程基本建设项目概算预算编制办法》和配套定额,以及相应的补充造价依据进行编制。

3. 合同工程量清单

在公路工程发、承包活动中,发、承包双方根据合同法、招(投)标文件及有关规定,以约定的工程量清单计价方式,签订工程承包合同时确定的工程量清单。合同工程量清单包括拟建工程量、单价、合价及总额。

采用招标方式的工程,其合同工程量清单应根据中标价确定;不采用招标方式的工程,由承、发包双方协商确定。

4.计量与支付文件

在公路工程实施阶段,对已完工程进行计量,并根据计量结果和合同约定对应付价款进行统计和确认,用于支付工程价款而编制的文件。计量与支付文件一般以规定格式的报表形式表现。

计量与支付文件是公路工程资金支付和工程结算的依据性文件,应依据合同文件、工程变更、签认的质量检验单和计量工程量等资料编制。

5.工程变更费用文件

发生费用变化的工程变更应编制工程变更费用文件。工程变更费用文件是评价工程变更经济合理性的依据,是编制计量与支付文件、工程结算、工程竣工决算的基础性资料。

根据工程管理的实际,工程变更费用文件可采用工程量清单形式或施工图预算形式编制。采用施工图预算形式编制的工程变更费用文件,应依据《公路工程基本建设项目概算预算编制办法》,采用《公路工程预算定额》及相应的补充造价依据编制;采用工程量清单形式编制的工程变更费用文件,应依据合同约定编制。

6.造价管理台账

在公路工程实施阶段,总体反映公路工程自初步设计至工程竣工过程中的造价变化、工程变更、合同支付以及预估决算等造价管理动态信息的台账式文件。

工程实施阶段,建设单位应组织编制造价管理台账。造价管理台账是合理控制工程投资的有效手段,其内容应反映公路工程建设项目实施期工程投资动态变化的总体情况。

造价管理台账应依据批准的初步设计概算、施工图预算、合同价、工程变更、投资进度及其他相关的造价管理信息等资料进行编制,并动态更新。

二、最高投标限价的编制

(一)基本概念

最高投标限价是招标人根据国家以及当地有关规定的计价依据和计价办法、招标文件、市场行情,并按工程项目设计施工图纸等具体条件调整编制的,对招标工程项目限定的最高工程造价,也可称为拦标价、预算控制价或最高报价等。

(二)编制步骤

(1)准备工作:

①熟悉招标图纸和说明。

②熟悉招标文件内容。

③考察工程现场。

④进行材料价格调查。

(2)工程量计算:

①复核清单工程量。

②按定额计算工程量。

(3)确定工、料、机单价。

(4)计算综合费用。

(5)计算工程项目总金额。

(6)编制最高投标限价单价。

(7)计算最高投标限价总金额。

(8)编写最高投标限价说明。

(三)组成内容

(1)最高投标限价的综合编制说明。

(2)最高投标限价审定书、最高投标限价计算书、带有价格的工程量清单、现场因素、各种施工措施费的测算明细表,以及采用固定价格工程的风险系数测算明细表。

(3)主要材料用量。

(4)最高投标限价附件。如各项交底纪要,各种材料及设备的价格来源,现场的地质、水文、交通、供水和供电等地上情况的有关资料。编制最高投标限价所依据的施工方案或施工组织设计等。

(四)编制原则

1. 透明性原则

在招标人进行招标的过程中,最高投标限价需要对投标人进行告知。对于整个工程的造价明细有着初步的解析。这就使所有参与投标的投标人处于同一个公开透明的环境中,以避免恶意竞争,保护双方的合理利益。透明性原则同时也是市场良性竞争的体现。

2. 不得更改原则

在招标人根据国家相关的法律法规以及建设指标对整个工程建设的工程造价进行详细准确的预估和对投标人进行告知以后,最高投标限价不得更改。这是为了维护市场竞争的公平性,维护建设双方的利益。

3. 最高投标限价复核原则

在招标人将最高投标限价公布后,各投标单位在收到工程价目预算后,对于有错误以及误差的地方可以提出异议,但需要在规定时间内完成并提交疑问函。

三、投标报价的编制

(一)基本概念

报价是由投标单位根据招标文件及有关定额(有时往往是投标单位根据自身的施工经验与管理水平所制定的企业定额),并根据招标项目所在地区的自然、社会和经济条件及施工组织方案、投标单位的自身条件,计算完成招标工程所需各项费用的造价文件。报价是投标文件最重要的组成部分,是投标工作的关键和核心,也是决定能否中标的主要依据。

(二)编制步骤

(1)研究招标文件及工程量清单。

(2)复核工程量。

(3)分析、划分清单细目。

(4)计算人工、材料、施工机械单价。

(5)计算分项工程基本单价。

(6)计算间接费。

(7)计算风险费、预计利润。

(8)确定分项工程投标价格。

(9)计算、整理清单细目单价,填报工程量清单。

(10)填报单价分析表。

(三)编制原则

投标报价的编制主要是投标人对承建招标工程所要发生的各种费用的计算。编制报价时,一是要合理,就是要做得来,并留有余地;二是要有竞争力,就是要符合市场的行情并具有优势,能与强手相匹敌。具体编制时需依据以下原则:

(1)以招标文件中设定的发承包双方责任划分,作为考虑投标报价费用项目和费用计算的基础;根据工程发承包模式考虑投标报价的费用内容和计算深度。

(2)以施工方案、技术措施等作为投标报价计算的基本条件。

(3)以反映企业技术和管理水平的企业定额作为计算人工、材料和机械台班消耗量的基本依据。

(4)充分利用现场考察、调研成果、市场价格信息和行情资料,编制基价,确定调价方法。

(5)报价计算方法要科学严谨、简明适用。

(四)编制依据

投标报价编制的依据主要有下列几个方面:

(1)招标单位提供的招标文件。为保证投标的有效性,必须对招标文件给予全面的响应,因此招标文件是必不可少的编制依据。另外,业主在开标前规定的日期内颁发的有关合同、规范、图纸的书面修改书和书面变更通知具有与招标文件同等的效力,也是报价的依据。

(2)招标文件所规定的各种国家标准、部颁标准、技术规范等。

(3)国家、地方颁发的有关收费标准和定额及施工企业的工料机消耗定额。

(4)工程所在地的政治形势和技术经济条件,如交通运输条件等。

(5)工程的现场情况,包括地形、地质、气象、雨量、劳动力、生活用品供应等。

(6)当地工程机械出租的可能性、品种、数量、单价,发电厂供电正常率及提供本项目用电的功率和单价。

(7)当地劳动力的技术水平和供应数量。

(8)业主供应材料情况及交货地点、单价;当地材料供应盈缺情况,建材部门公布的材料单价,并预测当地材料市场涨落情况。

(9)本企业为本项目提供新添施工设备经费可能性,设备投资在标价中分摊费与成本的比率。

(10)施工组织设计和施工方案。

(11)该项目中标后,当地的工程市场信息、是否有后续工程的可能性。

(12)参加投标的竞争对手情况,各有多大实力,竞争对手信誉等。

(13)有关报价的参考资料,如当地近几年来同类性质已完工程的造价分析,以及本企业历年来(至少5年)已完工程的成本分析。

(五)投标报价计算方式

1. 投标报价的费用组成

投标报价的费用组成主要有直接费、措施费、企业管理费、利润、规费、税金和风险费等。

(1)直接费是指工程施工中直接用于工程中的人工、材料和施工机械使用费用的总和。

①人工费又称劳务费，包括对作业人员的一切津贴和所有的各种支付，基本计算公式为：

$$人工费 = 工日基础单价 \times 分项工程的用工量(工日) \tag{9.6.1}$$

②材料费包括材料及安装部件的采购价格及运费、杂费、保险费及其他费用。基本计算公式为：

$$材料费 = \Sigma(材料单位基础价格 \times 分项工程的材料消耗量) \tag{9.6.2}$$

③永久设备费是指成为工程实体一部分的设备的采购费用及其他有关费用。基本计算公式为：

$$设备价 = 出厂价 + 运杂费 \tag{9.6.3}$$

④施工机械费是指用于施工的机械和重要工器具的费用。基本计算公式为：

$$施工机械费 = \Sigma(台班单价 \times 分项工程所需机械设备台班数) \tag{9.6.4}$$

台班单价 =（基本折旧 + 安装拆卸费 + 维修费 + 机械保险费）/总台班数 + 机上人工费 + 燃料、动力费 (9.6.5)

⑤其他直接工程费。指不包含在定额中，又属施工生产直接发生费用。可参考规定的费率结合工程实际情况分析计算，也可根据以前施工同类型项目的经验估算。

⑥分包项目费用按照分包项目的分包单位的报价计算。

(2)措施费是指直接费以外，施工过程中发生的直接用于工程的费用，如冬雨期施工增加费、夜间施工增加费、特殊地区施工增加费、行车干扰工程施工增加费、施工辅助费、工地转移费。

(3)企业管理费是指组织和管理工程施工所需的各项费用。由基本费用、主副食运输补贴、职工探亲路费、职工取暖补贴和财务费用等费用组成。

(4)利润是指投标时根据企业的利润目标和本项目的具体情况确定的利润。

(5)规费是指法律、法规、规章、规程规定施工企业必须缴纳的费用，包括养老保险费、失业保险费、医疗保险费、住房公积金和工伤保险费等。

(6)税金是按国家税法规定应计入建筑安装工程造价的增值税销项税额。

(7)风险费是对风险分析后确定的用于防范风险的费用。

2. 投标报价的计算

投标报价计算有工料单价计算法和综合单价计算法两种。

(1)工料单价计算法。根据已审定的工程量，按照定额或市场的单价，逐项计算每个项目的价格，分别填入招标人提供的工程量清单内，计算出全部工程量直接成本费，然后按企业自定的各项费率及法定税率，依次计算出间接费、利润及税金。另外，再考虑一项不可预见费，其费用总和即为基础报价。

(2)综合单价计算方法。按综合单价计算报价是所填入工程量清单的单价，应包括人工费、材料费、机械使用费、措施费、企业管理费、规费、利润和税金以及风险金等全部费用，构成基础单价，即综合单价。此方法用于单价合同的报价，报价金额等于工程量清单的汇总金额加上暂定金额。

3. 投标报价的分析

初步计算出标价之后，应对投标报价进行多方面的分析和评估，其目的是探讨投标报价的经济合理性，从而做出最终报价决策。投标报价分析包括单价分析与总价分析。单价分析就是对工程量清单中所列分项单价进行分析和计算，确定出每一分项的单价和总价，分析投标报价计算中使用的劳务、材料、施工机械的基础单价以及选用的工程定额是否合理，是否符合拟投标工程的实际情况。同时,应根据以往企业的投标报价资料进行对比分析,合理确定投标单价和总报价。

投标报价分析评估可从以下几个方面进行:

(1)投标报价的宏观审核:是依据长期的工程实践中积累的大量经验数据,用类比的方法,从宏观上判断初步计算的合理性。

(2)投标报价的动态分析:是假定某些因素发生变化,测算投标报价的变化幅度,特别是这些变化对计划利润的影响。如工期延误的影响,物价和工资上涨的影响,其他可变因素的影响等。

(3)投标报价的盈亏分析:初步计算投标报价经过宏观审核与进一步分析检查,可能对某些分项的单价进行必要调整,然后形成基础投标报价,再经盈亏分析,提出可能的低投标报价和高投标报价,供投标决策时选择。

(六)报价中的清单复核

由于工程量清单及数量由招标人编制,因此,投标人在购买招标文件后,应根据招标文件的要求,对照图纸,对招标文件提供的工程量清单进行复查或复核。

1. 清单项目完整性复核

以合同条款、施工图和技术规范为依据,认真核对所有清单项目,看其是否全面反映了拟建工程的全部内容。

2. 清单项目一致性复核

(1)清单工程项目编码与项目名称是否一致。

(2)清单工程项目名称与施工图的项目名称是否一致。

(3)对技术规范、规定有多个单位的项目,查清单中选用的单位与工程量计算口径是否一致。

(4)清单工程项目与技术规范及定额计量单位是否一致。

3. 清单工程量准确性复核

以合同条件、施工图和技术规范、计量规则为依据,对主要分部分项工程的工程数量进行计算,将投标人计算结果与招标文件清单中的数量进行比较。

四、案例分析

【例 9-6-1】某地区有一山岭重丘区二级公路工程,共 3km 挖土方及半挖半填路段,203-1-a 分项工程量清单如表 9-6-1 所示。

表 9-6-1 203-1-a 分项工程量清单项目表

子目	子目名称	项目特征	单位	数量	单价	合价
203-1-a	挖土方	1. 普通土 2. 平均运距 3km	m^3	50000		

该工程总挖土方量为 $50000m^3$(其中需人工挖边沟及截水沟的土方工程量为 $2000m^3$,并将挖出的土方成挡水埝并修坡)均为普通土,其中利用方为 $40000m^3$,弃土方为 $8000m^3$,通过土方调配平均运距如表 9-6-2 所示。该工程路槽底面宽度为 24m,需边坡整修、路床顶面以下挖松(深)300mm,再压实、路床清理,弃土需整形压实,压实度达到三、四级公路路基压实度要求。

表 9-6-2 路基土方表

项目	挖土方	弃土方	挡水埝	本桩利用	远运利用		
平均运距	–	6km	–	20m	30m	200m	3.4km
工程量/m^3	50000	8000	2000	5000	4000	6000	25000

问题:根据《公路工程预算定额》,确定机械化施工,为此清单分项报价。

【解】

(1)确定合理的机械化施工方法。

①本桩利用土方及平均运距30m远运利用土方采用推土机施工。

②平均运距200m远运利用土方采用铲运机施工。

③平均运距3.4km远运利用土方及弃土方采用挖掘机配合自卸汽车运土施工。

(2)初步选定预算定额工程细目,见表9-6-3。其中3.4km远运利用土方及6km弃土方

$$加权平均运距=\frac{25000\times3.4+8000\times6}{25000+8000}=4.03(\text{km})$$

表9-6-3　预算定额细目表

施工分项	定额编号	预算定额细目名称		单位	数量	调整系数
推土机施工	1-1-12-14	135kW以内推土机推土	第一个20m	$1000m^3$	9	
	1-1-12-16		每增运10m	$1000m^3$	4	1
铲运机施工	1-1-13-6	$10m^3$/斗内铲运机铲运普通土	第一个100m	$1000m^3$	6	
	1-1-13-8		每增运50m	$1000m^3$	6	2
挖掘机配合自卸汽车	1-1-9-8	挖掘机挖装普通土($2m^3$/斗)		$1000m^3$	33	
	1-1-11-7	12t内自卸汽车运土	第1个1km	$1000m^3$	33	
	1-1-11-8		每增运0.5km	$1000m^3$	33	6

(3)203-1-a清单工程内容与确定的预算定额工程内容比较,补齐余下定额项目,见表9-6-4。

表9-6-4　预算定额细目表

施工分项	定额编号	预算定额细目名称	单位	数量
人工挖排水沟、截水沟	1-3-1-1	人工开挖沟槽	$1000m^3$	2
路床300mm挖松压实	1-1-18-24	光轮压路机12~15t碾压零填及挖方路基	$1000m^2$	72
机械整修路拱	1-1-20-1	机械整修路拱	$1000m^2$	72
边坡整修	1-1-20-4	二级及二级以上公路机械整修边坡	1km	3
弃土整形压实	1-1-18-10	三、四级10~12t光轮压路机碾压路基	$1000m^3$	8

(4)计算清单子目综合单价。

203-1-a清单子目综合单价分析表见表9-6-5。

表 9 -6 -5　清单子目综合单价分析表

清单子目号：203 -1 -a	清单子目名称：路基挖土方			(1)清单子目工程量:50000.00					(2)计量单位/m^3		(3)清单综合单价:18.7 元/m^3				货币单位/人民币元	
定额细目号	定额项目名称		单位	工程量	各项目定额单位工程量造价										综合造价	综合单价
					人工费	材料费	机械费	工料机合计	措施费	规费	企业管理费	利润及风险费	税金	定额单位项目费用合计		
计算程序								(6) + (7) + (8)	定额直接费×施工辅助费费率十定额人工费和定额施工机械使用费之和×其余措施费综合率费	各类工程人工费(含施工机械人工费)×规费综合费率	定额直接费×企管费费率	[定额直接费 + (10 + (12)]×利润及风险费率	[(9) +(10) +(12) +(13)]×税率	(9) + (10) + (11) + (12) + (13) + (14)	(15)×(5)	(16)/(1)
1 -1 -12 -14	135kW 以内推土机推土	第一个 20m	1000m^3	9	286	0	1943	2229	40	192	78	174	244	2957	26613	0.5
1 -1 -12 -16		每增运 10m×1	1000m^3	4	0	0	638	638	11	26	22	50	67	814	3256	0.1
1 -1 -13 -6	10m^3/斗以内铲运机铲运普通土	第一个 100m	1000m^3	6	286	0	3207	3493	63	243	122	273	377	4571	27426	0.5
1 -1 -13 -8		每增运 50m×2	1000m^3	6	0	0	1036	1036	19	41	36	81	109	1322	7932	0.2

（续表）

清单子目号：203－1－a			清单子目名称：路基挖土方		(1)清单子目工程量:50000.00					(2)计量单位/m^3		(3)清单综合单价:18.7元/m^3				货币单位/人民币元
定额细目号	定额项目名称		单位	工程量					各项目定额单位工程量造价						综合造价	
					人工费	材料费	机械费	工料机合计	措施费	规费	企业管理费	利润及风险费	税金	定额单位项目费用合计		综合单价
1－1－11－7	12t内自卸汽车运土	第1个1km	1000m^3	33	0	0	5185	5185	93	207	181	405	546	6617	218361	4.4
1－1－11－8		每增运0.5km×6	1000m^3	33	0	0	3491	3491	63	140	122	273	368	4457	102511	2.1
1－3－1－1	人工挖截水沟、排水沟普通土	1000m^3	2	22011	0	0	22011	396	8804	770	1720	3033	36734	73468	1.5	
1－1－18－24	光轮压路机12～15t碾压零填及挖方路基土方	1000m^2	72	0	0	2169	2169	39	87	76	169	229	2769	199368	4.0	
1－1－20－1	机械整修路拱	1000m^2	72	0	0	148	148	3	6	5	12	16	190	13680	0.3	
1－1－20－4	二级及二级以上公路机械整修边坡	1km	3	15554	0	6660	22214	400	6488	777	1736	2845	34460	103380	2.1	
1－1－18－10	三、四级10～12t光轮压路机碾压路基	1000m^3	8	231	0	3652	3883	70	238	136	303	417	5047	40376	0.8	
		综合单价合计				18.7										

(5)计算分项工程量清单项目报价。

203-1-a分项工程量清单项目报价表见表9-6-6。

表9-6-6　203-1-a分项工程量清单项目报价表

子目	子目名称	项目特征	单位	数量	单价	合价
203-1-a	挖土方	1.普通土 2.平均运距3km	m^3	50000	18.7	935000

【例9-6-2】某四级公路路基长10km,路基宽7.5m,其路基土石方见表9-6-7:

表9-6-7　路基土石方表

项目名称	单位	数量	备注
本桩利用土方	m^3	15000	
远运利用土方	m^3	35000	普通土,运距1km
借土方	m^3	80000	普通土,运距5km
填土方	m^3	130000	

注:挖方全部利用,填方为压实方。

问题:①根据上述资料,计算路基设计断面方、计价方数量。

②列出编制本项目土石方工程施工图预算所需的全部工程细目名称、单位、定额代号及数量等工程量,填入表格中,需要时应列式计算或文字说明。

【解】

问题1:

设计断面方=挖土数量+填土数量;

挖土方数量=(15000+35000)×1.05=52500(m^3)

填方数量=130000(m^3)

设计断面方=52500+130000=182500(m^3)

计价方数量=挖土方(天然密实方)+借方(压实方)

　　　　=52500+80000=132500(m^3)

问题2:

路拱数量:10000×7.5=75000(m^2)

施工图预算见表9-6-8。

表9-6-8　施工图预算表

工程细目		定额代号	定额单位	定额数量	定额调整系数
挖土 (本桩利用)	165kw以内推土机推普通土第一个20m	1-1-12-18	$1000m^2$	15	×1.05
挖土 (远运利用)	$2.0m^3$以内挖掘机挖装普通土	1-1-9-8	$1000m^2$	35	×1.05
	20t以内自卸汽车运土第1km	1-1-11-11	$1000m^2$	35	×1.05

（续表）

工程细目		定额代号	定额单位	定额数量	定额调整系数
借土（远运利用）	$2.0m^3$ 以内挖掘机挖装普通土	1-1-9-8	$1000m^2$	80	×1.08
	20t 以内自卸汽车运土第 1km	1-1-11-11	$1000m^2$	80	×1.08
	20t 以内自卸汽车运土每增运 0.5km	1-1-11-12	$1000m^2$	80	×1.08×8
压实	三、四级公路填方路基 10t 以内振动压路机碾压土方	1-1-18-11	$1000m^2$	130	
路拱	机械整修路拱	1-1-20-1	$1000m^2$	75	
边坡	整修三、四级公路边坡	1-1-20-6	km	10	

注：推土机选用 90-240kw、装载机选用 $1-3m^3$、挖掘机选用 $0.6-2m^3$、汽车选用 8-20t 均可，但需要注意机械匹配。

第七节　公路工程合同价款的调整与工程结算编制

一、合同价款的概念

合同价款是指发包人用于支付承包商按照合同约定完成承包范围内全部工作的金额，包括合同履行过程中按合同约定发生的价格变化。

二、施工合同价款方式

（一）总价合同

总价合同是指合同当事人约定以施工图、已标价工程量清单或预算书及有关条件进行合同价格计算、调整和确认的建设工程施工合同，在约定的范围内合同总价不作调整。合同当事人应在专用合同条款中约定总价包含的风险范围和风险费用的计算方法，并约定风险范围以外的合同价格的调整方法，其中因市场价格波动引起的调整按市场价格波动引起的调整、因法律变化引起的调整按法律变化引起的调整约定执行。

（二）单价合同

单价合同是指合同当事人约定以工程量清单及其综合单价进行合同价格计算、调整和确认的建设工程施工合同，在约定的范围内合同单价不作调整。合同当事人应在专用合同条款中约定综合单价包含的风险范围和风险费用的计算方法，并约定风险范围以外的合同价格的调整方法，其中因市场价格波动引起的调整按市场价格波动约定执行。

（三）成本加酬金合同

由业主向承包单位支付工程项目的实际成本，并按事先约定的某一种方式支付酬金的合同类型。这类合同中，业主承担项目实际发生的一切费用，因此也就承担了项目的全部。

三、合同价款的调整

在公路工程合同中，大部分合同为可调价合同，应规定调整合同价款的方式和方法，最终确定合同结算价款。

(一)原工程量清单工程数量

原工程量清单工程数量为合同数量,根据监理工程师确认计量的数量,即实际完成数量对合同价款进行调整。

(二)工程价款价差调整的主要方法

1. 采用造价信息调整价格差额

施工期内,因人工、材料、设备和机械台班价格波动影响合同价格时,人工、机械使用费按照国家或省、自治区、直辖市建设行政管理部门、行业建设管理部门或其授权的工程造价管理机构发布的人工成本信息、机械台班单价或机械使用费系数进行调整;需要进行价格调整的材料,其单价和采购数应由监理人复核,监理人确认需调整的材料单价及数量,作为调整工程合同价格差额的依据。

2. 采用价格指数调整价格差额

采用价格指数调整价格差额的方法,主要适用于施工中所用的材料品种较少,但每种材料使用量较大的土木工程,如公路、水坝等。

(1)价格调整公式。因人工、材料、工程设备和施工机具台班等价格波动影响合同价款时,根据投标函附录中的价格指数和权重表约定的数据,按以下价格调整公式计算差额并调整合同价款:

$$\Delta P = P\left[A + \left(B_1 \times \frac{F_{t1}}{F_{01}} + B_2 \times \frac{F_{t2}}{F_{02}} + B_3 \times \frac{F_{t3}}{F_{03}} + \ldots + B_n \times \frac{F_{tn}}{F_{0n}}\right) - 1\right] \quad (9.7.1)$$

式中: ΔP ——需调整的价格差额;

P_0——根据进度付款、竣工付款和最终结清等付款证书中,承包人应得到的已完成工程量的金额;此项金额应不包括价格调整、不计质量保证金的扣留和支付、预付款的支付和扣回;变更及其他金额已按现行价格计价的,也不计在内;

A ——定值权重(即不调部分的权重);

$B_1, B_2, \cdots, B_n$——各可调因子的变值权重(即可调部分的权重)为各可调因子在投标函投标总报价中所占的比例;

$F_{t1}, F_{t2},, F_{tn}$——各可调因子的现行价格指数,指根据进度付款、竣工付款和最终结清等约定的付款证书相关周期最后一天的前 42d 的各可调因子的价格指数;

$F_{01}, F_{02}, \cdots, F_{0n}$——各可调因子的基本价格指数,指基准日的各可调因子的价格指数。

以上价格调整公式中的各可调因子、定值和变值权重,以及基本价格指数及其来源在投标函附录价格指数和权重表中约定。价格指数应首先采用工程造价管理机构提供的价格指数,缺乏上述价格指数时,可采用工程造价管理机构提供的价格代替。

在计算调整差额时得不到现行价格指数的,可暂用上一次价格指数计算,并在以后的付款中再按实际价格指数进行调整。

(2)权重的调整。按变更范围和内容所约定的变更,导致原定合同中的权重不合理时,由承包人和发包人协商后进行调整。

(3)工期延误后的价格调整。由于发包人原因导致工期延误的,则对于计划进度日期(或竣工日期)后续施工的工程,在使用价格调整公式时,应采用计划进度日期(或竣工日期)与实际进度日期(或竣工日期)的两个价格指数中较高者作为现行价格指数。

由于承包人原因导致工期延误的,则对于计划进度日期(或竣工日期)后续施工的工程,在使用价格调整公式时,应采用计划进度日期(或竣工日期)与实际进度日期(或竣工日期)的两个价格指数中较低者作为现行价格指数。

【例9-7-1】某山区5×40m分离式双向四车道公路简支T梁桥,2019年3月25日开标,2019年4月12日下发中标通知书,某承包商以2580万元价款中标。

合同中约定,工程价款采用价格指数调价公式按月动态结算,月底计量当月完成的工程量,于第2月中旬支付。合同履行期间,以基本价格指数为基础,部分材料(钢材、水泥、砂、碎石)价格指数涨跌幅超过±5%时,其风险由业主承担,超过部分据实调整;未超过±5%其风险由承包商承担,不予调整材料价差。

除以上4种材料外,其余因素均不调整价差。基本价格指数为投标截止日前一个月价格指数,现行价格指数为工程实施月价格指数,均以工程所在地省级工程造价管理机构发布的价格指数为准,不同规格的同种材料价格指数取平均值。

2019年6月中旬承包商向业主申请支付工程进度款,按投标报价计算工程进度款为150万元(未调材料价差),合同中约定的调价公式中定值权重为(A),可调差材料权重与价格指数见表9-7-1。

表9-7-1　可调差材料权重与价格指数

序号	材料名称	变值权重	基本价格指数	现行价格指数
1	钢材	0.3	150	180
2	水泥	0.13	121	115
3	碎石	0.11	120	100
4	砂	0.06	134	140

问题:①6月申请支付的工程进度款需进行材料调价差,定值权重A等于多少?表1中基本价格指数和现行价格指数分别指2019年哪个月的价格指数?(小数点后保留1位)

②6月申请支付的工程进度款,按合同约定,哪些材料可调价差?材料调价差后,业主应支付承包商多少万元?(计算过程小数点后保留3位,最后结果小数点后保留1位)

【解】

问题1:A=1-0.3-0.13-0.11-0.06=0.4。

基本价格指数为2019年2月的价格指数,现行价格指数为2019年5月的现行价格。

问题2:6月可调差材料:钢材、碎石。

材料调差后业主应支付承包商:$P=150\times[0.4+0.3\times(180\div150-5\%)+0.13\times1+0.11\times(100\div120+5\%)+0.06\times1]=154.8$万元。

(三)法规变化合同价款的调整

1. 基准日的确定

对于实行招标的建设工程,一般招标工程以投标截止日前28天,非招标工程以合同签订前28天为基准日。因承包人原因导致工期延误,且上述规定的调整时间在合同工程原定竣工时间之后,合同价款调增的不予调整,合同价款调减的予以调整。

2. 合同价款的调整方法

施工合同履行期间,国家颁布的法律、法规、规章和有关政策在合同工程基准日之后发生变化,且因执行相应的法律、法规、规章和政策引起工程造价发生增减变化的,合同双方当事人应当依据法律、法规、规章和有关政策的规定调整合同价款。但是,如果有关价格(如人工、材料和工程设备等价格)的变化已经包含在物价波动事件的调价公式中,则不再予以考虑。

(四)工程拖期的价款调整

如果承包人未能在投标书附录中写明的工期内完成本合同工程,则在该交工日期以后施工的工程,其价格调整计算应采用该交工日期所在年份的价格指数作为当期价格指数。如果延期符合合同规定的情况,则在该延长的交工日期到期以后施工的工程,其价格调整计算应采用该延长的交工日期所在年份的价格指数作为当期价格指数。

(五)招标工程量清单缺项

招标工程量清单必须作为招标文件的组成部分,其准确性和完整性由招标人负责。因此,招标工程量清单是否准确和完整,其责任应当由提供工程量清单的发包人负责,作为投标人的承包人不应承担因工程量清单的缺项、漏项以及计算错误带来的风险与损失。

施工合同履行期间,由于招标工程量清单中分部分项工程出现缺项漏项,造成新增工程清单项目的,应按照工程变更事件中关于分部分项工程费的调整方法,调整合同价款。

(六)计日工

计日工是指在施工过程中,承包人完成发包人提出的工程合同范围以外的零星项目或工作,按合同中约定的单价计价的一种方式。

(1)发包人通知承包人以计日工方式实施的零星工作,承包人应予以执行。

(2)采用计日工计价的任何一项变更工作,承包人应在该项目变更的实施过程时,按合同约定提交以下报表和有关凭证送发包人复核:

①工作名称、内容和数量。

②投入该工作所有人员的姓名、工种、级别和耗用工时。

③投入该工作的材料名称、类别和数量。

④投入该工作的施工设备型号、台数和耗用台时。

⑤发包人要求提交的其他资料和凭证。

(3)任一计日工项目持续进行时,承包人应在该工作实施结束后的24h内,向发包人提交有计日工记录汇总的现场签证报告一式三份。发包人在收到承包人提交的现场所签证报告后的2d内予以确认并将其中一份还给承包人,作为计日工计价和支付的依据。发包人逾期未确认也未提出修改意见的,视为承包人提交的现场签证报告被发包人认可。

(4)任一计日工项目实施结束,承包人应按照现场确认的计日工现场签证报告核实该类项目的工程数量,并根据核实的工程数量和承包人已标价工程量清单中的计日工单价计算,提出应会价款;已标工程量清单中没有该类计日工单价的,由发承包双方按变更价款的确定方法商定计日工单价计算。

(5)每个支付期末,承包人应按规定向发包人提交本期间所有计日工记录的签证汇总表,以说明本期间自己认为有权得到的计日工金额,调整合同价款,列入进度款支付。

(七)暂估价

暂估价是指招标人在工程量清单中提供的用于支付必然发生但暂时不能确定价格的材料、工程设备的单价以及专业工程的金额。

(1)发包人在招标工程量清单中给定暂估价的材料、工程设备属于依法必须招标的,由发承包双方以招标的方式选择供应商,确定其价格并以此为依据取代暂估价,调整合同价款。

(2)发包人在招标工程量清单中给定暂估价的材料和工程设备不属于依法招标的,由承包人按照合同约定采购,经发包人确认后以此为依据取代暂估价,调整合同价款。

(3)发包人在工程量清单中给定暂估价的专业工程不属于依法招标的,应按照工程变更价款的确定方法确定专业工程价款,并以此为依据取代暂估价,调整合同价款。

(4)发包人在招标工程量清单中给定暂估价的专业工程,属于依法招标的,应当由发承包双方依法组织招标选择专业分包人,并接受有管辖权的建设工程招标代理机构的监督。

(八)现场签证

现场签证是指发包人或其授权现场代表(包括工程监理人、工程造价咨询人)与承包人或其授权现场代表就施工过程中涉及的责任事件所做的签认证明。施工合同履行期间出现现场签证事件的,发承包双方应调整合同价款。

(1)现场签证的提出。承包人应发包人要求完成合同以外的零星项目、非承包人责任事件等工作的,发包人应及时以书面形式向承包人发出指令,提供所需的相关资料;承包人在收到指令后,应及时向发包人提出现场签证要求。

承包人在施工过程中,若发现合同工程内容因场地条件、地质水文、发包人要求等不一致时,应提供所需的相关资料,提交发包人签证认可,作为合同价款调整的依据。

(2)现场签证报告的确认。承包人应在收到发包人指令后的7d内,向发包人提交现场签证报告,发包人应在收到现场签证报告后的48h内对报告内容进行核实,予以确认或提出修改意见。发包人在收到承包人现场签证报告后的48h内未确认也未提出修改意见的,视为承包人提交的现场签证报告已被发包人认可。

(3)现场签证报告的要求:

①现场签证的工作如果已有相应的计日工单价,现场签证报告中仅列明完成该签证工作所需的人工、材料、工程设备和施工机具台班的数量。

②如果现场签证的工作没有相应的计日工单价,应当在现场签证报告中列明完成该签证工作所需的人工、材料、工程设备和施工机具台班的数量及其单价。

现场签证工作完成后的7d内,承包人应按照现场签证内容计算价款,报送发包人确认后,作为增加合同价款,与进度款同期支付。

(九)物价波动

除项目专用合同条款另有约定外,因物价波动引起的价格调整应按项目专用合同条款数据表的规定,按照价格指数调整价格差额或造价信息调整价格差额约定的原则处理;或者在合同执行期间(包括工期拖延期间)由于人工、材料和设备价格的上涨而引起工程施工成本增加的风险由承包人自行承担,合同价格不会因此而调整。

采用价格指数调整价格差额时,价格调整公式后增加备注如下:

式中:$A = 1 - (B_1 + B_2 + B_3 + \ldots + B_n)$

在采用价格调整公式进行调价时,还应遵守以下规定:

(1)以上价格调整公式中的各可调因子、定值权重、基本价格指数及其来源由发包人在投标函附录价格指数和权重表中约定。价格指数应首先采用国家或省、自治区、直辖市价格部门或统计部门提供的价格指数,缺乏上述价格指数时,可采用上述部门提供的价格代替。

(2)价格调整公式中的变值权重,由发包人根据项目实际情况测算确定范围,并在投标函附录价格指数和权重表中约定范围;承包人在投标时在此范围内填写各可调因子的权重,合同实施期间将按此权重进行调价。

四、工程结算编制

所谓工程结算价款,是指承包商在工程实施过程中,依据承包合同中关于付款条款的规定和已经完成的工程量,并按照规定的程序向建设单位(业主)收取工程价款的一项经济活动。工程结算价款是反映工程进度和考核经济效益的主要指标。因此,工程结算价款是一项十分重要的造价控制工作。

(一)工程价款编制依据

工程施工结算的主要依据有国家和地方有关主管部门颁发的有关工程造价编制、管理方面的文件、工程承包合同、合同条款、技术规范、工程量清单、设计图纸、计量的工程量、日常施工记录等。

1. 相关文件

国家和地方有关主管部门颁发的有关工程造价编制、管理方面的文件包括:各种概、预算定额,基本建设工程概算、预算编制办法等文件;工程价款结算的有关规定,以及地方有关主管部门颁发的一些补充规定,它们既是设计阶段、招投标阶段工程造价编制的依据,也是在一定条件下的工程施工结算的依据。

2. 工程承包合同

工程承包合同文件中明确规定了合同双方应承担的责任、可以行使的权力、应获得的利益,也载明了该工程的合同总价、合同清单单价等。在施工结算中,必须按合同文件的规定进行。

3. 公路工程合同条款

公路工程合同条款包括通用合同条款、公路工程专用合同条款和发包人根据项目实际情况编制的项目专用合同条款。合同条款涉及施工结算中特定支付项目,如开工预付款、材料预付款、质量保证金、过程变更费用、价格调整费用、索赔费用 、拖期违约损失补偿金、提前竣工奖金、迟付款利息等具体处理方式。因此,合同条款是施工结算的依据。

4. 技术规范

技术规范除详细列有对工程的技术要求外,还列有直接用于施工结算的计量细则和支付细则。因此,技术规范既是承包人报价时的指导文件和根据,也是施工结算的依据。

5. 工程量清单

作为合同文件重要组成部分的工程量清单,其中列有支付细目编号、项目名称、计量单位、数量和承包人所报的单价。在施工结算中,细目编号、项目名称、计量单位特别是单价是计算工程价款和进行施工结算的重要依据。

6. 计量的工程量

根据通用条款的规定，工程量清单中开列的工程量是根据本工程的设计提供的预计工程量，不能作为承包人在履行合同义务中应予完成工程的实际和准确数量。除合同另有规定外，监理人应根据工程计量的要求和合同文件规定，对承包人提出的已完工程量通过计量来核实工程量和确定其价值。计量的工程量是确定承包人已完成工程价值的基础，是施工结算的基本依据。

7. 日常施工记录

对于一些特定的费用支付项目，如索赔费用、工程变更费用等的核定，常常要根据承包人的现场施工记录、监理人的监理日志等来确认，并分析对承包人造成的实际影响程度和责任的分担，据此核定应向承包人支付的费用。因此，日常施工记录是施工结算的依据。

(二)工程价款支付种类

1. 按时间分类

按时间分类，支付可分为预先支付即预付、期中支付、交工结算、最终结清 4 种。

(1)预付：有两种，即开工预付款和材料、设备预付款，是由业主提供给承包人的无息款项，按一定条件支付并扣回。

(2)期中支付：即进度款，按月支付，即按本月完成的工程价值及其他有关款项进行综合支付，由监理工程师开出期中支付证书来实施。

(3)交工结算：即在项目完工或基本完工，监理工程师签发交工证书后办理的支付工作。

(4)最终结清：即在缺陷责任期结束，监理工程师签发缺陷责任证书后，办理的最后一次支付工作。

2. 按支付内容分类

按支付内容可分为工程量清单内的支付和工程量清单外的支付，即基本支付和附加支付。

3. 按工程内容分类

按工程内容可分为土方工程、路基工程、路面工程、桥涵工程等。

(三)工程价款编制原则

(1)工程结算按工程的施工内容或完成阶段，可分为竣工结算，分阶段结算、合同终止结算和专业分包结算等形式进行编制。

(2)工程结算编制应对相应的施工合同进行编制。当合同范围涉及整个项目的，应按建设项目组成，将各单位工程汇总为单项工程，再将各单位工程汇总为建设项目，编制相应的建设项目工程结算成果文件。

(3)实行分阶段结算的建设项目，应按合同要求进行分阶段结算，出具各阶段工程结算成果文件。在竣工结算时，将各阶段工程结算汇总，编制相应竣工结算成果文件。

(4)除合同另有约定外，分阶段结算的工程项目，其工程结算文件用于价款支付时，应包括下列内容：

①本周期已完成工程的价款。

②累计已完成的工程价款。

③累计已支付的工程价款。

④本周期已完成计日工金额。

⑤应增加和扣减的变更金额。

⑥应增加和扣减的索赔金额。

⑦应抵扣的工程预付款。

⑧应扣减的质量保证金。

⑨根据合同应增加和扣减的其他金额。

⑩本付款周期实际应支付的工程价款。

(5)进行合同终止结算时,应按已完工程的实际工程量和施工合同的有关约定,编制合同终止结算。

(6)实行专业分包结算的工程,应将各专业分包合同的要求,对各专业分包分别编制工程结算。总承包人应按工程总承包合同的要求将各个专业分包结算汇总在相应的单位工程或单项工程结算内进行工程总承包结算。

(7)工程结算编制应区分施工合同类型及工程结算的计价模式采用相应的工程结算编制方法。

①施工合同类型按计价方式应分为总价合同、单价合同、成本加酬金合同。

②工程结算的计价模式应分为单价法和实物量法,单价法分为定额单价法和工程量清单计价法。

(8)工程结算编制时,采用总价合同的,应在合同价基础上对设计变更、工程洽商以及工程索赔等合同约定可以调整的内容进行调整。

(9)工程结算编制,采用单价合同的,工程结算的工程量应按照经发承包双方在施工合同中约定的方法对合同价款进行调整。

(10)工程结算编制,采用成本加酬金合同的,应依据合同约定的方法计算各个分部分项工程以及设计变更、工程洽商、施工措施等内容的工程成本,并计算酬金及有关税费。

(四)工程价款编制方法

(1)采用工程量清单方式计价的工程,一般采用单价合同,应按工程量清单计价法编制工程依据结算。

(2)依据施工合同相应约定以及实际完成的工程量、合同单价等进行计算。

(3)工程结算中涉及工程单价调整时,应当遵循以下原则:

①已标价工程量清单中有适用于变更工作的子目的,采用该子目的单价。

②已标价工程量清单中无适用于变更工作的子目,但有类似子目的,可在合理范围内参照类似子目的单价,由监理人根据相关规定商定或确定变更工作的单价。

③已标价工程量清单中无适用或类似子目的单价,可在综合考虑承包人在投标时所提供的单价分析表的基础上,由监理人根据相关规定商定或确定变更工作的单价。

(4)其他项目费应按以下方法进行结算:

①计日工按发包人实际签证的数量和确定的事项进行结算。

②暂估价中的材料单价按发承包双方最终确认价在分部、分项工程费中对相应综合单价进行调整,计入相应的分部分项工程。

③专业工程结算价应按中标价或发包人、承包人与分包人最终确认的分包工程价进行结算。

④总承包服务费应依据合同约定的结算方式进行结算。

⑤暂列金额应按合同约定计算实际发生的费用。

(5)招标工程量清单漏项、设计变更、工程洽商等费用应依据施工图,以及发承包双方签证资料确认的数量和合同约定的计价方式进行结算。

(6)工程索赔费用应依据发承包双方确认的索赔事项和合同约定的计价方式进行结算。

(7)规费和税金应按国家、省级或行业建设主管部门的规定计算。

(五)工程价款编制程序

工程结算应按准备、编制和定稿三个工作阶段进行,并实行编制人、校对人和审核人分别署名盖章确认的编审签署制度。

1.结算编制准备阶段

(1)收集与工程结算编制相关的原始资料。

(2)熟悉工程结算资料内容,进行分类、归纳、整理。

(3)召集相关单位或部门的有关人员参加工程结算预备会议,对结算内容和结算资料进行核对与充实完善。

(4)收集建设期内影响合同价格的法律和政策性文件。

(5)掌握工程项目发承包方式、现场施工条件、应采用的工程计价标准、定额、费用标准、材料价格变化等情况。

2.结算编制阶段

(1)根据竣工图、施工图及施工组织设计进行现场踏勘,对需要调整的工程项目进行观察、对照、必要的现场实测和计算,做好书面或影像记录。

(2)按既定的工程量计算规则计算需调整的工程量。

(3)按招标文件、施工发承包合同规定的计价原则和计价办法对其进行计价。

(4)对于工程量清单或定额缺项以及采用新材料、新设备、新工艺的,应根据施工过程中的合理消耗和市场价格,编制综合单价或单位估价分析表。

(5)工程索赔应按合同约定的索赔处理原则、程序和计算方法,提出索赔费用,经发包人确认后作为结算依据。

(6)汇总计算工程费用,初步确定工程结算价格。

(7)编写编制说明。

(8)计算主要技术经济指标。

(9)提交结算编制的初步成果文件待校对、审核。

3.结算定稿阶段

工程结算定稿流程如下:

(1)由结算编制受托人单位的部门负责人对初步成果文件进行检查、校对。

(2)工程结算审定人对审核后的初步成果文件进行审定。

(3)工程结算编制人、审核人、审定人分别在工程结算成果文件上署名,并应签署一级造价工程师或二级造价师职业或从业印章。

(4)工程结算文件经编制、审核、审定后、工程造价咨询企业的法定代表人或其授权人在成果文件上签字或盖章。

(5)工程造价咨询企业在正式的工程签署属工程造价咨询企业职业印章。

4. 工程结算编制人、审核人、审定人责任和任务

(1)工程结算编制人员按其专业分别承担其工作范围内的工程结算相关编制依据收集、整理工作,编制相应的初步成果文件,并对其编制的初步成果文件质量负责。

(2)工程审核人员应由专业负责人和技术负责人承担,对其专业范围内的内容进行审核,并对其审核专业的工程结算成果文件的质量负责。

(3)工程审定人员应由专业负责人和技术负责人承担,对工程结算的全部内容进行审定,并对工程结算成果文件的质量负责。

(六)工程价款支付的约定

1. 预付款

预付款包括开工预付款和材料、设备预付款。

(1)开工预付款的金额在项目专用条款数据表中约定(开工预付款是一项由业主提供给承包人用于开办费用的无息贷款,国际上一般规定范围是0% ~20%,国内开工预付款金额一般应为10%签约合同价)。在承包人签订了合同协议书且承包人承诺的主要设备进场后,监理工程师应在当期进度付款证书中向承包人支付开工预付款。

承包人不得将该预付款用于与本工程无关的支出,监理工程师有权监督承包人对该项费用的使用,如经查实,承包人滥用开工预付款,发包人有权立即向银行索赔履约保证金,并解除合同。

(2)材料、设备预付款按项目专用合同条款数据表中所列主要材料、设备单据费用(进口的材料、设备为到岸价,国内采购的为出厂价或销售价,地方材料为堆场价)的百分比支付。其预付条件如下:

①材料、设备符合规范要求并经监理工程师认可。

②承包人已出具材料、设备费用凭证或支付单据。

③材料、设备已在现场交货,且存储良好,监理工程师认为材料、设备的存储方法符合要求,则监理工程师应将此项金额作为材料、设备预付款计入下一次的进度付款证书中。在预计交工前3个月,将不再支付材料、设备预付款。

(3)预付款保函:承包人无须向发包人提交预付款保函。发包人向承包人支付的预付款,应按照合同的规定使用,承包人提交的履约保证金对预付款的正常使用承担保证责任。

(4)预付款的扣回与还清:

①开工预付款在进度付款证书的累计金额未达到签约合同价的30%之前不予扣回,在达到签约合同价30%之后,开始按工程进度以固定比率(每完成签约合同价的1%,扣回开工预付款的2%)分期从各月的进度付款证书中扣回,全部金额在进度付款证书的累计金额达到签约合同价的80%时扣完。

②当材料、设备已用于或安装在永久工程之中时,材料、设备预付款应从进度付款证书中扣回,扣回期不超过3个月。已经支付的材料、设备预付款的材料、设备的所有权应属于发包人。

2. 进度款

(1)进度付款周期:工程进度款付款周期同计量周期,即单价子目按月支付,总价子目按批准的支付分解报告确定的周期支付。

(2)进度付款申请单:承包人应在每个付款周期末,按监理工程师批准的格式和专用合同条款约定的份数,向监理工程师提交进度付款申请单,并附相应的支持性证明文件。除专用合同条款另有约定外,进度付款申请单应包括下列内容:

①截至本次付款周期末已实施工程的价款。

②应增加和扣减的变更金额。

③应增加和扣减的索赔金额。

④应支付的预付款和扣减的返还预付款。

⑤应扣减的质量保证金。

⑥根据合同应增加和扣减的其他金额。

(3)进度付款证书和支付时间:

①监理人在收到承包人进度付款申请单以及相应的支持性证明文件后的14d内完成核查,提出发包人到期应支付给承包人的金额以及相应的支持性材料,经发包人审查同意后,由监理工程师向承包人出具经发包人签认的进度付款证书。监理工程师有权扣发承包人未能按照合同要求履行任何工作或义务的相应金额。

如果该付款周期应结算的价款经扣留和扣回后的款额少于项目专用合同条款数据表中列明的进度付款证书的最低金额,则该付款周期监理工程师可不核证支付,上述款额将按付款周期结转,直至累计应支付的款额达到项目专用合同条款数据表中列明的进度付款证书的最低金额为止。

②发包人应在监理工程师收到进度付款申请单且承包人提交了合格的增值税专用发票后的28d内,将进度应付款支付给承包人。

发包人不按期支付的,按项目专用合同条款数据表中约定的利率向承包人支付逾期付款违约金。违约金计算基数为发包人的全部未付款额,时间从应付而未付该款额之日算起(不计复利)。

③监理工程师出具进度付款证书,不应视为监理人已同意、批准或接受了承包人完成的该部分工作。

④进度付款涉及政府投资资金的,按照国库集中支付等国家相关规定和专用合同条款的约定办理。

(4)工程进度付款的修正:在对以往历次已签发的进度付款证书进行汇总和复核中发现错、漏或重复的,监理工程师有权予以修正,承包人也有权提出修正申请。经双方复核同意的修正,应在本次进度付款中支付或扣除。

(5)农民工工资保证金:

①为确保施工过程中农民工工资实时、足额发放到位,承包人应按照专用合同条款约定的时间和金额缴存农民工工资保证金。

②农民工工资保证金可采用银行保函或现金、支票形式。采用银行保函时,出具保函的银行必须具有相应的担保能力,且按照发包人批准的格式出具,所需费用由承包人承担。

③农民工工资保证金的扣留条件、返还时间按照项目专用合同条款的约定执行。

3. 质量保证金的支付与返还

(1)交工验收证书签发后14d内,承包人应向发包人缴纳质量保证金。质量保证金可采用银行保函或现金、支票形式,金额应符合项目专用合同条款数据表的规定。采用银行保函时,出具保函的银行须具有相应担保能力,且按照发包人批准的格式出具,所需费用由承包人承担。

质量保证金采用现金、支票形式提交的,发包人应在项目专用合同条款数据表中明确是否计付利息以及利息的计算方式。

(2)在合同条款约定的缺陷责任期满时且质量监督机构已按规定对工程质量检测鉴定合格后,承包人向发包人申请到期应返还承包人剩余的质量保证金金额,发包人应在14d内会同承包人按照合同约定的内容核实承包人是否完成缺陷责任。如无异议,发包人应当在核实后将剩余保证金返还承包人。

(3)在合同条款约定的缺陷责任期满时,承包人没有完成缺陷责任的,发包人有权扣留与未履行责任剩余工作所需金额相应的质量保证金余额,并有权根据合同条款约定要求延长缺陷责任期,直到完成剩余工作为止,但缺陷责任期最长不超过2年。

4. 其他支付

(1)索赔费用:索赔费用的支付额应按监理工程师签发的索赔审批书来确认或按监理工程师暂时确定的赔偿额来支付。

(2)计日工费用:计日工的数量应有监理工程师的指示及确认。计日工的单价按工程量清单中计日工的单价来办理。

(3)变更工程费用:变更工程应有监理工程师签发的书面变更令。变更工程的单价按变更工程单价确定原则来处理。完成的变更工程数量应有监理工程师签认的变更工程计量证书。

除项目专用合同条款另有约定外,因变更引起的价格调整按照以下约定处理:

①如果取消某项工作,则该项工作的总额价不予支付。

②已投标报价工程量清单中有适用于变更工作的子目的,采用该子目的单价。

③已投标报价工程量清单中无适用于变更工作的子目,但有类似子目的,可在合理范围内参照类似子目的单价,由监理工程师商定或确定变更工作的单价。

④已投标报价工程量清单中无适用或类似子目的单价,可在综合考虑承包人在投标时所提供的单价分析表的基础上,由监理工程师商定或确定变更工作的单价。

⑤如果本工程的变更指示是因承包人过错、承包人违反合同或承包人责任造成的,则这种违约引起的任何额外费用应由承包人承担。

(4)价格调整费用:监理工程师应严格按合同规定的价格调整方法来确定价格调整款额。

(5)逾期付款违约金:是对业主的一种约束,业主有准时付款给承包人的责任和义务。业主必须在规定时间内支付给承包人所完成工程的款额,否则应向承包人支付利息。

①监理工程师在收到承包人进度付款申请单以及相应的支持性证明文件后的14d内完成核查,提出发包人到期应支付给承包人的金额以及相应的支持性材料,经发包人审查同意后,由监理工程师向承包人出具经发包人签认的进度付款证书。监理工程师有权扣发承包人未能按照合同要求履行任何工作或义务的相应金额。

②发包人应在监理工程师收到进度付款申请单且承包人提交了合格的增值税专用发票后的28d内,将进度应付款支付给承包人。发包人不按期支付的,按专用合同条款的约定支付逾期付款违约金。

承包人向监理工程师提交交工付款申请单(包括相关证明材料)的份数在项目专用合同条款数据表中约定,期限为交工验收证书签发后42d内。

承包人向监理工程师提交最终结清申请单(包括相关证明材料)的份数在项目专用合同条款数据表中约定,期限为缺陷责任期终止证书签发后28d内。

最终结清申请单中的总金额应认为是代表了根据合同规定应付给承包人的全部款项的最后结算,否则将支付迟付款利息。如果项目专用合同条款规定计复利,则计算公式如下:

$$迟付款利息 = P(1+r)n - P \tag{9.7.2}$$

式中:P——迟付的人民币或外汇数额;

r——日利率;

n——迟付款天数。

(七)工程价款编制的成果文件形成

(1)工程结算书封面,包括工程名称、编制单位和印章、日期等。

(2)签署页,包括工程名称、编制人、审核人、审定人姓名和执业(从业)印章、单位负责人印章(或签字)等。

(3)目录。

(4)工程结算编制说明。

(5)工程结算相关表式。

(6)必要的附件。

五、案例分析

【例9-7-2】某高速公路合同段,签约合同价为7500万元,工期为7个月。招标文件按《公路工程标准施工招标文件》编制。合同约定按实际完成工程量以合同清单单价进行结算。合同项目专用条款约定开工预付款为签约合同价的10%,工程计量款累计金额达签约合同价的30%时开始扣回,至工程计量款累计金额达到签约合同价的80%时扣完。合同约定月支付的最低限额为:500万元。合同约定预留质量保证金为合同价的3%,在交工结算中扣留,终止证书签发后最终结清,工程价款每月结算一次。开工后各月实际完成并经监理人确认合格的工程计量款见下表。

月份	1	2	3	4	5	6	7
工程计量款/(万元·m^{-3})	450	1050	1500	1500	1200	1000	1100

问题:1. 开工预付款金额为多少?

2. 计算本工程的预付款起扣月份和数额,以及完成扣回的月份。

3. 计算按月支付的工程进度款。

【解】

问题1:

开工预付款为签约合同价的10%,即7500×10%=750(万元)。

问题2:

起扣点:7500×30%=2250(万元)

前2个月工程计量款累计金额:450+1050=1500(万元)

前3个月工程计量款累计金额:450+1050+1500=3000(万元)

故从第3个月开始扣回

第3个月扣回数额:预付款为合同价10%,超过起扣点后每次计量扣回比例10%÷(80%-30%)=20%,(450+1050+1500-2250)×20%=150(万元)

扣回完成点:7500×80%=6000(万元)

第5个月累计工程量价款5700万,第6个月累计完成6700万,应在第6个月完成预付款的扣回。

问题3:

第1个月:未达到合同约定的最低付款限额,不签发计量支付证书

第2个月:450+1050=1500(万元)

第3个月:1500-150=1350(万元)

第4个月:1500×(1-20%)=1200(万元)

第5个月:1200×(1-20%)=960(万元)

第6个月:1000-(6000-5700)×20%=940(万元)

第7个月:1100-7500×3%=875(万元)

【例9-7-3】某一级公路工程二标段,包含桩基土建工程及管线安装工程。业主分别与承包桩基的土建承包人、承包管线的安装承包人签订了合同。

合同约定:按开工时间提前三天进场准备,由业主原因导致的停工、延误工期,业主给予承包人1万元/天的补偿,若承包人导致的工期延误,承包人应承担1万元/天的违约金。桩基工程是管线的紧前工作。开工前,土建承包人向监理人提供了桩基工程施工进度安排并得到了批准。计划开工日期为2022年3月1日,计划竣工日期为2022年3月30日。实施过程中,发生了以下事件:

(1)由业主提供的外购预制桩比计划延迟,导致承包人实际开工日期为3月6日。

(2)3月13~18日承包人的打桩设备出现故障,导致该段时间暂停施工。

(3)由于现场实际地质与业主提供的招标文件的地质情况不符,导致了工期延误和产生额外的费用。

(4)3月22~27日出现了不可预见的恶劣天气,并导致承包人的人员窝工费2万元、机械设备闲置费3万元。

针对事件(3)承包人向监理人提出了10天工期及50万元费用的索赔申请,监理人只同意5天的工期延期和30万元的费用增加并得到了业主的认可。后承包人同意了监理人的要求。

问题:

1. 针对上述4个事件中,土建承包人可得到的工期、费用索赔各是多少?请依次确定。

2. (1)管线安装承包人应向谁提出索赔申请,并说明理由。

(2)管线安装承包人可得到工期、费用的索赔共是多少?

【解】

问题1:

(1)业主提供的外购预制桩比计划延迟索赔成立。

土建承包人可获得工期5天,费用索赔5×1=5(万);

(2)打桩设备出现故障的索赔不成立。

打桩设备出现故障导致的损失由承包人承担。反索赔费用6万元。

(3)由于现场实际地质与业主提供的招标文件的地质情况不符,索赔成立。

承包人可获得5天工期延期和30万元的费用索赔。

《公路工程标准施工招标文件》第二章 投标人须知1.9.5 招标人提供的本合同工程的水文、地质、气象和料场分布、取土场、弃土场位置等参考资料,并不构成合同文件的组成部分,投标人应对自己就上述资料解释、推论和应用负责,招标人不对投标人据此作出的判断和决策承担任何责任。

(4)不可预见的恶劣天气索赔成立。

土建承包人可获得6天工期,费用0元。

问题2:

(1)管线安装承包人应向业主提出索赔申请。理由:索赔是基于合同关系,管线安装承包人与业主有合同关系,与土建承包人无合同关系。

(2)管线安装承包人可得到工期:5+6+5+6=22天,费用索赔:(5+6)×1=11(万元)。

【例9-7-4】某项工程合同价为1000万元,合同工期为16个月,开工预付款在标书附录中规定的额度为10%,合同规定,扣回时间开始于中期支付证书中工程量清单累计金额超过合同价的20%的当月,止于合同规定竣工日期前三个月的当月,在此期间等额扣回。质量保证金在标书附录中规定的限额为5%,每个月在承包人应得金额中扣留10%。已知到第4个月时工程量清单累计支付210万元,已知到第7个月时工程量清单累计支付490万元,第8个月,承包人申报工程量清单金额为60万元,监理审核时发现,支付表中路基填土9000m^3的工程未经监理验收,清单单价为15元/m^3。

问题:

在第8个月的计量支付中:

1. 扣回动员预付款的金额是多少?
2. 扣回质量保证金的金额是多少?
3. 扣开工预付款和质量保证金,业主实际支付给承包人的金额是多少?

【解】

问题1:

根据合同条款,第4个月累计支付金额为合同价的21%,应从本月开始扣回开工预付款,扣回时间为从第4个月至第13个月,共10个月,每月扣回开工预付款金额为1000万×10%÷10个月=10万元,因此第8个月扣回开工预付款金额为10万元。

问题2:

质量保证金的总金额为合同价的5%,即1000×5%=50(万);

截至第7个月,工程量清单累计支付金额为490(万元),累计扣质量保证金应为490×10%=49(万);

第8个月扣质量保证金的金额为:50-49=1(万)。

问题 3：

第 8 个月报表中，9000m 的路基填上工作未经监理工程师验收，因此应予扣除，本月清单支付金额应为：(600000 − 9000 × 15) ÷ 10000 = 46.5（万元）；

扣除开工预付款和质量保证，业主实际支付金额为：46.5 − 10 − 1 = 35.5（万元）。

第八节　公路工程竣工决算编制

一、工程决算与竣工决算的概念

（一）工程决算的概念

公路建设项目工程决算（以下简称工程决算）是指项目实际完成的工程量、采用的单价和费用支出，以及与批准的概（预）算对比情况。

公路建设项目工程决算是建设项目竣工验收工作的重要组成部分，各级交通运输主管部门要加强对公路建设项目工程决算编制工作的指导，项目法人要做好项目建设过程中有关资料的收集、整理和分析工作，按照《关于发布公路建设项目工程决算编制办法的通知》要求，组织编制工程决算文件。

（二）竣工决算的概念

竣工决算是以实物数量和货币指标为计量单位，综合反映竣工项目从筹建开始到项目竣工交付使用为止的全部建设费用、投资效果和财务情况的总结性文件，是竣工验收报告的重要组成部分。竣工决算是正确核定新增固定资产价值，考核分析投资效果、建立健全经济责任制的依据，是反映建设项目实际造价和投资效果的文件。通过竣工决算，既能够正确反映建设工程的实际造价和投资结果，又可以通过竣工决算与概算、预算的对比分析，考核投资控制的工作成效，为工程建设提供重要的技术经济方面的基础资料，提高未来工程建设的投资效益。

竣工决算编制是以建设单位为主，在监理工程师和施工单位的配合下共同完成的，它是建设工程所特有的多次性计价环节中的最后一次计价。

二、工程决算与竣工决算的关系

工程决算和竣工决算是从不同的侧面对建设单位在项目管理过程中费用支出情况的反映，是对项目建设成果的反映。但两者之间存在着一定的差异。

工程决算是从工程管理的角度出发，侧重于工程实体形成过程中“量”“价”“费”的分析，以建安工程费用为重点，以签订的合同为基础，以实施工程量、合同单价及合同相关条款为核算依据，同时反映工程管理过程中量的变化引起的费用变化和非量变化引起的费用变化，最终形成以建设项目的费用构成为表现形式并反映项目分部、分项工程的工程量大小，以及综合单价的高低。在编制过程中侧重于对计价依据执行情况的考核，能够确定费用支出的必要性和合理性，因此它不仅是对项目实际造价的反映，同时也是规范工程管理过程、提高管理水平的一个重要手段，并且完善了以“量”“价”“费”为主线的估、概、预、决算体系。

竣工决算则是从财务管理的角度出发，侧重于对资金的流向、大小和在时间上分布的分析，以现行的财税制度为依据，通过对资金的流动情况为重点进行分析，形成符合基本建设财务管理办法的科目体系，来反映竣工工程从开始建设起至竣工为止的全部资金来源和运用情况，达到核定使用资产价值的目的。由于它侧重于对财务制度执行情况的反映，能够确定资金流动的真实性和合法性，是办理资产交付使用手续的依据。

工程建设过程中缺一不可的两个管理体系—工程管理和财务管理，是紧密联系、相互制约的，那么同为对管理成果的直接反映，工程决算和竣工决算也是相辅相成的。工程决算是在基础数据表所反映的内容的基础上对工程管理过程的监督，在一定程度上满足了工程管理人员对有关造价信息的需求，也是编制竣工决算的基础和依据；而竣工决算是通过对财务管理过程中日常费用支出的监督检查，达到规范管理的目的，同时也是对工程决算的归纳和总结。

三、工程决算编制

（一）编制依据

工程决算根据下列资料进行编制：

（1）经交通主管部门批准的设计文件，以及批准的概（预）算或调整概（预）算文件。

（2）招标文件、标底（如果有）及与各有关单位签订的合同文件。

（3）建设过程中的文件及有关支付凭证。

（4）竣工图纸。

（5）其他有关文件、资料、凭证等。

（二）编制内容

工程决算文件包括工程决算编制说明和工程决算表。

1. 工程决算编制说明

（1）工程决算概况。

（2）工程概（预）算执行情况说明，其中应说明招标方式、结果及重大设计变更情况。

（3）设备、工具、器具购置情况的说明。

（4）工程建设其他费用使用情况的说明（包括征地拆迁费、建设单位管理费、监理费等）。

（5）预留费用使用情况的说明。

（6）工程决算编制中有关问题处理的说明。

（7）造价控制的经验与教训总结。

（8）工程遗留问题。

（9）其他需要说明的事项。

2. 工程决算表

（1）建设项目概况表。

（2）投资控制情况比较表。

（3）工程数量情况比较表。

（4）概（预）算分析表。

（5）标底及合同费用分析表。

（6）项目总决算（分析）表。

（7）建安工程决算汇总表。

（8）设备、工具及器具购置费用支出汇总表。

(9)工程建设其他费用支出汇总表。

(三)工程结算与工程决算的区别与联系

1. 范围区别

工程结算是指对工程项目建设过程中相关各项合同所涉及的预付款、进度款、审计尾款的一系列结算活动。

竣工决算通常指对整个工程项目整个建设期间的所有支出进行的结算,包括从建设至正式交付运营(达到可使用状态)期间的全过程的全部实际费用。

2. 作用区别

工程结算通常指对整个项目中单独某个合同不同阶段的结算,能够真实反映工程完成投资进度。

竣工决算是对整个工程项目的结算,能够反映概算与实际投资之间的差异。

3. 发生时间区别

工程结算必须先于正式竣工决算前完成。

4. 编制主体区别

工程结算是由施工方编制。竣工决算是由建设单位编制。

5. 目的区别

工程结算由施工单位发起,以结算工程款为目的。竣工决算由建设单位发起,以确定资产价值并交付使用为目的。

三、竣工决算编制内容及程序

(一)竣工决算编制依据

竣工决算报告是考核交通基本建设项目投资效益、反映建设成果的文件,是确定交付使用财产价值、办理交付使用手续的依据。交通基本建设项目竣工后,应按照国家有关规定及办法编制竣工决算报告。没有编制竣工决算报告的项目不得进行竣工验收。建设单位要有专人负责有关资料的收集、整理、分析、保管工作。项目完建后,要组织工程技术、计划、财务、物资、统计等有关部门的人员共同编制项目竣工决算报告。设计、施工、监理等单位应积极配合建设单位做好竣工决算报告的编制工作。

竣工决算报告的编制依据包括以下文件、资料:

(1)经批准的可行性研究报告、初步设计概算或调整概算、变更设计以及开工报告等文件。

(2)历年的年度基本建设投资计划。

(3)经审核批复的历年年度基本建设财务决算。

(4)编制的施工图预算、承包合同、工程结算等有关资料。

(5)历年有关财产物资、统计、财务会计核算、劳动工资、审计及环境保护等有关资料。

(6)工程质量鉴定、检验等有关文件,工程监理有关资料。

(7)施工企业交工报告等有关技术经济资料,最后(终)支付(结算)、交工结算、中期支付等有关支付资料。

(8)有关资金的筹集、借贷、使用等方面的资料。

(9)有关建设项目附产品、简易投产、试运营(生产)、重载负荷试车等产生基本建设收入的财务资料。

(10)有关征地拆迁资料(协议)和土地使用权确权证明。

(11)其他有关的重要文件。

公路工程建设单位应当按照交通运输部的规定,对已完工的建设项目及时办理交工验收手续,编好交工验收报告和竣工决算。竣工决算报告分为大中型公路建设项目、独立的公路桥梁建设项目和其他小型建设项目3种。建设单位在编制竣工决算报告时要认真做好各项财务、物资、资产、债权债务、投资资金到位情况和报废工程清理工作,做到工完账清。对列入竣工决算报告的基建投资包干结余、基本建设收入、基建结余资金等财务问题,建设单位应提出意见妥善处理。建设项目完建时的收尾工程,可根据收尾工程的实际测算投资支出列入竣工决算报告。

建设单位编制的竣工决算报告须提交竣工验收委员会审查。未经竣工验收委员会审查的竣工决算报告不能作为正式的竣工决算报告,不得上报。经竣工验收委员会审查并根据审查意见修改后的竣工决算报告作为资产移交财务处理并作为其他有关待处理事宜的依据。

(二)编制内容

项目竣工财务决算编制的内容主要包括项目竣工财务决算报表、竣工财务决算说明及相关资料。具体如下:

1. 项目竣工财务决算报表

2. 竣工财务决算说明书

(1)项目概况。

(2)会计账务处理财产物资清理及债权债务的清偿情况。

(3)项目建设资金计划及到位情况,财政资金支出预算、投资计划及到位情况。

(4)项目建设资金使用项目结余资金分配情况。

(5)项目概(预)算执行情况及分析,竣工实际完成投资与概算差异及原因分析。

(6)收尾工程情况。

(7)历次审计检查、审核、稽查意见及整改落实情况。

(8)主要技术经济指标的分析、计算情况。

(9)项目管理经验、主要问题和建议。

(10)预备费动用情况。

(11)项目建设管理制度执行情况、政府采购情况、合同履行情况。

(12)征地拆迁补偿情况、移民安置情况。

(13)需说明的其他事项。

3. 相关资料

项目立项、可行性研究报告、初步设计报告及概算、概算调整批复文件项目历年投资计划及财政资金预算下达文件审计、检查意见或文件的复印件等。

(三)编制程序

1. 收集、整理和分析有关依据资料

在编制公路工程竣工决算文件前,必须准备一套完整齐全的资料。这是准确迅速编制竣工决算的必要条件。在工程的竣工验收阶段应注意收集资料,系统地整理所有的技术资料(工程结算的经济文件、施工图纸)，审查施工过程中各项工程变更、索赔、价格调整、暂定金额等支付项目是否符合合同规定，签证手续是否齐备；审查各中期支付和最终支付是否与竣工图表资料、合同文件相符。

2．清理各项账务、债务和结余物资

在收集、整理和分析有关资料中，要特别注意建设工程从筹建到竣工投产（或使用）的全部费用的各项账务、债权和债务的清理，做到工完账清。既要核对账目，又要盘点库存实物的数量，做到账与物相等，账与账相符，对结余的各种材料、工器具和设备要逐项清点核实，妥善管理，并按规定及时处理，收回资金。对各种往来款项要及时进行全面清理，为编制竣工决算提供准确的数据和结果。

3．填写竣工决算报表

按照公路工程决算表格中的内容，根据编制依据中的有关资料统计或计算各个项目的数量，并将其结果填到相应表格的栏目，完成所有报表的填写。它是编制建设工程竣工决算的主要工作。

4．编写建设工程竣工决算说明书

按照公路工程竣工决算说明的要求，根据编制依据材料和填写在报表中的结果编写说明。

5．上报主管部门审查编制竣工决算的程序

上述编写的文字说明和填写的表格经核对无误，装订成册，即为建设工程竣工决算文件，将其上报主管部门审查，并把其中财务成本部分送交开户银行签证。竣工决算在上报主管部门的同时，抄送有关设计单位。大中型建设项目的竣工决算还应抄送财政部、建设银行总行和省、自治区、直辖市财政局和建设银行分行各一份。

（四）编制要求

（1）必须按照财政部规定的内容和格式填制工程竣工决算报表，概算明细项目名称及金额应按照批准的可行性研究报告、设计概算等文件进行填写。

（2）确定建设项目各项投资实际支出的标准：

①总价合同、固定金额合同，未发生合同内容变更的实际支出应以合同价为准，发生合同内容变更的实际支出应以结算价为准。

②单价合同、成本加酬金合同或费率合同的实际支出应以结算价为准。

③零星采购的材料、设备和零星费用应以账面金额为准。

（3）编制工程竣工决算应具备下列条件：

①经批准的初步设计所确定的内容已完成。

②工程结算已完成。

③尾工工程不超过规定的比例（总概算的5%）。

④涉及法律诉讼、工程质量、移民安置的事项已处理完毕。

⑤其他影响工程竣工决算编制的重大问题已解决。

（4）编制工程竣工决算的基本要求：数字准确，内容完整，数据勾稽关系正确，附表及附件齐全。

（5）需分摊的设备安装支出和待摊投资支出，应按“最大合理”“谁受益、谁承担”的原则分摊。

(6)确认交付固定资产应以可分离性、功能性、宜管理为原则,同时力求与最终初步设计(或可行性研究报告)及批复相一致。

(7)在确定交付资产时,应充分考虑行业及企业的固定资产目录。

(五)竣工决算报告表的编制方法

竣工决策报告表的编制方法不像编制概预算那样要进行各种资料的分析计算,主要是对建设工程的各种原始资料进行全面的审查与统计汇总,然后按照竣工决算表的内容与要求,将各种数据资料摘录填入;同时做好决算与概预算的对比分析,编制技术经济指标比较表。

1. 竣工决算审批表

中央级大中型基本建设项目,其项目竣工决算报告经省级交通主管部门或部属一级单位签署意见后备案。

2. 工程概况专用表

本表集中反映了已完工的建设项目的建设周期、完成的主要工程数量、主要材料消耗、占地拆迁面积、工程投资、新增资产和新增生产能力。编制本表时应根据可行性报告的批复、初步设计概算等文件确定的主要指标和实际完成情况进行填列。

3. 财务通用表

财务通用表反映竣工工程从开始建设起至竣工时为止资金来源、支出、结余等全部资金的运用情况,作为考核和分析基本建设拨款和投资效果的依据。

四、新增资产价值的确定

(一)新增资产价值的分类

按照新的财务制度和企业会计准则,新增资产按资产性质可分为固定资产、流动资产、无形资产和其他资产四大类。

1. 固定资产

固定资产是指使用年限超过一年的、单位价值较高的、非货币性的有形资产,在使用过程中保持原有实物形态。

2. 流动资产

流动资产是指可以在一年或者超过一年的营业周期内变现或者耗用的资产。流动资产按资产的占用形态可分为现金、存货、银行存款、短期投资、应收账款及预付账款。

3. 无形资产

无形资产是指特定主体所控制的,不具有实物形态,对生产经营长期发挥作用且能带来经济利益的资源。无形资产主要有专利权、非专利技术、商标权、商誉。

4. 其他资产

其他资产是指具有专门用途,但不参加生产经营的经国家批准的特种物资,银行冻结存款和冻结物资,涉及诉讼的财产等。

(二)新增资产价值的确定方法

1. 新增固定资产价值的确定

新增固定资产价值是以独立发挥生产能力的单项工程为对象的。单项工程建成经有关部门验收鉴定合格,正式移交生产或使用,即应计算新增固定资产价值。一次交付生产或使用的工程一次计算新增固定资产价值,分期分批交付生产或使用的工程,应分期分批计算新增固定资产价值。在计算时应注意以下几种情况:

(1)对于为了提高产品质量、改善劳动条件、节约材料消耗、保护环境而建设的附属辅助工程,只要全部建成,正式验收交付使用后就要计入新增固定资产价值。

(2)对于单项工程中不构成生产系统,但能独立发挥效益的非生产性项目,如住宅、食堂、医务所、托儿所、生活服务网点等,在建成并交付使用后,也要计算新增固定资产价值。

(3)凡购置达到固定资产标准不需安装的设备、工具、器具,应在交付使用后计入新增固定资产价值。

(4)属于新增固定资产价值的其他投资,应随同受益工程交付使用的同时一并计入。

(5)交付使用财产的成本,应按下列内容计算:

①房屋、建筑物、管道、线路等固定资产的成本包括建筑工程成本和应分摊的待摊投资。

②动力设备和生产设备等固定资产的成本包括需要安装设备的采购成本、安装工程成本、设备基础等建筑工程成本或砌筑锅炉及各种特殊炉的建筑工程成本、应分摊·的待摊投资。

③运输设备及其他不需要安装的设备、工具、器具、家具等固定资产一般仅计算采购成本,不计分摊的“待摊投资”。

(6)共同费用的分摊方法。

新增固定资产的其他费用,如果是属于整个建设项目或两个以上单项工程的,在计算新增固定资产价值时,应在各单项工程中按比例分摊。分摊时,什么费用应由什么工程负担应按具体规定执行。一般情况下,建设项目管理费按建筑工程、安装工程、需安装设备价值总额按比例分摊,而土地征用费、勘察设计费等费用则按建筑工程造价比例分摊。

2. 新增流动资产价值的确定

流动资产是指可以在一年内或者超过一年的一个营业周期内变现或者运用的资产。新增流动资产是指新增加的在一年内或者超过一年的一个营业周期内变现或者运用的资产,包括现金及各种存款、存货、应收及预付款等。在确定流动资产价值时,按以下原则处理:

(1)货币性资金。货币性资金是指现金、各种银行存款及其他货币资金。

(2)应收及预付款项。应收账款是指企业因销售商品、提供劳务等应向购货单位或受益单位收取的款项;预付款项是指企业按照购货合同预付给供货单位的购货定金或部分货款。应收及预付款项包括应收票据、应收款项、其他应收款、预付货款和待摊费用。一般情况下,应收及预付款项按企业销售商品、产品或提供劳务时的成交金额入账核算。

(3)短期投资包括股票、债券、基金。股票和债券根据是否可以上市流通分别采用市场法和收益法确定其价值。

(4)存货。存货是指企业的库存材料、在产品、产成品等。各种存货应当按照取得时的实际成本计价。存货的形成主要有外购和自制两个途径。外购的存货,按照买价加运输费,装卸费,保险费,途中合理损耗,入库前加工、整理及挑选费用以及缴纳的税金等计价;自制的存货,按照制造过程中的各项实际支出计价。

3. 新增无形资产价值的确定

无形资产是指特定主体所控制的,不具有实物形态,对生产经营长期发挥作用且能够带来经济利益的资源。新增无形资产是指企业长期使用但没有实物形态的资产,包括专利权、商标权、著作权、土地使用权、非专利技术、商誉等。无形资产在原则上应按取得时的实际成本费用计价;企业取得无形资产的途径不同,所发生的支出也不一样,无形资产的计价也不相同。按现行财务制度,无形资产价值的计价原则和计价方式如下:

(1)无形资产的计价原则。投资者按无形资产作为资本金或者合作条件投入时,按评估确认或合同协议约定的金额计价。

①购入的无形资产,按照实际支付的价款计价。

②企业自创并依法申请取得的,按照开发过程中的实际支出计价。

③企业接受捐赠的无形资产,按照发票账单所列金额或者同类无形资产市价作价。

④无形资产计价入账后,应在其有效使用期内分期摊销。

(2)无形资产的计价方法。

①专利权的计价。

②非专利技术的计价。

③商标权的计价。

④土地使用权的计价。

4. 其他资产价值的确定

其他资产包括特准储备物资等,按实际入账价值核算。

第十章 水运工程计量

第一节 水运工程计量概述

一、概述

(一)工程量计算规则

1. 水运工程工程量计算规则

工程量计算规则是工程计量的主要依据之一,是工程量数值的取定方法。采用的定额或规范不同,工程量计算规则也不尽相同。在计算工程量时,应按照规定的计算规则进行,水运工程的工程量计算规则主要有:

(1)定额工程量计算规则。定额工程量是按照定额编制工程概预算时,根据定额的工程量计算规则、按照设计工程量、图纸及设计文件、相关规范、施工方案和施工组织设计所确定的工程数量。采用该计算规则计算工程量除了依据施工图纸外,一般还要考虑施工方法、施工工艺和施工质量要求,要考虑施工余量。水运工程定额工程量一般包括设计工程量(图纸工程量)、施工附加量(因施工工艺、规范、技术等增加的工程量)、施工措施工程量。

水运工程定额依据施工规范、检验标准等对工程量计算方法做了十分明确的规定,而这种规定与设计图纸的净量又存在一定的差异,这种差异体现在施工附加量上。此外,水运工程施工项目有不同的施工方法,而每一种施工方法又有相应的施工措施,例如水上灌注桩的施工台措施。可分为桩基平台、筑岛平台等型式,不同的型式费用不同,这些施工措施项目的工程量,也是定额工程量的组成部分。

(2)工程量清单计价规范的工程量计算规则。现行《水运工程工程量清单计价规范》的水运工程工程量计算规则,用于规范招投标工程计量行为,统一各专业工程量计算规则。

该规范明确规定,除本规范另有规定外,施工过程中损耗或扩展而增加的工程量不得计在工程量清单的工程数量中,所发生的费用可在工程单价中考虑。采用该工程量计算规则计算的工程量一般为施工图纸的净量,不考虑施工余量。但需要单独设计的大型特殊施工措施(如基坑或围堰)可单独作为清单工程量项目。

2. 水运工程定额工程量与清单工程量的基本区别

(1)计算口径不同:

一是清单工程量为图纸净量,定额工程量则包含了考虑一定的施工方法、施工工艺和现场实际情况的施工余量。如挖方,清单工程量为图纸断面方量,定额工程量则包括放坡及工作面等的开挖量,即包含了为满足施工工艺要求而增加的施工余量。

二是清单工程量一般为工程实体工程量,定额工程量还应包含施工措施工程量。清单工程量一般不需要考虑具体的施工方法、施工工艺和施工现场的实际情况。

当施工措施属于需要单独设计的大型特殊施工措施时,清单工程量也可单独列出施工措施工程量。

(2)用途不同。工程量清单计算规范中的清单工程量主要用于编制招标工程量清单、用于结算中的工程计量等。而定额工程量主要用于编制工程概预算。

(3)计算依据、项目划分和综合的工作内容不同。清单工程量的计算应执行现行的《水运工程工程量清单计价规范》附录中的水运程工程量计算规则的相关规定,应按分部分项工程计算工程数量。清单工程量项目划分一般是基于"综合实体"进行设置的,体现功能单元,包括的工作内容往往不止一项(即一个功能单元可能包括多个施工单元或者一个清单项目可能包括多个定额项目)。例如:水上灌注清单工程量,以混凝土方为计量单位,包括定额工程量中的施工平台、钢护筒、成孔、浇筑混凝土、泥浆、桩头处理、检测管预埋及检测孔回灌等项目。

定额工程量的计算应执行现行《沿海港口水工建筑工程定额》、《内河航运水工建筑工程定额》或《疏浚工程定额》中的工程量计算规则,按定额子目工序计算工程量。定额项目划分一般是基于施工工序进行设置的,体现施工单元,包括的工作内容相对单一。

(二)定额工程量计算依据

定额工程量的计算依据包括定额中规定的工程量计算规则,经审定的设计文件及图纸,相关规范、经审定的施工方案和施工组织设计。

(1)水运工程定额规定的工程量计算规则,如沿海港口水工建筑工程定额工程量计算规则、内河航运水工建筑工程和设备安装工程定额工程量计算规则、疏浚工程定额工程量计算规则等。

(2)设计文件及图纸,主要用于计算设计工程量(图纸工程量)。施工图纸全面反映建构筑物的结构构造、各部位的尺寸及工程做法,是工程量计算的基础资料和基本依据。

(3)相关规范,主要用于计算施工附加量(因施工工艺、规范、技术等增加的工程量)。

(4)施工方案和施工组织设计,主要用于计算施工措施工程量。施工图纸主要表现拟建工程的实体项目,分项工程的具体施工方法及措施应按施工组织设计或施工方案确定。如计算挖基础土方,施工方法是采用人工开挖,还是采用机械开挖,基坑周围是否需要放坡、预留工作面或做支撑防护等,应以施工方案为计算依据。

(三)定额工程量计算一般说明

1. 工程量计算顺序

为了避免漏算或重算,提高计算的准确程度,工程量的计算应按照一定的顺序进行。具体的计算顺序应根据具体工程来确定,一般有以下几种顺序:

(1)按图纸顺序计算。根据图纸排列的先后顺序,由平面图到结构:每个专业图纸由前向后,按"先平面一再立面一再剖面;先基本图一再详图"的顺序计算。

(2)按定额分项的顺序计算。按定额的章、节、子目次序,由前向后,逐项对照,定额项与图纸设计内容能对上号时就计算。

(3)按施工顺序计算。按施工顺序计算工程量,可以按先施工的先算,后施工的后算的方法进行。如按基础或下部结构(基础处理、桩基础)一上部结构一上部辅助设施等顺序进行计算。

2. 水工工程与港区陆域工程划分界限

码头后填料与陆域工程在设计图纸中往往连为一体,但这两者却属于不同的单位工程,计算工程量时应分开计算。

(1)水工工程与陆域工程分界线一般划分原则:

①根据施工条件、施工工艺、工程部位、结构要求,由设计人员划分。

②以保证水工结构及各组成部位的完整性为原则。

③某些结构部位其施工过程对水工结构的质量安全影响较大,应同属水工工程范围。

④须采用水上施工工艺的分部分项工程,均属水工工程范围。

(2)对各种结构形式的水工工程与陆域工程的界限按以下方法划分:

①桩基码头:以后方挡土墙结构后坡脚线的垂直面为界。

②板桩码头:以锚碇板(或其他锚碇结构)后缘边线的垂直面为界,锚板下如有基础,则以基础后缘边线的垂直面为界。

③重力式码头:以倒滤层外坡脚线与地面交点的垂直面为界,如无倒滤层,则以码头前沿高度(即基床顶面至码头面)的两倍范围为界。

④引堤、栈(引)桥:以接岸点结构后缘边线的垂直面为界。

⑤护岸:直立式护岸(无棱体)以护岸高度的两倍范围为界,斜坡式护岸或有棱体的直立式护岸,以棱体或倒滤层外坡脚线与地面交点的垂直面为界;护坡的水工工程范围为护坡结构本身。

码头后填料如设计没有划分棱体与场地填方的界限时,由设计人员根据回填料的物理力学指标定出棱体的范围,或按码头两倍高度确定其宽度,据以计算工程量。

第二节 清单工程量计量规则及应用

一、水运工程清单工程量计量规则

(一)一般规定

(1)除现行的《水运工程工程量清单计价规范》另有规定外,施工过程中损耗或扩展而增加的工程量不得计算在工程量清单的工程数量中,所发生的费用可在综合单价中考虑:

(2)施工水位应采用设计文件提供的数值,当设计文件未作明确规定时,施工水位可按下列要求确定:

①有潮港采用工程所在地平均潮位。

②无潮港采用工程所在地施工季节的历年平均水位。

③航道工程的施工水位根据工程现场自然条件、施工工艺和质量等要求,通过多年水文资料、工期要求和施工通航条件等综合分析确定。

(3)水工工程与陆域工程界线的划分应根据工程部位、结构要求确定,并应以保证水工建筑物结构及各组成部分的完整性为原则。

(4)水工工程应以施工水位为界,划分水上工程和水下工程。

(二)疏浚工程工程量计算规则

(1)挖泥工程量应按设计图纸计算净量。

(2)疏浚岩土的分类分级应根据疏浚岩土的勘察报告和岩土试验报告确定,并应符合现行行业有关标准的规定。

(3)对于有自然回淤的施工区域,施工期自然回淤量应单独计算并计入工程量。

(4)在同一施工区域出现不同疏浚岩土级别时,应分别计算工程量。

(5)吹填工程量应按设计图纸净量,扣除吹填区围堰、子堰等的体积计算;原土体的沉降量应单独计算并计入工程量;吹填土体的流失、固结等可在综合单价中考虑。

(三)航标工程工程量计算规则

导航助航设施工程工程量的计算,应区分不同结构型式分别计算。

(四)土石方工程

(1)土类、岩石级别划分应符合现行行业有关标准的规定,并应区分不同级别分别计算工程量。

(2)水下挖泥土类的划分可按表 10-2-1 确定。

表 10-2-1　水下挖泥土质类别

土质类别	名称或特征	标准贯入击数 N	液性指数 I_L
Ⅰ	淤泥、淤泥混砂、软塑黏土、可塑黏土、可塑亚黏土、可塑亚砂土	N≤8	$I_L \leq 1.5$
Ⅱ	砂、硬塑黏土、硬塑亚黏土、硬塑亚砂土	N≤15	$I_L \leq 0.25$
Ⅲ	坚硬的黏土、砂夹卵石、坚硬亚黏土、坚硬亚砂土	N≤30	$I_L < 0$
Ⅳ	强风化岩、铁板砂、胶结的卵石和砾石	N>30	—

注:Ⅰ、Ⅱ类土以液性指数为主要判别标准。

(3)土石方开挖及回填工程量应按设计图纸计算净量,回填工程原土体的沉降量应单独计算并计入工程量。

(4)按设计图纸计算填筑工程量时,不应扣除预埋件和面积小于或等于 0.2m^2 的孔洞所占的体积。

(5)坡度陡于 1:2.5 的陆上坡面开挖,应按岸坡挖土方计算。

(6)槽底开挖宽度小于或等于 3m,且槽长大于三倍槽宽的陆上开挖工程可按地槽计算。

(7)不满足上述第 6 点时且坑底面积小于或等于 20m^2 的陆上开挖工程,应按地坑计算:

(8)除岸坡、地槽、地坑以外的陆上开挖工程应按一般挖土方计算。

(9)平均高差超过 0.30m 的陆上土方工程,应按土方挖填以体积计算工程量。反之应按场地平整以面积计算工程量。

(10)洞室土方开挖断面积大于 2.5m^2 时,水平夹角不大于 6°的应按平洞土方开挖计算;水平夹角在 6°~75°的应按斜井土方开挖计算;水平夹角大于 75°且深度大于上口短边长度或直径的应按竖井土方开挖计算工程量。平洞、斜井、竖井土方开挖的工程量应按设计图纸以体积计算。

(11)夹有孤石的土方开挖,大于 0.7m^3 的孤石应按石方开挖计算。

(12)开挖地槽、地坑应按设计图纸计算工程量。

(13)土方开挖各类槽、坑的计算长度应根据自然地面起伏状况划分成若干段,每段长度一般不宜大于 10m。

(14)土方开挖工程量不应计算工作面开挖小排水沟、修坡、铲坡、清除草皮、工作面范围内的小路修筑、交通安全以及必需的其他辅助工作等。

(15)设计坡度陡于1:2.5,且平均开挖厚度小于5m的石方开挖,应按坡面石方开挖计算。

(16)陆上石方工程沟槽底宽小于或等于7m,且长度大于三倍宽度可按沟槽计算。

(17)陆上石方工程不满足第16条规定,且底面积小于200m^2、深度小于坑底短边长度或直径可按基坑计算。

(18)陆上洞室石方开挖断面积大于5m^2时,水平夹角不大于6°的应按平洞石方开挖计算;水平夹角在6°~75°的应按斜井石方开挖计算;水平夹角大于75°且深度大于上口短边长度或直径的应按竖井石方开挖计算工程量。平洞、斜井、竖井石方开挖的工程量应按设计图纸以体积计算。

(19)除坡面、沟槽、基坑、洞室以外的陆上石方开挖应按一般石方计算。

(20)开挖沟槽、基坑石方应按设计图纸计算工程量。

(21)不允许破坏岩层结构的陆上保护层石方开挖,设计坡度不陡于1:2.5时,应按底部保护层石方开挖计算;设计坡度陡于1:2.5时,应按坡面保护层石方开挖计算。

(22)陆上石方开挖保护层应按设计图纸计算工程量。

(23)预裂爆破应按预裂面内的岩石开挖计算。

(24)水下挖泥水深应按施工水位与设计挖槽底高程之差扣除平均泥层厚度之半确定。

(25)水下抛填工程应计入原土沉降增加的工程量。

(26)水下抛填水深应按施工水位与设计挖槽底高程之差扣除基床厚度之半确定。

(27)基床夯实范围应按设计文件确定。当设计文件未规定时,可按建(构)筑物底面尺寸各边加宽1.0m确定;分层抛石、夯实可按分层处的应力扩散线各边加宽1.0m确定。

(28)基床整平范围的确定应满足下列要求:

①粗平时建(构)筑物取底面尺寸各边加宽1.0m,有护面块体时取压脚块底边外加宽1.0m;对于码头基床包括全部前肩范围;

②细平时建(构)筑物取底面尺寸各边加宽0.5m,有护面块体时取压脚块底边外加宽0.5m;对于码头基床包括全部前肩范围。

(29)基床理坡工程量应以面积计算。

(30)砌筑工程量应按设计砌体外形尺寸以体积计算。

(31)砌体表面加工应按设计要求计算砌体表面展开面积。

(32)砌体砂浆勾缝应按不同的砌体材料区分平面、斜面、立面、曲面以及平缝、凸缝,分别按砌体表面展开面积以面积计算。

(33)砌体砂浆抹面应按不同厚度区分平面、斜面、立面、曲面、拱面,分别按砌体表面展开面积以面积计算。

(34)沥青混凝土工程量应按设计图纸以面积计算,封闭层按设计图纸或实际测量尺寸以面积计算。

(五)地基与基础工程工程量计算规则

(1)基础打入桩应根据不同的土质类别、桩的类别、断面型式、桩长,以根或体积计算混凝土桩工程量,以根或重量计算钢桩工程量。

(2)基础打入桩的土质类别应按表10-2-2划分。

表 10 -2 -2　基础打入桩土质级别划分表

级别	土类						
	黏性土		粉土	砂土	碎石土		风化岩
	黏土	粉质黏土					
	I_L	N	N	N	角砾、圆砾	碎石、卵石	N
一	$I_L \geq 0.5$	N≤10	N≤15	N<30	—	—	—
二	$0<I_L<0.5$	10<N≤20	15<N≤30	30≤N≤50	稍密、中密	稍密	N≤50
三	$I_L \leq 0$	20<N≤30	N>30	N>50	密实	中密、密实	50<N≤80

(3)基础打入桩工程量计算应满足下列要求:

①斜度小于或等于8:1的基桩按直桩计算。

②斜度大于8:1的基桩按斜桩计算。

③在同一节点由一对不同方向的斜桩组成的基桩按叉桩计算。

④在同一节点中由两对不同方向叉桩组成的基桩组按同节点双向叉桩计算。

⑤独立墩或独立承台结构体下的基桩或含三根及三根以上斜桩且不与其他基桩联系的其他结构体下的基桩按墩台式基桩计算。

⑥引桥设计纵向中心线岸端起点至码头前沿线最远点垂线距离大于500m时,码头部分的基桩按长引桥码头基桩计算。

(4)陆上施打钢筋混凝土方桩、管桩,当桩顶低于地面2m时应按深送桩计算。

(5)设计文件要求试桩时,试桩工程量应单独计算。

(6)基础灌注桩工程量计算应满足下列要求:

①成孔工程量按不同的设计孔深、孔径、土类划分,以根数或体积计算;孔深按地面至设计桩底计算。

②灌注桩混凝土工程量根据不同的混凝土强度等级,按设计桩长、桩径计算,扩孔因素不计入工程量。

(7)基础灌注桩土类应按表10 -2 -3划分。

表 10 -2 -3　基础灌注桩土类划分表

土质类别	说明
I	塑性指数大于10的黏土、粉质黏土,砂土,以及粉土、淤泥质土、吹填土
II	砂砾、混合土
III	粒径为2~20mm的颗粒含量大于总质量50%的角砾、圆砾土质,粒径为20~60mm的颗粒含量不大于总质量20%的碎石、卵石土质
IV	粒径为20~200mm的颗粒含量大于总质量20%的碎石、卵石土质,粒径为200~500mm的颗粒含量不大于总质量10%的块石、漂石土质和杂填土
V	中等风化程度及以上的软质岩石或强风化的硬质岩石,粒径大于500mmm的颗粒含量大于总质量10%的块石、漂石土质
VI	中等风化程度及以下的硬质岩石或微风化的软质岩石

(8)地下连续墙工程量应根据成槽土类、混凝土强度等级,按设计延米、宽度、槽深以体积计算。

(9)地下连续墙土类应按表 10-2-4 划分。

表 10-2-4　地下连续墙土类划分表

土质类别	说明
I	塑性指数大于 10 的黏土、粉质黏土、粉土、淤泥质土、冲填土,标准贯入击数 N≤10 的土层
II	砂土、混合土,标准贯入击数 10＜N≤30 的土层
III	粒径为 2～20mm 的颗粒含量大于全重 50% 的角砾、圆砾,粒径为 20～60mm 的颗粒含量不大于全重 20% 的碎石、卵石土层;标准贯入击数 30＜N≤50 的土层

(10)软土地基加固堆载预压工程量的计算应满足下列要求:

①堆载预压工程量根据不同的预压荷载、堆载料的要求以面积计算。

②堆载材料用量以体积计算。

③设计文件未明确堆载材料放坡系数时,放坡系数按 1∶1 计算。

④原土体的沉降,应单独计算工程量。

(11)软土地基加固真空预压工程量根据不同的真空预压要求以面积计算。

(12)软土地基加固联合堆载真空预压应分别计算堆载工程量和真空预压工程量。

(13)软土地基加固塑料排水板工程量应以根或长度计算。

(14)软土地基加固陆上强夯工程量应根据不同的夯击能量等要求,按设计强夯加固面积计算。夯坑填料量应按体积单独计算工程量。

(15)软土地基加固打砂桩(砂井)工程量应以根或体积计算,袋装法以根或长度计算。

(16)软土地基加固陆上打碎石桩工程量应以根或体积计算。

(17)深层水泥拌和加固水下基础工程量应按设计加固体积计算。

(18)水泥拌和桩、粉喷桩、旋喷桩工程量应按设计加固体积计算。

(19)钻孔灌浆中的钻孔工程量,应根据设计图纸按设计进尺以长度计算。

(20)钻孔灌浆中的灌浆工程量,应根据设计图纸按设计灌浆深度以长度计算。

(21)砂砾石层帷幕灌浆、土坝劈裂灌浆工程量,应按设计图纸的有效灌浆长度计算。

(22)岩石层帷幕灌浆、固结灌浆工程量,应按设计图纸计算的有效灌浆长度或设计净干耗灰量计算。

(23)接缝灌浆、接触灌浆工程量,应按设计图纸计算的混凝土施工缝或混凝土坝体与坝基、岸坡岩体的接触缝有效灌浆面积计算。

(24)高压喷射防渗墙灌浆工程量,应按设计图纸的不同墙厚的有效连续墙体截水面积计算。

(25)灌浆压力大于或等于 3MPa 的应划分为高压灌浆,小于 1.5MPa 的应划分为低压灌浆,其余应划分为中压灌浆。

(26)化学灌浆中的灌浆工程量,应根据不同的灌浆材料、裂缝部位、缝宽和缝深以重量计算。

(27)压水试验工程量应按试段计算。

(28)沉井的井壁、封底、填心、封顶等应按本规范有关章节的规定分别计算。

(29)沉井下沉工程量,应根据设计图纸按设计沉井平面投影面积乘以下沉深度计算。

(六)混凝土工程工程量计算规则

(1)混凝土和钢筋混凝土的工程量应根据设计图纸以体积计算不应扣除钢筋、铁件、螺栓孔、三角条、吊孔盒、马腿盒等所占体积和单孔面积小于或等于 $0.2m^2$ 的孔洞所占体积。

(2)陆上现浇混凝土基础工程量计算应满足下列要求:

①独立基础根据断面型式以体积计算。

②带形基础根据断面型式以体积计算;其中有肋带形基础的肋高与肋宽之比小于或等于 4∶1 时按有肋带形基础计算;超过 4∶1 时底部按板式基础计算,底板以上部分的肋按墙计算。

③无梁式满堂基础的扩大角或锥形柱墩并入满堂基础内计算工程量;箱式满堂基础按无梁式满堂基础、柱、梁、板、墙等项目分别计算工程量。

④除块型以外其他类型的设备基础分别按基础、梁、柱、板、墙等项目计算。

(3)陆上现浇混凝土柱工程量计算应满足下列要求:

①柱高自柱基上表面算至顶板或梁的下表面,有柱帽时柱高自柱基上表面算至柱帽的下表面。

②牛腿并入柱身体积计算。

(4)陆上现浇混凝土梁工程量计算应满足下列要求:

①基础梁按全长计算体积。

②主梁按全长计算,次梁算至主梁侧面。

③梁的悬臂部分并入梁内一起计算。

④梁与混凝土墙或支撑交接时,梁长算至墙体或支撑侧面。

⑤梁与主柱交接时,柱高算至梁底面,梁按全长计算。

⑥梁板结构的梁高算至面板下表面。

(5)陆上现浇混凝土板工程量计算应满足下列要求:

①平板按板混凝土实体体积计算。

②伸入支撑内的板头并入板体积计算。

(6)陆上现浇混凝土墙工程量计算应满足下列要求:

①墙体的高度由基础顶面算至顶板或梁的下表面,墙垛及突出部分并入墙体积计算。

②墙体按不同形状、厚度分别计算体积。

(7)预制梁、板、柱的接头和接缝现浇混凝土工程量应单独计算。

(8)翻车机房基础工程量计算应满足下列要求:

①翻车机房基础混凝土按不同结构部位分为底板、墙体、梁、板、柱等分别计算体积。

②当单侧翼板长度为墙身厚度的 2.5 倍以上时按带翼板墙计算;当单侧翼板长度为墙身厚度的 2.5 倍以下时按出沿墙计算,其翼板及出沿部分并入墙身体积计算。

③翻车机房基础的扶壁并入与其连接的墙体体积内计算。

④底板、墙体等为防渗而设置的闭合块混凝土单独计算工程量。

(9)计算陆上现浇混凝土廊道、坑道、沟涵、管沟工程量时可将底板、墙体、顶板合并整体计算。

（10）陆上现浇混凝土拨车机基础、牵引器基础、夹轮器基础、带排水沟的挡土墙工程量，按不同作用可分别整体计算。

（11）陆上现浇混凝土池工程量计算应满足下列要求：

①池底板、池壁、顶板分别计算。

②池底板的坡度缓于1:1.7的按平面底板计算，陡于1:1.7的按锥形底板计算。

③池壁高度从底板上表面算至顶板下表面，带溢流槽的池壁将溢流槽并入池壁体积计算。

④污水处理系统中澄清池中心结构按整体计算。

（12）陆上现浇混凝土卸车坑工程量计算应满足下列要求：

①底板、墙体、梁、面板、漏斗分别计算。

②火车轨道梁和框架梁单独计算，其他梁按断面型式分别计算。

③漏斗按整体计算，并算至墙体或梁的侧面。

（13）陆上现浇混凝土筒仓（图10－2－1）工程量计算应满足下列要求：

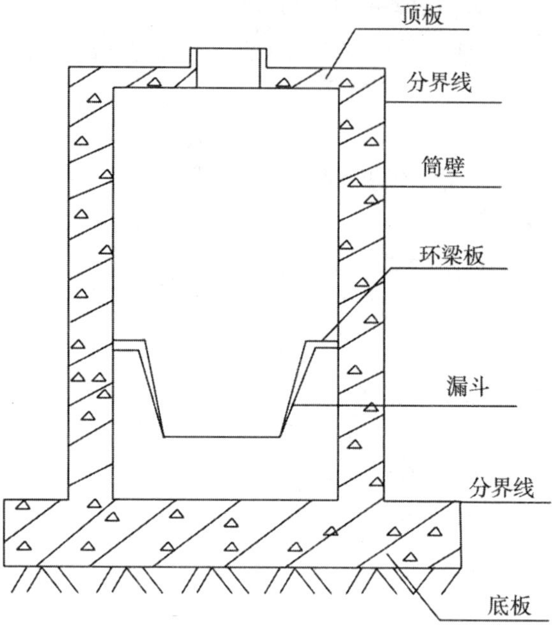

图10－2－1　筒仓结构示意图

①筒仓底板上的各种支座混凝土并入底板计算。

②底板顶面以上至顶板底面以下为筒壁，筒壁工程量计算扣除门窗洞口所占体积；各仓间连接部分并入筒壁计算。

③钢制漏斗的混凝土支座环梁及板，算至筒壁内表面；现浇混凝土漏斗将环梁、板并入漏斗一并计算。

④筒仓顶板、进料口和顶面设备支座混凝土一并计算。

（14）通航建筑物及挡泄水建筑物混凝土工程量计算应符合下列规定。

①闸首混凝土工程量计算应满足下列要求：

以闸首底板与边墩的施工缝为界划分边墩与底板，分别计算工程量；

带输水廊道的实体边墩以廊道顶高程以上1.5m为界，带输水廊道的空箱边墩以廊道顶板

顶高程为界,分别计算工程量;

闸首的门槛、检修平台、消力槛等并入底板计算,帷幕墙单独计算;

边墩顶部的悬臂板、胸墙、挡浪墙、磨耗层、踏步梯等工程量单独计算。

②闸室混凝土工程量计算应满足下列要求:

分离式以底板与闸墙竖向分缝处为界,整体式以底板与闸墙连接处底板顶高程为界划分闸墙与底板;

墙体顶部的靠系船设施、廊道以及墙体上的阶梯并入墙体计算。

③平底板工程量应包括齿槛体积;空箱底板应包括隔墙、分流墩、消力梁及面板,孔洞体积应扣除;反拱底板的拱部结构应按反拱底板计算,拱上结构应按梁计算。

④闸墙和系船墩上的系船环、系船钩等孔洞体积不应扣除。

⑤边墩、闸墙与其他混凝土构件交接时除另有说明外,其他混凝土构件均应计算至边墩和闸墙外表面。

⑥消力槛、消力齿、消力墩、消力梁、消力格栅等工程量,应分别计算;消力池如直接设置在底板上,可并入底板计算工程量。

⑦升船机基础工程量应按轨道梁、连系梁、滑轮井、绳槽、车挡、托辊墩等分别计算。

⑧泄水闸底板、闸墩、溢流坝、溢流面、厂房等工程量应分别计算。

(15)其他现浇混凝土工程量计算应满足下列要求:

①胸墙、导梁及帽梁的工程量,不扣除沉降缝、锚杆、预埋件、桩头嵌入部分的体积。

②挡土墙、防浪(汛)墙的工程量,不扣除各种分缝体积。

③堆场地坪、道路面层,按不同厚度分别计算,不扣除各种分缝体积。

(16)水上现浇混凝土构件工程量,应区分不同形状按设计图纸以体积计算。

(17)水上现浇混凝土桩帽、帽梁、导梁工程量,不应扣除桩头嵌入部分的体积。

(18)水上现浇混凝土桩基式墩台、墩帽、台身、支座工程量,不应扣除桩头嵌入墩帽的体积。

(19)水上现浇混凝土码头面层、磨耗层工程量不应扣除分缝体积。

(20)水上现浇预制构件接缝、节点、堵孔工程量,应按不同种类以体积计算。

(21)水下现浇混凝土工程量应按设计图纸要求以体积计算。

(22)混凝土和钢筋混凝土预制构件的预制工程量和安装工程量,应按设计图纸分别以体积和件计算。

(23)预制混凝土空心方桩、大管桩和PHC桩的工程量,应扣除中空体积。

(七)钢筋工程工程量计算规则

(1)现浇、预制构件的钢筋工程量应按设计图纸以重量计算。

(2)混凝土预制构件钢筋工程量应按预应力和非预应力分别计算。

(3)设计图纸未标示的搭接钢筋、架立钢筋、空心方桩胶囊定位钢筋、灌注桩、地下连续墙悬吊钢筋及其他加固钢筋等的工程量,应在综合单价中考虑。

(八)金属结构制作安装工程工程量计算规则

(1)金属结构制作工程量应按设计图纸以重量计算。

(2)钢材重量应按设计图纸计算,不应扣除切肢、断边及孔眼的重量。多边形或不规则形钢板应按外接矩形计算。

(3)除锈、刷涂料工程量应按设计要求以展开面积计算。

(4)闸阀门、拦污栅制作工程量,应根据不同的门型、单扇门重,按钢结构本体、止水件、防腐处理等分别计算。门重应包括门体重量和安装于门叶上的运转支撑件的重量。

(5)钢轨、系船柱等各种成品件、闸阀门、拦污栅、启闭机及其他金属构件的安装工程量,应包括本体、附件及埋件,并按设计图纸及相应的计量单位分别计算。

(九)设备安装工程工程量计算规则

(1)港口装卸、配套设备安装工程量,应按不同的规格、能力、高度及重量,分别以台、套或重量计算。

(2)航运枢纽设备安装工程量,应按不同的规格、能力和结构型式,分别以台、套、扇或重量计算。

(3)修造船厂设备安装工程量,应按不同的规格、能力和结构型式,分别以台、套、扇或重量计算。

(4)启闭机与电气设施安装工程量,应按设计图示数量计算,启闭机电动机接线端子以内应按启闭机安装计算;启闭机设备主体第一个外接法兰或管接头以外的管道铺设以及设备用油应单独计算。

(5)启闭机设备的轨道铺设应单独计算工程量。

(6)航运枢纽发电主要设备,由设备本体和附属设备及埋件组成,其安装工程量应按设计图示数量计算。

(7)航运枢纽滑触线、水力机械辅助设备、发电电压设备、发电机-电动机静止变频启动装置、发电电压母线、接地装置、高压电气设备、一次拉线、控制保护测量及信号系统设备、直流系统设备、电工试验室设备等其他机电设备安装工程量,应按设计图示数量计算。

(8)用电系统设备、照明系统、电缆敷设、计算机监控系统设备、计算机管理系统设备、工业电视系统设备、通信系统设备、消防系统设备、通风空调采暖及其监控设备、机修设备、电梯设备等其他机电设备安装工程量应按设计图纸计算。

(9)航运枢纽安全监测设备安装工程量应按各种仪器设备的种类规格分别计算。

(十)其他工程工程量计算规则

(1)土工织物、尼龙编织布及竹笆、荆笆的铺设工程量,应按设计图纸以覆盖面积计算;材料搭接工程量可在综合单价中考虑。

(2)栽植树木、乔灌木、竹类、攀缘植物、水生植物等工程量,应按设计图示品种以数量或面积计算。

(3)栽植绿篱类工程量,应按设计图示品种以长度计算。

(4)栽植片植绿篱、色带、花卉及植草等工程量,应按设计图示品种以面积分别计算。

(5)伐树及挖树根工程量,树身直径在0.20m以上的应按不同的树身直径,以棵计算。

(6)挖除树身直径小于或等于0.20m的小树及竹(苇)根,铲草皮等工程量,应按面积计算。

(7)拆除混凝土及钢筋混凝土工程量,应按体积计算。

(8)拆除土石堤、围埝、砌体等工程量,应按体积计算。

(9)清理障碍物工程量,应按设计图示或实际测量结果按相应计量单位计算。

(10)拔钢板桩工程量应按不同桩长以根或重量计算。

(11)预应力锚索工程的工程量应按嵌入结构体的有效设计长度,以根或重量计算。

二、案例分析

【例 10-2-1】某航道疏浚工程,设计挖槽长 6km,设计底宽 200m,设计底标高 15.0m(按理论 深度基准面起算,下同),计算超深 0.5m,计算超宽 5m,边坡 1:7,原泥面平均标高 10.0m。泥土处理为外抛,抛泥区中心点在挖槽下游一端外 10km 处。施工单位根据合同条款、现场条件和设备情况,选派 1 艘 10000m^3耙吸挖泥船施工。每舱挖泥时间 55min,平均泥舱装载土方量为 6500m^3/舱,挖泥船满载航速 9kn,轻载航速 12kn,抛泥和掉头、上线时间合计为 15min,平均时间利用率 85%,施工期回淤量按 5% 考虑。

问题:计算本工程的计算断面顶宽、底宽、断面面积和疏浚工程量。(不考虑挖槽两端部的端坡土方量)

【解】疏浚工程量计算断面顶宽 B_1:$B_1 = 200m + 2 \times (5 \times 7 + 5) m = 280m$

计算断面底宽 B_2:$B_2 = 200m + 2 \times (5 - 0.5 \times 7) m = 203m$

计算断面面积 A:$A = (280m + 203m) \div 2 \times 5.5m = 1328.25m^2$

疏浚工程量 V:$V = 1328.25m^2 \times 6000m \times (1 + 5\%) = 8367975m^3$

【例 10-2-2】某吹填工程,吹填区总面积 2.5km^2、吹填总容量 2000 万 m^3,分为 A、B、C 三个区进行吹填。A 区吹填面积 0.9km^2、吹填容量 750 万 m^3;B 区吹填面积 0.75km^2、吹填容量 550 万 m^3;C 区吹填面积 0.85km^2、吹填容量 700 万 m^3。选用大型绞吸挖泥船直接吹填的施工方式,取土区土质上层为可塑黏土,取土工程量 900 万 m^3;下层为中密与密实砂,可取土工程量 1500 万 m^3。经计算交工验收前因吹填土荷载造成的吹填区原地基沉降量为 50 万 m^3,超填工程量不计,可塑黏土和中密与密实砂的吹填流失率分别为 5% 和 7%。

问题:1. 本工程应如何划分单位工程?

2. 确定吹填区内排泥管线布设间距应考虑哪些因素?

3. 针对本工程土质,挖泥施工应选用何种绞刀形式和刀齿形式?

4. 计算该工程吹填设计工程量。(列出主要计算过程,不考虑吹填土固结与搅松的影响)

【解】

1. 对本工程的划分:A、B、C 三个吹填区各为一个单位工程。

2. 确定吹填区内排泥管线布设间距应考虑的因素:设计要求、泥泵功率、吹填土的特性、吹填土的流程、吹填土的坡度。

3. 针对本工程土质,对绞刀形式和刀齿形式的选用:

(1)对于可塑黏土,选用直径较大的冠形绞刀和方齿。

(2)对于中密与密实砂,选用直径较小的冠形绞刀和凿齿。

4. 工程吹填设计工程量的计算如下:

(1)900 万 m^2 可塑黏土吹填后保留在吹填区的工程量 = 900 万 $m^3 \times (1 - 5\%) = 855$ 万 m^3

(2)吹填区应吹填的中密与密实砂的吹填工程量 = (2000 + 50 - 855) 万 $m^3 \div (1 - 7\%) =$

1285 万 m^3 或 1284.95 万 m^3。

(3)该工程的吹填设计工程量 = 900 万 m^3 + 1285 万 m^3 = 2185 万 m^3 或 2184.95 万 m^3

【例 10 - 2 - 3】某项目航道全长约 2km,该河段航道线路的上下游航道与赣江干流航道线路衔接。航道疏浚采取陆上开挖和挖泥船舶疏浚的施工方法。水下土方主要采用绞吸式挖泥船施工,管道输送;表层土含树根等杂物,采用抓斗船清障;陆上土方采用挖掘机开挖,渣土车运输。施工期间根据河面宽度、水深、河底标高选择适宜的组合方式。

问题:1. 疏浚工程的计算方法分别有哪些?

2. 如图 10 - 2 - 2 中字母(ABCD、abcd、ΔB、ΔH、1:m)分别表示含义?

3. 疏浚工程量包含哪些工程量?

4. 当 m = 3, H = 5m, BC = 8m, ΔB = 3m, ΔH = 0.4m,计算 abcd 的面积。

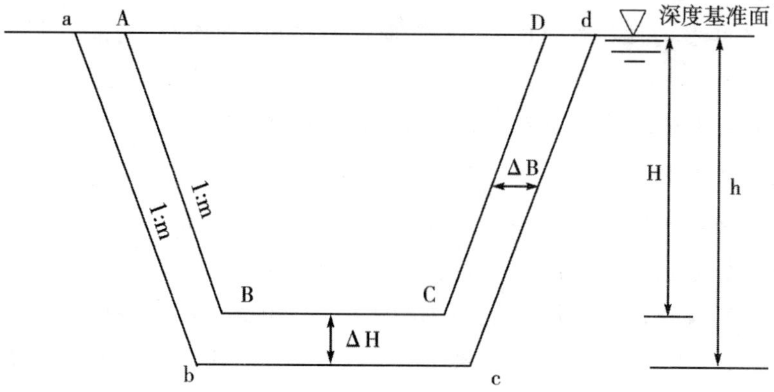

图 10 - 2 - 2　航道断面图

【解】

1. 计算方法:断面面积法、平均水深(高程)法、网格法;

2. ABCD:设计断面、abcd:工程量计算断面、ΔB:超宽、ΔH:超深、1:m:设计坡比;

3. 疏浚工程量包含设计断面工程量、计算超深与超宽工程量、施工期回淤工程量;

4. abcd 的面积计算式:$[(8+5\times3\times2+3\times2)+(8+3\times2-0.4\times3\times2)]\times0.5\times(5+0.4)=150.12m^2$。

【例 10 - 2 - 4】某码头工程,其中散货泊位平台长为 120m,宽度为 12m,采用高桩框架式结构,排架间距为 7.4m,共 17 榀,排架基础采用 Φ1200 钻孔灌注桩,每榀排架设 4 根直桩,桩基础采用 C35 水下混凝土,施工常水位高 30.6m,河床面高程 24.1m(已考虑冲刷线),桩顶标高 31m,桩底高程 -9.6m 该泊位地质条件分布,自河床以下分别是中砂层 8m,粉质黏土层 10m,卵石土层 7m,中风化板岩 15m,桩基础搭设采用便桥 + 水上工作平台相连方案施工,桩基成孔采用回旋钻施工。其中钢护筒须穿过软弱土层并满足稳定要求,钢护筒顶标高应高于施工期最高水位 1.5m,插入黏土层 2m,钢护筒重量 900kg/m。混凝土集中拌和($60m^3/h$),泵送,混凝土搅拌车运输,运距 2km。其中施工栈桥、水上施工平台、混凝土拌和站、钢筋、桩基检测管不计。

问题:1. 依据现行的《内河航运水工建筑工程定额》,计算每榀排架桩基定额孔深及各土层钻孔数量,需考虑施工增加量。

2. 计算每榀排架桩基础工程所涉及的工程内容及相应数量,写出计算式,π=3.14,保留2位小数。

3. 请在下表10-2-5列出每榀排架桩基础工程施工图预算,写出定额数量。

表10-2-5　基础工程施工图预算定额数量

定额编号	定额名称	单位	数量
2384	孔深50m以内Ⅰ类土	m	
2385	孔深50m以内Ⅱ类土	m	
2387	孔深50m以内Ⅳ类土	m	
2388	孔深50m以内Ⅴ类土	m	
2518	成孔方式回旋钻	m^3	
2521	水上埋设钢护筒	t	
2529	灌注桩桩头处理陆上	根	

【解】

1. 定额孔深:30.6+9.6+1.5+0.5=42.2m;

每榀排架设4根直桩,单根桩成孔长度:24.1-(-9.6)=33.7m;

中砂层:8×4=36m;

粉质黏土层:10×4=40m;

卵石土层:7×4=28m;

中风化板岩层:(33.7-7-10-8)×4=34.8m;

2. 桩基混凝土:(3.14×0.6×0.6×(31+9.6)×4)+3.14×0.6×0.6×(0.5+0.5)=184.71m^3(灌注桩混凝土工程量应按设计量与施工增加量之和计算);

钢护筒工程量:(30.6+1.5-24.1+8+2)×4×900/1000=64.8t;

3. 施工水深:30.6-24.1=6.5m

表10-2-6　基础工程施工图预算定额数量

定额编号	定额名称	单位	数量
2384	孔深50m以内Ⅰ类土	m	36
2385	孔深50m以内Ⅱ类土	m	40
2387	孔深50m以内Ⅳ类土	m	28
2388	孔深50m以内Ⅴ类土	m	34.8
2518	成孔方式回旋钻	m^3	184.71
2521	水上埋设钢护筒	t	64.8
2529	灌注桩桩头处理陆上	根	4

第三节　水运工程工程量清单编制

一、总则

《水运工程工程量清单计价规范》(现行)适用于港口工程、航道工程、修造船厂水工建筑物工程以及与之配套的水运建设工程的工程量清单编制和计价活动。

水运工程工程量清单计价活动应遵循客观、公正、公平的原则。水运工程工程量清单计价活动除应符合规范的规定外,尚应符合国家现行有关标准的规定。

二、术语

1. 工程量清单

工程量清单用于表现拟建工程的分项工程项目、措施项目和其他项目的名称及相应数量的明细。

2. 项目编码

项目编码采用五级编码,用12位阿拉伯数字表示,由左至右1~9位为统一编码,其中1、2位为水运工程行业码,3、4位为专业工程顺序码,5、6位为分类工程顺序码,7、8、9位为分部分项工程顺序码,10~12位为特征项目顺序码(第五级编码由清单编制人根据招标工程的工程量清单项目特征自行编制,应从001开始)。

项目编码结构见图10-3-1(以土石方工程项目清单为例)。

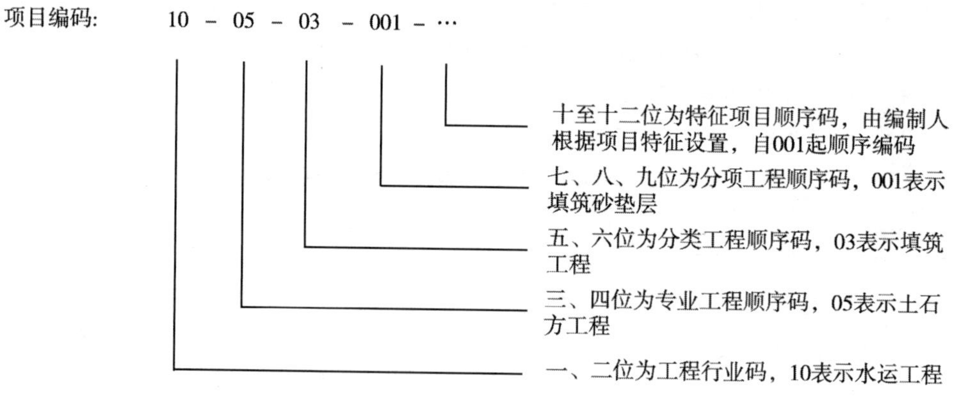

图10-3-1　项目编码结构图

清单编制人在自行设置编码时应注意:

(1)一个项目编码对应于一个项目名称、计量单位、计算规则、工程内容、综合单价。以上五项只要有一项不同,就应另设编码。

(2)项目编码不应再设副码。

(3)同一个单位工程中第五级编码不应重复。

(4)清单编制人在自行设置编码时,并要慎重考虑。

三、工程量清单编制

1. 一般规定

(1)工程量清单应作为招标文件的组成部分。

(2)工程量清单应由具有编制招标文件能力的招标人,或受其委托具有相应资质的单位进行编制。

(3)工程量清单应由分项工程量清单、一般项目清单、计日工项目清单组成。

(4)工程量清单中的计量单位除另有规定外,应满足下列要求:

①按长度计算的项目以"米"计。

②按面积计算的项目以"平方米"或"平方千米"计。

③按体积计算的项目以"立方米"或"万立方米"计。

④按重量计算的项目以"千克"或"吨"计。

⑤按自然计量单位计算的项目以"个""件""根""台""套""组"等计。

⑥没有具体工程数量的以"项"计。

(5)工程量清单中的工程数量的有效位数除另规定外,应符合下列规定:

①以"平方米""米""平方千米""万立方米""千克""吨"为计量单位,应保留小数点后两位数字,第三位数字四舍五入。

②以"个""件""根""台""套""组""项"等为计量单位,应取整数。

(6)招标人应按现行的《水运工程工程量清单计价规范》附录C编制工程量清单表,投标人应按现行的《水运工程工程量清单计价规范》附录D填写工程量清单计价表。招标人应将工程量清单表的电子版文件随招标文件一起提供给投标人。

2. 分项工程量清单

(1)分部分项工程量清单的编制依据应包括下列内容:①国家和行业有关招标投标的法律、法规和规章;②招标文件;③投标文件;④规范规定。

(2)分部分项工程量清单应采用统一格式,并包括序号、项目编码、项目名称、计量单位、工程数量、项目特征等。

(3)分部分项工程量清单应根据现行的《水运工程工程量清单计价规范》附录C中规定的统一项目编码、项目名称和计量单位进行编制。

(4)分项工程量清单的项目编码中的10~12位为000时,应仅作为表示同类分项工程量清单项目的编码;自001起应根据招标工程的工程量清单项目特征由其编制人设置,并应顺序编码。

(5)工程内容应包括完成对应清单项目的全部可能发生的具体工作。

(6)项目特征应对工程项目的要求进行具体准确的描述。

(7)分项工程量清单的项目名称应根据招标工程和现行的《水运工程工程量清单计价规范》附录C中的项目名称及工程内容、项目特征确定。

(8)工程量的计算应按《水运工程工程量清单计价规范》(现行)附录D中的工程量计算规则执行,工程数量应以设计图纸净尺度为准。

(9)编制分项工程量清单发生《水运工程工程量清单计价规范》(现行)附录C未列项目

时,编制人可作补充。

3. 一般项目清单和计日工项目清单

(1)一般项目清单和计日工项目清单应根据招标工程的具体情况列项。一般项目清单的编码应按现行的《水运工程工程量清单计价规范》第3.2.4条执行。

(2)编制一般项目清单和计日工项目清单发生《水运工程工程量清单计价规范》附录C未列项目时,编制人可作补充。

4. 工程量清单格式

(1)工程量清单应采用统一格式。

(2)工程量清单文件应由封面、总说明、工程量清单项目汇总表、分项工程量清单、一般项目清单、计日工项目清单和招标人供应材料设备表等内容组成。

(3)工程量清单总说明应包括下列内容:

①招标工程概况,包括建设规模、工程特征、计划工期、施工现场和交通运输情况、自然地理条件、环境保护要求等。

②工程招标范围。

③工程量清单编制依据。

④工程质量、材料、施工等特殊要求。

⑤招标人自行采购材料的名称、规格、型号、数量等。

⑥其他需要说明的问题。

(4)分项工程量清单填写应满足下列要求:

①项目编码按现行的《水运工程工程量清单计价规范》规定填写。《水运工程工程量清单计价规范》附录C中特征项目码10~12位由编制人自001起顺序编码。

②项目名称根据现行的《水运工程工程量清单计价规范》附录C的项目编码名称确定,结合工程实际情况设置特征项目名称。

③计量单位的选用和工程量的计算按现行的《水运工程工程量清单计价规范》附录C的规定执行。《水运工程工程量清单计价规范》附录C中有两个计量单位的,根据需要选用其中一个。

(5)一般项目清单应根据招标文件确定的一般项目名称填写。凡能列出工程数量并按单价结算的,均应列入分项工程量清单。

(6)计日工项目清单填写应满足下列要求:

①人工按工种、材料和船舶机械按名称和规格型号分别填写。

②选择计量单位时,人工以工日、材料以常用计量单位、船舶机械以艘班或台班分别填写。

(7)招标人供应材料设备表应填写材料设备名称、规格型号、计量单位、数量、单价和交货地点,并应在备注栏内说明材料设备供应的其他条件。

四、案例分析

【例10-3-1】某招标项目堆场工程总面积约7.34万m^2,分为两个单位工程:(1)陆域形成、地基处理;(2)堆场及配套道路。主要工作内容见下表10-3-1所示。

表 10－3－1　主要工作内容表

序号	项目编码	项目名称	单位	数量	说明
一		陆域形成、地基处理			
1	101100020001	清表	m^2	10423.02	平均厚度 20cm，清除树根，杂草、块石，杂填土并整平，运距 3km 以内
2	100503001001	填筑砂垫层	m^2	12167.58	咬填砂，填筑厚度 1.2cm. 包含沉降量及清表厚度，运距 3 km 以内
3	100603005001	陆上强夯	m^2	95583.66	2 遍点夯加 1 遍普夯，夯击能量为 2000 kN－m
二		堆场及配套道路			
1	100503003001	级配碎石垫层	m^2	96530.23	堆场、道路、跑道基础等部位
2	100503008001	水泥稳定碎石垫层	m^2	65208	厚度 25cm
3	100702057001	素混凝土垫层	m^3	225.82	跑道基础
4	100702056001	现浇混凝土面层	m^3	21514.58	
5	100801001001	构造钢筋	t	99.636	

问题：根据本项目的主要工作内容表，指出分项工程量清单表中的项目特征还需补充哪些主要内容。

【解】

(1)陆上强夯的项目特征应补充夯击能量、夯击击数及点夯的夯距布置等有关内容。

(2)级配碎石垫层的项目特征应补充材料品种，规格，铺筑厚度，运距，碾压要求等。

(3)水泥稳定碎石层的项目特征应补充材料配合比、碾压要求等。

(4)素混凝土垫层、混凝土面层的项目特征应补充构件规格、混凝土强度等级、混凝土供应方式等。

(5)构造钢筋的项目特征应补充钢筋种类、规格等。

第十一章 水运工程计价

第一节 水运工程建设项目投资组成

一、概述

(一)水运工程建设项目的投资构成与造价组成

水运工程建设项目的投资构成包括:工程费用、工程建设其他费用、预留费用、建设期利息、专项概算。工程费用包括建筑工程费、安装工程费、设备购置费;工程建设其他费用包括建设用地用海费、建设管理费、监理费、勘察设计费、研究试验费等;预留费用包括基本预备费和物价上涨费。详见表11-1-1。

二、建筑安装工程费用

建筑安装工程费用是水运工程投资构成中工程费用的重要组成部分,该费用反映出水运工程的技术特征和工程实体的投资特性,包含定额直接费、其他直接费、企业管理费、利润、规费、增值税和专项税费,其中定额直接费、其他直接费、企业管理费、利润及规费为不含增值税进项税额的不含税费用。专项税费未包含增值税进项税额的费用。

(一)建筑安装工程费用计算总规定

1. 总规定

(1)水工建筑物工程、陆域建(构)筑物工程和航道整治工程(疏浚工程除外)以及相关配套或附属工程,陆域形成(吹填工程除外)及地基处理工程,设备购置、设备及大型金属结构制作安装工程,机修和其他生产设备的购置及安装工程等,应执行现行的《水运建设工程概算预算编制规定》的水运工程工程费用计算规则及沿海港口工程定额和内河航运工程定额。

对于入海河流以潮汐影响为主(潮流界以下)河段的内河航运工程,其单位工程建筑安装工程费用计算可参照执行沿海港口工程定额和相应施工取费标准。

(2)疏浚与吹填工程费用及计算应执行现行的《水运建设工程概算预算编制规定》的疏浚工程费用计算规则和疏浚工程定额。

(3)其他专业工程,应分别执行相关专业工程定额和相应工程费用计算标准。

2. 关于潮汐影响为主(潮流界)

初步设计概算及施工图预算阶段,应根据水文专业资料以及工程建设施工计划进度安排综合考虑确定潮流界因素,在其以下,建筑安装工程概算费用的确定,可参照执行沿海水工定额和相应的施工取费标准。具体潮流界的确定,应根据工程河段的有效水文资料确定,同时还应考虑施工期等因素。

潮流界是指涨潮水流所能到达的上界,其上为单向流,其下为双向流,超过此界,潮流已不再继续往上行进;潮流界以上一段河道虽为单向流,但径流仍受到潮流的顶托,水位随潮汐涨落而产生升降，水位升降的最上游末端称潮区界。潮区界和潮流界的位置并非固定不变，随着河道径流流量大小和潮汐强弱在一定范围内变动。例如，长江年平均潮流界在江阴附近，洪季潮流界在天生港附近，枯季潮流界在三江营附近；年平均潮区界在铜陵沙，洪季平均潮区界在黑沙洲，枯季平均潮区界在大通。珠江下游为河网，情况更为复杂，各主干水道的潮区界、潮流界见现行的《港口与航道水文规范》相关表格。

表 11－1－1　建设项目总概算费用构成

建设项目总概算	第一部分工程费用	建筑工程费	
		设备购置费	
		安装工程费	
	第二部分工程建设其他费用	建设用地用海费	建设用地征用费
			建设用地、用海使用
			其他
		建设管理费	项目单位开办费
			项目单位经费
			代建管理费
		前期工作费	可行性研究费
			研究试验费
			勘察观测费
			其他
		勘察设计费	勘察费
			设计费
			设计文件第三方技术咨询费
			其他
		监理费	
		研究试验费	
		招标费	
		引进技术和设备材料其他费	
		生产准备费	联合试运转费
			人员培训及提前进厂费
			办公和生产生活家具购置费
		竣工验收前相关费	
		其他相关费用	
	第三部分预留费用	基本预备费	
		物价上涨费	
	建设期利息		
	专项概算		

河口河段划分示意图见图 11 -1 -1。

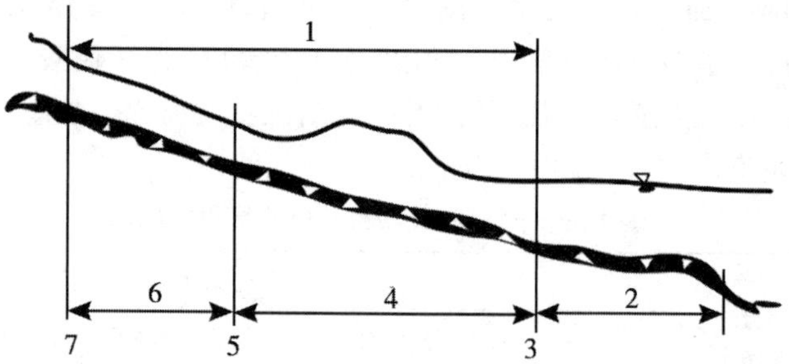

1—感潮河段;2—口外海滨段;3—河口口门;4—河口河流段;5—潮流界;
6—河口河流段;7—潮区界。

图 11 -1 -1　河口河段划分示意图

(二)水运工程(疏浚工程除外)建筑安装工程费用构成

水运工程(疏浚工程除外)建筑安装工程,包括沿海港口、内河航运及船厂水工建筑工程的水工建筑物工程、陆域建(构)筑物工程和航道整治工程(疏浚工程除外)以及相关配套或附属工程,陆域形成(吹填工程除外)及地基处理工程,设备购置、设备及大型金属结构制作安装工程等建筑安装工程费用。其费用构成见表 11 -1 -2。

表 11 -1 -2　建筑安装工程费费用项目组成

<table>
<tr><th>费用项目</th><th colspan="2">费用项目组成</th></tr>
<tr><td rowspan="17">建筑安装工程费用</td><td rowspan="3">定额直接费</td><td>人工费</td></tr>
<tr><td>材料费</td></tr>
<tr><td>施工船舶机械使用费</td></tr>
<tr><td rowspan="7">其他利润直接费</td><td>安全文明施工费</td></tr>
<tr><td>临时设施费</td></tr>
<tr><td>冬季雨季及夜间施工增加费</td></tr>
<tr><td>材料二次倒运费</td></tr>
<tr><td>施工辅助费</td></tr>
<tr><td>施工队伍进退场费</td></tr>
<tr><td>外海工程拖船费</td></tr>
<tr><td colspan="2">企业管理费</td></tr>
<tr><td colspan="2">利润</td></tr>
<tr><td rowspan="3">规费</td><td>社会保险费</td></tr>
<tr><td>住房公积金</td></tr>
<tr><td>其他</td></tr>
<tr><td colspan="2">增值税</td></tr>
<tr><td colspan="2">专项税费</td></tr>
</table>

1. 定额直接费

定额直接费是指施工过程中耗费的构成工程实体和有助于工程形成的各项费用，包括人工费、材料费和施工船舶机械使用费。

1)人工费。人工费指按规定支付给从事建筑安装工程施工的生产工人和附属生产单位工人的各项费用。主要包括计时工资或计件工资、奖金、津贴补贴、加班加点工资及特殊情况下支付的工资等。

现行定额建筑安装工人单价62.47元/工日。

2)材料费。材料费指施工过程中耗用的构成工程实体的材料、辅助材料、构(配)件、零件、半成品或成品和周转材料摊销的费用。材料费应按各类材料单价乘以相应定额消耗的累加之和计算；材料价格分为国内材料和进口材料。

(1)国内材料价格组成：

$$国内材料单价=[(材料原价+运杂费)\times(1+场外运输损耗率(\%))]\times[1+采购及保管费费率(\%)] \tag{11.1.1}$$

式中：

①材料原价或供应价格，指材料的出厂价格或商家供应价格，如为供应价格，包括供销部门手续费、包装费。

②材料运杂费，指材料自来源地运至工地仓库或指定堆放地点所发生的全部费用。

③场外运输损耗，指材料在运输装卸过程中不可避免的损耗。场外运输损耗率根据实际情况确定，条件不具备的可按表11－1－3计列。

④采购及保管费，指为组织采购、供应和保管材料过程中所需的各项费用；包括采购费、仓储费、工地保管费、仓储损耗。采购及保管费费率根据实际需要确定，条件不具备的可按2.5%计列。

表11－1－3　场外运输损耗率参考表

序号	材料名称	汽车运输/%	船舶运输/%
1	砂	1.60	2.30
2	碎石、卵石	1.00	1.30
3	块石、二片石	1.00	1.10
4	水泥	0.30	0.50
5	石屑、砂砾、炉渣、工业废渣、土	2.00	2.50
6	砖	2.00	2.00

(2)进口材料价格组成。进口材料价格组成见表11－1－4，材料价格按照相应规定、标准或办法计算。

3)施工船舶及机械使用费。施工船舶机械使用费指施工船舶机械作业时所发生的施工船舶和施工机械使用费；费用及计算按以下规定执行。

(1)施工船舶机械使用费按相应施工船舶机械艘(台)班单价乘以相应工程定额的施工船舶和机械艘(台)班用量的累加之和计算。

表 11-1-4 进口材料价格组成

名称	内容	计算办法
进口材料原价	指材料的外币到岸价(CIF)	按有关标准计算
国内接运保管费	指进口材料从到达港口运到施工现场仓库或指定堆放地点的运杂费及保管费等费用,如合同规定的进口和材料的到岸价为舱底价时,还应包括卸船费	以进口材料原价外币金额和现行外汇牌价折算成人民币后,按2% ~5%计算
从属费用	指外贸手续费、中国银行手续费、外国银行手续费、海关关税、增值税、海关监管手续费、商品检验费等	按国家有关规定或贷款协定计算

(2)施工船舶机械艘(台)班单价根据相应工程船舶机械艘(台)班费用定额计算;司机及机械使用工、船员的定额人工单价包括工资、奖金、津贴补贴、加班加点工资及特殊情况下支付的工资等。

现行定额司机及机械使用工 69. 19 元/工日,船员 106. 76 元/工日。

2. 其他直接费

其他直接费指定额直接费以外一般情况下施工过程中发生的直接用于工程的、非工程实体的直接费用。主要包括安全文明施工费、临时设施费、冬季雨季及夜间施工增加费、材料二次转运费、施工辅助费、施工队伍进退场费等。

(1)安全文明施工费。安全文明施工费指施工单位为完成工程施工,发生于施工前和施工过程中用于安全生产、文明施工及环境保护等方面的费用,费用及计列按以下规定执行:

①安全生产费指施工现场为完善和改进安全施工条件所需的各项费用,费用内容按照有关规定执行。

②文明施工费指施工现场文明施工所需的费用。

③环境保护费指按环保部门规定,施工现场开展环境保护相关工作所需的费用。

④费用按各类工程的基价定额直接费乘以 1. 5% 计列。

注意按基价定额直接费的 1. 5% 计算,是概预算阶段的计算方法,主要涵盖定额、施工措施及其他直接费之外的安全、文明、环保措施性费用,而非实施阶段的全部安全生产费,实施阶段的安全生产费应按规定计提。

(2)临时设施费。临时设施费指施工单位为进行建筑安装工程施工所必须搭设的基本生活和生产用的临时建(构)筑物和其他临时设施所需的费用。费用内容主要包括工地范围内的临时宿舍、库房、工棚、办公室,生活及管理区域内的水、电、路、管线等临时设施的搭设、维修、拆除及摊销费用。费用按各类工程的基价定额直接费乘以相应费率计算,费率详见编制规定。

应注意水运工程临时设施和大型临时工程的差异,详见设计概算编制章节。

(3)冬季雨季及夜间施工增加费。冬季雨季及夜间施工增加费指施工单位在冬季对工程的一般保护、在雨季及夜间施工所需的费用。费用内容主要包括工程越冬需要采取的一般性防寒、保温措施,在雨季施工需要采取的防雨、防潮措施,在夜间施工的照明设施的摊销及照明用电等费用。但不包括冬季施工措施性费用、采用蒸汽及其他措施养护混凝土构件等费用,以及属于企业管理费开支的值班人员夜餐津贴和现场一般照明等费用。

①费用应按类工程的基价定额直接费乘以相应费率计算。其中一、二类工程的费率见表11－1－5、表11－1－6。

表11－1－5　一类工程冬季雨季及夜间施工增加费费率表

序号	工程类别		华北、西北地区/%	东北地区/%	华东、华南、中南、西南地区/%
1	一般水工工程		1.41	1.67	1.08
2	一般陆域工程		1.33	1.56	1.02
3	陆上软基加固工程		1.01	1.19	0.77
4	航道整治工程	整治水工	1.19	1.40	0.91
5		整治炸礁	1.52	1.80	1.17
6	内河航运设备及大型金属结构设备制作安装工程	制作	1.14	1.35	0.88
7		安装	1.49	1.76	1.14

注：①内河港口装卸机械设备安装工程按内河航运设备及大型金属结构设备安装工程费率乘以0.75系数；

②船厂坞门及设备制作安装工程费率分别按内河航运设备及大型金属结构设备制作安装工程相应费率执行。

表11－1－6　二类工程冬季雨季及夜间施工增加费费率表

序号	工程类别/%		华北、西北地区/%	东北地区	华东、华南、中南、西南地区/%
1	一般水工工程		1.27	1.49	0.97
2	一般陆域工程		1.20	1.40	0.91
3	陆上软基加固工程		0.68	0.80	0.52
4	航道整治工程	整治水工	1.08	1.28	0.83
5		整治炸礁	1.36	1.61	1.04
6	大型土石方工程	机械施工	0.24	0.28	0.18
7		人力施工	0.17	0.20	0.14
8	内河航运设备及大型金属结构设备制作安装工程	制作	1.03	1.22	0.79
9		安装	1.34	1.58	1.03

注：①内河港口装卸机械设备安装工程按内河航运设备及大型金属结构设备安装工程费率乘以0.75系数。

②船厂坞门及设备制作安装工程费率分别按内河航运设备及大型金属结构设备制作安装工程相应费率执行。

②表内区域划分如下：

华北地区：北京市、天津市、河北省、山西省、内蒙古自治区。

西北地区：陕西省、甘肃省、青海省、宁夏回族自治区、新疆维吾尔自治区。

东北地区：辽宁省、吉林省、黑龙江省。

华东地区：上海市、江苏省、浙江省、安徽省、福建省、江西省、山东省。

中南华南地区：河南省、湖北省、湖南省、广东省、广西壮族自治区、海南省。

西南地区：重庆市、四川省、贵州省、云南省、西藏自治区。

(4)材料二次倒运费。材料二次倒运费指施工单位因施工场地条件限制而发生的材料构配件、半成品等一次运输不能到达堆放地点，必须进行二次或多次搬运所需的费用。费用及计

算按以下规定执行:

①费用按各类工程的基价定额直接费乘以相应费率计算,费率详见编制规定。

②航道整治炸礁工程的材料二次倒运费,包括火工产品的多次转运费用(不包括按相关规定或管理部门要求所需的各种运输费用)。

③材料二次倒运费不包括大宗材料的季节性备料所需的费用,季节性备料转运费可根据备料数量、倒运距离和方式按相关标准或办法计算。

④大型土石方工程不计算此项费用。

(5)施工辅助费。施工辅助费指施工单位在施工过程中根据技术标准和需要,为保证工程正常施工所进行的必要的辅助性工作所需的费用,主要包括生产工具用具使用费、检验试验费、工程定位复测点交及场地清理费、爆破测震及扫床费等,费用及计算按以下规定执行:

①生产工具用具使用费,指施工生产所需不属于固定资产的生产工具及检验试验用具等的购置、摊销和维修费,以及支付给生产工人自备工具的补贴费。

②检验试验费,指施工单位对建筑材料、构件和建筑安装物进行一般鉴定、检查所需的费用,包括自设试验室进行试验所耗用的材料和化学用品费用等,以及技术革新和研究试验费。不包括新结构、新材料的试验费,对构件做破坏性试验及其他特殊要求检验试验的费用,以及由建设单位委托检测机构进行检测的费用,对此类试验、检测所需的费用,在工程建设其他费用中计列;对施工单位提供的具有合格证明的材料进行检测不合格的,该检测费用由施工单位支付。

③爆破测震及扫床费,指水下炸礁工程中为观测爆破产生的震波对周围环境的影响以及交工前扫床验收所需的费用。

④费用按各类工程的基价定额直接费乘以相应费率计算,费率详见编制规定。

(6)施工队伍进退场费。施工队伍进退场费指施工单位承担工程施工使用的施工船舶机械进入和退出施工现场及派出部分施工力量一次往返调遣所需的费用。费用内容主要包括调遣期间职工工资、差旅交通费、施工船舶机械、工具器具、周转材料和生产及管理用具的调遣和运杂费,以及施工船舶机械在调遣时需要封舱、开舱,拆卸、复原等费用。

费用按各类工程的基价定额直接费乘以相应费率计算,费率详见编制规定。费率按施工队伍基地距工程所在地的距离确定,施工队伍基地指承担工程的施工队伍总部或具备办公生活及施工资源驻停、存放条件,具有维护保养功能设施所在地。

(7)外海工程拖船费(沿海港口建筑安装部分)。外海工程拖船费指码头、防波堤、栈(引)桥等工程使用挖泥船、打桩船、起重船、打夯船等大型工程船舶在外海施工时,由于风浪水流等原因不能连续驻船作业,必须拖回临时停泊地而发生的船舶拖运费,费用应按相应水工工程的基价定额直接费乘以费率计算,其中一类工程费率为1.13%,二类工程费率1.02%。

一般陆域工程、陆上软基加固工程、大型土石方工程不计外海工程拖船费。

(8)其他特殊说明。其他直接费中的临时设施费、冬季雨季及夜间施工增加费、材料二次倒运费、施工辅助费、施工队伍进退场费,对于内河港口装卸机械设备安装工程,费率按内河航运设备及大型金属结构设备安装工程费率乘以0.75系数;对于船厂坞门及设备制作安装工程,费率按内河航运设备及大型金属结构设备制作安装工程相应费率执行。

3. 企业管理费

企业管理费包括施工单位为组织施工生产和经营管理所需的费用,以及建筑安装工程附加税。费用主要包括管理人员工资、办公费、差旅交通费、固定资产使用费、工具用具使用费、劳动保险和职工福利费、劳动保护费、工会经费、职工教育经费、财产保险费、财务费、税金、附加税及其他。

费用按各类工程的基价定额直接费、其他直接费之和乘以费率计算，费率详见编制规定。费率按施工单位距工程所在地的距离确定，施工单位所在地指承担工程的施工单位总部所在地。

对于内河港口装卸机械设备安装工程，费率按内河航运设备及大型金属结构设备安装工程费率乘以0.75系数；对于船厂坞门及设备制作安装工程，费率按内河航运设备及大型金属结构设备制作安装工程相应费率执行。

费用主要包括以下内容：

(1)管理人员工资指按规定支付给管理人员的计时工资、奖金、津贴补贴、加班加点工资及特殊情况下支付的工资等。

(2)办公费指企业管理办公用文具、纸张、账表、印刷、邮电、书报、会议、水、电、烧水和集体取暖(包括现场临时宿舍取暖)等所需费用。

(3)差旅交通费指职工因公出差、工作调动的差旅费、住勤补助费，市内交通费和误餐补助费，职工探亲路费，劳动力招募费，职工离退休、退职一次性路费，工伤人员就医路费，工场转移费以及管理部门使用的交通工具的油料、燃料等费用。

(4)固定资产使用费指管理和试验部门及附属生产单位使用的属于固定资产的房屋、设备仪器等的折旧、大修、维修或租赁等所需费用。

(5)工具用具使用费指企业管理使用的不属于固定资产的家具、交通工具和消防用具等的购置、维修和摊销费用。

(6)劳动保险和职工福利费指由企业支付的职工退职金、按规定支付给离休干部的经费，集体福利费、夏季防暑降温、冬季取暖补贴、上下班交通补贴等费用。

(7)劳动保护费指企业按规定发放劳动保护用品所需费用。如工作服、手套以及在有碍身体健康的环境中施工的保健费用等。

(8)工会经费指企业按规定应计提的工会经费。

(9)职工教育经费指按规定比例计提，企业为职工进行专业技术和职业技能培训，专业技术人员继续教育、职工职业技能鉴定、职业资格认定以及根据需要对职工进行各类文化教育所需的费用。

(10)财产保险费指施工管理用财产、车辆等保险费用。

(11)财务费指企业为施工生产筹集资金或提供预付款担保、履约担保、职工工资保险等所需的各种费用。

(12)税金指企业按规定缴纳的房产税、车船使用税、土地使用税、印花税等税金。

(13)附加税指应计入建筑安装工程费用、以增值税应纳税额为基数计算的城市建设维护税、教育费附加及地方教育附加等。

(14)其他，指上述项目以外的其他必要支出所需费用。包括技术转让费、技术开发费业务招待费、绿化费、广告费、公证费、法律顾问费、审计费、咨询费、上级管理费等。

4. 利润

利润指施工单位完成所承包工程应取得的盈利。利润应按各类工程的基价定额直接费、其他直接费和企业管理费之和乘以相应费率计算。

一般水工工程、一般陆域工程、陆上软基加固工程、航道整治工程(整治水工及整治炸礁)、大型土石方工程(机械施工和人力施工)、内河航运设备及大型金属结构设备制作安装工程、船厂坞门及设备制作安装工程,按利润率7%计算。大型土石方工程的填料价值、堆载预压工程的外购堆载材料价值,按利润率的3%计算。

5. 规费

规费指根据国家法律、法规规定,由施工单位必须缴纳的费用。规费项目组成及内容应符合表11-1-7规定。

(1)社会保险费和住房公积金按工程所在地相应规定计列,条件不具备的,编制概算预算时按各类工程的基价定额直接费乘以相应费率计算,但不作为实际缴费的依据。

(2)其他,指上述规费外,根据国家及省级人民政府的规定必须缴纳的其他规费。其他规费计算时应列明依据文号、名称和计算方法等。

表11-1-7 规费项目组成及内容表

序号	项目名称		内 容
1	社会保险费	基本养老保险费	指企业按规定标准为职工缴纳的基本养老保险费
2		基本医疗保险费	指企业按照规定标准为职工缴纳的基本医疗保险
3		工伤保险费	指企业按照规定标准为职工缴纳的工伤保险费
4		失业保险费	指企业按照国家规定标准为职工缴纳的失业保险费
5		生育保险费	指企业按照规定标准为职工缴纳的生育保险费
6	住房公积金		指企业按规定标准为职工缴纳的住房公积金
7	其他		指根据国家或省级人民政府规定计列的其他规费项目

6. 增值税

增值税指按国家税法规定,应计入建筑安装工程造价的增值税额。增值税计算公式为:

$$\text{增值税}=\text{税前工程造价}\times\text{建筑安装工程增值税税率} \tag{11.1.2}$$

式中,税前工程造价为不含税市场价定额直接费、其他直接费、企业管理费、利润、规费之和。税率应按国家颁布的现行税率。

7. 专项税费

专项税费指根据工程需要或法规规定,在建筑安装工程费中计列的相关税费,以及特种运输过路过闸费等发生一定工作量或费用性支出所需费用。应根据工程、工作或费用内容按相应标准计算,一般情况下应计算增值税。

(三)疏浚工程建筑工程费用构成

疏浚工程包括沿海港口、内河航运及船厂水工建筑工程的疏浚工程及吹填工程,其费用构成见表11-1-8。

1. 定额直接费

疏浚工程定额直接费是指施工过程中消耗的构成工程实体和有助于工程形成的各项费用,包括挖泥、运泥、吹泥费,开工展布、收工集合费,施工队伍调遣费,管架安拆费。

表 11-1-8　疏浚与吹填单位工程费用项目组成

费用项目	费用项目组成	
单位疏浚工程费用	定额直接费	挖泥、运泥、吹泥费
		开工展布、收工集合费
		施工队伍调遣费
		管架安拆费
	其他直接费	安全文明施工费
		卧冬费
		疏浚测量费
		施工浮标抛撤及使用费
	企业管理费	
	利润	
	规费	社会保险费
		住房公积金
		其他
	增值税	
	专项费用	

(1)挖泥、运泥、吹泥费包括在挖泥、运泥、吹泥过程中各种船舶和排泥管的使用费。

(2)开工展布、收工集合费包括船舶进退场的费用。

(3)施工队伍调遣费包括施工船舶、设备等根据建设任务的需要,非成建制地由原施工地点(或由基地)至另一施工地点所发生的往返调遣费用。

(4)管架安拆费包括排泥管架安拆所发生的费用。

2. 其他直接费

其他直接费指疏浚工程定额直接费以外施工过程中发生的直接费,包括安全文明施工费卧冬费、疏浚测量费、施工浮标抛撤及使用费等。

(1)安全文明施工费,包括按照国家现行的施工安全、施工现场环境与卫生标准和有关规定,购置和更新施工防护用具及设施、改善安全生产条件和作业环境所需要的安全施工费、临时设施费、环境保护费和文明施工费。

安全施工费包括施工现场安全施工所需要的各项费用,以基价定额直接费为基础按 2.3% 计列。

临时设施费包括施工企业为进行疏浚工程施工所必须搭设的生活和生产用的临时建筑物、构筑物和其他临时设施费用,如临时设施的搭设、维修、拆除、清理费或摊销费等,以基价定额直接费为基础按 2.0% 计列。

环境保护费包括施工现场为到达环保部门要求所需的各项费用,以基价定额直接费为基础按 0.05% 计列。

文明施工费应包括施工现场文明施工所需要的各种费用,以基价定额直接费为基础按 0.2% 计列。

(2)卧冬费,指船舶在不具备出航条件的季节性封冻河流进行疏浚施工增加费用,按基价定额直接费的30%计算。

(3)疏浚测量费包括施工过程中进行水深检测所发生的费用。以疏浚工程量为基础按表11－1－9规定计算。

表11－1－9　疏浚测量费计算表

序号	工程量合计X/万m^3	测量费/元·万m^{-3}	疏浚工程测量费算式/万元
1	X≤1000	1600	0.16X
2	1000＜X≤2000	1400	0.14X＋20
3	X＞2000	1000	0.1X＋100

注:疏浚测量费各档之间按差额定率累进法计算。

(4)施工浮标抛撤及使用费指浮标的抛撤、使用所发生的费用和航标船的调遣费用,按照相关航标定额计算费用。

3. 企业管理费

企业管理费应包括施工企业为组织施工生产和经营管理活动及施工现场管理所发生的费用。企业管理费以基价定额直接费与其他直接费之和为基础按15%计算。

4. 利润

疏浚工程利润,指施工企业从事疏浚与吹填工程施工所获得的盈利。利润以基价定额直接费、其他直接费、企业管理费之和为基础按费率7%计算。

5. 规费

规费指根据国家法律、法规规定,由施工单位必须缴纳,并计入疏浚与吹填工程造价的费用。包括:社会保险费、住房公积金、其他,其中:

(1)社会保险费和住房公积金应按工程所在地相应规定计列,条件不具备的,编制概算预算时按船员人工费的40%计算。

(2)其他,指上述规费外,根据国家或省级人民政府的规定必须缴纳的其他规费。其他规费计算时应列明依据文号、名称和计算办法等。

6. 增值税

增值税指按国家税法规定,应计入疏浚与吹填工程造价的增值税额。

$$增值税＝税前工程造价×疏浚或吹填工程增值税税率 \qquad (11.1.3)$$

式中,税前工程造价为不含税市场价定额直接费、其他直接费、企业管理费、利润、规费之和。税率应按国家颁布的现行税率。

7. 专项税费

专项税费指根据工程需要或法规规定,在疏浚与吹填工程费中计列的相关税费,以及特种运输过路过闸费等发生一定工作量或费用性支出所需费用。如疏浚土废弃物倾倒费、过路过闸费等。

相关税费应按法律法规及相关计算标准计列。专项税费中发生一定工作量或费用性支出所需的费用,应按工程、工作或费用内容和相应标准或办法计算。

(四)设备购置费用组成及计算

设备购置费指为满足水运建设项目投产营运需要,根据设计要求,购置达到固定资产标准的生产设备(含备品备件),以及工器具和生产家具等所需的费用。设备购置费分为国产设备购置费和进口设备购置费。

航运枢纽工程中的电站等有关部分的设备购置费的构成及计算,可参照水利水电等相关定额标准。

生产设备购置费分为国产设备购置费和进口设备购置费,费用项目内容应符合下列规定。

1. 国产设备购置。

国产设备购置费主要包括设备原价(含工器具、备品备件)、运杂费、运输保险费及采购保管费等。

国产设备购置费内容组成,见表 11－1－10。

表 11－1－10　国产设备购置费内容组成表

项目名称		内容及说明
设备原价	设备出厂价格(或供应价格)	1. 设备出厂价格指设备生产厂现行出厂价格。非标设备应按合同价格或生产厂实际价格(不包括非标设计费)确定 2. 如为供应价格,尚应包括供销部门手续费、包装费
	备品备件	指设备在投产运行初期所必须配置的易损零部件、专用替换材料等所需费用
运杂费		指设备自来源地运至安装现场所需的运杂费用(含设备抵安装现场后至安装前的设备二次转运费用)。主要包括运输费、包装费、装卸费等
运输保险费		指设备的国内运输保险费用
采购保管费		指采购及保管设备过程中所需的各项费用。主要包括采购保管部门工作人员的人工费、工具用具使用费、办公费、差旅交通费等,仓库或转运站等固定资产折旧费(租赁费)、检修费、技术安全措施费等,采购保管中必要的检验试验费,供销部门手续费等

一般起重设备、通信及航标设备、启闭设备、港口装卸设备、机修及其他生产设备运杂费,按设备原价乘以表 11－1－11 内费率计算;港(厂)区作业车船及其他交通车辆设备的运杂费,按设备原价乘以表 11－1－11 内费率的 1/2 计算。

表 11－1－11　运杂费费率表

序号	工程所在地区	费率/%
1	天津、河北、辽宁、上海、浙江、江苏、福建、山东、广东、海南、广西	4.00
2	山西、黑龙江、吉林、安徽、江西、湖北、湖南、河南、陕西	5.00
3	重庆、四川、云南、贵州	6.00

注:①表内费率含设备二次转运费,占运杂费的 5% ~8%。

②超限设备运输的特殊措施费,可按有关规定另行计算。

③运输保险费按设备原价乘以相应费率计算。

④采购保管费按设备原价乘以 0.6% 计算。

2. 进口设备购置费

进口设备购置费主要包括设备原价、国内接运保管费和从属费用等。一般情况下,进口设备购置费费用组成及内容见表 11－1－12 规定。

表 11-1-12　进口设备价格内容及计算表

项目名称	内容及说明	计算办法
设备原价	指设备(含备品备件)的外币到岸价(CIF)	设备原价(CIF)=货价(FOB)+国际运费+运输保险费 式中:国际运费=外币 FOB×费率 运输保险费=[(外币 FOB+国际运费)+(1-保险费率)]×保险费率
国内接运保管费	指进口设备从到达港口运到施工现场仓库或指定堆放地点的运杂费及保管费等费用,如合同规定的进口和设备的到岸价为舱底价时,还应包括卸船费	可根据进口设备原价(包括备品备件购置费)外币金额和现行外汇牌价折算成人民币后,按 0.6% ~2.0% 计算;超限设备运输的特殊措施费,可按有关规定另行计算
从属费用	指外贸手续费、中国银行手续费、外国银行手续费、海关关税、增值税、消费税、海关监管手续费(对减免保税货物收取)、车辆购置附加费、商品检验费等	应按国家有关规定或贷款协定计算

对于采用设备供货、安装及调试承包方式的设备购置,其设备购置包括设备购置、安装等全部费用,其安装工程费可根据设备到货状态等因素,按设备原价乘以相应工程综合费率计算,并应计算税金。安装工程综合费率可按港口工程 3% ~10% 、其他工程 3% ~15% 计算。

对于设备系统配套的计算机系统设计、集成、软件开发调试等费用,应按相应规定、标准计算,并应归入相应设备系统的建筑安装工程费用。

3. 工器具和生产家具购置费

工器具和生产家具购置费应根据设计提出的清单计算;条件不具备的,可按不同建设项目的生产设备购置费乘以相应费率计列,其中:航运枢纽工程 0.3% ,通航建筑物工程 0.75% ,港口工程 1.6% ,航道整治工程 1.00% 。

4. 机修及其他辅助生产设备

(1)机修及其他生产设备应根据设计提出的清单计算。

(2)机修及其他辅助生产设备安装工程费应按相关定额计算;条件不具备的,可按设备价乘以表 11-1-13 费率计列;发生施工队伍调遣费时,费用可按安装工程费的 4% ~10% 计列。

表 11-1-13　机修及其他辅助生产设备安装工程费费率表

序号	设备类别	费率/%
1	维修车间,车库	1.70
2	氧气站,空压站,乙炔站,氮气站(包括管道附件)	10.00
3	变电站(所),配电所,充电间	11.00
4	供水调节站	21.00
5	仓库(有行车)	2.20

（续表）

序号	设备类别		费率/%
6	锅炉房	热水锅炉	38.00～42.00
7		动力锅炉	13.00～23.00
8	换热站	全自动热交换机组	75.00
9	趸船		2.00

(3)机修及其他辅助生产设备基础费用，可按设备原价乘以表11－1－14相应费率计列。

表11－1－14　设备基础费用费率表

序号	设备类别	费率/%
1	维修车间，车库	0.90
2	氧气站，空压站，乙炔站，氮气站，变电所，配电所	1.50
3	锅炉房（含循环水池、沉淀池、钢烟囱）	6.00～12.00
4	换热站	2.80

三、工程建设其他费用构成及计算

工程建设其他费用指工程建设项目总概算费用中，自项目筹备开始至项目竣工验收交使用的整个建设期间，构成建设投资、除工程费用以外、为保证工程建设顺利完成和交付使用后能够正常发挥效用所需的费用。

工程建设其他费在总概算表中属于第二部分费用，应根据编制规定和项目建设实际需要严格按照国家及行业主管部门、省级人民政府发布的法律法规、政策规定和技术标准计列。列原则为：合法性原则，即符合国家政策法规规定；有效性原则，即现行技术标准规范、规程规定的工作内容；真实性原则，即确实在工程建设中实际发生的项目。

水运工程建设项目中的外部配套项目，以及航运枢纽建设项目中的“水库移民征地拆迁补偿”等项目的工程建设其他费用，应在相应专项概算中计列。

水运支持系统工程和水运其他工程项目，应根据项目实际需要确定工程建设其他费用项目，参考相应项目计算办法调整并计算费用。

（一）建设用地用海费

建设用地用海费，主要包括根据国家相关法律法规，为进行水运建设工程所需的建设用地征用费或建设用地、用海使用费及其他等。对于航运枢纽建设项目，库区土地征用及移民安置补偿费，应根据相关行业标准及规定在相应专项概算中计列。

计算方法：应根据设计提出的用地（包括水面）数量和其附着物的情况，以及实际发生的费用项目，按照国家有关规定和工程所在地地方政府制定的标准计算。其中包括使用海域按照用海类型、海域等别以及相应的海域使用金征收标准计算的海域使用金，使用海域及相邻海域的水产养殖物的动迁补偿费等费用。

1. 建设用地征用费

系指根据国家相关法律规定征用工程建设用地和施工用地所需的费用。主要包括土地补偿费、地上附着物及青苗补偿费、安置补助费等。

2. 建设用地、用海使用费

系指根据国家相关法律法规,经有关部门批准获得土地、海域(或水域)使用权所需的建设用地、用海(或水域)使用费及相关费用等。

3. 其他

指依据国家、省级人民政府相关规定需要计列的建设用地所需的其他有关费用,如环境补偿费、森林植被恢复费等。费用根据国家、省级人民政府有关规定按相应标准计算。

4. 其他与用地用海相关联的费用

其他与用地用海相关联的费用,一般应单独计列。海洋生态补偿费、岸线使用费、水土保持补偿费以及填海项目

(二)建设管理费

建设管理费,指项目单位为组织完成项目工程建设,自工程可行性研究报告审批、核准备案之日起至项目竣工验收之日止的建设期内所需的项目建设管理性质费用,主要包括项目位开办费、项目单位经费、代建管理费等。应注意建设管理费计算的起始时间是自工程可行性研究报告审批、核准或备案之日起。各项费用应符合下列规定:

(1)项目单位开办费,指新组建的项目单位为保证正常开展管理工作所需的初始费用内容主要包括办公和生活临时用房、车船和办公生活设备、其他用具用品购置或租赁所的费用,以及用于开办工作所需的其他费用。

项目单位开办费根据项目建设管理需要按以下方法计列:

①办公和生活临时用房费用,按房屋建筑面积乘以工程所在地临时用房造价或房屋租价指标计列,所需房屋建筑面积根据实际需要考虑;条件不具备的,可按指标估列,其中:

航运枢纽、综合性港口工程:

$$\text{临时用房建筑面积} = 2000\text{m}^2 + \text{项目单位定员} \times (25 \sim 30)\text{m}^2 \tag{11.1.4}$$

通航建筑物、航道整治、一般港口、单一疏浚及吹填造陆等工程:

$$\text{临时用房建筑面积}\ S = 1000\text{m}^2 + \text{项目单位定员} \times (25 \sim 30)\text{m}^2 \tag{11.1.5}$$

②车船购置费,根据相关规定或标准,以及工程建设管理实际需要确定相应类型、规格及数量,按市场价格编制分项概算。

③办公设备及设施、其他用具用品购置,以及用于开办工作的其他费用,根据工程建设管理实际需求确定的品种、规格、数量,按市场价格编制分项概算;条件不具备的,可按项目单位定员人数乘以10000元/人指标估列。

(2)项目单位经费指项目单位对工程建设实施日常管理所需的经常性费用。费用内容主要包括不在原单位发工资的工作人员工资及相关费用(包括工资、工资性补贴、施工现场津贴、职工福利费、社会保险费和住房公积金等),办公和差旅交通费、劳动保护费、工具用具使用费、固定资产使用费、办公和生活用品购置费、零星固定资产购置费,招募生产工人费,技术图书资料费(含软件),业务招待费,合同契约公证费、法律顾问费,咨询费,竣工验收费,土地使用税、房产税、车船税、印花税,水电费、信息通信费、采暖费等,以及其他管理性质支出所需的费用。

项目单位经费,根据建设管理需要,以工程费用为基数乘以费率(表11-1-15)计算。

表 11－1－15　项目单位经费费率

序号	工程费用合计 M/万元	建设项目类型			
		航运枢纽/%	通航建筑物/%	港口/%	航道整治/%
1	M≤5000	4.92	4.81	4.81	4.16
2	5000＜M≤10000	2.78	2.36	2.31	1.81
3	10000＜M≤30000	2.10	1.79	1.74	1.37
4	30000＜M≤50000	1.59	1.35	1.32	1.03
5	50000＜M≤100000	1.43	1.22	1.19	0.93
6	100000＜M≤200000	1.22	1.04	1.01	0.79
7	200000＜M≤300000	0.79	0.67	0.66	0.51
8	300000＜M≤500000	0.51	0.43	0.42	0.33
9	500000＜M≤800000	0.38	0.32	0.32	0.25
10	800000＜M≤1000000	0.29	0.25	0.24	0.19

注：①费用按差额定率累进法计算。

②单一疏浚、吹填造陆项目按航道整治工程项目乘以 0.6 系数。

(3)代建管理费指项目单位根据相关规定，委托代建单位进行项目建设管理所需的费用应根据代建管理内容、要求及市场因素计算，条件不具备的，可参照相关标准或办法计列代建管理费的费用项目及内容不得与项目单位开办费和项目单位经费重复计列。

(4)差额定率累进法算例见表 11－1－16，以项目单位经费计算为例。

表 11－1－16　项目单位经费算例（差额定率累进法）

序号	工程费用总和/万元	项目单位经费费率/%				航运枢纽项目项目单位经费算例/万元	
		航运枢纽	通航建筑物	港口	航道整治	工程费用	项目单位经费
1	M≤5000	4.92	4.81	4.81	4.16	5000	5000×4.92%＝246.00
2	5000＜M≤10000	2.78	2.36	2.31	1.81	10000	246.00＋(10000－5000)×2.78%＝384.97
3	10000＜M≤30000	2.1	1.79	1.74	1.37	30000	384.97＋(30000－10000)×2.10%＝804.95
4	30000＜M≤50000	1.59	1.35	1.32	1.03	50000	804.95＋(50000－30000)×1.59%＝1122.94
5	50000＜M≤100000	1.43	1.22	1.19	0.93	100000	1122.94＋(100000－50000)×1.43%＝1837.92
6	100000＜M≤200000	1.22	1.04	1.01	0.79	200000	1837.92＋(200000－100000)×1.22%＝3057.91
7	200000＜M≤300000	0.79	0.67	0.66	0.51	300000	3057.91＋(300000－200000)×0.79%＝3847.90

(续表)

序号	工程费用总和/万元	项目单位经费费率/%				航运枢纽项目项目单位经费算例/万元	
		航运枢纽	通航建筑物	港口	航道整治	工程费用	项目单位经费
8	300000 < M≤500000	0.51	0.43	0.42	0.33	500000	3847.90 + (500000 - 300000) ×0.51% = 4867.90
9	500000 < M≤800000	0.38	0.32	0.32	0.25	800000	4867.90 + (800000 - 500000) ×0.38% = 6007.69
10	800000 < M≤1000000	0.29	0.25	0.25	0.19	1000000	6007.69 + (1000000 - 800000) ×0.29% = 6587.89

注:本算例以航运枢纽项目为例,其他建设项目按项目工程费用合计选用相应费率;计算方法同航运枢纽项目。

(三)前期工作费

前期工作费,指政府投资工程建设项目在工程可行性研究报告审批之前、企业投资工程建设项目在核准或备案之前所发生的费用。主要包括可行性研究费(或项目申请书编制费)、研究试验费、勘察观测费及其他。

(1)可行性研究费(或项目申请书编制费),指在建设项目前期工作中,编制和评审评估项目建议书或预可行性研究报告、工程可行性研究报告(或项目申请书)等所发生的费用。

(2)研究试验费,指项目前期建设方为建设项目提供或验证设计咨询数据、资料等进行的研究试验,以及按照设计咨询要求必须进行试验、验证等工作所发生的费用。

(3)勘察观测费,指项目前期为保证项目实施所必须进行的勘察、观测等工作所发生的费用。

(4)其他,主要包括为完成项目前期各项工作所发生的咨询、评估、论证和管理等所产生的费用。

各项费用应据实计列,尚未确定费用额度的项目,应根据实际情况按相关标准或办法编制费用项目分项概算,并应列明相应依据及计算办法;条件不具备的,可参考有关资料计列,并应列明相应资料信息及计算办法。

(四)勘察设计费

勘察设计费指初步设计、施工图设计等阶段,对工程项目进行勘察、设计、专项咨询、编制造价控制文件等所需的费用,主要包括勘察费、设计费、设计文件第三方技术咨询费及其他列规定:

(1)勘察费指进行各类工程勘察(含施工前第三方测量)所需的费用。勘察费按以下规定执行:

①对已完成的勘察工作,费用按实际发生情况计列。

②对未完成的勘察工作,费用按合同计列。

③条件不具备的,根据实际需要可按有关定额及标准计算,并列明相应依据及计算办法。

(2)设计费指进行建设项目设计和编制初步设计文件、施工图设计文件、非标准设备设计文件、编制相应造价文件,以及编制竣工图文件、进行工程专项咨询等所需的费用。

①设计费根据合同计列;条件不具备的,可按基本设计费与其他设计费之和计列,费用计算参考相关标准;

②工程设计中采用设计人自有专利或者专有技术的,其专利和专有技术费根据合同或参考类似工程资料计列;

③工程设计中的引进技术需要境内设计人配合设计的,或需要按照境外设计程序和技术质量要求由境内设计人进行设计的,设计费根据实际发生额或参考类似工程资料计列;

④由境外设计人提供设计文件,需要境内设计人按照国家标准规范审核并签署确认意见的,审核设计费根据实际发生额或参考类似工程资料计列;

⑤初步设计和施工图设计阶段的工作量比例一般为4:6(对于航道整治工程工作量比例为6:4),不同阶段设计费按上述比例划分。

(3)设计文件第三方技术咨询费,指根据相关规定,为保证工程设计质量,由第三方对初步设计文件、施工图设计文件进行技术审查咨询,以及对造价文件进行专项审查咨询所需的、由项目单位支付的费用。

费用按相关规定计列或根据咨询工作量考虑;条件不具备的,可按建筑安装工程费为基数乘以费率计算(表11-1-17)。

表11-1-17 设计文件第三方技术咨询费参考费率表

序号	建筑安装工程费M/万元	初步设计(航道整治施工图设计)/%		施工图设计(航道整治初步设计)/%	
		设计文件	造价文件	设计文件	造价文件
1	M≤5000	0.160	0.032	0.240	0.048
2	5000<M≤10000	0.130	0.026	0.195	0.039
3	10000<M≤50000	0.110	0.022	0.165	0.033
4	50000<M≤100000	0.100	0.020	0.150	0.030
5	100000<M≤200000	0.090	0.018	0.135	0.027
6	200000<M≤300000	0.080	0.016	0.120	0.024
7	300000<M≤5000000	0.060	0.012	0.090	0.018

注:①"设计阶段"栏括号表示相应费率亦对应括号内所示工程及设计阶段。

②对于离岸孤立建筑物工程、航运枢纽工程,其费率可根据技术审核咨询实际工作内容进行调整。

③单一疏浚、吹填造陆项目咨询费用乘以0.85的系数。

④不进行造价文件专项审查咨询的项目不得计列造价文件审查咨询费。

⑤费用按差额定率累进法计算。

(4)其他,指为建设项目勘察设计所进行的其他工作所需的费用。如勘察设计专项评审、咨询会议、设备采购技术规格书编制等。对于已实施的项目,费用据实计列;未实施的,费用根据实际需要和工作内容及深度要求,参照相关标准或计算办法计列,并列明相应依据及设计办法。

(五)监理费

监理费指根据国家相关规定和工程建设需要,由监理人开展建设工程监理与相关服务、施工期环境监理等所需的费用。主要包括建设工程施工监理服务费、其他相关服务费及施工期环境监理费等,各项费用应符合下列规定。

(1)建设工程施工监理服务费指开展建设工程施工阶段的质量、进度、费用控制管理和安全生产监督管理,合同、信息等方面协调管理等服务所需的费用。

费用应根据项目需要和工作内容计列;条件不具备的,可按需监理服务工程项目的工程费用乘以参考表 11 - 1 - 18 费率计算。

表 11 -1 -18　施工监理服务费参考费率表

序号	工程费用/万元	费率/%
1	≤500	3. 63
2	≤1000	3. 31
3	≤3000	2. 86
4	≤5000	2. 66
5	≤10000	2. 40
6	≤20000	2. 16
7	≤40000	1. 95
8	≤60000	1. 82
9	≤80000	1. 73
10	≤100000	1. 66
11	≤200000	1. 49
12	≤400000	1. 34
13	≤600000	1. 25
14	≤800000	1. 19
15	≤1000000	1. 14

注:①离岸孤立建筑物工程、航运枢纽工程监理费用乘以 1. 15 的系数。

②单一疏浚、吹填造陆工程监理费用乘以 0. 85 的系数。

③设备购置费占工程费用 40% 以上时,按设备购置费的 40% 计入计费基础。

④费用按差额定率累进法计算。

(2)其他相关服务费指为建设项目勘察、设计、保修等阶段提供相关服务所需的费用。费用主要包括下列内容:

①勘察阶段协助发包人编制勒察要求、核查助察方案并监督实施,参与验收勘察成果;

②设计阶段协助发包人编制设计要求、组织评选设计方案,对各设计单位进行协调管理、监督合同履行,审查设计进度计划并监督实施,核查设计大纲和设计深度、使用技术规范合理性,提出设计评估报告,协助审核设计概算。

③保修阶段检查和记录工程质量缺陷,对缺陷原因进行调查分析并确定责任归属,审核修复方案,监督修复过程并验收,审核修复费用。

费用应根据监理服务工作内容计列;条件不具备的,可按施工监理服务费的 5% ~10% 估列。

(3)施工期环境监理费指根据环境保护审批要求,环境监理单位实施工程施工环境监理等相关服务所需的费用,主要包括施工期环境监测费、环境跟踪监测费等。费用根据环境评价及批复意见的有关内容,按相关标准或参考有关资料计列,并列明相应依据、资料信息及计算办法。

(4)利用外资贷款建设项目的外方监理费,其项目及费用应按有关协议计列;条件不具有的,可按相关标准或参照相关资料计列,并列明相应依据、资料信息及计算办法。

(六)研究试验费

研究试验费指项目建设期间,为工程建设提供或验证设计参数、资料等进行必要的研究试验,以及按照设计需要,在建设过程中必须进行试验、观测、验证等工作所需的费用。如:典型施工增加费、试验段工程增加费等。

费用不包括由科技三项费用(即新产品试制费、中间试验费和重要科学研究补助费)开支的项目费用,在建筑安装工程费中列支的施工企业对建筑材料、构件和建筑物进行一般鉴定、检查所发生的费用及技术革新的研究试验费用,以及由勘察设计费或工程费用中开支的项目费用。

费用根据合同计列;未订立合同的,根据设计提出的研究试验内容,考虑实际情况按相关标准或计算办法编制费用项目分项概算,并列明相应依据及计算方法。

水运工程研究试验费内容,依据项目情况可能包含:静载试桩、总平面模型试验、防波堤断面模型试验、波浪潮流泥沙,船舶仿真模拟、操船模拟、船舶泊稳,典型施工增加费、试验段工程增加费,其他特殊结构的研究试验等。

其中物模数模试验费,可参照现行的《水运工程物理模型试验参考定额》《水运工程数学模型试验研究参考定额》计算。

(七)招标费

招标费指根据相关规定和管理需要,进行工程建设招标活动所需的费用,主要包括招标代理费、编制最高投标限价或标底费用,以及进场交易费用等。各项费用应符合下列规定:

(1)招标代理费指由招标代理机构进行工程、货物、服务招标,编制招标文件、审查投标人资格,组织投标人踏勘现场及答疑,组织开标、评标、定标,以及提供招标前期咨询、协调合同签订等服务所需的费用。

应注意招标代理不是必需的,属市场服务行为。进入交易市场的是依法必须招投标的项目的招投标工作。

费用应根据实际发生情况或项目需要计列;条件不具备的,可按拟定招标方案项目的概算金额乘以相应费率计算。

(2)编制最高投标限价或标底等造价文件所需的费用。费用应按项目实际计列;条件不具备的,可参照相关造价文件编制计费方法计算。

(3)拟自行招标的工程,可根据招标工作内容计列招标工作费用。

(4)进场交易费指根据相关规定或管理需要,工程项目进入公共资源交易平台(市场)所需的费用。注意部分地区已经不收取进场交易费。

(八)引进技术和进口设备材料其他费

引进技术和进口设备材料其他费,指为引进技术和进口设备材料所需的、在设备材料价格

以外的各类费用,主要包括技术合作费和银行担保承诺费等。费用应符合下列规定:

(1)技术合作费,主要包括:派遣出境人员进行设计联络、设备监造、材料监督检查、培训等发生的差旅费、生活费、保险费,国外工程技术人员来华发生的现场办公费、往返现场交通费、生活费及接待费,国外设计及技术资料、软件、专利和技术转让费、翻译复制费,延期或分期付款利息等。

(2)银行担保承诺费,主要包括:引进项目由国内外金融机构出面承担风险和责任担保所需的费用,以及支付贷款机构的承诺费用。

费用应根据建设需要,按相关协议计列;条件不具备的,可按相关标准或参照相关资料计列,并应列明相应依据、资料信息及计算方法。

(九)生产准备费

生产准备费指在项目建设期间,为准备项目正常生产、营运或使用所需的费用。主要包括联合试运转费、人员培训及提前进厂费、办公和生产生活家具购置费等,各项费用应符合下列规定。注意非生产项目不计列生产准备费。

1. 联合试运转费

联合试运转费指建设项目的各种生产设备、设施等在施工安装完毕,按照设计规定的工程质量标准进行的单机重载试运转或生产系统重载联合试运转所需的费用。费用内容主要包括联合试运转所需的材料、燃油料和动力的消耗,船舶和机械使用费,工具用具和低值易耗品费,以及其他有关费用。

(1)费用根据工程项目需要,按相关标准或计算办法编制费用项目分项概算,并列明相应依据及计算方法;条件不具备的,可按工程费用中需要联合试运转的设备购置费乘以相应费率计列(表 11 -1 -19)。

表 11 -1 -19 联合试运转费费率表

序号	项目名称	费率/%
1	航运枢纽工程	0.2
2	通航建筑物工程	0.3
3	港口工程:使用系统设备的散货、液体化工及综合性码头	0.7
4	港口工程:单一的杂货及集装箱码头	0.3

(2)联合试运转期间的收入在费用中予以抵扣。

(3)费用不包括设备安装工程费中的调试及试车等费用。

2. 人员培训及提前进厂费

人员培训及提前进厂费,指建设项目竣工验收或交付使用前,生产单位为保证生产的正常运行,安排的需提前进厂(港)生产人员的经费和自行组织对生产人员培训所需的经费。

费用内容主要包括提前进厂(港)人员及需要培训人员的工资、工资性补贴、社会保险费和住房公积金、职工福利费、差旅交通费、劳动保护费、培训及学习资料费等;但不包括设备供货附加的设备操作及管理、培训所需的费用。

费用根据建设项目需要,按相关标准或计算办法编制费用项目分项概算,并列明相应依据及计算方法。

3. 办公和生活家具购置费

办公和生活家具购置费指为保证建设项目初期正常生产、运营和管理必须购置的办公、生产生活家具和用具等所需的费用。费用内容主要包括办公室、会议室、资料档案室、食堂、浴室、单身职工宿舍等所需的家具、用具和器具等的购置费用。

费用根据建设项目需要按相关标准或办法编制费用项目分项概算,并列明相应依据及计算方法;条件不具备的,可按设计定员乘以费用参考指标计列,费用参考指标为每人 5000 ~ 10000 元。

(十)竣工验收前相关费

竣工验收前相关费指根据国家及行业有关规定、技术标准和建设项目的实际需要,在项目竣工验收前必须进行的工作(工程)所需的费用。主要包括竣工前测量费、实船适航试验费、航道整治效果观测费、断航损失补偿费等。费用应符合下列规定:

(1)竣工前测量费指工程竣工验收前,根据有关规定和标准对港口工程施工水域内港池、航道、锚地等进行扫测,对航道工程施工区域和航行区域进行测量,以及竣工验收现场核查时进行测量等所需的费用。

费用根据工程需要按相关标准或办法编制费用项目分项概算,并列明相应依据及计算方法;条件不具备的,可参考相关资料计列,并列明相应资料信息及计算方法。

(2)实船适航试验费指航道工程中新开航道、整治后提高航道等级或通航标准的航道或渠化后的航道,在竣工验收前按设计确定的通航船舶标准,组织实船通航试验所需的费用。费用内容主要包括试航船队准备、航行,护航船舶航行费用,施工单位及有关单位参加实船适航试验人员的人工费等(扣除试航船舶营运收益)。

费用根据工程项目需要及拟定试航次数天数等因素,按相关标准或计算办法编制费用项目分项概算,并列明相应依据及计算方法;条件不具备的,可参考相关资料或营运船舶的费用计算标准计列,并列明相应依据、资料信息及计算方法。

(3)航道整治效果观测费指航道整治工程项目竣工验收前,为验证设计及整治效果,对整治后的航道区段进行水下地形和水文情况的观测分析等工作所需的费用。

费用根据工程项目需要按相关标准或计算办法编制费用项目分项概算,并列明相应依据及计算方法;条件不具备的,可参考相关资料计列,并列明相应资料信息及计算方法。

(4)断航损失补偿费指通航河段因进行施工而临时断航,对造成的第三方损失进行补偿所需的费用。费用根据断航期限、航段通航及运量情况、需要采取的措施及补偿范围等。

费用根据断航期限、航段通航及运量情况、需要采取的措施及补偿范围等,按相关标准或计算办法编制分项概算,并列明相应依据及计算方法;条件不具备的,可参考相关资料计列,并列明相应资料信息及计算方法。

(十一)其他相关费

其他相关费用指根据国家及行业有关规定、技术标准和建设项目的实际需要,为保证建设项目实施所必须进行的、需要在工程建设其他费用中计列的、上述费用以外的费用项目。如工程保险费、各类检验及检(监)测费、各类专项评价及评估费、第三方审计服务费等。

各项费用应根据工程项目需要按相关标准或计算办法编制费用项目分项概算,并列明相应依据及计算方法;条件不具备的,可参考相关资料计列,并列明相应资料信息及计算方法各项费用项目内容应明确,依据应合理有效。

(1)检验及检(监)测费。各类检验及检(监)测费独立于施工单位自检、监理单位抽检单独委托第三方进行。包括但不限于:桩基检测、软基处理监测和检测(含复合地基的水泥搅拌桩、旋喷桩、砂桩等)、防波堤护岸围堰稳定监测、混凝土结构实体质量验证性检测、钢结构检测、特种设备监督检验、水土保持监测、爆破安全监测等。可参考现行的《工程勘察设计收费管规定》以及各省级参考收费标准计算。

(2)专项评价及评估费。各类专项评价及评估费可包含:环境影响评价(含工程环境及海洋环境)、海域使用论证、通航环境与通航安全评估、施工期通航安全影响论证评估、码头安全预评价、职业病危害预评价、节能评估及评审、社会稳定风险评估、用地预审、水土保持评价、防洪评价等。特殊项目也可能包含:河势分析报告、航道论证报告、压覆矿产资源评价、文物保护评价、溢油风险评估、爆破评估等。费用应包括评价及验收费。

应注意随着政府部门简化建设项目审批流程、管理重心由事前审批向事中事后监管转变的改革,部分行政收费已经取消。政府有关部门对建设项目实施审批、核准或备案管理,需委托专业服务机构等提供评估评审服务的,有关评估评审费用由委托评估评审的项目审批、核准或备案机关承担,评估评审机构不得向项目单位收取费用。

注意已取消的专项评估收费:抛泥区选划及论证评估、地震安全性评价、地质灾害危险性评价、水土保持设施竣工验收技术评估,改由审批部门委托有关机构进行。

(十二)应注意的近年其他费相关文件

(1)国务院办公厅《关于清理规范国务院部门行政审批中介服务的通知》(国办发(201531号),以及《国务院关于第一批、第二批清理规范国务院部门行政审批中介服务事项的决定》(国发〔2015〕58 号、国发〔2016〕11 号)等文件。

审批部门能够通过征求相关部门意见、加强事中事后监管得以解决,以及申请人可按要求自行完成的事项,一律不得设定中介服务。

(2)《关于清理规范涉企经营服务性收费的通知》(发改价格〔2017〕790 号),重点清理行政审批前置中介服务收费(政府部门开展行政审批时,要求申请人委托中介服务机构开展的作为行政审批受理条件的有偿服务,具体包括各类技术审查、论证、评估、评价、检验、检测、鉴证、鉴定、证明、咨询、试验等)。

审批部门在审批过程中委托开展的技术性服务活动,必须通过竞争方式选择服务机构,服务费用一律由审批部门支付并纳入部门预算。

(3)国家发展改革委《关于进一步放开建设项目专业服务价格的通知》(发改价格〔2015〕299 号),放开前期工作咨询费、勘察设计费、招标代理费、工程监理费、环境影响咨询费等专业服务价格,实行市场调节价。

(4)财政部、国家发展改革委《关于清理规范一批行政事业性收费有关政策的通知》(财税〔2017〕20 号),取消环境监测服务费、白蚁防治费、河道工程修建维护管理费、河道采砂管理费(含长江河道砂石资源费)。

(5)财政部《基本建设项目建设成本管理规定》(财建(2016)504 号),对于财政资金占超过 50% 的项目建设管理费费率做出了总额规定,并对代建费做出规定。

(6)交通运输部现行的《建设项目委托技术咨询服务管理办法》,规定了可研报告(含建议书、申请报告）、初设报告、航道条件与通航安全影响评价报告的技术咨询用标准，费用由交通运输部承担，纳入部门年度预算。

注意：《关于加强水运工程初步设计审查管理的通知》（交水发〔2006〕330 号）已作废，《取消水运工程初步设计委托咨询收费标准的通知》（交水发〔2015〕11 号）已作废。

四、预留费用和建设期利息

（一）预留费用

预留费用包括基本预备费和物价上涨费。

1. 基本预备费

（1）基本预备费指初步设计阶段预留的工程实施中不可预见的工程费用。主要包括以下内容：

在初步设计范围内，施工图设计阶段或施工过程中由于设计变更等增加的工程费用。

一般自然灾害造成的损失及预防自然灾害所采取的措施等增加的费用。

竣工验收时为鉴定工程质量对隐蔽工程进行必要的挖掘、剥离和修复的费用。

（2）计算方法，按（工程费用 + 工程建设其他费用）×（2 ~ 5）% 计。外币部分的基本预备费按外币计列。

2. 物价上涨费

物价上涨费指建设项目自概算编制时起至竣工投产期间内，由于利率、汇率或价格等因素的变化而预留的可能增加的、需要在概算中计列的费用。

费用应根据计算建设工期、分年度计划投资概算金额等参数按下式计算。

$$E = \sum_{n=1}^{N} F_n[(1+p)^n - 1] \tag{11.1.6}$$

式中：E——物价上涨费（万元）；

N——计算建设工期（年），自概算编制始至计划竣工验收期止；

n——建设年度；

F_n——第 n 年的年度投资概算金额（万元），为工程费用与不含建设用地用海费用的工程建设其他费用之和；

P——年投资价格指数，为国家或行业发布的投资价格指数。

（二）建设期利息

注意新的《水运建设工程概算预算编制规定》已将建设期贷款利息调整为建设期利息，增加了融资费用。

建设期利息指在项目建设期内为工程项目筹措资金所需的债务资金利息和融资费用。费用应符合下列规定。

（1）债务资金利息指建设项目投资中分年度使用国内或国外债务资金，在建设期内应归还的利息。主要包括贷款利息及其他债务利息支出所需的费用；费用及计算按以下规定执行。

①国外债务资金利息应按外币计列；其他债务利息应根据相关规定、合同或协议，按相应标准或办法计列；

②国内贷款利息根据需付息的分年度贷款金额（为工程费用、工程建设其他费用与预留费用之和）、贷款年限、贷款利率等参数，按下式计算。

$$Q=\sum_{n-1}^{N}(P_n+\frac{1}{2}A_n)\times i \quad (11.1.7)$$

式中:Q——贷款利息(万元);

N——贷款年限(按年计);

P_n——第 n 年年初贷款本息累计(万元);

A_n——第 n 年当年贷款额(万元);

i——贷款协议确定的或编制期贷款年利率。

计算公式即:建设期贷款利息 = ∑[(本年初需付息贷款本息累计 + 本年度付息贷款额 ÷ 2)] × 年利率

(2)融资费用指项目资金筹措所需的费用。主要包括贷款评估费、国外借款手续费及承诺费、股票或债券发行费用及其他融资费用。各项费用根据相关规定、合同或协议,按相应标准或办法计列。

五、专项工程造价

专项工程造价按照阶段分为专项估算或专项概算,系指根据国家相关规定,应在水运工程建设项目范围内、内容明确且需要独立列项的项目造价。专项工程造价应根据不同建设项目的管理需求和专业性质进行管理和控制。

专项工程应参照相关规定、标准,单独编制专项估(概)算,汇入总估(概)算。

(1)航运枢纽建设项目中的"水库移民征地拆迁补偿",以及水运工程建设项目中的外部配套项目的工程建设其他费用,应在相应专项估(概)算中计列。

(2)专项概算各项费用的编制原则和汇总方式,应先期由总体设计单位确定,以避免遗漏或重复。

(3)专项概算编制,应以便于项目概算投资管理和建设管理为前提。

第二节　水运工程定额体系

一、概述

(一)水运工程造价标准体系

工程造价标准,是建筑产品生产过程中计量、计价、定价的统一规定。它是工程建设标准的重要组成部分,包括工程造价范畴的定额、计价定价规定、规则、办法等。

水运工程造价标准已全部纳入现行的《水运工程建设标准体系表》。2018 年版的水运工程造价标准分为 A 工程管理类造价标准、B 工程建设类造价标准、C 工程维护类造价标准,现行主要造价标准见表 11－2－1、表 11－2－2 和表 11－2－3。

表 11－2－1　A 工程管理类造价标准

序号	标准体系号	标准项名称	标准代码	状态
1	A. 10. T. 1	水运工程定额编写规定	JTS 111－2013	现行
2	A. 10. T. 2	水运工程工程量清单计价规范	JTS/ 271－2020	现行
3	A. 10. T. 3	水运工程建设项目投资估算编制规定	JTS 115－2014	现行
4	A. 10. T. 4	水运建设工程概算预算编制规定	JTS/T 116－2019	现行
	A. 10. T. 4－3	远海区域水运建设工程概算预算编制规定	JTS/T 119－2018	现行
5	A. 10. Z1. 1	港口设施维护工程预算编制规定	JTS 117－1－2016	现行
6	A. 10. Z2. 1	航道养护工程预算编制规定	JTS/T 122－2019	现行

表 11－2－2　B 工程建设类造价标准

序号	标准体系号	标准项名称	标准代码	状态
1	B. 10. T. 1	水运工程勘察及测量观测定额		
	B. 10. T. 1－1	水运工程测量及观测定额		
	B. 10. T. 1－1－1	水运工程测量定额	JTS 273－2014	现行
	B. 10. T. 1－2	水运工程测量观测费用计算办法		
	B. 10. T. 1－2－1	水运工程测量概算预算编制规定	JTS 116－4－2014	现行
2	B. 10. T. 2	水运工程混凝土和砂浆材料用量定额	JTS 277－2019	现行
3	B. 10. T. 4	内河航运工程定额	JTS/T 275－2019	现行
	B. 10. T. 4－1	内河航运水工建筑工程定额	JTS/T 275－1－2019	
	B. 10. T. 4－2	内河航运设备安装工程定额	JTS/T 275－3－2019	
	B. 10. T. 4－3	内河航运工程船舶机械艘(台)班费用定额	JTS/T 275－2－2019	
	B. 10. T. 4－4	内河航运工程参考定额	JTS/T 275－4－2019	
4	B. 10. T. 5	疏浚工程定额	JTS/T 278－2019	现行
	B. 10. T. 5－1	疏浚工程预算定额	JTS/T 278－1－2019	
	B. 10. T. 5－2	疏浚工程船舶艘班费用定额	JTS/T 278－2－2019	
5	B. 10. T. 7	水运工程模拟试验定额		现行
	B. 10. T. 7－1	水运工程数学模型试验研究参考定额	JTS/T 274－1－2011	
8	B. 10. Z1. 1	沿海港口工程定额	JTS/T 276－2019	现行
	B. 10. Z1. 1－1	沿海港口水工建筑工程定额	JTS/T 276－1－2019	
	B. 10. Z1. 1－3	沿海港口工程船舶机械艘(台)班费用定额	JTS/T 276－2－2019	
	B. 10. Z1. 1－4	沿海港口工程参考定额	JTS/T 276－3－2019	

表 11－2－3　C 工程维护类造价标准

序号	标准体系号	标准项名称	标准代码	状态
1	C. 10. Z2. 1	航道养护工程定额	JTS/T 293－2019	现行
	C. 10. 22. 1－1	航道养护预算定额	JTS/T 293－1－2019	
	C. 10. Z2. 1	航道养护船舶机械仪器艘(台)班费用定额	JTS/T 293－2－2019	

(二)水运工程造价标准适用范围

水运工程应按照专业划分和工程范围分别执行相应的水运工程造价标准。

对于船厂建设工程,由于船厂建设工程造价标准的管理主体部分发生变化,费用及定额水平、价格要素等已经多年未做修订,目前船厂水工建筑物工程采取的方式是,执行水运工程的编制规定、相应的沿海及内河配套定额和工料机价格要素,仅对船厂工程特有的定额项目执行其消耗量水平。

水运支持系统中的港口航道和港口航道设施维护工程,可参考执行相应造价标准。

1. 工程建设各阶段适用的造价标准

现行水运工程造价标准可满足水运工程建设项目可行性研究阶段、设计阶段、工程交易实施阶段的工程造价管理。

工程各阶段应执行或参考的相应造价标准见表 11 –2 –4。

表 11 –2 –4　现行主要水运工程造价标准适用的工程范围和阶段

序号	建设阶段	适用的造价标准
1	可行性研究阶段	依据《水运工程建设项目投资估算编制规定》、《港口建设项目预可行性研究报告和工程可行性研究报告编制办法》、《航道建设项目预可行性研究报告和工程可行性研究报告编制办法》及配套定额(沿海港口、内河航运和疏浚),参考《沿海港口建设工程投资估算指标》
2	初步设计阶段	水运建设工程概算预算编制规定》及配套定额(沿海港口、内河航运和疏浚)
3	施工图设计阶段	《水运建设工程概算预算编制规定》及配套定额(沿海港口、内河航运和疏浚)
4	招投标阶段	依据《水运工程工程量清单计价规范》及企业定额,参考沿海、内河造价标准
5	施工阶段	依据《水运工程工程量清单计价规范》及企业定额,参考沿海、内河造价标准
6	竣工验收阶段(含审计)	依据《水运工程工程量清单计价规范》及企业定额,参考沿海、内河造价标准

2. 按建设区域划分

根据水运工程建设特性,按照水运工程所在区域的自然条件及工程建设基本技术特征的不同,水运工程造价标准的适用范围划分为沿海、内河、远海,各区域界定参见表 11 –2 –5。

表 11 –2 –5　水运工程造价标准适用区域参考表

沿海区域	内河区域	远海区域
我国境内入海河流口门及以下、沿海(包括海南岛、长山列岛、舟山群岛)和沿海海域海岛(含人工岛)建设的港口工程、航道工程、修造船厂水工建筑物工程、水运支持系统工程和水运其他工程	我国境内江河、湖泊水域及入海河流口门以上水域建设的内河航运工程,主要包括港口工程、航道工程、航运枢纽及通航建筑物工程、船厂水工建筑物工程、水运支持系统工程和水运其他工程	我国境内的远海岛礁水运建设工程

3. 造价标准适用的工程范围和建设阶段

按水运工程建设项目的管理性质和实际需求,现行主要水运工程造价标准在不同工程范围、不同建设阶段的适用性见表 11 –2 –6。

表 11 -2 -6 现行主要水运工程造价适用的工程的范围和阶段

<table>
<tr><th rowspan="2">类别</th><th rowspan="2">序号</th><th rowspan="2">造价标准名称</th><th rowspan="2">适用工程范围</th><th colspan="5">工程阶段适用性</th></tr>
<tr><th>可行性研究</th><th>初设施工图</th><th>招投标</th><th>工程实施</th><th>竣工验收及审计</th></tr>
<tr><td rowspan="6">A</td><td>1</td><td>水运工程建设项目投资估算编制规定</td><td>水运工程</td><td>依据</td><td>—</td><td>—</td><td>—</td><td>—</td></tr>
<tr><td>2</td><td>水运工程工程量清单计价规范</td><td>水运工程</td><td>—</td><td>—</td><td>依据</td><td>依据</td><td>依据</td></tr>
<tr><td>3</td><td>水运建设工程概算预算编制规定</td><td>水运工程</td><td>参考</td><td>依据</td><td>参考</td><td>参考</td><td>参考</td></tr>
<tr><td>4</td><td>远海区域水运建设工程概算预算编制规定</td><td>远海水运工程</td><td>参考</td><td>依据</td><td>参考</td><td>参考</td><td>参考</td></tr>
<tr><td>5</td><td>港口设施维护工程预算编制规定</td><td>港口工程</td><td>维护工程预算依据</td><td></td><td></td><td></td><td></td></tr>
<tr><td>6</td><td>航道养护工程预算编制规定</td><td>内河航道工程</td><td>运营期养护工程预算依据</td><td></td><td></td><td></td><td></td></tr>
<tr><td rowspan="15">B</td><td rowspan="5">1</td><td>沿海港口建设工程投资估算指标</td><td>沿海港口</td><td>参考</td><td>—</td><td>—</td><td>—</td><td>—</td></tr>
<tr><td>沿海港口水工建设工程定额</td><td rowspan="4">沿海港口及船厂水工</td><td rowspan="4">参考</td><td rowspan="3">依据</td><td rowspan="4">参考</td><td rowspan="4">参考</td><td rowspan="4">参考</td></tr>
<tr><td>沿海港口装卸机械设备安装工程定额</td></tr>
<tr><td>沿海港口工程船舶机械艘(台)班费用定额</td></tr>
<tr><td>沿海港口工程参考定额</td><td>参考</td></tr>
<tr><td>2</td><td>水运工程混凝土和砂浆材料用量定额</td><td>水运工程</td><td>参考</td><td>依据</td><td>参考</td><td>参考</td><td>参考</td></tr>
<tr><td rowspan="4">3</td><td>内河航运水工建筑工程定额</td><td rowspan="4">内河航运</td><td rowspan="4">参考</td><td rowspan="3">依据</td><td rowspan="4">参考</td><td rowspan="4">参考</td><td rowspan="4">参考</td></tr>
<tr><td>内河航运设备安装工程定额</td></tr>
<tr><td>内河航运工程船舶机械艘(台)班费用定额</td></tr>
<tr><td>内河航运工程参考定额</td><td>参考</td></tr>
<tr><td rowspan="2">4</td><td>疏浚工程预算定额</td><td rowspan="2">沿海内河疏浚工程</td><td rowspan="2">参考</td><td rowspan="2">依据</td><td rowspan="2">参考</td><td rowspan="2">参考</td><td rowspan="2">参考</td></tr>
<tr><td>疏浚工程船舶艘班费用定额</td></tr>
<tr><td rowspan="2">5</td><td>水运工程测量概算预算编制规定</td><td rowspan="2">独立计算的水运工程测量</td><td rowspan="2">参考</td><td rowspan="2">依据</td><td rowspan="2">参考</td><td rowspan="2">参考</td><td rowspan="2">参考</td></tr>
<tr><td>水运工程测量定额</td></tr>
<tr><td>6</td><td>水运工程定额材料基价单价</td><td>水运工程</td><td>参考</td><td>参考</td><td>参考</td><td>参考</td><td>参考</td></tr>
</table>

(续表)

类别	序号	造价标准名称	适用工程范围	工程阶段适用性				
				可行性研究	初设施工图	招投标	工程实施	竣工验收及审计
C	1	航道养护预算定额	内河航道工程	运营期日常养护工程预算依据				
	2	航道养护船舶机械仪器艘(台)班费用定额						

二、内河航运建设工程造价标准

(一)内河航运水工建筑工程定额

1. 适用范围

适用于在江河、湖泊水域及入海河流口门以上水域新建、改建、扩建的内河航运建设工程初步设计概算及施工图预算编制，也可用于其他阶段造价文件的编制。交通运输支持系统工程和水运其他工程可参照执行。

2. 总说明

(1)用于初步设计概算及施工图预算编制。直接使用定额编制初步设计概算时，定额计算后乘以1.05~1.10概算扩大系数。

(2)定额按8h工作制定，并考虑了正常的洪、枯水影响。定额中还包括了场内的转移。工序搭接、自然因素影响、配合质量检查以及其他必要的施工消耗时间。除另有规定外，使用时一般不应调整。

3. 主要内容

《内河航运水工建筑工程定额》(现行)主要包括土石方工程、基础工程、混凝土和钢筋混凝土构件预制安装工程、现浇混凝土及钢筋混凝土工程、整治建筑工程、辅助工程、脚手架工程和其他工程共八章。

4. 工程量计算规则

按《内河航运水工建筑工程定额》(现行)相应计算规则计算。如：

(1)土石方工程。开挖及回填工程的工程量应根据开挖或回填的设计断面以体积计算并应按施工规范规定的超深、超宽及增放坡度计算施工增加量，回填工程还应考虑沉降量。

(2)基础工程。基础灌注桩：成孔工程量应按设计量与施工增加量之和计算，混凝土工程量应按设计量与施工增加量之和计算。

(3)混凝土及钢筋混凝土构件预制。预制工程量应根据设计图纸以体积计算。

(二)内河航运设备安装工程定额

1. 适用范围

(1)适用于内河航运建设工程的钢闸(阀)门及大型钢结构制作及安装工程、启闭机安装工程、装卸及起重设备安装工程初步设计概算及施工图预算编制。也可用于其他阶段造价文件的编制。

(2)航运枢纽建设工程中的电站等设备安装工程，执行水利水电工程相关定额；其他通用设备执行现行的《通用安装工程消耗定额》。

2. 主要内容

《内河航运设备安装工程定额》(现行)主要包括钢闸(阀)门及大型钢结构制作工程、钢闸(阀)门及大型钢结构安装工程启闭机安装工程、装卸及起重运输设备安装工程共四章。

3. 工程量计算规则

按《内河航运设备安装工程定额》(现行)相应计算规则计算。

(三)内河航运建设工程船舶机械艘(台)班费用定额

1. 适用范围

本定额是《内河航运水工建筑工程定额》(现行)的配套定额,是编制内河航运水工建筑及设备安装工程概算及施工图预算的依据。也可作为其他阶段计算施工船舶及机械艘(台)班单价的依据。

2. 主要内容

《内河航运建设工程船舶机械艘(台)班费用定额》(现行)主要包括工程船舶、工程机械、附表参考定额。

3. 工程量计算规则

按《内河航运建设工程船舶机械艘(台)班费用定额》(现行)相应计算规则计算。

四、疏浚工程造价标准

(一)疏浚工程预算定额

1. 适用范围

本定额是编制航道、港池等疏浚与吹填工程概预算的依据。

2. 总说明

(1)用于初步设计概算及施工图预算编制。直接使用定额编制初步设计概算时,定额计算后乘以 1.02~1.05 概算扩大系数。

(2)疏浚工程预算定额是挖泥船在标准配套船舶情况下,在一定的工况、岩土级别、泥土处理、运距(吹距)等条件下,开挖、运输(吹填)一万方土所需各类型船舶的艘班数。

定额中的施工配套船舶是根据正常施工条件合理选型制定,除定额中另有规定外,编制概预算时不得调整。

(3)编制预算时,应根据工程规模、建设要求、现场水域条件、岩土的可挖性、管道输送适宜性、现场的自然与环境条件等影响因素,选择经济合理的疏浚方式及工程设备。

3. 主要内容

《疏浚工程预算定额》(现行)主要包括自航耙吸式挖泥船、绞吸挖泥船、链斗挖泥船、抓斗挖泥船、铲斗挖泥船、吹泥船、船舶调遣、其他共八章定额。

4. 工程量计算规则

按《疏浚工程预算定额》(现行)相应计算规则计算。如:

(1)疏浚工程量应包括设计断面工程量、计算超宽工程量与计算超深工程量、根据自然条件与施工工期计入的施工期回淤工程量。不同类别土质应根据水深测图和地质剖面图分级计算。

(2)吹填工程量应包括吹填区容积量、原地基沉降量、超填工程量和吹填土进入吹填区后的流失量,并换算成水下开挖自然方。

(二)疏浚工程船舶艘班费用定额

1. 适用范围

本定额是《疏浚工程预算定额》(现行)的配套定额,是编制航道、港池等疏浚与吹填工程概预算的依据。

2. 总说明

(1)船舶艘班和排泥管线台班均按8h工作制定,已综合考虑了辅助时间等因素,除定额另有规定外,使用时不得调整。

(2)船舶艘班费用定额和排泥管线台班费用定额均不含增值税。

3. 主要内容

现行《疏浚工程船舶艘班费用定额》(现行)主要包括船舶艘班费用定额、排泥管线台班费用定额。

4. 工程量计算规则

按《疏浚工程船舶艘班费用定额》(现行)相应计算规则计算。如:

(1)船舶使用艘班定额费用组成。船舶使用艘班费用定额由一类费用和二类费用组成。

①一类费用,包含折旧费、检修费、小修费、保修费、材料费和其他费。

折旧费:指施工船舶在规定的使用期限内陆续收回其原值的费用。

检修费:指施工船舶使用达到规定的检修间隔期必须进行检修所需的费用。

小修费:指施工船舶使用达到规定的小修间隔期必须进行小修所需的费用。

保修费:指施工船舶在使用过程中经常性维修保养所需的费用。

材料费:指施工船舶在使用中辅助材料的消耗、工具及替换设备的修理更新、低值易耗品的摊销、淡水、润滑油、液压油料、擦拭材料等所需的费用。

其他费:指船舶保险费等费用

②二类费用,包括人工费和燃料费。人工费、材料费和电费在定额中均采用统一基价,超出基价部分统一计算价差。

人工费:船员人工费按144元/工日计算,编制概预算时不可调整。

$$船员人工费 = 船员人工工日数 \times 人工费单价 \tag{11.2.1}$$

燃料费:燃料费包括当地供油点的价格、运杂费(到船)和储存费。燃料价格不含增值税。轻柴油基价为4000元/t。

$$燃料费 = 燃料消耗量 \times 燃料单价 \tag{11.2.2}$$

(2)船舶停置艘班费。船舶停置艘班费按下式计算:

$$停置艘班费 = 折旧费 \times 50\% + 保修费 + 材料费 \times 40\% + 其他费 \times 50\% + 人工费 + 燃料费 \times 10\% \tag{11.2.3}$$

(3)排泥管线费用。排泥管线每百米台班费用定额由折旧费、维修费和安拆费组成:①折旧费:指排泥管线在规定的使用期限内陆续收回其原值的费用。②维修费:指排泥管线在使用过程中修理和维护所需的费用。③安拆费:指排泥管线现场连接安装和拆除所需的费用。

注意排泥管线定额计费均按百米计算,如岸管长度为1600m。

$$管线费用 = 台班数 \times 1600/100 \times 管线台班费用 \quad (11.2.4)$$

(4)注意事项：

①挖泥、运泥、吹泥费：定额消耗量与土质有关，与工况有关，与设计挖深有关，与工况有关。

其中耙吸船超运距，增转头定额消耗量：与土质无关，与施工条件、设计挖槽长度，工有关。

②开工展布、收工集合费：与土质无关，与工况无关。

五、水运工程混凝土与砂浆材料用量定额

1. 适用范围

适用于水运建设工程，是编制工程概算预算时确定混凝土及砂浆等材料用量和费用的依据。编制其他造价文件可参考使用。

2. 总说明

(1)定额为计算混凝土单价的计价标准，属工程定额之配套定额。

(2)定额主要依据现行的《水运工程混凝土施工规范》《水运工程混凝土质量控制标准》和相关标准规范，以及《水运工程混凝土和砂浆配合比定额专项试验》成果进行编制。

3. 主要内容

《水运工程混凝土与砂浆材料用量定额》(现行)主要包括普通混凝土、高性能混凝土、其他混凝土、砂浆、其他定额、参考定额共六章。

4. 工程量计算规则

按《水运工程混凝土与砂浆材料用量定额》(现行)相应计算规则计算。如：

(1)定额中混凝土和砂浆等定额为1m复合材料体积用量，定额已包括施工拌和场地范围内材料的倒运和操作损耗，以及砂、石筛洗损耗，并已综合考虑了自然条件下的含水因素，使用时不论砂和碎石的实际重度及含水率多少，一般不做调整。

(2)定额中水泥强度等级按经济合理的原则确定，并已综合考虑了不同水泥品种的用量变化情况，使用时一般不做调整。

(3)定额中混凝土稠度的确定原则如下：

①普通干硬性混凝土定额配合比维勃稠度以20s为基准，设计维勃稠度每增减10s，胶凝材料用量相应减增2%。

②普通塑性混凝土定额坍落度基准值为70mm，设计坍落度每增减10mm，胶凝材料用量相应增减2%。

③普通流动性混凝土定额坍落度基准值为140mm，设计坍落度每增减10mm，胶凝材料用量相应增减2%。

④高性能混凝土定额坍落度取值范围为120～200mm，设计坍落度超出取值范围时，每增减20mm，胶凝材料用量相应增减2%。

⑤水下普通混凝土定额坍落度取值范围为180～220mm；水下不分散混凝土定额坍落度取值范围为200～240mm，设计坍落度超出取值范围时，每增减20mm，胶凝材料用量相应增减1%。

⑥喷射混凝土定额坍落度基取值范围为 80 ~ 120mm,设计坍落度超出取值范围时,每增减 20mm,胶凝材料用量相应增减 1.5%。

(4)定额中的细骨料以中(粗)砂为准,当采用细砂时,水泥用量和水增加 5%;当采用特细砂时,水泥用量和水增加 12%。

(5)定额中粉煤灰规格一般为Ⅱ级粉煤灰,定额使用时如需更换为Ⅰ级粉煤灰,水泥用量减少 5%;如需更换为Ⅲ级粉煤灰,水泥用量增加 5%。

(6)定额中矿粉规格为 S95 级,当采用 S105 级矿粉时,水泥用量减少 6%;当采用 S75 级矿粉时,水泥用量增加 8%。

(7)定额中混凝土减水率按 20% ~25% 确定;减水率每增、减 5% 时,胶凝材料和水用量减、增 6%。

(8)定额按强度等级要求编制(抗冻混凝土同时考虑抗冻等级要求),如定额中水胶比不能满足耐久性要求时,应根据水运工程相关规范对耐久性要求的水胶比最大允许值进行调整,并按以下公式调整掺合料用量和水泥用量,其他材料不做调整。材料用量以重量计。

①塑性混凝土、流动性混凝土、水下混凝土、高性能混凝土胶凝材料用量按下式计算:

$$\text{胶凝材料用量} = (\text{定额用水量}/\text{耐久性要求的水胶比最大允许值}) \times 1.01 \quad (11.2.5)$$

②普通塑性、流动性、水下混凝土、高性能混凝土掺合料用量按下式计算。

$$\text{掺合料用量} = \text{胶凝材料用量} \times \text{掺合料掺入比}(\%) \quad (11.2.6)$$

③普通塑性、流动性、水下混凝土、高性能混凝土水泥用量按下式计算,

$$\text{水泥用量} = \text{胶凝材料用量} - \text{掺合料用量} \quad (11.2.7)$$

塑性混凝土、流动性混凝土和水下混凝土的粉煤灰参考掺入比为 15%,高性能混凝土的参考掺入比粉煤灰为 15%、矿粉为 25%。

(9)使用定额时,一般应按设计要求的混凝土规格品种和强度等级套用。当设计要求的强度等级、抗冻等级等与定额分档不一致时,应以设计指标中高值为准套用相应定额。

(10)大粒径混凝土、碾压混凝土定额主要适用于航运枢纽工程相应混凝土的费用计算。

【例 11 -2 -1】某省拟兴建一座具有防洪、发点效益的水利枢纽,枢纽工程拦河坝顶部海拔高度为 2560m。厂房顶部海拔高度为 2530m,部分设备设计方案及参数如下:3 台贯流式水轮发电机,每台套设备自重 10t,全套设备平均出厂价为 4.5 万元/t(含增值税 13%),设备铁路运杂费率为 2.25%,公路运杂费率为 1.90%,运输保险费率为 0.35%,采购及保管费费率为 0.80%。本工程综合电价为 0.8 元/(kW · h)。

(1)人工预算单价。

该工程所在地为一类地区,人工预算单价计算标准参考表 11 -2 -7。

表 11 -2 -7 人工预算单价计算标准　　单位:元/工时

类别与等级	一般地区	一类地区	二类地区	三类地区	四类地区	五类区 西藏二类	六类区 西藏三类	西藏四类
枢纽工程								
工长	11.55	11.80	11.98	12.26	12.76	13.61	14.63	15.40
高级工	10.67	10.92	11.09	11.38	11.88	12.73	13.74	14.51

（续表）

类别与等级	一般地区	一类地区	二类地区	三类地区	四类地区	五类区 西藏二类	六类区 西藏三类	西藏四类
中级工	8.90	9.15	9.33	9.62	10.12	10.96	11.98	12.75
初级工	6.13	6.38	6.55	6.84	7.34	8.19	9.21	9.98
引水工程								
工长	9.27	9.47	9.61	9.84	10.24	10.92	11.73	12.11
高级工	8.57	8.77	8.91	9.14	9.54	10.21	11.03	11.40
中级工	6.62	6.82	6.96	7.19	7.59	8.26	9.08	9.45
初级工	4.64	4.84	4.98	5.21	5.61	6.29	7.10	7.47
河道工程								
工长	8.02	8.19	8.31	8.52	8.86	9.46	10.17	10.49
高级工	7.40	7.57	7.70	7.90	8.25	8.84	9.55	9.88
中级工	6.16	6.33	6.46	6.66	7.01	7.60	8.31	8.63
初级工	4.26	4.43	4.55	4.76	5.10	5.70	6.41	6.73

(2)根据现行《水利水电设备安装工程概算定额》规定，海拔在2000m以上的地区，人工和机械定额乘以表11－2－8中所列调整系数。

表11－2－8　海拔高度系数

项目	海拔高度系数					
	2000～2500m	2500～3000m	3000～3500m	3500～4000m	4000～4500m	4500～5000m
人工	1.10	1.15	1.20	1.25	1.30	1.35
机械	1.25	1.35	1.45	1.55	1.65	1.75

(1)计算每台发电机所需的设备费。

(2)根据发电机型号，选择编号为02045的水利水电设备安装工程概算定额，对该贯流式发电机进行安装工程单价分析，完成表11－2－9(表中数量为定额消耗量，应根据实际情况调整)。

表11－2－9　安装工程单价

单价编号	①	项目名称	贯流式水轮发电机(设备自重10t)		
定额编号	02045		定额单位	台	
型号规格	贯流式水轮发电机，设备自重10t				
序号	名称及规格	单位	数量	单价/元	合价/元
一	直接费				
1	基本直接费				
(1)	工长	工时	121		
	高级工	工时	784		
	中级工	工时	1347		
	初级工	工时	228		

答案:(1)每台水轮机的出厂价为:10×4.5=45.00(万元)

运杂综合费费率=铁路运杂费费率+公路运杂费费率+(1+铁路运杂费费率+公路运杂费费率)×采购及保管费费率+运输保险费费率

运杂综合费费率:2.25%+1.90%+(1+2.25%+1.92%)×0.80%+0.35%=5.33%;

设备的运杂综合费:5.33%×45=2.40(万元);

每台水轮机所需的设备费为:45+2.40=47.4(万元)。

(2)该工程为枢纽工程,所在地为一类地区,根据人工预算单价计算标准表,计算人工费。

人工费=定额劳动量(工时)×人工预算单价(元/工时)

该枢纽工程拦河坝顶部海拔高度为2560m,定额数量根据相关要求进行调整。

工长:(1.15×121)×11.80=139.15×11.8=1641.97(元);

高级工:(1.15×784)×10.92=901.6×11.8=9845.47(元)

中级工:(1.15×1347)×9.15=1549.05×11.8=14173.81(元)

初级工:(1.15×228)×6.38=262.2×11.8=1672.84(元)

人工费合计:1641.97+9845.47+14173.81+1672.84=27334.09(元)。

第三节　水运工程投资估算编制

一、投资估算编制内容、依据和要求

(一)投资估算的范围与内容

投资估算的范围应与项目建设方案设计所确定的研究范围和各单项工程内容相一致。

投资总估算,应包括建设项目筹备开始至竣工验收为止的全部建设费用,具体包括:工程费用、工程建设其他费用、预留费用、建设期利息、专项估算。各项费用包括的内容见概算编制章节。

(二)投资估算的阶段划分

水运建设项目的投资估算一般分为以下两个阶段:

1. 预可行性研究阶段

在项目的预可行性研究阶段,是按项目的建设条件、建设规模等,估算建设项目所需要的投资额。此阶段项目投资估算的意义是,据此判断一个项目是否需要进行下一阶段的工作。

2. 工程可行性研究阶段

工程可行性研究阶段的投资估算至关重要,该阶段的投资估算是项目决策的重要依据,是项目实施阶段控制投资的基础。

(三)投资估算依据

投资估算编制依据主要有:

(1)国家和省级人民政府及行业主管部门发布的有关法律、法规、规程等。

(2)建设项目可行性研究报告。

(3)投资估算编制规定及有关估算指标、定额、计费标准等。

(4)工程所在地材料市场价格以及由行业或当地建设主管部门发布的材料价格信息和相关规定。

(5)设备的市场询价。

(6)银行利率、汇率、物价指数及其他有关资料。

(四)投资估算要求

(1)投资估算是可行性研究报告的重要组成部分,应由可行性研究报告编制单位负责编制。

(2)编制投资估算,必须严格执行国家的方针政策和有关规定,根据工程所在地的建设条件、建设方案合理选用指标、定额、费用标准和价格等各项编制要素。编制依据应有效准确。投资估算应完整、正确、客观、合理地计列建设项目投资估算的各部分费用项目。

(3)选用估算指标与具体工程之间存在标准或条件差异时,应进行必要的换算或调整。

(4)投资估算精度应能满足决策阶段需要,又要符合控制初步设计概算的要求。

二、水运工程投资估算编制步骤和方法

(一)投资估算基本步骤

投资估算的基本步骤如下:

(1)熟悉可行性研究的内容。

(2)收集有关资料:

掌握编制投资估算所需的第一手资料,对于提高估算的准确性是必不可少的条件。收集的有关资料一般包括如下内容:

①工程所在地建筑材料市场价格,包括主要材料(钢材、木材、水泥等)及地方材料(块石、卵石、碎石、砂等)、燃油等价格。

②当地有关工程的竣工资料或招投标的中标价等。

③当地的有关规定,主要指当地省市现行建筑工程的估算指标、概算指标,水运定额、费用规定等。

④工程所在地的建设条件,包括自然条件,水电资源及供应情况,运输条件,通信条件,砂石料等地材的资源情况、开采运输能力,建筑市场情况,可利用的大型构件预制场和施工码头设施等。

⑤工程所在地有关工程造价的信息资料

(3)编制施工条件设计:根据水运工程主体工程的设计方案和当地的建设条件,选择技术可行、经济合理的主体工程施工方案,使编制主体工程估算时能够合理选用定额和计算费用,保证估算能正确地反映设计内容。

(4)编制单项或单位工程的建筑工程费、安装工程费、设备购置费。

(5)计算工程建设其他费用。

(6)计算基本预备费和物价上涨费。

(7)计算建设期利息。

(8)计列专项估算。

(9)汇总投资估算编制成果。

(二)水运工程投资估算编制方法介绍

投资估算的方法很多,不同的方法各有其适用条件和范围,误差程度也不相同。一般情况下,应根据项目的性质、具备的技术经济资料的具体情况,选用适宜的估算方法。在项目建议书或预可行性研究阶段,投资估算的精度较低,可采取简单的估算法,如生产能力指数法、系数估算法、比例估算法或混合法等;在条件允许时,也可采用指标估算法。在可行性研究阶段,投资估算精度要求高,需采用相对详细的投资估算方法,即指标估算法或概算定额法。

下面以沿海港口建设工程为例,介绍投资估算的一般编制方法。内河航运建设工程、疏浚工程等的编制方法是相同的,只是其工程项目和费用项目划分分别执行各自的编制规定。

沿海港口工程投资估算工程与费用项目的编制方法详见表 11-3-1。

表 11-3-1 (沿海港口工程)工程与费用项目估算编制方法

序号	工程或费用项目名称	预可行性估算编制方法	工程可行性研究估算编制方法
	第一部分 工程费用		
一	疏浚	单方指标法或“估算指标”	“疏浚定额乘系数法”
二	水工建筑	平米指标法或“估算指标”或“水工定额”加系数法	“水工定额乘系数法”
1	码头		
2	栈(引)桥		
3	护岸		
4	防波堤(引堤)		
5	……		
三	软基加固	平米指标法或“估算指标”	平米指标法或“估算指标”或“水工定额乘系数法”
四	陆域形成	单方指标法	单方指标法
五	港区道路、堆场	平米指标法或“估算指标”	平米指标法或“估算指标”或“水工定额乘系数法”
六	装卸机械设备及维修设备的购置与安装	设备询(估)价、安装费率;或“估算指标”	设备询价、“安装定额”乘系数法(定额缺项可用安装费率)
七	港作车船	车船询(估)价法	车船询(估)价法
八	供电与照明	“估算指标”	“估算指标”或单位指标法
九	给排水及污水处理	“估算指标”	“估算指标”或单位指标法
十	通信与导航	“估算指标”或设备询价法	“估算指标”或设备询价法
十一	港区铁路	“km 指标法”	km 指标法(注意指标中应包括道岔、信号、桥涵)
十二	采暖供热	“估算指标”	“估算指标”
十三	土建工程	“估算指标”或平米指标法	

（续表）

序号	工程或费用项目名称	预可行性估算编制方法	工程可行性研究估算编制方法
1	生产建筑（含生产构筑物）及生产辅助建筑		“概算指标”“概算定额”或平米指标法
2	生活福利建筑		平米指标法
十四	消防工程	设备询（估）价、单位指标法	设备询（估）价、单位指标法
十五	环保工程	“估算指标”	“估算指标”
十六	自动控制	“估算指标”	“估算指标”、设备询价法
十七	通风与空调	设备询（估）价法	设备询（估）价法或单位指标法
十八	供油设施	单位指标法	设备询（估）价法或单位指标法
序号	工程或费用项目名称	预可行性估算编制方法	工程可行性研究估算编制方法
十九	临时工程	竣工资料估价或用“估算指标”	竣工资料估价或“估算指标”
二十	劳保与安全卫生设施	竣工资料估算	竣工资料估算
	第二部分工程建设其他费用	“编制规定”	“编制规定”
一	土地征用与拆迁补偿费		
二	海域使用费		
三	前期工作费		
四	勘察设计费		
五	研究试验费		
	第三部分 预留费用	用“编制规定”	用“编制规定”
一	基本预备费		
二	物价上涨费		
	第四部分 费用	用“编制规定”	用“编制规定”
一	建设期利息		
	港内投资估算合计		
	第五部分专项估算		
	估算投资合计		

注：①表中的“估算指标”系指“沿海港口建筑工程投资估算指标”。

②表中的“水工定额”系指“沿海港口水工建筑工程定额”。

③表中的“安装定额”系指"沿海港口装卸机械设备安装工程定额”。

④表中的“编制规定”系指“水运工程建设项目投资估算编制规定”。

⑤表中的“概算指标”或“概算定额”指工程所在地的省、市定额。

（三）工程费用估算

项目建议书或预可行性研究阶段的生产能力指数法、系数估算法、比例估算法、混合法在其他科目中已详细介绍，本册介绍水运工程的主体工程通常采用的指标法和定额法。

1. 预可行性研究阶段采用估算指标

这种方法是根据各种投资估算指标，进行各单项单位工程或费用项目的估算，进而汇总为项目的工程费用,再估算工程建设其他费用及预备费,汇总后计算项目总投资。

使用估算指标法进行投资估算不能生搬硬套,必须对单位工程或费用内容、指标工料机消耗量、价格及费用标准进行分析,经过实事求是的调整与换算后,才能提高其精确度。

使用估算指标编制水运项目投资估算时,沿海港口建设项目首先应当使用现行的《沿海港口建设工程投资估算指标》。对该指标未包括的项目,可使用其他专业部的估算指标,也可使用收集整理的项目技术经济指标、竣工造价资料,或工程所在地的估算指标、造价信息等。

2. 工程可行性研究阶段采用定额编制

对于水运工程工程可行性研究阶段的投资估算,按照工程可行性研究阶段的主体工程应达到初步设计深度的要求,建设项目中的主体建(构)筑物工程、装卸机械设备购置及安装工程的单项或单位工程的估算,应按初步设计概算编制规定进行编制,其中建筑工程费和安装工程费在概算造价的基础上再加乘1.05的扩大系编制方法详见概算预算章节。

主体工程的范围详见现行的《水运工程建设项目投资估算编制规定》,其中:

(1)港口工程的主体工程包括:疏浚(含炸礁)工程、水工建筑物工程(码头、引桥、防波堤、护岸等)、陆域形成及地基处理工程、装卸机械设备购置安装工程、堆场道路工程。

(2)内河航道整治工程的主体工程包括:疏浚工程、炸礁工程、整治建筑物工程(堤坝、护岸、护滩等)。

(3)内河航道通航建筑物工程的主体工程包括:水工建筑物工程(引航道护岸、导航靠船建筑物、船闸、升船机等)、输水系统工程、金属结构及安装工程、机械设备及安装工程。

(4)沿海航道工程的主体工程包括:疏浚工程、水工建筑物工程(堤岸、围堰等)。

(5)航运枢纽挡泄水建筑物工程的主体工程包括:挡水建筑物工程、泄水建筑物工程。

(6)航运枢纽通航建筑物工程的主体工程包括:水工建筑物工程(引航道护岸、导航靠船建筑物、船闸、升船机等)、输水系统工程、机械设备及安装工程。

(7)航运枢纽电站及其他工程的主体工程包括:引水建筑物工程、电站厂房及开关站工程、其他建筑物工程(整治工程、鱼道等)、水力机械设备及安装工程、电力工程(仅包括主要电力设备、电气二次工程)、金属结构工程。

3. 设备询价

水运综合项目的设备购置费一般占工程费用估算值的20% ~30%甚至更高,编制设备购置费时,应向设备生产或经营厂商询价;也可参照合同价或信息价,但要注意合同价或信息价的签订和发布的时间,将其价格变化因素考虑在内。

4. 非主体工程

非主体工程可采用估算指标等方法进行编制。

(四)工程建设其他费用和预留费用的估算

1. 工程建设其他费用的估算

投资估算其他费用计算,与初步设计概算其他费用计算一致,详见初步设计概算章节。

2. 预留费用的估算

(1)基本预备费计算方法:

预可行性研究阶段,按(工程费用+工程建设其他费用)10%计算。

工程可行性研究阶段,按(工程费用+工程建设其他费用)7%计算。

(2)物价上涨费：

计算基数:工程费用与其他费用之和(不包括土地征用及拆迁补偿费)。

(五)建设期利息的估算

包括筹措资金所需的债务资金利息和融资费用。根据投资来源(或拟定的投资来源),建设期利息以需要付息的年度投资,按现行利率进行计算。

(六)专项估算

按专项工程所属行业,采用相应的指标或定额进行估算。

第四节　水运工程设计概算编制

一、设计阶段影响水运工程造价的因素

工程造价控制贯穿于项目建设的决策、设计和施工等全过程,每个阶段对建设项目造价的影响程度各不相同。工程造价控制的关键在于投资决策和设计阶段。其中,项目选址、建设规模、确定港口工程主要工艺流程、航道工程选线等在可行性研究阶段进行确定。由于上述因素是影响工程造价最主要的因素,本书做相应说明。

(一)港口工程

港口工程的建设规模和港址选择通常在可行性研究阶段就确定了。建设规模依据项目腹地内需求,根据吞吐量发展预测和船型分析确定。港址选择一般要考虑以下条件:

1. 自然条件

自然条件是决定港址的首要条件,主要包括港区地质、地貌、水文气象及水深等因素。

2. 技术条件

技术条件着重考虑港口总体布置在技术上能否合理地进行设计和施工,包括防波堤、码头、进港航道、锚地、回旋水域、施工所需建材和"三通"条件等。

3. 经济条件

经济条件着重分析港口性质、规模、腹地、建港投资、港口管理和运营等方面是否经济合理。港口工程设计阶段影响工程造价的因素主要有:总平面布置、装卸工艺及结构设计方案。

(1)港口总平面布置。港口总平面布置就是确定港口水陆域各项设施的规模,进行港口的平面布置和高程布置。由于总平面布置涉及的因素很多,如确定航道设计水深及码头泊位长度,根据港区主体规划和项目建设规模布置港区水域、码头、防波堤、进港航道等,在设计总平面布置方案时要考虑港口陆域、装卸工艺、港内运输方式、堆场道路、占地(或造地)以及与相邻工程的关系等多个因素。港口作业区内的生活辅助建筑物和生活福利设施等,是港口正常运转的有机组成部分,其合理的布置,即港口陆域的合理分工,也会对造价产生一定的影响。

(2)装卸工艺设计。装卸工艺设计部分主要包括:确定装卸机械选型及数量,工艺布置,泊位数、泊位年通过能力及泊位利用率,库场面积及能力等。按照建设程序,港口项目的装工艺流程在可行性研究阶段已经基本确定。设计阶段的任务应当按照批准的可行性研究报告的内容进行工艺技术方案优化设计,确定整个生产过程的具体工艺流程和技术。

(3)结构设计。建(构)筑物的结构形式选择应考虑工程使用要求、环境条件、施工条件和使用年限等因素,经技术经济综合比较后确定,并考虑结构在使用期的检修和维护,采用合适的材料、构造和防护措施。

结构设计应根据工程情况选择合理的计算模型、计算方法,应符合行业现行相关规范的规定。

(二)航道工程

航道工程分为内河航道工程与沿海航道工程,此处以内河航道工程为主要进行说明。

航道工程设计阶段影响工程造价的因素主要有:航道选线、总平面布置及结构设计方案。

航道工程的建设标准和线路走向在可行性研究阶段确定。在满足建设标准的前提下,航道整治工程选线应本着减少占用不可再生的土地资源、减少沿线工厂企业及居民房屋拆迁的原则,尽可能利用现有河道,同时结合农田灌溉、水利排洪、工业及城市给排水、兼顾城市规划、旅游等综合利用水资源。

航道平面布置需处理好本段航道岸线与已建相邻岸线、码头、水利设施和桥墩(桥台)建筑物的平顺过渡衔接,交叉河口节点设计应考虑交汇处的水流条件,对局部航段弯道半径小、通视条件差的航段进行裁弯取直,使得航道条件得到改善。

航道护岸设计为防止船行波冲刷岸坡,从保持水土的角度出发,全线对不稳定的岸坡布设护岸应体现安全适用经济美观的原则。尽可能保留河流周围的自然形态,注重与周围环境协调;并考虑结构耐久性,贯彻全寿命成本的理念。

对航道工程整治产生的大量土石方,应采用合理的土石方调配施工方案,降低工程造价。

(三)通航建筑物工程

通航建筑物主要有船闸和升船机两大类,此处以船闸为例进行说明。

船闸工程的建设标准在可行性研究阶段已经确定。船闸工程设计阶段影响工程造价的因素主要有:闸位选择、总平面布置、输水系统、闸阀门及水工结构设计方案。

闸位选择须贯彻综合利用水资源的原则;充分考虑城市规划和城市建设的要求;妥善处理好与既有建筑物的关系。闸位应尽量选在地形、地质条件较好的地段,并尽量减少征地拆迁和土方开挖量,降低工程造价。

总平面布置应考虑施工临时设施及施工场地等因素的制约;协调好与枢纽既有构筑物之间的相互关系,既要保证船闸施工的可行性与安全性,又必须确保施工期间现有水利、交通设施的安全和正常运营;船闸上下游引航道与主航道必须平顺连接,保证船舶在引航道内的安全;采用单独引航道时,其宽度均必须满足船闸设计规范要求。

输水系统的设计要满足船闸设计通过能力所规定的输水时间,使得船舶在闸室及上下游引航道内具有良好的停泊条件,各部位不应因水流冲刷和空蚀等造成破坏,结构简单、施工维修方便。输水系统的设计重点是输水系统形式和方案的选择。

水工结构形式选择时,需根据船闸所处的自然条件、地质条件、建筑材料来源情况、受力特征、对结构的使用要求以及施工条件等因素进行综合考虑并通过技术经济比较确定。

闸、阀门的设计应充分考虑附近的水流条件、不能影响船闸有效通航尺寸,应有足够的强度和刚度。启闭机的选择依据闸门形式及其工作的要求选定,其布置应满足船闸所需的孔口净空和净跨,力求达到综合性的经济效果。

(四)施工组织设计

施工组织设计对工程造价的影响是多方面的,主要是对建筑安装工程费的影响较大,影响的因素主要有以下几点:

1. 施工总平面布置对造价的影响

施工总平面布置是施工组织设计的重要组成部分,它是指确定施工场地、交通及各项施工设施的规模、位置和相互关系的设计工作。布置时尽可能考虑临时建筑与永久建筑结合;注意利用地形,做好土石方平衡,尽量少占耕地。施工总平面布置对工程造价的影响,主要涉及临时工程费用,如租用土地费、平整场地费用等,而这些费用往往价值高,对造价影响较大,编制概算时应进行技术经济比较,选择合理的施工总平面布置。

例如大型混凝土构件(如沉箱、圆筒等)的预制场地,编制概算时应考虑预制场设置于何处,是现场新建预制场还是租用既有预制场。若是在现场布置预制场,还应考虑临时码头等出运设施的布置;若租用既有预制场,要考虑构件运输距离。

2. 施工方案对造价的影响

施工方案是影响造价的重要因素之一,初步设计阶段虽不如施工阶段有详尽的施工方案,但在对造价影响较大的施工方案选择上,需结合工程实际,认真分析选择合理可行的施工方案,如大型沉箱的预制运输安装、海上钻孔桩施工平台等方案的选择。在初步设计阶段编制概算时,概算编制者通常选择常规的、典型成熟的施工方法。

3. 工期对造价的影响

各种类别的工程项目,都有一个合理的工期。工程质量、费用、进度三者之间存在着相互制约、相互影响的关系,应根据建设工程的实际情况,结合工程质量、费用,确定出合理的工期。尤其是水运工程施工受自然条件影响很大,需综合分析自然条件、现场依托条件、施工船机能力、工程规模等因素后,确定合理的工期。

二、设计概算编制内容、依据和要求

(一)概算编制内容

1. 总概算

总概算的内容应包括建设项目设计范围内的全部工程,并应包括从项目筹建至竣工验收的全部建设费用。

按其投资构成分为工程费用、其他费用、预留费用、建设期利息等。

工程费用包括建筑工程费、安装工程费、设备购置费;工程建设其他费用包括土地使用费、建设管理费、工程监理费、勘察设计费、研究实验费等;预留费用包括基本预备费和物价上涨费;专项概算指根据国家相关规定,应在水运工程建设项目范围内、内容明确且需要独立列项的项目费用。

设计概算应采用单位工程概算、单项工程概算、项目总概算三级概算编制形式。当建设项目为一个单项工程时,可采用单位工程概算、总概算两级概算编制形式。

单项工程是指在一个建设项目中,具有独立的设计文件,建成后能够独立发挥生产能力或使用功能的工程项目。单项工程由单位工程组成。

单位工程概算按其工程性质可分为建筑工程概算和设备及安装工程概算两大类。

2. 概算编制

(1)编制说明:包括项目概述、项目总概算、编制原则和依据、施工方案和其他有关说明。

(2)总概算表。

(3)单项、单位工程概算表。

(4)其他费用概算表。

(5)主要材料、设备单价表。

(6)主要材料汇总表。

(7)附件包括补充单位估价表和其他有关文件。

(二)概算编制依据

概算编制原则和依据包括下列内容:

(1)国家及省级人民政府发布的有关法律、法规、规范、规章、规程等。

(2)概算编制规定和相关计价标准。

(3)项目可行性研究投资估算。

(4)初步设计文件的有关内容。

(5)生产厂家或供应商的设备价格。

(6)工程所在地的材料、构配件、零件、半成品或成品及各种设备器材的市场价格;有关部门发布的材料信息价格和相关规定等。

(7)有关合同协议和其他相关资料。

(三)概算编制要求

(1)工程概算是初步设计文件的重要组成部分,应由项目设计单位根据工程的构成和工程造价管理的有关规定及计价标准编制。

(2)工程概算编制必须严格执行国家的政策法规和行业有关规定,根据工程所在地的建设条件、设计及施工方案,合理选用定额、费用标准和价格等各项编制要素,工程概算应完整、正确、客观、合理地计列建设项目总概算各部分费用项目及内容。

(3)建设项目总概算应包括项目从筹建到竣工验收所需的全部建设费用。

(4)总概算应控制在建设项目工程可行性研究阶段批准的投资总估算范围内。

(5)由多个单位共同承担建设项目概算编制工作时,应由总体设计单位负责协调确定工程概算编制原则和依据、统一材料价格水平,汇编工程概算,并应对工程概算编制质量负责;参与单位应对所承担范围内的工程概算负责。

(6)使用外币的建设项目,应根据概算编制规定编制全部折算人民币后的工程概算,需要时应同时编制内币和外币概算。外币汇率应以概算编制时中国人民银行公布的汇率为准。

三、设计概算编制步骤和方法

(1)熟悉设计资料、收集相关资料。

(2)现场调查。

(3)编制施工条件设计。

(4)编制单项或单位工程的建筑工程费、安装工程费。

(5)计算临时工程费。

(6)计算设备购置费。

(7)计算工程建设其他费用。

(8)计算基本预备费、物价上涨费、建设期利息。

(9)计列专项概算。

(10)汇总概算编制成果。

第五节 水运工程施工图预算编制

一、水运工程施工图预算的基本知识

(一)定义

施工图预算是根据施工图计算的工程量、施工组织设计、现行水运工程预算定额及取费标准、人工费单价、材料预算价格和国家制定的其他取费规定,计算和编制工程建设费用的文件。施工图预算可由承担设计任务的设计单位编制或委托有相应资质能力的造价咨询机构编制。

(二)施工图预算的作用

(1)施工图预算是设计阶段控制工程造价的重要环节,是控制施工图设计不突破设计概算的重要措施。

(2)施工图预算是编制或调整固定资产投资计划的依据。

(3)对于实行施工招标的工程,施工图预算是编制标底的依据,也是承包企业投标报价的基础。

(4)对于不宜实行招标而采用施工图预算加调整价结算的工程,施工图预算可作为确定合同价款的基础或作为审查施工企业提出的施工图预算的依据。

二、水运工程施工图预算编制

(一)施工图预算编制依据

(1)国家及省级人民政府发布的有关法律、法规、规范、规章、规程等。

(2)本工程初步设计概算:批准的初步设计概算中规定了单位工程投资的最高限额,一般来说,除特殊情况外,预算价值不应超过概算价值。如预算突破概算时,应分析原因,对施工图设计中不合理的部分进行修改,对其合理部分应在总概算范围内调剂解决。

(3)施工图设计和施工组织设计或施工方案。

(4)工程所在地的自然、技术、经济条件等资料。

(5)概预算编制规定及有关专业工程定额和相关计价依据。

(6)工程所在地的材料、构配件、零件、半成品或成品及各种设备器材的市场价格;有关部门发布的材料信息价格和相关规定等。

(7)有关合同协议及其他有关资料。

(二)施工图预算编制步骤和方法

1)熟悉设计资料、收集相关资料:编制施工图预算文件前,应对施工图设计内容进行检查和整理,认真阅读和核对设计图纸及有关表格,如工程一览表、工程数量表等。若图纸中所用

材料规格或要求不清时,应核对查实。收集的相关资料见概算编制章节,还应收集初步设计概算资料,以便进行对比分析。

2)现场调查。

3)编制施工条件或施工组织设计。

4)工程项目划分:在熟悉图纸的基础上,根据相应定额的分项项目,列出所需编制的预算分项项目。如定额缺项,则需补充该项目。排列时最好按分部分项工程项目的施工顺序进行,以免漏项。

5)计算工程量:工程量是编制预算的原始凭证。工程量计算精确度,直接影响着预算编制的质量。计算工程量不仅要求认真、细致、及时和准确,而且要按照一定的规则和顺序进行,从而避免重算与漏算等现象的产生,同时便于校对和审核。

6)编制单位工程预算表:由于水运工程建设具有建设条件、工程结构及施工工艺复杂,技术条件、施工装备及施工要素要求较高的特点,水运工程建筑安装工程预算一般采用预算定额计价模式。

(1)水运工程定额计价法的前提,一是理解并依据设计及施工组织设计(或施工条件设计),全面了解工程内容及施工条件,二是掌握国家、行业、工程所在地省级人民政府有关法律法规,三是调查搜集相关工程建设人工、材料、装备及费用、汇率等要素价格信息,四是理解并正确运用工程定额及各项造价标准,五是全面准确计算工程量及采用要素价格,准确计列工程及费用项目。以上是定额计价法的重要前提和基础,是全面编制预算的关键。

(2)沿海港口单位工程预算、内河航运单位工程预算、疏浚单位工程预算,分别执行各自的编制规定及配套定额。

其他专业工程及一般工业与民用建筑工程,应根据干什么工程执行什么造价标准的原则,分别执行有关专业部和工程所在地的地区统一的直接费定额和相应的取费规定。

(3)按定额计价法确定水运工程建筑安装价格的基本程序如下:

①计算定额直接费单价:按划分的项目表中的分项工程,分别套用相应的预算定额,计算每一计量单位建筑产品的基本构造要素的定额直接费单价:

$$\text{定额直接费单价} = \text{人工费} + \text{材料费} + \text{施工船舶机械使用费} \tag{11.5.1}$$

其中:

$$\text{人工费} = \sum(\text{人工工日标准} \times \text{定额人工工日数量}) \tag{11.5.2}$$

$$\text{材料费} = \sum(\text{材料单价} \times \text{定额材料用量}) \tag{11.5.3}$$

$$\text{施工船舶机械使用费} = \sum[\text{艘(台)班单价} \times \text{定额施工船舶机械艘(台)班用量}] \tag{11.5.4}$$

分项工程的人工、材料、船舶机械艘(台)班价格小计,一般由定额消耗量组成的单位估价表计算得出。当分项工程主要材料品种与预算定额消耗量和内容不一致时,应按实际使用材料换算。分项工程施工船机配置与预算定额内容不一致时,一般不进行调整。

②计算单位工程的定额直接费。

$$\text{单位工程定额直接费} = \sum(\text{定额直接费单价} \times \text{分部分项工程量}) \tag{11.5.5}$$

③统一计算单位工程的其他直接费、企业管理费、规费、利润、税金。

④计算单位工程预算造价。单位工程预算造价 = 单位工程定额直接费 + 其他直接费 + 企业管理费 + 规费 + 利润 + 税金

7)技术经济指标:单位工程预算价值确定后,根据各单位工程的特点,计算各计量单位的技术指标。

8)编制临时工程预算表。

9)编制预算汇总表(或单项工程预算表):汇总各个单位工程预算表(或单项工程预算表),编制预算汇总表。

10)编制其他费用、预备费、建设期利息,总预算表:需要编制建设项目总预算时,分别计算工程建设其他费用、预备费、建设期利息,最后编制总预算表。

11)编写编制说明:包括“工程概况”“预算编制原则和依据”和“其他有关说明”等内容,包括:定额费率的采用;主要施工工艺和使用的主要船机设备;人工及主要材料单价;主要技术经济指标及其他必要的说明。

(三)施工图预算编制内容

编制施工图预算,应根据设计划分的单位工程编制工程费预算,也可根据需要编制建设项目总预算。工程费预算包括建筑工程费、安装工程费、设备购置费;建设项目总预算包括工程费用、其他费用、预留费用、建设期利息。

预算编制内容包括:

(1)编制说明:包括项目概述、预算编制范围和内容、工程总预算、编制原则和依据、采用的定额及费率和计价标准、主要施工工艺及主要技术经济指标,存在的主要问题及其他必要的说明。

(2)预算汇总表(或总预算表)。

(3)单项、单位工程预算表。

(4)主要材料、设备单价表。

(5)主要材料汇总表。

(6)附件包括补充单位估价表和其他有关文件。

三、水工建筑及设备安装工程预算一般规定

沿海港口水工建筑工程,内河航运建设工程中的水工建筑工程、设备及大型钢结构制作安装工程,临时工程等均应编制单位工程预算,分别执行沿海港口工程定额及配套定额、内河航运工程定额及配套定额。

1. 单位工程预算费用组成

水工建筑工程、设备及大型钢结构制作安装工程的单位工程预算费用由定额直接费、其他直接费、企业管理费、利润、规费、增值税和专项税费五部分组成。

2. 单位工程类别划分(按不同的专业)

(1)一般水工工程,指受水上水下施工作业条件制约的单位工程。主要包括以下内容:

①内河航运工程中港口工程的码头、护岸、引堤、栈(引)桥、围堰等,通航建筑物工程的围堰、护岸、导航墙、导助航及系靠船建筑物等,航运枢纽工程的水坝、围堰、护岸、导航墙、导助航及系靠船建筑物等,以及防洪堤、防汛墙、取水构筑物、水上孤立建(构)筑物、水上软基加固等水工建筑物及相关配套或附属工程;

②修造船厂水工建筑物工程的船坞、船台、滑道、码头、栈(引)桥、升船池及附属构筑物、防

波堤、引堤、护岸、围堰、水上软基加固等水工建筑物及相关配套或附属工程。

(2)一般陆域工程,指以陆上施工作业为主要特征的水工建筑和陆域建(构)筑物单位工程。主要包括以下内容:

①内河航运工程中港口、通航建筑物、航运枢纽等工程港区或厂区陆域范围内的机房、厂房、廊道、坑道、栈桥、筒仓、船闸、升船机基础、挡泄水或节制闸、桥涵、堆场道路等,以及形成陆上施工条件的码头、水坝等建(构)筑物及相关配套或附属工程;

②修造船厂水工建筑物工程的船坞、船台、滑道、堆场及道路等建(构)筑物工程及相关配套或附属工程。

(3)陆上软基加固工程,指沿海港口、内河航运和船厂水工建筑工程中港区或厂区范围内,为提高陆上地基土承载力或物理力学性质指标对软弱地基进行加固处理所实施的单位或分部分项工程;主要包括挖除换填、表层夯实、表层碾压及振实、深层排水固结(排水垫层、排水板、堆载预压、真空预压、真空联合堆载预压、降水预压、电渗法等)、强夯、振密挤实(振冲、挤密砂桩、石灰桩、灰土桩等)、化学加固(水泥系拌和、石灰系拌和、旋喷、灌浆等)、土工聚合物等加固工程及附属工程。

(4)航道整治工程,指内河航运工程中航运枢纽及通航建筑物工程引航道以外的航道整治工程。项目主要包括以下内容:

①航道整治工程主要内容包括航道的炸礁、挖岩、清渣、筑坝、护岸、固滩等工程;

②航道整治工程划分为整治水工工程和整治炸礁工程,整治水工工程指筑坝、护岸、固滩等单位工程;整治炸礁工程指炸礁、挖岩、清渣等单位工程。

(5)大型土石方工程,指在一个分部分项工程中开挖或回填的土石方工程量在 1 万 m^3 以上、无结构要求的陆上土石方工程。主要包括以下内容:

①内河航运工程中航道整治工程、航运枢纽工程、通航建筑物工程以及内河港口工程的陆域形成工程,陆上建(构)筑物基础结构层以外土石方开挖回填工程,码头和护岸后方、新开河道、引航道、岸坡等结构层以外的土石方挖填等工程;

②修造船厂水工建筑物工程中陆上基坑开挖,墙后回填工程,陆域形成工程,码头和护岸后方结构层以外、突堤码头堤心的填筑工程等。但不包括防波堤、引堤、护岸、围堰、基床、棱体、倒滤层、垫层等有结构要求的工程或结构物。

(6)内河航运设备及大型金属结构制作安装工程,指内河航运工程中装卸设备、输送设备、起重设备、钢闸(阀)门启闭设备、升船机设备、移动系缆及拖动设备、趸船等工艺设备安装工程及附属工程;航运枢纽及通航建筑物工程中的钢闸门、升船机金属结构等制作、安装工程及附属工程。

(7)坞门及设备制作安装工程,指船厂水工建筑工程中的坞门制作及安装工程,起重、牵引设备安装工程,排灌水设备及金属结构制作、安装工程,以及相应附属工程。

3. 单位工程类别划分(按主体工程的建设规模和施工难易程度)

按定额计算内河航运及修造船厂水工建筑物工程的水工建筑物工程、陆域建(构)筑物工程和航道整治工程(疏浚工程除外)以及相关配套或附属工程,陆域形成(吹填工程除外)及地基处理工程,设备购置、设备及大型金属结构制作安装工程等工程费用时,根据其主体工程的建设规模、条件、结构特征和施工的难易程度,一般情况下,其单位工程或分部分项工程施工取费的工程类别应分别满足以下划分要求。

(1)内河航运建筑安装工程分类标准(表11－5－1)。

表11－5－1　内河航运工程分类表

<table>
<tr><th rowspan="2">序号</th><th rowspan="2" colspan="2">工程分类名称</th><th colspan="2">工程分类标准</th></tr>
<tr><th>一类</th><th>二类</th></tr>
<tr><td rowspan="6">1</td><td rowspan="6" colspan="2">一般水工工程</td><td>港口工程码头吨级≥1000的码头及栈(引)桥</td><td>港口工程码头吨级<1000的码头及栈(引)桥</td></tr>
<tr><td>通航建筑物和航运枢纽建(构)筑物、导助航及系靠船建筑物、混凝土结构水坝等</td><td>对应码头类别的栈(引)桥</td></tr>
<tr><td>水上孤立建(构)筑物</td><td>—</td></tr>
<tr><td>—</td><td>引堤、海堤、护岸、围堰等</td></tr>
<tr><td>取水构筑物</td><td>—</td></tr>
<tr><td>水上软基加固</td><td>—</td></tr>
<tr><td rowspan="3">2</td><td rowspan="3" colspan="2">一般陆域工程</td><td>通航建筑物和航运枢纽建(构)筑物</td><td>码头吨级<10000</td></tr>
<tr><td>机房、厂房、廊道、坑道、栈桥、筒仓、桥涵</td><td>其他</td></tr>
<tr><td>集装箱和1000吨级及以上散货码头的堆场道路</td><td>其他堆场道路</td></tr>
<tr><td>3</td><td colspan="2">陆上软基加固工程</td><td>其他</td><td>堆载预压、排水固结加固(真空及联合堆载预压、排水板)、强夯加固、表层夯实碾压及振实加固</td></tr>
<tr><td>4</td><td rowspan="2">航道整治工程</td><td>整治水工</td><td>航道等级:I～IV(V)</td><td>航道等级:V(VI)及以下</td></tr>
<tr><td>5</td><td>整治炸礁</td><td>工程量≥20000m^3</td><td>工程量<20000m^3</td></tr>
<tr><td>6</td><td colspan="2">大型土石方工程</td><td>—</td><td>全部</td></tr>
<tr><td>7</td><td rowspan="3">内河航运设备及大型金属结构制作安装工程</td><td>制作</td><td>通航建筑物和航运枢纽钢闸门、升船机等金属结构制作</td><td>其他</td></tr>
<tr><td rowspan="2">8</td><td rowspan="2">安装</td><td>港口工程集装箱、散货(装卸设备成系统)码头,液体危险品码头装卸机械设备安装</td><td rowspan="2">其他</td></tr>
<tr><td>通航建筑物和航运枢纽钢闸(阀)门、启闭机、升船机金属结构安装,起重设备安装</td></tr>
</table>

注:①当以航道等级作为判别标准时,山区航道的分类按括号内等级执行。

②单独进行2000m^2以下陆上软基加固的工程,按陆域构筑物二类工程考虑。

(2)船厂水工建筑工程分类标准(表11－5－2)。

表 11－5－2　修造船厂水工建筑物工程分类表

序 号	工程分类名称		工程分类标准	
			一类	二类
1	一般水工工程		码头吨级≥3000 的码头及栈(引)桥	码头吨级≥3000 的码头及栈(引)桥
			直立式防波堤	斜坡式防波堤
			直立式引堤、护岸、围堰等	斜坡式引堤、护岸、围堰等
			水上软基加固	—
2	一般陆域工程	船坞	船舶吨位≥3000	船舶吨位＜3000
		船台、滑道	船体重量≥1000t	船体重量＜1000t
		其他	—	全部
3	陆上软基加固工程		其他	堆载预压、排水固结加固(真空及联合堆载预压、排水板)、强夯加固、表层夯实碾压及振实加固
4	大型土石方工程		—	全部
5	坞门及设备制作安装工程		坞门制作安装、起重设备安装	其他设备制作安装

注:①防波堤、引堤兼做码头时,按工程类别高的确定。

②水上施工的船坞、船台、滑道结构工程按一般水工工程考虑。

③单独进行 2000m^2 以下陆上软基加固的工程,按一般陆域工程二类考虑。

4. 费用计算程序及计算公式

建筑安装工程各项费用计算程序及计算公式(表 11－5－3)。

表 11－5－3　建筑安装工程费用计算程序表

序 号	费用项目	计算办法及说明
1	基价定额直接费	以工料基价单价为基础,按定额规定计算的工料机费用之和
2	市场价定额直接费	以不含税工料机市场价单价为基础,按定额规定计算的工料机费用之和
3	其他直接费	Σ[(1)×分项其他直接费费率]
4	企业管理费	[(1)+(3)]×企业管理费费率
5	利润	[(1)+(3)+(4)]×利润
6	规费	(1)×规费相应费率
7	税前合计	(2)+(3)+(4)+(5)+(6)
8	增值税	(7)×建筑安装工程增值税税率
9	专项税费	独立计算的税费
10	建筑安装工程费	(7)+(8)+(9)

注:市场价指工程所在地的材料、构配件、零件、半成品或成品及各种设备器材的市场价格,或有关部门发布的信息价格。

5. 计费规定

(1)一般水工工程、一般陆域工程中的外购钢桩、大型金属结构和钢拉杆及橡胶护舷,应按其本体基价的10%计入计费基础;自制钢桩、大型金属结构和钢拉杆,应按其本体基价定额直接费的20%计入计费基础。

(2)大型金属结构和钢拉杆按下列条件判定:

①内河航运工程和内河船厂水工建筑工程中的金属结构和钢拉杆是指每榀(件、根或段)自重在20吨及以上;

②每榀(件、根或段)自重虽不足以上重量,但由于数量多,其市场价值占该单位工程市场价定额直接费的1/3及以上者。

(3)外购混凝土构件,按其本体基价的60%计入计费基础。

(4)大型土石方工程的填料价值、堆载预压工程的外购压载材料价值不参与计算其他直接费、企业管理费、规费,只计算利润。

(5)内河航运设备及大型金属结构设备制作安装工程中大型金属结构设备制作的主体结构钢材本体,按其基价的20%计入计费基础。

(6)码头、船闸、船坞、船台、滑道等水工建筑物的附属设备(快速脱缆钩、登船梯、绞车等)应按设备购置及安装工程计算费用。

四、水工建筑工程定额应用

内河航运水工建筑工程定额包括土石方工程、基础工程、混凝土及钢筋混凝土构件预制安装工程、现浇混凝土及钢筋混凝土工程、整治建筑工程、辅助工程、脚手架工程和其他工程。

1. 总说明

(1)定额的人工、材料消耗,以及船舶机械配备和消耗,除另有规定外,一般情况下不应调整。

(2)定额各项目的“工程内容”中只列出主要工序,次要工序虽未列出,但已包括在内,除定额中另有说明外,不得增减。例如内河水工定额中的打桩船打钢筋混凝土方桩(方驳供桩)定额工程内容涵盖的工序内容见表11-5-4。

表11-5-4　打桩船打方桩定额工程内容及涵盖内容

定额工程内容	涵盖内容
桩陆上脱底模	准备、桩吊离底模
滑运	卷扬滑运系统准备、运移、脱缆、返回
装船	吊桩准备、起重船起吊、桩装船
运输	拖轮拖带往返运输、方驳驻位
打桩	制安拆桩垫,捆桩,打桩船移船、吊桩入龙口、测量定位、沉桩,打桩船移船
桩头处理	测量、凿、截桩头,桩头清理

(3)定额中的基本运距及增运距应按定额规定执行,运距小于等于基本运距时不做调整。

(4)关于运输距离:

①定额中工程材料、成品、半成品及混凝上构件水上增运距定额,除另有规定外,通用平

200km 以内的驳载运输,并应满足下列要求:

运输距离 50km 以内的,按相应增运距定额计价。

运输距离超过 50km 时,超出部分按增运距定额乘以 0.75 系数计算,全程按分段累加法计价。

运输距离超过 200km 的,不适用增运距定额,应按水路运输有关标准计算相应运输费用。

②定额中工程材料、成品、半成品及混凝土构件陆上增运距定额,适用于 20km 以内的运输。运输距离超过 20km 的,不适用增运距定额,应按公路运输有关标准计算相应运输费用。

(5)以下情况应计列小型工程增加费,小型工程增加费按定额直接费的 5% 计列:

内河航运工程定额中,一个建设项目中的一般水工工程、陆域构筑工程和整治建筑工程,其基价定额直接费小于 300 万元时。

(6)内河航运工程的工程条件复杂,工程结构多样,对于内河航运工程定额项目与实际工艺、工程内容不同的,应根据施工条件或施工组织设计编制调整或补充单位估价表。对于定额项目缺项或步距断档的,可选用现行《沿海港口水工建筑工程定额》相应定额项目的消耗量,但工料机单价应与内河水工定额采用相同标准。

(7)内河水工定额中的整治建筑工程定额,适用于港区以外及航运枢纽、通航建筑物工程引航道以外的内河航道整治工程。

2. 土石方工程

(1)土石方定额的基本运距,除注明者外,挖泥船挖泥,水下清渣为 5km;方驳装抛、安放为 1km;陆上机械挖运土石方为 1km. 如运距不足时不做调整;如超过时,按超运距定额调整。

(2)土石方定额(基槽挖泥除外)已包括工作面开挖小排水沟、修坡、铲坡,取土场和卸土场范围内的小路修筑以及必需的基本辅助工作等。

(3)土石方定额不包括施工排水、围堰及脚手架工程,需要时应按有关定额计算。

(4)人力土方定额,适用于工程量 $1000m^3$ 以内的项目。

人力土方定额的施工条件均按挖干土编制。干湿土的划分应以设计要求为准,设计无要求时,无论是否采取降水措施,均以地下水多年平均水位为准,该水位以上为干土,以下为湿土。

(5)关于铺填抛填工艺。

“直接来料”,指材料直接卸至施工部位,卸料前的费用计入填筑材料价格。

水上抛填工艺中:“自航驳抛填”或“方驳抛填”指施工单位使用本单位船舶进行装船、运输和抛填工作;“民船装运抛”指施工单位将材料装船、运输、抛填作业委托其他单位,施工单位仅负责抛填指挥和水下检查工作,抛填材料单价应包括装船、运输和抛填费用。

(6)稳定层材料换算。各类稳定层定额中的材料消耗系按一定配合比编制,当设计配合比与定额配合比不同时,有关材料按下式进行换算:

$$C_i = [C_d + B_d \times (H - H_0)] \times L_i \div L_d \tag{11.5.6}$$

式中:C_i——按设计配合比换算后的材料数量;

C_d——定额中基本压实厚度的材料数量;

B_d——定额中压实厚度每增减 1cm 的材料数量;

H_0——定额的基本压实厚度;

H——设计的压实厚度；

L_d——定额中标明的材料百分率；

L_i——设计配合比的材料百分率。

【例11-5-1】石灰粉煤灰稳定碎石基层，定额的配合比为：石灰:粉煤灰:碎石=5:15:80，基本压实厚度为15cm；设计配合比为石灰:粉煤灰:碎石=4:11:85，设计压实厚度为16cm。各种材料调整后数量为：

生石灰消耗量=[15.829+1.055×(16-15)]×4÷5=13.507(t)

粉煤灰消耗量=[63.31+4.22×(16-15)]×11÷15=49.52(m^3)

碎石消耗量=[164.89+10.99×(16-15)]×85÷80=186.87(m^3)

(7)基槽挖泥定额适用于码头基槽及前沿挖泥工程。港池及航道挖泥，执行疏浚工程定额。

(8)水下炸礁定额适用于一般炸礁，不适用于控制爆破、光面爆破和预裂爆破等工程。爆破层平均厚度系指被炸岩层的平均净厚，不包括炮孔超钻及计算工程量的超深部分。

(9)铺砌混凝土联锁块定额包含了铺砌时5cm压实砂垫层，使用时不得重复计算。

(10)浆砌石料定额中均已包含了砂浆勾平缝的工程内容。注意浆砌石挡土墙、防浪墙砌筑高度在1.5m以上时，应另行计算脚手架费用。

3. 基础工程

基础工程主要分为基础打入桩、基础灌注桩、地下连续墙、软土地基加固、钻孔灌浆、沉井基础等。

1)基础打入桩工程：

(1)施打钢筋混凝土方桩、钢筋混凝土管桩、钢筋混凝土板桩、钢板桩等，适用于一般情况下的基础打入桩工程，不适用于试桩及在障碍物繁多区域等特殊情况下的打桩工程。

(2)对以下情况，采取打桩定额正表(注意不包括超1km运距附表)乘系数解决：

①打直桩时，按打直桩定额正表。

②打斜桩时，按打直桩定额正表乘1.23的系数。

③打水上同节点双向叉桩时，按打直桩定额正表乘1.31的系数。

④打水上墩台式基桩时(包括直桩、斜桩或叉桩)，按打直桩定额正表乘1.45的系数。

⑤当码头等建筑物距岸边最短距离大于500m时，按下列规则执行：直桩按定额正表乘以1.15；斜桩按定额正表乘以1.41；水上同节点双向叉桩按定额正表乘以1.45。

⑥三级土风化岩的N值(标贯击数)上限为N≤80，当N值超过上限值且设计要求桩尖进入该持力层时，不执行定额。

(3)对于水上打入桩工程，因施工条件限制或桩打入施工水位以下需换用长替打时，除应按桩长选用相应定额及调整系数外，还应调整打桩船、方驳等消耗量；定额中不含长替打制作费用。

(4)陆上打桩定额不适用于桩顶低于地面2m的情形；陆上钢筋混凝土方桩，当桩顶低于地面2m时执行深送桩定额。

(5)"水上接桩""陆上接桩"定额是指由于设计及施工需要"接桩"，即施打过程中，在桩位上将上、下两节桩连接起来后继续施打，直到满足设计桩长为止，如需"接桩"时，除按桩的总长度执行相应的打桩定额外,应根据接头数量,按相应“接桩”定额另行计列“接桩”费用。

(6)打桩定额装船工序中不包括桩装船的人工和机械消耗,其消耗在相应构件预制定额中考虑。

(7)注意沿海打桩定额中已取消桩头处理工序,编制概预算时,应根据工程地质及相关资料计算桩头处理工程量。

①钢筋混凝土方桩凿除长度在50cm以内,执行修凿定额,凿除长度在50cm以外,执行截桩定额;钢筋混凝土管桩、钢管桩需桩头处理时均执行截桩定额。

②水上打钢板桩、水上打临时H型钢桩、陆上打钢板桩、陆上打临时钢板桩,其定额包含了桩头处理内容,相关费用不再单独计算。

(8)水上封桩定额适用于施工过程中出现台风、洪水、冰凌等极端情况时采取的夹桩、加固措施。

(9)打桩如穿过抛石层较厚时,一般要对桩位进行处理。可采用搭设施工平台、冲击成孔,穿透抛石层后再打桩,应计算相应措施费用。

根据施工经验,钢管桩可直接穿透抛石层厚度为5m内,预应力混凝土桩可直接穿透抛石层的厚度为2m内;先张法预应力混凝土管桩采用钢桩靴加强加长措施对沉桩穿透抛石层有利。

2)基础灌注桩工程:

(1)定额中孔深指护筒顶到桩底(设计标高)的深度。定额使用时,同一孔内的不同土质,不论其所在深度如何,均执行总孔深定额。

(2)人工挖孔、机械成孔定额适用于陆上和岸坡上灌注桩成孔。水上施工平台上机械成孔可在陆上机械成孔定额基础上按相应定额附注进行调整,增加水上施工内容。

(3)水上施工平台上机械成孔时,以在施工平台上建立泥浆系统为准。对于在长引桥远距南施工平台上钻孔作业,定额中包括了造浆材料水上1km内运输,超过1km时,按造浆材料水上运输增运距定额调整。

当施工平台上不具备泥浆制备条件,采用泥浆船泥浆系统供应护壁泥浆时,按相应定额附注进行调整。

(4)水上施工平台应根据施工组织设计计算,施工平台定额仅作为条件不具备时的参考。

当水上施工平台不能连续搭设,钻机需进行跨墩移位钻孔作业时,可按钻机水上跨墩定额计算相应费用。

(5)成孔定额工程内容已包括了换钻头、修理、捞钻杆或钻头等。钻架的拼装、移位、拆除所耗用的人工、材料、机械也按摊销方式计入定额中,编制概预算时不应另行计算;成孔定额的钻头摊销费不包括使用牙轮钻头的费用,使用牙轮钻头时应单独考虑。

(6)灌注桩混凝土定额中已包括设备(导管、浇筑架等)摊销的工料费及扩孔增加的混凝土量和混凝土的水平、垂直运输的人工机械用量,编制概预算时,除定额附注另有说明外,不得另行计算。

(7)护筒沉放定额中,陆上埋设钢护筒已按设计重量的周转摊销次数计算定额用量;陆上钢护筒如不拆除时,定额消耗量按1.0t计算。陆上埋设混凝土护筒定额的混凝土护筒本体应另行计价。水上钢护筒按一次性摊销考虑,如设计可回收,应按设计计算回收数量。

护筒定额中已包括了埋设护筒的黏土、护筒接头及定位用导向架的铁件等材料，编制概预算时不得另行计算。

钢护筒施工定额仅适用于普通土层振冲，需要穿过堤岸抛石层等特殊土层，需要计算特殊施工措施费用，如采用双护筒、冲打钻打结合等措施。

(8)定额不包括废浆、废渣及桩头处理后破碎混凝土的弃运费用，发生时应另行计算。

(9)内河水工定额中，在河滩、水中采用筑岛方法施工时，成岛后可按陆上成孔定额计算；采用水上工作平台回旋钻机钻孔时，应根据施工条件、施工工艺因素综合考虑；条件不具备时，可按定额说明，在陆上回旋钻机钻孔定额基础上进行调整。

内河灌注桩定额，不包括泥水的集水坑及泥水的外运费用，发生时应按相关计价标准计算。

3)地下连续墙工程：

(1)“成槽”定额中已包括铺拆轨道、机组移动和钻头维修耗用的人工、材料、机械等费用。

(2)定额中已包括了废浆、墙顶处理(凿除混凝土)和废导墙混凝土拆除后的场内弃运。如需要场外运输时，费用另计。

4)软土地基加固工程：

(1)陆上强夯：

①陆上强夯应根据设计要求分别套用单点强夯和低能满夯定额。单点强夯定额中各类夯击能每 $100m^2$ 夯点数为该夯击能下的最终夯点数。

②夯点间距宜为 5～10m，处理深度较深或单击夯击能较大的工程取较大值。

③陆上强夯夯坑排水费用已计入定额中，使用强夯定额时不得另行增加。施工区域水位较高影响施工时，所需措施费用另行计算。

(2)塑料排水板：

①排水板插设引孔指由于施工区地质条件特殊，排水板打设过程中需要突破硬夹层而进行的引孔处理，应根据地质勘察结果和有关设计要求使用。

②浅表层人工插设排水板主要用于软土地基浅层处理的情况，多为使施工区域满足施工机械作业条件的情况下使用。

(3)堆载预压：

①堆载预压定额中包括了每堆载及卸载一次、预压堆载体放坡、修坡道增加的工料机消耗，定额使用时不应另行计算。

②定额中的堆载材料为对应预压荷载等级的消耗总重量，定额按直接来料考虑，费用应另行计算。

③定额不包括地基降水工程内容。

④当采用联合堆载真空预压时，应按照设计要求分别套用堆载预压和真空预压定额。套用相应真空预压定额时，应补充以下材料：聚丙烯编织布：$110m^2/100m^2$，无纺布：$105m^2/100m^2$；φ50mm 硬塑料管：$14m/100m^2$。

⑤堆载预压定额是按照堆载后全部卸载考虑的，卸载时，需要减少卸载材料的，相应工程量按设计减少的卸载量以体积计算，同时应按定额下方“堆载体每卸载 $1t/m^3$ 指标”调整对应的基础定额的消耗量。算例如下：

【例 11-5-2】以预压荷载 8t/m² 为例,预压完成后卸载,假设由于沉降及损耗等原因减少为 6t/m²,则减少卸载量为 2t/m²,假定卸载材料运输 2km。

计算卸载材料减少量=8t 堆载定额的基础消耗量-8t 堆载定额对应的 1t 卸载指标×2。

则卸载材料减少量=9331.80m³-1166.48m³×2=6998.84m³。

计算 1km 增运距的自卸汽车消耗量=9.032 台班×(6998.84/9331.80)=6.774 台班/1000m² 加固面积·km。

则运输 2km 的定额消耗量=(2-1)×6.774 台班/1000m² 加固面积·km。

(4)陆上振冲碎石桩定额中的碎石消耗量已综合考虑振实、扩孔、超长等因素的影响,使用时不得调整;定额未包括引水和泥浆排放处理的费用。

(5)软基泥面铺设土工材料定额中,土工布的消耗量已包括锚固沟外边缘所包围的面积,使用时一般不得调整。定额不包括排水措施费用,需要时另行计算。

5)止水防渗(钻孔灌浆)工程:

(1)灌浆孔定额中的岩石级别划分,执行土石方说明中的岩石分级表。沙砾石层分为黏土和砂、砾石、卵石三类。钻浆砌石,可按与料石相同的岩石等级计算;钻混凝土,可按粗骨料相同的岩石级别计算。

(2)地面长砂浆锚杆定额,定额锚杆长度为设计锚杆嵌入岩体的有效长度,外露部分预留长度 0.1m 及加工制作过程中的损耗均已计入定额中。

定额按每孔 3 根锚杆拟定,锚杆根数不同时,应按设计要求的孔径在定额正表基础上乘以相应调整系数,调整系数应符合下列规定:

①孔径调整系数应按表 11-5-5 规定选用:

表 11-5-5 孔径调整系数表

项目	孔径/mm		
	≤100	≤110	≤130
人工	1.00	1.07	1.20
气动锚杆钻孔机、空气压缩机	1.00	1.14	1.40

②锚杆材料消耗量按下式进行调整:

锚杆用量(kg)=[有效长度(m)+0.1(m)]×每孔锚杆根数×100×单根每米重量(kg/m)×(1+加工制作损耗5%) (11.5.7)

(3)地质钻机钻灌浆孔,当钻孔与水平夹角不同时,定额中人工、机械、铁砂、合金片、钻头和岩芯管消耗量乘以系数调整(表 11-5-6)。

表 11-5-6 夹角调整系数

钻孔与水平夹角	60°以内	75°以内	85°以内	90°以内
系数	1.19	1.05	1.02	1.00

(4)在有脚手架的平台上钻孔,平台至地面孔口高差超过 2m 时,钻机和人工乘以 1.05 系数。

(5)如因地形关系,施工时需搭设大型脚手架平台时,其费用应在临时工程费中计列。

(6)定额中未包括钻孔、灌浆时所用的供水、供电线路设施费用。

6)沉井基础工程(内河航运定额)。

(1)沉井预制、封底、填心、封顶等,应套用其他相关定额。

(2)陆上沉井下沉用的工作台、钢管排架、运土坡道、安拆卷扬机等均已包含在定额中。

(3)沉井下沉定额的深度系指沉井整体下沉的深度。在该深度内,不同深度的同类土质应合并计算。土类划分执行灌注桩土类。

(4)沉井下沉定额不包括土方外运、集水坑及泥水外运的费用。

(5)沉井下沉定额考虑了沉井纠偏因素,但不包括压载辅助措施。

4. 混凝土及钢筋混凝土构件预制安装工程

(1)构件预制定额以构件在预制场预制、自拌混凝土为准制定。

(2)内河水工定额,构件预制定额工程内容主要包括模板制拼及安拆、混凝土制备及场内运输、混凝土浇筑及养护以及材料的场内运输,筛砂洗石和抹面、凿毛等。

构件安装定额的工程内容主要包括脱模、堆放、运移、安装等工程内容;扶壁还包括接缝,挡砂结构等接头处理等。

(3)各类构件的模板形式及安拆工艺均按合理选型确定,均按综合选型确定,一般情况下不得调整。

(4)当采用商品混凝土时(前方浇筑系统不变),基价定额直接费按定额的自拌混凝土计算,市场价定额直接费应在预制定额基础上进行以下调整:

人工用量减少量按混凝土搅拌站台班消耗量×2 计算;取消混凝土搅拌站、轮胎式装载机台班消耗量(内河水工定额还应取消筛洗石子机台班消耗量);混凝土材料按商品混凝土单价计算。

(5)当预制混凝土采用混凝土输送泵运送人模时,应按定额说明,在预制定额基础上进行调整。注意沿海水工定额和内河水工定额的预制定额人机不同,调整内容和方法也有相差,详见定额说明。

(6)构件安装定额中水上(陆上)运输运距,除注明者外,均按 1km 计算;实际运距超过时,每增加 1km 按相应增运距定额调整。

5. 现浇混凝土及钢筋混凝土工程

现浇定额以自拌混凝土为准制定,工程内容中包括模板制安拆、混凝土制备(含筛砂洗石)、场内运输、浇筑及养护(含抹面、凿毛)等;除另有规定外一般不应调整。

(1)混凝土浇筑定额,其模板结构和混凝土的浇筑工艺经综合选型确定,一般情况下,使用时不应调整。

(2)沿海水工定额,陆上浇筑混凝土采用泵送工艺;水上浇筑混凝土采用搅拌船、陆拌泵送工艺。

水上浇筑混凝土定额中的搅拌船工艺,包括混凝土所需材料装搅拌船及搅拌船自上料地点到浇筑地点 1km 内的水上运输,如运距超过 1km 时,按每增 1km 定额计算。

采用搅拌船工艺,搅拌船所需材料由供料船现场供料时,混凝土材料运输费用另行计算。

陆拌泵送工艺的泵送基本距离按 150m 内考虑,超过 150m 时,按定额说明进行调整。

(3)内河水工定额,当混凝土采用输送泵运输时,应按定额说明进行调整。注意调整内容和方法与沿海水工定额不同。

(4)内河水工定额,现浇混凝土定额不包括脚手架的搭设,不包括架空模板底支撑(支架)的搭设,需要时应单独计算。

(5)采用块(片)石混凝土时,应在定额基础上对材料进行以下调整:

①每 $10m^3$ 混凝土的混凝土减少量为 $A\% \times 10 \times 1.01(m^3)$,其中 A% 为块(片)石掺量;

②每 $10m^3$ 混凝土的块(片)石材料增加量为 $A\% \times 10 \times 1.61(m^3)$。

(6)当采用商品混凝土时,调整办法见定额预制章节。

(7)内河水工定额,通航建筑物水工工程和港口水工工程的二期混凝土的消耗已综合在定额内,挡泄水建筑物水工工程中的二期混凝土应另行计算。

(8)钢筋加工定额已综合考虑了一般构件现场钢筋焊接,使用时不得增列。但接缝部位等需要在现场焊接钢筋时,应按接头钢筋焊接定额计算。

(9)内河水工定额,挡泄水建筑物中的消能结构定义如下:

①底流:利用水跃消除从泄水建筑物贴底泄出的急流余能,将急流转变为缓流与下游水流相衔接的消能方式。

②跌流:在泄水建筑物出流处设置跌坎或小挑坎,将泄出的急流挑向下游水流的上层,并在底部形成漩滚的消能方式。

③挑流:在泄水建筑物出流处设置挑流鼻坎,将泄出的急流挑向空中,形成掺气射流落入下游水垫的消能方式。

6. 整治建筑工程

整治建筑工程包括炸礁工程、筑坝工程、护岸工程。

(1)定额中材料消耗包括定额工作范围内的运输损耗、操作损耗、孔隙率改变损耗以及水上抛填时的流失损耗。

(2)筑坝和护岸工程定额中材料装运卸工艺划分的有关问题:

①水上铁驳运输和铁驳抛填,指施工单位使用本单位铁驳,并负责装船、运输、抛填(卸船堆放)工作,材料单价应以计算到装船码头的材料堆场为准。

②民船装运,指材料发包给其他运输单位负责装船和承运至施工水面,施工单位负责抛填(卸船堆放)工作,材料单价应包括装船及运至施工水面的费用。

③民船装运抛(卸),指材料发包给其他运输单位负责装船、运输和抛填(卸船堆放),施工单位只需派人指挥抛填(卸船堆放)和进行水下检查工作,材料单价应包括装船、运输和抛填(卸船堆放)的费用。

④陆上直接来料铺筑,指供应商供应砂石料,并负责装车运至施工作业现场直接卸抛,施工单位负责就近推运、成型、平整。现场材料价应包括装、运、卸(抛)的费用。

⑤水——陆转运,指施工单位使用自有或外租运输设备,负责装船、水上运输、卸船装车、陆上运输、卸车堆放工作;或负责装车、陆上运输、卸车装船、水上运输、卸船堆放工作。

(3)炸礁工程:

①爆破(炸礁)工程和清渣工程,均以自然方(系指爆破前的状态)为单位。

②陆上炸岩、水下炸礁的划分以最低通前本位以上 1m 为界限,分界线以上为陆上,分界线以下为水下。

③平均爆破层厚度系指被炸层的平均净厚,不包括计算工程量的超深部分。厚度按下式计算:

$$爆破层平均厚度=(炸礁工程量-超深超宽工程量)\div 施炸面积 \quad (11.5.8)$$

定额中煤碳使用的炸药以是力为320ml,猛度为12mm的2#岩石的续炸药为准,使用其他炸药时,可按公式计算炸药消耗量。

$$其他炸药用量=标准炸药量\times e \quad (11.5.8)$$

式中,e为炸药换算系数(e=320/所用炸药的爆力),可按定额附表参数选用。

④采用液压挖掘机清渣自卸汽车运输时,执行土石方定额中的"液压挖掘机装石渣、自卸汽车运输"定额,在其基础上人工、机械乘以1.10的系数;采用装载机清渣自卸汽车运输工艺时,执行土石方定额中的"装载机装石渣、自卸汽车运输"定额,在其基础上人工、机械乘以1.10的系数。

⑤水下清渣定额施工条件以施工水域最大流速1.5~2.5m/s为准,流速每增减0.5m/s,定额数量可按增减10%调整。

⑥斗容$2m^2$以下挖泥船清渣爆破层厚度小于0.3m或斗容$2m^3$以上挖泥船清渣爆破层厚度小于0.6m时,可在定额正表基础上乘以1.10的系数。

(4)筑坝工程:

①人力筑坝定额已按直接抛填(水方)和搭跳抛填(抬方)的一定比例综合考虑,使用时不应进行调整。

②机械抛筑坝定额流速条件为1.5~2.5m/s,流速不同时,每增减0.5m/s人工、船舶定额量增减10%.机械抛筑坝定额以抛筑顺坝为准,抛筑丁坝、锁坝时,需对15t履带式起重机进行调整,即丁坝增加0.02台班,锁坝增加0.03台班。

(5)护岸工程:护岸工程抛填定额已考虑了搭跳因素,使用时不应进行调整。

7. 脚手架工程

(1)定额中脚手架材料均为每使用一次的摊销量;以分母分子表示的,其分母为备料量,分子为摊销量。

(2)定额中的脚手架均以一次搭设到顶并在顶层满铺脚手板为准。如实际为分次升高搭设时(如一个6层高的脚手架分3次搭设到顶,且铺设了3层脚手板,即为增铺2层),则每增加铺拆一层脚手板,可按定额说明的附表增列人工用量及材料消耗量。

(3)内河水工定额,各项定额中的木脚手板、简易竹脚手架中的毛竹,定额的摊销量按15天使用期计算;其他脚手架中毛竹的定额摊销量按2个月使用期计算。如使用期限不同时,可按定额附表摊销率进行换算。使用期限指从搭设到拆除的时间;摊销率等于定额消耗量除以一次用量。

8. 其他工程

1)内河水工建筑定额其他工程。

(1)临时钢轨轨道的铺设,指轨道的上部结构,包括直道、弯道、转辙器、护轨及道砟等。不包括路基、通信设施和各种标志等。在洞内铺设时,定额人工用量乘以1.20的系数。

(2)围堰等定额未包括基坑的一次性排水和维持性排水。

2)深基坑排水费用估算参考办法如下:

(1)一次性排水：

①根据基坑的存水量和渗透流量,以及设计要求的排水天数计算所需每小时排水量(Q_1)。

②水泵的小时总排水量(Q)等于1.15Q_1。

③根据小时总排水量(Q)及实际所需的扬程确定水泵的数量和规格,如计算的水泵数量在5台以下时,应增加一台备用;据此,按每台水泵每天3个使用台班计算排水费。

(2)维持性排水(基坑明沟排水)：

①按基坑的渗透流量和施工期的降雨量(气象资料)计算所需的每小时排水量(Q_2)。

②水泵的小时总排水量(Q)等于1.5Q_2。

③根据总排水量(Q)及实际所需的扬程确定水泵的数量和规格,(不宜选用排水量太大的水泵每台水泵的排水量应小于或等于0.5Q_2);据此,按施工排水期每台水泵每天3个使用台班计算排水费用。

9. 内河航运水工建筑参考定额

(1)混凝土系结块软体排护滩、护底,混凝土铰链排护底、护坡、护滩,混凝土联锁块软体排护底定额子目,其混凝土预制块及土工织物制品材料消耗数量均按实际工程分析计算确定使用时,可根据实际规格按设计要求进行调整。

(2)航标定额不计算小型工程增加费。

10. 水工建筑工程预算编制注意事项

水工建筑工程造价,受地材及施工方案的影响很大(特别是沿海水运工程),工程费用的编制重点是确定主要地材价格、选择合适的施工方案和施工船机、确定合适的施工措施项目。

一般情况下土石方对沿海水运工程投资影响较大。陆域填土、海砂、块石等主要地材,应在调研的基础上,综合考虑用量、储量、当地价格信息、已实施项目价格等因素后确定。

水运工程有其特殊性,不同的施工组织方案、不同的施工工艺或船机选型,对水运工程造价影响较大。预算编制前,应确定合理的整体施工方案、分项工程施工方案,确定特殊施工工艺的船机选型、特殊施工措施。

首先要全面了解工程实际情况,如工程规模、位置、平面布置、结构方案、工期要求,以及现场施工环境、施工条件、主要地材来源地等信息,进而确定施工总体布置、主要施工顺序、主体工程施工流程、水上水下划分、主要地材及构件运输方式、主要施工措施等内容。

(1)一般水工工程。不同的水工工程,其结构类型、规模大小、自然条件、地质条件、施工依托、施工组织等均有差异。水工建筑工程计价时,应具体分析项目的实际情况,合理确定施工工艺、施工措施、大型临时设施等。举例如下：

①水上水下施工一般依据施工水位进行划分,但也应根据实际情况进一步分析确定,例如抛石堤,应根据平面位置和布局确定施工方式,可分别采用全断面陆上推填、陆推水抛结合、全部水上抛填等工艺;应根据抛石堤长度及工期要求,确定长抛石堤水陆结合施工的比例;应考虑是否需要采用陆上推填工艺进行挤淤处理、是否属于离岸岛屿类型施工等。

②离岸岛屿或造岛项目。沿海水运工程位于离岸岛屿或需要建造人工岛的,计价需要考虑的问题与常规接陆项目不同。一般应考虑装船、海运、上岛、施工保障船舶等费用,以及装船码头、上岛码头、施工水电(发电机)等大型临设费用。

离岸岛屿的防波堤或护岸项目,抛填块石水上水下施工的划分方式与常规接陆项目也不相同。由于块石全部为水上运输，施工水位以下可直接抛填，施工水位以上一般采用驳上反铲挖掘机施工，与常规陆上推填不同。

③已有项目改扩建，则应注意考虑以下施工影响因素：老码头现有设施及营运船舶影响施工情况；施工水域及运输通道现状对施工船机型号的限制；现有水工结构对安装船机跨距的影响；施工期间老码头结构监测、老码头设施防护等安全措施。

④水上嵌岩桩稳桩措施。

嵌岩桩一般入土深度短，应注意根据实际情况，考虑是否需要采取稳桩措施。稳桩措施如：使用支撑式钢桁架、钢筋混凝土套箱稳桩；在泥面上抛铺一定厚度的砂层或在钢护筒外抛块石稳桩；水位升降变化缓慢、水流流态稳定、风浪不大时，可采用方驳搭设悬挑平台安装钻机进行钻铺稳桩；桩位处于风浪和潮差较大的水域时，可采用移动式自升平台辅助进行钻锚稳桩。

⑤新的施工工艺日新月异，对于现行定额无法涵盖或不适用的分项工程，应根据实际施工工艺据实编制补充单位估价表。

(2)陆域形成及地基处理工程。陆域形成对水运工程造价的占比越来越大，陆域形成及地基处理方案变化对造价的影响也越来越大。但陆域开山回填、疏浚物吹填造地、地基处理、水工建筑物结构之间的界面划分及土石方利用平衡计算，由于各种原因较易出现问题。一是不同设计专业的设计接口多；二是开山区进行详细勘察难度一般较大，开山土石比难以准确确定，影响到开山料利用量与外抛量的确定，影响到基础处理方案与水工结构方案的选择，最终影响到造价计算的准确性；三是地基处理设计方案需要根据现场土质才能最终确定，通常需要在大面积施工前进行试验性施工，或在施工过程中根据土质情况进行方案或参数调整。

陆域开山松散系数、疏浚土搅松系数及流失系数、回填料及吹填料密实系数、地基沉降量取值等是影响土石方平衡的重要因素，应详细分析各类土质并参照周边工程经验确定。各专业的工程量应严格按照工程量计算规则计算，应考虑各种系数的换算关系。例如：造地吹填量应包含原土体沉降量、超填量；疏浚土吹填的需求水下方应考虑各类疏浚土质的搅松系数、吹填流失率；陆域开山回填，则应考虑不同土质的自然方、松方、实方的换算系数。

(3)关于甲供材料计算施工取费。水运工程水工建筑及安装工程施工取费的测算是以整体单位工程项目(包括了材料费在内)为模型的，所以计算施工取费时，其计算基数应是单位工程整体。一般情况下，对于甲供材料的基价取费应归属施工单位，甲供材料的采购费归属业主，保管费视现场的实际情况由甲乙双方按相应比例协商解决。

五、内河航运设备安装工程定额应用

内河航运设备安装工程定额包括钢闸(阀)门及大型钢结构制作工程、钢闸(阀)门及大型钢结构安装工程、启闭机安装工程、装卸及起重运输设备安装工程等定额。

1. 总说明

(1)由于内河航运设备制作及安装工程的工程条件复杂，工程结构多样，对于定额项目与实际工程的施工工艺、工程内容不同的，应根据施工条件或施工组织设计编制调整或补充单位估价表；对于定额项目缺项或步距断档的，可选用现行的《沿海港口装卸机械设备安装工程定额》及《全国统一安装工程预算定额》相应定额项目的消耗量，但工料机单价应与定额采用相同标准。

(2)航运枢纽建设工程中的电站等设备安装工程,执行水利水电工程相关定额。

(3)定额不包括材料及设备的场外运输,场外运输应按水路或公路运输相关标准计算。

(4)安装定额中不包括设备所需的轨道安装以及安装用脚手架等费用。上述项目应执行《内河航运水工建筑工程定额》的有关定额及规定。

2. 钢闸(阀)门及大型钢结构制作

(1)定额未包括主滚轮、侧滚轮等有关运转和铸钢件的制作费用,使用定额时应另计运转件和铸钢件的制作费用。

(2)定额除注明者外,均以施工单位内部加工厂整体制作为准;若为施工现场分段拼装或现场制作,应在定额正表的基础上乘以 1.15 的系数。

(3)制作定额中的材料仅为消耗性材料。

(4)制作定额均已包括了制作平台,施工脚手架,工装胎模具以及无损探伤检验等费用的摊销。

(5)钢阀门的制作执行相应门型的闸门制作定额。

3. 钢闸(阀)门及大型钢结构安装

定额适用条件:设备为整体到货状态。

(1)定额中的材料仅为消耗性材料,不包括闸门的止水橡皮、木质水封以及安装组合螺栓等,其用量可按图纸净用乘以 1.05 消耗量系数计算。

(2)钢阀门安装可执行相应门型的闸门安装定额,并应在原定额基础上按人工、船机定额消耗量乘以 1.10 系数计算。

(3)各类闸门安装定额均以现场分段拼装作业条件为准,定额用量仅包括安装工程的消耗用量,若为整体安装(即不需现场分段拼装),应按人工、船机消耗量除以 1.10 的系数。

(4)大型电站的拦污栅,若底梁、顶梁、边柱采用闸门支承形式的,其栅体安装可套用与自重相等的平板闸门安装定额,栅槽可套用闸门埋设件安装定额。

(5)闸门压重物定额适用于铸铁、混凝土及其他种类的闸门压重物安装,如压重物需装入闸门梁格内时,应在原定额基础上乘以 1.20 的系数。

4. 启闭机安装

定额适用条件:设备为整体到货状态;采用常规施工工艺和机械施工。

(1)定额中不包括轨道安装及设备基础的混凝土等,上述项目应执行现行《内河航运水工建筑工程定额》的有关定额。

(2)液压启闭机安装不包括设备主体第一个外接法兰(或管接头)以外的管道铺设以及设备用油。

5. 装卸及起重运输设备安装

定额适用条件:设备为总装后,分部位拆解运输到现场;采用常规施工工艺和机械施工。

(1)定额按单机安装条件编制,对于港口装卸设备安装应符合下列规定:

散装矿石、煤炭码头设备安装工程,应在相应定额基础上乘以系统安装系数 1.03。

散装粮食码头设备安装工程,应在相应定额基础上乘以系统安装系数 1.10。

(2)定额包括以下工程内容:

①施工现场仓库(指定堆放地点)至安装地点内的设备、材料及工具的水平及垂直运输。

②设备开箱检验、基础验收、划线定位、清洗、吊装、调整、焊接、铆接、固定单机无负荷试运转。

③与设备本体联体的平台、梯子、栏杆、支架、屏盘、配重、安全罩、挡风板及设备本体内的管道安装。

④单机的动力、控制、照明、通信等各种电气设备及管线安装、配管、电缆敷设,接线校线,模拟试验。

(3)定额不包括下列工程内容:

①单机与地面接线箱(操作箱)端子或连接插头以外的供电、控制、信号、检测、通信部分设备及电缆的安装。

②码头散货设备接入地面水槽吸水管以外或与地面管网连接点法兰以外的洒水除尘设备及管路安装。

③码头输送设备的供电、控制及除尘系统安装。

④单机重载试车及联动试车。

(4)单机无负荷试车能源消耗应按定额正表基价费用的1%计列。

6. 机修及其他生产设备安装工程费

编制机修及其他生产设备安装工程费预算时,安装工程定额直接费应按全国或当地预算定额计算,施工取费标准和计费办法应执行工程所在地的有关规定。

六、疏浚工程预算及疏浚工程定额应用

1. 疏浚工程各项费用计算表

疏浚工程费用由定额直接费、其他直接费、企业管理费、利润、规费、增值税和专项税费等部分组成。

疏浚工程费用计算程序及计价方式,详见表11－5－7。

表11－5－7　疏浚与吹填单位工程费用计算程序表

序号	项目名称	计算方式及说明
1	基价定额直接费	以工料机基价单价为基础,按定额规定计算的挖泥、运泥、吹泥费,开工展布、收工集合费,施工队伍调遣费,管架安拆费之和
2	市场价定额直接费	以工料机基价单价为基础,按定额规定计算的挖泥、运泥、吹泥费,开工展布、收工集合费,施工队伍调遣费,管架安拆费之和
3	其他直接费	按规定计算的相关其他直接费之和
4	企业管理费	[(1)+(3)]×企业管理费费率
5	利润	[(1)+(3)+(4)]×利润率
6	规费	按国家有关规定计算
7	税前合计	(2)+(3)+(4)+(5)+(6)
8	增值税	(7)×增值税税率
9	专项费用	独立计算费用
10	疏浚工程费用	(7)+(8)+(9)

2. 总说明

(1)工况的确定。

①根据施工所在地(自取泥地点至卸泥地点的整个作业面)的条件和施工船舶的适应能力,按客观影响时间占施工期总时间的百分率(简称客观影响时间率),并依据各疏浚船型的规定,划分一至七级工况。每级工况时间利用率相差5%为一档。具体统计计算应执行现行的《疏浚与吹填工程设计规范》有关规定。

②客观影响时间率(%)=施工期内客观影响时间/施工总时间。

客观影响时间=自然影响时间+其他客观影响时间。

自然影响时间指受风、浪、雾、水流、冰凌与潮汐等影响而不能施工的时间;其他客观影响的时间是指受施工条件限制所必须进行的船舶避让,停电待工等非施工单位造成的干扰而不能施工的时间。

定额正表中的定额消耗量按4级工况确定,不同工况的定额消耗量按系数调整。例如耙吸挖泥船工况级别表及定额消耗量调整系数见表11-5-8。

表11-5-8　耙吸挖泥船工况级别表及定额消耗量调整系数

工况级别	客观影响时间率	定额消耗量调整系数
一	小于等于10%	0.8125
二	大于10%,小于等于15%	0.8667
三	大于15%,小于等于20%	0.9286
四	大于20%,小于等于25%	1.0000
五	大于25%,小于等于30%	1.0833
六	大于30%,小于等于35%	1.1818
七	大于35%,小于等于40%	1.3000

(2)运距是指运泥船由挖泥区中心(按疏浚土方量分布计算)至卸泥区中心的航程。应注意以实际运距为准,不是直线距离。

(3)定额正表中的基价均未包括排泥管线使用费。排泥管线费用应先按排泥管线台班数乘以排泥管线长度计算出百米台班数,再乘以现行《疏浚工程船舶艘班费用定额》中的排泥管线每百米台班费用定额计算。管线台班消耗量与配套挖泥船或吹泥船相同。

(4)关于船舶艘班费及调整:

①定额中挖泥船、接力泵船和吹泥船维修费用是按疏浚岩土1~5级确定的,当疏浚岩土超过5级时,小修费和保修费应按定额规定系数进行调整。注意耙吸挖泥船的超运距定额和增转头定额除外。

②排泥管线维修费按疏浚岩土1~5级确定。当疏浚岩土为6~8级时,维修费应乘以1.1的系数进行调整;当疏浚岩土为9~13级时,维修费应乘以1.3的系数进行调整。

③挖泥船、吹泥船、接力泵船和施工拖轮的艘班燃料消耗量是按4级工况计算的,编制概预算时,燃料消耗应以设计确定的工况级别按照定额进行调整。其中3~1级工况依次增加油耗,5~7级工况依次减少油耗。

④绞吸挖泥船定额燃料消耗量是按水下泥泵联合一台舱内泥泵计算的。若2500~

4500m^2/h 绞吸挖泥船需增开一台舱内泥泵进行长排距施工时，其艘班燃料消耗量应乘以 1.35 的系数进行调整；

若 2500～4500m/h 绞吸挖泥船排距标准岸管长度小于额定长度的 30%，需采用单泵（水下泵）施工时，其艘班燃料消耗量应乘以 0.65 的系数进行调整。

⑤接力泵船定额燃料消耗量是按开启两台泥泵计算的，若实际仅需一台泥泵施工时，其艘班燃料消耗量应乘以 0.6 的系数进行调整。

⑥耙吸挖泥船、自航链斗船、拖轮、自航泥驳及锚（机）艇，执行自航调遣期间艘班燃料消耗盘，可按定额附表计算，注意与船舶使用期间油耗量的差异。

3. 自航耙吸式挖泥船定额

自航耙吸式挖泥船按其泥舱容积划分，工作内容包括挖泥，转头，空、重载航行和卸泥（或艏吹、艏喷）等施工作业。

耙吸船定额包括基本定额、超挖深定额、超运距定额、增转头定额、艏吹定额和艏喷定额。

①基本定额：挖深小于或等于基本挖深、运距小于或等于基本运距，挖槽长度大于或等于定额挖槽长度时定额消耗量。

②超深定额：挖深超过基本挖深后，每超过 1m 增加定额消耗量。耙吸挖泥船基本挖深和最大挖深见参考值见表 11－5－9。

③超运距定额：基本运距为 2km，每超过 1km 增加定额消耗量。当运距 >30km 时，超过部分的超运距定额消耗量乘以 0.8 的系数。

④增转头定额：挖槽长度小于定额挖槽长度，挖泥船每增加一次转头所增加定额消耗量。

表 11－5－9 耙吸挖泥船基本挖深和最大挖深参考值表

船型/m^3	基本挖深/m	最大挖深参考值/m
500、800	5	10～12
1500	5	17～20
2000	5	18～22
2500、3500	7	22～27
4000、5000	8	22～27
5000、8000	9	24～35
10000、11000、12000	10	24～46
130000	10	42～45

增转头增加次数计算式为：增加转头次数 =（定额挖槽长度/挖槽长度 －1）×2。定额挖槽长度见表 11－5－10。

表 11－5－10 耙吸挖泥船定额挖槽长度表 **单位：km**

船型/m^3	岩土级别/km									
	1	2	3	4	5	6	7	8	9	10
500～2500	1.1	1.6	2.1	2.6	—	2.4	3.0	4.6	—	—
3500～5000	1.3	1.8	2.2	2.7	2.6	2.6	3.2	4.7	4.0	4.4

（续表）

船型/m^3	岩土级别/km									
	1	2	3	4	5	6	7	8	9	10
8000 ~ 10000	1.8	2.1	2.4	2.9	2.9	2.9	3.5	4.9	4.4	4.7
12000 ~ 20000	2.8	2.8	2.8	3.2	3.7	3.6	4.2	5.2	5.1	5.4

⑤艏吹定额：疏浚土采用艏吹处理时增加船舶及排泥管线定额消耗量，其工作内容包括定位、接拆管头和吹泥等，并已扣除基本定额中的抛泥内容。

耙吸挖泥船最大吹距参考值为：4500m^3耙吸挖泥船为 1 ~ 2km；5000 ~ 8000m 耙吸挖泥船为 2 ~ 3km；10000 ~ 13000m^3耙吸挖泥船为 2 ~ 4km。

⑥艏喷定额：疏浚土处理采用艏喷时增加定额消耗量，其工作内容包括定位和艏喷等，并已扣除基本定额中的抛泥内容。

4．绞吸挖泥船定额

绞吸挖泥船按其名义生产效率划分，工作内容：包括挖泥、吹泥、移船、移错、移排泥管线等施工作业。

（1）定额包括基本定额和超挖深定额。

基本定额：挖深小于或等于基本挖深定额消耗量。

超挖深定额：挖深超过基本挖深后，每超过 1m 增加的定额消耗量。绞吸挖泥船基本挖深和最大挖深参考值见表 11－5－11。

（2）标准岸管长度：绞吸船定额为绞吸挖泥船标准岸管长度在额定长度内的定额消耗量，当超出额定长度时，应按系数进行调整。

表 11－5－11　绞吸挖泥船基本挖深和最大挖深参考值表

船型/m^3	基本挖深/m	最大挖深参考值/m
40	4.0	4 ~ 6
60、80、90	5.0	
120、200、350	5.0	8 ~ 10
400	5.0	15
1000	5.0	16 ~ 18
1250、1450	6.0	16 ~ 18
1600、2000	7.0	12 ~ 22
2500、3000	8.0	19 ~ 22
3500、4000	10.0	25 ~ 28
4500	10.0	30

①标准岸管长度按下式计算：

标准岸管长度（m）＝岸管长度＋浮管长度 ×1.67＋水下管长度 ×1.14＋超排高 ×50

式中的超排高是按挖泥船所在水位面至排泥管出口断面中心的高差超过标准排高的部分。标准排高：40 ~ 90m^3/h 绞吸挖泥船为 5m；120 ~ 2000m^3/h 绞吸挖泥船为 6m；2500m^3/h 及以上绞吸挖泥船为10m。

②当标准岸管长度超过额定长度时，其定额消耗量增加数按基本定额乘以增加系数计算标准岸管换算长度超过额定长度时定额增加系数、标准岸管长度上限参考见表11-5-12。

当疏浚岩土为5级或8级及以上时，标准岸管的额定长度及上限参考值应乘以0.75的系数，并相应调整标准岸管长度区间和增加系数计算式。

(3)长排距施工：

①绞吸挖泥船定额中，舱内泵是按开启一台计算的，若2500~4500m^3/h绞吸挖泥船需增开一台舱内泵进行长排距施工时，标准岸管额定长度和标准岸管长度上限参考数增加5km，相应调整标准岸管长度区间和增加系数计算式。

②若2500~4500m^3/h绞吸挖泥船配接力泵船进行长排距施工时，应相应增加标准

岸管额定长度和标准岸管长度上限参考数(表11-5-12)，相应调整的标准岸管长度区间和增加系数计算式。接力泵船的定额消耗量同配套绞吸挖泥船。

表11-5-12 标准岸管长度超过额定长度时定额增加系数表

船型/($m^3 \cdot h^{-1}$)	标准岸管额定长度/百米	标准暗管长度L/百米	每超过100米增加系数	标准岸管长度上限参考/百米	增加系数计算式
40	2.5	L>0.25	0.020	3.5	0.020×L-0.050
60~80	3.5	L>3.5	0.020	4.9	0.020×L-0.070
90	4.0	L>4.0	0.020	5.6	0.020×L-0.080
120	5.0	L>5.0	0.020	7.0	0.020×L-0.100
200	8.0	L>8.0	0.020	11.2	0.020×L-0.160
350	12.0	L>12.0	0.020	17.0	0.020×L-0.240
400	14.0	L>14.0	0.020	20.0	0.020×L-0.280
1000	20.0	L>20.0	0.020	28.0	0.020×L-0.400
1250	25.0	L>25.0	0.020	35.0	0.020×L-0.500
1450	25.0	25.0~35.0 L>35.0	0.020 0.025	45.0	0.020×L-0.500 0.025×L-0.675
1600~2000	30.0	30.0~40.0 L>40.0	0.020 0.025	56.0	0.020×L-0.600 0.025×L-0.800
2500~4500	45.0	45.0~55.0 L>55.0	0.020 0.025	65.0	0.020×L-0.900 0.025×L-1.175

当疏浚岩土为5级或8级及以上时，标准岸管的额定长度及上限参考值应乘以0.75的系数，并相应调整标准岸管长度区间和增加系数计算式。

(3)长排距施工：

①绞吸挖泥船定额中，舱内泵是按开启一台计算的，若2500~4500m^3/h绞吸挖泥船需增开一台舱内泵进行长排距施工时，标准岸管额定长度和标准岸管长度上限参考数增加5km，相应调整标准岸管长度区间和增加系数计算式。

②若2500~4500m^3/h绞吸挖泥船配接力泵船进行长排距施工时，应相应增加标准岸管额

定长度和标准岸管长度上限参考数(表 11 - 5 - 13),相应调整的标准岸管长度区间和增加系数计算式。接力泵船的定额消耗量同配套绞吸挖泥船。

(4)标准岸管长度超过额定长度时调整系数算例。

【例 11 - 5 - 3】:假定条件如下:某疏浚项目采用 2500m^3/h 绞吸挖泥船疏浚,土质 5 级。吹距合计 9000m,其中岸管 3000m,浮管 1000m,水下管 5000m,排高 12m。

则标准岸管长度(m) = 3000 + 100 × 1.67 + 5000 × 1.14 + (12 - 10) × 50 = 10470m。

表 11 - 5 - 13　接力泵船施工增加标准岸管额定长度和标准岸管长度上限参考数表(100m)

船型	单泵或者双泵串联	疏浚岩土级别		
		4 级及以下、6 级、7 级	5 级、8 级	9 级及以上
4120kW	单泵	铲运普通土	20.0	12.5
	双泵串联	50.0	40.0	25.0
7300kW、8000kW	单泵	40.0	32.0	20.0
	双泵串联	80.0	64.0	40.0

①查表,2500m/h 绞吸挖泥船标准岸管额定长度 45 百米,标准岸管长度上限参考值 65 百米。

增开一台舱内泵增加 5km;搭配一条 4120kW 接力泵船(双泵串联)增加 4km,进行长排距施工。标准岸管额定长度和标准岸管长度上限参考数均增加 9km。

②标准岸管额定长度,由 45 百米增为 135 百米,

标准岸管长度上限参考数,由 65 百米增为 155 百米,

长度区间:45 ~ 55 百米变为 135 ~ 145 百米,调整系数为 0.02,

长度区间:L > 55 百米变为 L > 145 百米,调整系数为 0.025。

③疏浚岩土为 5 级,乘以折减系数 0.75,则:

标准岸管额定长度,由 135 百米变为 101.25 百米,

标准岸管长度上限参考数,由 155 百米变为 116.25 百米,

长度区间:135 ~ 145 百米变为 101.25 ~ 108.75 百米,调整系数为 0.02,

长度区间:L > 145 百米变为 L > 108.75 百米,调整系数为 0.025。

④标准岸管长度在 10125 ~ 10875m 之间,增加系数:0.02 × (L - 101.25),

标准岸管长度在 10875 ~ 11625m 之间,增加系数:

0.025 × (L - 108.75) + 0.02 × (108.75 - 101.25)。

⑤本项目标准岸管长度(m) = 0470m,由于 10125m < 10470m < 10875m,

则增加系数 = 0.02 × (104.70 - 101.25) = 0.069。

(5)铰刀直径。

若平均泥层厚度(包括计算超深值)小于铰刀直径且大于等于铰刀直径的二分之一时,其定额消耗量增加数按基本定额乘以下式增加系数计算:

$$增加系数 = \frac{铰刀直径(m)}{泥层厚度(m) - 1} \times 0.75 \qquad (11.5.10)$$

若泥层厚度小于铰刀直径的二分之一时,不执行该定额。绞吸挖泥船铰刀直径参考值见表 11 - 5 - 14。

表 11-5-14 绞吸挖泥船绞刀直径参考值表

船型/($m^3 \cdot h^{-1}$)	铰刀直径/m	船型/($m^3 \cdot h^{-1}$)	铰刀直径参考值/m
40	0.6	400、1000、1250	2.0
60	0.8	1450	2.4
80、90、120	1.0	1600、2000	2.8
200	1.4	2500、3000、3500、4000、4500	3.0
350	1.5	–	–

(6)在施工中如需要在泥泵吸口加格栅时,其定额消耗量增加数按基本定额乘以 0.15 的系数计算。

5. 斗式挖泥船定额

链斗、抓斗、铲斗挖泥船按名义生产率或斗容划分,工作内容:包括挖泥、装驳、运泥、卸泥、移船、移锚、靠离驳等施工作业。

(1)定额包括基本定额和超挖深定额、超运距定额。

①基本定额:挖深小于或等于基本挖深、运距小于或等于基本运距时定额消耗量。

②超挖深定额:挖深超过基本挖深后,每超过 1m 增加定额消耗量。例如,抓斗挖泥船基本挖深和最大挖深见表 11-5-15。

表 11-5-15 抓斗挖泥船基本挖深和最大挖深参考值表

船型/m^3	基本挖深/m	最大参考挖深/m	船型/m^3	基本挖深/m	最大参考挖深/m
0.25	3	3	4	5	20~25
0.5、0.75	5	5~6	8	5	25~40
1、1.5	5	10~15	13、18、20、25、27	5	50~55
2	5	15~20	30	8	75

③超运距定额:基本运距为 2km,每超过 1km 增加定额消耗量。

(2)链斗、抓斗、铲斗挖泥船挖硬黏土(4 级或 5 级土)附着力大于 $200g/cm^2$ 时,其拖轮和泥驳定额消耗量增加数按基本定额乘以 0.5 的系数计算(自航泥驳除外)。

(3)若泥土处理为吹填时,应配备吹泥船,执行吹泥定额。

(4)$180m^3/h$ 及其以下链斗挖泥船、$2m^3$ 及其以下抓斗挖泥船、铲斗挖泥船,在山区河流航道施工时,因流速过大、影响工效,其基本定额消耗量增加相应的系数(详见定额说明)。

山区航道包括山区河流穿过高山、峡谷和丘陵地区,河床形态复杂,礁石林立,险滩多,河面宽窄不一,水位和流量变化剧烈的航道。

(5)注意定额中的挖泥船配套泥驳,舱容 $280m^3$ 及以上的均采用自航泥驳。

6. 吹泥船定额

吹泥船按其名义生产效率划分。工作内容包括靠离驳、吹泥、接拆排泥管等施工作业。

(1)吹泥船定额在与链斗挖泥船或抓斗、铲斗挖泥船配套使用时,吹泥船应与挖泥船的能力相适应,泥驳规格同挖泥船配套泥驳。

(2)吹泥船定额为吹泥船在额定标准岸管长度内船舶定额消耗量,当标准岸管长度超过额定标准岸管长度时,其定额消耗量增加数按定额乘以增加系数计算。当疏浚岩土为 5 级或 8

级时,标准岸管的额定长度及上限参考值应乘以 0.75 的系数,并相应调整标准岸管长度区间和增加系数计算式。

7. 船舶调遣

船舶调遣费指施工船舶、设备等根据建设任务的需要,由原施工地点(或由基地)到另一施工地点所发生的往返调遣费用。工作内容包括:船舶执行调遣,准备、结束调遣,人员、设备、仪器、材料调遣。准备、结束调遣主要包括船舶封舱、启舱、改装、拆除、复原。

(1)船舶调遣按调遣方式分为自航调遣和拖带调遣。

自航调遣包括耙吸挖泥船、自航链斗挖泥船、拖轮、自航泥驳和锚(机)艇的调遣。

拖带调遣包括非自航挖泥船、吹泥船、接力泵船和非自航泥驳的调遣。

(2)船舶调遣定额按调遣地区分为沿海区域调遣、内河区域调遣。

(3)调遣费用定额包括:往返各 100 海里的执行调遣所需的定额消耗量,往返一次的准备、结束调遣所需的定额消耗量。

$$\text{调遣费用} = \text{执行调遣费用} + \text{船舶准备、结束调遣费用} \tag{11.5.11}$$

其中:

$$\text{执行调遣费用} = \text{执行调遣艘班数} \times \text{航程(100 海里)} \times \text{调遣次数} \times \text{执行调遣艘班费} \tag{11.5.12}$$

$$\text{船舶准备、结束调遣费用} = \text{准备、结束调遣艘班数} \times \text{调遣次数} \times \text{准备、结束调遣艘班费} \tag{11.5.13}$$

(4)拖带调遣定额中,非自航挖泥船、吹泥船及接力泵船的调遣为一拖一调遣;非自航泥驳的调遣为一拖二调遣,若需要一拖一调遣时,其定额中泥驳定额消耗量按二分之一计算。

(5)山区河流自航调遣定额消耗量同内河区域;山区河流拖带调遣中执行调遣定额消耗量按内河区域增加 0.30 的系数计算,准备、结束调遣定额消耗量同内河区域。

(6)自航调遣船舶和拖带调遣中的拖轮,其执行调遣艘班均按使用艘班计算,艘班费中的燃料消耗量按现行的《疏浚工程船舶艘班费用定额》中"自航船舶调遣航行期间燃料消耗量表"调整;准备、结束调遣艘班和拖带调遣中的被拖船舶执行调遣艘班均按停置艘班计算。

(7)人员、设备、仪器、材料等的调遣费用按船舶执行调遣和船舶准备、结束调遣基价之和的 5% 计算。

(8)调遣距离小于 25 海里时,不计算施工队伍调遣费,大于等于 25 海里时按实际距离计算施工队伍调遣费。

(9)调遣次数,工期在一年以内原则上按一次计算,工期超过一年的按施工组织设计确定。

(10)排泥管线装泥驳调遣,应根据排泥管线的种类、规格、长度和泥驳规格及航行安全等要素安排泥驳数量。

8. 其他定额

包括各类挖、吹泥船和接力泵船的开工展布、收工集合定额,排泥管架架设及拆除定额。

(1)开工展布、收工集合费,指船舶进、退场的费用。

开工展布、收工集合的次数,一个单位工程原则上只计算一次。若因工程量较大,需要跨冰封期施工,可按实际情况计算开工展布、收工集合次数;耙吸挖泥船开工展布、收工集合按挖槽长度 10km 计算一次,小于 10km 时按一次计算,每超过 10km 增加一次;对经常进行维护的疏浚工程,按每月计算一次。

(2)排泥管管架仅考虑钢木结构,即立桩为杉木、其他部分均为型钢。

9. 疏浚工程预算注意事项

(1)疏浚岩土可挖性。

①淤泥土类宜使用耙吸挖泥船或绞吸挖泥船进行挖掘和输送,淤泥质土也可使用斗式挖泥船进行挖掘。

②砂土类可使用各种挖泥船进行挖掘。挖掘密实砂土时,耙吸挖泥船宜使用带高压冲水的冲刷型耙头,绞吸挖泥船宜使用可换齿的铰刀,抓斗挖泥船宜使用中型或重型泥斗,铲斗挖泥船宜使用小容量泥斗。

③黏性土类可使用各种挖泥船进行挖掘。挖掘硬黏性土时,耙吸挖泥船宜使用主动型耙头,绞吸挖泥船宜使用可换齿的铰刀,抓斗挖泥船宜使用中型或重型泥斗,铲斗挖泥船宜使用小容量泥斗。

④碎石类土宜采用抓斗挖泥船或铲斗挖泥船进行挖掘,也可使用大、中型绞吸挖泥船进行挖掘。挖掘时,抓斗挖泥船应使用重型抓斗,绞吸挖泥船应使用可换齿的锥形铰刀。

⑤岩石可在预处理后进行挖掘,软质岩石也可采用大型绞吸挖泥船、铲斗挖泥船或抓斗挖泥船进行挖掘。

(2)疏浚船机配置。疏浚船机配置是疏浚造价计算的关键环节,应根据工程规模(疏浚量)、建设要求(工期、泥土处理方式如吹填或外抛)、现场水域条件(水域大小、水深)、岩土可挖性(土质等)、管道输送适宜性、现场的自然和环境条件(工况如:风浪流、周边影响)等因素确定疏浚船舶。具体可参照按照现行的《疏浚与吹填工程设计规范》相关内容。一般原则如下:

①新建港口的航道疏浚宜采用耙吸挖泥船;在风浪允许的条件下,也可使用绞吸挖泥船或斗式挖泥船;在疏浚土吹填处置距离满足的条件下宜使用绞吸式挖泥船直接挖吹施工。

②航道扩建加深、拓宽工程以及航运繁忙水域的疏浚与吹填工程,宜选择耙吸挖泥船。

③沿海航道维护性疏浚宜选择耙吸挖泥船,在内河宜选择耙吸挖泥船或绞吸挖泥船。

④采用吹填方式进行泥土处置的疏浚工程和以造地成陆为目的的吹填工程,宜选择绞吸挖泥船或装有艏吹装置的耙吸挖泥船直接进行挖吹施工;当水上泥土运输距离较长时,可选择耙吸挖泥船、绞吸挖泥船、斗式挖泥船、泥驳、吹泥船等进行联合施工。吹填设备的泥泵扬程应与吹填距离及排高相适应,当吹填距离超过吹填设备的吹距时应加装接力泵。

⑤在水工建筑物或其他设施附近疏浚,宜选择斗式挖泥船或绞吸挖泥船施工,如航行条件允许,也可选择耙吸挖泥船施工。

⑥疏浚设备不能水路调遣而采用陆运时,应选用组装式挖泥船,并应对现场起吊、组装、下水的条件进行调查。

⑦对噪声要求严格的区域和居民密集区等区域,不宜选择链斗挖泥船施工。

⑧疏浚污染土时,应选择满足环保要求的疏浚设备。

(3)工况对单价影响较大,除考虑自然条件影响外,应特别注意客观条件的影响,如船舶避让、干扰等。

(4)当疏浚土吹填造陆时,疏浚量和造地量应进行土方平衡,需要考虑疏浚土的搅松系数、吹填流失、原地基沉降、吹填土沉降、超填量等因素。

七、案例分析

【例11-5-4】某内河港口作业区500吨级码头工程,码头全长650m,码头主要工程量如

表 11-5-16 所示。标准断面如图 11-5-1 所示。主要的施工工艺为:围堰建设→基坑开挖→现浇钢筋混凝土底板→墙身浇筑及墙后抛石棱体及土方回填至 55.88m 标高→轨道基础施工→码头面层结构施工。墙身和底板混凝土采用商品混凝土,其余混凝土为自拌;除围堰和排水外,其他施工措施自行考虑。

表 11-5-16　码头主要工程量

序号	分部分项工程名称	单位	工程数量	备注
1	钢筋混凝土底板 C30	m^3	4154	商品混凝土
2	底板钢筋加工	t	205	
3	混凝土垫层 C10	m^3	566	
4	块石混凝土墙身(块石含量 15%)C25	m^3	40112	定额号 4021,商品混凝土
5	棱体抛石	m^3	22328	直接来料机械铺筑
6	铺筑碎石倒滤层	m^3	2028	
7	铺筑砂倒滤层	m^3	2087	
8	铺筑倒滤层土工布	m^2	9100	
9	塑料排水管	延米	5415	
10	钢筋混凝土胸墙 C30	m^3	4154	
11	胸墙现浇混凝土钢筋加工	t	186	
12	钢筋混凝土阶梯 C30	m^3	119	
13	阶梯钢筋加工	t	5	
14	现浇轨道梁 C30	m^3	1517	基槽开挖不考虑
15	轨道梁现浇混凝土钢筋加工	t	205	
16	轨道安装 QU80	延米	1166	普通钢轨
17	150kN 系船柱制作安装	个	26	
18	橡胶护舷	套	574	
19	沥青木板伸缩缝	m^2	69	
20	踏步栏杆	t	1	钢管式
21	预埋铁件制作、安装	t	8	

注:以上工程量只计列部分工作内容的工程量举例说明。

①该码头水工结构应按几类工程取费?

②请根据码头主要工程量及标准断面图和施工图预算工程量计算规则完成表 11-5-17 定额编号和有关定额调整说明。

表 11-5-17　工程量汇总表

序号	定额或估价表号	分部分项工程名称	单位	工程数量	定额调整内容
1		钢筋混凝土底板 C30	m^3		
2		底板钢筋加工	t		

注:本题需要配合定额完成,考试时会提供相关定额数据。

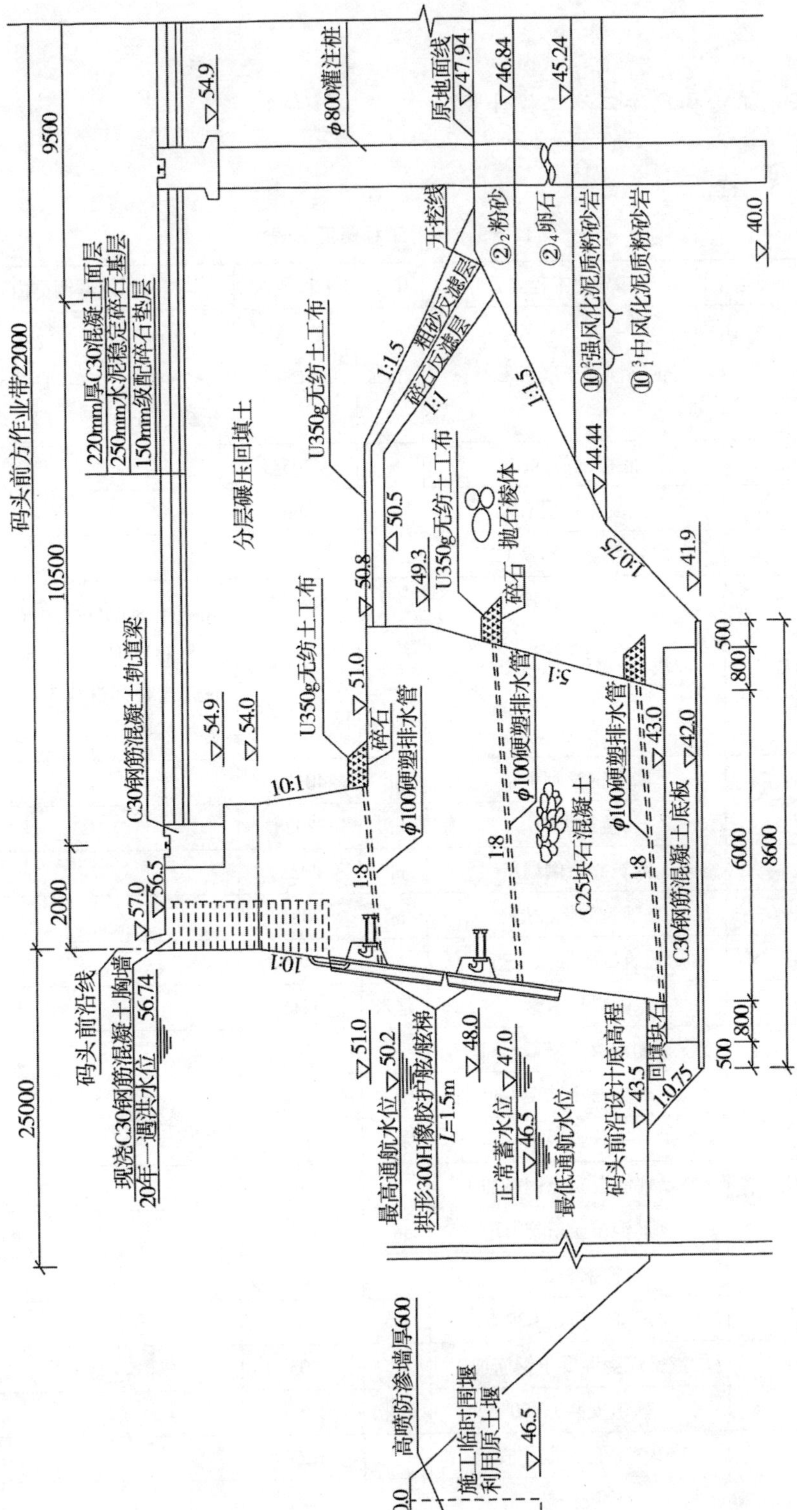

图11-5-1　码头标准断面图

【解】

问题1:

答:该码头水工结构应按二类工程计费。

问题2:

答:表11-5-18。

表11-5-18　工程量汇总表

序号	定额或估价表号	分部分项工程名称	单位	工程数量	定额调整内容
1	4149	钢筋混凝土底板C30	m^3	4154	人工15.69工日,$25m^3/h$搅拌站,$1m^3$轮胎式装载机、$10m^3/h$筛洗石子机台班为0
2	4178	底板钢筋加工	t	205	
3	4159	混凝土垫层C10	m^3	566	
4		块石混凝土墙身C25			
4-1	4021	块石混凝土墙身C25	m^3	40112	混凝土$8.655m^3$,块石$2.463m^3$,人工8.43工日,$45m^3/h$搅拌站0,$3m^3$轮胎式装载机0,$10m^3/h$筛洗石子机台班0
4-2	7051	墙身钢管脚手架	m^3	40112	
5	1577	棱体抛石	m^3	22328	
6	1573	铺筑碎石倒滤层	m^3	2028	
7	1572	铺筑砂倒滤层	m^3	2087	
8	1574	铺筑倒滤层土工布	m^2	9100	
9	6140	塑料排水管	延米	5415	
10		钢筋混凝土胸墙C30			
10-1	4124	钢筋混凝土胸墙C30	m^3	4154	
10-2	7051	钢管脚手架	m^3	4154	
11	4180	胸墙现浇混凝土钢筋加工	t	186	
12	4162	钢筋混凝土阶梯C30	m^3	119	
13	4179	阶梯钢筋加工	t	5	
14	4086	现浇轨道梁C30	m^3	1517	
15	4180	轨道梁现浇混凝土钢筋加工	t	205	
16	6015	轨道安装QU80	延米	1166	
17	6004	150kN系船柱制作安装	个	26	
18		橡胶护舷			
18-1	6067	橡胶护舷安装,D型,300H,L=1500mm	套	574	

（续表）

序号	定额或估价表号	分部分项工程名称	单位	工程数量	定额调整内容
18－2	主材	橡胶护舷本体，D型，300H，L＝1500mm	套	574	
19	6088	沥青木板伸缩缝	m^2	69	
20	6040	踏步栏杆	t	1	
21	6048	预埋铁件制作、安装	t	8	

第六节　水运工程工程量清单计价

一、工程量清单的定义

工程量清单计价是在建设工程实施阶段（包括：招投标、工程计量与支付、竣工结算等）的工程计价活动中，按照国家有关规定及相应的程序和要求进行最高投标限价、工程量清单、工程量清单报价、计量支付、工程竣工结算编制和管理。水运工程执行交通运输部颁布现行的《水运工程工程量清单计价规范》。

二、工程量清单计价的基本知识

（一）基本概念

水运工程量清单是表现水运分部分项工程项目、一般项目和计日工项目的名称及数量的明细。

（二）组成

1. 招（投）标工程量清单

招（投）标工程量清单表现拟建工程的分项工程项目、措施项目和其他项目的名称及相应数量的明细，是招（投）标文件的组成部分，是合同工程量清单、计量与支付文件、竣工结算文件的基础。招标工程量清单由招标人根据国家标准、招标文件、设计文件以及施工现场实际情况编制，编制人为具有编制能力的招标人或受其委托具有相应资质资格的单位，招标人应按现行的《水运工程工程量清单计价规范》附录规定，编制水运工程工程量清单表。投标工程量清单即工程量清单计价，由投标人根据招标文件、设计图纸、施工条件、自身的综合能力编制，投标人按现行的《水运工程工程量清单计价规范》附录规定填写工程量清单计价表。

2. 工程量清单预算

工程量清单预算是按现行《水运工程工程量清单计价规范》的相关规定编制的施工图预算。

（1）工程量清单预算的格式应参照计价规范附录的“工程量清单计价表式”。

（2）工程量清单预算的项目名称应参照计价规范附录的“水运工程工程量清单项目”。

（3）工程量清单预算的工程量计算应参照计价规范附录的“水运工程工程量计算规则”。

（4）工程量清单预算的价格根据水运工程预算编制规定及其配套定额进行编制，当定额的工程量计算规则与工程量清单的工程量计算规则相一致时,可直接以工程量清单中的工程量作为工程内容的工程数量套用定额,否则需进行调整。

3. 合同工程量清单

合同工程量清单是合同文件的组成部分,是投标文件已标明价格,经算术性错误修正(如有)且承包人已确认的工程量清单。合同工程量清单是工程计量、合同价款调整、索赔、竣工结算的基础工程量清单。合同工程量清单的编制同工程量清单计价文件的编制。

4. 计量与支付

(1)工程计量:是工程计价活动的重要环节,是指建设工程项目以工程设计图纸、施工组织设计或施工方案及有关技术经济文件为依据,按照相关工程国家标准的计算规则、计量单位等规定,进行工程数量的计算活动,在工程建设中简称工程计量。实施阶段的工程计量不仅包括招标阶段工程量清单编制中工程量的计算,也包括投标报价以及合同履约阶段的变更、索赔、支付和结算中的工程量的计算和确认。

(2)工程款支付:是指建设工程依据合同约定进行预付款、工程进度款、工程竣工结算款支付的活动。

①预付款用于承包人为合同工程施工购置材料、工程设备、购置或租赁施工设备、修建临时设施以及组织施工队伍进场等所需的款项。

②工程进度款的支付是指承包人在施工过程中,按合同约定的中间结算时间对已完工程进行计量,向发包人申请办理的工程进度款支付。

③承包人按照合同规定的内容全部完成所承包的工程,经验收质量合格,并符合合同要求之后,向发包人进行最终工程价款结算。发包人应根据确认的竣工结算书在合同约定的时间内向承包人支付工程竣工结算款。

5. 工程变更

工程变更具有广泛的含义,它是指全部合同文件的任何部分的改变,不论是形式的、质量的或数量的变化,或者追加或取消某一项工作,都称之为工程变更。除设计图纸的变更外,合同条件、技术规范,施工顺序与时间的变化等亦属于工程变更,工程变更还包括监理工程师提出的"新增工程",即原招标文件和工程量清单中没有包括的工程项目。

工程变更是合同变更的表现形式,最常见、最重要的是施工条件变化和设计变更。

工程变更通常都涉及费用的变化,依据现行的《水运工程标准施工招标文件》与配套使用的《标准施工招标文件》规定,除另有约定外,因变更引起的价格调整按照本款约定处理:

(1)已标价工程量清单中有适用于变更工作的子目的,采用该子目的单价。

(2)已标价工程量清单中无适用于变更工作的子目,但有类似子目的,可在合理范围内参照类似子目的单价,商定或确定变更工作的单价。

(3)已标价工程量清单中无适用或类似子目的单价,可按照成本加利润的原则,商定或确定变更工作的单价。

(六)工程计价资料与档案

1. 计价资料

(1)发承包双方应当在合同中约定各自在合同工程中现场管理人员的职责范围。双方现场管理人员在职责范围内的签字确认的书面文件,是工程计价的有效凭证,但如有其他有效证据，或经实证证明其是虚假的除外。

（2）发承包双方不论在何种场合对与工程计价有关的事项所给予的批准、证明、同意、指令、商定、确定、确认、通知和请求，或表示同意、否定、提出要求和意见等，均应采用书面形式，口头指令不得作为计价凭证。

（3）任何书面文件由人当面交应取得对方收据，通过邮寄应采用挂号传送，或发承包双方商定的电子传输方式发送。交付、传送或传输至指定的接收人的地址。如接收人通知了另外地址时，随后通信信息应按新地址发送。

（4）发承包双方分别向对方发出的任何书面文件，均应将其抄送现场管理人员，如系复印件应加盖合同工程管理机构印章，证明与原件同样。双方现场管理人员向对方所发任何书面文件，亦应将其复印件发送给发承包双方。复印件应加盖其合同工程管理机构印章，证明与原件同样。

（5）发承包双方均应当及时签收另一方送达其指定接收地点的来往信函，拒不签收的，送达信函的一方可以采用特快专递或者公证方式送达，所造成的费用增加（包括被迫采用特殊送达方式所发生的费用）和（或）延误的工期由拒绝签收一方承担。

（6）书面文件和通知不得扣压，一方能够提供证据证明另一方拒绝签收或已送达的，视为对方已签收并承担相应责任。

2. 计价档案

（1）发承包双方以及工程造价咨询人对具有保存价值的各种载体的计价文件，均应收集齐全，整理立卷后归档。

（2）发承包双方和工程造价咨询人应建立完善的工程计价档案管理制度，并符合国家和有关部门发布的档案管理相关规定。

（3）工程造价咨询人归档的计价文件，保存期不宜少于5年。

（4）归档的工程计价成果文件应包括纸质原件和电子文件。其他归档文件及依据可为纸质原件、复印件或电子文件。

（5）归档文件必须经过分类整理，并应组成符合要求的案卷。

（6）归档可以分阶段进行，也可以在项目结算完成后进行。

（7）向接受单位移交档案时，应编制移交清单，双方签字、盖章后方可交接。

三、水运工程工程量清单计价表组成

（一）总说明

（1）工程量清单计价表应采用现行《水运工程工程量清单计价规范》规定的统一格式。

（2）工程量清单计价文件由封面、工程量清单项目总价表、分项工程量清单计价表、一般项目清单计价表、计日工项目清单计价表、主要材料价格表，以及其他辅助性表格组成。

（3）投标人不得随意增加、删除或涂改招标人提供的工程量清单中的内容。

（4）工程量清单报价表应按规定填写，并按要求签字、盖章。

(二)清单计价表组成

1. 工程量清单项目总价表格式(表 11－6－1)

表 11－6－1　工程量清单项目总价表

工程名称：　　　　　　　　　　　　　　　　　　　　　　　　　　　第　页　共　页

序 号	项目名称	金额/元
一	一般项目	
二	单位工程	
(一)	……	
…	计日工项目	
合计		

注:工程量清单项目总价表应按一般项目清单计价表、各单位工程的分项工程项目清单计价表、计日工项目清单计价表中相应项目合计金额填写。

2. 分项工程量清单计价表格式(表 11－6－2)

表 11－6－2　分项工程量清单计价表

工程名称：　　　　　　　　　　　　　　　　　　　　　　　　　　　第　页　共　页

序号	项目编码	项目名称	计量单位	工程数量	项目特征	金额/元	
						综合单价	合价
合计							

注:①表中的序号、项目编码、项目名称、计量单位、工程数量按招标人提供的分项工程量清单中的相关内容填写。
②投标人填写表中列明的所有需要填写的单价和合价,未填写的单价和合价,视为此项费用已包含在工程量清单的其他单价和合价中。

3. 一般项目清单计价表格式(表 11－6－3)

表 11－6－3　一般项目清单计价表

工程名称：　　　　　　　　　　　　　　　　　　　　　　　　　　　第　页　共　页

序号	项目编号	项目名称	金额/元
合计			

注:表中的序号、项目编码、项目名称应按招标人提供的一般项目清单中相应内容填写,并应填写相应项目的金额和合计金额。

4. 计日工项目清单计价表格式(表 11－6－4)

表 11－6－4　计日工项目清单计价表

工程名称：　　　　　　　　　　　　　　　　　　　　　　　　　　　第　页　共　页

序号	名称	规格(工种)	计量单位	数量	金额/元	
					综合单价	合价
1	人工		工日			
小计						

（续表）

序号	名称	规格(工种)	计量单位	数量	金额/元	
					综合单价	合价
2	材料					
小计						
3	船舶机械		艘(台)班			
4	合计					

注:表中序号、人工、材料、船舶机械的名称、规格型号以及计量单位应按招标人提供的计日工项目清单中相应内容填写,并应填写相应项目的单价及合价。

(1)人工按工种,材料和船舶机械按名称和规格型号分别填写。

(2)选择计量单位时,人工以工日、材料以常用计量单位、船舶机械以艘班或台班分别填写。

四、投标工程量清单报价

投标工程量清单报价即工程量清单计价,由投标人根据招标文件、设计图纸、施工条件、自身的综合能力进行编制。投标工程量清单计价文件应由封面、工程量清单项目总价表、分项工程项目清单计价表、一般项目清单计价表、计日工项目清单计价表、分项工程量清单综合单价汇总表、综合单价分析表和主要材料价格表等组成。

(一)投标总价构成

实行工程量清单计价招投标的水运工程,其投标总价即为工程量清单项目总价表中的合计金额,包括一般项目清单计价表中的合计金额、各单位工程的分项工程项目清单计价表中的合计金额、计日工项目清单计价表中的合计金额。

(二)工程量清单单价构成

工程量清单单价应采用综合单价,综合单价指完成工程量清单中一个质量合格的规定计量单位项目所需的人工费、材料费、船舶机械使用费、施工取费及税金,并考虑风险因素价格。综合单价中最主要的组成是工程直接费,工程直接费指施工过程中耗费的构成工程实体和有助于工程形成的各项费用,包括人工费、材料费和船舶机械使用费,但不包括已在一般项目清单中单独计列的费用。其中:

$$人工费 = \sum 单位工程量人工工日消耗量 \times 人工工日单价 \tag{11.6.1}$$

$$材料费 = \sum 单位工程量材料消耗量 \times 材料单价 \tag{11.6.2}$$

$$船舶机械费 = \sum 单位工程量船机消耗量 \times 船机单价 \tag{11.6.3}$$

1. 人工、材料、船机等生产要素的消耗量

工程直接费应根据分项工程量清单中的分项工程内容及项目特征,结合招标文件、设计图纸、施工条件以及自身的综合能力测算工料机消耗量。消耗量的主要计算方法:

(1)投标人根据投标施工组织设计或施工方案确定消耗量,此方法的关键点在于施工组织设计中需进行详细的工效分析及工料机计划,同时需对分项工程交叉使用的人工和船机进行分摊。

(2)投标人根据经验数据或企业内部定额,结合招标项目的实际情况确定消耗量。

(3)投标人对拟分包项目进行市场询价，根据分包商提供的数量合理确定消耗量。

(4)参照水运工程定额，并通过调整来确定消耗量；当定额的工程量计算规则与工程量清单的工程量计算规则相一致时，可直接以工程量清单中的工程量作为工程数量套用定额，否则需进行调整。

2. 人工、材料、船机等生产要素的价格

人工、材料、船机价格应通过市场调研获得，并考虑其可能的发展趋势。获取工料机价格的主要方法。

(1)参照水运工程定额确定人工消耗量的，人工单价按照水运工程定额编制规定及地方造价管理部门的相关规定。

(2)根据施工组织设计或经验数据确定人工消耗量的，人工单价应按照工程所在地的市场人工实际价格。

(3)采用劳务分包形式的，按单位工程量确定人工费用。

(4)材料价格可向供应商或制造商询价、自行进行市场调查或信函询价、利用国家或地方信息平台资料等。

(5)参照水运工程定额确定船机消耗量的，船机单价参照水运工程船机费用定额及地方造价管理部门的相关规定。

(6)企业自有船机的单价可按照企业内部定额或积累的经验数据；租赁船机的单价应根据需求进行市场调查。

(三)一般项目清单的计算

一般项目清单指为完成工程项目施工，招标人要求计列的、不以图纸计算工程数量的费用项目或发生于该工程施工准备和施工过程中招标人不要求列示工程数量的措施项目和其他项目，包括暂列金额、规费、保险费、安全文明施工费、施工环保费、生产及生活房屋、临时道路、用电、用水、通信、码头、预制场建设、临时工作项目、竣工文件、施工措施项目。

投标人可根据工程实际情况结合施工方案或施工组织设计，自主确定一般项目清单内容，对招标人所列一般项目可以进行增补。

(1)暂列金额指招标人为暂列项目和可能发生的合同变更而预留的费用，投标人应按招标文件的要求报价。

(2)规费应按国家有关部门的规定计算，不得作为竞争性费用。

(3)建筑工程一切险及第三者责任险：承包人按招标文件要求计算建筑工程一切险和第三者责任险。

(4)安全文明施工费应按国家有关部门及招标文件的规定计价，不得作为竞争性费用。

(5)临时工程与设施应包括为实施永久工程所需的各项相关的临时工程，如：生产生活房屋、临时道路、临时便桥、临时用电、临时用水、临时通信、临时用地、临时码头、临时预制场等工程与设施，承包人应按招标文件相关规定及其需求，对临时工程与设施进行设计、施工和拆除，按总额计价。

(6)竣工文件编制：承包人应按相关规定编制竣工资料，并按合同条款规定向发包人提交竣工文件，按总额计价。

(7)施工措施项目：承包人为完成和保管本项目所必需的其他施工措施费用，按总额计价。

(四)标价分析

1. 标价分析的主要目的

标价分析是投标人在投标前对已标价的投标工程量清单进行综合分析,确定投标报价的符合性、合理性及竞争力,为投标决策提供依据。

2. 标价分析的主要内容

(1)投标工程量清单符合性分析。投标工程量清单由投标人根据招标文件、设计图纸、施工条件、自身的综合能力编制。首先应保证投标工程量清单符合招标文件和设计图纸的规定,按工程量清单列明的工作内容和项目特征进行组价,并避免工作内容的重复或漏报;其次应认真研究施工方案,报价应与实际的施工工艺和方法相符;第三应充分考虑施工现场的条件,特别是一般项目清单,应将施工条件体现在报价中。

(2)工程量清单预算分析。工程量清单预算通常采用水运工程预算编制规定及其配套定额进行编制,反映的是定额水平,或者说是社会平均水平。由于不同工程项目的施工条件不同、施工组织方式不同、采用的施工工艺和方法不同、材料及船机的来源不同等因素的影响,预算与报价会存在一定的差别。通过工程量清单预算的分析,找出预算与报价的分歧点,以验证报价的合理性。同时,工程量清单预算也是分析投标竞争对手报价水平的参考依据。

(3)成本测算分析。标前成本测算是对投标项目的成本估算,目的是分析投标报价的合理性,测定投标报价的竞争力。成本测算的主要依据为:招标文件及设计文件、投标人编制的施工组织设计或施工方案、现场踏勘调查资料、投标人积累的成本费用统计资料、投标人市场调查资料、供应商及分包单位报价资料、政府部门公布的信息资料等。

3. 标价分析的注意事项

(1)全面性:投标报价应涵盖招标人的所有要求,应响应招标文件对投标人提出的权利和义务。分项工程量清单的综合单价应涵盖招标文件工程量清单要求的所有工作内容,并与项目特征中所描述的项目规格、部位、类型相对应;一般项目清单在符合招标清单要求的前提下,充分结合实际施工条件进行报价。

(2)准确性:准确把握投标工程量清单、工程量清单预算和成本测算三者的关系,通过标价分析,形成相互校核的作用,确保投标报价的准确性。

(3)风险性:投标人对其投标报价承担风险,因此投标人有必要在投标时对工程存在的风险进行预测和评估,估计风险对投标报价的影响及其可控性,从而确定合理的风险费用,计入投标总价。

五、案例分析

【例 11-6-1】某船闸工程原招标工程量清单中闸室廊道加强混凝土标号为 C35,综合单价为 847.94 元/m^3,施工过程中为加强廊道抗冲刷强度,经各方确认设计变更为 C40。若该清单项目混凝土消耗量为 1.02,同期 C35 及 C40 商品混凝土到工地价分别为 571.00 元/m^3(不含税价)和 597.00 元/m^3(不含税价),商品混凝土税率为 3%;原投标价中企业管理费按人工、材料、机械费之和的 10% 计取,利润按人工、材料、机械、企业管理费之和的 7% 计取,增值税税率为 9%。请在答题卡中列式计算该闸室廊道加强混凝土标号由 C35 变更为 C40 的综合单价?

【解】

(1)综合单价差额 = (597 - 571) × (1 + 10%) × (1 + 7%) × (1 + 9%) × 1.02 = 34.02(元/m^3)

(2)综合单价 = 847.94 + 34.02 = 881.96(元/m^3)

【例 11 -6 -2】某沿海10万吨级码头工程，采用高桩梁板结构形式(根据地理位置和自然条件应按沿海 港工定额计算，不计外海系数)，桩基采用 φ1200mm 钢管桩；长引桥(L = 600m)为大跨高桩墩台结构，远岸段采用 φ1000mmPHC 管桩，近岸段采用 φ1000mm 钻孔灌注桩。

根据桩位图及断面图可知，本工程共有码头部分钢管桩500根(其中10∶1斜度、6∶1斜度、直桩分别为50根、250根、200根)，平均桩长L = 50m；引桥部分有 φ1000mmPHC 管桩200根(其中6∶1斜度、直桩分别为160根、40根)，平均桩长L = 48m，φ1000mm 钻孔灌注桩20根均为直桩，平均桩长L = 40m。

初步设计阶段假设打入桩土壤为二级土、打桩按打桩船打桩考虑、钢管桩和PHC基桩供货厂家距施工现场距离100km、外购钢管桩的价格为送货至施工现场价、PHC桩价格为出厂价；φ1200mm 钢管桩壁厚20mm，防腐采用海工防腐25m/根，另设钢管桩牺牲阳极块3块/根(90kg/块)；φ1000mmPHC - B 型另设钢桩靴1m/根重量0.524t；钻孔灌注桩考虑水上施工，C35混凝土含钢量按150kg/m^3(设计断面)估算，灌注桩悬臂段平均4m/根，清孔Ⅲ类土平均厚度12m，其余为Ⅰ类土，假设钢护筒平均长度15m/根(参考重量170.2kg/m)，灌注桩施工平台按24m^2/根计。

问题：

1. 根据背景资料试计算本工程概算阶段各种桩基所涉及用于定额套用的工程量，将计算过程及结果填入桩基工程量计算表(表11 -6 -5)。

表11 -6 -5　桩基工程量计算表

序号	分部分项工程名称	计算式	计算结果	单位

2. 试根据表11 -6 -6结合背景资料对本工程500根钢管桩和200根PHC桩打桩费的基价定额直接费进行汇总计算。

表11 -6 -6　定额编号参考表

序号	定额编号	分部分项工程名称	单位	基价/元	水上运距超过1km时，每增1km增加费用基价/元
1	20299	打桩船打钢管桩(φ120cm 内)，L≤50m，二级土，直桩	根	6768.16	16.32
2	20140	打桩船打钢筋混凝土管桩(φ100cm 内)，L≤48m，二级土，直桩	根	9873.19	14.80

（续表）

序号	定额编号	分部分项工程名称	单位	基价/元	水上运距超过1km时，每增1km增加费用基价/元
3	20143	打桩船打钢筋混凝土管桩（φ100cm内），L≤52m，二级土，直桩	根	10651.67	14.80

3. 已知本工程一般水工工程其他直接费费率为6.01%、企业管理费费率为8.01%、利润费率为7%、规费费率为1.6%，外购钢管桩基价为3200元/t，送货至施工现场价6000元/t（不含税价），试分别计算打入桩打桩（不计桩头处理）和钢管桩购置部分的利润和规费。

【解】

问题1：

答：根据题意分三种桩基分别计算（表11-6-7）。

表11-6-7　桩基工程量计算表

序号	分部分项工程名称	计算式	计算结果	单位
一	φ1200mm钢管桩			
1	外购钢管桩	$=3.14\times(1.2^2-1.16^2)/4\times7.85\times50\times500$	14543	t
2	海工防腐	$=3.14\times1.2\times25\times500$	47100	m^2
3	打桩船打钢管桩（φ120cm内），L=50m，直桩	=50+200（斜度10:1按直桩计）	250	根
4	打桩船打钢管桩（φ120cm内），L=50m，斜桩	=250	250	根
5	钢管桩牺牲阳极块安装	$=3\times500$	1500	块
二	φ1000PHC管桩			
1	外购φ1000PHC管桩-B型	$=48\times200\times1.03$	9888	m
2	钢桩靴加工安装，1m/根	$=0.524\times200\times1.03$	108	t
3	打桩船打钢筋混凝土管桩（φ100cm内），L=(48+1)m引桥墩桩	=200	200	根
4	D1000HHC桩桩头处理	=200	200	根
三	φ1000钻孔灌注桩			
1	水上灌注桩工作平台	$=24\times20$	480	m^2
2	钢护筒埋设	$=15\times0.17027\times20$	51	t
3	清孔（100cm内），I类土	$=(40+0.5-12-4)\times20$	490	m
4	清孔（100cm内），Ⅲ类土	$=12\times20$	240	m
5	水上灌注桩混凝土，C35	$=3.14\times1^2/4\times(40+0.5)\times20$	636	m^3
6	水上灌注桩混凝土，加钢筋	$=3.14\times1^2/4\times40\times20\times0.15$	94	t
7	水上灌注桩桩头处理	$=3.14\times1^2/4\times0.5\times20$	8	m^3

问题 2:

答:根据背景资料外购钢管桩概算采用送货至施工现场价,所以打桩运距按定额基本运距,无运距增加费;PHC 基桩供货厂家距施工现场 100km,所以打桩运距按增加距离 = 100 - 1 = 99km 计;根据打入桩定额相关说明斜度小于或等于 8:1 的按直桩计算,打斜桩和墩台式桩基 时按打直桩定额正表 ×1.23 和 1.45 系数。本工程为长引桥(L = 600m)码头直桩定额正表 ×1.15、斜桩 ×1.41 系数,引桥墩台仍按墩台式桩基计算。

1. φ1200mm 钢管桩,L = 50m,直桩 N = 50 + 200 = 250 根

斜度小于 8:1 时均按直桩计算,无运距调整,长引桥系数 ×1.15,选用 20299 定额。

基价 = 6768.16 × 1.15 = 7783.38 元/根

2. φ1200mm 钢管桩,L = 50m,斜度 6:1,N = 250 根

斜度大于 8:1 时按斜桩计算,无运距调整,长引桥系数 ×1.41,选用 20299 定额。

基价 = 6768.16 × 1.41 = 9543.11 元/根

3. φ1000mmPHC 管桩,L = 48m,墩台桩 N = 40 + 160 = 200 根

引桥直桩斜桩均为墩台桩,运距调整按 99km 考虑,实际桩长 L = 49m(48m + 1m 钢桩靴),选用 20143 定额。

基价 = 10651.67 × 1.45 + 14.8 × 49 + 14.8 × 0.75 × 50 = 16725.12 元/根

4. 基价定额直接费合计计算

基价定额直接费合计 = 250 × 7783.38 + 250 × 9543.11 + 200 × 16725.12 = 7676647 元

问题 3:

答:按编制规定施工取费一般水工工程以基价定额直接费为取费基数,外购钢管桩按基价的 10% 计入计费基数参与取费。

1. 打入桩打桩部分基价定额直接费按问题 2 计算结果为 7676647 元。

其他直接费 = 7676647 × 6.01% = 461366 元

企业管理费 = (7676647 + 461366) × 8.01% = 651855 元

利润 = (7676647 + 461366 + 651855) × 7% = 615291 元

规费 = 7676647 × 1.6% = 122826 元

2. 外购钢管桩重量按问题 1 计算结果为 14543t,基价 3200 元/t。

基价定额直接费 = 14543 × 3200 = 46537600 元

其他直接费 = 46537600 × 0.1 × 6.01% = 279691 元

企业管理费 = (46537600 × 0.1 + 279691) × 8.01% = 395169 元

利润 = (46537600 × 0.1 + 279691 + 395169) × 7% = 373003 元

规费 = 46537600 × 0.1 × 1.6% = 74460 元

【例 11-6-3】长江某浅段航道整治工程的枯水平台,枯水平台长 510m,宽 3m,其剖面图、护面砖拼装的结构图如图 11-6-1、图 11-6-2 所示,工程位于湖北省某城镇,航道等级为 I 级,护面砖的体积为 0.01218m^3/块,混凝土标号为 C30,厚度为 10cm,采用碎石混凝土,碎石最大粒径 2cm,预制场预制,预制场到工地的水上运距为 10km;碎石、铺石陆上运距 100m 以内,反滤层碎石、铺石来料均为民船装、运,无纺布幅宽为 6m,沿枯水平台长度方向铺设,布之间的

搭接宽度为0.5m，施工队伍进退场距离为90km。

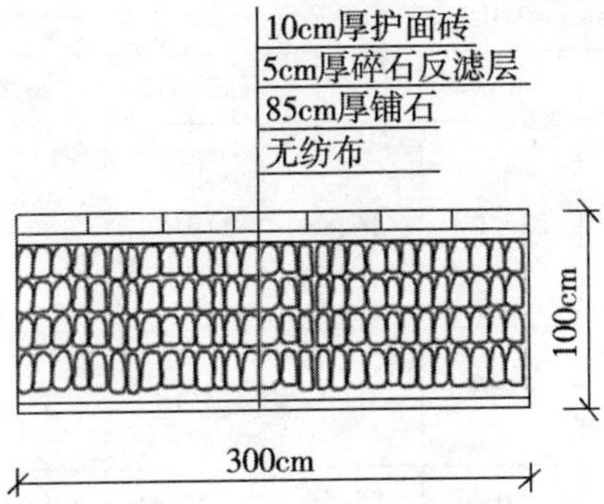

图11－6－1　枯水平台剖面图

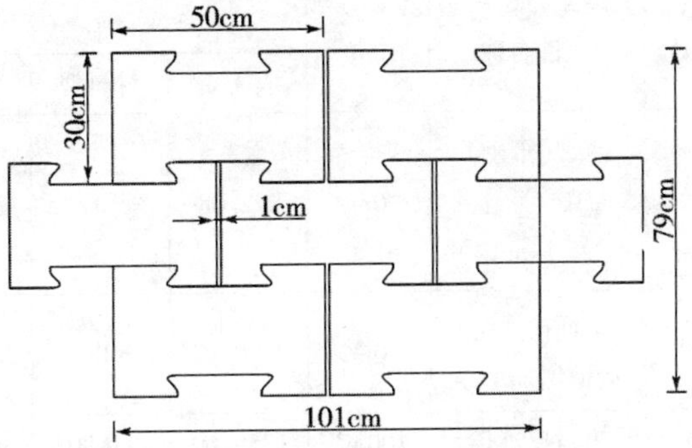

图11－6－2　枯水平台护面砖拼装图

问题：

1. 依据现行的《水运工程工程量清单计价规范》计算枯水平台的护面砖铺设、填筑碎石反滤层、铺石和铺无纺布的工程量，并将分部分项工程量的计算过程和结果填入表11－6－8中。

表11－6－8　分部分项工程工程量计算表

序号	项目名称	单位	数量	计算过程
1	护面砖铺设	m^2		
2	碎石反滤层	m^3		
3	铺石	m^3		
4	铺无纺布	m^2		

2. 依据现行的《水运工程工程量清单计价规范》编制枯水平台的护面砖铺设、填筑碎石反滤层、铺石和铺无纺布的分部分项工程量清单，工程量清单的统一编码见表11－6－9。

表11－6－9　分部分项工程工程量清单

序号	项目编码	项目名称	计量单位	工程数量	项目特征
1	100701043001	护面砖铺设	m^2		
2	100503010001	碎石反滤层	m^3		
3	100503023001	铺石	m^3		
4	100503013001	铺无纺布	m^2		

3. 该工程分部分项工程定额费用组成见表11－6－10，试编制该工程分部分项工程量清单综合单价及清单计价表。

表11－6－10　分部分项工程定额费用组成表

定额编号	项目名称	单位	费用/元						
			人工费	材料费	船机费	取费	规费	增值税	小计
3224	护面砖预制 C30	$10m^3$	1924.08	3616.09	403.80	888.65	66.65	620.93	7520.20

(续表)

定额编号	项目名称	单位	费用/元						
			人工费	材料费	船机费	取费	规费	增值税	小计
5284	铺筑(干砌)护砖(水上运距 1km 内)	$10m^3$	872. 08	0	214. 13	225. 07	16. 88	119. 54	1447. 69
5286	护面砖水上运输增加 1km	$10m^3$	0	0	30. 18	4. 79	0. 36	3. 18	38. 51
5180	碎石反滤层	$100m^3$	1355. 60	11000	141. 90	1140. 87	85. 56	1235. 15	14959. 08
5193	铺石	$100m^3$	1530. 52	12385. 30	156. 85	1224. 79	91. 85	1385. 04	16774. 35
3224	铺设无纺布	$1000m^3$	655. 94	6052. 08	27. 19	1131. 76	84. 88	715. 67	8667. 52

【解】

问题 1:

详见表 11 -6 -11。

表 11 -6 -11　分部分项工程工程量计算表

序号	项目名称	单位	数量	计算过程
1	护面砖铺设	m^2	1530	铺设面积:$S = 510 \times 3 = 1530(m^2)$
2	碎石反滤层	m^3	76. 5	体积:$V = 510 \times 3 \times 0.05 = 76.5(m^3)$
3	铺石	m^3	1300. 5	体积:$V = 510 \times 3 \times 0.85 = 1300.5(m^3)$
4	铺无纺布	m^2	1530	铺设面积:$S = 510 \times 3 = 1530(m^2)$

问题 2:

答:具体清单详见表 11 -6 -12。

表 11 -6 -12　分部分项工程工程量清单

序号	项目编码	项目名称	计量单位	工程数量	项目特征
1	100701043001	护面砖铺设	m^2	1530	1. 预制场预制,普通半干硬性碎石混凝土(碎石最大粒径 20mm)、混凝土等级为 C30,护面砖至施工现场水上运距 10km 2. 枯水平台,护面砖厚度 10cm,体积为 0. 01218m^3/块 3. 铺设
2	100503010001	碎石反滤层	m^3	76. 5	1. 民船装运 2. 施工现场陆上运距 100m 以内 3. 填筑、整平、理坡
3	100503023001	铺石	m^3	1300. 5	1. 民船装运 2. 施工现场陆上运距 100m 以内 3. 铺筑、整平、理坡

（续表）

序号	项目编码	项目名称	计量单位	工程数量	项目特征
4	100503013001	铺无纺布	m^2	1530	1. 400g/m^2 无纺布 2. 单层，幅宽 6m 3. 铺设

问题 3：

答：1. 清单工程量与定额工程量的换算

护面砖铺设：

护面砖预制：$4\times0.01218/[(1.01+0.01)\times(0.79-2\times0.3+0.3)]=0.0975m^3/m^2$

铺筑（干砌）护面砖同上为 $0.0975m^3/m^2$

碎石反滤层、铺石和铺无纺布的清单工程量与定额工程量相同。

2. 清单综合单价计算，结果详见表 11－6－13、表 11－6－14、表 11－6－15、表 11－6－16。

表 11－6－13　综合单价计算表

项目清单编码：100701043001

项目清单名称：护面砖铺设

定额编号	项目名称	单位	工程量	费用/元						
				人工费	材料费	船机费	取费	规费	增值税	小计
3224	护面砖预制 C30	m^3	0.0975	18.76	35.26	3.94	8.66	0.66	6.05	73.32
5284	铺筑护面砖（水上运距 1km 以内）	m^3	0.0975	8.50	0.00	2.09	2.19	0.16	1.17	14.11
5286	护面砖水上运输（超运距 9km）	m^3	0.0975	0.00	0.00	2.65	0.42	0.03	0.28	90.81
	小计	m^3		27.26	35.26	8.68	11.27	0.85	7.5	90.81
	综合单价	m^3	1	90.81 元						

表 11－6－14　综合单价计算表

项目清单编码：100503010001

项目清单名称：碎石反滤层

定额编号	项目名称	单位	工程量	费用/元						
				人工费	材料费	船机费	取费	规费	增值税	小计
5180	碎石反滤层	m^3	1	13.56	110	1.42	11.41	0.86	12.35	149.59
	综合单价	m^3	1	149.59 元						

表 11－6－15　综合单价计算表

项目清单编码：100503023001

项目清单名称：铺石

定额编号	项目名称	单位	工程量	费用/元						
				人工费	材料费	船机费	取费	规费	增值税	小计
5193	铺石	m^3	1	15.31	123.85	1.57	12.25	0.92	13.85	167.74
	综合单价	m^3	1	167.740 元						

表 11－6－16　综合单价计算表

项目清单编码：100503013001

项目清单名称：铺无纺布

定额编号	项目名称	单位	工程量	费用/元						
				人工费	材料费	船机费	取费	规费	增值税	小计
5184	铺设无纺布	m^2	1	0.66	6.05	0.03	1.13	0.08	0.72	8.67
	综合单价	m^2	1	11.99 元						

问题 3：

结果见表 11－6－17。

表 11－6－17　分部分项工程量清单计价表

序号	项目编码	项目名称	计量单位	工程数量	金额/元	
					综合单价	合价
1	100701043001	护面砖铺设	m^2	1530	90.81	138939.3
2	100503010001	碎石反滤层	m^3	76.5	149.59	11443.64
3	100503023001	铺石	m^3	1300.5	167.74	218145.87
4	100503013001	铺无纺布	m^2	1530	8.67	13265.1
合计					381793.91	

【例 11－6－4】某二线船闸工程以《内河航运建设工程概算预算编制规定》及配套定额为依据编制投标报价，闸室墙体混凝土标号为 C25，构造为坞式带廊道，工程量为 79204m^3。其中，闸室墙体混凝土定额中人工工日消耗 0.98 工日/m^3，人工费单价为 64.27 元/工日，材料费和船舶机械费每 m^3 定额分别为 350.2 元/m^3、101.3 元/m^3，其他直接费及规费为 0，管理费按人工费、材料费、船舶机械使用费之和的 7.74% 计取，利润费率为 7%，增值税税率为 9%，不考虑风险。另外大体积混凝土温控措施费 25 元/m^3，闸室墙体脚手架为 28 元/m^3。

问题：根据《内河航运建设工程概算预算编制规定》和《水运工程工程量清单计价规范》，编制闸室墙体混凝土清单项的综合单价及合价。（计算结果保留两位小数）

【解】

（1）闸室墙体混凝土定额单价 $=(0.98\times64.27+350.2+101.3)\times(1+7.74\%)\times(1+7\%)\times(1+9\%)=646.49$ 元/m^3；

闸室墙体混凝土清单项综合单价 $=646.49+25+28=699.49$ 元/m^3；

(2)闸室墙体混凝土清单项合价 = 699.49 × 79200 = 55399608.00 元。

【例 11-6-5】某航道整治炸礁工程以《内河水运建设工程概算预算编制规定》及配套定额为依据编制投标报价，该工程为一类工程，施工单位距工程所在地 20km，分项工程包括工程量为 50000m² 的 D 型软体排护底、工程量为 62000m³ 的水上抛石筑坝(顺坝)、工程量为 6400m³ 的水上抛石筑坝(鱼骨坝)、工程量为 25400m³ 的水上抛石压载。其中，D 型软体排护底工作共消耗人工 18200 工日，人工费 100 元/工日，材料费和船舶机械使用费分别为 160.4 万元、25.5 万元，其他直接费为 0，规费为 4.5 万元，管理费按人工费、材料费和船舶机械使用费之和的 5.65% 计取，利润费率为 7%，增值税率为 9%，增值税附加税率为 10%，不考虑风险。水上抛石筑坝(顺坝)、水上抛石筑坝(鱼骨坝)、水上抛石压载等工程的综合单价分别为 90.1 元/m³、95.25 元/m³、88.00 元/m³。本工程的计算不考虑增值税进项税额。

问题：

1. 根据《内河水运建设工程概算预算编制规定》和《水运工程工程量清单计价规范》，编制 D 型软体排护底的综合单价，并填入表 11-6-18 综合单价分析表。(计算结果保留两位小数)。

表 11-6-18 综合单价分析表

清单项目编码：100403006001

清单项目名称：D 型软体排护底　　　　第 1 页　共 1 页

序号	名称	型号规格	计量单位	数量	单价/元	合价/元
1	直接费	–	–			
1.1	人工费	–	工日	18200.00	100.00	
1.2	材料费	–	元			
1.3	船舶机械使用费	–	元			
1.4	其他直接费	–	元			0.00
2	间接费	–	–			
2.1	规费	–	元			
2.2	企业管理费	–	元			
3	利润	–	元			
4	税金	–	元			
5	合计	–	m²	50000.00		
6	综合单价		元			100.05

2. 根据表 11-6-19 给出的项目编码，编制分项工程量清单计价表。

表 11-6-19 分项工程量清单统一编码

项目编码	项目名称	计量单位	工程内容	项目特征
100403006×××	铺(安)设混凝土块软体排	m²	加工制作，运输、定位、铺(安)设等	材料品种及规格、铺(安)设要求、运距等
100403014×××	填筑丁坝、顺坝、锁坝	m³	材料运输、填筑、整平、理坡等	材料品种及规格、水深、填筑要求、运距等

【解】

(1)综合单价分析表见表11－6－20:

表11－6－20 综合单价分析表

清单项目编码:100403006001

清单项目名称:D型软体排护底

第1页 共1页

序号	名称	型号规格	计量单位	数量	单价/元	合价/元
1	直接费	–	–			3679000.00
1.1	人工费	–	工日	18200.00	100.00	1820000.00
1.2	材料费	–	元			1604000.00
1.3	船舶机械使用费	–	元			255000.00
1.4	其他直接费	–	元			0.00
2	间接费	–	–			252863.50
2.1	规费	–	元			45000.00
2.2	企业管理费	–	元			207863.50
3	利润	–	元			272080.45
4	税金	–	元			798749.35
5	合计	–	m^2	50000.00		5002693.30
6	综合单价		元			100.05

(2)编制分项工程量清单计价见表11－6－21:

表11－6－21 分项工程量计价表

工程名称:某航道整治工程炸礁工程

第1页,共1页

序号	项目编码	项目名称	计量单位	工程量	金额/元	
					综合单价	合价
1	100403006001	D型软体排护底	m^2	50000	100.05	5002500
2	100403014001	水上抛石筑坝(顺坝)	m^3	62000	90.1	5586200
3	100403014002	水上抛石筑坝(鱼骨坝)	m^3	64000	92.25	5904000
4	100403014003	水上抛石压载	m^3	25400	88	2235200
		合计				18727900

第七节 水运工程合同价款的调整与工程结算编制

一、水运工程合同价款的调整

(一)法律法规引起的合同价款的调整

1. 调整的范围

法律法规变化主要是指法律、法规、规章和政策变化的调整,省级或行业建设主管部门发布的人工费调整,政府定价或政府指导价管理的原材料等价格的调整等。因为这些因素引起的风险应由发包人完全承担,所以法律法规变化引起工程造价增减变化可以调整合同价款。

2. 法律法规发生变化时合同价款的调整原则

(1)基准日的确定:为了合理划分发承包双方的合同风险,施工合同中应当约定一个基准日,对于基准日之后发生的风险,作为一个有经验的承包人在招标投标阶段不可能合理预见的,应当由发包人承担。招标工程以投标截止日前28天为基准日,非招标工程以合同签订前28天为基准日。

(2)合同价款的调整原则:施工合同履行期间,国家颁布的法律、法规、规章和有关政策在合同工程基准日之后发生变化引起工程造价增减变化的,发承包双方应当按照省级或行业建设主管部门或其授权的工程造价管理机构据此发布的规定调整合同价款。但是,如果有关价格(如人工、材料和工程设备等价格)的变化已经包含在物价波动事件的调价公式中,则不再予以考虑。

(3)工期延误期间的特殊处理:如果由于承包人的原因导致的工期延误,在工程延误期间国家的法律、行政法规和相关政策发生变化引起工程造价变化的,造成合同价款增加的,合同价款不予调整;造成合同价款减少的,合同价款应予以调整。

(二)工程变更引起合同价款调整

1. 工程变更引起分部分项工程项目发生变化的,应按照下列规定调整:

(1)已标价工程量清单中有适用于变更工程项目的,且工程变更导致的该清单项目的工程数量变化不足15%时,采用该项目的单价。

(2)已标价工程量清单中没有适用、但有类似于变更工程项目的,可在合理范围内参照类似项目的单价或总价调整。

(3)已标价工程量清单中没有适用也没有类似于变更工程项目的,但工程造价管理机构发布的信息(参考)价格有价格的。由承包人根据变更工程资料、计量规则和计价办法、工程造价管理机构发布的信息(参考)价格,依据成本加利润的原则进行组价,再考虑承包人报价浮动率,最后提出变更工程项目的单价或总价,报发包人确认后调整。

(三)工程量清单缺项引起合同价款调整

招标工程量清单必须作为招标文件的组成部分,其准确性和完整性由招标人负责。因此,招标工程量清单是否准确和完整,其责任应当由提供工程量清单的发包人负责,作为投标人的承包人不应承担因工程量清单的缺项、漏项以及计算错误带来的风险与损失。

施工合同履行期间,由于招标工程量清单中分部分项工程出现缺项漏项,造成新增工程清单项目的,应按照工程变更事件中关于分部分项工程费的调整方法,调整合同价款。

(四)工程量偏差引起合同价款调整

施工合同履行期间,若应予计算的实际工程量与招标工程量清单列出的工程量出现偏差,或者因工程变更等非承包人原因导致工程量偏差,该偏差对工程量清单项目的综合单价将产生影响,是否调整综合单价以及如何调整,发承包双方应当在施工合同中约定。具体的调整方法,则应由双方当事人在合同专用条款中约定。

(五)计日工引起合同价款调整

任一计日工项目持续进行时,承包人应在该项工作实施结束后的24小时内,向发包人提交有计日工记录汇总的现场签证报告一式三份。发包人在收到承包人提交现场签证报告后的2天内予以确认并将其中一份返还给承包人,作为计日工计价和支付的依据。发包人逾期未确认也未提出修改意见的,视为承包人提交的现场签证报告已被发包人认可。

任一计日工项目实施结束,承包人应按照确认的计日工现场签证报告核实该类项目的工程数量,并根据核实的工程数量和承包人已标价工程量清单中的计日工单价计算,提出应付价款;已标价工程量清单中没有该类计日工单价的,由发承包双方按工程变更的有关规定商定计日工单价。

每个支付期末,承包人应与进度款同期向发包人提交本期间所有计日工记录的签证汇总表,以说明本期间自己认为有权得到的计日工金额,调整合同价款,列入进度款支付。

(六)物价变化引起合同价款调整

施工合同履行期间,因人工、材料、工程设备和施工机械台班等价格波动影响合同价款时,发承包双方可以根据合同约定的调整方法,对合同价款进行调整。

(七)暂估价

暂估价是指招标人在工程量清单中提供的用于支付必然发生但暂时不能确定价格的材料、工程设备的单价以及专业工程的金额。

(八)不可抗力

1. 不可抗力的概念

不可抗力是指合同双方在合同履行中出现的不能预见、不能避免并不能克服的客观情况。不可抗力的范围一般包括因战争、敌对行动(无论是否宣战)、入侵、外敌行为、军事政变、恐怖主义、骚动、暴动、空中飞行物坠落或其他非合同双方当事人责任或原因造成的罢工、停工、爆炸、火灾等,以及当地气象、地震、卫生等部门规定的情形。双方当事人应当在合同专用条款中明确约定不可抗力的范围以及具体的判断标准。

2. 不可抗力造成损失的承担

因不可抗力事件导致的人员伤亡、财产损失及其费用增加,发承包双方应按以下原则分别承担并调整合同价款和工期:

(1)合同工程本身的损害、因工程损害导致第三方人员伤亡和财产损失以及运至施工场地用于施工的材料和待安装的设备的损害,由发包人承担。

(2)发包人、承包人人员伤亡由其所在单位负责,并承担相应费用。

(3)承包人的施工机械设备损坏及停工损失,由承包人承担。

(4)停工期间,承包人应发包人要求留在施工场地的必要的管理人员及保卫人员的费用由发包人承担。

(5)工程所需清理、修复费用,由发包人承担。

工期的处理:不可抗力解除后复工的,若不能按期竣工,应合理延长工期,发包人要求赶工的,赶工费用由发包人承担。因不可抗力解除合同的,按计价规范的“合同解除结算”规定办理。

(九)索赔

对于不同原因引起的索赔,承包人可索赔的具体费用内容是不完全一样的。索赔费用的要素与工程造价的构成基本类似,一般可归结为人工费、材料费、施工机械使用费、分包费、施工管理费、利息、利润、保险费等。

二、水运工程工程结算价款的编制

(一)工程价款编制依据

工程施工结算的主要依据有国家和地方有关主管部门颁发的有关工程造价编制、管理方面的文件、工程承包合同、合同条款、技术规范、工程量清单、设计图纸、计量的工程量、日常施工记录等。

(二)工程价款编制原则

(1)工程结算按工程的施工内容或完成阶段,可分为竣工结算,分阶段结算、合同终止结算和专业分包结算等形式进行编制。

(2)工程结算编制应对相应的施工合同进行编制。

(3)实行分阶段结算的建设项目,应按合同要求进行分阶段结算,出具各阶段工程结算成果文件。在竣工结算时,将各阶段工程结算汇总,编制相应竣工结算成果文件。

(4)除合同另有约定外,分阶段结算的工程项目,其工程结算文件用于价款支付时,应包括下列内容:

①本周期已完成工程的价款。

②累计已完成的工程价款。

③累计已支付的工程价款。

④本周期已完成计日工金额。

⑤应增加和扣减的变更金额。

⑥应增加和扣减的索赔金额。

⑦应抵扣的工程预付款。

⑧应扣减的质量保证金。

⑨根据合同应增加和扣减的其他金额。

⑩本付款周期实际应支付的工程价款。

(5)进行合同终止结算时,应按已完工程的实际工程量和施工合同的有关约定,编制合同终止结算。

(6)实行专业分包结算的工程,应将各专业分包合同的要求,对各专业分包分别编制工程结算。总承包人应按工程总承包合同的要求将各个专业分包结算汇总在相应的单位工程或单项工程结算内进行工程总承包结算。

(7)工程结算编制应区分施工合同类型及工程结算的计价模式采用相应的工程结算编制方法。

(8)工程结算编制时,采用总价合同的,应在合同价基础上对设计变更、工程洽商以及工程索赔等合同约定可以调整的内容进行调整。

(9)工程结算编制,采用单价合同的,工程结算的工程量应按照经发承包双方在施工合同中约定的方法对合同价款进行调整。

(10)工程结算编制,采用成本加酬金合同的,应依据合同约定的方法计算各个分部分项工程以及设计变更、工程洽商、施工措施等内容的工程成本,并计算酬金及有关税费。

(三)工程价款编制方法

(1)采用工程量清单方式计价的工程,一般采用单价合同,应按工程量清单计价法编制工程依据结算。

(2)分部分项工程费应依据施工合同相应约定以及实际完成的工程量、投标时的综合单价等进行计算。

(3)工程结算中涉及工程单价调整时,应当遵循以下原则:

①合同中已有适用于变更工程、新增工程单价的,按已有的单价结算。

②合同中有类似变更工程、新增工程单价的,可以参照类似单价作为结算依据。

③合同中没有适用或类似变更工程、新增工程单价的,结算编制受委托人可商洽承包人或发包人提出适当的价格,经对方确认后作为结算依据。

(4)其他项目费应按以下方法进行结算:

①计日工按发包人实际签证的数量和确定的事项进行结算。

②暂估价中的材料单价按发承包双方最终确认价在分部分项工程费中对相应综合单价进行调整,计入相应的分部分项工程。

③专业工程结算价应按中标价或发包人、承包人与分包人最终确认的分包工程价进行结算。

④总承包服务费应依据合同约定的结算方式进行结算。

⑤暂列金额应按合同约定计算实际发生的费用。

(5)招标工程量清单漏项、设计变更、工程洽商等费用应依据施工图,以及发承包双方签证资料确认的数量和合同约定的计价方式进行结算.

(6)工程索赔费用应依据发承包双方确认的索赔事项和合同约定的计价方式进行结算。

(7)规费和税金应按国家、省级或行业建设主管部门的规费规定计算。

(四)工程价款编制程序

工程结算应按准备、编制和定稿三个工作阶段进行,并实行编制人、校对人和审核人分别署名盖章确认的编审签署制度。

1. 结算编制准备阶段

(1)收集与工程结算编制相关的原始资料。

(2)熟悉工程结算资料内容,进行分类、归纳、整理。

(3)召集相关单位或部门的有关人员参加工程结算预备会议,对结算内容和结算资料进行核对与充实完善。

(4)收集建设期内影响合同价格的法律和政策性文件。

(5)掌握工程项目发承包方式、现场施工条件、应采用的工程计价标准、定额、费用标准、材料价格变化等情况。

2. 结算编制阶段

(1)根据竣工图及施工图以及施工组织设计进行现场踏勘,对需要调整的工程项目进行观察、对照、必要的现场实测和计算,做好书面或影像记录。

(2)按既定的工程量计算规则计算需调整的工程量。

(3)按招标文件、施工发承包合同规定的计价原则和计价办法进行计价。

(4)对于工程量清单或定额缺项以及采用新材料、新设备、新工艺的,应根据施工过程中的合理消耗和市场价格,编制综合单价或单位估价分析表。

(5)工程索赔应按合同约定的索赔处理原则、程序和计算方法,提出索赔费用,经发包人确认后作为结算依据。

(6)汇总计算工程费用,初步确定工程结算价格。

(7)编写编制说明。

(8)计算主要技术经济指标。

(9)提交结算编制的初步成果文件待校对、审核。

3. 结算定稿阶段

工程结算定稿流程如下:

(1)由结算编制受托人单位的部门负责人对初步成果文件进行检查、校对。

(2)工程结算审定人对审核后的初步成果文件进行审定。

(3)工程结算编制人、审核人、审定人分别在工程结算成果文件上署名,并应签署造价工程师或造价员职业或从业印章。

(4)工程结算文件经编制、审核、审定后、工程造价咨询企业的法定代表人或其授权人在成果文件上签字或盖章。

(5)工程造价咨询企业在正式的工程签署属工程造价咨询企业职业印章。

4. 工程结算编制人、审核人、审定人责任和任务

(1)工程结算编制人员按其专业分别承担其工作范围内的工程结算相关编制依据收集、整理工作,编制相应的初步成果文件,并对其编制的初步成果文件质量负责。

(2)工程审核人员应由专业负责人和技术负责人承担,对其专业范围内的内容进行审核,并对其审核专业的工程结算成果文件的质量负责。

(3)工程审定人员应由专业负责人和技术负责人承担,对工程结算的全部内容进行审定,并对工程结算成果文件的质量负责。

(五)工程价款的主要结算方式

按现行规定和做法,工程价款结算可以采取按月结算和分段结算两种方式。

三、案例分析

【例 11－7－1】某港池开挖、吹填造陆工程,开挖区的土质上层为中细砂、中层为黏土、底层为岩石,各层的开挖单价分别为 18 元/m^3、46 元/m^3、250 元/m^3(含炸礁、清渣等)。分别采用 1250m^3/h 绞吸式挖泥船、8m^3/h 抓斗式挖泥船、炸礁船等组合施工。因为水域狭窄,不能分区施工。合同规定:在筑好抛石围堰后吹填中细砂,围堰石料由业主供料。该工程于 2020 年 6 月 28 日开工,合同工期 180d,工程施工中,发生了如下事项:

(1)抛筑围堰时,附近农民因征地补偿未谈妥而阻挠施工,导致停工 28d(2020 年 7 月 1～28 日);

(2)抛筑围堰时,业主供料延误 7d(2020 年 7 月 30 日～8 月 5 日);

(3)开挖中细砂时,由于用船紧张,挖泥船进船场推迟,为赶回工期,经监理同意,施工单位换用功率更大的 1450m^3/h 绞吸式挖泥船进船,因此增加调遣费 25 万元,但仍使工期延误 10d;

(4)在用 $8m^3/h$ 抓斗式挖泥船开挖黏土时;发现实际土质标高与设计不符,实际岩面 标高浅于设计岩面标高,经监理确认,岩石开挖工程量增加了 1.5 万 m^3,应业主、监理要求,施工单位增加炸礁设备进场,保证了该阶段工期,因此增加了调遣费 62 万元。

问题:

1. 施工单位从上述事项中哪些可获得工期补偿?哪些不能获得索赔?并说明理由。

2. 村民阻挠施工,应按怎样的程序向监理提出索赔?可提出哪些费用索赔?

3. 换用更大功率的绞吸式挖泥船进场造成的费用增加,可否提出索赔?为什么?

4. 因土质不符增加的成本,应怎样索赔?计算炸礁、清渣的可索赔额。

【解】

1. 可获得的工期索赔:28d + 7d = 35d。依题意这 28d 与 7d 是不重复的,所以总计是 35d。村民阻挠施工导致停工 28d 属业主责任。业主供料不及时,延误工期 7d,合同规定属业主责任。施工单位因为用船紧张,挖泥船进场推迟,换用大功率船,尽管经监理同意,但由于是施工单位自己的原因,所延误的 10d 工期不能获得索赔。

2. (1) 书面向监理提出索赔通知书:延误发生后,在合同约定的时间内,项目部向监理提出书面索赔通知书。

(2)提交索赔资料:项目部向监理提出书面索赔通知书后,在合同约定的时间内向监理提交延长工期和费用索赔的有关资料和数据。本项目可提出以下的费用索赔:设备停置费,现场管理费。

3. 换用更大功率的绞吸式挖泥船进场造成的费用增加不应索赔,因为这是施工单位的责任所致。

4. 由于地质条件与设计不符所造成的费用增加,应通过设计变更进行索赔。

可索赔额:设备调遣费 62 万元。

岩面标高浅了炸、清岩费增加:250 元/m^3 ×1.5 万 m^3 =375 万元,

相应的挖黏土费减少:46 元/m^3 ×1.5 万 m^3 =69 万元,

费用总(增加)索赔额:(375 −69)万元+62 万元 =368 万元。

【例 11 −7 −2】某施工单位承担了 5 万 t 级高桩码头的施工任务,采用直径 1000mm 的钢管桩作为码头基桩,合同约定,由建设单位指定某钢结构厂提供钢管桩,送桩到现场,供施工单位沉桩,建设单位与供桩厂签订了合同,码头沉桩施工中,由于供桩不及时和部分桩质量不合格被监理退回,造成工期延误和施工单位窝工的费用损失,施工单位就此提出了工期延长和费用索赔。

问题:

1. 施工单位就此提出工期延长和费用索赔是否可行?为什么?

2. 就背景材料所述,存在怎样的索赔关系?

3. 哪些情况施工单位可以要求延长工期?

【解】

1. 施工单位就此提出工期延长和费用索赔可行。因为施工单位与业主有合同关系,钢管桩可视同“甲供”构件,供桩不及时和部分桩质量不合格是业主的责任。

2. 施工单位向建设单位提出索赔;建设单位向其指定的并签有合同的钢管桩供桩厂索赔。

3. 施工期延长:出现下列情况时,经监理工程师确认并报建设单位批准,施工期可以延长。

(1)设计变更或工程量增加造成工程延误;

(2)不可抗力或地质条件变化造成工程延误;

(3)建设单位原因造成工程延误;

(4)合同专用条款中约定的其他情况。

凡发生上述情况之一时,施工单位就在5d内就延误的内容、天数和因此发生的费用支出向监理工程师提出报告,监理工程师在收到报告后5d内报建设单位确认并予以答复,以确定施工期延长的天数和费用。若监理工程师逾期未予答复,则可视为施工单位的要求已被建设单位确认。非上述原因,工程不能按期竣工,施工单位承担违约责任。

【例11-7-3】某港建一座沉箱重力式码头,经招投标,建设单位(业主)与某中标施工单位(甲公司)签订了施工承包合同。合同规定:

1. 采用单价合同,每一分项工程的实际工程量增加超过招标文件中工程量的20%以上的部分调整单价,按合同单价降低10%计算;

2. 建设单位将码头沉箱钢筋混凝土盖板的预制项目发包给其所属的建设公司(乙公司)施工,并要求甲公司给予人工配合。配合工作的人工费50元/工日,窝工人工费20元/工日,配合工作的管理费为人工费的20%。

基床抛石的合同工程量为30000m^3,综合单价为180元/m^3。

码头主体工程的主要工序有:沉箱预制、沉箱盖板预制、基床抛石、基床整平、基床夯实、沉箱下水拖运、基槽挖泥、沉箱存放、沉箱安放填料、沉箱盖板吊运、沉箱盖板安装封顶。基床整平工作的施工机械台班费1400元/台班。

甲、乙公司经协商,在施工组织设计中安排各工序的工时见表11-7-1。

表11-7-1 主要工序工时安排

工序	沉箱预制	沉箱下水托运	沉箱存放	沉箱安放填料	基槽挖泥	基床抛石	基床夯实	基床整平	沉箱盖板预制	沉箱盖板调运	沉箱盖板安装封顶
工时/周	4	3	4	4	4	3	3	4	2	2	2

工程施工中,发生了如下一些事件:

(1)沉箱盖板预制中因混凝土强度不足,致使沉箱盖板预制、吊运和安装封顶工作,推迟了15周。期间甲公司配合用工30工日,窝工6工日;

(2)由于设计变更,基床抛石工程量增加到了36000m^3;

(3)为保证沉箱安放后的稳定性,甲公司决定将抛石基床宽度内、外侧各增加0.5m;由此增加抛石量300m^3;

(4)在该项目中的基床抛石夯实工作完成后,甲方指令使用同一设备临时增加附近工程的一项合同外的基床夯实工作,增加的夯实工作与原合同中的整平工作使用同一施工机械,经核算,完成该项目增加工作需1周时间,施工机械10个台班,人工10工日,该项工作的管理费为人工费的80%。

问题:

1. 施工过程中所发生的事件,甲公司可以提出索赔要求的有哪些?不能提出索赔要求的有哪些？分别说明其理由。

2. 按设计变更实际完成的抛石量，根据合同规定是否要调整部分抛石量的单价？说明理由。抛石的结算工程款应为多少？

3. 甲公司因施工中发生事件的影响，结算工程费较原合同工程费有何变化？

【解】

1. 对事件(1)甲公司可以提出索赔，因为沉箱盖板的预制项目已由建设单位(业主)另行发包给了乙公司，混凝土强度不合格不是甲公司的责任。

对事件(2)甲公司可以提出索赔，因为设计变更造成工程量的增加不是甲公司的责任。

对事件(3)甲公司不可以提出索赔，保证工程质量的措施费由施工单位承担。

对事件(4)甲公司可以提出索赔，因为是业主指令增加的工作，承担工期和费用是业主的责任，可获得工期延长和费用增加。

2. 不需要调整部分抛石量的单价。因为$(36000m^3—30000m^3)/30000m^3 = 20\%$，没有超出合同条款规定的“实际工程量增加超过招标文件工程量的20%以上的部分”，所以不需要调整单价。

基床抛石工作的结算价应是：180 元$/m^3 \times 36000m^3 = 6480000$ 元

3. 对事件(1)工程费用增加：(50 元/工日 ×30 工日 +20 元/工日 ×6 工日)×(1 +20%) =1944 元

对事件(2)工程费用增加：180 元$/m^3 \times (36000m^3 - 30000m^3) = 1080000$ 元

对事件(4)增加人工费和管理费：50 元/工日 ×10 工日 ×(1 +80%) =900 元

增加机械台班费：1400 元/台班 ×10 台班 =14000 元工程费用总计增加：1944 元 +1080000 元 +900 元 +14000 元 =1096844 元。

第八节 水运工程竣工决算编制

一、竣工决算的概念

竣工决算，全称为建设项目竣工财务决算。竣工决算报告是考核交通基本建设项目投资收益、反映建设成果的文件，是确定交付使用财产价值、办理交付使用手续的依据。

二、竣工决算编制依据

(1)经批准的可行性研究报告初步设计概算或调整概算变更设计以及开工报告等文件。

(2)历年的年度基本建设投资计划。

(3)经审核批复的历年年度基本建设财务决算。

(4)编制的施工图预算、承包合同、工程结算等有关资料。

(5)历年有关财产物资、统计财务会计核算、劳动工资、审计及环境保护等有关资料。

(6)工程质量签订、检验等有关文件，工程监理有关资料。

(7)施工企业交工报告等有关技术经济资料。

(8)有关建设项目附产品、简易投产试运营(生产)、重载负荷试车等产生基本建设收入的财务资料。

(9)有关征地拆迁资料(协议)和土地使用权确权证明。

(10)其他有关的重要文件。

三、竣工决算编制内容

项目竣工财务决算编制的内容主要包括项目竣工财务决算报表、竣工财务决算说明及相关资料。具体如下:

(1)项目竣工财务决算报表

(2)竣工财务决算说明书

①项目概况。

②会计账务处理财产物资清理及债权债务的清偿情况。

③项目建设资金计划及到位情况,财政资金支出预算、投资计划及到位情况。

④项目建设资金使用项目结余资金分配情况。

⑤项目概(预)算执行情况及分析,竣工实际完成投资与概算差异及原因分析。

⑥尾工工程情况。

⑦历次审计检查、审核、稽查意见及整改落实情况。

⑧主要技术经济指标的分析、计算情况。

⑨项目管理经验、主要问题和建议。

⑩预备费动用情况。

⑪项目建设管理制度执行情况、政府采购情况、合同履行情况。

⑫征地拆迁补偿情况、移民安置情况。

⑬需说明的其他事项。

(3)相关资料

项目立项、可行性研究报告、初步设计报告及概算、概算调整批复文件项目历年投资计划及财政资金预算下达文件审计、检查意见或文件的复印件等。

四、竣工决算编制程序

竣工决算编制应按照以下步骤进行:

(1)搜集、整理、分析原始资料。

(2)梳理本工程建设项目的所有支出清单。

(3)对照、核实工程及变更情况。

(4)审定各合同的结算情况。

(5)认真做好工程造价对比分析。

(6)审定工程建设项目内各单项资产的价值。

(7)编制竣工财务决算说明书。

(8)编制竣工财务决算报表。

(9)整理项目批复文件、装订好竣工图。

(10)按国家规定上报审批、存档。

五、工程结算与工程决算的区别与联系

1. 范围区别

工程结算是指对工程项目建设过程中相关各项合同所涉及的预付款、进度款、审计尾款的一系列结算活动。

竣工决算通常指对整个工程项目整个建设期间的所有支出进行的结算,包括从建设至正式交付运营(达到可使用状态)期间的全过程的全部实际费用。

2. 作用区别

工程结算通常指对整个项目中单独某个合同不同阶段的结算,能够真实反映工程完成投资进度。

竣工决算是对整个工程项目的结算,能够反映概算与实际投资之间的差异。

3. 发生时间区别

工程结算必须先于正式竣工决算前完成。

4. 编制主体区别

工程结算是由施工方编制。竣工决算是由建设单位编制。

5. 目的区别

工程结算由施工单位发起,以结算工程款为目的。竣工决算由建设单位发起,以确定资产价值并交付使用为目的。

六、新增固定资产的分类、定义及价值确定方法

1. 新增固定资产的定义及价值

(1)固定资产是指同时具有下列特征的有形资产。

①为生产商品、提供劳务、出租或经营管理而持有的。

②使用寿命超过一个会计年度。

使用寿命是指企业使用固定资产的预计期间,或者该固定资产所能生产产品或提供劳务的数量。

(2)新增固定资产价值包括:

①建筑、安装工程造价。

②达到固定资产标准的设备和工具器的购置费用。

③增加固定资产价值的其他费用,包括联合试运转费勘测费监理费、可行性研究报告费、建筑工程设计费、贷款利息、废旧物品处置收入、试生产收入与支出、建设单位管理费以及生产工具器中达到固定资产标准的办公设备、办公家具用具和各类器具。其中联合试运转费是指整个车间有负荷或无负荷联合试运转发生的费用支出大于试运转收入亏损的部分。

新增固定资产的价值的其他费用应按单项工程以一定的比例分摊。联合试运转费、勘测费、监理费、可行性研究报告费、建筑工程设计费贷款利息、废旧物品处置收入市试生产收入与支出建设单位管理费由建筑工程、安装工程总额按比例分摊。

2. 流动资产价值

达不到固定资产标准的设备工具器现金、存货应收及应付款项等价值。

3．无形资产价值

无形资产是指企业拥有或者控制的没有实物形态的可辨认非货币性资产。主要包括专利权、非专利技术、著作权、商标权、海域使用权、土地使用权及商誉等价值。

对外购无形资产成本的计量，包括购买价款相关税费以及直接归属于使该项资产达到预定用途所发生的其他支出。因此土地征用及拆迁补偿费应并入土地使用权确认无形资产价值。该项资产达到预定用途所发生的其他支出。因此土地征用及拆迁补偿费应并入土地使用权确认无形资产价值。

4．其他资产的价值

生产职工培训费、以租赁方式租入的固定资产改良工程支出等。

参考文献

[1]中华人民共和国交通运输部. 公路工程建设项目概算预算编制办法:JTG 3830—2018[S]. 北京:人民交通出版社,2019.

[2]中华人民共和国交通运输部. 公路工程概预算定额:JTG/T 3832—2018[S]. 北京:人民交通出版社,2019.

[3]中华人民共和国交通运输部. 公路工程机械台班费用定额:JTG/T 3833—2018[S]. 北京:人民交通出版社,2019.

[4]中华人民共和国交通运输部. 公路工程招标文件(2018 年版)[M]. 北京:人民交通出版社,2018.

[5]中华人民共和国交通运输部. 公路路基施工技术规范:JTG/T 3610—2019[S]. 北京:人民交通出版社,2006.

[6]中华人民共和国交通运输部. 公路工程技术标准:JTG B01—2014[S]. 北京:人民交通出版社,2015.

[7]中华人民共和国交通运输部. 公路桥涵施工技术规范:JTG/T 3650—2020[S]. 北京:人民交通出版社,2020.

[8]中华人民共和国交通运输部. 公路隧道施工技术规范:JTG/T 3660—2020[S]. 北京:人民交通出版社,2020.

[9]中华人民共和国交通运输部. 水运工程工程量清单计价规范:JTG/T 271—2020[S]. 北京:人民交通出版社,2020.

[10]中华人民共和国交通运输部. 水运建设工程概算预算编制规定:JTS/T 116—2019[S]. 北京:人民交通出版社,2019.

[11]中华人民共和国交通运输部. 内河航运水工建筑参考定额:JTS/T 275 - 1—2019[S]. 北京:人民交通出版社,2019.

[12]中华人民共和国交通运输部. 内河航运工程船舶机械艘(台)班费用定额:JTS/T 275 - 2—2019[S]. 北京:人民交通出版社,2019.

[13]中华人民共和国交通运输部. 内河航运设备安装工程定额:JTS/T 275 - 3—2019[S]. 北京:人民交通出版社,2019.

[14]中华人民共和国交通运输部. 内河航运工程参考定额:JTS/T 275 - 4—2019[S]. 北京:人民交通出版社,2019.

[15]中华人民共和国交通运输部. 沿海港口水工建筑工程定额:JTS/T 276 - 1—2019[S]. 北京:人民交通出版社,2019.

[16]中华人民共和国交通运输部. 沿海港口工程船舶机械艘(台)班费用定额:JTS/T 276 - 2—2019[S]. 北京:人民交通出版社,2019.

[17]中华人民共和国交通运输部. 沿海港口工程参考定额:JTS/T 276 - 3—2019[S]. 北京:人民交通出版社,2019.

[18]中华人民共和国交通运输部. 水运工程混凝土和砂浆材料用量定额:JTS/T 277—2019[S]. 北京:人民交通出版社,2019.
[19]中华人民共和国交通运输部. 疏浚工程预算定额:JTS/T 278-1—2019[S]. 北京:人民交通出版社,2019.
[20]中华人民共和国交通运输部. 疏浚工程船舶艘班费用定额:JTS/T 278-2—2019[S]. 北京:人民交通出版社,2019.
[21]中华人民共和国交通运输部. 航道工程初步设计文件编制规定:JTS 110-5—2008[S]. 北京:人民交通出版社,2008.
[22]全国二级造价工程师职业资格考试辅导用书编委会. 建设工程计量与计价实务(交通运输工程)[M]. 北京:中国电力出版社,2020.
[23]全国二级造价工程师职业资格考试复习题集编委会. 建设工程计量与计价实务(交通运输工程)[M]. 北京:中国电力出版社,2020.
[24]交通运输部职业资格中心. 交通运输工程造价案例分析(公路篇)[M]. 北京:人民交通出版社股份有限公司,2020.
[25]交通运输部职业资格中心. 交通运输工程造价工程师职业资格考试用书(水运篇)[M]. 北京:人民交通出版社股份有限公司,2020.
[26]交通运输部职业资格中心. 交通运输工程计量与计价实务(公路篇)[M]. 北京:人民交通出版社股份有限公司,2019.
[27]钟晓红. 建设工程计量与计价实务(交通运输工程 公路篇)[M]. 北京:中国建材工业出版社,2020.
[28]徐鹏亮. 交通运输工程计量与计价实务(公路篇)[M]. 北京:人民交通出版社股份有限公司,2020.
[29]交通运输工程《全国二级造价工程师资格考试应试指南》编委会. 全国二级造价工程师资格考试应用指南(交通运输工程)[M]. 北京:机械工业出版社,2021.
[30]江西省建设行业"全国二级造价工程师职业资格考试培训教材"编审委员会. 建设工程计量与计价实务(土木建筑工程)[M]. 南昌:江西科学技术出版社,2020.
[31]张晓站. 公路工程施工技术[M]. 北京:中国水利水电出版社,2020.
[32]过秀成. 交通运输工程学[M]. 北京:人民交通出版社,2017.
[33]靳卫东,梁春雨. 公路施工组织与概预算[M]. 北京:人民交通出版社,2018.
[34]韩理安. 港口水工建筑物[M]. 北京:人民交通出版社,2010.
[35]张爱勤,王彦敏. 土木工程材料[M]. 北京:人民交通出版社,2018.

江西省建设行业
全国二级造价工程师职业资格考试培训教材

习题集

建设工程计量与计价实务

下册

（交通运输工程）

2023年版

江西省综合交通运输发展研究中心
华　东　交　通　大　学　编著

江西科学技术出版社
南昌

图书在版编目(CIP)数据

建设工程计量与计价实务. 下册, 交通运输工程 / 江西省综合交通运输发展研究中心, 华东交通大学编著. -- 南昌 : 江西科学技术出版社, 2023.6
ISBN 978-7-5390-8603-3

Ⅰ.①建… Ⅱ.①江… ②华… Ⅲ.①交通工程-建筑造价管理-资格考核-自学参考资料 Ⅳ.①TU723.31

中国国家版本馆 CIP 数据核字(2023)第112403号

国际互联网(Internet)地址:
http://www.jxkjcbs.com

选题序号:ZK2023089

建设工程计量与计价实务. 下册, 交通运输工程 江西省综合交通运输发展研究中心,华东交通大学 编著
JIANSHE GONGCHENG JILIANG YU JIJIA SHIWU. XIA CE, JIAOTONG YUNSHU GONGCHENG

出版发行	江西科学技术出版社
社址	南昌市蓼洲街2号附1号 邮编:330009 电话:(0791)86615241 86623461(传真)
印刷	江西千叶彩印有限公司
经销	各地新华书店
开本	787mm×1092mm 1/16
字数	395千字
印张	16.25
版次	2023年6月第1版
印次	2023年6月第1次印刷
书号	ISBN 978-7-5390-8603-3
定价	135.00元(全2册)

赣版权登字-03-2023-100

目 录

第一章　公路、水运工程的分类、组成与构造

第一节　公路工程的分类

一、单选题(每题的备选项中,只有1个正确项)

1. 按道路所在位置、交通性质及其使用特点分类,可将公路划分为(　　)个等级。

A. 三　　B. 四　　C. 五　　D. 六

2. (　　)是连接城市、乡村、厂矿基地和林区的道路。

A. 公路　　B. 城市道路　　C. 社区道路　　D. 乡村道路

3. 一级公路为供汽车分向、分车道行驶,年平均日设计交通量宜在(　　)辆小客车以上。

A. 12000～15000　　B. 15000　　C. 8000～12000　　D. 12000

4. 次要干线公路应选用(　　)公路。

A. 三级以上　　B. 二级　　C. 二级以上　　D. 二级及二级以下

5. 应全部控制出入的多车道公路为(　　)。

A. 国道　　B. 专用公路　　C. 一级公路　　D. 高速公路

6. 专为企业或其他单位提供运输服务的道路为(　　)。

A. 国道　　B. 专用公路　　C. 一级公路　　D. 高速公路

7. 高速公路年平均日设计交通量为(　　)。

A. 2000～6000 辆小客车　　B. 15000 辆小客车以上

C. 5000～15000 辆小客车　　D. 2000 辆小客车以上

8. 具有全省性政治、经济意义,并经过确定为省级干线的公路是(　　)。

A. 国道　　B. 专用公路　　C. 省道　　D. 高速公路

9. 三级公路为供汽车、非汽车交通混合行驶的双车道公路,并全部控制出入的多车道公路,年平均日设计交通量宜在(　　)辆小客车以上。

A. 15000 辆小客车以上　　B. 2000 辆小客车以上

C. 宜为 2000～6000 辆小客车　　D. 5000～15000 辆小客车

10. 公路设计交通预测时,高速公路和一级公路设计交通量预测年限为(　　)年。

A. 10　　B. 15　　C. 25　　D. 20

二、多选题(每题的备选项中,有2个或2个以上符合题意,至少有1个错误项)

1. 根据国家行业标准《公路工程技术标准》,年平均日设计交通量宜在 15000 辆小客车以上的公路为(　　)。

A. 高速公路　　B. 一级公路　　C. 二级公路　　D. 三级公路

E. 四级公路

2. 按行政类别划分,公路可分为(　　)。

A. 国道　B. 省道　C. 县道　D. 乡道
E. 村道

3. 公路工程分类可依据(　　)划分。
A. 行政类别　B. 建设材料　C. 技术标准　D. 地理位置
E. 路面宽度

4. 道路线形是指道路中线的空间几何形状和尺寸,反映到图纸上就是道路的(　　)和横断面图。
A. 平面图　B. 投影图　C. 轴测图　D. 纵断面图
E. 红线图

5. 高级道路的结构由(　　)和联结层等六部分组成。
A. 黏层　B. 路基　C. 垫层　D. 基层
E. 面层

6. 下列关于公路的各种说法中,正确的有(　　)。
A. 二级及二级以上的公路为专供汽车行驶的公路
B. 四级公路年平均日设计交通量宜在 500 辆小客车以下
C. 主要干线公路应选用高速公路
D. 公路包括道路和城市道路
E. 高速、一级公路专供汽车分向、分车道行驶

7. 一级公路是(　　)。
A. 供汽车分向、分车道行驶,并可根据需要控制出入的多车道公路
B. 年平均日设计交通量宜为 2000 ~ 6000 辆小客车
C. 年平均日设计交通量为 5000 ~ 15000 辆小客车
D. 年平均日设计交通量宜为 15000 辆小客车以上
E. 供汽车、非汽车交通混合行驶的双车道公路

8. 双车道四级公路,年平均日设计交通量宜为(　　)辆小客车以下;单车道四级公路,客车以下,宜为(　　)辆小客车以下。
A. 2000　B. 2500　C. 400　D. 500
E. 1000

9. 公路设计交通预测时,高速公路和一级公路设计交通量预测年限为(　　)年;二级公路、三级公路设计交通量预测为(　　)年;四级公路可根据实际情况确定。
A. 20　B. 10　C. 25　D. 15
E. 30

10. 下列正确的是(　　)。
A. 一级公路供汽车分向、分车道行驶,并可根据需要控制出入的多车道公路,年平均日设计交通量宜为 15000 辆小客车以上
B. 高速公路专供汽车分向、分车道行驶,并全部控制出入的多车道公路,年平均日设计交通量宜为 15000 辆小客车以上
C. 高速公路专供汽车分向、分车道行驶,并全部控制出入的多车道公路,年平均日设计交

通量宜为 2000 ~ 6000 辆小客车

D. 三级公路供汽车、非汽车交通混合行驶的双车道公路，年平均日设计交通量宜为 15000 辆小客车以上

E. 专用公路是专为企业或其他单位提供运输服务的道路

三、简答题

1. 简述高速公路的年平均日设计交通量以及用途。
2. 简述四级公路的年平均日设计交通量以及用途。
3. 简述专用公路含义。

参考答案

一、单选题

1－5　CABCD　6－10　BBCCD

二、多选题

1. AB　2. ABCD　3. AC　4. AD　5. BCDE　6. ACE　7. AD　8. AC　9. AD　10. ABE

三、简答题

1. 答:高速公路专供汽车分向、分车道行驶,并全部控制出入的多车道公路。宜为 15000 辆小客车以上。
2. 答:四级公路供汽车、非汽车交通混合行驶的双车道或单车道公路双车道。四级公路,宜为 2000 辆小客车以下;单车道四级公路,客车以下,宜为 400 辆小客车以下。
3. 答:专为企业或其他单位提供运输服务的道路,如专门或主要为工矿、林区、油田、农场、军事要地等与外部连接的公路。

第二节 公路工程的组成与构造

一、单选题(每题的备选项中,只有1个正确项)

1. 路床以下0.7m厚度范围内的填方部分是(　　)。
   A. 上路堤　B. 下路床　C. 下路堤　D. 路堤
2. 下列排水设施中属于地表排水设施的是(　　)。
   A. 边沟　B. 盲沟　C. 暗沟　D. 渗井
3. (　　)可以用来将取土坑、边坡和路基附近积水引排至桥涵或路基以外的洼地或天然河沟。
   A. 边沟　B. 排水沟　C. 截水沟　D. 暗沟
4. 下列排水设施中,(　　)为设置在地面以下以引导水流的沟渠,本身没有渗水或汇水的作用。
   A. 边沟　B. 渗沟　C. 渗井　D. 暗沟
5. 每日施工结束或浇筑混凝土过程中因故中断时,必须设置(　　)。
   A. 横向缩缝　B. 胀缝　C. 纵向施工缝　D. 横向施工缝
6. 适用于拱桥的重力式桥台由(　　)组成。
   A. 台身、台帽、侧墙或八字墙、台背排水　B. 台身、盖梁、耳背墙
   C. 台身、拱座、侧墙或八字墙、台背排水　D. 台身、盖梁、耳背墙、锥坡
7. 某涵洞表示为2-3×1.5,其中的“2”表示(　　)。
   A. 跨径为2m　B. 台高为2m　C. 孔数为2孔　D. 基础为2m
8. 交通安全设施中的视线计诱导设施主要包括线形诱导标、轮廓标和(　　)。
   A. 指示标志　B. 限速标志　C. 禁令标志　D. 分流、合流标志
9. 高速公路路基边坡绿化主要作用是(　　)。
   A. 防止冲刷、保土保水　B. 观赏景观　C. 隔噪声　D. 防风沙
10. 按现行《公路隧道设计规范》规定,隧道长度大于(　　)时,必须设置照明。
   A. 50m　B. 100m　C. 150m　D. 160m

二、多选题(每题的备选项中,有2个或2个以上符合题意,至少有1个错项)

1. 路基横断面包括(　　)。
   A. 填方路基　B. 挖方路基　C. 半填半挖路基　D. 不挖不填
   E. 以上都正确
2. 公路路基的地下排水设施一般有(　　)。
   A. 暗沟　B. 暗管　C. 明沟　D. 排水沟
   E. 排水管
3. 公路边坡植物坡面防护的方式有(　　)。
   A. 植树　B. 种草　C. 种花　D. 铺草皮
   E. 种植灌木丛

4. 沥青路面按照(　　)可分为:热拌沥青混合料路面、冷拌沥青混合料路面、沥青贯入式路面、沥青表面处治等。
A. 材料组成　B. 力学特性　C. 施工工艺　D. 材料结构
E. 制造工艺
5. 桥梁的下部结构包括(　　)。
A. 承台　B. 基础　C. 桥墩　D. 索塔
E. 桥台
6. 下列沥青混合料分类方式错误的是(　　)。
A. 按级配组成及结构可分为连续级配、间断级配混合料
B. 按矿料材料组成及空隙率大小可分为密级配、半开级配、开级配混合料
C. 按最大粒径的大小可分为特粗式、粗粒式、中粒式、细粒式、砂粒式沥青混合料
D. 按制造工艺可分为热拌沥青混合料、冷拌沥青混合料和再生沥青混合料等
E. 黏结力是热拌沥青混凝土强度构成的重要因素,而骨架的摩阻力和嵌挤作用仅占次要位置
7. 隧道衬砌按组成可分为(　　)。
A. 整体式衬砌　B. 装饰衬砌　C. 复合式衬砌　D. 承载衬砌
E. 构造衬砌
8. 公路交通安全设施主要包括(　　)。
A. 隔离措施　B. 防眩设施　C. 监控系统　D. 视线诱导
E. 通信设施
9. 管理养护设施根据公路业务养护需求可设置(　　)。
A. 养护工区　B. 管理中心　C. 管理站　D. 道班房
E. 管理所
10. 公路施工期环境污染包括(　　)。
A. 水污染　B. 空气污染　C. 光污染　D. 化学物污染
E. 物理污染

三、简答题

1. 简述路基防护工程的类型。
2. 简述计算跨径、净跨径、总跨径、标准跨径的含义。
3. 简述涵洞的分类。

参考答案

一、单选题

1－5　AABDD　6－10　CCBDA

二、多选题

1. ABC　2. ABC　3. ABD　4. AC　5. BCE　6. ABC　7. AC　8. ABD　9. AD　10. ABC

三、简答题

1. 答:路基防护工程是防治路基病害,保证路基稳定,改善环境景观,保护生态平衡的重要设施。路基防护与加固工程设施,按其作用不同,可分为边坡坡面防护、冲刷防护、支挡建筑物及湿软地基加固等四大类。

2. 答:(1)计算跨径:设支座的桥涵指桥跨结构在相邻两个支座中心之间的水平距离;不设支座的桥涵(如拱桥、刚构桥、箱涵)指上下部结构相交面中心间的水平距离。

(2)净跨径:设支座的桥涵为相邻两墩台身顶内缘之间的水平距离;不设支座的桥涵为上下部结构相交处内缘间的水平距离。

(3)总跨径:是多孔桥梁中各孔净跨径的总和,它反映了桥下宣泄洪水的能力。

(4)标准跨径:梁式桥、板式桥以两个桥(涵)墩中线之间的距离或桥(涵)墩中线与台背前缘之间的距离为准;拱式桥、箱涵、圆管涵则以净跨径为准。

3. 答:涵洞是横贯公路路基,用以泄水或通过人、畜、车辆的小型构筑物。根据桥梁涵洞按跨径分类标准,涵洞的单孔跨径小于5m或多孔跨径总长小于8m,但圆管涵及箱涵不论管径或跨径大小、孔数多少,均称为涵洞。

涵洞按建筑材料可分为砖涵、石涵、混凝土涵和钢筋混凝土涵;按涵洞断面形式可分为管涵、板涵、箱涵、拱涵;按涵顶填土情况可分为明涵(涵顶无填土)和暗涵(涵顶填土大于50cm);按水力性能分为无压涵、半压力涵和压力涵。

第三节　水运工程的分类

一、单选题(每题的备选项中,只有 1 个正确项)

1. 下列关于水运工程的分类,不正确的是(　　)。
   A. 按贸易种类不同,水运工程可以分为外贸运输和内贸运输
   B. 按航行距离不同,水运工程可以分为远洋运输、沿海运输、内河运输和湖泊运输
   C. 按运输对象不同,水运工程可以分为旅客运输和货物运输
   D. 按船舶营运组织形式不同,水路运输可分为周期船运输、不定期船运输和专用船运输
2. 下列关于港口工程的说法,正确的是(　　)。
   A. 港口工程是土木工程的一个分支学科
   B. 大型船舶的航道宽度为 80 ~ 300m,小型船舶为 50 ~ 80m
   C. 开敞式港池内设有闸门或船闸,用以控制水位,适用于潮差较大的地区
   D. 为减少港口陆域面积,港内可不设后方库场
3. 内河航道等级分为(　　)级。
   A. 5　　B. 6　　C. 7　　D. 8
4. 按结构形式分类,码头可以分为(　　)。
   A. 重力式码头、板桩码头、高桩码头和混合式码头
   B. 直立式码头、斜坡式码头、半直立式码头和半斜坡式码头
   C. 顺岸式码头、突堤式码头和墩式码头
   D. 货运码头、客运码头、军用码头和渔码头
5. 直立式防波堤按照结构形式分类,可分为(　　)。
   A. 重力式防波堤和桩式防波堤
   B. 透空式防波堤、浮式防波堤、压气式防波堤和水力式防波堤
   C. 钢筋混凝土沉箱、混凝土方块和大直径圆筒
   D. 钢板桩、钢管桩、钢筋混凝土板桩和钢筋混凝土管桩
6. 水运工程按照地理位置可分为远海区域水运工程、沿海区域水运工程和(　　)。
   A. 内河区域水运工程　　B. 江河区域水运工程
   C. 河湖区域水运工程　　D. 入海河流口门以上水域水运工程
7. 陆域是(　　)。
   A. 指直接和港口陆域相连,供船舶靠离码头、临时停泊和调头的水域
   B. 指港口供货物装卸、堆存、转运和旅客集散之用的陆地面积。
   C. 指港口供货物存放的陆地面积
   D. 有天然掩护或人工掩护条件能抵御强风浪的水域,船舶可在此锚泊、等待靠泊码头或离开港口
8. 水运工程可以分为沿海运输、(　　)、远洋运输和湖泊(水库)运输。
   A. 国际运输　　B. 国外运输　　C. 国内运输　　D. 内河运输

9. 港口工程通常不包括(　　)。

A. 水域　　B. 设备　　C. 陆域　　D. 零件

10. 港池按构造形式分,不包括以下(　　)。

A. 开敞式港池　　B. 半封闭式港池　　C. 挖入式港池　　D. 封闭式港池

二、多选题(每题的备选项中,有2个或2个以上符合题意,至少有1个错项)

1. 下列关于水运工程的说法,正确的是(　　)。

A. 港口是交通运输的枢纽,水陆联运的咽喉

B. 水域通常包括进港航道、锚泊地和港池

C. 陆域指港口供货物装卸、堆存、转运和旅客集散之用的陆地面积

D. 防波堤是用来防御波浪、水流的侵袭和淘刷及地下水作用,维持岸线稳定的工程

E. 通航建筑物是指为克服水位集中落差,使船舶安全顺利地游驶

2. 下列关于水运工程的说法,正确的是(　　)。

A. 航道是水运的基础设施,可分为天然航道和人工航道

B. 直墙堤适用于水深较小和软土地基的条件

C. 斜坡式护岸的护面结构及护面范围与斜坡堤相同,坡顶为陆地面

D. 现代过船建筑物应用最多的是船闸,其次是升船机

E. 船坞是指修造船用的坞式构筑物

3. 按结构形式分类,码头可以分为(　　)和混合式码头。

A. 重力式码头　　B. 板桩码头　　C. 高桩码头　　D. 直立式码头

E. 斜坡式码头

4. 重力式码头可以分为(　　)等结构形式。

A. 方块结构　　B. 方块结构　　C. 承台式结构　　D. 承台式结构

E. 大直径圆筒结构

5. 下列内河航道等级与船舶吨级对应的是(　　)。

A. Ⅰ级 5000t　　B. Ⅲ级 1000t　　C. Ⅱ级 3000t　　D. Ⅴ级 500t

E. Ⅴ级 300t

6. 根据沿船闸轴线方向的闸室数目分类,船闸可以分为(　　)。

A. 单级船闸　　B. 双级船闸　　C. 多级船闸　　D. 单线船闸

E. 双线船闸

7. 根据同一枢纽中布置的船闸数目分类,船闸可以分为(　　)。

A. 单级船闸　　B. 双级船闸　　C. 单线船闸　　D. 双线船闸

E. 多线船闸

8. 水运工程由港口、(　　)等海岸、近海或内河工程组成。

A. 航道　　B. 船舶　　C. 护岸(海堤)　　D. 通航建筑物

E. 船坞

9. 港口工程中,水域通常包括(　　)。

A. 进港航道　　B. 锚泊地　　C. 设备　　D. 港池

E. 船坞

10. 下列关于港口工程正确的是(　　)。
   A. 港口工程是指兴建港口所需的各项工程设施的工程技术
   B. 港口是交通运输的枢纽,水陆联运的咽喉,是水陆运输工具的衔接点和货物,旅客的集散地
   C. 港口工程包括港口的规划与布置,港口水工建筑物(码头、防波堤、护岸、船台滑道和船坞等)的设计施工,各种装卸设备、系船浮筒、航标等的修建,港口工程也指组成港口的各项设施
   D. 港口工程通常包括水域、陆域和设备
   E. 港口工程中水域通常只包括进港航道、锚泊地

三、简答题

1. 简述水运工程的分类。
2. 简述护岸的含义。
3. 简述内河运输的含义。

参考答案

一、单选题

1-5　BDCAA　6-10　ABDDB

二、多选题

1. ABCE　2. ACD　3. ABC　4. ABDE　5. BDE　6. ABC　7. CDE　8. ACDE　9. ABD　10. ABCD

三、简答题

1. 答:(1)按贸易种类不同,水运工程可分为外贸运输和内贸运输。外贸运输是指本国际、其他国家和地区之间的贸易运输;内贸运输是指本国内部各地区之间的贸易运输。

   (2)按航行区域不同,水运工程可以分为沿海运输、内河运输、远洋运输和湖泊(水库)运输。

   (3)按运输对象不同,水运工程可以分为旅客运输和货物运输。

   (4)按船舶营运组织形式不同,水路运输可分为定期船运输(即班轮运输)、不定期船运输和专用船运输。

2. 答:护岸是在原有的海岸岸坡上采取人工加固的工程措施,用来防御波浪、水流的侵袭和淘刷及地下水作用,维持岸线稳定。护岸建筑形式与海堤相似,按其外坡形式可分为斜坡式护岸、陡墙式护岸(包括直立式)和由两者混合的护岸,斜坡式护岸的护面结构及护面范围与斜坡堤相同,坡顶为陆地面。

3. 答:内河运输是指利用船舶、排筏和其他浮运工具,在江、河、湖泊、水库及人工水道上从事的运输。航行于内河的船舶,除客货轮、货轮、推(拖)轮,驳船以外,还有一定数量的木帆船、水泥船和机帆船,内河运输通常多利用天然河流,因此建设投资少,运输成本低。

第四节　水运工程的组成与构造

一、单选题(每题的备选项中,只有1个正确项)

1. 下列关于码头的分类,说法错误的是(　　)。
   A. 码头按结构形式可划分为高桩码头、板桩码头,重力式码头,格形钢板桩码头,斜坡码头,浮码头
   B. 重力式码头按自身结构可划分为方块码头、扶壁码头、沉箱码头、大直径圆筒码头等
   C. 高桩码头按上部结构可划分为梁板式、无梁板式、墩式、多层式、浮式等
   D. 板桩码头按锚碇结构的形式可划分为半遮帘式板桩码头、全遮帘式板桩码头
2. 下列关于防波堤的说法,错误的是(　　)。
   A. 水深较大时,直立式防波堤所需材料比斜坡堤省
   B. 斜坡式防波堤结构简单,施工方便,易于修复
   C. 作用于大直径圆筒防波堤上的总波压力比平面直墙大
   D. 混成堤上部为混凝土直墙、下部用斜坡式抛石突基床混合组成
3. 修造船厂水工建筑物中上墩下水建筑物不包括(　　)。
   A. 码头　　B. 船台滑道　　C. 船坞　　D. 升降机
4. 木质滑轨适用于(　　)。
   A. 木滑道　　B. 钢珠滑道　　C. 牵引式滑道　　D. 机械化滑道
5. 坞室低于地面,三面封闭、临水一面有坞门的是(　　)。
   A. 干船坞　　B. 灌水船坞　　C. 湿船坞　　D. 浮船坞
6. 下列关于船坞的说法,错误的是(　　)。
   A. 注水船坞也是干船坞的一种
   B. 待修船舶进坞的过程为:抽出水密舱内的水,船坞上浮→船舶就位→水密舱灌水,船坞下沉→检修船舶
   C. 浮船坞两端开敞,是可以在水上沉弹和移动的特殊船坞
   D. 浮船坞具有灵活机动、适应性强、建造工期短、不占陆地面积、造价比干船坞低、可移动的特点
7. 港口工程由(　　)、后方陆域工程、装卸工程以及附属工程等组成。
   A. 码头工程　　B. 栈(引)桥工程　　C. 防波堤工程　　D. 水工结构工程
8. 船厂水工建筑物中船舶下水、上墩建筑物包括船台、(　　)、船坞和升船平台等。
   A. 码头　　B. 滑道　　C. 防波堤　　D. 停泊场
9. 干船坞建在岸边陆地上,由(　　)、坞首、坞门及灌排水系统等组成。
   A. 船台　　B. 滑道　　C. 坞室　　D. 码头
10. 船闸上下闸首一般不包括(　　)。
    A. 闸门　　B. 阀门　　C. 靠船墩　　D. 启闭机房

二、多选题(每题的备选项中,有2个或2个以上符合题意,至少有1个错项)

1. 船台按地坪特点分为(　　)。

A. 水平船台　B. 倾斜船台　C. 室内船台　D. 室外船台
E. 敞开船台

2. 下列关于升船平台的说法,正确的是(　　)。
A. 升船平台是直接承载船舶上墩的可升降平台
B. 升船平台不可用于新造船舶下水
C. 升船平台完全靠绞车做上下升降
D. 升船平台需多绞车同步运行,机电设施简单
E. 开船平台适用于修造中、小型船舶和船台附近下水区岸坡较陡,水域,陆城狭窄的情况

3. 下列关于通航建筑物的说法,正确的是(　　)。
A. 通航建筑物包括船闸和升船机等
B. 船闸由闸室、闸首、轮水系统和引航道等组成
C. 湿运升船机是指承船厢(车)内盛水,船舶浮载在有水的承船厨内
D. 水坡式升船机是斜面升船机的一种特殊形式
E. 当水头在70m以上时,宜采用船闸

4. 航道工程由(　　)组成。
A. 航道整治工程　B. 航道疏浚工程　C. 航运枢纽工程　D. 通航建筑物工程
E. 港口工程

5. 内河区域水运工程包括(　　)、水运支持系统工程等。
A. 港口工程　B. 航道工程
C. 航运枢纽及通航建筑物工程　D. 修造船厂水工建筑物工程
E. 入海河流口门以下水运工程

6. 港口工程中水工结构工程包括(　　)、导流防沙堤工程、防洪堤工程、引堤工程护岸工程、防汛墙工程等。
A. 码头工程　B. 防波堤工程　C. 港区道路工程　D. 栈(引)桥工程
E. 堆场工程

7. 升船机按照承船厢运行的线路分类包括(　　)。
A. 垂直升船机　B. 斜面升船机　C. 水坡式升船机　D. 干运升船机
E. 湿运升船机

8. 下列关于不同结构形式码头的适用范围正确的有(　　)。
A. 重力式码头适用于地基较好,有大量砂、石等建筑材料的地方
B. 重力式码头适用于地基较差,有大量砂、石等建筑材料的地方
C. 高桩码头常用于浅层地基强度较高的硬土情况
D. 高桩码头常用于浅层地基强度较低的软土情况
E. 板桩码头对复杂的地质条件适应性强,其缺点是耐久性较差

9. 船闸闸门的门型包括(　　)。
A. 人字闸门　B. 平板升降闸门
C. 横拉闸门　D. 扇形闸门(又称三角闸门)
E. 叠梁门

10. 下列关于板桩码头构造说法,正确的是(　　)。

A. 板桩墙的作用是构成直立的码头岸壁,并挡住墙后的土体,板桩墙常采用钢筋混凝土板桩和钢板桩

B. 常用的锚碇结构有锚碇墙(板)、锚碇桩、锚碇板桩和锚碇叉桩等

C. 拉杆是板桩墙与锚碇结构之间传力构件,是板桩码头的重要构件之一

D. 当水位差较大、拉杆距码头面距离较大时,一般将导梁和帽梁合二为一设计成胸墙

E. 板桩码头的主要优点有结构简单、用料省、工程造价低、施工简便等

三、简答题

1. 简述重力式码头的分类。
2. 简述板桩码头的优点。
3. 简述船舶的过闸程序。

参考答案

一、单选题

1－5　DCABA　6－10　BDBCC

二、多选题

1. AB　2. ACE　3. ABCD　4. ABCD　5. ABCD　6. ABD　7. ABC　8. ADE　9. ABCD　10. ABCE

三、简答题

1. 答:根据自身结构的不同,重力式码头可分为方块码头、扶壁码头、沉箱码头、大直径圆筒码头等多种形式。
2. 答:板桩码头的主要优点有结构简单、用料省、工程造价低、施工简便等。挖入式港池采用板桩式码头时,可以先打板桩后挖墙前港池,能大量减少挖填土方量。板桩结构对复杂的地质条件适应性强,其缺点是耐久性较差。
3. 答:船舶的过闸程序是:船舶过闸上行时,通过输水系统的调节,使闸室水面与下游水位齐平,开启下闸首的工作闸门,船舶由下游引航道驶入闸室,随即关闭下闸首的工作闸门,由输水系统从上游向闸室灌水,待闸室中的水面上升到与上游水位齐平时,开启上闸首的工作闸门,船舶即由闸室驶出。船舶下驶的过闸程序则相反。

第二章　常见材料的分类、基本性能与用途

第一节　建筑材料的基本性质

一、单选题(每题的备选项中,只有1个正确项)

1. 下列关于密度的说法,正确的是(　　)。
   A. 对接近于绝对密实的材料,不能用排水(液)法测密度
   B. 内部含有一定孔隙的材料,无法计算绝对密度
   C. 粉水态材料可以装入标准体积的容器内进行体积测定,然后计算密度
   D. 在测量较致密、不规则的散粒材料的实际密度时,常直接用掉水法测其绝对体积的近似值,计算得视密度
2. 下列关于材料亲水性、憎水性的说法,错误的是(　　)。
   A. 润湿角 θ 越大,浸润性越好
   B. 润湿角 θ≤90°时,水分子之间的内聚力小于水分子与材料分子间的相互吸引力,这种性质称为材料的亲水性
   C. 当润湿角 θ>90°时,水分子之间的内聚力大于水分子与材料分子间的吸引力,则材料表面不会被水浸润,这种性质称为材料的憎水性
   D. 水泥制品、玻璃、陶瓷、金属材料、石材等为亲水性材料,沥青、油漆、塑料等为憎水性材料
3. 下列关于材料耐水性的说法,错误的是(　　)。
   A. 水对材料的破坏是单一方面的
   B. 材料的耐水性用软化系数 K_R 表示
   C. 软化系数的范围波动在 0~1 之间
   D. 受水浸泡或长期处于潮湿环境的重要建筑物或构筑物所用材料的软化系数不应低于 0.85
4. 下列关于材料抗冻性、抗渗性的说法,错误的是(　　)。
   A. 材料抗渗性的好坏,与材料的孔隙率和孔隙特征有密切关系
   B. 对于地下建筑、屋面、外墙及水工构筑物等,因常受到水的作用,所以要求材料具有一定的抗渗性
   C. 材料内部孔隙中的水分结冰和融化时对孔壁产生的压力不大
   D. 材料的抗冻性与其强度、孔隙率大小及特征、含水率等因素有关
5. 下列关于材料抗渗性的说法,错误的是(　　)。
   A. 渗透系数的物理意义是:一定时间内,在一定的水压作用下,单位厚度的材料,单位截面积上的透水量。
   B. 渗透系数越大的材料表示其抗渗性越好

C. 抗渗等级常用于混凝土和砂浆等材料，是指在规定试验条件下，材料所能承受的最大水压力

D. 材料越密实、闭口孔越多，孔径越小，越难渗水，极微细孔的材料很难渗水；具有较大孔隙率，且孔连通性好、孔径较大的材料抗渗性较差

6. 下列关于材料性质的说法，正确的是(　　)。

A. 存在完全弹性的材料

B. 材料在受力后，如果取消外力，弹性变形部分可以恢复，再塑性变形部分则需要较长时间才可以恢复

C. 脆性材料的抗压强度比其抗拉强度往往要低很多倍

D. 用作路面、桥梁、吊车梁以及有抗震要求的结构都要考虑到材料的韧性

7. 下列关于材料硬度的说法，错误的是(　　)。

A. 金属材料等的硬度可用布氏硬度法测定

B. 陶瓷等材料的硬度常用刻画法测定

C. 一般情况下，硬度大的材料强度高、耐磨性较强，但不易加工

D. 工程中材料硬度同时也表示材料强度

8. 下列关于材料的说法，错误的是(　　)。

A. 建筑材料的发展方向之一为良好的环境协调性能

B. 耐久性是一种综合性质，包括抗渗性、抗冻性、耐蚀性、抗老化性、耐热、耐火性、耐磨性等

C. 耐热，耐火性的破坏作用是物理作用，破坏因素是高温、火焰

D. 所谓环境协调性是指对资源和能源消耗少、对环境污染小和循环再生利用率高

9. 下列关于材料强度的说法错误的是(　　)。

A. 当材料承受外力作用时，内部就产生应力

B. 外力逐渐增加，应力也相应加大，直到支点间作用力不再能够承受时，但材料依然不破坏

C. 此时极限应力值就是材料的强度

D. 根据外力作用方式的不同，材料强度有抗压强度、抗拉强度、抗弯强度及抗剪强度等

10. 软化系数的范围波动在 0 ~ 1 之间。通常将软化系数大于(　　)的材料看作是耐水材料。

A. 0. 55　　B. 0. 65　　C. 0. 85　　D. 0. 75

二、多选题(每题的备选项中，有 2 个或 2 个以上符合题意，至少有 1 个错项)

1. 下列关于密度、体积的说法，正确的是(　　)。

A. 工程上经常用到的比重又称相对密度，是用材料的质量与同体积(4℃)的质量的比值表示

B. 表观密度是指材料在自然状态下单位体积的质量，俗称重度

C. 对外形不规则的材料用排水(液)法测定表观密度前，待测材料表面应用薄蜡层密封

D. 表观密度若无特别说明，常指绝干状态下的表观密度

E. 材料的表观体积，包括材料绝对体积、内部所有孔隙体积和颗粒间的空隙体积

2. 下列关于孔隙、孔隙率的说法，正确的是(　　)。

A. 孔隙率较小且连通孔较少的材料，其吸水性较小、强度较高、抗渗性和抗冻性较好、绝热效果好

B. 孔隙按其连通性可分为连通孔、封闭孔和半连通孔

C. 连通孔对材料的吸水性,吸声性影响较大,而封闭孔对材料的保温隔热性能影响较大

D. 孔隙按其直径的大小可分为粗大孔、毛细孔、微孔

E. 粗大孔主要影响材料的吸水性、抗冻性等性能

3. 下列关于材料各性质,正确的是(　　)。

A. 材料在长期使用过程中,能保持其原有性能而不变质、不破坏的性质,统称为耐久性

B. 一般情况下,材料的硬度小的材料强度高、耐磨性较强,但不易加工

C. 材料在冲击荷载作用下突然破坏而没有明显变形。具有这种性质的材料称为脆性材料

D. 抗冻性是指材料在吸水饱和状态下,抵抗多次冻结和融化作用(冻融循环)而不破坏、强度又不显著降低的性质

E. 吸湿性指材料在潮湿空气中吸收水分的性质,以含水率表示

4. 下列关于材料吸水性、湿水性的说法,正确的是(　　)。

A. 含水率是指材料中所含水的质量与干燥状态下材料的质量之比

B. 材料吸水率的大小主要取决于材料的孔隙率及孔隙特征

C. 大多数材料的吸水率相差不大

D. 吸湿作用一般是不可逆的

E. 亲水性材料比憎水性材料有更强的吸湿性

5. 下列关于材料强度的说法,正确的是(　　)。

A. 材料的强度与其组成和构造有关

B. 不同种类的材料具有不同的抵抗外力作用的能力

C. 相同种类的材料,由于其内部构造不同,其强度也有很大差异

D. 同种材料抵抗不同类型外力作用的能力差不多

E. 孔隙率越大,材料强度越低

6. 材料的物理作用主要有(　　)。

A. 干湿交替　　B. 温度变化　　C. 冻融循环　　D. 腐蚀性

E. 抗蛀性

7. 下列关于抗冻性正确的是(　　)。

A. 抗冻性是指材料在吸水饱和状态下,抵抗多次冻结和融化作用(冻融循环)而不破坏、强度又不显著降低的性质

B. 抗冻等级表示吸水饱和后的材料经过规定的冻融循环次数,其质量损失、相对动弹性模量损失均不低于规定值

C. 材料的抗冻性与其强度、孔隙率大小及特征、含水率等因素有关

D. 孔隙对抗冻性的影响与其对抗渗性的影响不相似

E. 当材料孔隙吸水后还有一定的空间,含水未达到饱和时,可缓解冰冻的破坏作用

8. 润湿角 $\theta>90°$时,水分子之间的内聚力大于水分子与材料分子间的吸引力,则材料表面不会被水浸润,这种性质称为材料的憎水性。具有这种性质的材料称为憎水性材料。下列是憎水性材料的有(　　)。

A. 沥青　　B. 陶瓷　　C. 有机涂料　　D. 塑料

E. 石材

9. 材料的堆积体积,包括(　　)。

A. 材料绝对体积　　B. 颗粒间的空隙体积

C. 材料的相对体积　　D. 内部所有孔隙体积

E. 材料的空隙体积

10. 当润湿角 θ≤90°时,水分子之间的内聚力小于水分子与材料分子间的相互吸引力,这种性质称为材料的亲水性。具有这种性质的材料称为亲水性材料。下列是亲水性材料的有(　　)。

A. 水泥制品　　B. 金属材料　　C. 玻璃　　D. 石材

E. 有机涂料

三、简答题

1. 简述材料的抗渗系数的物理意义。

2. 简述材料弹性和塑性的区别。

参考答案

一、单选题

1－5　DAACB　6－10　DDCBC

二、多选题

1. ABC　2. ABCD　3. ACDE　4. ABE　5. ABCE　6. ABC　7. ABCD　8. ACD　9. ABD　10. ABCD

三、简答题

1. 答:渗透系数的物理意义是:一定时间内,在一定的水压作用下,单位厚度的材料,单位截面积上的透水量。渗透系数越小的材料表示其抗渗性越好。

2. 答:(1)弹性指材料在外力作用下产生变形,当外力取消后,能够完全恢复原来形状的性质,这种可完全恢复的变形称为弹性变形。弹性模量是衡量材料抵抗变形能力的指标之一,弹性模量越大,材料在荷载作用下越不易变形。

(2)塑性指在外力作用下材料产生变形,外力取消后,不能恢复变形的性质。这种不能恢复的变形称为塑性变形。完全的弹性材料是没有的,有的材料在受力不大的情况下,表现为弹性变形,但受力超过一定限度后,则表现为塑性变形,如钢材;有的材料在受力后,弹性变形及塑性变形同时产生,如果取消外力,则弹性变形部分可以恢复,而塑性变形部分则不能恢复,如混凝土。

第二节 常用材料的分类、基本性能与用途

一、单选题(每题的备选项中,只有1个正确项)

1. 下列关于钢材含义与特点的说法,正确的是(　　)。
   A. 钢材主要包括用于钢结构的各种型材、钢板、钢管和用于钢筋混凝土中的各种钢筋、钢丝、钢绞线等
   B. 钢材具有材质均匀、性能可靠、强度高、能承受较大的弹塑性变形、加工性能好等良好的技术性质
   C. 钢材按形状分为板材、管材、线材、型材等
   D. 可焊性好的钢材焊接时硬脆倾向小,易形成裂纹、气孔、夹渣等缺陷
2. 下列关于水泥分类的说法中,错误的是(　　)。
   A. 按水泥用途及性能可划分为通用水泥,专用水泥、特性水泥
   B. 按水泥主要水硬性物质名称可划分为硅酸盐水泥、铝酸盐水泥、硫铝酸盐水泥、铁铝酸盐水泥、氟铝酸盐水泥等
   C. 按水泥主要技术特性可划分为快硬性、水化热、抗硫酸盐性、膨胀性、耐高湿性
   D. 水化热水泥可划分为高热和低热两类
3. 下列关于钢材说法,正确的是(　　)。
   A. 建筑钢材是指用于钢筋混凝土结构中的各种钢筋、钢丝和钢结构中的各种型钢(角钢、圆钢、槽钢、工字钢等)、钢管、钢板等
   B. 钢材是在严格的技术控制条件下生产的,与非金属材料相比,具有品质均匀致密、强度高、塑性和韧性好、能经受冲击和振动荷载等优点
   C. 钢材还具有优良的加工性能,可以锻压、焊接、铆接和切割,便于装配
   D. 钢材的主要优点是不易锈蚀、维护费用小、耐火性好、生产能耗小
4. 下列关于钢筋屈服阶段的说法,正确的是(　　)。
   A. 中碳钢和高碳钢屈服点过大,通常以残余变形0.02%的应力作为屈服强度
   B. 屈服强度是确定钢结构允许应力的主要依据
   C. 钢材的屈服强度与抗拉强度的比值称为屈强比,它反映钢材的韧性
   D. 屈强比小时,钢材的可靠性小,结构不安全
5. 我国现行标准规定,采用(　　)来评价沥青混合料的高温稳定性。
   A. 软化点试验　　B. 马歇尔稳定度试验　　C. 延度试验　　D. 针入度试验
6. 乳化沥青在路面施工时,为发挥其黏结的功能,沥青液滴必须从乳液中分裂出,聚集在骨料的表面而形成连续的沥青薄膜,这一过程俗称(　　)。
   A. 破乳　　B. 开裂　　C. 破裂　　D. 老化
7. 沥青按(　　)可分为直馏沥青、溶剂沥青和混合沥青。
   A. 结合料　　B. 加工方法　　C. 稠度　　D. 密实程度
8. 生石灰的(　　)过程有两个特点:第一是水化速度快,放热量大;第二是体积急剧膨胀,块

状生石灰消化成松散的消石灰粉,其体积可增大1～2.5倍。

A. 消化　B. 硬化　C. 生化　D. 溶解

9. 对于大体积水泥混凝土的外加剂,一般应使用(　　)。

A. 速凝剂　B. 膨胀剂　C. 引气剂　D. 缓凝剂

10. 要求合格的硅酸盐水泥终凝时间不迟于6.5h,是为了(　　)。

A. 满足早期强度要求　B. 保证体积安定性

C. 确保养护时间　D. 保证水化反应充分

二、多选题(每题的备选项中,有2个或2个以上符合题意,至少有1个错项)

1. 下列关于钢材分类的说法,正确的是(　　)。

A. 按化学成分可划分为碳素钢、合金钢

B. 按用途分类可划分为结构钢、工具钢和特殊钢

C. 按质量分类可划分为普通碳素钢、优质碳素钢、高级碳素钢

D. 按冶炼炉分类可划分为平炉钢、转炉钢和电炉锅

E. 按脱氧程度分类可划分为沸腾钢、镇静钢、半镇静钢和全镇静钢

2. 下列关于钢筋的力学性能的说法,正确的是(　　)。

A. 低碳钢在受奇过程中经历了弹性、屈服,强化及颈缩四个阶段

B. 弹性变形阶段荷载较小,应力和应变成比例增加,若卸去荷载试件可恢复原状

C. 应力与应变的比值为常数,称为弹性模量,反映钢材的刚度,即抗弹性变形的能力

D. 过某点后材料的变形明显,应变迅速增加而应力反而下降,钢材被拉伸,并在某一薄弱处断面开始缩小,该现象为“颈缩”

E. 伸长率是反映钢材塑性大小的重要指标,伸长率小表明钢材的塑性好

3. 根据石灰加工方法分为(　　)。

A. 块状生石灰　B. 生石灰粉　C. 消石灰　D. 石灰浆

E. 碳酸钙

4. 下列关于石灰基本性能正确的是(　　)。

A. 生石灰的消化过程的特点:第一是水化速度快,放热量大;第二是消化时体积急剧膨胀

B. 生石灰消化的目的是生石灰块改变为既便于施工操作,又具有黏结和硬化性能状态

C. 石灰浆体的硬化过程包括两个同时进行的部分,即结晶作用和碳化作用

D. 石灰在硬化过程中,要蒸发掉大量的水分,引起体积显著收缩,不易出现干缩裂缝

E. 石灰不宜单独使用,一般要掺入砂、钢筋、麻刀等材料,以减少收缩

5. 改性沥青是指增加了橡胶、树脂类高分子聚合物等改性剂,或对沥青轻度氧化加工改善其性能等措施,增强其(　　)。

A. 防水性能　B. 在高温下稳定性　C. 耐疲劳性　D. 低温抗裂性

E. 承重强度

6. 改性沥青掺加的改性剂主要有(　　),其目的是使沥青的性能得以改善。

A. 橡胶　B. 树脂　C. 高分子聚合物　D. 磨细的橡胶粉

E. 水泥浆

7. 下列关于乳化沥青特点的说法,正确的是(　　)。

A. 乳化沥青可冷态施工，节约能源
B. 可在潮湿的环境下使用
C. 可改善施工环境
D. 稳定性好
E. 路面成型期短

8. 下列关于砂、石的说法，正确的有(　　)。
A. 砂石材料是良好的天然建筑材料，同时也是工程中应用最广、用量最大的建筑材料
B. 石料不可以直接用为砌筑基础、桥涵挡土墙、护坡、沟渠及隧道砌衬等部位
C. 碎石一般采用花岗岩、砂岩、石英岩、玄武岩等，经人工或机械破碎而成
D. 砂(即通常所指的普通砂)系指自然山砂、河砂、海砂
E. 砂的主要用途是作为细集料与胶凝材料(包括水泥、石灰等)配制成砂浆或混凝土使用

9. 钢材的力学性质主要包括(　　)。
A. 焊接性
B. 拉伸性质
C. 冷弯性质
D. 冲击韧性
E. 硬度

10. 钢结构构件之间的连接可采用(　　)。
A. 结构钢
B. 模具钢
C. 工具钢
D. 特殊钢
E. 耐热钢

11. 低碳钢拉伸试验中，钢材从开始受力到破坏先后经历了四个阶段，分别为(　　)。
A. 弹性阶段
B. 弹塑性阶段
C. 屈服阶段
D. 强化时效阶段
E. 强化阶段

三、简答题

1. 简述钢材按化学成分的分类。
2. 简述石灰浆体的硬化过程。
3. 简述改性沥青主要分类及其应用。

参考答案

一、单选题

1－5　DDDBB　6－10　ABADA

二、多选题

1. ABD　2. BCD　3. ABCD　4. ABCE　5. BCD　6. ABCD　7. ABC　8. ACDE　9. BDE　10. ACD
11. ACE

三、简答题

1. 答:(1)碳素钢亦称“碳钢”,是含碳量低于2.0%的铁碳合金。

   (2)合金钢是指为改善钢的性能,在钢中特意加入某些合金元素(如锰、硅、钒、钛等),使钢材具有特殊的力学性质。

2. 答:石灰浆体的硬化过程包括两个同时进行的部分,即结晶作用和碳化作用。

   (1)结晶作用。由于游离水分逐渐蒸发,石灰浆体中的氢氧化钙从饱和溶液中结晶析出,产生“结晶强度”,并具有胶结性。

   (2)碳化作用。氢氧化钙与空气中的二氧化碳在有水分存在的条件下发生反应,生成不溶于水的碳酸钙晶体,释放出水分并被蒸发。

3. 答:改性沥青分为掺改性剂、物理改性、调和沥青、工艺改性等,改性沥青主要用于机场跑道、防水桥面、停车场、运动场、重交通路面、交叉路口和路面转弯处等特殊场合的铺装应用。

第三节　常用混合料材料的分类、基本性能与用途

一、单选题(每题的备选项中,只有1个正确项)

1. 砂浆的(　　)是指砂浆在自重或外力作用下流动的性能。
   A. 保水性　　B. 稳定性　　C. 流动性　　D. 黏稠性
2. 砂浆(　　)是指砂浆能保持水分的性能。砂浆在运输、静置或砌筑过程中,水分不应从砂浆中离析,并使砂浆保持必要的稠度,便于操作。
   A. 保水性　　B. 黏稠性　　C. 稳定性　　D. 流动性
3. 下列关于水泥混凝土的说法,正确的是(　　)。
   A. 水泥混凝土按重量分类可划分为普通混凝土、轻混凝土、重混凝土
   B. 普通水泥混凝土是土木工程中常用的混凝土,主要用作保温材料
   C. 轻混凝土主要用作轻质结构材料和保温材料
   D. 重混凝土主要用作承重和防火材料
4. 下列关于水泥混凝土的分类方法,错误的是(　　)。
   A. 按强度等级分类可划分为低强度混凝土、中强度混凝土、高强度混凝土、特强混凝土
   B. 按稠度分类可划分为干硬性混凝土、塑性混凝土、流动性混凝土、大流动性混凝土
   C. 按用途分类可划分为结构混凝土、道路混凝土、防水混凝土、耐热混凝土、耐酸混凝土、防辐射混凝土等
   D. 按生产和施工方法分类可划分为预拌混凝土、泵送混凝土、喷射混凝土、压力灌浆混凝土、挤压混凝土等
5. 改善水泥混凝土拌和物和易性的措施不包括(　　)。
   A. 掺加外加剂　　B. 调节材料组成
   C. 加温加压　　D. 提高振捣机械效能
6. 水泥混凝土各种强度中的(　　)强度最大。
   A. 抗拉　　B. 抗压　　C. 抗弯　　D. 抗剪
7. (　　)是指与水泥、水拌和后经水化反应生成钙矾石、钙矾石和氢氧化钙或氢氧化钙,使水泥混凝土产生膨胀的外加剂。
   A. 缓凝剂　　B. 膨胀剂　　C. 引气剂　　D. 速凝剂
8. 按(　　)可分为热拌沥青混合料、冷拌沥青混合料和再生沥青混合料等。
   A. 制造工艺　　B. 空隙率大小
   C. 矿料的组成　　D. 混合料最大颗粒尺寸
9. (　　)指的是沥青路面抵抗受水的侵蚀逐渐产生沥青膜剥离、掉粒、松散、坑槽而破坏的能力。
   A. 耐疲劳性　　B. 高温稳定性
   C. 水稳定性　　D. 低温抗裂性

二、多选题(每题的备选项中,有2个或2个以上符合题意,至少有1个错项)

1. 砂浆按用途又分为(　　)等。

A. 砌筑砂浆　B. 保温吸声砂浆　C. 抹面砂浆　D. 混合砂浆
E. 装饰砂浆

2. 下列关于水泥混凝土的说法,正确的有(　　)。
A. 水泥混凝土拌和物的和易性可以准确测定
B. 水泥混凝土的抗拉强度很低
C. 碱—骨料反应降低了混凝土构件的耐久性
D. C30 水泥混凝土是指水泥混凝土的立方体抗压强度标准值为 30MPa
E. 水泥混凝土轴心抗压强度一般采用棱柱体试件测定

3. 下列关于水泥混凝土的说法,正确的是(　　)。
A. 水泥混凝土受力破坏主要有两种形式即水泥石破坏和界面破坏
B. 直接影响混凝土强度的是水泥的强度等级和掺合料的质量及数量
C. 水胶比越大,水泥混凝土的强度越低,因此应尽量降低水胶比
D. 提高养护温度不但能加快水泥的早期水化速度,而且对混凝土后期强度增长有利
E. 水泥混凝土浇筑后,必须有较长时间在潮退环境中养护

4. 徐变一般指水泥混凝土的徐变,属于(　　)。
A. 非荷载作用下的变形　B. 荷载作用下的变形
C. 短期荷载作用下的变形　D. 长期荷载作用下的变形
E. 温度变化产生的变形

5. 水泥混凝土外加剂是在拌制混凝土过程中掺入用以改善混凝土性质的物质,按其主要功能可分为(　　)、缓凝剂、速凝剂等。
A. 减水剂　B. 引气剂　C. 早强剂　D. 膨胀剂
E. 稳定剂

6. 下列关于水泥混凝土配合比设计的要求正确的是(　　)。
A. 满足结构设计的强度要求
B. 满足现场施工条件所要求的工作性
C. 满足工程所处环境和设计规定的耐久性要求
D. 在满足上述要求的前提下,尽量减少高价材料的用量,降低混凝土的生产成本以便取得较好的经济效果
E. 满足预算造价的范围

7. 下列关于沥青混合料的分类正确的是(　　)。
A. 按混合料最大颗粒尺寸不同,可分为粗粒、中粒、细粒、砂粒等
B. 按成分可分为热拌沥青混合料、冷拌沥青混合料和再生沥青混合料等
C. 按矿料的组成不同,可分为密实—悬浮结构、骨架—空隙结构
D. 按制造工艺可分为热拌沥青混合料、冷拌沥青混合料和再生沥青混合料等
E. 按矿料级配组成及空隙率大小可分为密级配、半开级配、开级配混合料

8. 下列沥青混合料的基本性能有(　　)。
A. 耐疲劳性　B. 易凝结性　C. 水稳定性　D. 低温抗裂性
E. 高温稳定性

9. 影响沥青混合料强度的主要因素(　　)。

A. 沥青与矿料相互作用　　B. 沥青材料本身黏结力

C. 沥青用量和矿料比　　D. 温度

E. 稳定性

三、简答题

1. 简述砂浆流动性的含义。

2. 简述水泥混凝土和易性的含义。

3. 简述影响沥青混合料强度的主要因素。

参考答案

一、单选题

1 – 5　CACAC　6 – 10　BBAC

二、多选题

1. ABCE　2. BCE　3. BDE　4. BD　5. ABCD　6. ABCD　7. ACDE　8. BCD　9. BDE

三、简答题

1. 答:砂浆的流动性是指砂浆在自重或外力作用下流动的性能。砂浆的流动性与用水量、胶凝材料的品种和用量、细集料的级配和表面特征、掺加料及外加剂的特性和用量、拌和时间等因素有关。
2. 答:水泥混凝土拌和物的工作性又称施工和易性,是指水泥混凝土拌和物易于施工操作(搅拌、运输、浇筑、振捣和表面处理),并获得质量均匀、成型密实的性能。
3. 答:(1)沥青与矿料相互作用。
   (2)沥青材料本身黏结力。
   (3)沥青用量和矿料比。
   (4)温度。

第三章 常用施工机械、船舶的分类

第一节　常用施工机械的分类

一、单选题(每题的备选项中,只有1个正确项)

1. 中型履带式推土机,主要适用于(　　)推土。

A. 50m 以内　B. 50~100m　C. 150m 以上　D. 200m 以上

2. 以下不适合平地机工作的内容是(　　)。

A. 修筑路基横断面　B. 帮刷边坡　C. 平整场地　D. 碾压路基

3. 在公路路基施工中,拖拉机不适于牵引拖式土方机械的是(　　)。

A. 松土机　B. 平地机　C. 铲运机　D. 装载机

4. 下面关于间歇式搅拌机说法错误的是(　　)。

A. 自落间歇式搅拌设备的特点是冷矿料的烘干、加热与热沥青的拌和

B. 分为强制式和自落式

C. 强制间歇式搅拌设备就是搅拌机的搅拌叶强制将物料拌和均匀

D. 自落式搅拌机是将物料提升到一定高度然后让它自由下落

5. 轨道式水泥混凝土摊铺机是靠固定在路基上的轨道、模板来控制摊铺(　　)和平整度的。

A. 宽度　B. 厚度　C. 速度　D. 坍落度

6. 适用于灌注桩钻孔施工,尤其在卵石、漂石地质条件下具有明显优点的是(　　)。

A. 全套管钻机　B. 旋转钻机　C. 螺旋钻机　D. 冲击钻机

7. 目前采用广泛的打桩设备是(　　)。

A. 震动打桩机　B. 液压打桩机　C. 蒸汽打桩机　D. 柴油打桩机

8. 自动化程度高,技术性能先进的水泥混凝土摊铺机是(　　)。

A. 轨道式摊铺机　B. 固定模板式摊铺机

C. 滑模式摊铺机　D. 液压伸缩式摊铺机

9. 下列起重机械的分类,错误的是(　　)。

A. 起重按传动系统分有机械传动式、液压传动式、电力传动式和电力-液压传动式

B. 升降机按结构的不同可划分为剪叉式升降机、套缸式升降机、铝合金式升降机、曲臂式升降机等

C. 卷扬机按动力装置可划分为电动式和手动式两种

D. 常用的起重葫芦有手动和电动两种

10. 关于桥梁上部施工机械,下列说法错误的是(　　)。

A. 架桥设备主要有导梁式、缆索式和专用架桥设备

B. 专用架桥机可根据移梁方式、导梁形式以及送梁方式的不同分类

C. 专用液压千斤顶多为单作用式,常用的有离心式和锥锚式两种

D. 专用液压千斤顶是专用的张拉工具

二、多选题(每题的备选项中,有 2 个或 2 个以上符合题意,至少有 1 个错项)

1. 下列关于稳定土拌和机和厂拌设备分类,正确的是(　　)。

A. 稳定土拌和机按工作装置在拌和机上的位置可划分为前置式、中置式、后置式三种

B. 前置式拌和机较为常用,按转子的旋转方向可划分为正转和反转两种

C. 稳定土排和机按传动方式不同可划分为机械式和液压式

D. 稳定土厂拌和设备按拌制工艺可划分为非强制跌落式、强制间歇式、强制连续式

E. 稳定土厂拌和设备按设备布局及机动性可划分为移动式与固定式

2. 新青乳化设备技沥青和乳化剂水溶液进入乳化机时的状态不同可划分为(　　)。

A. 胶体磨式　　B. 开式系统　　C. 移动式　　D. 闭式系统

E. 固定式

3. 沥青混合料摊铺机按建平板的结构形式可划分为(　　)摊铺机。

A. 普通　　B. 高密度振动　　C. 机械拼装式　　D. 液压伸缩式

E. 大型

4. 水泥混凝土搅拌输送车按底盘结构形式可划分为(　　)。

A. 普通载货汽车底盘的搅拌输送车　　B. 机械传动的混凝土搅拌输送车

C. 半挂式专用底盘的搅拌输送车　　D. 液压传动的混凝土搅拌运输车

E. 全挂式特殊底盘的搅拌输送车

5. 水泥混凝土泵车从机动性上可分为(　　)。

A. 车泵　　B. 拖式混凝土泵　　C. 车架泵　　D. 电动式泵车

E. 内燃机式泵车

6. 下列属于强制式搅拌机的有(　　)。

A. 梨形　　B. 圆盘立轴式　　C. 双锥形　　D. 圆槽卧轴式

E. 行星式

7. 下列关于水泵的分类,正确的是(　　)。

A. 按作用原理可划分为射流泵和容积泵两大类

B. 按吸水口数目可划分为单吸式、双吸式和多吸式三种

C. 按水泵叶轮有无盖板可划分为开式、半开式和闭式三种

D. 按安装位置可划分为普通泵、深水泵、浅水泵

E. 按有无导轮可划分为导轮泵和无导轮泵两种

8. 拖拉机按行走装置不同,可分为(　　)。

A. 电力传动　　B. 机械传动　　C. 履带式拖拉机　　D. 轮胎式拖拉机

E. 手扶式拖拉机

9. 光轮振动碾适宜于压实(　　)。

A. 碎石　　B. 块石　　C. 堆石　　D. 黏性较强的土壤

E. 沥青混凝土

10. 公路工程施工机械按行走装置可分为(　　)。

A. 履带式　B. 轮胎式　C. 自行式　D. 拖式
E. 电动式

11. 推土机的主要作业方式有(　　)。
A. 上坡推土作业　B. 下坡推土作业　C. 直铲作业　D. 斜铲作业
E. 侧铲作业

12. 单斗挖掘机按行走装置的不同,可分为(　　)。
A. 履带式　B. 轮胎式　C. 汽车式　D. 坦克式
E. 机动式

13. 单斗挖掘机按工作装置的不同,可分为(　　)。
A. 正铲挖掘机　B. 反铲挖掘机　C. 拉铲挖掘机　D. 振动打桩机
E. 抓铲挖掘机

三、简答题

1. 简述挖掘机按工作装置的分类及特点。
2. 简述铲运机的用途及适用范围。
3. 请简述桥梁基础施工中的钻孔设备。

参考答案

一、单选题

1－5　BDDAB　6－10　DDCCC

二、多选题

1. ACD　2. BD　3. CD　4. AC　5. ABC　6. BDE　7. BCE　8. AB　9. CDE　10. ABC　11. ABC　12. ACD　13. ABCE

三、简答题

1. 答:按工作装置的不同,可分为正铲挖掘机、反铲挖掘机、拉铲挖掘机、抓斗挖掘机四种。

(1)正铲挖掘机的挖土特点是前进向上,强制切土。挖掘力大、生产率高,可开挖停机面以上Ⅰ～Ⅲ类土。

(2)反铲挖掘机的挖土特点是后退向下,强制切土。挖掘力比正铲小,可开挖停机面以下的Ⅰ、Ⅱ类土,深度在4m左右的基坑、基槽、管沟,也可用于地下水位较高的土方开挖。

(3)拉铲挖掘机的挖土特点是后退向下,自重切土。可开挖停机面以下的Ⅰ、Ⅱ类土。

(4)抓斗挖掘机的挖土特点是直上直下,自重切土。只能开挖Ⅰ、Ⅱ类土,用于开挖窄而深的独立基坑和基槽、沉井,适用于水下挖土,是地下连续墙施工挖土的专用机械。

2. 答:铲运机广泛用于公路、铁路、港口及大规模的建筑施工等工程中的土方作业。如在公路施工中,用来开挖路堑、填筑路堤、搬运土方等;在水利工程中,可开挖河道、渠道,填筑土坝、土堤等;在农田基本建设中,进行土地整平、铲除土丘、填平洼地等;在机场、矿山建设施工中,进行土方铲削作业;在适宜的条件下亦可用于石方破碎的软石工程施工。铲运机在井下采掘、石油开发、军事工程等场合,也得到了广泛的应用。

3. 答:(1)全套管钻机:主要用于大型桥梁钻孔桩的钻孔施工。

(2)旋转钻机:旋转钻机根据其钻孔装置可分为有钻杆机和无钻杆机(潜水钻机),根据排渣方式可分为正循环钻机和反循环钻机。有钻杆机适应性很强,变更钻头类型和对钻杆施加的压力,就可以应付各种覆盖层直到极硬的岩层,但对直径大于2/3钻杆内径的松散卵石层无能为力;潜水钻机可以完成直径1～3m桩的施工,施工经济孔深50m,这种钻机在25MPa以内的覆盖层或风化软岩中钻孔,有较大的局限性。

(3)螺旋钻机:适用于灌注桩、深层搅拌桩、混凝土预制桩钻打结合法等工艺,适用土质的地质条件。

(4)冲击钻机:适用于灌注桩钻孔施工,尤其在卵石、漂石地质条件下具有明显的优点。

(5)回转斗钻机:适用于除岩层外的各种土质地质条件。

(6)液压旋挖钻孔机:适用于除岩层、卵石、漂石地质外的各种土质地质条件,特别是在市政桥梁及场地受限的工程中使用。

第二节　常用施工船舶的分类

一、单选题(每题的备选项中,只有1个正确项)

1. 工作范围比较狭小,机动性差,生产率不高,在起吊质量很大、工作次数不多的情况下才采用的是(　　)起重船。
A. 自航　　B. 非自航　　C. 固定式　　D. 旋转式
2. 目前使用的较多的是以柴油机液压式为动力的(　　)打桩船。
A. 变幅式　　B. 旋转式　　C. 摆动式　　D. 平台式
3. 下列关于耙吸式挖泥船的说法,错误的是(　　)。
A. 耙吸式挖泥船有单耙和对耙之分,分别布置于船中间或两侧
B. 耙吸式挖泥船机动灵活,效率高,抗风浪能力强
C. 耙吸式挖泥船适宜在沿海港口、宽阔的江面和船舶锚地作业
D. 耙吸式挖泥船适宜于紧密沙土和坚硬黏土的土质作业
4. 下列泥驳不属于按卸泥方式分类的是(　　)。
A. 开底泥驳　　B. 开边泥驳　　C. 开体泥驳　　D. 自航泥驳
5. 下列关于工程船舶型号规格的说法,不正确的是(　　)。
A. 耙吸式挖泥船型号规格按照舱容量(　　)。
B. 绞吸式挖泥船型号规格按每小时额定生产能力(m^3/h)分类
C. 抓斗式挖泥船型号规格按每小时额定生产能力(m^3/h)分类
D. 链斗式挖泥船按每小时额定生产能力(m^3/h)分类
6. 在疏浚工程中,下列需与其他船型配合才能完成挖、运、吹填上岸的全过程的船型(　　)。
A. 耙吸式挖泥船　　B. 绞吸式挖泥船　　C. 斗轮式挖泥船　　D. 抓斗式挖泥船

二、多选题(每题的备选项中,有2个或2个以上符合题意,至少有1个错项)

1. 下列关于挖泥船的说法,正确的是(　　)。
A. 对于围海造田工程,挖泥船用于从海中取土回填造陆
B. 耙吸式挖泥船适宜在内港作业
C. 绞吸式挖泥船适用于大风浪海面、江面作业
D. 抓斗式挖泥船主望是用于搜取海底各种淤泥、泥沙,砾石、碎石、巨石等物料
E. 链斗式挖汛船适用于开挖港池、锚地和建筑物基槽等
2. 平台式打桩船在自开式平台上,具有(　　)性能。
A. 俯仰　　B. 摆动　　C. 吊龙口　　D. 吊打
E. 滑移
3. 挖泥船包括(　　)。
A. 耙吸式　　B. 绞吸式　　C. 抓斗式　　D. 链斗式
E. 翻斗式
4. 抓斗式挖泥船不适合开挖的土质是(　　)。

A. 有机质土　　B. 流动性淤泥　　C. 黏性土　　D. 砂土

E. 岩石

5.《内河航运工程船舶机械艘(台)班费用定额》中,打桩船按架高分类包括(　　)架高打桩船。

A. 35m　　B. 40m　　C. 50m　　D. 60m

E. 120m

6. 起重船按照起重机部分相对于船体能否移动分类,包括(　　)。

A. 固定式起重船　　B. 旋转式起重船　　C. 自航起重船　　D. 非自航起重船

E. 双拼起重船

7. 按照使用水域不同, 拖轮可分为(　　)。

A. 远洋拖轮　　B. 沿海拖轮　　C. 内河拖轮　　D. 港作拖轮

E. 柴油动力拖轮

三、简答题

1. 简述耙吸式挖泥船的分类、特点及适用范围。
2. 简述起重船的分类。
3. 打桩船的分类(按打桩架性能和打桩方式分类)。

参考答案

一、单选题

1－5　CADDC　6　D

二、多选题

1. ADE　2. ABCD　3. ABCD　4. ABE　5. ABCD　6. AB　7. ABCD

三、简答题

1. 答:耙吸式挖泥船有单耙或对耙之分,分别布置于船中间或两侧。耙吸式挖泥船机动灵活,效率高,抗风浪力强,适宜在沿海港口、宽阔的江面和船舶锚地作业,在风浪大又无掩护的滨海和河口地区,宜选用自航式耙吸挖泥船。适于松散和低于黏土硬度的土质作业。
2. 答:起重船种类很多,根据能否自航,分为自航起重船和非自航起重船两类;按照起重机吊臂相对于船体能否旋转,分为固定式与旋转式两类;按起重能力,分为固定扒杆式起重船和旋转扒杆式起重船。
3. 答:(1)变幅式打桩船。桩架可绕其前支点做俯仰动作,俯仰角一般为18.5°～35°。适用于施打直斜桩。目前使用的多是以柴油机液压式为动力的变幅式打桩船。

   (2)旋转式打桩船。桩架除可俯仰外,还可做水平旋转,通常在方驳上安装旋转式起重机和龙口等组成。适用于施打群集的堆桩。

   (3)摆动式打桩船。桩架上的龙口具有左右摆动的性能。适用于施打受水位限制或左倾斜的桩。

   (4)吊龙口式打桩船。以起重船或方驳艏安装起重机,吊立龙口,并改变上、下支撑长度,形成不同俯仰角度。适宜在浅滩、陆沿等处打桩或在桩群中补桩。

   (5)吊打式打桩船。以起重船或打桩船直接悬吊无打桩龙口式桩锤的打桩方式。适用于施打群桩的补桩与井架附属桩。

   (6)平台式打桩船。在自升式平台上,配有打桩台车架和桩锤等,具有俯仰、摆动、吊龙口和吊打多种性能。适用于施打外海大型桩。

第四章 公路工程主要施工工艺与方法

第一节 路基工程的主要施工工艺与方法

一、单选题(每题的备选项中,只有1个正确项)

1. 下列关于路基施工准备工作的说法,不正确的是(　　)。

A. 应在路基开工前进行

B. 所编制的施工组织设计是经营性的

C. 要建立职业健康安全管理体系

D. 对施工人员进行培训

2. 下列情况中,可以不用进行试验段施工的是(　　)。

A. 三级公路路堤　B. 填石路堤　C. 土石路堤　D. 特殊地段路堤

3. 稳定斜坡上地基表层的处理,下列说法不符合要求的是(　　)。

A. 地面横坡缓于1:5时,清除地表草皮、腐殖土后,可直接在天然地面上铺筑路堤

B. 地面横坡为1:5~1:2.5时,原地面应挖台阶,台阶宽度不应小于1m

C. 地面横坡为1:5~1:2.5时,当基岩面上的覆盖层较薄时,宜先清除覆盖层再挖台阶

D. 地面横坡陡于1:5时,应按设计要求挖台阶

4. 对于填石路堤基底处理要求,除需满足土质路堤地基表层处理要求外,(　　)还应满足设计要求。

A. 压实度　B. 承载力　C. 标高　D. 含水量

5. 可直接用作路床填料的是(　　)。

A. 粉质土　B. 粒径大于500mm石料

C. 砾石土　D. 强膨胀土

6. 土方填筑分几个作业段施工时,接头部位如不能交替填筑,则对先填路段的正确处理方式是(　　)。

A. 应进行支挡　B. 应按1:1坡度分层留台阶

C. 应设置锥坡　D. 停工等待

7. 下列关于压实后透水性差异大的土石混合材料的说法,错误的是(　　)。

A. 可分层填筑　B. 不宜纵向分幅填筑

C. 渗水良好的筑于路堤中间　D. 可分段填筑

8. 下列关于雨期路基施工路段选择的说法,错误的是(　　)。

A. 丘陵和山岭地区的砂类土可在雨期施工

B. 碎砾石和岩石地段可在雨期施工

C. 重黏土、膨胀土路段可在雨期施工

D. 平原地区排水困难，不宜安排雨期施工

9. 路堑土方开挖顺序应(　　)进行，不得乱挖超挖。

A. 自上而下　　B. 自下而上　　C. 自深而浅　　D. 无具体要求

10. 土质路堑施工时应做好排水工作，设置的边沟与截水沟应从(　　)开挖。

A. 中间向上下游　　B. 下游向上游

C. 上游向下游　　D. 由现场施工员自行决定

11. 从土质路堑的一端或两端按横断面全宽向前开挖，称为(　　)。

A. 横向挖掘法　　B. 纵向挖掘法

C. 混合挖掘法　　D. 通道挖掘法

12. 下列关于路基智能压实控制技术的说法，错误的是(　　)。

A. 智能压实系统可以高效采集数据并实时显示

B. 主要适用于公路路基和路面压实的施工

C. 可实时显示碾压遍数、压实度在内的各项压实作业参数等数据

D. 每层施工完成后应进行自检

二、多选题(每题的备选项中，有 2 个或 2 个以上符合题意，至少有 1 个错项)

1. 下列关于路基施工试验段的设置的说法，正确的有(　　)。

A. 试验段长度不宜小于 200m　　B. 特殊地段路堤应设置

C. 三级及以上公路应设置　　D. 试验段应具有代表性

E. 特殊填料路堤应设置

2. 下列关于路基填料的选择的说法，正确的有(　　)。

A. 含水量不适宜直接压实的细粒土经处理后且检验合格可作为路基填料

B. 含草皮、树根的土质严禁作为路基填料

C. 强膨胀土可直接用于填筑路基

D. 级配良好的砾石混合料可以作为路基填料

E. 含腐殖质的土可以作为路基填料

3. 填石路堤施工时，正确的施工要点有(　　)。

A. 土石路堤不得采用倾填方法

B. 施工前，应先修筑试验段，确定松铺厚度、压实遍数等参数

C. 在填石路堤顶面与细粒土填土层之间应按设计要求设过渡层

D. 压实机械可选用自重为 12t 的振动压路机

E. 岩性相差较大的填料应分层或分段填筑

4. 下列关于土质路堤的压实施工的说法，正确的有(　　)。

A. 压实机械碾压时，一般以慢速效果最好

B. 压实机具应先轻后重

C. 碾压速度宜先慢后快

D. 宜采取机械纵向掉头碾压第二遍

E. 直线段由两边向中间，曲线段由内侧向外侧碾压

5. 土质路堑施工,应根据(　　)等因素,结合土方调配,选用安全、经济的开挖方案。
   A. 地面坡度　　B. 开挖断面　　C. 纵向长度　　D. 出土方向
   E. 企业生产能力
6. 土质路堑土方开挖可根据具体情况采用(　　)开挖。
   A. 横向挖掘法　　B. 通道挖掘法　　C. 纵向挖掘法　　D. 混合式挖掘法
   E. 分段挖掘法
7. 下列关于路堑施工的说法,正确的有(　　)。
   A. 路线纵向长度和挖深都很大的路堑采用混合式开挖
   B. 纵挖法适用于短而深的土质路堑
   C. 石质路堑开挖方式主要有钻爆法开挖、机械开挖和静态破碎法
   D. 路床选用的填料应具有良好的透水性能
   E. 开挖后的填筑工作应尽快进行,否则应预留保护层
8. 下列关于路基雨期施工的基本做法的说法,正确的是(　　)。
   A. 宜分层开挖,每挖一层均应设置排水纵横坡
   B. 路堤分层填筑,每一层表面应设 2% ~4% 的排水横坡
   C. 已填路堤中心,应设置纵向临时挡水土填并注意排水
   D. 挖方边坡雨期施工,应一次挖到设计坡面
   E. 雨期开挖路堑,路床顶面以上应预留土层,待雨季过后施工
9. 填石路垠的填筑方法包括(　　)。
   A. 分层压实法　　B. 竖向填筑法　　C. 冲击压实法　　D. 横向填筑法
   E. 强力夯实法
10. 下列关于路基地面排水的说法,正确的是(　　)。
   A. 挖方路基的堑顶坡水沟应设置在坡口 2m 以外
   B. 地方路基上侧的路堤截水沟距城方坡脚的距离不应小于 2m
   C. 跌水与急流槽 3∶7 灰土垫层
   D. 蒸发池坑底部应做成两侧边缘向中部倾斜 0.3% 的横坡
   E. 蒸发池的容量不宜超过 200 ~300m ,蓄水深度不应大于 1.5 ~2.0m
11. 下列关于土方路堤填筑方法的说法,正确的是(　　)。
   A. 竖向填筑法仅用于无法自下而上填筑的深谷、陡坡、断岩、泥沼等机械无法进场的路堤
   B. 水平分层值筑法是路堤填筑的常用方法
   C. 分层填筑法包括水平分层填筑法和纵向分层填筑法
   D. 混合填筑法路堤下层用竖向填筑,而上层用水平分层填筑
   E. 横向填筑法与竖向填筑法的适用范围相反

三、简答题

1. 简述路基横断面边桩放样方法。
2. 简述土质路堤压实施工技术要点。
3. 简述石路堤填筑方法。

参考答案

一、单选题

1－5　BABBC　6－10　BCCAB　11－12　AB

二、多选题

1. BDE　2. ABD　3. ABCE　4. ABCE　5. ABCD　6. ACD　7. ACDE　8. ABD　9. ABCE　10. BCE　11. ABCD

三、简答题

1. 答:(1)图解法:路基横断面图为路基施工的主要图纸,可根据已戴好“帽子”的横断面放样路基边桩。坡脚点与中桩的水平距离可以从横断面图上按比例量出,然后在地面上用皮尺沿横断面方向量出距中桩的水平距离即可定出边桩。此法一般用于较低等级的公路路基边桩放样。

   (2)计算法:现场没有横断面设计图,只有施工填挖高度时,可用计算法放样路基边桩。本法比上述方法精度高,主要用于公路平坦地形或地面横坡较均匀一致地段的路基边桩放样。

   (3)坐标法:根据路基边桩点与中线的距离计算、横断面方向的方位角,计算求出路基边柱的坐标值,即可在导线点上用全站仪直接放样出路基边桩的桩位。该法适用于高等级公路。

   (4)渐近法:在分段丈量水平距离的同时,用仪器测出该段地面的高差,最后累计出边桩与中桩点的高程差,用“计算法”的公式验证其水平距离是否正确,如有不符,就逐渐移动边桩,到正确位置为止。该法精度高,适用于各级公路。

2. 答:(1)压实机械对土进行碾压时,一般以慢速效果最好,除羊足碾或凸块式碾外,压实速度以2～4km/h最为适宜。羊足碾的速度可以快些,在碾压黏土时最高可达12～16km/h,还不会影响碾压质量。各种压实机械的作业速度应在填方前做试验段碾压,找出最佳效果的碾压速度,正式施工时参照执行。

   (2)碾压一段终了时,宜采取纵向退行方式继续第二遍碾压,不宜采用掉头方式,以免因机械调头时搓挤土,使压实的土被翻松。故压路机始终要以纵向进退方式进行压实作业。

   (3)在整个全宽的填土上压实,宜纵向分行进行,直线段由两边向中间,曲线段宜由曲线的内侧向外侧(当曲线半径超过200m时,可以按直线段方式进行)。两行之间的接头一般应重叠1/4～1/3轮迹;对于三轮压路机则应重叠后轮的1/20。

   (4)纵向分段压好以后,进行第二段压实时,其在纵向接头处的碾压范围宜重叠1～2m,以确保接头处平顺过渡。

3. 答:(1)竖向填筑法(倾填法)。主要用于二级及二级以下且铺设中低级路面的公路在陡峻山坡施工特别困难或大量爆破移挖作填路段,以及无法自下而上分层填筑的陡坡、断岩、泥沼地区和水中作业的填石路堤。

   (2)分层压实法(碾压法)。自下而上水平分层,逐层填筑,逐层压实,是普遍采用并能保证填石路堤质量的方法。高速公路、一级公路和铺设高级路面的其他等级公路的填石路堤采用此方法。

(3)冲击压实法。利用冲击压实机的冲击碾周期性、大振幅、低频率地对路基填料进行冲击,压密填方。

(4)强力夯实法。强力夯实法用起重机吊起夯锤从高处自由落下,利用强大的动力冲击,迫使岩土颗粒位移,提高填筑层的密实度和地基强度。

第二节　路面工程的主要施工工艺与方法

一、单选题(每题的备选项中,只有1个正确项)

1. 一般公路的基层宽度每侧面比面层宽出(　　)mm,底基层每侧宜比基层宽(　　)mm。
A. 100,100　　B. 100,150　　C. 150,150　　D. 200,150

2. 下列关于路面垫层施工程序的说法,正确的是(　　)。
A. 清理路基面,洒水湿润→铺筑垫层材料→摊铺→整形→压实→试验检测
B. 铺筑垫层材料→清理路基面,洒水湿润→摊铺→整形→压实→试验检测
C. 清理路基面,洒水湿润→铺筑垫层材料→整形→摊铺→压实→试验检测
D. 铺筑垫层材料→清理路基面,洒水湿润→整形→摊铺→压实→试验检测

3. 无机结合料稳定类基层,又称为(　　)基层。
A. 刚性　　B. 半刚性　　C. 柔性　　D. 塑性

4. 石灰稳定土底基层的碾压方式一般选用(　　)压路机碾压。
A. 先轻型后重型　　B. 先重型后轻型　　C. 全程轻型　　D. 全程重型

5. 水泥稳定土底基层碾压完成后应及时养护,养护期不少于(　　)天。
A. 3　　B. 14　　C. 7　　D. 5

6. 粒料类基层(底基层)的填隙料应干燥,用量宜为骨料质量的(　　)。
A. 10% ~20%　　B. 20% ~30%　　C. 40% ~50%　　D. 30% ~40%

7. 下列粒料类基层中,属于嵌锁型的是(　　)。
A. 填隙碎石　　B. 级配碎石　　C. 级配砾石　　D. 天然砂砾

8. 沥青稳定类基层采用机械摊铺时,摊铺温度应符合规范要求,当高速公路和一级公路施工气温低于(　　)℃时,不宜摊铺。
A. 10　　B. 5　　C. 15　　D. 20

9. 下列关于水泥稳定土路拌法碾压施工的做法,正确的是(　　)。
A. 压路机的碾压速度应先快后慢
B. 同日施工的两工作段的衔接处,前一段拌和整形后留5~8m与后一段再加水泥重新拌和后一起碾压
C. 当必须分两幅施工时,纵缝必须斜接,不得垂直相接
D. 应先采用重型压路机后采用轻型压路机进行碾压

10. 水泥稳定土的底基层、基层在碾压过程中,其表面应始终保持潮湿。从加水拌和到碾压终了的延迟时间不得超过水泥的(　　)时间。
A. 终凝　　B. 硬化　　C. 初凝　　D. 任意

11. 下列关于混合料集中厂拌与运输的说法,正确的是(　　)。
A. 工程所需的原材料严禁混杂,应分档隔仓堆放,并有明显的标志
B. 稳定细粒材料集中拌和时,土块应粉碎,最大尺寸应不大于20mm
C. 对高速公路和一级公路,混合料拌和设备的产量宜大于400t/h

D. 各个料仓之间的挡板高度应不小于 2m

12. 石灰稳定土底基层、基层采用 12 ~ 15t 三轮压路机碾压时,每层的压实厚度不应超过(　　)mm。

A. 100　　B. 150　　C. 180　　D. 200

13. 下列关于无机结合料稳定基层人工摊铺与碾压的说法,正确的是(　　)。

A. 混合料层厚不满足要求时可以直接在其上摊铺达到规定厚度

B. 只需最上一层稳定基层整形达到规定的坡度和路拱

C. 碾压过程中,无机结合料稳定材料的表面应始终保持湿润

D. 碾压机械可以任意在碾压的尽头进行掉头

14. 下列关于沥青贯入式地面的说法,错误的是(　　)。

A. 洒布骨料后,严禁车辆通行

B. 上层骨料撒布后,先用 10 ~ 12t 的钢筒式压路机以 2km/h 的初压速度碾压,使骨料基本稳定,至骨料无显著推移为止

C. 碾压方向应自路边缘逐渐移至路中心

D. 初压后再用 10 ~ 12t 压路机进行碾压,宜碾压 4 ~ 6 遍,直到主层骨料嵌挤稳定,无显著轮迹为止

15. 碾压完成并采用覆盖措施的石灰稳定土层上,经批准通行的车辆应限制车速不得越过(　　)km/h。

A. 30　　B. 20　　C. 10　　D. 40

二、多选题(每题的备选项中,有 2 个或 2 个以上符合题意,至少有 1 个错项)

1. 厂拌混合料宜采用(　　)摊铺。

A. 沥青混凝土摊铺机　　B. 自动平地机

C. 水泥混凝土摊铺机　　D. 轮胎压路机

E. 稳定土摊铺机

2. 沥青加人式地面不必浇洒透层或黏层沥青的为(　　)。

A. 使用乳化沥青时　　B. 路面厚度为 5cm 时

C. 使用煤焦沥青时　　D. 路面厚度为 4cm 时

E. 使用石油沥青时

3. 下列关于热拌沥青混合料器而的说法,正确的是(　　)。

A. 热拌沥青混合料使用的各类拌和机都应有防止矿物飞扬散失的密封性能及除尘设备,并有检测拌和温度的装置

B. 运输车配备覆盖篷布主要防止物料脱落

C. 摊铺时下面层采用走线法施工,表、中面层采用平衡梁法施工

D. 沥青混合料的分层压实厚度不得大于 10cm ,压实包括初压、复压、终压

E. 热拌沥青混合料路面应停摊铺层完全自然冷却,表面温度低于 50℃后方可开放交通

4. 水泥混凝土面层二级公路适用于(　　)技术方法。

A. 小型机具铺筑　　B. 滑模机的铺筑

C. 轨道摊铺机铺筑　　D. 三辐轴机组铺筑

E. 碾压混凝土

5. 粒料类基层按强度构成原理可分为嵌锁型与级配型,其中级配型包括(　　)、部分砾石经轧制掺配而成的级配砾、碎石等。

A. 级配碎石　　B. 级配砾石　　C. 级配砂浆　　D. 符合级配的天然沙砾

E. 级配粉煤灰

6. 在透层施工技术中,下列关于其一般要求的说法正确的有(　　)。

A. 在无结合料粒料基层上洒布透层油时,宜在铺筑沥青层前 1 ~ 2 天洒布

B. 透层油宜采用沥青洒布车一次喷洒均匀

C. 透层油宜紧接在基层碾压成型后表面稍变干燥、硬化后喷洒

D. 透层油必须洒布均匀,喷洒过量的立即撒布石屑或砂吸油

E. 透层沥青宜采用中裂的洒布型乳化沥青

7. 下列关于稀浆封层施工的说法,正确的有(　　)。

A. 稀浆封层施工前,应彻底清除原路面的泥土、杂物

B. 稀浆封层施工时应在干燥情况下进行

C. 稀浆封层铺筑后,必须待乳液破乳、水分蒸发、干燥成型后方可开放交通

D. 稀浆封层施工可在气温低于 10℃时进行

E. 稀浆封层施工需修补坑槽、凹陷,较宽的裂缝宜清理灌缝

8. 下列关于黏层所用沥青的说法正确的有(　　)。

A. 宜采用快裂乳化沥青　　B. 宜采用慢裂乳化沥青

C. 宜采用改性乳化沥青　　D. 宜采用快凝液体石油沥青

E. 宜采用慢凝液体石油沥青

9. 热拌沥青混合料路面施工,应先进行沥青混合料的配合比设计,包括(　　)。

A. 目标配合比设计阶段　　B. 生产配合比设计阶段

C. 初始配合比设计阶段　　D. 初始配合比验证阶段

E. 生产配合比验证阶段

10. 下列关于热拌沥青混合料拌和的有关说法,错误的有(　　)。

A. 沥青的加热温度应控制在 150 ~ 170℃

B. 沥青拌和站可不设实验室

C. 混合料运至施工现场的温度控制在不低于 100℃

D. 出厂温度过高的混合料应等温度降下来后再使用

E. 出厂的混合料应均匀一致,无白花料、离析和结块现象

11. 在热拌沥青混合料面层施工技术中,施工过程中随时检查的项目包括(　　)。

A. 铺筑厚度　　B. 纵坡度　　C. 平整度　　D. 高程

E. 横坡度

12. 下列关于 SMA 沥青混凝土路面施工技术的说法,不正确的有(　　)。

A. 严格控制拌和温度,不得超过 195℃,超过时必须废弃

B. 碾压应遵循“紧跟、慢压、高频、低幅”的原则

C. 可使用胶轮压路机进行碾压

D. 不得在天气温度低于 0℃的气候条件下施工

E. 混合料在运输过程中必须加盖篷布,防止混合料表面结硬

13. 水泥混凝土面层铺筑的技术方法主要有(　　)。

A. 小型机具铺筑　　B. 滑模摊铺机铺筑

C. 三辐轴机组铺筑　　D. 碾压混凝土

E. 路拌混凝土浇筑

14. 沥青路面无人化集群施工的优点有(　　)。

A. 自动生成最优的集群碾压轨迹,实现自主规划作业及自适应恒速行驶,不漏压

B. 可实现施工过程控制可视化,相比于人工检测,能大幅提高控制精度和效率

C. 无人机群碾压速度可以根据摊铺速度动态调节

D. 无人化集群施工可实现昼夜 24 小时不间断作业

E. 该系统可根据施工要求设置六种作业模式

三、简答题

1. 简述基层(底基层)施工时,如何根据施工情况配备碾压设备。

2. 简述粒料基层的类型按强度构成原理可分为哪几种。

3. 列举水泥混凝土路面施工的铺筑方法。

参考答案

一、单选题

1－5　BABAC　6－10　DAABC　11－15　ABCBA

二、多选题

1. ABCE　2. CE　3. ADE　4. BCD　5. ABD　6. ABD　7. ABCE　8. ACD　9. ABE　10. BCD
11. ACDE　12. CD　13. ABCD　14. ABCD

三、简答题

1. 答:(1)双向四车道高速公路或一级公路的半幅摊铺时,应配备不少于4台重型压路机。
(2)双向六车道的半幅摊铺时,应配备不少于5台重型压路机。
2. 答:粒料基层的类型按强度构成原理可分为嵌锁型与级配型。嵌锁型基层包括泥结碎石、泥灰结碎石、填隙碎石等;级配型基层包括级配碎石、级配砾石、符合级配的天然沙砾、部分砾石经轧制掺配而成的级配砾、碎石等。
3. 答:(1)小型机具铺筑。
(2)滑模机械铺筑。
(3)轨道摊铺机铺筑。
(4)三辊轴机组铺筑。
(5)碾压混凝土。

第三节　桥涵工程的主要施工工艺与方法

一、单选题(每题的备选项中,只有1个正确项)

1. 地下水较浅且土质为粉砂时,不宜使用(　　)进行排水。
A. 集水井排水　B. 板桩法　C. 井点降水　D. 沉井法

2. 下列关于基坑处理的说法,错误的是(　　)。
A. 基顶有动荷载时,其边缘与动荷载之间应留有不小于1.5m宽的护道
B. 即使基坑深度较小且坑壁土层稳定时,也不可直接放坡开挖
C. 坑壁或边坡上有明显出水点时,应设置导管排水
D. 基坑深度≤3m且渗水量不大时,可采用槽钢、H型钢或工字钢进行支护

3. 下列关于先张法预制梁板的说法,正确的是(　　)。
A. 多根钢筋同时张拉时,其尺寸要保持一致
B. 用液压千斤顶单束张拉,先张拉两边中间束,再张拉中间束
C. 用龙门吊机吊运混凝土,先浇底板并振实
D. 为保证充气压力稳定,充气胶囊应一次性使用

4. 下列关于后张法预制梁板的说法,错误的是(　　)。
A. 当预制梁跨大于20m时,要按规定设置反拱
B. 预制模板在投入使用前需要试拼
C. 构件脱模后,要标明型号、预制日期及使用方向
D. 按设计要求先张拉中间束,再向两边对称张拉

5. 下列关于桥梁桩基础施工的说法,错误的是(　　)。
A. 挖孔灌注桩施工时,孔口处应设置高出地面至少300mm的护圈
B. 沉桩的施工方法主要有锤击沉桩、振动沉桩和射水沉桩
C. 钻孔泥浆由黏土(膨润土)和添加剂组成
D. 护筒能稳定孔壁、防止坍孔

6. 下列关于圆管涵施工的说法,正确的是(　　)。
A. 模板安装完成后,需要经监理工程师验收合格,才可以进行混凝土基座浇筑
B. 待基础混凝土强度达到70%以上时,开始安装管节,管节安装从上游开始,使接头面向下游
C. 涵管接缝宽度不大于2cm
D. 管节可以用滚板或斜板卸管

7. 下列关于桥涵及结构物填筑的说法,正确的是(　　)。
A. 为保证填土与桥台衔接处的压实质量,施工中可采用夯压机械纵向碾压的方法
B. 填筑拱顶3m以下时,可采用夯锤进行压实
C. 管内的临时支撑应在填土不再下沉后方可拆除
D. 挡土墙墙趾部分的基坑应及时回填压实,并做成向外倾斜的纵坡

8. 石拱涵的施工步骤叙述错误的是(　　)。
A. 首先要测量放样,放出控制桩的基础开挖边线

B. 分层夯实填筑土牛拱，拱顶尺寸准确，最好抹水泥砂浆

C. 清理进出口，放八字墙尺寸，用片石砌筑基础和墙身

D. 洞底和进出口用片石铺砌，洞内部分可以在填土后铺砌

9. (　　)是一种刚架结构，是用钢筋混凝土建筑材料做成的，有现浇和预制两种。

A. 圆管涵　　B. 盖板涵　　C. 拱涵　　D. 箱涵

10. 在桥梁工程中，与其他基础形式相比，抗水平作用能力及竖直支承力均较大的基础形式是(　　)。

A. 桩基础　　B. 沉井基础　　C. 管柱基础　　D. 地下连续墙

11. 明涵与暗涵的区别是以(　　)为依据。

A. 洞中有光还是无光　　B. 洞口形式　　C. 洞身形式　　D. 洞顶填土情况

12. 波形钢涵洞的施工工艺是(　　)。

A. ①挖基→②施工放样→③基础垫层填筑→④管身安装→⑤涵背回填→⑥洞口铺装及护坡防护

B. ①基坑施工→②涵洞基础施工→③涵身分节施工→④翼墙、端墙、帽石施工→⑤盖板吊装→⑥防水施工→⑦基坑回填→⑧出入口铺砌→⑨附属及其他

C. ①测量放线→②基坑开挖→③基坑修整→④基坑检查→⑤铺设砂垫层→⑥现浇混凝土管基→⑦安装管节→⑧竖井、出入口施工→⑨防水层施工→⑩回填土

D. ①基坑施工→②涵洞基础施工→③涵身分节施工→④翼墙、端墙、帽石施工→⑤盖板吊装→⑥防水施工→⑦基坑回填→⑧出入口铺砌→⑨附属及其他

二、多选题(每题的备选项中，有2个或2个以上符合题意，至少有1个错项)

1. 梁式桥支座的作用是(　　)。

A. 传递上部结构的支承反力

B. 支承上部结构抗弯抗扭

C. 保证结构在活载、温度变化下自由变形

D. 保证结构在混凝土收缩和徐变等因素作用下的自由变形

E. 传递下部结构的支承反力

2. 桥梁的下部结构包括(　　)。

A. 桥台　　B. 桥墩　　C. 承台　　D. 盖梁

E. 支座

3. 以下关于桥梁跨径的叙述，说法正确的是(　　)。

A. 设支座的桥梁，桥跨结构在相邻两个支座中心之间的水平距离为计算跨径

B. 设支座的桥梁，相邻两墩台身顶内缘之间的水平距离为净跨径

C. 计算跨径之和为总跨径

D. 梁式桥两个桥墩中线之间的距离为标准跨径

E. 桥梁的净跨径是指桥梁结构相邻两个支座中心之间的距离

4. 涵洞水力特性的不同，可分为(　　)。

A. 倒虹吸式　　B. 压力式　　C. 半压力式　　D. 无压力式

E. 正交式

5. 在桥梁工程中，通常采用的基础有(　　)。

A. 扩大基础　B. 桩基础　C. 沙砾垫层基础　D. 沉井基础
E. 管柱基础

6. 公路桥梁梁板式桥的上部构造截面形式有(　　)。
A. 矩形板　B. 梯形板　C. 肋形梁　D. 箱形梁
E. T 形梁

7. 公路空心板桥上部构造的建筑材料有(　　)。
A. 混凝土　B. 钢筋混凝土　C. 预应力混凝土　D. 光圆钢筋
E. 带肋钢筋

8. 公路 T 形梁主梁由(　　)构成。
A. 梁肋　B. 横隔板　C. 伸缩缝　D. 翼板
E. 腹板

9. 公路工形梁主梁由(　　)。
A. 梁肋　B. 伸缩缝　C. 横隔梁　D. 行车道板
E. 横隔板

10. 下列关于桩基础施工的说法,正确的是(　　)。
A. 孔内空气污染物超过规定的三级标准浓度限值时,不得采用人工挖孔施工
B. 钻孔灌注桩的施工,因其所选护壁形成的不同,有泥浆护壁施工法和全套管技工法两种
C. 护筒起到为孔壁平衡孔外地下水压力或者加大孔内向水力、防止坍孔的作用
D. 对于摩擦桩,当孔壁容易坍塌时,要求在灌注水下混凝土前沉渣厚度不大于 20cm
E. 全套管施工法压入套管的垂直度,取决于挖掘开始阶段的 5 ~6m 深时的垂直度

11. 下列关于墩台施工的说法,正确的是(　　)。
A. 墩柱钢筋笼吊装时对位中心点误差控制在 2cm 内
B. 墩柱浇筑时,混凝土自由下落高度一般不宜超过 2m
C. 为加强振捣效果,振动棒可间接地通过钢筋施加振动
D. 混凝土强度达到 2. 5MPa 前,不得使其承受各种外加荷载
E. 底模须待混凝土达到 70% 强度后方可拆除

12. 预制梁的吊装方法包括(　　)。
A. 自行式吊机架设法　B. 超高空斜承索架设法
C. 简易型钢导梁架设法　D. 跨墩龙门架架设法
E. 联合架桥机架设法

13. 桥面铺装智能一体化摊铺设备实现了(　　)智能一体化。
A. 摊铺　B. 振捣　C. 找平　D. 碾压
E. 浇筑

三、简答题

1. 列举预制安装法有哪些方法。
2. 简述钻孔灌注桩的主要施工工序。
3. 简述圆管涵施工主要工序。

参考答案

一、单选题

1－5　ACCDC　6－10　ACDDB　11－12　DA

二、多选题

1. ACD　2. ABD　3. ABD　4. BCD　5. ABDE　6. ACD　7. BC　8. ABD　9. ACD　10. BCE　11. ABDE　12. ACDE　13. ABC

三、简答题

1. 答:预制安装法有悬臂拼装法、自行式吊装设备吊装法、跨墩龙门安装法、浮吊架设法架桥机安装法、逐孔拼装法、扒杆吊装法、浮运整孔架设法、缆索吊装法、提升法等。
2. 答:钻孔灌注桩施工的主要工序:埋设护筒、制备泥浆、钻孔、清孔、钢筋笼制作与吊装、灌注水下混凝土等。
3. 答:测量放线→基坑开挖→砌筑圬工基础或现浇混凝土管座基础→安装圆管→出入口浆砌→防水层施工→涵洞回填及加固。

第四节　隧道工程的主要施工工艺与方法

一、单选题(每题的备选项中,只有1个正确项)

1. 下列关于公路隧道施工的说法,正确的有(　　)。
   A. 在修建长隧道时,一般先开凿一条同隧道平行的施工辅助导坑,即平行导坑
   B. 新奥法第二次衬砌主要是起支撑作用
   C. 掘进机具可用于中等坚硬以下的岩石隧道工程,对围岩扰动大
   D. 明挖法通常分为有支护放坡开挖和放坡开挖两种形式
2. 下列关于公路隧道施工的说法,错误的有(　　)。
   A. 地下连续墙起到的节水防渗和挡土承重的作用
   B. 浅埋暗挖法沿用新奥法基本原理,初次支护和二次衬砌共同承担全部基本荷载设计
   C. "膨润土泥浆盾构"工作时不需使用损害工人健康的压缩空气,只需用水或"泥乳"作为掌子面的支护剂
   D. 沉埋法施工又称"预制管段沉放法"
3. 当隧道所在位置原地面坡度很陡,一侧处悬空状态,因地形限制不能先砌拱圈或地膜松散等情况宜采用(　　)。
   A. 先墙后拱法　　B. 拱墙同步法　　C. 先拱后墙法　　D. 拱墙交替法
4. 隧道复合式衬砌的第二次衬砌,一般采用(　　)。
   A. 喷射混凝土　　B. 锚杆、钢筋网混凝土
   C. 沥青混凝土　　D. 现浇混凝土
5. 以木或钢构件作为临时支撑,待隧道开挖成形后,逐步将临时支撑撤换下来,而代之以整体式厚衬砌作为永久性支护的隧道施工方法,叫(　　)。
   A. 浅埋暗挖法　　B. 掘进机法　　C. 新奥法　　D. 矿山法
6. 由上向下开挖土石方至设计高程后,自基底由下向上顺序施工,完成隧道主体结构,录后回填基坑或恢复地面的施工方法,叫(　　)。
   A. 沉埋法　　B. 浅埋暗挖法　　C. 地下连续墙法　　D. 明挖法
7. 公路隧道长度,是指(　　)。
   A. 进出口洞门中心之间的水平距离
   B. 两端路面路线中线的距离
   C. 进出口洞门端墙与路面之间的水平距离
   D. 两端端墙面与路面的交线同路线中线交点间的距离
8. 隧道在V ~ VI级围岩时,为防止表面岩石风化而做的衬砌,称(　　)。
   A. 构造衬砌　　B. 承载衬砌　　C. 复合式衬砌　　D. 装饰衬砌
9. 在两相对的边墙基础之间,设置曲线形的水平支撑结构,称(　　)。
   A. 铺底　　B. 仰拱　　C. 水沟　　D. 路面
10. 在洞身支护与衬砌过程中,(　　)可作为开挖面临时支护,亦可作为永久衬砌的一部分。

A. 超前支护　B. 初期支护　C. 二次衬砌　D. 拱部支护

11. 承受围岩垂直与水平方向的压力,需进行荷载计算,一般都做成整体式衬砌,称(　　)。

A. 构造衬砌　B. 承载衬砌　C. 复合式衬砌　D. 装饰衬砌

12. Ⅲ～Ⅴ级围岩的中小跨度隧道,一般采用(　　)进行洞身开挖。

A. 全断面法　B. 台阶法

C. 环形开挖预留核心土法　D. 中隔壁法

13. 公路隧道的防水排水系统应采取(　　)。

A. 主要是防、堵两项　B. 主要是防、排、堵三项

C. 主要是防、排、堵、截四项　D. 主要是防、排、堵、截、引五项

14. 按《公路工程技术标准》中的隧道分类标准,特长隧道指长度L为(　　)。

A. $L \geqslant 3000$m　B. $L > 3000$m　C. $L \geqslant 2500$m　D. $L > 2500$m

15. 双侧壁导坑法施工应坚持(　　)、强支护、早封闭、勤量测原则。

A. 弱爆破、短进尺　B. 弱爆破、长进尺　C. 强爆破、长进尺　D. 强爆破、短进尺

16. 下列关于隧道新型二次衬砌台车的说法,错误的是(　　)。

A. 根据台车分流槽的设计图纸逐层安装分流槽,使得各层分流槽均能到达各工作窗口

B. 主要适用于隧道二衬台混凝土施工

C. 本工艺浇筑过程中仅需移接泵管一次

D. 隧道新型二衬台车的使用可以提升混凝土内外在质量

二、多选题(每题的备选项中,有2个或2个以上符合题意,至少有1个错项)

1. 浅埋及软土隧道的施工方法有(　　)。

A. 盾构法　B. 逆作法　C. 沉埋法　D. 明挖法

E. 成挖法

2. 导坑的作用包括(　　)。

A. 展开施工工作面　B. 测定隧道开挖方向

C. 排出地下水　D. 敷设各种管道和照明线路等

E. 确保行车安全

3. 隧道衬砌按组成可分为(　　)。

A. 承载衬砌　B. 构造衬砌　C. 整体式衬砌　D. 复合式衬砌

E. 非封闭式衬砌

4. 隧道开挖时的初期支护方式有(　　)。

A. 模筑混凝土　B. 喷射混凝土

C. 锚杆　D. 挂钢筋网或铁丝网

E. 锚喷

5. 当公路隧道位置处于下列情况时,一般都设置明洞(　　)。

A. 行人或牲畜通过公路山边上方时

B. 洞顶覆盖层薄,不宜大开挖修建路堑而又难于采用暗挖法修建隧道的地段

C. 可能受到塌方、落石或泥石流威胁的洞口或路堑

D. 铁路、公路必须在拟建公路的上方通过,又不宜采用隧道或立交桥或涵渠跨越的地点

E. 水渠和其他人工构造物必须在拟建公路的上方通过，又不宜采用隧道或立交桥或涵渠跨越的地点

6. 公路明洞的结构形式有(　　)。

A. 拱形明洞　B. 箱形明洞　C. 曲墙形明洞　D. 直墙形明洞

E. 台阶式明洞

7. 隧道洞门正面端墙是洞门的主要组成部分，其作用是(　　)。

A. 承受山体的纵向推力　B. 支撑仰坡

C. 缩短隧道长度　D. 支撑管棚

E. 减少土石方数量

8. 隧道承载衬砌常用的材料有(　　)。

A. 混凝土　B. 钢筋混凝土　C. 锚喷混凝土　D. 浆砌片石

E. 装配式材料

9. 关于公路隧道照明，以下说法正确的是(　　)。

A. 为了保证车辆的正常行驶和交通安全，隧道应设电光照明

B. 对于交通量较小和行人密度不大的短隧道，可以不设白天照明设施

C. 为了避免“黑洞”效应，隧道必须设照明设施

D. 长度超过 100m 的高速公路、一级公路、二级公路的隧道，应设置白天照明设施

E. 开关外应加木箱盖，采用开放式保险盒

10. 公路隧道施工中，明洞的施工方法有(　　)。

A. 先墙后拱法　B. 锚喷支护法　C. 先拱后墙法　D. 拱墙交替法

E. 跳槽挖井法

11. 隧道开挖的主要方法是钻孔爆破法，应遵循的原则是(　　)。

A. 短进尺、强支护　B. 弱爆破、勤观测　C. 长进尺、强支护　D. 强爆破、勤观测

E. 短进尺、强爆破

12. 公路挖路堑后，棚洞设置的适用条件为(　　)。

A. 有少量塌方和落石的地段

B. 内外墙底基础软硬差别较大，不适宜修建拱形明洞的地段

C. 半路堑外侧地形狭窄或基岩埋深大并有条件设计为桩基的地段

D. 铁路、公路、水渠和其他人工构造物必须在拟建公路的上方通过

E. 沟谷低洼处

三、简答题

1. 简述公路隧道的主要开挖方式。

2. 列举明洞的施工方法。

3. 列举公路隧道的主要施工方法。

参考答案

一、单选题

1－5　ABDDD　6－10　DBCCB　11－15　BBCDA　16 C

二、多选题

1. AC　2. ABCD　3. CD　4. BCD　5. BCDE　6. AB　7. AB　8. ABDE　9. ABD　10. ACD
11. AB　12. ABC

三、简答题

1. 答:(1)全断面法:按设计断面一次基本开挖成形的施工方法。

(2)台阶法:先开挖上半断面,待开挖至一定距离后再同时开挖下半断面,上下半断面同时并进的施工方法。台阶法分为二台阶法、三台阶法。

(3)环形开挖预留核心土法:先开挖上台阶成环形,并进行支护,再分部开挖中部核心土、两侧边墙的施工方法。

(4)中隔壁法(CD 法):在软弱围岩大跨隧道中,先开挖隧道的一侧,并施作中隔壁墙,然后再分步开挖隧道的另一侧的施工方法。

(5)交叉中隔壁法(CRD 法):是一种在中隔壁法的基础上增加临时仰拱,更快地封闭初支的施工方法。

(6)双侧壁导坑法:先开挖隧道两侧的导坑,并进行初期支护,再分部开挖剩余部分的施工方法。

(7)中导洞法:在连拱隧道或单线隧道的喇叭口地段,先开挖两洞之间立柱(或中墙)部分,并完成立柱(或中墙)混凝土浇筑后,再进行左右两洞开挖的施工方法。

2. 答:明洞的施工方法,有先墙后拱法、先拱后墙法和拱墙交替法三种。

3. 答:(1)传统矿山法。

(2)新奥法。

(3)掘进机法。

(4)明挖法。

(5)地下连续墙法。

(6)浅埋暗挖法。

(7)盾构法。

(8)沉埋法。

第五节　交通工程及沿线设施的施工工艺与方法

一、单选题(每题的备选项中,只有1个正确项)

1. 列关于缆索护栏的说法,错误的是(　　)。
   A. 中间立柱应定位准确,纵向和横向位置与公路线形一致
   B. 位于土基中的中间立柱,可采用挖埋法、钻孔法或打入法施工
   C. 位于混凝土基础中的中间立柱,可设置在预埋的套筒内,通过地脚螺栓与桥梁护轮带基础相连
   D. 缆索应在端部立柱和中间端部立柱的混凝土基础达到设计强度的75%以上时架设
2. 下列关于波形梁护栏的说法,错误的是(　　)。
   A. 立柱放样时可利用调节板调节间距,并利用分配方法处理间距零头数
   B. 采用打入法打入过深时,不得将立柱部分拔出加以矫正,必须将其全部拔出,将基础压实后再重新打入
   C. 采用打入法打入,立柱无法打入要求深度时,严禁将立柱的地面以上部分焊割、钻孔,不得使用锯短的立柱
   D. 在护栏板安装前,横隔梁与立柱间的连接螺栓应尽早拧紧
3. 下列关于交通标线的说法,正确的是(　　)。
   A. 加热型涂料约3min后不黏附轮胎,可以开放交通
   B. 对于热熔型涂料,涂膜干燥时间约为1min后不黏附轮胎,可以开放交通
   C. 热熔型涂料当涂敷于沥青路面时,涂料与路面机械啮合
   D. 突起路标在待黏合剂固化以后,才可开放交通
4. 以下不属于高速公路监控系统功能的是(　　)。
   A. 信息采集　B. 信息的分析处理　C. 信息提供　D. 信息传输
5. 以下属于道路交通标志的是(　　)。
   A. 轮廓标　B. 合流诱导标　C. 指示标志　D. 线形诱导标
6. 标志牌的形状为等边三角形,颜色为黑边框、黄底和黑色图案是(　　)。
   A. 警告标志　B. 指示标志　C. 禁令标志　D. 辅助标志
7. 百米桩属于(　　)标志。
   A. 指示　B. 指路　C. 辅助　D. 管理
8. 我国公路各种标志在同一点需要设置两种以上的标志时,可以合并安装在一根立柱上,但最多不应超过(　　)。
   A. 三种　B. 四种　C. 五种　D. 六种
9. 标画于路面上的各种线条、箭头、文字、立面标记、突起路标和轮廓标等构成,引导驾驶员视线,管制驾驶员驾车行为的重要设施是(　　)。
   A. 线形诱导标　B. 分流、合流诱导标　C. 交通标线　D. 交通标志
10. 安全护栏是公路的重要交通安全设施,以下说法错误的是(　　)。

A. 安全护栏可起警示作用

B. 安全护栏可防止失控车辆越出路外

C. 安全护栏可防止车辆穿越中央分隔带闯入对面行车道

D. 高速公路在高填路堤、悬崖、急弯的外侧等路段必须设置柱式护栏

11. 设置于高速公路和一级公路的桥梁上具有防撞功能的护栏结构，分为(　　)等级。

A. 二个　B. 三个　C. 四个　D. 五个

12. 适用于中央分隔带的缆索护栏为(　　)。

A. A 级　B. S 级　C. Am 级　D. Sm 级

二、多选题(每题的备选项中，有 2 个或 2 个以上符合题意，至少有 1 个错项)

1. 交通工程设施是根据交通工程学的原理和方法，为使道路(　　)而设置的系统、设施和给人或车配备的装备。

A. 通行能力最大　B. 经济效益最高　C. 交通事故最少　D. 控制行人进入

E. 保证车辆连续运行

2. 公路交通安全设施主要包括(　　)。

A. 隔离设施　B. 防眩设施　C. 监控系统　D. 视线诱导

E. 照明设施

3. 高速公路视线诱导设施按功能可分为(　　)。

A. 轮廓标　B. 分流、合流诱导标

C. 突起路标　D. 指示性或警告性线形诱导标

E. 桥梁防护网

4. 只适用于路基高度不高的路段的护栏形式有(　　)。

A. 柱式护栏　B. 钢筋混凝土防撞护栏

C. 波形钢板护栏　D. 墙式护栏

E. 缆索护栏

5. 高速公路和一级公路上的隔离栅，是为了(　　)。

A. 保证行车和行人安全

B. 防止人、畜进入或穿越公路

C. 避免杂物掉入路上造成交通事故

D. 防止非法侵占公路用地

E. 将公路用地隔离出来

6. 高速公路监控系统包括(　　)。

A. 电子收费系统　B. 信息采集系统　C. 信息提供系统　D. 监控中心

E. 收费视频监视系统

7. 高速公路收费系统包括(　　)。

A. 收费车道　B. 收费站　C. 电子收费　D. 收费中心

E. 电源系统

8. 道路交通标志是用图形符号、颜色、文字，向交通参与传递特定信息，用以管制、警告及引导交通的安全设施。按标志牌的立柱形式，分为(　　)。

A. 单柱 B. 双柱 C. 门架 D. 矩形
E. 附着式

9. 管理养护设施根据公路业务养护需求可设置(　　)。
A. 养护工区 B. 管理中心 C. 管理站(所) D. 道班房
E. 监控设施

10. 交通工程及沿线设施包括(　　)。
A. 交通安全设施 B. 服务设施 C. 管理设施 D. 环境保护
E. 监控设施

11. 道路交通标志是用(　　),向交通参与者传递特定信息,用以管制、警告及引导交通的安全设施。
A. 灯光 B. 图形符号 C. 颜色 D. 文字
E. 声音

12. 交通标志三要素包括(　　)。
A. 形状 B. 图符 C. 颜色 D. 文字
E. 尺寸

13. 路面交通标线按功能分为(　　)。
A. 指示标线 B. 指路标线 C. 禁止标线 D. 警告标线
E. 专用车道线

三、简答题

1. 简述在交工验收阶段,隔离栅的检验内容。
2. 简述交通标志施工阶段的质量监理内容。
3. 简述交通监控的特点。

参考答案

一、单选题

1－5　DDDDC　6－10　ABBCD　11－12　BC

二、多选题

1. ABCE　2. ABDE　3. ABD　4. AD　5. BDE　6. BCD　7. ABDE　8. ABCE　9. AD　10. ABC　11. BCD　12. ABC　13. ACD

三、简答题

1. 答:在交工验收阶段,隔离栅的检验内容有哪些:隔离栅网面平整、翘曲和凹凸现象的 检查,金属立柱变形、卷边、划伤及砼立柱折断检查,金属网、金属立柱、斜撑构件和连接件的质量检查、金属构件防腐质量检查,立柱竖直度检查、柱顶高度、立柱中距检查、隔离栅顺直度检查、立柱与基础、柱与隔离栅之间的连接检查及立柱和基础的砼强度检查,隔离栅走起终点各端头封围均应检查。
2. 答:交通标志施工阶段的质量监理内容:标志板面的完好情况;立柱竖直度;标志板安装角度;标志板下缘至路面净空;标志板内侧距路肩边线距离;基础尺寸;混凝土强度;标志板立柱有无质量证明文件。
3. 答:交通监控的特点:从监控对象、干扰性质和监控过程的描述中,可以认识到交通监控有如下特点:

   (1)监控对象复杂:交通流有多种形态,具有明显的随机性。

   (2)监控系统复杂:系统分布地域广,各个路段的交通相互影响强,对象不确定,使系统具有大系统性质。

   (3)监控手段多样:要了解交通流状态全貌,需要采用更多手段以同一对象检测。

   (4)人的特殊作用:各个环节都需要人的介入,人的素质和精神状态直接影响监控。

第五章 水运工程主要施工工艺与方法

第一节 重力式码头的施工工艺与方法

一、单选题(每题的备选项中,只有1个正确项)

1. 黏性土或松散岩石宜采用(　　)挖泥船进行开挖。

A. 绞吸式　　B. 抓斗式　　C. 铲斗式　　D. 简易式

2. 在离岸较远且与岸不相连的基床抛石,采用(　　)机具最为合理。

A. 水上　　B. 陆上　　C. 水下　　D. 空中

3. 下列抛填方法中,不属于水上基床抛石的是(　　)。

A. 驳船人力抛填　　B. 驳船正铲抛填　　C. 开体驳抛填　　D. 驳船反铲抛填

4. 下列关于整平的说法,正确的是(　　)。

A. 码头基床的边坡只进行粗平

B. 悬挂刮道法的整平原则是先整平、再移船,压茬向前进行

C. 埋桩拉线法每隔10m埋设木桩

D. 由于精度要求很高,基床细平和极细平需在基床面设导轨控制整平方向

5. 下列关于重力式码头的说法,错误的是(　　)。

A. 混凝土实心方块的起吊多采用吊孔起吊方法

B. 实心方块的安装一般采用固定吊杆起重船,安装控制多采用水下拉线法

C. 制造沉箱的施工工艺与现浇钢筋混凝土的施工工艺基本相同

D. 沉箱海上运输,可用浮运拖带法或半潜驳干运法

6. 下列关于胸墙的说法,正确的是(　　)。

A. 胸墙全部为现浇混凝土

B. 胸墙混凝土浇筑工艺只能是水上施工

C. 水上施工可采用混凝土拌和船或陆拌水运施工工艺

D. 胸墙应一次浇筑,避免产生施工缝

7. 下列关于夹桩说法错误的是(　　)。

A. 沉桩结束后应及时夹桩,加强基桩之间的连接,以减少桩身位移,改善施工期受力状态

B. 应根据受力情况进行夹桩设计,无须做现场加载试验

C. 当有台风、大浪和洪峰等预报时,必须检查夹桩设施是否牢固可靠,并采取必要的加固措施

D. 当施工荷载较大,可采用吊挂式夹桩;桩距较大且桩顶标高距施工水位较近时,可采用钢梁或上承式桁架结构

8. 沉箱的海上运输拖运方法不包括(　　)。

A. 跨拖法　　B. 曳拖法　　C. 驳船装运法　　D. 混合拖运法

9. 下列关于板桩码头施工工艺的说法,错误的是(　　)。

A. 混凝土板桩宜采用单根依次插入的方法

B. 钢板桩宜采用拼组插入、阶梯式沉桩或间隔沉桩的方法

C. 锚碇板的断面形状主要有平板形、双向梯形和 T 形三种

D. 锚碇叉桩是由一对叉桩和其上端现浇桩帽组成的。叉桩中前面一根是拉桩,后面一根为压桩

二、多选题(每题的备选项中,有 2 个或 2 个以上符合题意,至少有 1 个错项)

1. 下列条件中,适宜采用抓扬式挖泥船进行开挖的有(　　)。

A. 地基为岩基　　B. 地基为非岩基

C. 砂质及淤泥质土壤地基　　D. 黏性土或松散岩石地基

E. 地基在已有建筑物附近

2. 下列关于基床夯实的说法,正确的是(　　)。

A. 基床分层夯实,每层厚度大致相等,夯实后厚度不宜大于 2m

B. 基床分段夯实的搭接长度不应小于 1m

C. 夯击次数由试夯确定,不进行试夯时,不宜少于四夯次,并分两遍夯打

D. 爆炸夯实法的施工工艺,基床抛石→夯前断面测量→布药起爆→夯后断面测量→检查沉降率→验收

E. 爆炸夯实法的施工工艺:基床抛石→夯前断面测量→布药起爆→检查沉降率→奔后断面测量→验收

3. 下列关于扶壁构件的说法,正确的是(　　)。

A. 采用立制进行整体扶壁结构预制的缺点是施工高度较大,混凝土浇筑困难,模板用料多,混凝土易拉裂

B. 由于立制法混凝土质量难以保证,现我国工程上绝大多数采用卧制法进行整体扶壁结构预制

C. 扶壁混凝土体积较大,可分层多次浇筑完成

D. 扶壁的运输同方块一样,亦采用方驳

E. 扶壁一般用固定吊杆起重船吊运和安放

4. 下列关于混凝土构件堆放规定的说法,正确的有(　　)。

A. 混凝土构件堆放时,桩不超过 3 层　　B. 桩不超过 5 层

C. 空心板和无梁板不超过 3 层　　D. 桁架不超过 2 层

E. 叠合板不超过 5 层

5. 下列关于重力式码头方块安装顺序的说法,正确的有(　　)。

A. 墩式建筑物,以墩为单位,逐墩安装,每个墩由一边的一角开始,逐层安装

B. 线形建筑物,一般由一端开始向另一端安装,当长度较大时,也可由中间附近开始向两端安装

C. 在平面上,先安装外侧,后安装内侧

D. 在平面上,先安装内侧,后安装外侧

E. 在立面上,有阶梯安装、分段分层安装和长段分层安装三种方法

6. 沉箱的施工工艺包括沉箱的制造、(　　)、沉箱的运输与填充等。
   A. 下水　　B. 浮运
   C. 沉放(分节预制的沉箱须接高)　　D. 沉桩
   E. 夹桩

7. 板桩码头锚碇系统包括(　　)。
   A. 锚碇板(墙)　　B. 锚碇桩(板桩)　　C. 锚碇叉桩　　D. 拉杆
   E. 夹桩

8. 沉箱码头可以分为(　　)。
   A. 矩形沉箱　　B. 圆形沉箱　　C. 阶梯形　　D. 恒重式
   E. 空腹式

9. 按结构形式分类,码头可以分为(　　)和混合式码头。
   A. 重力式码头　　B. 板桩码头　　C. 高桩码头　　D. 直立式码头
   E. 斜坡式码头

10. 重力式码头可以分为(　　)等结构形式。
   A. 方块结构　　B. 沉箱结构　　C. 承台式结构　　D. 扶壁结构
   E. 大直径圆筒结构

三、简答题

1. 列举基床夯实基本方法。
2. 简述基床抛石施工工艺。

参考答案

一、单选题

1－5　CABAA　6－9　CBCD

二、多选题

1. DE　2. ADE　3. ADE　4. ACDE　5. ABCE　6. ABC　7. ABCD　8. AB　9. ABC　10. ABDE

三、简答题

1. 答:(1)重锤夯实法。

(2)爆炸夯实(爆夯)。

2. 答:抛石船定位→测量水深→基床抛石→复测水深→检查验收。

第二节　高桩码头的施工工艺与方法

一、单选题(每题的备选项中,只有1个正确项)

1. 下列关于高桩码头施工工艺的说法,错误的是(　　)。
   A. 水下挖泥开挖前在基准线上及其前方接照船的长度插上旗杆作为标志
   B. 沉桩施工直桩和斜桩均需2~3台经纬仪用于定位
   C. 沉桩的施工方法主要有锤击沉桩、振动沉桩、射水沉桩、静力压桩等
   D. 钻孔泥浆由水、黏土和添加剂组成,并根据需要掺入少量其他物质
2. 下列关于夹桩的说法,错误的是(　　)。
   A. 在沉桩不稳时应进行夹桩
   B. 应根据受力情况进行夹桩设计,必要时应做现场加载试验
   C. 当有台风、大浪和洪峰等预报时,必须检查夹桩设施是否牢固可靠,并采取必要的加固措施
   D. 当施工荷载较大,可采用吊挂式夹桩
3. 下列关于构件安装的说法,错误的是(　　)。
   A. 水泥砂浆找平预制构件搁面要做到坐浆饱满,安装后略有余浆挤出缝口,缝口处不得有空隙,并在接缝处用砂浆嵌塞密实及勾缝
   B. 靠船构件安装时,重心向内,下部外倾
   C. 靠船构件安装应符合设计位置保持其垂直度
   D. 预制构件安装就位稳固以后在节点或接缝处浇筑混凝土,将构件连接成整体
4. 下列关于上部结构现浇混凝土的说法,正确的是(　　)。
   A. 反吊螺栓间距为70mm,若宽度大于20cm,就考虑布置双排反吊螺栓
   B. 现浇护轮坎浇筑混凝土时必须用1m长直尺进行顶面找平
   C. 现浇面层混凝土要用插入式振捣棒振捣两次
   D. 现浇码头面层混凝土磨面要一粗磨一细磨,即要进行两次磨面
5. 钻孔桩施工工艺钻孔的紧后工作是(　　)。
   A. 清孔　　B. 泥浆制作　　C. 钻孔记录填写　　D. 钻孔就位
6. 沉桩平面定位前,根据(　　),布置好施工基线,计算出基线上控制点与桩连线的方位角。
   A. 设计的桩位布置图　　B. GPS定位　　C. 沉桩控制　　D. 液压或滑轮组
7. (　　)是将大功率的振动打桩机安装在桩顶,一方面利用振动以减小土对桩的阻力,另一方面用向下的振动力使桩沉入土中。
   A. 振动沉桩　　B. 静力压桩　　C. 射水沉桩.　　D. 锤击沉桩
8. 搭设施工平台沉放钢护筒和钻机就位。除在陆地施工外,场地为浅水时,宜采用筑岛法施工,岛的高度应高出最高施工水位(　　)m。
   A. 0~0.5　　B. 0.5~1.0　　C. 1.0–1.5　　D. 1.5~2.0
9. 放钢筋笼、灌注混凝土。桩成孔并清孔完毕后,应立即吊放钢筋笼和灌注水下混凝土。钢筋

笼放入桩孔后(　　)h 内必须灌注混凝土。一般采用导管法灌注混凝土。

A. 4　　B. 6　　C. 8　　D. 10

10. 现浇码头面层,面层混凝土终凝并到达一定强度后,要及时将面层分块锯缝,分块长度为(　　)m,缝隙用沥青填充。

A. 2 ~ 3　　B. 3 ~ 4　　C. 4 ~ 5　　D. 5 ~ 6

二、多选题(每题的备选项中,有 2 个或 2 个以上符合题意,至少有 1 个错项)

1. 护壁泥浆的作用包括(　　)。

A. 保护孔壁　　B. 冷却钻头　　C. 防止流沙　　D. 润滑钻头

E. 排出土渣

2. 混凝土构件堆放时,可以叠放三层的有(　　)。

A. 桩　　B. 叠合板　　C. 空心板　　D. 无梁板

E. 桁架

3. 下列关于高桩码头构件存放、吊运的说法,正确的是(　　)。

A. 港口与航道工程中,高桩码头的构件多为预应力构件

B. 预制构件采用绳扣吊运时,其吊点位置偏差不应超过设计规定位置 ±20mm

C. 桩的吊运只可采用二点吊、四点吊或六点吊

D. 预制构件存入储存场后检查无误后便无须管理

E. 驳船装运预制构件时,宜采用宝塔式和对称的间隔方法装驳

4. 下列关于现浇节点、接缝、面层和大体积混凝土的说法,正确的是(　　)。

A. 在浇筑前,接合面按规定凿毛处理,并清除模板内的杂物和积水

B. 模板不漏浆

C. 有铺涂条件的,浇筑前在接合面处铺设 30mm 厚水泥砂浆或水泥浆

D. 水泥砂浆或水泥浆铺涂后及时浇筑混凝土

E. 浇筑应密实,并注意浇筑程序

5. 高桩码头结构形式主要有(　　)。

A. 梁板式　　B. 承台式　　C. 无梁板式　　D. 桁架式

E. 复合式

6. 高桩码头主要由(　　)几部分组成。

A. 桩基　　B. 上部结构　　C. 接岸结构　　D. 岸坡

E. 基床

7. 在沉桩之前应做好下列施工准备工作(　　)。

A. 结合桩基允许偏差,校核各桩是否相碰

B. 对沉桩区进行检查,看是否存在障碍物

C. 根据选用船机性能、桩长和施工时水位变化情况,检查沉桩区泥面标高和水深是否符合沉桩要求;为了保证打桩船的吃水深度,还需提前进行水深测量和挖泥等准备工作

D. 检测沉桩区附近建筑物和沉桩施工互相有无影响;复测岸坡地形,没必要进行岸坡稳定分析

E. 制定管桩供桩计划,提前通知管桩厂生产加工,以满足现场施工生产的需要

8. 沉桩平面定位包含哪些内容(　　)。

A. 定位前,根据设计的桩位布置图,布置好施工基线,计算出基线上控制点与桩连线的方位角

B. 直桩的平面定位通过 2 ~3 台经纬仪,用前方任意角或直角交会法进行

C. 斜桩定位需 2 ~3 台经纬仪和一台水准仪配合

D. 沉桩时桩的坡度由打桩架来保证

E. 沉桩高程控制

9. 属于泥浆护壁成孔灌注桩施工工艺的有(　　)。

A. 钻孔　　B. 清孔　　C. 制备泥浆　　D. 安设导管

E. 基槽开挖

10. 属于重力式码头的施工工艺的有(　　)。

A. 基槽开挖　　B. 抛石　　C. 夯实　　D. 整平

E. 钻孔

三、简答题

1. 列举沉桩控制包括的内容。

2. 列举沉桩的施工方法。

参考答案

一、单选题

1－5　AABAA　6－10　AABAD

二、多选题

1. ABDE　2. ABCD　3. ABE　4. ABDE　5. ABCD　6. ABCD　7. ABCE　8. ABCD　9. ABCD　10. ABCD

三、简答题

1. 答:沉桩控制包括偏位控制、承载力控制和桩的裂损控制。

2. 答:沉桩的施工方法主要有:

(1)振动沉桩。

(2)静力压桩。

(3)射水沉桩。

(4)锤击沉桩。

第三节　板桩码头的施工工艺与方法

一、单选题(每题的备选项中,只有1个正确项)

1. 下列关于锚碇系统的说法,正确的是(　　)。
   A. 锚碇和拉杆都是传力构件
   B. 钢拉杆一定要进行防腐处理,所以不优先选择
   C. 拉杆安装时,如设计对拉杆的安装支垫无具体规定时,可就地搁置
   D. 在锚碇结构前回填完成和错啶结构及板桩墙导梁或胸墙的现浇混凝土达到设计强度后,方可张紧拉杆
2. 下列关于锚碇板的说法,错误的是(　　)。
   A. 锚碇板一般是现浇混凝土板块
   B. 锚碇板的断面形状主要有平板形、双向梯形和T形三种
   C. 锚碇桩是依靠其在土中的弹性钱固作用来承受拉杆的拉力
   D. 锚碇叉桩是由一对叉桩和其上端现浇桩帽组成
3. 板桩沉桩在定位和打桩阶段应实时精确控制沿板桩墙轴线方向垂直度和(　　)于板桩墙轴线方向的垂直度。
   A. 平行　　B. 垂直　　C. 相交　　D. 相对
4. 板桩码头的优点是(　　)。
   A. 结构耐久性比重力式码头好　　B. 施工过程中能承受较大的波浪作用
   C. 结构简单,材料用量少　　D. 需要打桩船或其他沉桩设备
5. 对于钢管桩和钢板桩组合的板桩墙或者是Hz板桩和AZ板桩组合的板桩墙,沉桩应采用先沉(　　)、后沉(　　)的间隔沉桩方法。
   A. 主桩;辅桩　　B. 辅桩;主桩　　C. Hz板桩;AZ板桩　　D. AZ板桩;Hz板桩
6. 板桩墙陆上施工法的优点是(　　)。
   A. 不需要打桩船　　B. 不宜倾斜
   C. 误差积累后易纠正的　　D. 施工速度快
7. 远离海岸的深水码头和跨海大桥的桩基工程打桩定位常用(　　)等方法。
   A. 直角交会法　　B. 坐标方位角交会法
   C. 卫星定位系统　　D. 任意角交会法
8. 板桩码头的沉桩方法中多采用(　　)施工法,以保证板桩的打入质量好和板桩墙顺直,减少楔形桩。
   A. 单根桩　　B. 双桩　　C. 主副桩　　D. 屏风式
9. 板桩码头拉杆下方的铺土和夯实均应沿与拉杆(　　)的方向进行。
   A. 斜交　　B. 任意　　C. 垂直　　D. 平行

二、多选题(每题的备选项中,有2个或2个以上符合题意,至少有1个错项)

1. 下列关于板桩沉桩的说法,正确的是(　　)。
   A. 导向装置可控制墙的轴线位置,保证桩的垂直度,减小桩的平面扭曲和提高打桩的效率

B. 混凝土板桩宜采用拼组插入的方法

C. 钢板桩宜采用拼组插入、阶梯式沉桩或间隔沉桩的方法

D. 钢板桩拼组的根数,U 型钢板桩宜为偶数,Z 型钢板桩宜为奇数

E. 组合式钢板桩沉桩应采用先沉主桩、后沉辅桩的间隔沉桩方法)

2. 下列关于锚碇的说法,正确的是(　　)。

A. 锚碇桩可以用单根桩

B. 当拉力大时,锚碇桩可由若干根桩组成

C. 叉桩中前面一根是压桩,后面一根为拉桩

D. 叉桩是靠两根斜桩轴向力的水平分力之和来承受拉杆的拉力

E. 张紧拉杆时,拉杆的螺母全部旋进,并有不少于 4 个螺纹外露

3. 板桩码头的优点是(　　)。

A. 强度高、重量轻　　B. 止水性好　　C. 施工方便　　D. 耐久性好

E. 耐腐蚀

4. 板桩沉桩应设置(　　)等定位导向装置。

A. 导桩　　B. 导梁　　C. 导向板　　D. 导向架

E. 槽榫

5. 根据克服土壤阻力的机理不同,板桩码头的沉桩方法可分为(　　)。

A. 压入法　　B. 爆破法　　C. 锤击法　　D. 射水法

E. 震动法

6. 液压冲击打桩锤的优点是(　　)。

A. 造价便宜　　B. 能量传递效率高　　C. 无污染　　D. 冲程好控制

E. 液压系统软件简易

7. 屏风式沉桩方法的优点是(　　),板桩墙墙面没有凸凹等缺陷。

A. 锁口不易脱开和拉坏　　B. 需用楔形桩

C. 板桩墙不宜产生扭面　　D. 桩沿轴线方向不易倾斜

E. 需用较高的打桩架

8. 板桩码头结构的主要受力构件包括(　　)等。

A. 前板桩墙　　B. 回填土　　C. 拉杆　　D. 锚锭结构

E. 轨道梁

9. 板桩码头的特点有(　　)所用施工设备少、材料用量少等。

A. 结构简单　　B. 耐久性好　　C. 施工速度快　　D. 造价低

E. 施工工序少

10. 锤击沉桩时,锤型的选择应根据(　　),并结合试桩结果和施工经验确定。

A. 桩身结构强度　　B. 锤的性能　　C. 单桩承载力　　D. 船机性能

E. 地质条件

三、简答题

1. 列举钢板桩沉桩的方法。

2. 列举锚碇板的断面形状。

参考答案

一、单选题

1－5　DABCA　6－9　ACDD

二、多选题

1. ACE　2. ACD　3. ABC　4. ABD　5. ACDE　6. BCD　7. ACDE　8. ACD　9. ACDE　10. ABCE

三、简答题

1. 答:钢板桩宜采用拼组插入、阶梯式沉桩或间隔沉桩的方法。

2. 答:锚碇板的断面形状主要有平板形、双向梯形和T形三种。

第四节　斜坡堤的施工工艺与方法

一单选题(每题的备选项中,只有1个正确项)

1. 断面标沿堤轴线每隔一定距离设一组,在(　　)也必须分别设组。
   A. 堤头、断面变化处和堤边线
   B. 堤头、断面特征变化线和堤边线
   C. 堤头、断面变化处和堤身转折处
   D. 堤头、断面特征变化线和堤身转折处
2. 下列关于斜坡堤施工工艺的说法,正确的是(　　)。
   A. 置换淤泥质软基的平面位置及深度均应进行施工期和竣工期检查
   B. 钻孔探摸法适用于大型工程的检查
   C. 护底离堤中心较远,且较薄,一般只能用于方驳抛填
   D. 人工护面块体应自上而下安放
3. 箱筒型基础结构沉放施工中,通过抽真空可施加的荷载取决于下部箱筒的有效截面积和能够达到的真空度,通常真空度可达到(　　)。
   A. 80kPa 以下　　B. 60kPa 以下　　C. 85kPa 以上　　D. 100kPa
4. 抛石斜坡堤护脚、护底以标高控制时,实际原泥面标高对抛石量影响很大,一般需要加密测量,断面间距 5m 到 10m、测点间距(　　)m。
   A. 1　　B. 2　　C. 3　　D. 4
5. 垫层石质量常设计为护面块体质量的(　　)。
   A. 1/40 ~ 1/20　　B. 1/20 ~ 1/10　　C. 1/10 ~ 1/5　　D. 1/5 ~ 1/2
6. 斜坡堤水下土工织物铺设后应(　　)。
   A. 及时抛(回)填,以便下道工序施工
   B. 及时抛(回)填,防止风浪损坏
   C. 裸露一段时间,以便施工检查
   D. 裸露一段时间,以便下道工序施工
7. 岛式防波堤,一般只能采用(　　)。
   A. 水上施工方案　　B. 陆上施工方案
   C. 陆上施工为主,水上施工为辅　　D. 水上施工为主,陆上施工为辅
8. 斜坡堤测量定位后的工艺流程是(　　)。
   A. 基础处理　　B. 垫层抛石　　C. 护底施工　　D. 理坡
9. 斜坡堤(　　)的作用是形成堤身主体。
   A. 堤心　　B. 垫层　　C. 护面块体　　D. 胸墙或上部结构

二、多选题(每题的备选项中,有2个或2个以上符合题意,至少有1个错项)

1. 下列地区条件中,适宜采用斜坡堤的是(　　)。
   A. 堤身两侧均为斜坡面,水深浅、地质差,当地又盛产石料的地区
   B. 采用混凝土人工块体护面,且水深、波浪大的地区

C. 水深但波浪小的地区

D. 水深浅、波浪大的地区

E. 岩基、密实地基条件的地区

2. 下列关于抛石的说法,正确的是(　　)。

A. 民船运抛是目前常用的抛填方法

B. 堤心石抛填完验收后,特别是外坡,要尽快抛填垫层石,以提高斜坡堤的抗浪能力

C. 水下部分采用民船或方驳运抛垫层块石,尽可能乘潮多抛

D. 水下部分抛填垫层块石,应特别注意"宁高勿低"

E. 垫层块埋坡的方法有滑轨法和滑线法两种

3. 抛石斜坡堤的三层次结构是指(　　)。

A. 护底　B. 堤心　C. 垫层　D. 压脚棱体

E. 护面

4. 大连长兴岛公共港区西防波堤爆破挤淤,采用了三个作业面等步距向前推进的工艺,三个作业面分别是(　　)。

A. 间距 48m　B. 堤头爆破作业面

C. 间距 8m 到 10m 作业面　D. 堤外侧侧向爆破作业面

E. 堤内侧侧向爆破作业面

5. 斜坡堤堤身采用水上抛填块石施工工艺时,应根据抛填区域(　　)对块石产生漂流的影响,确定抛石船的驻位。

A. 水深　B. 水流　C. 风力　D. 波浪

E. 地质

6. 在斜坡堤施工中,垫层块石的理坡方法有(　　)。

A. 滑轨法　B. 滑线法　C. 水平法　D. 垂直法

E. GPS 法

7. 斜坡堤护面块体的作用有(　　)。

A. 直接抵御波浪作用　B. 消波　C. 形成堤身主体　D. 防止堤心石外溢

E. 减少堤身体积

8. 斜坡堤胸墙或上部结构的作用有(　　)。

A. 减少堤身体积　B. 形成通道　C. 消波护脚和护底　D. 形成堤身主体

E. 防止堤心石外溢

9. 斜坡堤堤心石外观质量要求(　　)。

A. 不成片状　B. 无严重风化　C. 无裂纹　D. 美观

E. 棱角分明

10. 安装护面块体前应检查块石(　　)。

A. 垫层厚度　B. 块石重量　C. 坡度　D. 表面平整度

E. 块石颜色

三、简答题

1. 列举检查置换淤泥质软基平面位置及深度的方法。

2. 简述斜坡堤的施工工艺。

参考答案

一、单选题

1－5　DACAA　6－9　BAAA

二、多选题

1. ACE　2. ACD　3. BCE　4. BDE　5. ABD　6. AB　7. AB　8. ABC　9. ABC　10. ABCD

三、简答题

1. 答:(1)体积平衡法。
   (2)钻孔探摸法。
   (3)探地雷达法。
   (4)其他经论证可行的方法。
2. 答:测量定位→排淤法处理软土地基→抛填堤心石→抛填垫层石→抛填压脚棱体和护底→护面块体的预制与安装。

第五节　疏浚与吹填工程的施工工艺与方法

一、单选题(每题的备选项中,只有1个正确项)

1. 耙吸挖泥船的主要施工方法不包括(　　)施工法。

A. 装舱　　B. 纵挖　　C. 旁通　　D. 回填

2. 下列关于绞吸挖泥船施工方法的说法,正确的是(　　)。

A. 按采用定位装置不同可划分为对称钢柱横挖法,定位台车横挖法、三缆定位横挖法、锚缆横挖法等

B. 定位台车横挖法是最常用的施工方法

C. 在风浪大的地区,装有一级定位设备的挖泥船,应采用一级定位横挖法施工

D. 在水流较大或风浪较大的地区,对装有锚缆横挖法设备的绞吸挖泥船,应采用平行横挖法施工

3. 下列情况宜采用逆流施工的是(　　)。

A. 在内河施工采用钢桩定位时　　B. 采用锚缆横挖法施工时

C. 流速较大的情况时　　D. 水域宽阔的情况时

4. 施工区水流流速较大时,宜采用(　　)横挖法。

A. 斜向　　B. 斜向　　C. 十字形　　D. 平行

5. 下列关于抓斗挖泥船、铲斗挖泥船施工方法的说法,错误的是(　　)。

A. 抓斗挖泥船一般采取纵挖式施工

B. 抓斗挖泥船分条最大宽度不得超过挖泥船抓斗吊机有效工作半径的1.5倍

C. 铲斗挖泥船一般采取纵挖法施工

D. 正铲挖泥船前进挖泥,反铲挖泥船后退挖泥

6. 现行《疏浚与吹填工程设计规范》关于疏浚土土类的特性及分级的说法,错误的是(　　)。

A. 流动、极软、软质淤泥质土划分为1级土和2级土

B. 3~5级土属于黏土类土

C. 6~8级土属于沙土类土

D. 9~10级属于岩石类

7. 下列关于挖泥船施工工艺的说法,不正确的是(　　)。

A. 绞吸式挖泥船的主要施工工艺为绞吸式挖泥船挖泥、管道输送、吹填区吹填上岸

B. 链斗式挖泥船挖泥、装驳、泥驳航行至抛泥区、抛泥、泥驳返航至挖泥区

C. 抓斗式挖泥船挖泥、装驳、泥驳航行至抛泥区、抛泥、泥驳返航至挖泥区

D. 耙吸式挖泥船挖泥、装驳、泥驳航行至抛泥区、抛泥、泥驳返航至挖泥区

8. 下列关于施工船舶调遣的说法,错误的是(　　)。

A. 自航挖泥船、自航泥驳、拖轮、工作艇在本船证书规定的适航区域内,采用自航方式

B. 非自航挖泥船和非自航泥驳等辅助船舶,长途调遣采用拖轮拖带方式,短途调遣采用装船运输方式

C. 水路不便到达施工地点且适合陆上运输的小型或者可以解体的船舶，采用陆运方式

D. 内河调遣应遵守船舶避碰、引航等相关航行规定

9. 绞吸式挖泥船的主要施工工艺包括：①绞吸式挖泥船；②管道输送；③吹填至吹填区；④开工展布；⑤排泥管线架设。下列正确的顺序是(　　)。

A. ①②③④⑤　　B. ④⑤①②③　　C. ①④②③⑤　　D. ①④⑤②③

10. 下列关于疏浚与吹填工程正确的施工程序是(　　)。

A. 熟悉工程合同与设计资料—施工组织设计—施工方案优化—施工—竣工测量

B. 熟悉工程合同与设计资料—施工组织设计—施工—施工方案优化—竣工测量

C. 施工组织设计—熟悉工程合同与设计资料—施工方案优化—施工—竣工测量

D. 施工—施工组织设计—熟悉工程合同与设计资料—施工方案优化—竣工测量

二、多选题(每题的备选项中，有2个或2个以上符合题意，至少有1个错项)

1. 下列关于耙吸挖泥船分层、分段、分条施工的说法，正确的是(　　)。

A. 当挖槽长度大于挖泥船挖的泥舱所需的长度时，应分层施工

B. 分段施工时可采用GPS定位系统进行分段

C. 施工区泥层厚度较厚时应分层施工

D. 当挖泥船最大挖深在高潮挖不到设计深度，或当地水深在低潮不足挖泥船装载吃水时，可利用潮水涨落进行分段施工

E. 同一挖槽横断面上泥层厚度或开挖难易程度差距较大时，宜按泥层厚度或土质进行分条

2. 下列关于绞吸挖泥船分层、分段、分条施工说法，正确的是(　　)。

A. 土质松软和顺流施工时，分条宽度适当放宽；坚硬土层或在高流速地区施工，分条的宽度适当减小

B. 挖槽边线为折线时，应按边线拐点进行分段

C. 分段施工能避免或降低航行及其他施工干扰时，应根据商定的避让办法进行分段

D. 当工程对边坡质量的要求较高，需要分层分阶梯开挖边坡时，应根据工程对边坡的要求、土质情况和挖掘设备尺度确定分层的厚度

E. 当泥层过厚时应在高潮挖上层，低潮挖下层，以减少塌方

3. 吹填施工方法包括(　　)。

A. 斗式船—泥驳—吹泥船—吹填　　B. 耙吸船—吹填

C. 绞吸船直接吹填　　D. 耙吸船直接吹填

E. 耙吸船—储砂池—绞吸船—吹填

4. 现行《疏浚与吹填工程设计规范》中冲填区排水口形式包括(　　)。

A. 溢流堰式排水口　B. 薄壁堰式排水闸　C. 埋管式排水口　D. 闸管组合式排水口

E. 明渠排水

5. 绞吸式挖泥船挖泥方向宜满足(　　)等要求。

A. 有利于管线布置和缩短水上管线长度，水上浮管与陆地管或水下管接头处于挖泥船后方

B. 缓流地区逆流施工，流速较大且土质坚硬时顺流施工

C. 锚缆横挖法施工时逆流施工

D. 锚缆横挖法施工时顺流施工

E. 避免横流施工

6. 绞吸式挖泥船采用横挖法施工,施工方法包括(　　)等。

A. 分条　B. 分层　C. 分段　D. 顺流、逆流挖泥

E. 泥驳抛泥

7. 抓斗式挖泥船施工工艺包括(　　)。

A. 抓斗式船挖泥　B. 运泥驳船运输　C. 运泥驳船抛泥　D. 吹泥船吹填上岸

E. 放耙、泵吸装舱

8. 疏浚工程按其性质与任务可分为(　　)。

A. 基建性疏浚　B. 维护性疏浚　C. 装舱疏浚　D. 溢流疏浚

E. 边抛疏浚

9. 机械式挖泥船主要有(　　)。

A. 链斗式　B. 抓斗式　C. 铲斗式　D. 耙吸式

E. 绞吸式

10. 耙吸挖泥船优点有(　　)。

A. 良好的航海性能　B. 自航　C. 自挖　D. 自载

E. 挖掘平整性好

三、简答题

1. 列举耙吸挖泥船的主要施工方法。

2. 简述绞吸挖泥船的主要施工工艺。

参考答案

一、单选题

1－5　BABDB　6－10　DDBBA

二、多选题

1. BCE　2. BCDE　3. ABCE　4. ABCD　5. ABCE　6. ABCD　7. ABCD　8. AB　9. ABC
10. ABCD

三、简答题

1. 答:(1)装舱(装舱溢流)施工法。
(2)旁通(边抛)施工法。
(3)回填施工法。
2. 答:绞吸挖泥船→管道输送→吹填区。

第六章 公路工程养护与水运工程维护

第一节 公路路基养护

一、单选题(每题的备选项中,只有1个正确项)

1. 公路养护是公路工程的(　　)阶段。
   A. 规划与决策　　B. 设计　　C. 施工　　D. 使用
2. 公路养护是为保持公路的(　　),保证汽车高速、安全、舒适行驶而进行的经常性保养、维修、加固、改善等作业。
   A. 优质使用　　B. 正常使用　　C. 超寿命使用　　D. 延期使用
3. 容易在行车作用下形成翻浆的季节是(　　),应采取主动措施,以降低翻浆程度。
   A. 春季　　B. 夏季　　C. 秋季　　D. 冬季
4. 路基排水工程不包括(　　)。
   A. 边沟　　B. 截水沟　　C. 排水沟　　D. 消力池
5. (　　)是指路基边坡土体或岩石,沿着一定的滑动面向下滑动。
   A. 剥落　　B. 滑塌　　C. 崩塌　　D. 坍塌
6. 在滑坡的防治中,如果路基边坡发生的裂缝很深,则至少挖深1.0m,两侧松动部分应凿除,再用(　　)分层夯填。
   A. 粉性土　　B. 砂性土　　C. 黏性土　　D. 砂土
7. 下面各项中,属于路基养护工程的中修工程的是(　　)。
   A. 路缘带的修理　　B. 整段加固路肩
   C. 大塌方的清除及善后处理　　D. 整段提高技术等级
8. 滑坡防治的工程措施主要有(　　)和力学平衡以及改变滑带土三类。
   A. 护面　　B. 排水　　C. 植树　　D. 注浆
9. 软土地区,在路堤坡脚处修筑块、片石挡土墙、板桩、木排桩、钢筋混凝土桩、片石齿墙等纵向结构,限制基底软土的侧向挤出,从而保证基底的稳定的方法叫做(　　)。
   A. 反压护坡道　　B. 挤密法　　C. 抛石挤淤　　D. 侧向压缩
10. 下列关于泥沼及软土地区路基养护的说法,错误的是(　　)。
    A. 东北的大小兴安岭、长白山、三江平原、松辽平原等地及青藏高原和西北地区的湖盆洼地、高寒山地均分布有泥沼
    B. 在内陆湖塘盆地、江河湖海沿岸和山河洼地则分布有近代沉积的软土
    C. 泥沼、软土地带的路基易产生边坡融沉、翻浆等病害
    D. 对泥沼、软土地区路基产生的病害,可采取的处置方法有降低水位、置换法、抛石挤淤、反压护道等

二、多选题(每题的备选项中,有 2 个或 2 个以上符合题意,至少有 1 个错项)

1. 下列关于公路路肩养护的说法,正确的是(　　)。

A. 路肩上严禁堆放任何杂物

B. 路肩养护工作的重点就是减少或消除水对路肩的危害

C. 若设置堆料台,间距以 100 ~ 200m 为宜

D. 路肩可以种植农作物

E. 公路路肩应保持平整、坚实,横坡适顺,排水顺畅

2. 路基养护按照技术复杂程度和规模大小可分为(　　)。

A. 小修保养　B. 小修工程　C. 中修工程　D. 大修工程

E. 改建工程

3. 特殊路基养护主要包括(　　)养护。

A. 盐渍土地区路基　B. 黄土地区路基　C. 沙漠地区路基　D. 冻融地区路基

E. 泥沼及软土地区路基

4. 对于泥沼及软土地区路基的养护措施包括(　　)。

A. 降低水位　B. 抛石挤淤　C. 反压护道　D. 补植和做防护林

E. 用沥青材料封闭路肩

三、简答题

1. 路基排水设施包括地面和地下排水设施,简述地面和地下排水设施包含的内容。

2. 列举泥沼、软土地区路基养护的方法。

参考答案

一、单选题

1－5　DBADB　6－10　CBBDC

二、多选题

1. ABE　2. ACDE　3. ABCE　4. ABC

三、简答题

1. 答:地面排水设施通常有边沟、截水沟、排水沟、泄水槽、跌水及急流槽、拦水带等;地下排水设施有暗沟、盲沟、渗沟、有管渗沟、洞式渗沟及防水隔离层等。
2. 答:降低水位、置换法、抛石挤淤、反压护道、侧向压缩、挤密法。

第二节　公路路面养护

一、单选题(每题的备选项中,只有1个正确项)

1. (　　)是公路养护工作的中心环节,是养护质量考核的首要对象。

A. 路基养护　　B. 路面养护　　C. 桥梁养护　　D. 隧道养护

2. 以下不属于沥青路面病害的是(　　)。

A. 露骨　　B. 坑槽　　C. 横向裂缝　　D. 波浪拥包

3. 下列关于沥青路面初期养护的说法,错误的是(　　)。

A. 摊铺、压实后的热拌沥青混合料路面,待摊铺层自然冷却,混合料表面温度低于56℃后方可开放交通

B. 热拌沥青混合料路面开放交通初期,应控制行驶车辆限速在20km/h以下,视表面成型情况,逐步恢复到设计时速

C. 乳化沥青路面的初期稳定性差,应设专人管理,按实际破乳情况,封闭交通2~6h

D. 在未破乳的路段上,严禁一切车辆、人、畜通过;开放交通初期,应控制车速不超过20km/h,并不得抽动和掉头

4. 下列关于沥青路面的说法,正确的是(　　)。

A. 高速公路和一级公路路面病害的维修应采用机械作业,所使用的沥青混合料宜集中厂拌,并采取保温措施

B. 对坑槽、沉陷、车辙等需将原路面面层挖除后进行机械修补作业的病害,宜两日内开挖、修补,并设置警示标志保障行车安全

C. 修补面积应大于病害的实际面积,修补范围的轮廓线应与路面中心线平行或垂直,并在病害面积范围以外100mm

D. 在病害的处治中,凡需重新做面层、基层的,其技术要求应符合现行《公路沥青路面施工技术规范》

5. 可采用单层或多层的补强形式的为(　　)。

A. 高速公路　　B. 一级公路

C. 需提高公路等级的三级公路　　D. 四级公路

6. 下列关于水泥混凝土路面养护的说法,正确的是(　　)。

A. 填缝料凸出板面的高度,高速公路及一级公路不得超过5mm,其他等级公路不得超过10mm处

B. 日常巡查频率应不小于1次/d

C. 定期检查是按一定周期对水泥混凝土路面的基本技术状况进行局部抽查

D. 二级以上公路的路面损坏状况指数评价为中及中以下就采取全路段修复或改善措施

7. 下列关于水泥混凝土路面及粒料路面养护的说法,正确的是(　　)。

A. 水泥混凝土路面接缝、路肩接缝及路缘石与路面接缝变宽出现接缝渗水时,应进行封闭处理

B. 水泥混凝土路面除雪作业以清除旧雪为主

C. 粒料路面松散保护层的保养应做到勤添砂、勤扫砂、勤匀砂、勤除细粉

D. 粒料路面稳定保护层应视具体情况采用加砂法进行保养

8. 砂石路面与路肩连接处,应保持平整坚实,高差不得大于(　　)mm。

A. 5　　B. 10　　C. 15　　D. 20

9. 砂石路面同时加宽、加厚时的顺序应为(　　)。

A. 先加宽,后加厚　　B. 加宽、加厚同步进行

C. 先加厚,后加宽　　D. 加宽、加厚交替进行

10. 以下关于路面养护的叙述,错误的是(　　)。

A. 水泥混凝土路面整条路段出现较大面积的磨损、露骨,应采取铺设沥青磨耗层以恢复路面的平整度

B. 超薄罩面适用于预防或部分修复病害、需要改善抗滑等使用性能的沥青路面

C. 稀浆封层适用于二级及二级以上公路沥青路面

D. 对于沥青路面裂缝处治,可采用灌缝、贴缝、带状挖补方式,或进行组合使用

二、多选题(每题的备选项中,有2个或2个以上符合题意,至少有1个错项)

1. 下列关于公路的情况中,以日常养护为主的是(　　)。

A. 在满足强度要求的前提下,当高速公路及一级公路的路面损坏状况指数(PCI)评价为优、良

B. 在满足强度要求的前提下,当二级及二级以下公路的路面损坏状况指数(PCI)评价为优、良、中

C. 当高速公路及一级公路的路面行驶质量指数(RQI)评价为优、良

D. 当二级及二级以下公路路面行驶质量指数(RQI)评价为优、良、中

E. 在高速公路及一级公路的抗滑能力较强(SFC > 20)的路段

2. 热拌和冷拌再生沥青混合料一般运用于翻修养护工程,可用于(　　)。

A. 高速公路的中、下面层　　B. 一级公路的中、下面层

C. 二级公路的下面层　　D. 三级公路的面层

E. 四级公路的面层

3. 下列关于路基加宽的说法,正确的是(　　)。

A. 由于路基宽度不足需对路基尤其是高路堤路基加宽时,还应对加宽部分路基进行加固,避免加宽路面出现坍塌

B. 当路基加宽宽度小于1m时,宜采用单侧加宽

C. 双侧加宽宜采用两侧相等的加宽方式

D. 当不能采用两侧相等加宽的路面,必须调整横坡

E. 为使路面边缘坚实,基层宜比面层宽200~250mm,或埋设路缘石

4. 下列关于水泥混凝土路面养护的说法,正确的是(　　)。

A. 路面清扫后的垃圾应运至指定地点进行处理,不能随意倾倒

B. 当路面被油类物质或化学药品污染时,应用大量水冲洗

C. 填缝料的更换周期一般为2~3年

D. 填缝料的灌注高度，夏天宜稍低于面板 2mm，冬天宜与面板平

E. 填缝料更换宜选在夏季

5. 沥青路面养护措施包括（　　）。

A. 封层技术　　B. 结构性补强技术　　C. 病害处治技术　　D. 功能性单面技术

E. 洒水技术

6. 下列关于罩面说法正确的是（　　）。

A. 罩面厚度应根据路段的交通量、公路等级、路面状况、使用功能等综合考虑确定

B. 当路面损坏状况指数、行驶质量指数在中、良等级，路面仅有轻度网裂时，可采用较薄的罩面层（厚 10 ~ 30mm）

C. 当路面破损、抗滑三项指标都在中等以下，要求恢复到优、良等级时，应采用较厚的罩面层（厚 30 ~ 50mm）

D. 一般情况下，高速公路、一级公路罩面宜采用 0 ~ 50mm 的厚度较薄的罩面层（厚 10 ~ 40mm）。

E. 各级公路的罩面厚度可以小于最小施工层厚度

7. 以下属于沥青路面产生纵向裂缝的原因的是（　　）。

A. 疲劳损坏　　B. 不均匀沉降（如加宽）

C. 反射裂缝　　D. 纵向施工缝搭接质量不好

E. 路基冻胀

三、简答题

1. 简述沥青路面裂缝的分类和表现形式。

2. 简述路面标线养护的要求。

3. 简述水泥路面养护的要求。

参考答案

一、单选题

1－5　BAAAD　6－10　BCDAC

二、多选题

1. ABCD　2. ABCE　3. BCE　4. AC　5. ABCD　6. ABCD　7. ABCD

三、简答题

1. 答:沥青路面裂缝按其成因不同分为横向裂缝、纵向裂缝和网状裂缝。横向裂缝按其成因不同分为荷载型裂缝和非荷载型裂缝。非荷载型裂缝又有面层缩裂和基层反射裂缝两种。横向裂缝,与行车方向垂直,裂缝规则,上宽下窄,大部分贯通整个路面宽度,纵向间距约为10～20m不等。纵向裂缝,与行车方向平行,单根长缝(20～50m),严重的有2到3条,位置在行车道、超车道及硬路肩。网状裂缝,成片呈网状格形的裂缝,其间距大小相近不规则大多边形、大网格状,棱角较明显,短边大于40cm,长边小于3m。

2. 答:(1)具有良好的可视性，边缘整齐、线形流畅，无大面积脱落。
   (2)颜色、线形等应符合相关标准要求。
   (3)反光标线应保持良好的夜间视认性。
   (4)重新画设的标线应与旧标线基本重合。

3. 答:在雨天或养护用水充足的情况下,不宜使用围水养护;昼夜温差大于10℃的地区,应采用保温养护措施;喷洒了养护剂或做了抗滑构造的路面必须有专人保护。具体要求如下:
   (1)混凝土浇筑完成后应及时进行养护,在雨天或养护用水充足的情况下,可采用保湿膜、土工毡、麻袋、草袋、草帘等覆盖物洒水湿养护方式,不宜使用围水养护。
   (2)昼夜温差大于10℃以上的地区或日均温度低于5℃施工的混凝土板,应采用保温养护措施。养护时间应根据混凝土弯拉强度增长情况而定,不宜小于设计弯拉强度的80%,一般为14～21天,应特别注重前7天的保湿(温)养护。
   (3)喷洒了养护剂或做了抗滑构造的路面必须有专人保护,禁止人、畜、车辆等破坏路面。采用喷洒养护剂的养护方式,喷洒剂的喷洒厚度必须保证养护成膜。喷洒剂的品种和用量应根据ASTM标准实验方法来选择,满足保水率≥85%,保水率不合格或对水泥混凝土强度有影响的养护剂不得使用。

第三节　桥梁及涵洞养护

一、单选题(每题的备选项中,只有1个正确项)

1. 为保持桥涵及其附属物的正常使用而进行的经常性保养及维修作业;预防和修复桥涵的灾害性损坏及为提高桥涵使用质量和服务水平而进行的改造称为桥涵(　　)。
   A. 加固　　B. 抢修　　C. 养护　　D. 改建
2. 桥梁经常检查指的是(　　)。
   A. 查清桥梁的病害原因　　B. 查清桥梁的破损程度
   C. 查清桥梁的抗灾能力
   D. 检查桥梁设施、上下部结构及附属结构的技术状况
3. 下列关于桥梁检测点的说法,错误的是(　　)。
   A. 新建大、中桥和特大桥交付使用前,公路管理机构应事先要求在竣工测量时设置便于校验复测的永久性控制检测点
   B. 测点的编号、位置和竣工测量数据,均应在竣工图上标明,作为验收文件中必要的竣工资料予以归档
   C. 没有设置永久性控制检测点的既有大、中桥和特大桥,应在定期检查时按规定补设
   D. 测点的布设和每次检测的时间及数据等,应按竣工资料的要求予以归档
4. 下列关于桥梁上部结构养护的说法,正确的是(　　)。
   A. 水泥混凝土桥面出现损坏时,应将原铺装整块或整跨凿除,重铺新的铺装层
   B. 桥面应保持大于1.5%的横坡,保证桥梁结构稳定
   C. 钢制栏杆为美观醒目应涂漆,一般每年一次,或根据环境实际条件确定
   D. 出现桥头跳车时,应进行维修处治,并检查桥台稳定等安全因素
5. 下列关于拱桥养护的说法,正确的是(　　)。
   A. 空腹拱的主拱圈若发现渗水,应检查拱腔排水系统,必要时可挖开拱上填料,修补防水层,修理排水管道
   B. 实腹拱填料不实发生较大变形,可酌情换用重质填料
   C. 系杆拱桥的系杆混凝土裂缝应用环氧砂浆等材料进行处理
   D. 冬季月平均气温低于－20℃的地区,对淹没于结冰水位的,应对整个下部结构涂刷防冻保护
6. 斜拉桥塔端锚头若漏水、渗水,应采取(　　)的做法。
   A. 及时用防水材料封堵　　B. 更换锚头
   C. 及时将水排出并封堵水源　　D. 更换防水垫圈
7. 下列简支结构桥梁墩台基础容许沉降值说法,错误的是(　　)。
   A. 墩台均匀总沉降值:$20\sqrt{L}$(mm)　　B. 相邻墩台总沉降差值:$10\sqrt{L}$(mm)
   C. 墩台底面水平位移值:$10\sqrt{L}$(mm)　　D. 墩台顶面水平位移值:$5\sqrt{L}$(mm)
8. 下列不属于重力式桥墩主要病害的是(　　)。

A. 墩身及墩帽竖向裂缝　　B. 墩柱环向水平裂缝
C. 混凝土表面龟裂形成的墩身网状裂缝　　D. 墩身水平裂缝

二、多选题(每题的备选项中,有2个或2个以上符合题意,至少有1个错项)

1. 桥梁检查可分为(　　)。
A. 经常检查　　B. 专项检查　　C. 定期检查　　D. 特殊检查
E. 随机检查

2. 下列关于桥梁检查的说法,正确的是(　　)。
A. 定期检查周期视桥梁技术状况而定,最长不得超过1年
B. 新建桥梁缺陷责任期满时,进行第一次全面检查
C. 临时性桥梁每年检查不少于1次
D. 定期检查应填写桥梁定期检查记录表,并校核桥梁基本状况卡片
E. 在经常性检查中发现重要部件的缺损明显达到一类技术状况时,应安排一次定期检查

3. 以下关于梁桥主要病害的叙述,正确的是(　　)。
A. 预应力混凝土梁桥的主要病害包括预应力钢束应力损失造成的病害、预应力梁出现裂缝等
B. 全预应力构件正常使用条件下不允许出现裂缝,只有部分预应力构件允许出现裂缝
C. 钢筋混凝土梁桥的梁体混凝土易出现空洞、蜂窝、麻面、表面风化、剥落等病害
D. 钢筋混凝土梁桥的横、纵向联结件易出现开裂,断裂,开焊等现象
E. 拱桥墩台容易出现沿桥梁纵向发生向后滑动或转动引起拱券开裂等现象

4. 下列情况应进行应急检查的是(　　)。
A. 定期检查中难以判明损坏原因及程度的桥梁
B. 桥梁技术状况为一、二类者
C. 条件许可时,特殊重要的桥梁在正常使用期间可周期性进行荷载试验
D. 桥梁遭受洪水、流冰、滑坡、地震、风灾、漂流物或船舶撞击
E. 桥梁因超重车辆通过造成损害时

5. 下列情况中,采取的加固措施正确的是(　　)。
A. 裂缝宽度大于规定限值时,应灌浆
B. 当活动支座失灵造成墩台拉裂时,应修复或更换支座,并维修裂缝
C. 基础不均匀沉降产生的自下而上的裂缝,应先加固基础,并应根据裂缝发展程度确定加固方法
D. 桥台发生竖向位移时,应分析原因,确定加固方案
E. 桩或墩台的结构强度不足或桩柱有被碰撞折断等损坏应查明原因,应进行加固处理

6. 涵洞经常检查的内容有(　　)。
A. 洞口附近填土是否有漏水　　B. 进水口是否堵塞
C. 洞口周围是否有杂物堆积　　D. 进水口是否完整
E. 洞口连接是否平整顺势

7. 墩台基础的养护与加固包括:(　　)。
A. 采取措施保持桥梁墩台基础附近河床的稳定

B. 若基础冲刷过深或基底局部掏空，应立即抛填块石、片石、铅丝石笼等进行维护

C. 桥下河床铺砌出现局部损坏应及时维修

D. 对设置的防撞、导航、警示等附属设施应经常检查、维护，保持良好状态

E. 将钢板用胶粘剂粘贴在梁板下面，以提高承载力。

三、简答题

1. 简述梁桥的加固方法。
2. 桥梁的检查是桥梁养护工作的重要环节，简述桥梁检查的具体内容。
3. 简述涵洞日常养护的要求。

参考答案

一、单选题

1－5　CDDDC　6－8　ACB

二、多选题

1. ACD　2. BCD　3. ACDE　4. DE　5. BCE　6. BC　7. ABCD

三、简答题

1. 答:(1)浇筑钢筋混凝土加大截面加固法。
(2)增加钢筋加固法。
(3)粘贴钢板加固法。
(4)粘贴碳纤维、特种玻璃纤维加固法。
(5)预应力加固法。
(6)改变梁体截面形式加固法。
(7)增加横隔板加固法。
(8)八字支撑加固法。
(9)桥梁结构由简支变连续的加固法。
(10)调整支座高程。

2. 答:(1)经常检查,即采用目测方法,同时配以简单工具进行测量,记录检查项目的缺损类型,估计缺损范围及养护工作量并提出相应的养护措施。
(2)定期检查,即采取目测观察与仪器观测相结合的方法,必须接近各部件仔细检查缺损情况,对特大型、大型桥梁的控制性检测应设立永久性观测点。
(3)特殊检查,即定期检查中难以判明桥梁损坏原因及程度的桥梁,桥梁状况分为4、5类的桥梁,拟通过加固手段提高荷载等级的桥梁。

3. 答:(1)保持洞口清洁无杂物,洞内排水畅通,发现淤塞或积雪、积冰应及时疏通和清除。经常积雪或积雪较深的涵洞,入冬前可在洞口外加设栅栏;易发生积冰的涵洞,宜用柴草封住洞口,融雪时及时拆除。
(2)涵底铺砌,洞口上下游路基护坡、引水沟、泄水槽、沉沙井发生变形或出现缺口,应及时修理或封塞填平。
(3)涵洞进水口的沉沙井和出水口的跌水构造,应适时检查其是否损坏、与洞口是否结合成整体,如有损坏或发现裂隙甚至脱离,应及时修复加固。对局部损坏及承载力不足的涵洞应及时维修加固或改建,保障通行安全。当路基加宽加高不多时,也可采取加高涵洞上下游端墙的措施。

第四节　隧道养护

一、单选题(每题的备选项中,只有1个正确项)

1. (　　)是对隧道及其附属设施的外观状况进行的一般性检查。

A. 经常性检查　B. 定期检查　C. 特殊检查　D. 预防性检查

2. 高速公路隧道定期检查频率是(　　)。

A. 1次/年　B. 2次/年　C. 1次/2年　D. 不少于1次/年

3. 高速公路和一级公路隧道的经常性检查频率宜不少于(　　)。

A. 1次/周　B. 2次/周　C. 1次/月　D. 2次/月

4. 隧道内空气中,对人体的危害最大的有害物质是(　　)。

A. PM2.5

B. 二氧化碳(CO_2)

C. 硫氧化物、硫氢化物(SO_2、H_2S等)

D. 一氧化碳(CO)

5. (　　)主要是对隧道洞口、衬砌、路面是否处在正常工作状态、是否妨碍交通安全行检查。

A. 日常巡查　B. 日常保养　C. 日常维修　D. 小修保养

6. 隧道(　　)作业内容主要有隧道周期性预防处治,针对隧道渗水、剥落等的预防处治。

A. 预防养护　B. 修复养护　C. 专项养护　D. 应急养护

二、多选题(每题的备选项中,有2个或2个以上符合题意,至少有1个错项)

1. 公路隧道检查主要指土建结构的结构检查工作,可分为(　　)。

A. 特殊检查　B. 应急检查　C. 定期检查　D. 经常检查

E. 随机检查

2. 公路隧道经常检查以定性判断为主,破损状况判定为(　　)。

A. 情况正常　B. 轻微异常　C. 一般异常　D. 中等异常

E. 严重异常

3. 隧道照明设施主要包括(　　)等。

A. 灯具　B. 标志　C. 信号灯　D. 照明线路

E. 护栏

4. 下列选项中,属于公路隧道养护范围的有(　　)。

A. 土建结构　B. 安装结构　C. 机电设施　D. 其他工程设施

E. 工器具设施

5. 下列隧道中,必须设置照明设施的是(　　)。

A. 长度200m的高速公路隧道　B. 中隧道

C. 二级公路的特长隧道　D. 交通量较小的短隧道

E. 四级公路的长隧道

6. 下列关于隧道消防与监控的养护,说法正确的是(　　)。

A. 监控设施养护主要指标应按相应设备的产品说明要求进行,高速公路隧道监控设施设备完好率应不低于98%,其他各级公路隧道应不低于95%

B. 公路隧道监控系统的软件系统维护每月应不少于一次

C. 隧道内不准存放汽油、柴油等易燃易爆物品

D. 在隧道设计时,应贯彻“预防为主,防消结合”的方针

E. 隧道消音设施应每月清洁一次,如有损坏应及时修复或更换

三、简答题

1. 简述隧道的病害类型。
2. 简述隧道养护的处置方法。

参考答案

一、单选题

1－5　ADADA　6　A

二、多选题

1. BCD　2. ACE　3. ABCD　4. ACD　5. ACE　6. ACDE

三、简答题

1. 答:隧道病害共有10类,包括掘进中的超欠挖、隧道喷射混凝土脱层隆起、隧道锚杆拉力不足、隧道衬砌混凝土麻面、隧道衬砌混凝土蜂窝、隧道衬砌混凝土孔洞、隧道混凝土露筋、隧道衬砌混凝土缺棱掉角、隧道渗漏水、隧道整体台车衬砌接茬处发生错台。
2. 答:隧道养护的处置方法主要包括处置方法包括衬砌背后注浆、防护网、喷射混凝土、施作钢带、锚杆加固、排水止水、凿槽嵌拱或直接增设钢拱、套拱、隔热保温、滑坡整治、围岩压浆、灌浆锚固、隧底加固、更换衬砌等。

第五节　交通工程及沿线设施养护

一、单选题(每题的备选项中,只有1个正确项)

1. 下列关于交通安全设施的检查说法,正确的是(　　)。

A. 经常性检查的频率不少于1次/d

B. 定期检查的频率不少于1次/月

C. 遭遇自然灾害、发生交通事故或出现其他异常情况时,应及时进行附加的特殊检查

D. 设施更新改造之后,应对整体进行全面检查

2. 交通工程沿线设施中,缆索护栏松动的连接件应(　　)。

A. 紧固　　B. 使用双螺母　　C. 更换　　D. 使用黏着剂

3. 下列不属于公路沿线设施日常养护主要工作内容的是(　　)。

A. 清洁　　B. 紧固　　C. 维修　　D. 增设减速带

二、多选题(每题的备选项中,有2个或2个以上符合题意,至少有1个错项)

1. 交通工程沿线设施中,公路交通标线应(　　)。

A. 具有良好的可视性　　B. 边缘整齐

C. 无大面积脱落　　D. 线形流畅

E. 保持良好的夜间辨认性

2. 公路交通沿线设施应遵循(　　)的原则。

A. 利于管理　　B. 快速通畅　　C. 绿色环保　　D. 提供服务

E. 保持良好的夜间辨认性

3. 交通工程及沿线设施种类繁多,主要包括(　　)等。

A. 安全设施　　B. 管理设施　　C. 服务设施　　D. 人行道

E. 防护设施

4. 以下关于交通标志的养护与维修,说法正确的是(　　)。

A. 应保持交通标志设置合理、结构安全,版面内容整洁、清晰

B. 标志应无明显歪斜、变形,钢构件无明显剥落、锈蚀

C. 标志面应平整,无明显褪色、污损、起泡、起皱、裂纹、剥落等病害

D. 标志板、支柱、连接件、基础等标志部件可以少量缺损但必须保证功能正常

E. 标志的图案、字体、颜色等应符合相关标准要求

5. 下列不属于公路沿线设施的是(　　)。

A. 安全设施　　B. 养护道班房　　C. 交通标志　　D. 交通标线

E. 防眩设施

6. 以下关于公路沿线设施养护的叙述,正确的是(　　)。

A. 中央分隔带的检查应包括检查分隔带和隔离带的排水通道是否阻塞

B. 水泥混凝土护栏应无明显裂缝、掉角、破损等缺陷

C. 日常养护主要是以清洁、紧固、维修为主

D. 交通标线的养护要求规定重新设计的标线要不同于旧标线

E. 交通安全设施的养护应满足设施完整和外观质量、安装质量、技术性能等各项要求

7. 防眩设施的施工应按以下要求进行:(　　)。

A. 保证遮光角及防眩高度

B. 防眩板的设置间距可以根据实际情况自行调整

C. 防眩设施整体上应达到高低一致,线形顺畅

D. 不得损坏通信管道及护栏等其他设施

E. 防眩设施的最小设置长度不得小于30m

8. 交通工程沿线设施中服务设施主要包括(　　)。

A. 服务区　B. 收费系统　C. 停车区　D. 消防系统

E. 汽车站台附属设施

三、简答题

1. 简述交通工程及沿线设施养护的分类。

2. 简述交通标志的检查内容。

参考答案

一、单选题

1－3　CAD

二、多选题

1. ABCD　2. ACD　3. ABCE　4. ABCE　5. BCD　6. ABCE　7. ACD　8. ACE

三、简答题

1. 答:交通工程及沿线设施养护,按其工程性质、技术复杂程度和规模大小,分为小修保养、中修工程、大修工程、改建工程四类。小修保养属于日常养护,中修工程、大修工程、改建工程属于养护工程。日常养护主要是以清洁、紧固、维修为主;养护工程作业内容主要包括通信、监控、收费、供配电设施的更新或整路段增设;集中更换或新设标志标牌、防眩板、隔声屏、隔离栅等;以及整段路面标线的施划,集中维修、更换或新设公路护栏、警示桩、道口桩、减速带等。

2. 答:交通标志检查包括日常检查和定期检查,检查内容如下:

(1)公路交通标志是否被沿线的树木、广告牌等遮掩。

(2)标志基础、牌面及支柱的下沉、移位、变形、损坏、污秽及腐蚀情况。

(3)标志杆件连接螺栓是否松动或焊接缝是否开裂。

(4)油漆褪色、剥落及反光材料的反光性能。

第六节　绿化养护

一、单选题(每题的备选项中,只有1个正确项)

1. 下列地区中,(　　)应在线路两侧栽植以防风、防雪为主的防护林带。

A. 山区　　B. 平原区　　C. 草原区　　D. 风沙危害地区

2. 公路绿化养护的要求,每年(　　)季,宜在乔木树干上距地面(　　)高度范围内刷涂白剂。

A. 春;1 ~ 1.5m　　B. 春、秋;1 ~ 1.5m

C. 秋;0.5 ~ 1.5m　　D. 秋;1 ~ 1.5m

二、多选题(每题的备选项中,有2个或2个以上符合题意,至少有1个错项)

1. 下列关于公路绿化栽植成活率、保存率指标的说法,正确的是(　　)。

A. 平原区:成活率达90%为合格,95%(含)以上为优良

B. 平原区:保存率达90%为合格,95%(含)以上为优良

C. 山区:成活率达80%为合格,85%(含)以上为优良

D. 山区:保存率达80%为合格,85%(含)以上为优良

E. 寒冷草原区及沙、碱、干旱区:成活率达70%为合格,80%(含)以上为优良

2. 以下关于绿化养护的叙述,正确的是(　　)。

A. 小半径平曲线内侧不得栽植影响视线的乔木或灌木,其外侧可栽植成行的乔木

B. 防治绿化植物病虫害应以预防为主,开展生物、化学防治与营林措施相结合

C. 平原区应栽植单行或多行的防护林带

D. 二级及二级以上公路,宜采用乔木与灌木相结合的方式,并充分体现当地特色

E. 公路环境保护应与公路建设和养护相结合,开发和利用环境。

3. 下列情况不宜种植乔木的有(　　)。

A. 一级公路的中央分隔带　　B. 小半径平曲线内侧

C. 隧道进出口两侧30 ~ 50m范围内　　D. 立体交叉侵害形成的环岛

E. 桥头或涵洞两头5 ~ 10m范围内

4. 以下(　　)需采用中央分隔带宜种植灌木、花卉或草皮进行公路绿化的布置。

A. 高速公路　　B. 一级公路　　C. 二级公路　　D. 郊区道路

E. 城市道路

三、简答题

简述公路绿化的规则。

参考答案

一、单选题

1－2　BB

二、多选题

1. AD　2. ABCE　3. ABE　4. AB

三、简答题

答:公路绿化应贯彻"因地制宜、因路制宜、适地适树"的方针,进行规划时,应根据公路等级、沿线地形、土质、气候环境和绿化植物的生物学特性以及对绿化的功能要求,结合地方绿化规划进行编制。对于新、改建公路的绿化工程应与公路主体工程设计、施工、验收同步进行,由公路养护部门一并接养。

第七节　水运工程维护

一、单选题(每题的备选项中,只有1个正确项)

1. 下列关于航道维护的说法,正确的是(　　)。
   A. 对通航起控制作用的航道应设置固定水尺进行长期水位观测
   B. 水库变动回水区航道,应根据具体情况在碍航滩段设置固定水尺进行长期水位观测,并应记录同步坝前水位及相应入库流量
   C. 因自然因素和人类活动而引起河床较大变化的河段,应在水位变化时进行该河段的瞬时水面线观测
   D. 航迹带宜采用GPS技术观测,测点间距不得大于设计船舶或船队的长度,测区范围应包括整个行驶范围
2. 下列关于长河段航道图测绘的说法,正确的是(　　)。
   A. 一类维护航道,应进行长河段航道图测绘,并定期更新,更新周期宜取年
   B. 长河段航道图测量可不测量碍航物的高程
   C. 长河段航道图应标绘距河口或主要港口整数里程、主要三角点、水文站测验断面、各类水尺的位置及测量日期、测时水位等
   D. 长河段航道简图不可多图比,也不可调整断面间距
3. 下列关于航标维护的说法,正确的是(　　)。
   A. 航标维护正常率,一类维护不小于95%,二类维护不小于90%,三类维护不小于80%
   B. 二类维护航道可不设置航标
   C. 塑料与钢制浮具备品总数量为在用数量的50%
   D. 航标索具、锚具、电源和灯器等航标器材备品数量为在用数量的50%
4. 下列关于航标设置与调整的说法,错误的是(　　)。
   A. 同一水系或同一水网地区相同等级的航道,航标种类和外形尺寸宜一致
   B. 一类和二类维护航道所设航标应编号或命名
   C. 城镇、桥区和坝区等灯光杂乱地区的航标灯,应增强亮度,航标灯的灯质应避免与其他灯光混淆
   D. 有变化的卵石河床航道水深接近规定的维护水深时应禁止进行通航
5. 下列关于航标的说法,正确的是(　　)。
   A. 船舶每次执行任务之前都应组织临时检查
   B. 航标的日常检查和临时检查包括锚链上有无缠挂物
   C. 岸标每年清洗1次、油漆1~2次,钢质岸标每2~3年应进行1次除锈
   D. 航标的自动显示牌每年应进行2次质量检验
6. 下列关于滩险河段航道的说法,正确的是(　　)。
   A. 一类维护航道,设计船舶或船队无法自航上行的急滩应设置绞滩站
   B. 在船舶密度较小的维护航道上,可选择绞滩船绞滩,不宜岸上机械绞滩

C. 一类维护航道的扫床次数每年不应少于 2 次

D. 弯曲狭窄河段航道,当附近有废弃的河汊、倒套或深潭时,可将弃土抛掷其中

7. 下列关于航道整治建筑物检查的说法,正确的是(　　)。

A. 每年应至少在汛期进行 1 次检查

B. 对新建整治建筑物,建成初期 1 年内宜在枯水期增加 1 次定期检查

C. 临时检查应在山洪暴发、崩崖、滑坡和出现大量流木等情况后进行

D. 整治建筑物水下部分有无沉降和变形的检查,应采用目测法

8. 潮汐河口航道图测绘宜每(　　)年进行 1 次。

A. 1　　B. 3　　C. 5　　D. 7

9. 潮汐河口浅滩航道宜采用(　　)进行维护疏浚。

A. 绞吸式挖泥船　　B. 单斗挖泥船

C. 自航耙吸挖泥船　　D. 抓铲挖泥船

10. 在通航河流上兴建临河、过河、拦河和取排水等工程,进行砂石开采、淘金、弃渣和设置锚地等活动应通过(　　)的通航条件审查或审批。

A. 航道主管部门

B. 交通运输部主管部门

C. 航道主管部门和交通运输部主管部门

D. 航道主管部门或交通运输部主管部门

11. 修建过河建筑物工程,工程竣工前应清除影响通航的临时建筑物和施工残留物,并对施工航道水域进行扫床,应经(　　)确认后,方可交付使用。

A. 监理方　　B. 甲方

C. 航道主管部门　　D. 监理方、甲方、航道主管部门共同

12. 枢纽的调度运行应满足航运要求,并应在正常设计最低通航水位保证率条件下,防止(　　)发生。

A. 枢纽下泄流量小于原天然河流设计最低通航水位相应的流量和水电站突然关机,造成下游航道出浅

B. 坝前水位高于设计最低通航水位,导致库尾航道和枢纽上引航道水深太高

C. 枢纽电站进行定期调节引起的枢纽上下游水位的变幅和变率影响船舶安全航行和作业

D. 枢纽的引水式电站和引水工程引用流量超过设计值,造成航道水深过高

13. 下列关于航道保护的说法,正确的是(　　)。

A. 在通航河流上严禁砂石开采、淘金和弃渣等活动

B. 通航量小的时段三级航道可设置固定网具、拦河捕捞网具和种植水生物

C. 夜航河段锚地应设置与航标相区别的灯光显示

D. 当航道发生变化,锚地影响通航时,锚地应拆除或缩小范围

二、多选题(每题的备选项中,有 2 个或 2 个以上符合题意,至少有 1 个错项)

1. 下列通航条件中,应进行二类维护的是(　　)。

A. 昼夜通航的 V 级航道

B. 昼夜通航且年货运量超过 100 万 t 的 V ~ VII 级山区航道

C. 昼夜通航且年货运量超过 300 万 t 的 V ~ VI 级平原航道

D. 年客运量超过 80 万人次的航道

E. 季节性通航的 VI 级航道

2. 下列关于航道维护的说法,正确的是(　　)。

A. 洪水期出浅航道的航道尺度测报次数为每 0 ~ 60d 一次

B. 重要的干线航道,航道测报应备有标绘航标位置的航道图

C. 当航道水深或宽度接近维护标准时,应每半日发布航道浅滩段的水深和宽度信息

D. 在江面较窄和水位日变幅较大的航道上,可在岸上设置供船舶直接观读的水尺

E. 当封冻河流恢复通航时,应对航道进行探测

3. 下列各航道中,(　　)维护的航道,应由专业维护队伍维护,维护范围和维护标准应相互衔接。

A. 一类　　B. 二类　　C. 三类　　D. 四类

E. 雨季时的三类

4. 航道整治建筑物技术状况的检查应包括(　　)。

A. 日常检查　　B. 定期检查　　C. 临时检查　　D. 特殊检查

E. 专项检查

5. 航道整治建筑物技术状况的检查应包括的主要内容为(　　)。

A. 建筑物有无缺陷和隐患　　B. 建筑物附近河床与水流状况有无变化

C. 建筑物最近一岸的地质变化　　D. 建筑物的功能是否正常

E. 建筑物的现有尺寸与工程竣工验收尺寸有何差异

6. 对拦截滑梁水的顺坝,检查重点为(　　)。

A. 坝头是否受损塌陷　　B. 坝根和坝面是否完好

C. 护岸岸坡有无变化　　D. 排水是否正常

E. 拦截滑梁水的效果

7. 应列为应急维修对象,并安排在当年维修的为(　　)。

A. 坝头冲坍,已经出现串沟

B. 坝面严重剥离,影响整治效果

C. 坝身冲开缺口,可能使坝身分离

D. 坝身毁损严重,坝下冲刷坑发展迅速,影响坝体稳定

E. 坝体或护滩、护岸建筑物遭受严重破坏,已明显削弱整治效果

8. 下列关于航道整治建筑物的局部改善的说法,正确的是(　　)。

A. 当丁坝间距过长,达不到预期整治效果或影响丁坝坝头稳定时,可在两座丁坝间加建顺坝

B. 当个别坝体和护滩建筑物的位置、长度、宽度或高度不当,影响整治效果时,可进行适当调整

C. 当坝体未进行护底、护底范围不足或护底材料不当,导致坝体损坏严重时,可采用整体性和柔韧性较好的材料加强护底

D. 当坝心为吹填砂或土工沙袋,且由于护面厚度不足导致坝心受冲和坝身沉陷时,可加抛

足够厚度的块石进行加固

E. 经常遭到流冰或流木破坏的整治建筑物的易损部位,可采用石笼、块石混凝土或浆砌条石平竖插砌等结构进行加固

9. 下列航道中,可按三级航道维护的规定执行的是(　　)。

A. 昼夜通航 3 万 t 级以上海轮或国际航线集装箱船的航道

B. 年货运量 4000 万 t 的航道

C. 通航 500 ~ 3000 吨级海轮的航道

D. 通航 500 吨级以下船舶的潮汐河口航道维护

E. 昼夜通航 3000 吨级以下海轮或国际航线集装箱船的航道

10. 下列关于潮汐河口航道维护的说法,正确的是(　　)。

A. 潮汐河口航道航标维护正常率应达到 99%

B. 夜间通航的航道应增加 1 次夜间检查

C. 浮标标位每月应起吊检查 1 次,并做好记录

D. 航标灯器应经试运行后再正式安装使用,连续试运行的时间,新灯器应为 24h,修复灯器应为 72h

E. 专设浮标的备品数量应为在用数量的 100%

11. 下列情况中,不得占用规划航道的是(　　)。

A. 修建取排水口

B. 船台滑道

C. 设置趸船

D. 码头停泊水域

E. 设置专设航标识的水泵房

三、简答题

1. 简述内河航道维护类别划分应符合的规定。

2. 简述航标的维护内容及要求。

参考答案

一、单选题

1－5　BCDDB　6－10　ACCCA

二、多选题

1. ADE　2. BDE　3. AB　4. BC　5. ABDE　6. ABE　7. BCE　8. BCDE　9. CD　10. BDE
11. ABCD

三、简答题

1. 答:(1)具备下列条件之一的航道维护,应为一类维护:
①昼夜通航的Ⅰ～Ⅳ级航道。
②昼夜通航且年货运量超过100万t的Ⅴ～Ⅶ级山区航道。
③昼夜通航且年货运量超过300万t的Ⅴ～Ⅶ级平原航道。
④昼夜通航且年货运量超过500万t的Ⅴ～Ⅶ级运河航道和水网航道。
⑤年客运量超过100万人次的航道。
(2)季节性通航的Ⅶ级航道的维护应为三类维护。
(3)条件介于一类维护和三类维护之间的航道维护,应列为二类维护。

2. 答:航标的维护内容应包括航标的设置、调整、检查、保养和维修等。
航标维护应满足下列要求。
(1)航标的位置正确,外形尺寸符合规定,颜色鲜明,灯光明亮,灯质和视距等符合要求。
(2)航标通视有效范围内无遮掩物。
(3)通行信号和水深信号提示及时、正确。
(4)航标维护正常率,一类维护不小于99%,二类维护不小于95%,三类维护不小于90%。

第七章　工程施工组织设计

第一节　施工组织设计的编制原理、方法

一、单选题(每题的备选项中,只有1个正确项)

1. 施工组织设计是根据基本建设计划和实际要求编制的,用于(　　)拟建工程项目从施工准备到竣工验收整个施工全过程的全局性的技术经济文件。

   A. 管理和控制　　B. 规划和指导　　C. 规划和管理　　D. 指导和控制

2. (　　)是以整个建设项目或群体工程为对象编制的,用以指导整个建设项目施工全过程的各项施工活动的全局性、指导性文件。

   A. 单位工程施工组织设计　　B. 分部分项工程施工组织设计

   C. 施工组织总设计　　D. 施工方案

3. (　　)是以单位工程为编制对象,用以规划和指导其施工过程的各项施工活动的综合性技术经济文件。

   A. 施工组织总设计　　B. 施工方案

   C. 单位工程施工组织设计　　D. 标前施工组织设计

4. 以下不属于施工组织总设计的编制依据的是(　　)。

   A. 招标文件和工程量清单

   B. 可行性研究报告

   C. 施工单位与建设单位签订的工程承包合同

   D. 建设地区的调查资料,例如气象、地形、地质等资料

5. 以下关于施工组织设计要求,叙述错误的是(　　)。

   A. 严格执行基本建设程序和施工顺序

   B. 必须采用最先进的施工技术和设备

   C. 应用科学的计划方法制订最合理的施工组织方案

   D. 确保工程质量和施工安全

6. 关于增加全年连续施工日数的措施,以下叙述正确的是(　　)。

   A. 把确有必要而又不因冬、雨季施工而带来技术复杂和造价提高的工程列入冬、雨季施工

   B. 采用流水作业施工方法,组织连续、均衡的施工

   C. 合理布置施工平面图,尽量利用当地资源

   D. 按照工程施工的客观规律安排施工顺序

7. 以下施工组织设计文件中由施工单位进行编制的是(　　)。

   A. 施工方案　　B. 修正施工方案

   C. 施工组织计划　　D. 实施性施工组织设计

8. 以下关于施工平面图设计的叙述,错误的是(　　)。
   A. 场地布置应与施工进度、施工方法、工艺流程和机械设备相适应
   B. 施工平面图设计是施工过程空间组织的具体成果
   C. 施工平面图设计是在保证施工顺利的前提下,所有临时性建筑和运输线路的布置,必须便于为基本工作服务,并不得妨碍地面和地下建筑物的施工
   D. 施工平面图设计中应将笨重的和大型的预制构件或材料集中设置在料场附近,方便统一管理、取用
9. (　　)是以整个工程项目为对象的施工平面布置方案。
   A. 施工总平面图　　B. 单项工程施工平面图
   C. 分部分项工程施工平面图　　D. 施工场地布置图
10. 以下关于公路工程施工总平面图包含内容的叙述,错误的是(　　)。
   A. 原有河流、居民点、交通路线、车站码头、通信、运输点等工地附近与施工有关的建筑物
   B. 施工用地范围和工程主要项目,沿线构筑物的位置
   C. 临时供水、供电、供热基地及管线分布平面图
   D. 地质不良地段、国家测量标志、安全设施等
11. 关于施工组织计划及施工组织设计与造价的关系,下列描述错误的是(　　)。
   A. 施工组织计划是编制施工图预算的指导性技术文件
   B. 施工组织计划中的施工计划决定着施工图预算
   C. 在施工图预算中与施工组织计划关系最大的费用是措施费
   D. 施工图预算制约着施工组织计划
12. 施工组织计划对施工图预算的影响主要是对(　　)的影响。
   A. 人工费　　B. 直接费　　C. 设备购置费　　D. 材料费
13. 以下关于公路工程施工组织设计的叙述,说法错误的是(　　)。
   A. 作为投标书的内容和合同文件的一部分,施工组织设计可以指导工程投标和签订工程承包合同
   B. 施工组织设计可以指导工程施工的全过程
   C. 施工组织设计提出工程施工中进度控制、质量控制、成本控制等的目标及技术组织措施,可提高综合效益
   D. 对于施工难度大或者施工技术复杂的工程项目,编制单项工程施工组织设计即可
14. 关于施工组织设计的编制步骤,以下叙述正确的是(　　)。
   A. 标前设计的编制步骤应为:进行调查研究,获得编制依据→确定施工部署→拟定施工方案→编制施工进度计划→编制各种资源需要量计划及运输计划→编制供水、供热、供电计划→编制施工准备工作计划→设计施工平面图→计算技术经济指标
   B. 标后设计的编制步躲应为:进行调查研究,获得编制依据→确定施工部署→拟定施工方案→编制施工进度计划→编制各种资源需要及计划及运输计划→编制供水、供热、供电计划→编制施工准备工作计划→设计施工平面图→计算技术经济指标
   C. 标前设计的编制步骤应为:编制施工进度计划→编制各种资源需要量计划及运输计划→进行调查研究,获得编制依据→确定施工部署→拟定施工方案→编制供水、供热、供

电计划→编制施工准备工作计划→设计施工平面图→计算技术经济指标

D. 标后设计的编制步骤应为:学习招标文件→进行调查研究→编制施工方案并选用主要施工机械→编制施工进度计划(确定开工日期、竣工日期、分期分批开工与竣工日期、总工期)→绘制施工平面图→确定标价及钢材、水泥等主要材料用量→设计保证质量和工期的技术组织措施→提出合同谈判方案,包括谈判组织、目标、准备和策略等

15. (　　)是指导工程投标、签订承包合同、施工准备和施工全过程的全局性的技术经济文件。

A. 施工组织设计　　B. 概算文件　　C. 预算文件　　D. 项目建议书

二、多选题(每题的备选项中,有 2 个或 2 个以上符合题意,至少有 1 个错项)

1. 施工组织设计的作用有(　　)。

A. 是实现基本建设计划,沟通工程设计和施工之间的桥梁

B. 科学组织施工,有计划地开展各项施工过程

C. 协调项目各参与方间的相互关系

D. 作为项目管理的经济性文件,宜提高项目综合效益

E. 合理规划时间和空间,以期施工成本最低

2. 按编制对象的不同,施工组织设计可以分为(　　)三类。

A. 施工方案　　B. 施工组织总设计

C. 单位工程施工组织设计　　D. 分部分项工程施工组织设计

E. 标前施工组织设计

3. 编制施工组织设计时,要充分考虑施工生产过程中(　　)的相互关系。

A. 连续性　　B. 规律性　　C. 平行性　　D. 协调性

E. 均衡性

4. 公路施工组织设计是(　　)和施工全过程的全局性的技术经济文件。

A. 指导工程投标　　B. 签订承包合同　　C. 施工准备　　D. 工程结算

E. 竣工决算

5. 施工组织设计是项目管理的规划性文件,提出工程施工中(　　)、安全控制、现场管理、各项生产要素管理的目标及技术组织措施,提高综合效益。

A. 进度控制　　B. 质量控制　　C. 全过程造价控制　　D. 成本控制

E. 效益控制

6. 在公路工程设计阶段,必须编制相应的施工组织设计文件分别是(　　)。

A. 施工方案　　B. 修正施工方案　　C. 施工组织计划　　D. 施工组织设计

E. 自然条件调查资料

7. 以下属于公路工程施工组织设计中完成的工作是(　　)。

A. 确定合理的施工组织及施工方案

B. 科学安排施工进度计划、施工平面、施工现场的规划

C. 编制技术交底书

D. 对拟建工程项目提出科学的实施计划

E. 编制现场调查资料或报告

8. 根据公路施工组织设计阶段的不同,施工组织设计可以划分为(　　)。

A. 标前设计　　B. 施工组织总设计

C. 单项工程施工组织设计　　D. 标后设计

E. 分部工程施工组织设计

9. 以下属于标前设计和施工组织总设计的编制依据的是(　　)。

A. 招标文件和工程量清单　　B. 可行性研究报告

C. 设计文件　　D. 工程承包合同

E. 所涉及国家和行业标准

10. 施工组织设计文件内容中,属于勘测设计单位编制的施工组织设计内容是(　　)。

A. 施工方案　　B. 修正施工方案

C. 施工组织计划　　D. 实施性施工组织设计

E. 单位工程施工组织设计

三、简答题

1. 简述施工组织设计的基本概念。
2. 简述编制施工组织设计的作用。
3. 简述施工组织设计的编制依据。

参考答案

一、单选题

1－5　BCCAB　6－10　ADDAC　11－15　CBDBA

二、多选题

1. ABC　2. BCD　3. ACDE　4. ABC　5. ABD　6. ABC　7. ABD　8. ADE　9. BCE　10. ABC

三、简答题

1. 答:施工组织设计是用以指导施工组织与管理、施工准备与实施、施工控制与协调、资源的配置与使用等全面性的技术、经济文件,是对施工活动的全过程进行科学管理的重要手段。施工组织设计是指导承包全过程的,从投标到竣工结束。通过编制施工组织设计,可以针对工程的特点,根据施工环境的各种具体条件,按照客观的施工规律安排工作。施工组织设计是编制工程造价和指导施工的重要依据。

2. 答:(1)指导工程投标与签订工程承包合同,作为投标书的内容和合同文件的一部分。

   (2)指导施工前的一次性准备和工程施工的全过程。

   (3)作为项目管理的规划性文件,提出工程施工中进度控制、质量控制、成本控制、安全控制、现场管理、各项生产要素管理的目标及技术组织措施,提高综合效益。

3. 答:编制依据是指在编制施工组织设计时,遵循、引用和参照的文件、资料和技术规范。一般包括以下内容:

   (1)所涉及国家和行业标准、规范和规程的名称(包括编号)。

   (2)与施工组织及管理工作有关的政策规定、环境保护条例、上级部门对施工的有关规定和工期要求等。

   (3)相关文件:包括工程招标文件、工程投标书、工程设计文件和设计图纸、与业主签民电的金订的施工合同文件。

   (4)企业质量管理体系、环境管理体系和职业健康安全管理体系文件。

   (5)现场调查资料或报告。

   (6)各种定额及概预算资料,包括概算定额、施工定额、沿线地区性定额、预算单价工程概预算编制依据等。

第二节　施工组织设计对造价的影响

一、单选题(每题的备选项中,只有1个正确项)

1. 与施工组织设计对造价的关系最大的是(　　)。
   A. 建筑安装工程费　B. 工程建设其他费　C. 预备费　D. 措施费
2. (　　)是施工组织设计在空间上的综合描述。
   A. 施工现场调查　B. 施工现场平面布置
   C. 施工方案　D. 施工计划

二、多选题(每题的备选项中,有2个或2个以上符合题意,至少有1个错项)

1. 运输组织一般需要达到以下要求(　　)。
   A. 运输距离最短,运输量最小
   B. 减少运转次数,力求直达工地
   C. 装卸迅速,运转方便
   D. 尽量利用原有交通条件,减少临时运输设施的投资
   E. 选择更经济的运输设备
2. 下列说法正确的是(　　)。
   A. 建设工程要合理确定工期,避免盲目压缩工期
   B. 应根据实际情况安排各项单位工程的施工周期,做到建设工作分期分批地进行
   C. 施工组织计划对施工图预算的影响主要是对间接费的影响
   D. 施工方案优化的方法有定性分析和定量分析两种,通常采用定性分析法
   E. 施工中应该建立和完善安全、质量保证体系

三、简答题

请简述施工组织设计对造价的影响。

参考答案

一、单选题

1－2　AB

二、多选题

1. ABD　2. ABE

三、简答题

答:(1)施工组织计划中的施工计划决定着施工图预算,反过来,施工图预算又制约着施工组织计划,两者是辩证统一的关系,是相辅相成的。

(2)工程施工原始资料的调查是编制施工组织设计的基础,对拟建的工程现场进行充分调查,而原始资料的一点差错可能导致施工建设的损失。

(3)在施工中,施工方案是很重要的组成部分,不论在技术方面还是组织方面,通常都有多种可行的方案选择,所以可以对施工方案进行优化,以降低工程造价。

(4)基础建设工程需要大量的原材料,尤其是地产材料,一般其运杂费比本身的出厂价还要高,所以地产材料的采购运输对工程造价有显著影响。

(5)大的基本建设工程施工需要建临时工程和附属工程,这就要求在施工中必须做好各种方案的比较和通盘考虑,以免造成浪费。

(6)施工中应该建立和完善安全、质量保证体系,使每一道工序、每一个环节都确保工程质量,做到一次达标创优,尽量减少或避免返工损失。

(7)施工现场平面布置是施工组织设计在空间上的综合描述,选择交通便利、运输条件好、材料供应方便的地方,尽可能采用已征地或利用荒山、荒地,少占农田,并利用场地平整工程量少的地点布置。

第三节　施工组织设计的应用

一、单选题(每题的备选项中,只有1个正确项)

1. 下列关于公路工程特点的说法,错误的是(　　)。
   A. 公路工程的施工过用中,施工流动性大,临时工程多,施工作业面狭长,具有整体性
   B. 公路工程类型简单,容易进行标准化作业
   C. 公路结构物与其他土建工程一样,具有形体庞大的特点
   D. 公路工程施工大都在露天环境下完成,施工线路可能穿过任何地质地形
2. 下列关于公跻工程施工组织设计的说法,错误的是(　　)。
   A. 安排上必须灵活、多变,不可以固定成一个形式,且在制定流动性计划时要有顺序
   B. 公路工程必须个别设计,施工组织也需个别设计
   C. 在施工组织设计为合理利用时间,可以将施工段进行划分,采用流水施工
   D. 施工组织设计可根据情况对需要的工程进行有针对性的技术如组织措施
3. 劳动力配置计划是施工现场平衡、调配劳动力的依据,是根据施工方案和(　　)进行编制的。
   A. 施工进度计划　B. 招标投标文件　C. 工程设计文件　D. 工程项目工料分析
4. (　　)是施工方案的核心内容,具有决定性作用。
   A. 施工顺序　B. 四新技术措施　C. 施工方法　D. 质量保证方案
5. 下列关于标后编制的施工组织设计(又称实施性施工组织设计)的说法,正确的是(　　)。
   A. 为了中标和获取更多的经济效益
   B. 编制时间为投标书编制前
   C. 是由经营管理层负责编制的
   D. 服务范围是从施工准备至验收阶段为止
6. 施工方案、修正施工方案和施工组织计划由(　　)负责编制,并编入相应的设计文件,按规定上报审批。
   A. 施工单位　B. 设计单位　C. 项目管理公司　D. 勘测设计单位
7. 施工进度计划表达方法不包括(　　)。
   A. 横道图　B. 工程进度曲线　C. 直方图　D. 网络进度计划
8. 进度控制是一个(　　)的管理过程。
   A. 动态　B. 静态　C. 开放　D. 封闭
9. 对所编制的施工组织设计作简略、概要的说明,使人能在很短的时间内迅速了解施工组织设计的概貌,称为(　　)。
   A. 项目简介　B. 设计说明　C. 编制说明　D. 工程概况
10. 施工组织设计中工程概况的编制依据不包括(　　)。
   A. 合同文件　B. 招标投标文件　C. 工程设计文件　D. 施工进度计划

二、多选题(每题的备选项中,有2个或2个以上符合题意,至少有1个错项)

1. 下列关于水运工程特点的说法,正确的是(　　)。

A. 水工建筑产品是固定施工,因此资源流动和消耗慢
B. 水运工程结构物具有环境适应性,建设要求及建设条件具有差异性
C. 水运工程建筑产品施工环节多,工序复杂,大型施工船机多,施工中要求各部门协同配合程度高,施工中参与当事人多
D. 水运工程施工条件特殊、工艺复杂,资源供应、有效施工时间和施工过程的自然规律有约束
E. 水运工程在施工中受风浪、水流、风、雨、雾、冻地质、水位潮汐、水深等各种自然条件的影响大

2. 下列关于水运工程施工组织设计的说法,正确的是(　　)。
A. 施工组织设计必须安排合理的空间布置与时间安排计划
B. 施工方法具有经济性与针对性,每个工程项目的施工方案与工艺都需要施工组织设计做出详细的论证和计划
C. 施工组织计划一定要严密
D. 在编制施工组织设计时,应适当留有余地
E. 在施工组织设计中要充分考虑约束因素的影响范围、时段及程度,并采取有针对性的措施和计划安排来克服或适应

3. 施工区段的划分一般应考虑的因素有(　　)。
A. 施工整个过程的难度
B. 各施工区段上的工程量大致相等
C. 施工区段的数目要满足合理流水施工组织的要求
D. 每个施工区段应有足够的工作面
E. 施工段数要小于工作队数

4. 下列关于施工组织设计的内容中,是其必备的有(　　)。
A. 施工方案　　B. 资源配置计划表
C. 施工进度计划表　　D. 技术组织措施
E. 施工总平面布置图

5. 下列关于实施性施工组织设计的说法,正确的有(　　)。
A. 编制步骤中确定施工部署和施工方案之前应编制进度计划
B. 追求的主要目标是施工效率和效益
C. 编制好的施工组织设计应经过部门审批后才能实施
D. 主要的技术组织措施包括质量、安全、环保等方面的措施
E. 应在中标签约后、开工前编制完成

6. 公路施工组织设计按照编制阶段的不同,可分为(　　)的施工组织设计。
A. 设计阶段　　B. 决策阶段　　C. 投标阶段　　D. 实施阶段
E. 施工阶段

7. 下列选项中,属于施工总平面图内容的有(　　)。
A. 原有河流、居民点、交通路线及工地附近与施工有关的建筑物
B. 临时供水、供电、供热基地及管线分布平面图

C. 沿线砂石料场平面布置图

D. 大型附属企业等平面布置图

E. 施工管理机构的驻地

8. 工程资源配置计划主要包括(　　)。

A. 劳动力配置计划

B. 主要材料配置计划

C. 主要构配件配置计划

D. 机械设备配置计划

E. 安全措施配置计划

9. 施工现场平面布置的原则包括(　　)。

A. 现场布置应尽量紧凑

B. 生活区设施要注意卫生

C. 合理布置临时道路

D. 场地布置应与施工方法、进度、工艺和机械设备相适应

E. 施工区应与生活区隔开

三、简答题

1. 简述公路工程施工组织设计的应用。

2. 简述水运工程施工组织设计的应用。

参考答案

一、单选题

1－5　BDACD　6－10　DCACD

二、多选题

1. BCDE　2. ACDE　3. BCD　4. ACE　5. BDE　6. ACE　7. AE　8. ABCD　9. ABCD

三、简答题

1. 答:(1)在公路工程施工组织设计安排的施工过程中,由于公路工程的线性特点,使施工流动性大,临时工程多,施工作业面狭长,所以在施工组织设计的安排上就必须灵活、多变,不可以固定成一个模式。公路工程还要求其产品的整体性,所以在制定流动性计划时要有顺序。施工工艺顺序与操作顺序必须按照制定的顺序执行。

(2)公路线形及构造物形式受地形、地质、水文等自然条件的影响,又因公路等级和使用要求而异。因此,公路工程类型多种多样,标准化难度大必须个别设计,施工组织亦需个别进行。因为施工时的技术条件(物资供应、机具设备、技术水平等)、自然条件(季节气候等)和工期要求等不尽相同的缘故,即使是同一地区相同技术等级的公路,也不可能采用同样的施工组织。

2. 答:(1)在水运工程施工组织设计安排的施工过程中,虽然水工建筑产品是固定施工,但是资源却在不断地流动和消耗;且现场施工中同一地点结构物在不同时间的施工工序衔接,同一时间在不同作业平面施工的资源组织,都要求施工组织设计必须安排合理的空间布置与时间安排计划。

(2)水运工程结构物的环境适应性与建设要求及建设条件的差异性决定了施工方法的独特性与针对性,每个工程项目的施工方案与工艺都需要施工组织设计做出详细的论证和计划。

(3)水运工程建筑产品施工环节多,工序复杂,大型施工船机多,施工中要求各部门协同配合程度高;同时施工中参与当事人多,如设计、监理、业主等,这些都需要密切的沟通和配合,因此施工组织计划一定要严密。

(4)水运工程的施工组织一定要考虑因施工条件特殊、工艺复杂,资源供应和有效施工时间的约束等因素的影响以及施工过程的自然规律约束,致使施工周期长,带来影响。

(5)水运工程在施工中受风浪、水流、风、雨、雾、冻土地质、水位潮汐、水深等各种自然条件的影响大,在施工组织设计中要充分考虑其影响范围、时段及程度,并采取有针对性的措施和计划安排来克服或适应。

第八章 公路工程计量

第一节 公路工程计量概述

一、单选题(每题的备选项中,只有1个正确项)

1. (   )是公路工程在实施阶段按照合同约定所确定的方法,对承包商符合要求的已完工程进行测量、计算、核查并确认的已完工程的实际数量。

A. 定额工程量　　B. 清单工程量　　C. 计量工程量　　D. 结算工程量

2. (   )是按照技术规范所规定的方法对承包商符合要求的已完工程的实际数量所进行的测量、计算、核查和确认的过程。

A. 设计　　B. 施工　　C. 计量　　D. 结算

3. 公路工程计量时采用的方法应符合规范规定,且应经监理人批准或指示,(   )应提供一切计量设备和条件,并保证其设备精度符合要求。

A. 承包人　　B. 监理人　　C. 建设单位　　D. 设计单位

4. 根据现行《公路工程标准施工招标文件》的工程量清单计量规则,陆上钻孔灌注桩的计量单位是(   )。

A. m^3　　B. m^2　　C. m　　D. cm

5. 根据现行《公路工程标准施工招标文件》的工程量清单计量规则,下部结构钢筋的计量单位是(   )。

A. t　　B. kg　　C. m　　D. g

6. (   )一般是投标人投标报价的基准数量,是签订合同的组成部分。

A. 清单工程量　　B. 合同工程量　　C. 计量工程量　　D. 支付工程量

7. (   )与清单工程量数量是一样的,只是二者单价取定的主体和确定原则不同而已。

A. 清单工程量　　B. 合同工程量　　C. 计量工程量　　D. 支付工程量

8. 概算定额是在(   )基础上综合扩大而来的。

A. 施工定额　　B. 预算定额　　C. 估算指标　　D. 企业定额

9. 一个项目的(   )之和即为工程项目的实际规模。

A. 定额工程量　　B. 清单工程量　　C. 计量工程量　　D. 支付工程量

10. 就综合程度而言,清单工程量通常(   )定额工程量。

A. 大于　　B. 等于　　C. 小于　　D. 大于或等于

11. 下列有关于定额工程量计算的说法错误的是(   )。

A. 正确确定定额工程数量是建设项目合理计价的前提

B. 定额工程数量的计算规则和计算方法不是一成不变的,而是随着使用定额的不同而变化

C. 所有定额在不同计价阶段定额工程量的计算规则都不一样

D. 概算定额和估算指标均是在上一级定额的基础上进行综合扩大而来

12. 下列关于定额工程量与清单工程量的说法错误的是(　　)。

A. 定额工程数量主要用于各阶段的工程计价

B. 计算定额工程量主要参考公路工程定额中的工程量计算规则

C. 清单工程量的计量单位一般采用扩大的物理计量单位或自然计量单位

D. 清单工程量在计算中主要计算工程实体的净量

二、多选题(每题的备选项中,有2个或2个以上符合题意,至少有1个错项)

1. 计算公路工程的工程量时,为避免工程量的漏算、重算,常用的计算方法有(　　)。

A. 施工顺序计算法　　B. 图纸分项编号顺序计算法

C. 定额项目的顺序计算法　　D. 先横后竖计算法

E. 顺时针顺序计算法

2. 公路工程计量的组织类型有(　　)。

A. 监理工程师独立计量

B. 承包商进行计量,监理工程师核实确认

C. 监理工程师与承包商共同计量

D. 业主计量,监理工程师核实确认

E. 设计单位记录,监理工程师核实确认

3. 根据现行《建设工程施工合同(示范文本)》,公路工程施工过程中拥有变更权的有(　　)。

A. 发包人　　B. 监理人　　C. 设计人　　D. 承包商

E. 建设主管部门

4. 工程数量按照项目的实施过程,可以分为(　　)等。

A. 设计工程量　　B. 定额工程量　　C. 预算工程量　　D. 清单工程量

E. 合同工程量

5. 以下属于定额工程量计算依据的是(　　)。

A. 国家、行业和地方发布的各类消耗量定额及其对应工程量计算规则

B. 设计图纸及说明

C. 经审定的施工组织设计

D. 经审定通过的其他有关技术经济文件及经济调查资料

E. 概算定额

6. 关于定额工程量计算,以下说法正确的是(　　)。

A. 概算与预算的定额工程量的计算一致

B. 定额工程量计算规则在工程定额的章节说明中列出,计算时必须采用

C. 要注意没有列入工程量计算规则,但其内容对定额工程量的计算产生影响的定额说明

D. 要注意每个定额项目中的定额工程内容和定额注释

E. 预算定额是以扩大的分部分项工程为编制对象的

7. 关于定额工程量与清单工程量,下列说法正确的有(　　)。

A. 定额工程量与清单工程量并无联系

B. 定额工程数量主要用于各阶段的工程计价(组价),而清单工程量主要用于工程量清单编制,以及工程计量、支付等方面

C. 清单工程量通常大于或等于定额工程量

D. 定额工程量的计算范围通常为工程的实体,而清单工程量除了涉及实体工程数量的计算,还需计算为修建实体而必须消耗的辅助工程的工程数量

E. 清单工程量可以直接用于计价,因为与定额子目的工程量肯定相等

8. 编制施工组织设计时,要充分考虑施工生产工程中的连续性、平行性、协调性和均衡性及相互关系,其经济效果具体表现在(　　)等方面。

A. 可合理地最低限度的配置施工现场各类人员的数量

B. 可使施工用的机械设备、工具、周转性消耗材料等减少到最低限度

C. 可合理地减少临时设施和现场管理费用

D. 可减少因施工过程中阶段性的停工、待料及其他原因引起的工人、机械的损失时间

E. 可频繁调动和窝工浪可减少因施工过程中阶段性的停工待料

9. 根据《公路工程基本建设项目设计文件编制办法》的规定,要进行不同深度的阶段设计,即按项目大小和技术复杂程度分为(　　)。

A. 一阶段设计　　B. 二阶段设计　　C. 三阶段设计　　D. 四阶段设计

E. 五阶段设计

10. 计量必须做到(　　)。

A. 准确　　B. 真实　　C. 合法　　D. 及时

E. 提前

三、简答题

1. 简述工程量的计算依据。

2. 简述定额工程量与清单工程量的区别。

参考答案

一、单选题

1－5　CCACB　6－10 ABBCD　11－12　CC

二、多选题

1. ABC　2. ABC　3. ABC　4. DE　5. ACD　6. BCD　7. BC　8. ABCD　9. ABC　10. ABCD

三、简答题

1. 答:(1)国家、行业和地方发布的各类消耗量定额、工程量清单计价规范及其对应工程量计算规则。

   (2)设计图纸及说明。

   (3)施工组织设计或施工技术方案和施工现场情况。

   (4)其他有关技术经济文件及经济调查资料。

2. 答:(1)两者的用途不同。

   (2)两者参考的计算依据不同。

   (3)两者项目划分和综合的工作内容不同。

   (4)两者计算口径不同。

第二节 清单工程量计量规则及应用

一、单选题(每题的备选项中,只有1个正确项)

1. 基坑开挖清单工程量的计算,取用原地面到基础底面间的平均高度并以超过基础地面周边(　　)的竖直面为界的棱柱体体积为计量规则。
   A. 0.5m　B. 0.8m　C. 1m　D. 1.5m
2. 现行《公路工程预算定额》隧道洞身中空注浆锚杆、自进式锚杆的工程量按(　　)计算。
   A. 锚杆的实际长度　B. 锚杆的实际重量　C. 锚杆的设计长度　D. 锚杆的设计重量
3. 钢筋、钢板或型钢计量时,其搭接、接头套筒和固定、定位架立钢筋等(　　)。
   A. 单独计量　B. 不予计量　C. 一并计算并计量　D. 由工程师指示是否计量
4. 按面积计量时,对于面积在(　　)m^2 以下的固体物(如检查井等)不予扣除。
   A. 0.5　B. 1　C. 1.5　D. 2
5. 土方体积可采用平均断面积法计算,但与似棱体公式计算结果比较,如果误差超过(　　)时,监理人可指示采用似棱体公式。
   A. ±2%　B. ±3%　C. ±5%　D. ±6%
6. (　　)实际就是按计量规则计算的实体项目的工程数量汇总表。
   A. 工程量清单　B. 标价的工程量清单
   C. 未标价的工程量清单　D. 经复核的工程量清单
7. 关于路基边沟、排水沟、截水沟的土方计量,下列说法正确的是(　　)。
   A. 工程数量包括在路基土石方中,同路基土石方一并计量
   B. 作为边沟、排水沟、截水沟的附属工作,不另计量
   C. 单独计量
   D. 按监理工程师的指示进行
8. 某路基利用方填筑,填料石料含量为40%,则对应的子目是(　　)。
   A. 利用土方填筑　B. 利用石方填筑　C. 利用土石混填　D. 借方填筑
9. 按面积计量的路面结构层,其面积计算是按铺筑的(　　)。
   A. 顶面面积　B. 底面面积　C. 中间层面积　D. 填后面积
10. 后张法预应力钢绞线、预应力钢筋的计量重量按(　　)计算。
    A. 两端锚具间的理论长度
    B. 两端锚具间的理论长度+锚固长度
    C. 两端锚具间的理论长度+锚固长度+工作长度
    D. 两端锚具间的理论长度+工作长度
11. 下列钢筋、钢板或型钢计量的说法错误的是(　　)。
    A. 计量时,应按图纸或其他资料标示的尺寸和净长计算
    B. 搭接、接头套筒、焊接材料、下脚料和固定、定位架立钢筋等,则不予另行计量
    C. 应以千克计量,四舍五入,计两位小数

D. 由于理论单位质量与实际单位质量的差异而引起材料质量与数量不相匹配的情况,计量时不予考虑

12. 水泥混凝土结构物计量时体积不超过( )m^3 的开孔及开口不扣除。

A. 0. 01　B. 0. 02　C. 0. 03　D. 0. 04

13. 下列工程中,以平方米为单位进行计量的是( )。

A. 清理现场　B. 路基挖方　C. 填方路基　D. EPS 路堤

14. 路基工程中软土路基处理中各类垫层的工程量应按( ),以( )计量。

A. 天然体积,立方米(m^3)　B. 密实体积,立方米(m^3)

C. 顶面面积,平方米(m^2)　D. 面积,平方米(m^2)

15. 路面工程中各类垫层的工程量应按( ),以( )计量。

A. 天然体积,立方米(m^3)　B. 密实体积,立方米(m^3)

C. 顶面面积,平方米(m^2)　D. 面积,平方米(m^2)

16. 下列工程中需要计量的有( )。

A. 路基填筑填前压实、地面下沉增加的填方量

B. 满足施工需要,预留路基宽度宽填的填方量

C. 涵洞洞身支护钢架纵向连接钢筋的工程量

D. 路床顶面以下挖松深 300mm 再压实的工程量

17. 拦水带按长度以( )计量。

A. 立方米(m^3)　B. 米(m)　C. 千克(kg)　D. 平方米(m^2)

18. 沥青稳定碎石混合料除监理人另有指示外,超过图纸所规定的面积均( )。

A. 不予计量　B. 按实际发生计量　C. 按合同规定计量　D. 按主管部门意见计量

19. 按现行《公路工程标准施工招标文件》规定,下列说法中错误的是( )。

A. 结构物台背回填按压实体积,以立方米(m^3)计量,计价中包括挖运、摊平、压实,整型等一切与此有关的作业费用

B. 借土填方,按压实的体积,以立方米(m^3)计量

C. 钢筋及钢筋骨架用的铁丝、钢板、套筒(连接套)或其他固定钢筋的材料作为钢筋工程的附属工作,不另行计量

D. 后张法预应力钢筋的长度为两端锚具间的理论长度与实际工作长度之和

20. 关于路基挖方工程的计量,以下说法错误的是( )。

A. 借土场的挖淤泥,予以计量

B. 超过图纸所示的面积或体积,不予计量

C. 土方断面挖松深 300mm 再压实,不另行计量

D. 石方断面的人工凿平或填平压实,不另行计量

21. 关于下列工程中的钢筋,不单独计量是( )。

A. 加筋土挡土墙的钢筋混凝土带的钢筋

B. 锚定板挡土墙的钢筋

C. 混凝土挡土墙的钢筋

D. 水泥混凝土路面的传力杆钢筋

22. (　　)的沙砾垫层,单独计量。

A. 混凝土挡土墙　　B. 边沟、排水沟、截水沟

C. 圆管涵垫层　　D. 路基盲沟

23. 在桥涵工程中,(　　)的钢筋,不单独计量。

A. 盖板涵　　B. 桥头搭板　　C. 桥面铺装　　D. 支座垫块

24. "$10m^3$ 实体"一般指的是(　　)单位。

A. 定额工程量　　B. 清单工程量　　C. 计量工程量　　D. 支付工程量

25. 现行的公路工程清单工程量计算规则是(　　)。

A.《公路工程预算定额》

B.《公路工程建设项目概算预算编制办法》

C.《公路工程标准施工招标文件》

D.《公路工程建设项目造价文件管理导则》

26. 加筋混凝土中的钢筋作为(　　)的附属工作,不另行计量。

A. 加筋带　　B. 混凝土挡土墙　　C. 混凝土基础　　D. 塑钢复合带

27. 预应力锚索边坡加固的预应力钢绞线的计量单位是(　　)。

A. kg　　B. t　　C. m　　D. m^2

28. 桥梁下部结构混凝土工程量计算时,依据图纸所示体积分不同强度等级混凝土以立方米为单位计量,直径小于(　　)mm 的管子、钢筋、锚固件、管道、泄水孔或桩所占混凝土体积不予扣除。

A. 100　　B. 150　　C. 200　　D. 300

二、多选题(每题的备选项中,有 2 个或 2 个以上符合题意,至少有 1 个错项)

1. 以下关于工程量清单计量规则的作用说法正确的是(　　)。

A. 工程量清单计量规则是计量工程量的计算依据

B. 工程量清单计量规则确定了清单子目所包含的工作内容

C. 工程量清单计量规则对承包人完成子目工作的工艺流程、施工过程提出了具体的要求

D. 工程量清单计量规则、技术规范对承包人完成子目工作的工程质量提出了对应的质量检验标准

E. 工程量清单计量规则是建设工程计价的依据

2. 以平方米为计量单位的有(　　)。

A. 石灰稳定土底基层　　B. 搭板、埋板下石灰稳定土底基层

C. 石灰稳定土基层　　D. 抛石防护

E. 土钉支护的喷射混凝土

3. 关于工程计量规则,下列说法错误的是(　　)。

A. 水泥混凝土的计量倒角不超过 0.25m×0.25m 时不扣除

B. 用于填方的土方量,应按压实后的纵断面高程和路床面为准来计量

C. 承包人驻地建设和施工标准等主要工程内容的计量特点是均以总额为单位计量

D. 路基填筑的填料中石料含量为 40% 时,应按利用土方算

E. 不符合合同文件要求的工程不予以计量

4. 下列关于桥梁工程量计量规则,下列说法错误的是(　　)。
   A. 基坑挖方按底、顶面间平均高度的棱柱体体积,以立方米(m^3)为单位计量
   B. 挖孔灌注桩桩长按桩底高程至承台底面或系梁底面计量
   C. 结构混凝土工程直径小于300mm的管子、泄水孔或桩所占混凝土体积不予扣除
   D. 基坑开挖侧面:按顶面到底面,以超出基底周边0.7m的竖直面为界
   E. 预制梁、梁端堵头板等构件的吊环钢筋不需计量
5. 固定钢筋的材料、(　　)、钢板、钢丝作为钢筋作业的附属工作,不另行计量。
   A. 定位架立钢筋　B. 吊装钢筋　C. 钢筋接头　D. 现浇混凝土边沟
   E. 混凝土挡土墙钢筋
6. 路面及中央分隔带排水以米计量的是(　　)。
   A. 纵向雨水沟(管)
   B. 混凝土路肩排水沟
   C. 路肩排水沟沙砾垫层(路基填筑中已计量者除外)
   D. 拦水带
   E. 中央分隔带回填土
7. 下列工程中以平方米(m^2)计量的是(　　)。
   A. 沥青表面处治　B. 石灰稳定土底基层
   C. 沥青封层　D. 培土路肩
   E. 中央分隔带回填土
8. 关于挖方路基的计量正确的有(　　)。
   A. 路基土石开挖数量包括边沟、排水沟、截水沟,以立方米(m^3)计量
   B. 超过图纸规定尺寸的开挖,不予计量
   C. 超过图纸规定尺寸的开挖,按实际开挖体积计量
   D. 弃方的运输,不予计量
   E. 挖除路基范围内非适用材料及淤泥(不包括借土场)的数量,应以承包人测量,并经监理人审核批准的断面或实际范围为依据的计算数量,以平方米计量。
9. 在填筑路堤的土石方数量计量中,对下列工作内容处理方法正确的有(　　)。
   A. 零填挖路段的翻松、压实不另计量
   B. 借土填方、按压实的体积以立方米(m^3)计量
   C. 临时排水以及超出图纸要求以外的超填,均不计量
   D. 零填挖路段的换填土,按天然方的体积,以立方米(m^2)计量
   E. 路基填料中石料含量等于或大于70%时,按土石混填路堤计量
10. 桥梁上部结构现浇整体化混凝土在计量时,依据图纸所示体积分不同强度等级以立方米为单位计量;(　　)计入本子目。
   A. 绞缝混凝土　B. 耳背墙混凝土
   C. 湿接缝混凝土　D. 先简支后连续现浇接头混凝土
   E. 墩梁固结混凝土
11. 桥梁现浇混凝土附属结构计量时,依据图纸所示体积分不同强度等级混凝土以立方米为单

位计量。现浇路缘石、(　　)、支座垫石等列入本子目。

A. 人行道　B. 防撞墙　C. 栏杆　D. 桥头搭板

E. 墩梁固结混凝土

12. 桥梁工程(　　)的工作内容均不作计量。

A. 防水处理　B. 小型钢构件

C. 结构混凝土工程　D. 钻孔灌注桩

E. 预制构件的安装

三、简答题

1. 简述工程量清单计量规则组成。
2. 简述清单工程量计量规则作用。

四、综合计算题

1. 某高速公路第×合同段长20km,路基宽度24m,其中挖方路段长5.4km,填方路段长14.6km。招标文件图纸的路基土石方表的主要内容见表8-2-1。

表8-2-1　招标文件图纸的路基土石方表的主要内容表

挖方				本桩利用方			远运利用方		借方
普通土/m^3	硬土/m^3	软石/m^3	次坚石/m^3	普通土/m^3	硬土/m^3	石方/m^3	土方/m^3	石方/m^3	普通土/m^3
305000	320000	354000	300000	50000	35000	105000	385000	500000	700000

注:表中挖方、利用方指天然密实方;借方指压实方。硬土均全部利用。

根据招标文件技术规范规定,路基挖方包括土石方的开挖和运输,路基填筑包括土石方的压实,借土填方包括土方的开挖、运输和压实费用,工程量清单格式见表8-2-2。

表8-2-2　工程量清单格式

细目编号	细目名称	数量/m^3	单价/元	金额
203-1-a	挖土方			
203-1-b	挖石方			
204-1-a	利用土方填土			
204-1-b	利用石方填土			
204-1-c	借土填方			

问题:

(1)请计算各支付细目的计量工程量。

(2)请计算各支付细目应分摊的整修路拱的工程量。

(3)请计算各支付细目应分摊的整修边坡的工程量。

2. 某三级公路路基土石方工程,挖土方总量180000m^3,其中:松土10000m^3、普通土120000m^3、硬土50000m^3。利用开挖土方作填方用,利用天然密实松土5000m^3、普通土120000m^3、硬土40000m^3。开炸石方总量140000m^3,利用开炸石方作填方用,利用石方天然密实方50000m^3。填方压实方430000m^3。

问题:计算路基设计断面方、计价方、利用方、借方和弃方数量,计算结果保留整数。系数表

见表8-2-3:

表8-2-3 系数

公路等级	松土	普通土	硬土	石方
二级及以上等级	1.23	1.16	1.09	0.92
三级、四级公路	1.11	1.05	1.00	0.84

注:1. 当填方为借方时,应在上表的基础上增加0.03的土方运输损耗。

2. 数据来源现行《公路工程预算定额》。

3. 某山区高速公路,路基宽24.5m,有一大桥,桥梁全长636.4m,左右两幅等宽,单幅桥面宽0.5m(防撞墙)+净长11m+0.5m(防撞墙),双向横坡,平均墩高20m,桥头路基可作预制场使用。上部构造为21m×30m装配式预应力混凝土T梁结构,等跨布置预制T梁10片,梁高2.0m,梁底宽50cm,梁顶宽1.7m。

桥面铺装层:8cm厚C50混凝土现浇层、防水层和10cm厚沥青混凝土,埋设铸铁泄水管136个(每个重180kg)。

问题:计算桥面铺装的各项工程量(顺桥算至两桥台伸缩缝间)

4. 某隧道(含进出口各接长20m明洞)长7000m,洞身设计开挖断面积为180m^2,其中通过斜井开挖正洞长1800m,坡度为10°,Ⅳ级围岩占70%,Ⅲ级围岩占30%,洞外出渣1300m。

问题:请计算该隧道正洞开挖及出渣的工程量。

参考答案

一、单选题

1－5　ACBBC　6－10　CACAA　11－15　CCABC　16－20　ABADA　21－25　AAAAC
26－28　ACC

二、多选题

1. ABCD　2. ACE　3. AD　4. CD　5. ABC　6. ABD　7. ABC　8. ABD　9. ABC　10. ACD
11. ABCD　12. ABE

三、简答题

1. 答：子目号、子目名称，单位，工程量计量，工程内容。
2. 答：工程量计量规则作为合同的重要组成部分，为工程的合理计量提供依据：
（1）招标人编制工程量清单时，确定工程数量的依据。
（2）投标人投标报价的依据。
（3）施工结算时，是计量已完工程数量的依据。

四、综合计算题

1. 解：依题意求解
（1）查询公路等级土石方换算表，见表8－2－4，可得：
203－1－a 挖土方：$305000m^3+320000m^3=625000m^3$
203－1－b 挖石方：$354000m^3+300000m^3=654000m^3$
204－1－a 利用土方填土：
$[50000+385000-(320000-35000)]m^3\div1.16+320000m^3\div1.09=422888m^3$
204－1－b 利用石方填土：$(105000+500000)m^3\div0.92=657609m^3$
204－1－c 借土填方：$700000m^3$。

表8－2－4　公路等级土石方换算表

公路等级	土方			石方
	松土	普通土	硬土	
二级及以上等级公路	1.23	1.16	1.09	0.92
三、四级公路	1.11	1.05	1.00	0.84

注：路基填方为借方时，则应在上述系数基础上增加0.03的损耗。

（2）各支付细目分摊的整修路拱的工程数量计算：
挖方总量 $=625000m^3+654000m^3=1279000m^3$
填方总量 $=422888m^3+657609m^3+700000m^3=1780497m^3$
203－1－a 挖土方应分摊：$5400m\times24m\times625000m^3\div1279000m^3=63331m^2$
203－1－b 挖石方应分摊：$5400m\times24m\times654000m^3\div1279000m^3=66269m^2$
204－1－a 利用土方填土应分摊：$14600\times24\times422888m^3\div1780497m^3=83224m^2$

204 - 1 - b 利用石方填土应分摊:$14600m \times 24m \times 657609m^3 \div 1780497m^3 = 129417m^2$

204 - 1 - c 借土填方应分摊:$14600m \times 24m \times 700000m^2 \div 1780497m^2 = 137759m^2$

(3)各支付细目分摊的整修边坡的工程量计算:

203 - 1 - a 挖土方应分摊:$5.4km \times (625000m^3 \div 1279000m^3) = 2.639km$

203 - 1 - b 挖石方应分摊:$5.4km \times (654000m^3 \div 1279000m^3) = 2.761km$

204 - 1 - a 利用土方填土应分摊:$14.6km \times (422888m^3 \div 1780497m^3) = 3.468km$

204 - 1 - b 利用石方填土应分摊:$14.6km \times (657609m^3 \div 1780497m^3) = 5.392km$

204 - 1 - c 借土填方应分摊:$14.6km \times (700000m^3 \div 1780497m^3) = 5.740km$

2. 解:依题意求解

路基设计断面方数量:$180000 + 140000 + 430000 = 750000(m^3)$

利用方数量(压实方):$5000 \div 1.11 + 120000 \div 1.05 + 40000 \div 1 + 50000 \div 0.84 = 218314(m^3)$

计价方数量:$750000 - 218314 = 531686(m^3)$

借方数量:$430000 - 218314 = 211686(m^3)$

弃方数量:$180000 + 140000 - (5000 + 120000 + 40000 + 50000) = 105000(m^3)$

3. 解:依题意求解

8cmC50 混凝土现浇层:$21 \times 30 \times 11 \times 2 \times 0.08 = 1108.8(m^3)$

防水层:$21 \times 30 \times 11 \times 2 = 13860(m^2)$

10cm 厚沥青混凝土:$21 \times 30 \times 11 \times 2 \times 0.1 = 1386(m^3)$

铸铁泄水管:136(个)

4. 解:依题意求解工程量计算:

正洞开挖长度:$7000 - 20 \times 2 = 6960(m)$

Ⅲ级围岩开挖工程量:$6960 \times 180 \times 30\% = 375840(m^3)$

Ⅳ级围岩开挖工程量:$6960 \times 180 \times 70\% = 876960(m^3)$

进出口出渣开挖长:$6960 - 1800 = 5160(m)$

进出口出渣换算隧道长度:$6960 - 1800 = 5160(m)$

进出口出渣工程量:

Ⅲ级围岩:$5160 \times 180 \times 30\% = 278640(m^3)$

Ⅳ级围岩:$5160 \times 180 \times 70\% = 650160(m^3)$

斜井出渣工程量:

Ⅲ级围岩:$1800 \times 180 \times 30\% = 97200(m^3)$

Ⅳ级围岩:$1800 \times 180 \times 70\% = 226800(m^3)$

第三节　公路工程工程量清单编制

一、单选题(每题的备选项中,只有1个正确项)

1. (　　)标明的工程量是投标人投标报价的共同基础。
   A. 初步设计图　B. 施工图、设计图　C. 招标工程量清单　D. 合同协议书
2. 公路工程的工程量清单项目编号以五级编码设置,用阿拉伯数字或英文字母表示。一、二、三级编码统一。其中,第一级表示项顺序码:数字3表示的是(　　)。
   A. 路基　B. 桥梁、涵洞　C. 路面　D. 安全及预埋管线
3. 填方路基中路基填筑根据填料中石料含量不同,分为利用土方、利用石方、利用土石混填子目。当填料中石料含量大于(　　)时,为利用石方。
   A. 10%　B. 30%　C. 50%　D. 70%
4. 计日工劳务基本单价包括承包商劳务的全部(　　),如工资、加班费、津贴、福利费及劳动保护费等。
   A. 直接费用　B. 间接费用　C. 利润　D. 税金
5. 概算一般指的是(　　)阶段的技术经济文件。
   A. 项目建议书　B. 工程可行性研究　C. 初步设计　D. 施工图设计
6. (　　)的作用,是通过分析每一个子目的人工费、材料费、机械使用费、其他费用、管理费、税费和利润的组成明细情况,帮助现场的施工管理及作为项目结算时变更项目的参考。
   A. 标表1　B. 标表2
   C. 主要工料机用量分析表　D. 工程量清单单价分析表
7. 公路工程计量必须(　　)。
   A. 准确、真实、合法和及时　B. 公正、真实、合法和及时
   C. 合理、合法、准确和及时　D. 公开、公正、合法和及时
8. 下列事件中,不属于工程变更的是(　　)。
   A. 取消合同中某一项工作并转由发包人实施
   B. 提高质量标准
   C. 合同中的遗漏
   D. 追加某些工作
9. 根据我国现行合同条款,在合同履行过程中,承包人发现有变更情况的,可向监理人提出(　　)。
   A. 变更指示　B. 变更意向书　C. 变更建议书　D. 变更报价书
10. 公路工程较大设计变更由(　　)负责审批。
    A. 施工单位　B. 项目法人　C. 省级交通主管部门　D. 交通运输部
11. 由于设计变更,造价工程师在审核承包人提出的变更价款是否合理时,(　　)是确定的基础。
    A. 类似于变更工程的合同价格　B. 施工定额计价

C. 设计单位提出的变更价格　　D. 业主提出的变更价格

二、多选题(每题的备选项中,有2个或2个以上符合题意,至少有1个错项)

1. 建设工程工程量清单是包含分部分项工程项目、(　　)的名称和相应数量等的明细清单。
   A. 措施项目　　B. 其他项目　　C. 规费项目　　D. 税金项目
   E. 计日工项目
2. 公路工程的工程量清单是由分部分项工程量清单、(　　)组成的明细清单。
   A. 计日工清单　　B. 暂估价清单　　C. 专项暂定金额　　D. 税金清单
   E. 规费清单
3. 根据现行《公路工程标准施工招标文件》的"第八章工程量清单计量规则",挖土方依据图纸所示地面线、路基设计横断面图,采用平均断面面积法计算的土方,包括(　　),按照天然密实体积以立方米为单位计量。
   A. 边沟　　B. 排水沟　　C. 截水沟　　D. 挡土墙
   E. 涵洞
4. 石灰改良土的工程量计量规则为依据图纸所示位置和断面尺寸,对不良填料进行掺石灰改良处理,按不同掺灰量的压实体积,以立方米为单位计量,包括(　　)。
   A. 石灰的购置　　B. 石灰的消解　　C. 石灰土的拌和　　D. 土方的挖运
   E. 石灰土的压实
5. 公路工程招标人编制的工程量清单应由(　　)、其他说明及工程量清单等内容组成。
   A. 工程量清单说明　　B. 计日工说明　　C. 措施项目清单　　D. 投标报价说明
   E. 规费清单
6. 计日工明细表包括总则、(　　)等内容。
   A. 计日工劳务　　B. 计日工材料　　C. 计日工施工机械　　D. 标表1
   E. 单价分析表
7. 公路工程计量与支付的基本原则有(　　)。
   A. 合同原则　　B. 公正性原则　　C. 时效性原则　　D. 质量性原则
   E. 平等性原则
8. 公路工程计量的范围一般是(　　)。
   A. 征地拆迁的内容　　B. 技术规范所包含的内容
   C. 工程量清单所包含的内容　　D. 建设单位管理费用
   E. 承包人建设费用
9. 公路工程工程量清单从微观上可以分为哪几个面(　　)?
   A. 工程量计算　　B. 工程量计价　　C. 工程计量支付　　D. 技术规范
   E. 工程量管理
10. 计量单位一般有(　　)。
   A. 计日工　　B. 万元　　C. 物理计量单位　　D. 自然计量单位
   E. N/m^2

三、简答题

1. 简述公路工程工程量清单的作用。

2. 简述工程量清单的组成。
3. 简述计日工明细表包括的内容。

四、综合计算题

1. 某大桥为 5m × 25m 预应力混凝土分体小箱梁桥，桥梁全长 133m，下部构造采用重力式桥台和柱式桥墩，桥台高 8.6m，桥墩高 9.1m。

   桥梁下部结构主要工程数量为：U 形桥台 C30 混凝土 487.8m^3，台帽 C40 混凝土 190.9m^3；柱式桥墩立柱 C40 混凝土 197.7m^3，盖梁 C40 混凝土 371.7m^3。

   问题：根据给定桥梁下部结构相关数据，编制桥梁下部结构工程量清单。

2. 某一级公路路基段长 22km，路基宽 8.5m，行车道宽 7m。路面结构：上面层为 4cm 细粒式沥青混凝土，中面层为 6cm 中粒式沥青混凝土，下面层为 7cm 粗粒式沥青混凝土，基层为 20cm（5%）水泥稳定碎石，垫层为 20cm 碎石（基层宽度 7.5m、垫层宽度 8m），半刚性基层上设乳化沥青透层，沥青混凝土层间设乳化沥青黏层。C25 混凝土纵向排水沟 1565m。

   问题：根据上述相关数据按现行《公路工程标准施工招标文件》编制路面工程工程量清单。

参考答案

一、单选题

1－5　CCDAC　6－10　DAACC　11　A

二、多选题

1. ABCD　2. ABC　3. ABC　4. ABC　5. ABD　6. ABC　7. ABC　8. BC　9. ABCD　10. CD

三、简答题

1. 答:(1)招标工程量清单标明的工程量是投标人投标报价的共同基础。
(2)工程量清单实现了“量价分离”。
(3)工程量清单可以作为计价和询标、评标的基础。
(4)工程量清单为施工过程中支付工程进度款和办理竣工结算以及工程索赔提供了依据。
(5)有利于最高投标限价的管理与控制。

2. 答:(1)工程量清单说明。
(2)投标报价说明。
(3)计日工说明。
(4)其他说明。
(5)工程量清单。

3. 答:计日工明细表包括总则、计日工劳务、计日工材料、计日工施工机械等内容。

四、综合计算题

1. 解:依题意求解
工程量清单如表8－3－1所示。

表8－3－1　工程量清单

子目号	子目名称	计量单位	工程数量
410－2	下部结构混凝土		
410－2－a	重力式U形桥台		
410－2－a－1	C30混凝土台身	m^3	487.8
410－2－a－2	C40混凝土台帽	m^3	190.9
410－2－e	柱式桥墩		
410－2－e－1	C40混凝土桥墩	m^3	197.7
410－2－e－2	C40混凝土盖梁	m^3	371.7

2. 解:依题意求解
(1)路面工程量计算:
沥青路面面积:$22000\times7=154000(m^3)$
20cm厚水稳基层数量:$22000\times7.5=165000(m^3)$
碎石垫层数量:$22000\times8=176000(m^3)$

透层数量：$22000 \times 7.5 = 165000(m^3)$

粘层数量：$22000 \times 7.0 \times 2 = 308000(m^3)$

(2)本项目路面工程工程量清单见表8－3－2：

表8－3－2　路面工程工程量清单

子目号	子目名称	单位	数量	单价	合价
	清单第300章路面				
302	垫层				
302－1	碎石垫层				
－a	厚200mm碎石垫层	m^2	176000		
304	水泥稳定土底基层、基层				
304－3	水泥稳定土基层				
－a	厚250mm水泥稳定碎石	m^2	165000		
308	透层与黏层				
308－1	乳化沥青透层	m^2	165000		
308－2	改性乳化沥青黏层	m^2	308000		
309	热拌沥青混合料面层				
309－1	细粒式沥青混凝土				
－a	厚40mm上面层改性沥青混凝土	m^2	154000		
309－2	中粒式沥青混凝土				
－a	厚60mm中面层沥青混凝土	m^2	154000		
309－3	粗粒式沥青混凝土				
－a	厚80mm下面层沥青混凝土	m^2	154000		
314	路面及中央分隔带排水				
314－2	纵向雨水沟(管)				
－a	C25C25混凝土纵向排水沟	m	1565		

第九章　公路工程计价

第一节　公路工程建设项目投资组成

一、单选题(每题的备选项中,只有1个正确项)

1. (　　)是施工图设计阶段编制的技术经济文件。

A. 概算　B. 预算　C. 估算　D. 决算

2. 下列技术经济文件中,编制深度最详细的是(　　)。

A. 概算　B. 预算　C. 估算　D. 修正概算

3. 下列文件中,(　　)是概预算文件中的乙组文件。

A. 概(预)算表(01表)　B. 建筑安装工程费计算表(03表)

C. 设备费计算表(05表)　D. 施工机械台班单价计算表(24表)

4. 现行一般计税模式的增值税税率是(　　)。

A. 11%　B. 13%　C. 10%　D. 9%

5. 按照工地建设标准化要求,承包商驻地费用属于(　　)。

A. 直接费　B. 措施费　C. 企业管理费　D. 专项费用

6. 施工辅助费的计算基数是(　　)。

A. 定额人工费　B. 定额施工机械使用费

C. 定额直接费　D. 定额人工费与定额施工机械使用费之和

7. 应急保通设备购置费属于(　　)。

A. 专项费用　B. 设备购置费　C. 建安费　D. 生产准备费

8. 自采材料料场价格计算表属于预算文件中的(　　)文件。

A. 甲组　B. 乙组　C. 丙组　D. 丁组

9. 项目所在地海拔超过3000m以上,人工、材料、机械基价乘以(　　)。

A. 1.0　B. 1.2　C. 1.3　D. 1.5

10. 已知某建筑材料的供应价格为30000元/吨,材料运杂费为1000元/吨,采购及保管费率2%,运输损耗率1%,则该材料的运输损耗为(　　)元/吨。

A. 300.0　B. 316.2　C. 324.5　D. 310.0

二、多选题(每题的备选项中,有2个或2个以上符合题意,至少有1个错项)

1. 投资估算文件可按不同的需要分为甲、乙组文件。下列属于甲组文件的有(　　)。

A. 编制说明　B. 前后阶段费用对比表

C. 分项工程估算表(21-2表)　D. 建筑安装工程费计算表(03表)

E. 总估算汇总表(01-1表)

2. 建筑安装工程费中构成直接费的有(　　)。

A. 定额人工费
B. 定额机械费
C. 材料费
D. 人工费
E. 机械费

3. 措施费中以各类工程的定额人工费和定额施工机械使用费之和为基数计算的有(　　)。
A. 冬期施工增加费
B. 雨期施工增加费
C. 夜间施工增加费
D. 行车干扰施工增加费
E. 施工辅助费

4. 企业管理费由(　　)和职工取暖补贴组成。
A. 基本费用
B. 主副食运费补贴
C. 职工探亲路费
D. 财务费用
E. 管理人员工资

5. 规费包含(　　)。
A. 养老保险费
B. 失业保险费
C. 工伤保险费
D. 教育费附加
E. 医疗保险费

6. 承包商的索赔要求成立的条件有(　　)。
A. 与合同相比较,已造成了实际的额外费用增加或工期损失
B. 造成费用增加或工期损失的原因不是由于承包商的过失导致的
C. 按合同规定不应由承包商承担的风险
D. 承包商在事件发生后的规定时限内提出了索赔的书面意向通知
E. 以上任意一种情况出现均可索赔

7. 定额的费用项目划分为不变费用和可变费用两类,其中不变费用包括(　　)。
A. 人工费
B. 折旧费
C. 动力燃料费
D. 检修费
E. 安拆辅助

8. 生产人员培训费包括(　　)。
A. 培训人员的工资
B. 培训人员的差旅交通费
C. 培训及教学实习费
D. 生产人员的意外保险
E. 学习资料费

9. 在编制投标工程量清单时,基础标价中的设备购置费包括(　　)。
A. 设备原价
B. 工器具购置费
C. 运杂费
D. 运输保险费
E. 设备安装费

三、简答题

1. 简述概、预算费用的组成。
2. 简述定额建筑安装工程费包括的内容。
3. 简述规费包含的内容。

四、综合计算题

1. 某公路工程人工夯实填土,工程量为 3000m^3,在该地区发布的人工单价是 105 元/工日,试确定该项目的预算人工费。
2. 某箱形拱桥工程中预制主拱圈 300m^3,需要运输水泥,原价为 350 元/t,运距 40km,运价率为 0.3 元/(t·km),装卸费为 1.0 元/t,试计算水泥的材料费。
3. 某路基工程土方约为 3000m^3,土为普通土,推土机施工,功率 90kW 以内,推土机运距 50m,柴油单价为 7.3 元/kg,人工单价为 105 元/工日,试确定推土机的机械费。

参考答案

一、单选题

1－5　BBDDD　6－10　CDBCD

二、多选题

1. ABDE　2. CDE　3. ABCD　4. ABCD　5. ABCE　6. ABCD　7. BDE　8. ABCE　9. ACD

三、简答题

1. 答：我国现行公路建设项目的概、预算费用由五大部分费用组成，即建筑安装工程费，工程建设其他费用，土地使用及拆迁补偿费，预备费、建设期贷款利息。
2. 答：定额建筑安装工程费包括定额直接费、定额设备购置费的40%、措施费、企业管理费、规费、利润、税金和专项费用，定额直接费包括定额人工费、定额材料费、定额施工机械使用费。
3. 答：(1)养老保险费。(2)失业保险费。(3)医疗保险费。(4)工伤保险费。(5)住房公积金。

四、综合计算题

1. 解：依题意求解

查预算定额表“1－1－7 夯实填土”，定额值为85 工日/1000m^3

人工费＝3000×(85/1000)×105＝26775(元)

2. 解：依题意求解

(1)计算水泥的材料预算价格查得水泥的毛重系数为1.01。

水泥的单位运杂费＝(0.3×40＋1.0)×1.01＝13.13(元/t)

水泥的场外运输损耗率为1.0%，采购及保管费费率为2.06%，水泥的预算价格为：

水泥的预算价格＝(350＋13.13)×(1＋1.0%)×(1＋2.06%)＝374.32(元/t)

(2)计算该项目中水泥的材料费

查预算定额“预制双曲拱桥构件”知每10m^3 实体需要42.5 级水泥4.474t。水泥的材料费＝工程量×相应的定额×材料预算价格＝300×(4.474/10)×374.32＝50241.23(元)

3. 解：依题意求解

(1)确定推土机的定额：

查《公路工程预算定额》表1－1－12 得推土机的定额值为2.15＋(50－20)×0.72÷10＝4.31(台班)。

(2)计算推土机的台班单价：

查《公路工程机械台班费用定额》，90kW 推土机的不变费用是347.89 元/台班；可变费用是人工为2 工日/台班，柴油为65.37kg/台班。

推土机的台班单价＝不变费用＋可变费用＝347.89＋2×105＋65.37×7.3＝1035.09(元/台班)

计算推土机的机械费用＝3000×4.31÷1000×1035.09＝13383.71(元)。

第二节　公路工程定额体系

一、单选题(每题的备选项中,只有1个正确项)

1. 编制公路工程施工图预算时,对于周转性材料如确因施工安排达不到规定的周转次数时,可根据具体情况进行抽换并按规定计算回收,主要是指(　　)。

A. 就地浇筑钢筋混凝土梁、板桥上部构造用的支架及拱圈用的拱盔、支架

B. 模板(木模或组合钢模)

C. 定型钢模板

D. 隧道临时支撑

2. 公路工程概算定额和预算定额中路基土方的计量单位 $1000m^3$ 指(　　)。

A. 设计断面方体积加一定百分数

B. 设计断面方体积

C. 挖方天然密实方和填方压实方体积分别计算

D. 计价方体积

3. 在编制桥涵砌筑墩、台混凝土预制块工程细目施工图预算时,其预制块定额工程量应(　　)。

A. 大于设计工程量　B. 小于设计工程量　C. 等于设计工程量　D. 与设计工程量无关

4. 在编制圆管涵施工图预算时,其预制构件的定额工程量应(　　)。

A. 大于设计工程量　B. 小于设计工程量　C. 等于设计工程量　D. 与设计工程量无关

5. 在编制施工图预算时,当水泥砂浆,混凝土的强度等级与预算定额的规定不同时,根据规定(　　)。

A. 允许对其调整　　B. 不允许调整

C. 仅允许对混凝土调整　　D. 仅允许调整水泥用量

6. 在编制概(预)算时,概(预)算定额中的工程量计量单位(　　)。

A. 允许改变　　B. 不允许改变

C. 可按设计文件中的计量单位采用　　D. 自行确定

7. 在编制公路工程概(预)算计算计价工程量时,挖方数量按(　　)计算。

A. 设计断面松方体积　　B. 设计断面压实体积

C. 设计断面天然密实体积　　D. 设计断面混合体积

8. 在编制公路工程概(预)算计算计价工程量时,借方数量按(　　)计算。

A. 设计断面松方体积　　B. 设计断面压实体积

C. 设计断面天然密实体积　　D. 设计断面混合体积

9. 在编制公路工程概(预)算计算计价工程量时,填方数量按(　　)计算。

A. 设计断面松方体积　　B. 设计断面压实体积

C. 设计断面天然密实体积　　D. 设计断面混合体积

10. 在编制公路工程概(预)算计算计价工程量时,利用方数量按(　　)计算。

A. 设计断面松方体积　　B. 设计断面压实体积

C. 设计断面天然密实体积　　D. 设计断面混合体积

二、多选题(每题的备选项中,有2个或2个以上符合题意,至少有1个错项)

1. 按定额的用途分类,定额分为(　　)。

A. 施工定额　　B. 预算定额　　C. 概算定额　　D. 估算指标

E. 劳动消耗定额

2. 组成材料预算价格的费用有(　　)。

A. 材料原价　　B. 供销部门手续费　　C. 采购保管费　　D. 包装费

E. 场内运输费

3. 机械台班单价的组成内容包括(　　)。

A. 折旧费　　B. 大修理费　　C. 经常修理费　　D. 安拆费及场外运输费

E. 施工机构迁移费

4. 按照专业性质分类,工程建设定额可分为(　　)。

A. 通用定额　　B. 全国统一定额　　C. 行业通用定额　　D. 行业统一定额

E. 专业专用定额

5. 折旧费的计算依据包括(　　)。

A 机械预算价格　　B. 残值率　　C. 机械现场安装费　　D. 贷款利息系数

E. 耐用总台班数

6. 按定额反映的物质消耗内容分类,可以把工程建设定额分为(　　)。

A. 建筑工程定额　　B. 设备安装工程定额

C. 劳动消耗定额　　D. 机械消耗定额

E. 材料消耗定额

7. 工程定额具有(　　)等特点。

A. 复杂性　　B. 时效性　　C. 一次性　　D. 权威性

E. 法令性

8. 施工定额是由(　　)组成的。

A. 劳动定额　　B. 机械定额　　C. 材料定额　　D. 直接费定额

E. 企业定额

9. 制定人工时间定额考虑的时间有(　　)。

A. 工作时间　　B. 辅助工作时间

C. 施工本身造成的停工时间　　D. 休息时间

E. 偶然工作时间

10. 机械台班产量定额应通过(　　)确定。

A. 机械1小时纯工作正常生产率　　B. 工作班延续时间

C. 机械正常利用系数　　D. 劳动定额

E. 多余工作时间

三、简答题

1. 简述定额的基本组成。

2. 简述定额按用途的分类。
3. 简述定额抽换的条件。

四、综合计算题

1. 确定人工挖运普通土(手推车运土)运 50m,重载运输升 8% 的坡的预算定额。
2. 某混凝土工程写实观测的条件符合正常的施工条件,观测对象是 6 名工人,整个过程完成的混凝土工程量为 $32m^3$。

   基本工作时间 300min,施工过程中因没有水泥而停工时间 15min,因停电耽误时间 12min,辅助工作时间占基本工作时间 1% ,准备结束时间为 20min,工人上班迟到时间 8min,不可避免中断时间测时为 10min,休息时间占定额时间的 20% ,下班早退时间 5min。

   问题:

   试计算该工作劳动定额的时间定额和产量定额。
3. 青银高速的沥青混凝土路面基层摊铺工程,厚度为 36cm,路面宽 26. 0m,路段长 10km,查定额知:人工定额为 4. 2 工日/$1000m^2$,6 ~ 8t 光轮压路机定额为 0. 14 台班/$1000m^2$,12 ~ 15t 光轮压路机定额为 1. 27 台班/$1000m^2$,计算所需人工劳动量及压路机作业量。
4. 某水泥、石灰稳定土基层工程,筛拌法,设计配合比为 5. 5∶3. 5∶91,厚度为 23cm,确定水泥、石灰、土的实用预算定额值。
5. 某浆砌片石基础工程,设计采用 M10 砂浆,问编制预算时是否要进行定额抽换,如何进行抽换?
6. 某石砌桥墩高 19m,用 M12. 5 砂浆砌料石、镶面。试确定该项目的预算定额。
7. 某桥梁工程以手推车运预制构件,每个构件的重量均小于 0. 3t,需构件出坑堆放,运输重载升 4% 的坡,运距 84m,确定预算定额。
8. 某桥梁拱盔宽度 18m,净跨径 30m,拱矢度 1/4,起拱线至地面高度 12m,全桥 5 孔。确定 2 孔的拱盔立面积、支架立面积和该桥满堂式木拱盔人工、基价预算定额值。
9. 用《公路工程预算定额》确定自卸汽车配合挖掘机联合作业 $1000m^3$ 普通土所消耗的人工、机械数量。(8t 自行汽车运距 3. 0km,挖掘机挖斗容积 $1. 0m^3$)

参考答案

一、单选题

1－5　ACBAA　6－10　BCBBB

二、多选题

1. ABCD　2. ABCD　3. ABCD　4. ACE　5. ABDE　6. CDE　7. BD　8. ABC　9. ABD　10. ABC

三、简答题

1. 答：现行《公路工程概算定额》和《公路工程预算定额》的组成部分均包括：颁发定额的文件号；目录；总说明；章、节说明；定额表。预算定额还包括附录。
2. 答：(1)施工定额。(2)预算定额。(3)概算定额。(4)估算指标。
3. 答：只有在以下几种情况下，才允许对定额中某些项目进行抽换，使定额的使用更符合实际情况。

(1)就地浇筑钢筋混凝土梁用的支架及拱券用的拱盔、支架，如确因施工安排达不到规定的周转次数，可根据具体情况进行换算并按规定计算回收。

(2)在使用预算定额时，路面基层材料、混凝土、砂浆的配合比与定额不相符，以及水泥强度等级与定额中的水泥强度等级不同时，水泥用量可按预算定额附录二的基本定额中的混凝土、砂浆配合比表进行换算。

(3)钢筋工程中，当设计用Ⅰ、Ⅱ级钢筋比例和定额比例不同时，可进行换算。

(4)如施工中必须使用特殊机械，可按具体情况进行换算。

四、综合计算题

1. 解：依题意求解

(1)由预算定额目录可知该定额在第10页，定额表号为1－1－6。

(2)确定定额号为[1－1－6－2＋4]或[1－1－6－2，辅助定额为1－1－6－4]。

(3)该定额小注4规定：如遇升降坡，除按水平运距计算运距外，并按坡度不同需增加运距，重新计算运距为50＋50×8%×15＝110(m)，具体规定见预算定额第10页。

(4)计算定额值。

人工：$145.5+5.9\times5.9\times\frac{110-20}{10}=198.6$(工日/1000$m^3$)；

基价：$15464+627\times\frac{110-20}{10}21107$(元)。

2. 解：依题意求解

(1)设定额时间为x，则有：

$x=300+300\times1\%+20\%x+20+10$

$x=416.25$(min)

(2)时间定额：

$416.25\times6\div60\div8\div32=0.163$(工日/$m^3$)

(3)产量定额:

1 ÷0.163 =6.135(m^3/工日)

3. 解:依题意求解

工程量 =26 ×10000 =260(1000m^2)

根据章说明第一条(定额 163 页)知:各类稳定土基层、级配碎石、级配砾石基层的压实厚度在 15cm 以内,填隙碎石一层压实厚度在 12cm 以内,垫层、其他种类的基层和底基层压实厚度在 20cm 以内,拖拉机、平地机、摊铺机和压路机的台班消耗按定额数量计。如超过以上压实厚度进行分层拌和、碾压时,拖拉机、平地机、摊铺机和压路机的台班消耗按定额数量加倍计算,每 1000m^2 增加人工 1.5 工日。

本工程所需人工劳动量 =(4.2 +1.5) ×260 =1482(工日)

6 ~8t 光轮压路机的作业量 =0.14 ×2 ×260 =72.8(台班)

12 ~15t 光轮压路机的作业量 =1.27 ×2 ×260 =660.4(台班)

4 解:依题意求解

水泥、石灰稳定土基层见[190 -2 -1 -6 -1 +2]。定额表中的配合比与实际设计的配合比不符,根据此处的说明 2,各类稳定土基层定额中的材料消耗系按一定配合比编制的,当设计配合比与定额标明的配合比不同时,有关材料可按下式进行换算:

$$C_i = [C_d + B_d \times (H - H_0)] \times \frac{L_i}{L_d}$$

式中:C_i——按设计配合比换算后的材料数量;

C_d——定额中基本压实厚度的材料用量;

B_d——定额中压实厚度每增减 1cm 的材料数量;

H_0——定额的基本压实厚度;

H——设计的压实厚度;

L_d——定额中标明的材料百分率;

L_i——设计配合比的材料百分率。

查定额表计算得:

水泥用量 =[20.392 +1.02 ×(23 -20)] ×5.5/6 =21.498(t)

石灰用量 =[14.943 +0.747 ×(23 -20)] ×3.5/4 =15.036(t)

土用量 =[268.07 +13.4 ×(23 -20)] ×91/90 =311.695(m^3)

5. 解:依题意求解

(1)由预算定额目录可知定额在 628 页,定额表号为[4 -5 -2]。

(2)定额中需砂浆 M7.5,而设计是 M10,需进行定额抽换。

(3)抽换方法:

①由 628 -4 -5 -2 -1 定额查得:每 10m^2 的实体需 M7.5 砂浆 3.5m^3,M32.5 水泥 0.93lt,砂 3.82m^3(其余不需抽换)。

②由 1213 页基本定额知:1m^2M10 号砂浆需:M32.5 水泥 311kg,砂 1.07m^3。③采用 10 号砂浆时 M32.5 水泥为 3.5 ×0.311 =1.089t,中砂为 3.5 ×1.07 =3.745m^2。

6. 解:依题意求解

根据预算定额砌筑工程节说明1,可知因采用M12.5砂浆砌筑,应对定额中的M7.5砂浆进行抽换。

(1)料石砌筑、镶面定额,定额表为表4-5-4。

(2)抽换说明:由于镶面料石的砌筑砂浆采用M12.5取代原M7.5,所以应进行抽换。

①由表4-4查得M7.5砂浆$2.00m^3/10m^2$;水泥0.56t、中砂$2.28m^3$。

②由基本定额的砂浆配比表查得:每配制$1m^3$ M12.5砂浆,需32.5级水泥345kg、$1.07m^3$;而每砌筑$10m^2$料石需砌筑砂浆$2.0m^3$和勾缝砂浆$0.09m^2$,那么根据此比例得出如下抽换计算:

水泥:$2.0\times0.345+0.09\times0.345=0.721(t)$

中砂:$1.07\times2.0+1.07\times0.09=2.236(m^3)$

7. 解:依题意求解

答:(1)由《预算定额》目录可知该定额表号为4-8-1。

(2)确定定额号为[4-8-1-1+2]或[4-8-1-1,辅助定额4-8-1-2]。

(3)该定额节说明1、3、4规定:本节的各种运输运距超过第一个定额运距单位时,其运距尾数不足一个定额单位的半数时不计,超过半数时按一个定额运距单位计算;本节定额未列构件出坑堆放的定额,如需出坑堆放,可按相应构件运输第一个运距单位定额计列;当运输遇到升降坡时,按定额该节规定的系数进行换算。其具体规定见《预算定额》816页节说明。

(4)计算定额值:

人工:$1.4+1.4+0.2\times(80-10)/10\times1.5=4.9$(工日)

其他材料费:14.4(元)

基价:$163+163+21\times7\times1.5=546.50$(元)

8. 解:依题意求解

答:(1)由《预算定额》目录可知拱盔的定额表号为4-9-2。

(2)确定拱盔的定额号为[4-9-2-3]。

(3)该定额节说明1、9、10规定:桥梁拱盔、木支架及简单支架均按有效宽度8.5m计,钢支架按有效宽度12.0m计,如实际宽度与定额不同时可按比例换算。说明9、10给出了工程量的计算方法。其具体规定见《预算定额》833页节说明。

(4)计算工程量:

拱盔立面积工程量:$F=2\times0.172\times30^2=309.6(m^2)$

支架立面积工程量:$F=30\times12\times2=720(m^2)$

(5)计算定额值:

人工:$30.3\times(18/8.5)=64.16$(工日)

基价:$5556\times(18/8.5)=11765.65$(元)

9. 解:依题意求解

根据路基工程的土石方工程查《预算定额》[1-1-1-3+4]。

工程内容:1)等待装、运、卸;2)空回。定额单位:$1000m^3$天然密实方。

分析工艺流程,缺挖土工序,补查《预算定额》[1-1-9-5]。

工程内容:挖掘机就位,开辟工作面,挖土,装车,移位,清理工作面。

定额单位:1000m^3 天然密实方。

分析两表的工艺流程,合并相加后,定额单位1000m^3,工程数量为1000m^3,则消耗的人工、机械数量为:

人工:$3.1/1000 \times 1000 = 3.1$(工日)

挖掘机:$1.98/1000 \times 1000 = 1.98$(台班)

自卸汽车:$[8.25 + 1.15 \times (3 - 1)/0.5]/1000 \times 1000 = 12.85$(台班)

第三节　公路工程投资估算编制

一、单选题(每题的备选项中,只有1个正确项)

1. 下列关于投资估算作用的说法,错误的是(　　)。
   A. 项目建议书阶段的投资估算,是项目主管部门审批项目建议书的依据之一,还对设计概算起参考作用
   B. 项目可行性研究阶段的投资估算是项目投资决策的重要依据
   C. 项目投资估算是核算建设项目固定资产投资需要额和编制固定资产投资计划的重要依据
   D. 项目投资估算是进行工程设计招标、优选设计方案的依据之一,也是工程限额设计的依据
2. 投资估算项目编码分项编号中的项、目节、分别由(　　)组成。
   A. 2位数,2位数,2位数　　B. 2位数,1位数,1位数
   C. 2位数,2位数,1位数　　D. 1位数,2位数,2位数
3. 下列关于投资估算文件的说法,正确的是(　　)。
   A. 投资估算文件根据建设单位资质分为甲、乙组文件
   B. 甲组文件为各项费用计算表,乙组文件为建筑安装工程费各项基础数据计算表
   C. 乙组文件中的"分项工程估算表"只提交电子版,相关部门收到后自行打印
   D. 投资估算应按一个单项工程进行编制
4. 下列关于投资估算项目编制的说法,正确的是(　　)。
   A. 投资估算项目按内容编制即可
   B. 当实际出现的工程和费用项目与项目表的内容不完全相符时,第一、二、三、四部分和"项"的序号、内容可根据具体情况进行调整
   C. 投资估算项目由五部分费用构成
   D. 当实际出现的工程和费用项目与项目表的内容不完全相符时,应保留缺少的"目""节"及"细目"的序号
5. 投资估算编制依据的内容不包括(　　)。
   A. 国家发布的有关法律、法规
   B. 有关合同、协议
   C. 批准的项目建议书
   D. 初步设计图纸等设计文件、工程施工方案
6. 下列关于投资估算的说法,错误的是(　　)。
   A. 公路工程投资估算包括项目建议书投资估算和工程可行性研究报告投资估算
   B. 投资估算是对拟建的公路项目的部分投资费用进行的预测
   C. 可行性研究报告投资估算是编制初步设计概算或施工图预算(采用一阶段设计时)的限制条件

D. 初步设计概算编制,必须严格控制在投资估算的允许范围内

二、多选题(每题的备选项中,有 2 个或 2 个以上符合题意,至少有 1 个错项)

1. 投资估算编制依据包括(　　)。
   A. 项目建议书
   B. 估算指标、概算指标
   C. 建设单位的成本计划
   D. 工程所在地省级交通运输主管部门发布的补充规定和定额等
   E. 工程所在地的人工、材料与设备、施工机械价格等
2. 乙组文件组成包括的内容有(　　)。
   A. 分项工程估算表　B. 材料预算单价计算表
   C. 施工机械台班单价计算表　D. 设备费计算表
   E. 投资估算表
3. 投资估算项目内容上要包括(　　)。
   A. 流动将金　B. 建筑安装工程费
   C. 建设项目贷款利息　D. 工程建设其他费
   E. 土地使用及拆迁补偿费
4. 建筑安装工程费包括(　　)。
   A. 建设项目前期工作费　B. 直接费
   C. 生产准备费　D. 企业管理费
   E. 利润
5. 投资估算文件可按不同的需要分为甲、乙组文件。下列属于甲组文件的有(　　)。
   A. 编制说明　B. 前后阶段费用对比表
   C. 分项工程估算表　D. 建筑安装工程费计算表
   E. 总估算汇总表
6. 建筑安装工程费中构成直接费的有(　　)。
   A. 定额人工费　B. 定额机械费　C. 材料费　D. 人工费
   E. 机械费
7. 属于建筑安装工程费用中的项目包括(　　)。
   A. 直接费　B. 设备购置费
   C. 工程建设其他费用　D. 预备费
   E. 人工费
8. 公路工程建筑安装工程费中的财务费用包括(　　)。
   A. 短期贷款利息净支出　B. 汇兑净损失
   C. 金融机构手续费　D. 保险费
   E. 职工教育经费
9. 下列各项中属于建筑安装工程企业管理费的基本费用有(　　)。
   A. 劳动保护费　B. 职工教育经费　C. 劳动保险费　D. 财务费用
   E. 金融机构手续费

三、简答题

1. 简述公路工程投资估算的概念。
2. 简述投资估算编制依据。
3. 列举投资估算文件的组成。

四、综合计算题

某山岭区独立公路分离式隧道(高速公路),双向四车道,隧道全长 1600m/双洞,Ⅳ级围岩洞身面积 $25800m^2$,Ⅴ级围岩洞身面积 $7250m^2$,明洞洞身面积 $492m^2$,管棚 120m(单洞两车道),注浆小导管(Φ42mm×3.5mm)81000m,小导管注浆 $0.01m^3/m$,不考虑隧道路面、管理站及消防用水等费用。

问题:

(1)列出本隧道工程估算建筑安装工程费所涉及的定额指标的工程细目名称、指标代号、单位、指标工程数量,并填入表 9-3-1 中。需要时应列式计算或用文字说明。

表 9-3-1　隧道工程量估算计算数据

工程细目	指标代号	单位	数量	指标调整或系数

(2)计算隧道工程设备费用。

参考答案

一、单选题

1－5　AABCD　6　B

二、多选题

1. ABDE　2. ABC　3. BCDE　4. BDE　5. ABDE　6. CDE　7. AB　8. ABC　9. ABC

三、简答题

1. 答:公路工程投资估算是初步设计文件或技术设计文件的重要组成部分,是对拟建公路工程项目的全部投资费用进行的预测估算,是项目建议书和可行性报告的主要组成部分,是建设项目经济评价中支出费用的关键部分,应严格控制在批准的建设项目可行性研究报告投资估算允许幅度范围内。

2. 答:(1)国家发布的有关法律、法规等。

(2)现行《公路工程估算指标》《公路工程概算定额》《公路工程预算定额》《公路工程机械台班费用定额》,及《公路工程建设项目投资估算编制办法》等。

(3)工程所在地省级交通运输主管部门发布的补充规定和定额等。

(4)项目建议书或工程可行性研究图纸等设计文件、工程实施方案。

(5)批准的项目建议书等有关资料。

(6)工程所在地的人工、材料与设备、施工机械价格等。

(7)有关合同、协议等。

(8)其他有关资料。

3. 答:(1)封面。

(2)扉页。

(3)目录。

(4)编制说明。

(5)投资估算表格。

(6)甲组文件。

(7)乙组文件。

四、综合计算题

答:(1)详见表9－3－2。

表9－3－2　隧道工程量估算计算数据

工程细目	指标代号	单位	数量	指标调整或系数
明洞分离式二车道	3－2－1	$100m^2$	4.92	
洞门二车道分离式	3－3－1	每端洞门	2	
洞身高速公路、一级公路分离式隧道长度3000m以内二车道(Ⅳ级围岩)	3－1－4	$100m^2$	258	

（续表）

工程细目	指标代号	单位	数量	指标调整或系数
洞身高速公路、一级公路分离式隧道长度3000m以内二车道（V级围岩）	3-1-4	$100m^2$	72.5	1.35
管棚二车道	3-6-1	10隧长米	12	
超前小导管	借[部2018概]3-1-7-5	100m	810	
注水泥浆	借[部2018概]3-1-7-6	$10m^3$	81	
高速公路隧道安全设施通信系统	6-1-2	1km	1.6	
通信系统	6-3-1	1公路公里	1.6	
通信管道	6-3-2	1公路公里	1.6	
监控系统	6-5-1	lkm	1.6	
通风系统隧长5000m以下	6-5-2	1km	1.6	
消防系统	6-5-4	lkm	1.6	
供配电及照明	6-5-5	1km	1.6	
预留预埋件	6-5-6	1km	1.6	

(2)通信系统设备购置费：$1.6\times150000-240000$（元）

隧道监控设备购置费：$1.6\times1819369=2910990$（元）

隧道通风设备购置费：$1.6\times1625384=2600614$（元）

隧道消防设备购置费：$1.6\times281722=450755$（元）

隧道供配电及照明费用：$1.6\times2441966=3907146$（元）

本项目隧道工程设备费合计：$240000+2910990+2600614+450755+3907146=10109505$（元）

第四节　公路工程设计概算编制

一、单选题(每题的备选项中,只有1个正确项)

1. 设计概算的作用包括(　　)。

A. 设计概算是确定设计规模的依据　　B. 设计概算是编制标底的依据

C. 设计概算是项目资金筹措的依据　　D. 设计概算是工程监理招投标的依据

2. 某公路工程,已知与其类似已完工程造价指标为600元/m^2,人、材、机占工程造价10%、50%、20%,拟建工程与类似工程人、材、机差异系数为1.1、1.05、1.03,假定以人、材、机为基数取费,综合费率为25%,则该工程综合单价为(　　)。

A. 507.00　B. 608.40　C. 633.75　D. 657.00

3. 初步设计概算第一部分费用是(　　)。

A. 建筑安装工程费　B. 公路设施费　C. 预备费　D. 建设单位管理费

4. 公路建设项目初步设计概算,应以(　　)为依据来进行。

A. 已批准的项目建议书　　B. 项目建议书

C. 已批准的可行性研究报告　　D. 可行性研究

5. (　　)经主管部门批准的造价文件,是建设项目投资的最高限额,不得任意突破。

A. 项目建议书投资估算　　B. 一阶段设计施工图预算

C. 可行性研究报告投资估算　　D. 二阶段设计初步设计概算

6. 编制公路工程概预算文件,在编制建筑安装工程费计算表之前,必须先完成的表格是(　　)。

A. 人工、主要材料、机械台班数量汇总表

B. 总概(预)算表

C. 分项工程概(预)算表

D. 工程建设其他费用及回收金额计算表

7. 在建设项目总概算中,属于工程建设其他费用的是(　　)。

A. 施工措施费　B. 企业管理费　C. 工程造价预留费　D. 建设项目前期工作费

8. 公路工程设计概算中,不属于工程建设其他费用的是(　　)。

A. 辅助工程费　B. 工程监理费　C. 设计文件审查费　D. 勘察设计费

二、多选题(每题的备选项中,有2个或2个以上符合题意,至少有1个错项)

1. 编制初步设计概算的依据包括(　　)。

A. 经批准的拟建项目的初步概算文件

B. 现行的《公路工程概算定额》

C. 工程所在地省级交通运输主管部门发布的补充规定和定额等

D. 初步设计图纸等设计文件

E. 工程所在地的人工、材料与设备、施工机械价格等

2. 下列关于公路工程初步设计概算的说法,正确的是(　　)。

A. 建筑安装工程费编制是通过“分部分项工程预算表”的计算和累计汇总而变得的工、料、机费用

B. 设备、工具、器具购置费编制应根据《公路建设项目初步设计编制规定》计算

C. 工程其他文件编制应根据国家规定的有关标准为依据进行算

D. 总概算是按照概算项目表组成的内容来进行编制的，实际上只是一个节录和汇总的工作环节

E. 当工程概算汇总完成之后，应如实、全面的说明编制过程中的有关情况

3. 概算、预算编制的主要依据包括(　　)。

A. 设计资料　　B. 拟分包情况

C. 施工组织设计资料　　D. 工程量计算规则

E. 相关法律法规

4. 设计概算限价编制说明应包括(　　)。

A. 编制范围　　B. 工程概况

C. 各设计方案的经济比较　　D. 公路工程估算指标

E. 公路基本建设工程投资估算编制办法

4. 公路工程建设项目概预算中涉及的预备费用指(　　)。

A. 设备增加费　　B. 施工机械增加费　　C. 人工增加费　　D. 特殊季节使用费

E. 动力燃料费

5. 建安工程直接费中的人工费主要包括(　　)。

A. 生产人员的基本工资　　B. 生产人员的医疗费

C. 管理人员的基本工资　　D. 生产人员的工资性津贴

E. 生产人员的养老保险费

6. 建筑安装工程直接工程费中的人工费包括(　　)。

A. 因气候影响的停工工资

B. 生产工人工资性补贴

C. 生产工人学习期间的工资

D. 因电力部门连续停电超过 8 个小时的停工工资

E. 管理人员的工资

三、简答题

1. 简述设计概算的作用。

2. 简述公路工程设计概算的定义。

参考答案

一、单选题

1－5　BCACD　6－8　CDA

二、多选题

1. BCDE　2. CDE　3. ACDE　4. ABC　5. ABC　6. AD　7. ABC

三、简答题

1. 答:(1)确定建设项目投资额的依据。

(2)设计概算是编制基本建设计划的依据。

(3)设计概算是衡量设计方案经济合理性和选择最佳设计方案的依据。

(4)设计概算是考核建设项目投资效果的依据。

(5)设计概算是控制施工图设计和施工图预算的依据。

(6)设计概算是编制标底的依据。

2. 答:设计概算或修正概算是初步设计文件或技术设计文件的重要组成部分。设计概算或修正概算应根据交通运输部现行《公路工程建设项目概算预算编制办法》《公路工程概算定额》和《公路工程预算定额》进行编制,应严格控制在批准的建设项目可行性研究报告投资估算允许幅度范围内。

第五节　公路工程施工图预算编制

一、单选题(每题的备选项中,只有1个正确项)

1. 施工图预算编制依据不包括(　　)。
   A. 批准的初步设计文件
   B. 施工过程中的签证变更
   C. 工程所在地的自然、技术、经济条件等资料
   D. 工程施工组织设计或施工方案
2. 采用编制单位工程预算时,在编制工料分析表后紧接着的下一步骤是(　　)。
   A. 分析施工组织设计　　B. 计算主材费并调整直接费
   C. 复核工程量的准确性　　D. 套用定额预算单价
3. (　　)是施工图设计阶段编制的技术经济文件。
   A. 概算　　B. 预算　　C. 估算　　D. 决算
4. 下列技术经济文件中,编制深度最详细的是(　　)。
   A. 概算　　B. 预算　　C. 估算　　D. 修正概算
5. 下列文件中,(　　)是概预算文件中的乙组文件。
   A. 概(预)算 表　　C. 设备费计算表
   B. 建筑安装工程费计算表　　D. 施工机械台班单价计算表
6. 在施工图设计阶段,编制施工图预算时采用的是(　　)。
   A. 预算定额　　B. 概算定额
   C. 概算指标　　D. 企业定额
7. 以下不属于施工图预算编制依据的是(　　)。
   A. 工程量数据　　B. 计价办法
   C. 各种经济法规、政策　　D. 概算定额
8. 以下属于编制施工图预算的依据是(　　)。
   A. 概算定额　　B. 标准图纸
   C. 施工定额　　D. 国家政策法规

二、多选题(每题的备选项中,有2个或2个以上符合题意,至少有1个错项)

1. 施工图预算的作用包括(　　)。
   A. 对于实行施工招标的工程,施工图预算是编制标底的依据
   B. 是实行计件工资、按劳分配的依据
   C. 是企业加强施工计划管理、编制作业计划的依据
   D. 是编制或调整固定资产投资计划的依据
   E. 是企业内部下达施工任务单的依据
2. 施工图预算与投资估算、设计概算的区别包括(　　)。
   A. 编制时间先后不同　　B. 项目编码规则不同

C. 费用组成及表格不同　　D. 采用的计价依据不同

E. 研究工作深度不同

3. 用实物法编制施工图预算时,直接费的计算与(　　)有关。

A. 人工、材料、机械台班的市场价格

B. 预算定额基价

C. 人工、材料、机械台班的预算定额消耗量

D. 措施费费率

E. 当地造价管理部门公布的取费标准

4. 编制概预算时需计算直接费,下列费用属于直接费的有(　　)。

A. 现场管理费　　B. 材料费　　C. 施工机械费　　D. 税金

E. 规费

5. 施工图预算与投资估算、设计概算的联系有(　　)。

A. 估算文件与概预算的费用及表格的一致性

B. 估算文件与概预算文件的承递性

C. 计价依据的一致性

D. 甲组文件组成相同

E. 乙组文件组成相同

6. 施工图设计阶段编制工程造价文件采用的主要计价依据包括(　　)。

A. 公路工程预算定额

B. 公路工程概算定额

C. 公路基本建设工程概算、预算编制办法

D. 公路工程施工定额

E. 公路工程估算指标

7. 企业管理费中的其他单项费用是(　　)。

A. 现场管理人员工资　　B. 主副食运费补贴

C. 办公费　　D. 职工探亲路费

E. 职工保险费

8. 以下属于措施费的是(　　)。

A. 生产工具用具使用费　　B. 工程排污费

C. 工地转移费　　D. 检验试验费

E. 运输费

9. 下列属于措施费的项目为(　　)。

A. 夜间施工增加费　　B. 施工辅助费

C. 混凝土拌和、养护的水费　　D. 雨季施工增加费

E. 材料装卸费

三、简答题

1. 简述施工图预算的作用。

2. 简述施工图预算编制依据。

3. 简述施工图预算与投资估算、设计概算的区别与联系。

四、综合计算题

某预应力混凝土空心板中桥的桥台扩大基础工程，开挖基坑土方 $360m^3$，开挖坑石方 120m，现浇片石混凝土 180m，混凝土拌和采用 350L 搅拌机拌和，混凝土运距 300m，基坑开挖施工组织设计需要编织袋围堰 60m，装编织袋土的运距为 120m，围堰高 2. 2m。

问题：

列出编制本工程施工图预算所需的全部工程细目名称、单位、定额代号及数量等，并填入表格中。

参考答案

一、单选题

1－5　BBBBD　6－8　ADD

二、多选题

1. AD　2. ADE　3. AC　4. BC　5. AB　6. AC　7. BD　8. ACD　9. ABD

三、简答题

1. 答:(1)施工图预算是设计阶段控制工程造价的重要环节,是控制施工图设计不突破设计概算的重要措施。

   (2)施工图预算是编制或调整固定资产投资计划的依据。

   (3)对于实行施工招标的工程,施工图预算是编制标底的依据,也是承包企业投标报价的基础。

   (4)对于不宜实行招标而采用施工图预算加调整价结算的工程,施工图预算可作为确定合同价款的基础或作为审查施工企业提出的施工图预算的依据。

2. 答:(1)国家发布的有关法律、法规、规章、规程等。

   (2)现行的《公路工程预算定额》《公路工程机械台班费用定额》及《公路工程基本建设项目概预算编制办法》等。

   (3)工程所在地省级交通主管部门发布的补充计价依据。

   (4)批准的初步设计文件(或技术设计文件,若有)等有关资料。

   (5)施工图纸等设计文件。

   (6)工程所在地的人工、材料、设备预算价格等。

   (7)工程所在地的自然、技术、经济条件等资料。

   (8)工程施工组织设计或施工方案。

   (9)有关合同、协议等。

   (10)其他有关资料。

3. 答:(1)施工图预算与投资估算、设计概算的区别:

   ①编制时间先后不同。

   ②研究工作深度不同。

   ③文件作用不同。

   ④采用的计价依据不同。

   (2)施工图预算与投资估算、设计概算的联系:

   ①估算文件与概预算的费用及表格的一致性。

   ②估算文件与概预算文件的承递性。

四、综合计算题

答:根据以上分析,本案例的参考答案如下。

表 9-5-1　基础工程施工图预算计算数据

序号	定额代号	工程细目	定额单位	定额数量	定额调整或系数
1	4-2-2-6	编织袋围堰高 2.2m	10m	6	
2	1-1-6-4	人工挖运土方增运 70m	$1000m^3$	68.41×6/1000	×7
3	4-1-3-3	机械挖基坑土方	$1000m^3$	0.36	
4	4-1-3-5	机械挖基坑石方	$1000m^3$	0.12	
5	4-6-1-3	现浇片石混凝土基础	$10m^3$	18	
6	4-11-11-2	混凝土拌和	$10m^3$	18	0.867
7	4-11-11-20	混凝土运输第一个 100m	$100m^3$	1.8	0.867
8	4-11-11-21	混凝土增运 200m	$100m^3$	1.8	0.867×2

上表中人工挖运土方增运定额的工程数量计算，依据编织袋围堰工程定额中给出的每 10m 围堰需要用土 68.41 m^3，本工程 60m 围堰，总共需要用土 $68.41 \times 6 = 410.46$ m^3。在使用定额时，应特别注意工程量的计量单位，当出现增量计算时更应该注意。

第六节　公路工程工程量清单计价

一、单选题(每题的备选项中,只有1个正确项)

1. (　　)实际就是按计量规则计算的实体项目的工程数量汇总表。
A. 工程量清单　B. 标价的工程量清单
C. 未标价的工程量清单　D. 经复核的工程量清单

2. 招标工程量清单的最高投标限价应以(　　)为基础确定。
A. 批准的设计概算　B. 批准的施工图预算
C. 施工图预算　D. 编制的工程量清单预算

3. 在公路工程发、承包活动中,发、承包双方根据合同法、招(投)标文件及有关规定,以约定的工程量清单计价方式,签订工程承包合同时确定的工程量清单是(　　)。
A. 招标工程量清单　B. 投标工程量清单　C. 合同工程量清单　D. 结算工程量清单

4. 在公路实施过程中或工程完工后,发、承包双方根据有关法律、法规,按合同约定用以计算确定的最终工程价款所确定的工程量清单是(　　)。
A. 招标工程量清单　B. 投标工程量清单　C. 合同工程量清单　D. 结算工程量清单

5. 工程量清单的组成中(　　)对工程量清单的性质、承包人填报工程量清单的单价和合同价格的要求、计量支付的方式方法、费用计算的依据等作明确规定。
A. 说明　B. 投标报价说明　C. 计日工说明　D. 工程量清单说明

6. 公路工程工程量清单子目的划分应分级划分、逐层编制,编码可递延、可扩展。其编码的一级划分应按(　　)中的相关内容执行。
A.《公路工程建设项目造价文件管理导则》
B.《公路工程建设项目概算预算编制办法》
C.《公路工程建设项目投资估算编制办法》
D. 工程量清单计算规则

7. 以下关于报价时招标文件各部分的优先次序不正确的是(　　)。
A. 合同专用条款及数据表(含招标文件补遗书中与此有关部分)优先于合同通用条款
B. 工程量清单中的工程数量(含招标文件补遗书中与此有关的部分)优先于图纸中的工程数量
C. 工程量清单中项目划分、计量与技术规范必须相结合
D. 工程量清单计量规则优先于技术规范及图纸

8. (　　)是招标文件和合同的重要组成部分,这些资料具体规定了兴建工程的形式、内容、地质情况、结构尺寸、施工技术要求等,是投标人在拟定施工组织方案、确定施工方法以至提出替代方案,计算投标报价时必不可少的资料。
A. 通用合同条款　B. 专用合同条款
C. 工程量清单计量规则　D. 招标图纸

9. 在进行投标报价计算时,必须首先根据招标文件(　　)。

A. 复核或计算工程量　　B. 选择施工方案
C. 确定投标策略　　D. 进行调查研究

10. 关于最高投标限价的说法正确的是(　　)。
A. 每个招标项目都必须编制一个最高投标限价
B. 招标项目可以编制两个最高投标限价
C. 招标项目可以不必编制最高投标限价
D. 最高投标限价必须经过审查

11. 最高投标限价含义叙述正确的是(　　)。
A. 最高投标限价是依据国家规定的计划依据和计价办法计算出来的工程造价,是招标人对建设工程的期望价格
B. 最高投标限价作为衡量投标单位报价的准绳
C. 最高投标限价是评标的重要尺度
D. 最高投标限价给上级主管部门提供核实建设规模的依据

12. 公路建设项目最高投标限价是工程项目的(　　)。
A. 合同价格　　B. 预期价格　　C. 结算价格　　D. 评比价格

13. 按照现行相关法规规定,公路工程安全措施费不少于投标报价的(　　)。
A. 0.5%　　B. 1%　　C. 2%　　D. 3%

14. 按工程量清单计价的招标工程,投标人在复核工程量清单时发现工程数量与设计文件和现场实际有较大的差异,则投标人的正确处理方式是(　　)。
A. 自行调整清单数量,在附录中加以说明,并按调整后的数量投标
B. 根据清单数量和投标人复核的数量分别报价,供业主选择
C. 以适当的方式要求业主澄清,视结果进行投标
D. 不予理会,按照招标文件提供的清单数量进行投标

15. 工程量清单说明和技术规范叙述错误的是(　　)。
A. 工程量清单说明和技术规范是确定计量方法的依据
B. 工程量清单说明和技术规范的"计量支付"条款规定了清单中每一项工程的计量方法
C. 工程量清单说明和技术规范规定了按规定的计量方法确定的单价所包括的工作内容和范围
D. 工程量清单说明和技术规范只规定了大项目的计量方法,其余的都由工程师确定

二、多选题(每题的备选项中,有 2 个或 2 个以上符合题意,至少有 1 个错项)

1. 工程量清单根据在公路建设过程中订立时间、阶段的不同分为(　　)等类别。
A. 招标工程量清单　　B. 投标工程量清单　　C. 合同工程量清单　　D. 竣工工程量清单
E. 预算工程量清单

2. 以下属于工程量清单的作用的是(　　)。
A. 是投标人公平竞争投标报价的共同基础
B. 评标的共同基础
C. 促进投标人提高技术水平和管理水平
D. 合同工程量清单是工程计量支付和中期支付的依据

E. 竣工决算的依据

3. 工程量清单的组成包括(　　)。

A. 说明　B. 工程量清单表　C. 计日工明细表　D. 暂估价表

E. 法律法规

4. 对于工程量清单,下列说法正确的是(　　)。

A. 工程量清单是投标报价、评标的共同基础

B. 工程量清单的工程量是投标的共同基础,是最终结算与支付的依据

C. 工程量清单中所列的工程数量是估算的或设计预计的数量,不仅作为投标报价的共同基础,还能作为最终计算与支付的依据

D. 标有单价的工程量清单是处理工程变更计价的依据

E. 暂估价只包括材料暂估价和工程设备暂估价

5. 工程量清单表是招标工程中按章的顺序排列的各个项目表,包括(　　)。

A. 子目号　B. 定额编号　C. 单位、工程数量　D. 单价、合价

E. 工程名称

6. 按照公路工程项目的基本组成划分,公路工程工程量清单可以分为(　　)。

A. 交通土建工程工程量清单　B. 交通机电工程工程量清单

C. 房屋建筑工程工程量清单　D. 隧道工程工程量清单

E. 交通排水工程工程量清单

7. 计日工明细表包括以下哪几项(　　)?

A. 计日工劳务　B. 计日工单价表　C. 计日工施工机械　D. 计日工汇总表

E. 计日工金额

8. 暂估价是在工程招标阶段已经确定的材料、工程设备或工程项目,但又无法在投标时确定准确价格,而可能影响招标效果时,发包人在工程量清单中给定一个暂估价。暂估价表包括(　　)。

A. 材料暂估价表　B. 工程设备暂估价表

C. 专业工程暂估价表　D. 机械设备暂估价表

E. 价格上涨暂估价

9. 工程量清单汇总表是(　　)汇总相加而得出该项目的总报价。

A. 各章的工程细目表　B. 计日工明细表

C. 暂列金额　D. 材料、工程设备暂估价

E. 计日工暂估价

10. 工程量清单计量规则由(　　)组成。

A. 子目号、子目名称　B. 单价

C. 工程量计量　D. 工程内容

E. 合价

11. 以下关于工程量清单计量规则的作用说法正确的是(　　)。

A. 工程量清单计量规则是计量工程量的计算依据

B. 工程量清单计量规则可以促进投标人提高技术水平和管理水平

C. 工程量清单计量规则对承包人完成子目工作的工艺流程、施工过程提出了具体的要求

D. 工程量清单计量规则、技术规范对承包人完成子目工作的工程质量提出了对应的质量检验标准

E. 签订合同的基础

12. 招标单位在编制最高投标限价时需考虑的因素包括(　　)。

A. 材料价格因素　　B. 工程质量因素

C. 工期因素　　D. 本招标工程资金来源因素

E. 本招标工程的自然地理条件因素

13. 招标工程最高投标限价具有(　　)等作用。

A. 确定工程合同价格的参考依据

B. 衡量、评审投标人投标报价是否合理的尺度和依据

C. 制止盲目报价、抑制低价抢标

D. 控制工程造价、核实投资规模

E. 增强招标透明度,有利于正常投标

14. 最高投标限价是(　　)。

A. 建筑安装工程造价表现形式　　B. 招标工程的预期价格

C. 评标的依据之一　　D. 由上级主管部门编制并审定的

E. 竣工验收的依据之一

15. 编制一个合理、可靠的最高投标限价,必须在工程概算或施工图预算的基础上考虑(　　)等因素。

A. 目标工期　　B. 质量要求　　C. 施工组织设计　　D. 施工单位因素

E. 自然条件

16. 工程细目的单价中应包括(　　)。

A. 人工费　　B. 材料费　　C. 机械使用费　　D. 勘测设计费

E. 燃料费

17. 投标人填报工程量清单价格时,应包括(　　)。

A. 为实施和完成合同工程所需的劳务、材料、机械等费用

B. 管理、保险(含工程一切险和第三方责任险)、税费、利润等费用

C. 合同明示或暗示的所有责任、义务和一切风险

D. 建设单位用于本合同工程的质量检测所支付的费用

E. 建设单位用于本合同工程的咨询费

18. 编制最高投标限价需要考虑的因素有(　　)。

A. 最高投标限价必须适应目标工期的要求,对提前工期因素有所反映

B. 最高投标限价必须适应招标方的质量要求,对高于国家验收规范的质量因素有所反映

C. 最高投标限价必须适应建筑材料采购渠道和市场价格的变化,考虑材料差价因素

D. 最高投标限价必须正确处理间接费与直接费的相互关系

E. 最高投标限价应合理考虑招标工程的自然地理等因素

19. 一个投标项目的报价应由(　　)组成。

A. 施工成本　　B. 风险费
C. 交工验收试验检测费　　D. 利润
E. 临建费

20. 在最高投标限价编制过程中,应遵循的原则(　　)。
A. 一个工程可以编两个最高投标限价
B. 招标人不得以各种原因任意压低最高投标限价价格
C. 最高投标限价由成本、利润、税金等组成,一般应控制在批准的建设工程投资估算或总概算价格以内
D. 工程最高投标限价价格完成后应及时封存,在开标前应严格保密
E. 招标人可以规定最低投标限价

三、简答题

1. 简述在编制投标报价时通常所采用编制依据。
2. 简述投标报价分析评估可从哪几个方面进行。

四、综合计算题

1. 某高速公路一合同段长15km,路基宽26m,其中挖方路段长4.5km,填方路段长10.5km。招标文件图纸中路基土石方表的主要内容见表9-6-1。

表9-6-1　路基土石方表

挖方				填方总量	本桩利用			远运利用	
普通土	硬土	软石	次坚石		普通土	硬土	石方	土方	石方
265000	200000	404000	340000	1620000	50000	35000	105000	385000	45000

注:本表单位是表中挖方、利用方均是指天然密实方,借方是指压实方。

根据招标文件技术规范规定,路基挖方包括土石方的开挖和运输,路基填筑包括土石方的压实,借土填方包括土方的开挖运输和压实费用,工程量清单格式见表9-6-2。

表9-6-2　工程量清单

细目号	细目名称	单位	数量	单价	合价
203	挖方路基				
203-1	路基挖方				
-a	挖土方	m^3			
-b	挖石方	m^3			
204	填方路基				
204-1	路基填筑(包括填前压实)				
-a	利用土方	m^3			
-b	利用石方	m^3			
-c	利用土石混填	m^3			
-d	借土填方	m^3			

问题：

(1)请计算各支付细目的计量工程数量，计算结果保留整数。

(2)请计算各支付细目应分摊的整修路拱和整修边坡的工程数量，计算结果保留整数。

2. 某三级公路编制清单预算，浆砌片石边沟主要工程数量见表9－6－3：

表9－6－3 浆砌片石边沟工程数量

项目名称	单位	数量
浆砌片石边沟	m^3	3800
水泥砂浆抹面	m^3	13800
基础开挖土方	m^3	3800

该项目设备费、专项费用不计，措施费中施工辅助费费率4%，其余措施费的综合费率10%，企业管理费的综合费率为10%，规费费率40%，利润率为7.42%，税率为9%，若该工程预算价格，均以定额基价上调10%计算，其中人工费(含机械作业人员的人工费)占直接费12%，定额人工费和定额机械费占定额直接费的30%。

问题：

请测算该浆砌片石边沟每立方米成本价。(中间计算取整数，最后结果保留两位小数)

参考答案

一、单选题

1 – 5　CDCDD　6 – 10　ADDAC　11 – 15　ABBCD

二、多选题

1. ABC　2. ABCD　3. ABCD　4. ABD　5. ACDE　6. ABC　7. ACD　8. ABC　9. ABC　10. ACD　11. ACD　12. ABC　13. BCDE　14. ABC　15. ABCE　16. ABC　17. ABC　18. AB　19. ABD　20. BCD

三、简答题

1. 答:编制投标报价的依据主要有:

(1)招标单位提供的招标文件。

(2)招标文件所规定的各种国家标准、部颁标准、技术规范等。

(3)国家、地方颁发的有关收费标准和定额及施工企业的工料机消耗定额。

(4)工程所在地的政治形势和技术经济条件。

(5)本工程的现场情况,包括地形、地质、气象、雨量、劳动力、生活用品供应等。

(6)当地工程机械出租的可能性、品种、数量、单价,发电厂供电正常率及提供本项目用电的功率和单价。

(7)当地劳动力的技术水平和供应数量。

(8)业主供应材料情况及交货地点、单价,当地材料供应盈缺情况,建材部门公布的材料单价,并预测当地材料市场涨落情况。

(9)本企业为本项目提供新添施工设备经费可能性,设备投资在标价中分摊费与成本的比率。

(10)施工组织设计和施工方案。

(11)该项目中标后,当地的工程市场信息、有否后续工程的可能性。

(12)参加投标的竞争对手情况。

(13)有关报价的参考资料。

2. 答:(1)投标报价的宏观审核。

(2)投标报价的动态分析。

(3)投标报价的盈亏分析。

四、综合计算题

1. 答:(1)实际计量支付以断面方进行计量。故挖方数量为天然密实方,填方数量为压实方,并据此计算清单计量工程数量。

203 – 1 – a 挖土方:$(265000+20000)m^3=485000m^3$

203 – 1 – b 挖石方:$(404000+340000)m^3=744000m^3$

204 – 1 – b 利用石方:$(105000+450000)m^3=555000m^3$

204 – 1 – d 借土填方:$(1620000-555000-470000)m^3=595000m^3$

204 – 1 – a 利用土方:$(50000+35000+385000)m^3=470000m^3$

(2)①各支付细目分摊的整修路拱的工程数量计算。

由于“整修路拱”在工程量清单中不单独列项支付，根据计价规则其费用应分摊至相关的计量子目中，整修路拱的费用需分摊至路基挖方、路基填方中，一般按计量的数量比例分摊。

整修路拱的数量为路基长度乘以路槽宽度（路基宽度），计算如下：

挖方总量：$(485000+744000)\mathrm{m}^3=1229000\mathrm{m}^3$

填方总量：$1620000\mathrm{m}^3$

203－1－a 挖土方：$4500\times26\times(485000/1229000)\mathrm{m}^2=46172\mathrm{m}^3$

203－1－b 挖石方：$4500\times26\times(744000/1229000)\mathrm{m}^2=7082\mathrm{m}^3$

204－1－a 利用土方：$10500\times26\times(470000/1620000)\mathrm{m}^2=79203\mathrm{m}^3$

204－1－b 利用石方：$10500\times26\times(555000/1620000)\mathrm{m}^2=93528\mathrm{m}^3$

204－1－d 借土填方：$10500\times26\times(595000/1620000)\mathrm{m}^2=100269\mathrm{m}^3$

②各支付细目分摊的整修边坡的工程数量计算，不单列工程量清单项。

203－1－a 挖土方：$4.5\times(485000/1229000)\mathrm{km}=1.776\mathrm{km}$

203－1－b 挖石方：$4.5\times(744000/1229000)\mathrm{km}=2.724\mathrm{km}$

204－1－a 利用土方：$10.5\times(470000/1620000)\mathrm{km}=3.05\mathrm{km}$

204－1－b 利用石方：$10.5\times(555000/1620000)\mathrm{km}=3.60\mathrm{km}$

204－1－d 借土填方：$10.5\times(595000/1620000)\mathrm{km}=3.85\mathrm{km}$

2. 答：（1）根据题意，该浆砌片石边沟的直接费以定额基价上调10%计算，其构成内容如表9－6－4：

表9－6－4 浆砌片石边沟工程量清单

项目名称	定额号	单位	数量	基价/元	合计/元
浆砌片石边沟	1－3－3－1	$10\mathrm{m}^3$	380	2229	847020
水泥砂浆抹面	4－11－6－17	$100\mathrm{m}^2$	138	849	117162
基础开挖土方	1－3－1－2	$1000\mathrm{m}^3$	3.8	10927	41523
合计					1005705

定额直接费：1005705（元）

直接费：$1005705\times(1+10\%)=1106276$（元）

人工费（含机械作业人员的人工费）：$1106276\times0.12=132753$（元）

定额人工费与定额机械费：$1005705\times0.3=301712$（元）

（2）措施费＝定额直接费×施工辅助费率＋定额人工费与定额机械费×其他措施费综合费率$=1005705\times4\%+301712\times10\%=70399$（元）

（3）企业管理费＝定额直接费×企业管理费费率$=1005705\times10\%=100571$（元）

（4）规费＝人工费（含机械作业人员的人工费）×规费费率$=132753\times40\%=53101$（元）

（5）税金＝（直接费＋措施费＋企业管理费＋规费）×综合税率

$=(1106276+70399+100571+53101)\times9\%=119731$（元）

（6）浆砌片石边沟每立方米成本价$=(1080554+68763+98232+51866+116947)\div3700=382.80$（元/$\mathrm{m}^3$）

注：成本价不包括利润。

第七节　公路工程合同价款调整与工程结算编制

一、单选题(每题的备选项中,只有1个正确项)

1. 下列关于法规变化合同价款的调的说法,正确的是(　　)。
   A. 对于实行招标的建设工程,一般招标工程以投标日期前28d为基准日
   B. 对于非招标工程以合同签订前28d为基准日
   C. 因承包人原因导致工期延误,且上述规定的调整时间在合同工程原定竣工时间之后,合同价款调增的予以调整
   D. 施工合同履行期间,国家颁布的法律、法规、规章和有关政策在合同工程基准日之后发生变化,应调整合同价款
2. 下列项目特征不符引起合同价款调整的描述中,正确的是(　　)。
   A. 在工程量偏差、施工索赔事项发生后的14d内未提交报告的,应视为对该事项不存在调整价款请求
   B. 由于招标工程量清单缺项,新增分部分项工程量清单项目后,引起措施项目发生变化的,应当调整合同价款
   C. 承包人应按照发包人提供的施工图纸,根据项目特征描述的内容及有关要求实施合同工程,直到项目被改变为止
   D. 若在合同履行期间项目特征描述发生变化,应按实际施工的项目特征,重新确定综合单价,并调整合同价款
3. 关于招标工程量清单缺项、漏项的处理,下列说法中错误的是(　　)。
   A. 工程量清单缺项、漏项及计算错误带来的风险由发包方承担
   B. 分部分项工程量清单漏项造成新增工程量的,应按变更事件的有关方法调整合同价款
   C. 分部分项工程量清单缺项引起措施项目发生变化的,应按与分部分项工程相同的方法进行调整
   D. 招标工程量清单中措施工程项目缺项,投标人在投标时未予以填报的,合同实施期间应予增加
4. 下列调整因素的类别中,现场签证属于(　　)。
   A. 物价变化类　　B. 法规变化类　　C. 工程变更类　　D. 其他类
5. 下列关于现场签证的有关时间节点说法,正确的是(　　)。
   A. 承包人应在收到发包人指令后的7d内,向发包人提交现场签证报告
   B. 发包人应在收到现场签证报告后的24h内对报告内容进行核实,予以确认或提出修改意见
   C. 发包人在收到承包人现场签证报告后的36h内未确认也未提出修改意见的,视为承包人提交的现场签证报告已被发包人认可
   D. 现场签证工作完成后的2d内,承包人应按照现场签证内容计算价款,报送发包人确认后,作为增加合同价款,与进度款同期支付

6. 下列关于物价波动对合同价款调整的说法，正确的是（　　）。
   A. 如果承包人投标报价中的材料单价低于基准单价，工程施工期间材料单价涨幅超过合同约定的风险幅度值时重新调整合同价款
   B. 如果承包人投标报价中材料单价高于基准单价，工程施工期间材料单价跌幅超过合同约定的风险幅度值时不予调整
   C. 如果承包人投标报价中材料单价等于基准单价，工程施工期间材料单价涨、跌幅超过合同约定的风险幅度值时，其超过部分按实调整
   D. 如果承包人投标报价中材料单价等于基准单价，工程施工期间材料单价涨、跌幅超过合同约定的风险幅度值时不予调整

7. 实行招标的工程合同价款应在中标通知书发出之日起（　　）日内，由发承包双方依据招标文件和中标人的投标文件在书面合同中约定。
   A. 30　　B. 21　　C. 14　　D. 7

8. 法规变化引起的合同价款的调整，对于实行招标的建设工程，一般招标工程以投标截止日前（　　）天为调价基准日。
   A. 28　　B. 21　　C. 14　　D. 30

9. 预付款的支付比例不宜高于合同价款的（　　）。
   A. 10%　　B. 20%　　C. 30%　　D. 40%

10. 根据《建筑工程施工发包与承包计价管理办法》（住房和城乡建设部令第16号），下列选项中不属于施工合同价款方式的是（　　）。
   A. 总价合同　　B. 单价合同　　C. 成本加酬金合同　　D. 可调价合同

11. （　　）是指发包人在工程量清单或预算书中提供的用于支付必然发生但暂时不能确定价格的材料、工程设备的单价、专业工程以及服务工作的金额。
   A. 暂列金额　　B. 暂估价　　C. 预留金　　D. 计日工

12. 组成合同的各项文件应互相解释，互为说明。除专用合同条款另有约定外，①合同协议书；②中标通知书；③投标函及其附录；④图纸；⑤已标价工程量清单或预算书；解释合同文件的优先顺序正确的是（　　）。
   A. ①②③④⑤　　B. ⑤②①③④　　C. ①③②⑤④　　D. ④②①⑤③

13. 某承包人4cm厚沥青路面的合同单价为35元/m^3，其合理单价（预算价）为40元/m^3，现设计变更为5cm厚，其合理单价（预算价）为50元/m^3，则依据合理差价定价法，变更后的5cm厚沥青路面的新单价应为（　　）。
   A. 43.75元/m^2　　B. 45元/m^2　　C. 47.5元/m^2　　D. 50元/m^2

二、多选题（每题的备选项中，有2个或2个以上符合题意，至少有1个错项）

1. 下列关于工程量偏差引起的合同价款调整的说法，正确的是（　　）。
   A. 如果因工程量偏差和工程变更等原因导致工程量偏差相过10%时，可进行调整
   B. 当工程量增加15%以上时，增加部分的工程量的综合单价应予调低
   C. 当工程量减少15%以上时，我少后剩余部分的工程黄的综合单价应予调高
   D. 工程量出现小于10%的变化，工程量增加的措施项目费调减
   E. 工程量出现小于15%的变化，工程量减少的措施项目费调减

2. 下列关于计日工对合同价款的调整的说法,正确的是(　　)。
   A. 发包人通知承包人以计日工方式实施的零星工作,承包人应予以执行
   B. 承包人应在有计日工项目持续进行的工作实施结束后的24d内,向发包人提交有计日工记录汇总的现场签证报告
   C. 发包人在收到承包人提交的现场签证报告后的2d内予以确认,分别存放不同地点妥善管理
   D. 任一计日工项目实施结束,承包人均应按照现场确认的计日工现场签证报告核实该类项目的工程数量
   E. 每个支付期末,承包人应按规定向发包人提交本期间所有计日工记录的签证汇总表
3. 下列关于施工期间合同暂估价调整的做法中,正确的有(　　)。
   A. 不属于依法必须招标的材料,应直接按承包人自主采购的价格调整暂估价
   B. 属于依法必须招标的工程设备,以中标价取代暂估价
   C. 属于依法必须招标的专业工程,承包人不参加投标的,应由承包人作为招标人,组织招标的费用一般由发包人另行支付
   D. 属于依法必须招标的专业工程,承包人参加投标的,应由发包人作为招标人同等条件下优先选择承包人中标
   E. 不属于依法必须招标的专业工程,应按工程变更事件的合同价款调整方法确定专业工程价款
4. 因物价波动引起的合同价款调整方法有(　　)。
   A. 价格指数法　　B. 回归分析法　　C. 采用造价信息　　D. 比例法
   E. 定性分析法
5. 下列关于采用承包合同计价方式的下列说法,正确的有(　　)。
   A. 实行工程量清单计价的工程,应当采用单价合同
   B. 合同工期较短,建设规模较小,技术难度较低,且施工图设计已审查完备的建设工程可以采用总价合同
   C. 合同工期较短,建设规模较小,技术难度较低,且施工图设计已审查完备的建设工程可以采用成本加酬金合同
   D. 紧急抢险、救灾以及施工技术特别复杂的建设工程可以采用总价合同
   E. 紧急抢险、救灾以及施工技术特别复杂的建设工程可以采用成本加酬金合同
6. 下列(　　)事项发生时,发承包双方应当按照合同约定调整合同价款。
   A. 法律法规变化　　B. 工程变更　　C. 现场签证　　D. 不可抗力
   E. 审计核减
7. 施工合同类型按计价方式应分为(　　)。
   A. 总价合同　　B. 单价合同　　C. 成本加酬金合同　　D. 分包合同
   E. 劳务合同
8. 工程施工结算的主要依据有国家和地方有关主管部门颁发的有关工程造价编制、管理方面的文件、(　　)、计量的工程量和日常施工记录等。
   A. 工程承包合同　　B. 技术规范　　C. 工程量清单　　D. 设计图

E. 施工图预算

9. 工程结算中涉及工程单价调整时,应当遵循的原则有(　　)。

A. 合同中已有适用于变更工程、新增工程单价的,按已有的单价结算

B. 合同中有类似变更工程、新增工程单价的,可以参照类似单价作为结算依据

C. 合同中没有适用或类似变更工程、新增工程单价的,承包商与发包人协商,确定适当的价格作为结算依据

D. 合同中没有适用或类似变更工程、新增工程单价的,承包商与发包人协商意见不一致,由监理人确定一个适当的价格作为结算依据

E. 合同中有类似变更工程、新增工程单价的,但因合同价格明显低于市场价格,经双方协商采用当期市场价格信息重新套定额确定单价后作为结算依据

10. 由于不可抗力解除合同的,发包人应向承包商支付合同解除之日前已完成工程但尚未支付的工程款,并退回质量保证金。此外,发包人还应支付的款项有(　　)。

A. 已实施或部分实施的措施项目应付款项

B. 由于不可抗力规定的任何工作应支付的款项

C. 承包商为合同工程合理订购且已交付的材料和工程设备货款,发包人一经支付此项货款,该材料和工程设备即成为发包人的财产

D. 承包商为完成合同工程而预期开支的任何合理款项,包括在其他各项支付之内的款项

E. 承包商撤离现场所需的合理款项,包括雇员遣送费和临时工程拆除、施工设备运离现场的款项

11. 工程结算的依据主要有(　　)。

A. 施工合同　　B. 双方确认的工程量

C. 双方确认的索赔、现场签证事项及价款　　D. 投标文件

E. 施工组织设计

12. 发承包商应当在合同条款中对涉及工程价款结算的(　　)事项进行约定。

A. 预付工程款的数额、支付时限及抵扣方式

B. 发生工程价款纠纷的解决方法

C. 工程竣工价款的结算与支付方式、数额及时限

D. 安全措施和意外伤害保险费用

E. 工程质量保修金的管理办法

三、简答题

1. 简述承包商向发包人提交结算款支付申请应包括的内容。

2. 简述工程结算的依据。

3. 简述合同价款争议的解决方法。

四、综合计算题

1. 某内河港口散货高桩梁板式码头,甲公司通过投标中标了桩基础工程(A 标段),分项工程工程量清单报价见表 9－7－1。合同谈判期间,招标人认为甲公司灌注桩(Φ1200mm、Ⅲ类土)投标报价高于市场价,要求甲公司在投标报价的基础上降价 10% 后签订合同,分项工程合同价由原投标报价 10709260 元调整为 10227130 元。合同约定工程进度款支付比例为当

月完成产值的90% ,本月完成工程量如下:

灌桩(Φ1000mm 、Ⅲ类土)完成20 根,灌注桩(Φ1000mm、Ⅴ类土)完成20 根，现浇混凝土钢筋笼60t。

表 9 -7 -1　分项工程工程量清单报价表

单位工程名称:某内河港口散货高桩梁板式码头桩基工程　　　　第1页 共1页

序号	项目编码	项目名称	计量单位	工程数量	金额/元	
					综合单价	合价
1	100602001001	灌注桩(Φ1000mm、Ⅲ类土)	根	66	25060	1653960
2	100602001002	灌注桩(Φ1000mm、Ⅴ类土)	根	66	1950	128700
3	100602001003	灌注桩(Φ1200mm、Ⅲ类土)	根	99	48700	4821300
4	100602001004	灌注桩(Φ1000mm、Ⅴ类土)	根	99	4700	465300
5	100801005001	现浇混凝土钢筋笼	t	520	7000	364000
	合计					10709260

问题:

(1)招标人与投标人签订的合同是否合法,为什么? 如不合法,应如何修改。

(2)合同按计价方式分为哪几类? 其适用范围有哪些?

(3)请问本月应支付给甲公司多少工程款?

2. 某公路工程合同总价为15000万元,开工预付款为合同总价的20%。表9 -7 -2是承包商每月实际完成的工程计量款。

表 9 -7 -2　每月实际完成的工程计量款

月份	3	4	5	6	7	8	9	10
计量款/万元	800	1600	2000	2200	2500	2300	2000	1600

根据合同的规定,开工预付款在达到签约合同价30%之后,开始按工程进度以固定比例分期从各月的进度付款证书中扣回,全部金额在进度付款证书的累计金额达到签约合同价的80%时扣完。

问题:

(1)开工预付款金额为多少?

(2)开工预付款的起扣月是第几月? 并列式说明理由。

(3)计算从起扣月开始每个月应扣回的开工预付款金额。

3. 某一级公路合同段,主要工程量包含一座大型互通式立交桥。红线周边居民较密集。经公开招标确定承包商并按招标文件签订了施工合同。工程开工前,承包商上报了施工组织计划并获得批准。工程开工后发生了如下事件:

事件(1)原计划4月30日全部完成的拆迁至5月5日才完成,导致部分桩基无法按计划进行施工,其中某部分处于进度网络图关键线路的桩基计划开工时间为5月6日,因此推迟至5月16日开工,造成窝工600工日(每工日工资为40元),设备A闲置60台班(计日工单价为1500元/台班,投标预算书中该设备固定费用为1000元/台班),设备B闲置75台班(计日工单价为 1200 元/台班，投标预算书中该设备固定费用为 800 元台班）。

事件(2)至 6 月 10 日，因部分桩基与红线外民房距离较近，冲击振动影响较大，被居民阻止施工，被迫停工 10 天，该工序位于批准的施工组织计划关键线路上。经施工、监理、业主共同研究决定改用回旋钻成孔。调运更换机械及窝工损失 20 万元，因更改施工工艺导致后续施工费用增加 30 万元。

事件(3)进入上部结构施工后，突然接到业主通知，因市政规划原因暂时停工，等待重新设计。接到通知时，主线除外，匝道桥已搭设支架 800t，经测算搭拆工费为 400 元/t，已制作模板 4000m^2，每平方米综合费用 80 元，完成钢筋制作 400t，钢筋清单综合单价 6000 元/t，当时的废钢材回收价格为 1000 元/t，地面硬化及其他费用 20 万元。90 天后业主下发了 新施工图并要求按新设计进行施工。新设计导致原设计匝道全部不能利用，报废工程 500 万元（实体已计量）。

事件(1)发生后，承包商向监理人提交了索赔报告，要求延长工期 15 天，并补偿费用 204000 元（计算式为 $600\times40+60\times1500+75\times1200$）、利润 20400 元。

事件(2)发生后，承包商向监理人提交了索赔报告，要求延长工期 10 天，并补偿费用 50 万元。

事件(3)发生后，承包商向监理人提交了索赔报告，要求延长工期 90 天，并补偿费用 824 万元（计算式为 $800\times400+4000\times80+400\times6000+20000+500000$）。

问题：

(1)请问上述三项索赔能否成立？为什么？

(2)分别计算应批准的延长工期。

(3)分别计算各事件的索赔费用。

4. 某公路工程，签约合同价为 6500 万元，工期为 8 个月。招标文件按《公路工程标准施工招标文件》(2018 年版)编制。合同约定按实际完成工程量以合同清单单价进行结算。合同项目专用条款约定开工预付款为签约合同价的 15%，计量累计达到签约合同价的 30% 时开始扣回，至计量累计达到签约合同价的 80% 时扣完。合同约定月支付的最低限额为 400 万元。合同约定预留质量保证金为月支付额的 5% ，与计量支付同步扣留。计所支付按月进行。开工后各月实际完成并经监理人确认计量款见表 9－7－3。

表 9－7－3　开工后各月实际完成并经监理人确认计量款

月份	3	4	5	6	7	8	9	10
计量款/万元	300	700	850	1050	1200	1400	1000	700

问题：

(1)工程价款结算的方式有哪些？

(2)计算本工程的预付款起扣月份和数额，以及完成扣回的月份。

(3)计算按月支付的工程进度款。

(4)计算本工程的结算工程款。

参考答案

一、单选题

1－5　ADDDA　6－10　CAACD　11－13　BAD

二、多选题

1. BC　2. ADE　3. BCDE　4. AC　5. ABE　6. ABCD　7. ABC　8. ABCD　9. ABCD　10. ABCE　11. ABCD　12. ABCD

三、简答题

1. 答:承包商应根据办理的结算文件,向发包人提交结算款支付申请。该申请应包括下列内容:
(1)结算总额。
(2)已支付的合同价款。
(3)应扣留的质量保证金。
(4)应支付的竣工付款金额。
2. 答:工程结算的依据包括:国家和地方有关主管部门颁发的有关工程造价编制、管理方面的文件,工程承包合同,合同条款,技术规范,工程量清单,设计图,计量的工程量和施工记录等。
3. 答:合同价款争议的解决方法包括监理工程师或造价工程师暂定、管理机构的解释或认定、友好协商、调解、仲裁或诉讼以及造价鉴定六种方式。

四、综合计算题

1. 答:(1)招标人与投标人签订合同不合法。理由如下:
《中华人民共和国招标投标法》第四十三条规定:在确定中标人前,招标人不得与投标人就投标价格、投标方案等实质性内容进行谈判。
招标人应按照投标人的投标报价签订合同。
(2)分为单价合同、总价合同、成本加酬金合同三类。
实行工程量清单计价的工程,应当采用单价合同。
合同工期较短,建设规模较小,技术难度较低,且施工图设计已审查完备的建设工程可以采用总价合同。
紧急抢险、救灾以及施工技术特别复杂的建设工程可以采用成本加酬金合同。
(3)本月应支付工程款如下:
灌注桩(Φ1000mm、Ⅲ类土):20 根 ×25060 元/根 =50120 元
灌注桩(Φ1000mm、Ⅴ 类土):20 根 ×1950 元/根 =39000 元
现浇混凝土钢筋笼:60tx7000 元/t =42000 元
以上合计:960200 元
本月应支付工程款 =960200 元 ×90% =864180 元
2. 答:(1)开工预付款为合同总价的 20% ,即 15000×20% 万元 =3000 万元。

(2)开工预付款的起扣月计算。起扣点:15000x30%万元 = 4500万元。

累计金额达到签约合同价的80%时扣完,15000x80%万元 =12000万元。

前3个月累计完成:(800 +1600 +2000)万元 = 4400万元。

前4个月累计完成:(4400 +2200)万元 = 6600万元。

显然从6月份开始预付款扣回,即本工程开工预付款的起扣月份为6月份。

(3)开工预付款扣回金额:预付款为合同价款的20%,超过起扣点后每次计量扣回的比例为20% ÷(80% -30%) =40%,扣止点为15000 ×80%万元 =12000万元。

3月份:累计计量款为800万元,未达到开工预付款起扣点,不需扣回。

4月份:累计计量款为2400万元,未达到开工预付款起扣点,不需扣回。

5月份:累计计量款为4400万元,未达到开工预付款起扣点,不需扣回。

6月份:累计计量款为6600万元,本月应扣回预付款(6600 -4500) ×40%万元 = 840万元。

7月份:当月计量款为2500万元,累计计量款为9100万元,本月应扣回预付款2500 ×40%万元 =1000万元。

8月份:当月计量款为2300万元, 累计计量款为11400万元,本月应扣回预付款2300 ×40%万元 =920万元。

9月份;当月计量款为2000万元, 累计计量款为13400万元,占合同价款的89.33%,本月应扣回预付款为(12000 -11400) ×40%万元 = 240万元。

3 ~9月份合计扣回的预付款为(840 +1000 +920 +240)万元 =3000万元。

3. 答:(1)事件(1)的索赔成立,理由如下:

造成工期延误的原因在于业主拆迁未能按时完成,因此索赔成立。

事件(2)的索赔不成立,理由如下:

承包商选择适当的施工方法并确保沿线居民的生产生活不受影响是承包商的责任,由此导致的一切纠纷及损失由承包商承担。

事件(3)的索赔成立,理由如下:

由于规划原因导致设计变更,非承包商和业主责任。

(2)事件(1)应批准延长的工期为10天,因为关键线路上的延误为10天 ,事件(3)应批准延长的工期为90天。

(3)①事件(1)设备闲置所产生的费用为固定费用,未发生燃料、动力费等运行费用,按计日工单价计算不妥,按合同规定索赔只计费用不计利润,因此对于承包商的利润要求不予支持。

设备闲费用:(60 ×1000 +75 ×800)元 =120000元

人员窝工工资:600 ×40元 =24000元

合计:(120000 +24000)元 =144000元

②事件(3)计算索赔时钢材应计算回收价值,报废工程已按工程实体进行了计量,索赔时不予计算,结算时按实际完成数量和清单综合单价进行结算,并在结算书中填“报废工程一览表”。承包商应获得的补偿费用:

[800 ×400 +4000 ×80 +400 ×(6000 -1000) +20000]元 =2840000元

4. 答:(1)工程价款的结算方式主要分为按月结算、竣工后一次结算、分段结算、目标结算和双方约定的其他方式。

(2)预付款的金额:6500 ×15% 万元 =975(万元)

预付款的起扣点:6500 ×0 +700 +850)万元 =1850 万元

前 4 个月累计完成:(1850 +1050)万元 = 2900 万元,从第 4 个月开始扣回。

第 4 个月(6 月份)扣回数额:预付款为合同价的 15% ,超过起扣点后每次计量扣回的比例为 15%/(80% -30%) =30% ,(2900 -1950) ×30% 万元 =285 万元。

预付款扣回完成点:6500 ×80% 万元 =5200 万元

7 月份累计完成 4100 万元,小于 5200 万元;8 月份累计完成 5500 万元,大于 5200 万元,应在 8 月份完成预付款中扣回。8 月份扣回的预付款为(5200 -4100) ×30% 万元 =330 万元。

(3)按月支付的工程款如下:

3 月份:未达到合同约定的付款最低限额,不能签发计量支付证书。

4 月份:(300 +700) ×(1 -5%)万元 =950 万元

5 月份:850 ×(1 -5%)万元 =807.5 万元

6 月份:[1050 ×(1 -5%) -285]万元 =712.5 万元

7 月份:1200 ×(1 -30% -5%)万元 =780 万元

8 月份:[1400 ×(1 -5%) -330]万元 =1000 万元

9 月份:1000 ×(1 -5%)万元 =950 万元

10 月份:700 ×(1 -5%)万元 =665 万元

扣回的预付款为(285 +1200 ×30% +330)万元 =975 万元,与预付款相同。

(4)结算如下:

累计完成额:(300 +700 +850 +1050 +1200 +1400 +1000 +700)万元 =7200 万元

累计支付:(975 +950 +807.5 +712.5 +780 +1000 +950 +665)万元 =6840 万元

质量保证金:7200 ×5% 万元 =360 万元

累计完成额 -质量保证金:(7200 -360)万元 = 6840 万元(与累计支付相吻合)

上式中,975 万元为预付款,质量保证金 360 万元在缺陷责任期期满后支付。

因此,本项目的结算工程款为 7200 万元。

第八节　公路工程竣工决算编制

一、单选题(每题的备选项中,只有1个正确项)

1. 严禁将多项室外工程作为整项交付资产,下列工程不属于室外工程的是(　　)。
   A. 道路　　B. 围墙大门　　C. 停车场　　D. 屋面工程
2. 在确定交付资产时,不属于应注意事项的是(　　)。
   A. 不得把应直接交付使用的工艺管道工程和厂区输配电电缆工程作为安装费分摊到设备资产中
   B. 安装工程支出(含设备基础工程)应按照合理方法分摊到交付设备资产价值中,而不应单独作为建筑资产交付
   C. 为便于管理,可以将多项公用设备作为整项交付资产
   D. 严禁将多项室外工程作为整项交付资产
3. 下列不属于竣工决算编制依据的是(　　)。
   A. 初步设计、概算及调整文件
   B. 相关合同(协议)、工程结算等有关资料
   C. 政府有关土地、青苗等补偿及安置补偿标准或文件
   D. 竣工验收证书
4. (　　)是整个建设工程的最终价格,是作为建设单位财务部门汇总固定资产的主要依据。
   A. 投资估算　　B. 设计概算　　C. 合同价　　D. 竣工决算
5. 公路工程建设项目分为公路建设项目和独立的公路桥梁建设项目两种类型编制竣工决算报告。下列不属于公路工程竣工决算报告组成内容的是(　　)。
   A. 竣工决算报告的封面、目录　　B. 竣工工程平面示意图
   C. 竣工决算报告说明书　　D. 结算表格
6. 确定建设项目各项投资实际支出的标准时,对于单价合同的实际支出应以(　　)为准。
   A. 标价的清单　　B. 合同总价　　C. 账面金额　　D. 结算价
7. 工程竣工决算编制依据包括(　　)。
   A. 经批准的可行性研究报告及其投资估算书
   B. 经批准的初步设计或扩大初步设计及其概算或修正概算书
   C. 经批准的施工图设计及其施工图预算书
   D. 招投标的标底、承包合同、工程结算资料
8. 下列关于工程竣工决算编制要求的说法,正确的是(　　)。
   A. 编制工程竣工决算的概算金额,如有主管机关最终批复的,应以批复的预算金额为准
   B. 编制工程竣工决算的实际支出,应以会计账面金额为基础,以合同金额、结算金额为依据
   C. 零星采购的材料、设备和零星费用应以施工方报价为准
   D. 需分摊的设备安装支出和待摊投资支出,应按“最大合理”“谁使用,谁承担”的原则分捶
9. 负责组织人员编写建设工程竣工决算的文件的负责单位是(　　)。

A. 建设单位　　B. 监理单位　　C. 施工单位　　D. 项目主管部门

10. 在大、中型建设项目竣工财务决算表中,属于资金占用的是(　　)。

A. 企业债券资金　　B. 留成收入

C. 应收生产单位投资借款　　D. 待冲基建支出

11. 以下不属于小型建设项目竣工财务决算报表的是(　　)。

A. 建设项目竣工财务决算审批表　　B. 竣工财务决算总表

C. 建设项目交付使用资产明细表　　D 建设项目概况表

二、多选题(每题的备选项中,有 2 个或 2 个以上符合题意,至少有 1 个错项)

1. 编制工程竣工决算应具备的条件有(　　)。

A. 经批准的初步设计所确定的内容已完成

B. 工程结算已完成

C. 尾工工程不超过规定的比例(总概算的 10%)

D. 涉及法律诉讼、工程质量、移民安置的事项已处理完毕

E. 其他影响工程竣工决算编制的重大问题已解决

2. 下列费用应计入无形资产的有(　　)。

A. 引进技术费用　　B. 土地出让金

C. 土地补偿款　　D. 办公和生活家具购置费

E. 办公设备购置费

3. 资产价值应含合同价值以外的(　　) 等费用。

A. 运杂费　　B. 保险费　　C. 仓储费　　D. 保管费

E. 设计费

4. 竣工决算的作用主要包括(　　)。

A. 可以考核竣工项目设计概算的执行结果,考核交通基本建设项目的投资效益

B. 是建设单位向使用或管理单位移交财产的依据

C. 全面反映了项目建设全过程的财务情况

D. 是工程建设项目投资的最高限额

E. 是工程造价积累的基础资料之一

5. 公路工程竣工决算编制依据主要有(　　)。

A. 经批准的初步设计,修正概算

B. 与有关部门或单位签订的施工合同

C. 工程质量鉴定、检验等有关文件,工程监理等有关资料

D. 施工企业交工报告、竣工图表等有关技术经济文件

E. 项目建议书

6. 下列关于工程竣工决算编制要求的说法,正确的是(　　)。

A. 存在尾工工程,已经签订合同的可按合同金额确认,未签订合同的可按批复的概算金额确认

B. 结余资金 = 基建拨款 + 项目济本 + 项目资本公积 + 基建投资借款 + 企业债券资金 + 待冲基建支出 + 基本建设支出

C. 未随设备一起购置的软件、专利技术、专有技术等无形资产也应列为固定资产
D. 安装费用支出应分捶计入交付生产的安装费中
E. 待摊费用宜采用一次分配和二次分配的方法进行分配

7. 下列关于编制工程竣工决算的说法,正确的是(　　)。
A. 无征地费用且建筑资产金额较小的建设项目适用于二次分配法
B. 拆迁工程、土石方工程不应作为资产单独交付,其费用应合理分摊到相关单项工程中
C. 存在尚需发生的费用,已经签订合同的可按合同金初确认,未签订合同的可按相关用标准确认
D. 不符合固定资产标准的办公和生产家具,工器具等不得列为固定资产
E. 二次分配法是将分配对象根据建设单位管理费、贷款利息、前期费用等直接进行分配

8. 竣工决算由(　　)等部分组成。
A. 竣工财务决算说明书　　B. 竣工财务决算报表
C. 工程竣工图　　D. 工程竣工造价对比分析
E. 竣工验收报告

9. 竣工决算费用组成应包括(　　)。
A. 建筑安装工程费　　B. 设备、工具及器具购置费
C. 工程建设其他费用　　D. 铺底流动资金
E. 项目营运费用

10. 大、中型建设项目竣工决算报表包括(　　)。
A. 建设项目竣工财务决算审批表　　B. 建设项目概况表
C. 建设项目竣工财务决算表　　D. 建设项目交付使用资产总表
E. 建设项目竣工财务决算总表

三、简答题

1. 简述确定建设项目各项投资实际支出的标准。
2. 简述竣工决算报告编制依据。

四、综合计算题

某道路工程施工采用了包工包地方材料的合同,合同中约定,当工期发生共同性延误时,按照不利于承包商原则进行处理。工程施工过程中,在一个关键工作面上由于多种原因造成临时停工。6 月 20 ~ 26 日,承包商的施工设备出现了从未出现过的故障。应于 6 月 24 日交给承包商的后继图纸直到 7 月 10 日才交给承包商。7 月 7 ~ 12 日施工现场发生了该季节罕见的特大暴雨,造成了 7 月 11 ~ 14 日该地区的供电全面中断。

问题:

(1)由于多种原因造成的暂时停工,承包商在 7 月 15 日向监理工程师提交延长工期 25 天、成本损失费人民币 2 万元/天(此费率已经监理工程师核准)和利润损失费人民币 2000 元/天的索赔要求,共计索赔款 55 万元。承包商的这些要求能否得到支持?

(2)若承包商对因业主原因造成窝工损失进行索赔时,要求设备窝工损失按台班计算,人工的窝工损失按工日计价。该要求是否合理?应如何处理?

参考答案

一、单选题

1－5　DCDDD　6－10　DBBAC　11　D

二、多选题

1. ABDE　2. ABC　3. ABCD　4. ABCE　5. ABCD　6. ADE　7. BCD　8. ABCD　9. ABC　10. ABC

三、简答题

1. 答:建设项目各项投资实际支出的标准包括以下内容:

(1)总价合同、固定金额合同,未发生合同内容变更的实际支出应以合同价为准,发生合同内容变更的实际支出应以结算价为准。

(2)单价合同、成本加酬金合同或费率合同的实际支出应以结算价为准。

(3)零星采购的材料、设备和零星费用应以账面金额为准。

2. 答:竣工决算报告编制依据包括以下文件、资料:

(1)经批准的可行性研究报告、初步设计概算或调整概算、变更设计以及开工报告等文件。

(2)历年的年度基本建设投资计划。

(3)经审核批复的历年年度基本建设财务决算。

(4)编制的施工图预算、承包合同、工程结算等有关资料。

(5)历年有关财产物资、统计、财务会计核算、劳动工资、审计及环境保护等有关资料。

(6)工程质量鉴定、检验等有关文件,工程监理有关资料。

(7)施工企业交工报告等有关技术经济资料,最后(终)支付(结算)、交工结算、中期支付等有关支付资料。

(8)有关资金的筹集、借贷、使用等方面的资料。

(9)有关建设项目附产品、简易投产、试运营(生产)、重载负荷试车等产生基本建设收入的财务资料。

(10)有关征地拆迁资料(协议)和土地使用权确权证明。

(11)其他有关的重要文件。

四、综合计算题

答:(1)可以批准的工期索赔为18天,费用索赔额为26.4万元人民币,原因如下:

①6月20～26日承包商的施工设备出现了从未出现过的故障,属于承包商应承担的风险,不应考虑承包商的费用索赔要求和工期顺延要求。

②6月27日～6日是由于业主迟交图纸引起的,为业主应承担的风险,可以考虑工期和费用的索赔,也应考虑承包商的利润要求,工期顺延10天,索赔额为$(10\times2+10\times0.2)$万元$=22$万元。

③7月7～12日特大暴雨属于双方共同的风险,可以考虑承包商工期索赔,但不应考虑费用索赔要求,工期顺延6天。

④7月13～14日的停电属于有经验的承包商无法预见的障碍,为业主应承担的风险,可以考

虑工期和费用索赔，也应考虑承包商的利润要求，工期顺延 2 天，索赔额为$(2\times2+2\times0.2)$万元 =4.4 万元。

(2)不合理。窝工闲置的设备应按折旧费或停滞台班费或租赁费计价，不包括运转费部分；人工费损失应考虑这部分工作的工人调做其他工作时功效降低的损失费用，一般用工日单价乘以一个测算的降效系数计算这一部分损失，而且只能按直接成本费用计算，不包括管理费和利润。

第十章 水运工程计量

第一节 水运工程计量概述

一、单选题(每题的备选项中,只有1个正确项)

1. (　　)是水运工程在实施阶段按照合同约定所确定的方法,对承包商符合要求的已完工程进行测量、计算、核查并确认的已完工程的实际数量。
   A. 定额工程量　B. 清单工程量　C. 计量工程量　D. 结算工程量
2. (　　)是按照技术规范所规定的方法对承包商符合要求的已完工程的实际数量所进行的测量、计算、核查和确认的过程。
   A. 设计　B. 施工　C. 计量　D. 结算
3. 水运工程计量时采用的方法应符合规范规定,且应经监理人批准或指示,(　　)应提供一切计量设备和条件,并保证其设备精度符合要求。
   A. 承包人　B. 监理人　C. 业主　D. 设计单位

二、多选题(每题的备选项中,有2个或2个以上符合题意,至少有1个错项)

1. 计算水运工程的工程量时,为避免工程量的漏算、重算,常用的计算方法有(　　)。
   A. 施工顺序计算法　B. 图纸分项编号顺序计算法
   C. 定额项目的顺序计算法　D. 先横后竖计算法
   E. 顺时针顺序计算法
2. 水运工程计量的组织类型有(　　)。
   A. 监理工程师独立计量　B. 承包商进行计量,监理工程师核实确认
   C. 监理工程师与承包商共同计量　D. 业主计量,监理工程师核实确认
   E. 设计单位记录,监理工程师核实确认
3. 为了避免漏算或重算,提高计算的准确程度,工程量的计算应按照一定的顺序进行。具体的计算顺序应根据具体工程来确定,一般有(　　)几种顺序。
   A. 按图纸顺序计算　B. 按定额分项的顺序计算
   C. 按施工顺序计算　D. 按未经审定的施工组织设计顺序计算
   E. 按工程量计算规范顺序计算
4. 以下属于定额工程量计算依据的是(　　)。
   A. 国家、行业和地方发布的各类消耗量定额及其对应工程量计算规则
   B. 设计图纸及说明
   C. 经审定的施工组织设计
   D. 经审定通过的其他有关技术经济文件及经济调查资料
   E. 招标文件的通用条款

三、简答题

1. 简述水运工程定额工程量与清单工程量的基本区别。
2. 简述水运工程与陆域工程分界线的划分根据。
3. 简述如何划分桩基码头的水工工程与陆域工程的界限。

参考答案

一、单选题

1－3　CCA

二、多选题

1. ABC　2. ABC　3. ABC　4. ACD

三、简答题

1. 答:(1)计算口径不同。
(2)用途不同。
(3)计算依据、项目划分和综合的工作内容不同。
2. 答:根据施工条件、施工工艺、工程部位、结构要求,由设计人员划分。
3. 答:桩基码头的水工工程与陆域工程以后方挡土墙结构后坡脚线的垂直面为界。

第二节　清单工程量计量规则及应用

一、单选题(每题的备选项中,只有1个正确项)

1. 下列水下挖泥土类的划分,正确的是(　　)。
   A. Ⅰ类,淤泥、淤泥混砂、软塑黏土、可塑亚黏土、可塑亚砂土、可塑黏土、硬塑黏土
   B. Ⅱ类,砂、硬塑亚砂土、硬塑亚砂土、坚硬亚黏土
   C. Ⅲ类,坚硬的黏土、砂夹卵石、坚硬亚砂土
   D. Ⅳ类,强风化岩、铁板砂、胶结的卵石和砾石
2. 下列关于软土地基加固工程量计算规则,正确的是(　　)。
   A. 软土地基加固塑料排水板工程量应以面积计算
   B. 软土地基加固陆上强夯工程量设计强夯加固体积计算
   C. 软土地基加固打砂桩工程量应以根或长度计算
   D. 深层水泥拌和加固水下基础工程,应根据不同的水深、加固深度、土质类别,按设计加固体积计算
3. 下列高压喷射防渗墙灌浆属于高压灌浆的是(　　)。
   A. 灌浆压力为1MPa的灌浆　　B. 灌浆压力为2MPa的灌浆
   C. 灌浆压力为2.5MPa的灌浆　　D. 灌浆压力为3MPa的灌浆
4. 下列工程,不可以按设计图纸的有效灌浆长度计算的是(　　)。
   A. 固结灌浆工程　　B. 沙砾石层帷幕灌浆工程
   C. 接缝灌浆工程　　D. 土坝劈裂灌浆工程
5. 工程量计算依据不包括(　　)。
   A. 工程设计施工蓝图　　B. 招标文件的商务条款
   C. 施工方案　　D. 工程量计算规则
6. 工程量计算的一般原则不包括(　　)。
   A. 工程量计算应与实际情况相结合　　B. 工程量计算必须准确
   C. 工程量计算必须与设计图纸相一致　　D. 工程量计算必须参照相关定额
7. 下列关于钢筋工程量的说法,错误的是(　　)。
   A. 现浇、预制构件的钢筋工程量应根据不同材质分别按设计图以重量计算
   B. 混凝土预制构件钢筋工程量应按预应力和非预应力分别计算
   C. 设计图未标示的搭接钢筋、架立钢筋,经现场建设单位、监理单位、施工单位三方共同认定,可以计量
   D. 设计图未标示的灌注桩、地下连续墙悬吊钢筋及其他加固钢筋等的工程量可在工程单价中考虑
8. 下列关于基础打入桩工程量计算的说法,错误的是(　　)。
   A. 斜度大于8:1的基桩按斜桩计算
   B. 在同一节点由一对不同方向的斜桩组成的基桩按叉桩计算

C. 在同一节点中由两对不同方向叉桩组成的基桩组按同节点双向叉桩计算

D. 设计文件要求试桩时,试桩工程量可并入相应桩基计算工程量

9. 下列关于工程界线划分的说法,正确的是(　　)。

A. 水工工程应以施工水位为界,划分水上工程和水下工程

B. 水工工程应以设计最低通航水位为界,划分水上工程和水下工程

C. 水工工程应以设计最高通航水位为界,划分水上工程和水下工程

D. 水工工程应以设计洪水位为界,划分水上工程和水下工程

二、多选题(每题的备选项中,有2个或2个以上符合题意,至少有1个错项)

1. 下列关于疏浚工程工程量计算规则正确的是(　　)。

A. 挖泥工程量应按天然密实体积计算

B. 对于有自然回淤的施工区域,施工期回淤量应按天然密实体积计算

C. 在同一施工区域出现不同疏浚岩土级别时,应分别计算工程量

D. 吹填工程量应按设计图纸净量,扣除吹填区围(子)堰等的体积,计算有效净量

E. 吹填土体的流失、固结量等可在工程单价中考虑

2. 下列关于土石方工程工程量计算规则正确的是(　　)。

A. 槽底开挖宽度的3m以内,且槽长大于三倍槽宽的陆上开挖工程可按地坑计算

B. 除岸坡、地槽、地坑以外的陆上开挖工程应按一般挖土方计算

C. 陆上土方工程,应按土方挖填以体积计算工程量

D. 洞室土方开挖断面积大于$2.5m^3$时,水平夹角在6°~75°的应按斜井土方开挖计算

E. 夹有孤石的土方开挖,孤石应按土方开挖计算

3. 下列关于土石方工程工程量计算规则正确的是(　　)。

A. 水下挖泥水深应按施工水位与设计挖槽底标高之差和除平均泥层厚度之半确定

B. 水下抛填工程应计入原土沉降增加的工程量

C. 水下抛填水深应按施工水位与设计挖槽底标高之差加上基床厚度确定

D. 砌筑工程量应按设计砌体外形尺寸以体积计算

E. 砌体砂浆勾缝已包含于砌体工程量中,不应重复计算

4. 下列关于基础打入桩工程量计算规则正确的是(　　)。

A. 斜度小于或等于8:1的基桩按直桩计算

B. 在同一节点由一对不同方向的斜桩组成的基桩按叉桩计算

C. 在同一节点中由两对不同方向斜桩组成的基桩组按同节点双向叉桩计算

D. 独立墩或独立承台结构体下的基桩或含三根及三根以上直桩且不与其他基桩联系的其基桩结构体下的基桩按墩台式基桩计

E. 引桥设计纵向中心线岸端起点至码头前沿线最远点垂线距离大于500m时,码头部分的基桩按长引桥码头基桩计算

5. 下列关于现浇混凝土基础工程量计算规则正确的是(　　)。

A. 独立基础根据断面形式以“个”计算

B. 带形基础根据断面形式以体积计算

C. 有肋带形基础并入墙中计算

D. 无梁式满堂基础的扩大角或锥形柱墩并入满堂基础内计算工程量

E. 箱式满堂基础按无梁式满堂基础、柱、梁、板、墙等项目分别计算工程量

6. 下列关于现浇混凝土梁工程量计算规则的说法，正确的是（　　）。

A. 基础梁按全长计算体积

B. 主梁按全长计算，次梁算至主梁侧面

C. 梁与混凝土墙或支撑交接时，梁长算至墙体或支撑侧面

D. 梁与主柱交接时，柱高算至梁底面，梁算至柱侧面计算

E. 梁板结构的梁高算至面板中心

7. 下列关于陆上现浇混凝土池、陆上现浇混凝土卸车坑工程量计算规则正确的是（　　）。

A. 池底板的坡度缓于1:2按平面底板计算，陡于1:2的按锥形底板计算

B. 池壁高度从底板上表面算至顶板下表面，带溢流槽的池壁将溢流槽并入池壁体积计算

C. 污水处理系统中澄清池中心结构按整体计算

D. 陆上现浇混凝土卸车坑，框架梁单独计算，其他梁按断面形式分别计算

E. 陆上现浇混凝土卸车坑，漏斗按整体计算，并算至墙体或梁的侧面

8. 下列关于混凝土工程量计算规则的说法，正确的是（　　）。

A. 水上现浇混凝土桩帽、帽梁、导梁工程量，不应扣除桩头嵌入部分的体积

B. 水上现浇混凝土桩基式墩台、墩帽、台身、支座工程量，不应扣除桩头嵌入墩帽的体积

C. 水上现浇混凝土码头面层、磨耗层工程量应扣除分缝体积

D. 预制混凝土空心方桩、大管桩和PHC桩的工程量，应扣除中空体积

E. 超过六个面的混凝土方块工程量，应按多面体块以体积计算

9. 下列钢筋工程量，可在工程单价中考虑的是（　　）。

A. 预制构件的钢筋工程量　　B. 架立钢筋的工程量

C. 箍筋绑扎的钢筋工程量　　D. 空心方桩胶囊定位钢筋的工程量

E. 灌注桩的钢筋工程量

10. 下列工程量计算规则正确的是（　　）。

A. 航运枢纽设备安装工程量，按其不同的规格、能力、高度及重量，分别以台、套、扇或重量计算

B. 修造船厂设备安装工程量，其工程量计算与港口装卸工程量方法相同

C. 栽植绿篱类工程量、应按设计图示品种以面积计算

D. 挖除树身直径在0.2m以内的小树及竹（苇）根，铲草皮等工程量，应按面积计算

E. 拆除土石堤、围埝、砌体等工程量，应按体积计算

11. 计算工程量的顺序，正确的是（　　）。

A. 单位工程计算按施工工艺分类再逐个计算

B. 单位工程计算按各个规范顺序计算

C. 分部分项工程计算按照顺时针方向计算

D. 分部分项工程计算按“先横后竖、先下后上、先左后右”计算

E. 分部分项工程计算按图纸分项编号顺序计算

12. 工程量计算主要步骤包括（　　）。

A. 熟悉图纸　　B. 列出计算式

C. 演算计算式　　D. 调整计量单位

E. 调整价格

三、简答题

1. 简述吹填工程量如何计算。
2. 简述疏浚工程工程量计算规则。
3. 结合水运工程情况,说明在编制水运工程工程量清单中工程项目如何排序。

四、综合计算题

1. 某船闸工程闸室为钢筋混凝土坞式整体结构,闸室有效尺度为全长 30m×23m×4.5m(长×宽×门槛水深),底板厚度 2.5m,底板为 C25 混凝土,底板设置两道后浇带,后浇带为 C30 混凝土,断面结构如图 10-2-1 所示。

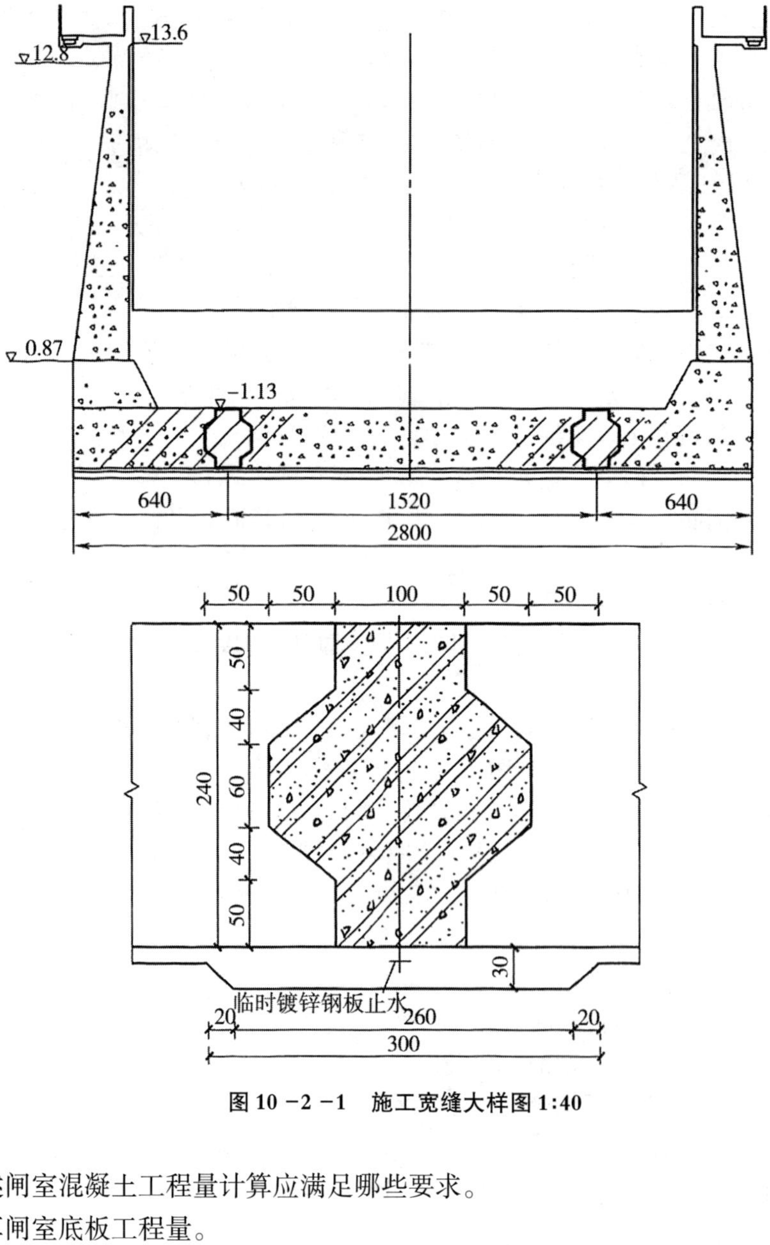

图 10-2-1　施工宽缝大样图 1:40

问题:

(1)请简述闸室混凝土工程量计算应满足哪些要求。

(2)请计算闸室底板工程量。

2. 某航道疏浚工程，设计挖槽长 6km，设计底宽 200m，设计底标高 -15.0m（按理论深度基准面起算，下同），计算超深 0.5m，计算超宽 5m，边坡 1:7，原泥面平均标高 -10.0m。泥土处理为外抛，抛泥区中心点在挖槽下游一端外 10km 处。施工单位根据合同条款、现场条件和设备情况，选派 1 艘 10000m^3 耙吸挖泥船施工。每舱挖泥时间 55min，平均泥舱装载土方量为 6500m^3/舱，挖泥船满载航速 9kn，轻载航速 12kn，抛泥和掉头、上线时间合计为 15min，平均时间利用率 85%，施工期回淤量按 5% 考虑。

问题：

(1) 计算本工程的计算断面顶宽、底宽、断面面积和疏浚工程量。（不考虑挖槽两端部的端坡土方量）

(2) 计算挖泥船平均运转时间小时生产率。

(3) 计算本工程的施工工期。

3. 某大型海上工程孤立墩混凝土承台施工，如图 10-2-2 所示，其混凝土的配合比为 1:1.5:2.50，水灰比为 0.40，水泥用量为 444kg/m^3。承台的平面尺寸为 10m × 10m，承台底标高为 -0.5m，顶标高为 +3.5m。9 根直径 1.2m 的钢管桩伸入承台混凝土中 2m（桩芯混凝土已提前灌注完成）。施工水域潮汐为规则半日潮，施工期低潮位 -1.0m、高潮位 +2.5m。承台施工用非水密模板，承台混凝土分 3 层浇筑，底层混凝土浇筑厚度为 1.0m，规范对赶潮浇筑混凝土的施工要求是在混凝土初凝前其顶面不能被水淹（混凝土的初凝时间为 1.5h）。

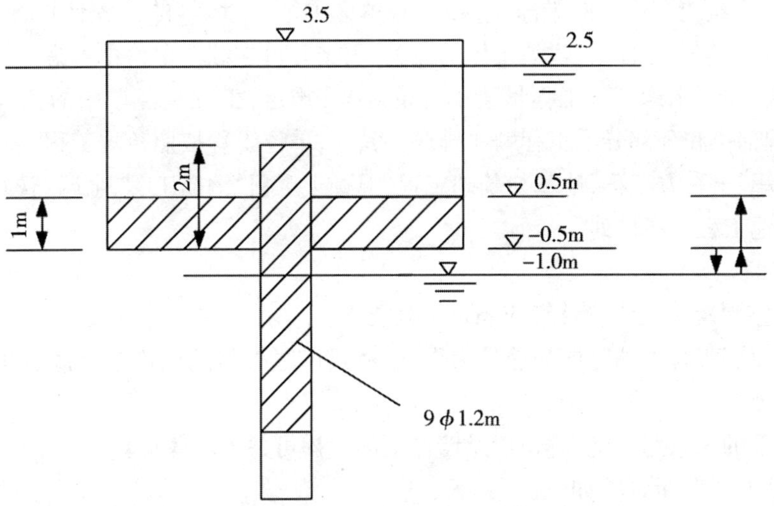

图 10-2-2　某大型海上工程孤立墩混凝土承台施工示意图

问题：

(1) 承台混凝土的浇筑量是多少？承台底层混凝土的浇筑量是多少？

(2) 何时开始浇筑承台底层混凝土对赶潮施工最有利？

(3) 用有效生产能力为 50m^3/h 的混凝土拌和船浇筑台底层混凝土可否满足规范对赶潮浇筑混凝土的施工要求？

(4) 为浇筑承台底层混凝土拌和船至少要备料水泥、砂、石子、水多少（材料的损耗率按 5% 计）？

(5) 为使承台使用年限达到 50 年不大修，保证其耐久性的首选措施是什么？

参考答案

一、单选题

1－5 DDDCB 6－9 ACDA

二、多选题

1. CDE 2. BD 3. ABD 4. ABE 5. BDE 6. ABC 7. BCE 8. ABD 9. BCE 10. CDE 11. BCE 12. ABCD

三、简答题

1. 答：吹填工程量应按设计图示轮廓尺寸，扣除吹填区围(子)堰等的体积，计算有效净量，原土体的沉降应计入工程量；吹填土体的流失、固结量等可在工程单价中考虑。

2. 答：(1)挖泥工程量应按设计图纸计算净量。

(2)疏浚岩土的分类分级应根据疏浚岩土的勘察报告和岩土试验报告确定，并应符合现行行业有关标准的规定。

(3)对于有自然回淤的施工区域，施工期自然回淤量应单独计算并计入工程量。

(4)在同一施工区域出现不同疏浚岩土级别时，应分别计算工程量。

(5)吹填工程量应按设计图纸净量，扣除吹填区围堰、子堰等的体积计算；原土体的沉降量应单独计算并计入工程量；吹填土体的流失、固结等可在综合单价中考虑。

3. 答：按照现行的《水运工程工程量清单计价规范》规定，工程量清单中的工程项目应按照设计图、工程部位和分部分项工程顺序排序。其中，单位工程按照疏浚工程、测量工程、导航助航设施工程、土石方工程、地基与基础工程、混凝土工程、钢筋工程、金属结构工程、设备安装工程和其他工程顺序排列。

四、综合计算题

1. 答：(1)闸室混凝土工程量计算应满足下列要求。

1)分离式以底板与闸墙竖向分缝处为界，整体式以底板与闸墙连接处底板顶标高为界划分闸墙与底板。

2)墙体顶部的靠系船设施、廊道以及墙体上的阶梯可并入墙体计算。

(2)闸室底板工程量计算如下。

1)C30二期混凝土(后浇带)工程量 $=[1\times2.5+(0.9+1.7)\times0.5\times0.5\times2]\times2\times230m^3=1748m^3$。

2)C25底板混凝土工程量 $=(28\times2.5\times230-1748)m^3=14352m^3$。

2. 答：(1)疏浚工程量计算断面顶宽 B_1：$B_1=200m+2\times(5\times7+5)m=280m$

计算断面底宽B2：$B2=200m+2\times(5-0.5\times7)m=203m$

计算断面面积A：$A=(280m+203m)\div2\times5.5m=1328.25m^2$

疏浚工程量V：$V=1328.25m^3\times6000m\times(1+5\%)=8367975m^3$

(2)挖泥船平均运转时间小时生产率：

$$W=\frac{Q}{T}=\frac{Q}{\frac{L_1}{V_1}+\frac{L_2}{V_2}+\frac{L_3}{V_3}+t_1+t_2}$$

因为 $Q=6500m^3$

$L_1=L_2=6km/2+10km=13km$

$V_1=9kn=16.668km/h$

$V_2=12kn=22.224km/h$

$$\frac{L_3}{V_3}=55min=\frac{55}{60}h$$

$$t_1+t_2=15min=\frac{15}{60}h$$

代入公式计算得：$W=2567.59m^3/h$

或：$W_1=\frac{6500}{0.78+0.58+0.92+0.25}m^3/h=2569.17/h$

或：$W_1=\frac{6500}{0.78+0.58+\frac{55}{60}+\frac{15}{60}}m^3/h=2572.56/h$

(3)本工程的施工工期 $=\frac{8367975}{2567.59\times24\times0.85}d=160d$

3. 答：(1)承台混凝土的浇筑量：$(10\times10\times4-9\times3.14\times0.62\times2)m^3=379.6m^3$

承台底层混凝土浇筑量：$(10\times10\times1-9\times3.14\times0.62\times1)m^3=89.8m^3$

(2)在落潮的过程中，当潮位落至 −0.5m(承台底模板刚露出水面)时开始浇筑混凝土对赶潮水施工最为有利，如图 10－2－3 所示。

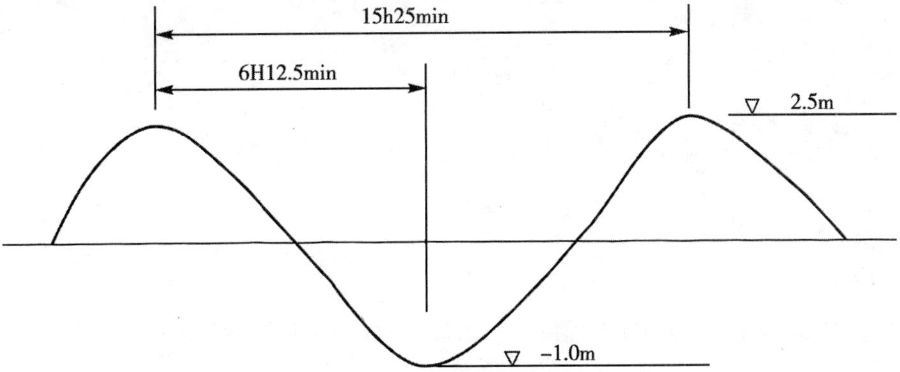

图 10－2－3　潮位曲线图

(3)第一种思路：

潮水从 +2.5m 降至 −1.0m(总计 3.5m)的时间是 6h12.5min，即 6.21h

潮水每涨(落)1m 所需时间为：6.21h/3.5m = 1.77h/m

潮水从 −0.5m 落至 −1.0m 再涨至 +0.5m(底层混凝土顶面)所需时间：

1.77h/m × (0.5 + 0.5 + 1.0)m = 3.54h

用有效生产能力 $50m^3/h$ 的混凝土拌和船浇筑底层混凝土所需时间：$89.8m^3/50m^3/h=1.8h$

底层混凝土浇筑时间与混凝土初凝时间的和为：$1.8h + 1.5h = 3.3h$

$3.54h > 3.3h$，所以用有效生产能力 $50m^3/h$ 的混凝土拌和船浇筑底层混凝土是可以满足规范对赶潮浇筑混凝土施工要求的。

第二种思路：

底层混凝土浇筑完成并初凝结束的时间是：3.5h。

3.3h 的时间内潮水从 −0.5m 降至 −1.0m 再涨至的标高是：

$(3.3/1.77)m - (0.5 + 0.5 + 0.5)m = 1.86m - 1.5m = +0.36m$，还没有淹没底层混凝土的顶面（+0.5m），所以是可以满足规范对赶潮浇筑混凝土施工要求的。

(4)备料：

水泥：$444kg/m^3 \times 89.8m^3 \times (1 + 5\%) = 41.9t$

砂：$444kg/m^3 \times 1.50 \times 89.8m^3 \times (1 + 5\%) = 62.9t$

石子：$444kg/m^3 \times 2.50 \times 89.8m^3 \times (1 + 5\%) = 104.8t$

水：$444kg/m^3 \times 0.4 \times 89.8m^3 \times (1 + 5\%) = 16.76t$

(5)首选的保证措施是：选用高性能混凝土。

第三节　水运工程工程量清单编制

一、单选题(每题的备选项中,只有1个正确项)

1.《水运工程工程量清单计价规范》规定,水运工程单位工程共分为(　　)类专业工程。

A. 9　　B. 10　　C. 11　　D. 12

2.《水运工程工程量清单计价规范》规定,项目编码第7~9位为(　　)。

A. 水运工程行业码　B. 分项工程顺序码　C. 专业工程顺序码　D. 特征项目顺序码

3. 工程量清单编制依据不包括(　　)。

A. 国家和行业有关招标投标的法律、法规和规章

B. 招标文件

C. 设计文件

D. 投标文件

4. 工程量清单应作为(　　)的组成部分。

A. 招标文件　B. 投标文件　C. 设计文件　D. 预算文件

5. 以"平方米""米""平方千米""立方米""千克""吨"为计量单位,应保留小数点后(　　)数字,第(　　)数字四舍五入。

A. 两位 两位　B. 三位 两位　C. 两位 三位　D. 三位 三位

二、多选题(每题的备选项中,有2个或2个以上符合题意,至少有1个错项)

1.《水运工程工程量清单计价规范》规定,工程量清单项目汇总表包括(　　)等内容。

A. 一般项目　B. 单位工程　C. 计日工项目　D. 规费和税金

E. 其他项目

2.《水运工程工程量清单计价规范》(JTS 271—2008)规定,单位工程包括(　　)、地基与基础工程、混凝土工程、钢筋工程、金属结构工程、设备安装工程及其他工程等专业工程。

A. 疏浚工程　B. 测量工程

C. 导航助航设施工程　D. 土石方工程

E. 港口工程

3.《水运工程工程量清单计价规范》中,一般项目清单包括(　　)。

A. 安全文明施工费　B. 施工环保费　C. 规费　D. 测量工程

E. 暂列金额

4. 工程量清单中的工程数量的有效位数除另有规定外,有(　　)等计量单位。

A. 平方米　B. 米　C. 克　D. 立方米

E. 千克

5. 工程量清单编制依据包括(　　)。

A. 国家和行业有关招标投标的法律、法规和规章

B. 招标文件

C. 设计文件

D. 投标文件

E. 本规范定

三、简答题

1. 简述工程量清单编制依据。
2. 简述工程量清单计量单位的一般规定。
3. 简述工程量清单中的工程数量有效位数的一般规定。

四、综合计算题

某内河航道Ⅲ级船闸,闸室有效尺度 200m × 23m × 4.5m,共 13 节闸室,闸室板底宽度 28m,厚度 2.5m,左右两侧各设置一个后浇带。闸室底板及后浇带尺寸如图 10-3-1 所示。

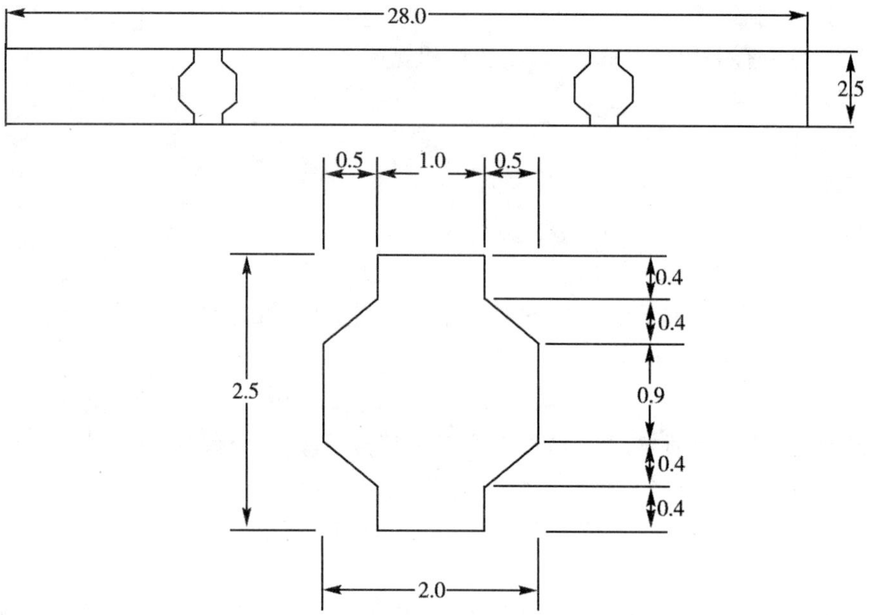

图 10-3-1　闸室底板后浇带断面图(单位:m)

问题:

(1)简述后浇带混凝土施工应符合哪些规定。

(2)请分别计算闸室底板混凝土工程量和后浇带混凝土工程量。

参考答案

一、单选题

1-5 BBDAC

二、多选题

1. ABC 2. ABCD 3. ABCE 4. ABDE 5. ABCE

三、简答题

1. 答:(1)国家和行业有关招标投标的法律、法规和规章。
(2)招标文件。
(3)设计文件。
(4)本规范规定。

2. 答:工程量清单中的计量单位除另有规定外,应满足下列要求:
(1)按长度计算的项目以“米”计。
(2)按面积计算的项目以“平方米”或“平方千米”计。
(3)按体积计算的项目以“立方米”或“万立方米”计。
(4)按重量计算的项目以“千克”或“吨”计。
(5)按自然计量单位计算的项目以“个”“根”“件”“台”“套”“组”等计。
(6)没有具体工程数量的以“项”计。
(7)有两个计量单位的,根据需要选用其中之一。

3. 答:(1)以“平方米”“米”“平方千米”“立方米”“千克”“吨”为计量单位,应保留小数点后两位数字,第三位数字四舍五入。
(2)以个、根、件、台、套、组、项等为计量单位的,取整数。

四、综合计算题

答:(1)后浇带混凝土施工应符合以下规定:

①后浇带混凝土的浇筑时间应满足设计要求。当设计未作规定时,应滞后于后浇带两侧混凝土的浇筑时间不少于30天。

②后浇带两侧混凝土的浇筑完成后 应对其沉降量进行连续观测,并应在沉降量稳定后浇筑后浇带混凝土。

③后浇带宜采用膨胀混凝土。

④底板施工宽缝的混凝土浇筑温度控制和临时止水施工应满足设计要求;宽缝施工前,闸墙混凝土的浇筑高度和墙后回填的高度应满足设计要求。

(2)闸室底板混凝土工程量和后浇带混凝土工程量计算如下:

①后浇带工程量 $=[1\times2.5+(0.9+0.99+0.4\times2)\times0.5\times0.5\times2]\times2\times200\text{m}^3=1520\text{m}^3$

②底板混凝土工程量 $=(28\times2.5\times200-1520)\text{m}^3=12480\text{m}^3$

第十一章 水运工程计价

第一节 水运工程建设项目投资组成

一、单选题(每题的备选项中,只有1个正确项)

1. 工程费用包括(　　)、安装工程费、设备购置费。

A. 建筑工程费工程　　B. 专项造价　　C. 建设其他费用　　D. 预留费用

2. 人工费指按规定支付给从事建筑安装工程施工的生产工人和(　　)。

A. 奖金　　B. 加班加点工资

C. 附属生产单位工人的各项费用。　　D. 津贴补贴

3. 采购及保管费,指为组织采购、供应和保管材料过程中所需的各项费用;包括采购费、仓储费、工地保管费、仓储损耗。采购及保管费费率根据实际需要确定,条件不具备的可按(　　)计列。

A. 2.5%　　B. 1.5%　　C. 3.0%　　D. 2.0%

4. (　　)指外贸手续费、中国银行手续费、外国银行手续费、海关关税、增值税、海关监管手续费、商品检验费等。

A. 海关手续费　　B. 从属费用　　C. 国内接运保管费　　D. 检验费

5. 对于内河港口装卸机械设备安装工程,费率按内河航运设备及大型金属结构设备安装工程费率乘以(　　)系数。

A. 0.8　　B. 0.85　　C. 0.65　　D. 0.75

6. 大型土石方工程的填料价值、堆载预压工程的外购堆载材料价值,按利润率的(　　)计算。

A. 4%　　B. 6%　　C. 3%　　D. 5%

7. 海上作业工况标准为:风小于等于(　　)级;降雨小于中雨。

A. 5　　B. 6　　C. 7　　D. 8

8. 海上作业工况标准为:波浪小于等于(　　)m。

A. 0.6　　B. 0.7　　C. 0.5　　D. 0.8

9. 海上作业工况标准为:雾:能见度大于(　　)km。

A. 2　　B. 2.5　　C. 1　　D. 1.5

10. 疏浚工程利润,指施工企业从事疏浚工程施工所获得的盈利。利润以基价定额直接费、其他直接费、企业管理费之和为基础按费率(　　)计算。

A. 7%　　B. 8%　　C. 9%　　D. 5%

二、多选题(每题的备选项中,有2个或2个以上符合题意,至少有1个错项)

1. 下列关于潮流界正确的是(　　)。

A. 潮流界是指涨潮水流所能到达的上界,其上为单向流,其下为双向流,超过此界,潮流已

不再继续往上行进

B. 潮流界以上一段河道虽为单向流,但径流仍受到潮流的顶托,水位随潮汐涨落而产生升降,水位升降的最上游末端称潮区界。

C. 潮区界和潮流界的位置是固定不变

D. 潮区界和潮流界的位置并非固定不变,随着河道径流流量大小和潮汐强弱在一定范围内变动

E. 初步设计概算及施工图预算阶段,应根据水文专业资料以及工程建设施工计划进度安排综合考虑确定潮流界因素

2. 材料费指施工过程中耗用的构成工程实体的(　　)或成品和周转材料摊销的费用。

A. 辅助材料　B. 半成品　C. 摊销材料　D. 零件

E. 材料

3. 工程建设其他费用包括(　　)。

A. 建设用地用海费　B. 建设管理费　C. 监理费　D. 勘察设计费

E. 安全生产费

4. 水运工程建设项目的投资构成包括(　　)。

A. 工程费用　B. 勘察设计费　C. 预留费用　D. 工程建设其他费用

E. 建设期利息

5. 预留费用包括(　　)。

A. 工程建设其他费用　B. 建设管理费　C. 基本预备费　D. 物价上涨费

E. 研究试验费

6. 前期工作费主要包括(　　)。

A. 可行性研究费　B. 建设管理费

C. 研究试验费　D. 勘察观测费及其他

E. 工程建设其他费用

7. 建筑安装工程费用包含(　　)定额直接费、专项税费。

A. 其他间接费　B. 企业管理费　C. 其他直接费　D. 增值税

E. 利润、规费

8. 税金指企业按规定缴纳的(　　)等税金。

A. 土地使用税　B. 印花税　C. 房产税　D. 车船使用税

E. 土地税

9. 下列关于外海工程正确的是(　　)。

A. 指由于施工作业现场受海上水文、气象等自然条件影响,施工工效明显降低的水工建筑及设备安装等工程的海上作业项目

B. 海上作业项目指施工地点位于海域环境、需要使用船舶才能施工,且施工人员、材料、机械必须通过船舶才能抵达现场的单位工程或分部分项工程

C. 沿海港口及船厂水工建筑物工程中按编制规定及配套定额计算的基价、市场价定额直接费适用于内港工程

D. 防波堤本身,或设计有防波堤、在防波堤未形成有效掩护前施工的相应工程(游艇码头等小型船舶港区防波堤除外)可判别为外海工程

E. 外海工程拖船费指码头、防波堤、栈(引)桥等工程使用挖泥船、打桩船、起重船、打夯船等大型工程船舶在外海施工时,由于风浪水流等原因不能连续驻船作业,必须拖回临时停泊地而发生的船舶拖运费

10. 下列关于检验试验费正确的是(　　)。

A. 指施工单位对建筑材料、构件和建筑安装物进行一般鉴定、检查所需的费用

B. 包括新结构、新材料的试验费

C. 对构件做破坏性试验及其他特殊要求检验试验的费用以及由建设单位委托检测机构进行检测的费用,对此类试验、检测所需的费用,在工程建设他费用中计列

D. 对施工单位提供的具有合格证明的材料进行检测不合格的,该检测费用由施工单位支付。

E. 包括自设试验室进行试验所耗用的材料和化学用品费用等,以及技术革新和研究试验费

三、简答题

1. 简述材料二次倒运费费用及计算按规定执行。
2. 简述企业管理费的内容。
3. 简述建设用地用海费的计算方法。

参考答案

一、单选题

1－5　ACABD　6－10　CBDCA

二、多选题

1. ABCE　2. ABDE　3. ABCD　4. ACDE　5. CD　6. ACD　7. BCDE　8. ABCD　9. ABDE
10. ACDE

三、简答题

1. 答:材料二次倒运费指施工单位因施工场地条件限制而发生的材料构配件、半成品等一次运输不能到达堆放地点,必须进行二次或多次搬运所需的费用。费用及计算按以下规定执行:

   (1)费用按各类工程的基价定额直接费乘以相应费率计算,费率详见编制规定。

   (2)航道整治炸礁工程的材料二次倒运费,包括火工产品的多次转运费用(不包括按相关规定或管理部门要求所需的各种运输费用)。

   (3)材料二次倒运费不包括大宗材料的季节性备料所需的费用,季节性备料转运费可根据备料数量、倒运距离和方式按相关标准或办法计算。

   (4)大型土石方工程不计算此项费用。

2. 答:企业管理费包括施工单位为组织施工生产和经营管理所需的费用,以及建筑安装工程附加税。费用主要包括管理人员工资、办公费、差旅交通费、固定资产使用费、工具用具使用费劳动保险和职工福利费、劳动保护费、工会经费、职工教育经费、财产保险费、财务费、税金、附加税及其他。

3. 答:计算方法:应根据设计提出的用地(包括水面)数量和其附着物的情况,以及实际发生的费用项目,按照国家有关规定和工程所在地地方政府制定的标准计算。其中包括使用海域按照用海类型、海域等别以及相应的海域使用金征收标准计算的海域使用金,使用海域及相邻海域的水产养殖物的动迁补偿费等费用。

第二节 水运工程定额体系

一、单选题(每题的备选项中,只有1个正确项)

1. 塑性混凝土、流动性混凝土和水下混凝土的粉煤灰参考掺入比为( )。
   A. 10% B. 20% C. 15% D. 5%

2. 高性能混凝土的参考掺入比矿粉为( )。
   A. 25% B. 20% C. 15% D. 10%

3. 定额中矿粉规格为S95级,当采用S105级矿粉时,水泥用量减少( )。
   A. 5% B. 4% C. 6% D. 7%

4. 定额中矿粉规格为S95级,当采用S75级矿粉时,水泥用量增加( )。
   A. 8% B. 7% C. 9% D. 6%

5. 喷射混凝土定额坍落度基取值范围为80~120mm,设计坍落度超出取值范围时,每增减20mm,胶凝材料用量相应增减( )。
   A. 1% B. 1.5% C. 2% D. 2.5%

6. 喷射混凝土定额坍落度基取值范围为80~120mm,设计坍落度超出取值范围时,每增减20mm,胶凝材料用量相应增减( )。
   A. 1.5% B. 1% C. 2% D. 2.5%

7. 排泥管线台班费用定额不包括( )。
   A. 排水管 B. 岸管 C. 浮管 D. 水下管

8. 船舶艘班和排泥管线台班均按( )h工作制制定,已综合考虑了辅助时间等因素,除定额另有规定外,使用时不得调整。
   A. 12 B. 8 C. 14 D. 16

9. 潜水组停置组日费=使用组日费×( )。
   A. 70% B. 80% C. 60% D. 50%

10. 工程船舶停置艘班费=折旧费+航修费+1/2辅助材料费+车船税及其他费+人工费+( )×燃料费+淡水。
    A. 20% B. 15% C. 10% D. 25%

二、多选题(每题的备选项中,有2个或2个以上符合题意,至少有1个错项)

1. 吹填工程量应包括( )。
   A. 吹填区容积量
   B. 原地基沉降量
   C. 超填工程量
   D. 吹填土进入吹填区后的流失量
   E. 土石方工程量

2. 现浇混凝土及钢筋混凝土工程包括( )3节内容。
   A. 陆上混凝土工程
   B. 水上混凝土工程
   C. 水下混凝土工程
   D. 港口水工工程的现浇混凝土
   E. 钢筋或凝土工程

3. 适用于内河航运工程包括(　　)3 节内容。
   A. 现浇混凝土工程　B. 航运工程　C. 航标工程　D. 整治建筑物工程
   E. 钢筋工程
4. 机械安拆及辅助费正确的是(　　)。
   A. 安拆是指工程机械在现场进行安装与拆卸所需的人工、材料、机械和试运转费用,以及机械辅助设施的折旧、搭设、拆除等费用
   B. 辅助费指工程机械整体或分体自施工停放地点运至施工现场或由一施工现场运至另一施工现场的运输、装卸、辅助材料等费用
   C. 机械安拆及辅助费不用分开计算
   D. 属于第二类费用
   E. 属于第一类费用
5. 折旧费是(　　)。
   A. 指工程船舶在规定的使用期限内,陆续收回其原始价值所需的费用
   B. 指工程船舶在使用过程中进行经常性保养维修所需的费用。
   C. 指工程机械使用到达规定的检修间隔期,应进行检修以恢复其正常功能所需的费用。
   D. 指工程机械在规定的使用期限内,陆续收回其原始价值所需的费用
   E. 指工程船舶使用到达规定的小修间隔期,应进行小修以维护其正常功能所需的费用。
6. 机械安拆及辅助费:安拆是指工程机械在现场进行安装与拆卸所需的(　　)以及机械辅助设施的折旧、搭设、拆除等费用。
   A. 人工　B. 材料　C. 机械　D. 试运转费用
   E. 工具
7. 第二类费用,指工程船舶机械艘(台)班费用中可变动部分,主要包括(　　)。
   A. 工程船舶定员　B. 工程船舶定员的饮用水费用
   C. 机械配员的人工费用　D. 工程船舶机械动力费用
   E. 工程船舶总费用
8. 排泥管线每百米台班费用定额由(　　)组成。
   A. 转运费　B. 维修费　C. 折旧费　D. 安拆费
   E. 人工费
9. 工程机械停置台班费 = (　　)及其他费。
   A. 折旧费　B. 安拆费　C. 人工费　D. 车船税
   E. 维修费
10. 沿海港口水工建筑工程中的基础工程,共分五节,包括(　　)地下连续墙工程。
   A. 基础打入桩工程　B. 安拆费　C. 基础灌注桩工程　D. 止水防渗工程
   E. 软土地基加固工程

三、简答题

1. 简述《沿海港口水工建筑工程定额》的章节内容。
2. 简述沿海港口建设工程的工程量计算规则。
3. 简述第一类费用组成及内涵。

参考答案

一、单选题

1－5　CACAB　6－10　AABBC

二、多选题

1. ABCD　2. ABC　3. ACD　4. AB　5. AC　6. ABCD　7. ABCD　8. BCD　9. ACD　10. ACDE

三、简答题

1. 答:《沿海港口水工建筑工程定额》共分6章:土石方工程、基础工程、混凝土及钢筋混凝土构件预制安装工程、现浇混凝土及钢筋混凝土工程、钢结构制作及安装工程、其他工程。

2. 答:工程量计算规则执行《沿海港口水工建筑工程定额》时的工程量计算应区分不同工程、按相应计算规则计算。如:

(1)基础打入桩工程。打桩工程量按设计断面、长度,以及直桩、斜桩、同节点双向双叉桩、墩台式基桩、距岸边最短距离大于500m建筑物基桩的根数分别计算。

(2)软土地基加固工程。堆载预压工程量按设计要求以面积计算,堆载材料工程量包括一次堆载体材料用量和施工损耗量,按体积计算。

(3)混凝土及钢筋混凝土构件预制安装工程。钢筋混凝土桩预制工程量可按设计体积参照消耗量系数考虑备桩工程量。

3. 第一类费用:

(1)折旧费:指工程船舶、机械在规定的使用期限内,陆续收回其原始价值所需的费用。

(2)船舶检修费:指工程船舶使用到达规定的检修间隔期,应进行检修以恢复其正常功能所需的费用。

(3)机械检修费:指工程机械使用到达规定的检修间隔期,应进行检修以恢复其正常功能所需的费用。

(4)船舶小修费:指工程船舶使用到达规定的小修间隔期,应进行小修以维护其正常功能所需的费用。

(5)船舶航修费:指工程船舶在使用过程中进行经常性保养维修所需的费用。

(6)机械经修费:指工程机械在规定的使用期限内,按规定的维护间隔进行各级维护和临时故障排除所需的费用。

(7)辅助材料费:指工程船舶在使用中辅助材料的消耗、工器具及替换设备的修理、低值易耗品的摊销,润滑油、液压油料、擦拭材料等消耗所需的费用。

(8)机械安拆及辅助费:安拆是指工程机械在现场进行安装与拆卸所需的人工、材料、机械和试运转费用,以及机械辅助设施的折旧、搭设、拆除等费用;辅助费指工程机械整体或分体自施工停放地点运至施工现场或由一施工现场运至另一施工现场的运输、装卸、辅助材料等费用。

第三节　水运工程投资估算编制

一、单选题(每题的备选项中,只有1个正确项)

1. 投资估算对应的项目实施阶段为(　　)。
A. 项目建议书阶段　B. 可行性研究阶段　C. 初步设计阶段　D. 施工图设计阶段

2. 工程可行性研究阶段的投资估算中,对于港口工程主体建(构)筑物工程、航道工程主体建(构)筑物工程、主体设备购置及安装工程单项(单位)工程估算,应按相应概算规定编制,考虑投资估算工作深度和精度,其建筑工程费和安装工程费可乘以(　　)的估算扩大系数。
A. 1.03　B. 1.05　C. 1.08　D. 1.10

3. 基本预备费以工程费用与工程建设其他费用之和为基础,工程可行性研究阶段按(　　)计列。
A. 3%　B. 5%　C. 7%　D. 10%

4. 投资总估算按其投资构成划分,不包括(　　)。
A. 工程费用　B. 工程建设其他费用
C. 预留费用　D. 形成无形资产的费用

5. 下列关于投资估算文件的说法,正确的是(　　)。
A. 投资估算文件主要由封面、扉页、目录、编制说明、估算表格等组成
B. 多方案比选时应将各方案的总估算汇总在一张表中
C. 工程可行性研究阶段主体工程应列出单项或专项工程估算表
D. 套单项或单位工程费用占总工程费用10%以上的应列出单项或单位工程费用总表

6. 预可行性研究阶段采用(　　)。
A. 估算指标　B. 系数估算法　C. 生产能力指数法D. 比例估算法

7. 预可行性研究阶段,按(工程费用+工程建设其他费用)(　　)。
A. 10%　B. 7%　C. 5%　D. 3%

8. (　　)的投资估算至关重要,该阶段的投资估算是项目决策的重要依据,是项目实施阶段控制投资的基础。
A. 设计阶段　B. 工程可行性研究阶段
C. 预可行性研究阶段　D. 施工图阶段

9. (　　)是可行性研究报告的重要组成部分,应由可行性研究报告编制单位负责编制。
A. 施工图预算　B. 施工预算　C. 设计概算　D. 投资估算

10. 投资总估算包括工程费用、工程建设其他费用、预留费用、建设期利息、(　　)。
A. 投资估算　B. 涉及估算　C. 专项估算　D. 施工图估算

二、多选题(每题的备选项中,有2个或2个以上符合题意,至少有1个错项)

1. 投资总估算按其投资构成包括(　　)。
A. 工程费用　B. 工程建设其他费用
C. 预留费用　D. 建设期贷款利息

E. 专项概算

2. 投资估算预留费用包括(　　)。

A. 基本预备费　　B. 物价上涨费
C. 竣工验收前相关费　　D. 建设期贷款利息
E. 生产准备费

3. 水运建设工程投资估算中建设用地(用海)费包括(　　)、建筑物迁建费、耕地占用税、菜地开发建设基金、土地管理费、复垦费及其他费用。

A. 土地征用补偿费　B. 安置补助费　C. 耕地开垦费　D. 勘界费
E. 建设单位开办费

4. 投资估算编制依据包括(　　)。

A. 建设项目可行性研究报告　　B. 工程其他费计算办法
C. 工程其他费计算办法　　D. 银行利率、汇率
E. 国家及省级人民政府发布的有关法律

5. 水运工程建设项目投资总估算包括(　　)。

A. 人工费　　B. 预备费
C. 安全文明施工费　　D. 建设用地费
E. 流动资金

6. 下列关于估算指标法正确的是(　　)。

A. 使用估算指标法进行投资估算不能生搬硬套,必须对单位工程或费用内容、指标工料机消耗量、价格及费用标准进行分析
B. 经过实事求是的调整与换算后,才能提高其精确度
C. 使用估算指标编制水运项目投资估算时,沿海港口建设项目首先应当使用《沿海港口建设工程投资估算指标》。
D. 对该指标未包括的项目,可使用其他专业部的估算指标,也可使用收集整理的项目技术经济指标、竣工造价资料,或工程所在地的估算指标、造价信息等
E. 使用估算指标法进行投资估算必须严格按照方法计算

7. 港口工程的主体工程包括:疏浚(含炸礁)工程、水工建筑物工程(码头、引桥、防波堤、护岸等)、(　　)。

A. 土石方工程　　B. 陆域形成及地基处理工程
C. 装卸机械设备购置安装工程　　D. 堆场道路工程
E. 现浇混凝土工程

8. 航运枢纽挡泄水建筑物工程的主体工程包括(　　)。

A. 挡水建筑物工程　　B. 机械设备及安装工程
C. 输水系统工程　　D. 泄水建筑物工程
E. 现浇混凝土工程

9. 下列投资估算要求有(　　)。

A. 投资估算是可行性研究报告的重要组成部分,应由建设单位负责编制
B. 选用估算指标与具体工程之间存在标准或条件差异时,应进行必委的换算或调整

C. 投资估算精度应能满足决策阶段需要，又要符合控制初步设计概算的要求

D. 编制投资估算，必须严格执行国家的方针政策和有关规定，根据工程所在地的建设条件、建设方案合理选用指标、定额、费用标准和价格等各项编制要素

E. 编制依据应有效准确。投资估算应完整、正确、客观、合理地计列建设项目投资估算的各部分费用项目

10. 对于水运工程工程可行性研究阶段的投资估算正确的是(　　)。

A. 按照工程可行性研究阶段的主体工程应达到初步设计深度的要求。

B. 建设项目中的主体建构筑物工程、装卸机械设备购置及安装工程的单项或单位工程的估算，应按初步设计概算编制规定进行编制

C. 其中建筑工程费和安装工程费在概算造价的基础上再加乘 1.05 的扩大系编制方法详见概算预算章节

D. 其中建筑工程费和安装工程费在概算造价的基础上再加乘 1.03 的扩大系编制方法详见概算预算章节

E. 工程可行性研究阶段采用定额编制

三、简答题

1. 简述《水运工程建设项目投资估算编制规定》中关于投资估算文件格式的相关规定。
2. 简述编制水运工程建设项目的单位和人员应具备的资格条件。
3. 简述投资估算编制依据。

四、综合计算题

某综合型内河港口作业区，共建设 21 个 500 吨级泊位，包括件杂货泊位 7 个、集装箱泊位 10 个和待泊泊位 4 个。投资估算第一部分工程费用 67891.6 万元，其中装卸工艺费用 15015.0 万元(含设备购置费 14650.0 万元、安装费 365.0 万元)其他部分均为建筑安装工程费。

假定本工程建设单位开办费 100 万元，研究试验费 100 万元，前期工作费 361.9 万元，其他已知条件其他费用分项估算表、建设单位经费费率表、设计单位第三方技术咨询费费率表、联合试运转费的费率表，请完成工程建设其他费用分项估算表(小数点保留 1 位)。

参考答案

一、单选题

1－5　BBCDA　6－10　AABDC

二、多选题

1. ABCD　2. AB　3. ABCD　4. ACDE　5. ABCD　6. ABCD　7. BCD　8. AD　9. BCDE　10. ABCE

三、简答题

1. 答:投资估算文件的格式应符合下列规定:

(1)多方案比选时应分别列出各方案的总估算表。

(2)工程可行性研究阶段主体工程应列出单项或单位工程估算表,配套单项或单位工程占总工程费用10%以上的也应列出单项或单位工程估算表,其他专业工程应列出单项或单位工程费用汇总表。

2. 答:投资估算是可行性研究报告的重要组成部分,应由可行性研究报告编制单位负责编制。投资估算的专业负责人、审核人员应具有住房和城乡建设部(交通运输部)认定的水运工程造价人员职业资格。

3. 答:投资估算编制依据主要有:

(1)国家和行业主管部门及省级人民政府发布的有关法律、法规等。

(2)建设项目可行性研究报告。

(3)投资估算编制规定及有关估算指标、定额、计费标准等。

4. 工程所在地材料市场价格以及由行业或当地建设主管部门发布的材料价格信息和相关规定。

5. 设备的市场询价。

6. 银行利率、汇率、物价指数及其他有关资料。

四、综合计算题

(1)建设单位经费 $=5000\times4.81\%+(10000-5000)\times2.31\%+(30000-10000)\times1.74\%+(50000-30000)\times1.32\%+(67891.6-50000)\times1.19\%=1180.9$ 万元

(2)设计文件第三方技术咨询费

①本项目的建筑安装工程费为 $67891.6-(15015.0-365.0)=53241.6$ 万元

②设计文件第三方技术咨询费 $=5000\times0.48\%+(10000-5000)\times0.39\%+(50000-10000)\times0.33\%+(53241.6-50000)\times0.3\%=185.2$ 万元

(3)联合试运转费 $=(15015.0-365.0)\times0.3\%=44.0$ 万元

(4)人员培训及提前进场费 $=250\times0.6=150.0$ 万元

(5)办公和生活家具购置费 $=250\times0.5=125.0$ 万元

第四节　水运工程设计概算编制

一、单选题(每题的备选项中,只有1个正确项)

1. 勘察设计费不包括(　　)。

A. 勘察费　　B. 设计费

C. 勘察观测费　　D. 设计文件第三方技术咨询费

2. 关于施工图预算的作用,下列说法错误的是(　　)。

A. 按施工图预算承包的工程,预算应是确定工程造价、签订工程建设合同和办理工程结算的基础

B. 实行施工招标的工程,预算可作为编制工程招标最高投标限价或标底的基础

C. 作为初步设计文件的组成部分,是工程建设项目投资控制的依据

D. 在设计单位的内部,预算应是考核施工图设计经济合理性的依据

3.《水运建设工程概算预算编制规定》规定,初步设计和施工图设计阶段的工作量比例一般为(　　)。

A. 2∶8　　B. 3∶7　　C. 4∶6　　D. 5∶5

4. 内河航运建设工程施工图预算中,定额直接费不包括(　　)。

A. 材料费　　B. 直接工程费　　C. 人工费　　D. 施工船舶机械使用费

5. 冬季、雨季及夜间施工增加费不包括(　　)。

A. 冬季保护需要采取的一般防寒、保暖费用

B. 夜间施工的照明设施的摊销及照明用电费用

C. 雨季施工需要采取的防雨、防潮费用

D. 冬季采用蒸汽养护混凝土构件费用

6. 下列关于国产设备购置费的说法,正确的是(　　)。

A. 备购费主要包括设备原价、运杂费、运输保险费及采购保管费等

B. 设备原价应按直接费用为基础按规定费率计算

C. 一般起重设备、通信及航标设备启闭设备、港口装卸设备、机修及其他生产设备运杂费以设备原价为基础按规定费率计算

D. 采购保管费按设备原价为基础乘以6%计算

7. 下列关于进口设备购置费的说法,正确的是(　　)。

A. 进口设备原价一货价(FOB)十国际运费×费率

B. 进口设备国内接运保管费可根据进口设备原价外币金额和现行外汇牌价折算成人民币后,按6%计算

C. 从属费用应按国家有关规定或贷款协定计算

D. 安装工程综合费率可按附加费乘以3%~15%的综合费率计算,并应计算税金

8. 下列关于内河航运建设工程的说法,错误的是(　　)。

A. 氧气站设备价中不应包括氧气瓶的费用

B. 临时工程应根据施工条件设计提出

C. 四通一平指通达施工现场的临时道路、临时供水设施及管路、临时供电设施及线路、临时通信设施运行维护和施工现场的平整等工程

D. 其他临时工程费可按电站工程部分的建筑工程费总和为基础,依据挡水建筑物的不同结构,按费率计算

9. 下列关于水运工程设计概算的说法,正确的是(　　)。

A. 设计概算用于施工阶段

B. 设计概算由建设单位编制

C. 设计概算是初步设计文件的重要组成部分

D. 在进行初步设计时,必须根据建设项目组成分别编制分部分项工程概目总概算

10. 下列关于设计概算编制的一般规定,正确的是(　　)。

A. 初步设计概算是施工组织设计的重要组成部分

B. 总概算应控制在批准的建设项目可行性研究报告投资估算范围内

C. 概算由建设单位负责编制

D. 使用国外贷款的建设项目,应统一编制内币概算

二、多选题(每题的备选项中,有 2 个或 2 个以上符合题意,至少有 1 个错项)

1. 概算编制依据包括(　　)等。

A. 国家及省级人民政府发布的有关法律、法规、规范、规章、规程等

B. 项目可行性研究投资估算

C. 初步设计文件的有关内容

D. 生产厂家或供应商的设备价格

E. 施工组织设计或施工方案

2. 工程概算文件应由(　　)、编制说明、概算表格及附件等组成。

A. 封面　B. 扉页　C. 目录　D. 图纸

E. 图纸说明

3. 概算主要表格包括(　　)、主要材料用量汇总表和人工材料单价表等。

A. 总概算表　B. 建筑安装单位工程概算表

C. 设备购置单位工程概算表　D. 工程建设其他费用分项概算表

E. 单位估价表

4. 工程建设其他费用包括(　　)等。

A. 施工辅助费　B. 勘察设计费　C. 建设管理费　D. 研究实验费

E. 工程监理费

5. 编制说明包括(　　)和编制原则。

A. 项目概述　B. 依据　C. 项目总概算　D. 其他有关说明

E. 项目总估算

6. 水工建筑和设备及大型钢结构制作安装工程项目划分为(　　)。

A. 大型土石方工程　B. 整治建筑工程　C. 航道净化工程　D. 航务建筑工程

E. 设备及大型钢结构制作安装工程

7. 内河航运建设工程类别分类的依据包括(　　)。

A. 航道等级　B. 升船机吨级　C. 疏浚工程量　D. 主体工程类别

E. 船闸落差

8. 工程用地征用费一般包括(　　)。

A. 土地补偿费　B. 城市建设费　C. 耕地占用税　D. 利息

E. 耕地开垦费

9. 初步设计总概算费用中的预留费包括(　　)。

A. 物价上涨费　B. 基本预备费　C. 前期工作费　D. 其他预备费

E. 建设期贷款利息

10. 初步设计总概算费用中的生产准备费包括(　　)。

A. 采购保管费　B. 联合试运转费　C. 前期工作费　D. 研究试验费

E. 人员培训及提前进厂费

三、简答题

1. 简述水运工程概算编制依据。
2. 简述概算编制原则和依据包括下列内容。
3. 简述港口工程的建设选址一般要考虑哪些条件。

四、综合计算题

某建设项目的工程费用与工程建设其他费用的估算额为 52180 万元,预备费为 5000 万元,建设期 3 年。各年的投资比例:第一年 20%,第二年 55%,第三年 25%。

该项目固定资产投资来源为自有资金和贷款。贷款本金为 40000 万元(其中外汇贷款为 300 万美元),贷款按年度投资比例发放。贷款的人民币部分年利率为 6%(按季计息);贷款的汇部分年利率为 8%(按年计息),外汇牌价为 1 美元兑换 6.6 元人民币。

问题:

(1)估算建设期贷款利息。

(2)估算拟建项目的总投资。(计算结果保留两位小数)

参考答案

一、单选题

1－5　CCCBD　6－10　ACBCB

二、多选题

1. ABCD　2. ABC　3. ABCD　4. BCDE　5. ABCD　6. ABDE　7. ABD　8. ACE　9. AB　10. BE

三、简答题

1. 答:水运工程概算编制依据包括:

(1)国家及省级人民政府发布的有关法律、法规、规范、规章、规程等。

(2)《水运建设工程概算预算编制规定》和相关计价标准。

(3)项目可行性研究投资估算。

(4)初步设计文件的有关内容。

(5)生产厂家或供应商的设备价格。

(6)工程所在地的材料、构配件、零件、半成品或成品及各种设备器材的市场价格;有关部门发布的材料信息价格和相关规定等。

(7)有关合同协议和其他相关资料。

2. 答:概算编制原则和依据包括下列内容:

(1)国家及省级人民政府发布的有关法律、法规、规范、规章、规程等。

(2)概算编制规定和相关计价标准。

(3)项目可行性研究投资估算。

(4)初步设计文件的有关内容。

(5)生产厂家或供应商的设备价格。

(6)工程所在地的材料、构配件、零件、半成品或成品及各种设备器材的市场价格;有关部门发布的材料信息价格和相关规定等。

(7)有关合同协议和其他相关资料。

3. 答:自然条件:是决定港址的首要条件,主要包括港区地质、地貌、水文气象及水深等因素。

技术条件:着重考虑港口总体布置在技术上能否合理地进行设计和施工,包括防波堤、码头、进港航道、锚地、回旋水域、施工所需建材和“三通”条件等。

经济条件:着重分析港口性质、规模、腹地、建港投资、港口管理和运营等方面是否经济合理。

港口工程设计阶段影响工程造价的因素主要有:总平面布置、装卸工艺及结构设计方案。

四、综合计算题

1)答:计算建设期贷款利息:

(1)人民币贷款实际利率计算:

人民币实际利率:$(1+6\%/4)^4-1=6.14\%$。

(2)每年投资的贷款部分本金数额计算

①人民币部分:

贷款本金总额:40000 - 23006.6 = 24820(万元)。

第1年:24820 × 20% = 4964(万元)。

第2年:24820 × 55% = 13651(万元)。

第3年:24820 × 25% = 6205(万元)。

②美元部分:

贷款本金总额:2300(万美元)。

第1年:2300 × 20% = 460(万美元)。

第2年:2300 × 55% = 1265(万美元)。

第3年:2300 × 25% = 575(万美元)。

(3)每年应计利息计算:

①人民币建设期贷款利息:

第1年贷款利息:(0 + 4964/2 × 6.14% = 152.39(万元)。

第2年贷款利息:(4964 + 152.39 + 13651/2 × 6.14% = 733.23(万元)。

第3年贷款利息:(4964 + 15239 + 13651 + 733.23) + 6205/2) = 1387.83(万元)。

人民币贷款利息合计:152.39 + 733.23 + 1387.83 = 2273.45(万元)。

②外币贷款利息:

第1年外币贷款利息:(0 + 460/2) × 8% = 18.4(万美元)。

第2年外币贷款利息:[(460 + 18.4) + 1265/2] × 8% = 88.87(万美元)。

第3年外币贷款利息:(460 + 18.4 + 1265 + 88.87)575/28% = 169.58(万美元)。

外币贷款利息合计:18.4 + 88.87 + 169.58 = 276.85(万美元)。

合计贷款利息金额:2273.45 + 276.85 × 6.6 = 4100.66(万元)。

2)根据建设项目总投资的构成内容,计算拟建项目的总投资。

总投资 = 建设投资 + 贷款利息 = (52180 + 5000) + 4100.66 = 61280.66(万元)。

第五节　水运工程施工图预算编制

一、单选题(每题的备选项中,只有1个正确项)

1. 下列关于水运工程施工图预算的说法,正确的是(　　)。
   A. 施工图预算由施工单位负责编制
   B. 施工图设计不能作为施工图预算依据
   C. 施工图预算的计算内容包括工程量、施工组织设计、现行水运工程预算定额及取费标准、人工费单价材料预算价格
   D. 施工图预算是计算和编制单项工程建设费用的文件
2. 施工图预算的作用不包括(　　)。
   A. 按预算承包的工程,其预算经审定后是确定工程造价、签订建筑安装工程合同和办理工程结算的依据
   B. 实行施工招标的工程,预算是编制工程标底的依据
   C. 在设计单位内部,预算是考核施工图设计经济合理性的依据
   D. 施工图预算是控制造价及资金合理使用的依据
3. (　　)指受水上水下施工作业条件制约的单位工程。
   A. 一般水工工程　B. 一般陆域工程　C. 航道整治工程　D. 陆上软基加固工程
4. 一般水工工程、一般陆域工程中的外购钢桩、大型金属结构和钢拉杆及橡胶护舷,应按其本体基价的(　　)计入计费基础。
   A. 9%　B. 10%　C. 11%　D. 12%

二、多选题(每题的备选项中,有2个或2个以上符合题意,至少有1个错项)

1. 施工图预算的意义包括(　　)。
   A. 施工企业遵循经济的原则　B. 节省各项费用开支
   C. 合理调配和使用劳动力　D. 减弱固定资产投资管理
   E. 增加建设资金
2. 施工图预算编制依据包括(　　)。
   A. 施工图设计费用　B. 施工图设计和施工组织设计
   C. 概预算编制规定及有关定额规定　D. 工程所在地的材料市场价格等
   E. 预算员培训手册
3. 以下关于施工图预算的作用,正确的是(　　)。
   A. 施工图预算是编制或调整固定资产投资计划的依据
   B. 是控制施工图设计不突破设计概算的重要措施
   C. 对于实行施工招标的工程,施工图预算是编制标底的依据
   D. 对于实不实行施工招标的工程,不可作为审查施工企业提出的施工图预算的依据
   E. 对于实行施工招标的工程,施工图预算是承包企业投标报价的基础
4. 根据内河航运定额,以下关于沉井基础工程的说法正确的是(　　)。

A. 沉井预制、封底、填心、封顶等,应套用其他相关定额
B. 陆上沉井下沉用的工作台、钢管排架、运土坡道、安拆卷扬机等均已包含在定额中
C. 沉井下沉定额的深度系指沉井整体下沉的深度。
D. 沉井下沉定额包括土方外运、集水坑及泥水外运的费用
E. 沉井下沉定额考虑了沉井纠偏因素,包括压载辅助措施

5. 内河航运整治建筑工程包括(　　)。
A. 炸礁工程　B. 软土地基加固　C. 筑坝工程　D. 辅助工程
E. 护岸工程

三、简答题

1. 简述水运工程施工图预算编制依据。
2. 简述内河航运设备安装工程定额包含的内容。

四、综合计算题

某船闸项目采用干地施工,即在船闸上下游填筑两道围堰,进行船闸主体及上游引航道的土方开挖,另外临江侧即下游端需退堤建设满足防洪需要。具体工程量如下:
开挖方(原状土,自然方):船闸建筑主体 70 万 m^3,上下游引航道分别为 63 万 m^3、79 万 m^3。回填方(实方):主体建筑墙后 33 万 m^3,上、下游引航道墙后分别为 31 万 m^3、48 万 m^3,下游大堤 28 万 m^3,围堰方 21 万 m^3,后方闸管区地坪加高 30 万 m^3,要求利用现有土方先填筑围堰和大堤。
备注:
(1)开挖方中有地表根植土、膨胀土等不能用作回填,约 25 万 m^3。
(2)据工序衔接,主体建筑及上下游引航道墙后回填土中有 20% 可直接利用开挖方回填,其余需二次倒运。二次倒运即开挖原状土后汽车运 2km 存临时堆放区,需回填时汽车再运 2km,弃运土方为 5km(不考虑土方临时堆放和回运过程中的损耗)。
(3)土质均按 III 类计算,压实系数按 1.06 计算(实方: 自然方 = 1:1.06)。
(4)如果需要外购土方,其到工地价为 30 元/自然方;开挖土方综合单价分别为:1km 内 11.22 元/自然方、1 ~ 2km　12.67 元/自然方、2 ~ 5km　17.06 元/自然方,回填压实综合单价为 3.63 元/压实方。
问题:
(1)请对该船闸项目进行土方平衡,填入表 11 -5 -1 内并注明计算过程。

表 11 -5 -1　土方工程计算表　　**单位:万 m^3**

开挖(自然方)	回填 1(实方)		回填 2(实方)		废弃土方(自然方)	外购土方(自然方)
	围堰	大堤	墙后直接	二次倒运		

(2)按照内河编制规定及配套定额,计算本项目的土方工程费用。

参考答案

一、单选题

1－4　CDAB

二、多选题

1. ABC　2. BCD　3. ABCE　4. ABC　5. ACE

三、简答题

1. 答:(1)国家及省级人民政府发布的有关法律、法规、规范、规章、规程等。

(2)本工程初步设计概算

(3)施工图设计和施工组织设计或施工方案。

(4)工程所在地的自然、技术、经济条件等资料。

(5)概预算编制规定及有关专业工程定额和相关计价依据。

(6)工程所在地的材料、构配件、零件、半成品或成品及各种设备器材的市场价格;有关部门发布的材料信息价格和相关规定等。

(7)有关合同协议及其他有关资料。

2. 答:内河航运设备安装工程定额包括钢闸(阀)门及大型钢结构制作工程、钢闸(阀)门及大型钢结构安装工程、启闭机安装工程、装卸及起重运输设备安装工程等定额。

四、综合计算题

答:(1)①开挖方(自然方)＝70＋63＋79＝212(万 m^3)

②回填方(压实方)＝33＋31＋48＋28＋21＋30＝191(万 m^3)

其中:直接填筑围堰21万 M^2、下游大堤28万 M^2,墙后直接回填(33＋31＋48)×20%＝22.4(万 m^3)。

③废弃方25万 m^3

④二次倒运方＝212－25－(28＋21＋22.4)×1.06＝111.32(万 m^3)(自然方)

折合回填方为111.32/1.06＝105.02(万 m^3)

⑤外购土方＝回填方×压实系数－(开挖方－废弃方)＝191×1.06－(212－25)＝202.46－187＝15.6(万 m^3)(自然方)

结果详见表11－5－2。

表11－5－2　土方工程计算表　　单位:万 m^3

开挖(自然方)	回填1(实方)		回填2(实方)		废弃土方(自然方)	外购土方(自然方)
	围堰	大堤	墙后直接	二次倒运		
212	21	28	22.4	105.02	25	15.46

(2)①废弃土方:25.0×17.06＝426.50(万元)

②挖原状土直接填筑大堤:28×1.06×11.22＝333.01(万元)

③挖原状土直接回填主体及引航道墙后:(33＋31＋48)×20%×1.06×11.22＝266.41(万

元）

④外购土：15.46×30=463.8（万元）

⑤挖原状土临时堆放（运距2km）=111.32×12.67=1410.42（万元）

⑥挖临时堆放方回填墙后及管理区=111.32×12.67=1410.42（万元）

⑦回填土压实=（191-21）×3.63=617.10（万元）

则本工程中土方工程费用为：

426.50+333.01+266.41+463.8+1410.42+1410.42+617.10=4927.66（万元）

（注：①外购土方可以直接回填，不需二次倒运。②按内河编制规定及配套定额，围堰挖运填筑、压实计入临时工程，故本项目土方工程不含此部分费用。）

第六节 水运工程量清单计价

一、单选题(每题的备选项中,只有 1 个正确项)

1. 工程量清单计价应包括按招标文件规定的全部费用,不包括(　　)。
   A. 分项工程工程量清单费用　　B. 一般项目清单费用
   C. 计日工项目清单费用　　D. 投标保证金
2. 下列关于工程量清单报价表的填写规定的说法,错误的是(　　)。
   A. 投标人不得随意增加、删除或涂改招标人提供的工程清单中的任何内容
   B. 工程量清单报价表中所有要求盖章、签字的地方,必须由规定的单位和人员盖章、签字
   C. 投标总价应按工程量清单项目总价表中"合计"栏金额填写
   D. 分项工程工程量清单综合单价分析表使用造价软件编制的,可以不按照招标文件要求填写单价组成
3. 根据现行的《水运工程工程量清单计价规范》,下列关于工程量清单计价规定的说法,错误的是(　　)。
   A. 工程量清单计价表中的价款金额宜以人民币表示,单位为"元",小数点后保留两位
   B. 工程量清单计价应采用全费用单价
   C. 计日工项目清单费用,应由投标人按招标文件要求确定
   D. 规费和税金应按国家有关部门的规定计算,不得作为竞争性费用
4. 下列关于工程量清单和综合单价的说法,正确的是(　　)。
   A. 我国的工程量清单中的单价采用固定单价
   B. 工程量清单是表现拟建工程的分部分项工程项目、措施项目、其他项目名称和相应数量的明细清单
   C. 综合单价是指完成工程量清单中一个质量合格的规定计量单位项目所需的人工费、材料费、施工机具使用费、企业管理费、利润和税金,不包括风险因素的价格
   D. 工程量清单是招标文件、投标书和合同文件的重要组成部分,由国家有关部门规定定价的计价体系
5. 下列关于工程量清单的说法,正确的是(　　)。
   A. 投标人不得随意增加、删除或涂改招标人提供的工程清单中的任何内容
   B. 工程量清单报价表中所有要求盖章、签字的地方,必须由该项目负责人盖章、签字
   C. 投标总价应按工程量清单项目总价表中"总价"栏金额填写
   D. 投标人填写表中列明的所有需要填写的单价和合价,未填写的单价和合作,视为废标
6. 下列关于工程量清单计价与定额计价的说法,错误的是(　　)。
   A. 两种不同计价模式的本质区别在于"工程量"和"工程价格"的来源不同
   B. 定额计价模式下,工程量由投标人计算,工程价格按统一规定计取
   C. 清单计价模式,工程量由招标人统一提供,工程价格由投标人根据自身实力,市场各种要素,考虑竞争需要自主报价

D. 定额计价模式能真正实现“招投标活动应当遵循公平、公正、公开和诚实信用原则”

7. 下列哪个不属于工程量清单总说明所包含的内容(　　)。

A. 招标工程概况　　B. 工程质量、材料、施工等特殊要求

C. 工程量清单项目汇总表　　D. 工程量清单编制依据

二、多选题(每题的备选项中,有2个或2个以上符合题意,至少有1个错项)

1. 综合单价是指完成工程量清单中一个质量合格的规定计量单位项目所需的(　　)和税金,并考虑风险因素的价格。

A. 措施费　　B. 直接费　　C. 间接费　　D. 间接费

E. 规费

2. 根据现行的《水运工程工程量清单计价规范》规定,工程量清单报价中不得作为竞争性费用的有(　　)。

A. 安全文明施工费　　B. 直接费　　C. 间接费　　D. 间接费

E. 规费

3. 工程量清单报价文件应由封面、(　　)、分项工程工程量清单综合单价汇总表、综合单价分析表和主要材料价格表等组成。

A. 工程量清单项目总价表　　B. 分项工程工程量清单计价表

C. 一般项目清单计价表　　D. 计日工项目清单计价表

E. 招标人供应材料设备表

4. 下列关于工程量清单计价模式对水运工程造价管理体制的作用说法,正确的是(　　)。

A. 水运行业采用工程量清单计价有利于工程款的拨付

B. 水运行业采用工程量清单招标有利于将工程的质量、造价、工期三者紧密地结合起来

C. 水运行业采用工程量清单招标有利于增加行业内综合实力强、社会信誉好的企业的中标机会

D. 水运行业采用工程量清单模式进行计价有利于中标企业进行利润分析、控制成本、统筹考虑、精心施工

E. 水运行业采用工程量清单招标有利于控制价的管理与控制

5. 在水运工程领域进行招标投标过程中,采用工程量清单计价方法有(　　)特点。

A. 可满足水运行业竞争的需要,提高自身的管理水平,使之形成水运企业整体实力的竞争

B. 可为水运企业提供一个平等的竞争条件

C. 有利于水运工程造价的最终确定

D. 有利于水运行业内实现风险的合理分担

E. 有利于有关部门的监管

6. 下列关于工程量清单计价的说法,正确的是(　　)。

A. 工程量清单计价表中的价款金额宜以人民币表示,单位为“元”,小数点后保留两位

B. 一般项目清单的费用,应根据招标文件的要求以及施工方案或施工组织设计,以项为单位计价

C. 计日工项目清单费用,应由投标人按设计文件要求确定

D. 投标报价应根据招标文件中的工程量清单和有关要求、现场施工条件以及施工方案或施

工组织设计,按照企业施工能力和技术水平进行编制

E. 设标底的招标工程,标底应根据招标成本预算进行编制

7. 工程量清单计价与定额计价的区别在于(   )。

A. 风险承担人不同　　B. 招标程序不同

C. 项目名称划分不同　　D. 计价单位资质等级不同

E. 反映的成本价不同

8. 水运工程工程量清单计价活动应遵循(   )的原则。

A. 公开　　B. 公平　　C. 公正　　D. 客观

E. 诚实信用

三、简答题

1. 简述现行《水运工程工程量清单计价规范》规定中,哪些项目应作为不可竞争性费用。
2. 简述分项工程工程量清单计价表填写的相关要求。
3. 简述水运工程工程量清单计价表的内容组成。

四、综合计算题

1. 某内河港口散货码头,结构形式为高桩梁板式码头,拟先期实施桩基础工程,作为A标段公开招标,设计单位提供工程量见表11-6-1。桩基采用直径1000mm和直径1200mm两种规格的C25混凝土钻孔灌注桩。其中,直径1000mm的58根,每根长度29.5m,每根进入Ⅲ类土28m,进入Ⅴ类土1.5m;直径1200mm的87根,每根长度32.5m,每根进入Ⅲ类土30m,进入Ⅴ类土2.5m。采用回旋钻机施工,商品混凝土。经套用水运定额计算主要工程综合单价及现行《水运工程工程量清单计价规范》,部分水运工程工程量清单项目见表11-6-2、表11-6-3。

表11-6-1　主要工程综合单价汇总

序号	项目名称	计量单位	综合单价/元
1	Φ1000mm以内回旋钻机、水上钻孔深40m以内、Ⅲ类土、C25商品混凝土	10m	8950
2	Φ1000mm以内回旋钻机、水上钻孔深40m以内、Ⅴ类土、C25商品混凝土	10m	13000
3	Φ1200mm以内回旋钻机、水上钻孔深40m以内、Ⅲ类土、C25商品混凝土	10m	12900
4	Φ1200mm以内回旋钻机、水上钻孔深40m以内、Ⅴ类土、C25商品混凝土	10m	18800
5	水上灌注桩钢筋	10m	7000

表11-6-2　基础灌注桩和地下连续墙工程工程量清单

项目编码	项目名称	计量单位	工程内容	项目特征
100602001000	灌注桩	m^3、根	工作平台制作、安装、拆除、护筒制作、安装、拆除、泥浆地砌筑、拆除,泥浆外运,成孔,混凝土浇筑、桩头处理等	土类级别、孔深、桩径、桩长、混凝土强度等级等

（续表）

项目编码	项目名称	计量单位	工程内容	项目特征
100602002000	地下连续墙	m^3	导墙浇筑、拆除，泥浆制备，成槽，安拔接头管，混凝土浇筑、墙顶处理等	土类级别、混凝土强度等级、墙厚、墙深等

表 11-6-3　钢筋工程工程量清单

项目编码	项目名称	计量单位	工程内容	项目特征
100801001000	现浇混凝土钢筋	t	冷拉，制作、运输，安装、绑扎，吊运入模等	钢筋种类规格等
100801002000	预制构件钢筋	t	冷拉，制作、运输，安装、绑扎，吊运入等	钢筋种类规格等
100801003000	现浇混凝土钢筋网片	t	冷拉，制作、运输，安装、绑扎，吊运入模等	钢筋种类规格等
100801004000	预制构件钢筋网片	t	冷拉，制作、运输，安装、绑扎，吊运入模等	钢筋种类规格等
100801005000	现浇混凝土钢筋笼	t	冷拉，制作、运输，安装、绑扎，吊运入模等	钢筋种类规格等

问题：

(1)请根据以上资料编制招标分项工程工程量清单。

(2)请编制分项工程工程量清单计价表。

2. 某综合型内河港口作业区，采用挖人式港池，前沿侧主要设置各类堆场，后侧陆域主要议置仓库生活、生产辅助设施。

陆上挖方 19.2902 万 m^3，其中石方开挖 3.9060 万 m^3，除了 4 万 m^3 表土需要外抛，其余全部用于场地回填；港池航道疏浚工程 7.307 万 m^3，炸礁工程 23.9589 万 m^3，弃渣全部用于场地回填。场地回填工程量为 91.0795 万 m^3。

问题：

(1)根据已知条件，计算场地回填工程还需外购填料多少万立方米(以压实方计)？已知自然力与压实方的折算系数为：土方 0.94，石方 1.31。港池航道疏液土的压实系数同陆上土方，暂不考虑流失量，炸礁利用的压实系数同石方暂不损耗量。

(2)第一部分工程费用 3194389 万元，第二部分工程建设其他费用 16376.47 万元。物价上涨费不计；建设期贷款利率 4.9%，建设期 2 年，年投资比例第二年 40%，第二年 60%。项目资本金 25%。概算总费用为多少万元(小数点保留 2 位)。

参考答案

一、单选题

1 – 5　DDBBA　6 – 7　DC

二、多选题

1. BCD　2. ADE　3. ABCD　4. BCDE　5. ABCD　6. ABD　7. ACE　8. BCD

三、简答题

1. 答:(1)一般项目清单中的安全文明施工费应按国家有关部门的规定计价,不得作为竞争性费用。
   (2)规费和税金应按国家有关部门的规定计算,不得作为竞争性费用。
2. 答:(1)表中的序号、项目编码、项目名称、计量单位、工程数量按招标人提供的分项工程工程量清单中的相应内容填写。
   (2)投标人填写表中列明的所有需要填写的单价和合价,未填写的单价和合价,视为此项费用已包含在工程量清单的其他单价和合价中。
3. 答:由封面、工程量清单项目总价表、分项工程量清单计价表、一般项目清单计价表、计日工项目清单计价表、主要材料价格表,以及其他辅助性表格组成。

四、综合计算题

1. 答:(1)分项工程工程量清单见表 11 –6 –4。

表 11 –6 –4　分项工程工程量清单

单位工程名称:某内河港口散货码头桩基工程

序号	项目编码	项目名称	计量单位	工程数量	项目特征
1	100602001001	灌注桩 (Φ1000mm、Ⅲ类土)	根	58	1. 土壤级别:三类土 2. 单桩长度、根数:28m、58 根 3. 桩截面:Φ1000mm 4. 成孔方法:水上机械钻孔 5. 混凝土强度等级:C25 水下商品混凝土
2	100602001002	灌注桩 (Φ1000mm、Ⅴ类土)	根	58	1. 土壤级别:五类土 2. 单桩长度、根数:1. 5m、58 根 3. 桩截面:Φ1000mm 4. 成孔方法:水上机械钻孔 5. 混凝土强度等级:C25 水下商品混凝土
3	100602001003	灌注桩 (Φ1200mm、Ⅲ类土)	根	87	1. 土壤级别:三类土 2. 单桩长度、根数:30m、87 根 3. 桩截面:Φ1200mm 4. 成孔方法:水上机械钻孔 5. 混凝土强度等级:C25 水下商品混凝土

（续表）

序号	项目编码	项目名称	计量单位	工程数量	项目特征
4	100602001004	灌注桩（Φ1200mm、Ⅴ类土）	根	87	1. 土壤级别：五类土 2. 单桩长度、根数：2.5m、87 根 3. 桩截面：Φ1200mm 4. 成孔方法：水上机械钻孔 5. 混凝土强度等级：C25 水下商品混凝土
5	100801005001	现浇混凝土钢筋笼	1	400	Ⅱ级钢，Φ10mm 以上螺纹钢

(2)灌注桩综合单价计算：

灌注桩（Φ1000mm、Ⅲ类土）综合单价 = 8950 × 28/10 元/根 = 25060 元/根

灌注桩（Φ1000mm、Ⅴ类土）综合单价 = 13000 × 1.5/10 元/根 = 1950 元/根

灌注桩（Φ1200mm、Ⅲ类土）综合单价 = 12900 × 30/10 元/根 = 38700 元/根

灌注桩（Φ1200mm、Ⅴ类土）综合单价 = 18800 × 2.5/10 元/根 = 4700 元/根

分项工程工程量清单报价表见表 11 - 6 - 5。

表 11 - 6 - 5　分项工程工程量清单报价表

单位工程名称：某内河港口散货码头桩基工程

序号	项目编码	项目名称	计量单位	工程数量	金额/元	
					综合单价	合价
1	100602001001	（Φ1000mm、Ⅲ类土）	根	58	25060	1453480
2	100602001002	（Φ1000mm、Ⅴ类土）	根	58	1950	113100
3	100602001003	（Φ1200mm、Ⅲ类土）	根	87	38700	3366900
4	100602001004	（Φ1200mm、Ⅴ类土）	根	87	4700	408900
5	100801005001	现浇混凝土钢筋笼	1	400	7000	2800000
	合计					8142380

2. 答：(1)陆上土方开挖量 = (19.2902 - 3.9060 - 4)万 m^3 = 11.3842 万 m^3，详细土方折算关系见表 11 - 6 - 6。

表 11 - 6 - 6　详细土方折算关系

序号	名称	挖方			填方（m^3）
		自然方	系数	折算为压实方	压实方
一	陆上挖方	19.2902		15.8180	
1	土方开挖	11.3842	0.94	10.7011	
2	石方开挖	3.9060	1.31	5.169	
3	清表（外弃）	4.0000			
二	水下挖方	31.2659		38.2548	

(续表)

序号	名称	挖方			填方(m^3)
		自然方	系数	折算为压实方	压实方
1	疏浚土	7.3070	0.94	6.8686	
2	炸礁	23.9589	1.31	31.3862	
三	陆域回填				91.0795
合计		50.5561		54.0728	91.0795

由上表可知:

总外购方量:(91.0795 - 54.0728)万 m^3 = 37.0067 万 m^3(压实方)

如外购按自然土方计,则需外购土方:37.0067 万 m^3/0.94 = 39.3688 万 m^3(自然方)

(2)预留费用的确定:

预留费 = 物价上涨费 + 基本预备费 = 0 万元 + (31943.89 + 16376.47)万元 × 5% = 2416.02 万元

本项目贷款额 = (31943.89 + 16376.47 + 2416.02)万元 × 75% = 38052.28 万元

第一年利息 = 38052.28 万元 × 0.4/2 × 4.9% = 372.91 万元

第二年利息 = (38052.28 万元 × 0.4 + 372.91 万元 + 38052.28 万元 × 0.6/2) × 4.9% = 1323.47 万元

利息合计 = (372.91 + 1323.47)万元 = 1696.38 万元

概算总费用 = (31943.89 + 16376.47 + 2416.02 + 1696.38)万元 = 52432.76 万元

第七节　水运工程合同价款的调整与工程结算编制

一、单选题（每题的备选项中，只有1个正确项）

1. 下列关于法规变化合同价款的调整说法，正确的是（　　）。
   A. 对于实行招标的建设工程，一般招标工程以投标日期前28d为基准日
   B. 对于非招标工程以合同签订前28d为基准日
   C. 因承包人原因导致工期延误，且上述规定的调整时间在合同工程原定竣工时间之后，合同价款调增的予以调整
   D. 施工合同履行期间，国家颁布的法律、法规、规章和有关政策在合同工程基准日之后发生变化，应调整合同价款
2. 下列项目特征不符引起合同价款调整的描述中，正确的是（　　）。
   A. 在工程量偏差、施工索赔事项发生后的14d内未提交报告的，应视为对该事项不存在调整价款请求
   B. 由于招标工程量清单缺项，新增分部分项工程量清单项目后，引起措施项目发生变化的，应当调整合同价款
   C. 承包人应按照发包人提供的施工图纸，根据项目特征描述的内容及有关要求实施合同工程，直到项目被改变为止
   D. 若在合同履行期间项目特征描述发生变化，应按实际施工的项目特征，重新确定综合单价，并调整合同价款
3. 关于招标工程量清单缺项、漏项的处理，下列说法中错误的是（　　）。
   A. 工程量清单缺项、漏项及计算错误带来的风险由发包方承担
   B. 分部分项工程量清单漏项造成新增工程量的，应按变更事件的有关方法调整合同价款
   C. 分部分项工程量清单缺项引起措施项目发生变化的，应按与分部分项工程相同的方法进行调整
   D. 招标工程量清单中措施工程项目缺项，投标人在投标时未予以填报的，合同实施期间应予增加
4. 下列调整因素的类别中，现场签证属于（　　）。
   A. 物价变化类　　B. 法规变化类　　C. 工程变更类　　D. 其他类
5. 下列关于现场签证的有关时间节点说法，正确的是（　　）。
   A. 承包人应在收到发包人指令后的7d内，向发包人提交现场签证报告
   B. 发包人应在收到现场签证报告后的24h内对报告内容进行核实，予以确认或提出修改意见
   C. 发包人在收到承包人现场签证报告后的36h内未确认也未提出修改意见的，视为承包人提交的现场签证报告已被发包人认可
   D. 现场签证工作完成后的2d内，承包人应按照现场签证内容计算价款，报送发包人确认后，作为增加合同价款，与进度款同期支付。

6. 下列关于物价波动对合同价款调整的说法,正确的是(   )。
   A. 如果承包人投标报价中材料单价低于基准单价,工程施工期间材料单价涨幅超过合同约定的风险幅度值时重新调整合同价款
   B. 如果承包人投标报价中材料单价高于基准单价,工程施工期间材料单价跌幅超过合同约定的风险幅度值时不予调整
   C. 如果承包人投标报价中材料单价等于基准单价,工程施工期间材料单价涨、跌幅超过合同约定的风险幅度值时,其超过部分按实调整
   D. 如果承包人投标报价中材料单价等于基准单价,工程施工期间材料单价涨、跌幅超过合同约定的风险幅度值时不予调整
7. 下列关于工程量清单计价方式下竣工结算编制原则的说法,正确的是(   )。
   A. 措施项目费按双方确认的工程量乘以已标价工程量清单的综合单价计算
   B. 总承包服务费按已标价工程量清单的金额计算,不应调整
   C. 暂列金额应减去工程价款调整的金额,余额归承包人
   D. 工程实施过程中发承包双方已经确认的工程计量结果和合同价款,应直接进入结算
8. 下列关于工程价款编制程序的说法,正确的是(   )。
   A. 工程结算应按准备、编制和定稿三个工作阶段进行,并实行编制人盖章确认的编审签署制度
   B. 工程索赔应按合同约定的索赔处理原则、程序和计算方法,提出索赔费用,经第三方确认后作为结算依据
   C. 工程结算编制人、审核人、审定人分别在工程结算成果文件上署名,并应签署土木工程师职业或从业印章
   D. 工程审定人员应由专业负责人和技术负责人承担,对工程结算的全部内容进行审定,并对工程结算成果文件的质量负责
9. 下列关于工程价款的结算的说法,正确的是(   )。
   A. 结算方式主要是按项目结算、分段结算
   B. 合同工期在两个年度以上的工程,在年终进行工程盘点,办理季度结算
   C. 分段结算按照工程形象进度,划分不同阶段支付工程进度款
   D. 工程尾留款5%,这种结算方式属于按月结算
10. 预付款的支付比例不宜高于合同价款的(   )。
   A. 10%　　B. 20%　　C. 30%　　D. 40%

二、多选题(每题的备选项中,有 2 个或 2 个以上符合题意,至少有 1 个错项)

1. 下列关于工程量偏差引起的合同价款调整的说法,正确的是(   )。
   A. 如果因工程量偏差和工程变更等原因导致工程量偏差超过 10% 时,可进行调整
   B. 当工程量增加 15% 以上时,增加部分的工程量的综合单价应予调低
   C. 当工程量减少 15% 以上时,减少后剩余部分的工程量的综合单价应予调高
   D. 工程量出现小于 10% 的变化,工程量增加的措施项目费调减
   E. 工程量出现小于 15% 的变化,工程量减少的措施项目费调减
2. 下列关于计日工对合同价款的调整的说法,正确的是(   )。

A. 发包人通知承包人以计日工方式实施的零星工作,承包人应予以执行

B. 承包人应在有计日工项目持续进行的工作实施结束后的24d内,向发包人提交有计日工记录汇总的现场签证报告

C. 发包人在收到承包人提交的现场签证报告后的2d内予以确认,分别存放不同地点妥善管理

D. 任一计日工项目实施结束,承包人均应按照现场确认的计日工现场签证报告核实该类项目的工程数量

E. 每个支付期末,承包人应按规定向发包人提交本期间所有计日工记录的签证汇总表

3. 下列关于施工期间合同暂估价调整的做法中,正确的有(　　)。

A. 不属于依法必须招标的材料,应直接按承包人自主采购的价格调整暂估价

B. 属于依法必须招标的工程设备,以中标价取代暂估价

C. 属于依法必须招标的专业工程,承包人不参加投标的,应由承包人作为招标人,组织招标的费用一般由发包人另行支付

D. 属于依法必须招标的专业工程,承包人参加投标的,应由发包人作为招标人同等条件下优先选择承包人中标

E. 不属于依法必须招标的专业工程,应按工程变更事件的合同价款调整方法确定专业工程价款

4. 因物价波动引起的合同价款调整方法有(　　)。

A. 价格指数法　　B. 回归分析法　　C. 采用造价信息　　D. 比例法

E. 定性分析法

5. 工程竣工结算编制的主要依据包括(　　)。

A. 计价规范　　B. 工程合同　　C. 投标保证金　　D. 工程预付款

E. 建设工程设计文件

6. 下列关于工程价款编制原则的说法,正确的是(　　)。

A. 工程结算按工程的施工内容或完成阶段,可分为竣工结算,全过程结算、合同终止结算和专业分包结算等形式进行编制

B. 进行合同终止结算时,应按已完工程的实际工程量和施工合同的有关约定,编制合同终止结算

C. 施工合同类型按计价方式应分为成本合同、酬金合同、成本加酬金合同

D. 工程结算编制时,采用总价合同的,应在合同价基础上对设计变更、工程洽商以及工程索赔等合同约定可以调整的内容进行调整

E. 工程结算编制,采用单价合同的,工程结算的工程量应按照经发承包双方在施工合同中约定的方法对合同价款进行调整

7. 下列关于工程价款编制方法的说法,正确的是(　　)。

A. 采用工程量清单方式计价的工程,一般采用单价合同,应按预算单价法编制工程

B. 措施项目费应依据施工合同相应约定以及实际完成的工程量、投标时的综合单价等进行计算

C. 合同中已有适用于变更工程、新增工程单价的,按已有的单价结算

D. 合同中有类似变更工程、新增工程单价的,可以参照类似单价作为结算依据

E. 合同中没有适用或类似变更工程、新增工程单价的,结算编制受委托人可商洽承包人或发包人提出适当的价格,经对方确认后作为结算依据

8. 下列关于采用承包合同计价方式的下列说法,正确的有(　　)。

A. 实行工程量清单计价的工程,应当采用单价合同

B. 合同工期较短,建设规模较小,技术难度较低,且施工图设计已审查完备的建设工程可以采用总价合同

C. 合同工期较短,建设规模较小,技术难度较低,且施工图设计已审查完备的建设工程可以采用成本加酬金合同

D. 紧急抢险、救灾以及施工技术特别复杂的建设工程可以采用总价合同

E. 紧急抢险、救灾以及施工技术特别复杂的建设工程可以采用成本加酬金合同

9. 下列(　　)事项发生时,发承包双方应当按照合同约定调整合同价款。

A. 法律法规变化　　B. 工程变更　　C. 现场签证　　D. 不可抗力

E. 审计核减

10. 采用单价合同进行工程计量时,若发现因(　　)应按承包商在履行合同过程中实际完成的工程量计算。

A. 招标工程量清单中出现缺项

B. 因工程变更引起工程量的增减

C. 因承包商原因造成的超范围施工或返工的工程量

D. 招标工程量清单中出现工程量偏差

E. 承包商未按照合同约定的计量周期和时间,向发包人提交当期已完工程量报告

三、简答题

1. 列举发承包双方应当按照合同约定调整合同价款的事项(请列举不少于五项)。
2. 请列举发承包双方应在合同条款中约定事项(请列举不少于三项)。
3. 工程价款结算编制依据有哪些。

四、综合计算题

1. 某引水工程,线路全长10km,穿越省级道路三处。招标阶段,工程量清单所列穿越省道,一处为明挖施工,另两处为顶管施工。施工阶段,按照交通部门要求,穿越省级道路的三处均要求顶管施工。

问题:

(1)该工程穿越省道项目是否属于工程变更?工程变更一般包括哪几个方面?

(2)穿越工程工程量清单项目的价款应如何调整?

(3)穿越工程的价款应该如何确定?

2. 某港池开挖、吹填造陆工程,开挖区的土质上层为中细砂、中层为黏土、底层为岩石,各层的开挖单价分别为18元/m^3、46元/m^3、250元/m^3(含炸礁、清渣等)。分别采用1250m^3/h绞吸式挖泥船、8m^3/h抓斗式挖泥船、炸礁船等组合施工。因为水域狭窄,不能分区施工。合同规定:在筑好抛石围堰后吹填中细砂,围堰石料由业主供料。该工程于2002年6月28日开工,合同工期180d,工程施工中,发生了如下事项:

(1)抛筑围堰时,附近农民因征地补偿未谈妥而阻挠施工,导致停工 28d(2002 年 7 月 1 ~ 28 日)。

(2)抛筑围堰时,业主供料延误 7d(2002 年 7 月 30 日 ~ 8 月 5 日)。

(3)开挖中细砂时,由于用船紧张,挖泥船进船场推迟,为赶回工期,经监理同意,施工单位换用功率更大的 1450m^3/h 绞吸式挖泥船进船,因此增加调遣费 25 万元,但仍使工期延误 10d。

(4)在用 8m^3/h 抓斗式挖泥船开挖黏土时,发现实际土质标高与设计不符,实际岩面标高浅于设计岩面标高,经监理确认,岩石开挖工程量增加了 1.5 万 m^3,应业主、监理要求,施工单位增加炸礁设备进场,保证了该阶段工期,因此增加了调遣费 62 万元。

问题:

(1)施工单位从上述事项中哪些可获得工期补偿?哪些不能获得索赔?并说明理由。

(2)村民阻挠施工,应按怎样的程序向监理提出索赔?可提出哪些费用索赔?

(3)换用更大功率的绞吸式挖泥船进场造成的费用增加,可否提出索赔?为什么?

(4)因土质不符增加的成本,应怎样索赔?计算炸礁、清渣的可索赔额。

参考答案

一、单选题

1－5　ADDDA　6－10　CDDCC

二、多选题

1. BC　2. ADE　3. BCDE　4. AC　5. ABE　6. BDE　7. CDE　8. ABE　9. ABCD　10. ABD

三、简答题

1. 答:以下事项(但不限于)发生,发承包双方应当按照合同约定调整合同价款:

(1)法律法规变化。

(2)工程变更。

(3)项目特征描述不符。

(4)工程量清单缺项。

(5)工程量偏差。

(6)物价变化。

(7)暂估价。

(8)计日工。

(9)现场签证。

(10)不可抗力。

(11)提前竣工(赶工补偿)。

(12)误期赔偿。

(13)施工索赔。

(14)暂列金额。

(15)发承包双方约定的其他调整事项。

2. 答:发承包双方应在合同条款中对下列事项进行约定:

(1)预付工程款的数额、支付时间及抵扣方式。

(2)安全文明施工措施费的支付计划、使用要求等。

(3)工程计量与支付工程进度款的方式、数额及时间。

(4)工程价款的调整因素、方法、程序、支付及时间。

(5)施工索赔与现场签证的程序、金额确认与支付时间。

(6)承担计价风险的内容、范围以及超出约定内容、范围的调整办法。

(7)工程竣工价款结算编制与核对、支付及时间。

(8)工程质量保证(保修)金的数额、预扣方式及时间。

(9)违约责任以及发生工程价款争议的解决方法及时间。

3. 答:(1)国家和地方有关主管部门颁发的有关工程造价编制、管理方面的文件国家和地方有关主管部门颁发的有关工程造价管理方面的文件。

(2)工程承包合同。

(3)合同条款。

(4)技术规范。

(5)工程量清单。

(6)计量的工程量。

(7)日常施工记录。

四、综合计算题

1. 答:(1)①取消合同中任何一项工作,但被取消工作不能转由发包人或其他人实施。

②改变或补充合同中任何一项工作的技术标准和要求(合同技术条款)。

③改变合同工程的基线、标高、位置和尺寸。

④改变合同中任何一项工作的施工时间或改变已批准的施工工艺或顺序。

⑤为完成工程需要追加的额外工作。

⑥增加或减少合同约定的关键项目工程量超过合同约定的幅度。

(2)因工程变更引起已标价工程量清单项目发生变化时,应按照下列规定调整价款:

①已标价工程量清单中有适用于变更工程项目的,且工程变更导致的该清单项目的工程数量变化不足15%时,采用该项目的单价。直接采用适用的项目单价的前提是其采用的材料、施工工艺和方法相同,也不因此增加关键线路上工程的施工时间。

②已标价工程量清单中没有适用但有类似于变更工程项目的,可在合理范围内参照类似项目单价。

③已标价工程量清单中没有适用也没有类似于变更工程项目的,由承包人根据变更工程资料、计量规则和计价办法、工程造价管理机构发布的信息(参考)价格和承包人报价浮动率,提出变更工程项目的单价或总价,报发包人确认后调整。

(3)该穿越工程由招标阶段的两处顶管施工增加至施工阶段的三处,工程量变化1/3,故该项目合同价格应分为两部分,即工程量变化15%以内的,执行原合同价,超出15%的部分可由承包人根据变更工程资料、计量规则和计价办法、工程造价管理机构发布的信息价格和承包人报价浮动率,提出变更工程项目的单价或总价,报发包人确认后调整。

2. 答:(1)可获得的工期索赔:28d + 7d = 35d。依题意这28d与7d是不重复的,所以总计是35d。村民阻挠施工导致停工28d属业主责任。

业主供料不及时,延误工期7d,合同规定属业主责任。

施工单位因为用船紧张,挖泥船进场推迟,换用大功率船,尽管经监理同意,但由于是施工单位自己的原因,所延误的10d工期不能获得索赔。

(2)①书面向监理提出索赔通知书:延误发生后,在合同约定的时间内,项目部向监理提出书面索赔通知书。

②提交索赔资料:项目部向监理提出书面索赔通知书后,在合同约定的时间内向监理提交延长工期和费用索赔的有关资料和数据。

本项目可提出以下的费用索赔:设备停置费,现场管理费。

(3)换用更大功率的绞吸式挖泥船进场造成的费用增加不应索赔,因为这是施工单位的责任所致。

(4)由于地质条件与设计不符所造成的费用增加,应通过设计变更进行索赔。

可索赔额:设备调遣费 62 万元

岩面标高浅了炸、清岩费增加:250 元/m^3 ×1.5 万 m^3 =375 万元

相应的挖黏土费减少:46 元/m^3 ×1.5 万 m^3 =69 万元

费用总(增加)索赔额:(375 -69)万元 +6 万元 =368 万

第八节　水运工程竣工决算编制

一、单选题(每题的备选项中,只有1个正确项)

1. 工程竣工决算编制依据包括(　　)。
   A. 经批准的可行性研究报告及其投资估算书
   B. 经批准的初步设计或扩大初步设计及其概算或修正概算书
   C. 经批准的施工图设计及其施工图预算书
   D. 招投标的、承包合同、工程结算资料
2. 下列关于工程竣工决算编制要求的说法,正确的是(　　)。
   A. 编制工程竣工决算的概算金额,如有主管机关最终批复的,应以批复的预算金额为准
   B. 编制工程竣工决算的实际支出,应以会计账面金额为基础,以合同金额、结算金额为依据
   C. 零星采购的材料、设备和零星费用应以施工方报价为准
   D. 需分摊的设备安装支出和待摊投资支出,应按"最大合理""谁使用、谁承担"的原则分摊
3. 下列不属于竣工决算编制依据的是(　　)。
   A. 初步设计、概算及调整文件
   B. 相关合同(协议)、工程结算等有关资料
   C. 政府有关土地、青苗等补偿及安置补偿标准或文件
   D. 竣工验收证书
4. (　　)是整个建设工程的最终价格,是作为建设单位财务部门汇总固定资产的主要依据。
   A. 投资估算　　B. 设计概算　　C. 合同价　　D. 竣工决算
5. 公路工程建设项目分为公路建设项目和独立的公路桥梁建设项目两种类型编制竣工决算报告。下列不属于公路工程竣工决算报告组成内容的是(　　)。
   A. 竣工决算报告的封面、目录　　B. 竣工工程平面示意图
   C. 竣工决算报告说明书　　D. 结算表格
6. 确定建设项目各项投资实际支出的标准时,对于单价合同的实际支出应以(　　)为准。
   A. 标价的清单　　B. 合同总价　　C. 账面金额　　D. 结算价

二、多选题(每题的备选项中,有2个或2个以上符合题意,至少有1个错项)

1. 下列关于工程竣工决算编制要求的说法,正确的是(　　)。
   A. 存在尾工工程,已经签订合同的可按合同金额确认,未签订合同的可按批复的概算金额确认
   B. 结余资金 = 基建拨款 + 项目资本 + 项目资本公积 + 基建投资借款 + 企业债券资金 + 待冲基建支出 + 基本建设支出
   C. 未随设备一起购置的软件、专利技术、专有技术等无形资产也应列为固定资产
   D. 安装费用支出应分摊计入交付资产的安装费中
   E. 待摊费用宜采用一次分配和二次分配的方法进行分配
2. 编制工程竣工决算应具备的条件有(　　)。

A. 经批准的初步设计所确定的内容已完成
B. 工程结算已完成
C. 尾工工程不超过规定的比例(总概算的10%)
D. 涉及法律诉讼、工程质量、移民安置的事项已处理完毕
E. 其他影响工程竣工决算编制的重大问题已解决

3. 竣工决算的作用主要包括(　　)。
A. 可以考核竣工项目设计概算的执行结果,考核交通基本建设项目的投资效益
B. 是建设单位向使用或管理单位移交财产的依据
C. 全面反映了项目建设全过程的财务情况
D. 是工程建设项目投资的最高限额
E. 是工程造价积累的基础资料之一

三、简答题

简述竣工决算编制程序。

参考答案

一、单选题

1－5　BBDDD　6　D

二、多选题

1. ADE　2. ABDE　3. ABCE

三、简答题

竣工决算编制应按照以下步骤进行：

(1)搜集、整理、分析原始资料。

(2)梳理本工程建设项目的所有支出清单。

(3)对照、核实工程及变更情况。

(4)审定各合同的结算情况。

(5)认真做好工程造价对比分析。

(6)审定工程建设项目内各单项资产的价值。

(7)编制竣工财务决算说明书。

(8)编制竣工财务决算报表。

(9)整理项目批复文件、装订好竣工图。

(10)按国家规定上报审批、存档。

模拟试题一

第一部分　客观题

一、单项选择题(共30题,每题1分。每题的备选项中,只有一个最符合题意)

1. 公路设计交通预测时,高速公路和一级公路设计交通量预测年限为(　　)年。
A. 10　　B. 15　　C. 25　　D. 20

2. 每日施工结束或浇筑混凝土过程中因故中断时,必须设置(　　)。
A. 横向缩缝　　B. 胀缝　　C. 纵向施工缝　　D. 横向施工缝

3. 港池按构造形式分,不包括以下(　　)。
A. 开敞式港池　　B. 半封闭式港池　　C. 挖入式港池　　D. 封闭式港池

4. 下列关于船坞的说法,错误的是(　　)。
A. 注水船坞也是干船坞的一种
B. 待修船舶进坞的过程为:抽出水密舱内的水,船坞上浮→船舶就位→水密舱灌水,船坞下沉→检修船舶
C. 浮船坞两端开敞,是可以在水上沉弹和移动的特殊船坞
D. 浮船坞具有灵活机动、适应性强、建造工期短、不占陆地面积、造价比干船坞低、可移动的特点

5. 乳化沥青在路面施工时,为发挥其黏结的功能,沥青液滴必须从乳液中分裂出,聚集在骨料的表面而形成连续的沥青薄膜,这一过程俗称(　　)。
A. 破乳　　B. 开裂　　C. 破裂　　D. 老化

6. (　　)指的是沥青路面抵抗受水的侵蚀逐渐产生沥青膜剥离、掉粒、松散、坑槽而破坏的能力。A. 耐疲劳性　　B. 高温稳定性　　C. 水稳定性　　D. 低温抗裂性

7. 目前采用广泛的打桩设备是(　　)。
A. 震动打桩机　　B. 液压打桩机　　C. 蒸汽打桩机　　D. 柴油打桩机

8. 下列泥驳不属于按卸泥方式分类的是(　　)。
A. 开底泥驳　　B. 开边泥驳　　C. 开体泥驳　　D. 自航泥驳

9. 沥青稳定类基层采用机械摊铺时,摊铺温度应符合规范要求,当高速公路和一级公路施工气温低于(　　)℃时,不宜摊铺。
A. 10　　B. 5　　C. 15　　D. 20

10. 隧道在Ⅴ~Ⅵ级围岩时,为防止表面岩石风化而做的衬砌,称(　　)。
A. 构造衬砌　　B. 承载衬砌　　C. 复合式衬砌　　D. 装饰衬砌

11. 我国公路各种标志在同一点需要设置两种以上的标志时,可以合并安装在一根立柱上,但最多不应超过(　　)。

A. 三种　　B. 四种　　C. 五种　　D. 六种

12. (　　)是将大功率的振动打桩机安装在桩顶，一方面利用振动以减小土对桩的阻力，另一方面用向下的振动力使桩沉入土中。

A. 振动沉桩　　B. 静力压桩　　C. 射水沉桩.　　D. 锤击沉桩

13. 板桩码头的沉桩方法中多采用(　　)施工法，以保证板桩的打入质量好和板桩墙顺直，减少楔型桩。

A. 单根桩　　B. 双桩　　C. 主副桩　　D. 屏风式

14. 斜坡堤测量定位后的工艺流程是(　　)。

A. 基础处理　　B. 垫层抛石　　C. 护底施工　　D. 理坡

15. 下列情况可以宜采用逆流施工的是(　　)。

A. 在内河施工采用钢桩定位时　　B. 采用锚缆横挖法施工时

C. 流速较大的情况时　　D. 水域宽阔的情况时

16. 下列关于沥青路面初期养护的说法，错误的是(　　)。

A. 摊铺、压实后的热拌沥青混合料路面，待摊铺层自然冷却，混合料表面温度低于56℃后方可开放交通

B. 热拌沥青混合料路面开放交通初期，应控制行驶车辆限速在20km/h以下，视表面成型情况，逐步恢复到设计时速

C. 乳化沥青路面的初期稳定性差，应设专人管理，按实际破乳情况，封闭交通2~6h

D. 在未破乳的路段上，严禁一切车辆、人、畜通过；开放交通初期，应控制车速不超过20km/h，并不得抽动和掉头

17. 潮汐河口浅滩航道宜采用(　　)进行维护疏浚。

A. 绞吸式挖泥船　　B. 单斗挖泥船　　C. 自航耙吸挖泥船　　D. 抓铲挖泥船

18. 以下施工组织设计文件中由施工单位进行编制的是(　　)。

A. 施工方案　　B. 修正施工方案　　C. 施工组织计划　　D. 实施性施工组织设计

19. (　　)一般是投标人投标报价的基准数量，是签订合同的组成部分。

A. 清单工程量　　B. 合同工程量　　C. 计量工程量　　D. 支付工程量

20. 已知某建筑材料的供应价格为30000元/吨，材料运杂费为1000元/吨，采购及保管费率2%，运输损耗率1%，则该材料的运输损耗为(　　)元/吨。

A. 300.0　　B. 316.2　　C. 324.5　　D. 310.0

21. 在编制施工图预算时，当水泥砂浆，混凝土的强度等级与预算定额的规定不同时，根据规定(　　)。

A. 允许对其调整　　B. 不允许调整

C. 仅允许对混凝土调整　　D. 仅允许调整水泥用量

22. 投资估算编制依据的内容不包括(　　)。

A. 国家发布的有关法律、法规　　B. 有关合同、协议

C. 批准的项目建议书　　D. 初步设计图纸等设计文件、工程施工方案

23. 在建设项目总概算中，属于工程建设其他费用的是(　　)。

A. 施工措施费　　B. 企业管理费　　C. 工程造价预留费　　D. 建设项目前期工作费

24. (　　)是整个建设工程的最终价格,是作为建设单位财务部门汇总固定资产的主要依据。
A. 投资估算　　B. 设计概算　　C. 合同价　　D. 竣工决算

25.《水运工程工程量清单计价规范》规定,项目编码第7~9位为(　　)。
A. 水运工程行业码　B. 分项工程顺序码　C. 专业工程顺序码　D. 特征项目顺序码

26. 内河航运建设工程施工图预算中,定额直接费不包括(　　)。
A. 材料费　　B. 直接工程费　　C. 人工费　　D. 施工船舶机械使用费

27. (　　)指受水上水下施工作业条件制约的单位工程。
A. 一般水工工程　B. 一般陆域工程　C. 航道整治工程　D. 陆上软基加固工程

28. 船舶艘班和排泥管线台班均按(　　)h 工作制制定,已综合考虑了辅助时间等因素,除定额另有规定外,使用时不得调整。
A. 12　　B. 8　　C. 14　　D. 16

29. (　　)指外贸手续费、中国银行手续费、外国银行手续费、海关关税、增值税、海关监管手续费、商品检验费等。
A. 海关手续费　B. 从属费用　C. 国内接运保管费　D. 检验费

30. 潜水组停置组日费 = 使用组日费 ×(　　)。
A. 70%　　B. 80%　　C. 60%　　D. 50%

二、多项选择题(共10题,每题2分。每题的备选项中,有2个或2个以上符合题意,至少有1个错项。选错项,本题不得分;少选,所选的每个选项得0.5分)

1. 填石路堤的填筑方法包括(　　)。
A. 分层压实法　B. 竖向填筑法　C. 冲击压实法　D. 横向填筑法
E. 强力夯实法

2. 公路工形梁主梁由(　　)。
A. 梁肋　　B. 伸缩缝　　C. 横隔梁　　D. 行车道板
E. 横隔板

3. 按结构形式分类,码头可以分为(　　)和混合式码头。
A. 重力式码头　B. 板桩码头　C. 高桩码头　D. 直立式码头
E. 斜坡式码头

4. 下列关于桥梁工程量计量规则,下列说法错误的是(　　)。
A. 基坑挖方按底、顶面间平均高度的棱柱体体积,以立方米(m^3)为单位计量
B. 挖孔灌注桩桩长按桩底高程至承台底面或系梁底面计量
C. 结构混凝土工程直径小于300mm 的管子、泄水孔或桩所占混凝土体积不予扣除
D. 基坑开挖侧面:按顶面到底面,以超出基底周边0.7m 的竖直面为界
E. 预制梁、梁端堵头板等构件的吊环钢筋不需计量

5. 公路工程计量的范围一般是(　　)。
A. 征地拆迁的内容　　B. 技术规范所包含的内容
C. 工程量清单所包含的内容　　D. 建设单位管理费用
E. 承包人建设费用

6. 对于工程量清单,下列说法正确的是(　　)。

A. 工程量清单是投标报价、评标的共同基础

B. 工程量清单的工程量是投标的共同基础,是最终结算与支付的依据

C. 工程量清单中所列的工程数量是估算的或设计预计的数量,不仅作为投标报价的共同基础,还能作为最终计算与支付的依据

D. 标有单价的工程量清单是处理工程变更计价的依据

E. 暂估价只包括材料暂估价和工程设备暂估价

7. 水运工程计量的组织类型有(　　)。

A. 监理工程师独立计量

B. 承包商进行计量,监理工程师核实确认

C. 监理工程师与承包商共同计量

D. 业主计量,监理工程师核实确认

E. 设计单位记录,监理工程师核实确认

8. 吹填工程量应包括(　　)。

A. 吹填区容积量　　B. 原地基沉降量

C. 超填工程量　　D. 吹填土进入吹填区后的流失量

E. 土石方工程量

9. 下列关于工程量清单计价模式对水运工程造价管理体制的作用说法,正确的是(　　)。

A. 水运行业采用工程量清单计价有利于工程款的拨付

B. 水运行业采用工程量清单招标有利于将工程的质量、造价、工期三者紧密地结合起来

C. 水运行业采用工程量清单招标有利于增加行业内综合实力强、社会信誉好的企业的中标机会

D. 水运行业采用工程量清单模式进行计价有利于中标企业进行利润分析、控制成本、统筹考虑、精心施工

E. 水运行业采用工程量清单招标有利于控制价的管理与控制

10. 工程竣工结算编制的主要依据包括(　　)。

A. 计价规范　　B. 工程合同　　C. 投标保证金　　D. 工程预付款

E. 建设工程设计文件

第二部分　主观题

三、简答题(共1题,每题10分)

简述疏浚工程工程量计算规则。

四、综合计算题(共4题,每题10分)

1. 某高速公路第×合同段长20km,路基宽度24m,其中挖方路段长5.4km,填方路段长14.6km。招标文件图纸的路基土石方表的主要内容见表1。

表 1　招标文件图纸的路基土石方表的主要内容表

挖方				本桩利用方			远运利用方		借方
普通土/m^3	硬土/m^3	软石/m^3	次坚石/m^3	普通土/m^3	硬土/m^3	石方/m^3	土方/m^3	石方/m^3	普通土/m^3
305000	320000	354000	300000	50000	35000	105000	385000	500000	700000

注:表中挖方、利用方指天然密实方;借方指压实方。硬土均全部利用。

根据招标文件技术规范规定,路基挖方包括土石方的开挖和运输,路基填筑包括土石方的压实,借土填方包括土方的开挖、运输和压实费用,工程量清单格式见表 2。

表 2　工程量清单格式

细目编号	细目名称	数量/m^3	单价/元	金额
203-1-a	挖土方			
203-1-b	挖石方			
204-1-a	利用土方填土			
204-1-b	利用石方填土			
204-1-c	借土填方			

问题:

(1)请计算各支付细目的计量工程量。

(2)请计算各支付细目应分摊的整修路拱的工程量。

(3)请计算各支付细目应分摊的整修边坡的工程量。

2. 某公路工程合同总价为 15000 万元,开工预付款为合同总价的 20%。表 3 是承包商每月实际完成的工程计量款。

表 3　每月实际完成的工程计量款

月份	3	4	5	6	7	8	9	10
计量款/万元	800	1600	2000	2200	2500	2300	2000	1600

根据合同的规定,开工预付款在达到签约合同价 30% 之后,开始按工程进度以固定比例分期从各月的进度付款证书中扣回,全部金额在进度付款证书的累计金额达到签约合同价的 80% 时扣完。

问题:

(1)开工预付款金额为多少?

(2)开工预付款的起扣月是第几月?并列式说明理由。

(3)计算从起扣月开始每个月应扣回的开工预付款金额。

3. 某船闸工程闸室为钢筋混凝土坞式整体结构,闸室有效尺度为全长 30m×23m×4.5m(长×宽×门槛水深),底板厚度 2.5m,底板为 C25 混凝土,底板设置两道后浇带,后浇带为 C30 混凝土,断面结构图 1 所示。

问题:

(1)请简述闸室混凝土工程量计算应满足哪些要求。

(2)请计算闸室底板工程量。

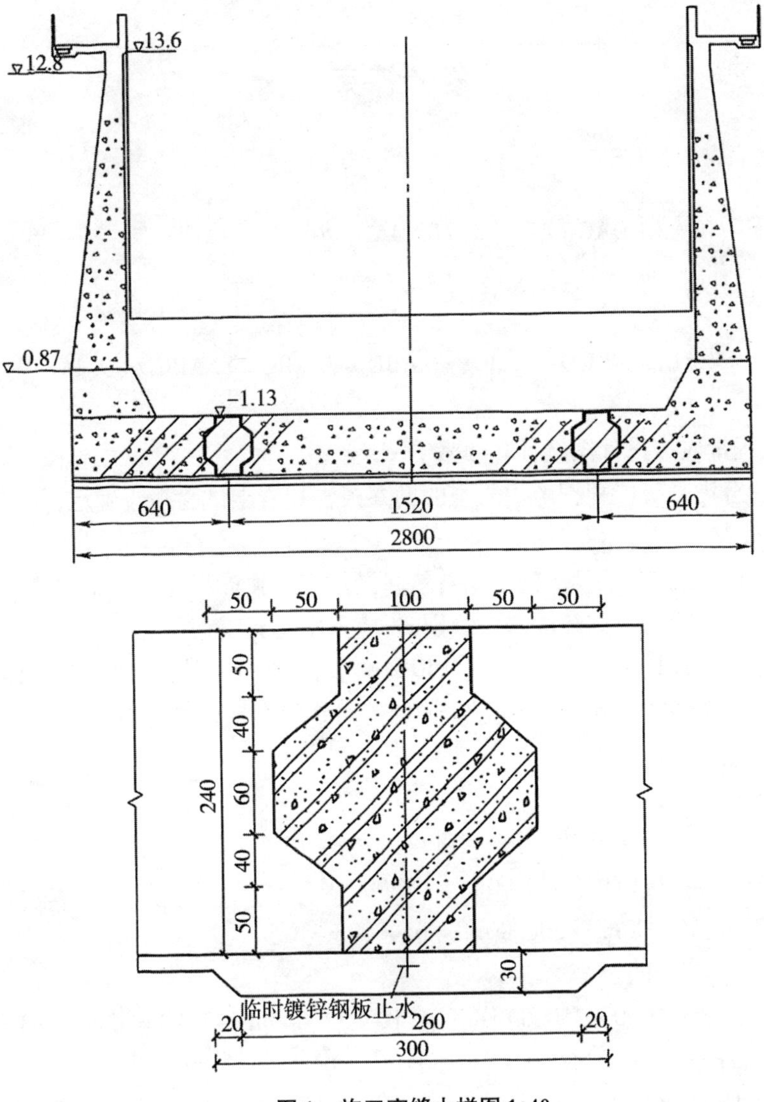

图 1　施工宽缝大样图 1:40

4. 某综合型内河港口作业区，共建设 21 个 500 吨级泊位，包括件杂货泊位 7 个、集装箱泊位 10 个和待泊泊位 4 个。投资估算第一部分工程费用 67891.6 万元，其中装卸工艺费用 15015.0 万元（含设备购置费 14650.0 万元、安装费 365.0 万元）其他部分均为建筑安装工程费。假定本工程建设单位开办费 100 万元，研究试验费 100 万元，前期工作费 361.9 万元，其他已知条件其他费用分项估算表、建设单位经费费率表、设计单位第三方技术咨询费费率表、联合试运转费的费率表，请完成工程建设其他费用分项估算表（小数点保留 1 位）。

参考答案

一、单选题

1－5　DDBBA　6－10　CDDAC　11－15　BADAB　16－20　ACDAD　21－25　ADDDB　26－30　BABBB

二、多选题

1. ABCE　2. ACD　3. ABC　4. CD　5. BC　6. ABD　7. ABC　8. ABCD　9. BCDE　10. ABE

三、简答题

答:(1)挖泥工程量应按设计图纸计算净量。

(2)疏浚岩土的分类分级应根据疏浚岩土的勘察报告和岩土试验报告确定,并应符合现行行业有关标准的规定。

(3)对于有自然回淤的施工区域,施工期自然回淤量应单独计算并计入工程量。

(4)在同一施工区域出现不同疏浚岩土级别时,应分别计算工程量。

(5)吹填工程量应按设计图纸净量,扣除吹填区围堰、子堰等的体积计算;原土体的沉降量应单独计算并计入工程量;吹填土体的流失、固结等可在综合单价中考虑。

四、综合计算题

1. 解:依题意求解

(1)查询公路等级土石方换算表,见表4可得:

203－1－a 挖土方:$305000m^3+320000m^3=625000m^3$

203－1－b 挖石方:$354000m^3+300000m^3=654000m^3$

204－1－a 利用土方填土:

$[50000+385000-(320000-35000)]m^3\div1.16+320000m^3\div1.09=422888m3$

204－1－b 利用石方填土:$(105000+500000)m^3\div0.92=657609m^3$

204－1－c 借土填方:$700000m^3$。

表4　公路等级土石方换算表

公路等级	土方			石方
	松土	普通土	硬土	
二级及以上等级公路	1.23	1.16	1.09	0.92
三、四级公路	1.11	1.05	1.00	0.84

注:路基填方为借方时,则应在上述系数基础上增加0.03的损耗。

(2)各支付细目分摊的整修路拱的工程数量计算:

挖方总量 $=625000m^3+654000m^3=1279000m^3$

填方总量 $=422888m^3+657609m^3+700000m^3=1780497m^3$

203－1－a 挖土方应分摊:$5400m\times24m\times625000m^3\div1279000m^3=63331m^2$

203－1－b 挖石方应分摊:$5400m\times24m\times654000m^3\div1279000m^3=66269m^2$

204－1－a 利用土方填土应分摊：$14600\times24\times422888m^3\div1780497m^3=83224m^2$

204－1－b 利用石方填土应分摊：$14600m\times24m\times657609m^3\div1780497m^3=129417m^2$

204－1－c 借土填方应分摊：$14600m\times24m\times700000m^2\div1780497m^2=137759m^2$

(3)各支付细目分摊的整修边坡的工程量计算：

203－1－a 挖土方应分摊：$5.4km\times(625000m^3\div1279000m^3)=2.639km$

203－1－b 挖石方应分摊：$5.4km\times(654000m^3\div1279000m^3)=2.761km$

204－1－a 利用土方填土应分摊：$14.6km\times(422888m^3\div1780497m^3)=3.468km$

204－1－b 利用石方填土应分摊：$14.6km\times(657609m^3\div1780497m^3)=5.392km$

204－1－c 借土填方应分摊：$14.6km\times(700000m^3\div1780497m^3)=5.740km$

2. 解：依题意求解

(1)开工预付款为合同总价的20%，即 15000×20%万元＝3000万元。

(2)开工预付款的起扣月计算。起扣点：15000x30%万元＝ 4500万元。

累计金额达到签约合同价的80%时扣完，15000x80%万元＝12000万元。

前3个月累计完成：(800＋1600＋2000)万元＝ 4400万元。

前4个月累计完成：(4400＋2200)万元＝ 6600万元。

显然从6月份开始预付款扣回，即本工程开工预付款的起扣月份为6月份。

(3)开工预付款扣回金额：预付款为合同价款的20%，超过起扣点后每次计量扣回的比例为20%÷(80%－30%)＝40%，扣止点为15000×80%万元＝12000万元。

3月份：累计计量款为800万元，未达到开工预付款起扣点，不需扣回。

4月份：累计计量款为2400万元，未达到开工预付款起扣点，不需扣回。

5月份：累计计量款为4400万元，未达到开工预付款起扣点，不需扣回。

6月份：累计计量款为6600万元，本月应扣回预付款(6600－4500)×40%万元＝ 840万元。

7月份：当月计量款为2500万元，累计计量款为9100万元，本月应扣回预付款2500×40%万元＝1000万元。

8月份：当月计量款为2300万元，累计计量款为11400万元，本月应扣回预付款2300×40%万元＝920万元。

9月份；当月计量款为2000万元，累计计量款为13400万元，占合同价款的89.33%，本月应扣回预付款为(12000－11400)×40%万元＝ 240万元。

3～9月份合计扣回的预付款为(840＋1000＋920＋240)万元＝3000万元。

3. 解：依题意求解

(1)闸室混凝土工程量计算应满足下列要求。

①分离式以底板与闸墙竖向分缝处为界，整体式以底板与闸墙连接处底板顶标高为界划分闸墙与底板。

②墙体顶部的靠系船设施、廊道以及墙体上的阶梯可并入墙体计算。

(2)闸室底板工程量计算如下。

①C30二期混凝土(后浇带)工程量＝$[1\times2.5+(0.9+1.7)\times0.5\times0.5\times2]\times2\times230m^3=1748m^3$。

②C25底板混凝土工程量＝(28×2.5×230－1748)m3＝14352m3。

4. 解:依题意求解

(1)建设单位经费 =5000 ×4.81% +(10000 -5000)×2.31% +(30000 -10000)×1.74% +(50000 -30000)×1.32% +(67891.6 -50000)×1.19% =1180.9 万元

(2)设计文件第三方技术咨询费

①本项目的建筑安装工程费为 67891.6 -(15015.0 -365.0)=53241.6 万元

②设计文件第三方技术咨询费 =5000 ×0.48% +(10000 -5000)×0.39% +(50000 -10000)×0.33% +(53241.6 -50000)×0.3% =185.2 万元

③联合试运转费 =(15015.0 -365.0)×0.3% =44.0 万元

④人员培训及提前进场费 =250 ×0.6 =150.0 万元

⑤办公和生活家具购置费 =250 ×0.5 =125.0 万元

模拟试题二

第一部分　客观题

一、单项选择题（共 30 题，每题 1 分。每题的备选项中，只有一个最符合题意）

1.（　　）是连接城市、乡村、厂矿基地和林区的道路。

A. 公路　B. 城市道路　C. 社区道路　D. 乡村道路

2. 下列排水设施中，（　　）为设置在地面以下以引导水流的沟渠，本身没有渗水或汇水的作用。

A. 边沟　B. 渗沟　C. 渗井　D. 暗沟

3. 按结构形式分类，码头可以分为（　　）。

A. 重力式码头、板桩码头、高桩码头和混合式码头

B. 直立式码头、斜坡式码头、半直立式码头和半斜坡式码头

C. 顺岸式码头、突堤式码头和墩式码头

D. 货运码头、客运码头、军用码头和渔码头

4. 港口工程由（　　）、后方陆域工程、装卸工程以及附属工程等组成。

A. 码头工程　B. 栈（引）桥工程　C. 防波堤工程　D. 水工结构工程

5. 对于大体积水泥混凝土的外加剂，一般应使用（　　）。

A. 速凝剂　B. 膨胀剂　C. 引气剂　D. 缓凝剂

6. 中型履带式推土机，主要适用于（　　）推土。

A. 50m 以内　B. 50 ~ 100m　C. 150m 以上　D. 200m 以上

7. 适用于灌注桩钻孔施工，尤其在卵石、漂石地质条件下具有明显优点的是（　　）。

A. 全套管钻机　B. 旋转钻机　C. 螺旋钻机　D. 冲击钻机

8. 路堑土方开挖顺序应（　　）进行，不得乱挖超挖。

A. 自上而下　B. 自下而上　C. 自深而浅　D. 无具体要求

9. 下列关于路面垫层施工程序的说法，正确的是（　　）。

A. 清理路基面，洒水湿润→铺筑垫层材料→摊铺→整形→压实→试验检测

B. 铺筑垫层材料→清理路基面，洒水湿润→摊铺→整形→压实→试验检测

C. 清理路基面，洒水湿润→铺筑垫层材料→整形→摊铺→压实→试验检测

D. 铺筑垫层材料→清理路基面，洒水湿润→整形→摊铺→压实→试验检测

10. 下列关于桥梁桩基础施工的说法，错误的是（　　）。

A. 挖孔灌注桩施工时，孔口处应设置高出地面至少 300mm 的护圈

B. 沉桩的施工方法主要有锤击沉桩、振动沉桩和射水沉桩

C. 钻孔泥浆由黏土（膨润土）和添加剂组成

D. 护筒能稳定孔壁、防止坍孔

11. Ⅲ～Ⅴ级围岩的中小跨度隧道,一般采用(　　)进行洞身开挖。

A. 全断面法　B. 台阶法　C. 环形开挖预留核心土法　D. 中隔壁法

12. 标画于路面上的各种线条、箭头、文字、立面标记、突起路标和轮廓标等构成,引导驾驶员视线,管制驾驶员驾车行为的重要设施是(　　)。

A. 线形诱导标　B. 分流、合流诱导标　C. 交通标线　D. 交通标志

13. 下列关于板桩码头施工工艺的说法,错误的是(　　)。

A. 混凝土板桩宜采用单根依次插入的方法

B. 钢板桩宜采用拼组插入、阶梯式沉桩或间隔沉桩的方法

C. 锚碇板的断面形状主要有平板形、双向梯形和T形三种

D. 锚碇叉桩是由一对叉桩和其上端现浇桩帽组成的。叉桩中前面一根是拉桩,后面一根为压桩

14. 现行《疏浚与吹填工程设计规范》关于疏浚土土类的特性及分级的说法,错误的是(　　)。

A. 流动、极软、软质淤泥质土划分为1级土和2级土

B. 3～5级土属于黏土类土

C. 6～8级土属于砂土类土

D. 9～10级属于岩石类

15. 下列关于水泥混凝土路面及粒料路面养护的说法,正确的是(　　)。

A. 水泥混凝土路面接缝、路肩接缝及路缘石与路面接缝变宽出现接缝渗水时,应进行封闭处理

B. 水泥混凝土路面除雪作业以清除旧雪为主

C. 粒料路面松散保护层的保养应做到勤添砂、勤扫砂、勤匀砂、勤除细粉

D. 粒料路面稳定保护层应视具体情况采用加砂法进行保养

16. (　　)是以整个建设项目或群体工程为对象编制的,用以指导整个建设项目施工全过程的各项施工活动的全局性、指导性文件。

A. 单位工程施工组织设计　B. 分部分项工程施工组织设计

C. 施工组织总设计　D. 施工方案

17. (　　)实际就是按计量规则计算的实体项目的工程数量汇总表。

A. 工程量清单　B. 标价的工程量清单

C. 未标价的工程量清单　D. 经复核的工程量清单

18. “$10m^3$ 实体”一般指的是(　　)单位。

A. 定额工程量　B. 清单工程量　C. 计量工程量　D. 支付工程量

19. 填方路基中路基填筑根据填料中石料含量不同,分为利用土方、利用石方、利用土石混填子目。当填料中石料含量大于(　　)时,为利用石方。

A. 10%　B. 30%　C. 50%　D. 70%

20. 按照工地建设标准化要求,承包商驻地费用属于(　　)。

A. 直接费　B. 措施费　C. 企业管理费　D. 专项费用

21. 在编制公路工程概(预)算计算计价工程量时,填方数量按(　　)计算。

A. 设计断面松方体积　　B. 设计断面压实体积
C. 设计断面天然密实体积　　D. 设计断面混合体积

22. 按照现行相关法规规定,公路工程安全措施费不少于投标报价的(　　)。
A. 0.5%　　B. 1%　　C. 2%　　D. 3%

23. 法规变化引起的合同价款的调整,对于实行招标的建设工程,一般招标工程以投标截止日前(　　)天为调价基准日。
A. 28　　B. 21　　C. 14　　D. 30

24. 某承包人4cm厚沥青路面的合同单价为35元/㎡,其合理单价(预算价)为40元/㎡,现设计变更为5cm厚,其合理单价(预算价)为50元/㎡,则依据合理差价定价法,变更后的5cm厚沥青路面的新单价应为(　　)。
A. 43.75元/m^2　　B. 45元/m^2　　C. 47.5元/m^2　　D. 50元/m^2

25. 下列高压喷射防渗墙灌浆属于高压灌浆的是(　　)。
A. 灌浆压力为1MPa的灌浆　　B. 灌浆压力为2MPa的灌浆
C. 灌浆压力为2.5MPa的灌浆　　D. 灌浆压力为3MPa的灌浆

26. 对于内河港口装卸机械设备安装工程,费率按内河航运设备及大型金属结构设备安装工程费率乘以(　　)系数。
A. 0.8　　B. 0.85　　C. 0.65　　D. 0.75

27. 大型土石方工程的填料价值、堆载预压工程的外购堆载材料价值,按利润率的(　　)计算。
A. 4%　　B. 6%　　C. 3%　　D. 5%

28. 组成合同的各项文件应互相解释,互为说明。除专用合同条款另有约定外,①合同协议书;②中标通知书;③投标函及其附录;④已标价工程量清单或预算书;⑤图纸;解释合同文件的优先顺序正确的是(　　)。
A. ①②③⑤④　　B. ⑤②①③④　　C. ①③②⑤④　　D. ④②①⑤③

29. 负责组织人员编写建设工程竣工决算的文件的负责单位是(　　)。
A. 建设单位　　B. 监理单位　　C. 施工单位　　D. 项目主管部门

30. 疏浚工程利润,指施工企业从事疏浚工程施工所获得的盈利。利润以基价定额直接费、其他直接费、企业管理费之和为基础按费率(　　)计算。
A. 7%　　B. 8%　　C. 9%　　D. 5%

二、多项选择题(共10题,每题2分。每题的备选项中,有2个或2个以上符合题意,至少有1个错项。选错项,本题不得分;少选,所选的每个选项得0.5分)

1. 以下关于工程量清单计量规则的作用说法正确的是(　　)。
A. 工程量清单计量规则是计量工程量的计算依据
B. 工程量清单计量规则确定了清单子目所包含的工作内容
C. 工程量清单计量规则对承包人完成子目工作的工艺流程、施工过程提出了具体的要求
D. 工程量清单计量规则、技术规范对承包人完成子目工作的工程质量提出了对应的质量检验标准
E. 工程量清单计量规则是建设工程计价的依据

2. 公路路基的地下排水设施一般有(　　)。
A. 暗沟　B. 暗管　C. 明沟　D. 排水沟
E. 排水管
3. 根据沿船闸轴线方向的闸室数目分类,船闸可以分为(　　)。
A. 单级船闸　B. 双级船闸　C. 多级船闸　D. 单线船闸
E. 双线船闸
4. 水泥混凝土面层二级公路适用于(　　)技术方法。
A. 小型机具铺筑　B. 滑模机的铺筑　C. 轨道摊铺机铺筑　D. 三辐轴机组铺筑
E. 碾压混凝土
5. 以下关于桥梁跨径的叙述,说法正确的是(　　)。
A. 设支座的桥梁,桥跨结构在相邻两个支座中心之间的水平距离为计算跨径
B. 设支座的桥梁,相邻两墩台身顶内缘之间的水平距离为净跨径
C. 计算跨径之和为总跨径
D. 梁式桥两个桥墩中线之间的距离为标准跨径
6. 斜坡堤堤身采用水上抛填块石施工工艺时,应根据抛填区域(　　)对块石产生漂流的影响,确定抛石船的驻位。
A. 水深　B. 水流　C. 风力　D. 波浪
E. 地质
7. 吹填施工方法包括(　　)。
A. 斗式船—泥驳—吹泥船—吹填　B. 耙吸船—吹填
C. 绞吸船直接吹填　D. 耙吸船直接吹填
E. 耙吸船—储砂池—绞吸船—吹填
8. 措施费中以各类工程的定额人工费和定额施工机械使用费之和为基数计算的有(　　)。
A. 冬期施工增加费　B. 雨期施工增加费
C. 夜间施工增加费　D. 行车干扰施工增加费
E. 施工辅助费
9. 关于挖方路基的计量正确的有(　　)。
A. 路基土石开挖数量包括边沟、排水沟、截水沟,以立方米(m^3)计量
B. 超过图纸规定尺寸的开挖,不予计量
C. 超过图纸规定尺寸的开挖,按实际开挖体积计量
D. 弃方的运输,不予计量
E. 挖除路基范围内非适用材料及淤泥(不包括借土场)的数量,应以承包人测量,并经监理人审核批准的断面或实际范围为依据的计算数量,以平方米计量。
10. 工程结算中涉及工程单价调整时,应当遵循的原则有(　　)。
A. 合同中已有适用于变更工程、新增工程单价的,按已有的单价结算
B. 合同中有类似变更工程、新增工程单价的,可以参照类似单价作为结算依据
C. 合同中没有适用或类似变更工程、新增工程单价的,承包商与发包人协商,确定适当的价格作为结算依据

D. 合同中没有适用或类似变更工程、新增工程单价的，承包商与发包人协商意见不一致，由监理人确定一个适当的价格作为结算依据

E. 合同中有类似变更工程、新增工程单价的，但因合同价格明显低于市场价格，经双方协商采用当期市场价格信息重新套定额确定单价后作为结算依据

第二部分　主观题

三、简答题(共1题，每题10分)

简述施工图预算编制依据。

四、综合计算题(共4题，每题10分)

1. 某一级公路路基土石方工程，挖土方总量180000m^3，其中：松土10000m^3、普通土120000m^3、硬土50000m^3。利用开挖土方作填方用，利用天然密实松土5000m^3、普通土120000m^3、硬土40000m^3。开炸石方总量140000m^3，利用开炸石方作填方用，利用石方天然密实方50000m^3。填方压实方430000m^3。

问题：

计算路基设计断面方、计价方、利用方、借方和弃方数量，计算结果保留整数。系数表如表1所示：

表1　系数

公路等级	松土	普通土	硬土	石方
二级及以上等级	1.23	1.16	1.09	0.92
三级、四级公路	1.11	1.05	1.00	0.84

注：1. 当填方为借方时，应在上表的基础上增加0.03的土方运输损耗。

2. 数据来源现行《公路工程预算定额》。

2. 某公路沥青混凝土路面项目，路基段长20km，采用沥青混凝土路面结构形式，在路线中点设置一处沥青混合料拌和站(平丘区)，上路距离500m，拌和能力为160t/h。路面结构具体工程数量见表2：

表2　路面结构工程数量

结构类型	单位	工程数量	备注
4cm厚细粒式改性沥青混凝土	1000m^2	56.5	
6cm厚中粒式沥青混凝土	1000m^2	56.5	
8cm粗粒式沥青混凝土	1000m^2	56.5	
20cm厚5%水泥碎石基层	1000m^2	60.6	外购商品水稳料
20cm厚碎石垫层	1000m^2	62.3	
改性乳化沥青黏层	1000m^2	113	
乳化沥青透层	1000m^2	60.6	

问题：根据上述资料列出本项目路面工程施工图预算所涉及的工程细目名称、定额代号、单

位工程数量等内容,并填入表格中。需要时应列式计算或用文字说明。

3. 某航道疏浚工程,设计挖槽长6km,设计底宽200m,设计底标高 - 15.0m(按理论 深度基准面起算,下同),计算超深0.5m,计算超宽5m,边坡1∶7,原泥面平均标高 一10.0m。泥土处理为外抛,抛泥区中心点在挖槽下游一端外10km处。施工单位根据合同条款、现场条件和设备情况,选派1艘10000m^3耙吸挖泥船施工。每舱挖泥时间55min,平均泥舱装载土方量为6500m^3/舱,挖泥船满载航速9kn,轻载航速12kn,抛泥和掉头、上线时间合计为15min,平均时间利用率85%,施工期回淤量按5%考虑。

   问题:计算本工程的计算断面顶宽、底宽、断面面积和疏浚工程量。(不考虑挖槽两端部的端坡土方量)

4. 某公路工程,签约合同价为6500万元,工期为8个月。招标文件按《公路工程标准施工招标文件》(2018年版)编制。合同约定按实际完成工程量以合同清单单价进行结算。合同项目专用条款约定开工预付款为签约合同价的15%,计量累计达到签约合同价的30%时开始扣回,至计量累计达到签约合同价的80%时扣完。合同约定月支付的最低限额为400万元。合同约定预留质量保证金为月支付额的5% ,与计量支付同步扣留。计所支付按月进行。开工后各月实际完成并经监理人确认计量款见表3。

表3 开工后各月实际完成并经监理人确认计量款

月份	3	4	5	6	7	8	9	10
计量款/万元	300	700	850	1050	1200	1400	1000	700

问题:

(1)工程价款结算的方式有哪些?

(2)计算本工程的预付款起扣月份和数额,以及完成扣回的月份。

(3)计算按月支付的工程进度款。

(4)计算本工程的结算工程款。

参考答案

一、单选题

1－5　ADADD　6－10　BDAAC　11－15　BCDDC　16－20　CCADD　21－25　BBADD
26－30　DCAAA

二、多选题

1. ABCD　2. ABC　3. ABC　4. BCD　5. ABD　6. ABD　7. ABCE　8. ABCD　9. ABD　10. ABCE

三、简答题

答:(1)国家发布的有关法律、法规、规章、规程等。

(2)现行的《公路工程预算定额》《公路工程机械台班费用定额》及《公路工程基本建设项目概预算编制办法》等。

(3)工程所在地省级交通主管部门发布的补充计价依据。

(4)批准的初步设计文件(或技术设计文件,若有)等有关资料。

(5)施工图纸等设计文件。

(6)工程所在地的人工、材料、设备预算价格等。

(7)工程所在地的自然、技术、经济条件等资料。

(8)工程施工组织设计或施工方案。

(9)有关合同、协议等。

(10)其他有关资料。

四、综合计算题

1. 依题意求解

(1)路基设计断面方数量:$180000+140000+430000=750000(m^3)$

(2)利用方数量(压实方):$5000\div1.23+120000\div1.16+40000\div1.09+50000\div0.92=198558(m^3)$

(3)计价方数量:$750000-198558=551442(m^3)$

(4)借方数量:$430000-198558=231442(m^3)$

(5)弃方数量:$180000+140000-(5000+120000+40000+50000)=105000(m^3)$

2. 解:依题意求解

(1)路面工程数量的计算

面层沥青混合料的数量:

细粒式:$56500\times0.04=2260(m^3)$

中式:$56500\times0.06=3390(m^3)$

粗粒式:$56500\times0.08=4520(m^3)$

合计:$2260+3390+4520=10170(m^3)$

(2)混合料综合平均运距:

沥青混合料拌和站(平丘区)设在路线中点,上路距离 500m,则其混合料综合平均运距为:

$20 \div 2 \div 2 + 0.5 = 5.5$km

(3)路面施工图预算数据见表4。

表4　路面施工图预算数据

工程细目		定额代号	单位	定额数量	定额调整或系数
碎石垫层	碎石压实厚度15cm	2-1-1-15	1000m²	62.3	分层碾压，调整设备和人工耗量
	每增减1cm	2-1-1-20	1000m²	62.3	×5
水泥稳定碎石	12.5m以内摊铺机铺筑基层	2-1-9-11	1000m²	60.6	
	水泥稳定碎石(商品)	1325002	m³	12120	
乳化沥青半刚性基层透层		2-2-16-4	1000m²	60.6	
乳化沥青层黏层		2-2-16-6	1000m²	113	
混合料拌和	细粒式	2-2-11-18	1000m³	2.26	
	中粒式	2-2-11-11	1000m³	3.39	
	粗粒式	2-2-11-4	1000m³	4.52	
混合料运输	20t以内自卸汽车运混合料第一个1km	2-2-13-9	1000m³	10.17	
	20t以内自卸汽车运混合料每增运0.5km	2-2-13-10	1000m³	10.17	×9
摊铺	细粒式	2-2-14-44	1000m³	2.26	
	中粒式	2-2-14-43	1000m³	3.39	
	粗粒式	2-2-14-42	1000m³	4.52	
设备安拆	设备安拆(160t/h以内)	2-2-15-4	座	1	

注:表中1325002为水泥稳定碎石(商品)的材料代码。

3. 解:依题意求解

疏浚工程量计算断面顶宽B1:$B1 = 200\text{m} + 2 \times (5 \times 7 + 5)\text{m} = 280\text{m}$

计算断面底宽B2:$B2 = 200\text{m} + 2 \times (5 - 0.5 \times 7)\text{m} = 203\text{m}$

计算断面面积A:$A = (280\text{m} + 203\text{m}) \div 2 \times 5.5\text{m} = 1328.25\text{m}^2$

疏浚工程量V:$V = 1328.25\text{m}^2 \times 6000\text{m} \times (1 + 5\%) = 8367975\text{m}^3$

4. 解:依题意求解

(1)工程价款的结算方式主要分为按月结算、竣工后一次结算、分段结算、目标结算和双方约定的其他方式。

(2)预付款的金额:6500×15%万元=975(万元)

预付款的起扣点:6500×0+700+850)万元=1850万元

前4个月累计完成:(1850+1050)万元= 2900万元,从第4个月开始扣回。

第 4 个月(6 月份)扣回数额:预付款为合同价的 15% ,超过起扣点后每次计量扣回的比例为 15%/(80% -30%) =30% ,(2900 -1950) ×30% 万元 =285 万元。

预付款扣回完成点:6500 ×80% 万元 =5200 万元

7 月份累计完成 4100 万元,小于 5200 万元;8 月份累计完成 5500 万元,大于 5200 万元,应在 8 月份完成预付款中扣回。8 月份扣回的预付款为(5200 -4100) ×30% 万元 =330 万元。

(3)按月支付的工程款如下:

3 月份:未达到合同约定的付款最低限额,不能签发计量支付证书。

4 月份:(300 +700) ×(1 -5%)万元 =950 万元

5 月份:850 ×(1 -5%)万元 =807. 5 万元

6 月份:[1050 ×(1 -5%) -285]万元 =712. 5 万元

7 月份:1200 ×(1 -30% -5%)万元 =780 万元

8 月份:[1400 ×(1 -5%) -330]万元 =1000 万元

9 月份:1000 ×(1 -5%)万元 =950 万元

10 月份:700 ×(1 -5%)万元 =665 万元

扣回的预付款为(285 +1200 ×30% +330)万元 =975 万元,与预付款相同。

(4)结算如下:

累计完成额:(300 +700 +850 +1050 +1200 +1400 +1000 +700)万元 =7200 万元

累计支付:(975 +950 +807. 5 +712. 5 +780 +1000 +950 +665)万元 =6840 万元

质量保证金:7200 ×5% 万元 =360 万元

累计完成额 - 质量保证金:(7200 -360)万元 = 6840 万元(与累计支付相吻合)

上式中,975 万元为预付款,质量保证金 360 万元在缺陷责任期期满后支付。

因此,本项目的结算工程款为 7200 万元。

模拟试题三

第一部分　客观题

一、单项选择题(共30题,每题1分。每题的备选项中,只有一个最符合题意)

1. 具有全省性政治、经济意义,并经过确定为省级干线的公路是(　　)。
A. 国道　　B. 专用公路　　C. 省道　　D. 高速公路

2. 下列排水设施中属于地表排水设施的是(　　)。
A. 边沟　　B. 盲沟　　C. 暗沟　　D. 渗井

4. 某涵洞表示为2－3×1.5,其中的“2”表示(　　)。
A. 跨径为2m　　B. 台高为2m　　C. 孔数为2孔　　D. 基础为2m

4. 下列关于港口工程的说法,正确的是(　　)。
A. 港口工程是土木工程的一个分支学科
B. 大型船舶的航道宽度为80～300m,小型船舶为50～80m
C. 开敞式港池内设有闸门或船闸,用以控制水位,适用于潮差较大的地区
D. 为减少港口陆域面积,港内可不设后方库场

5. 修造船厂水工建筑物中上墩下水建筑物不包括(　　)。
A. 码头　　B. 船台滑道　　C. 船坞　　D. 升降机

6. 下列关于材料抗渗性的说法,错误的是(　　)。
A. 渗透系数的物理意义是:一定时间内,在一定的水压作用下,单位厚度的材料,单位截面积上的透水量。
B. 渗透系数越大的材料表示其抗渗性越好
C. 抗渗等级常用于混凝土和砂浆等材料,是指在规定试验条件下,材料所能承受的最大水压力
D. 材料越密实、闭口孔越多,孔径越小,越难渗水,极微细孔的材料很难渗水;具有较大孔隙率,且孔连通性好、孔径较大的材料抗渗性较差

7. 下列关于水泥混凝土的分类方法,错误的是(　　)。
A. 按强度等级分类可划分为低强度混凝土、中强度混凝土、高强度混凝土、特强混凝土
B. 按稠度分类可划分为干硬性混凝土、塑性混凝土、流动性混凝土、大流动性混凝土
C. 按用途分类可划分为结构混凝土、道路混凝土、防水混凝土、耐热混凝土、耐酸混凝土、防辐射混凝土等
D. 按生产和施工方法分类可划分为预拌混凝土、泵送混凝土、喷射混凝土、压力灌浆混凝土、挤压混凝土等

8. 轨道式水泥混凝土摊铺机是靠固定在路基上的轨道、模板来控制摊铺(　　)和平整度的。
A. 宽度　　B. 厚度　　C. 速度　　D. 坍落度

9. 在疏浚工程中,下列需与其他船型配合才能完成挖、运、吹填上岸的全过程的船型(　　)。
A. 耙吸式挖泥船　B. 绞吸式挖泥船　C. 斗轮式挖泥船　D. 抓斗式挖泥船
10. 下列关于雨期路基施工路段选择的说法,错误的是(　　)。
A. 丘陵和山岭地区的砂类土可在雨期施工
B. 碎砾石和岩石地段可在雨期施工
C. 重黏土、膨胀土路段可在雨期施工
D. 平原地区排水困难,不宜安排雨期施工
11. 下列关于水泥稳定土路拌法碾压施工的做法,正确的是(　　)。
A. 压路机的碾压速度应先快后慢
B. 同日施工的两工作段的衔接处,前一段拌和整形后留 5～8m 与后一段再加水泥重新拌和后一起碾压
C. 当必须分两幅施工时,纵缝必须斜接,不得垂直相接
D. 应先采用重型压路机后采用轻型压路机进行碾压
12. 地下水较浅且土质为粉砂时,不宜使用(　　)进行排水。
A. 集水井排水　B. 板桩法　C. 井点降水　D. 沉井法
13. 波形钢涵洞的施工工艺是(　　)。
A. ①挖基→②施工放样→③基础垫层填筑→④管身安装→⑤涵背回填→⑥洞口铺装及护坡防护
B. ①基坑施工→②涵洞基础施工→③涵身分节施工→④翼墙、端墙、帽石施工→⑤盖板吊装→⑥防水施工→⑦基坑回填→⑧出入口铺砌→⑨附属及其他
C. ①测量放线→②基坑开挖→③基坑修整→④基坑检查→⑤铺设砂垫层→⑥现浇混凝土管基→⑦安装管节→⑧竖井、出入口施工→⑨防水层施工→⑩回填土
D. ①基坑施工→②涵洞基础施工→③涵身分节施工→④翼墙、端墙、帽石施工→⑤盖板吊装→⑥防水施工→⑦基坑回填→⑧出入口铺砌→⑨附属及其他
14. 隧道复合式衬砌的第二次衬砌,一般采用(　　)。
A. 喷射混凝土　B. 锚杆、钢筋网混凝土　C. 沥青混凝土　D. 现浇混凝土
15. 以下属于道路交通标志的是(　　)。
A. 轮廓标　B. 合流诱导标　C. 指示标志　D. 线形诱导标
16. 安全护栏是公路的重要交通安全设施,以下说法错误的是(　　)。
A. 安全护栏可起警示作用
B. 安全护栏可防止失控车辆越出路外
C. 安全护栏可防止车辆穿越中央分隔带闯入对面行车道
D. 高速公路在高填路堤、悬崖、急弯的外侧等路段必须设置柱式护栏
17. 下列关于斜坡堤施工工艺的说法,正确的是(　　)。
A. 置换淤泥质软基的平面位置及深度均应进行施工期和竣工期检查
B. 钻孔探摸法适用于大型工程的检查
C. 护底离堤中心较远,且较薄,一般只能用于方驳抛填
D. 人工护面块体应自上而下安放
18. 下列关于疏浚与吹填工程正确的施工程序是(　　)。

A. 熟悉工程合同与设计资料—施工组织设计—施工方案优化—施工—竣工测量
B. 熟悉工程合同与设计资料—施工组织设计—施工—施工方案优化—竣工测量
C. 施工组织设计—熟悉工程合同与设计资料—施工方案优化—施工—竣工测量
D. 施工—施工组织设计—熟悉工程合同与设计资料—施工方案优化—竣工测量

19. 滑坡防治的工程措施主要有(　　)和力学平衡以及改变滑带土三类。
A. 护面　B. 排水　C. 植树　D. 注浆

20. 下列关于水泥混凝土路面及粒料路面养护的说法,正确的是(　　)。
A. 水泥混凝土路面接缝、路肩接缝及路缘石与路面接缝变宽出现接缝渗水时,应进行封闭处理
B. 水泥混凝土路面除雪作业以清除旧雪为主
C. 粒料路面松散保护层的保养应做到勤添砂、勤扫砂、勤匀砂、勤除细粉
D. 粒料路面稳定保护层应视具体情况采用加砂法进行保养

21. 施工进度计划表达方法不包括(　　)。
A. 横道图　B. 工程进度曲线　C. 直方图　D. 网络进度计划

23. 概算定额是在(　　)基础上综合扩大而来的。
A. 施工定额　B. 预算定额　C. 估算指标　D. 企业定额

23. 某路基利用方填筑,填料石料含量为40%,则对应的子目是(　　)。
A. 利用土方填筑　B. 利用石方填筑　C. 利用土石混填　D. 借方填筑

24. 按面积计量的路面结构层,其面积计算是按铺筑的(　　)。
A. 顶面面积　B. 底面面积　C. 中间层面积　D. 填后面积

25. 沥青稳定碎石混合料除监理人另有指示外,超过图纸所规定的面积均(　　)。
A. 不予计量　B. 按实际发生计量　C. 按合同规定计量　D. 按主管部门意见计量

26. 现行的公路工程清单工程量计算规则是(　　)。
A.《公路工程预算定额》
B.《公路工程建设项目概算预算编制办法》
C.《公路工程标准施工招标文件》
D.《公路工程建设项目造价文件管理导则》

27. 公路工程较大设计变更由(　　)负责审批。
A. 施工单位　B. 项目法人
C. 省级交通主管部门　D. 交通运输部

28. 某公路工程,已知与其类似已完工程造价指标为600元/m^2,人、材、机占工程造价10%、50%、20%,拟建工程与类似工程人、材、机差异系数为1.1、1.05、1.03,假定以人、材、机为基数取费,综合费率为25%,则该工程综合单价为(　　)。
A. 507.00　B. 608.40　C. 633.75　D. 657.00

29. 在公路实施过程中或工程完工后,发、承包双方根据有关法律、法规,按合同约定用以计算确定的最终工程价款所确定的工程量清单是(　　)。
A. 招标工程量清单　B. 投标工程量清单　C. 合同工程量清单　D. 结算工程量清单

30. 下列关于内河航运建设工程的说法,错误的是(　　)。
A. 氧气站设备价中不应包括氧气瓶的费用

B. 临时工程应根据施工条件设计提出

C. 四通一平指通达施工现场的临时道路、临时供水设施及管路、临时供电设施及线路、临时通信设施运行维护和施工现场的平整等工程

D. 其他临时工程费可按电站工程部分的建筑工程费总和为基础，依据挡水建筑物的不同结构，按费率计算

二、多项选择题（共 10 题，每题 2 分。每题的备选项中，有 2 个或 2 个以上符合题意，至少有 1 个错项。选错项，本题不得分；少选，所选的每个选项得 0.5 分）

1. 根据国家行业标准《公路工程技术标准》，年平均日设计交通量宜在 15000 辆小客车以上的公路为（　　）。

A. 高速公路　　B. 一级公路　　C. 二级公路　　D. 三级公路

E. 四级公路

2. 下列沥青混合料的基本性能有（　　）。

A. 耐疲劳性　　B. 易凝结性　　C. 水稳定性　　D. 低温抗裂性

E. 高温稳定性

3. 下列关于挖泥船的说法，正确的是（　　）。

A. 对于围海造田工程，挖泥船用于从海中取土回填造陆

B. 耙吸式挖泥船适宜在内港作业

C. 绞吸式挖泥船适用于大风浪海面、江面作业

D. 抓斗式挖泥船主望是用于搜取海底各种淤泥、泥沙，砾石、碎石、巨石等物料

E. 链斗式挖汛船适用于开挖港池、锚地和建筑物基槽等

4. 下列关于墩台施工的说法，正确的是（　　）。

A. 墩柱钢筋笼吊装时对位中心点误差控制在 2cm 内

B. 墩柱浇筑时，混凝土自由下落高度一般不宜超过 2m

C. 为加强振捣效果，振动棒可间接地通过钢筋施加振动

D. 混凝土强度达到 2. 5MPa 前，不得使其承受各种外加荷载

E. 底模须待混凝土达到 70% 强度后方可拆除

5. 以下关于公路沿线设施养护的叙述，正确的是（　　）。

A. 中央分隔带的检查应包括检查分隔带和隔离带的排水通道是否阻塞

B. 水泥混凝土护栏应无明显裂缝、掉角、破损等缺陷

C. 日常养护主要是以清洁、紧固、维修为主

D. 交通标线的养护要求规定重新设计的标线要不同于旧标线

E. 交通安全设施的养护应满足设施完整和外观质量、安装质量、技术性能等各项要求

6. 公路施工组织设计按照编制阶段的不同，可分为（　　）的施工组织设计。

A. 设计阶段　　B. 决策阶段　　C. 投标阶段　　D. 实施阶段

E. 施工阶段

7. 关于挖方路基的计量正确的有（　　）。

A. 路基土石开挖数量包括边沟、排水沟、截水沟，以立方米（m^3）计量

B. 超过图纸规定尺寸的开挖，不予计量

C. 超过图纸规定尺寸的开挖，按实际开挖体积计量

D. 弃方的运输,不予计量

E. 挖除路基范围内非适用材料及淤泥(不包括借土场)的数量,应以承包人测量,并经监理人审核批准的断面或实际范围为依据的计算数量,以平方米计量

8. 机械台班单价的组成内容包括(　　)。

A. 折旧费　　B. 大修理费　　C. 经常修理费　　D. 安拆费及场外运输费

E. 施工机构迁移费

9. 投资估算文件可按不同的需要分为甲、乙组文件。下列属于甲组文件的有(　　)。

A. 编制说明　　B. 前后阶段费用对比表 C. 分项工程估算表D. 建筑安装工程费计算表

E. 总估算汇总表

10. 下列关于编制工程竣工决算的说法,正确的是(　　)。

A. 无征地费用且建筑资产金额较小的建设项目适用于二次分配法

B. 拆迁工程、土石方工程不应作为资产单独交付,其费用应合理分摊到相关单项工程中

C. 存在尚需发生的费用,已经签订合同的可按合同金初确认,未签订合同的可按相关用标准确认

D. 不符合固定资产标准的办公和生产家具, 工器具等不得列为固定资产

E. 二次分配法是将分配对象根据建设单位管理费、贷款利息、前期费用等直接进行分配

第二部分 主观题

三、简答题(共 1 题,每题 10 分)

简述承包商向发包人提交结算款支付申请应包括的内容。

四、综合计算题(共 4 题,每题 10 分)

1. 某隧道(含进出口各接长 20m 明洞)长 7000m,洞身设计开挖断面积为 180m^2,其中通过斜井开挖正洞长 1800m,坡度为 10°,Ⅳ级围岩占 70%,Ⅲ级围岩占 30%,洞外出渣 1300m。

问题:

请计算该隧道正洞开挖及出渣的工程量。

2. 某内河港口散货高桩梁板式码头,甲公司通过投标中标了桩基础工程(A 标段),分项工程工程量清单报价见表 1。合同谈判期间,招标人认为甲公司灌注桩(Φ1200mm、Ⅲ类 土)投标报价高于市场价,要求甲公司在投标报价的基础上降价 10% 后签订合同,分项工程合同价由原投标报价 10709260 元调整为 10227130 元。合同约定工程进度款支付比例为当月完成产值的 90% ,本月完成工程量如下:

灌桩(Φ1000mm 、Ⅲ类土)完成 20 根,灌注桩(Φ1000mm、V 类土)完成 20 根, 现浇混凝土钢筋笼 60t。

表 1　分项工程工程量清单报价表

单位工程名称：某内河港口散货高桩梁板式码头桩基工程　　　　第 1 页 共 1 页

序号	项目编码	项目名称	计量单位	工程数量	金额/元	
					综合单价	合价
1	100602001001	灌注桩(Φ1000mm、Ⅲ类土)	根	66	25060	1653960
2	100602001002	灌注桩(Φ1000mm、Ⅴ类土)	根	66	1950	128700
3	100602001003	灌注桩(Φ1200mm、Ⅲ类土)	根	99	48700	4821300
4	100602001004	灌注桩(Φ1000mm、Ⅴ类土)	根	99	4700	465300
5	100801005001	现浇混凝土钢筋笼	t	520	7000	364000
	合计					10709260

问题：

(1)招标人与投标人签订的合同是否合法,为什么？如不合法,应如何修改。

(2)合同按计价方式分为哪几类？其适用范围有哪些？

(3)请问本月应支付给甲公司多少工程款？

3. 某三级公路编制清单预算,浆砌片石边沟主要工程数量见表 2：

表 2　浆砌片石边沟工程数量

项目名称	单位	数量
浆砌片石边沟	m^3	3800
水泥砂浆抹面	m^3	13800
基础开挖土方	m^3	3800

该项目设备费、专项费用不计,措施费中施工辅助费费率 4%,其余措施费的综合费率 10%,企业管理费的综合费率为 10%,规费费率 40%,利润率为 7.42%,税率为 9%,若该工程预算价格,均以定额基价上调 10% 计算,其中人工费(含机械作业人员的人工费)占直接费 12%,定额人工费和定额机械费占定额直接费的 30%。

问题：

请测算该浆砌片石边沟每立方米成本价。(中间计算取整数,最后结果保留两位小数)

4. 某一级公路合同段,主要工程量包含一座大型互通式立交桥。红线周边居民较密集。经公开招标确定承包商并按招标文件签订了施工合同。工程开工前,承包商上报了施工组织计划并获得批准。工程开工后发生了如下事件：

事件(1)原计划 4 月 30 日全部完成的拆迁至 5 月 5 日才完成,导致部分桩基无法按计划进行施工,其中某部分处于进度网络图关键线路的桩基计划开工时间为 5 月 6 日,因此推迟至 5 月 16 日开工,造成窝工 600 工日(每工日工资为 40 元),设备 A 闲置 60 台班(计日工单价为 1500 元/台班,投标预算书中该设备固定费用为 1000 元/台班),设备 B 闲置 75 台班(计日工单价为 1200 元/台班,投标预算书中该设备固定费用为 800 元台班)。

事件(2)至 6 月 10 日,因部分桩基与红线外民房距离较近,冲击振动影响较大,被居民阻止施工,被迫停工 10 天,该工序位于批准的施工组织计划关键线路上。经施工、监理、业主共同研究决定改用回旋钻成孔。调运更换机械及窝工损失 20 万元,因更改施工工艺导致后续施工费用增加30万元。

事件(3)进入上部结构施工后,突然接到业主通知,因市政规划原因暂时停工,等待重新设计。接到通知时,主线除外,匝道桥已搭设支架800t,经测算搭拆工费为400元/t,已制作模板4000m2,每平方米综合费用80元,完成钢筋制作400t,钢筋清单综合单价6000元/t,当时的废钢材回收价格为1000元/t,地面硬化及其他费用20万元。90天后业主下发了 新施工图并要求按新设计进行施工。新设计导致原设计匝道全部不能利用,报废工程500万元(实体已计量)。

事件(1)发生后,承包商向监理人提交了索赔报告,要求延长工期15天,并补偿费用204000元(计算式为 $600\times40+60\times1500+75\times1200$)、利润20400元。

事件(2)发生后,承包商向监理人提交了索赔报告,要求延长工期10天,并补偿费用50万元。

事件(3)发生后,承包商向监理人提交了索赔报告,要求延长工期90天,并补偿费用824万元(计算式为 $800\times400+4000\times80+400\times6000+20000+500000$)。

问题:

(1)请问上述三项索赔能否成立?为什么?

(2)分别计算应批准的延长工期。

(3)分别计算各事件的索赔费用。

参考答案

一、单选题

1－5　CACDA　6－10　BABDC　11－15　BAADC　16－20　DAABC　21－25　CBCAA
26－30　CCCDB

二、多选题

1. AB　2. BCD　3. ADE　4. ABDE　5. ABCE　6. ACE　7. ABD　8. ABCD　9. ABDE　10. BCD

三、简答题

答：承包商应根据办理的结算文件，向发包人提交结算款支付申请。该申请应包括下列内容：

(1)结算总额。

(2)已支付的合同价款。

(3)应扣留的质量保证金。

(4)应支付的竣工付款金额。

四、综合计算题

1. 解：依题意求解

工程量计算：

正洞开挖长度：$7000-20\times2=6960$(m)

Ⅲ级围岩开挖工程量：$6960\times180\times30\%=375840$($m^3$)

Ⅳ级围岩开挖工程量：$6960\times180\times70\%=876960$($m^3$)

进出口出渣开挖长：$6960-1800=5160$(m)

进出口出渣换算隧道长度：$6960-1800=5160$(m)

进出口出渣工程量：

Ⅲ级围岩：$5160\times180\times30\%=278640$($m^3$)

Ⅳ级围岩：$5160\times180\times70\%=650160$($m^3$)

斜井出渣工程量：

Ⅲ级围岩：$1800\times180\times30\%=97200$($m^3$)

Ⅳ级围岩：$1800\times180\times70\%=226800$($m^3$)

2. 解：依题意求解

(1)招标人与投标人签订合同不合法。理由如下：

《中华人民共和国招标投标法》第四十三条规定：在确定中标人前，招标人不得与投标人就投标价格、投标方案等实质性内容进行谈判。

招标人应按照投标人的投标报价签订合同。

(2)分为单价合同、总价合同、成本加酬金合同三类。

实行工程量清单计价的工程，应当采用单价合同。

合同工期较短，建设规模较小，技术难度较低，且施工图设计已审查完备的建设工程可以采用总价合同。

紧急抢险、救灾以及施工技术特别复杂的建设工程可以采用成本加酬金合同。

(3)本月应支付工程款如下:

灌注桩(Φ1000mm、Ⅲ类土):20 根 ×25060 元/根 =501200 元

灌注桩(Φ1000mm、Ⅴ 类土):20 根 ×1950 元/根 =39000 元

现浇混凝土钢筋笼:60t ×7000 元/t =42000 元

以上合计:960200 元

本月应支付工程款 =960200 元 ×90% =864180 元

3. 解:依题意求解

(1)根据题意,该浆砌片石边沟的直接费以定额基价上调 10% 计算,其构成内容如表 3:

表 3 定额基价表

项目名称	定额号	单位	数量	基价/元	合计/元
浆砌片石边沟	1-3-3-1	$10m^3$	380	2229	847020
水泥砂浆抹面	4-11-6-17	$100m^2$	138	849	117162
基础开挖土方	1-3-1-2	$1000m^3$	3.8	10927	41523
合计					1005705

定额直接费:1005705(元)

直接费:1005705 ×(1 +10%)=1106276(元)

人工费(含机械作业人员的人工费):1106276 ×0.12 =132753(元)

定额人工费与定额机械费:1005705 ×0.3 =301712(元)

(2)措施费 =定额直接费 ×施工辅助费率 +定额人工费与定额机械费 ×其他措施费综合费率 =1005705 ×4% +301712 ×10% =70399(元)

(3)企业管理费 =定额直接费 ×企业管理费费率 =1005705 ×10% =100571(元)

(4)规费 =人工费(含机械作业人员的人工费)×规费费率 =132753 ×40% =53101(元)

(5)税金 =(直接费 +措施费 +企业管理费 +规费)×综合税率

=(1106276 +70399 +100571 +53101)×9% =119731(元)

(6)浆砌片石边沟每立方米成本价 =(1080554 +68763 +98232 +51866 +116947)÷3700 = 382.80(元/m^3)

注:成本价不包括利润。

4. 解:依题意求解

(1)事件(1)的索赔成立,理由如下:

造成工期延误的原因在于业主拆迁未能按时完成,因此索赔成立。

事件(2)的索赔不成立,理由如下:

承包商选择适当的施工方法并确保沿线居民的生产生活不受影响是承包商的责任,由此导致的一切纠纷及损失由承包商承担。

事件(3)的索赔成立,理由如下:

由于规划原因导致设计变更,非承包商和业主责任。

(2)事件(1)应批准延长的工期为 10 天,因为关键线路上的延误为 10 天 ,事件(3)应批准延长的工期为 90 天。

(3)1)事件(1)设备闲置所产生的费用为固定费用,未发生燃料、动力费等运行费用,按计日工单价计算不妥,按合同规定索赔只计费用不计利润,因此对于承包商的利润要求不予支持。

设备闲费用:$(60\times1000+75\times800)$元$=120000$元

人员窝工工资:600×40元$=24000$元

合计:$(120000+24000)$元$=144000$元

2)事件(3)计算索赔时钢材应计算回收价值,报废工程已按工程实体进行了计量,索赔时不予计算,结算时按实际完成数量和清单综合单价进行结算,并在结算书中填"报废工程一览表"。承包商应获得的补偿费用:

$[800\times400+4000\times80+400\times(6000-1000)+20000]$元$=2840000$元